第十九届
全国桥梁学术会议
论文集

Dishijiujie
Quanguo Qiaoliang Xueshu Huiyi Lunwenji

◎下册

2010.上海

中国土木工程学会桥梁及结构工程分会 编

人民交通出版社

内 容 提 要

本书为第十九届全国桥梁学术会议论文集，是由中国土木工程学会桥梁及结构工程分会精选的185篇优秀论文汇编而成。本论文集包括大会报告，设计与施工，抗震、抗风与结构分析，耐久性、试验、检测、加固与船撞四个部分，全面、系统地展示了近一时期我国桥梁工程建设的新动态、新理念、新成果和新经验。

本书可供从事桥梁工程设计、施工、检测、管理等相关工作的技术人员参考使用，也可供大中专院校相关专业师生阅读学习。

图书在版编目(CIP)数据

第十九届全国桥梁学术会议论文集．下册/中国土木工程学会桥梁及结构工程分会编．—北京：人民交通出版社，2010.6

ISBN 978-7-114-08460-7

Ⅰ.①第… Ⅱ.①中… Ⅲ.①桥梁工程—学术会议—文集 Ⅳ.①U44-53

中国版本图书馆CIP数据核字(2010)第095934号

书　　名：第十九届全国桥梁学术会议论文集(下册)
著 作 者：中国土木工程学会桥梁及结构工程分会
责任编辑：张征宇　郭红蕊
出版发行：人民交通出版社
地　　址：(100011)北京市朝阳区安定门外外馆斜街3号
网　　址：http://www.ccpress.com.cn
销售电话：(010)59757969　59757973
总 经 销：人民交通出版社发行部
经　　销：各地新华书店
印　　刷：北京凯鑫彩色印刷有限公司
开　　本：787×1092　1/16
印　　张：88.5
字　　数：2250千字
版　　次：2010年6月第1版
印　　次：2010年6月第1次印刷
书　　号：ISBN 978-7-114-08460-7
定　　价：200.00元(上、下册)

第十九届全国桥梁学术会议

学术委员会

名誉主任　范立础

主　　任　项海帆

委　　员　（以姓氏笔画为序）

牛　斌　邵长宇　陈艾荣　陈明宪　周世忠　孟凡超
赵基达　秦顺全　葛耀君

组织委员会

主　　任　黄　融

副 主 任　肖汝诚

委　　员　（以姓氏笔画为序）

王　炯　叶国强　孙　斌　朱佳瑜　阮华夫　杨志方
杨志刚　岳贵平　秦宝华　黄士柏　曾明根　戴晓坚

主办单位

中国土木工程学会桥梁及结构工程分会
上海市城乡建设和交通委员会

承办单位

《桥梁》杂志社
上海浦江缆索股份有限公司

协办单位

上海公路投资建设发展有限公司
上海长江隧桥建设发展有限公司
上海城建（集团）公司
上海市基础工程有限公司
上海市城市建设设计研究院
上海市政工程设计研究总院
上海市市政规划设计研究院
同济大学建筑设计研究院（集团）有限公司

目　录

下　册

三、抗震、抗风与结构分析

(1)结构抗震

(2)结构抗风

(3)动力分析

(4)静力分析

四、耐久性、试验、检测、加固与船撞

(1)耐 久 性

(5)船 撞

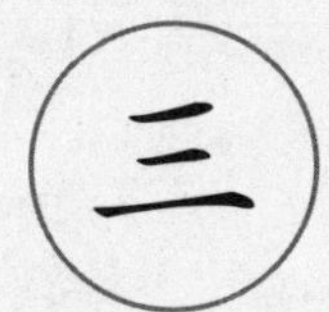

抗震、抗风与结构分析

(1)结构抗震

78 索结构桥梁的抗震设计和抗震加固策略
——美国现行实践概述

孙峻岭

(瀚阳(国际)工程咨询有限公司)

摘　要　本文简要论述了美国大跨度索结构桥梁抗震设计和抗震加固的现行实践,为我国桥梁工程师所参考。

关键词　索结构　大跨度桥梁　抗震设计方法　抗震加固技术　美国应用

1　引言

大跨度桥梁是基础设施中非常重要的组成部分。在桥梁设计中,大跨度桥梁是必不可少的建筑,属于重要桥梁范畴。不同于普通桥梁,这些大型桥梁需要特别关注。美国国家公路与运输协会(AASHTO)的规范将跨度超过500英尺的桥梁定义为大跨度桥梁。

典型大跨度桥梁包括:斜拉桥、悬索桥、拱桥和多跨连续箱梁桥或桁架梁桥。过去20年来,世界各地设计建造的大跨度桥梁越来越多,其中一些位于高震区。在分析和设计中考虑了多点激震、几何非线性、材料非线性和土—基础非线性相互作用等。

对近期发生在地震高发区的大地震(1994年加州北岭大地震和1995年阪神大地震)中桥梁损毁的调查(Yashinsky 1995,Ritchie 1999)表明,绝大多数大跨度桥梁在地震荷载作用下的损伤比小跨度普通桥梁小,且大跨度桥梁未发生重大损毁或倒塌。这是由于人们对于大跨度桥梁的设计给予了更多关注,但这并不能保证,如果附近发生更高强度地震(最大可信地震),大跨度桥梁仍能正常使用或不受损毁。

大跨度桥梁的抗震加固策略和普通中小跨度公路桥梁的抗震加固策略不同。一座大跨度桥梁的不同部分可能要求使用不同的策略(混合处理)。

在美国,AASHTO规范适用于所有公路桥梁。规定中包括了以下三种设计方法:系数和强度修正系数R法(1-3.0/最大值5),基于一个基本模态或基于多模态的反应谱设计法,以及时程分析法。设计方法的选择取决于桥梁结构的常规性(7跨以上桥梁定义为非常规桥梁)、重要性和所处震区。

由设计谱或设计地面运动定义风险水平。本文规定的设计地震动(50年或500年重现期内超越概率为10%)和强度在一座桥梁的正常寿命期间,被超过的概率极低。按照规范规定设计的桥梁也有受到损害的可能,但因地震引起的地面运动而倒塌的可能性应该很低。对于重要建筑,如大跨度桥梁等,可以使用2 500年重现期的地震作为最大可信地震。

各州有权实施本州的设计细则、设计步骤或规定。在加利福尼亚州,加州交通运输部(CALTRANS)有自己的桥梁抗震设计指南。而在其他一些州,强度设计中使用2 500年重现期的地震作为最大可信地震。对大部分州而言,跨度不超过500英尺的常规的板、实体梁、箱梁和桁架梁等上部结构的设计采用AASHTO第I－A章的规定。针对其他跨度超过500英尺的桥梁,业主(州交通运输部)应为设计指定和(或)批准适当的规定。

AASHTO规范基于以下原则:

(1)在中、小强度地震的作用下,结构构件应保持在弹性范围内,不发生大的破坏。

(2)设计过程中应使用真实地震动强度。

(3)大地震作用下桥梁结构不发生整体或部分倒塌。已经发生的损毁应尽可能易于发现并易于检修。

(4)系数概率采用50年或500年重现期内超越概率为10%。

(5)可接受损毁限制在桥墩塑性铰区域内。因此基础应保持在弹性范围内。

在加利福尼亚州,大多数公路桥梁需要进行动力分析设计。CALTRANS为桥梁设计与评估而设立的抗震性能标准如表1所示。

表1 CALTRANS抗震性能标准

场地地震动	性能最低要求	重要桥梁性能要求
功能评价地震动	立即运营 可修复损害	立即运营 最小损害
安全评价地震动	限值运营 重大损害	立即运营 可修复损害

根据以下两种地震动等级对结构抗震性能进行评价:

(1)功能评价地震动在桥梁使用寿命(50年,100年,200年)期间的发生概率为40%。

(2)安全评价地震动是基于常规确定性评估的最大可信地震或平均重现期为1 000~2 000年的地震。

重要桥梁(大跨度桥梁属于重要桥梁)的抗震要求较普通桥梁有显著提高:

(1)结构应在功能评价地震作用下基本保持弹性。

(2)结构应能在安全评价地震后立即提供正常交通服务。发生的任何损毁应能修复并只造成有限的服务中断,如短期封闭。

本文将介绍并讨论索结构桥梁的抗震设计及一些抗震加固策略。

2　抗震设计的一些基本问题

过去的20年间，美国修建或者加固了数座跨度超过200 m的大跨度索结构桥梁。与此同时，在世界各地，特别是欧洲和亚洲，也兴建了许多此类桥梁。

大跨度索结构桥梁在地震荷载下的设计基本上与任何重要桥梁的设计一样，必须解决一系列关键问题：

(1)通过地震风险性评价、地震反应谱及地面运动时间历程来确定桥址的地震风险，该问题可通过评价特定地点历史、地震和地理数据的确定性方法，或通过针对该地区的概率方法来实现。

(2)根据上述得到的数据建立多水准的抗震设计过程，在常用的二水准(或双水准)方法中，将桥梁寿命期间超越概率为50%定义为较低水准，桥梁寿命期间超越概率为5%定义为较高水准。对于美国普通公路桥梁的75年一般寿命来说，则要求建立150年和1 500年重现期的抗震设计过程。目前设计的大部分大跨度桥梁如维修良好，可存留150年或更久，因此可能采用二水准抗震设计过程中的较高水准。

(3)和业主或设备运营者建立桥梁性能政策(BPP)。BPP应考虑到对当地居民和周边环境的经济和社会影响，以及在多水准抗震设计标准下桥梁业主的成本。BPP是业主在考虑财政约束和其他资源限制条件下，对桥梁在大小地震中预期性能的陈述。

(4)将桥梁性能政策转化为指定场地抗震设计标准文件中，对现行的桥梁设计规范进行补充。

(5)根据桥梁初步设计阶段为桥梁建立的抗重力体系，为抗震体系(SRS)建立若干概念。

(6)根据以上抗震要求和抗震设计标准进行桥梁结构系统的设计。

(7)对结构的总体、区域和局部行为进行线性和非线性分析。

(8)改进设计和图纸。

(9)用关键的大比例结构试验室试验检验设计。

3　设计地震时谱

除非桥梁建造于单块岩石之上或距离最近的可信断层线至少50 km以外，否则桥梁设计师应对大跨度索结构桥梁进行严格的结构时程反应分析。在对一座大跨度索结构桥梁进行仿真线性及非线性时程分析时，指定场地的多点岩石运动和岩土数据非常重要。

在评价特定地点的多点岩石运动时，应考虑以下因素：

(1)近场断层破裂的方向性效应：近年来对桥梁在地震中的性能观察，如1989年Loma Prieta(美国)、1994年北岭地震(美国)、1995年阪神大地震(日本)以及1999年集集大地震(台湾)，表明桥梁结构易受速度脉冲影响(在美国称为“速度脉冲效应”，因为这将会导致快速的地面位移)。一套指定场地的岩石仿真时程运动应包含速度脉冲及其频率组成。

(2)垂直加速度效应：位于活动断层附近(10 km内)的桥梁可能经历较大的垂直加速度，在设计中必须加以考虑。

(3)行波效应引起地震波行。

(4)相关函数的相容性引起的散射及复杂的波传播现象。

(5)正断层和平行断层之间的相互关联。

当多点岩石运动用于自由场分析以便为土-结构相互作用分析和总体桥梁响应模型提供输入数据时,指定场地的地球物理及岩土工程的现场和实验室试验数据将对获得真实的分析结果起到关键作用。

4 桥梁性能政策和抗震设计标准

桥梁性能政策与桥梁对当地居民和所服务地区的重要性程度直接相关。大跨度索结构桥梁通常是地标式建筑,并经常被列为所服务社区的“重要”或“关键”基础设施。

例如,旧金山—奥克兰海湾大桥就被加利福尼亚州列为“生命线”工程。如此重要的桥梁要求其必须在90年重现期地震即功能评价地震,以及1 500年重现期地震即安全评价地震发生后能立即提供完全运营服务。桥梁性能政策进一步阐述该桥梁在功能评价地震中可受到最小损毁或无损毁,在安全评价地震中可受到可修复损毁(通过最低限度的交通中断而快速修复)。

根据社会、政治和经济因素,其他地标式桥梁可能在桥梁性能政策中有不同的要求。然而,桥梁性能政策是在刚开始时就需充分定义好的关键项目,以便接下来制订桥梁的抗震设计标准。进而根据容许应变、变形及需求-能力比确定关键结构构件或次级结构组的性能要求。

再以旧金山—奥克兰海湾大桥东湾大桥项目为例,在安全评价地震作用下,桥梁性能政策中的“可修复损毁”由抗震设计标准中的“有限延性结构”要求所保证。“有限延性”规则将最大混凝土压缩应变限制在混凝土极限压应变的三分之二以内,将钢筋的最大拉应变限制在钢筋极限拉应变的三分之二以内。此外,有限延性结构条款要求设计提供一个定义明确的延性机制以响应地震荷载以及集中于某几个选定构件的有限的非线性变形,如索塔剪力连接件、主墩铰区域和桩顶。桥梁任何构件的最大残余变形被限制在300 mm内。

在功能评价地震作用下,桥梁性能政策的“最小损毁”由抗震设计标准中的“基本弹性”要求所保证。在抗震设计标准中,“基本弹性”的主要特征是桥梁上部结构和主塔的弹性响应,其中混凝土极限压应变为0.004,钢筋拉应变极限为0.001。

5 抗震桥梁概念的发展

与常规桥梁的抗震设计一样,大跨度索结构桥梁的抗震设计概念应该有一个明确可辨的抗震系统(ERS)。桥梁的ERS应提供一个可靠且不受干扰的传力路径,将地震引起的惯性力传递到地面。ERS还应提供稳定的弹性和非弹性变形能力,以承受由地震动引起的变形需求。在进行桥梁ERS系统优化时,应把主塔和引桥桥墩视为一个完整的抗震系统。考虑到结构简单化、功能可靠性和持续维修性,不使用支座或隔震设备也许更可取。然而,当独立的ERS系统无法满足由地震运动引起的力和位移需求时,如果正确使用地震响应改善装置,则可发挥有效作用。

由于大跨度索结构桥梁的主塔是主要的重力承载构件,因此索结构的地震侧向荷载最好能由边墩而非由主塔来抵抗。此概念可能要求在引桥桥墩及主桥桥墩和主塔之间做一个部分或完全整合的设计。事实上,地震后对边墩的修复比对主塔的修复要容易得多,这也进一步证明了以上考虑的合理性。然而,桥塔仍须按照自主缆传至塔顶的地震荷载进行设计。

当桥塔按常规设计才能满足强度的要求时,桥塔的位移量对在地震荷载下确保桥梁的安全性就变得至关重要。在主塔设计中使用多柱体系,这个最新发展提供了一个能同时提供轴向承载力及侧向变形能力的新型结构体系。

6 评估桥梁构件需求和能力的结构分析

对索结构桥梁的综合结构分析应包括对受力和变形需求的估计,这通过计算机模型分析来完成,这些模型应在尽可能简单的同时,包含地面运动输入和结构响应的所有重要因素。

7 整体分析

一般而言,对大跨度索结构桥梁的总体分析应该由一个三维的线性或非线性计算机程序完成。反应谱和时程分析法在大跨度索结构桥梁的设计中应同时使用。

主要为线性但包括所有重要非线性的模型应采用时程分析。这些非线性可能包括:

(1)整体几何非线性。

(2)拉索或主缆几何非线性。

(3)桩、桥墩和桥塔的塑性铰。

(4)桩帽或桥墩的摇动。

(5)结构部件之间的撞击。

(6)非线性装置如阻尼器和限位器的行为。

(7)结构关键区域如塔基的非线性行为或主塔的摇动,这些区域的简化表示(如简化有限元模型)可包括在整体模型中。

整体模型应合理表达基础和土与结构的相互作用。将土与结构相互作用的不同建模方法按由简至繁顺序排列如下:

(1)线性阻抗矩阵和相应的分散输入运动。

(2)考虑相割阻抗矩阵的非线性土和(或)基础行为。

(3)从基础时程分析中得到的分散输入运动。

(4)若非线性土或基础行为或基础摇动非常严重,则这些行为可包括在整体模型中。

8 局部分析

局部有限元分析通常用于分析结构的非常规或关键部位,并确定所研究区域的行为,以便将该行为以简化形式考虑在整体模型中。

可作为局部分析对象的桥梁部位如下:

(1)桩/桩帽连接。

(2)塔基和塔顶。

(3)桥面和桥塔之间的连接。

局部模型也可用于结构非常规部位的实际设计中,对于这些非常规部位没有现成的设计规则,规范条款也可能不适用。我们采取此方法对金门大桥进行抗震加固,进行了塔基和支承墩的加固设计,也为旧金山—奥克兰新海湾大桥的主塔剪力连接件进行了设计,这将在下文进行论述。

9　关键结构细部构造设计

对结构构件正确的细部构造设计将结构概念和工程的成功实施联系在一起。正确的细部构造设计在重要基础设施的设计,尤其是在大跨度索结构桥梁的设计和抗震设计中,应得到充分重视。在能确保桥梁在地震作用下安全性的许多重要结构构造中,混凝土构件的侧向约束和钢构件的屈服后紧密度是改善桥梁在地震作用下性能的两个最具决定性的因素。

侧向约束。适量增加混凝土受压构件的侧向约束,显著加强了屈服后变形能力并阻止脆性剪切断裂,在近几十年的地震中,很多混凝土桥梁都经历过这种断裂。新西兰坎特伯雷大学在20世纪80年代初,加州大学圣地亚哥分校和美国其他许多机构在20世纪80年代末及90年代初都用试验证实了这一点。

除了最低横向配筋率以外,目前Caltrans要求柱、桥墩和桥塔中的所有环向箍筋采用极限强度连接或经过认证的焊接连接,或用经过认证的机械套管连接。禁止使用多年来在众多桥梁工程中使用过的传统"搭接头"详图。加强横向束的成本通常不到工程总成本的1%,这样小的成本却对桥梁在地震荷载下保持良好性能发挥了最有效的作用。

钢板屈服后厚实度。钢板弯折很可能是地震荷载下钢结构设计中最主要的失效模式。控制或限制这种失效的设计指标是钢板宽厚比或"b/t"。对于此关键设计指标,目前的设计规范中似乎有些混淆。这种混淆的例子之一就是钢截面厚实度的定义类别。目前,在不同规范中对截面厚实度的定义有4种类别:

(1)细长截面。在这个类别中,局部钢板弯折会在全截面屈服前发生。

(2)A类"厚实"截面(AASHTO,AISC)。在这个类别中,局部钢板弯折不会在全截面屈服前发生。

(3)B类"厚实"截面(AASHTO,AISC)。在这个类别中,在局部钢板弯折发生前,几乎全截面的屈服能确保发生且塑化能力能够显现。此类别能在任何局部钢板弯折发生前达到钢屈服应变2~3倍的应变水平。

(4)大应变"厚实"截面(ACT-32,AISC附录)。在这个类别中,在任何局部钢板弯折发生前,截面能承受钢屈服应变5倍或以上应变水平的相应变形。

在大跨度索结构桥梁钢结构的抗震设计中,预期要承受较大非线性或延性变形的构件截面应采用"大应变紧密截面"相应的b/t,以满足大于或等于2的位移延性需求。北岭大地震中建筑物钢框架遭受的巨大损毁表明了非延性钢构件如不经过正确的细部构造设计,将很容易破坏。

对这些决定性因素的讨论是为了强调桥梁设计中结构细部构造设计的重要性,对抗震性能和长期结构耐久性方面采用严格标准的大跨度桥梁来讲尤为重要。

10　大比例设计验证性试验室试验

通常在大跨度索结构桥梁的设计中,桥梁工程的普遍作法是推、拉甚至破碎,以确保能满足由社会、美学、经济及公众方面考虑而产生的需求,以及由自然和人为力量所产生的需要。这种推边缘的作法特点不仅在于非常规的大型桥梁构件,还在于所选定的结构系统和所选择的材料。

在旧金山—奥克兰海湾大桥新东湾工程的例子中,一个代表公众利益的工程师和建筑师小组选择了创纪录的大跨度自锚式悬索桥方案。桥梁工程师面对这个不同寻常的结构设计的严峻挑战,为抗震系统开发了一个创新的结构体系。桥梁结构体系中关键构件中的新概念,例如由可变形钢剪力连接件连接起来的四柱钢塔、环缆锚固系统、多柱混凝土抗震桥墩,以及钢和混凝土的延性细部构造设计都是令桥梁概念成为现实的重要因素。

为确保结构安全性的高标准和150年结构设计寿命期间的耐久性,桥梁结构体系的关键构件须以合理的比例在结构试验室进行试验。

考虑到大跨度索结构桥梁通常涉及的巨大投资,试验室验证性试验计划应该成为整个工程计划中的一部分,其重要性不仅在于确保结构安全性,同时也在于控制和减少工程投资的总成本,并改进桥梁工程具体实践。

11 使用响应改性技术的抗震加固

索结构桥梁的抗震加固通常使用“抗震响应改善技术”。影响桥梁结构响应的两个最重要因素是刚度和质量分布,这决定了桥梁的频率组成和结构阻尼。桥梁的刚度和质量并非均匀分布,因此在随机地震动作用下会发生不规则响应。关键问题是首先理解动力响应,并制订一个加固策略,以改进或减小桥梁响应。目前在结构响应改进方面所做的努力集中在:

(1)“规整不规整性”:使支承构件的刚度均等或增加次结构体系,以使有效抗震需求和结构能。

(2)隔震:将桥梁基本自振周期增加至设计谱中地震动能量输入较小的一点。

阻尼器:增加结构的能量耗散能力,由此增加有效的等效结构阻尼,以减少或限制底部剪力和次结构的变形需求。

工程师和研究人使用以下两种主要方法实现以上目标:

(1)通过设计出新型的次结构体系或构件,如多柱桥墩、套管桩、摇式桥墩和延性剪力连接件等,改善或优化桥梁结构响应。桥梁设计师在新建项目中更倾向于使用这种方法。

(2)通过使用结构响应改性“装置”如延长结构基本周期的隔震支座和增加有效阻尼的阻尼器等,改善或优化桥梁结构响应。此外还有很多新发展,如使用设备和(或)智能材料的主动或半主动控制系统。这些“智能结构”方法还未在美国目前的桥梁工程实践中正式使用。

显然,在大多数情况下这两种基本方法的结合是符合经济效益。这也是目前MCEER研究任务的基本目标,即为大跨度桥梁制定经济有效的加固策略。以下是一些典型的结构响应改善方法:

(3)多腿(柱)混凝土桥墩

多柱桥墩的概念就是将典型的单柱桥墩分开成多柱桥墩,增加其弹性。这就在不削弱抗剪承载力的前提下,大大增加了桥梁的基本周期和桥墩的变形能力。此概念在旧金山—奥克兰海湾大桥悬索结构的最终设计中得到了积极探索和使用。由此产生的四柱西锚固墩使第一自振周期由1.5s增加到4.0s。这成功地将地震运动的高能量输入限制在1.0~2.5s

的范围内。与典型的单柱桥墩设计相比,45 m 高桥墩的变形能力也从 0.3 m 增加到了 2.0 m左右。

(4)多柱钢塔

多柱概念也被用于改善支承旧金山—奥克兰海湾大桥悬索的单塔的抗震性能。单塔被分成4个钢柱,由巧妙设置的延性剪力连接件连接在一起。

(5)套管桩基

套管桩的基本原理是在基础和地面运动之间加入一个“软层”,实现地面－基础间的隔震。此方法尤其适用于同一桥梁基础下岩土状况不同的情况。在其他情况下,这个概念被用于降低桥墩基础,以便在地震荷载下达到最佳结构响应。

(6)摇式基础

高桥墩的摇动响应限制了施加于基座的力矩,并由此将提升力限制在桥墩一侧。摇动还能有效耗散能量,并由此增加结构的有效阻尼。此概念在20世纪60年代得到研究,在20世纪70年代得到进一步研究并运用于新西兰的一项铁路桥设计中。最近,摇动响应机制被用于金门大桥钢塔的加固设计。人们对其细部构造进行了特别的设计,以充分加固桥塔的下段,使其能够承受摆动产生的压力。两座混凝土桥墩的顶部也通过预应力拉索进行了加固,使其能承受塔基处的冲击荷载。

(7)金属阻尼器

目前可使用的阻尼装置有很多。其中的能量耗散机制从金属(通常是钢)或合金(如铅)的非弹性变形中获得,以获得稳定的弹塑性行为。

(8)摩擦阻尼器和摩擦支座

摩擦阻尼器在特殊材料制作的滑板之间运用库仑摩擦机制,提供能量耗散。使用高强度螺栓的特殊类别摩擦阻尼器,取决于软金属嵌入件的摩擦行为。摩擦支座装置结合了滑动支座和钟摆行为的概念,这两者都能耗散能量并延长结构基本周期。由于耗能能力小,摩擦阻尼器还未在大型桥梁中得到任何程度的使用,但是摩擦/钟摆支座却得到使用并带来巨大的经济和结构效益。

(9)黏弹性支座/阻尼器

黏弹性支座/阻尼器中使用的基本材料是聚合物材料层与钢板夹层,以形成一个可承受垂直荷载的堆叠式支座,当其在剪切作用下发生变形时,可耗散能量并增加结构的基本周期。由于大跨桥梁结构的重量要求支座的直径非常大,不易制造,因此此类型支座仅被用于一些小跨度桥梁及建筑物中,很少应用于大跨度桥梁结构。

(10)黏滞流体阻尼器

与使用非弹性变形作为能量耗散机制的黏弹性阻尼器不同,黏滞流体阻尼器将机械能转化为热量,通过圆柱形阻尼器的活塞将高黏性流体从一个室通过一个孔挤入另一个室来完成。黏滞流体也可以放在一个长方形容器内,通过叶片在黏滞流体间转动的机械作用产生热量。

黏滞流体阻尼器还有另一个特性:它们不仅可以在被施加高速位移时提供阻力和能量耗散,而且可以在慢速位移情况下发挥作用。此特征使其可以被用于抵抗正常使用状态下由于收缩、徐变、温度或者活载引起的位移。

黏滞流体阻尼器将被应用于金门大桥 1 280 m 主跨的抗震加固中,它们将被安装于桥塔与主跨桁梁的连接及桥塔与边跨桁梁的连接上。此类型阻尼器还将在旧金山—奥克兰海湾大桥 704 m 主跨的抗震加固中,被安装在同样的位置。由于钢箱梁是从头至尾连续悬吊,并从桥塔柱穿过,因此目前正在修建的横跨旧金山湾附近卡基内海峡的 728 m 主跨悬索桥没有在桥塔上使用黏滞流体阻尼器。

(11)调质阻尼器

调质阻尼器(TMD)的原理是小弹簧质量系统的异相运动可减少或"影响"更大弹簧质量系统的基本自振周期。TMD 并未在地震活跃区的大型桥梁普遍运用。这很可能是因为典型地震运动的频率带宽相当广。这样的高频容易在结构中产生更高模态的振动,而 TMD 在调谐到结构的基频时几乎不能抑制结构中高模态的动力响应。

TMD 在明石海峡大桥桥塔的架设过程中得到了有效的应用,并且在大桥竣工后仍在塔内发挥作用。一个扭转 TMD 于 1987 年安装在布朗克斯白石大桥上,以有效地抑制风激振引起的第一阶非对称扭转模态。

(12)调和液体阻尼器

与调质阻尼器(TMD)原理相似,调和液体阻尼器(TLD)的基本原理是减轻结构响应。不同的是,TLD 的响应是高度非线性的,部分原因是由于液体晃动或因为活塞孔的存在。实际上,相比 TMD,TLD 确实有以下优势,如安装及维修成本低、阻尼机制的长期可靠性等。

以上只是典型的例子。在美国使用的其他加固措施已列于参考文献,在此不再赘述。

12 总结

本文对美国抗震设计和抗震加固的现行实践进行初步论述。主要目的在于:为确定未来的研究需要提供一个讨论的平台。

本文回顾了关于美国在此课题上所做努力的公开信息,如有欠缺之处,作者在此表示歉意。

参考文献

[1] 美国国家公路与运输协会. LRFD 桥梁设计规范(第二版). 华盛顿特区:美国国家公路与运输协会,1998.

[2] 美国国家公路与运输协会. 隔震设计指导规范. 华盛顿特区:美国国家公路与运输协会,2001.

[3] Abbas, H, Singh, S. P, and Uzarski, J. 对萨克拉门托河上里奥维斯塔大桥的抗震评估及加固. 第六届美国国家地震工程会议. 西雅图,华盛顿州:1988.

[4] Aiken, I. D. and J. M. Kelley. 多层建筑使用的两套能量吸收装置的地震模拟试验和分析研究. UCB/EERC -90/03 号报告. 加利福尼亚大学,伯克莱:1990.

[5] Giacomini, M. C. and J. E. Woelfel. 金门大桥的加固改造, 67(10). J. Civil Engineering, 1997.

[6] Ingham, T. J. S. Rodriguez, M. N. Nader, et al. 金门大桥的抗震加固. 全国公路和桥梁

地震会议. 圣迭哥,加利福尼亚州: 1995.

[7] Jung, H. J. ,B. F. Spencer, Jr. et al. 使用磁流变阻尼器对一基准斜拉桥的抗震保护. 第七届美国国家地震工程会议-城市地震风险. 波士顿,马萨诸塞: 2002.

[8] Matson, D. 对大跨度桥梁的抗震加固经验. 环球结构工程学. Elsevier Science Ltd,1998.

[9] Moon, S. J. L. A. Bergman and P. G. Voulgarios. 对遭受地震冲击的斜拉桥的滑动方式控制. 第七届美国国家地震工程会议-城市地震风险. 波士顿,马萨诸塞: 2002.

[10] Nader, M. and T. J. Ungham. 对于金门大桥钢塔的抗震加固. 全国公路和桥梁地震会议. 圣迭哥,加利福尼亚州:1995.

[11] Park, K. S. ,S. W. Cho, I. W. Lee et al. 对一基准斜拉桥抗震保护的混合控制策略. 第七届美国国家地震工程会议-城市地震风险. 波士顿,马萨诸塞: 2002.

[12] Priestley, M. J. N. ,F. Seible et al. 桥梁的抗震设计和抗震加固. John Wiley & Sons, Inc,1996.

[13] Reno, M. L. and M. Pohll. 对旧金山—奥克兰湾大桥西桥的抗震加固. 全国公路和桥梁地震会议. 萨克拉门托,加利福尼亚州:1997.

[14] Somerville, P. 叙述近断层地表运动的特征设计和评估桥梁. 第三届国家公路和桥梁抗震会议及研讨会. 2002.

[15] Stroh, S. and T. Lovett. 休斯顿航道斜拉桥. 第六届美日桥梁工程研讨会. 塔霍湖,内华达: 1990.

[16] Trachtenberg, E. 布鲁克林大桥的修复设计与施工. 第六届美日桥梁工程研讨会. 塔霍湖,内华达:1990.

[17] T. Y. Lin International/Moffat & Nichol Joint Venture. 对新旧金山—奥克兰湾大桥自锚式悬索桥设计和分析方法的叙述. 为加利福尼亚州运输部准备,2000.

79 城市快速路高架桥抗震体系选择与经济性对比
——上海浦东内环线改扩建工程

管仲国 李建中

(同济大学桥梁工程系)

摘 要 探讨了城市高架桥的合理抗震设防标准,并建立了相应的结构性能目标。以上海内环线改扩建工程为依托,分别采用延性抗震体系和减隔震体系进行结构抗震设计,对比了两种体系下的结构的抗震性能表现,在此基础上,进一步从经济性的角度上比较了两种抗震体系的差异。结果表明,城市高架桥采用减隔震设计体系,不仅可以获得更优的结构抗震性能,还能大量节省工程造价。

关键词 高架桥 延性抗震 减隔震 经济性

1 引言

《国家防震减灾规划(2006~2020年)》指出,我国是世界上地震活动最强烈和地震灾害最严重的国家之一。我国陆地面积占全球陆地面积的7%,但20世纪全球大陆35%的7.0级以上地震发生在我国;20世纪全球因地震死亡120万人,我国占59万人,居各国之首。我国大陆大部分地区位于地震烈度Ⅵ度以上区域;50%的国土面积位于Ⅶ度以上的地震高烈度区域,包括23个省会城市和2/3的百万人口以上的大城市。随着我国社会经济的发展,现代城市建筑群、财产、人口密度不断增大,地震直接灾害风险也不断加大,因此对地震防灾也提出了更高的要求。

近年来,我国城市化进程不断加快,城市经济高速发展,与之相适应的各种城市纵、横、环线快速交通网路的建设需求也在不断加大。从节约城市用地的角度出发,这些快速交通网络一般采用高架桥的结构形式,它们除了为日常的经济运行提供安全、可靠、便捷的交通服务功能以外,在发生地震灾害时还须承担起人员转移、应急救灾物资输送等的任务,在灾后重建期还需为城市基础设施重建和城市经济恢复提供交通服务。因此,对这些城市快速路高架桥进行合理的抗震设计,对于确保城市交通生命线畅通,提升城市整体的抗震防灾能力具有非常重要的意义。

2 城市快速路高架桥合理抗震设防标准与性能指标

根据《城市抗震防灾规划标准》(GB 50413—2007)[1],以及《城市桥梁抗震设计

基金项目:上海市科学技术委员会科研计划项目,09231200302。

规范》(征求意见稿)[2]的有关内容,城市快速路高架桥的合理抗震性能目标应为:当遭受多遇地震影响时,结构不发生破坏;当遭受相当于本地图地震基本烈度的地震影响时,结构仅发生有限的损坏,经检查后即可通行紧急运输或救护的车辆,经简单维修后可恢复正常运营功能;当遭受罕遇地震影响时,不发生严重破坏,经检查和抢修后可恢复部分运营功能。

目前,对于基于多水平、多目标的抗震设防一般都简化为两阶段两水准的结构抗震性能设计。我国新颁布的《公路桥梁抗震设计细则》(JTG/T B02-01—2008)[3]即按照E1地震作用和E2地震作用进行两级设防,其中E1地震作用和E2地震作用是根据不同的设防类别通过不同的结构重要性系数将基本设防烈度下的地震作用水平转化为相应的多遇、设计或罕遇水平的地震作用。参照这一标准,同时结合城市高架桥的抗震设防目标规划要求,城市快速路高架桥的抗震设防等级宜取为B级,即对应E1地震作用和E2地震作用下的结构重要性系数分别为0.5和1.7。结合城市快速路高架桥的结构特点和桥梁结构地震易损性[4],本文给出城市快速路高架桥结构总体以及各主要构件在两级设防地震作用下的结构性能指标,如表1所示。

表1 城市快速路高架桥结构抗震设防标准与性能目标

	结构体系	构件
E1地震作用	结构体系完好	桥墩:满足强度检算 桩基:保持弹性 支座:保持正常工作状态
E2地震作用	允许在易于检查和修复的位置出现塑性机制,传力方式可以改变但传力路径要明确,体系完整	桥墩:允许出现塑性铰,但应具有足够的延性以满足变形要求,保证体系完整性 桩基:基本保持弹性,不作为延性耗能构件 支座:容许剪坏,但应有明确的替代传力路径

3 典型城市高架桥结构抗震体系设计

3.1 桥梁概况与结构建模

以上海浦东内环线改扩建工程罗山路段高架桥建设工程为依托,分别选取典型正线桥和匝道桥为研究对象。其中正线桥标准联为4×29 m四跨连续箱梁桥,桥宽24.5 m,双向六车道,下部结构为门式框架墩,墩高为9.297~9.798 m,群桩承台基础,桩长41 m,桩径1.0 m,如图1所示。匝道桥为两联3×28.5 m三跨连续箱梁桥,桥宽8.5 m,下部结构为喇叭形独柱墩,墩高为8.799~2.999 m,群桩承台基础,桩长41 m,桩径0.8 m,如图2所示。场地土为四类软弱淤泥质黏土,场地系数1.4,反应谱特征周期为0.65 s,设计地震基本加速度峰值为0.1 g。图3所示为场地水平设计地震动反应谱,图4所示为与场地设计反应谱相匹配的人工时称波。

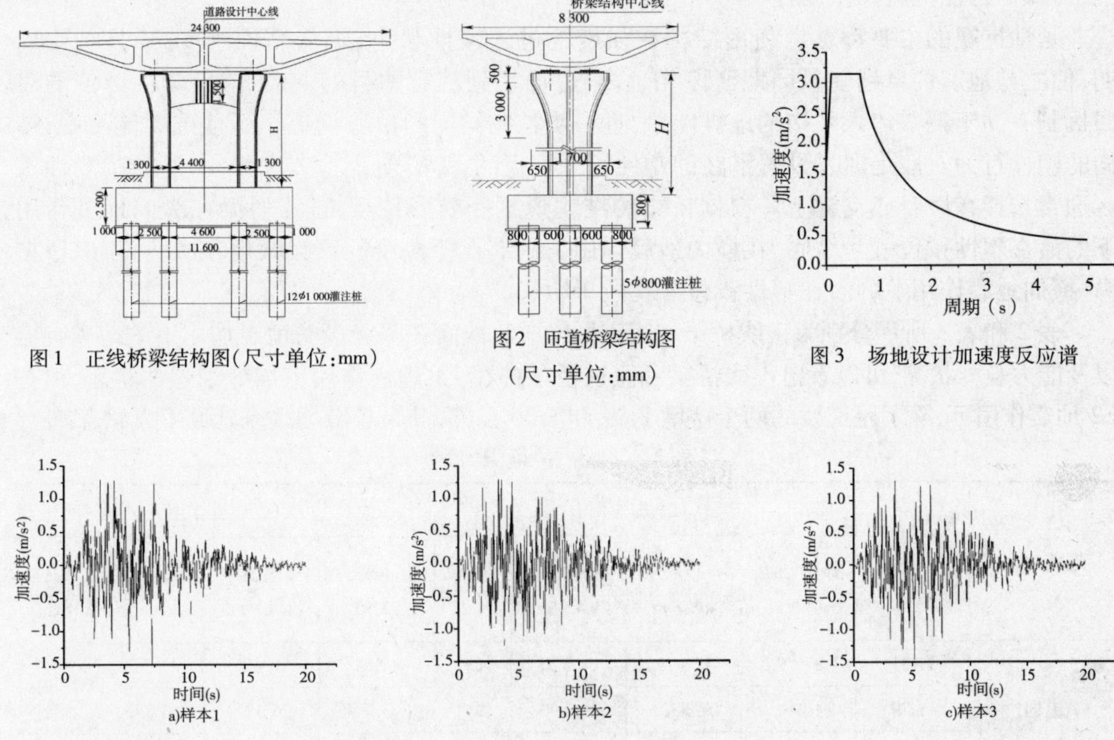

图1　正线桥梁结构图(尺寸单位:mm)

图2　匝道桥梁结构图（尺寸单位:mm)

图3　场地设计加速度反应谱

图4　加速度时称曲线

根据连续梁桥的结构特点,建立结构三维有限元动力分析模型。其中,主梁、墩均采用空间梁单元,主梁的二期恒载采用附加分布质量进行模拟,承台模拟为质点,桩基采用等效土弹簧模拟桩土相互作用[5],普通球钢支座采用与其约束行为相适应的主从约束模拟,减隔震支座则采用与其力学行为相适应的非线性连接单元来模拟。正线桥梁以墩号为 Pm29 ~ Pm33 一联四跨标准连续梁为研究对象,为考虑相邻联结构之间的动力相互作用,分别在左右两侧各增加一联相邻桥梁的结构模型,如图 5 所示。匝道桥模型则包括全部两联桥梁,但为减小相邻边界的影响,主要研究对象为除了与主线相连的过渡墩 Pm25 以及与地面道路相连的桥台的余下各墩 Pr26 ~ Pr30,如图 6 所示。

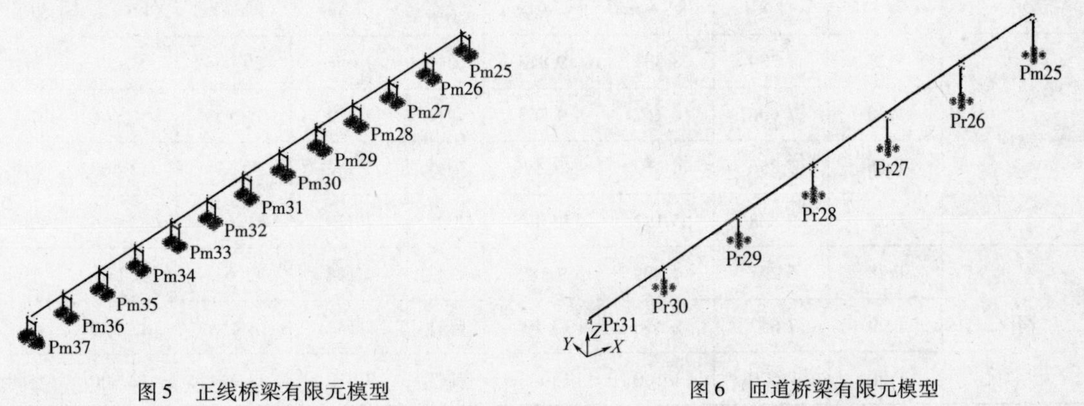

图5　正线桥梁有限元模型

图6　匝道桥梁有限元模型

3.2 延性抗震体系设计

延性抗震的主要特点是利用结构在强震下进入塑性状态,降低结构刚度,延长结构周期,使之与地震的卓越能量周期区段相远离,进而达到减震的目的[6]。此外,塑性部位的滞回机制有助于耗散传入结构的地震能量,进一步控制结构的位移响应。延性抗震体系中,结构的塑性行为一般是通过设置潜在的塑性铰来实现的,为了便于检查和修复,潜在的塑性铰区通常选择在墩身或支柱上。根据桥梁的结构形式和受力特点,正线桥梁在纵向地震作用下的潜在塑性铰位置为墩底,在横向地震作用下的潜在塑性铰位置为墩顶和墩底,匝道桥在纵、横向地震作用下的潜在塑性铰位置均位于墩底。

表2和表3所示分别为正线桥梁和匝道桥梁墩底截面在两级设防地震作用下的地震响应以及能力验算状况,可以看出正线桥梁和匝道桥墩柱在E1地震作用下均处于弹性状态,但在E2地震作用下,除了匝道桥的两个矮墩Pr29和Pr30以外,其余各墩均进入延性工作状态。

表2 正线桥梁墩底

地震输入	墩号	E1地震作用				E2地震作用			
		最小轴力(kN)	弯矩需求(kN·m)	抗弯能力(kN·m)	构件状态	最小轴力(kN)	弯矩需求(kN·m)	抗弯能力(kN·m)	构件状态
纵向	Pm31	8 579	17 472	18 520	弹性	8 554	59 405	18 500	塑性
	Pm29	4 260	7 683	10 390	弹性	-3 730	26 125	6 375	塑性
	Pm30	6 510	7 190	12 070	弹性	-1 489	24 446	8 316	塑性
横向	Pm31	5 393	6 833	11 590	弹性	-2 280	23 235	7 915	塑性
	Pm32	6 804	6 519	12 200	弹性	-454	22 165	8 830	塑性
	Pm33	4 716	6 305	10 610	弹性	-2 116	21 438	7 207	塑性

注:表中纵向只给出固定墩Pm31的受力,内力为与恒载的最不利组合。

表3 匝道桥梁墩底

地震输入	墩号	E1地震作用				E2地震作用			
		最小轴力(kN)	弯矩需求(kN·m)	抗弯能力(kN·m)	构件状态	最小轴力(kN)	弯矩需求(kN·m)	抗弯能力(kN·m)	构件状态
纵向	Pr27	7 789	8 531	9 813	弹性	7 656	29 008	9 759	塑性
	Pr30	7 606	6 162	9 763	弹性	7 392	20 951	9 678	塑性
横向	Pr26	7 856	6 063	13 520	弹性	7 752	20 614	13 460	塑性
	Pr27	7 808	5 192	13 490	弹性	7 719	17 653	13 450	塑性
	Pr28	6 257	4 009	9 182	弹性	6 158	13 632	9 138	塑性
	Pr29	7 642	2 496	13 400	弹性	7 542	8 488	13 350	弹性
	Pr30	7 670	1 160	13 640	弹性	7 610	3 944	13 600	弹性

注:表中纵向只给出固定墩Pr27和Pr30的受力,内力为与恒载的最不利组合。

对未进入延性状态的墩柱,其基础受力直接采用弹性地震响应的结果,对已进入延性状态的墩柱,其基础受力按能力保护原则进行确定。表4和表5分别为正线桥梁和匝道桥梁的最不利单桩受力与截面验算状况。可以看出,正线和匝道桥梁各墩桩基础均不满足E2地震作用下的结构性能目标要求,其中,匝道桥Pr30纵向固定墩桩基础甚至还不满足E1地震作用下的性能目标。由此可见,无论是正线桥梁还是匝道桥,其结构抗震的薄弱部位都是桩基础。这表明,在现有结构参数条件下,正线桥梁和匝道桥在强震作用下,基础将先于墩柱发生破坏。为确保结构塑性行为切实发生在预设的塑性铰区,需对各墩的桩基础进行加强。经过参数试算,将正线各墩的桩基础配筋率由0.968%提高至2.0%,匝道桥各墩桩基础则除了需将配筋率由原来的1.211%提高至2%以外,还要增补共计14根桩,才能满足E2地震作用下的性能目标需求,如表6和表7所示。

表4　正线桥梁最不利单桩

地震输入	墩号	E1地震作用				E2地震作用			
		最小轴力(kN)	弯矩需求(kN·m)	抗弯能力(kN·m)	构件状态	最小轴力(kN)	弯矩需求(kN·m)	抗弯能力(kN·m)	构件状态
纵向	Pm31	-483	679	801	弹性	-1 669	615.60	341	塑性
	Pm29	358	892	11 111	弹性	149	1 458	1 037	塑性
	Pm30	834	831	1 282	弹性	321	1 688	1 098	塑性
横向	Pm31	662	809	1 223	弹性	140	1 651	1 033	塑性
	Pm32	950	788	1 323	弹性	277	1 751	1 082	塑性
	Pm33	578	790	1 190	弹性	83	1 551	1 014	塑性

注:表中纵向只给出固定墩Pm31的基础受力,内力为与恒载的最不利组合。

表5　匝道桥梁最不利单桩

地震输入	墩号	E1地震作用				E2地震作用			
		最小轴力(kN)	弯矩需求(kN·m)	抗弯能力(kN·m)	构件状态	最小轴力(kN)	弯矩需求(kN·m)	抗弯能力(kN·m)	构件状态
纵向	Pr27	-83	294	585	弹性	-813	386	373	塑性
	Pr30	-265	667	531	塑性	-2 098	1 208	—	拉断
	Pr26	451	230	728	弹性	-1 588	420	128	塑性
横向	Pr27	572	255	761	弹性	-1 783	531	67	塑性
	Pr28	430	289	723	弹性	-2 136	673	—	拉断
	Pr29	1 061	202	876	弹性	-596.48	687	431	塑性
	Pr30	1 450	117	969	弹性	720.30	399	795	弹性

注:表中纵向只给出固定墩Pr27和Pr30的基础受力,内力为与恒载的最不利组合。

表 6　正线桥梁基础加强后 E2 地震作用下最不利单桩验算

地震输入	墩号	增补桩数	桩基配筋率	E2 地震作用			
				最小轴力(kN)	弯矩需求(kN·m)	抗弯能力(kN·m)	构件状态
纵向	Pm31	0	2%	−1 669	615	1 330	弹性
	Pm29	0	2%	149	1 458	1 859	弹性
	Pm30	0	2%	321	1 688	1 991	弹性
横向	Pm31	0	2%	140	1 651	1 936	弹性
	Pm32	0	2%	277	1 751	1 979	弹性
	Pm33	0	2%	83	1 551	1 918	弹性

注:表中纵向只给出固定墩 Pm31 受力,内力为与恒载的最不利组合。

表 7　匝道桥梁基础加强后 E2 地震作用下最不利单桩验算

地震输入	墩号	增补桩数	桩基配筋率	E2 地震作用			
				最小轴力(kN)	弯矩需求(kN·m)	抗弯能力(kN·m)	构件状态
纵向	Pr27	2	2%	−813	386	738	弹性
	Pr30	8	2%	−263	695	881	弹性
横向	Pr26	0	2%	−1 330	4 140	587	弹性
	Pr27	2	2%	−1 588	420	517	弹性
	Pr28	4	2%	−1 227	549	617	弹性
	Pr29	0	2%	−774	602	744	弹性
	Pr30	8	2%	−596	687	790	弹性

注:表中纵向只给出固定墩 Pr27 和 Pr30 的基础受力,内力为与恒载的最不利组合。

3.3　减隔震体系设计

减隔震设计是通过特定的减隔震装置来提供地震作用下的柔性支撑和阻尼耗能机制,从而避免主体结构发生严重损伤[7]。常用的支座类减隔震装置包括橡胶类支座和摩擦摆式支座。由于正线桥主梁较重,难以采用橡胶支座,可采用承载能力较大的摩擦摆式减隔震支座[8-10]。为在纵、横桥向均实现减隔震,并尽可能提高摆式支座的震后自复位能力,正线桥梁各支座均采用双曲球面摆式支座,曲面半径为 5m。其中,固定墩 Pm31 纵向及各墩横向通过支座上设置的临时限位装置提供正常使用条件下的约束机制,具体布置状况见表 8 所示。匝道桥主梁较轻,则可采用铅芯橡胶支座进行减震。其中,Pm25、Pr28 和 Pr31 墩台处为 LRB3 000 kN 支座,其余各墩处均为 LRB5 000 kN 支座,两种铅芯橡胶支座的主要性能参数见表 9 所示。

表 8　正线桥梁摩擦摆式支座布置

支座位置	Pm29、Pm33	Pm30、Pm32	Pm31
左支座	FPS6 000DX	FPS 15 000DX	FPS 12 500HX(平转 90°)
右支座	FPS6 000HX	FPS 15 000DX	FPS 12 500GD

注:GD 表示在纵横向均设临时限位,HX 表示在横向临时限位,DX 表示不设限位。

表 9　铅芯橡胶支座性能参数

支 座	一次刚度 (kN/m)	二次刚度 (kN/m)	铅芯屈服力 (kN)	等效刚度 (kN/m)	等效阻尼比(%)
LRB 3000	16 400	2 500	192	3 600	17.4
LRB 5000	29 300	4 500	323	6 200	15.9

注:等效刚度比和等效阻尼比为对应 100% 橡胶剪应变计算。

摩擦摆式支座和铅芯橡胶支座的力学模型均可采用 Bouc-Wen 模型[11](图 7),其力学计算表达式可表示为:

$$F = K_2 d + \left(1 + \frac{K_1}{K_2}\right) Q_d \cdot z$$
$$z = \frac{K_1}{Q_d} \begin{cases} d(1 - |z|^{\exp}), & d \cdot z > 0 \\ d, & \text{otherwise} \end{cases} \tag{1}$$

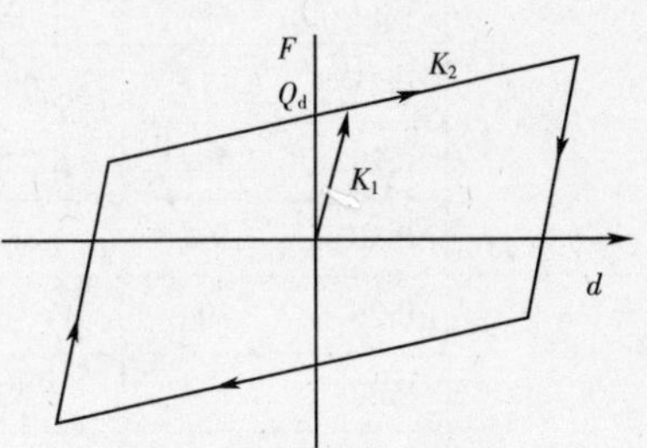

图 7　Bouc-Wen 模型

其中,F 为支座水平剪力,d 为支座相对变形,z 为模型内部滞回变量[12]。对于摩擦摆式支座,K_1 为临界滑动等效刚度,可近似由支座的滑动摩擦力和临界滑动变形求得 $K_1 = \mu W/\Delta_i$,其中 μ 为摩擦系数,一般取 0.02,W 为恒载压力,Δ_i 为临界滑动变形,可取 0.5 ~ 2mm,K_2 为二次刚度 $K_1 = W/R$,R 为曲面半径,Q_d 为滑动摩擦力 $Q_d = \mu \cdot W$;对于铅芯橡胶支座,K_1 为一次刚度,K_2 为二次刚度,Q_d 为铅芯屈服力。

根据上述参数,进行结构减隔震体系地震响应分析与验算,结果如表 10 和表 11 所示(仅给出 E2 地震作用下的结果)。可见,在现有结构设计参数下,采用减隔震体系,墩身和基础设防地震作用下均处于弹性工作状态,无明显损伤。

表 10　正线桥梁减隔震体系主要分析结果(E2 地震作用)

地震输入	墩号	墩底截面				最不利单桩			
		最小轴力 (kN)	弯矩需求 (kN·m)	抗弯能力 (kN·m)	构件状态	最小轴力 (kN)	弯矩需求 (kN·m)	抗弯能力 (kN·m)	构件状态
纵向	Pm29	7 535	4 436	16 560	弹性	1 100	492	1 369	弹性
	Pm30	9 671	5 459	19 160	弹性	1 409	512	1 470	弹性
	Pm31	8 570	4 508	18 510	弹性	1 284	524	1 430	弹性
	Pm32	9 656	5 259	19 150	弹性	1 429	516	1 476	弹性
	Pm33	7 531	4 200	16 560	弹性	1 117	516	1 375	弹性
横向	Pm29	6 390	2 290	11 380	弹性	1 216	724	1 407	弹性
	Pm30	8 541	2 583	12 920	弹性	1 597	727	1 531	弹性
	Pm31	7 342	2 258	12 420	弹性	1 384	755	1 461	弹性
	Pm32	8 563	2 492	12 930	弹性	1 596	737	1 531	弹性
	Pm33	6 411	2 168	11 390	弹性	1 211	766	1 407	弹性

注:表中内力为与恒载的最不利组合。

表 11　匝道桥梁减隔震体系主要分析结果(E2 地震作用)

地震输入	墩号	墩底截面				最不利单桩			
		最小轴力(kN)	弯矩需求(kN·m)	抗弯能力(kN·m)	构件状态	最小轴力(kN)	弯矩需求(kN·m)	抗弯能力(kN·m)	构件状态
纵向	Pr26	7 761	10 123	10 152	弹性	-327	398	512	弹性
	Pr27	7 700	9 755	9 777	弹性	-327	452	499	弹性
	Pr28	6 177	7 069	9 148	弹性	-243	418	538	弹性
	Pr29	7 599	5 229	9 737	弹性	324	426	697	弹性
	Pr30	7 597	3 864	9 735	弹性	461	499	734	弹性
横向	Pr26	7 899	12 106	13 540	弹性	-719	434	436	弹性
	Pr27	7 844	11 321	13 510	弹性	-629	438	442	弹性
	Pr28	6 298	9 188	12 650	弹性	-518	430	436	弹性
	Pr29	7 684	6 594	13 430	弹性	81	436	628	弹性
	Pr30	7 695	5 037	13 430	弹性	374	469	708	弹性

注:表中内力为与恒载的最不利组合。

3.4　两种抗震体系结构抗震性能对比

由以上分析可以看出,基于延性是利用结构构件特定部位在地震作用下进入塑性状态,从而达到延长周期和耗散地震能量的功效,但与此同时,构件本身在震后将不可避免的产生一定的损伤,延性抗震设计则要控制这种损伤在一定的限度范围内,从而达到防止结构倒塌,并满足震后限载通行的需要,在灾后恢复和重建阶段,则需首先对结构进行必要的修补和加固,以恢复其完全通行能力。减隔震体系则是通过特定的减隔震装置来实现减震的目的,地震引起的变形和地震能量的耗散均主要发生在减隔震装置上,从而避免主体结构发生过大的地震损伤。此外,减隔震装置一般在震后都具有一定的自复位能力,因此,按照减隔震设计的桥梁震后一般经过简单的检查或简单的辅助复位作业即可具有完全通行能力。在灾后恢复和重建阶段,通常也不需要进行额外的修复加固工作,即使是超过设防水平的地震作用导致减隔震装置发生过大的变形破坏而不宜继续使用时,更换新的减隔震装置也较为方便。表 12 所示即正线桥梁和匝道桥在两种结构抗震体系下结构性能的对比状况,可以看出,尽管延性抗震体系和减隔震体系均能满足结构在两级地震设防下的预期性能目标要求,但后者的结构性能表现明显要优于前者。

表 12　正线和匝道桥在不同抗震体系下的结构抗震性能对比

	延性抗震体系	减隔震体系
E1 地震作用	结构整体保持弹性,桥梁结构功能不发生退化	结构主体保持弹性,桥梁结构功能不发生退化
E2 地震作用	结构整体处于弹塑性状态,桥墩发生较大损伤,但未倒塌,满足限载通行的要求; 震后需对损伤的桥墩进行加固维修或更换	结构主体保持弹性,减隔震支座产生较大的变形耗散地震能量,桥梁结构功能不发生退化; 震后不需要维修或进行简单维修即可

4 抗震体系工程经济性对比

对比两种抗震设计体系的实现方式和过程，延性抗震体系是通过在原设计基础上加强桩基来满足延性结构体系所必需的能力设计要求，从而确保结构塑性发生在墩底部位；减隔震体系则是将普通支座更换为减隔震支座，进而大幅度减小结构地震响应，并使墩身和基础在原设计条件下均保持为弹性工作状态。为进一步比较两种抗震体系在工程经济性上的差异，本文以正线桥梁和匝道桥的原设计方案为基准，分别按照延性抗震体系和减隔震体系统计结构的新增工程数量及相应造价，如表13和表14所示。其中，混凝土和钢筋单位工程造价按照上海市市政公路造价信息2008年9月份价格测算，支座按招标采购价计算。从表中数据统计结果可以看出，无论是正线桥还是匝道桥，采用减隔震体系均具有更好的经济性，其中正线桥梁采用减隔震体系每联桥可节约工程造价约64.42万元，匝道工程可节约造价约65.78万元。

表13 正线桥梁抗震体系新增预算对比

墩号	延性抗震体系					减隔震体系		
	原桩数	加桩数	混凝土增量(m^3)	钢筋增量(kg)	新增预算费用(万元)	QZ支座价格(万元)	FPS价格(万元)	新增预算(万元)
Pm29	12	0	0.000	26 317	21.18	1.86	5.04	3.18
Pm30	12	0	0.000	26 317	21.18	6.48	18.28	11.80
Pm31	12	0	0.000	26 054	21.18	4.78	16.30	11.52
Pm32	12	0	0.000	26 580	21.18	6.48	18.28	11.80
Pm33	12	0	0.000	26 317	21.18	1.86	5.04	3.18
合计	60	0	0.000	131 585	105.90	21.46	62.94	41.48

注：表中支座价格为两个支座之和。

表14 匝道桥梁抗震体系新增预算对比

墩号	延性抗震体系					减隔震体系		
	原桩数	加桩数	混凝土增量(m^3)	钢筋增量(kg)	新增预算费用(万元)	QZ支座价格(万元)	FPS价格(万元)	新增预算(万元)
Pr26	5	0	0.000	3 905	3.14	1.48	3.05	1.57
Pr27	5	2	40.211	7 787	11.50	1.48	3.05	1.57
Pr28	5	4	80.422	11 708	19.88	1.68	3.9	2.22
Pr29	5	0	0.000	3 867	3.11	1.48	3.05	1.57
Pr30	5	8	160.845	19 549	36.65	1.48	3.05	1.57
合计	30	14	281.478	46 816	74.28	7.6	16.1	8.50

注：表中支座价格为两个支座之和。

5 结论

本文探讨了城市高架桥的抗震设防标准与结构性能目标。以上海市内环线改扩建工程罗山路段高架桥为例,分别按照延性抗震体系和减隔震体系进行结构抗震设计,比较了两种体系所对应的结构抗震性能。在此基础上,进一步比较了两种抗震体系的经济性。结果表明,采用减隔震体系,不仅可以获得更优的结构抗震性能,并且还能非常可观地节约工程造价。

参考文献

[1] 中华人民共和国国家标准. 城市抗震防灾规划标准 GB 50413—2007. 北京:中华人民共和国建设部,2007.

[2] 城市桥梁抗震设计规范(征求意见稿),2009.

[3] 中华人民共和国行业标准. 公路桥梁抗震设计细则 JTG/T B02-01—2008. 北京: 人民交通出版社,2008.

[4] 张菊辉. 基于数值模拟的规则梁桥墩柱的地震易损性分析. 硕士学位论文. 同济大学,2006.

[5] 葛继平,管仲国,李建中. 群桩基础桥梁抗震分析简化模型. 结构工程师. 2006,22(6): 64-67.

[6] 范立础,卓卫东. 桥梁延性抗震设计. 北京:人民交通出版社,2001.

[7] 范立础,王志强. 桥梁减隔震设计. 北京:人民交通出版社,2001.

[8] Kunde, M. C. and Jangid, R. S. Seismic behavior of isolated bridges: A - state - of - the - art review. Electronic Journal of Structural Engineering. 2003,3:140-170.

[9] Mokha, A. Constantinou, M. C., Reinhorn, A. M., and Zayas, V. A. Experimental study of friction - pendulum isolation system. J. Struct. Eng., 1991,117(4):1201-1217.

[10] Najm, H., Patel, R. and Nassif, H. Evaluation of laminated circular elastomeric bearings. Journal of Bridge Engineering, 2007, 12(1):89-97.

[11] Luciana R., Barroso. Performance evaluation of vibration controlled steel structures under seismic loading. PhD Dissertation. Stanford University, 1999.

[12] 焦驰宇,胡世德,管仲国. FPS 抗震支座分析模型的比较研究. 振动与冲击. 2007,26(10):114-117.

80　大跨径混凝土自锚式悬索桥地震反应分析

张连振

（哈尔滨工业大学桥梁工程系）

摘　要　采用Sap2000大型结构分析程序，对朝阳市黄河路大桥主桥180m跨度的混凝土自锚式悬索桥进行了动力特性和地震反应分析。在计算中考虑各种几何非线性的影响，得到了该类桥梁动力特性的一般分布规律。将采用人工地震波生成技术得到的拟合规范设计加速度反应谱的人工地震波作为地震动输入，对该桥进行了非线性时程分析，得到了该类桥梁地震反应的一般规律和抗震设计要点。论文所取得的研究成果可为同类桥梁的地震反应分析和抗震设计提供参考。

关键词　混凝土自锚式悬索桥　动力特性　地震反应　时程分析

1　引言

混凝土自锚式悬索桥是我国近10年来发展起来的一种桥梁结构形式，由于其具有造型美观、桥址适应性强以及造价合理等优点，在中等跨径（80～200 m）的城市桥梁方案中极具竞争优势而屡屡被采用。近几年来，在我国发展很快，全国已建成的或在建的自锚式悬索桥已达二十余座，并且创造了用混凝土修建主梁的自锚式悬索桥，降低了工程造价，丰富了自锚式悬索桥的理论和实践。

在动力学行为上，由于改变了主缆的锚固方式，混凝土自锚式悬索桥与传统的地锚式悬索桥具有很大的不同。

（1）主梁由于主缆的压力作用而变成压弯构件，由于梁柱效应的存在，巨大的压力降低了主梁的弯曲刚度。主梁弯曲刚度的降低使得其振动周期加长。

（2）由于主缆锚固在主梁端部，为了平衡其巨大的上拔力而避免出现拉力支座，在主梁梁端都配置有巨大的质量块压重，这些附加质量不可避免的影响其动力特性。

（3）对于双塔三跨标准布置的自锚式悬索桥由于结构受力的需要，结构形式必须采用纵向全漂浮的体系，因为这必须保证主梁在巨大轴压以及温度变化引起的纵向自由伸缩。

（4）独特的采用混凝土材料修建主梁，使其结构的质量和刚度分布与传统地锚式悬索桥常用的钢箱梁结构有很大差异。这些因素的存在使得大跨径混凝土自锚式悬索桥的动力行为与传统的地锚式悬索桥有很大不同。因此，开展大跨径混凝土自锚式悬索桥的动力性能的研究具有重要意义。

朝阳市黄河路大桥主桥采用混凝土自锚式悬索桥，主跨180 m，是国内目前建成的最大跨径的混凝土自锚式悬索桥。本论文采用 Sap2000 结构分析程序,考虑各种几何非线性因素,对该桥的动力特性和地震反应进行了全面详细的分析计算,得到了一些结论,对同类工程具有一定的参考价值。

2 工程概况与有限元建模

2.1 工程概况

朝阳市黄河路大桥位于辽宁省朝阳市东部出口,西接城区黄河路,东接凤凰组团开发区,2009 年 8 月建成通车。该桥主桥为双塔双索面混凝土自锚式悬索桥,跨径布置为 73 m + 180 m + 73 m,全长 326 m。主桥采用塔墩固结、塔梁分离的半漂浮体系,主桥在桥塔和过渡墩处均设置活动支座。桥面全宽 31m,横向布置为 2.5m(人行道)+2.5m(锚索区)+0.5m(防撞护栏)+3.0m(非机动车道)+2×3.5m(机动车道)+0.5m(中央分隔带)+ 2×3.5m(机动车道)+ 3.0m(非机动车道) +0.5m(防撞护栏) +2.5m(锚索区) + 2.5m(人行道)。桥塔采用钢筋混凝土结构、矩形截面,门式桥塔,塔柱全高 49.427m,下部基础采用群桩基础,每根塔柱下面设置 9 根直径为 1.8m 的钻孔灌注桩,按嵌岩桩设计。主缆采用高强钢丝,预制平行索股架设,主缆直径 39cm,吊杆为平行钢丝,吊杆间距 5m。桥型布置图见图 1。

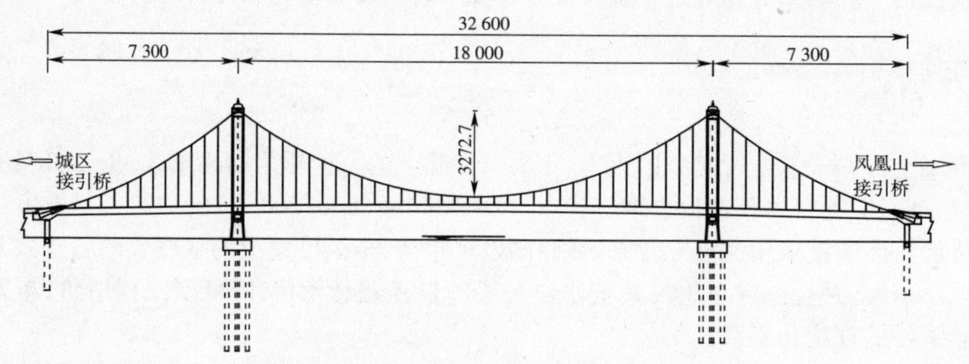

图 1 朝阳市黄河路大桥桥型布置图(尺寸单位:cm)

2.2 有限元建模

本文有限元建模采用 Sap2000 程序。为准确模拟结构刚度、质量分布,建立三维空间分析模型。

(1)桥塔、主梁全部采用空间三维梁单元,模拟中考虑轴力对刚度的影响,计入梁单元的几何刚度,将成桥状态桥塔、主梁轴力以初始力的形式,加入到结构中。

(2)拉索、主缆采用三维桁架单元,计入重力刚度,将成桥状态拉索索力以初始力计入几何刚度矩阵。

(3)质量单元采用集中质量矩阵。

(4)考虑引桥的影响,将引桥一同建模。

建模中所用的参数见表 1,边界条件见表 2。本桥结构体系为全漂浮体系,主桥范围内纵向无约束,自平衡体系。

表1 材料与截面参数

类别	$A(m^2)$	$I_2(m^4)$	$I_3(m^4)$	$J(m^4)$	$E_x(kPa)$	μ	ρ (kg/m³)
主梁	13.116	524.88	12.599	41.468	3.55E+7	0.166	3 341
桥塔	10.745 7	5.224	16.952 7	15	3.55E+7	0.166	2 500
主缆	0.099	0	0	0	2.0E+8	0.3	8 130
吊杆	0.004 19	0	0	0	2.0E+8	0.3	7 850

表2 边界条件

位置	U_x	U_y	U_z	θ_x	θ_y	θ_z
塔底	√	√	√	√	√	√
主梁端部		√	√	√		
塔梁相交处		√	√	√		
边墩底	√	√	√	√	√	√

注:塔梁结合处,主梁与桥塔下横梁主从约束。

全桥共划分为1 102个单元,952个节点,建立的全桥模型见图2。

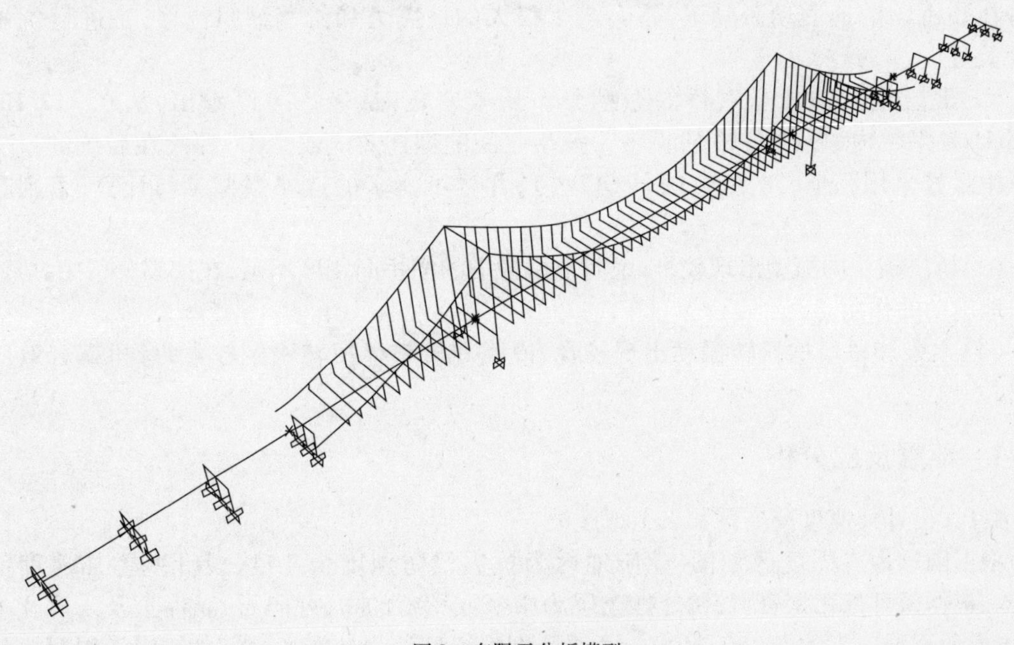

图2 有限元分析模型

3 动力特性分析

利用上述建立的有限元分析模型,采用Sap2000模态分析的子空间迭代法,计算了朝阳市黄河路大桥的前200阶频率和振型。表3给出了模态参数序列。

表3　朝阳市黄河路大桥动力特性计算结果

阶序	频率(Hz)	振型描述	阶序	频率(Hz)	振型描述
1	0.213	主梁纵飘	11	1.388	主梁竖向弯曲
2	0.457	主梁1阶对称竖弯	12	1.532	主缆振动
3	0.635	主梁1阶反对称竖弯	13	1.550	主缆振动
4	0.821	桥塔对称横向弯曲	14	1.684	主缆振动
5	0.985	主梁2阶对称竖弯	15	1.690	主缆振动
6	1.038	桥塔反对称横向弯曲	16	1.704	主缆振动
7	1.174	主梁横向弯曲	17	1.719	主缆振动
8	1.287	主梁竖向弯曲	18	2.150	主缆振动
9	1.339	主缆横向对称振动	19	2.161	主缆振动
10	1.365	主缆横向反对称振动	20	2.255	主梁桥塔弯曲振动

从上述混凝土自锚式悬索桥动力特性的分析结果来看,有以下特点:

(1)由于结构为漂浮体系,纵向无约束,导致结构纵向整体刚度较小,所以结构振动第一阶振型即出现主梁纵向漂浮,周期达4.69 s,由于纵飘振型出现较早,可以预测桥塔在顺桥向的地震动激励下,将会产生很大的地震力和梁端纵飘位移,是进行抗震设计的关键。

(2)混凝土自锚式悬索桥的振型分布比较密集,从表3可以看出,从0.212 Hz到2.55 Hz频率带内,分布了20阶振型。振型之间的耦连效应较突出,因此在后续的反应谱分析中最好采用完全二次组合法(CQC法),并尽可能多的选取振型参与计算,否则会影响计算精度。

(3)桥塔横桥向振型出现较早,说明本桥桥塔的横桥向刚度不足,在抗震分析中,应注意横向地震动的作用。

(4)主梁和桥塔的扭转振动出现较晚,说明本桥整体扭转刚度较大,弯扭耦合效应不突出。

4　地震反应分析

4.1　设计加速度反应谱和人工地震波

根据国家地震烈度区划图,朝阳地区为抗震设防烈度为7度,设计基本加速度值为0.1g。根据桥址处钻探资料,桥址处土层为中密或稍密的中砂、碎石、黏性土及未风化岩构成,土层剪切波速大致在250~500m/s,因此判定桥址处为Ⅱ类场地条件。对于混凝土结构一般阻尼比在0.05左右。采用2008版《公路桥梁抗震细则》提供的设计加速度反应谱,综合确定本桥设计反应谱参数如下:$C_i=1.0$;$C_s=1.0$;$C_d=1.0$;$A=0.1$g;卓越周期$Tg=0.35$s。则$S\max=2.25C_iC_sC_dA=0.225g$。

为得到用于时程分析用的地震波,本文运用三角级数叠加法生成拟合规范反应谱的人工地震波，拟合依据是采用《公路桥梁抗震细则》提供的功率谱函数。拟合生成了朝阳市黄河路大桥的人工地震波。加速度反应谱对比见图3，功率谱对比见图4，生成的人工地震波见图5。

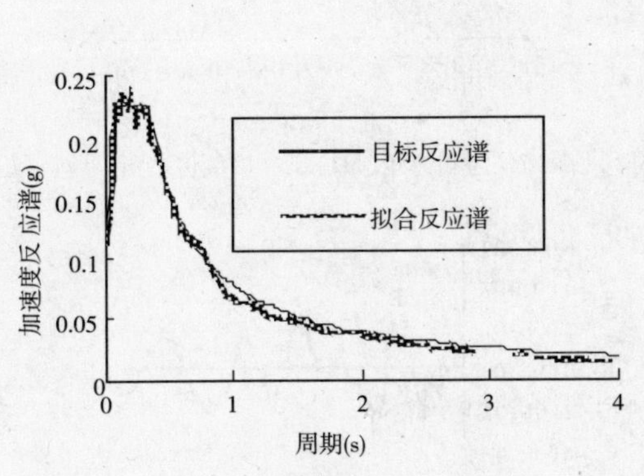

图3　人工波拟合反应谱与设计反应谱的对比

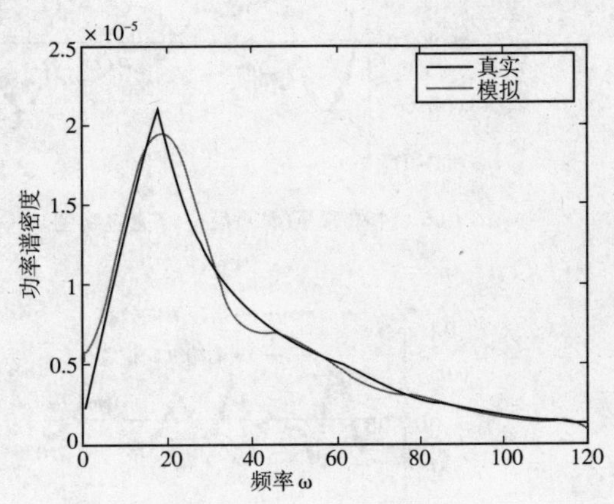

图4　拟合的功率谱曲线对比

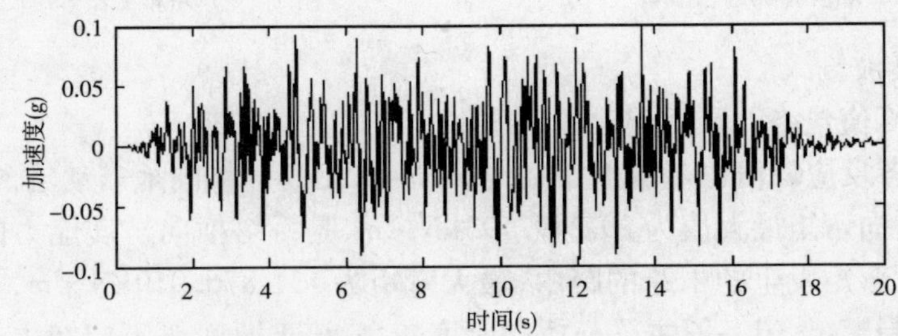

图5　加速度人工地震波时程曲线

4.2　非线性地震反应时程分析

采用前述建立的朝阳市黄河路大桥的动力计算模型，进行全桥在地震作用一致激励下的时程分析，采用纵向、横向、纵向+竖向、横向+竖向、纵向+横向+竖向进行输入对比分析。在时程分析中考虑两种非线性的影响：(1)大变形效应；(2)P－Δ效应。非线性分析均采用大型结构分析程序Sap2000完成，在分析定义中正确的设置相关非线性参数，分析工况考虑上述两种非线性效应。时程分析中，采用程序建议的HHT直接积分法。

下面给出计算分析结果。

(1)纵向地震波输入

结构反应见图6～图9。从位移反应时程可以看出，桥梁位移反应最大的是主梁纵向漂浮和桥塔顺桥向偏位，梁端最大纵飘位移0.068 m，塔顶最大水平向位移0.053 2 m，最大值基本上出现在地震动4 s的位置。主梁和桥塔的横向位移很小，基本为零。从内力反应时程和峰值来看，主梁边跨跨中区段的弯矩较大，中跨弯矩较小，桥塔最大弯矩出现在桥塔根部，是该工况下的控制断面，塔底弯矩峰值为38 674.933 kN·m，大约在地震动4 s左右出现，震动过程中，正负弯矩交替出现。主梁最大峰值为6 167.14kN·m，发生在边跨中附近，在地震动4 s左右到达。

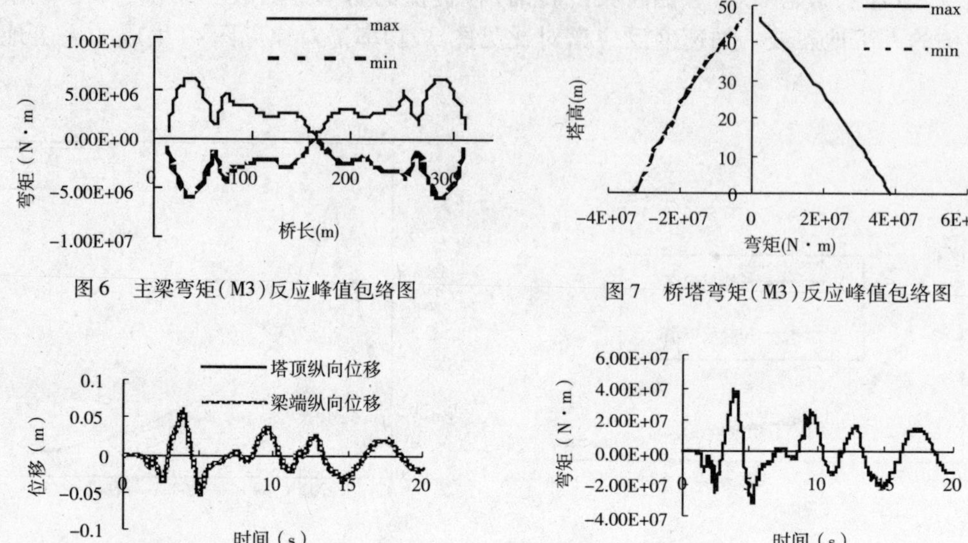

图6　主梁弯矩(M3)反应峰值包络图

图7　桥塔弯矩(M3)反应峰值包络图

图8　塔顶位移反应时程

图9　桥塔塔根截面弯矩反应时程

(2)横向地震波输入

结构反应的峰值包络以及反应时程见图10、图11。

横向振动的各反应峰值也基本上是在地震动4 s出现。横向地震动输入下,桥塔最大弯矩在根部截面,横向弯矩最大值为29 249.193kN·m,是桥塔横向抗震能力的控制截面和控制工况;主梁最大弯矩发生的中跨的跨中,最大弯矩为131 876.919kN·m,是主梁横向弯矩的控制截面和控制工况,但一般主梁横桥向刚度较大,该工况一般不控制主梁的设计。主塔最大横向位移为0.042 8m,发生在塔顶,主梁最大横向位移发生在跨中截面,最大值为0.012 68m。结构各构件纵向和竖向位移较小,基本上以横向振动为主。

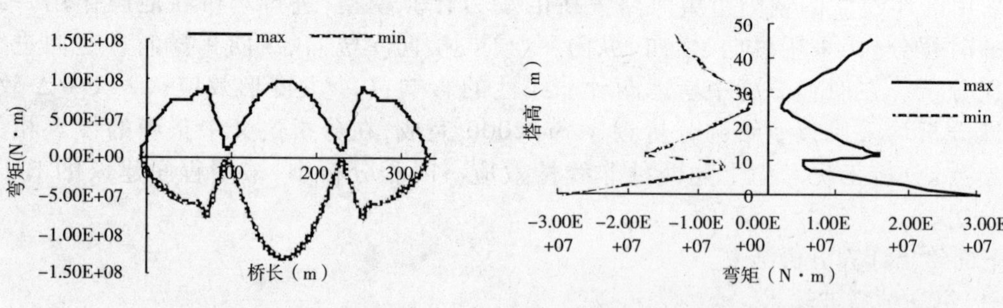

图10　主梁弯矩(M2)反应峰值包络图

图11　桥塔弯矩(M2)反应峰值包络图

限于篇幅,其他工况计算结果不再一一列出。从地震反应的计算结果来看,大跨径混凝土自锚式悬索桥的抗震设计控制点是纵向地震波输入下的桥塔塔根截面弯矩和主梁梁端的纵向漂浮位移。本桥塔根部截面最大弯矩为38 674.933 kN·m,梁端位移为0.068m,抗震性能是满足要求的。

通过大量计算,得出以下规律:

(1)混凝土自锚式悬索桥的地震反应分析应考虑地震的空间性,计算时需要考虑地震动输入的空间角度。不同地震波入射角激发的结构振动是不同的。

(2)混凝土自锚式悬索桥抗震设计的控制构件是桥塔,最不利截面是桥塔根部,最不利地震波入射方向是纵向。竖向地震波入射,对桥塔的地震反应影响不大,不予考虑。

(3)竖向地震波会将结构上下抛掷,控制主梁的纵向弯曲振动。在主梁的抗震计算中必须考虑竖向地震动的影响。

(4)三维地震动分析表明,混凝土自锚式悬索桥的空间耦合振动效应不明显,可分别按单方向进行抗震计算。

5 结论

本文采用 Sap2000 程序,对朝阳市黄河路大桥主桥大跨径混凝土自锚式悬索桥的动力特性和地震反应进行了详细分析。得到了该类桥梁动力特性、地震反应的一般分布规律,指出了该类桥梁的抗震设计要点。研究成果可为同类桥梁的抗震设计提供参考。

参 考 文 献

[1] 谢旭.桥梁结构地震响应分析与抗震设计.北京:人民交通出版社,2006.

[2] 中华人民共和国交通部标准.JTG/T B02—2008 公路桥梁抗震设计细则.北京:人民交通出版社,2008.

81 大吨位铅销橡胶支座的优化设计

赵国辉 张科超 刘健新

(长安大学公路学院)

摘 要 本文以1 000 t级铅销橡胶支座为对象研究铅销橡胶支座减震系统的耗能形式及合理配铅率范围。论文以减震系统总耗能、铅销橡胶支座耗能及墩底塑性区耗能、上部结构位移等控制参数为指标,进行铅销橡胶支座的优化设计,确定不同条件下铅销橡胶支座的合理配铅率范围,并分析场地土类别和桥墩轴压比对合理配铅率的影响。

关键词 铅销橡胶支座 轴压比 场地土 配铅率 优化设计

1 前言

近30年来,以铅销橡胶支座为代表的隔震技术被广泛的应用于建筑和桥梁结构。铅销橡胶支座屈服后刚度降低可有效延长结构的周期以避开地震能量集中频段,从而减小了地震能量的输入;铅销屈服后再结晶能力较强,由此产生的滞回特性可有效耗散地震能量以保护结构不产生严重的损伤。

随着铅销橡胶支座的广泛应用,其复杂的个案设计方法无法适应其大规模推广的实际需求。近年来国内外许多学者研究了铅销橡胶支座的力学模型、简化设计方法以及支座的优化设计。但绝大多数研究都没有深究铅销橡胶支座的屈服前后刚度的实际比值,而是参考日本或新西兰的相关研究结论,取屈服前后的刚度比为6.5或10。这一假定忽视了铅销橡胶支座配铅率大小对支座屈服前刚度的影响,当实际配铅率与日本或新西兰相关研究的支座模型差别较大时,会导致分析结果误差较大。

本文采用考虑铅销橡胶支座配铅率的力学模型,对1 000 t级的铅销橡胶支座进行减震效果分析,对支座的配铅率进行优化,并考虑不同场地土类型,桥墩轴压比对合理配铅率的影响。

2 铅销橡胶支座力学模型

铅销橡胶支座力学模型主要有屈服前刚度 K_1、屈服后刚度 K_2 以及屈服力 Q_d 等参数确定的双线性模型(图1),其力学特性有以下两个显著的特点:

(1)支座屈服后的刚度基本只取决于橡胶的力学特性。

(2)支座屈服荷载基本只取决于铅销的尺寸和力学特性。

铅的力学特性如:屈服时的剪切强度和剪切模量等一般通过试验方法测定。日本学者测定的铅的本构关系如图2所示,其屈服强度强度为8.5MPa,屈服后随着剪切应变的增加应力持续增长，当剪切应变为50%左右时，达到峰值应力11.5MPa，之后随着应变的持续增加应力逐渐下降，残余应力维持在2MPa左右。这种非线性的本构关系对于铅销橡胶支座的设计而言过于复杂，一般简化为理想的线性模型，取铅屈服强度强度为10.5MPa，剪切模量为130MPa，并假定铅销屈服后其参与应力为0。

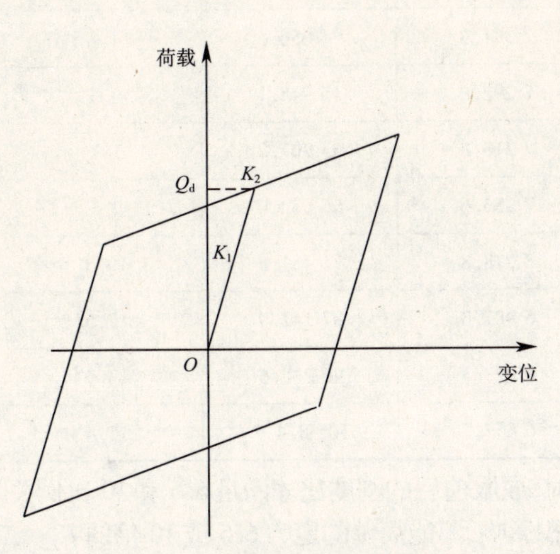

图1　铅销橡胶支座的力学模型

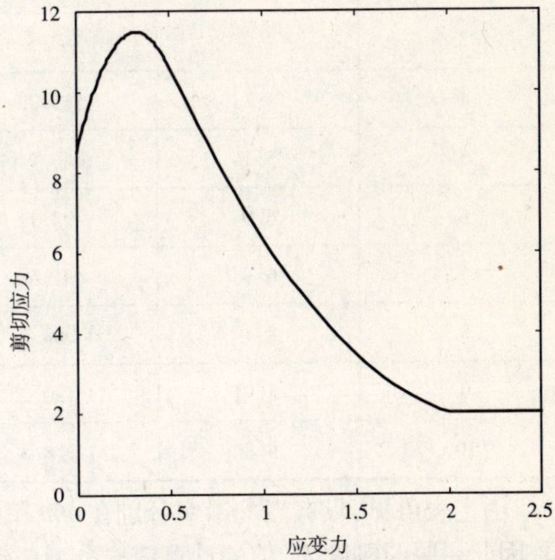

图2　铅的剪切应力一应变关系

根据上述特点可以得到铅销橡胶支座主要力学参数的计算式(1)~式(3)：

$$K_2 = \frac{G_r A_r}{\sum t} \tag{1}$$

式中：G_r——橡胶的剪切模量；

A_r——支座加劲钢板的面积；

$\sum t$——橡胶层的总厚度。

$$K_1 = \frac{G_l A_l}{\sum t} + K_2 \tag{2}$$

式中：G_l——铅的剪切模量；

A_l——铅销的面积；

$\sum t$——橡胶层的总厚度。

$$Q_d = \tau A_l \tag{3}$$

式中：τ——铅的剪切屈服强度；

A_l——铅销的面积。

3　算例分析

3.1　计算模型及支座参数

某桥为4×40m的连续梁，桥面宽21m，主梁采用箱型截面，C50混凝土，桥墩为1.6m×1.6m方形截面，高度分别为7.5m C30混凝土。支座采用1 000 t级铅销橡胶支座，其配铅率在1%~10%之内进行优化设计，支座参数见表1。

表1 铅销橡胶支座参数表

编 号	配铅率(%)	Q_d(kN)	K_2(kN/m)	K_1(kN/m)	K_1/K_2
1	1.0	118.7	7 528.8	16 435.0	2.2
2	1.9	238.2	7 456.1	25 330.3	3.4
3	2.9	363.5	7 381.3	34 656.5	4.7
4	4.1	515.2	7 292.8	45 948.1	6.3
5	5.1	646.2	7 218.0	55 707.2	7.7
6	6.0	792.1	7 136.6	66 573.0	9.3
7	6.9	897.6	7 078.8	74 431.8	10.5
8	8.1	1 068.2	6 987.3	87 142.9	12.5
9	8.9	1 190.2	6 923.3	96 232.5	13.9
10	9.8	1 318.8	6 857.2	105 814.7	15.4

由上表可见,只有当配铅率分别在4%和6.5%时,屈服前后的刚度比才满足6.5和10比例关系,因此屈服前刚度K_1值的计算应充分考虑铅销面积影响,不能简单的定为6.5或10倍的K_2。

3.2 地震动参数

设定该桥位于2类场地土,50年超越概率2%的地面地震动峰值加速度为:0.35g、地面反应谱特征周期为:0.50s。为考虑场地土类型对支座合理配铅率的影响,分别给出了1类和3类场地土的地震动参数(表2),并拟合了人工地震动时程(图3、图4)。

表2 设计地震动参数

场地土类别	峰值加速度(g)	动力放大系数	特征周期T_g	衰减系数c
1类	0.35	2.5	0.40	0.9
2类	0.35	2.5	0.50	0.9
3类	0.35	2.5	0.60	0.9

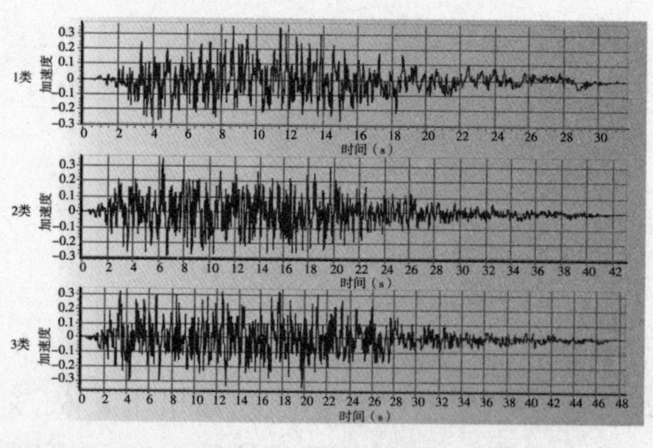

图3 分类场地工条件下地震动时程

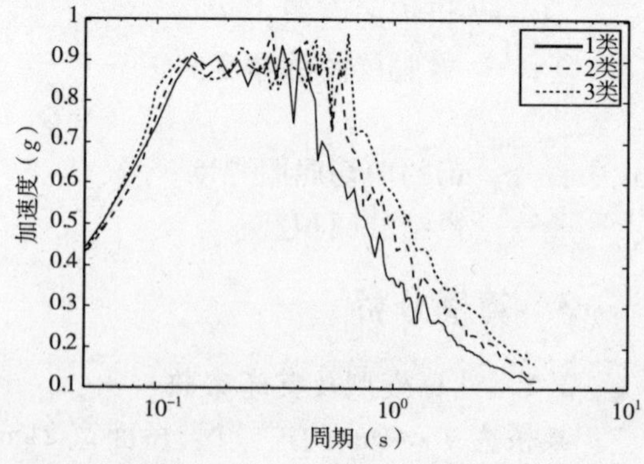

图4 地震动时程加速度反应谱

3.3 计算结果

最优的配铅率的选定由以下几个因素决定：

(1)支座耗能要尽可能大。

(2)支座变位及主梁位移要尽可能小。

(3)桥墩耗能尽可能小(基本保持弹性)。

3.3.1 合理配铅率

由图5可见,2类场地土条件下,最优配铅率在5%～6%左右。该配铅率可以保证桥墩基本保持弹性,且主梁位移和支座变位最小。当配铅率低于5%时,铅销面积较小,耗能有限且需要较大的变位来实现耗能;当配铅率高于6%时,由于支座屈服力增大导致桥墩也进入了屈服状态,铅销橡胶支座未能充分保护桥墩。

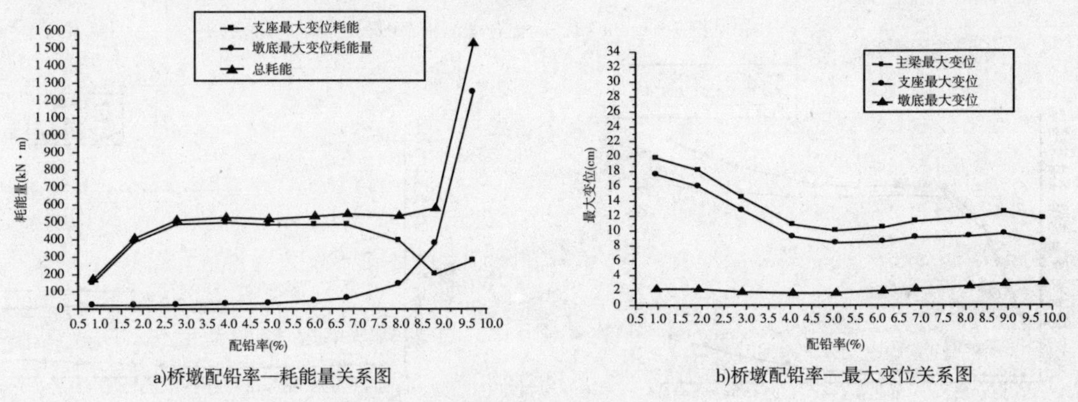

图5 2类场地土条件下合理配铅率图

3.3.2 桥墩轴压比比对合理配铅率影响

通过改变桥墩截面尺寸来调整轴压比,在相同的配筋率条件下,计算2类场地土、不同轴压比条件下的最优配铅率,结果如图6～图8所示。当桥墩轴压比较高(截面较小)时,最优配铅率将降低;当桥墩轴压比过小时,桥墩将先于支座屈服成为结构的第一塑性铰,此类桥墩不宜设置铅销橡胶支座。

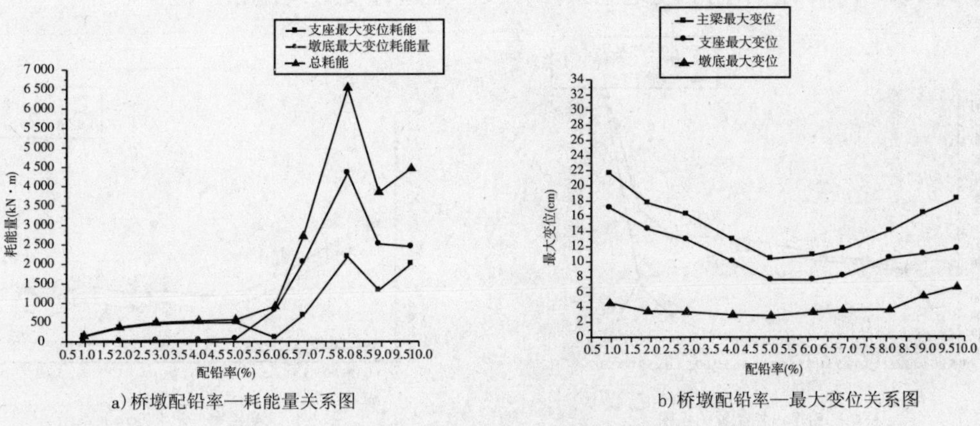

图6 1.4m×1.4m比合理配铅率图

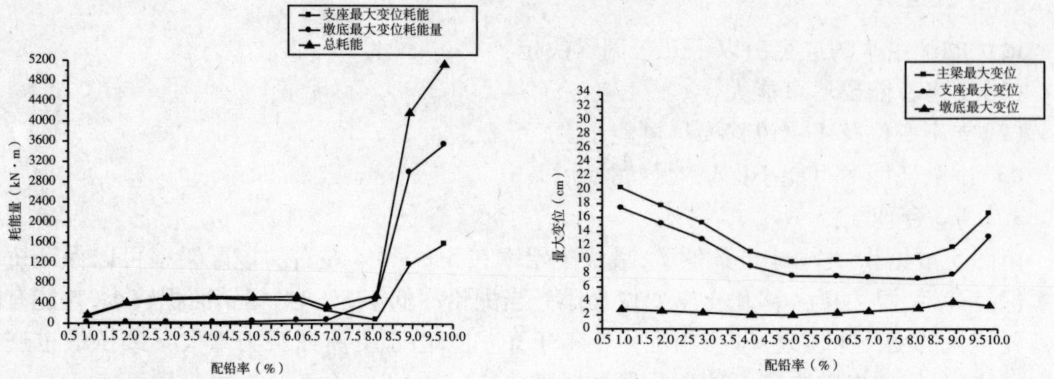

a) 桥墩配铅率—耗能量关系图　　b) 桥墩配铅率—最大变位关系图

图7　1.5m×1.5m 比合理配铅率图

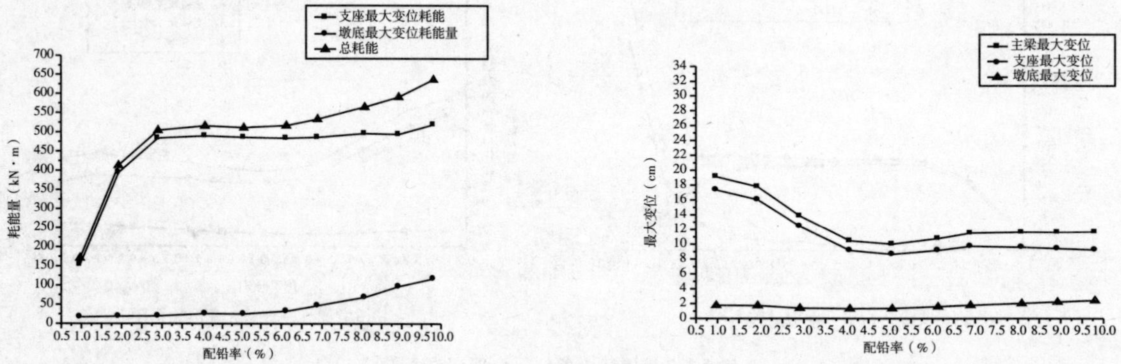

a)桥墩配铅率—耗能量关系图　　b)桥墩配铅率—最大变位关系图

图8　1.7m×1.7m 比合理配铅率图

3.3.3　场地土条件对合理配铅率影响

由图9、图10可见,随着场地土类型的改变,地震能量输入差异明显,导致支座耗能及结构变位差异显著。在1类场地土条件下合理的支座耗能在250kN·m,而在3类场地土条件下剧增到880kN·m,但不同的场地土条件并没有显著改变合理配铅率范围。

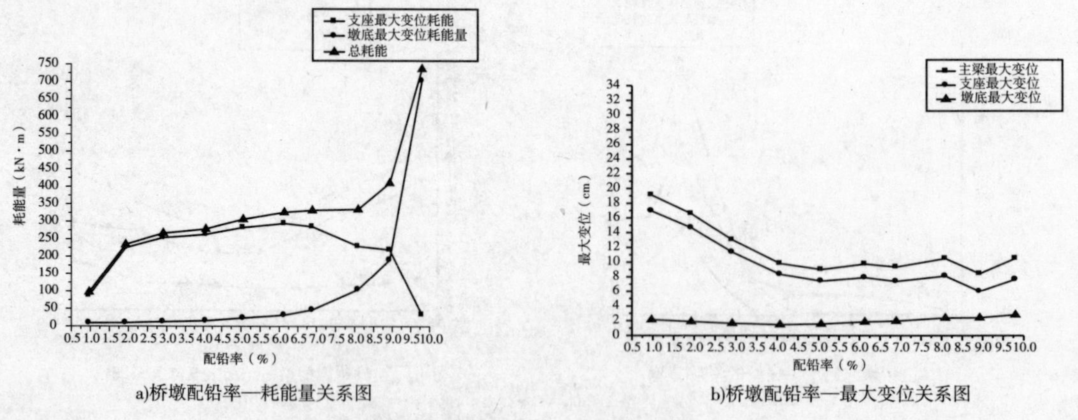

a)桥墩配铅率—耗能量关系图　　b)桥墩配铅率—最大变位关系图

图9　1类场地土条件下合理配铅率图

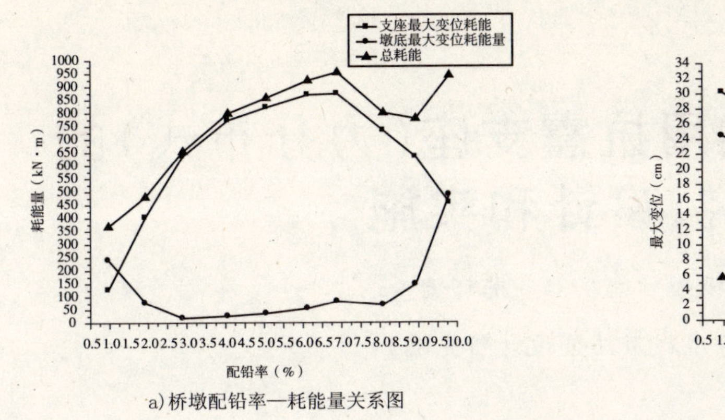

a) 桥墩配铅率—耗能量关系图

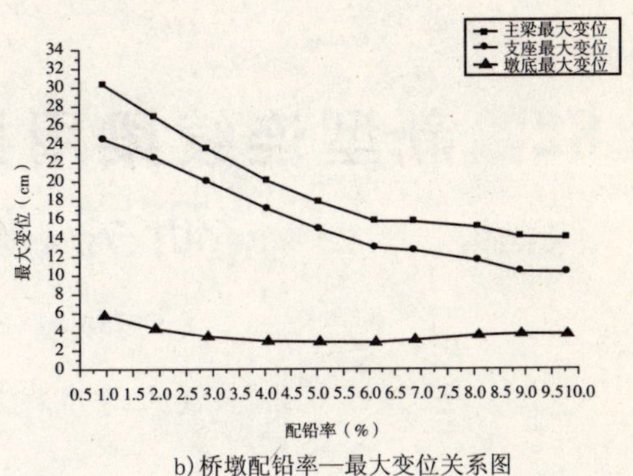

b) 桥墩配铅率—最大变位关系图

图10　3类场地土条件下合理配铅率图

4　结论

4.1　轴压比与最优配铅率

系统的耗能形式、铅销橡胶支座的最优配铅率与桥墩轴压比密切相关：

(1)桥墩轴压比较高时：由于墩底的抗弯承载能力较低，墩底塑性区先于铅销橡胶支座屈服，并成为主要的耗能部位，铅销橡胶支座不能进行有效地耗能减震，墩底塑性破坏较为严重。

(2)桥墩的轴压比过低时：由于墩底的抗弯承载能力较强，地震作用下基本保持弹性而不参与耗能减震，在常规的配铅率范围内，铅销橡胶支座都能有效地耗能减震，最优配铅率主要由上部结构变形这一单一指标来控制。

(3)恒载下桥墩的轴压比在0.1~0.2时：铅销橡胶支座先于桥墩进入屈服状态，两者按照一定的比例进行能量耗散，合理配铅率受上部结构的变形和墩底塑性破坏程度（耗能）双重指标控制，存在着最优的配铅率范围。

4.2　场地土条件与最优配铅率

场地土条件的改变，会带来特征周期的延长或缩短并导致地震能力输入的增加或减少，但不会改变固定轴压比条件下减震系统的耗能形式，不改变轴压比与铅销橡胶支座最优配铅率之间的关系，以及最优配铅率范围。

参考文献

[1] 范立础. 桥梁抗震. 上海：同济大学出版社, 1997.

[2] 刘健新，胡兆同，李子青，等. 公路桥梁减震装置及设计方法研究总报告. 西安：长安大学，2000.

[3] 胡兆同，刘健新. 桥梁铅销橡胶支座性能的试验研究. 西安公路交通大学学报，1998，18(2)：1-4.

[4] 陈长海，等. 西安咸阳国际机场专用高速公路桥梁减隔震系统设计. 第18届桥梁年会论文集. 北京：人民交通出版社，2008.

82　新型连续梁用抗震支座(力分布式)的研究、设计和实施

周振兴　闫兴非　陈巧珊

(上海市城市建设设计研究院)

摘　要　设计和生产出新型的连续结构用抗震支座,经过大量的理论研究,多种手段全面的计算分析和多方的各种实体测试,证明在常规温度力及制动力作用下,该支座提供的摩阻力以及剪切模量和最大变形能力都与常规盆式滑动橡胶支座一致;而在地震作用下当上部结构和下部结构(桥墩)的相对速度达到设定的阀值以上后,该抗震支座通过安装于其上的速度锁定器(LUD)能够迅速而有效地完成锁死,使得上部结构的地震惯性力能够通过该支座有效的传导到与其相连的下部结构上,将地震荷载分配到下面几个墩台共同去承受,这样每个固定墩的基础所受的地震力都将大为减少,可以相应减少基础(如桩数量)的工程数量,为工程节约大量投资。并为连续梁超长联的实现提供了有力的技术支持。

关键词　高架桥　抗震　支座　固定墩　阻尼器　锁定　锁定器

1　概述

1.1　目前桥梁抗震思想和方法的现状和趋势

目前桥梁抗震领域常用的三种抗震设计方法,即传统结构抗震设计方法,近些年出现的减隔震结构抗震设计方法和结构控制设计方法。3 种方法的比较可见表 1。

表 1　不同抗震技术的基本机理

基 本 原 理	传统结构抗震设计	隔震结构抗震设计	结 构 控 制
降低刚度、延长周期	利用塑性铰来实现刚度降低	隔震装置来延长周期	可变化的刚度
增加阻尼	塑性铰的非弹性变形来增加阻尼	阻尼装置来增加阻尼	可变化的阻尼

目前,针对桥梁的抗震设计提出了一系列新的观点和新的抗震技术。目前主要集中于两个方面,即对现有规范的改进和采用新的抗震技术。这两个方面的改进在传统抗震设计、减隔震设计和结构控制设计三个领域都有所体现。

1.2　多跨连续梁抗震设计的现状及存在的问题

目前,我国高架设计与建造基本都以多跨连续梁为主,而该种多跨一联的连续梁基本都是在一联中的中间位置设置一个固定支座,这样做是考虑保证这一联梁在纵向不能够自由移动的同时,也不影响其纵向温度力的传递和释放。但这时全部地震惯性力都作用在了一个固定墩上,导致固定墩的设计较其他墩强大很多,同时其下部的桩数也

都有了较大增加,使得造价也为此有了较大增加。更为重要的是这样的设计方法限制了我国高架连续梁一联长度的增加,否则固定墩将需要做得非常强大,这往往是不经济,甚至比较困难的。这使得伸缩缝的数量无法减少下来,进而使得行车的舒适性无法得以提高。

针对这种抗震需求给传统高架设计方法带来的不经济、使用性能差的问题。如果采用现今方兴未艾的结构控制方法来解决,对几公里甚至几十公里的高架来说,技术既不成熟,代价也过于昂贵。而国外目前针对这种情况研究和使用较多的是采用减隔震设计的方法,但是该方法也是有它的适用范围的。如日本规范便明确规定基础土层不稳定;下部结构柔性大,原有结构的固有周期比较长;位于软弱场地,延长周期可能引起共振;支座中出现负反力等情况下不得使用减隔震方法。即使不在以上范围内,常规的减隔震方法也在设计、隔震产品的类型、耐久性和工程造价方面有着相应的困难或劣势。

1.3 本研究的目的和方法

考虑到以上方法的不可行或不现实,根据目前新材料和新工艺的发展,本文从另外一个角度来考虑解决这种多跨连续梁的抗震问题,我们考虑在常规荷载下,一联桥梁中有一个固定墩,以适应常态下温度等变形要求,不改变连续梁结构的基本形态,而在地震荷载下能够形成多个固定墩,使得地震荷载合理的分配到多个固定墩来共同承受,有效减小常规固定墩所承受的地震作用,进而有效地减小下部和基础的工程用量。

在这个思路的指引下,研究开发了一种在低速荷载作用下可以易于变形的支座,而在高速荷载作用下很难发生变形的支座。即通过支座的不同力学表现完成结构受力体系的转换。

该方法与减隔震方法不同,减隔震方法是在地震作用下通过适当放松上下部的联系,例如通过支座的往复变形利用高阻尼进行耗能减震,或者在地震作用下使支座剪坏释放地震力,采用的是减小地震荷载的思路;而本文是在地震作用下通过支座锁定上下部的联系,联合多个原本抗震中未能利用的墩台,利用各个墩台本身具有的结构抵抗能力,共同分担地震荷载。目前在该方向开展的研究还很少见到,本文希望成为在该方面的开拓性工作。

2 新型盆式抗震橡胶支座研究与开发

2.1 本研究开发的新型盆式橡胶阻尼支座

2.1.1 新型抗震盆式橡胶支座的组成和特点

新型抗震盆式橡胶支座就是在盆式橡胶支座上下钢盆之间通过巧妙可靠的构造措施添加进速度锁定器(LUD),使二者融为一个有机的整体。它突出的特点就是纵向型支座在常规作用下能够完全正常发挥纵向滑动支座的作用,而在地震突发或大制动力的作用下又能瞬时转化为固定支座,与原固定支座所在墩共同分担纵向的水平力。这种性能特点是由速度锁定器(LUD)来实现的。

2.1.2 速度锁定器(LUD)开发

本文开发设计的速度锁定器装置(英文名是 Lock - up Device,简称 LUD)是一种特殊的黏滞性阻尼器,具有较弱的耗能作用,主要是将力分散传递。可以看成一个简单的速度开关,当 LUD 两端的相对运动速度大于某一设定值 V_1 时,LUD 将提供与该速度方向相反的反

力 $F \geqslant F_0$,F_0 为 LUD 的设计地震载荷,这时 LUD 相当于成为一个刚性连杆。当 LUD 两端的相对运动速度小于某一比 V_1 更小的设定值 V_2 时,LUD 将提供与该速度方向相反的反力 $F \leqslant 0.1\ F_0$,这时 LUD 相当于可以自由伸缩。而当速度在 V_1 和 V_2 之间时,则 LUD 提供的力在 $0.1\ F_0$ 与 F_0 之间。

本文开发的 LUD 中采用的流体为合成硅脂,其黏度高,呈半固体状,不容易发生泄漏,配以优秀的动力密封工艺,解决了各类油阻尼器所最关心的耐久性问题,其适用的温度范围也符合一般地区的桥梁结构,为 -40℃ ~ +50 ℃。

3 新型抗震盆式橡胶支座效果与性能分析

3.1 新型抗震盆式橡胶支座效果分析

本研究项目以上海地区即将修建的北翟路高架桥为例进行了计算分析,对比了使用新型盆式橡胶阻尼支座与使用常规的盆式橡胶支座时,如要满足我国桥梁设计规范,标准跨高架连续梁所需下部工程量的不同。

3.1.1 工程简介

北翟路高架道路主线横断面按照双向 6 车道布置,宽度为 24m。高架桥采用图 1 的 35m 标准跨径等高度预应力混凝土连续箱梁,桥墩采用图 2 中的直线桥墩形式,桩基采用钻孔灌注桩。地震基本烈度为 7 度,设计基本地震动峰值加速度为 0.10g。结构重要性系数修正 $C=1.30$。

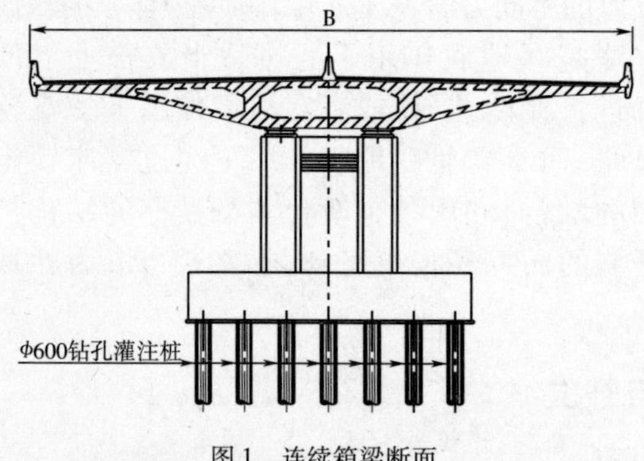

图 1 连续箱梁断面

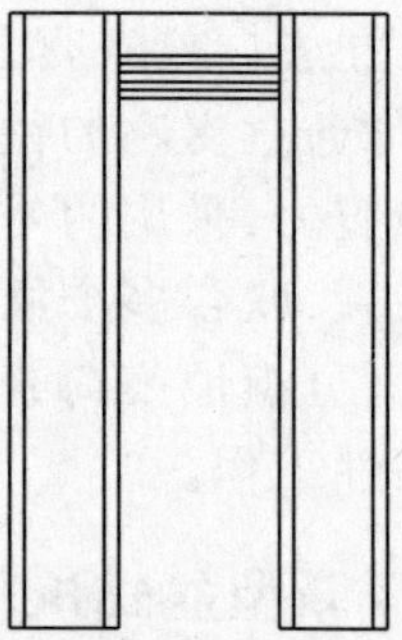

图 2 桥墩形式

3.1.2 计算目的、原理和方法

对本项目 3 ×35 m 连续箱梁结构进行结构的常规静力荷载组合分析与地震力分析,分别对所需桩基进行了计算。在地震力计算中,假定在规范提供的设计地震作用下,未使用新型盆式橡胶阻尼支座的传统情况和使用新型盆式橡胶阻尼支座后的新情况,未使用新型盆式橡胶阻尼支座时假定另一个中墩为完全滑动,使用新型盆式橡胶阻尼支座时假定该支座能达到预期的锁定效果,使得两个中墩同时承受地震力,这时相当于两个中墩均为制动墩,此时分析该种工况是否能改善常规一个中墩制动作法情况下桩基的受力情况,从而达到优化桩基设计,减少桩数的目的。

3.1.3 计算参数的确定与取用

在本次对高架连续梁如何经济地提高抗震性能的研究,应用 MIDAS 建立完整的上、下部结构并计入地基影响的模型，采用规范提供的反应谱法进行地震反应分析；其中桩基模拟30m 桩长，土弹簧刚度 m 值为 5 000 kN/m^4 时的刚度。

3.1.4　桩基数量的计算、比较与结论

选定了结构模型及计算参数后，相应进行了常规静力荷载组合下与地震力下不使用新型抗震盆式橡胶支座（单制动模型）三跨标准连续梁和使用新型抗震盆式橡胶支座（双制动模型）三跨标准连续梁所需桩基数量的计算比较，结果如表 2。

表 2　桩基承载力比较表（单位：kN）

桩数	常规荷载组合		纵向地震力组合	
	组合三	组合四	单制动	双制动
14Φ800 钻孔桩	2 785	2 858	3 131	2 712
15Φ800 钻孔桩	2 595	2 702	3 032	2 613
16Φ800 钻孔桩	2 488	2 493	2 732	2 375
18Φ800 钻孔桩	2 272	2 339	2 228	1 977

从计算结果可以很明显地对本结构的合理设计作出结论，如果在结构中采用双制动的形式，纵向地震力组合对桩基产生的单桩轴力会大大小于单固定墩形式。在单固定墩形式下，各桩基单桩轴力都由纵向地震组合控制，而双固定墩形式下，地震力组合变得在基础设计中不控制设计，而转而由常规荷载组合控制，大大改善了结构整体抗震性能。

在本项目设计中，采用常规的作法，即一联结构就设一个固定支座，按照上海常规的一般设计，取单桩承载力 2 500 ~ 2 800 kN 控制的话，设计需采用 16 根 Φ800 钻孔桩基础方能满足受力需要；通过以上分析表明，如果采用设两个固定支座，即双固定墩的方案，每个基础的桩基数量能减少到 15 根甚至 14 根 Φ800 钻孔桩，因此就全线高架桥梁来说，能对桩基数量有很大的缩减。

3.2　新型抗震盆式橡胶支座性能分析

对北翟路连续梁有限元模型中墩梁连接处增设阻尼单元，主要是模拟 LUD 阻尼器的作用，进而分析在地震作用下，新型抗震盆式橡胶支座性能如何，是否能达到锁定的效果。GL4 地震波时程图见图 3。

3.2.1　计算模型

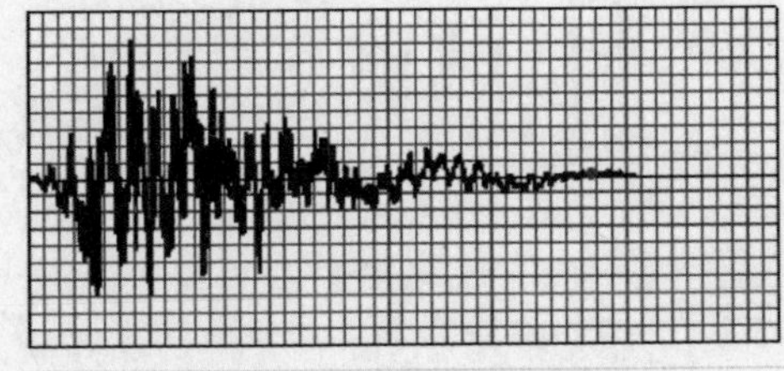

图 3　GL4 地震波时程图

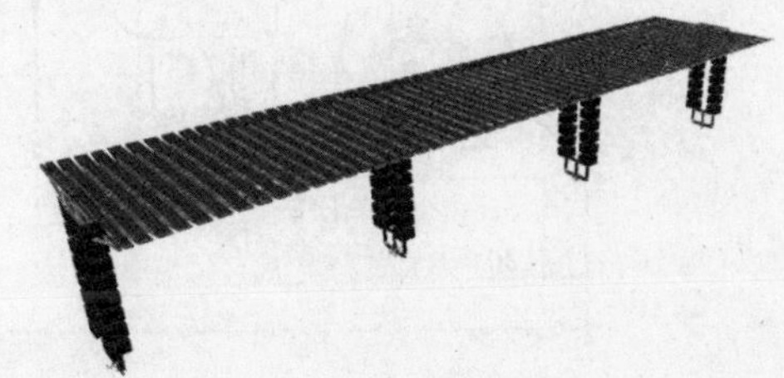

图 4　有限元模型

计算采用 Sap2000，主梁与墩柱皆采用 beam 单元，梁为 3 × 35m，墩高 15m，承台的质量用质量点加入，桩基采用等效刚度模拟，两个边墩采用滑动型支座，两个中间墩其一为固定型支座、另一采用 LUB 支座,共设置 4 个 LUD,LUD 装置采用 Maxwell 模型阻尼单元,完全按照该 LUD 有限元模型(图 4)的本构关系进行模拟。

3.2.2 计算方法

分析采用非线性时程分析,采用 GL4 等多条人工合成波,峰值为 0.1g,由于分析时不需要材料的塑性及几何大变形等非线性,只考虑阻尼单元的非线性,所以采用 FNA 非线性模态积分方法。

3.2.3 计算结果

如图 5、图 6 所示,可见在地震作用下,固定支座墩和装了 LUB 的墩所受到的剪力和位移是一致的,即在地震作用下实现了成为两个固定墩的要求,能够实现在地震下分担近一半地震水平力的设想。

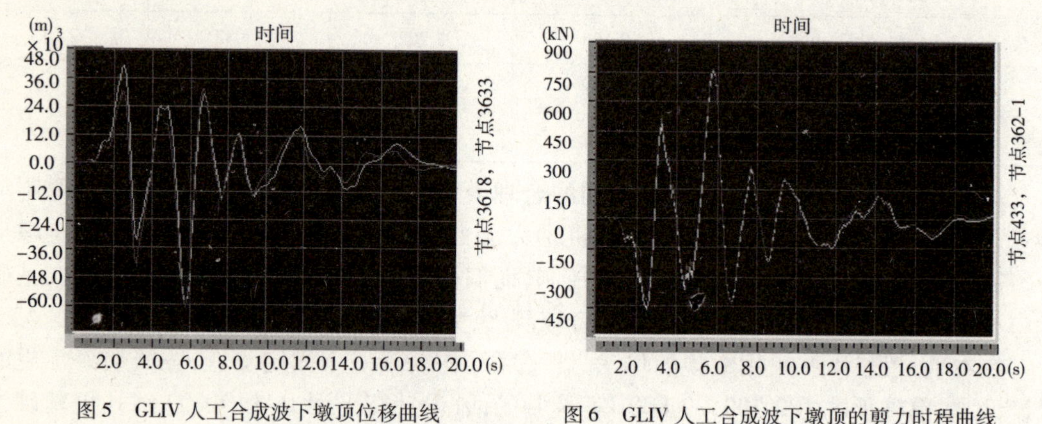

图 5 GLIV 人工合成波下墩顶位移曲线　　图 6 GLIV 人工合成波下墩顶的剪力时程曲线

(一条曲线为原固定墩的值,另一条为安置 LUD 的非固定中墩的值)

4 新型盆式橡胶阻尼支座的试验测试

4.1 试验对象

本次试验对象为 LUD300 型流体阻尼器,其外形形状如图 7 所示。

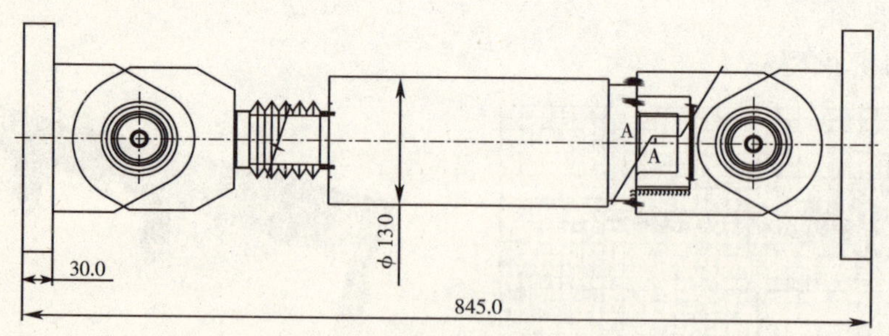

图 7 LUD 阻尼器外形图(尺寸单位:mm)

4.2 试验目的

检验 LUD300 的性能与阻尼特性。验证 LUD 在慢速荷载和动力往复荷载作用下的响应情况和性能表现能够满足设计的要求。

4.3 试验设备及方法

在武汉华中科技大学的试验采用液压伺服试验系统进行。试验系统的伺服作动器的最大作动力为500kN，行程为±100mm，最大速度可达150mm/s。在上海交通大学选用美国MTS 880电液压闭环伺服试验机进行试验。该试验机轴向最大动静出力±500kN；轴向作动缸静态位移±100mm，动态位移±75mm；试验机精度0.5级，动态频率范围0.001～100Hz。仪器的控制装置为全数字闭环控制系统，计算机监控处理，多种控制模式（载荷、位移、应变等）及多种控制模式组合在线自动转换。

4.4 试验内容与结果

（1）慢速测试

试验目的：检测当桥梁在温度及常风作用下产品在冲程内的滑动性能。

试验内容：至少进行3个完整的循环加载；速度V=0.01mm/s，位移达到±50mm。

检验要求：LUD在压力下没有泄漏现象；LUD在整个过程中没有变形现象；LUD在试验过程中没有锁死现象；作用力不得超过30kN。

试验结果：试验绘出的荷载—时间图和荷载—位移图如图8、图9所示，试验中目测未发现泄漏和变形；力—时间曲线显示作用力小于30kN，没有出现锁死现象。

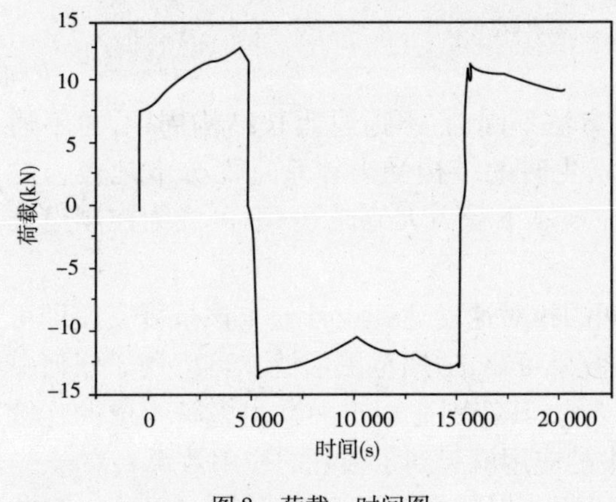

图8 荷载—时间图

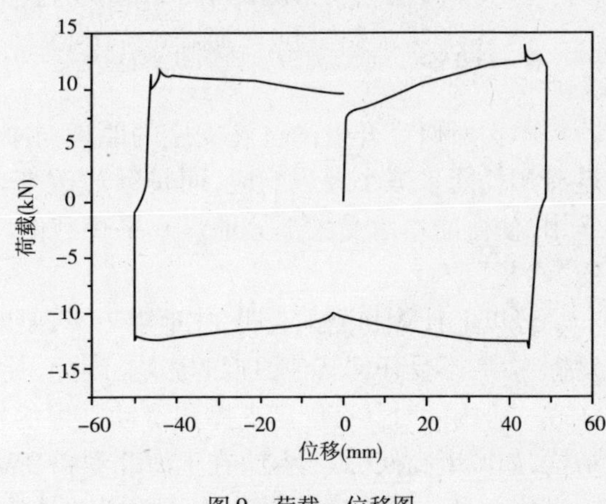

图9 荷载—位移图

（2）模拟动力测试

试验目的：检测产品在不同频率、不同持荷时间的循环载荷作用下的锁定性能，刚度变化及密封性能。

试验内容：按照一定的加载频率进行30个循环加载试验，加载幅值正负相等均为300 kN。

检验要求：LUD在压力下没有泄漏现象，没有卡滞现象；LUD荷载不出现明显变化。

试验结果：根据试验绘出的荷载—时间图和荷载—位移图如图10、图11所示。试验结果表明：LUD没有泄漏现象和卡滞现象，在30个加载循环内，力幅值保持不变。

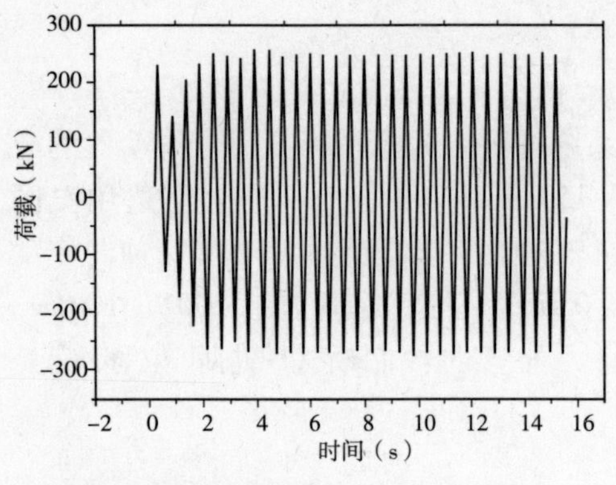

图10　周期2s动力往复作用的荷载—时间图

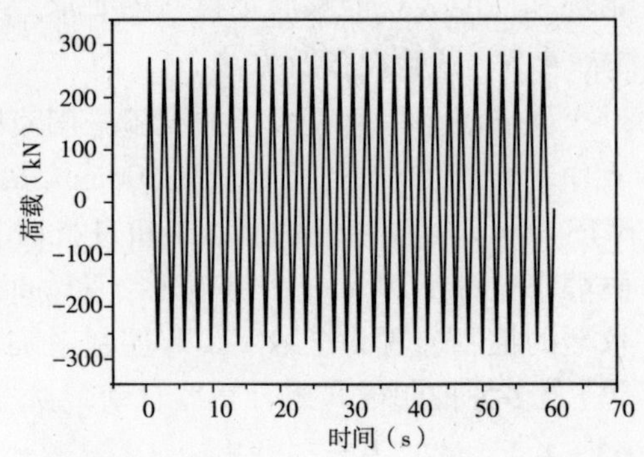

图11　周期0.5 s动力往复作用的荷载—时间图

4.5　试验结论

以上结果仅为在上海交通大学和华中科技大学试验的部分试验内容,各项试验总的试验结论如下:

(1)LUD300在试验中未出现泄漏、变形和卡滞现象。

(2)慢速试验中没有锁死现象,作用力未超过30kN的要求。

(3)模拟动力测试中,从0荷载到最大荷载锁定位移未超过12mm。

(4)30次模拟动力测试中,LUD300力幅值保持不变,未出现泄漏、变形和卡滞现象。

5　结论

本文所研究开发的抗震支座的原理与减隔震方法不同,它不通过延长结构周期,也不通过滞洄耗能来减小地震响应,而是通过改变地震发生时的结构受力体系进而分散地震力的作用,使得原本承受大部分地震水平荷载的墩柱在地震下受力大幅减小,不再成为控制设计的"短板"。

经以上计算和测试表明,在地震下,只要墩柱间的相对速度达到设计要求该抗震支座即可发挥作用,不受任何其他因素的影响,因此,其抗震效果可靠,适用范围广泛。可应用于任何一联或一跨内同时具有固定支撑和滑动支撑的桥梁结构,其特别适用于一联由多跨组成的连续结构,如城市高架桥。例如,在上海北翟路高架桥中的应用就起到了很好的应用效果。

该新型抗震支座不仅改善了桥梁的抗震性能,还可以使桥梁基础和下部工程量得到节省。更值得一提的是,它为连续梁超长联的实现提供了有力的技术支持,使其的实现完全成为可能。可以较目前多跨连续梁减少一半以上的桥面伸缩缝,进而可大大减少行车过程中的跳车机会,同时也减少震动噪声源。从而大大提高人们出行的舒适度,也减少对周边环境的影响,为保护环境作出贡献。充分体现"以人为本,和谐社会"的时代精神和社会要求。

参 考 文 献

[1] 范立础.桥梁抗震.上海:同济大学出版社,1997.

[2] Priestley, M. J. N., Seible, F. and Calvi, G. M. Seismic Design and Retrofit of Bridges. New York: John Wiley & Sons, 1996.

[3] 范立础,卓卫东. 桥梁延性抗震设计. 上海:人民交通出版社,2001.

[4] 范立础,王志强. 桥梁减隔震设计. 上海:人民交通出版社,2001.

[5] T. 鲍雷,M. J. N. 普里斯特利. 钢筋混凝土和砌体结构的抗震设计. 北京:中国建筑工业出版社,1999.

[6] 李国豪. 桥梁结构稳定与振动(第 2 版). 北京:中国铁道出版社,1992.

[7] Park, R., Paulay, T. Reinforced Concrete Structures. New York: John Wiley & Sons, 1975.

[8] 中华人民共和国交通部标准. JTJ 004—89 公路工程抗震设计规范. 北京:人民交通出版社,1989.

83　某无背索三拱塔斜拉桥地震响应计算及不同支承方式的影响分析

布占宇[1]　唐嘉琳[2]　吴新元[2]

(1. 宁波大学建筑工程与环境学院;2. 同济大学建筑设计研究院(集团)有限公司)

摘　要　某无背索三拱塔斜拉桥跨径组合为 30m + 60m + 70m + 80m + 40m = 280m,中间三个大跨为拱塔斜拉结构,采用拱梁固结、梁墩分离的结构形式,全桥为五跨连续梁体系,斜拉索承担部分桥面恒载和活载,属于部分斜拉桥,约束方式分为普通盆式橡胶支座和铅芯橡胶支座两种,计算结果表明采用普通盆式橡胶支座时,E1 概率水平下,桥墩基本都处于弹性状态,仅有过渡墩处桥墩截面进入了有限屈服阶段,各桩基础受力都处于弹性范围内。E2 概率水平下,大部分桥墩都进入了屈服阶段,主墩的桩基础不能满足要求,最不利单桩的关键截面已经进入屈服阶段,发生了不可修复的破坏。若把主墩改为铅芯橡胶支座,通过延长结构纵横向振动周期,则既能减小地震内力,又能适当控制上部结构的墩、梁间水平位移,在 E1、E2 地震作用下各桥墩、桩基础均处于弹性范围,满足规范要求。最后进行了模拟支座非线性特性的时程分析,一方面精确计算两水准地震下的支座位移量,另一方面与反应谱法结果相比较,验证计算结果的可靠性,为类似桥梁的抗震计算提供了有益的参考。

关键词　斜拉桥　无背索　抗震　铅芯橡胶支座

1　引言

2008 年 10 月 1 日交通运输部颁布的公路桥梁抗震设计规范,明确了桥梁抗震设计方法的重大改变,即采用两水平设防、两阶段设计。第一阶段的抗震设计,采用弹性抗震设计;第二阶段的抗震设计,采用延性抗震设计方法,并引入能力保护设计原则。近年来,由于橡胶产品技术水平的提高,大吨位橡胶支座或铅芯橡胶支座得到了广泛的应用,通过铅芯橡胶支座的集中变形吸收大部分地震能量,减弱地震输入上部结构的能量,减小上部结构的振动,保证结构的安全。桥梁抗震设计计算时一般先判定桥墩是否进入屈服状态,若进入屈服状态则根据最不利的 P-M-Φ 曲线确定桥墩的等效刚度,重新按照桥墩等效刚度计算地震响应,并控制桥墩的转角和位移不超过限值。本文以一座位于 7 度烈度区的三拱塔无背索斜拉桥为背景,讨论了普通盆式支座和大吨位橡胶支座(或铅芯橡胶支座)对地震响应的影响,并进行了考虑滑动支座和铅芯橡胶支座滞回特性的非线性时程地震响应计算。

2　无背索三拱塔斜拉桥设计简介

主桥为跨径布置 30m + 60m + 70m + 80m + 40m = 280m 的无背索斜拉预应力混凝土连续

梁,主桥两侧分别为 2×(3×25m)=210m 预应力混凝土连续梁,引桥总长为 420m。主桥为五跨预应力混凝土连续梁,其中间三跨为无背索斜拉拱塔,拱塔与主梁固结、主梁与桥墩通过支座连接传力。主塔均采用拱形塔的造型,并向一边倾斜 35°,三拱塔由低至高布置,为无背索斜拉桥,索型呈扇形布置,高、中、矮塔分别布置 9 对、7 对和 6 对斜拉索,全桥共设 22 对斜拉索,主梁索距 6m,拱塔上的索距(沿曲线方向)4.5m。三拱塔采用钢结构,除顶部无索区外内部均填充 C40 混凝土。主梁采用预应力混凝土连续梁的结构形式,桥宽 42.5m,采用双箱六室断面,箱梁之间通过横隔板及桥面板形成整体断面,支点梁高 4.3m,跨中梁高 2.2m。下部结构采用钻孔灌注桩基础,桩径分别为 1.5m 和 1.2m。引桥为预应力混凝土连续梁,跨径组合为 3×35m 一联,全桥共 4 联。桥宽 38m,双幅单箱三室的等高度箱形断面,道路中心线处梁高 2.0m。下部结构为双柱式门形桥墩结构,桥墩桩径分别为 1.2m 和 1.0m,桥台采用肋板式结构形式,桩径为 1.2m。

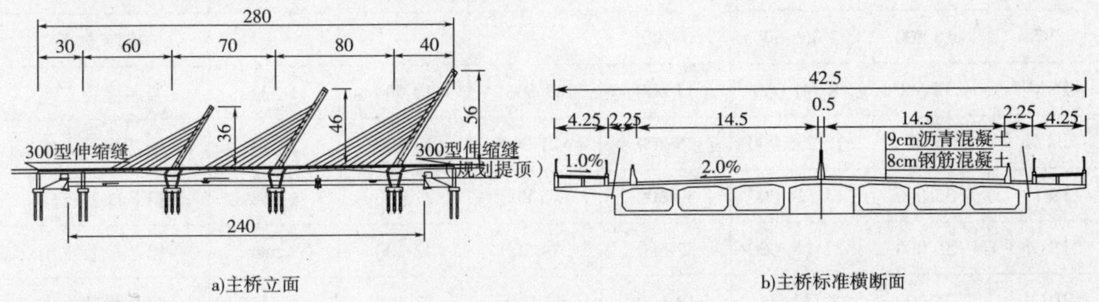

图 1　主桥示意图(尺寸单位:m)

3　主桥动力特性

本桥有限元离散模型采用杆系模型,如图 2 所示,X 方向表示顺桥向,Y 方向表示横桥向,Z 方向表示竖向,其中塔、梁、墩采用空间梁单元,拉索采用杆单元,支座采用弹簧连接单元,拉索与主梁之间通过主从约束形成鱼骨形模型,群桩基础刚度采用弹簧刚度模拟,分别考虑两种支座布置方案,盆式支座方案主桥支座布置图如图 3 所示,铅芯橡胶支座方案主桥支座参数如表 1 所示。

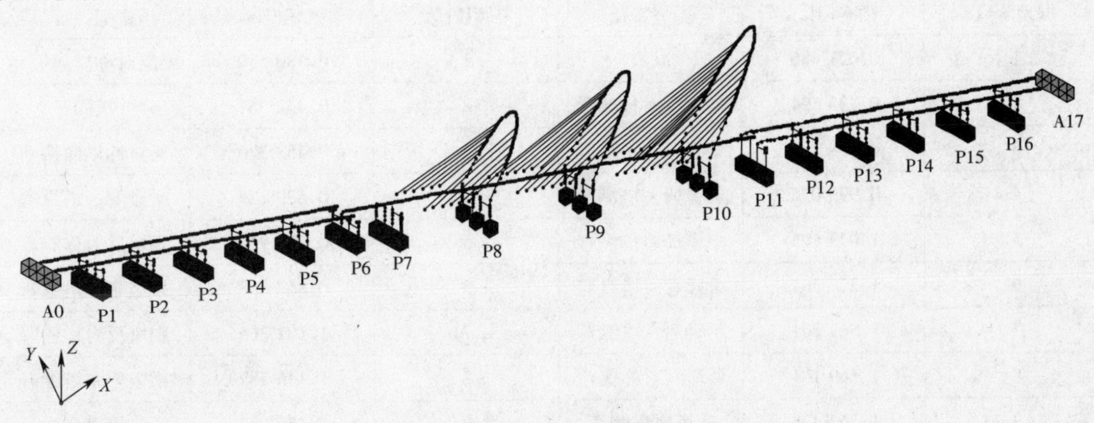

图 2　全桥计算模型

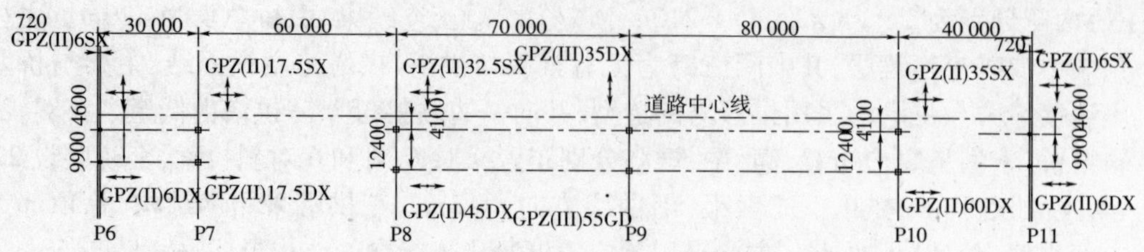

图3　主桥盆式支座方案支座布置图(尺寸单位:mm)

表1　橡胶支座参数

桥墩号	竖向承载力 kN	竖向刚度 kN/m	等效刚度 kN/m	一次刚度 kN/m	二次刚度 kN/m	屈服力 kN	支座类型
P6	6 000	—	—	—	—	—	四氟滑板橡胶支座
P7	15 500	3 065 000	7 500	—	—	—	橡胶支座
P8 内	32 500	8 241 000	17 600	83 600	12 900	1 537	铅芯橡胶支座
P8 外	45 000	12 256 000	25 800	121 000	18 600	2 244	铅芯橡胶支座
P9 内	35 000	14 520 000	30 800	145 800	22 400	1 668	铅芯橡胶支座
P9 外	55 000	27 696 000	57 600	274 200	42 200	2 584	铅芯橡胶支座
P10 内	35 000	8 712 000	18 500	87 500	13 500	1 668	铅芯橡胶支座
P10 外	60 000	17 040 000	36 400	171 600	26 400	2 948	铅芯橡胶支座
P11	6 000	—	—	—	—	—	四氟滑板橡胶支座

采用两种支座布置方案时主桥的动力特性如表2所示,可以看出采用橡胶支座后,振型频率下降,周期延长,对应振型的地震反应谱响应降低,达到减隔震的效果。

表2　主桥动力特性

盆式支座			橡胶支座		
振型阶数	频率(Hz)	振型特征	振型阶数	频率(Hz)	振型特征
1	0.621 486	纵漂	1	0.380 530	梁反对称横向振动
2	0.733 594	高塔反对称侧弯	2	0.452 551	纵漂
3	0.758 335	梁竖弯+塔纵弯	3	0.453 370	梁对称横向振动
4	0.999 075	梁竖弯+塔纵弯	4	0.629 225	梁竖弯+塔纵弯
5	1.043 695	中塔反对称侧弯	5	0.824 964	高塔反对称侧弯
6	1.227 301	梁竖弯+塔纵弯	6	0.863 083	梁竖弯+塔纵弯
7	1.562 861	梁竖弯+塔纵弯	7	1.102 365	中塔反对称侧弯
8	1.569 101	矮塔反对称侧弯	8	1.146 282	梁竖弯+塔纵弯
9	1.762 428	高塔对称侧弯	9	1.455 082	梁侧弯
10	1.814 150	高塔扭转	10	1.532 276	梁竖弯+塔纵弯

4 地震响应分析

4.1 地震动输入

根据地质勘察报告,该桥所处场地为7度烈度区,设计基本加速度值0.15g,场地类别Ⅱ类,无液化。根据《公路桥梁抗震设计细则》,本桥单跨跨径虽未超过150m,但结构形式为斜拉桥,属于非常规桥梁,按A类桥梁进行抗震设防。设防标准分为E1(50年超越概率10%,对应重现期475年)和E2(50年超越概率2.5%,对应重现期1975年)两个水准。由于《地震安全性评价报告》未提供50年超越概率2.5%反应谱表达式,本文E1采用《地震安全性评价报告》反应谱提供的表达式,E2采用规范反应谱表达式,桥梁抗震重要性系数 C_i 取1.7,水平地震反应谱分别如图4所示。

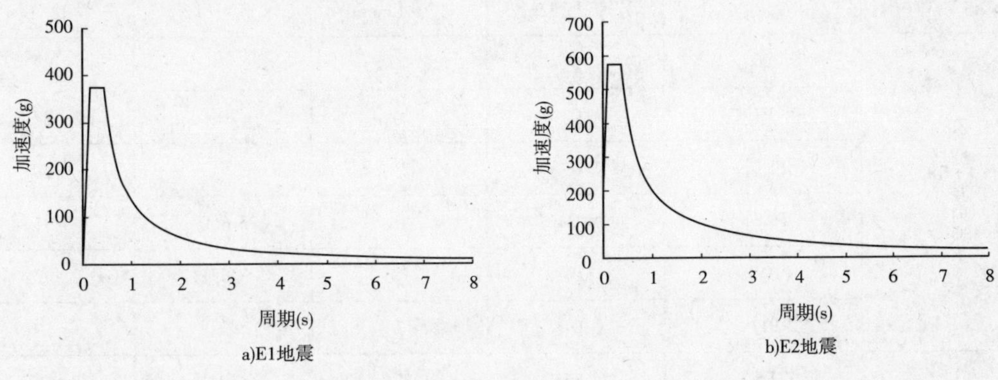

图4 地震动输入反应谱

4.2 反应谱分析结果

4.2.1 总体内力和位移计算结果

根据本桥的结构形式特点,地震对桥梁上部结构的影响较小,本文主要研究地震对支座及桥墩和桩基础的影响。水平反应谱如图4所示,竖向地震反应谱按水平地震反应谱的1/2计算,地震响应分别考虑纵向+竖向和横向+竖向两种情况。计算考虑的振型数为前300阶,盆式支座方案 X,Y,Z 方向的振型参与质量累计分别达到99.98%,98.76%,97.33%,铅芯橡胶支座方案 X,Y,Z 方向的振型参与质量累计分别达到99.97%,99.82%,93.43%,按考虑振型耦合的完全平方根组合方法(CQC)计算反应谱响应。限于篇幅,这里只列出E2地震的计算结果,分析结果如表3、表4、表5所示,可以看出:

(1)纵向+竖向地震时,盆式支座方案由于纵向固定点只有P9墩支座,P9墩外部支座水平力为24 241kN,超过了抗震盆式支座的允许范围,55 000×20% = 11 000kN,支座被剪坏;而铅芯橡胶支座方案由于P7、P8、P9、P10支座均采用可以承受纵向和横向水平力的铅芯橡胶支座,且有一定的屈服刚度,能有效延长结构周期,降低地震反应,达到分散地震力和隔震的效果,外侧支座的总地震力(705 +2 617 +5 660 +3 651) =12 633kN,与盆式支座方案相比,地震力水平为12 633/24 241 =52%,支座位移最大值98mm,满足设计要求。

(2)横向+竖向地震时,盆式支座方案由于每个墩都有2个横向固定支座,而橡胶支座方案除了P6墩为挡块约束横向外,其余桥墩横桥向4个支座均有横向约束,且刚度大大低于盆式支座的约束刚度,因此横向+竖向地震时,P9墩铅芯橡胶支座方案的支座地震力最大为

5 194kN,对应盆式支座方案地震力最大为18 199kN,铅芯橡胶支座方案为盆式支座方案的28.5%,采用橡胶支座后地震力降低比较显著,但位移较大,最大为123mm,满足设计要求。

(3)墩底内力和承台底内力具有相似的规律,盆式支座方案纵向+竖向地震时的地震力集中到P9墩,横向+竖向地震时每个墩均受到较大的地震力作用;而铅芯橡胶支座方案地震力有较大幅度的降低。以P9墩为例,纵向+竖向地震时铅芯橡胶支座方案墩底水平地震力6 363kN,约为盆式支座方案水平地震力22 954kN的27.7%;横向+竖向地震时铅芯橡胶支座方案墩底水平地震力5 971kN,约为盆式支座方案水平地震力13 399kN的44.6%。

表3 支座反力位移汇总

工况	墩号	盆式支座		橡胶支座	
		水平力(kN)	位移(mm)	水平力(kN)	位移(mm)
纵向+竖向地震	P6	0	20	0	92
	P7	0	21	705	87
	P8外	0	29	2 617	98
	P9外	24 241	0	5 660	95
	P10外	0	28	3 651	97
	P11	0	7	0	79
横向+竖向地震	P6	4 661	1	0	123
	P7	5 477	1	858	111
	P8外	19 423	1	2 673	101
	P9外	18 199	1	5 194	88
	P10外	19 905	1	3 426	91
	P11	2 180	0	0	93

表4 墩底内力汇总

工况	墩号	盆式支座			橡胶支座		
		轴力(kN)	剪力(kN)	弯矩(kN·m)	轴力(kN)	剪力(kN)	弯矩(kN·m)
纵向+竖向地震	P6	1 334	1 058	7 315	1 043	1 059	7 300
	P7	2 803	908	7 168	1 398	1 032	9 475
	P8外	5 356	2 928	19 194	3 403	3 810	30 366
	P9外	6 242	22 954	219 535	3 759	6 363	58 475
	P10外	6 684	3 596	24 866	3 703	5 009	43 575
	P11	1 431	1 224	11 492	1 268	1 220	11 375

续上表

工况	墩号	盆式支座			橡胶支座		
		轴力(kN)	剪力(kN)	弯矩(kN·m)	轴力(kN)	剪力(kN)	弯矩(kN·m)
横向+竖向地震	P6	1 250	4 092	33 379	966	994	5 198
	P7	1 183	2 751	24 499	1 213	1 158	8 522
	P8 外	11 188	13 418	120 392	5 339	3 858	29 057
	P9 外	10 360	13 399	123 548	7 314	5 971	50 563
	P10 外	11 422	14 771	140 911	8 618	4 706	38 270
	P11	1 565	2 613	25 151	1 116	1 191	8 484

表5　承台底反力汇总

工况	墩号	盆式支座			橡胶支座		
		轴力(kN)	剪力(kN)	弯矩(kN·m)	轴力(kN)	剪力(kN)	弯矩(kN·m)
纵向+竖向地震	P6	1 434	1 401	9 101	1 140	1 411	9 081
	P7	2 944	1 389	9 427	1 477	1 428	11 781
	P8 外	5 777	6 645	36 528	3 978	6 922	50 672
	P9 外	5 910	16 943	218 706	3 742	8 775	74 201
	P10 外	7 056	8 515	49 962	4 104	8 912	72 305
	P11	1 600	1 581	13 498	1 419	1 566	13 386
横向+竖向地震	P6	9 052	5 005	3 132	2 041	1 577	449
	P7	7 264	3 472	2 308	3 267	1 808	1 374
	P8 外	21 620	16 352	11 193	8 893	7 714	3 452
	P9 外	20 725	13 819	9 392	11 868	8 312	4 737
	P10 外	24 198	16 505	12 594	12 292	9 054	5 530
	P11	7 342	3 162	2 522	2 866	1 769	720

4.2.2　桥墩验算

主桥的钢筋混凝土桥墩或桩基础抗震能力的具体验算方法及过程如下：

(1)首先，将混凝土截面划分为纤维单元，在划分纤维单元时，混凝土和钢筋单元分别划分，钢筋和混凝土单元分别采用实际的钢筋和混凝土应力—应变关系。利用实际的钢筋和混凝土应力—应变关系，采用截面数值积分法进行的弯矩—曲率分析，得到截面在特定轴力下的弯矩—曲率曲线。

(2)在地震水平 E1 作用下，要求截面在地震作用下的截面弯矩应小于截面初始屈服弯矩，整个截面保持在弹性，结构基本无损伤。在地震水平 E2 作用下，要求截面在地震作用下的截面弯矩应小于截面等效抗弯屈服弯矩,在地震过程中,对应于等效抗弯屈服弯矩,截面上还是有部分钢筋进入了屈服,截面的裂缝宽度可能会超过容许值,但混凝土保护层还是完好。由于地震过程的持续时间比较短,地震后,由于结构自重,地震过程开展的裂缝一般可以闭合,不影响使用,满足地震水平 E2 作用下局部可发生可修复的损伤。

根据两种不同的支座布置方案计算得到的桥墩底地震内力,考虑恒载+地震荷载的不利组合,即地震引起的竖向力作为负值与恒载的竖向力叠加,计算最不利组合情况下的桥墩底内力,计算结果表明:

(1)盆式支座方案 E1 纵向地震作用下,主桥桥墩全部处于弹性范围,E1 横向地震作用下 P11 墩发生钢筋屈服,进入塑性;E2 纵向地震作用下,主桥 P9 墩发生钢筋屈服,进入塑性;E2 横向地震作用下主桥各个桥墩均进入塑性。

(2)橡胶支座方案 E1 纵向地震作用下,主桥桥墩全部处于弹性范围,E1 横向地震作用下主桥桥墩全部处于弹性范围;E2 纵向地震作用下,主桥桥墩全部处于弹性范围,E2 横向地震作用下主桥桥墩全部处于弹性范围。

4.2.3　桩基础验算

根据两种不同的支座布置方案计算得到的承台底地震内力,考虑恒载+地震荷载的不利组合,即地震引起的竖向力作为负值与恒载的竖向力叠加,计算最不利组合情况下的桩基内力,计算结果表明:

(1)盆式支座方案 E1 纵向地震作用下,主桥桩基础全部处于弹性范围,E1 横向地震作用下主桥桩基础全部处于弹性范围;E2 纵向地震作用下,主桥 P9 墩桩基础发生钢筋屈服,进入塑性;E2 横向地震作用下主桥 P7、P8、P9 桥墩桩基础均进入塑性。

(2)铅芯橡胶支座方案 E1 纵向地震作用下,主桥桩基础全部处于弹性范围,E1 横向地震作用下主桥桩基础全部处于弹性范围;E2 纵向地震作用下,主桥桩基础全部处于弹性范围,E2 横向地震作用下主桥桩基础全部处于弹性范围。

4.3　非线性时程分析结果

为了验证线性模型的计算结果,模拟了支座的非线性特征,四氟滑板橡胶支座用双线性理想弹塑性弹簧单元模拟,铅芯橡胶支座用恢复力弹簧单元模拟,如图 5、图 6 所示。

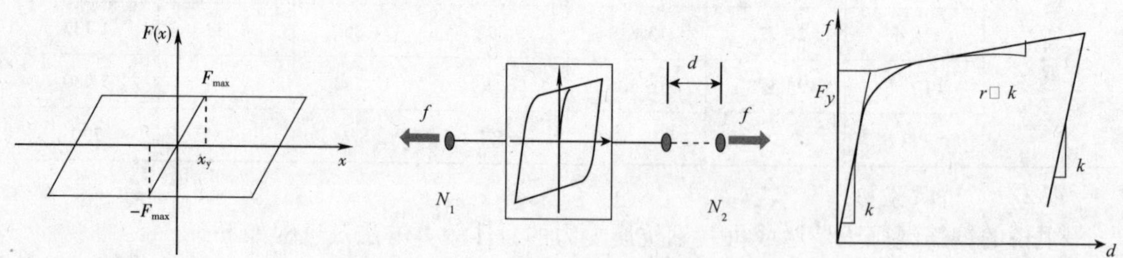

图 5　四氟滑板橡胶支座恢复力模型

图 6　铅芯橡胶支座恢复力模型

四氟滑板橡胶支座的剪切刚度 k(kN/m):

$$k=\frac{G_{\mathrm{d}}A_{\mathrm{r}}}{\sum t} \tag{1}$$

式中:G_{d}——橡胶支座的动剪切模量;

A_r——橡胶支座的剪切面积；

$\sum t$——橡胶层的总厚度。

铅芯橡胶支座的恢复力模型为：

$$f = r \cdot k \cdot d + (1 - r) \cdot F_y \cdot z \tag{2}$$

$$z = \frac{k}{F_y}[1 - |z|^2\{\alpha \cdot \text{sign}(d \cdot z) + \beta\}]d \tag{3}$$

式中：k——弹簧屈服前的初期刚度；

F_y——弹簧的屈服刚度；

r——屈服后的切线刚度与初期弹簧刚度的比值；

d——位移；

z——中间变量；

α,β——恢复力曲线形状参数。

地震输入为3条安评报告提供的人工地震波，按照E2地震反应谱进行强度调整，调整后的地震反应谱如图7所示，可以看出三条地震加速度时程的反应谱与E2地震反应谱很接近，可以作为E2地震的输入地震波。调整后三条地震加速度时程如图8所示，输入时间为40s左右。

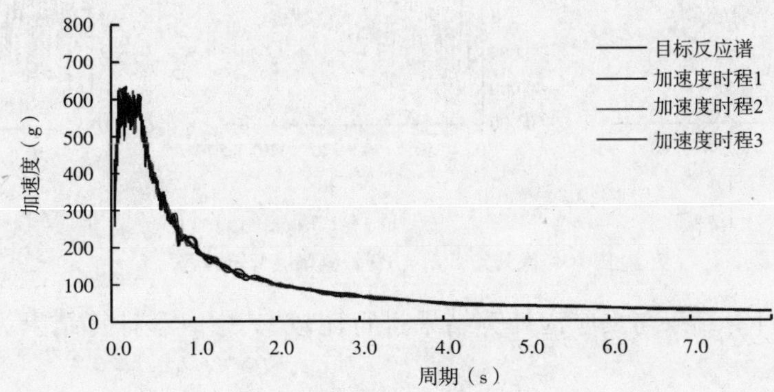

图7　地震加速度时程的反应谱

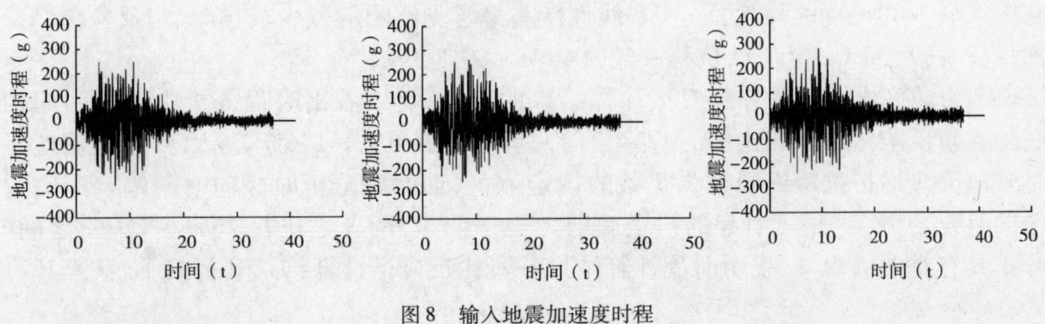

图8　输入地震加速度时程

以P9外侧墩E2纵向+竖向地震输入为例比较非线性时程和反应谱计算结果，图9为P9墩外侧墩底剪力时程，图10为P9外侧墩底弯矩时程。可以看出P9外侧墩底剪力最大值为4 850kN,根据表4,铅芯橡胶支座方案反应谱计算结果,P9外侧墩底剪力为6 363kN,两者之比4 850/6 363 =0.76;P9外侧墩底弯矩最大值为43 710kN·m,根据表4,铅芯橡胶支座方案反应谱计算结果,P9外侧墩底弯矩为58 475kN,两者之比43 710/58 475 =0.75,非线性时程结果与反应谱计算结果吻合较好。

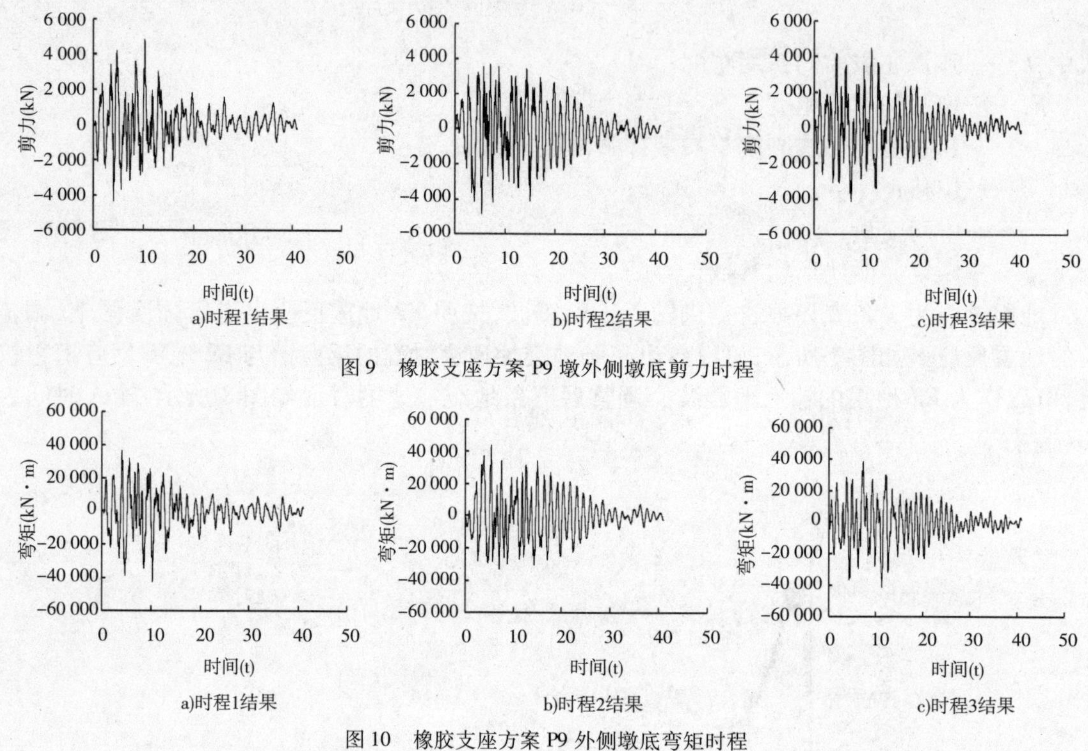

图9　橡胶支座方案P9墩外侧墩底剪力时程

图10　橡胶支座方案P9外侧墩底弯矩时程

下面对时程计算结果与反应谱计算结果进行比较,其中时程计算结果为3条地震波计算结果的最大值。

表6为支座剪力和位移时程和反应谱计算结果的比较,可以看出纵向地震反应,P9外侧墩支座剪力时程结果只有反应谱结果的69%,与反应谱结果相比时程计算支座位移反应普遍在40% ~80%。说明考虑支座非线性恢复力时支座响应减少较显著,与反应谱结果相比,剪力一般为50% ~100%,位移一般为40% ~80%。

表7为墩底内力时程和反应谱计算结果的比较,可以看出时程分析中地震引起的桥墩底轴力与反应谱结果相比,无规律可言,两者之比在6% ~146%,原因可能是反应谱分析时竖向反应谱按抗震细则5.2.5条的规定取值,而时程分析时竖向时程输入则完全取水平向时程的1/2。地震引起的桥墩底剪力规律明显,两者之比在76% ~119%之间,桥墩弯矩具有类似的规律,说明时程计算结果并不比反应谱计算结果显著减小,甚至还有些增大。

表8为承台底内力时程和反应谱计算结果的比较,可以看出时程计算结果与反应谱计算结果相比,地震引起的承台底剪力普遍减小,两者之比在69% ~106%之间,地震引起的承台底弯矩之比在78% ~192%之间,时程计算结果一般比反应谱计算结果要大一些。

表6　橡胶支座方案支座反力位移比较

工况	墩号	时程结果		时程结果/反应谱结果	
		水平力(kN)	位移(mm)	水平力	位移
纵向+竖向地震	P6	0	50	—	0.54
	P7	356	47	0.50	0.55
	P8 外	2 695	45	1.03	0.45
	P9 外	3 883	40	0.69	0.42
	P10 外	3 532	41	0.97	0.42
	P11	0	63	—	0.80
横向+竖向地震	P6	0	86	—	0.70
	P7	549	73	0.64	0.66
	P8 外	2 750	51	1.03	0.50
	P9 外	3 523	34	0.68	0.39
	P10 外	3 541	41	1.03	0.45
	P11	0	55	—	0.59

表7　橡胶支座方案墩底内力比较

工况	墩号	时程结果			时程结果/反应谱结果		
		轴力(kN)	剪力(kN)	弯矩(kN·m)	轴力(kN)	剪力(kN)	弯矩(kN·m)
纵向+竖向地震	P6	1 031	1 061	7 141	0.99	1.00	0.98
	P7	2 041	1 069	8 729	1.46	1.04	0.92
	P8 外	192	3 872	32 100	0.06	1.02	1.06
	P9 外	3 851	4 850	43 710	1.02	0.76	0.75
	P10 外	3 942	5 378	46 970	1.06	1.07	1.08
	P11	946	1 448	13 820	0.75	1.19	1.21
横向+竖向地震	P6	625	1 110	5 849	0.65	1.12	1.13
	P7	894	1 015	6 793	0.74	0.88	0.80
	P8 外	571	4 322	32 890	0.11	1.12	1.13
	P9 外	7 719	4 716	38 240	1.06	0.79	0.76
	P10 外	7 978	5 401	44 420	0.93	1.15	1.16
	P11	661	1 397	10 020	0.59	1.17	1.18

表 8　橡胶支座方案承台底反力比较

工况	墩号	时程结果			时程结果/反应谱结果		
		轴力(kN)	剪力(kN)	弯矩(kN·m)	轴力(kN)	剪力(kN)	弯矩(kN·m)
纵向+竖向地震	P6	1 060	1 282	8 930	0.93	0.91	0.98
	P7	2 057	1 332	11 390	1.39	0.93	0.97
	P8 外	3 401	5 923	52 240	0.85	0.86	1.03
	P9 外	3 533	6 066	58 070	0.94	0.69	0.78
	P10 外	4 075	7 471	78 060	0.99	0.84	1.08
	P11	983	16 54	16 200	0.60	1.06	1.21
横向+竖向地震	P6	1 980	1 488	864	0.97	0.94	1.92
	P7	2 274	1 482	1 155	0.70	0.82	0.84
	P8 外	7 391	6 350	3 845	0.83	0.82	1.11
	P9 外	10 230	5 858	5 013	0.86	0.70	1.06
	P10 外	10 310	7 007	6 215	0.84	0.77	1.12
	P11	2 721	1 803	1 380	0.95	1.02	1.92

5　结论

通过对三拱塔无背索斜拉桥不同支座方案的地震反应谱和考虑支座非线性恢复力的时程分析,得到以下结论:

(1)普通盆式支座由于约束刚度较大,纵向地震力集中在制动墩,横向地震虽然均匀分布到各墩,但与橡胶支座方案相比,地震力相对较大。

(2)采用橡胶支座方案时,由于支座刚度的降低,以及约束方式改为纵向和横向各个中墩均墩、梁连接,纵向地震剪力和横向地震剪力均有较大幅度的降低,一般为盆式支座方案的30% ~50%。

(3)E2 纵向地震作用下,盆式支座方案主桥制动墩支座地震剪力大于 20% 竖向承载力,发生剪断破坏;E2 横向地震作用下,盆式支座方案主桥各个桥墩支座地震剪力均大于20% 竖向承载力,发生剪断破坏;而橡胶支座方案纵向和横向地震作用下各个桥墩支座剪力和位移均在可以接受的范围。

(4)E2 纵向地震作用下,盆式支座方案主桥制动墩发生钢筋屈服,进入塑性;E2 横向地震作用下,盆式支座方案主桥各个桥墩均进入塑性;而橡胶支座方案纵向和横向地震作用下各个桥墩均保持在弹性范围。

(5)考虑支座非线性恢复力的时程分析结果与反应谱结果相比,支座剪力约为 50% ~100%,支座位移约为 40% ~80%,而墩底和承台底剪力和弯矩并没有显著减小,甚至还有些增大。

从本文的计算分析可以看出,对于支承体系斜拉桥,由于纵飘振型影响较大,设置铅芯橡胶支座后,可以使桥梁在7度半烈度区E2罕遇地震下保持在弹性范围,除了时程分析时支座反应要小一些外,考虑支座非线性恢复力的时程分析与反应谱分析结果很接近。

参考文献

[1] 中华人民共和国交通部. 公路桥梁抗震设计细则. JTG/T B02-01—2008. 北京:人民交通出版社,2008.

[2] 中华人民共和国交通部. JTG/T D65-01—2007 公路斜拉桥设计细则. 北京:人民交通出版社,2007.

[3] 毛兆祥,张文学. 鱼嘴长江大桥设计方案抗震性能研究. 国防交通工程与技术,2005(4):51-54.

[4] 谢旭. 桥梁结构地震响应分析与抗震设计. 北京:人民交通出版社,2006.

[5] 布占宇,等. 拉索局部振动对斜拉桥地震响应的影响研究. 工程力学,2006,23(9):157-166.

84 双向水平近断地震作用下非规则隔震梁桥设计参数分析

韩 强 杜修力

(北京工业大学城市与工程安全减灾教育部重点实验室)

摘 要 为了研究水平双向近断层地震作用下,铅芯橡胶支座(LRB)非规则隔震梁桥特性以及不同桥墩刚度和支座强度的分布等对隔震梁桥地震反应的影响。首先对隔震梁桥的总支座强度和扭转反应进行归一化以及支座强度率、隔震梁桥体系刚度和各桥墩刚度率进行定义,采用Park模型模拟水平正交两向作用力条件下LRB支座非线动力行为的双向恢复力特性,通过对代表性的脉冲型近场强震记录非线性时程分析,研究了等效桥墩刚度率和支座强度率的分布等对非规则隔震梁桥的桥墩支座剪力和位移、桥墩变形、桥面位移以及桥梁的扭转反应的影响。结果表明,支座强度率和刚度率的分布对隔震梁桥地震反应有很大影响,对非规则梁桥进行隔震设计时,应对各桥墩刚度率和支座强度率进行优化,以减小隔震梁桥的地震反应。

关键词 隔震桥梁 铅芯橡胶支座 参数分析 近断层地震 数值模拟

1 引言

对桥梁进行隔震设计是地震中减小桥梁损坏的有效方法,隔震支座和桥梁结构自身参数的确定和优化对桥梁隔震效果影响很大,是桥梁结构进行隔震设计的关键问题,有关隔震支座和桥梁结构参数对隔震桥梁地震反应的影响已经做了很多研究工作。Jangid 等[1,2]对摩擦滑移结构的地震反应和影响其反应的有关参数进行了分析;Warn 等[3]应用 AASHTO 推荐的均匀荷载法静力分析程序,对隔震支座最大位移和能量需求进行评估;李建中等[4]利用非线性水平和转动弹簧分别模拟减、隔震支座和桥墩延性塑性铰的非线性行为,分析了桥墩、桥台处铅芯分布对减震效果的影响以及铅芯屈服力对连续梁桥地震峰值反应的影响;朱东生、劳远昌等[5]对初始周期、延性率与隔震效果的关系以及刚度比与隔震效果的关系进行研究;王丽、阎贵平等[6]采用结构分析软件 ANSYS,分析了屈服强度和屈服比对隔震效果的影响。黄建文等[7]利用等效线性化的方法,讨论了单自由度隔震系统中隔震支座的剪切位移延性,硬化刚度比及黏滞阻尼比等参数对隔震结构非线性动力响应的影响;杨风利等[8]对铁路简支梁桥减隔震支座设计参数的优化研究。

值得注意的是,这些研究多分析了单向地震作用下,规则隔震梁桥[9]的隔震支座参数变

基金项目:国家自然科学基金资助项目,50908005,90715032,50938006。

化等对隔震梁桥体系顺桥向减震效果的影响,对多维地震作用下,墩高相差很大的非规则梁桥[10]隔震体系的参数研究较为少见,或是没有考虑具体的工程地震动场特性,如造成大量的现代化桥梁结构损毁的 Kobe 地震(1995),Northridge 地震(1994),Chi - Chi 地震(1999)等的近断层地震动。隔震结构在远震场地减震效果良好,但是近断层地震动的明显的长周期速度和位移脉冲运动可能对长周期结构的抗震性能和设计带来不利影响,需要深入探讨[11]。近断层地震也称为近场地震,通常是指震源离断层距离不超过 15km、距地震烈度在 6.5 度以上的浅源地震。它以短持时高能量脉冲运动为特征,这种脉冲型运动沿地震断层的垂直方向传播,包含有强方向性效应、长周期速度脉冲效应,使结构直接承受高能量的冲击作用,产生较大的冲击力和变形,对桥梁结构造成了很严重的破坏,因而近断层地震动对桥梁结构地震反应的影响引起了研究者的广泛关注[12-15]。本文在结合近场地震动特性,考虑到隔震支座水平双向恢复力的相互作用,研究了水平双向近断层地震激励下,两跨连续非规则隔震梁桥等效桥墩刚度和支座强度分布等对隔震桥梁反应的影响。

2　计算模型

水平双向地震激励下,假定桥台为刚性,桥墩和上部结构为弹性,不考虑土—结构相互作用。图 1 显示了两跨非规则 LRB 隔震梁桥。

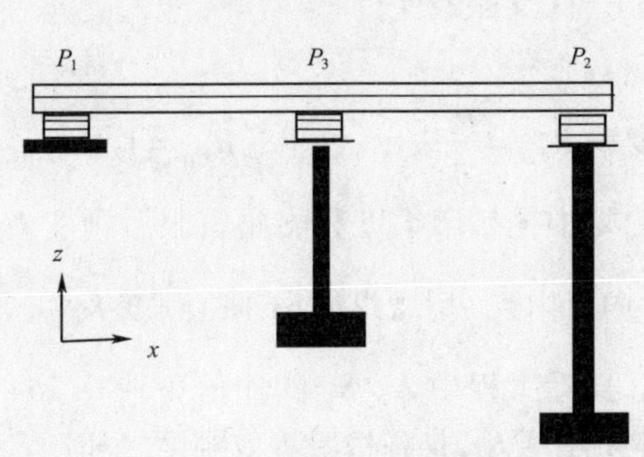

图 1　两跨非规则 LRB 隔震梁桥

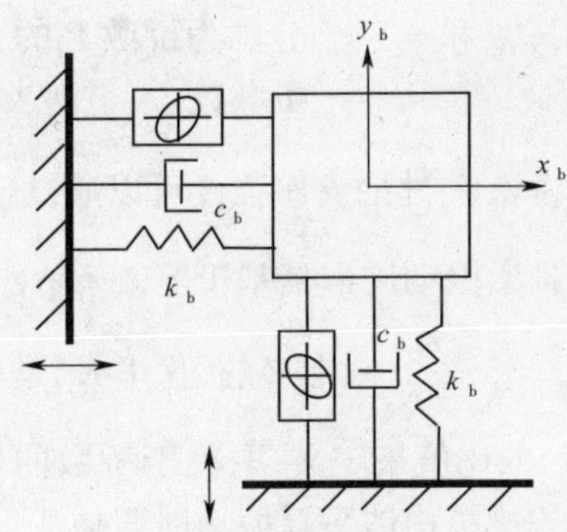

图 2　隔震支座的数学模型

图 2 为隔震支座的数学模型,LRB 支座 x 方向和 y 方向的支座恢复力可用下列关系式表示[16]:

$$\begin{Bmatrix} F_{bx} \\ F_{by} \end{Bmatrix} = \begin{bmatrix} c_b & 0 \\ 0 & c_b \end{bmatrix} \begin{Bmatrix} \dot{x}_b \\ \dot{y}_b \end{Bmatrix} + \alpha \begin{bmatrix} k_b & 0 \\ 0 & k_b \end{bmatrix} \begin{Bmatrix} x_b \\ y_b \end{Bmatrix} + (1-\alpha) F^y \begin{Bmatrix} Z_x \\ Z_y \end{Bmatrix} \tag{1}$$

式中:F_{bx} 和 F_{by}——分别表示支座 x - 方向和 y - 方向的恢复力;

Z_x 和 Z_y——分别表示恢复力的滞后位移分量;

c_b 和 k_b——分别表示支座的黏滞阻尼和初始刚度;

x_b 和 y_b——分别表示支座 x - 方向和 y - 方向相应位移;

α——表示支座屈服后与屈服前刚度比;

F^y——支座的屈服力。

滞后位移分量 Z_x 和 Z_y 满足下列耦合的非线性微分方程:

$$q\begin{Bmatrix}\dot{Z}_x\\ \dot{Z}_y\end{Bmatrix}=[G]\begin{Bmatrix}\dot{x}_b\\ \dot{y}_b\end{Bmatrix} \tag{2}$$

$$[G]=\begin{bmatrix}A-\beta\text{sgn}(\dot{x}_b)|Z_x|Z_x-\tau Z_x^2 & -\beta\text{sgn}(\dot{y}_b)|Z_y|Z_x-\tau Z_xZ_y\\ -\beta\text{sgn}(\dot{x}_b)|Z_x|Z_y-\tau Z_xZ_y & A-\beta\text{sgn}(\dot{x}_b)|Z_y|Z_y-\tau Z_y^2\end{bmatrix} \tag{3}$$

式中:β,τ 和 A——控制支座滞后环形状和大小的参数;

q——支座的屈服位移;

sgn——表示符号函数;

LRB——力—位移特性可以通过选择合适的参数 α,β,τ 和 A 来确定。

3 隔震参数

在参数研究中,支座的屈服强度 Q_D 用梁桥上部结构重量 W 归一化表示[17,18]:

η 代表总的归一化支座强度,可定义为:

$$\eta=\sum_{i=1}^{n}\left(\frac{Q_{D,i}}{W}\right)=\sum_{i=1}^{n}\eta_i \tag{4}$$

式中:$Q_{D,i}$ 和 η_i——分别为桥墩 P_i 的支座强度和归一化支座强度;

n——桥墩数。

桥墩 P_i 处的支座强度可以通过定义支座强度率 $R_{F,i}=\dfrac{\eta_i}{\eta}$ 表示,这里 $\sum_{i=1}^{n}R_{F,i}=1$。

各墩振动周期是基于等效桥墩刚度 K_{eq} 的,K_{eq} 是根据桥墩柔度和支座屈服后刚度 K_2 之和 $K_{eq}=\dfrac{K_yK_2}{K_y+K_2}$ 来定义的,这里 K_y 是桥墩横向(y 向)刚度。桥墩纵向(x 向)刚度 K_x 可通过 K_x/K_y 的比值来定义,取决于桥墩的尺寸和类型,实际工程中 K_x/K_y 的比值可取 0.25 ~1。隔震桥梁结构体系总振动周期是基于隔震桥梁体系刚度 K_s,是各桥墩等效刚度之和:

$$K_s=\sum_{i=1}^{n}K_{eq,i} \tag{5}$$

用刚度率来研究等效桥墩刚度的分布对隔震桥梁反应的影响,刚度率 $R_{K,i}$ 可由桥墩 P_i 的等效桥墩刚度 $R_{K,i}=\dfrac{K_{eq,i}}{K_s}$ 来定义。

由于桥梁上部结构的在平面内的扭转取决于桥梁的跨长,上部结构的扭转反应可用归一化来表示,即

$$TM(\%)=\frac{\max\{D_1-D_2\}}{\max\{D_2\}} \tag{6}$$

式中:TM——扭转度;

D_1、D_2——分别为桥面质心处和端部的水平纵向位移。

选择 6 组代表实际近断层的双向地面运动,用来研究隔震梁桥在近断层地面运动的参数研究。每对地面运动的单个分量分别在隔震梁桥顺桥向和横桥向输入,选取的参数对隔震梁桥反应是这些地震动输入下隔震梁桥结构最大反应的平均值来表示。

表1　参数研究选取的近断层地震记录

地震动编号	地震动名称	震级(mw)	距离(km)
NF01/NF02	Kobe, 1995	6.9	3.4
NF03/NF04	Tabas, 1978	7.4	1.2
NF05/NF06	Northridge, 1994, Olive View	6.7	6.4
NF07/NF08	Loma Prieta, 1989, Los Gates	7	3.5
NF09/NF10	Chi - Chi,1999	7.3	5.4
NF11/NF12	Erzincan, 1992	6.7	2

4　参数分析

双向地震作用下,隔震梁桥的特性可由体系刚度,总归一化支座强度,等效桥墩刚度和支座强度4个参数来描述。在这里,取铅芯橡胶支座屈服后刚度与初始刚度比 $\alpha=0.1$,总归一化支座强度 $\eta=0.1$,满足 $0.05\leqslant\eta\leqslant0.2$ 的条件,桥墩 P_2 的刚度为桥墩 P_3 刚度的1/2。为了考察等效桥墩刚度和支座强度分布对隔震梁桥地震反应的影响,考虑了两种情况,一种情况是对称布置,即桥墩 P_1 和 P_2 处等效桥墩刚度和支座强度相等,因此可用中间桥墩 P_3 的刚度率 $R_{K,3}$ 和支座强度率 $R_{F,3}$ 来确定。另一种情况是非对称布置,桥墩 P_1 和 P_2 的等效桥墩刚度和支座强度都不相等,用3个桥墩刚度率和支座强度率来确定。

4.1　等效桥墩刚度分布影响

对称布置时,考虑两端 P_1 和 P_2 的等效桥墩刚度和支座强度相等,中间桥墩 P_3 刚度率 $R_{K,3}$ 变化范围为0.2~0.5四种情况;非对称时,三个桥墩刚度分布为 $R_{K,[1,2,3]}=[0.50,0.17,0.33]$、$[0.33,0.33,0.33]$、$[0.17,0.50,0.33]$、$[0.20,0.40,0.40]$ 4种情况。

图3为LR支座在近断层水平双向地震动作用下桥墩2处支座横向剪力随周期变化。对称布置时,桥墩2处支座剪力随桥墩3刚度率 $R_{K,3}$ 的增大而减小,3s前支座横向剪力下降幅值较大,3s后变形比较平稳。对非对称情况,当3个桥墩等效刚度相差较小时,支座横向剪力下降的较平稳。

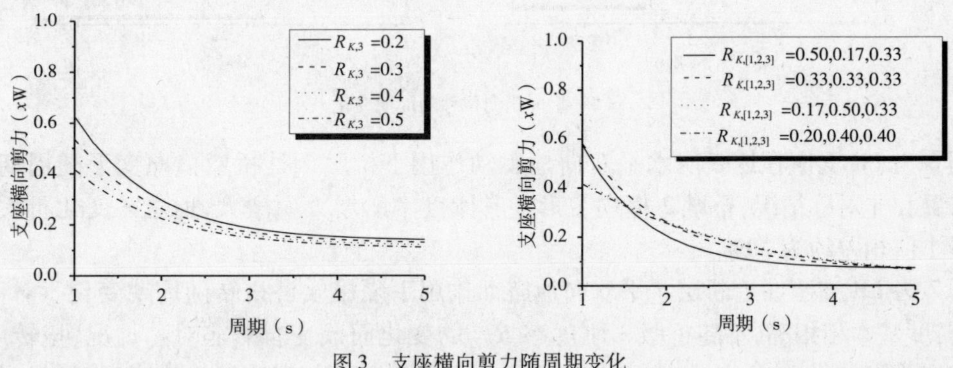

图3　支座横向剪力随周期变化

图4为LR支座在近断层水平双向地震动作用下桥墩2处支座横向变形随周期变化。对称布置时,桥墩2座横向剪力随桥墩3刚度率 $R_{K,3}$ 的增大而增大,在给定的几组近断层地

震波激励下,最大支座横向变形平均值接近 60cm。对非对称情况,桥墩 2 处支座横向变形随其刚度率的减小而增大,当 $R_{K,[1,2,3]}=[0.50,0.17,0.33]$时,即桥墩2 等效刚度最小时,最大支座横向变形平均值接近 90cm,当 $R_{K,[1,2,3]}=[0.17,0.50,0.33]$时,即桥墩 2 等效刚度最大时,最大支座横向变形平均值为 62cm,二者相差约为 31% 。

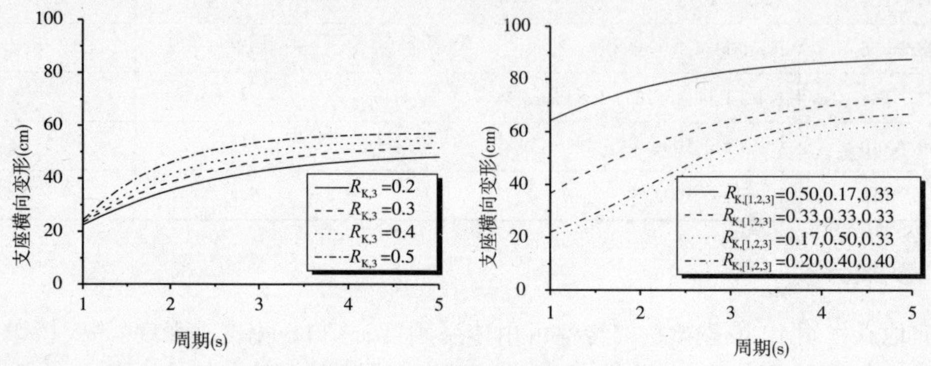

图 4　支座横向变形随周期变化

图 5 为 LR 支座在近断层水平双向地震动作用下桥面横向位移随周期变化。对称布置时,桥面横向位移基本相相等,不随桥墩 3 刚度率 $R_{K,3}$ 的变化而改变。对非对称情况,桥面横向位移随其刚度率的减小而增大,在给定的几组近断层地震波激励下,当 $R_{K,[1,2,3]}=[0.50,0.17,0.33]$时,即桥墩 2 等效刚度最小时,最大支座横向变形平均值接近 80cm,当 $R_{K,[1,2,3]}=[0.17,0.50,0.33]$时,即桥墩 2 等效刚度最大时,最大支座横向变形平均值为 43cm,两者相差约为 46% 。

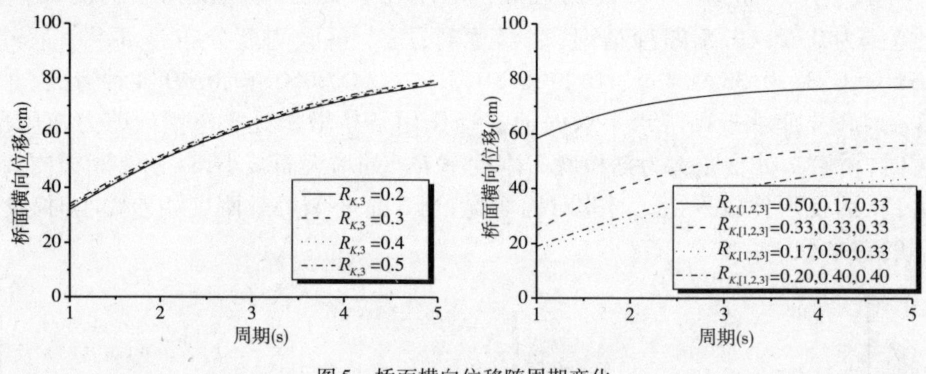

图 5　桥面横向位移随周期变化

图 6 为 LR 支座在近断层水平双向地震动作用下桥墩 2 处桥墩横向变形随周期变化。对称布置和非对称情况,桥墩 2 横向变形随其刚度率的增大而增大,但总的变化不大,最大值和最小值相差约为 20% 。

图 7 为 LR 支座在近断层水平双向地震动作用下隔震梁桥扭转随周期变化。对称布置时,扭转度基本相相等,不随桥墩 3 刚度率 $R_{K,3}$ 的变化而改变。对非对称情况,扭转度随其刚度率变化影响很大,在给定的几组近断层地震波激励下,当三个桥墩等效刚度相差较大时,隔震梁桥体系的扭转度相差最大,当三个桥墩等效刚度相等时,即 $R_{K,[1,2,3]}=[0.33,0.33,0.33]$时,扭转反应最小。

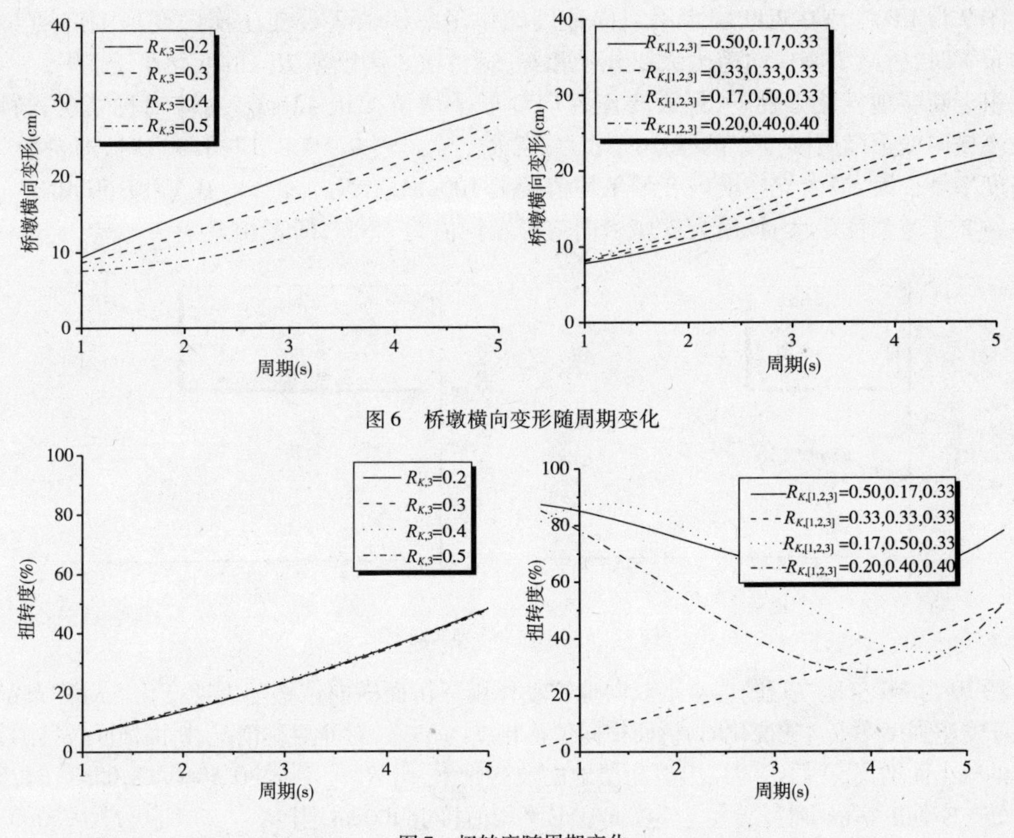

图 6　桥墩横向变形随周期变化

图 7　扭转度随周期变化

4.2　支座强度分布影响

对称布置时，考虑两端桥墩 P_1 和 P_2 支座强度相等且等效桥墩刚是均匀分布的，中间桥墩 P_3 支座强度率 $R_{F,3}$ 变化范围为 0.2，0.33，0.4 和 0.5 4 种情况；非对称时，分析了支座强度率为 $R_{F,[1,2,3]}=[0.50,0.17,0.33]$、$[0.33,0.33,0.33]$、$[0.17,0.50,0.33]$、$[0.20,0.40,0.40]$4 种情况。

图 8 为 LR 支座在近断层水平双向地震动作用下桥墩 2 处支座横向剪力随周期变化。对称布置时，桥墩 2 处支座剪力几乎相等，不随桥墩 3 处支座强度率 $R_{F,3}$ 而变化，体系周期小于 3s 时支座横向剪力下降幅值较大，大于 3s 后变形比较平稳。对非对称情况，体系周期小于 3s 时，支座横向剪力随桥墩 P_2 处的支座强度率 $R_{F,[1,2,3]}$ 增大而减小，体系周期大于 3s 后几乎相等。

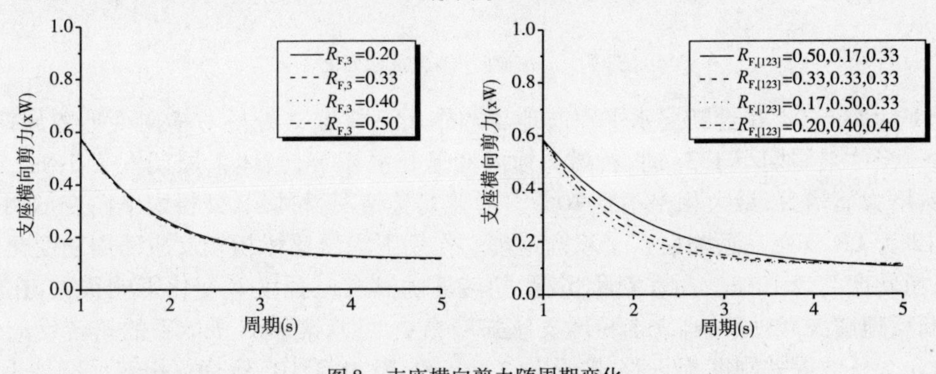

图 8　支座横向剪力随周期变化

图9为LR支座在近断层水平双向地震动作用下桥墩2处支座横向变形随周期变化。对称布置时,桥墩2座横向剪力大小几乎相等,随桥墩3刚度率$R_{F,3}$的变化小于5%,在给定的几组近断层地震波激励下,最大支座横向变形平均值接近42cm。对非对称情况,桥墩2处支座横向变形随其强度率的减小而增大,当$R_{F,[1,2,3]}=[0.50,0.17,0.33]$时,即桥墩2支座强度率最小时,最大支座横向变形平均值接近100cm,当$R_{F,[1,2,3]}=[0.17,0.50,0.33]$时,即桥墩2支座强度最大时,最大支座横向变形平均值为45cm,两者相差55%。

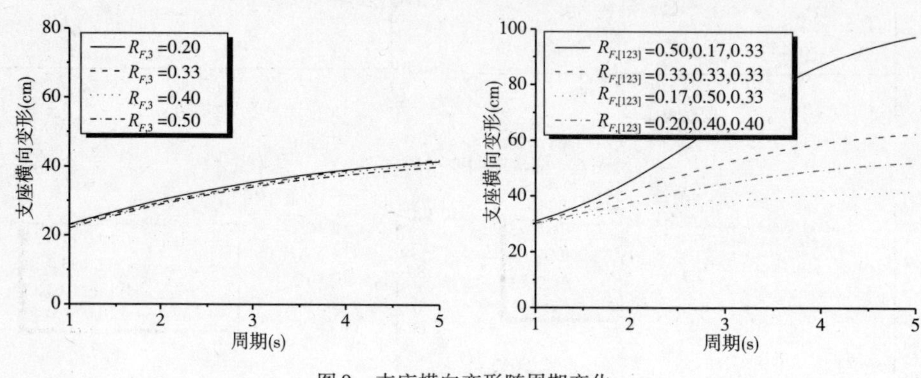

图9　支座横向变形随周期变化

图10为LR支座在近断层水平双向地震动作用下桥面横向位移随周期变化。对称布置时,桥墩3支座强度率$R_{F,3}$的变化时,桥面横向位移相差约5%。对非对称情况,桥面横向位移随其强度率的减小而增大,在给定的几组近断层地震波激励下,当$R_{F,[1,2,3]}=[0.50,0.17,0.33]$时,即桥墩2处支座强度率最小时,最大支座横向变形平均值接近100cm,当$R_{F,[1,2,3]}=[0.17,0.50,0.33]$时,即桥墩2处支座强度率最大时,最大支座横向变形平均值为64cm,两者相差36%。

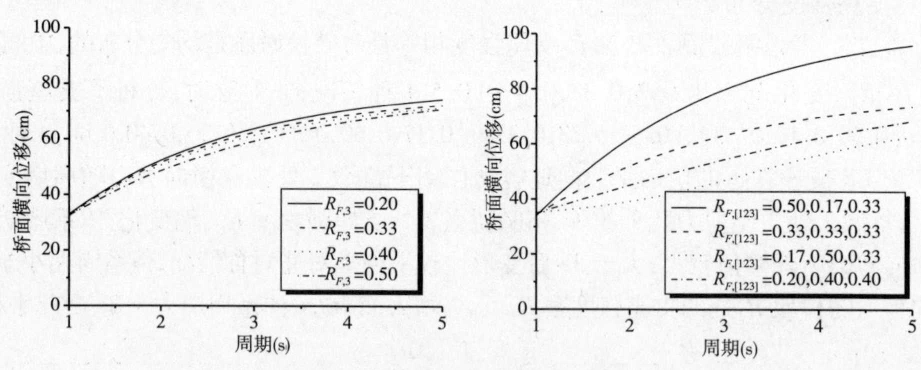

图10　桥面横向位移随周期变化

图11为LR支座在近断层水平双向地震动作用下桥墩2处桥墩横向变形随周期变化。对称布置,当体系周期小于3s时,桥墩2横向变形几乎相等,当体系周期大于3s时,随其支座强度的增大而增大,最大相差不到10%。对非对称情况,桥墩2处桥墩横向变形相等。

图12为LR支座在近断层水平双向地震动作用下隔震梁桥扭转反应随周期变化。对称布置时,扭转度约为10%。对非对称情况,扭转度随其支座强度率变化影响很大,在给定的几组近断层地震波激励下,当3个桥墩支座强度相差大时,隔震梁桥体系的扭转反应也相差最大,当3个桥墩等效刚度相等时,即$R_{F,[1,2,3]}=[0.33,0.33,0.33]$时,扭转反应最小。

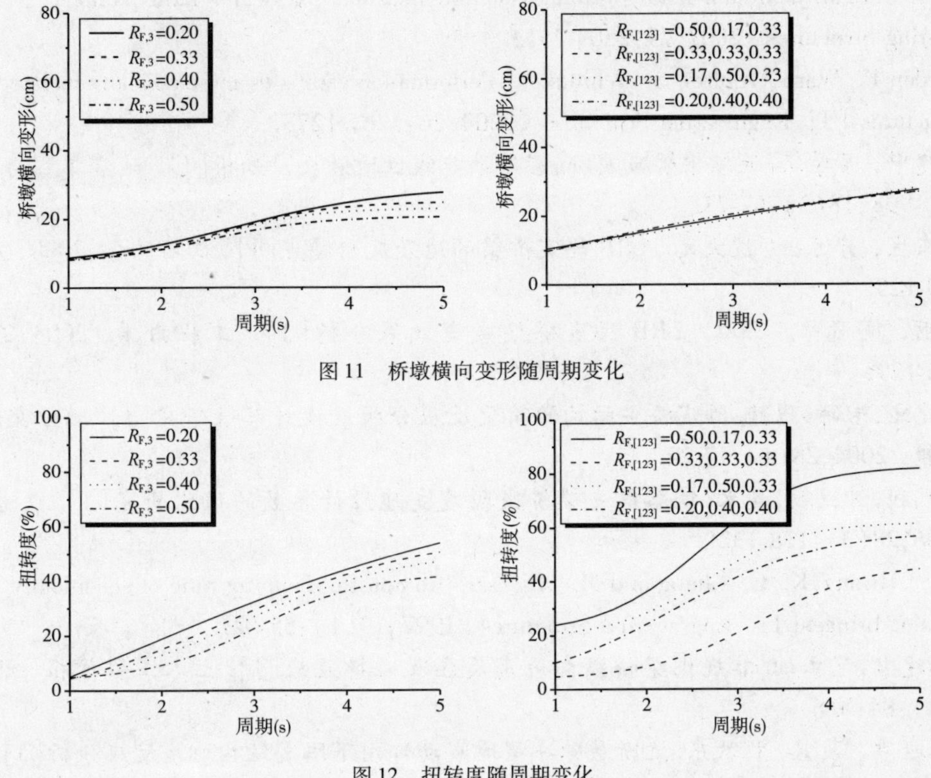

图 11　桥墩横向变形随周期变化

图 12　扭转度随周期变化

5　结论

本文在考虑隔震支座的双向恢复力相互作用和近断层工程地震场特性的基础上，对水平双向地震作用下隔震梁桥反应特性和影响参数进行了分析，得出有关结论如下：

(1)当两端桥墩的等效桥墩刚度和支座强度相等的对称分布时，隔震梁桥结构的最大反应主要取决于基于体系刚度的振动周期，总的归一化支座强度和桥墩柔度，等效桥墩刚度和支座强度的对称分布对不同桥墩处的最大支座力和最大桥面位移影响不大。

(2)中间桥墩和两端桥墩的最大支座强度的分布可通过改变等效桥墩刚度和支座强度来调整。桥墩变形随着基于 K_s 的振动周期而增大，扭转反应随基于 K_s 振动周期的增大而增大。

(3)对于短周期，刚度非对称分布的扭转反应要远大于刚度对称分布的。对长周期，柔性桥墩的等效桥墩刚度非对称分布和对称分布在减小扭转反应上差别不大。

(4)支座强度分布对振动周期和最大支座力影响很小，因为第二倾斜刚度对支座力的贡献远大于支座强度。支座强度的非对称分布比支座强度对称分布的扭转反应更大些，等效桥墩刚度同一分布可以减小隔震梁桥体系的扭转反应。

参 考 文 献

[1] Jangid RS, Kelly JM. Base isolation for near - fault motions[J]. Earthquake Engineering and Structural Dynamics 2001,30: 691-707.

[2] R. S. Jangid. Optimum lead – rubber isolation bearings for near – fault motions[J]. Engineering Structures, 2007,29:2503-2513.

[3] Gordon P. Warn, Andrew S. Whittaker. Performance estimates in seismically isolated bridge structures [J]. Engineering Structures ,2004,26:1261-1278.

[4] 李建中, 辛学忠. 连续梁桥减震、隔震体系非线性地震反应分析[J]. 地震工程与工程振动,1998,18(3):67-73.

[5] 朱东生, 劳远昌, 沈大元. LRB 隔震桥梁的地震反应特点[J]. 工程力学,2000, 18(1): 119-125.

[6] 王丽, 阎贵平, 孙立. LRB 隔震桥梁减震效果分析[J]. 工程力学, 2003,20(5): 124-129.

[7] 黄建文,朱晞,张静. 隔震桥梁结构的简化反应分析及设计参数研究[J]. 北方交通大学学报, 2004,28(1):17-22.

[8] 杨风利,钟铁毅,夏禾. 铁路简支梁桥减隔震支座设计参数的优化研究[J]. 铁道学报, 2006,28(3):128-132.

[9] J. S. Hwang,K. C. Chang and M. H. Tsai. Composite damping ratio of seismically isolated regular bridges[J]. Engineering Structures, 1997,19(1):55-62.

[10] 李建中,范立础. 非规则梁桥纵向地震反应及碰撞效应[J]. 土木工程学报, 2005,38(1):84-90.

[11] 杨迪雄, 李刚, 程耿东. 近断层脉冲型地震动作用下隔震结构地震反应分析[J]. 地震工程与工程振动, 2005, 25(2): 119-124.

[12] Macrae G A, Morrow D V, Roeder C. Near – Fault Ground Motion Effects on Simple Structures [J]. Journal of Structure Engineering, ASCE,2001,127(9):996-1004.

[13] Jangid R S, Kelly J M. Base Isolation for Near – Fault Motions [J]. Earthquake Engineering and Structure Dynamics, 2001, 30: 691-707.

[14] 廖文义,罗俊雄,万绚. 隔震桥梁承受近断层地震之反应分析[J]. 地震工程与工程振动,2001,21(4): 102-108.

[15] 王东升,冯启民,翟桐. 近断层地震动作用下钢筋混凝土桥墩的抗震性能[J]. 地震工程与工程振动, 2003,23(1): 95-102.

[16] Park, Y. J. Random vibration of hysteretic systems under bi – directional motions[J]. Earthquake Engineering and Structural Dynamics. 1986, 14(4): 543-557.

[17] American Association of State Highway and Transportation Officials (AASHTO), (2004). Guide Specifications for Seismic Isolation Design, Washington, D. C.

[18] Jangid R S. Seismic response of isolated bridges [J]. Journal of Bridge Engineering, 2004, 9(2): 156-166.

85 桥梁结构地震碰撞响应相关问题研究述评

李晓斌 邰进良 蒲黔辉 高玉峰

(西南交通大学土木工程学院)

摘 要 本文介绍了桥梁结构地震碰撞响应相关问题研究的最新进展情况。对最近30年来的强地震中发生的桥梁结构地震碰撞损坏现象进行回顾的基础上,评述了已经发展的各种桥梁地震碰撞作用模拟方法,介绍了有关结构地震碰撞的试验研究进展情况。在此基础上,对桥梁碰撞反应发生机理、碰撞对结构构件抗震能力的影响以及有关防止碰撞发生及防止落梁的有效措施等方面的研究进行了回顾和总结。概述了国内相关研究成果并展望了有待进一步研究的问题。

关键词 桥梁结构 地震碰撞 接触单元 防落梁措施 限位器 研究现状

1 引言

地面上相邻的结构由于其动力特性存在差异,当地震发生时将引起相邻结构物的不同步振动,当结构物间预留的间隙不能满足彼此的相对位移时就会发生相互碰撞。这种由地震引发的结构碰撞会引起瞬时峰值加速度脉冲,从而放大结构的整体动力响应,导致建筑物结构性破坏或非结构性破坏,给人类的生命财产造成巨大的损失。在过去三十年来的地震中建筑及桥梁结构物间的碰撞现象已有诸多文献报道[1-9]。如在1971年美国圣费尔南多(San Fernando)地震中Olive View医院的主体建筑与其外围楼层之间发生了严重的碰撞损坏[1];此外,在本次地震中还观察到带有座式桥台的公路桥梁由于桥面板之间以及桥面与桥台之间的碰撞而引发了广泛的破坏[2];在1989年美国洛马·普里埃塔(Loma Prieta)地震中因结构碰撞而发生建筑物倒塌或破坏的现象被更为广泛的观察到[3];在本次地震中China Basin/Southern高架桥I-280截面处,因下层路面与支承上层路面的桥墩之间在地震中发生了冲撞,导致桥墩和下层路面都发生了中等程度的破坏现象[4];1994年美国Northridge地震中,离震中14 km的州际5号公路桥,多处桥墩和伸缩缝发生严重的碰撞破坏[5];1995年日本Hanshin高速公路桥桥面在Kobe地震中产生0.30m纵向位移,过大的纵向振动所引起的相邻结构间的相互碰撞导致桥梁结构严重破坏,日本1995年Kobe地震桥梁震害经验表明,随支座破坏后发生的碰撞作用是引起桥梁局部损坏和引发落梁破坏的原因之一[6];1999年台湾集集地震中30多座严重损坏的桥

项目基金:抗震工程技术四川省重点实验室(西南交通大学)开放基金资助项目,SKZ200907。

梁中,也有多座桥梁的破坏是由碰撞引起的[7];在我国1976年的唐山大地震中,滦河大桥的严重落梁破坏曾引起桥梁抗震工作者们的广泛关注,他们以各种可能原因对震害现象进行了解释,在不同程度上都提到了碰撞作用[8];我国在2008年发生的汶川地震中相邻结构变形缝处的碰撞破坏现象也很普遍,同样在多处观察到了梁式体系桥伸缩缝处防撞栏杆或护栏的撞击损坏[9]。可见,在地震作用下,伸缩缝间的碰撞作用机理及其对桥跨结构抗震性能的影响以及防止碰撞与落梁的措施,是值得深入研究的问题。国外从20世纪90年代初开始有很多学者对桥梁地震碰撞作用进行了广泛的研究,而我国对该领域的研究目前还处于起步阶段。对由地震引发的桥梁碰撞反应的研究工作主要集中在4个方面:

(1)对地震碰撞作用建立合理的力学模型。

(2)有关桥梁结构地震碰撞效应的试验研究。

(3)桥梁碰撞反应发生机理及其对结构构件抗震能力的影响。

(4)防止碰撞发生及防止落梁的有效措施。

本文针对桥梁结构地震碰撞响应相关问题对已有的研究成果进行总结回顾并展望需进一步研究的内容。

2 地震碰撞问题力学模拟方法

国外对桥梁伸缩缝间的碰撞现象研究的较早也较为深入,研究者为了在理论上对碰撞作用进行模拟,发展了各种模拟碰撞现象的方法。已有研究表明,对桥梁地震碰撞作用的模拟方法主要有基于碰撞动力学的恢复系数法和接触单元法两类。恢复系数法假定碰撞为质心碰撞且是瞬间完成的,根据两个质点接触前的状态,采用恢复系数模拟弹塑性碰撞,从而判断碰撞后的速度。恢复系数法具有物理概念清楚、算法简单的优点,但由于它不是基于力的方法,不易与现有结构分析软件相结合。已有一些学者运用恢复系数法对地震中建筑及桥梁结构的碰撞现象进行了模拟[10-11]。更多研究者是以接触单元方法对碰撞现象进行模拟的。在接触单元法中,当结构接触碰撞时接触单元被激活。接触单元种类很多,常用的接触单元可以用一个刚度很大的弹簧来模拟以避免相邻节段碰撞时的材料重叠并保证较短的碰撞持时,有时用弹簧并联一个阻尼器来模拟碰撞过程中能量的耗散。具体可分为线性弹簧单元[12-14]、Kelvin模型[15-16]、Hertz模型[17-19]、Hertz-damp模型[20]、改进的Hertz-damp模型[21]以及三维一接触摩擦模型[23]等几种。

线性弹簧模型是最简单的接触单元模型,仅由一个线性连接弹簧所组成,这种模型没有考虑碰撞过程中能量的损失。线性弹簧阻尼器单元(Kelvin模型)是由一个连接弹簧和一个阻尼器并联而成的,能够考虑碰撞过程中能量的损失。为了更真实的模拟碰撞过程中碰撞力与变形的关系,基于Hertz接触定律[21]的非线性弹簧模型(Hertz模型)被一些研究者引入[17-19],该模型与线性弹簧模型相类似,但连接弹簧是非线性的。由于Hertz模型不能模拟碰撞期间的能量耗散,Muthukumar和DesRoches[20]把应用于机器人和多体系统等领域碰撞问题的一种新模型——Hertz-damp模型引入结构碰撞,该模型采用非线性弹簧和非线性黏滞阻尼器的组合来模拟碰撞,同时解决了碰撞的非线性刚度和碰撞过程中的能量损失问题。已有实验研究证实[22]:碰撞过程中的能量损失大部分在接近过程中被耗散掉,而相对较少的能量损失由于摩擦作用而发生在碰撞恢复阶段。基于这个思路,Jankowski[21]提出了不同于上述Hertz-damp模型的另一种模型,在此称之为改进的 Hertz - damp 模型,在该模型中忽略掉碰撞恢复阶段的能量损失,认为碰撞过程的能量损失在碰撞接近过程中全部消耗掉,计算撞击力时分别考虑碰撞接近过程与恢复过程两个阶段的接触力与接触变形特征。为了研究桥面板之间的任意接触碰撞,Zhu 等[23]发展了一种三维一接触摩擦模型。Zhu 等还对这种三维接触—摩擦模型进行了模型试验验证,试验表明这种碰撞模型能用于模拟多方向碰撞。虽然该模型能有效模拟相邻梁体间的任意碰撞,也可以在动力分析常用数值积分方法中实现,但寻找接触对需要耗费大量机时,且搜索算法也相当复杂,故在一定程度上制约了这种方法的发展应用。

3　有关结构地震碰撞的试验研究

尽管已有很多学者对地震中的结构碰撞现象进行了理论分析与数值计算研究,但对碰撞效应进行试验研究的工作还很少。Van Mier 等[24]进行了防波堤混凝土构件间的碰撞试验。试验装置由一个横截面尺寸为 250mm^2、长为 20m 的混凝土桩及一个混凝土质量块组成。实验中将撞击速度、撞块质量、混凝土强度、接触面几何形状作为考查的参数,考虑了 3 种不同的接触表面形状和两种碰撞接近速度。通过由试验得到的撞击力时程曲线及 Goldsmith[22]提出的方法,确定了混凝土构件碰撞时 Hertz 接触刚度的取值范围约在 $1.2\times10^6\sim2.6\times10^6$ kN/m$^{3/2}$之间。试验结果表明,撞击力时程曲线受接触面几何形状的影响很大;接触刚度越低,碰撞时间越长。为了确定碰撞恢复系数及碰撞刚度的合理取值,Jankowski[25]进行了一系列不同材料小尺寸的球体跌落试验,考虑的材料包括钢材、混凝土、木材和陶瓷,试验结果表明:碰撞恢复系数随着接近速度的增加而减小,该试验中混凝土材料的碰撞恢复系数 e 在 0.43 ~ 0.78 之间;试验中采用的混凝土球体质量约在 1.3 ~ 2.6 kg 之间,碰撞接触刚度在 $7.9\times10^6\sim10.5\times10^6$ kN/m$^{3/2}$之间,接触刚度与接近速度无关,但随着质量的增加略有增大。但以上的试验均主要针对小型构件,其对桥梁主梁这种大构件间的碰撞反应的适用性还有待进一步研究。

Filiatrault 等[26]对两个相邻的三层和八层的不等高钢框架的碰撞效应进行了振动台试验,两个框架间隙大小分别取 0mm 和 15mm,输入的地震动为 EL - centro 波,分别考虑了 0.15g 和 0.5g 两种加速度峰值。试验结果与采用线性弹簧单元模拟碰撞的数值分析结果进行了对比,数值分析结果较为准确地预测了结构的位移反应和最大撞击力,但是对加速度的预测欠准确。Papadrakakis 等[27]对两个间隙为零的两层等高钢筋混凝土建筑框架之间的碰撞现象,输入正弦荷载激励,进行了振动台试验研究。试验在弹性范围内进行,通过与按拉格朗日乘子法[28]计算的理论结果进行比较验证了碰撞对结构地震反应的影响,试验结果表明碰撞增大了刚性结构的位移响应,减小了柔性结构的位移响应。Chau 等[29]以不同幅值与频率的正弦波为激励,对两相邻钢塔架进行了振动台试验。试验主要考察了相邻结构的基频、阻尼、间隙大小对碰撞反应的影响。当输入的正弦波频率介于两结构体系基频之间时,获得了相邻结构的最大相对速度。试验结果与采用 Hertz 接触模型[19]模拟碰撞的数值分析结果进行了对比。结果表明,采用 Hertz 接触模型估计的相对碰撞速度和避免碰撞发生的临界间隙大小与试验结果一致,较好的预测了导致碰撞发生的正弦波频率。但仍然有一些情况数值计算结果与试验结果并不相符。Zhu 等[23]对正弦波激励下钢梁与桥台间的碰撞效应进行了振动台试验。试验采用的模型桥质量为 2kg,与固定的桥台间留有 5mm 的间隙,试验验证了他提出的三维接触—摩擦模型能用于模拟多方向碰撞。李忠献等[30]采用一两跨缩尺隔震梁桥模型对其地震碰撞反应进行了振动台试验研究。模型一跨的梁长为0.8m,不受几何相似比限制,每跨主梁均由两根I20a工字钢焊接而成。桥墩为双柱式,两肢桥墩均采用外径6cm,壁厚4mm,长50cm的钢管制作而成。试验中使用了两组橡胶支座,一种为板式橡胶支座,一种为铅芯橡胶支座。碰撞通过从主梁A探出的半径为5cm的半个钢球和从主梁B探出的平面钢板发生接触来模拟。试验采用将加速度峰值调整为0.7g的3条地震加速度记录为地震动输入,分别为El Centro波、Kobe波和天津波。试验结果表明:采用等效Kelvin模型可以较为准确地模拟碰撞反应的最大撞击力峰值及主梁位移时程;将磁流变阻尼器安装在邻跨之间可以减小邻跨相对位移,且对墩顶位移不会产生明显影响;增大间隙、减小邻跨动力特性差异可减小碰撞反应;支座特性对碰撞反应有显著影响。

4 桥梁碰撞反应发生机理及其对结构构件抗震能力的影响

为了缓解地震中的碰撞损坏,很有必要搞清楚引起桥梁地震碰撞的原因及其影响因素。碰撞产生的直接原因在于相邻桥跨间的相对位移反应超过了伸缩缝的允许间隙。在桥梁结构中,通常认为产生这种相对位移的原因主要包括:

(1)相邻桥跨刚度、质量分布不同引起动力特性不一致,导致地震中的不同步振动,从而引发碰撞发生。

(2)输入地震波的空间差动效应引起各支点间的不同步输入,从而导致碰撞发生。此外,对碰撞起重要作用的因素还有土—结构相互作用、两相邻跨桥梁之间间距的大小等。

4.1 相邻结构的动力特性差异

DesRoches和Muthukumar[31]采用恢复系数法对四联框架桥通过双自由度及四自由度模型研究了其在单边碰撞及双边碰撞作用下的响应规律,单边碰撞参数研究结果表明影响碰撞的主要参数是两相邻跨桥梁之间的周期比(即T_1/T_2)及其与地震动特征周期的比(即T_1/T_g和T_2/T_g)。当相邻桥跨周期相差较大时碰撞容易发生;碰撞对桥梁地震反应的放大效应是以T_1/T_g和T_2/T_g为变量的函数,且形成三个区域:在Ⅰ区($T_2/T_g<1$),由于碰撞作用刚性框架响应增大而柔性框架响应减小;在Ⅲ区($T_1/T_g>1$),由于碰撞作用刚性框架响应减小而柔性框架响应增大;在Ⅱ区($T_1/T_g<1, T_2/T_g>1$),由于碰撞作用刚性框架和柔性框架响应均有所增大。结果还表明,当相邻桥跨的周期比$T_1/T_2>7$时碰撞对结构响应的影响很小,这也验证了Caltrans抗震设计规范(1999)中对于多跨框架桥相邻跨周期比须大于0.7的规定的合理性。Pantelides和Ma[18]研究了地震作用下有阻尼柔性单自由度结构与相邻刚性结构之间的单边碰撞问题,分别考虑了单自由度体系的弹性和弹塑性行为。结构间的碰撞通过Hertz模型来模拟,其研究结果表明:弹性体系中的碰撞反应取决于柔性结构的周期;对于周期大于0.3s的结构阻尼的增加可以显著减小地震碰撞作用,这为引入主动控制及被动控制技术对结构碰撞进行控制提供了依据。王军文[32]等也对连续梁桥邻联周期比对碰撞反应的影响进行了研究。结果表明:墩柱按弹性考虑时,当长周期联的周期较短(接近于地震波的特征周期)时,碰撞使短周期联的位移需求增大,长周期联的位移需求减小;当短周期联的周期大于地震波的特征周期时,碰撞使短周期联的位移需求减小,长周期的位移需求增大。当邻联的周期比小于0.5时,两联不同向振动的程度较高,碰撞产生的可能性较大。墩柱按弹塑性考虑与按弹性考虑相比,短周期联位移需求增大,长周期联位移需求减小,两联相对位移需求变大。

4.2 输入地震波的空间差动效应

结构碰撞与非均匀地震动之间的关系已有一些学者进行了研究。Hao 等[33-34]对空间变化的地震动作用下建筑结构间为避免碰撞发生而设置的合理间隙取值进行了研究。Hao[35]还借助相对简单的两跨桥梁模型分析得出:当相邻两跨的基频接近时,地面运动的空间变化是引起相对位移的主要因素,当两相邻桥跨的基频显著不同时,两相邻桥跨的振动特性的差别是引起相对位移的主要因素。Zanardo 等[13]对多跨简支梁桥由地震动空间变化引起的伸缩缝处相邻梁体间的碰撞效应进行了分析,发现在各支点处的地震波的相干性越弱碰撞效应越大,产生的碰撞力比只考虑行波效应时大 3 ~4 倍。因此,在多跨简支梁桥或多联连续梁桥中,虽然相邻联的基本振动周期一样,但由于地震动的空间变化效应也可能引起伸缩缝处相邻梁体间的碰撞,甚至导致上部结构发生落梁破坏。

4.3 桩土相互作用的影响

关于桩土作用对桥梁地震碰撞响应的影响研究的文献还很少。Kim 在分析桥梁碰撞反应时,采用土弹簧单元来模拟土—结构之间的相互作用[36]。Saadeghvaziri 的研究[37]认为,土—结构相互作用对桥梁的纵向地震反应不利,而且对桥台的破坏作用高于对桥墩的破坏作用。Chouw 和 Hao[38-39]以较为简单的三跨框架桥为例研究了空间变化的地震动以及桩土作用对安装传统宽度伸缩缝的桥梁以及新型大位移模数式伸缩缝桥梁碰撞响应的影响。研究表明:

(1)现行的有关桥梁设计规范(Caltrans,1999)对相邻桥跨结构应具有相近的基频值以避免相邻桥跨的不同步振动引发的碰撞损坏的规定只有在不考虑桩土相互作用和地震动空间变化效应时才有效。

(2)碰撞作用通常会减小桥墩的弯矩,刚性地基上的桥跨结构比柔性地基上桥跨结构经受更大的碰撞力。

(3)对于设置传统宽度伸缩缝的桥跨,当相邻桥跨结构的频率比大于 0.6 时,非一致地震动与桩土效应的联合作用对结构碰撞响应产生显著影响;当频率比为 1.0 及以上时,非一致地震动对碰撞的影响比桩土效应更明显。

(4)对于位于软土地基上设置新型大位移模数式伸缩缝的桥梁,当相邻桥跨基频的比值在 0.85 ~1.15 之间时,桩土作用能够减小对最小伸缩缝宽度的需求;对于坚硬场地上的桥跨在空间变化地震动作用下,当相邻跨的频率比相近时,对最小伸缩缝宽度的需求将增大。

4.4 桥梁碰撞对构件抗震能力的影响

Pantelides 和 Ma[18]研究了地震作用下有阻尼柔性单自由度结构与相邻刚性结构之间的单边碰撞问题,通过对比具有相同结构参数的弹性和弹塑性体系表明,非弹性结构的最大位移大于弹性结构,但其最大加速度、碰撞力及碰撞次数均显著减弱。Malhotra[11]使用一个简单的两自由度集中质量模型运用恢复系数法,对一座多跨混凝土箱梁桥中的碰撞效应进行了分析。结果表明碰撞产生很大的碰撞力,但这些力不会传到桥墩和基础,碰撞一般会使墩顶变形减小,而且较短的桥跨受碰撞的影响比较长的桥跨大,碰撞似乎不会增加两桥跨之间的相对位移。Priestley[4]等也认为碰撞扰乱了桥跨发生共振的能量积累,由于能量耗散作用而通常减小桥跨的地震响应。Kim 和 Shinozuka[14]通过对框架桥进行脉冲响应激励,结果表明碰撞会显著增加框架的加速度和速度响应,而对位移响应影响较小;当相邻桥跨的自振周期相差较大时,碰撞效应对结构的反应放大作用比较显著,然而这种情况在桥梁结构中并不常见,因此他们认为碰撞力通常并不会引起桥跨结构大的变形和损坏。DesRoches 等[40]研究指出,强震作用下无论是简支梁桥还是连续梁桥,桥面板之间的碰撞以及桥面板与桥台之间的碰撞对支座都会产生破坏作用,同时碰撞还会增大桥墩的延性需求。Maragakis 等[41]对强震作用下桥面板与桥台间的碰撞效应进行了研究,考虑了桥墩的材料非线性和台后填土的非线性性质,认为碰撞效应在结构地震反应中起决定作用,影响碰撞效应的参数有桥台处的伸缩缝间隙,梁体与桥台的质量比、桥台的刚度以及恢复系数,碰撞对柔性桥台的影响尤为显著。Jankowski 等[12,16]对多跨连续梁桥伸缩缝处相邻梁体间的碰撞效应进行了研究,考虑了行波效应的影响,主要分析了伸缩缝间隙大小对碰撞力和桥墩弯矩、剪力、位移的影响。

5 减轻地震碰撞的措施

已有许多学者在对建筑及桥梁结构的地震碰撞问题进行研究的基础上,提出了各种不同的缓解地震碰撞的措施,主要包括增大结构间的间隙以避免碰撞的发生,在相邻结构间填充适当的缓冲材料以减轻碰撞效应,或者用特制的减震耗能装置来连接相邻的结构。

5.1 调节梁缝间隙距离

为了避免发生碰撞,最直接有效的方法就是为相邻的结构提供足够大的间隙距离。在建筑结构领域已有许多学者研究了为避免相邻结构发生碰撞而需要设置的最小间隙距离(即临界间隙)[33-34,42-43]。并且在许多国家的建筑抗震设计规范中对相邻建筑结构的临界间隙距离做出了相应的规定。这些规定通常根据 ABS 和 SRSS 规则确定相邻建筑结构最小间隙值。Kasai 等[42]和 Jeng 等[44]的研究表明,ABS 规则通常显得很保守,特别是当相邻结构的周期比较接近时,SRSS 规则在相邻结构周期相差较大时结果相对准确,但随着相邻结构的周期变得比较接近时,其结果也是很保守的。Jeng 等[44]提出了一种更合理的方法,将结构 A 与 B 的位移反应分别看作平稳随机过程,地震激励看作零均值平稳随机过程,最大相对位移(即临界间隙)可表示为:

$$S=\sqrt{X_A^2+X_B^2-2\rho X_A X_B} \tag{1}$$

式中:ρ——交叉相关系数,即人们熟知的在线性多自由度体系模态叠加的 CQC 方法中使用的系数。

式(1)表示的方法通常称为 DDC(Double Difference Combination)法,已有研究[42,44-45]表明,无论相邻结构的周期是否相近,DDC 法均可以给出较为合理的结果。严格来讲式(1)仅适用于线性单自由度体系,但也可应用于一阶模态起主导作用的线性多自由度体系。

对桥梁结构避免碰撞发生的临界间隙研究相对较少。Jankowski 等[12]研究了梁间伸缩缝宽度对梁体碰撞的影响,结果表明:间隙小碰撞次数多,碰撞力小;间隙大(仍能产生碰撞)碰撞次数少,碰撞力大。缝隙间距较大(无碰撞)和较小时对结构动力反应影响较小,而缝隙间距不大不小时对桥墩的受力最不利。在大梁缝的情况下,梁伸缩缝两侧的梁体可以独立的振动,从而可以吸收大部分的地震能量,减轻地震影响。因此选择合适的梁缩缝宽度可以缓减梁体之间碰撞的发生。但是梁伸缩缝太小就会影响梁体温度应力的释放,而梁伸缩缝过大又会影响桥上行车的平稳性。不能单纯依靠调节梁伸缩缝宽度的方法来减轻地震作用下相邻梁之间的碰撞震害。

5.2 梁间安装缓冲材料

Jankowski 等[12]对在碰撞接触处安装连接杆、阻尼器、硬橡胶缓冲垫、可压碎装置及冲击传递装置等缓减碰撞的措施进行了分析和讨论。研究结果发现:

(1)安装连接杆和阻尼器时,当连接杆的刚度非常大或阻尼器的阻尼很大的情况下才最有效,但这种大刚度或是高阻尼的连接构件把上部结构几乎变成连续体系,这种连接措施使得梁体由于温度和混凝土收缩徐变的影响产生很大的内力,对梁体产生不利影响。

(2)安装刚度较大的硬橡胶缓冲垫可以有效地减小墩底的弯矩以及邻梁之间的碰撞力。

(3)在梁间安装一种可压碎装置,在罕遇地震作用下该装置在碰撞过程中被压碎,从而退出工作为两侧梁体的运动提供足够的空间,避免了碰撞的发生,但是分析结果表明由压碎装置的塑性变形而吸收的能量并不是很大,主要起作用的是压碎装置破坏后梁体的自由振动能够耗散大部分的能量。通过对比几种减轻碰撞的措施,他们建议了一种类似于液体油缸阻尼器的冲击传递装置来减轻碰撞效应,这种装置在温度引起的缓慢变形下,产生的阻力很小,而在冲击力作用下将产生很大的阻力,这种特性正好适用于梁缝之间,既能适应温度变化作用,又能防止梁体在地震时发生碰撞。

5.3 梁间安装减震耗能装置

Kim 等[46]研究了一个非线性黏弹性阻尼器和一个弹簧分别按串联和并联两种方式组合的防碰撞效果,结果表明非线性黏弹阻尼器可以有效地减小上部结构的相对位移和碰撞力,而且对桥墩的延性要求不会产生太大的影响。Ruagnrassamee 和 Kawashima[47]将半主动控制方法应用于桥梁碰撞反应的控制,提出在多跨连续梁桥支座与主梁间安装磁流变(MR)阻尼器来控制相邻桥跨的相对位移和碰撞效应。讨论了两种不同恢复力模型的阻尼器(摩擦阻尼方案和两步骤阻尼方案)在改善地震碰撞及非线性反应的效果,发现两种方案均能有效地减小梁体的纵向相对位移并减轻碰撞作用。

6 防止落梁的措施

6.1 合理的支承搭接长度

防止上部结构落梁最根本的措施是在伸缩缝支承处提供足够的搭接长度。美国、日本等国在这方面做了大量的研究,并将支承宽度写入了规范。AASHTO 规范(1996)根据不同的抗震性能等级用以下经验公式计算伸缩缝处的支承搭接长度:

$$N(\mathrm{mm})=\begin{cases}(203+1.67L+6.66H)\cdot(1+S^2/8\,000) & (\text{抗震性能等级 } A、B)\\(305+2.50L+10.0H)\cdot(1+S^2/8\,000) & (\text{抗震性能等级 } C、D)\end{cases}\tag{2}$$

式中: L——桥跨的长度(m);

H——相邻框架的平均高度(m);

S——支承的斜交角(°);

$s^2/8\,000$——考虑桥跨斜度的一个乘子。

若通过弹性分析获得的位移结果超过由上式计算的值,则应采用分析结果进行设计。

Caltrans 规范(2001)根据如式(3)计算伸缩缝处的支承搭接长度:

$$N_{\min}(\mathrm{mm})=\Delta_{ps}+\Delta_{cr+sh}+\Delta_{temp}+\Delta_{ep}+100\tag{3}$$

式中:$\Delta_{ps}\Delta_{cr+sh}$,$\Delta_{temp}$,$\Delta_{ep}$——分别为预应力、收缩徐变、温度及地震作用引起的相对位移。并且

在铰缝处的最小支承宽度不小于600mm,在桥台处不小于760mm。

日本桥梁抗震设计规范(1996)分别针对直桥、斜桥及弯桥给出了伸缩缝处支承搭接长度的具体计算公式。对于直桥梁端至墩台或盖梁边缘的最小距离按下式计算:

$$N(\mathrm{cm}) \geqslant 70 + 0.5L \tag{4}$$

式中:L——梁的计算跨径(m)。

我国于2008年10月实施的《公路桥梁抗震设计细则》(JTG/T B02-01—2008)也给出了梁式桥的支承宽度计算式,对于直线桥取值为$N \geqslant 70 + 0.5L$,各规定取值均源自日本的新桥梁设计规范。

Hao[48]对纵向地震作用下相邻桥跨间需求的搭接长度进行了参数研究。结果表明:当桥梁的基频与地震波的卓越频率一致时,所需的搭接长度最大;当各支承处地震波的相关性越小,相位的变化与结构的基本振型越不同向时,需求的搭接长度越大;当两相邻桥跨的基频显著不同时,两相邻桥跨的振动特性的差别是引起相对位移的主要因素;而当两相邻桥跨的基频相互接近时,地面运动的空间变化成为引起相对位移的主要因素。阻尼比、场地条件及地震动强度对需求搭接长度都有影响,增加结构的阻尼是减小需求搭接长度最有效的途径。

6.2 限位器(连梁装置)设计

在1971年美国加利福尼亚南部San Fernando地震中以及在此之前的地震中观察到桥梁破坏大多是由上部结构在支座位置处丧失支承造成的,这种震害引起了人们的广泛关注。针对这种破坏情况,最初由加州交通部(Caltrans)发展了相应的加固方案,他们在已建和新建的桥梁结构伸缩缝处增加纵向限位缆索或钢筋来限制伸缩缝处相邻梁体之间在地震时过大的相对位移。后来发生的地震证实这种纵向限位器在一些情况下能够避免梁体在伸缩缝处丧失支承,但在很多情况下仍然不能防止桥梁严重破坏甚至倒塌。

当时美国采用的限位器设计方法主要有两种,即Caltrans方法(1990)和AASHTO方法(1992)。Caltrans方法假定在地震期间支座完全失效,并假定墩顶的加速度与地面峰值加速度相等的情况下,采用等效单自由度模型进行弹性反应谱分析,求出相邻每个框架独立运动最大位移,用两相邻跨的位移较小者控制设计,然后在模型中引入限位器通过迭代计算的方法求得所需的限位器刚度和数量。该方法忽略了支座的作用以及地基和墩柱柔性对地面运动的放大效应。AASHTO方法来源于Caltrans方法的早期版本,该方法将限位钢缆的设计地震力取为设计场地加速度系数乘以两相邻桥跨中较轻者的重量,不需要进行位移校核,但支承宽度必须满足最小需求。设计限位器的主要目的是控制相对位移,而该方法仍是基于力的设计方法。日本的桥梁设计规范(1990)规定限位器的设计地震力等于两倍的设计加速度系数乘以伸缩缝处的恒载竖向反力,该方法也是一种基于力的设计方法。

限位器系统的失效使人们认识到对限位器系统工作性能及新的设计方法进行研究的必要性。许多研究者通过各种参数研究来了解影响限位器工作性能的因素,并发展了各种新的限位器设计方法。Saiidi等[19]根据桥梁遭受的破坏程度、安装限位器的数量、上部结构的类型以及桥梁的斜交角度,选择了4座在1989年Loma Prieta地震中用缆索限位器加固的桥梁对其结构行为进行了分析研究,结果表明:影响限位器工作性能的因素包括地震动的幅值和频谱特性、地基基础及下部结构的柔性等。同时指出要合理的设计限位器有必要进行非线性时程分析。Yang等[50]使用简化的两自由度模型模拟桥梁中的两个框架,通过大量的参数研究调查了桥梁的特性以及分析方法对伸缩缝处相邻梁体位移反应的影响。研究结果表明:Caltrans 推荐的等效静力设计方法预测的伸缩缝相对位移不够准确。对于刚度比较大的相邻框架,等效静力法低估了伸缩缝处的相对位移;对于刚度比接小的相邻框架,由于没有考虑两个框架的同相运动,等效静力法显得太保守。Saiidi 等[51]以一座带有三个跨间铰缝的九跨框架桥为例,考虑非线性响应对其进行了参数研究,分析了限位器数量和松弛长度对结构非线性地震响应的影响,指出进行限位器的设计应对不同松弛长度的情况进行考虑,以便获得最合理的受力情况。同时分析结果也表明等效静力设计方法并不能给出满意的结果,需要进一步的改进。Abdel-Ghaffar 等[52]研究了缆索限位器对 Aptos Greek 桥在 1989 年 Loma Prieta 地震中非线性地震响应的影响,发现限位器对结构的整体反应影响并不大,但是在较高水平的地面加速度激励下,限位器对减小相邻桥跨的相对位移和碰撞力非常有效。

Trochalakis 等[53]对一座具有一个中间铰的两联框架桥,考虑不同类型桥台的作用以及各种不同特性的限位器进行了 216 种模型的非线性时程分析,发现相邻桥跨的最大相对位移对框架的刚度、有效周期以及限位器的特性都比较敏感。他在大量的参数分析基础上推荐了一种新的限位器设计方法,给出伸缩缝处相邻梁体最大相对位移为:

$$D_{eq}=\frac{D_{avg}}{2}\cdot\frac{T_L}{T_s}\leqslant 2D_{avg} \tag{5}$$

式中:$D_{avg}=(D_1+D_2)/2$,T_L和 T_S分别为相邻框架的长周期与短周期,D_1和 D_2是以解耦的两个等效单自由度系统采用弹性谱分析方法求出的相邻框架各自的最大位移。这种方法考虑了相邻桥跨的周期对相对位移的影响,但未考虑相邻跨的动力相互作用,也没有考虑桩土作用以及地震动空间效应的影响,建议通过一定的安全系数来考虑这些不确定的因素。

DesRoches 和 Fenves[54]提出了一种新的用迭代法设计限位器的方法。他将相邻桥跨解耦单独进行反应谱分析,得到各自的峰值位移,再利用相关系数,考虑相邻桥跨的振动相位差,通过 CQC 法得到伸缩缝处的相邻梁体的相对位移,并用等效线性化的方法考虑了墩柱弹塑性的影响。2001 年 DesRoches 对他所提出的限位器设计方法进行了简化[55]。这种方法的不足是未考虑相邻梁体之间碰撞对相对位移的影响。此外,该法适用于相邻跨周期比大于 0.3 的情况,不考虑桥台的影响,也不适于斜桥和考虑非一致地震作用下的情况。Saiidi[56]在对 AASHTO 规范和 Caltrans 规范推荐的抗震限位器设计方法进行评估的基础上,推荐了 3 种新的限位器设计方法:

(1)W/2 法。

(2)ELSDR(等效线性静力限位器设计)方法。

(3)修正 Caltrans 法。

W/2 法与其他方法不同之处是在地震中允许主梁脱座但不落梁,即该方法的主要目的是防止落梁。主梁落座后,由限位器承担桥跨一半的重量。这种方法的主要优点是比较简单。ELSDR(等效线性静力限位器设计)方法要区分固定支座还是滑动支座。它包括以下步骤:

(1)通过验算固定支座的受力以及滑动支座处的位移来确定是否需要限位器。

(2)假定一个初始的限位装置使用数量。

(3)验算约束系统的位移。

(4)验算限位装置中的应力,确保其受力在弹性范围内。

(5)增加或减少限位装置数量以满足力和位移的要求。

这种方法的优点是预测的反应与实际反应的相关性较好,而且也考虑了桥台的影响;其缺点是设计过程稍显复杂。修正 Caltran 法是 Caltrans 法和 ELSDR 法的结合,它首先验算支座是否失效,如果支座不失效,不需要设计,只安装最少数量的限位器;如果支座失效,按原来的 Caltrans 法设计。王军文等[57]在 DesRoches 和 Fenves[54]的工作基础上考虑了碰撞对相对位移的影响,提出了一种改进的限位器设计方法。其中碰撞对相对位移的影响是通过 Ruangrassamee 等[58]提出的考虑碰撞效应的相对位移反应谱对梁体相对位移进行修正。

7 国内有关研究概况

进入 21 世纪以来,我国学者也对地震中的桥梁碰撞反应给以关注,成为近年来的研究热点。北京交通大学朱晞教授指导的研究者[59-62]分别以 16m 或 32m 跨度的高速铁路简支梁桥为背景,建立了其两跨至四跨不等的平面计算模型,讨论了纵向地震输入下考虑梁间碰撞的地震反应特性,得出一些有意义的结论,但他们的研究对墩柱的考虑均限于弹性范围内,研究的桥墩高度在 20m 以内。李建中,范立础[63]以我国西部山谷地区典型的非规则梁桥为背景,建立空间计算模型并考虑桥墩的弹塑性研究了非规则梁桥在纵向地震作用下伸缩缝处的碰撞效应和减小碰撞效应的措施。王东升等[64]以一座三跨 50m 简支梁桥为例分析讨论了碰撞作用对支座破坏的影响,对落梁破坏的影响(落梁方向上墩梁相对位移),对桥墩内力的影响并提出减轻碰撞的措施及若干建议。王东升等[65]以 1976 年唐山地震破坏的滦河桥(35 ×22m 简支 T 梁)为例,选择合适的地震波并以行波方式输入,利用时程分析法研究了邻梁碰撞对多跨长简支梁桥落梁震害的影响问题。王军文[66]建立了考虑支座非线性和桥墩弹塑性性能的三自由度碰撞计算模型,通过非线性时程地震反应分析方法,分析和研究了纵向地震作用下连续梁桥相邻联的非同向振动和伸缩缝处的碰撞效应,讨论了相邻联的周期比、质量比、基本周期、间隙大小以及墩柱的弹塑性等因素对碰撞效应的影响规律;并对减轻碰撞及减小墩梁相对位移防止落梁的发生提出建议;对地震动行波效应引起的连续梁桥伸缩缝处相邻梁体间的碰撞效应进行了研究探讨。崔丽丽[67]对城市高架桥进行地震碰撞反应的基础上讨论了主动控制和磁流变半主动控制算法在桥梁碰撞反应控制中的效果。岳福青[68]针对城市隔震梁桥,研究了其在地震作用下的非线性碰撞反应及其控制措施。研究内容主要包括碰撞反应的模拟、碰撞发生的机理与影响因素、控制碰撞反应的被动措施与半主动措施、地震碰撞的振动台试验研究等。

8 结语及展望

(1)尽管已有不少学者对地震中的结构碰撞现象发展了各种模拟方法,但在计算模型的选取以及其参数的合理取值方面还缺乏足够的依据。虽然 Hertzdamp 接触模型能较好的反映撞击力和撞击变形的真实情况,但是其计算量大,且不易与现有商业软件结合;Kelvin 模型也具有较高的计算精度,且易于和现有商用软件结合,但模型中撞击刚度的取值方法还有待进一步研究。研究者也对碰撞效应进行了一些试验研究,但大多试验均主要针对小型构件,其对桥梁主梁这种大构件间的碰撞反应的适用性还有待进一步研究。因此,有必要开展大比例的实桥模型碰撞效应振动台试验,通过试验来验证所提出的碰撞模拟方法的有效性,并确定桥梁碰撞过程中弹簧刚度以及碰撞恢复系数的合理取值范围。

(2)研究表明引起相邻桥跨碰撞效应的主要因素是相邻桥跨动力特性的差异以及地震动的空间变化效应。在多跨简支梁桥或多联连续梁桥中,虽然相邻联的基本振动周期一样,但由于地震动的空间变化效应也可能引起伸缩缝处相邻梁体间的碰撞,甚至导致上部结构发生落梁破坏。目前的研究基本上限于一致地震激励下的碰撞反应,因此针对我国桥梁建设的实际情况,对长跨简支梁桥或多联连续梁桥研究其在时空变化的随机场中的地震碰撞反应特性很有必要。

(3)已经提出了各种减轻碰撞及防止落梁的措施,但是运用不同的限位器设计方法求出的限位器数量有很大的不同,这说明还没有一种切实可行的限位器设计方法。此外国外有关限位器的设计方法均是基于框架桥跨间铰提出的,针对我国桥梁的特点研究合适的限位器设计方法和合理的防落梁构造措施是非常必要的。

参 考 文 献

[1] S. A. Mahin, V. V. Bertero, A. K. Chopra, and R. G. Collins. Response of the Olive View Hospital Main Building during the San Fernando earthquake, Report No. EERC 76-22, University of California, Berkeley, 1976.

[2] P. C. Jennings. Engineering features of the San Fernando Earthquake of February 9, 1971. Report No. EERL-71-02, Earthquake Engineering Research Laboratory, California Institute of Technology, Pasadena, 1971.

[3] A. Astaneh, V. V. Bertero, B. A. Bolt, S. A. Mahin, J. P. Moehle and R. B. Seed. Preliminary report on the seismological and engineering aspects of the October 17, 1989 Santa Cruz (Loma Prieta) earthquake[R]. Report no. UCB/EERC－89/14, Earthquake Engineering Research Center, University of California, Berkeley, California, 1989.

[4] M. J. N. Priestley, F. Seible and G. M. Galvi. Seismic Design and Retrofit of Bridge[M], Jonhn Wiley and Sons Inc., 1996.

[5] Earthquake Engineering Research Institute(EERI). Northridge Earthquake of January 17, 1994－Reconnaissance Report, Vol. 1[R]. Rep. No. 95-03, 1995, J. F. Hall, ed., EERI, Oakland, Calif.

[6] Earthquake Engineering Research Institute(EERI). The Hyogo－Ken Nanbu Earthquake of January 17, 1995－preliminary reconnaissance report[R]. Rep. No. 95-04, Oakland, CA, 1995.

[7] Earthquake Engineering Research Institute(EERI). 1999 Chi－Chi, Taiwan earthquake reconnaissance report[R]. Rep. No. 01-04, EERI, Oakland, Calif, 2001.

[8] 范立础. 梁桥非线性地震反应分析[J]. 土木工程学报. 1981, 14(2):41-51.

[9] 李乔, 赵世春, 等. 汶川大地震工程震害分析[M]. 成都:西南交通大学出版社, 2008.

[10] S. A. Anagnostopoulos and K. V. Spiliopoulos. An investigation of earthquake induced pounding between adjacent buildings[J]. Earthquake Engineering and Structural Dynamics. 1992, 21(4):289-302.

[11] P. K. Malhotra. Dynamic of seismic pounding at expansion joints of concrete bridges[J]. Journal of Engineering Mechanics, ASCE, 1998, 124(7): 794-802.

[12] R. Jankowski, K. Wilde, Y. Fujino. Reduction of pounding effects in elevated bridges during earthquakes[J]. Earthquake Engineering and Structural Dynamics, 2000, 29(2):195-212.

[13] G. Zanardo, H. Hao, C. Modena. Seismic response of multi-span simply supported bridges to a spatially varying earthquake ground motion[J]. Earthquake Engineering and Structural Dynamics,2002,31(6):1325-1345.

[14] S.-H. Kim, M. Shinozuka. Effects of seismically induced pounding at expansion joints of concrete bridges[J]. Journal of Engineering Mechanics,ASCE,2003,129(11):1225-1234.

[15] S. A. Anagnostopoulos. Pounding of buildings in series during earthquakes[J]. Earthquake Engineering and Structural Dynamics, 1988, 16(3):443-456.

[16] R. Jankowski,K. Wilde and Y. Fujino. Pounding of superstructure segments in isolated elevated bridge during earthquakes[J]. Earthquake Engineering and Structural Dynamics, 1998, 27(5):487-502.

[17] R. O. Davis. Pounding of buildings modeled by an impact oscillator[J]. Earthquake Engineering and Structural Dynamics, 1992, 21(3):253-274.

[18] C. P. Pantelides and X. Ma. Linear and nonlinear pounding of structural systems[J]. Computers and Structures, 1998, 66(1):79-92.

[19] K. T. Chau, X. X. Wei. Pounding of structures modeled as non－linear impacts of two oscillators[J]. Earthquake Engineering and Structural Dynamics. 2001, 30(5):633-651.

[20] S. Muthukumar, R. A. DesRoches. Hertz contact model with non－linear damping for pounding simulation[J]. Earthquake Engineering and Structural Dynamics, 2006, 35(7): 811-828.

[21] R. Jankowski. Non－linear viscoelastic modeling of earthquake－induced structural pounding [J]. Earthquake Engineering and Structural Dynamics,2005, 34(6):595-611.

[22] W. Goldsmith. Impact: The Theory and Physical Behavior of Colliding Solids[M], 1st edn., Edward Arnold: London, U. K., 1960.

[23] P. Zhu, M. Abe, Y. Fujino. Modeling three－dimensional non－linear seismic performance of elevated bridges with emphasis on pounding of girders[J]. Earthquake Engineering and Structural Dynamics. 2002,31(11):1891-1913.

[24] J. G. M. Van Mier, A. F. Pruijssers, H. W. Rienhardt and T. Monnier. Load－time response of colliding concrete bodies[J]. Journal of Structural Engineering, ASCE, 1991, 117(2):354-374.

[25] R. Jankowski. Theoretical and experimental assessment of parameters for the non－linear viscoelastic model of structural pounding[J]. Journal of Theoretical and Applied Mechanics, 2007, 45(4):931-942.

[26] A. Filiatrault,P. Wagner and S. Cherry. Analytical prediction of experimental building pounding[J]. Earthquake Engineering and Structural Dynamics,1995, 24(8):1131-1154.

[27] M. Papadrakakis and H. P. Mouzakis. Earthquake simulator testing of pounding between adjacent buildings [J]. Earthquake Engineering and Structural Dynamics, 1995, 24(6): 811-834.

[28] M. Papadrakakis, H. Mouzakis, N. Plevris, and S. Bitzarakis. A Lagrange multiplier solution method for pounding of buildings during earthquakes[J]. Earthquake Engineering and Structural Dynamics. 1991, 20(11):981-998.

[29] K. T. Chau, X. X. Wei, X. Guo and C. Y. Shen. Experimental and theoretical simulations of seismic poundings between two adjacent structures[J]. Earthquake Engineering and Structural Dynamics, 2003,32(4):537-554.

[30] 李忠献,张勇,岳福青.地震作用下隔震简支梁桥碰撞反应的振动台试验[J],地震工程与工程振动,2007,27(2):152-157.

[31] R. DesRoches, S. Muthukumar. Effect of pounding and restrainers on seismic response of multiple-frame bridges[J]. Journal of Structural Engineering,ASCE, 2002,128(7):860-869.

[32] 王军文,李建中,范立础.连续梁桥纵向地震碰撞反应参数研究[J].中国公路学报,2005,18(4):42-47.

[33] H. Hao, X. Y. Liu. Estimation of required separations between adjacent structures under spatial ground motions[J]. Journal of Earthquake Engineering, 1998, 2(2):197-215.

[34] H. Hao, S.-R. Zhang. Spatial ground motion effect on relative displacement of adjacent building structures[J]. Earthquake Engineering and Structural Dynamics, 1999, 28(4):333-349.

[35] H. Hao, X. Y. Liu, J. Shen. Pounding response of adjacent buildings subjected to spatial earthquake ground excitations. Journal of Advanced Structural Dynamics, 2000, 3(2): 145-162.

[36] S.-H. Kim, S.-W. Lee. Dynamic behaviors of the bridge considering pounding and friction effects under seismic excitations[J]. Journal of Structural Engineering and Mechanics, 2000, 10:621-633.

[37] M. A. Saadeghvaziri, A. R. Yazdani-Motlagh, S. Rashidi. Effects of soil-structure interaction on longitudinal seismic response of MSSS bridges[J]. Soil Dynamics and Earthquake Engineering, 2000, 20(4):231-242.

[38] N. Chouw, H. Hao. Significance of SSI and nonuniform near-fault ground motions in bridge response Ⅰ: Effect on response with conventional expansion joint[J]. Engineering Structures, 2008, 30(1):141-153.

[39] N. Chouw, H. Hao. Significance of SSI and nonuniform near-fault ground motions in bridge response Ⅱ: Effect on response with modular expansion joint[J]. Engineering Structures, 2008, 30(1):154-162.

[40] R. DesRoches, E. Choi, R. T. Leon, et al. Seismic Response of Multiple Span Steel Bridges in Central and Southeastern United States: I As Built[J]. Journal of Bridge Engineering, 2004, 9(5):464-472.

[41] E. Maragakis, B. Douglas and S. Vrontinos. Classical formulation of the impact between bridge deck and abutments during strong earthquake. Proceedings of the 6th Canadian Conference on Earthquake Engineering, University of Toronto Press, Toronto,1991,205-212.

[42] K. Kasai, A. R. Jagiasi, V. Jeng. Inelastic vibration phase theory for seismic pounding mitigation[J]. Journal of Structural Engineering, ASCE, 1996, 122(10):1136-1146.

[43] J. Penzien. Evaluation of building separation distance required to prevent pounding during strong earthquakes[J]. Earthquake Engineering and Structural Dynamics, 1997, 26(8):849-858.

[44] V. Jeng,K. Kasai,B. F. Maison. A spectral difference method to estimate building separations to avoid pounding[J]. Earthquake Spectra, 1992, 8(2):201-223.

[45] H. P. Hong, S. S. Wang, P. Hong. Critical building separation distance in reducing pounding risk under earthquake excitation[J]. Structural Safety, 2003, 25(3):287-303.

[46] J. –M. Kim, M. Q. Feng, M. Shinozuka. Energy dissipating restrainers for highway bridges [J]. Journal of Soil Dynamics and Earthquake Engineering, 2000, 19(1):65-69.

[47] A. Ruagnrassamee, K. Kawashima. Control of nonlinear bridge response with pounding effect by variable dampers[J]. Engineering Structures, 2003, 25(5):593-606.

[48] H. Hao. A parametric study of the required seating length for bridge decks during earthquakes [J]. Earthquake Engineering and Structural Dynamics,1998, 27(1):91-103.

[49] M. Saiidi, E. Maragakis, S. Abdel – Ghaffar, S. Feng, and D. O'Connor (1993). Response of bridge hinge restrainers during earthquakes-field performance, analysis, and design. Report No. CCEER 93/06, Ctr. for Civ. Engrg. Earthquake Research, University of Nevada, Reno, Nev.

[50] Y. S. Yang, M. J. N. Priestley, and J. Ricles. Longitudinal seismic response of bridge frames connected by restrainers[R]. Report No. UCSD/SSRP – 94/09, Struct. Sys. Res. Proj., University of California, San Diego, La Jolla, Calif.,1994.

[51] M. Saiidi, E. Maragakis, S. Feng. Parameters in bridge restrainer design for seismic retrofit [J]. Journal of Structural Engineering, ASCE,1996, 122(1):61-68.

[52] S. M. Abdel – Ghaffar, E. Maragakis, M. Saiidi. Effects of the hinge restrainers on the response of the Aptos Creek Bridge during the 1989 Loma Prieta Earthquake[J]. Earthquake Spectra, 1997, 13(2):167-189.

[53] P. Trochalakis, M. O. Eberhard, J. F. Stanton. Design of seismic restrainers for in – span hinges[J]. Journal of Structural Engineering, ASCE,1997, 123(4):469-478.

[54] R. DesRoches, G. L. Fenves. Design of seismic cable hinge restrainers for bridges[J]. Journal of Structural Engineering, ASCE,2000, 126(4):500-509.

[55] R. DesRoches, G. L. Fenves. Simplified restrainer design procedure for multiple – frame bridges[J]. Earthquake Spectra,2001, 7(4):551-567.

[56] M. Saiidi, M. Randall, E. Maragakis and T. Isakovic. Seismic restrainer design methods for simply supported bridges[J]. Journal of Bridge Engineering, ASCE, 2001, 6(5):307-315

[57] 王军文,李建中,范立础.桥梁中抗震限位装置设计方法的研究[J].土木工程学报,2006,39(11):90-95.

[58] A. Ruangrassamee, K. Kawashima. Relative displacement response spectra with pounding effect[J]. Earthquake Engineering and Structural Dynamics, 2001, 30(10):1511-1538.

[59] 帅纲毅.地震作用下简支梁桥碰撞反应分析[J].工程力学(增刊),2002.

[60] 于海龙,朱晞.地震作用下梁式桥碰撞反应分析[J].中国铁道科学,2004,25(1):95-99.

[61] 陈学喜,朱晞,高学奎.地震作用下桥梁梁体间的碰撞反应分析[J].中国铁道科学,2005,26(6):75-79.

[62] 孟宪锋,朱晞.近场地震作用下高速铁路简支梁桥的碰撞行为[J].北京交通大学学报,2006,30(4):73-76.

[63] 李建中,范立础.非规则梁桥纵向地震反应及碰撞效应[J].土木工程学报,2005,38(1):84-90.

[64] 王东升,冯启民,翟桐.碰撞对桥梁结构地震反应影响的初步研究[J].工程力学(增刊),2002,544-548.

[65] 王东升,杨海红,王国新.考虑邻梁碰撞的多跨长简支梁桥落梁震害分析[J].中国公路学报,2005,18(3):54-59.

[66] 王军文.非规则梁桥在地震作用下的碰撞效应及防落梁措施研究[D].同济大学博士学位论文,2005.

[67] 崔丽丽.城市高架桥梁地震碰撞反应分析及控制[D].哈尔滨工业大学硕士学位论文,2006.

[68] 岳福青.地震作用下隔震高架桥梁的碰撞反应及控制[D].天津大学博士学位论文,2007.

(2)结构抗风

86　超大跨度斜拉桥颤振气动控制措施研究

朱乐东　张宏杰　胡晓红

(同济大学土木工程防灾国家重点实验室)

摘　要　1 400m 斜拉桥原始设计断面无法满足颤振稳定性的要求。为提高其颤振临界风速,通过一系列的风洞试验,对比了上下中央稳定板、中间开槽、加装悬臂水平分离板、改变风嘴角度等多项气动控制措施对于颤振稳定性的改善效果。最终采用加装 1.5m 悬臂水平分离板和锐化风嘴尖角两项气动措施,使其颤振临界风速满足了颤振检验风速的要求。

关键词　超大跨度斜拉桥　颤振稳定性　风洞试验　气动控制措施

超大跨度桥梁是重大交通基础设计建设中的关键工程,尤其在我国长江流域和沿海经济发达地区有着巨大的工程需求,斜拉桥的跨径被不断刷新。2008 年 5 月通车的苏通大桥,主跨跨径已达到 1 088m,而即将完工的香港昂船洲大桥,其跨径也达到了 1 018m。与悬索桥相比,千米级斜拉桥在力学性能和经济指标等方面具有明显优势[1],苏通大桥和香港昂船洲大桥的建设也佐证了其可行性。为避开深水基础等难题,探寻斜拉桥能否在突破千米大关后继续获得跨度上的延伸,近 30 年来,围绕一些跨海或越江工程,专家们纷纷提出了很多诸如 1 200m、1 400m、1 800m 特大跨径斜拉桥的建设设想。要使这些设想最终转变为现实,有许多技术性难题有待解决。而桥梁抗风问题,作为决定大跨度桥梁建设成败的关键问题之一,也随着桥梁愈来愈柔,对风越来越敏感,而变得更为重要。2006 国家审批通过的以 1 400m 跨径斜拉桥设计与建造技术作为研究内容的国家高科技发展计划(863 计划),任务之一就是要优化主梁断面,寻找合理的气动控制措施,以使超大跨度斜拉桥设计方案的抗风性能够满足抗风设计的要求。

1　1 400m 斜拉桥方案概况

1.1　设计参数

主跨 1 400m 跨径斜拉桥为双塔斜索面七跨钢箱梁斜拉桥。该桥跨径布置为(180 + 156 + 300　+ 1 400 + 300 + 156 + 180)m,桥塔高 357m,主梁宽 41m,高 4.5m。图 1 给出了主桥立面布置图、桥塔立面布置图和原设计方案主梁断面图。

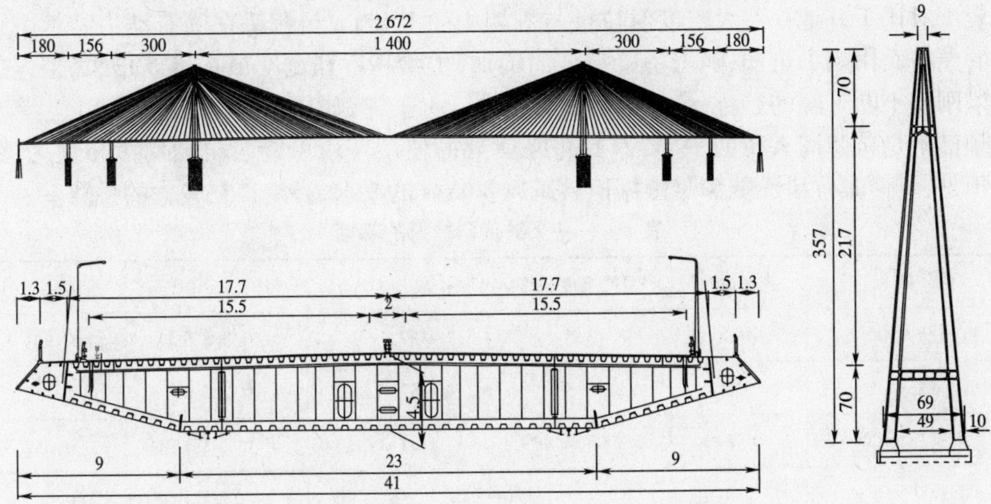

图 1　主桥立面布置图、桥塔立面布置图和原设计方案主梁断面图(尺寸单位:m)

1.2　结构动力特性

为了研究该桥方案的颤振性能,首先采用 ANSYS 有限元分析软件对其成桥状态结构固有动力特性进行了分析。其主梁侧向弯曲、竖向弯曲和扭转基频分别为 0.061 1Hz、0.147 4Hz和 0.415 7Hz,图 2 为 3 个基频对应的振型图,相应的主梁等效质量[2]和质量惯矩分别为:29.087t/m、32.894t/m 和 4 606.3t · m²/m。扭转和竖弯频率比为 2.82。

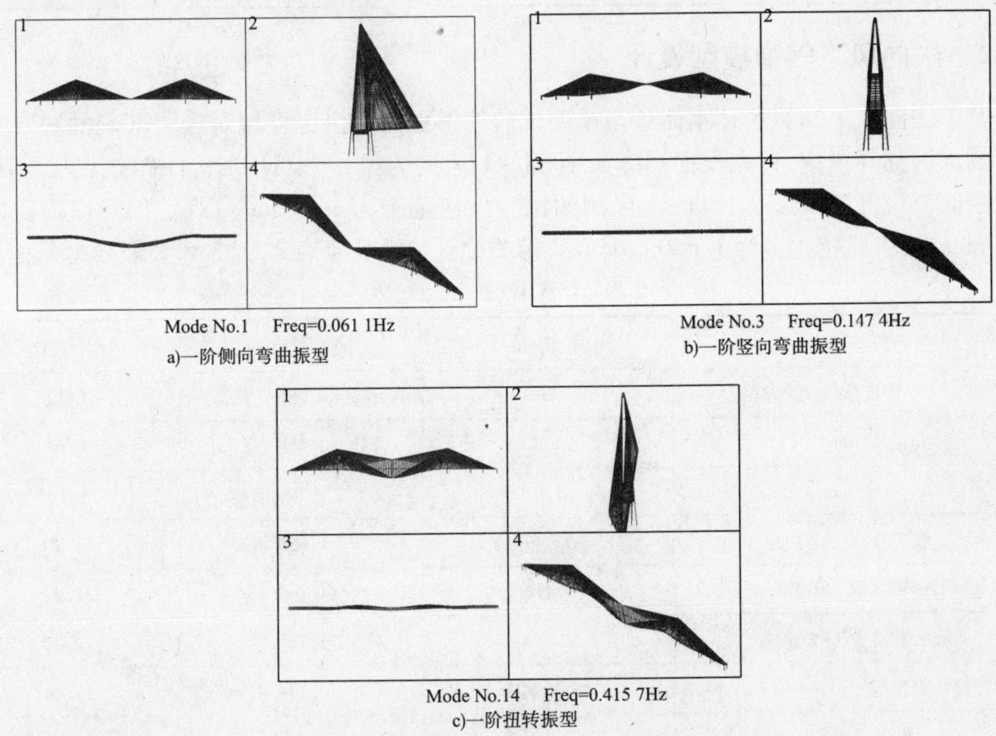

图 2　主跨 1 400m 斜拉桥方案主要振型图

表1对比了其他一些大跨度斜拉桥与规划中的1 400m斜拉桥在固有动力特性方面所存在的差异。由表1可知,随着桥梁跨度的增加,主梁高度和宽度虽在不断增大,但未能改变主梁刚度不断下降的趋势,桥梁基频显著下降。对于规划中的1400m斜拉桥,其竖弯和扭转基频已不足杭州湾大桥的一半,而其将来所处的使用环境可能较杭州湾大桥更为恶劣。可以预见,要使其抗风性能满足颤振检验风速80m/s的要求,必定存在较大的挑战。

表1　一些大跨度斜拉桥的基频

桥　梁	跨径(m)	主梁高度(m)	主梁宽度(m)	竖弯频率(Hz)	扭转频率(Hz)
杭州湾大桥	448	3.5	37.1	0.388 5	0.951 3
南京二桥	628	3.5	37.2	0.245 6	0.753 9
南京三桥	648	3.2	37.2	0.245 3	0.552 3
上海长江大桥	730	4	48	0.252	0.665 0
荆岳长江公路大桥	816	3.8	35	0.207 3	0.404 9
鄂东长江公路大桥	926	3.45	30	0.222 2	0.521 2
昂船洲大桥	1 018	4.0	53.3	0.201 0	0.425 0
苏通大桥	1 088	4.0	40.6	0.175 3	0.530 7
规划中的1 400斜拉桥	1400	4.5	41	0.147 5	0.415 8

2　法向风下气弹模型设计

鉴于法向风下弹簧悬挂刚体节段模型试验能够更简便快捷且相对较为准确的获取主梁断面的颤振临界风速,首先根据同济大学TJ-1风洞的尺寸,设计制作了缩尺比为1/70的原始断面节段气弹模型[3]。TJ-1风洞的试验风速范围为1~30m/s,既定的颤振检验风速为80m/s,故将风速比定为1/6.0。模型的相关设计参数见于表2,图3为节段模型截面图。

表2　节段模型参数

参　数	原型值	模型值	缩尺比
宽度(m)	41	0.586	1/70
高度(m)	4.5	0.064	1/70
长度(m)	119	1.700	1/70
竖弯频率(Hz)	0.147	1.659	11.29
扭转频率(Hz)	0.416	4.760	11.29
每延米质量(kg/m)	32 894	6.711	1/702
每延米质量惯矩(kg·m²/m)	4 606 300	0.194	1/704
扭弯频率比	2.82	2.87	1.02
阻尼比	0.005	0.005	1

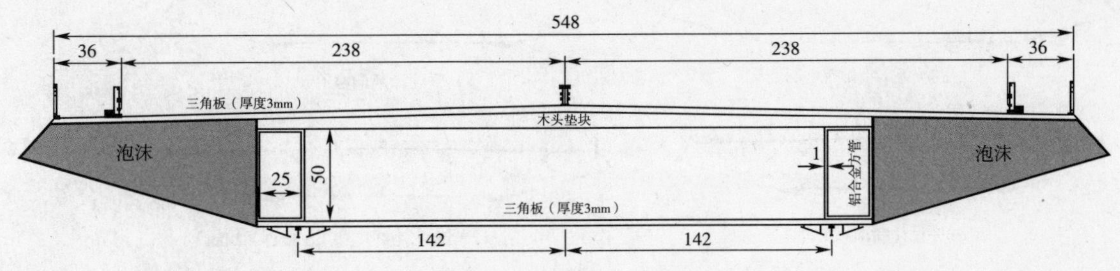

图3　节段模型截面图(尺寸单位:m)

3　原始断面颤振稳定性

在同济大学 TJ－1 风洞中,对－3°、0°、＋3°攻角下的主梁原始断面弹簧悬挂节段模型进行了法向风下的颤振性能试验研究。试验风速范围为 0～18m/s。图 4 给出了气弹模型系统频率随风速变化曲线。由图 4 可知,零风速时的实测频率与设计值略有偏差,按实测扭转频率重新计算的风速比约为 6.11。图 5 给出了气弹模型系统阻尼随风速变化曲线,由此可确定各风攻角对应的颤振临界风速。试验研究发现,＋3°攻角下的主梁断面颤振稳定性严重不足,颤振临界风速仅为 58m/s,远远低于本项目设定的 80m/s 的颤振临界风速目标值,需要采取必要的气动措施来改善其颤振性能。

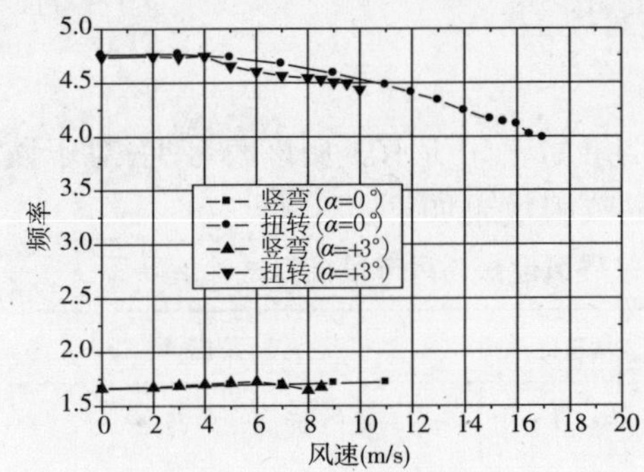

图4　原设计主梁断面节段模型频率—风速曲线

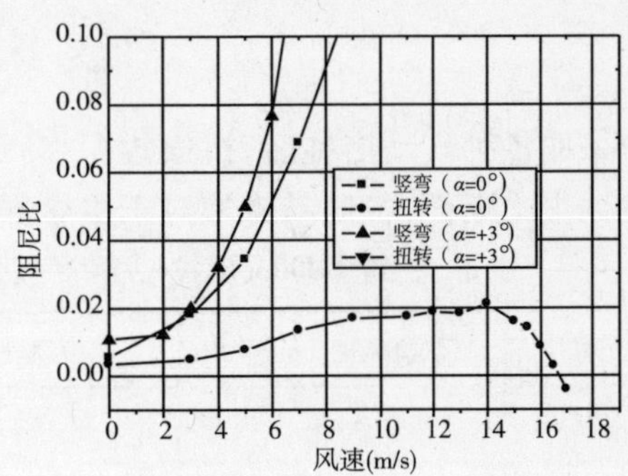

图5　原设计主梁断面节段模型频率—风速曲线

4　气动控制措施比选

为了改善该 1 400m 斜拉桥方案的颤振性能,在原设计断面的基础上、采用法向风下节段气弹模型试验方法对多种颤振气动控制措施的效果进行了研究[4-6]。如图 6 所示,这些气动措施包括:上中央稳定板(UCSP——upper central stabilizing plate),中央开槽(CS——central slotting)和在风嘴尖处附加悬臂水平分离板(CHSP——cantilever horizontal splitting plate)、上下中央稳定板组合措施(ULCSP——upper and lower central stabilizing plate)、悬臂水平分离板和上稳定板组合(CHSP＋UCSP)、悬臂水平分离板和下稳定板组合(CHSP＋LCSP)等。这里,开槽宽度分 0.1B、0.15B 和 0.2B(B 为主梁原设计断面宽度,即开槽后单箱宽度的 2 倍)三种,水平分离板宽度分 1.0m、1.2m、1.5m、1.7m、2.0m 五种;为了减少试验工作量对于稳定板的高度只考虑了 1.5m 一种情况;与稳定板组合时,分离板宽度也只考虑 1.5m 一种情况。

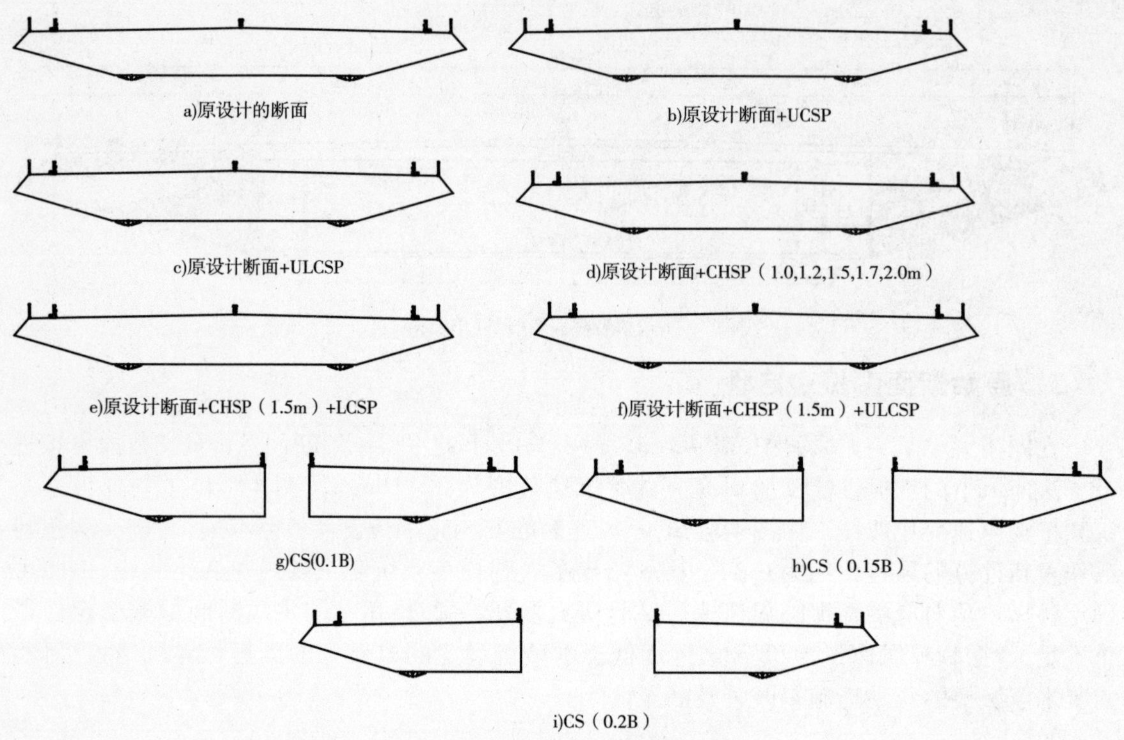

图6 颤振气动控制措施示意图

采取各种气动措施后,桥梁颤振临界风速试验结果如表3所示。从该表可见,对于该桥原设计主梁断面,各气动措施对于主梁颤振稳定性的改善效果如下:

表3 主跨1 400m斜拉桥各种气动措施对应的临界风速法向风节段模型试验结果

攻角	试验风速（m/s）	原型风速（m/s）	风速比	气动措施
-3°	>18	>110	6.11	无气动措施(原断面)
0°	17	104	6.11	
+3°	9.5	58	6.11	
+3°	9.5	58	6.11	原断面 + UCSP(1.5m)
+3°	9.5	58	6.11	原断面 + ULCSP(1.5m)
-3°	>18	>110	6.11	原断面 + CHSP(1.5m)
0°	15.7	96	6.11	
+3°	18	110	6.11	
-3°	19	116	6.11	原断面 + CHSP(1.5m) + LCSP(1.5m)
0°	15	92	6.11	
+3°	>18	>110	6.11	

续上表

攻角	试验风速(m/s)	原型风速(m/s)	风速比	气动措施
-3°	19	116	6.11	原断面+CHSP(1.5m)+LCSP(1.5m)
0°	17	104	6.11	
+3°	>18	>110	6.11	
-3°	>16	>102.2	6.39	CS(0.1B)
0°	12	76.7	6.39	
+3°	8	51.1	6.39	
-3°	>17	>117.3	6.90	CS(0.15B)
0°	12	82.8	6.90	
+3°	8	55.2	6.90	
-3°	>17	>126.7	7.45	CS(0.2B)
0°	12	89.4	7.45	
+3°	10	74.5	7.45	

(1)只采用1.5m高的上稳定板或上下稳定板组合措施几乎没有效果。

(2)对于中央开槽措施,在本试验所考虑的开槽宽度范围内,颤振临界风速随着开槽宽度的增加而呈增加趋势;但是,当宽度只有0.1B(4.1m)或0.15B(6.15m)时,颤振临界风速反而低于原断面的值,也就是说,这样的措施反而起到了反作用;当宽度增加到0.2B(8.2m)时,临界风速虽然已超过了原断面的临界风速,但仍没有达到80m/s的目标,可能还需要继续增加槽宽,而过大的槽宽会使结构受力不合理、提高静力设计的难度。

(3)悬臂水平分离板措施极大地提高了本桥在+3°攻角下的颤振临界风速,使其达到了110m/s的高风速。其与上下稳定板组合使用后,还可使临界风速继续获得提升。但考虑到增加上下稳定板会给施工带来相应的难度,故可考虑仅加装悬臂水平分离板作为原始断面的气动控制措施。

5 气动控制措施验证

既有研究表明[7-8],斜风效应使得桥梁颤振临界风速常常在小偏角来流风的作用下达到最小值。为验证得到的气动控制措施是否能满足斜风下颤振稳定性的要求,进一步在斜风下进行了主梁节段模型颤振试验。

该试验在同济大学土木工程防灾国家重点实验室的TJ-2边界层风洞中进行,采用弹簧悬挂二元刚体斜节段模型,模型缩尺比为1:75。模型由1个矩形中间段、2个吊臂和2个异形的端块组成,如图7所示。对于不同的风偏角,模型总长和中间段长度分别保持2 658mm和2 108mm不变,长宽比约为4.6。试验中,斜节段模型通过模型上的2根吊臂和8根弹簧悬挂在固定于风洞顶板和底板上的4根近圆弧形“导道”上,如图8所示。

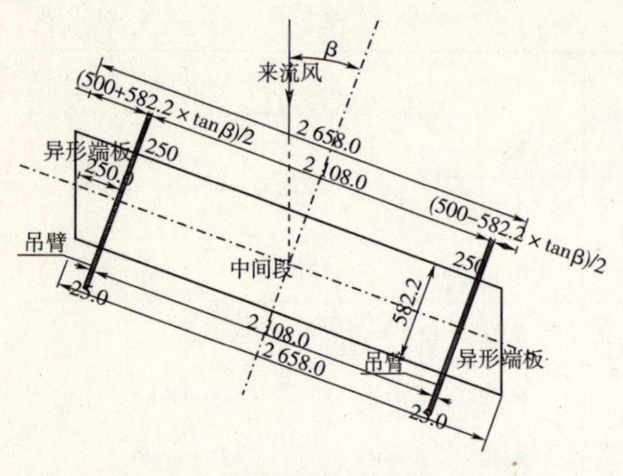

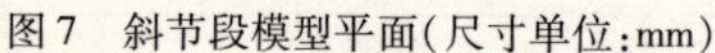

图7　斜节段模型平面(尺寸单位:mm)

图8　悬挂于 TJ－2 风洞中的斜节段模型

斜风下节段气弹模型试验结果显示,加装了 1.5m 悬臂水平分离板的原始断面在 5°偏角 +3°攻角下的颤振临界风速仅为 80m/s。虽满足了 80m/s 颤振检验风速的要求,但没有足够的安全储备,为此,考虑锐化风嘴尖角以提高颤振临界风速。这样,在保持下斜板倾角不变的条件下,使下斜板向外和向上延伸,直至风嘴尖角减小至 40°。再度改良后的主梁断面的模型断面如图 9 所示。

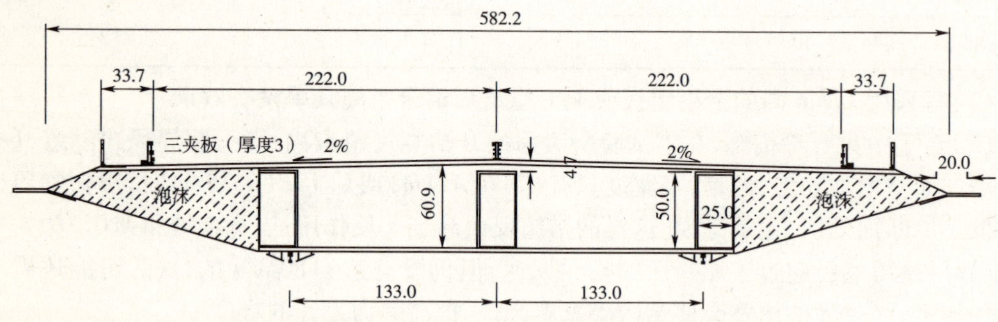

图9　风嘴尖角锐化后主梁节段模型横断面(尺寸单位:mm)

对风嘴尖角锐化后的最终主梁断面方案再次进行了斜风颤振稳定性试验,试验中考虑了 0°、5°、10°、15°、30°五个风偏角和 −3°、0°、3°、5°四个风攻角组合下的 20 组风向角。不同风偏角和风攻角下扭转阻尼比 ξ_t 随试验风速变化曲线如图 10 所示。并由此确定了 20 组风向角下的颤振临界风速,如表 4 所示。由表 4 可知,最低颤振临界风速 95m/s,出现在 5°偏角 +3°攻角下,已能够满足颤振检验风速的要求。

表 4　最终主梁断面不同偏角与攻角下的实桥颤振临界风速(m/s)

攻角 偏角	−3°	0°	+3°	+5°
0°	>110.6	>110.6	102.0	>104.4
5°	>110.1	105.9	94.9	>104.0
10°	>110.6	102.7	100.2	>104.4
15°	>110.4	105.4	104.2	>104.2
30°	>110.7	>110.6	>107.6	>104.6

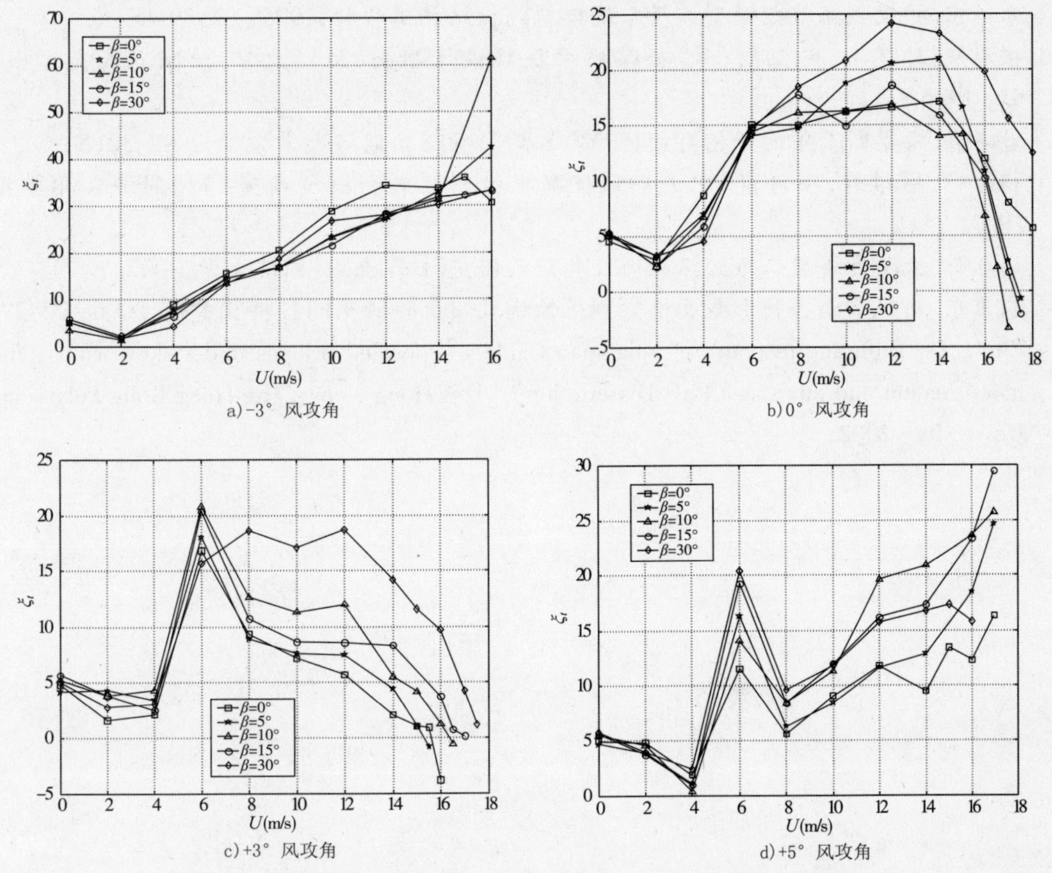

图 10 不同风偏角和风攻角下的扭转阻尼比 ξ_t 随试验风速 U 变化曲线

6 结语

围绕1 400m 跨径斜拉桥方案的颤振稳定性问题，本文展开了动力特性计算、法向风及斜风下节段气弹模型试验以及多项气动控制措施比选等几项工作，并得到了以下结论：

(1) 对于本桥设计方案，加装悬臂水平分离板极大地提高了颤振临界风速，中央稳定板基本没有作用，而中央开槽则需宽度足够大时才能发挥作用。

(2) 对于本桥设计方案，斜风下颤振临界风速可能比法向风下颤振临界风速显著降低，对于此类重要性很高的桥梁，有必要进行斜风下颤振性能试验。

(3) 锐化风嘴尖角可以很大的改善主梁断面的颤振稳定性。

(4) 通过加装 1.5m 悬臂水平分离板，锐化风嘴尖角至 40°，可使该 1 400 m 斜拉桥方案抗风性能满足抗风设计要求。

参 考 文 献

[1] M Ito. et al, CABLE STAYED BRIDGES Recent Developments and their Future. IABSE Symposium, Japan: Elsevier Science PublishersB. V. ,1991.

[2] 朱乐东. 桥梁颤振节段模型质量系统模拟[J]. 结构工程师,1995, 04:39-45.

[3] 项海帆,林志兴,鲍卫刚,等. 公路桥梁抗风设计指南[M]. 北京:北京人民交通出版社, 1996.

[4] 曹丰产. 桥梁断面中间开槽对颤振稳定性的影响[J]. 同济大学学报,2002,30(5).

[5] 杨詠昕,葛耀君,项海帆. 中央稳定板颤振控制效果和机理研究[J]. 同济大学学报,2007, 35(2).

[6] 杨詠昕. 大跨度桥梁二维颤振机理及其应用研究[D]. 上海:同济大学,2002.

[7] 朱乐东. 斜风下扁平箱形截面桥梁颤振性能风洞试验研究[J]. 桥梁建设,2006, 02:2-7.

[8] Zhu L D. Buffeting response of long span Cable – supported bridges under skew winds: field measurement and analysis (PhD Dissertation) [D]. Hong Kong: The Hong Kong Polytechnic University, 2002.

87　空间缆索体系悬索桥抗风稳定性研究

张新军　陈　兰

（浙江工业大学建筑工程学院）

摘　要　以大跨度地锚式悬索桥－润扬长江公路大桥南汊桥为工程背景，采用不同缆索布置形式试设计了3座具有空间缆索体系的悬索桥方案桥，采用三维非线性空气静力和动力稳定性分析方法，分别对其空气静力和动力稳定性进行了分析和比较，并探讨了具有良好抗风稳定性的大跨度悬索桥的合理缆索体系。结果表明：悬索桥采用内倾式空间缆索体系后，结构的侧弯及扭转频率增大，结构的空气动力稳定性增强；而采用外倾式空间缆索体系时，结构的侧弯及扭转频率减小，但结构的静风稳定性增强；考虑到结构的空气动力稳定性一般比静风稳定性差，因此从总体抗风稳定性考虑，大跨度悬索桥采用内倾式空间缆索体系则比较有利。

关键词　大跨度悬索桥　空间缆索体系　空气静力稳定性　空气动力稳定性

1　引言

当跨度超过1 000m时，悬索桥已被公认为是一种具有绝对竞争力的桥梁结构形式。当前，悬索桥最常见的缆索布置形式是平行缆索体系即具有两个由主缆和吊杆形成的竖向平行索面。已有研究表明：传统竖向平行的缆索体系对承受竖向荷载是非常适合的，但是对于横向荷载（主要是风荷载）则不是最佳[1-2]。进入21世纪后，大型跨海和跨江工程是桥梁工程建设的又一热点。这些建桥区域面临着水域宽广、水深大、且经常遭受强台风等恶劣自然环境的影响，因而对大跨度悬索桥的设计和建设提出了更高的要求。大跨度悬索桥随着跨径的不断增大，而必需的桥面使用宽度是有限的，因而使得桥梁宽跨比不断减小，导致桥梁的横向刚度及承受横向荷载的能力不断减小，桥梁结构的横向稳定性降低，这对跨度大且多修建在风速水平较高的江河海峡处的悬索桥来说非常不利。因此，如何在提高悬索桥跨越能力的同时，保证其足够的横向刚度和稳定性，是当前大跨度悬索桥设计面临的主要问题之一。空间缆索体系悬索桥通过主缆和吊杆形成一个三维的索系，在对竖向承载能力影响不大的情况下，能够大大提高了悬索桥的横向刚度及其承载能力[3,4]。同时，通过改变缆索体系，可以将加劲梁的扭转振动同侧向水平振动在一定程度上耦合起来，提高结构的抗扭刚度及扭转频率，最终可以有效地提高桥梁的颤振稳定性。因此，空间缆索体系对大跨度尤其是特大跨度悬索桥的设计提供了一种合理的结构解决方案。空间缆索体系目前在大跨度斜拉桥中应用已非常普遍，但是在悬索桥中应用比较少，主要运用在一些跨度相对较小的自锚式悬索桥中，在大跨度地锚式悬索桥中迄今尚未有工程实践，但是在一些大跨度尤其是特大跨度悬索桥的方案设计中却屡次提出。

众所周知,大跨度悬索桥的抗风稳定问题始终是必须十分关注的关键问题。大跨度悬索桥采用空间缆索体系后,结构抗风稳定性如何变化则是一个目前有待于研究明确的问题。遗憾的是,目前对于大跨度地锚式空间缆索悬索桥的抗风稳定性研究基本没有涉及。因此,很有必要对大跨度空间缆索体系悬索桥的抗风稳定性问题开展深入系统的分析和研究,为设计和建造大跨度空间缆索体系悬索桥做好充分的理论准备。

为了探索理想的大跨度悬索桥缆索体系,以解决其横向和扭转刚度及承载力不足问题,本文以已建成主跨为1 490m的大跨度悬索桥－润扬长江公路大桥南汊桥为工程背景,试设计了3座具有不同空间缆索布置形式的方案桥,采用三维非线性空气静力和动力稳定性分析方法,分别对其空气静力和动力稳定性进行了分析和比较,并提出了具有良好抗风稳定性的大跨度悬索桥合理缆索体系。

2 实桥及方案桥简介

2.1 实桥简介

润扬长江公路大桥南汊桥是目前国内第一、世界第三大跨度桥梁,采用单跨双绞钢箱梁悬索桥,桥跨布置为470 m＋1 490 m＋ 470 m,见图1[5]。主缆矢跨比为1/10,横桥向中心距为34.3m;加劲梁采用扁平状流线型钢箱梁,梁宽35.9 m,梁高3.0 m;桥塔采用混凝土门式框架结构,塔高约209 m。

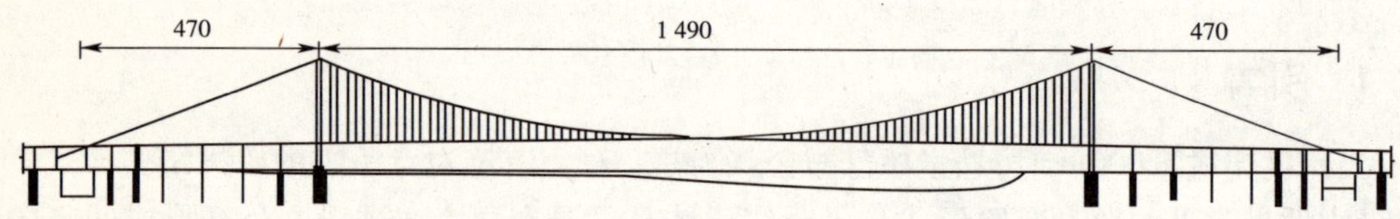

图1 润扬长江大桥南汊桥总体布置图(尺寸单位:m)

2.2 空间缆索体系方案桥简介

在实桥基础上,试设计了3座具有不同缆索布置形式的空间缆索体系方案桥,3座方案桥均具有相同的桥面主梁,除缆索体系和桥塔结构形式不同外,其余结构设计参数均相同,3座空间缆索体系方案桥概述如下:

(1)内倾式1方案桥。如图2a)所示,两根主缆的间距在跨中处最大,然后在向桥塔塔顶过渡的过程中逐渐减小,因而所有的吊杆都是倾斜的,且每根吊杆的倾斜角度均不相同,这样由间距变化的主缆和倾斜角不同的吊杆就形成了三维的缆索体系。当两根塔柱的塔顶间距足够小时,其顶端可以合并,此时桥塔在横桥向呈A形,塔顶的两根主缆可以共用一个鞍座。两个桥塔均为横桥向A形桥塔,桥塔的材料和截面特性均与实桥一致;主缆在立面内投影的矢跨比为1/10,在水平面内投影的矢跨比为14.15/1 490,主缆在塔顶的横向间距为6m。

(2)内倾式2方案桥。如图2b)所示,在内倾式1方案桥的基础上,将主缆在塔顶的横向间距增大为17.15m,刚好为平行缆索体系主缆横向间距的一半,处于内倾式1和平行缆索体系的中间状态。两个桥塔均为横桥向上窄下宽的门形框架形式,桥塔的材料和截面特性均与实桥一致；主缆在立面内投影的矢跨比为1/10，在水平面内投影的矢跨比为8.575/1 490。

(3)外倾式方案桥。如图2c)所示，两根主缆的间距从跨中到桥塔逐渐拉大，以增大抵抗横向风荷载能力，塔顶处两根主缆的横向间距为51.45m，为平行缆索体系主缆横向间距的1.5倍，因此两个主缆索面自下而上往外倾斜。两个桥塔均为横桥向上宽下窄的门形框架形式，桥塔的材料和截面特性均与实桥一致；主缆在立面内投影的矢跨比为1/10，在水平面内投影的矢跨比为8.575/1 490。

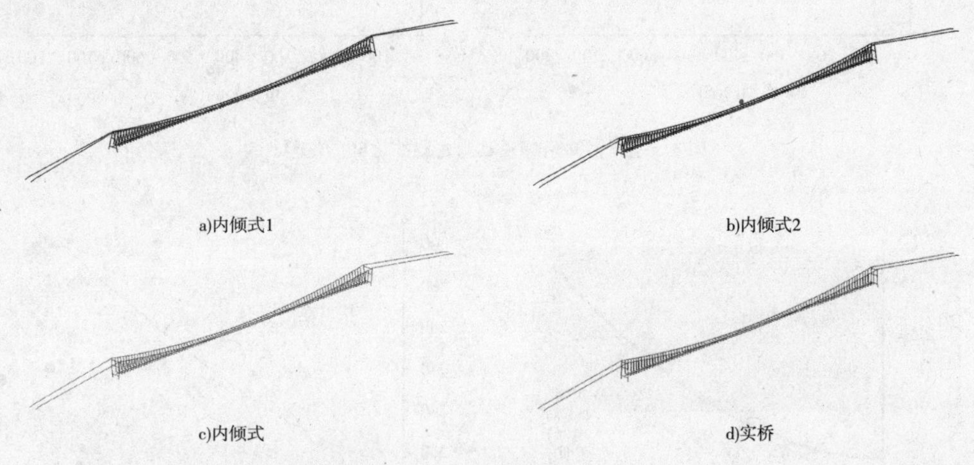

图2　空间缆索体系方案桥和实桥的三维有限元模型图

3　成桥状态确定

对于悬挂结构都有一个初始态问题，即初始应力和几何形状。在某个基准温度时，初始态时索的张力、几何形状都是确定的。有了初始态，才能进行外荷载作用下的变形和内力分析。悬索桥结构也是悬挂结构中的一种，同样也存在这个问题。悬索桥主缆在成桥状态线形既不是悬链线，也不是抛物线，而是一根分段悬链线即两个吊点之间为悬链线。采用基于悬链线理论的数值解析法[6]，以设计成桥状态主缆的矢高和两端点间的高差为控制目标，通过迭代求解确定出实桥和上述3座空间缆索体系方案桥在成桥状态主缆的线形及其轴向拉力，分别如图3、图4和图5所示。

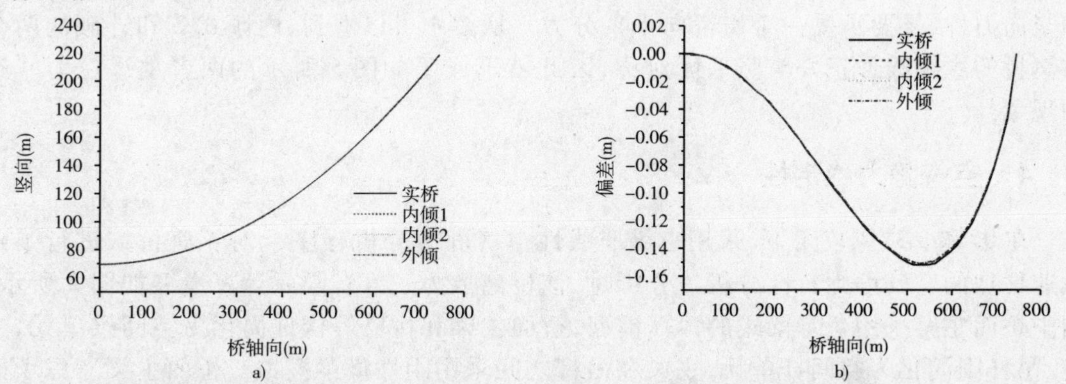

图3　主缆竖向坐标及其与抛物线之间的偏差(注：桥轴向坐标0表示跨中位置，745表示桥塔位置，以下类同)

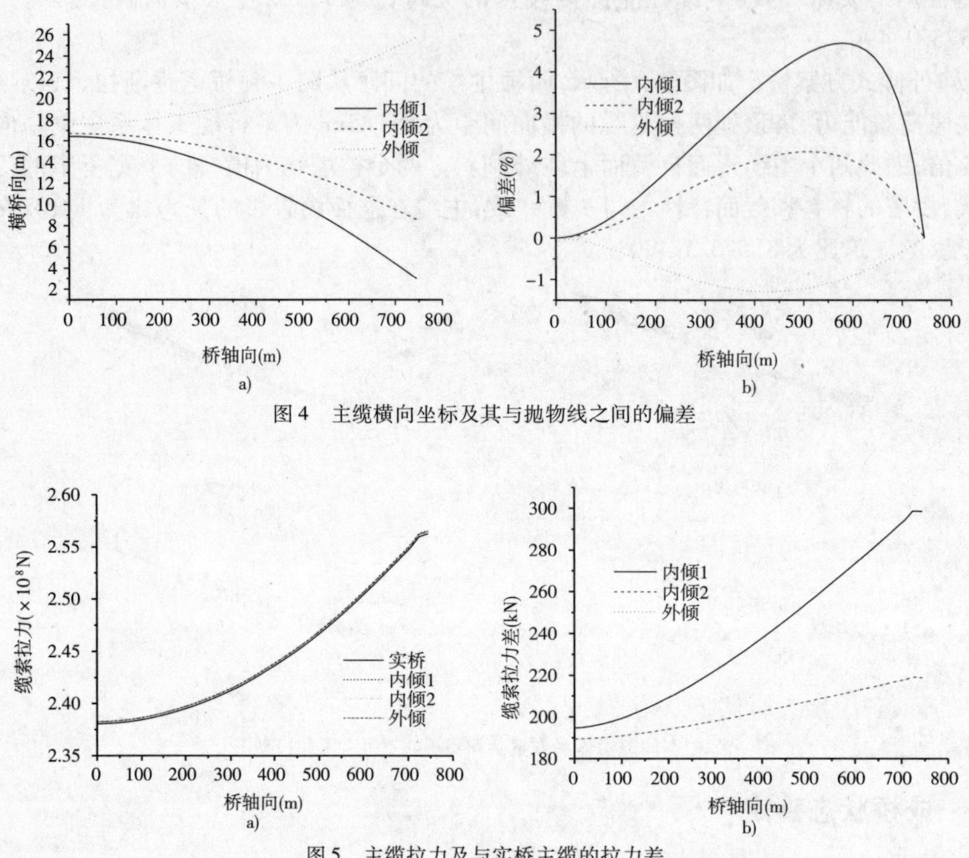

图4 主缆横向坐标及其与抛物线之间的偏差

图5 主缆拉力及与实桥主缆的拉力差

从图3可以看出,实桥和空间缆索体系方案桥的主缆竖向线形基本一致,都居于抛物线的下方,在距离桥塔约200m处偏差达到最大,但与抛物线间的偏差率很小,均在0.2%以下。如图4所示,主缆的横桥向线形则与抛物线间的偏差比较大,尤其是内倾式1的方案桥。因此,在结构设计时主缆的竖向线形可以近似按二次抛物线计算,但横桥向的线形必须精确计算。空间缆索体系悬索桥的主缆拉力略大于平行缆索体系悬索桥(实桥),这是由于空间缆索体系悬索桥主缆除了承受纵桥向水平分力和竖向力外,还要承受一个横桥向水平分力。从图4可以看到,内倾式2和外倾的两个方案桥的主缆线形正好与竖平面对称,因此就形成了如图5所示的两者主缆拉力一致的现象。

4 空气静力稳定性

在0°和±3°风攻角下,采用三维非线性空气静力分析程序[7]对4座桥梁进行了随风速增加的空气静力特性分析。分析时,该桥离散为三维有限元计算模型如图2所示,当中桥面主梁采用鱼骨梁式的计算模型,桥面主梁和桥塔等构件简化为空间梁单元,主缆、吊杆则简化为空间杆单元,主梁和吊杆之间采用刚性横梁模拟。桥面主梁考虑了静风荷载的阻力、升力和升力矩3个分量的共同作用,相应的静力三分力系数都取用了该桥节段模型风洞试验结果[5]；主缆、吊杆和桥塔仅考虑阻力分量的作用，主缆和吊杆的阻力系数为0.7[8]。图6显示了4座桥梁跨中处的横桥向(侧向)、竖向以及扭转位移随风速增加的变化趋势。该桥在桥面高度处的设计基准风速为37.4m/s，图7给出了在0°风攻角和设计基准风速下主梁的侧向、竖向以及扭转位移沿桥跨方向的变化情况。

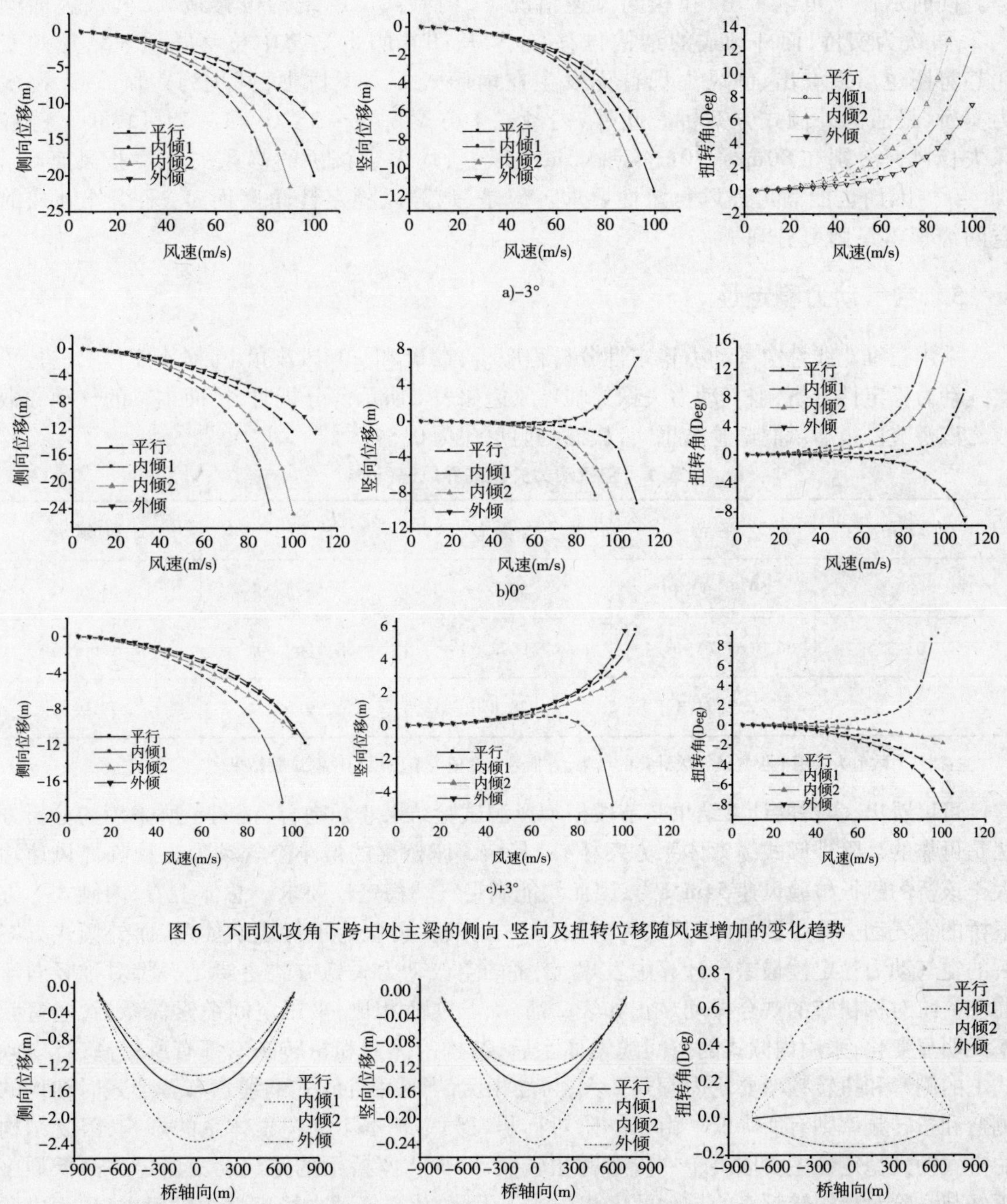

图6 不同风攻角下跨中处主梁的侧向、竖向及扭转位移随风速增加的变化趋势

图7 0°风攻角和设计基准风速下主梁的侧向、竖向以及扭转位移沿桥跨方向的变化

在 -3°初始风攻角下,随着风速的增加,主梁跨中处的三向位移变化规律相同,都表现出了非线性增长的特征,没有发生急剧突变的情况。在 0°和 +3°风攻角下,侧向位移一直在非线性地增长,但竖向和扭转位移在低风速情况下增长非常缓慢,当达到一定风速后则急剧增长,结构明显地由稳定转为不稳定状态。各方案桥主梁的竖向及扭转位移在低风速时都近似线性增长,但在高风速时均明显表现出非线性急剧增长的态势。同时从图 7 可以看出,在相同风速情况下,内倾式 1 的结构位移最大,其次为内倾式 2,再次为实桥,而外倾式的结构位移最小,从图 6 的主梁跨中位移随风速增加的变化趋势图也可以看出,静风失稳首先发生在内倾式 1 方案桥中,其次为内倾式 2,再次为实桥,最后为外倾式方案桥。此外,内倾式 1 方案桥在 -3°、0°和 +3°风攻角下的静风失稳风速分别在 80m/s、90m/s 和 95m/s 以上,均大于该桥的静风失稳检验风速 67.3m/s[5],因而也能满足静风稳定性要求。但是,从静风稳定性角度而言,采用外倾式的空间缆索体系则更有利。

5 空气动力稳定性

采用三维非线性空气动力稳定性分析程序[7],在 0°和 ±3°风攻角下,对 4 座桥梁进行了空气动力稳定性分析,空气动力失稳的临界风速如表 1 所示。分析时,桥面主梁的气动导数取之该桥节段模型风洞试验结果[5],模态的阻尼比为 0.5%[8]。

表 1 空气动力失稳临界风速(m/s)

风攻角	平行	内倾 1	内倾 2	外倾
+3°	59.8[50.4]	59.0	58.5	51.6
0°	66.0(65.7)[67.4]	67.1(72.6)	68.5(69.9)	68.8(66.2)
-3°	75.7[71.3]	78.8	79.5	74.9

注:括号内数值为采用平板气动导数计算的结果,方括号内数值为节段模型风洞试验结果[5]。

可以看出,实桥的计算结果与节段模型风洞试验结果非常吻合,说明了所采用的分析方法是可靠的。除外倾式缆索体系方案桥外,其余 3 座桥梁的最小空气动力失稳临界风速均大于该桥的颤振检验风速 54m/s[5],因而均能满足气动稳定性要求。总体上看,内倾式 1 方案桥的空气动力稳定性最好,其次为内倾式 2 方案桥,再次为平行缆索体系,而外倾式方案桥的空气动力稳定性最差。计算中发现,该桥的空气动力失稳方式主要是一阶对称竖向弯曲和一阶对称扭转的耦合振动。正如表 2 所示,与实桥相比,采用空间缆索体系后,竖弯频率无明显变化;采用内倾式的空间缆索体系后,结构的侧弯和扭转频率都有所提高,且内倾式 1 的侧弯和扭转频率要比内倾式 2 大;与之相反,当采用外倾式的缆索布置形式时结构的侧弯和扭转频率则有所降低。由于一阶对称竖弯频率基本不受缆索体系的影响,因此结构的空气动力稳定性主要取决于一阶对称扭转频率,而 4 座桥梁的空气动力稳定性高低顺序正好与一阶对称扭转频率的排列顺序相一致。因此,从空气动力稳定性角度考虑,采用内倾式的缆索布置形式更有利。

表2 桥面主梁的主要振型情况

振型	自振频率(Hz)				振型形状
	平行	内倾1	内倾2	外倾	
竖弯	0.125 1	0.124 9	0.125 0	0.125 0	1-S
	0.100 5	0.100 3	0.100 3	0.100 4	1-AS
	0.171 9	0.171 7	0.171 8	0.171 7	2-S
	0.188 0	0.187 4	0.187 8	0.187 8	2-AS
	0.240 7	0.240 0	0.240 4	0.240 4	3-S
侧弯	0.049 6	0.050 6	0.050 1	0.049 3	1-S
	0.124 9	0.125 7	0.125 4	0.124 4	1-AS
扭转	0.241 3	0.267 5	0.253 0	0.239 2	1-S
	0.241 4	0.239 6	0.239 9	0.242 3	1-AS

注:数字表示振型阶数;S-对称振型;AS-反对称振型。

通过与静风稳定性分析结果的比较可以看到,4 种缆索体系桥梁的空气动力稳定性排列顺序正好与静风稳定性相反。但是对于该桥而言,结构的空气动力稳定性比静风稳定性更差。因此,从总体而言,采用内倾式的缆索布置形式则更有利于该桥的抗风稳定性。

6 结论

本文以大跨度地锚式悬索桥 - 润扬长江公路大桥南汉桥为工程背景,采用不同缆索布置形式试设计了 3 座具有空间缆索体系的悬索桥方案桥,采用三维非线性空气静力和动力稳定性分析方法,分别对其空气静力和动力稳定性进行了分析和比较。结果表明:悬索桥采用内倾式空间缆索体系后,结构的侧弯及扭转频率增大,结构的空气动力稳定性增强;而采用外倾式空间缆索体系时,结构的侧弯及扭转频率减小,但结构的静风稳定性增强;考虑到结构的空气动力稳定性一般比静风稳定性差,因此从总体抗风稳定性考虑,大跨度悬索桥采用内倾式空间缆索体系则比较有利。

参考文献

[1] 尼尔斯. J. 吉姆辛著,金增洪译. 缆索支承桥梁 - 概念与设计(第 2 版). 北京:人民交通出版社, 2002.

[2] 梁鹏,肖汝诚,夏浸,刘浩. 超大跨度缆索承重桥梁结构体系. 公路交通科技, 2004, 21(5): 53-56.

[3] Astiz, M. A. Flutter stability of very long suspension bridges. Journal of Bridge Enigineering, ASCE, 1998, 3(3): 132-139.

[4] 项海帆,葛耀君.悬索桥跨径的空气动力极限.土木工程学报, 2005, 38(1): 60-70.

[5] 项海帆,陈艾荣.润扬长江大桥节段模型风洞试验研究[R].上海:同济大学土木工程防灾国家重点实验室, 2000.

[6] 罗喜恒.复杂悬索桥施工过程精细化分析研究.上海:同济大学桥梁系, 2004.

[7] 张新军,陈艾荣,项海帆.影响大跨径悬索桥颤振的非线性因素研究.土木工程学报, 2003, 36(4): 76-81.

[8] 中华人民共和国交通部标准 (JTG/T D60-01—2004) 公路桥梁抗风设计规范.北京:人民交通出版社,2004.

88 节段模型自由气弹振动瞬时频率和瞬时阻尼辨识方法研究

张 欣

（郑州大学土木工程学院）

摘 要 由于流体的动力学性质具有明显的非线性，节段模型的气弹振动这种流－固耦合现象也相应的具有复杂的力学特征。因而，目前在识别节段模型的气动导数实验中直接假定模型的自由衰减振动为线性振动的做法可能存在偏差。本文提出了调频－EMD方法，通过对Humber大桥的主梁两自由度节段模型自由气弹振动信号进行识别，绘制出了耦合系统瞬时频率－振幅和瞬时阻尼－振幅关系曲线，揭示了该耦合系统的非线性。并且，本文的结果还表明：该耦合系统非线性的存在不一定以较大的振动幅度为前提条件；相反，在振幅相对较小时，系统的非线性程度可能会更加明显。本文提出的信号处理方法系对传统EMD方法的有效改良，克服了原方法易产生振型混淆的弱点，可以较好地处理密集频率信号，适合在节段模型气弹实验中使用。

关键词 节段模型 气弹振动 瞬时频率 瞬时阻尼 调频－EMD

1 节段模型气弹振动的非线性问题

测振法识别节段模型气动导数的基本前提假定为：气动导数只与桥梁的截面形状和无量纲折减频率相关[1-2]。因此，针对特定模型在确定的平均风速下，如果模型耦合自振频率保持不变，则该耦合系统的自由振动为线性振动。基于此种假定，目前在风洞试验中广泛应用线性系统的辨识技术。

然而，在钝体桥梁断面绕流现象中，黏性流体的动力学行为具有明显的非线性，无论来流中存在湍流与否，无论该钝体的振动幅度为有限大值还是无限小值，均是如此。这就使得桥梁主梁的气弹振动也必然包含来自流体的非线性成分。作为此种非线性的表象，耦合系统可能具有非定常的自振频率。由于气固耦合对模型自振频率的改变一般是比较微小的，所以，模型自振微小的频变可能会对应着气动导数较大的差异。从理论上讲，在进行气动导数识别时，应该先检验耦合系统的线性度，再进行下一步的系统辨识工作。在耦合系统的非线性较弱的情况下，线性的系统辨识方法可以可靠地识别气动导数；而当非线性成分不可忽略时，此类线性方法可能带来系统误差。

笔者本人曾经将此类非线性问题简略地归纳为"相对振幅效应"[3]，即认为，钝体绕流过程中的尾流脉动可以激励模型做随机振动，形成模型自由振动的"背景环境振动"。因为该"背景环境振动"具有与衰减的自由振动不同的耦合特性，因而，此背景振动与人为触发的自由衰减振动的相对强弱将会影响气动导数识别的结果。

目前,能够有效地从桥梁节段模型气弹试验结果中辨识非线性成分的方法十分有限,严重影响我们对此类问题的研究工作。本文提出调频-EMD方法,在对传统EMD方法的有效改良的基础上,克服了原方法易产生振型混淆的弱点,可以较好地处理密集频率信号,适合在节段模型气弹试验中使用。

2 EMD方法的局限

原始EMD方法最早由Huang等[4]为了解决非平稳信号的正交分解问题而提出。该方法可以在桥梁风工程领域应用[5]。其基本思想为:根据弱非线性的性质,将多成分的非平稳信号看成是由快速变化的信号与缓慢变化的信号相叠加而形成的复合信号,通过层层分解可以将信号分解为许多频段信号,分别代表不同时间尺度的信息。可见,该方法的思想与小波变换的思想类似,利用信号自身的信息划分快速变化与缓慢变化的标准,而不需要事先预定,因此具有较好的实测适应性。在EMD方法的实现过程中,通过对信号的局部峰值与谷值分别进行3次样条插值,获得总体信号上、下包线,取两条线的均值作为缓慢变化成分,并将其从总体信号中减去,可以获得快速变化成分的第一次估值。对快速变化的估值重复上述动作,直至快速变化成分的估值的均值时时为零。这样可以获得第1个IMF(Intrinsic Mode Function),将余下的信号成分作为总体信号,重复以上动作可以获得第2个IMF,依次往复可以获得余下的IMF。对于实际的非平稳信号而言,在获得每一个IMF的时候,都需要利用迭代法除去快速变化成分中的缓慢变化成分。作为缓慢变化成分已经被有效清除的标志,每一个IMF的上下包线的均值都充分接近零。只有此时,才能获得有效的IMF。

总之,EMD方法相当于一系列的sifting操作,把信号$X(t)$分解为一系列均值为零的IMF信号以及最后剩下的趋势线:

$$X(t) = \sum_{i=1}^{n} C_i(t) + r_n(t) \tag{1}$$

式中:$C_i(t)$——第i个IMF,其上下包线关于横轴对称分布,并且该信号与横轴相交的次数与极值点的个数相同或只相差一个;

$r_n(t)$——趋势线。

目前虽然还没有关于EMD方法数学本质的证明,但是该方法的有效性已经为为数众多的工程应用所验证。然而,EMD方法最大的缺陷是在处理实际信号时容易产生振型混淆的问题。Rilling and Flandrin[6]的研究表明,该方法的频域解析度不高,容易将相邻近的两个不同频率的信号混淆成一个信号,从而产生无法预期的错误信息。例如,当总体信号的成分为:$x(t) = \cos 2\pi t + a\cos(2\pi ft + \varphi)$,($a \in R$且$f \in [0,1]$)时,只有在$f < 0.67$或$af < 1$时,如图1所示,原始EMD方法才能有效识别总体信号中

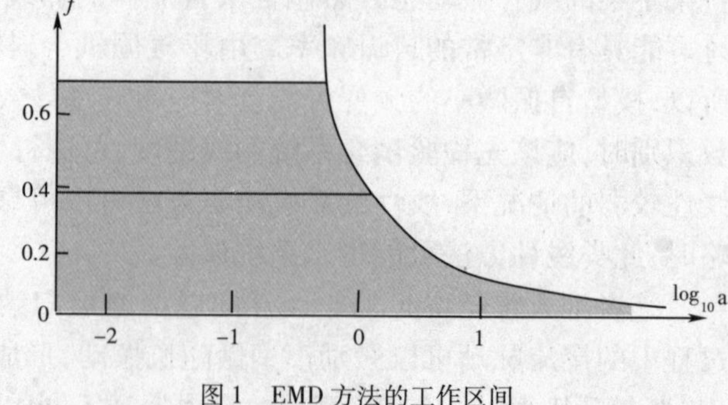

图1 EMD方法的工作区间

的个体成分。

对于节段模型试验来讲,这就意味着只有那些各自由度自振频率相差较大的气弹振动才能有效地运用 EMD 方法进行研究。更复杂的情况是:当处理衰减信号时,由于一般情况下,高频成分衰减得比低频成分快,容易出现 EMD 方法在信号开始时能够正确识别成分信号,但会在中途某一点迷失,失去对高频信号的跟踪,转而跟踪低频信号,产生 IMF 振型混淆。针对这一问题,本文提出简便而有效的修正方法,能够较好地处理在节段模型气弹实验中所遇到的实际问题。

3 调频-EMD 原理

笔者认为,可以利用调频技术解决 EMD 方法容易产生振型混淆的弱点,通过 Hilbert 变换,构造实数信号的解析形式,并对其进行调频换算,再利用解析函数的性质和复数域 EMD 技术成功将非线性信号分解并得到多测点的综合模态信息。具体方法如下:

对于一个实数信号 $x(t)$,可以通过 Hilbert 变换寻求其对应解析函数及共轭函数:

$$z(t)=x(t)+iH[x(t)]\text{and}z^{*}(t)=x(t)-iH[x(t)]$$

其中:$H[x(t)]=\frac{1}{\pi}P\int_{-\infty}^{\infty}\frac{x(t')}{t-t'}\mathrm{d}t'$为 Hilbert 变换;

P 为 Cauchy principle value。

根据解析函数的性质,$z(t)$的傅立叶变换只有正频率,而 $z^{*}(t)$的傅立叶变换只有负频率。二者互为镜像,如图 2a1)、图 2a2)。

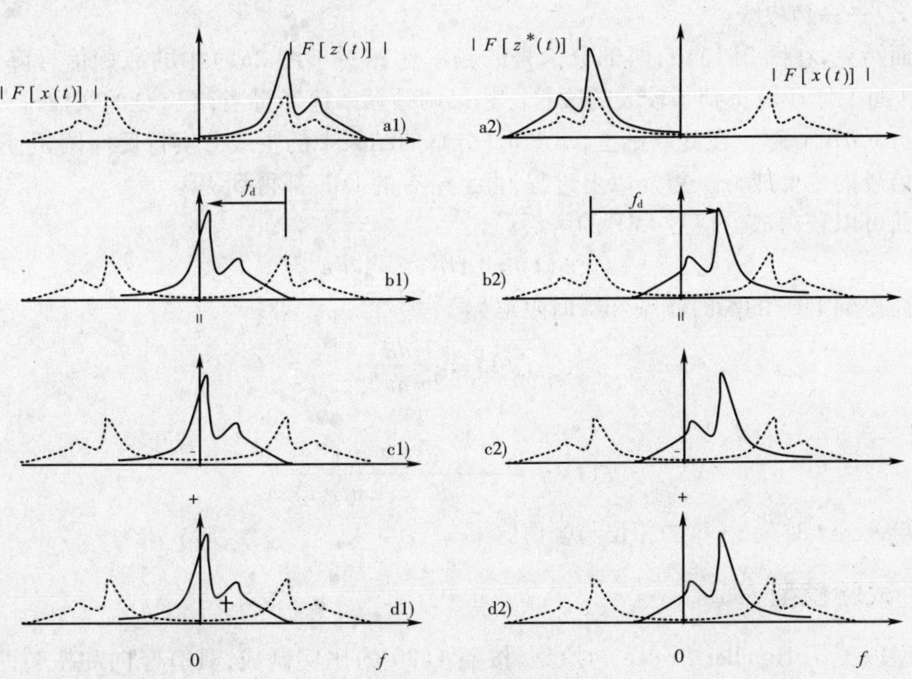

图 2 调频 - EMD 过程

($x(t)$:为实测信号;$z(t)=x(t)+iH[x(t)]$;$z^{*}(t)=x(t)-iH[x(t)]$)

为函数 $z(t)$ 定义调频函数 $\exp(-i2\pi f_d t)$，为函数 $z^*(t)$ 定义调频函数 $\exp(i2\pi f_d t)$。此二函数接近直流的低频映象分别见图 2b1)、2b2)，可以通过如下运算得到：

$$Z(t)=z(t)e^{-i2\pi f_d t};\bar{Z}(t)=z^*(t)e^{i2\pi f_d t}$$

这样，$Z(t)$、$\bar{Z}(t)$ 的傅里叶变换即包括正频率也包括负频率。如图 2c1)、图 2c2)所示。

对于此类信号 $Z(t)$，可以分解为正频率成分 $Z^+(t)$ 和负频率成分 $Z^-(t)$ 两部分之和：

$$Z(t)=Z^+(t)+[Z^-(t)]^*$$

$$Z^+(t)=F^{-1}[F(Z(t))\cdot H(\omega)];Z^-(t)=F^{-1}\{[F(Z(t))]^*\cdot H(-\omega)\},$$

式中：F——傅里叶变换算子；

F^{-1}——傅里叶逆变换算子；

$H(\omega)$——理想滤波器。

$$H(\omega)=\begin{cases}0.5 & \omega=0\\ 1 & \omega>0\\ 0 & \omega<0\end{cases}$$

式中：$Z^+(t)$ 和 $Z^-(t)$——均为复数时间序列。

对于 EMD 过程来讲，只需对 $Z^+(t)$ 和 $Z^-(t)$ 的实数部分展开即可：

$$\mathrm{Re}[Z^+(t)]=\sum_k \mathrm{IMF}_k^+(t)+r_{dm}^+(t)$$

式中：IMF_k^+——第 k^{th} 个 IMF；

r_{dm}^+——趋势线。

显而易见，在图 2b1)中，两部分信号的频率比相对于图 2a1)中的原始信号降低了，这样，EMD 的工作环境得到了较大的改善。如果调频频率选择得当，$Z^+(t)$ 的实数部分可以顺利地进行 EMD 分解。在此基础上，对 EMD 分解的结果中的主成分实行反向调频，还原得到原解析信号的主要成分。重复以上过程，直至所有的 IMF 都得到提炼。

如此可以获得成分信号 IMF 的解析形式

$$z_i(t),z_i(t)=|A|e^{-2\pi f(t)\xi(t)t}e^{i2\pi f_d(t)t}$$

进而得到 IMF 的瞬时频率和瞬时阻尼如下：

$$f_d(t)=\frac{1}{2\pi}\frac{d\theta}{dt};$$

$$\xi(t)=-\frac{d(\ln\frac{A}{|A|})}{dt}\frac{1}{2\pi f(t)}$$

其中 θ 与 A 为 t 时刻 $z_i(t)$ 的相位与幅值。

4 试验模型

模型以英国 Humber Bridge 为原型，按照 1:80 的比例制成，具有竖向和扭转两个自由度。模型截面形式如图 3 所示，为带封嘴的部分流线型箱梁。本实验中由于在没有采用湍流发生装置，风洞内的湍流度较低(<2%)。试验中测量的物理量为风速的时程和模型振动的位移时程。模型振动的位移时程由两个激光测距仪测量。

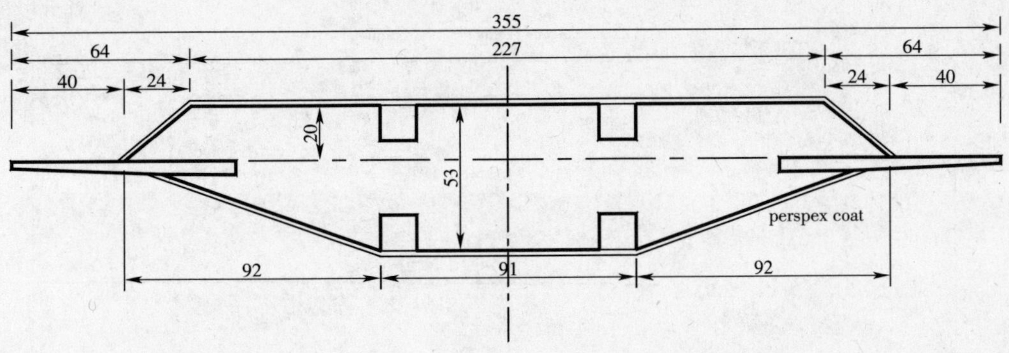

图 3　模型断面(尺寸单位:mm)

5　试验结果

通过本文提出的调频-EMD 方法可以获得模型自由振动在衰减过程中频率随振幅变化的趋势线如图 4、图 5 所示。应该注意的是,由于在信号处理过程中的 EMD 分解判断阀值为总体设置值,随着振动幅度的减小,调频 - EMD 方法的误差将会逐渐增大,因此,我们略去了振幅较小部分的辨识结果。

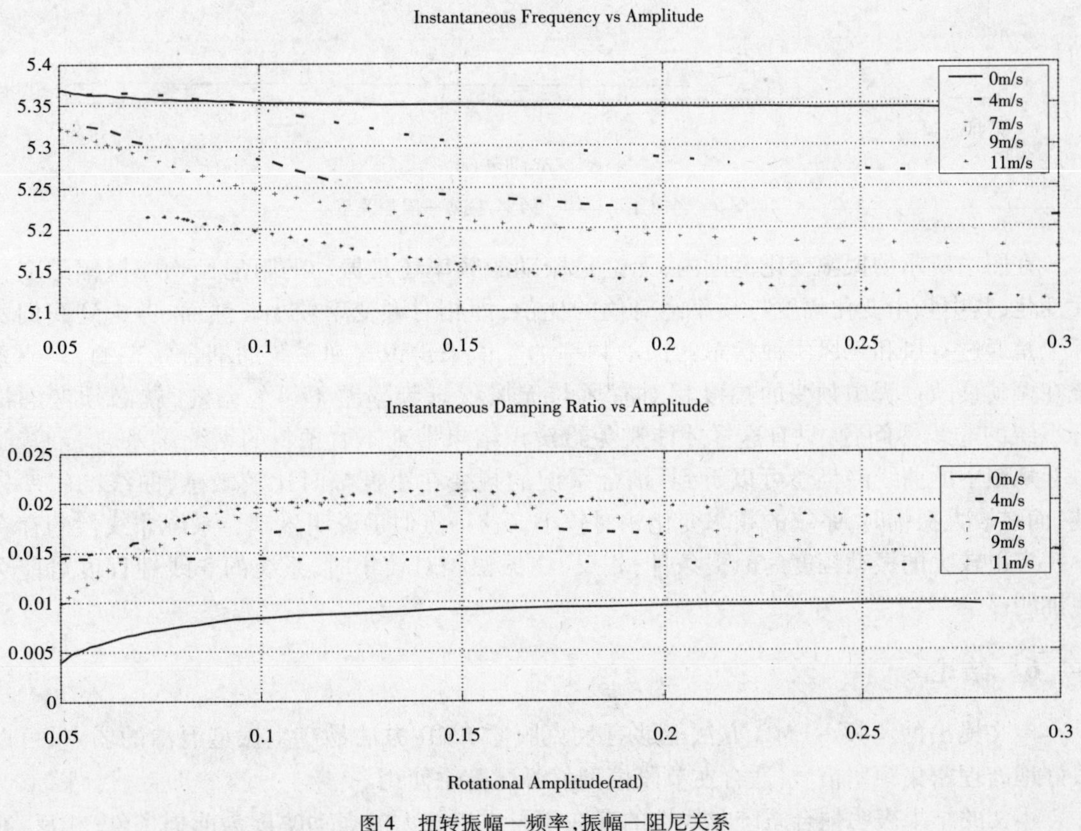

图 4　扭转振幅—频率,振幅—阻尼关系

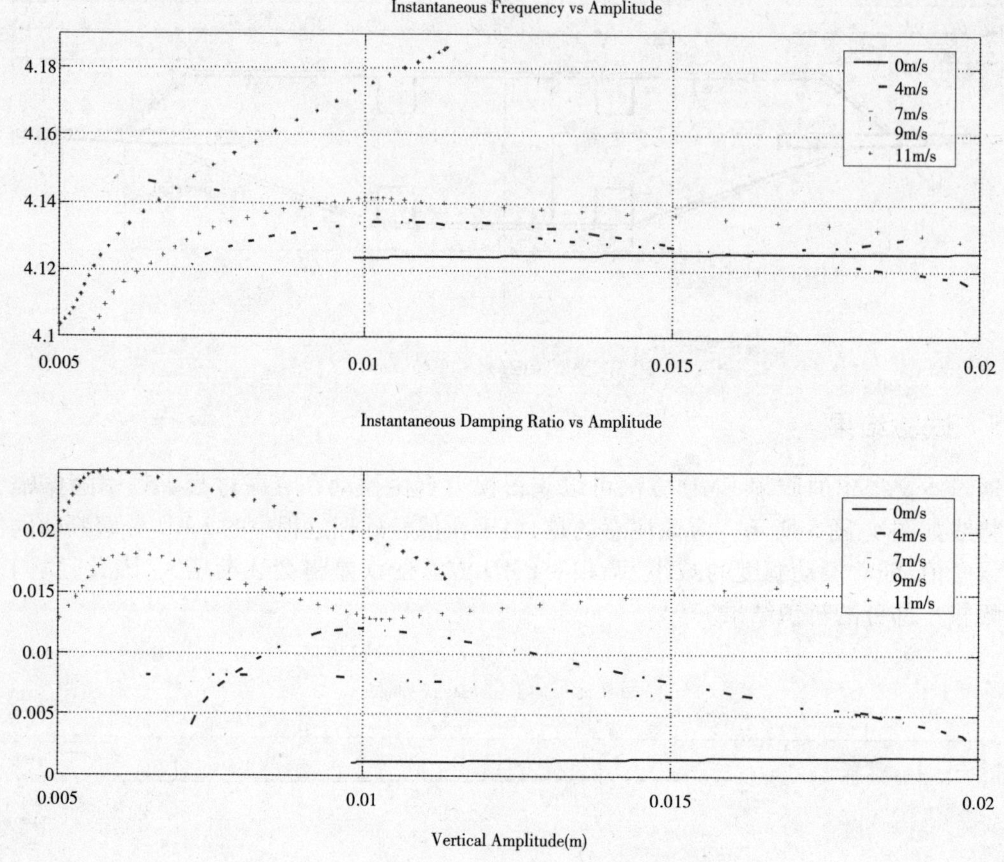

图5 竖向振动振幅—频率,振幅—阻尼关系

在图中所示的振幅变化范围内,无论是振动的频率还是振动的阻尼比均随振幅的变化而变化,其中频率变化幅度与频率绝对值的比值,即相对频变率较小。然而,考虑到我们实际上是通过有风和无风两种状态的振动频率的差值来辨识气弹系统的耦合状态的,只要系统在振动衰减过程中频变的幅度相对有风与无风状态频率差不可忽略时,就必须考虑耦合系统的非线性问题,只有这样才能避免给辨识结果带来不可预料的系统误差。

从图中的曲线趋势还可以看到:耦合系统的频变在小振幅时比较敏感,曲线的斜率较陡,而在较大振幅时,系统的频率变化相对较小。这一点似乎说明该耦合系统非线性的存在不一定以较大的振动幅度为前提条件;相反,在振幅相对较小时,系统的非线性程度可能会更加明显。

6 结论

本文提出的调频-EMD方法能够有效克服原EMD方法易产生振型混淆的弱点,可以较好地处理密集频率信号,适合在节段模型气弹试验中使用。

本文的结果表明耦合系统非线性的存在不一定以较大的振动幅度为前提条件;相反,在振幅相对较小时,系统的非线性程度可能会更加明显。

参 考 文 献

[1] Scanlan R. H. , Tomko J. J. , Airfoil and bridge deck flutter derivatives, J. Eng. Mech. ASCE 97(6) (1971) :1717-1737.

[2] 项海帆,葛耀君,朱乐东,陈艾荣,林志兴,顾明,肖汝诚.现代桥梁抗风理论与实践.北京:人民交通出版社,2005.

[3] Zhang Xin and Brownjohn James, Effect of Relative Amplitude on Bridge Deck Flutter, Journal of Wind Engineering and Industrial Aerodynamics, 92/6(2004):493-508.

[4] Huang, N. E. et al, The Empirical Mode Decomposition and the Hilbert Spectrum for Nonlinear and Non-stationary Time Series Analysis, Proceedings of Royal Society of London, Series A 454(1998):903-995.

[5] Zhang Xin and Brownjohn James, Direct Observation of Non-stationary Aeroelastic Vibration of Bridge Decks in Wind Tunnel, Journal of Sound and Vibration, 291/1 - 2(2006) : 202-214.

[6] Rilling, G. and Flandrin, P. , One or Two Frequencies. The Empirical Mode ecomposition Answers, IEEE Transactions on Signal Processing,56(2008),(1):85-95.

89 并列桥主梁三分力系数气动干扰效应试验研究

汪 洁[1,2] 刘健新[2] 王 峰[2]

(1.西安建筑科技大学;2.长安大学风洞实验室)

摘 要 针对大跨高墩连续刚构并列桥梁三分力系数的气动干扰问题,采用风洞试验方法对某大跨度连续刚构并列桥梁的主梁进行气动干扰效应研究。分别改变两并列桥主梁之间的净间距和攻角参数来研究其对并列桥主梁三分力系数气动干扰效应的影响。研究显示:并列桥梁主梁的三分力系数的气动干扰效应主要表现为:下游主梁阻力系数的降低,上游主梁阻力系数也有变化但不明显;上、下游主梁的升力系数和扭矩系数也存在气动干扰效应,上游影响较小,下游影响较大,其影响不可忽略。

关键词 并列桥梁 主梁 气动干扰效应 三分力系数 风洞试验

1 引言

多个钝体的气动干扰研究具有十分重要的理论意义和实际价值。高层建筑气动干扰效应的研究最早可以追溯到20世纪30年代,近年来,同济大学顾明教授学科组对高层建筑的气动干扰进行了较为系统的研究。日本学者针对鹤见航道桥进行了并列桥桥梁的气动干扰效应风洞试验研究。从研究手段来看,目前主要研究手段仍是风洞试验,数值模拟仅作为辅助手段。

近几年,西部地区高速公路网大规模向黄土沟壑地区延伸,当公路线路穿越崇山峻岭和高原沟壑区时,高墩大跨的连续刚构桥已成为首选桥型。大跨连续刚构桥除了具有墩高、跨度大的特点之外,还常采用上、下行的分离式布置,即采用并列桥,因此对于并列桥结构的高墩大跨连续刚构桥,其主梁上作用的风荷载除应通过风洞试验求出三分力系数外,还应考虑气流的遮挡和干扰,研究并列桥主梁相互间的气动干扰效应。鉴于并列桥面桥梁气动干扰效应的复杂性,首先对并列桥面桥梁的三分力系数气动干扰效应问题进行试验研究。通过主梁的测力风洞试验来研究三分力系数的气动干扰问题,并引入气动干扰因子来定义主梁三分力系数的气动干扰效应。

2 试验研究

通过节段模型风洞试验来研究某并列高墩大跨连续刚构桥的主梁三分力系数的气动干扰效应。风洞试验在长安大学风洞实验室 CA-1 大气边界层风洞中进行,该风洞是一座具

基金项目:陕西省重点学科建设专项资金资助项目,E00001。

有试验段回、直流两用构造形式的风洞，洞体为钢和混凝土混合结构。该风洞的试验段截面尺寸为3.0m(宽)×2.5m(高)×15m(长)，直流电机功率为400 kW，风速0~50m/s可调。风洞流场品质优良，该试验段的方向不均匀性$|\Delta\alpha|\leqslant 0.5$，$|\Delta\beta|\leqslant 0.5$，流场紊流度$\varepsilon<0.3\%$，速度场不均匀性$\leqslant 0.5\%$。试验用测力天平为中国空气动力研究中心研制的浮框式6分量应变天平。测力天平系统由浮框式天平、偏转角(β角)转盘、应变放大器、A/D转换器及数据采集处理用计算机等组成。

主梁模型采用立式底支方式测量，通过β角转盘的角度变换，即可得到主梁的不同攻角α。试验的攻角范围为$\alpha=-10°\sim+10°$，间隔1°，共21个攻角变化。试验风速为$V=10$m/s和20m/s，采用均匀流场。由于连续刚构桥主梁为变高度，按照实桥的主梁施工节段的划分和计算需要，将主梁模型分为6段[1]。本文仅给出其中1号主梁节段风速20m/s的试验结果。模型宽$B=0.134$，平均高度$H_p=0.292$，平均宽高比$\frac{B}{H_p}=1.075$，图1为所研究的1号主梁断面示意图，测力模型见图2，图3为主梁节段测力时的攻角示意图。考虑到影响并列桥面桥梁三分力系数的主要因素包括并列桥主梁之间的净距和攻角等因素，试验工况见表1。

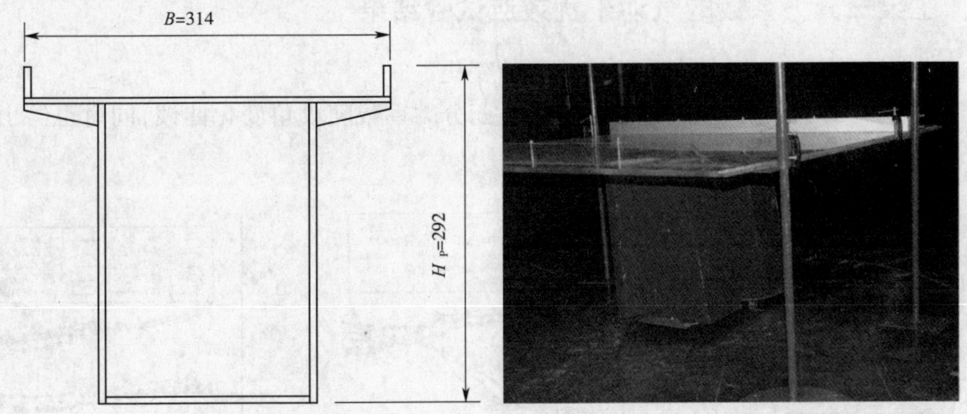

图1　1号主梁模型断面示意图

图2　1号主梁测力试验模型

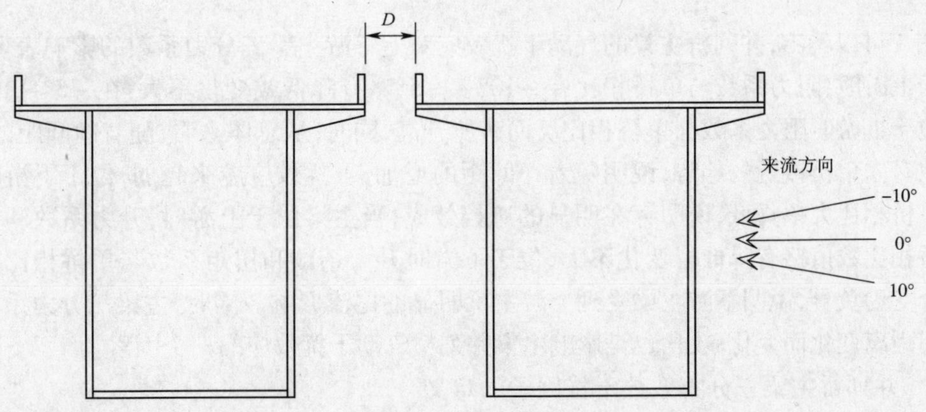

图3　主梁测力试验攻角示意图

表1　主梁三分力系数气动干扰效应测试试验工况表

工 况	试验模型所处位置	净间距 D(m)	攻角(°)
1	单桥主梁	—	-10 ~ 10
2	上游	0.5	
3		2	
4		3.5	
5		7	
6	下游	0.5	
7		2	
8		3.5	
9		7	
10		70	

3　主梁三分力系数的气动干扰效应试验结果

3.1　主梁上下游的三分力系数随攻角的变化

图4分别给出了不同间距下,上下游主梁三分力系数随攻角变化曲线,同时也给出了单桥时主梁三分力系数随攻角的变化曲线。

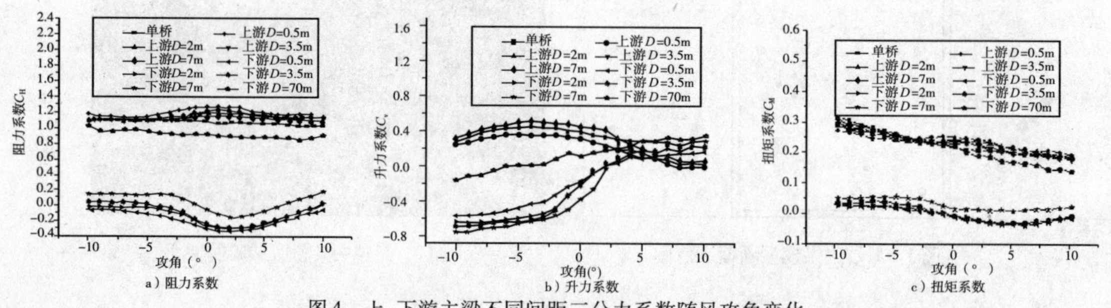

图4　上、下游主梁不同间距三分力系数随风攻角变化

从图4可以看出,并列桥主梁的气动干扰效应对上下游主梁三分力系数的影响表现为:当主梁位于上游时,阻力系数与单桥相比在 -10° ~ -5°略有降低或变化不大,在 -5° ~10°攻角范围内位于上游时阻力系数与单桥相比反而有所升高,同时,从总体来看,随着净间距的增加,阻力系数有向单桥接近的趋势,说明随着净间距的增加,干扰效应越来越弱;位于下游时阻力系数与单桥相比大幅降低,说明存在明显的遮挡效应;当主梁位于上游时,升力系数和扭矩系数与单桥相比数值略有降低但变化不大,位于下游时升力系数和扭矩系数与单桥相比数值降低且部分变为负号,说明下游主梁受到上游主梁明显的尾流影响。同时,主梁三分力系数随上下游之间距离变化而变化;攻角也是影响主梁并列桥气动干扰效应的一个因素。

3.2　并列桥主梁三分力系数干扰因子的定义

并列桥主梁三分力系数气动干扰效应表现为对上下游主梁三分力系数的影响,所以在定义三分力系数气动干扰因子时,分别针对上、下游主梁三分力系数进行定义:

$$IF_{SH,SV,SM,XH,XV,XM}=\frac{\text{双桥上(下)游主梁三分力系数}}{\text{单桥主梁三分力系数}} \tag{1}$$

式中：*SH*——上游主梁阻力系数气动干扰因子；

SV——上游主梁升力系数气动干扰因子；

SM——上游主梁扭矩系数气动干扰因子；

XH——下游主梁阻力系数气动干扰因子；

XV——下游主梁升力系数气动干扰因子；

XM——下游主梁扭矩系数气动干扰因子。

3.3 并列桥主梁间距和攻角对气动干扰因子的影响

影响并列桥主梁三分力系数气动干扰效应的主要因素包括：并列桥主梁间距和攻角等。图5～图7分别给出了上、下游主梁三分力系数气动干扰因子随并列桥主梁不同间距、攻角变化曲线[2]。

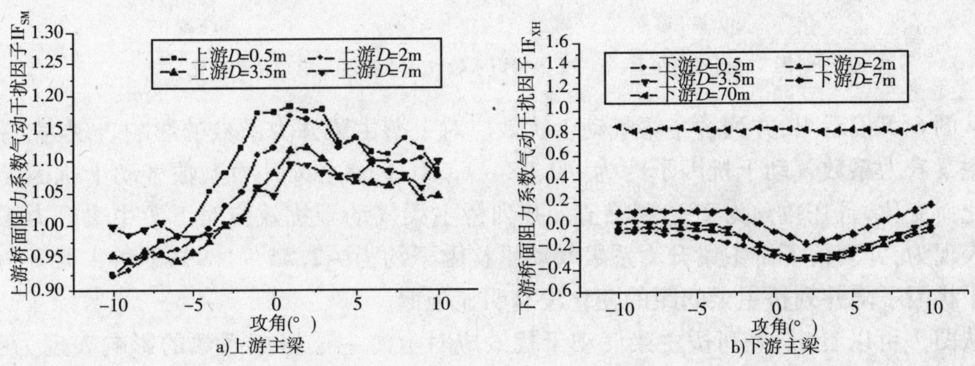

图5 不同间距上、下游主梁阻力系数气动干扰因子随攻角的变化

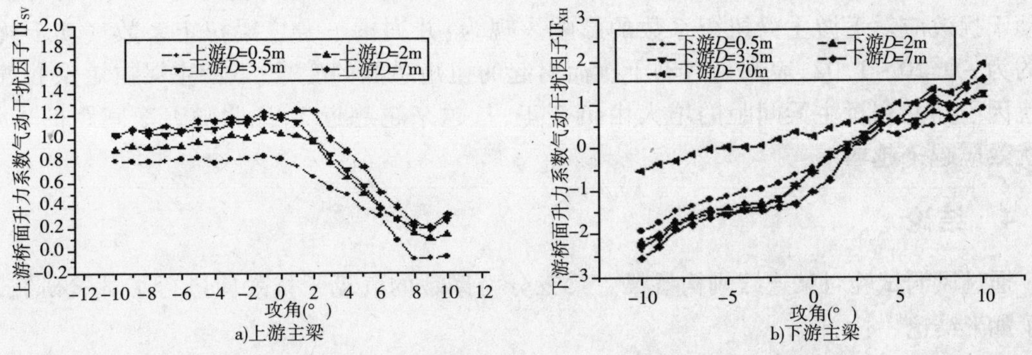

图6 不同间距上、下游主梁升力系数气动干扰因子随攻角的变化

从图5可以看出，并列桥主梁气动干扰效应对上游主梁阻力系数的影响表现为：并列桥上游主梁阻力系数气动干扰因子约为0.92～1.18；上游主梁阻力系数气动干扰因子随攻角变化而变化；上游主梁阻力系数气动干扰因子随并列桥主梁间距的增大越来越接近1。并列桥主梁气动干扰效应对下游主梁阻力系数的影响表现为：并列桥下游主梁阻力系数气动干扰因子约为－0.32～0.87；下游主梁阻力系数气动干扰因子随攻角变化而变化；下游主梁阻

力系数气动干扰因子随并列桥主梁间距的增加而增加,相应气动干扰效应减弱,但干扰因子仍在0.85左右。

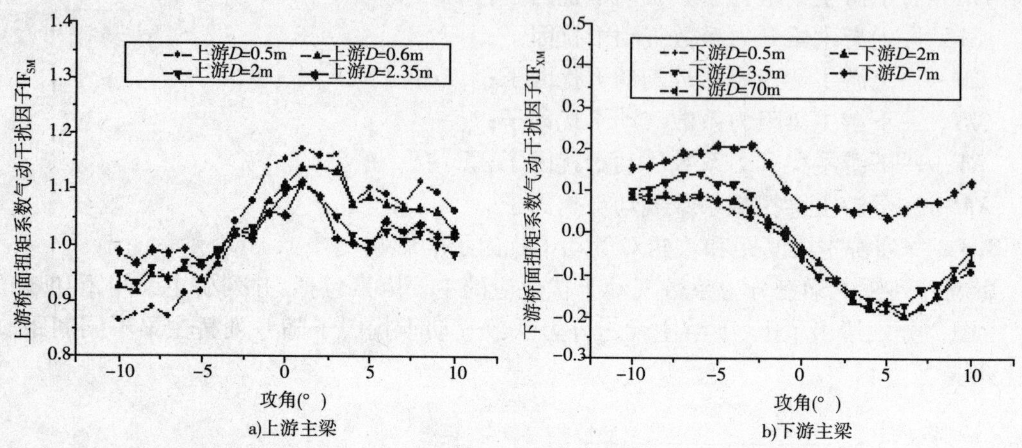

a)上游主梁

b)下游主梁

图7 不同间距上、下游主梁扭矩系数气动干扰因子随攻角的变化

从图6可以看出,并列桥主梁气动干扰效应对上游主梁升力系数的影响表现为:并列桥上游主梁升力系数气动干扰因子约为-0.08~1.24;上游主梁升力系数气动干扰因子随攻角变化而变化,且在攻角为2°达到峰值。并列桥主梁气动干扰效应对下游主梁升力系数的影响表现为:并列桥下游主梁升力系数气动干扰因子约为-2.55~1.93;下游主梁升力系数气动干扰因子随并列桥主梁间距的变化没有明显规律。

从图7可以看出,并列桥主梁气动干扰效应对上游主梁扭矩系数的影响表现为:并列桥上游主梁扭矩系数气动干扰因子约为0.86~1.14,说明影响效果不明显,上游主梁扭矩系数气动干扰因子随攻角变化而变化,随主梁间距的增大越来越趋近1。并列桥主梁气动干扰效应对下游主梁扭矩系数的影响表现为:并列桥下游主梁扭矩系数气动干扰因子约为-0.20~1.02,表现为气动干扰而引起的扭矩系数的变号;下游主梁扭矩系数气动干扰因子随并列桥主梁间距的增大由负变正,且越来越趋近1,说明随着净间距的增加,干扰效应越来越弱。

4 结论

通过风洞试验对某连续刚构桥梁主梁三分力系数的气动干扰效应进行了试验研究,得到了如下结论[3]:

(1)并列桥主梁气动干扰效应对上下游主梁三分力系数的影响表现为:上下游主梁三分力系数与单桥主梁三分力系数的相比均有所变化,且下游主梁三分力系数变化明显,表现出遮挡效应和尾流干扰效应;并列桥主梁间距和攻角是影响并列桥主梁三分力系数的两个主要因素。

(2)并列桥上游主梁阻力系数气动干扰因子在0.92~1.18之间,且随攻角变化而变化;上游主梁阻力系数与单桥阻力系数相比变化不大。并列桥下游主梁阻力系数气动干扰因子在-0.32~0.87之间,表现为明显的遮挡和尾流干扰效应。

(3)上下游主梁的升力系数和扭矩系数也存在气动干扰效应,且干扰效应比较复杂,没有明显的规律。但总体来说,上游主梁升力和扭矩系数变化不大;而下游主梁升力和扭矩系数变化较大,甚至发生了正负变化,表现出复杂的尾流干扰效应。

参 考 文 献

[1] 长安大学风洞实验室.骑骡沟大桥抗风性能实验研究[R].西安:长安大学风洞实验室,2008.

[2] 刘志文,陈政清,刘高,等.双幅桥面桥梁三分力系数气动干扰效应试验研究[J].湖南大学学报,2008,35(01):16-20.

[3] 刘娜,周斌,汤池.某双幅桥梁三分力系数的数值模拟研究[J].中国科技信息,2007,11:45-46.

(3)动力分析

90 钢—混凝土组合梁的疲劳设计

聂建国 王宇航

(清华大学土木工程系结构与振动教育部重点实验室)

摘 要 疲劳荷载将导致钢—混凝土组合梁的强度降低、刚度退化,组合梁的疲劳问题已经开始引起人们的重视。相关试验研究表明:组合梁的疲劳性能由栓钉,钢梁和混凝土板三者的疲劳性能共同决定。但到目前为止,我国在钢—混凝土组合梁疲劳问题方面的研究工作主要集中在栓钉的疲劳问题上,尚缺乏组合梁整梁的疲劳设计方法。本文基于已有的研究成果和国内外规范中的相关规定,对钢—混凝土组合梁在疲劳荷载作用下的设计方法进行了归纳总结:疲劳寿命方面,钢—混凝土组合梁的疲劳寿命一般由钢梁和栓钉控制,混凝土板一般不会发生疲劳破坏,设计时应控制钢—混凝土组合梁的疲劳破坏模式为栓钉疲劳破坏,因为这种破坏模式相比钢梁和混凝土板疲劳破坏具有更好的延性;疲劳刚度方面,疲劳荷载作用下组合梁的刚度不断退化,增大截面刚度和界面刚度有助于减小疲劳荷载对组合梁刚度的削弱影响,设计时应该对组合梁在疲劳荷载作用下的刚度退化进行验算。本文的研究工作可供进行组合梁的疲劳试验研究、设计和制定规范时借鉴和参考。

关键词 钢—混凝土 组合 疲劳

1 引言

钢—混凝土组合梁是指钢梁和混凝土板(或组合板)通过剪力连接件连成整体的构件[1]。从20世纪五六十年代开始到现在,已经在工程中得到了广泛的应用。处于高地震烈度区,重要交通路口的大型立交桥是关系一个城市人民生命财产安全的生命线工程,选择有利于抵御地震的桥梁结构形式十分重要,而钢—混凝土组合梁桥具有很好的延性和抗震性能,是能够满足这一要求的最有利桥型之一。另外在公路桥梁和铁路桥梁里,钢—混凝土组合梁也具有广阔的应用前景。

桥梁结构的重要作用是承受车辆动荷载作用,因此与混凝土桥和钢桥相同,钢—混凝土组合桥梁也存在疲劳问题。但由于实际工程中的组合梁使用时间不长,远未到达其疲劳寿命,因此还没有一起组合桥梁的疲劳破坏事故发生,疲劳荷载对组合梁造成的影响还未充分表现出来。尽管如此,在进行钢—混凝土组合桥梁的设计时,仍然应该考虑其疲劳问题。钢—混凝土组合梁的疲劳设计主要包括两方面:疲劳荷载效应计算和疲劳抗力计算。而疲劳抗力又包括疲劳寿命和疲劳刚度。本文根据已有成果及国内外规范对钢—混凝土组合梁的疲劳设计提出建议,可供进行组合梁的疲劳试验研究、设计和制定规范时借鉴和参考。

2 荷载效应计算

钢—混凝土组合梁在正常使用荷载作用下,基本为弹性状态,因此在疲劳设计时内力和应力的计算可按线弹性进行分析。在进行钢—混凝土组合梁的疲劳设计时,首先应对荷载效应进行计算,包括混凝土压应力、钢梁拉应力、栓钉剪应力及挠度4个方面。

如图1所示,在常幅疲劳中,最小荷载值一般对应于结构的恒载,最大荷载值对应于结构的恒载和活载之和。由于实际桥梁中疲劳荷载的频率一般较低,因此在进行结构的疲劳设计时一般不考虑荷载频率的影响。在确定了常幅疲劳荷载的最大荷载值 P_{max} 和最小荷载值 P_{min} 后,荷载特征就唯一确定了。定义荷载比 ρ 为最小荷载与最大荷载的比值 P_{min}/P_{max},由于对组合梁进行疲劳分析时材料假定为线弹性,因此混凝土、钢材和栓钉的应力比即等于荷载比;荷载幅 ΔP 定义为最大荷载与最小荷载的差值 $P_{max}-P_{min}$。

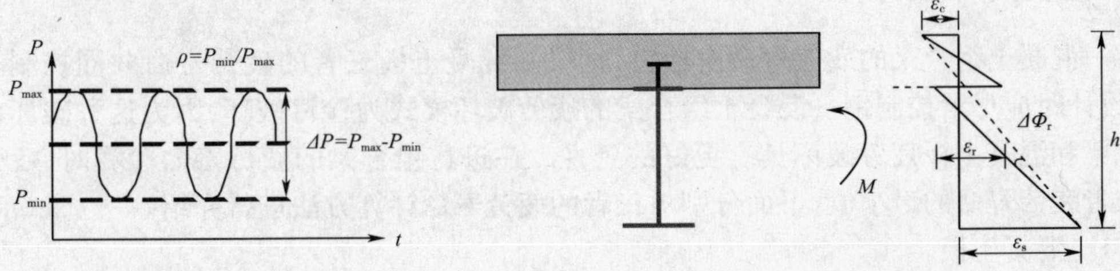

图1 常幅疲劳荷载特征值 图2 组合梁界面应变分布

大量文献研究表明:在疲劳荷载作用下,混凝土的弹性模量将随应力循环次数的增加而降低,因此在以上的荷载效应计算中,混凝土弹性模量均取疲劳模量[2]。而钢材弹性模量随应力循环次数的增加变化很小,因此钢材的弹性模量可取为初始弹性模量。

混凝土的疲劳模量按下式计算,

$$E_c^f=[0.6515-0.0646\ln(n/N_f)]E_c,(0<n\leqslant N_f) \tag{1}$$

式中:E_c——混凝土的初始弹性模量;

n——疲劳荷载循环次数;

N_f——混凝土疲劳寿命。

组合梁在疲劳荷载作用下,截面的应力按换算截面法计算,可以得到组合梁在荷载作用下混凝土受压区边缘的压应力 σ_c^f 及钢梁受拉区边缘的拉应力 σ_s^f:

$$\sigma_c^f=\frac{My_c}{I}$$
$$\sigma_s^f=\frac{My_s}{\alpha_E^f I} \tag{2}$$

式中:M——组合梁截面最大弯矩值;

y_c、y_s——分别为混凝土受压区边缘和钢梁受拉区边缘距换算截面形心轴的距离；

I——弹性换算截面惯性矩；

α_E^f——混凝土疲劳模量与钢材弹性模量之比。

栓钉承受的剪力可由界面滑移方程得到,但计算公式较为复杂不便于设计。建议栓钉承受的剪力按照材料力学的公式计算,由此可得栓钉截面的名义剪应力为:

$$\tau_s = \frac{VS_c p}{n_s I A_{st}} \tag{3}$$

式中:V——组合梁截面最大剪力值;

S_c——混凝土板对钢—混凝土界面的面积矩;

p——栓钉纵向间距;

n_s——栓钉的列数;

A_{st}——栓钉的栓杆截面面积。

钢—混凝土组合梁在荷载作用下,截面的应变分布如图 2 所示,由于钢与混凝土界面存在滑移,组合梁的实际挠度将大于换算截面法计算所得挠度,而疲劳荷载作用将使得界面滑移量不断增大,进而降低组合梁的刚度,本文第 3 部分将对此进行详细讨论。

3 疲劳寿命设计

钢—混凝土组合梁的疲劳寿命由栓钉,钢梁和混凝土板三者的疲劳寿命共同控制。另外,在设计时应尽量控制钢—混凝土组合梁的疲劳破坏模式为栓钉破坏,因为这种破坏模式相比钢梁和混凝土板疲劳破坏具有更好的延性。在进行组合梁的疲劳寿命验算时,疲劳寿命取三者疲劳寿命的最小值,下面分别对三者的疲劳寿命计算方法进行介绍。

3.1 混凝土板

组合梁中混凝土板的疲劳一般情况下不起控制作用,但仍需进行验算。混凝土板的疲劳设计可参照《混凝土结构设计规范》(GB 50010—2002)[3]的相关规定:

$$\sigma_{c,\max}^f \leqslant f_c^f \tag{4}$$

式中:$\sigma_{c,\max}^f$——疲劳荷载上限作用于结构上时混凝土受压区边缘纤维的混凝土压应力;

f_c^f——混凝土轴心抗压疲劳强度设计值。

按下式计算:

$$f_c^f = \gamma_p f_c \tag{5}$$

式中:f_c——混凝土静力强度;

γ_p——混凝土疲劳强度修正系数。

按表 1 取值:(ρ_c^f 为疲劳应力比)

表 1 混凝土疲劳强度修正系数

ρ_c^f	$\rho_c^f < 0.2$	$0.2 \leqslant \rho_c^f < 0.3$	$0.3 \leqslant \rho_c^f < 0.4$	$0.4 \leqslant \rho_c^f < 0.5$	$\rho_c^f \geqslant 0.5$
γ_p	0.74	0.80	0.86	0.93	1.0

3.2 钢梁

钢梁的疲劳设计需验算受拉翼缘的拉应力幅是否满足要求。简支组合梁的钢梁受拉翼缘为下翼缘,承受单纯受拉作用;连续组合梁负弯矩区受拉翼缘既承受拉应力作用，同时受到栓钉的剪力作用，受力状态更为不利，因此两者应区别对待，后者的疲劳寿命更短。

对于简支组合梁，只需要验算正弯矩区钢梁下翼缘在拉应力循环作用下的疲劳寿命。如图3a）所示，钢梁下翼缘只承受拉应力作用。因此其疲劳设计可参照《钢结构设计规范》（GB 50017—2003）[4]中的相关规定：

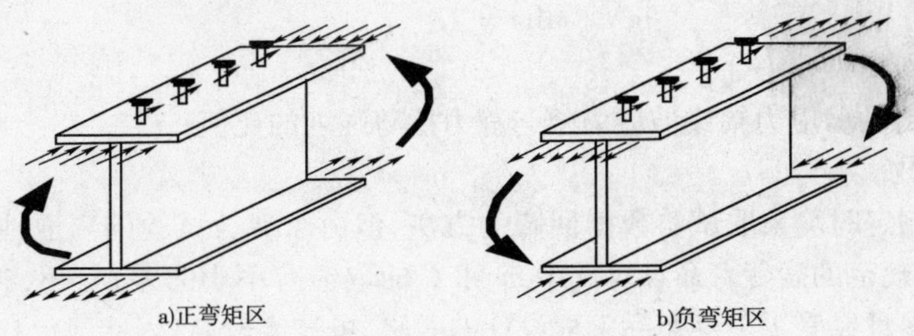

图3　钢梁受力状态

$$\Delta\sigma \leqslant [\Delta\sigma] \tag{6}$$

式中：$\Delta\sigma$——对焊接部位为应力幅 $\Delta\sigma=\sigma_{max}-\sigma_{min}$。对非焊接部位为折算应力幅 $\Delta\sigma=\sigma_{max}-0.7\sigma_{min}$ σ_{max}为计算点在应力循环中的最大应力，σ_{min}为计算点在应力循环中的最小应力（拉应力为正，压应力为负）；

$[\Delta\sigma]$——常幅疲劳的容许应力幅（MPa）。

按下式计算：

$$[\Delta\sigma]=\left(\frac{C}{N}\right)^{\frac{1}{\beta}} \tag{7}$$

式中：N——疲劳寿命。

C,β——参数，按表2取值。

若规定疲劳寿命 $N=200$ 万次，则可分别计算出8种连接类别所对应的容许应力幅（表2）。

表2　钢梁疲劳参数取值

构件和连接类别	1	2	3	4	5	6	7	8
$C\ (10^{12})$	1 940	861	3.26	2.18	1.47	0.96	0.65	0.41
β	4	4	3	3	3	3	3	3
容许应力幅（MPa）	176.48	144.04	117.09	102.91	90.25	78.30	68.75	58.96

对于连续组合梁，除了需要验算正弯矩区钢梁下翼缘在拉应力循环作用下的疲劳寿命之外，还需验算负弯矩区钢梁上翼缘的疲劳寿命。如图3b）所示，负弯矩区钢梁上翼缘在受拉应力作用的同时，还受到栓钉剪力的作用，而栓钉剪力对钢梁上翼缘产生的应力集中将大大降低钢梁上翼缘的疲劳寿命。因此其疲劳设计可参考我国《铁路桥梁钢结构设计规范》（TB 10002.2—2005）[5]中的相关规定：焊有栓钉的承受拉应力的钢板疲劳寿命 N 可按式（8）计算：

$$\lg N+3\lg\Delta\sigma=12.02 \tag{8}$$

式中：$\Delta\sigma=\sigma_{max}-\sigma_{min}$为钢板的名义拉应力幅值。

若规定疲劳寿命 $N=200$ 万次,则负弯矩区钢梁上翼缘的容许应力幅为:

$$[\Delta\sigma'] = 80.6 \tag{9}$$

3.3 栓钉

到目前为止,各国规范对钢－混凝土组合梁疲劳问题的规定主要集中在栓钉的疲劳寿命上,大多数规范规定栓钉疲劳寿命的计算模式为:

$$\lg N + m\lg r = C \tag{10}$$

式中:N——栓钉的疲劳寿命;

r——栓钉的剪应力幅或剪应力幅与静力抗剪强度的比值;

m,C——常数。

各国规范制定时均采取试验数据回归的方法,但由于疲劳试验的离散性较大而样本数量有限,因此各规范的疲劳寿命计算式中 m 和 C 的取值有不小的差别。欧洲规范 4[6] 中由于采用样本较多且经受了多年实际工程设计的考验,可靠度较高,因此建议栓钉的疲劳寿命采用欧洲规范 4 中的相关规定,取:$m=8$,$C=21.395$,r 为栓钉的名义剪应力幅值 $\Delta\tau$:

$$\lg N + 8\lg\Delta\tau = 21.395 \tag{11}$$

式中:$\Delta\tau = \Delta\tau_{max} - \Delta\tau_{min}$。

若规定栓钉的疲劳寿命为 200 万次,则允许剪应力幅值为 90MPa。

4 疲劳刚度设计

钢—混凝土组合梁在正常使用阶段应满足:

$$f_n \leqslant [f] \tag{12}$$

式中:$[f]$——组合梁正常使用阶段的允许挠度值,可根据实际要求取值;

f_n——组合梁在疲劳荷载下的跨中挠度。

下面将重点介绍其计算方法。

已有文献研究表明,组合梁在疲劳荷载作用下,刚度随荷载循环次数的增加而退化。组合梁刚度退化是由于混凝土弹性模量的衰减和钢与混凝土界面间滑移量的不断增大,在设计时应引起重视。参考文献[7]提出组合梁在疲劳荷载作用下的挠度 f_n 为弹性挠度 f_e 与残余挠度 f_r 之和。f_e 为疲劳荷载上限作用于组合梁上产生的跨中挠度,计算方法可参照折减刚度法[8],其中混凝土的弹性模量采用疲劳模量。残余挠度 f_r 可按式(13)计算:

$$f_r = k\delta_{pl,n} l/(12h) \tag{13}$$

式中:$k = 10.11$;

l——组合梁的跨度;

h——组合梁截面的高度;

$\delta_{pl,n}$——组合梁端部最大滑移量(与荷载循环次数 n 有关)。

按下式计算[9]:

$$\text{当 } 0 < n/N_f < 0.9, \qquad \delta_{pl,n} = C_1 - C_2\ln\left(\frac{N_f - n}{n}\right) \geqslant 0 \tag{14}$$

$$\text{当 } n/N_f = 0, \qquad \delta_{pl,n} = 0 \tag{15}$$

式中:C_1、C_2 由式(16)计算得到,

$$C_1 = 0.104\ \exp(3.95P_{max}/P_{u,0}), C_2 = 0.664P_{min}/P_{u,0} + 0.029 \tag{16}$$

式中：P_{max}、P_{min}、$P_{u,0}$分别为单个栓钉的荷载上限、荷载下限、静力承载力；

$P_{u,0}$的计算采用《钢结构设计规范》(500017—2003)和参考文献[10]中的公式，取值如下：

若栓钉附近的混凝土受压：

$$P_{u,0} = 0.43A_{st}\sqrt{E_c f_c} \leqslant 0.7f_u A_{st} \tag{17}$$

若栓钉附近的混凝土受拉[10]：

$$P_{u,0} = 0.3A_{st}\sqrt{E_c f_c} \leqslant 0.42f_u A_{st} \tag{18}$$

式中：E_c——混凝土的弹性模量；

f_c——混凝土强度；

f_u——栓钉的极限抗拉强度；

A_{st}——栓杆截面面积。

参考文献[7]的参数分析结果表明：增大截面刚度和界面刚度有助于减小疲劳荷载对组合梁刚度的削弱影响，这一点在设计中值得注意。

5 结论

本文结合已有规范及相关参考文献的研究成果对组合梁的疲劳设计方法进行了总结和归纳。在进行钢—混凝土组合梁的设计时，应首先按照静力强度要求设计组合梁的截面，然后按照本文提出的疲劳设计建议依次进行疲劳验算。若混凝土、钢梁、栓钉的疲劳寿命和组合梁的疲劳刚度 4 项验算有一项未通过，则需要改变截面尺寸或栓钉布置，反复验算，直到满足疲劳寿命及刚度的要求为止。

参 考 文 献

[1] 聂建国，余志武. 钢—混凝土组合梁在我国的研究及应用[J]. 土木工程学报，1999，32(2)：3-8.

[2] 李建军. 钢—混凝土组合梁疲劳性能的试验研究[D]. 北京：清华大学，2002.

[3] GB 50010—2002 混凝土结构设计规范[S]. 北京：中国建筑工业出版社，2002.

[4] GB 50017—2003 钢结构设计规范[S]. 北京：中国建筑工业出版社，2003.

[5] TB10002.2—2005 铁路桥梁钢结构设计规范[S]. 北京：中国铁道出版社，2005.

[6] Eurocode 4. Design of composite steel and concrete structures. Part2. General rules and rules for bridges[S]. Brussels：European Committee for Standardization，2005.

[7] 聂建国，王宇航. 钢—混凝土组合梁在疲劳荷载作用下的变形计算[J]. 清华大学学报，2009(12).

[8] 聂建国，沈聚敏，余志武. 考虑滑移效应的钢—混凝土组合梁变形计算的折减刚度法[J]. 土木工程学报，1995(6)：11-17.

[9] Hanswille G，Porsch M，Ustundag C. Resistance of headed studs subjected to fatigue loading. Part II：Analytical study[J]. J. Const. Steel Res，2007，63(4)：485-493.

[10] 赵洁. 钢板—混凝土组合抗弯加固的试验研究与理论分析[D]. 北京：清华大学，2008.

91 绍兴解放三桥自锚式悬索桥动力特性研究

李自林[1,2] 喻春林[1] 常汝鸿[1]

(1. 天津城市建设学院;2. 天津大学建筑工程学院)

摘 要 自锚式悬索桥取消了庞大的锚碇,适用于地质条件复杂的地区,但目前针对该类桥型的研究并不多见,地震反应的研究更是缺乏。以跨径75m+180m+75 m的绍兴解放三桥混凝土自锚式悬索桥为工程背景,采用大型有限元分析软件MIDAS/Civil建立全桥空间模型,计算了该桥在Ⅰ类场地条件和Ⅳ类场地条件下两组反应谱下的地震反应,得到其在地震作用下加劲梁、主缆和桥塔的内力及位移。分析发现此类桥梁的主要动力特性表现为:竖向震动与横向震动不耦合,三维地震反应可以分解成竖向与横向两个二维反应;Ⅳ类场地条件下,地震反应远远高于Ⅰ类场地条件。所得结论对简化自锚式悬索桥三维地震反应分析和向软土地区推广该类桥型有重要参考价值。

关键词 混凝土自锚式悬索桥 反应谱 MIDAS/Civil 动力特性

1 引言

自锚式悬索桥[1]~[3]将主缆锚固于加劲梁上从而省去了庞大的锚碇,具有传统悬索桥外形,克服了地质条件的限制,成为城市中小跨度桥梁极具竞争力的桥型。以往修建的自锚式悬索桥加劲梁大都采用钢结构,与其他类型桥梁相比造价高。混凝土自锚式悬索桥作为一种新颖的结构体系越来越受到工程界的青睐,它是用钢筋混凝土材料作为加劲梁,既保留了传统地锚式悬索桥的外观,同时又降低了工程造价。由于在国内兴起不久,混凝土自锚式悬索桥动力特性的相关研究成果也很少。因此,研究混凝土自锚式悬索桥的动力特性具有重要意义。

目前国内外常采用的地震反应分析方法是反应谱法[4]~[7],虽然反应谱法只适用于150m以下的梁桥和拱桥,但对于大跨度斜拉桥和悬索桥,反应谱法仍可以作为抗震设计方法之一,对桥梁的初步设计具有很重要的指导意义[8]。

2 有限元模型

本文以绍兴市镜湖新区解放路三号桥(以下简称解放三桥)为工程背景。该桥为双塔三跨混凝土自锚式悬索桥,主跨跨径组合为75m+180m+75m=330m。主梁和主塔尺寸见图1

基金项目:天津市自然科技基金重点资助项目,08JCZDJC18000。

及图 2，主要构件截面特性见表 1。

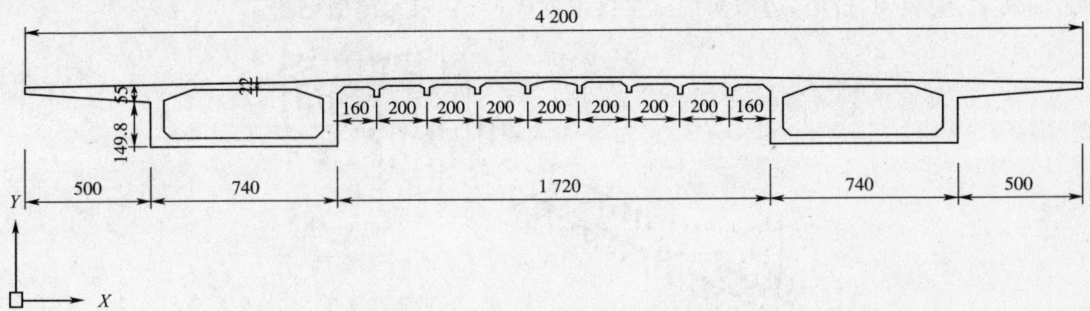

图 1　主梁标准梁段横截面（尺寸单位：cm）

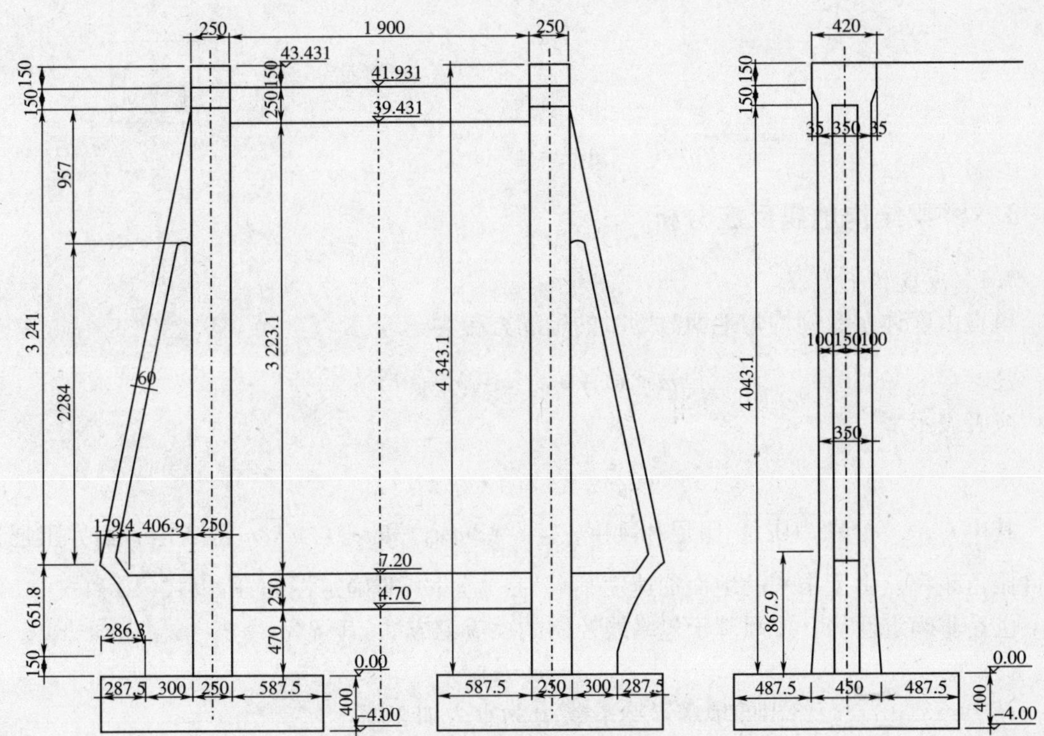

图 2　主塔立面（尺寸单位：cm）

表 1　构件截面特性

构 件	A（m²）	J_t（m⁴）	I_x（m⁴）	I_y（m⁴）	I_z（m⁴）
主缆（单）	0.137	0	0	0	0
吊杆	0.003 5	0	0	0	0
加劲梁	18.96	13.34	—	1 101.11	14.05
主塔单塔	9.95	18.35	9.776	7.93	—
主塔横梁	5.0	3.42	2.604	—	1.67
边墩	4.91	3.83	1.917	1.92	—

本文采用大型有限元软件 MIDAS/Civil 建立空间有限元模型[9],主缆和吊杆采用索单元,加劲梁、横隔梁、桥塔、边墩采用三维梁单元模拟,有限元模型见图3。

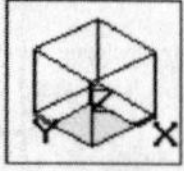

图3　有限元模型

3　桥梁结构地震反应分析

3.1　反应谱的定义

单自由度体系受到均匀地面激励时的运动方程为

$$m\ddot{y}+c\dot{y}+ky=-m\ddot{x}_g(t) \tag{1}$$

或者表示成

$$\ddot{y}+2\zeta\omega_0\dot{y}+\omega_0^2 y=-\ddot{x}_g(t) \tag{2}$$

其中 m,c,k 分别为质量、阻尼和刚度,$\zeta=c/(2m\omega_0)$ 和 $\omega_0=\sqrt{k/m}$是结构的临界阻尼比和自振角频率。由于未来的地面加速度 $\ddot{x}_g(t)$ 是未知的、非确定性的,所以式(1)和式(2)的解 y 也是非确定性的。按照基于包络线控制的反应谱方法,其解为

$$y=\alpha g/\omega_0^2 \tag{3}$$

其中:α 是由规范给出的地震影响系数,g 为重力加速度。

三维结构受到来自任意方向的地震作用时,其运动方程为

$$[M]\{\ddot{y}\}+[C]\{\dot{y}\}+[K]\{y\}=-[M]\{E\}\ddot{x}_g(t) \tag{4}$$

其中$[M]$,$[C]$,$[K]$分别为结构的 n 阶质量矩阵、阻尼矩阵和刚度矩阵;$\{E\}$为惯性力指示向量。当前的规范一般假定结构的跨度不大,以至于结构所有地面节点均按同一加速度 $x_g(t)$ 同相位地运动[10]。式(4)一般用振型叠加法求解。先求出结构的前 q 阶自振角频率 ω_j,($j=1,2,\cdots,q$)及相应的 $n\times q$ 质量规一向量矩阵$\{\phi\}$。则式(4)的解按这些振型进行分解为

$$\{y(t)\}=[\phi]\{u(t)\}=\sum_{j=1}^{q}u_j\{\phi\}_j \tag{5}$$

将$\{\phi\}^T$ 左乘以式(4)各项,并以式(5)代入,在比例阻尼假定下得 q 个单自由度方程

$$\ddot{u}_j+2\zeta_j\omega_j\dot{u}_j+\omega_j^2 u_j=-\gamma_j\ddot{x}_g(t) \tag{6}$$

其中 ζ_j 为第 j 阶振型阻尼比,而 γ_j 为第 j 阶振型参与系数

$$\gamma_j = \{\phi\}_j^T[M]\{E\} \tag{7}$$

所以式(6)的解可由式(3)乘以 γ_j 而得到

$$u_j = \gamma_j\alpha_j g/\omega_j^2 \tag{8}$$

由于 u_j 并非式(6)的严格解,所以不能简单地将它们代入式(5)来求解 $\{y\}$,而应先对每一个 u_j 求出相应的 $\{y\}_j = u_j\{\phi\}_j$,然后,若只对 $\{y\}$ 的第 k 个元素 y_k 感兴趣,则将所有的 $\{y\}_j$ 中的第 k 个元素取出,组成一个含 q 个元素的向量 $\{y\}_k$,再代入下式组合出该元素的值

$$y_k = \sqrt{\{y\}_k^T[\rho]\{y\}_k} \tag{9}$$

这里 $[\rho]$ 是表示各阶振型分量之间相关性的相关矩阵,其对角元素全为 1,Wilson 和 Kiureghian 按随机振动理论推导出其非对角元的下列算式

$$\rho_{ij} = \frac{8\sqrt{\zeta_i\zeta_j\omega_i\omega_j}(\zeta_i\omega_i + \zeta_j\omega_j)\omega_i\omega_j}{(\omega_i^2 + \omega_j^2)^2 + 4\zeta_i\zeta_j\omega_i\omega_j(\omega_i^2 + \omega_j^2) + 4(\zeta_i^2 + \zeta_j^2)\omega_i^2\omega_j^2} \tag{10}$$

这就是当前被广泛应用的反应谱 CQC(完全二次组合)算法。当体系的自振频率相隔越远,则 ρ_{ij} 值越小。若 $\rho_{ij} = 0, (i \neq j)$ 则式(9)的计算就成为反应谱 SRSS(平方和开平方)算法。上述反应谱方法使用简便,是当前应用最广泛的抗震设计方法。

3.2 反应谱曲线的确定

分析使用的反应谱为《公路工程抗震设计规范》的反应谱(图 4),据此规范重要性系数 $Ci = 1.7$,综合影响系数 $Cz = 0.35$(它包括非弹性和阻尼的影响,因此反应谱不再对阻尼作专门考虑),采用 CQC 组合法,对于悬索桥结构,阻尼比取 0.01 比较合适[11]。

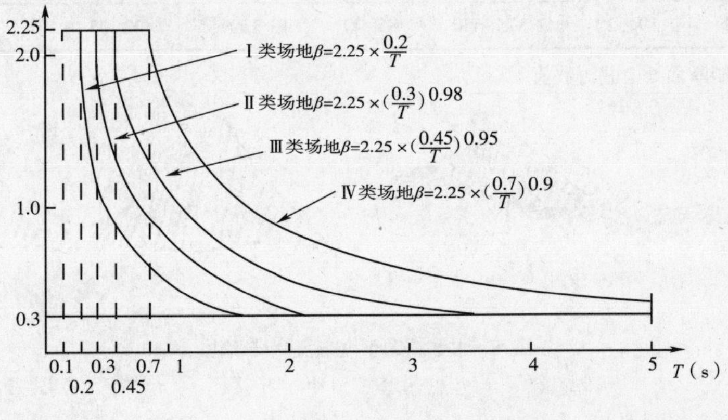

图 4 反应谱

解放三桥桥址场地类型确定为Ⅰ类场地,基本烈度为 7 度,设计地震分组为第一组,特征周期 $T_g = 0.25$,选用的反应谱称反应谱一。分别输入水平向震动和竖向震动,并考虑两者的组合,其最不利组合为:水平向 +0.67 竖向。

考虑到自锚式悬索桥没有庞大的锚碇,对地质条件要求不高,选定一个软土环境对照分析:场地类型为Ⅳ类场地土,基本烈度为 7 度,设计地震分组为第二组,特征周期 $T_g = 0.75$,选用的反应谱称反应谱二。分别输入水平向震动和竖向震动,并考虑两者的组合,其最不利组合为:水平向 +0.67 竖向。

4 数值分析

4.1 水平向震动分量作用

在水平向地震作用下(表2、表3),主梁的弯矩 M_y 和剪力 Q 最大峰值响应都出现在桥塔支座处,边跨的响应高于主跨;如图5~图7所示,最大弯矩响应的最小值出现在主跨跨中;最大剪力响应的最小值出现在接近边跨跨中和主跨三分之一处。

表2 主梁及主缆地震反应峰值响应(水平向输入)

反应谱	主梁内力			主梁位移		主缆内力
	轴力 N(kN)	剪力 Q(kN)	弯矩 M_y(kN·m)	x 向 u(cm)	z 向 w(cm)	轴力 N(kN)
一	966.4	53.8	1 166.3	3.1	0.5	74.25
二	2 813.65	156.6	3 394.35	4.5	0.9	216.25

表3 主塔控制断面地震反应峰值响应(水平向输入)

反应谱	断面位置	轴力 N (kN)	剪力 Q_x (kN)	剪力 Q_y (kN)	弯矩 M_y (kN·m)	弯矩 M_z (kN·m)	x 向 u (cm)	Y 向 v (cm)
一	上横梁处	51.05	37.30	0.10	204.25	0.70	0.3	0.3
	下横梁处	51.05	15.70	1.70	724.25	50.45	0.1	0
	塔根处	66.70	884.65	29.20	4 554.25	11.05	0	0
二	上横梁处	123.15	108.60	2.30	594.65	2.00	0.3	0.8
	下横梁处	148.60	45.70	4.15	2 108.65	146.75	0.2	0.5
	塔根处	194.20	2 575.650	85.00	13 259.55	32.05	0	0

注:表中数据取控制断面处上截面数值。

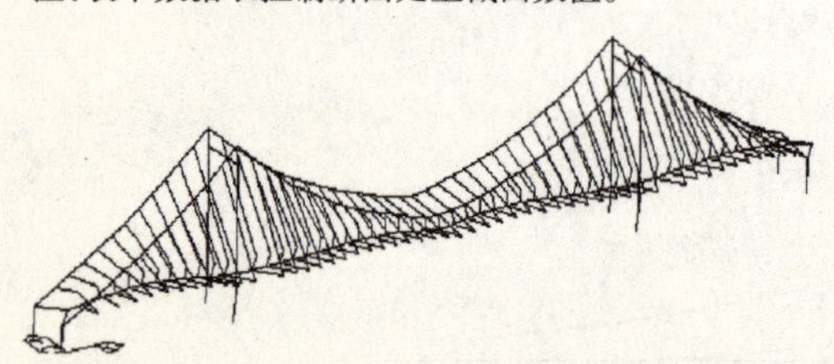

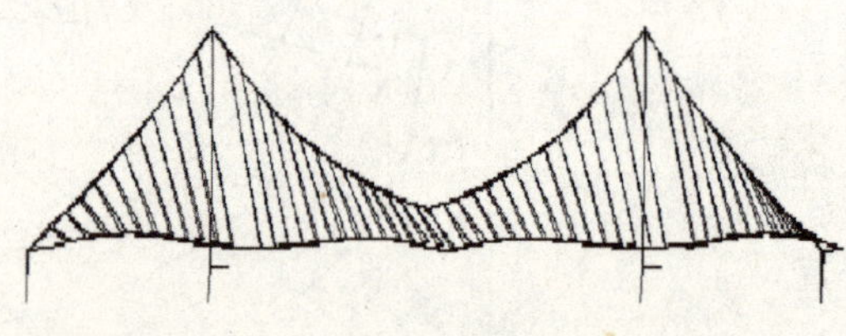

图5 水平震动下变形反应峰值图

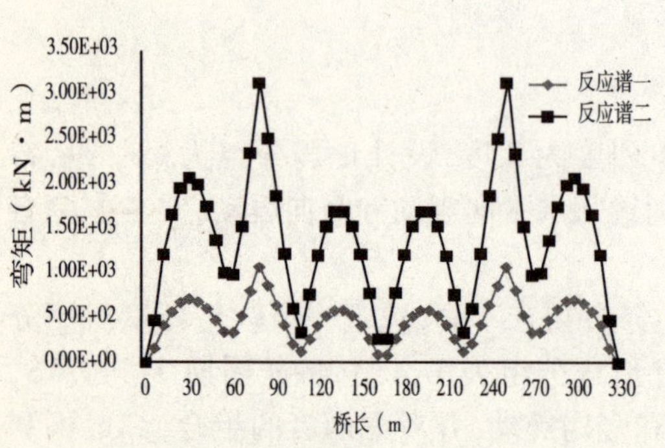

图6 水平震动下主梁弯矩反应峰值

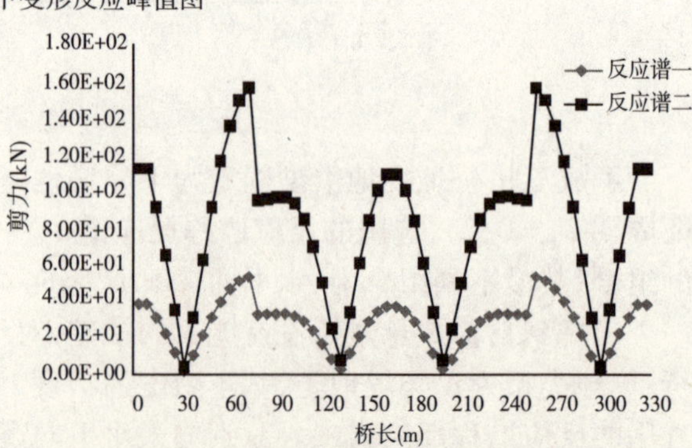

图7 水平震动下主梁剪力反应峰值

4.2 竖向震动分量作用

在竖向地震作用下(表4、表5),主梁的弯矩 M_y 最大峰值响应出现在主跨跨中及接近边跨跨中的位置,最小峰值响应出现在桥塔支座处;如图8~图10所示,剪力最大峰值响应出现桥塔支座处,最小响应出现在边跨跨中和主跨三分之一处。

表4　主梁及主缆地震反应峰值响应(竖向输入)

反应谱	主梁内力			主梁位移		主缆内力
	轴力 N(kN)	剪力 Q(kN)	弯矩 M_y(kN·m)	X向 u(cm)	Z向 w(cm)	轴力 N(kN)
一	70.55	289.25	4 493.25	0	5.8	334.25
二	200.8	809.75	12 203.75	0	11.3	752.65

表5　主塔控制断面地震反应峰值响应(竖向输入)

反应谱	断面位置	轴力 N (kN)	剪力 Q_x (kN)	剪力 Q_y (kN)	弯矩 M_y (kN·m)	弯矩 M_z (kN·m)	x向 u (cm)	Y向 v (cm)
一	上横梁处	368.15	9.60	0.15	48.40	1.80	1.5	0
	下横梁处	368.65	8.750	8.00	603.20	246.75	0.9	0
	塔根处	465.80	36.05	154.85	807.25	914.40	0	0
二	上横梁处	826.50	25.95	0.25	114.150	4.95	2.8	0
	下横梁处	828.20	16.10	21.40	1 077.20	669.35	1.2	0
	塔根处	1 226.55	89.30	418.20	1 535.80	2 477.1	0	0

注:表中数据取控制断面处上截面数值。

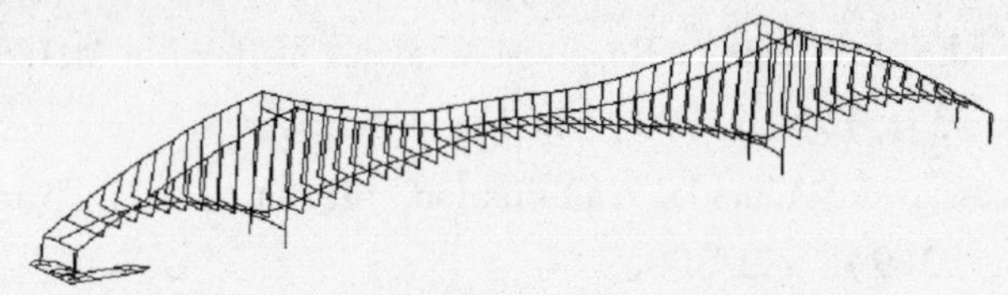

图8　竖向震动下变形反应峰值图

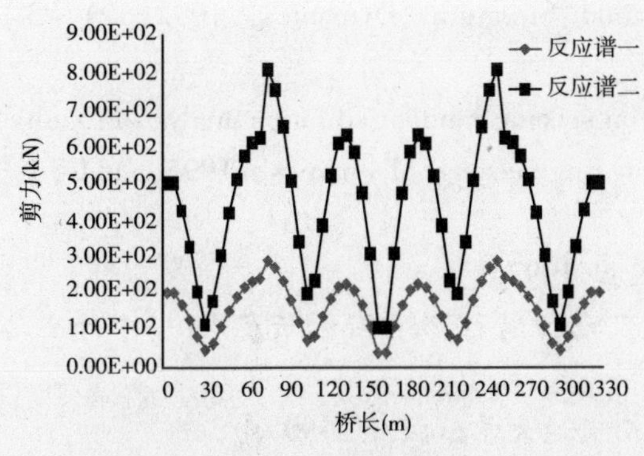

图9　竖向震动下主梁弯矩反应峰值图(尺寸单位:m)

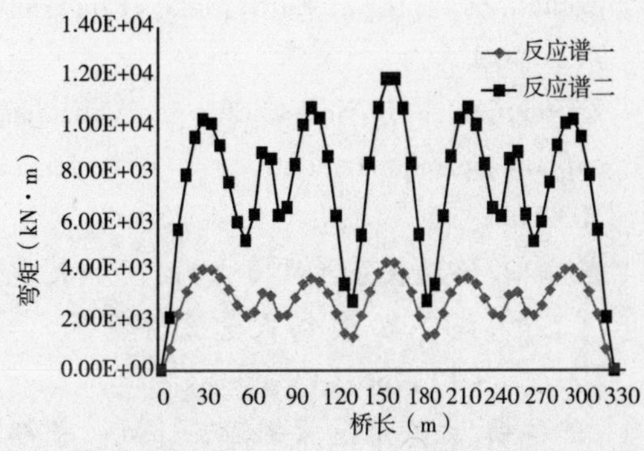

图10　竖向震动下主梁剪力反应峰值(尺寸单位:m)

4.3 正交地震分量组合

考虑竖向地震与水平地震的组合:从图5到图10,以及节点位移数据看来,自锚式悬索桥的竖向震动和水平震动不发生耦合。对于最不利地震荷载组合——水平向 +0.67 竖向,只需将上面计算得到的数值进行叠加即可,本文对此不再赘述。

5 结论

(1)建立有限元模型,将主梁化简成统一的标准截面,这种化简对最终的计算值影响不大,与实际桥梁的力学性能非常接近。本文的计算结果验算了模型的正确性,同时为之后的动力分析提供依据。

(2)对于自锚式悬索桥,竖向震动与水平震动不发生耦合。主梁的剪力峰值、弯矩峰值和主缆的轴力峰值均由竖向震动控制;主梁轴力峰值和主塔剪力峰值由水平震动控制。

(3)虽然同为 7 级设防烈度条件,但在反应谱二作用下,结构的峰值响应明显高于反应谱一作用下的峰值响应,接近 3 倍。这说明,在土质条件差的地区建造该类型桥梁时,不可以盲目参照土质条件好的地区的建成桥梁。虽然静力荷载和车辆荷载引起的结构内力相近,但是地震作用反应的差距是很大的。

参 考 文 献

[1] 张哲. 混凝土自锚式悬索桥 [M]. 北京:人民交通出版社, 2005.

[2] M. Kamei, T. Maruyama, H. Tanaka. Konohana Bridge, Japan. [J]. IABSE Structural Engineering International SEI, 1992, 2(1):11-14.

[3] C. Y. Cho, S. W. Lee, S. Y. Park, M. Lee, Korea, Yongjong Self - anchored Suspension Bridge, [J]. IABSE Structural Engineering International SEI, 2001, 11(1):20-23.

[4] Yamamura N, Huardiroshi Tanaka. Response analysis of flexible MDF systems for multiple - support excitations. [J]. EESD, 1990, 19(3): 345-357.

[5] Berrah M K, Edo Kausel. A modal combination rule for spatially varying seismic motions. [J]. EESD, 1993, 22(9): 791-800.

[6] Kiureghian A D, Neuenhofer A. Response spectrum method for multiple - support seismic excitations. [J]. Earthquake Engineering and Structural Dynamics, 1992, 21 (3): 713-740.

[7] Kiureghian A D, Neuenhofer A. A discussion on seismic random vibration analysis of multi - support seismic excitations. [J]. Journal of Engineering Mechanics, 1995, 121 (1): 103-108.

[8] 范立础. 桥梁抗震 [M]. 上海:同济大学出版社, 1997.

[9] 刘忠平, 戴公连. 自锚式悬索桥有限元建模及动力特性影响因素研究 [J]. 中外公路, 2007, 27(4):138-142.

[10] 陈仁福. 大跨度悬索桥理论 [M]. 成都:西南交通大学出版社, 1999.

[11] 范立础, 胡世德, 叶爱君. 大跨度桥梁抗震设计[M]. 北京:人民交通出版社, 2001.

92 超高车辆撞击桥梁上部结构的荷载计算

陆新征 卢 啸 张炎圣 何水涛

(清华大学土木工程系)

摘 要 近年来屡次发生超高车辆撞击桥梁上部结构的事故造成了重大的人员伤亡和财产损失。本文以近几年发生的超高车辆撞击桥梁上部结构的事故为基础，利用大型通用有限元程序 MSC. Marc 对事故进行了仿真分析，得到了桥梁上部结构几种典型的损伤模式，并通过对影响撞击荷载的参数分析，提出了撞击荷载的简化计算模型。最后，为了方便在工程设计中的广泛运用，本文提出了撞击荷载的设计公式。对比表明，简化模型和设计公式计算得到的撞击荷载和桥梁响应与精确有限元模型吻合较好，可供工程设计参考。

关键词 超高车辆 撞击 损伤模式 简化模型 设计公式

1 概述

随着城市化进程的日益加快，立体交通成为了解决城市交通压力的重要途径。但是，伴随而来的超高车辆撞击桥梁上部结构的事故也与日俱增。根据北京市交通部门的统计数据[4]，北京市约有 50% 的桥梁上部结构曾遭受过超高车辆的撞击，由此损坏的桥梁占所有损坏桥梁的 20% 以上。即使在西方发达国家，此类事故也是屡次发生。据美国抽样数据显示[4]，美国大约 61% 的跨线桥梁上部结构曾遭受过超高车辆的撞击，超高车辆撞击造成的桥梁破坏占总破坏桥梁的约 14%。由此可见，超高车辆撞击是导致城市桥梁损坏的一个重要原因，而我国目前对该问题尚缺乏系统研究。故开展超高车辆撞击桥梁上部结构的机理分析与设计防护具有重要的工程意义。

本文利用大型通用有限元程序 MSC. Marc，对事故案例进行了非线性精细仿真，得到了几种典型桥梁上部结构的损伤模式，并分析了影响撞击荷载的主要因素，提出了撞击荷载的简化计算模型。考虑到工程设计的简便性，本文又提出了基于简化模型的撞击荷载设计公式，并对其适用性进行了验证，可为超高车辆撞击桥梁上部结构的设计提供参考。

2 有限元模型

由于超高车辆—桥梁上部结构碰撞的力学过程非常复杂，具有很强的非线性，因此对有限元模型提出了非常高的要求。本节简要介绍分析了所用到的车辆和桥梁上部结构有限元模型。

本文首先采用美国“国家撞击分析中心”(National Crash Analysis Center)提供的标准双

基金项目：国家自然科学基金资助项目(50808106)和交通部西部交通建设科技项目(编号：2008－318－223－43)。

轴卡车有限元模型对超高车辆—桥梁撞击机理加以分析,而后为分析不同车型对撞击的影响,根据我国的超高车辆撞击事故资料,建立了厢式车、自卸车和罐车3种典型超高车辆,详细的模型信息和材料模型、有限元模型参数见参考文献[1~4]。

根据事故案例调查要求,分别对预应力钢筋混凝土简支T梁桥,钢筋混凝土箱型梁桥以及钢—混凝土组合梁桥3种典型的城市桥梁上部结构形式进行了建模和分析[1~4],模型中,考虑了混凝土材料的受压屈服,受拉开裂、钢材的屈服以及混凝土和钢材强度的应变率效应,并考虑了非限位橡胶支座、限位橡胶支座和固定支座3种支座形式。桥梁结构的具体参数信息见参考文献[4]。

3 桥梁上部结构典型损伤模式

3.1 碰撞过程模拟

参考文献[1]~[4]对以上的3种典型桥梁上部结构和车辆模型进行了仿真分析。计算流程如下:首先对桥梁上部结构施加重力和预应力,得到桥梁上部结构的初始内力分布;其次,根据不同的支座形式、桥梁跨度、宽度以及碰撞车速设置多种分析工况对撞击过程进行相应的仿真分析,撞击位置选择在对桥梁受力最不利的跨中位置。典型撞击过程如图1所示。

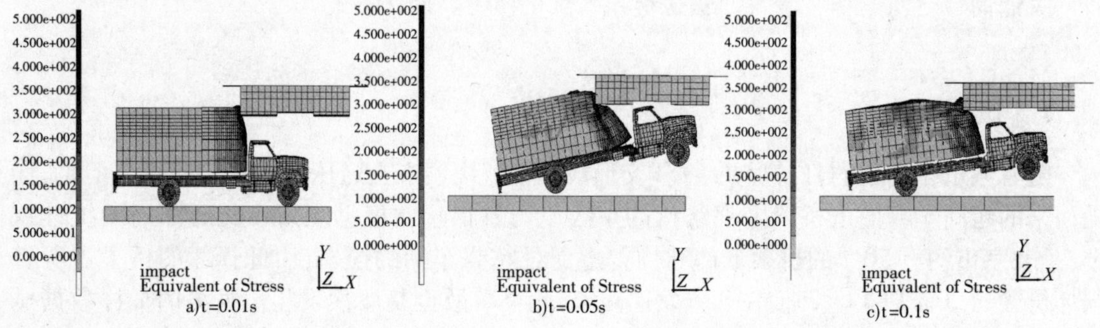

图1 厢式车撞击桥梁上部结构过程仿真

3.2 桥梁上部结构典型损伤模式

根据事故调查和有限元仿真分析的结果表明,超高车辆撞击导致桥梁上部结构的损伤的模式主要分为两类:局部型损伤和整体型损伤。

局部型破坏是由瞬时冲击力造成的碰撞区域破坏,由于篇幅有限,本文仅以钢筋混凝土T梁桥为例说明局部破坏的主要形式。局部型破坏包括碰撞区域混凝土斜向开裂、崩落和钢筋屈服,以及腹板—面板交接处混凝土纵向开裂。另外,事故调查表明超高车辆撞击导致T型钢梁的局部型破坏也很严重。

整体型破坏与上部结构的位移响应有关,造成整体破坏的有害位移响应主要包括:①导致落梁破坏的水平刚体平动;②导致弯曲破坏的水平弯曲变形和竖直弯曲变形;③导致扭转破坏的扭转变形。当碰撞过程中桥梁上部结构的位移响应超过容许限值后,就会造成整体型损伤,而且上部结构的位移响应越大,造成的损伤程度也越大,比如当水平刚体位移足够大后,就会造成桥梁上部结构的落梁破坏,使桥梁结构丧失预定的功能,中断交通。文献[4]通过对多次超高车辆撞击桥梁事故的模拟与实际事故的对比,验证了本文建议的桥梁上部结构损伤模式的准确性和有限元模型的合理性。

4 简化计算模型

精细化有限元模型能准确计算撞击荷载，但是过于复杂，在工程实践中很难推广。需要在此基础上，提出简化的计算模型。

4.1 简化模型的基本假定

基于精细有限元模型，文献[4]通过对不同桥型、车型、撞击速度以及支座形式等参数进行了大量分析。分析结果表明，因为桥梁上部结构的刚度和自重一般远大于车辆，故不同桥型对撞击荷载的计算结果差别不大。撞击荷载时程主要受车辆参数影响，在同样车速、车重的情况下，自卸车和罐车的撞击荷载更大。基于以上分析，对简化模型做出了以下几个假定：①忽略车厢—桥梁的摩擦力；②忽略车轮—路面摩擦力；③忽略车辆重力；④桥梁简化成刚性墙体。以60km/h速度工况标准双轴卡车撞击组合梁为例，简化条件对计算结果影响如图2所示，更加详细的讨论结果见参考文献[4]。很显然，上述简化条件对撞击荷载的影响很小，这样的简化是合理的。

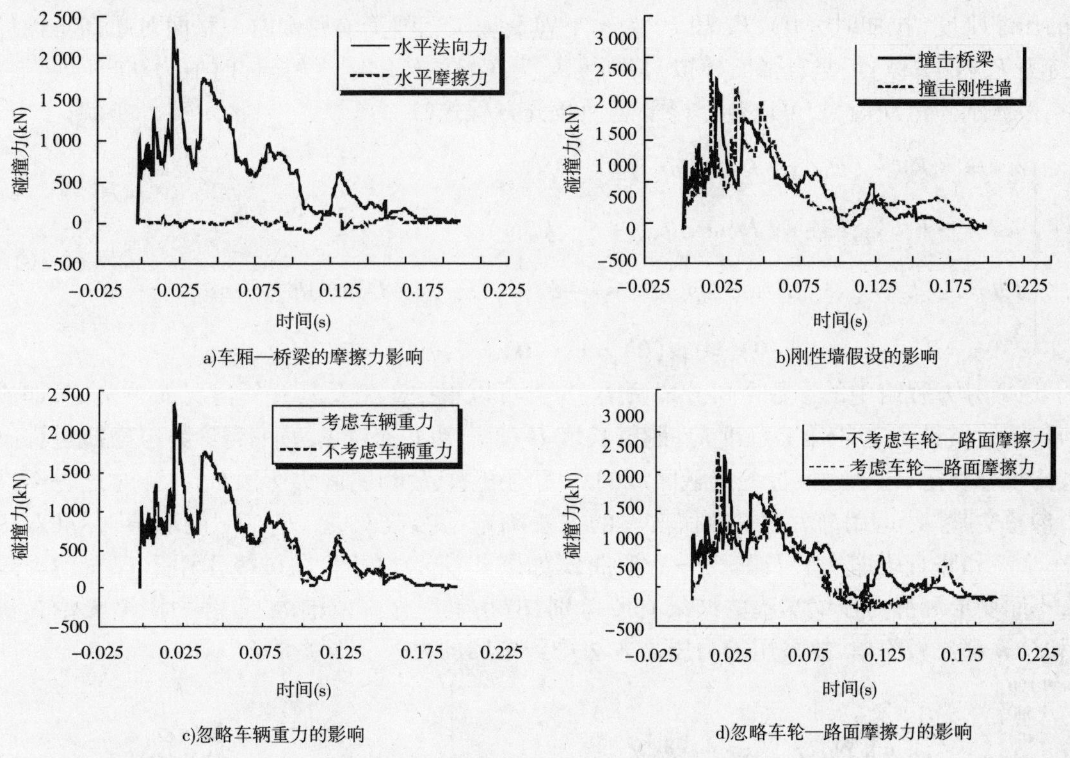

a)车厢—桥梁的摩擦力影响

b)刚性墙假设的影响

c)忽略车辆重力的影响

d)忽略车轮—路面摩擦力的影响

图2 简化条件对撞击力时程的影响

4.2 简化模型的建立

基于上述的简化假定，建立的超高车辆撞击桥梁上部结构的简化计算模型如图3所示。精细化有限元计算结果表明，超高车辆的位移响应包括水平和竖直方向的刚体平动，以及绕后车轴的刚体转动，因此将超高车辆的质量集中到后车轴，并赋予转动惯量和刚臂[图3a)]。运动坐标系包括三个自由度(x,y,θ)，原点选在后车轴的初始位置[图3b)]。图3a)中，H为碰撞区域到后车轴的竖直距离，L为碰撞区域到后车轴的水平距离，J为车辆绕后车轴的转动惯量，m为车辆的质量，V为车辆的初始速度。

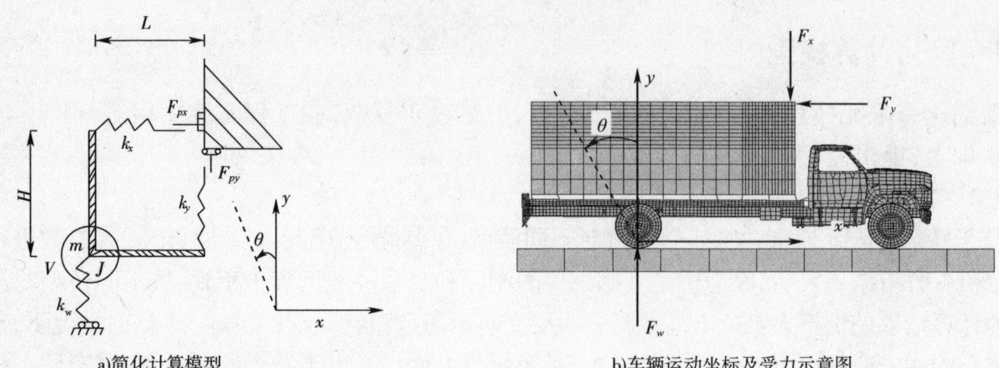

a)简化计算模型　　b)车辆运动坐标及受力示意图

图3　简化计算模型和运动坐标系

通过有限元分析可知,在碰撞过程中水平撞击力 F_x 和竖直撞击力 F_y 会引起车厢很大的塑性变形,在简化模型中分别用理想的弹塑性弹簧来模拟,其中 k_x 和 k_y 分别为水平和竖直弹簧的压缩刚度(拉伸时为0),F_{px} 和 F_{py} 为水平弹簧和竖直弹簧的屈服力。路面对超高车辆的支持力 F_w[图3a)]用竖直弹簧模拟,其刚度 k_w 为车轮的压缩刚度(拉伸时值为0)。

根据刚体运动规律,可以建立以下运动微分方程式(1)

$$
\begin{cases}
m\ddot{x} = -F_x(k_x, F_{px}, x - H\sin\theta, dp_x) \\
m\ddot{y} = -F_y(k_y, F_{py}, y + L\sin\theta, dp_y) + F_w(k_w, y) \\
J\ddot{\theta} = F_x(k_x, F_{px}, x - H\sin\theta, dp_x)H\cos\theta - F_y(k_y, F_{py}, y + L\sin\theta, dp_y)L\cos\theta \\
x(0) = 0, y(0) = 0, \theta(0) = 0, \dot{x}(0) = V, \dot{y}(0) = 0, \dot{\theta}(0) = 0
\end{cases}
\tag{1}
$$

该微分方程组中的参数主要分成两类,一类可以根据车型及其载货情况简单确定,如质量 m、转动惯量 J、车轮压缩刚度 k_w、刚臂长度 H 和 L、初始速度 V;另一类参数与碰撞过程有关,比较难确定,包括碰撞过程接触区域的压缩刚度 k_x,k_y 和屈服力 F_{px},F_{py}。针对这一类参数,参考文献[4]运用静力压缩数值实验的方法确定了参数 k_x,k_y,F_{px},F_{py} 的取值,标准双轴卡车水平和竖直压缩实验及其力—变形曲线如图4所示。虽然在碰撞作用下存在动力效应,车厢变形和静力压缩实验的结果有所差别,但在工程允许范围内,且静力压缩无论是试验和计算都比较简单,故采用静力压缩方法得到车厢的力—变形关系。

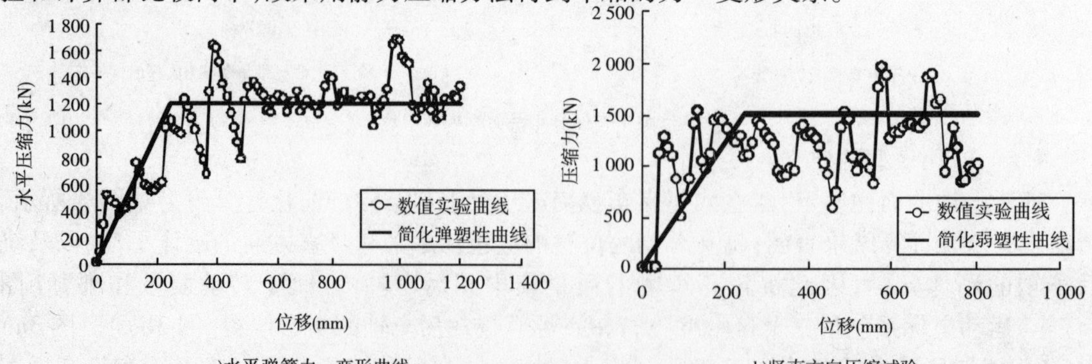

a)水平弹簧力—变形曲线　　b)竖直方向压缩试验

图4　标准双轴卡车数值试验及力—变形曲线

4.3 简化计算模型计算结果验证

为了保证简化计算模型的准确性,本节对简化模型计算得到撞击力进行了验证。由于篇幅有限,仅以速度 $V=60\text{km/h}$ 的罐车撞击组合梁为例,来说明简化计算模型的准确性。水平方向和竖直方向的撞击力时程比较如图5所示,不同车辆、不同速度的计算结果如表3所示。根据参考文献[5]建议,取局部破坏撞击力 F_m 为峰值前后0.1s范围内的平均撞击力。可见简化模型计算结果和精细有限元模型结果吻合较好,符合工程精度要求。

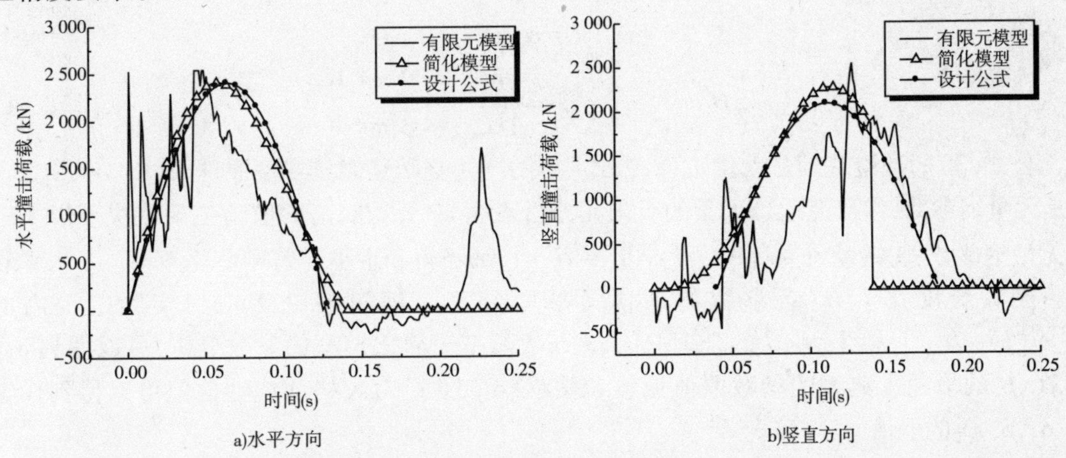

图5 $V=60\text{km/h}$ 罐车撞击组合梁桥撞击力时程对比

5 撞击荷载设计公式

虽然简化计算模型大大简化了撞击荷载的计算过程,但是仍然需要求解刚体运动的微分方程,在实际的工程设计中很难大量推广,因此很有必要建立撞击荷载的设计公式。本节将介绍适合于工程设计的撞击荷载设计公式。

5.1 设计公式及参数取值

虽然对超高车辆撞击桥梁上部结构的荷载设计公式国内外研究都比较缺乏,但是在船舶撞击桥墩等领域,国内外对撞击力设计公式的研究都比较充分。欧洲规范 Eurocode1 和我国的《铁路桥涵设计基本规范》等基于能量原理建立了撞击力设计公式,我国的《公路桥涵设计通用规范》基于动量原理建立了撞击力设计公式,美国 AASHTO 基于实验数据和经验建立了撞击力设计公式。本文将借鉴这些设计公式,建立超高车辆撞击桥梁上部结构的荷载设计公式。

基于简化计算模型的碰撞力时程[如图5和式(2)所示],本文建议将超高车辆在水平和竖直方向的撞击荷载时程都简化为半正弦曲线模型(如图6所示),该模型包含三个基本参数:撞击总冲量 I_i、最大撞击力 $F_{\max.i}$ 和撞击作用时间 t_i($i=1,2$。分别代表水平和竖直方向),这三个参数,只要知道了其中两个,第三个就确定了。由于桥梁的整体型破坏

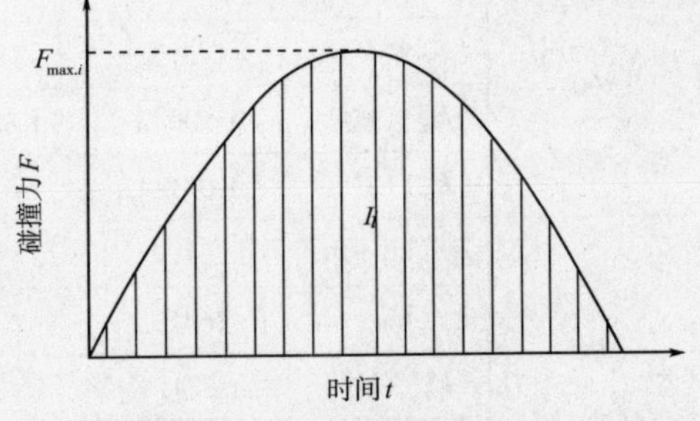

图6 设计撞击力时程示意图

主要由撞击总冲量 I_i 控制,桥梁的局部型破坏由最大撞击力 $F_{\max.i}$ 控制,故本文以这两个参数作为设计公式的基本参数。参考已有的船舶撞击荷载设计公式,本文建议水平和竖直方向的撞击冲量 I_i 和撞击力 $F_{\max.i}$ 的设计计算公式如式(3)、式(4)所示。

$$\begin{cases} P_{\mathrm{i}}(\tau) = F_{\max,i}\sin\left(\dfrac{\pi\tau}{t_i}\right), i = x, y \\ I_{\mathrm{i}} = \int_0^{t_i} P_i(\tau)\mathrm{d}\tau \end{cases} \tag{2}$$

$$\begin{cases} I_x = \alpha_x mV \\ I_y = \alpha_y mV \end{cases} \tag{3}$$

$$\frac{1}{2}\beta^2 mV^2 = \frac{1}{2}\frac{F_{\max}^2}{k} \Rightarrow \begin{cases} F_{\max.\mathrm{x}} = \beta_{\mathrm{x}} mk_{\mathrm{x}} V \\ \mathrm{F}_{max.y} = \beta_{\mathrm{y}} mk_{\mathrm{y}} V \end{cases} \tag{4}$$

公式(3)的理论基础是动量定理,公式(4)的理论基础是能量守恒原理,其中,α_x,α_y,β_x,β_y 是无量纲参数,本研究通过大量的有限元分析表明 α_x,α_y,β_x,β_y 的取值主要取决于以下三个无量纲参数:①转动难易程度 $J/[m(L^2+H^2)]$,②竖直和水平弹簧刚度比 k_y/k_x,③水平和竖直刚臂长度比 L/H(各参数物理含义参见图3)。通过对处于工程实际范围内的 $J/[m(L^2+H^2)]$,k_y/k_x,L/H 的合理取值,进行大量基于简化模型的参数分析,可以得到 α_x,α_y,β_x,β_y 的取值。典型的参数取值见参考文献[4],通过对表格的线性插值可以得到任意 α_x,α_y,β_x,β_y 的取值。

5.2 设计公式的验证

为了验证设计公式的准确性,对设计公式计算的撞击荷载结果和简化模型及有限元模型计算的结果进行了比较,由于篇幅有限,这里仅以碰撞过程中撞击力较大的自卸车和罐车的计算结果进行说明,比较结果如图5和表1所示。

表1 不同计算方法得到的撞击荷载比较

V(km/h)	撞击荷载	自卸车			罐车		
		有限元模型	简化模型	设计公式	有限元模型	简化模型	设计公式
30	I_x(kN·m)	100.5	103.3	102	103.7	99.9	98.9
	I_y(kN·m)	80.4	92	103.5	79.4	82.7	85.0
	$F_{m,x}$(kN)	862.2	926.51	944.5	914.3	914.0	927.8
	$F_{m,y}$(kN)	773.3	819.19	891.1	662.7	689.3	846.4
60	I_x/(kN·m)	184.2	206.8	204 .1	189.7	200.2	197.7
	I_y/(kN·m)	172.3	182.5	207.1	146.6	165.0	190.0
	$F_{m,x}$(kN)	1 500.2	1 854.46	1 889.6	1 515.9	1 833.4	1 855.1
	$F_{m,y}$(kN)	1 671.4	1 624.24	1 782.5	1 158.3	1 431.1	1 692.8
90	I_x/(kN·m)	251.2	297	306.1	251.7	279.3	296.6
	I_y/(kN·m)	264.3	271.4	310.7	234.3	263.2	285.0
	$F_{m,x}$(kN)	1 821.9	2 534.92	2 834.1	1 930.1	2 279.4	2 782.8
	$F_{m,y}$(kN)	2 266.5	2 417.27	2 673.9	1 925.9	2 227.9	2 539.1

从表3中可以看出,撞击冲量 I 计算精度较高,撞击力 F_m 由于受到车厢局部塑性等复杂因素影响,计算精度稍低,最大误差为20.74%,但大部分误差在15%以内,且偏于安全,满足工程应用的精度要求。

6 结论

本文基于事故案例的非线性有限元仿真分析,再现了超高车辆撞击桥梁上部结构的过程,研究了桥梁上部结构的损伤模式,提出了荷载计算的简化模型和设计公式,并得到了以下结论:

(1)超高车辆撞击桥梁上部结构的主要损伤模式包括整体型损坏和局部型损坏。

(2)基于有限元分析结果,提出了超高车辆—桥梁上部结构碰撞的简化计算模型,标定了简化模型的参数,简化模型得到的撞击力时程与精细化有限元计算结果吻合良好。

(3)基于简化模型,进一步提出了适合于工程设计的超高车辆撞击桥梁上部结构的撞击荷载设计公式,并给出了公式系数的取值表格,撞击荷载的计算结果与精细化限元计算结果吻合良好,且偏于安全,为实际的工程设计提供了参考。

参考文献

[1] 张炎圣,陆新征,宁静,江见鲸. 超高车辆撞击组合结构桥梁的仿真分析[J]. 交通与计算机,2007,3(25):65-69.

[2] 陆新征,张炎圣,宁静,江见鲸,任爱珠. 超高车辆与立交桥梁碰撞的高精度非线性有限元仿真[J]. 石家庄铁道学院学报,2007,20(1):29-34.

[3] Lu XZ, Zhang YS, Ning J, Jiang JJ, Ren AZ. Nonlinear finite element simulation for the impact between over - high truck and bridge superstructure[R]. Proceedings of the 7th International Conference on Shock & Impact Loads on Structures. Beijing, 2007:387-394.

[4] 张炎圣. 超高车辆—桥梁上部结构碰撞:机理分析与荷载计算[D]. 清华大学硕士学位论文,2009.

[5] Robert E. Abendroth, Fouad S. Fanous, Bassem O. Andrawes. Steel diaphragms in prestressed concrete girder bridges [R]. Final Report of Iowa DOT Project TR - 424 CTRE Project. 2004:99-36.

93　考虑阻尼器刚度影响的张力梁复特征值分析

周海俊[1,2]　王石城[1]　孙利民[2]　张文生[1]

(1. 深圳大学土木工程学院;2. 同济大学土木工程防灾国家重点实验室)

摘　要　本文初步研究了阻尼器的刚度和张力梁的边界条件对其所能获得的模态阻尼比的共同影响,所得研究成果可应用于短粗拉索的阻尼器减振参数优化。采用动力刚度法得到其特征方程,迭代求解其复特征值。通过分析复特征值的实部和虚部的变化研究其模态阻尼的变化。研究结果表明,阻尼器的刚度、张力梁的抗弯刚度及边界条件均对其所能获得的模态阻尼有较大的影响。

关键词　拉索　阻尼器　抗弯刚度　阻尼器刚度

在斜拉索的端部附加阻尼器是目前常见拉索减振措施之一[1]。已有研究表明阻尼器的刚度将会减小拉索所能获得的模态阻尼比[2];而考虑拉索的抗弯刚度时,则拉索为一有张力的梁,已有研究表明抗弯刚度的影响与拉索的边界条件相关,如铰支则增大拉索所能获得的模态阻尼比[3]~[4],而固支将会减小拉索所能获得的模态阻尼比[3]~[5]。但共同作用则尚未见报道,本文将对两者的共同作用进行初步研究。

1　考虑阻尼器刚度影响下的张力梁振动特征方程

图1为张力梁—阻尼器系统示意图,张力梁长度为 l_0,抗弯刚度为 EI,张力为 T,阻尼器的阻尼系数为 c,所带有并联刚度为 k,安装长度为 l_1。

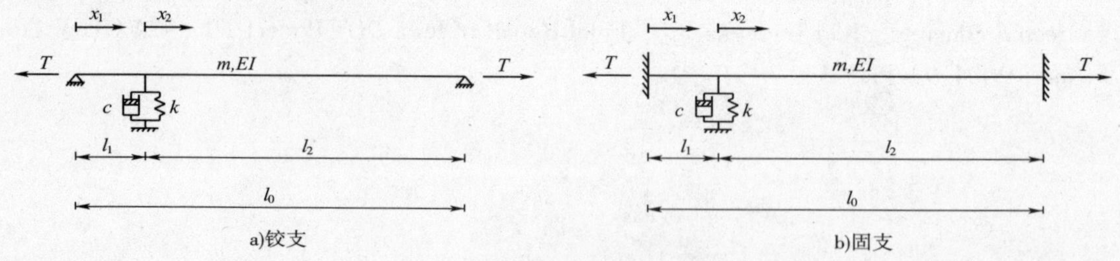

图1　张力梁—带刚度的阻尼器系统示意图

定义无量纲参数:

基金项目:广东省高校自然科学育苗工程项目(LYM08089),土木工程防灾国家重点实验室开放课题基金项目(SLDRCE－08－MB－03),深圳市公共科技计划项目(SY200806270071A)资助。

$$\gamma = \sqrt{Tl_0^2/(EI)} \tag{1}$$

张力梁当 $\gamma \to \infty$ 时趋近于拉索，$\gamma \to 0$ 时趋近于无轴力的梁。定义无量纲的阻尼器刚度参数：

$$\alpha = kl_0^3/(EI) \tag{2}$$

张力梁固支时，固定端的位移和转角为零，因此整个动力刚度关系仅受阻尼器处的位移和转角的影响，它们表示为 α_c 和 θ_c[3]。则整个动力刚度由两个梁段组成一个刚度矩阵，它满足动力平衡方程：

$$\begin{bmatrix} k_{11}^1 + k_{11}^2 + i\tilde{c}pq + \alpha & k_{12}^2 - k_{12}^1 \\ k_{12}^2 - k_{12}^1 & k_{22}^1 + k_{22}^2 \end{bmatrix} \begin{Bmatrix} \alpha_c \\ \theta_c l_0 \end{Bmatrix} = \begin{Bmatrix} 0 \\ 0 \end{Bmatrix} \tag{3}$$

其中 i 为虚部单位，动力刚度矩阵系数 $k_{11}^j, k_{12}^j, k_{22}^j$ 定义见附录。

$$\left.\begin{matrix} p \\ q \end{matrix}\right\} = \sqrt{\sqrt{(0.5\gamma^2)^2 + (\pi\gamma\hat{\omega})^2} \pm 0.5\gamma^2} = \sqrt{\sqrt{(0.5\gamma^2)^2 + (\pi^2\tilde{\omega})^2} \pm 0.5\gamma^2} \tag{4}$$

其中$\hat{\omega}$和$\tilde{\omega}$为不同形式的无量纲复特征值：

$$\hat{\omega} = \omega/\omega_{o1}^S, \tilde{\omega} = \omega/\omega_{o1}^B \tag{5}$$

其中 $\omega_{o1}^S = \pi/l_0 \sqrt{T/m}$，拉索的一阶圆频率值；$\omega_{o1}^B = \pi^2/l_0^2 \sqrt{EI/m}$，为两端铰支梁的一阶圆频率值。

阻尼系数 c 的无量纲形式为：

$$\hat{c} = c/\sqrt{Tm}, \tilde{c} = cl_0/\sqrt{mEI} \tag{6}$$

其中“张紧弦”的无量纲形式$\hat{c}$适用于 γ 较大时，而“梁”的无量纲形式$\tilde{c}$适用于 γ 较小时，两者的关系为$\tilde{c} = \gamma\hat{c}$，本文中为统一起见，采用$\tilde{c}$。等式(3)成立的条件为左边第一项矩阵的行列式为零，即：

$$[(k_{11}^1 + k_{11}^2)(k_{22}^1 + k_{22}^2) - (k_{12}^2 - k_{12}^1)^2] + (i\tilde{c}pq + 2)(k_{22}^1 + k_{22}^2) = 0 \tag{7}$$

进一步化简公式(7)可得如下特征方程：

$$Q_0^{CC} + \left(i\tilde{c} + \frac{\alpha}{pq}\right)\frac{Q_1^{CC}Q_2^{CP} + Q_1^{CP}Q_2^{CC}}{2(p^2 + q^2)} = 0 \tag{8}$$

张力梁铰支时，铰支端的位移约束为零，而转角 θ_1 和 θ_2 不为零[3]，动力平衡方程为：

$$\begin{bmatrix} k_{11}^1 + k_{11}^2 + i\tilde{c}pq + \alpha & k_{12}^2 - k_{12}^1 & -k_{14}^1 & k_{14}^2 \\ k_{21}^2 - k_{21}^1 & k_{22}^1 + k_{22}^2 & k_{24}^1 & k_{24}^2 \\ -k_{14}^1 & k_{24}^1 & k_{22}^1 & 0 \\ k_{14}^2 & k_{24}^2 & 0 & k_{22}^2 \end{bmatrix} \begin{Bmatrix} \alpha_c \\ \theta_c l_0 \\ \theta_1 l_0 \\ \theta_2 l_1 \end{Bmatrix} = \begin{Bmatrix} 0 \\ 0 \\ 0 \\ 0 \end{Bmatrix} \tag{9}$$

进一步化简公式(9)可得如下特征方程：

$$Q_0^{PP} + \left(i\tilde{c} + \frac{\alpha}{pq}\right)\frac{Q_1^{PP}Q_2^{CP} + Q_1^{CP}Q_2^{PP}}{2(p^2 + q^2)} = 0 \tag{10}$$

以上公式(8)、式(10)中相关参数 $Q_j^{CC}, Q_j^{CP}, Q_j^{PP}$ 定义见附录。

2 复特征频率迭代解的推导

在铰支时,无阻尼和阻尼器刚度 $\alpha=0,\tilde{c}=0$ 时候,可得[3]:

$$q_{0n}=n\pi,p_{0n}=\sqrt{\gamma^2+(n\pi)^2} \tag{11}$$

其中下标为0表示无阻尼系统($c=0$),$n=1,2,\cdots$表示振动模态阶数,由公式(11)可得到无阻尼特征频率可用下面2个无量纲参数来表示:

$$\tilde{\omega}_{0n}=n^2\sqrt{1+\gamma^2/(\pi n)^2},\hat{\omega}_{0n}=n\sqrt{1+(\pi n)^2/\gamma^2} \tag{12}$$

应用变换 $q\mu_2=q-q\mu_1$,同时利用三角恒等式展开 $\sin q\mu_2$ 和 $\cos q\mu_2$,由特征方程(10)整理得:

$$\tan q=\frac{(i\tilde{c}+\alpha/pq)N^{PP}}{1+(i\tilde{c}+\alpha/pq)D^{PP}} \tag{13}$$

其中:

$$N^{PP}=\frac{p}{p^2+q^2}\sin^2 q\mu_1 \tag{14}$$

$$D^{PP}=\frac{p}{2(p^2+q^2)}\left[\sin(2q\mu_1)-\frac{q}{p}\frac{(1-e^{-2p\mu_1})(1-e^{-2p\mu_2})}{(1-e^{-2p})}\right] \tag{15}$$

公式(13)适合于迭代求解,可用右边的项来取代当前的数值 q_n,通过反正切函数来改进求解:

$$[q_n]_{s+1}=n\pi+\tan^{-1}\left(\left[\frac{(i\tilde{c}+\alpha/pq)N^{PP}}{1+(i\tilde{c}+\alpha/pq)D_n^{PP}}\right]_s\right) \tag{16}$$

数值 $n=1,2,3,...$ 表示阶数,反正切函数中 p、q 初值可取 p_{0n}、q_{0n}。

在固支时,奇数阶和偶数阶模态特征值的计算需分开考虑。公式(8)中的第一项在奇数阶时除以 $p(1-e^{-p})Q_0^{CC,A}\sin(q/2)$,偶数阶时除以 $p(1+e^{-p})Q_0^{CC,S}\cos(q/2)$,从而式(8)的第一项可化简为 $\cot(1/2q)+(q/p)\coth(1/2p)$ 和 $\tan(1/2q)-(q/p)\tanh(1/2p)$,同样式(8)中的第二项可通过三角函数的扩展和重组来确定。即可进一步整理式(8)得如下:

$$\begin{cases}\cot\dfrac{1}{2}q+\dfrac{q}{p}\coth\dfrac{1}{2}p=-\dfrac{(i\tilde{c}+\alpha/pq)N^{CC,S}}{1+(i\tilde{c}+\alpha/pq)D^{CC,S}} & (17a)\\ \tan\dfrac{1}{2}q-\dfrac{q}{p}\tanh\dfrac{1}{2}p=\dfrac{(i\tilde{c}+\alpha/pq)N^{CC,A}}{1+(i\tilde{c}+\alpha/pq)D^{CC,A}} & (17b)\end{cases}$$

其中参数 $Q_j^{CC,S}$,$Q_j^{CC,A}$,的定义见附录。公式(17a)经整理可得迭代解:

$$[q_n]_{s+1}=n\pi+2\tan^{-1}\left(\left[\frac{q_n}{p_n}\coth\frac{1}{2}p_n+\frac{(i\tilde{c}+\alpha/pq)N_n^{CC,S}}{1+(i\tilde{c}+\alpha/pq)D_n^{CC,S}}\right]_s\right) \tag{18}$$

其中 $n=1,3,5,...$ 表示奇数阶。公式(17b)经整理可得迭代解:

$$[q_n]_{s+1}=n\pi+2\tan^{-1}\left(\left[\frac{p_n}{q_n}\tanh\frac{1}{2}p_n+\frac{(i\tilde{c}+\alpha/pq)N_n^{CC,A}}{1+(i\tilde{c}+\alpha/pq)D_n^{CC,A}}\right]_s\right) \tag{19}$$

其中 $n=2,4,6,\cdots$表示偶数阶。

3 参数分析

采用 Matlab 软件编程计算，通过上述迭代求解方法求得第一阶复特征值。图 2 表示在不同 α 下所得到的结果。其中 $\alpha=0$ 表示在没有考虑阻尼器刚度影响的情况下，仅有阻尼器阻尼系数 c 的影响。曲线与横轴 2 个交点表示无阻尼（$c=0$）点和完全约束（$c\to\infty$）点。中间显然可见存在 $\mathrm{Im}[\omega]$ 最大值点，由于复特征值的实部对应着系统的振动频率，而虚部则对应着振动的模态阻尼比，由此可知该点对应着最优阻尼值。该最优模态阻尼比值在铰支时均大于固支时。而不论边界条件如何，阻尼器的刚度均减小了拉索所获得的模态阻尼比值。

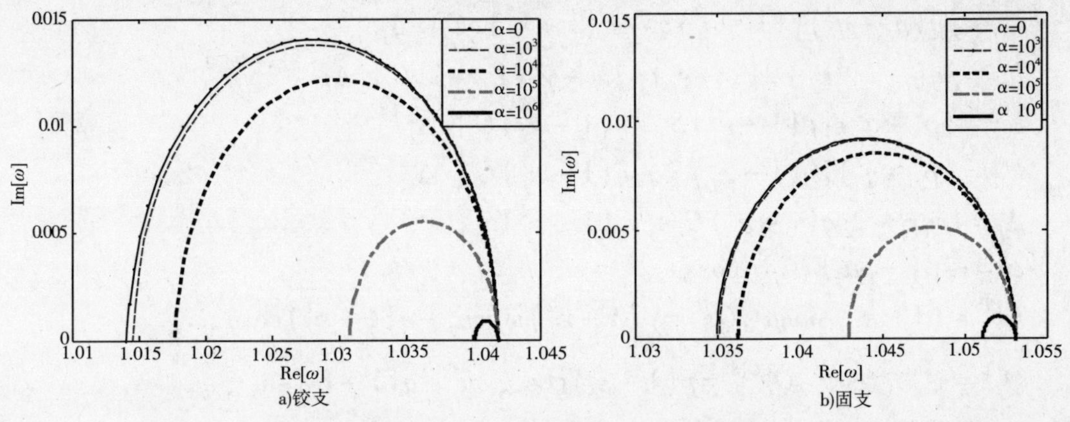

图 2 第一阶复特征值在不同 α 值时随着 c 从 $0\to\infty$ 的轨迹图（$\mu=0.02,\gamma=100$）

图 3 所示为当 $\mu_1=0.02,\alpha=1\ 000$ 而 γ 值不同时第一阶特征值 ω_1/ω_{01} 在复平面呈现的轨迹图；其中图 3a）表示铰支的情形；图 3b）表示固支的情形。可以看出在铰支情形中，随着 γ 值的增大复特征值的虚部将单调减小，即抗弯刚度的存在对拉索将增大拉索所能获得的模态阻尼；而在固支时，则趋势有所反复。

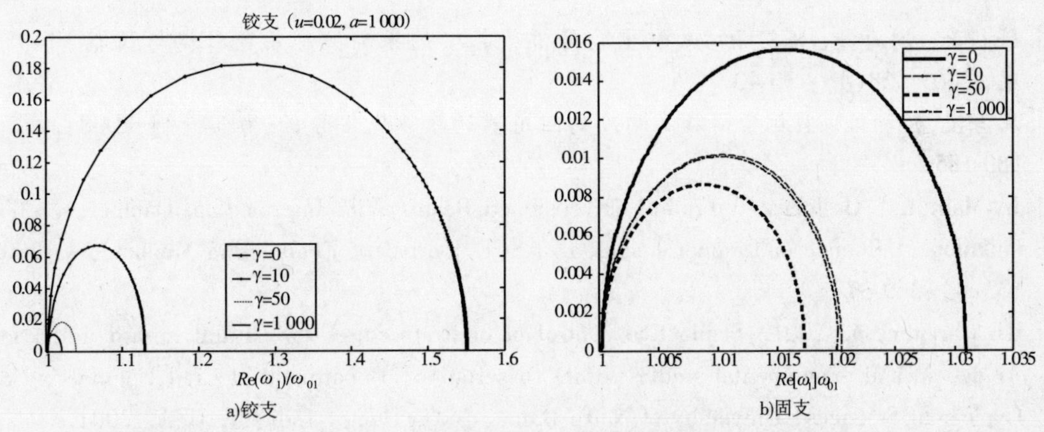

图 3 第一阶复特征值在不同 γ 值时随着 c 从 $0\to\infty$ 的轨迹图（$\mu_1=0.02,\alpha=1\ 000$）

4 结论

本文初步分析了附加并联刚度阻尼器的张力梁的复特征值，研究结论可用于具有短粗拉索的减振阻尼器参数优化。结果表明拉索的抗弯刚度和阻尼器的刚度均对拉索的减振效果产生影响。无论阻尼器有无带有刚度,拉索抗弯刚度的影响与其边界条件有关,如果为铰支时,抗弯刚度可增大拉索所能获得的模态阻尼比,而固支时,抗弯刚度将减小拉索所能获得的模态阻尼比。同时,无论拉索的边界条件和抗弯刚度如何,阻尼器所带有的并联刚度将减小拉索所能获得的模态阻尼比。研究者将进一步讨论当刚度位于拉索中部附近时对拉索减振的情况,以进一步探讨辅助索减振措施和拉索减振阻尼器之间的相互影响。

附　录

$$k_{11}^{j} = pq(p^2+q^2)[(1+\varepsilon_j^2)qS_j + (1+\varepsilon_j^2)pC_j]/\Delta_j$$

$$k_{12}^{j} = pq[-2\gamma^2\varepsilon_j + 2(1-\varepsilon_j^2)pqS_j + \gamma^2(1+\varepsilon_j^2)C_j]/\Delta_j$$

$$k_{22}^{j} = (p^2+q^2)[p(1+\varepsilon_j^2)S_j - q(1-\varepsilon_j^2)C_j]/\Delta_j$$

$$k_{22}^{j} = (p^2+q^2)[p(1+\varepsilon_j^2)S_j - q(1-\varepsilon_j^2)C_j]/\Delta_j$$

$$\Delta_j = 4pq\varepsilon_j - 2pq(1+\varepsilon_j^2)C_j + \gamma^2(1-\varepsilon_j^2)S_j$$

$$\varepsilon_j = \exp(-p\mu_j), C_j = \cos q\mu_j, S_j = \sin q\mu_j, \mu_j = l_j/l_0$$

$$Q_j^{PP} = (1-\varepsilon_j^2)\sin q\mu_j, Q_j^{CP} = p(1+\varepsilon_j^2)\sin q\mu_j - q(1-\varepsilon_j^2)\cos q\mu_j$$

$$Q_j^{CC} = Q_j^{CC,S}Q_j^{CC,A}, Q_j^{CC,S} = p(1-\varepsilon_j)\cos\frac{1}{2}q\mu_j + q(1+\varepsilon_j)\sin\frac{1}{2}q\mu_j$$

$$Q_j^{CC,A} = p(1+\varepsilon_j)\sin\frac{1}{2}q\mu_j - q(1-\varepsilon_j)\cos\frac{1}{2}q\mu_j$$

参 考 文 献

[1] 孙利民, 周海俊, 陈艾荣. 索承重大跨桥梁拉索的振动控制装置种类与性能. 国外桥梁, 2001, 58(4): 36-40.

[2] 周海俊,孙利民. 斜拉索附加带刚度的阻尼器的参数优化分析. 力学季刊,2008,29(1): 180-185.

[3] JA Main and NP Jones. Vibration of Tensioned Beams With Intermediate Damper, Ⅰ: Formulation, Influence of Damper Location. ASCE Journal of Engineering Mechanical, 2007, 133(4):369-378.

[4] RE Christenson. 2001. Semiactive control of civil structures for natural hazard mitigation: Analytical and experimental studies. PhD Dissertation, Department of Civil Engineering and Geological Sciences, University of Notre Dame, Notre Dame, Indiana, USA. 2001.

[5] H Tabatabai, AB Mehrabi. Design of Mechanical Viscous Dampers for Stay Cables. ASCE Journal of Bridge Engineering,2000, 5(2): 114-123.

94 考虑桥面板局部振动的全有限元车桥耦合振动分析

丁 勇[1] 谢 旭[2] 黄剑源[1]

(1. 宁波大学土木工程系;2. 浙江大学土木工程系)

摘 要 对车桥耦合振动问题,提出了一种考虑桥面板局部振动全有限元分析方法。该方法对桥梁和车辆都建立有限元模型:桥梁结构用板壳单元建立模型,以考虑桥面板局部振动;车辆结构引入3种单元建立有限元模型,以避免复杂的车辆动力学方程;车桥之间用位移协调条件考虑耦合作用,用 Newmark-β 法求解系统动力学方程。算例表明,二维车辆有限元模型得到的自振特性与理论模型一致,而三维有限元模型可以反映更加丰富的振动模态;桥梁板壳模型比梁模型可以得到更准确的动力响应,因此有必要采用精细的桥梁有限元模型;三维车辆模型考虑了左右轮下桥面板振动的差异,得到的桥梁振动与二维车辆模型的结果不同,这种差异在桥面粗糙度增大时更为显著。

关键词 车桥耦合振动 车辆有限元模型 桥面板振动 瞬态响应

1 引言

在桥梁设计中,为了考虑桥梁振动对结构安全性的影响,我国的桥梁规范定义了桥梁在车辆荷载作用下的动力冲击系数,并规定这个系数由结构基频决定[1]。但是近年来的研究表明,高频振动对桥梁以及周边环境也有重要影响,一方面高频振动在某些情况下也可导致结构物的疲劳、损伤破坏[2]~[3],另一方面,随着社会对环境保护的日益重视,桥梁振动产生的噪声成为大众关注的一个环境问题,而噪声的频率分布范围较宽,涉及较高频率的结构振动[4],因此需要对车辆引起的桥梁振动做更精细的分析。

由于桥梁和车辆的相互作用,研究桥梁振动必须考虑其与车辆振动的耦合[5]。各国学者先后提出了一些系统分析模型,在这些模型中,车辆往往采用一维[6]、二维[7]或三维[8]的理论模型,由车体、车轴、车轮和悬挂系统组成。为了反映车辆不同的运动方式,通常具有很多自由度和相应的动力平衡方程。桥梁往往采用有限单元法,采用梁单元或者梁格法建立有限元模型。车辆和桥梁之间的耦合用接触点上力或位移的协调条件来考虑。利用这些模型,分析了车桥耦合振动导致的动挠度[9]、动力冲击系数[7]、低频噪声[4]等,讨论了桥面粗糙度、结构弹性支撑等因素的影响。但是上述分析模型仍然存在不足:①车辆理论模型中的动力平衡方程非常复杂,实际分析时不简便;②虽然用梁单元建立桥模型比较简单,但是在反映桥的力学特性,特别是扭转特性和高频动力特性上有所欠缺;如果采用梁格法建立桥梁模型,虽然计算精度有所提高,但是梁格参数很难确定[4]。

基于以上认识,本文提出一种考虑桥面板局部振动的全有限元车桥耦合振动分析方法,其中对桥梁建立板壳有限元模型以更好地反映结构的力学特性;对车辆也用有限元方法建立计算模型,从而避免了复杂的车辆动力学方程;在桥梁和车辆模型之间建立位移协调条件,以分析车辆-桥梁系统的耦合振动。最后,通过数值算例验证了该方法的有效性,并且讨论了不同的计算模型对于结果的影响。

2 车桥耦合振动分析方法

2.1 桥梁的有限元模型

为了准确反映桥梁的力学特性,采用板壳单元建立有限元模型,以图1所示某钢箱梁桥为例,其板壳有限元模型参见图2,它包含10 248个节点和12 155个4节点Mindlin板壳单元[10]。

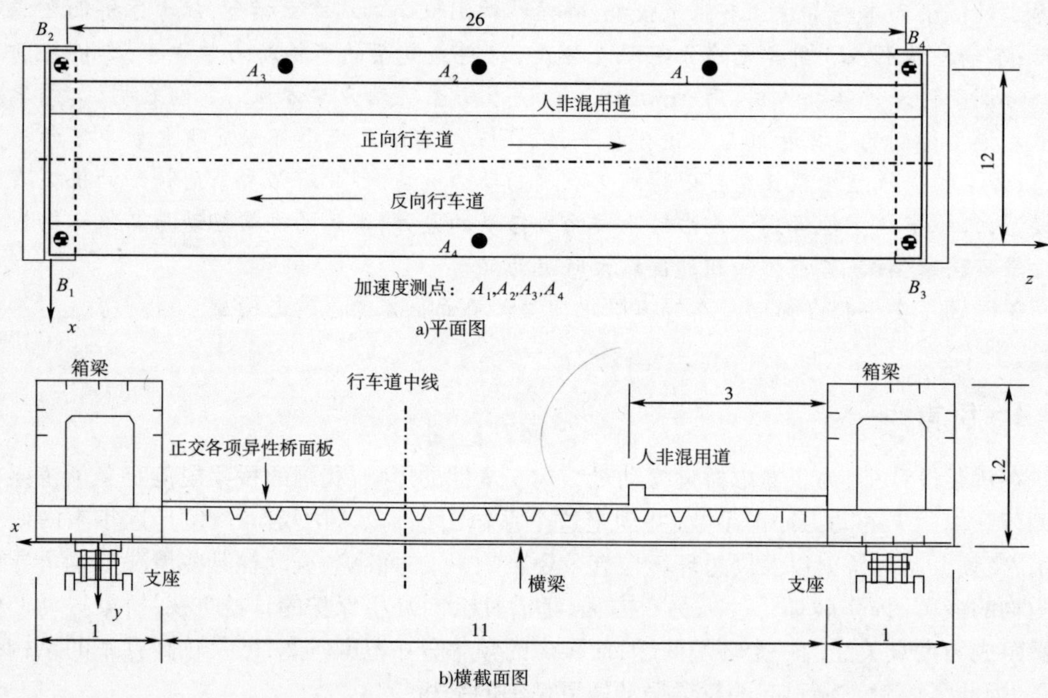

图1 桥梁结构简图(尺寸单位:m)

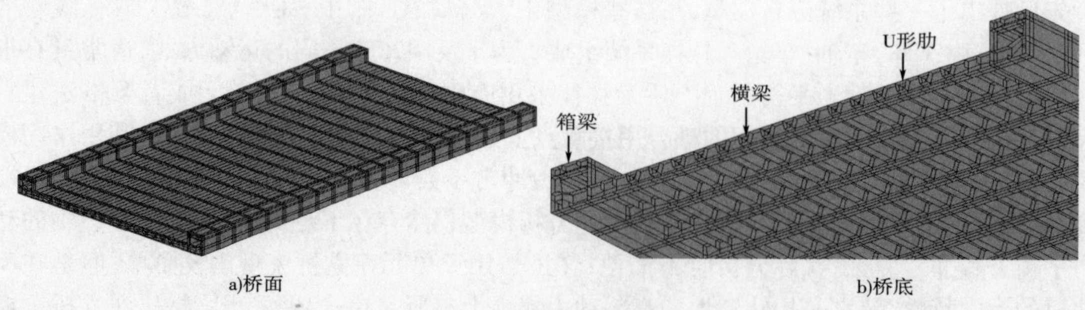

图2 桥梁有限元模型图

经过有限元组集后，得到桥梁的振动方程：

$$M_b\ddot{u}_b + C_b\dot{u}_b + K_b u_b = F_b(t) \tag{1}$$

式中：　u_b——节点位移矢量；

M_b、C_b、K_b——分别为质量、阻尼、刚度矩阵；

$F_b(t)$——车辆荷载向量，由于车桥耦合振动，$F_b(t)$将通过迭代得到。

2.2　车辆的有限元模型

以图3所示典型二维车辆的理论模型为例，建立有限元模型。此时需引入3种有限单元，分别为弹簧—阻尼单元，集中质量单元和刚性梁单元。

2.2.1　弹簧—阻尼单元

如图4所示弹簧—阻尼单元，其中k为刚度系数，c为阻尼系数，不计质量。该单元的刚度矩阵和阻尼矩阵如下：

$$k^e = \begin{bmatrix} k & -k \\ -k & k \end{bmatrix}, c^e = \begin{bmatrix} c & -c \\ -c & c \end{bmatrix} \tag{2}$$

2.2.2　集中质量单元

集中质量单元只考虑其质量矩阵，为

$$\begin{bmatrix} m & m & m & J_x & J_y & J_z \end{bmatrix} \tag{3}$$

式中：　m——集中质量；

J_x、J_y、J_z——分别为绕x、y、z轴的转动惯量。

2.2.3　刚性梁、杆单元

刚性梁、杆的刚度远大于弹簧的刚度，因此可以认为只有刚体位移，而没有弹性变形。此外，刚性梁、杆单元只考虑其刚度矩阵，其表达式与普通梁、杆相同[10]。

利用以上单元，可以建立二维车辆理论模型所对应的有限元模型，如图5所示。该模型包含15个单元，12个节点。图中(1)~(6)号单元为弹簧—阻尼单元，(7)~(11)号单元为刚性梁、杆单元，图中的(9)号为杆单元，节点2，4，6，9，11同时也是集中质量单元。

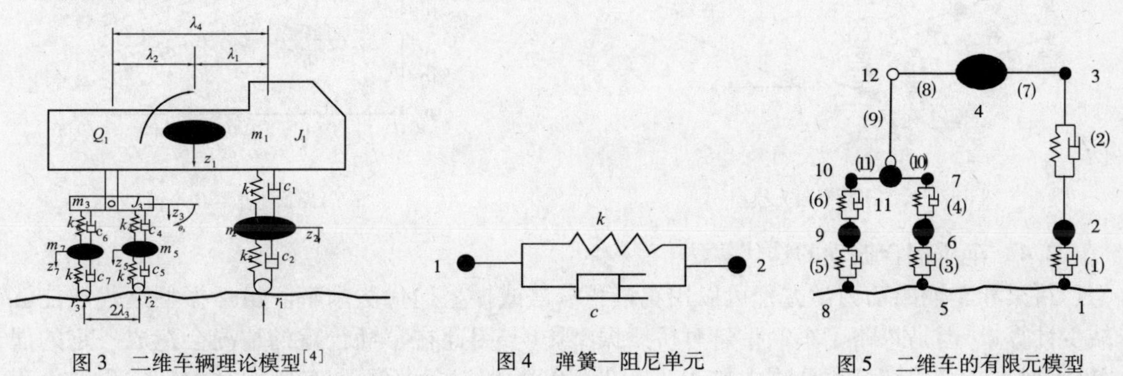

图3　二维车辆理论模型[4]　　图4　弹簧—阻尼单元　　图5　二维车的有限元模型

经过有限元组集，得到车辆的动力学平衡方程

$$M_v \ddot{u}_v + C_v \dot{u}_v + K_v u_v = F_v(t) \tag{4}$$

式中： u_v——节点位移矢量；

M_v、C_v、K_v——分别为质量、阻尼、刚度矩阵，结构阻尼采用瑞雷阻尼；

$F_v(t)$——车辆受到的荷载。

方程(4)求解时，1、5、8节点为给定位移的节点，给定位移的数值是车轮—桥面板接触点处的桥面板位移和桥面粗糙度之和，因此车辆振动方程与桥梁振动方程耦合，需要迭代求解。

求出车辆节点位移、速度和加速度后，可以由轮胎位置的弹簧阻尼单元得到轮压荷载

$$F_i(t) = k_i^e a_i^e(t) + c_i^e \dot{a}_i^e(t) \tag{5}$$

式中：F_i——分别为 i 单元的轮压列向量；

a_i^e 和 $\dot{a}_i^e$——分别为单元节点位移和速度向量；

t——当前时间。

与二维车辆模型的建立过程类似，可以很容易地建立三维车辆的有限元模型，如图6所示，该三维模型与图5所示二维模型对应于同一类车辆，只是扩展到三维情况，该模型包含29个节点，37个单元，其中12个弹簧—阻尼单元，20个刚性梁单元，5个集中质量单元。经过有限元组集后，即可得到方程(4)。

2.3 路面粗糙度模型

因为路面粗糙度会影响轮胎压力，所以计算中需要考虑路面的不平整，其曲线可以根据随机理论由功率谱密度函数生成[9]。为了分析不同粗糙度对于车桥耦合振动响应的影响，计算时采用了 A、B 两种粗糙度下的功率谱密度函数，同时给出了ISO国际标准定义的路面平整度等级划分[11]，由图7可见，本文采用的功率谱密度曲线均属于路面情况极好，其中粗糙度 B 的功率谱密度为粗糙度 A 的20倍。

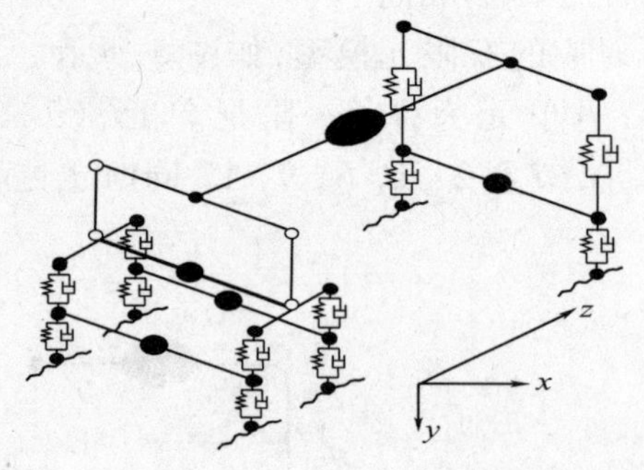

图6 三维的车辆有限元模型

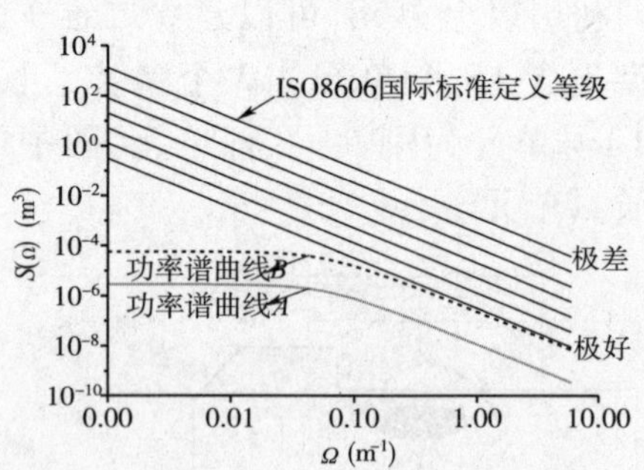

图7 路面不平整功率谱

2.4 车桥耦合振动的迭代算法

桥梁和车辆的动力学方程可以用直接积分法或振型迭代法求解。虽然振型迭代法能够减少计算量，但是忽略了车辆重量对桥梁振型影响，因此在车辆较重的情况会造成一定的误差，因此本文采用直接积分法中的Newmark－β法[10]计算桥梁和车辆的动力学方程。由于桥梁与车辆的振动耦合，积分过程中每一个时间步桥梁和车辆的响应都是通过迭代求解的，

迭代算法如图 8 所示。

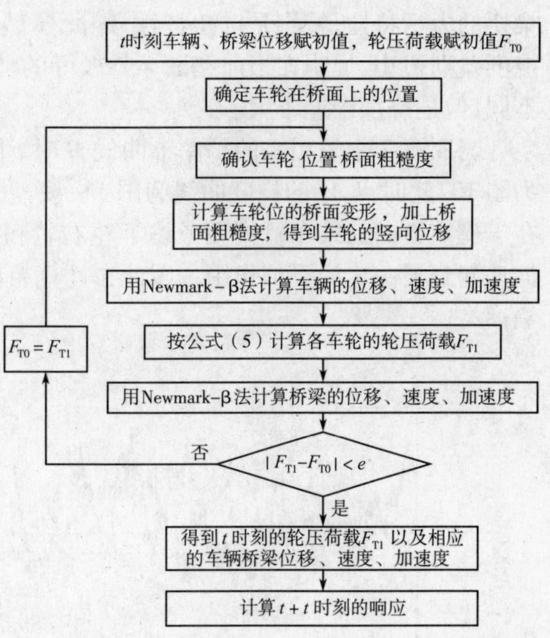

图 8　车桥耦合振动的迭代算法

3　数值算例

3.1　车辆的模态分析

为了验算车辆有限元模型的正确性，以图 3 所示车辆模型为例，分别采用理论模型[4]、二维有限元模型(图 5)、三维有限元模型(图 6)计算自振频率，结果参见表 1。由表 1 可知，理论模型和二维有限元模型计算得到的自振频率一致，这说明车辆的有限元模型能够正确反映车辆理论模型的振动特性。三维有限元模型可以考虑车体和轮轴的侧倾振动(绕 z 轴)，因此能反映更多的振动模态，表 1 中三维有限元模型的 2、5、7、9 阶自振频率即为侧倾振动频率，其余为二维模型中已经反映的上下或点头振动模态。

表 1　车辆的自振频率(Hz)

模态	1	2	3	4	5	6	7	8	9	10
理论模型[12]	2.12	2.46	9.64	11.4	12.5	34.6	—	—	—	—
二维有限元模型	2.12	2.46	9.64	11.4	12.5	34.6	—	—	—	—
三维有限元模型	2.12	2.38	2.46	9.64	11.3	11.4	12. 1	12.5	12.7	34.6

3.2　车桥耦合振动分析

表 2　车桥耦合振动计算模型

序号	Ⅰ	Ⅱ	Ⅲ
桥梁	梁模型	板壳模型(图 2)	板壳模型(图 2)
车辆	二维车模型(图 5)	二维车模型(图 5)	三维车模型(图 6)

以图 1 所示桥梁和图 3 所示车辆为例，研究当车辆通过桥梁时的车桥耦合振动，行车方向取反向行车道，车速为 40km/h。计算模型分别采用表 2 所示模型Ⅰ、Ⅱ、Ⅲ，以了解计算模型对结果的影响。

3.2.1　车桥耦合振动时程分析

当行车方向为反向行车道时，桥上点 A_4(图 1)的挠度最为显著，因此以该点为例研究结构的振动，路面粗糙度先取图 7 中的功率谱曲线 A，计算得到挠度参见图 9。图中模型 I 得到的 A_4 点挠度与另外两种模型差别较大，原因在于梁模型很难准确模拟箱

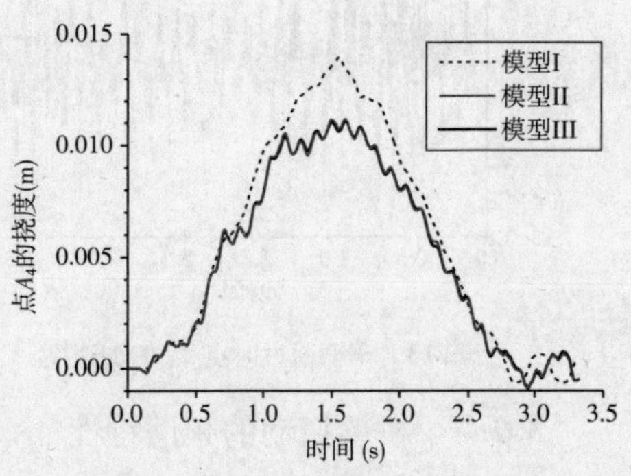

图 9　车辆通过光滑路面时的挠度

梁桥的力学特性,特别是抗扭特性,因此模型Ⅰ的挠度误差较大。模型Ⅱ与模型Ⅲ得到的挠度差别很小,说明在当前路面条件较好的情况下,虽然二维车模型忽略了左右轮粗糙度的不同,但是挠度误差不大。

当取图7中较粗糙的功率谱曲线B时,生成的模型Ⅲ左、右轮下路面凹凸不平样本曲线为图10,此时点A_4的挠度曲线为图11,模型Ⅲ计算得到的挠度波动明显比模型Ⅱ小,原因在于模型Ⅲ的三维车辆模型考虑了左右轮粗糙度的不同和桥面板的局部振动,对车桥耦合振动起到了一定的平抑作用。因此在计算粗糙路面的车桥耦合振动时有必要考虑三维的车辆模型。

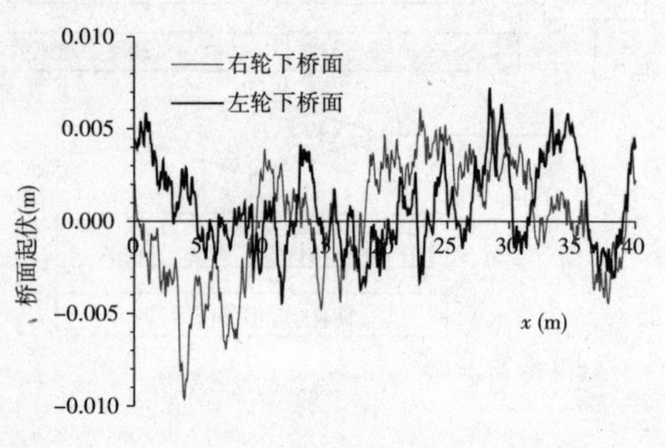

图10 桥面起伏样本曲线

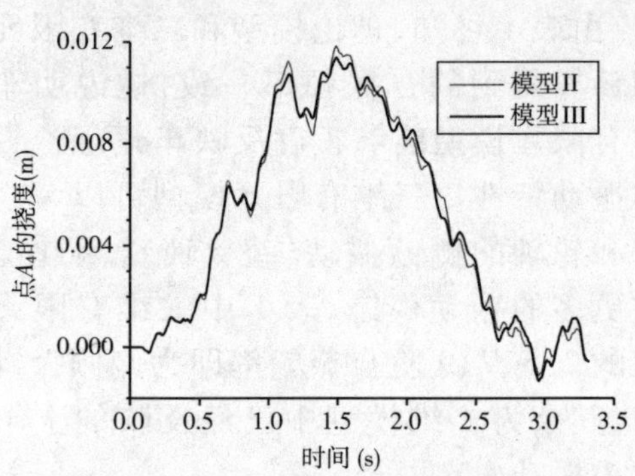

图11 车辆通过粗糙路面时的挠度

图12、图13分别为粗糙路面时点A_4的速度和加速度曲线。由图可见,三维车模型降低了速度和加速度的峰值,速度最大值由0.060m/s降到0.054m/s,加速度最大值从4.3m/s^{2}降到了3.4 m/s^2,且三维车模型得到的加速度比二维车模型更接近实测值(图14),因此在预测桥梁的速度和加速度响应时,也有必要采用三维的车辆模型。

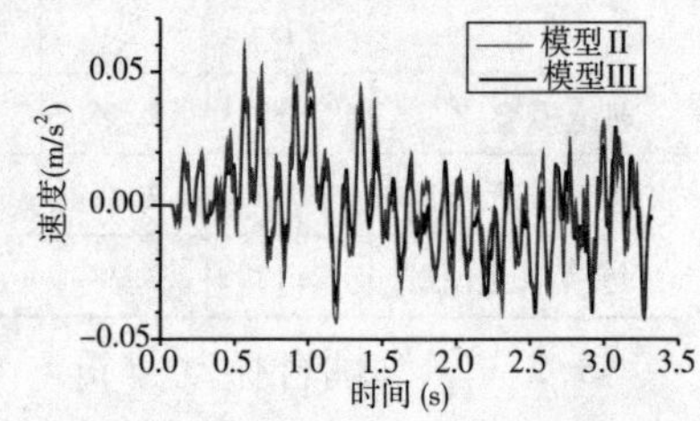

图12 车辆通过时点A_4的速度

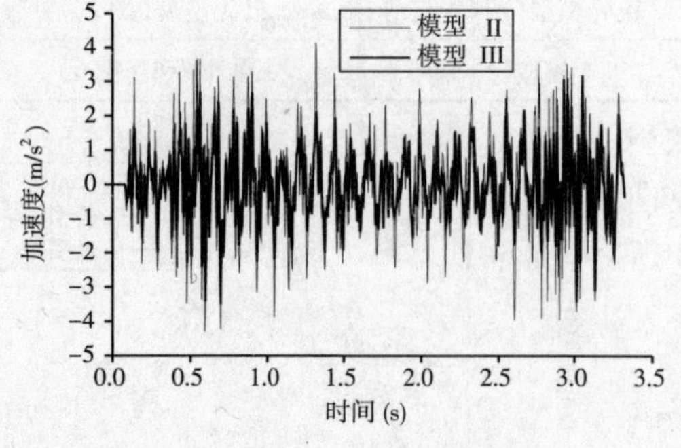

图13 车辆通过时点A_4的加速度

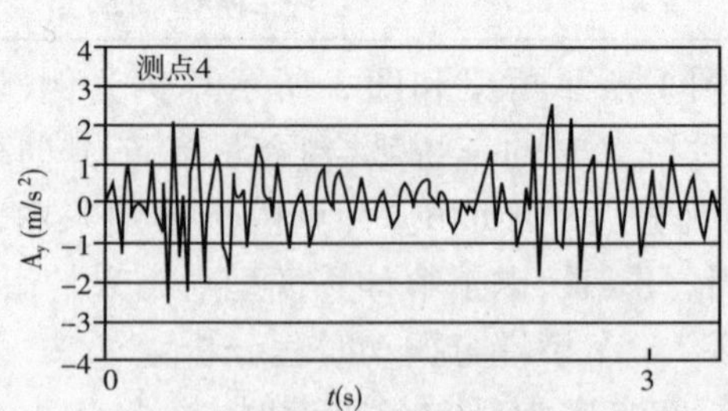

图14 实测点A_4的加速度响应

3.2.2 桥梁振动的频谱特性

桥梁结构噪声的计算不仅与振动的幅度有关,而且与振动的频谱特性有关[4],为此需要研究车辆通过桥梁时振动的频谱特性。图15为粗糙路面情况下点A_4速度的频谱曲线,其中低于 1Hz 的卓越频率主要反映静挠度的影响,其余则是振动速度的卓越频率。速度响应的卓越频率集中在低于 60Hz 的频率范围内。由模型 I 得到的频谱特征与其他模型差别较大,说明普通梁模型不能准确反映桥梁振动速度的频谱特性,不宜作为动力分析的计算模型。模型Ⅱ与模型Ⅲ得到的频谱曲线中卓越频率接近,但模型 III 的卓越频率所对应的幅值较小,例如卓越频率 9.07Hz 时,模型Ⅱ的幅值比模型Ⅲ 大 25%,卓越频率 26.9Hz 时,模型 II 的幅值比模型Ⅲ大 71%。造成这种差异的原因在于三维车辆模型考虑了左右轮粗糙度的不同以及桥面板的局部振动,对车桥耦合振动速度起到了一定的平抑作用,这种振动速度的变化将直接影响桥梁结构噪声的计算结果[4]。

为了进一步消除静挠度的影响,采用加速度作为频谱分析的对象,计算模型取模型Ⅱ和模型Ⅲ,FFT 后得到点 A_4 加速度的频谱曲线图 16。由图可知,模型Ⅱ和模型Ⅲ在频率小于 60Hz 时,加速度频谱曲线的卓越频率基本一致,但模型Ⅲ卓越频率所对应的幅值较小,例如卓越频率 9.07Hz 时,模型Ⅱ的幅值比模型Ⅲ大 27%,卓越频率 16.7Hz 时,模型Ⅱ的幅值比模型Ⅲ大 23%,卓越频率 24Hz 时,模型Ⅱ的幅值比模型Ⅲ大 68%。另外,当频率大于 60Hz 时,模型Ⅲ的加速度卓越频率已不明显,而模型Ⅱ得到的卓越频率则延伸到 100Hz 以上,说明三维车由于考虑了左右轮的差异,对于高频振动具有一定的平抑作用。以上分析可见,如果要提高车桥耦合振动分析在较高频率时(大于 9Hz)频谱的可靠性,有必要选用三维车辆计算模型。

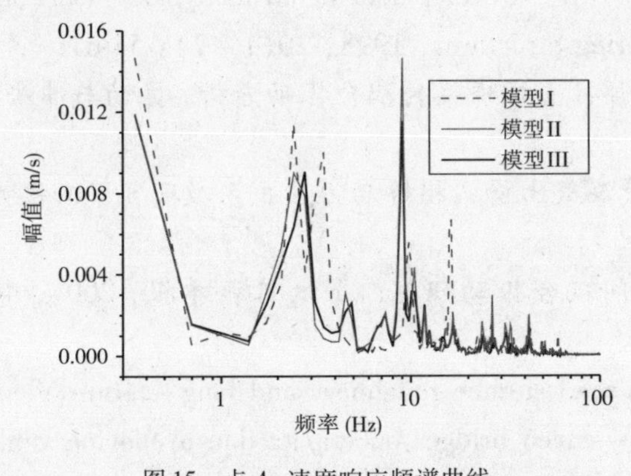

图 15 点 A_4 速度响应频谱曲线

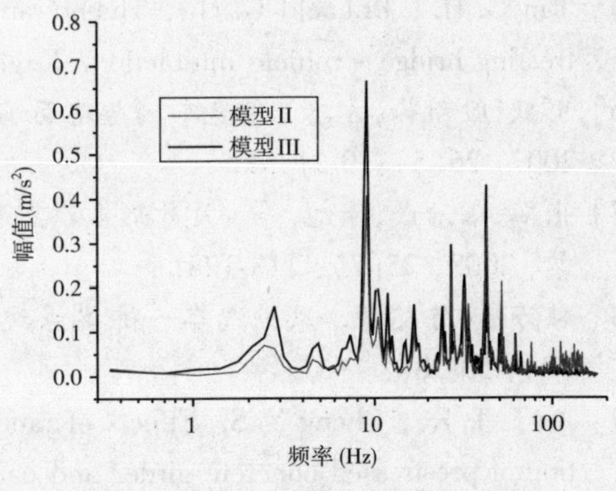

图 16 点 A_4 加速度响应频谱曲线

4 结论

对车桥耦合振动问题提出了一种全有限元的分析方法,通过数值算例研究,得到以下结论:

(1)用有限单元法建立车辆模型,避免了复杂的车辆动力学方程,简化了车辆振动的计算方法。

(2)由于梁模型对桥梁的边界条件、扭转刚度、惯性特性等模拟精度较差,因此有必要采用较准确的板壳有限元方法计算车桥耦合振动。

(3)三维车辆模型考虑了左右轮所在桥面粗糙度的不同,因此得到的桥梁振动相对于二维车辆模型的结果有所缓解，缓解程度在桥面粗糙度较大的情况下更为显著。

(4)频谱分析表明，在较低频率时(60Hz以下)，三维车辆模型与二维车辆模型得到的桥梁振动速度、加速度卓越频率接近，但前者的幅值较低；在较高频率时(60Hz以上)，三维车辆模型得到的桥梁振动卓越频率已不明显，而二维车辆模型得到的卓越频率则延伸到100Hz以上。因此在需要考虑车桥振动高频特性的应用领域，有必要采用三维的车辆计算模型，以得到较准确的分析结果。

参 考 文 献

[1] 中华人民共和国交通部标准.(JTG D60—2004)公路桥涵设计通用规范.北京：人民交通出版社，2004.

[2] 华旭刚，陈政清.基于ANSYS的桥梁全模态颤振频域分析方法.中国公路学报，2007，20(5)：41-47.

[3] 陈婧，马震岳，刘志明，等.三峡水电站主厂房振动分析.水力发电学报，2004，23(5)：111-115.

[4] 谢旭，张鹤，山下幹夫，等.桥梁振动辐射低频噪声评估方法研究.土木工程学报，2008，41(10)：53-59.

[5] Tan G. H., Brameld G. H., Thambiratnam D. P. Development of an analytical model for treating bridge - vehicle interaction. Engineering Structures, 1998, 20(1 - 2): 54-61.

[6] 彭献，殷新锋，方志.变速车辆与路面不平弹性支撑桥梁的耦合振动分析.振动与冲击，2007，26(5)：19-21，37.

[7] 张鹤，张治成，谢旭，等.月牙形多拱肋钢管混凝土桁架拱桥动力冲击系数研究.工程力学，2008，25(7)：118-124.

[8] 韩万水，陈艾荣.风—汽车—桥梁系统空间耦合振动研究.土木工程学报，2007，40(9)：53-58.

[9] Au F. T. K., Cheng Y. S. Effects of random road surface roughness and long - term deflection of prestressed concrete girder and cable - stayed bridges on impact due to moving vehicles. Computers & Structures, 2001, 79: 853-872.

[10] 王勖成，邵敏.有限单元法基本原理和数值方法.北京：清华大学出版社，1997.

[11] ISO 8608. Mechanical vibration—road surface profiles—reporting of measured data. 1995.

[12] 谢旭，王建峰，吴冬雁，等.伸缩缝车辆冲击引起的钢箱梁桥振动特性研究，浙江大学学报.

95 基于多体系统动力学和有限元法的车桥耦合分析

祝 兵 白峰涛 崔圣爱

（西南交通大学土木工程学院）

摘 要 本文总结了车桥耦合震动的研究发展状况及主要研究方法，分析进一步研究的意义和趋势。以郑西客运专线灞河特大桥上的一大跨度连续梁桥为研究对象，建立整车－整桥系统耦合振动分析的精细化数值仿真模型。采用有限元软件ANSYS建立大跨度连续梁桥的动力分析模型，并计算其空间自振特性。利用多体系统动力学软件SIMPACK建立三维空间车辆精细化模型，充分考虑了各种非线性因素的影响。最后，采用基于多体系统动力学和有限元法结合的联合仿真技术，计算了动车组列车以不同车速通过该大跨度连续梁桥的空间耦合振动响应。研究方法实现了多体系统动力学与有限元之间的有效结合，构建了车桥耦合振动研究精细化仿真的新平台。

关键词 车桥耦合震动 多体系统动力学 有限元法

1 概述

随着高速铁路的兴建，列车速度的不断提高，车辆与桥梁的动力相互作用问题越来越受到人们的重视。一方面，列车通过桥梁时引起桥梁的振动，这时，桥梁结构不仅承受静力的作用，还要承受移动荷载（列车以一定速度通过时对桥梁的加载和卸载）以及桥梁和车辆的振动惯性力的作用。列车动力作用引起桥梁上部结构的振动可能使结构构件产生疲劳，降低其强度和稳定性；另一方面，桥梁振动又反过来影响车辆的振动，对桥上车辆的运行安全和稳定性产生影响，使其成为评估桥梁动力参数合理与否的重要考虑因素。尤其随着我国客运专线的建设，列车运行速度更是实现了历史性的跨越，由于速度的大幅度提高，高速列车对桥梁结构的动力作用很大，列车与桥梁的动力相互作用问题已经成为一个重要的研究课题。

早在19世纪中叶，随着铁路的修建，桥梁在移动列车荷载的作用下的振动问题就引起人们的广泛关注。但限于当时的力学水平、计算技术、方法及手段的落后，研究中不得不采用种种近似的方法，建立十分简单的桥梁和车辆系统分析模型。在这一时期，各国的研究者采取了不同的方法，归纳起来可分为以试验为主要手段和以理论分析为重点两类。20世纪60年代初，随着日本和西欧高速铁路的修建及电子计算机的诞生和发展，使得车桥振动问题有了较大发展。从20世纪80年代初，国内铁路专业高校和科研单位对车桥动力相互作

基金项目：西南交通大学青年教师科研起步项目（2009Q069）。

用理论和应用方面进行了大量的研究,先后建立和发展了各自的分析模型,其中以铁道科学研究院、北方交通大学、长沙铁道学院和上海铁道学院和西南交通大学的研究为代表。

现有的车桥耦合振动研究中,车辆模型主要采用传统动力学分析方法拉格朗日第二类方程或牛顿—欧拉方程导出位置与姿态坐标的运动微分方程。随着铁路科学技术的发展,研究的车辆动力学模型越来越复杂,另一方面,从车桥耦合振动研究中车辆分析模型的发展趋势看,在目前车辆分析模型的基础上,需要进一步抽象和细化车辆动力学各元件对象模型,特别是考虑悬挂非线性问题,这样车辆分析模型的复杂度会增加,用手工符号推导动力学方程将面临相当繁重的代数和微分运算,并且非常容易出错,为此,不得不将系统作许多强制性的简化,降低自由度,但这样做很难揭示复杂的动力学性态,也很难满足精细化仿真的要求;另外由于这种传统建模方法严重依赖于系统结构形式,系统一旦稍作修改,自由度一有改变,建立动力学方程繁重而又易出错的工作又得重新做起,相应的计算程序编程又得重新准备,因此传统的研究方法很难适应车辆动力学发展的需要,为此,自然想到能否像在结构分析中的有限元分析那样,把建立动力学方程的重任转嫁给计算机去完成,亦既让计算机自动生成方程,这就是从传统动力学基础上发展起来的多体系统动力学。

对桥梁进行有限元模拟时,一般采用空间杆系有限元法,而高速铁路桥梁的截面形状多为空心箱形截面,为了更准确地考虑梁体在高速列车作用下的空间挠曲以及扭转变形的特点,本文采用空间板壳和杆系混合单元有限元方法建立桥梁动力分析模型。

车桥耦合振动涉及两个子系统:车辆和桥梁。针对车桥耦合振动这种不同力学领域尤其是基于不同数学物理方法的交叉学科的研究,联合仿真将不失为一种好的策略。随着计算机技术、有限元分析理论与多体系统动力学的发展,车辆—桥梁各子系统的精细化仿真分析及系统链接的实现成为可能,车辆的动力学行为可以使用多体系统动力学方法进行分析,桥梁等弹性结构则使用有限元方法进行分析,然后在轮轨接触面上利用离散的信息点进行界面数据交换,从而实现两者的耦合振动仿真分析。本文将多体系统动力学软件 SIMPACK 与有限元软件 ANSYS 结合起来,为车桥耦合振动的联合仿真分析构建了新平台。

2 基于多体系统的车辆动力学模型

机车整车系统的多体动力学建模和仿真过程可以通过刚体、铰接、约束、力元以及轮轨接触模型等定义来确定机车各部分组件特性及其连接关系,从而形成一系列的动力学控制方程。动力学模型按照弹簧悬挂系统分为:车体、构架和轮对,其机械部分又可以细分为车体、构架、轮对、枕梁、牵引电机、电机吊挂装置、抗侧滚扭杆以及一、二系悬挂装置等组成。轮对通过一系悬挂和转向架的构架相连,一系悬挂装置采用钢簧和轴箱拉杆定位,钢簧主要承担垂向刚度,轴箱拉杆主要承担牵引刚度,另外,在轴端轮对和构架间还安装有垂向减振器。二系支撑采用空气弹簧,空气弹簧坐落在枕梁上。在构架和车体间安装有二系垂向减振器,为了提高动车的横向平稳性,在二系间还布置了横向减振器和抗蛇形减振器,并在构架和车体间设有弹性横向止挡。为了限制车体的侧滚角度,安装了抗侧滚扭杆装置。牵引电机采用体悬式吊挂方式。多体系统动力学建模除了考虑轮轨接触几何关系、轮轨蠕滑力的非线性特性外,还充分考虑了动车的机构参数中的各种非线性因素。主要有:一系横向刚度、二系横向止挡刚度、一系垂向减振器阻尼、抗蛇形减振器阻尼、二系横向减振器阻尼和二系垂向减振器阻尼。

计算中考虑的刚体、自由度及广义坐标见表1，表中，$x,y,z,\varphi,\theta,\psi$ 分别表示纵向、横移、垂向、侧滚、点头和摇头自由度，下标 c 表示车体，t 为构架，w 为轮对，m 为电机装配，h 为吊杆，t 为扭杆，$i=1-2$，$j=1-4$。假定车轮和轨道都是刚体，由于轨道对轮对的约束，轮对的垂向运动和侧滚运动是由横移和摇头决定的，因而不是独立的自由度（用上角标 * 表示）。独立铰个数为46个，约束为20个，总计66个自由度，其中刚体的纵向自由度是指沿轨道的纵向平移。该动车组编组形式为8节编组（$5M+3T$），由于拖车参数未知，直接采用动车参数，按8节编组计算，列车模型如图1所示。

表1　动车模型的自由度及广义坐标

刚体名称	纵向	横移	垂向	侧滚	点头	摇头
车体	x_c	y_c	z_c	φ_c	θ_c	ψ_c
构架	x_{ti}	y_{ti}	z_{ti}	φ_{ti}	θ_{ti}	ψ_{ti}
轮对	x_{wj}	y_{wj}	z_{wj*}	φ_{wj*}	θ_{wj}	ψ_{wj}
电机装配	x_{mi}	y_{mi}	z_{mi}	φ_{mi}	θ_{mi}	ψ_{mi}
吊杆	—	—	—	φ_{hj*}	θ_{hj*}	—
扭杆	—	—	—	—	θ_{tj*}	—

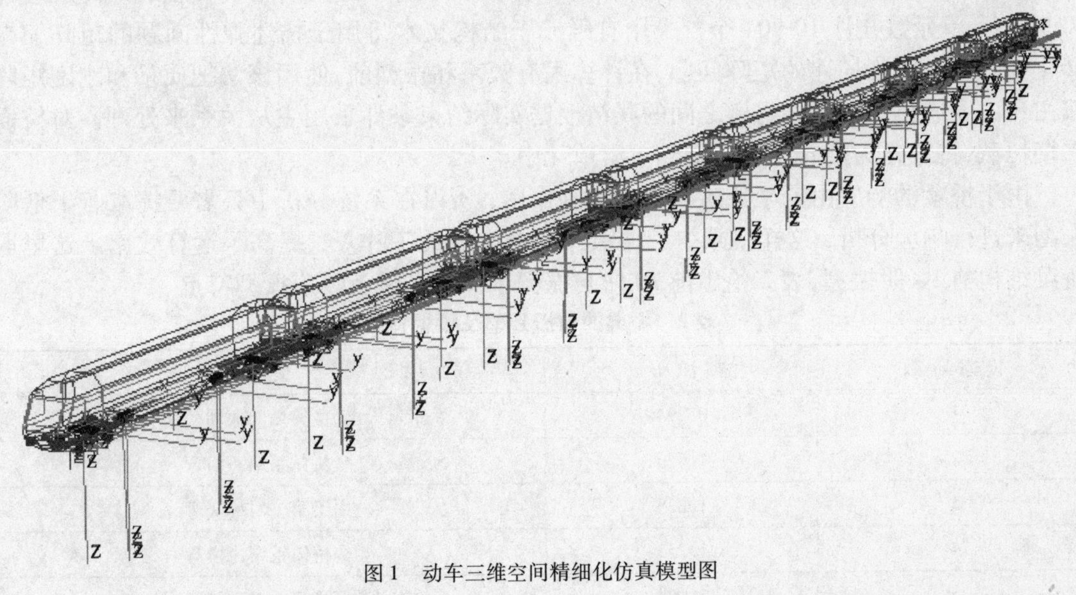

图1　动车三维空间精细化仿真模型图

3　桥梁动力学模型

建立用于车辆耦合振动的桥梁分析模型有两种主要的方法：有限元法和模态坐标法。其中，根据所分析桥梁结构形式的不同，有限元法又包括杆系有限元法和桁段有限元法。采用杆系有限元法建立桥梁分析模型时，自由度一般很多。另外，对某些复杂的桥梁，采用杆系有限元建模时需要对结构作大量简化，这可能导致一定的误差。因此，往往还需采用板壳单元、实体单元与杆系单元一起来模拟桥梁。桁段有限元法最初是为分析桁梁桥的空间振动问题提出来的,也就是将一段桁梁作为有限元的一个单元,单元之间的联系在4个角点。其优点是能够大量减少结构的自由度数目,但不能考虑结构局部杆件的振动以及由此产生的对整体结构振动的影响,另外桁梁结构的改变必将导致推导新的桁段单元刚度矩阵。模态坐标法是减少结构自由度的又一简便方法,但一方面只能适用于分析线性结构的振动问题,另一方面,只能适用于等截面或近似等截面简支梁或连续梁。

鉴于有限元法和模态坐标法各自的优缺点,可将两种方法结合起来使用,模态综合法就是这样一种方法。使用模态综合法不仅可以大量缩减结构自由度而且边界条件易于确定。这一方法因其突出的优点在目前的研究中被广泛采用。

本研究采用有限元法建立桥梁动力学模型,由于桥梁的响应由若干低阶模态起控制作用,为了提高运算效率,在MBS(多体系统)分析过程中,运用振型叠加法,将位移向量从以模态向量为基向量的维空间转换到以模态向量为基向量的维空间,从而减少动力学分析中的自由度数。

4 联合仿真算例

该算例为大跨度连续梁桥,在分析整个桥梁的自振特性时,需同时考虑梁部、桥墩和桩基础的影响。采用有限元法建立桥梁动力学模型时,主梁采用空间板壳单元进行模拟,桥墩和桩基采用空间梁单元进行模拟,桩土相互作用弹簧单元进行模拟。全桥节点数共计10 966个,单元数共计10 904个。采用有限元子结构技术将用于描述弹性问题的矩阵缩减转化为主自由度集描述的矩阵问题,在计算固有频率和振型前,使用该法把质量和刚度矩阵按主自由度进行缩减。梁与墩之间的联结根据实际约束条件采用主从关系来处理。对桥面二期恒载,将其作为均布质量分配到主梁单元中。

由于桥梁的响应由若干低阶模态起控制作用,所以在系统分析中只需要提取若干低阶振型来进行响应分析,这样就减少了体系计算自由度的工作量,提高了运算效率。这里取桥梁结构前10阶振型,表2给出前10阶自振频率计算结果及相应振型特点。

表2 桥梁的自振频率及振型特点

模态阶数	频率(Hz)	振型
1	0.894	主梁纵向振动
2	1.576	全桥体系第一横弯
3	1.635	主梁第一对称竖弯
4	1.753	全桥体系第二横弯
5	2.008	主梁第一对称横弯
6	2.041	1号边墩纵向振动
7	2.234	4号边墩纵向振动
8	2.591	主梁反对称横弯
9	3.017	主梁反对称竖弯
10	3.099	3号墩纵向振动

仿真结果分析如下：

轨道不平顺采用德国低干扰轨道谱，研究方法为：假设列车以各种不同速度通过该连续梁桥，计算这些情况下的车辆与桥梁的空间振动响应，通过分析响应的时程记录，获得各种计算工况下的车辆最大振动加速度、轮重减载率、脱轨系数、轮轨横向力、桥梁横向振幅和加速度及竖向振幅和加速度。动车的线性临界速度为540km/h，非线性临界速度为410 km/h，计算车速范围为125～350km/h，其间距为25km/h，共有10种速度。利用多体系统动力学与有限元法结合的联合仿真技术，计算动车组列车通过桥梁时的耦合振动响应，列车—桥梁耦合振动精细化仿真模型如图2所示。车辆和桥梁响应计算结果分别列于表3和表4。图3～图6为运行速度为300km/h时车辆和桥梁的时程响应曲线。

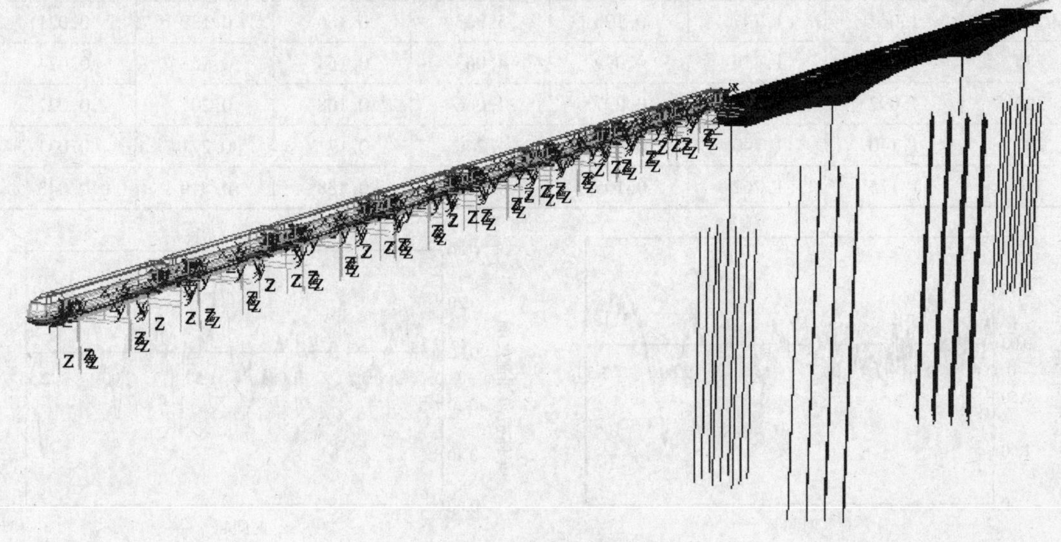

图2　列车—桥梁耦合振动模型图

表3　车辆响应计算结果

列车速度(km/h)	脱轨系数 Q/P	轮重减载率 $\Delta P/P$	轮轨横向力(kN)	竖向加速度(m/s^2)	横向加速度(m/s^2)	竖向	Sperling舒适性指标横向
125	0.056	0.078	9.724	0.538	0.315	1.919	1.934
150	0.063	0.089	10.372	0.692	0.378	2.011	1.983
175	0.063	0.113	10.867	0.799	0.391	2.040	2.023
200	0.076	0.1395	11.249	0.738	0.405	2.069	2.053
225	0.102	0.155	13.208	0.712	0.357	2.109	2.076
250	0.108	0.162	14.538	0.755	0.416	2.171	2.072
275	0.119	0.171	16.063	0.786	0.510	2.207	2.067
300	0.129	0.178	18.246	0.939	0.523	2.212	2.039
325	0.153	0.218	20.984	1.007	0.526	2.276	2.155
350	0.365	0.241	23.803	0.938	0.604	2.339	2.233

表4　桥梁响应计算结果

列车速度(km/h)	动力系数 $1+\mu$	边跨跨中振动位移(mm)		中跨跨中振动位移(mm)		跨中振动加速度(m/s^2)	
		竖向	横向	竖向	横向	竖向	横向
125	1.074	1.692	0.102	4.000	0.189	0.118	0.022
150	1.189	1.665	0.103	4.430	0.206	0.174	0.020
175	1.074	1.567	0.137	4.000	0.199	0.126	0.020
200	1.073	1.615	0.144	3.997	0.202	0.117	0.024
225	1.061	1.712	0.112	3.952	0.168	0.130	0.020
250	1.064	1.747	0.106	3.963	0.166	0.139	0.021
275	1.091	1.736	0.099	4.063	0.164	0.158	0.024
300	1.092	1.782	0.097	4.066	0.168	0.201	0.027
325	1.140	1.740	0.965	4.246	0.171	0.271	0.031
350	1.175	1.762	0.105	4.378	0.188	0.319	0.043

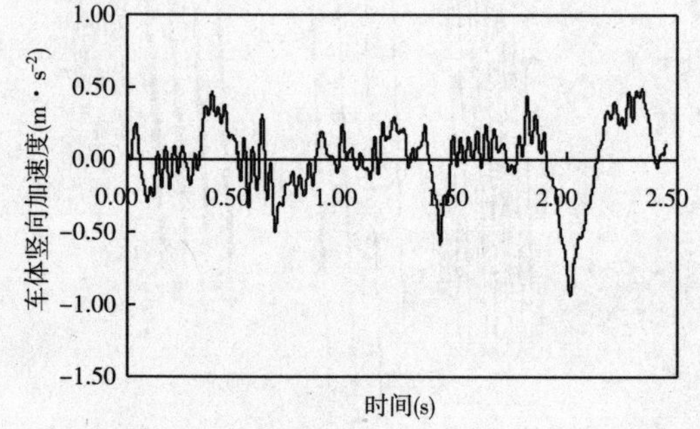

图3　车体竖向加速度时程曲线

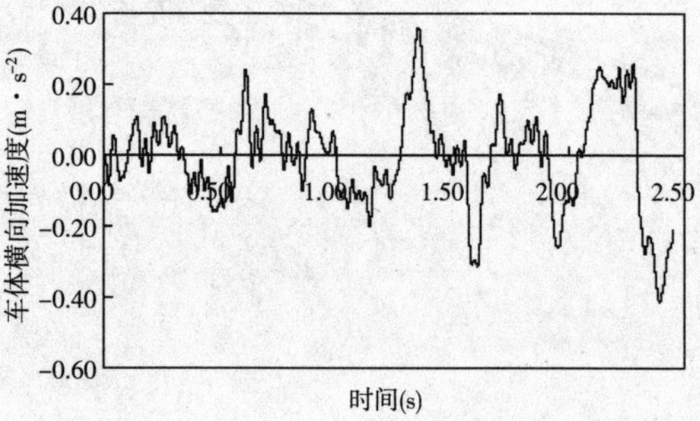

图4　车体横向加速度时程曲线

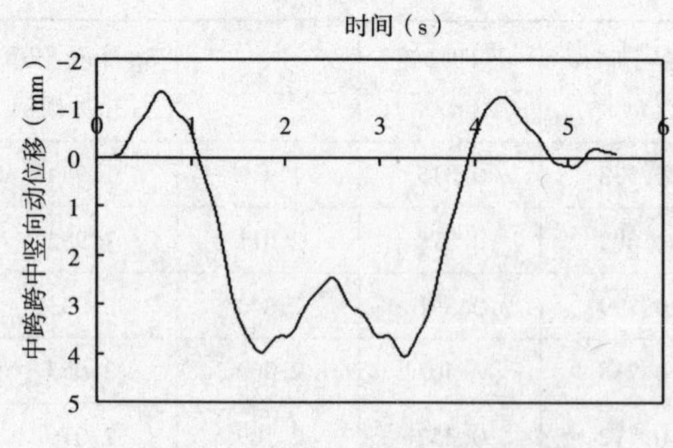

图5　桥梁中跨跨中竖向位移时程曲线

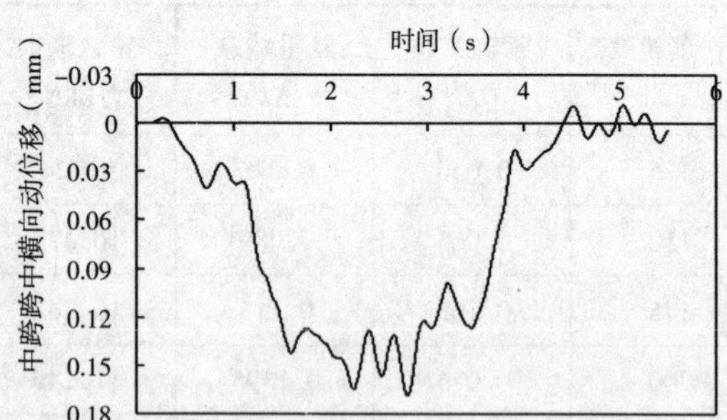

图6　桥梁中跨跨中横向位移时程曲线

通过表3和表4分析可以得出：

(1)列车的脱轨系数和减载率均随着速度的增大而增大；尽管车体的竖向加速度和横向加速度没有严格随着速度的增大而增大，某些速度会有些波动，但总体趋势上是增大的，而且不管是竖向舒适度指标还是横向舒适度指标均随着速度的增大而单调增大，可见随着速度的增大，舒适度程度降低。

(2)列车速度125 ~ 350km/h范围内,车辆竖向加速度最大值0.938m/s^2,小于1.300m/s^2;横向加速度最大值为0.604m/s^2,小于1.000m/s^2,因此,列车行车的竖向与横向舒适性均满足要求。竖向Sperling指标最大值为2.339,横向Sperling指标最大值为2.233,均小于2.5,竖向、横向舒适性等级均为“优良”。

(3)从列车运行安全性评价指标来看,在列车速度125 ~350km/h范围内,轮重减载率最大值为0.241,脱轨系数最大值0.365,轮重减载率小于第二限度0.6,脱轨系数也小于第二限度1.0;轮轨横向力最大值为23.803kN,小于49.04kN,说明列车行车时的安全性也可得到保障。

(4)在列车以速度125 ~350km/h范围运行情况下,桥梁的中跨跨中截面最大竖向挠度4.378mm,最大横向位移0.188mm;跨中截面竖向振动加速度最大值0.319m/s^2,横向振动加速度最大值0.043m/s^2,动力系数最大值为1.175,说明桥梁的振动状态良好。

由图3 ~图6可以看出单线行车时车体和桥梁各动力学指标时程变化趋势。从图5和图6可以看出,当车辆在边跨运行时,桥梁中跨跨中的竖向和横向位移均较小,车辆离开桥梁时,桥梁做自由衰减运动。如图5所示,当车辆在边跨运行时,中跨跨中竖向位移为负(向上);当车辆在中跨运行时,中跨跨中竖向位移为正(向下)。如图6所示,由于列车单线行车时的偏载作用,中跨跨中横向位移偏向行车一侧。

5 结论

本文以大跨度连续梁桥为研究对象,建立了整车—整桥系统的精细化仿真模型,并通过基于多体系统动力学和有限元法的联合仿真技术对车桥系统耦合振动进行了仿真分析。鉴于车辆和桥梁模型的完整性和精确性,所得的一系列结果应该是更精细的。针对车桥耦合振动这种交叉学科的研究,联合仿真技术提供了一种有效的途径,为实现精细化仿真构建了新平台。

参考文献

[1] 蔡成标.高速铁路列车—线路—桥梁耦合振动理论及应用研究[D].成都:西南交通大学牵引动力国家重点实验室,2004.

[2] 高芒芒,李永强,许兆军,潘家英.高速列车作用下的芜湖长江大桥车桥耦合振动分析[J].中国铁道科学,2001,22(5):34-40.

[3] 李小珍,强士中.大跨度公铁两用斜拉桥车桥动力分析[J].振动与冲击,2003,22(1):6-26.

[4] 夏禾.车辆与结构动力相互作用[M].北京:科学出版社,2002:118-134.

[5] Schichlen W. Recent development in multibody systems dynamics[J]. Journal of Mechanical Science and Techonology,2005,19(1):227-236.

[6] DIETZ S, HIPPMANN G, SCHUPP G. Interaction of vehicles and flexible tracks by co-simulation of multibody vehicle systems and finite element track models[J]. Vehicle System Dynamics Supplement, 2003:37(sup.):372-384.

[7] 缪炳荣,肖守讷,金鼎昌.应用Simpack对复杂机车多体系统建模与分析方法研究[J].机械科学与技术,2006,25(7):813-816.

[8] 陈泽深,王成国.铁道车辆动力学与控制[M].北京:中国铁道出版社,2004.

[9] 崔圣爱,祝兵.客运专线大跨连续梁桥车桥耦合振动仿真分析[J].西南交通大学学报,2009,44(1):66-71.

[10] 陈潇凯,林逸,施国标,等.多体系统动力学软件在汽车工程中应用的新进展[J].计算机仿真,22(6):201-204.

96 先简支后连续梁桥冲击系数影响因素研究

桂水荣　陈水生

（华东交通大学土木建筑学院）

摘　要　针对目前我国大量使用的先简支后连续梁桥的结构特点，采用格构式的空间梁单元模型模拟连续梁桥结构，使用九自由度的三维整车模型模拟汽车荷载作用，同时考虑桥面不平顺，建立了该类桥梁的车桥耦合振动响应分析模型。结合模态综合技术和Newmar－β数值积分方法，计算分析了移动车辆荷载作用下先简支后连续梁桥的振动响应及冲击系数。以一座典型的四跨先简支后连续梁桥为算例，分析了桥梁在单车荷载作用下，行车速度、路面等级、车辆自振频率及荷载横向作用位置对冲击系数的影响，并与等截面形式的简支梁桥的冲击系数进行了对比分析。同时还对算例桥进行了现场试验测试，比较了试验结果与计算结果和各国规范的差异。研究结果表明：基频相同、不同桥型的梁桥冲击系数并不相同。

关键词　先简支后连续梁桥　整车模型　模态综合叠加法　冲击系数

行驶在公路桥梁上的汽车车辆因受到多种复杂因素的影响，对桥梁产生的动力效应往往会大于其静止作用在桥上所产生的静力效应。它与车辆动力特性、桥梁结构动力特性、车速、桥面平整度、车辆数量及行驶位置有关。在公路桥梁设计规范中，用冲击系数$(1+\mu)$来反映汽车车辆对桥梁产生的动力效应，从而保证桥梁的安全使用[1]。

目前，除我国《公路钢筋混凝土及预应力混凝土桥涵设计规范》(JTG D62—2004)（以下简称《桥规》）和加拿大安大略省外，各国公路桥梁设计规范对冲击系数的计算公式绝大多数采用桥梁跨径 l 作为参数，按 l 的递减函数进行计算。而国内学者[1~3]针对冲击系数的研究，也主要仅限于采用简单的平面车辆模型，分析各种因素对冲击系数的影响。参考文献[1]分析了移动弹簧质量车模型作用在简支梁桥上，车速、路面工况及桥梁结构阻尼对冲击系数的影响；参考文献[2]、[3]分析了平面车模型下，车辆移动速度及桥梁结构基频对冲击系数的影响；文献[4]、[5]分析了多片简支梁桥及T形刚构桥冲击系数的影响因素；文献[6]将连续梁桥简化为空间格构式模型，针对美国组合板梁桥车辆横向位置对冲击系数的影响进行分析。而针对目前高速公路广泛采用的钢筋混凝土装配式先简支后连续梁桥的冲击系数随荷载横向位置的变化关系及桥梁基频相同、不同桥型的梁桥冲击系数的研究均没有报道。

本文以某一典型的四跨先简支后连续梁桥为算例，使用 Matlab 软件开发了车桥耦合振

基金项目：国家自然科学基金（50868007）；江西省自然科学基金资助项目（2007GZC0855）。

动系统分析程序,对单车荷载作用下,考虑行车速度、路面等级、车辆自振频率以及荷载横向作用位置等因素对冲击系数的影响进行分析;并与相同截面、相同基频的简支梁桥冲击系数进行对比研究。

1 车桥耦合振动分析模型

车辆与桥梁的动力相互作用模型是由桥梁模型、车辆模型并考虑桥面不平顺激励组成的一个时变耦合系统。车辆系统与桥梁结构通过车轮与桥面接触处的位移协调条件和相互作用力平衡条件相联系。

1.1 车辆振动模型

目前,行驶在公路桥梁上的载重汽车主要有两轴或三轴自卸汽车及多轴挂车。根据桥涵检测试验技术要求,一般采用三轴 300 kN 的载重汽车作为试验车辆。本文根据试验所采用车辆,选取三轴自卸汽车作为研究对象。车辆模型简化为车体、钢板弹簧悬架支撑系统、车轴和轮胎,其振动模型如图 1 所示。根据载重汽车结构特性,考虑车体竖向振动、纵向点头、侧翻以及车轮的振动特性,车辆模型简化为具有三轴 3D 的九自由度振动体系。其中,悬架支撑系统模拟为线弹性弹簧和阻尼器;轮胎模拟为线性弹簧和阻尼器,质量集中在车轴上;车身质量集中在车体重心上。

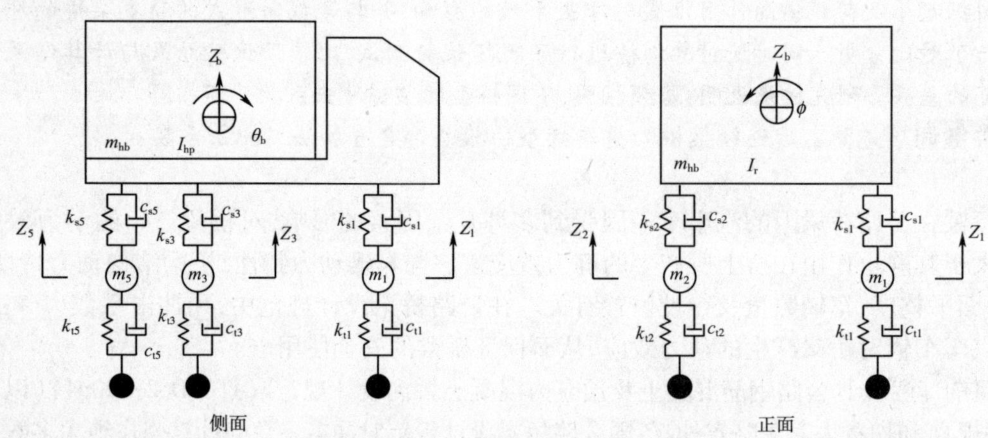

图 1 车辆模型

k_{s1},k_{s2} 前轴悬架弹簧刚度 k_{t1},k_{t2} 前轴车轮刚度 c_{sl},c_{s2} 前轴悬架阻尼系数 c_{t1},c_{t2} 前轴悬架阻尼系数
k_{s3},k_{s4} 中轴悬架弹簧刚度 k_{t3},k_{t4} 中轴车轮刚度 c_{s3},c_{s4} 中轴悬架阻尼系数 c_{t3},c_{t4} 中轴悬架阻尼系数
k_{s5},k_{s6} 后轴悬架弹簧刚度 k_{t5},k_{t6} 后轴车轮刚度 c_{s5},c_{s6} 后轴悬架阻尼系数 c_{t5},c_{t6} 后轴悬架阻尼系数
m_1,m_2 前轴悬架质量 m_3,m_4 中轴悬架质量 m_5,m_6 前轴悬架质量 m_{hb} 车体的质量 I_{hp} 车体仰俯转动惯量
I_r 车体侧翻转动惯量 θ_b 仰俯角 ϕ 侧倾角 Z_b 车体竖向位移 Z_1,…,Z_6 车辆悬架位移坐标

根据达朗贝尔原理,建立车辆振动方程:

$$M_v \ddot{Z} + C_v \dot{Z} + K_v Z = \overline{F}_v^{int} \tag{1}$$

式中: $\overline{F}_v^{int}$——车辆振动过程中引起的各自由度荷载列向量;

M_v、C_v、K_v——分别为车辆系统的质量、阻尼和刚度矩阵;

$Z = \{z_1 \cdots z_6 \quad z_b、\theta_b \quad \phi\}^T$——车辆各自由度向量。

1.2 桥梁模型

采用有限元进行分析时,桥梁节点运动方程为:

$$M_b \ddot{U} + C_b \dot{U} + K_b U = -F_{bv}^{int} - F_g \tag{2}$$

式中: F_{bv}^{int}——车辆振动过程中,由车辆振动引起的各车轮作用于桥面的荷载向量;

F_g——由车辆自重引起的荷载向量;

U——单元结点位移列向量;

M_b、C_b、K_b——分别为桥梁系统的质量、阻尼、刚度矩阵。

根据振型分解法及振型规格化,模态空间取 r 阶模态,(2)式可以改写成模态方程:

$$I \ddot{q} + X \dot{q} + \Omega q = -\Phi^T (F_{bv}^{int} + F_g) \tag{3}$$

式中:$I = \begin{bmatrix} \ddots & & \\ & 1 & \\ & & \ddots \end{bmatrix}_{r \times r}$ $X = \begin{bmatrix} \ddots & & \\ & 2\zeta_i \omega_i & \\ & & \ddots \end{bmatrix}_{r \times r}$ $\Omega = \begin{bmatrix} \ddots & & \\ & \omega_i^2 & \\ & & \ddots \end{bmatrix}_{r \times r}$

Φ——r 阶振型向量矩阵;

ζ_i——第 i 阶阻尼比;

ω_i——第 i 阶自振频率;

q——振型广义坐标列阵。

1.3 桥面不平顺激励

通常假设路面不平度是平稳的、各态历经零均值的高斯随机过程,用功率谱来描述路面的统计特性。路面不平度功率谱可以用下式来表示:

$$G_q(n) = G_q(n_0) \left| \frac{n}{n_0} \right|^{-2} \tag{4}$$

式中:$n_0 = 0.1\text{m}^{-1}$——参考空间频率;

$G_q(n_0)$——取值与路面等级有关,可参考《车辆振动输入路面平度表示方法》(GB 7031—86);

n——空间频率。

路面不平顺的模拟,常用的方法有快速傅里叶逆变换法及三角级数叠加法。采用三角级数叠加法法模拟时,桥面不平顺的样本可按式(5)产生[7]:

$$r(x) = \sum_{i=1}^{m} \sqrt{2} A_i \cdot \sin(2\pi \cdot x \cdot n_{mid-i} + \theta_i) \tag{5}$$

式中:x——汽车前进的纵向位移;

A_i——每一小段频率所对应的不平度幅值;

n_{mid}——每一小段空间频率中值;

θ_i——在$[0,2\pi]$上均匀分布的相互独立的随机变量。

1.4 车—桥耦合模型

由于车轮与桥面始终保持不脱离,车轮与桥面接触示意图如图 2 所示,且车轮与桥面相互作用力可以表示为[8]:

$$\bar{F}_v^{\text{int}} = -F_{bv}^{\text{int}} = k_{ti}\Delta_i + c_{ti}\dot{\Delta}_i \tag{6}$$

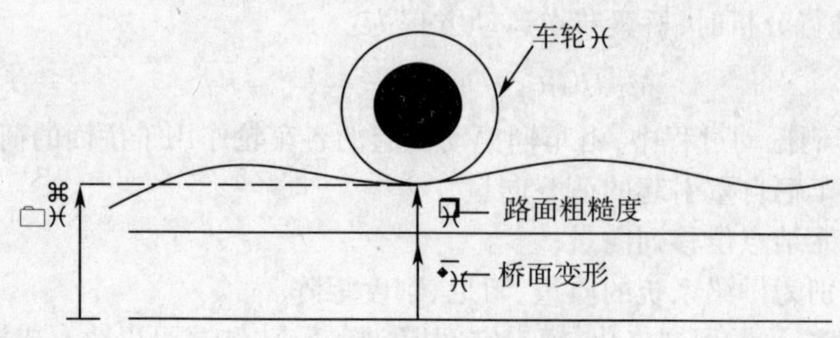

图2 车轮与桥面接触示意图

式中:下标 i 代表第 i 个车轮接触点;

Δ_i——第 i 个车轮相对于桥面的垂直位移,且有:

$$\Delta_i = z_i - z_{0i} = z_i - r_i - \bar{w}_i \qquad i = 1,2,3\cdots,6 \tag{7}$$

式中:z_i——i 车轮处的车轮位移量;

$\bar{w}_i$——i 车轮处桥面的位移量;$w_i = \sum_{j=1}^{NN} N_j w_j$;

N_j——j 节点形函数;

W_j——j 节点处位移量;

r_i——i 车轮处的桥面不平度。

以车轮与桥面接触点处不脱离为条件,联立式(1)、式(3)及式(6)可以得到以下时变耦合振动方程:

$$M(t)\ddot{\delta} + C(t)\dot{\delta} + K(t)\delta = F(x,t) \tag{8}$$

式中:

广义矩阵 $M(t)$、$C(t)$、$K(t)$——随移动车辆系统在桥上位置的变化而变化;

$F(x,t)$——广义荷载列阵也随车辆系统在桥上的位置而变化;

δ——桥梁模态广义坐标与车辆系统运动自由度组成的列阵。

即 $\delta = \{q_1 \cdots q_r \quad z_1 \cdots z_6 \quad z_b \quad \theta_b \quad \phi\}^{\mathrm{T}}$。对该时变系统的求解,近似认为每一时步 Δt 内矩阵为常矩阵,采用 Newmak - β 逐步积分法求解。

2 实例分析

2.1 工程简介及桥梁模型建立

某高速公路上的一座典型先简支后连续梁桥,主跨为 4×40m,上部结构由 6 片 T 梁组成,预制 T 梁梁宽 1.64m,两片 T 梁横向连接采用 0.49m 的混凝土湿接缝,桥面铺装为 10cm 的混凝土铺装层,再加 11cm 的沥青防水层。以下分析单车荷载单向行驶在该桥不同位置时,各片梁的冲击系数。本文主要采用如图 3 所示的 3 种工况。工况一(偏载):车辆按最不利位置行驶(距路缘石 0.5m),车辆荷载同时作用边梁和次边梁上;工况二(偏载):车辆荷载按标准车道位置,单侧行驶在次边梁和中梁上;工况三(中载):车辆荷载作用在中梁(3 号、4 号梁)上。

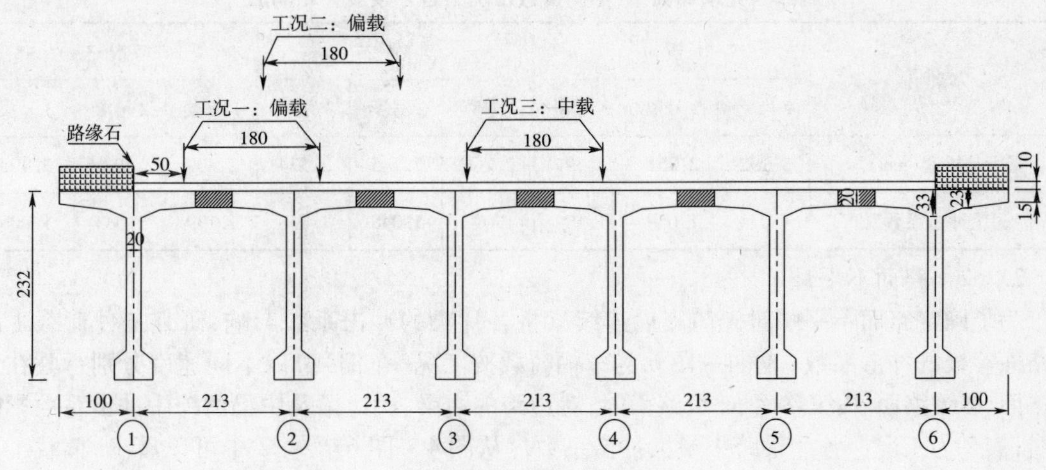

图3　荷载工况布置(尺寸单位:cm)

采用线弹性梁单元,运用 ANSYS 建立多片连续梁桥三维空间有限元模型。材料主要由混凝土组成,钢筋对截面的影响,通过换算截面刚度进行考虑,其材料弹性模量为 30GPa,密度为 2 500kg/m^3,泊松比 0.167,主梁结构各片梁均采用 Beam4 弹性梁单元,梁宽采用刚臂进行模拟,每片梁节点之间采用铰接连接,不考虑基础的沉降。每片梁纵向每 1m 一个梁单元,全桥共计 960 个单元。对结构进行模态分析,提取结构的前十阶自振频率和振型进行数值模拟计算。其中一阶和二阶模态频率分别为 $f_1=2.860\ 6\text{Hz}$ $f_2=3.336\ 9\text{Hz}$。

装配式先简支后连续梁桥有限元模型简化为空间格构式梁单元横向铰接模型,相应的车辆模型也应采用 3D 车辆模型。本文主要研究一辆三轴载重汽车(整车模型)单向行驶时,对多片先简支后连续梁桥各片梁的竖向动挠度的冲击影响。由于数值模拟和试验过程中,均采用一辆 33t 的自卸汽车来研究移动车辆荷载对各片梁竖向振动的影响,本文的车辆模型及各参数与参考文献[9]一致。数值计算中,桥面不平顺采用根据 GB 7031—86 国标建议的路面不平度功率谱密度曲线,采用正弦函数叠加法得到 A、B、C 级路面不平度曲线。[其中,A、B、C 级路面与路面功率谱密度 $G_q(n_0)$ 有关,分别为 16、64、256mm^2/m]。

2.2　冲击系数影响分析

分析 4×40m 连续梁桥挠度包络图可知,边跨跨中挠度最大,因而,本文主要研究各因素对边跨跨中冲击系数的影响。

2.2.1　荷载工况

为了比较不同荷载工况对各片梁的冲击系数影响,确定最不利的荷载工况。研究光滑路面下,3 种荷载工况分别作用在该桥上,各片梁的最大动挠度及冲击系数如表 1 所示。从表 1 可以看出,工况一,边梁的动挠度最大,冲击系数最小;次边梁的动挠度及冲击系数次之;工况二,边梁动挠度及冲击系数均最大;工况三,各片梁的最大动挠度及冲击系数均较前两者小。在通过对该桥的荷载横向分布进行分析,可知次边梁(2 号梁)最大,因而,本文主要研究工况一的边梁和次边梁冲击系数。

表1 光滑路面下,不同荷载工况下各片梁最大动响应

动力指标	工况一			工况二			工况三		
	1号梁	2号梁	3号梁	1号梁	2号梁	3号梁	1号梁	2号梁	3号梁
最大动挠度(mm)	3.192	2.951	2.599	2.766	2.745	2.534	2.409	2.408 6	2.408
最大冲击系数	1.024	1.059	1.108	1.092	1.048	1.014	1.139	1.083	1.000

2.2.2 路面不平顺

为了确定路面不平顺对先简支后连续梁桥各片梁的冲击系数影响,研究三种荷载工况下路面等级的冲击系数。图4~图6为车辆荷载按工况一(偏载)以不同速度分别行驶在光滑路面、A级路面、B级路面、C级路面时,对边跨的边梁、次边梁及中梁的跨中冲击系数影响曲线;表2为工况一各片梁跨中最大冲击系数。从图4~图6及表2中可以看出,偏载工况下,边梁的动挠度最大,冲击系数最小;次边梁次之;中梁的动挠度最小,而冲击系数最大;车轮荷载直接作用点处挠度值最大,但相应冲击系数较小,非车轮直接作用节点处,冲击系数较大。桥面不平顺对各片梁的冲击系数影响较显著,随着路面状况变差,各片梁的冲击系数均不同程度的增大。

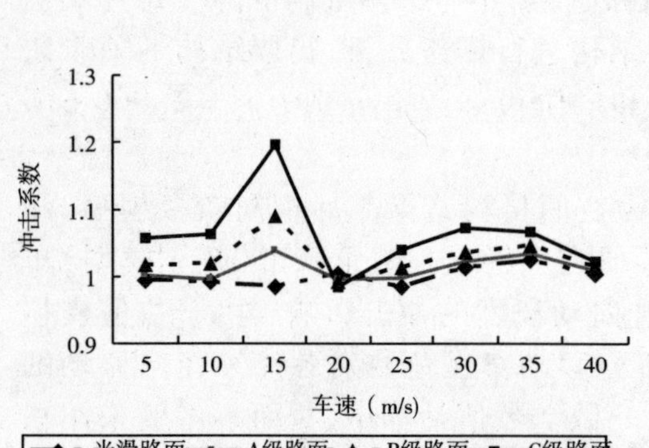

图4 不同路面等级的边梁(1号)冲击系数

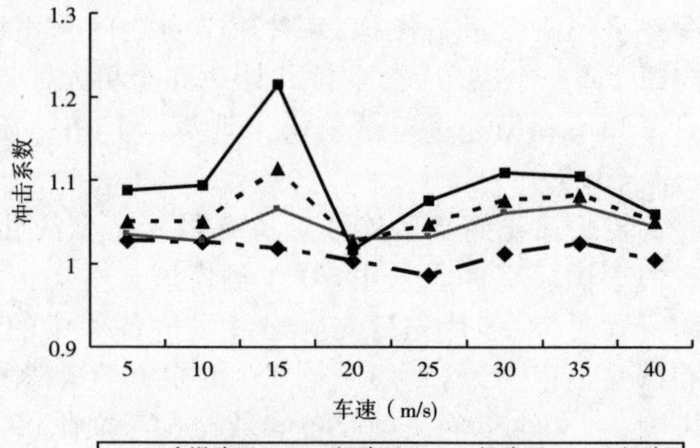

图5 不同路面等级的次边梁(2号)冲击系数

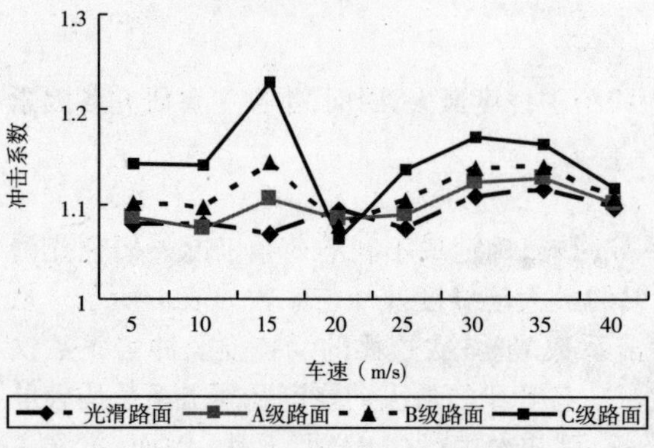

图6 不同路面等级的中梁(3号)冲击系数

表2 工况一各片梁最大冲击系数对照表

路面等级	边梁(1号梁)	次边梁(2号梁)	中梁(3号梁)
光滑	1.024	1.059	1.116
A级	1.038	1.069	1.128
B级	1.089	1.113	1.144
C级	1.196	1.214	1.229

2.2.3　车辆行驶速度

车辆行驶速度对桥梁冲击系数的影响，与多种因素交织在一起，共同影响着桥梁结构动力响应。图4～图6给出了不同路面等级，车辆以5～40 m/s（对应18～144 km/h）速度行驶时，边跨各片梁的跨中截面冲击系数。从图4～图6可以看出，光滑桥面上，各片梁的冲击系数随行驶速度波动较小；受模拟的路面不不平顺影响，该车辆荷载在15m/s时，冲击系数有个极大值，在20m/s时，冲击系数有个极小值，这主要与路面不平顺峰值有关；各种路面不平顺激励作用下，各片梁的冲击系数随行车速度有相同的变化趋势。

2.2.4　车辆荷载

为了研究车辆荷载对桥梁冲击系数的影响，本文研究重车（满载，车辆自重33t，自振频率1.6Hz，）和轻车（卸载，车辆自重13t，自振频率2.55Hz）两种车辆对光滑路面的桥梁冲击系数影响。图7和图8分别为轻车和重车以不同速度按工况一（偏载）行驶在不同等级路面时，次边梁的冲击系数影响曲线；表3为轻车和重车以不同速度按工况一（偏载）行驶在不同等级路面时，各片梁最大冲击系数对照表。从表3及图8、图9中可以看出，光滑桥面下，两种车辆对次边梁的冲击系数有相同的变化关系；各种不同等级路面作用下，轻车对各片梁的冲击系数均较重车大，这说明车辆荷载对桥梁冲击的影响，车辆自振频率与桥梁基频的关系是一个主要影响因素；相同路面不平顺激励作用下，两种车辆的冲击系数极小值对应的车速不同，这说明车辆对粗糙的桥面冲击作用，受车速、路面不平顺、车辆基频等多种因素共同作用；随着路面状况的恶化，轻车的冲击系数波动较重车大。

表3　轻车与重车分别作用下，各片梁最大冲击系数对照表

路面等级	边梁(1号梁)		次边梁(2号梁)		中梁(3号梁)	
	轻车	重车	轻车	重车	轻车	重车
光滑路面	1.043	1.024	1.071	1.059	1.131	1.116
A级路面	1.144	1.038	1.161	1.069	1.208	1.128
B级路面	1.208	1.089	1.228	1.113	1.370	1.144
C级路面	1.254	1.196	1.367	1.214	1.394	1.229

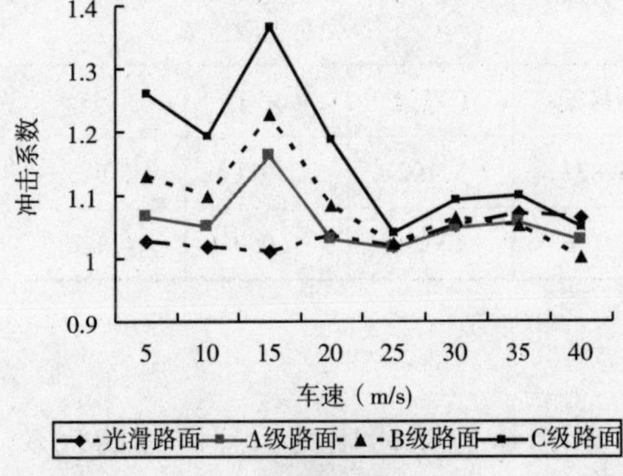

图7　次边梁冲击系数变化曲线（轻车、偏载）

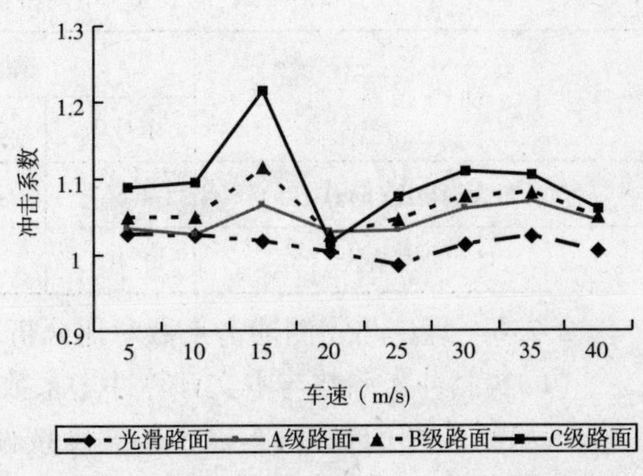

图8　次边梁冲击系数变化曲线（重车、偏载）

2.2.5　桥型状况

按照《桥规》对汽车荷载的冲击系数规定,无论桥梁结构采用何种桥型,汽车荷载对桥梁的冲击系数均采用桥梁结构基频来确定。为了研究汽车荷载对结构基频相同、桥型不同的两种梁桥的冲击系数差别,采用相同的分析方法,分析了相同截面形式的简支梁桥冲击系数。简支梁桥的一阶自振频率与连续后的梁桥的一阶自振频率相同,两种桥型的一阶振型均为竖向振动,这也就是说,按照《桥规》对冲击系数的规定,这两座基频相同梁桥计算得到的设计冲击系数是相同的。为了比较两种桥型各片梁的冲击系数差异,以下研究工况一(偏载)下,车辆分别以不同速度行驶在光滑路面时,对各片梁的冲击系数影响。

图 9 和图 10 分别为车辆荷载按工况一行驶在光滑路面时,对各片梁的冲击系数;表 4 为各片梁的最大动挠度及冲击系数对照表。从图 9、图 10 和表 4 可以看出,截面形式及结构基频相同的简支梁桥和先简支后连续梁桥,简支梁桥的最大动挠度(边梁 4.667mm)明显要大于连续梁桥最大动挠度(边梁 3.192mm);相同速度下,简支梁桥各片梁的冲击系数之差较先简支后连续梁桥小;先简支后连续梁桥跨中截面各片梁的冲击系数相差较大,边梁的冲击系数最大,中梁的冲击系数最小;对比简支梁桥与先简支后连续梁桥的冲击系数可以看出,简支梁桥的冲击系数随速度波动较先简支后连续梁桥大,且简支梁桥各片梁的冲击系数较连续梁桥大。同时也可以看出,无论哪种桥型,车轮作用点处的边梁、次边梁的冲击系数略大一些,非车轮荷载接触点处中梁的冲击系数最小。

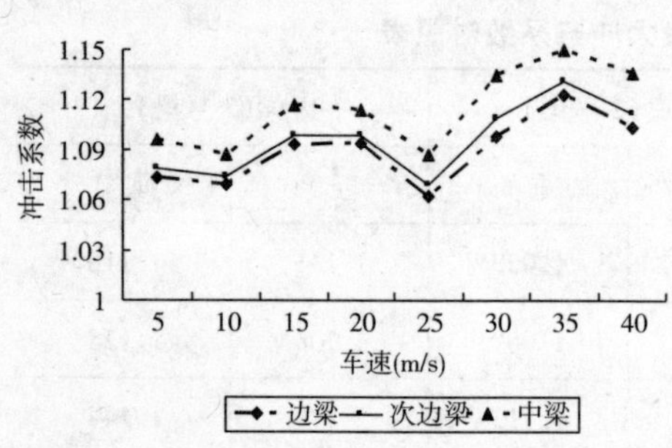

图 9　简支梁桥冲击系数对比曲线

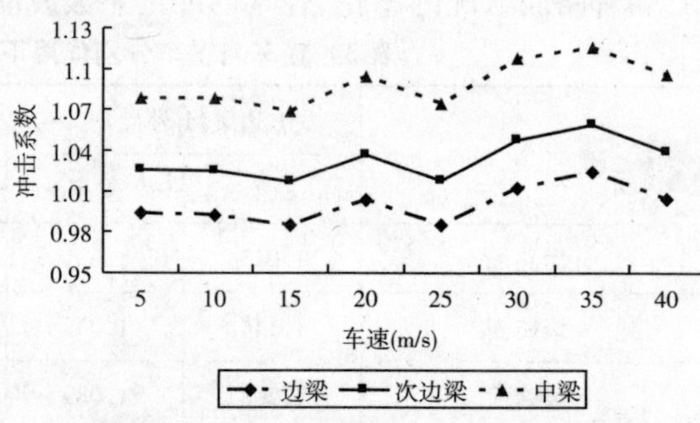

图 10　先简支后连续梁桥冲击系数对比曲线

表 4　不同桥型各片梁最大动响应

动力指标	简支梁桥			先简支后连续		
	1 号梁	2 号梁	3 号梁	1 号梁	2 号梁	3 号梁
最大动挠度(mm)	4.667	4.335	3.827	3.192	2.981	2.618
最大冲击系数	1.103	1.111	1.136	1.024	1.059	1.116

2.2.6　理论与实测冲击系数对比分析

(1)实测冲击系数与本文计算冲击系数对比分析

现场测试 33t 自卸汽车以不同速度按偏载工况行驶时,次边梁跨中的位移时程曲线及应变时程曲线。计算车辆不同速度下的冲击系数,并与光滑路面及 B 级路面下的冲击系数对比分析,计算结果如图 11 所示。从图中可以看出:

①实测位移冲击系数和应变冲击系数基本一致，应变冲击系数稍大于位移冲击系数；

②桥面不平顺对汽车冲击系数影响很大，当考虑桥面不平顺时，汽车冲击系数随路面等级显著增加；实测冲击系数与B级路面的冲击系数较接近，这也说明该桥面状况处于B级状态；

③采用数值模拟方法计算得到的汽车冲击系数与实际测量得到的汽车冲击系数拟合较好。

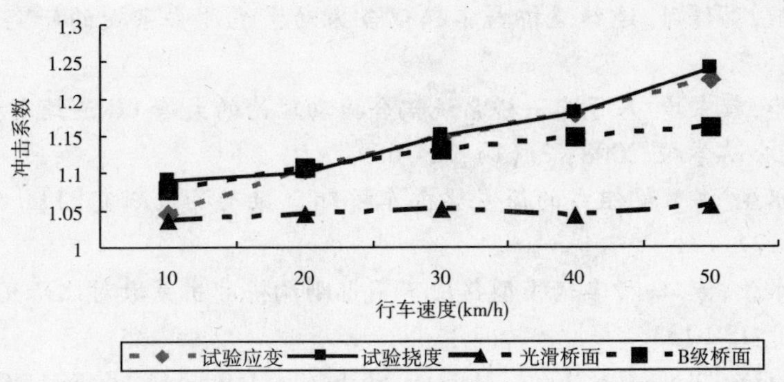

图11 偏载工况边跨次边梁(2号)冲击系数对比曲线

(2)与各国规范的冲击系数比较研究

对于该典型桥梁，根据各国规范所计算得到的冲击系数如表5所示。对比数值模拟结果与各国规范对冲击系数的规定，可以看出中国1985年桥规及德国DIN 1072规范偏小；中国《桥规》、美国AASHTO 2007规范[10]及前苏联等确定的冲击系数较接近；考虑各种影响桥梁冲击系数的因素，我国现行的《桥规》基本满足要求。

表5 按各国规范计算的多片先简支后连续梁桥冲击系数

规范	美国 AASHTO 2007	日本	前苏联	中国 1985桥规	中国《桥规》	德国 DIN 1072	加拿大 OHBDC—1982	本文计算（B级、最大）
冲击系数	0.195	0.111	0.1667	0.0375	0.1687	0.08	0.4	0.148

3 结语

考虑桥面不平顺随机激励的影响，建立车桥耦合振动的三维振动方程，运用模态综合叠加法，并结合newmark－β数值积分方法对桥梁振动响应进行求解。以四跨先简支后连续为算例，分析各种因素对桥梁冲击系数的影响，可以得出以下结论：

(1)路面不平顺对桥梁冲击系数影响显著。

(2)车辆行驶速度对桥梁冲击系数的影响，与车辆基频、路面不平顺的等多种因素掺杂在一起共同影响桥梁振动响应。

(3)车辆自振频率与桥梁结构基频越接近，车辆对桥梁的冲击影响越大。

(4)汽车荷载对基频相同、桥型不同梁桥的冲击系数并不相同，简支梁桥冲击系数大于连续梁桥的冲击系数。

(5)算例中的先简支后连续梁桥的实测应变和实测挠度冲击系数与数值计算B级路面下的冲击系数较接近；考虑各种影响冲击系数的因素《桥规》偏安全。

参 考 文 献

[1] 宋一凡,贺栓海.公路桥梁冲击系数的影响因素分析[J].西安公路交通大学学报,2001,21(2):47-49.

[2] 盛国刚,彭献,李传习.连续梁桥与车辆耦合振动系统冲击系数的研究[J].桥梁建设,2003,(06):5-7.

[3] 袁明,余钱华,颜东煌.基于车—桥系统耦合振动理论的大跨PC连续刚构桥冲击系数研究[J].中国公路学报,2008,21(1):72-76.

[4] 桂水荣,陈水生.多片梁组成的简支梁桥车桥耦合振动响应研究[J].中外公路,2008,28(4):173-177.

[5] 吴铭汉,桂水荣,等.四种车辆模型作用下T形刚构桥冲击系数对比研究[J].中外公路,2008,28(6):130-133.

[6] Dongzhou Huang; Ton – Lo Wang; Mohsen Shahawy. Impact Analysis of Continuous Multi-girder Bridges due to Moving Vehicles[J]. J. Struct. Engrg, 1992,118(12): 3427-3443.

[7] 桂水荣,陈水生,等.基于Fourier逆变换法的桥面不平度模拟及测试分析[J].公路工程,2007,32(6):39-43.

[8] Henchi K.; Talbot M.; Dhatt G.; Fafard M. An efficient algorithm for dynamic analysis of bridges under moving vehicles using a coupled modal and physical components approach[J]. Journal of Sound and Vibration, 1998,212(4): 663-683.

[9] 桂水荣,陈水生.单车荷载作用下T形刚构桥车致振动响应研究[J].华东交通大学学报,2009,26(04):43-49.

[10] AASHTO (2007), "AASHTO LRFD Bridge design Spesifications," American Association of State Highway and Transportation Official, Washington, D,C.

97　波浪载荷下桥墩防护装置垂向冲击承台的有限元仿真

彭　晟[1]　吴卫国[1,2]　潘　晋[1]　夏子钰[1]

（1.武汉理工大学交通学院；2.高速船舶工程教育部重点实验室）

摘　要　本文在研究桥-桥墩防护装置碰撞机理的基础上，结合实例仿真了防撞装置碰撞与桥梁承台碰撞的全过程，采用非线性有限元分析软件 MSC. Dytran/Patran 建立模型计算分析出防撞装置的局部强度和承台所受冲击力。详细叙述了单元尺寸的控制、材料模型和失效准则的选取、接触及摩擦力的定义等碰撞分析中需要考虑的问题。获得并分析了防撞装置和承台的冲击响应的一般规律和特点，从而可为桥梁防撞设计、维护和加固等提供一系列有意义的结论。

关键词　桥梁防撞　非线性有限元仿真　防护装置　承台加固

1　序言

嘉兴至绍兴路线将跨越宽阔的钱塘江河口尖山河段，成为国家重点公路"纵 1"在浙江省路段（由苏州至嘉兴，经上虞、台州、丽水至南平）中的关键路段。嘉兴至绍兴跨江通道杭州湾大桥的建设将完善该跨江通道交通网络，缓解杭甬及沪杭跨江通道的交通压力。同时由于航行船舶撞击桥梁的事故长期普遍存在，对桥梁和人员生命安全造成严重伤害，在实际应用中常设置防撞装置来防御船舶撞击，特别是浮式消能防撞钢套箱应用较为广泛。考虑通航要求，在嘉兴至绍兴跨江公路大桥设置了防撞装置。桥墩设置的浮式消能防撞钢套箱随着水位浮沉，保护塔墩。但由于本桥所处位置受钱塘江涌潮影响，水位差别较大，设施随水位起浮，在最低通航水位时设施会通过 8 根钢管搁置在承台上。虑当被涌潮托起的套箱随涌潮突然滑落撞向承台上时，防撞箱以一定速度撞向承台，需要考虑钢管及其与套箱相连部位的局部强度，和承台所受的冲击力。

根据当前资料显示，目前国内外理论研究、碰撞实例调查和模型试验的研究焦点集中在船舶的撞击动能、船舶对桥墩或者防撞系统的撞击力、船舶与桥墩或防撞系统的能量吸收及船舶与防撞系统碰撞过程等方面，但国内外尚未见到对桥梁防撞装置与桥梁自身碰撞进行有限元仿真。在嘉绍大桥实际应用中，梁防撞装置与桥梁自身的碰撞是防撞装置在浪涌作用下连续短时（0.5s 左右）碰撞桥墩承台的一种复杂的非线性动态响应过程。碰撞过程中存在着大量的非线性和运动非线性现象，如材料非线性、几何非线性、接粗非线性和运动非线性等。这些特点使得桥墩防撞装置与桥碰撞的研究变得比较复杂和困难。现有船舶碰撞问题的研究方法和理论主要有 Minorsky 方法[1]、汉斯—德鲁彻理论、沃辛理论、各种简化解析方法,简化内部机理的数值解法、试验方法和有限元法等。其中有限元法是目前公认的最有效的方法,它可以计入结构变形、接触、材料非线性和破裂,还可以计算结构之间的变形和受力偶的关系,因此能比较真实地模拟防撞装置与桥墩承台碰撞的力学过程。文中利用显示非线性有限元程序 MSC. Dytran/Patran 对嘉兴至绍兴跨江通道杭州湾大桥的主墩防撞装置与桥墩承台之间的碰撞进行动态仿真模拟。

2 碰撞仿真有限元模型的建立

采用有限元方法对碰撞问题进行分析,比较关键的一步就是建立合理并可行的碰撞有限元模型。由于碰撞问题本身的复杂性,给碰撞模型的建立带来一定困难,文中对模型进行了适当的简化,并对相关重要参数(如材料模型、失效准则、接触的定义和碰撞速度等等)的选取进行了确定。

2.1 结构的简化

文中的主要研究目的是求出防护装置在碰撞下的破坏变形情况以及承台所承受的冲击载荷,所关心的是防撞装置结构的可靠性和承台的安全,因此防护装置的有限元模型完全按照实际的形式和尺寸建立,仅把结构中极小结构(如小肘板、尖角过渡、开孔等)进行了适当的等效处理,以免网格划分时出现了极小尺寸单元,导致了积分步长大大减少,影响整个仿真分析的计算效率。承台结构则按照实际尺寸和材料形式建立,见表1、表2。由于防撞装置与承台均为对称结构,建模取四分之一结构进行分析,见图1。

有限元模型坐标系:x 轴指向型宽、y 轴指向型长方向、z 轴指向高度方向。有限元模型含承台和防撞箱及支腿,包括各层平台板,纵横舱壁板,扶强材,桁材等,其中平台板、纵横舱壁板、支腿及其腹板等采用板壳单元,扶强材、桁材采用梁单元,承台采用体单元。整个模型包含 8 992 个单元,4 762 个节点。

表1 防撞装置的主尺度

型长(m)	型宽(m)	型深(m)	吃水(m)	排水量(t)
31.8	27.2	4.0	1.8	800.0

表2 桥梁承台的主尺度

长(m)	宽(m)	高(m)
42.5	27.5	6.0

图1 防撞装置及承台有限元模型

2.2 单元尺寸的控制

显式有限元计算的主要特点是采用时步积分,而时间步长的确定主要依赖于整个模型的最小单元特征长度,如果在有限元模型中出现一个极小尺寸的单元,将会导致时间步长急剧减小和整个计算时间的大幅度增加,因此在有限元网格中要尽量避免极小单元的出现[2]。文中的有限元模型均采用控制单元边长的方法来控制网格的大小,最小特征长度控制在 100mm 左右:

$$\Delta t \leqslant \Delta t_{cr} = \min(L^e / C_d) \tag{1}$$

2.3 材料模型和失效准则

非线性碰撞的数值仿真中，除了材料的选取外，合理选择结构材料的本构关系也是碰撞分析中的重要内容。简化的解析方法通常采用刚塑性材料模型，为了真实的反映材料的特性，文中防撞装置将采用两种不同的材料模型，承台则采用混凝土模型。

(1)对于发生塑性变形的防护装置及支腿采用各向同性硬化的随动塑性材料模型，其屈服应力 σ_y 由式(2)给出：

$$\sigma_y = \sigma_0 + \frac{EE_h}{E - E_h}\varepsilon_p \tag{2}$$

式中：σ_0——初始屈服应力，取为 2.35×10^8 N/m²；

E——弹性模量，取为 2.06×10^{11} N/ m²；

E_h——硬化模量，取为 1.18×10^9 N/m²。

其余材料常数分别为：密度 ρ:7850kg/m²，泊松比 μ:0.3。

碰撞是一个动态响应的过程，材料的动力特性影响不能忽略，由于防撞装置所用低碳钢的塑性性能对应变率是高度敏感的，其屈服应力和拉伸强度极限随应变的增加而增加，所以在材料模型中必须引入应变敏感性的影响，材料应变变率的敏感性的本构方程有许多，文中采用与实验数据符合得较好的 Cowper - Symonds 本构方程[3]：

$$\frac{\sigma'_0}{\sigma_0} = 1 + \left(\frac{\varepsilon}{C}\right)^{\frac{1}{p}} \tag{3}$$

式中：σ'_0——在塑性应变率 ε 时的动屈服应力；

σ_0——相应的静屈服应力，C 和 p 对于具体材料来说是常数，对防撞装置所用的船用钢而言，$C = 40.4$ 和 $p = 5$。

(2)对于承台基础的混凝土材料采用 Colorado 帽盖模型[4]，该模型为塑性模型，可以很好地表达混凝土在碰撞中的硬化效应。相关参数选取详见表3。

表3 混凝土材料参数

ρ(kg/m³)	α	β	θ	γ
2 700	2.7×10^7	1.4×10^{-7}	0.11	8.0×10^6
ω	G(N/m²)	D	K(N/m²)	X_0
0.42	1.1×10^{10}	4.6×10^{-10}	1.4×10^{10}	1.1×10^8

注：ρ——混凝土密度；α——破坏包络线参数；β——破坏包络线指数；θ—破坏包络线线性参数；γ——破坏包络线指数参数；ω——硬化法则系数；G——剪切模量；D——硬化法则指数；K——体积模量；X_0——硬化法则指数。

(3)材料的失效非常复杂，文中通过最大塑性实效应变来定义材料的失效，即当结构单元的等效塑性应变达到定义的单元最大塑性失效应变时单元失效，失效后的单元将不再参与后面的计算，并不在具有强度，但是单元的最大塑性应变很难确定，它与材料本身的物理特性和计算模型中的单元大小有关，最新的试验与研究结果表明，当模型中的单元特征长度均大于 50mm 时，材料的最大塑性失效应变为 30%，文中的最小单元特征长度为 100mm，因此，最大塑性失效应变取为 0.34[5]。

2.4 接触的定义及摩擦力的影响

文中的碰撞结构之间的相互作用使用了收敛性较好的接触算法来完成,在可能发生碰撞(或接触)作用的结构之间定义接触面,本文选用主从面接触算法(Master - Slave Surface),其基本步骤为:在每一个时间段,程序检查从属面上的每一个节点,首先找出距离该点最近的主面面段,看节点是否穿透了该面段。如果没有,计算继续进行。如果已经穿透,程序将在垂直与主面的方向上施加作用力(接触力)阻止进一步穿透的发生。作用力的大小取决于穿透量的大小以及接触处的双方单元的特性。此外,由于接触算法是不对称的,程序针对每个从属面节点检查其是否穿透主面,但反过来缺并不检查主面节点是否穿透从属面。因此,为防止沙漏现象或错误的计算结果,选择网格细的面为从属面。

接触面之间有摩擦力,摩擦力的大小等于摩擦系数乘以法向接触力。摩擦系数的计算按照以下公式:

$$\mu = \mu_k + (\mu_s - \mu_k) e^{-\beta v} \tag{4}$$

式中:μ_s——静摩擦系数;

μ_k——动摩擦系数;

β——指数衰减系数;

v——主从面之间的相对滑动速度。

文中研究对象之间的摩擦问题属于钢与混凝土之间的摩擦,钢与混凝土之间的摩擦系数随着钢材表面粗糙度的不同而变化很大,而且还与接触区的变形阶段有关。考虑到摩擦能量的损失并不大且文中算例变形较小,对摩擦计算采用简化处理,设静摩擦系数为0.7,动摩擦系数为0.1,且不随压力变化。

2.5 碰撞速度的假定

主墩设置的浮式消能防撞钢套箱随着水位浮沉,保护塔墩。由于本桥所处钱塘江水位差别较大,设施随水位起浮时在最低通航水位时会搁置在承台,在设施自身吃水1.8m,在水位+1.6m时,设施会通过8根钢管搁置在承台上。由潮位和涌的关系可知:桥址处5年一遇涌高下,低潮位为3.3~-2.3m,当潮差为百年一遇(9.13m)时涌高3.0m,5年一遇(8.39m)时涌高为2.50m。考虑当被涌潮托起的套箱随涌潮突然滑落撞向承台上,并分别考虑平均波高和最大波高时的情况来取防撞箱撞击承台的速度,分别取最大波高时的撞击速度为1.344 m/s,平均波高时的撞击速度为0.134 4 m/s。

3 数值仿真结果及其分析

数值仿真计算采用大型非线性有限元动态响应分析程序 Msc/Dytran。防护装置和承台之间有1m的初始距离,防撞装置在重力及破浪的作用下砸向承台。从分析结果的动画显示中可以看到:防撞装置在下落撞向承台接触后马上向上回弹,然后由再次下落砸向承台,如此反复直至防撞装置搁置在承台上,碰撞结束。在整个碰撞过程中防撞装置和承台未发生明显的塑性变形。以下将具体给出数值仿真的结果及其分析。

3.1　防撞装置的结构变形

由于防撞装置撞击承台的速度较小，防撞装置未发生塑性变形仅有较小弹性变形。变形不在碰撞接触面而集中在防撞箱与支腿连接处和其附近肘板处，且该处最大应力为231 MPa接近材料的静屈服强度。这表明防撞装置的整体强度足够不用加强，只有局部应力较大。因此在设计此类受垂向载荷的防撞装置时，应该考虑其局部强度并适当进行局部加强或改变结构形式。

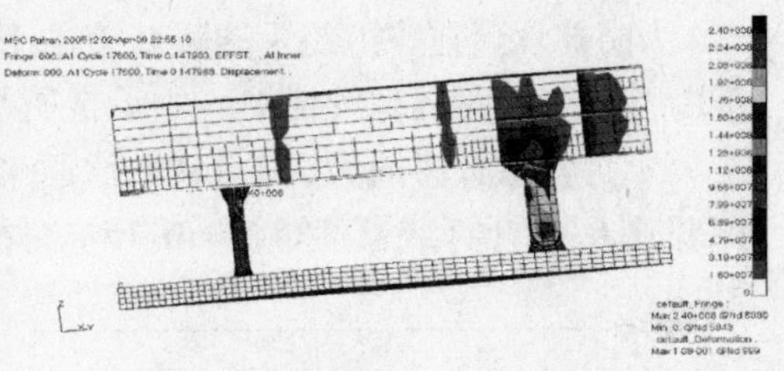

图2　防撞装置应力云图

3.2　承台所受到的碰撞力

承台所受到的碰撞力大小是桥梁设计单位重点关心的指标，如果通过防护装置撞击承台的作用力大于桥墩的设计承载力，那么这个防护装置的设计是不合理的。图3给出的是碰撞过程中桥墩承台所受到的碰撞力（这里只取z方向的碰撞力）时序曲线。从图中可以看出，碰撞力曲线具有很强的非线性特征，在防护装置未与承台接触时，碰撞力为零。随着碰撞过程的进行，碰撞力不断增大到最大值，然后随着防撞装置弹起碰撞力减小到零，之后防撞装置下落再次碰撞承台，碰撞力又不断增大到一个较大值，然后再次随防撞装置弹起碰撞力逐渐减小到零，如此往复，直至防撞装置静置在承台上，碰撞结束。承台碰撞力时序曲线计算结果中承台的约束反力即为受到的碰撞力，而每个约束点的约束反力都是随时间变化的，为了明确每一时刻桥墩所受到的总作用力，可以在每个时刻将承台各约束点的作用力相加。由计算结果可得，最大碰撞力为2 MN，发生在$t=0.15$ s的时刻，小于桥梁的设计承载力。

3.3　碰撞过程中的能量转换

碰撞过程中防撞装置能量变化见图4，在防护装置未碰及承台时，动能逐渐增大，而在与防护装置碰撞后，动能迅速减少内能急速增大，之后防撞装置反弹上升，动能逐渐增大至较大值，内能逐渐减小，随着碰撞的反复防撞装置的动能逐渐转换为变形能，仅有极小部分由于摩擦的作用而转换为沙漏能，可忽略不计。承台在碰撞过程中作为刚体其能量变化基本为零。计算结果显示，碰撞开始时的总能量，也即防撞装置的撞击动能为45.3 MN·m，到$t=0.15$ s时，动能为7.5MN·m，内能为36.9 MN·m，沙漏能为0.9 MN·m。而从图4可以看到，结构的变形能曲线与动能曲线的变化趋势几乎正好相反，由最初的能量为零增至$t=1.08$ s时刻的55.32MN·m。可见，在不考虑承台变形时，撞击动能的大部分将转化为防护装置的变现能。

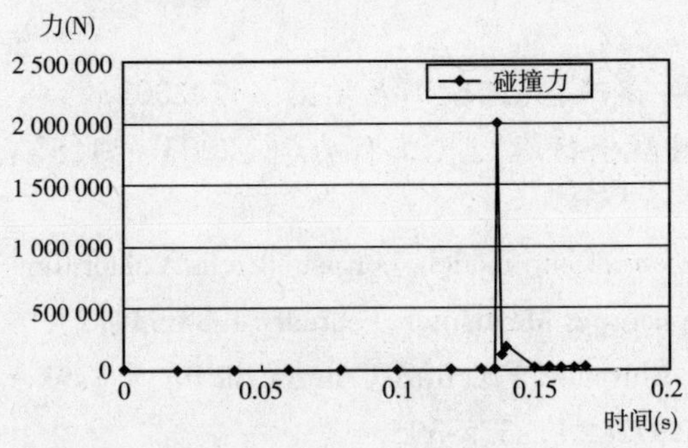

图3　碰撞力时间历程曲线

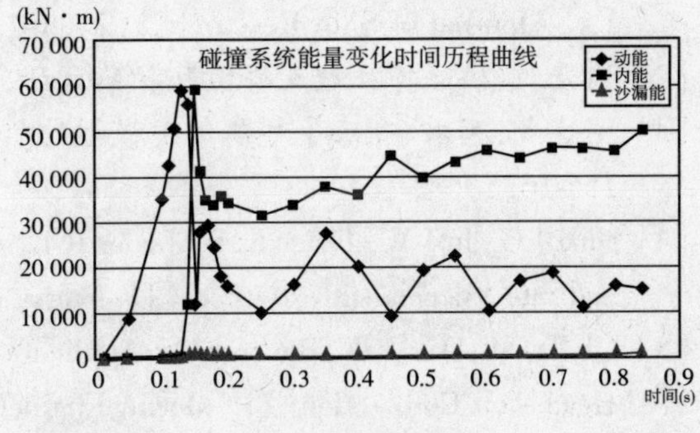

图4　能量变化曲线

3.4 承台加装橡胶层后的碰撞力和能量转换

为防护承台在防撞装置的频繁撞击下受损,在承台表面铺上一层橡胶减缓撞击力。计算结果显示,多了一层橡胶保护层的承台所受到的碰撞力随时间变化的趋势与未加橡胶保护层的一致,但其最大碰撞力为1.1MN,比原来减小了45%,见图5。而橡胶层的能量变化则比较小,见图6,有计算结果可知,$t=0.15$ s时橡胶层的变形能为0.12 MN·m,占总能量的0.26%。

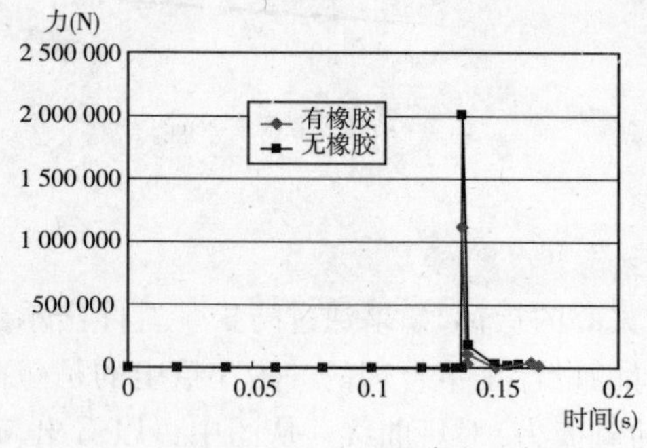

图5 加橡胶层后碰撞力时间历程曲线

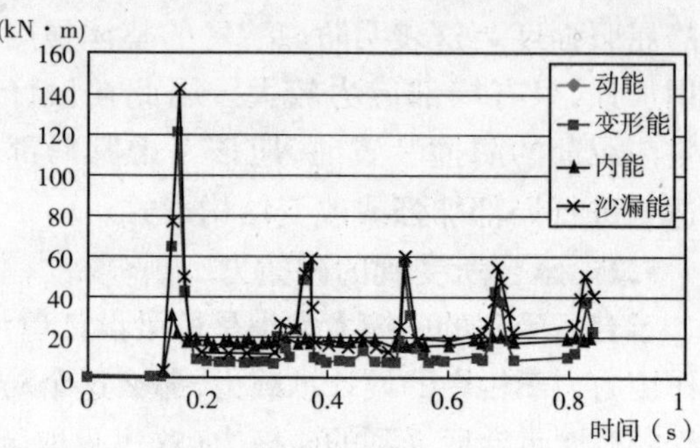

图6 橡胶层—能量变化曲线

4 结语

计算结果说明该防护装置的设计尺寸是合理的,适于实际施工建造,得出如下结论:

(1)由静载和动载计算结构可知,防撞箱及支腿结构均满足设计和使用要求。

(2)设计浮式防撞装置时,在满足水平方向防撞要求的同时,应该考虑其受到垂向载荷时的局部强度并予以加强。

(3)为了防止支腿频繁碰撞承台使其疲劳,可以在承台上添加一层耐腐蚀橡胶,可大大减小碰撞力,以及承台和支腿底部的应力。

另外,文中根据实际工程的需要,对有限元模型进行了大规模的简化,这些简化对于桥墩的防撞研究而言是偏于安全的。但是有限元模型的简化也必然会带来一定的不足:比如将碰撞过程假设为防撞装置的跌落撞击过程,而忽略了水的阻尼作用,即未考虑流固耦合的作用。

参考文献

[1] Minorsky V U(1959). "Ananalysis of ship collision to protection of nuclear powered plant" [J]. Journal of Ship Research,3(2):1-4.

[2] 潘晋.船桥碰撞机理及桥墩防护装置研究:[D].武汉:武汉理工大学图书馆,2003.

[3] 刘建成,顾永宁.基于整船整桥模型的船桥碰撞数值仿真[J].工程力学, 2003, 20(5): 155-162.

[4] Simo J C, Ju J W, Pister K. S, Taylor R L. Assessment of cap model: consistent return algorithms and rate - dependent extension [J]. Journal of Engineering Mechanics, February 1988,114(2).

[5] Glykas A, Das P K, Barltrop N. Application of Failureand Fracture Criteria during a Tanker Head - on Colli - sion[J]. Ocean Engineering,2002(28):375-395.

98 桥梁结构爆炸荷载特性研究

胡志坚[1] 胡钊芳[2]

(1.武汉理工大学交通学院;2.江西省交通运输厅)

摘 要 桥梁爆炸事故不断增多,桥梁结构抗爆炸问题越来越受到关注,但现阶段我国关于桥梁结构在爆炸荷载作用下的动力响应研究几乎是空白。本文拟通过现有国内外结构抗爆研究分析,在总结爆炸冲击波荷载研究的基础上,提出桥梁结构的爆炸荷载特性与结构响应特点研究。

关键词 混凝土桥梁 爆炸荷载 破坏形式 动力响应

1 引言

目前,由于潜在恐怖袭击或偶发事故造成的桥梁爆炸事故不断增多,使桥梁结构抗爆炸问题越来越受到关注。桥梁关键部件受到爆炸荷载作用会导致桥梁结构破损和重大人员伤亡惨剧,造成巨大的经济损失和社会影响,并严重影响桥梁的使用安全。另外,对于采用爆破方式进行旧桥拆除是目前常用的工程手段之一,如图1、图2所示。但现阶段我国关于桥梁结构在爆炸荷载作用下的动力响应研究几乎是空白。我国的桥梁结构荷载规范没有考虑爆炸冲击等特殊荷载的作用,相关规范也没有对桥梁结构的抗爆炸提出针对性的构造要求。爆炸荷载属于一种随时间变动的动态特性荷载,材料在动态荷载与准静态荷载作用下将表现出完全不相同的变形特征。类似地,结构在爆炸荷载作用下也将表现出与准静态荷载情况不同的破坏形式,而且结构在爆炸荷载作用下的破坏形式还与结构自身特性密切相关。因此,只有充分了解结构对爆炸荷载的响应特征后才能准确掌握结构的抗爆能力。尽管现阶段已开展了针对重要的政府大楼、军事设施和石化设施等建筑结构的结构抗爆研究,但这远不能适应桥梁建设与维护的需要。桥梁结构抗爆问题具有明显的自身结构特点,其抗爆研究与建筑结构抗爆、桥梁抗震和其他振动问题完全不同,不可能将传统的结构抗爆、桥梁抗震等研究成果直接移植到桥梁抗爆设计中。本文拟通过现有国内外结构抗爆研究分析,在总结爆炸冲击波荷载研究的基础上,提出桥梁结构的爆炸荷载特性与结构响应特点研究。

图1 某桥炸毁现场

图2 美国 Crown Point - Addison 桥爆破拆除瞬间

2 爆炸荷载理论与分析

2.1 爆炸空气冲击波荷载计算

空气冲击波超压及其随距离和时间的衰减、超压持续时间、冲击波冲量、反射超压等是空气冲击波的基本力学特征。由图3可以看出,当爆炸空气冲击波到达空间一固定点后,该处的压力突然上升至冲击波超压,然后随时间的推移逐渐降低,有一段时间小于周围环境压力,形成负压,然后慢慢升至周围环境压力。在抗爆结构分析设计中,往往不考虑负压作用,只考虑正压作用效应,对于空气冲击波作用范围内任一点,典型的爆炸冲击波压力—时间曲线为指数衰减形式:

$$p = p_s\left(1 - \frac{t}{t_+}\right)e^{-b\frac{t}{t_+}} \tag{1}$$

式中:p——冲击超压;

p_s——超压峰值,MPa;

t——冲击波作用时间;

t_+——正压作用时间;

b——常数,一般取1~5。

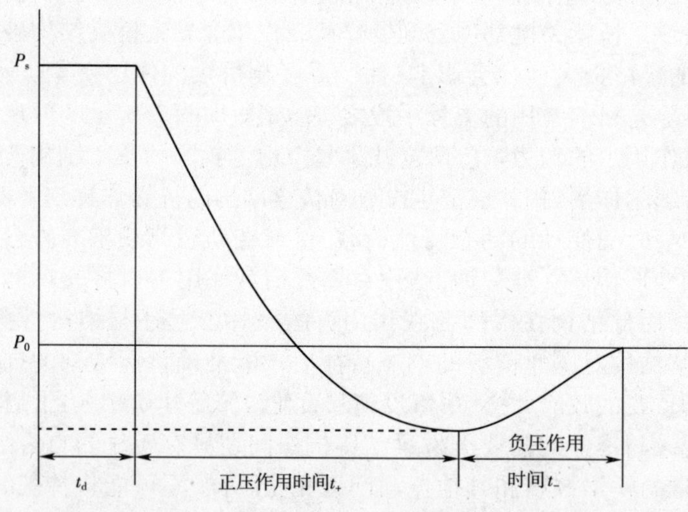

图3 爆炸空气冲击波超压随时间衰减图

各国学者根据爆炸立方根相似律和大量试验或数值模拟给出了空气冲击波参数的近似公式[1]。

2.1.1 超压峰值

$$\text{Brode 数值解}: P_s = \begin{cases} \dfrac{0.0097\,5}{Z} + \dfrac{0.145\,5}{Z^2} + \dfrac{0.585}{Z^3} - 0.001\,9, & 0.01 \leqslant P_s \leqslant 1.0 \\ \dfrac{0.67}{Z^3} + 0.1, & P_s \geqslant 1.0 \end{cases} \tag{2}$$

式中:$Z = R/\sqrt{W}$——比例距离,m/kg$^{1/3}$;

R——爆距,m;

W——炸药 TNT 当量,kg。

$$P_s=\begin{cases}\dfrac{0.076}{Z}+\dfrac{0.255}{Z^2}+\dfrac{0.65}{Z^3},1\leqslant Z\leqslant 15\\ \dfrac{1.07}{Z^3}-0.1,Z\leqslant 1.0\end{cases}\tag{3}$$

苏联学者公式:

$$\text{Henrych 公式}:P_s=\begin{cases}\dfrac{1.407\ 17}{Z}+\dfrac{0.553\ 97}{Z^2}+\dfrac{0.035\ 72}{Z^3}+\dfrac{0.000\ 625}{Z^4},0.05\leqslant Z\leqslant 0.3\\ \dfrac{0.619\ 8}{Z}+\dfrac{0.032\ 62}{Z^2}+\dfrac{0.213\ 24}{Z^3},0.3\leqslant Z\leqslant 1\\ \dfrac{0.066\ 2}{Z}+\dfrac{0.405}{Z^2}+\dfrac{0.328\ 8}{Z^3},1\leqslant Z\leqslant 10\end{cases}\tag{4}$$

$$\text{我国规范}:P_s=0.085\ 1\left(\frac{1}{Z}\right)+0.273\ 577\ 5\left(\frac{1}{Z}\right)^2+0.709\ 275\left(\frac{1}{Z}\right)^3,1\leqslant Z\leqslant 10\tag{5}$$

不同冲击波超压峰值在 $Z<0.2$ 时差异较大,苏联学者公式结果较 Brode 数值解高出许多,而 Henrych 公式比 Brode 数值解小很多在 $Z>1.0$ 时各公式之间的误差相对较小,我国规范结果最大,Brode 数值解结果最小,两者相差 20% 左右。因此,偏安全地超压峰值可按我国规范公式计算。

2.1.2　超压作用时间

Sadofskyi 提出:

$$t_+=B\times 10^{-3}W^{1/6}\sqrt{R}\tag{6}$$

式中:B 的取值:Baum 取 1.5,Pokrovski 取 1.3,Naumenko 取 1.0。

Henrych 提出:

$$\frac{t_+}{W^{1/3}}=10^{-3}(0.107\ 0+0.444Z+0.264Z^2-0.129Z^3+0.033\ 5Z^4)(s/kg^{1/3}),Z\leqslant 3\tag{7}$$

(3)反射超压

空气冲击波对结构的破坏作用由反射超压或冲量体现。反射超压峰值:

$$P_r=2P_s+6P_s^2/(P_s+0.72)\tag{8}$$

$$\text{反射超压的比冲量(单位面积上的冲量)}:\begin{cases}i_r=A\dfrac{W^{2/3}}{R}(Pa\cdot s)\quad R\geqslant 0.5^3W(\mathrm{m})\\ i_r=240\dfrac{W}{R^2}(Pa\cdot s)\quad R<0.5^3W(\mathrm{m})\end{cases}\tag{9}$$

式中:$A=500\sim 600$。

2.2　爆炸荷载作用下结构动力响应分析方法

国内外许多学者对结构或构件在爆炸荷载作用下的动力响应进行了分析,综合起来有理论分析法、简化单自由度分析法(SDOF)、数值分析法和试验方法等,如表 1 所示。理论分析法是利用基本的弹塑性动力学、断裂力学、损伤力学、冲击动力学、应力波理论和能量原理等基本力学原理对结构构件进行分析,虽然理论分析法可以给出结构构件非常精确的反应分析,但是由于爆炸空气冲击波荷载、材料本构关系和边界条件的复杂性,在实际应用中受到很大限制,只能解决极少数简单的问题;Biggs 利用能量守恒原理提出的等效单自由度计算方法可以给出基本结构构件在爆炸荷载作用下动力反应特征的极好近似,所以在实际工程中得到广泛的应用;动力非线性有限元技术由于可以综合考虑爆炸空气冲击波荷载的复杂时程曲线、材料在爆炸冲击波荷载作用下的复杂本构关系、结构构件的复杂边界条件、材料的局部损伤以及可以对结构工程进行整体动力分析等优点,所以是进行结构工程详细抗爆分析的有力工具。目前以 ANSYS/LS－DYNA 分析模块开展爆炸荷载作用下结构响应的数值模拟最为常见。试验是对理论计算或数值模拟分析的有效验证手段,但由于经济性、危险性和军事保密等方面的原因目前所能获取的试验资料很少,崔满[2]通过三根配筋相同的混凝土模型梁开展了钢筋混凝土梁在爆炸荷载作用下的试验研究;Fujikura 等[3]开展了钢管混凝土柱式墩排架的比例模型试验研究。上述试验研究取得了一定的初步结论,为进一步开展爆炸荷载作用下的结构响应研究提供了良好的试验素材,但试验对象明显偏少。

表1　爆炸分析方法比较

分析方法	理论分析方法	SDOF	数值分析	试验研究
优点	结果非常精确	计算方便	可考虑高阶动力响应;能针对复杂结构	直观;结果可靠;适用范围广泛
缺点	适用范围小,只能针对具体构件	只能针对简单结构;计算结果偏保守	计算耗时;计算精度依赖于模型处理	试验条件受限;试验费用高昂;存在危险性

从现有分析理论和方法来看,在进行结构爆炸响应分析时,仍存在各自的缺点和不足。数值模拟不能代替实验,数值模拟采用的各种方程和参数不可能完整地准确无误地反映实际的物理力学运动过程,数值模拟本身在定性定量上的正确性和精确度,有待试验结果加以验证,但由于试验条件的限制和危险、经济等方面原因,不可能大范围开展结构爆炸试验研究工作,因此在研究方法方面有待于将数值方法与试验方法进一步有机结合。

3　桥梁结构抗爆研究

3.1　桥梁结构爆炸研究现状

桥梁结构在爆炸荷载下的动力响应研究在国内几乎是个空白,没有可依据的相应规范,没有成型的理论及成熟的数据,所需参数大部分都是根据经验所拟,其规律及准则没有明确。刘山洪等[4]在总结桥梁爆炸荷载特点的基础上认为爆炸荷载作用下,公路梁桥以局部破坏形式为主,且与试验室内模型梁底试验行为不同,并强调进行爆炸效应的数值模拟时应注意到爆炸荷载对梁桥的作用效应为有限的区域,而不能简单地用均布荷载施加于桥面上;王赟等[5]则建议对大跨度桥梁,不考虑冲击波对桥面的局部破坏作用,仅考虑整体破坏,这与文献[4]的结论基本对立。Winget 等[6]在总结爆炸荷载对结构影响现有研究的基础上,开展了桥下爆炸时有关净空高度等几何参数对爆炸破坏的影响研究,张开金[7]采用 ANSYS 通用有限元分析软件的瞬态动力分析模块,对连续刚构桥在爆炸冲击荷载作用下的动力响应和损伤效应进行分析,但研究中未完全考虑爆炸荷载在桥面的作用范围和规律,且数值模拟趋于理想化;伍建强[8]采用大型非线性动力有限元程序 LS－YDNA 进行导弹冲击与爆炸作用下大跨连续刚构桥结构动力响应的数值仿真模拟分析。Fujikura 等提供简化分析和1/4

模型试验对比验证,分析了钢管混凝土柱式桥墩的抗爆炸性能及其破坏特征。

对爆炸荷载作用下的桥梁结构破坏形态分析与成因还没有能开展系统研究,对爆炸荷载类型及作用范围和规律未能合理确定,所获取的研究结论彼此间还存在对立情况,对桥梁结构抗爆研究的范围和对象明显不足。

3.2 爆炸荷载作用下桥梁结构动力响应

3.2.1 桥梁结构爆炸荷载

桥梁结构作为公共基础设施,往往处于开放的环境中。由于其空间尺度大,与传统的建筑结构相比,其爆炸荷载具有以下特点:

(1)不确定性。对于桥梁来说,爆炸荷载的发生具有不确定性,不知该结构是否将受到汽车炸弹等的袭击;即使该桥梁结构受到爆炸荷载作用,由于炸药的量级(导弹、汽车炸弹、雷管等)、距离结构的方位(桥面、桥下空中、桥上空中、水下等)都具有不确定性,因此,作用在结构上的爆炸空气冲击波荷载具有不确定性。

(2)荷载效应大。爆炸空气冲击波荷载比风、地震等荷载大得多,所以设计时不可能使每个结构构件在爆炸空气冲击波荷载作用下都不发生破坏,只能应该从概念性设计方面来进行桥梁的抗爆设计,采用有利的结构体系,采用延性好的结构,整个结构要有多余的抗力能力,有较好的防连续性倒塌能力,即使结构局部或部分遭到爆炸荷载破坏,但是其他部分仍能维持。

(3)改变结构受力特性。爆炸空气冲击波荷载作用能引起结构构件的应力反向,因此结构构件(梁、板、柱以及节点、基础等)要考虑两向外力作用。

(4)快速衰减。冲击波荷载随距离很快衰减,如图3所示。

(5)反射放大效应。如图4、图5所示,桥下爆炸荷载会由于梁体或桥台等有限空间内反射波作用而进一步增大爆炸荷载作用大小。

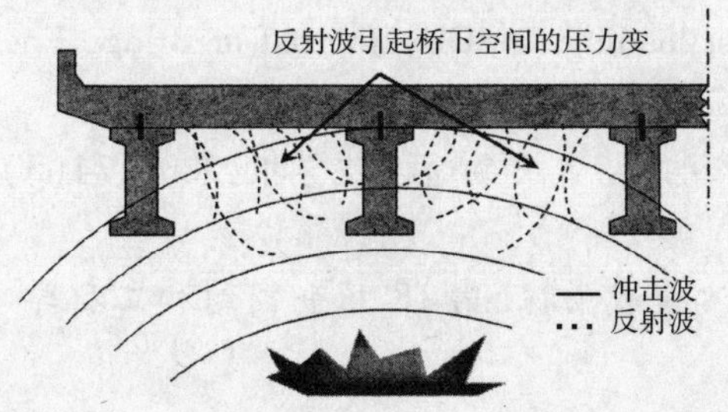

图4 梁体间的爆炸冲击波荷载示意

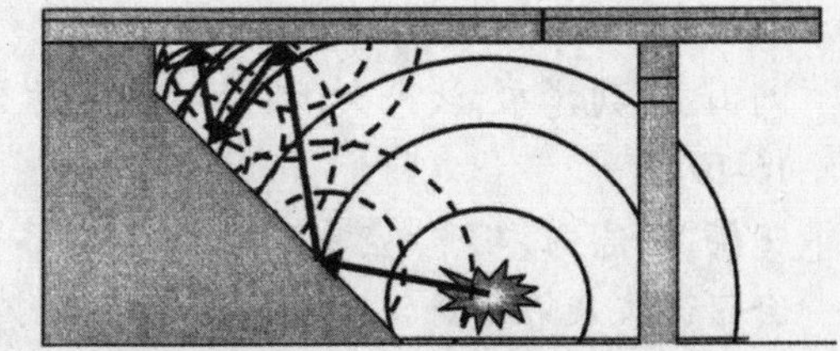
图5 桥台处的爆炸冲击波荷载示意

3.2.2 爆炸荷载作用下桥梁结构破坏形式

爆炸作用可以根据爆炸物与结构的位置关系分为内部爆炸和外部爆炸。当爆炸发生在足够远时,结构将在这种作用下发生整体变形,所以结构的所有构件都将对爆炸荷载作用产生相应的抗力。当爆炸发生在较近距离时,爆炸波将对邻近构件产生巨大冲击,在局部发生破坏,通常在这种情况下会由于局部重要构件的破坏导致整体结构的倒塌。当爆炸发生在结构内部时,爆炸作用的结果将与结构的密闭性密切相关,结构越是封闭爆炸作用越强烈,这主要是由爆炸波的多次反射引起的。相反当结构与外界较为通畅时爆炸作用将显著减小。

空气冲击波的爆炸荷载对于桥梁的破坏形式有两种,即局部破坏和整体破坏。结构物的跨度小、构件厚,爆炸荷载的局部作用起决定影响;跨度大、厚度薄的结构,爆炸荷载的整体作用常起控制作用。这与实验室内模型梁的结构行为有所不同,在进行数值计算模拟时必须注意到这一点。爆炸冲击波作用于桥梁上时,造成破坏的特点和范围取决于冲击波强度、桥梁对爆炸荷载的抵抗力以及爆炸条件。空气冲击波和弹体破片一起使材料和结构件发生局部性损伤而发生的破坏,如梁体穿孔,在混凝土结构件上造成炸坑和崩落等,都属于局部破坏的形式。在空气冲击波的爆炸荷载下,桥梁的主梁、桥墩、基础等主要受力构件开始发生挠曲变形,如果变形的最大挠度超过这些构件的承受极限,就有可能发生破坏,这种破坏属于整体破坏。

4 结语

从国内外结构抗爆研究现状来看,爆炸荷载研究虽然具有一定的广度和深度,取得了一定的成果,但在桥梁方面的研究还明显不够,还没有系统开展桥梁结构在爆炸荷载作用下的结构动力响应与破坏形态研究。现有关于桥梁抗爆研究存在对桥梁结构自身特性分析不够、试验数据不足、分析尺度不够、没有针对在役桥梁等不足;研究成果尚不能揭示桥梁各组成部分在空爆荷载作用下的结构损伤及破坏形态;当然也没有一套完整的避免破坏的抗爆设计依据与对策。

参考文献

[1] 周昕新.爆炸动力学及其应用.合肥:中国科学技术大学出版社,2001.

[2] 崔满.爆炸荷载作用下钢筋混凝土梁的试验研究.同济大学硕士学位论文,2007.

[3] Fujikura S, Michel B, Diego L. Experimental Investigation of Multihazard Resistant Bridge piers having concrete – filled steel tube under blast loading. ASCE, Journal of Bridge Engineering,2008, 13(6):6586-594.

[4] 刘山洪,魏建东,钱永久.桥梁结构爆炸分析特点综述.重庆交通学院学报,2005,24(3):16-19.

[5] 王赟,蒋志刚,胡平.空中爆炸大跨度桥梁冲击波荷载初探.第18届全国结构工程学术会议论文集第3册.

[6] Winget D. G., Marchand K. A., Williamson E. B. Analysis and Design of Critical Bridges Subject to Blast Loads. Journal of Structural Engineering,2005, 131(8):1243-1255.

[7] 张开金.爆炸荷载作用下混凝土桥梁的损伤特性研究.长安大学硕士学位论文,2009.

[8] 伍建强.大跨连续刚构桥抗导弹冲击能力分析及抢修技术初步研究.西南交通大学硕士学位论文,2006.

99　主跨1 400m斜拉桥静动力特性分析

蒋维刚　徐利平

（同济大学建筑设计研究院（集团）有限公司）

摘　要　本文就1 400m斜拉桥在方案试设计过程中遇到的问题进行了一些探讨，对斜拉桥跨径增大后在动力特性方面表现出与常规斜拉桥的不同进行了概念分析；此外，斜拉桥的施工最大单悬臂状态是施工中很关键的一个状态，本文从静力和动力的角度分析了1 400m在施工长悬臂阶段的受力情况，验证了最大单悬臂状态的施工安全性。

关键词　斜拉桥　动力特性　最大单悬臂状态

1　引言

斜拉桥是一种桥面体系受压，支承体系受拉的桥梁。其桥面体系用加劲梁构成，其支承体系由钢索组成。该种桥型不仅具有受力明确、跨越能力强的特点，而且也具有很强的景观效果，能够很好地与不同的建桥环境相融合，常常能在方案设计阶段脱颖而去。1956年，瑞典的Strömsund桥拉开了现代斜拉桥建设的序幕，至今全世界已建成300余座，跨径已经达到了超千米级水平，以目前我国的苏通长江公路大桥为代表（主跨1 088m），苏通大桥的建成更是增强了一大批桥梁设计、科研人员对建造更大跨径斜拉桥的信心；在2006年的香港“国际桥梁工程会议”中，丹麦的Gimsing教授指出“由于主梁轴力、架设稳定性等方面的原因，在接下来的半个世纪里，传统的自锚式斜拉桥寻找的突破跨度在1 200～2 000m之间”。

本文对1 400m的传统自锚斜拉桥进行了试设计，参考了苏通大桥相关技术标准，分析了其动力特性和施工阶段的静力行为。

2　成桥动力特性分析

大跨度斜拉桥是柔性结构，且大多为跨海大桥，桥址处自然环境特别恶劣（如风、雨），关注其自身的振动特性就显得尤为的重要，本文对已建空间模型进行特征值分析，比较了在不同梁高的情况下，主跨1 400m斜拉桥方案在成桥状态典型动力特性，见表1。计算模型如图1所示；为了减小风阻系数，尽量减小索塔所受的风荷载，本次索塔的截面采用多边形的形式，桥塔采用“A”形塔，为钢筋混凝土结构，采用的混凝土标号为C50，塔跨比为0.205，塔全高357m，桥面以上高287m，主梁采用的是流线形封闭

基金项目：国家高新技术研究发展专项（863计划）金费资助（课题编号：2006AA11Z120）。

钢箱梁,采用钢材为Q345qD,属于薄壁结构,它的截面形式如图2所示,梁高4.5m。

图1 全桥模型图

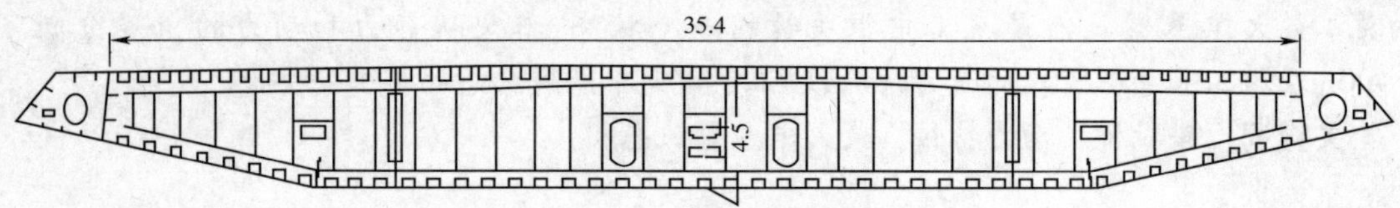

图2 主梁断面图(尺寸单位:m)

表1 主跨1 400m斜拉桥动力特性表

梁高(m)	一阶振动形式	一阶振动频率	一阶振动周期	二阶振动形式	二阶振动频率	二阶振动周期
3	侧弯	0.050 9	19.625	纵飘	0.068 5	14.592
3.5	侧弯	0.051 8	19.299	纵飘	0.068 6	14.558
4	侧弯	0.052 6	19.011	纵飘	0.068 8	14.527
4.5	侧弯	0.053 5	18.695	纵飘	0.069	14.498
5	侧弯	0.054 3	18.418	纵飘	0.069 1	14.464

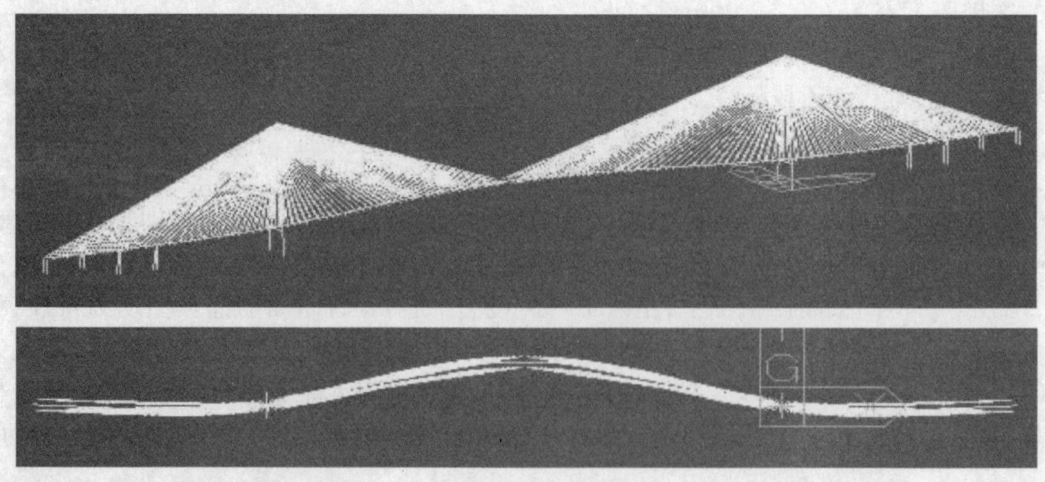

图3 一阶振动侧弯图

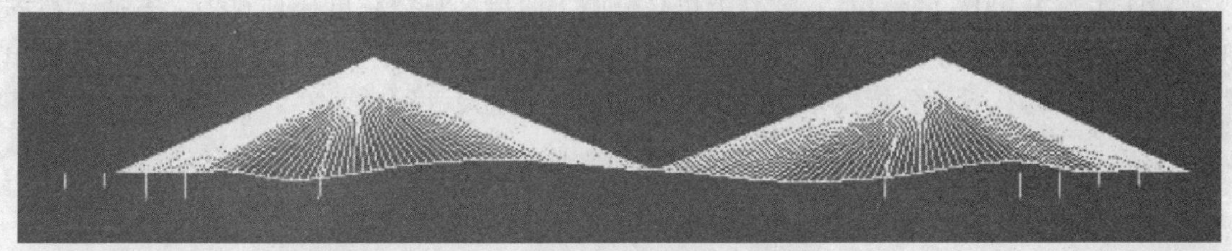

图4　二阶振动纵飘

由《公路桥梁抗风设计规范》(下简称《抗风规范》)上面的简化公式为:

$$[V_{cr}] = 1.2 \cdot \mu_f \cdot V_d \tag{1}$$

式中:μ_f——风速脉动修正系数;

V_d——桥址处的设计基准风速。

参考抗风规范可知 μ_f 取为 1.2,$V_d = K_1 V_{10} = 1.48 \times 40 = 59.2\text{m/s}$;由此可计算颤振检验风速:

$$\begin{aligned}[V_{cr}] &= 1.2 \cdot \mu_f \cdot V_d \\ &= 1.2 \times 1.2 \times 59.2 \\ &= 85.2(\text{m/s})\end{aligned}$$

按照抗风规范对结构进行颤振稳定性检验,颤振稳定性系数为 I_f:

$$I_f = \frac{[V_{cr}]}{f_t \cdot B} \tag{2}$$

式中:$[V_{cr}]$——结构的颤振检验风速;

f_t——结构的扭转基频;

B——桥面全宽。

由此可计算得 $I_f = 19.8 > 7.5$,根据抗风规范第 6.3.3 节可知,应对主梁进行气动选型,通过节段模型试验、全桥模型试验和详细的颤振稳定性分析进行详细的试验,必要时应采取振动控制技术。

从表 1 中可以看出:

主跨 1 400m 的斜拉桥的一阶振动形式表现为侧弯,这样的振动形式不同于现已建的千米级以下的斜拉桥,这主要是由于主跨跨径增加后,随着桥跨不断增大,桥梁的宽跨比越来越小,其侧向刚度降低的缘故。

无论是一阶振动还是二阶振动,其振动周期都是随着梁高的增加而减小,但减小的幅度不大,对应的周期都比较接近。由此可知从动力特性的角度出发,主梁的高度在满足方便施工的情况下是可以自由选择的。

3　施工阶段分析

在斜拉桥的设计过程中除了对其进行成桥状态的受力分析外,还须对其进行施工的各阶段进行分析,以保证施工的可行性,这一点在国内外规范中都有体现;对于超千米级跨径的斜拉桥来说,其施工阶段的可行性分析更为重要,本次概念设计中主要对其施工最大单悬臂阶段进行了模拟分析,想通过分析探索:在极限风荷载作用下,主跨 1 400m 这样的超千米级斜拉桥的最大单悬臂施工能否按照常规的斜拉桥施工来进行。

对于主跨1 400m的斜拉桥,其最大单悬臂施工阶段的悬臂长度达到692m(苏通大桥施工阶段最大单悬臂长度为536m),控制最大单悬臂阶段的荷载主要是极限风荷载,其最大单悬臂状态对应的有限元分析模型如图5所示,索塔、主梁尺寸同前。

图5 施工最大单悬臂状态模型

3.1 施工阶段静力分析

施工阶段主要考虑的荷载有:结构自重、施工荷载(包括吊机和人群荷载)、风荷载,经过施工阶段分析可知:

在恒载作用下,最大单悬臂施工阶段主梁所受到的压应力最大为109MPa,发生在塔梁固接处,索塔所受最大压应力为15MPa,无拉应力出现,拉索所受到的最大应力为680MPa。

在横风作用下,主梁所受到的压应力为195.7MPa,最大悬臂端部的侧向位移达到2.9m,挠跨比为1/240,索塔所受到的最大压应力为17MPa,拉应力为0.2MPa,索塔最大扭矩达到4.2E+005kN·m,发生在下横梁与索塔连接附近,拉索受到的最大应力为684MPa。

在极限风荷载作用下,大跨度桥梁最大单悬臂状态下由于横向风力的不平衡,索塔下塔柱将受到较大的扭矩作用,应对其进行抗扭验算。

$$W_t=\frac{b_h^2}{6}(3h_h-b_h)-\frac{(b_h-2t_w)^2}{6}[3h_w-(b_h-2t_w)] \tag{3}$$

式中:α_h——箱形截面壁厚影响系数,当$\alpha_h>1.0$时,取$\alpha_h=1.0$;

W_t——箱形截面受扭塑性抵抗矩;

t_w——箱形截面壁厚,其值不应小于$b_h/7$;

h_h,b_h——箱形截面的长边和短边尺寸;

h_w——箱形截面腹板高度。

$$\begin{aligned}W_t&=\frac{b_h^2}{6}(3h_h-b_h)-\frac{(b_h-2t_w)^2}{6}[3h_w-(b_h-2t_w)] \\ &=10\times10(3\times20-10)/6-(10-4)\times(10-4)(3\times16-6)/6 \\ &=581\text{m}^3\end{aligned} \tag{4}$$

$$\tau=\frac{T}{W_t}=420\ 000/581=722kN/m^2=0.7\text{MPa}$$

$$\frac{V}{bh_0}=1.0\text{E}+007/79\ 000\ 000=0.12\text{MPa}$$

$$0.51\sqrt{f_{cu,k}}=0.51\times\sqrt{32.4}=2.9\text{MPa}$$

$0.5\alpha_2 f_t=0.5\times1.83=0.92$MPa(由于索塔为钢筋混凝土结构,所以取$\alpha_2=1$)

$$\frac{V}{bh_0}+\frac{T}{W_t}=0.82\text{MPa}<0.5\alpha_2 f_t \text{ 且 } \frac{V}{bh_0}+\frac{T}{W_t}=0.82\text{MPa}<0.51\sqrt{f_{cu,k}}$$

由规范要求可知,索塔截面符合要求,且可不进行索塔的抗扭承载力计算,即抗扭可不需按承载力进行配筋计算,仅需按规范规定的配置构造钢筋。

通过上面的分析可以看出,在静力分析的各种荷载工况下,组成结构的主要构件主梁、索塔、拉索的应力情况是满足要求的。

3.2 施工阶段动力特性分析

为了研究最大单悬臂阶段在风荷载下的动力振动特性,首先就得掌握该阶段结构的整体振动特性,单悬臂阶段的振动特性如表 2 所示。

表 2 最大单悬臂下的动力特性

施工工况	振动频率(Hz)	振动周期(s)	振型特征
最大单悬臂状态	0.049	20.37	主梁一阶侧弯
	0.199	5	主梁一阶竖弯

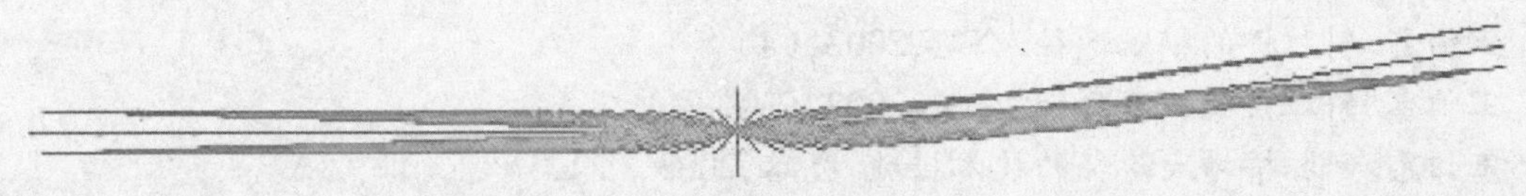

图 6 主梁一阶侧弯

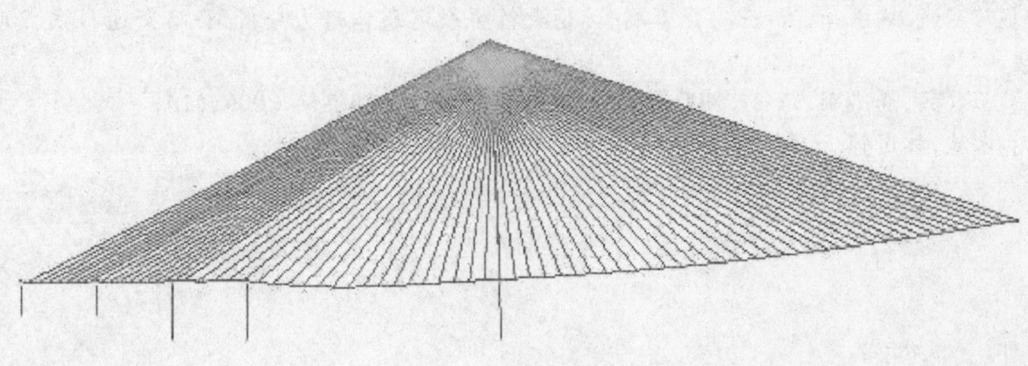

图 7 主梁一阶竖弯

4 结语

本文对主梁采用封闭钢箱梁主跨为 1 400m 的斜拉桥进行了成桥和最大单悬臂阶段的结构分析,得到了一些有益的成果。

主跨 1 400m 的斜拉桥的一阶振动形式表现为侧弯,这样的振动形式不同于现已建的千米级以下的斜拉桥,这主要是由于主跨跨径增加后,随着桥跨不断增大,桥梁的宽跨比越来越小,其侧向刚度降低的缘故,在设计中应引起注意。

对于施工阶段,在恒载作用下,最大单悬臂施工阶段主梁所受到的压应力最大为109MPa,发生在塔梁固接处,索塔所受最大压应力为15MPa,无拉应力出现,在横向极限风作用下,主梁所受到的压应力为195.7MPa,最大悬臂端部的侧向位移达到2.9m,挠跨比为1/240,索塔所受到的最大压应力为17MPa,拉应力为0.2MPa,索塔最大扭矩达到4.2E+005kN·m,发生在下横梁与索塔连接附近,上面的分析表明索塔在施工阶段是安全的,但本次考虑的工况不够全面,在以后精细化分析中需进一步对索塔、主梁进行验算。

参考文献

[1] 项海帆.21世纪世界桥梁工程的展望.土木工程学报,2000,(3).
[2] 王伯惠.斜拉桥增大跨径的技术措施.公路,2003,(3).
[3] Uwe Starossek,Cable - stayed Bridge Concept For Longer Spans, Journal of Bridge Engineering,ASCE,August,1996.
[4] 王伯惠.斜拉桥的极限跨径.公路,2002,(4).
[5] 王伯惠.斜拉桥的极限跨径.公路,2002,(3).
[6] 王伯惠.斜拉桥增大跨径的技术措施.公路,2003,(2).
[7] 朱琦雨译.斜拉桥跨度的演变.桥梁,2006.
[8] M. Nagai,Feasibility of a 1400m span steel cable - stayed bridge,Journal of Bridge Engineering,ASCE,9/10,2004.
[9] 徐利平.超大跨径斜拉桥的结构体系分析,同济大学学报,2003,(4).
[10] 苗家武,裴岷山,肖汝诚,张喜刚.苏通大桥主航道总体静力分析.公路交通科技,2006,(2).
[11] 王政兵,龚志刚.跨径1 400m钢斜拉桥的可行性.世界桥梁,2005,(1).
[12] 朱斌,林道锦.大跨径斜拉桥结构体系研究.公路,2006,(6).

100　钢桥面外变形疲劳应力的有限元分析

王春生　成　锋

(长安大学桥梁与隧道陕西省重点实验室)

摘　要　在早期的钢桥设计中,为了避免受拉翼缘和竖向加劲肋焊接细节发生疲劳失效,而在受拉翼缘和加劲肋之间留有腹板间隙。在车辆荷载横向传递过程中,腹板间隙处会产生显著面外变形,从而形成数值较大的面外弯曲应力,疲劳裂纹常在这个区域出现。本文采用 ANSYS 大型通用有限元软件对一座三跨连续钢板梁桥进行三维的数值模拟,研究腹板间隙处面外变形所致的复杂的应力状态。同时,本文对腹板厚度、腹板间隙大小等关键结构参数进行分析,讨论这些参数对结构疲劳细节的影响。腹板间隙处面外变形疲劳应力分析结果可为确定该细节的构造设计和维修加固策略提供技术依据。

关键词　钢桥　腹板间隙　面外变形　应力　疲劳　有限元法

1　引言

在钢桥设计中,主梁之间要设置横撑、横梁等横向连接件,为了避免受拉翼缘和竖向加劲肋焊接细节发生疲劳失效,而在受拉翼缘和加劲肋之间留有几个厘米高度的腹板间隙。由于混凝土桥面板、主梁翼板的约束,在车辆荷载作用下,各钢梁之间会发生相对位移差,因而会在腹板间隙处产生面外弯曲变形(图1),腹板间隙处构造复杂、应力集中显著,将在间隙端部位萌生疲劳裂纹,从而导致疲劳开裂。美国学者的最新研究成果表明钢桥疲劳裂纹的90%均由面外变形疲劳应力诱发[1]。

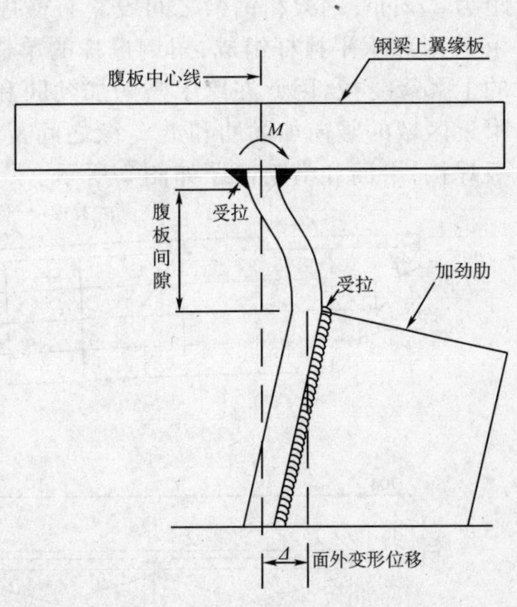

图1　腹板间隙面外变形示意图

国外对既有钢桥出现这种面外变形所导致的疲劳开裂原因开展了深入的研究,并取得了一些研究进展[2]。美国的里海大学 Fisher 教授早在20世纪70年代末就提出了腹板间隙面外变形疲劳问题,并建议采用C类细节评估腹板间隙疲劳抗力,并通过疲劳实验、实桥测试、数值分析等手段对腹板间隙面外变形疲劳应力产生机理、维修加固方法进行研究[3~5]。20世

基金项目:高等学校全国优秀博士学位论文作者资助项目(2007B49)。

纪90年代中期,Stalling、Cousins等人在Auburn大学对横梁与主梁连接处腹板间隙疲劳开裂行为开展了研究,他们建议可以通过取消横梁来消除腹板间隙疲劳[6~7]。加拿大学者Fraser等人在Alberta大学对从一座斜交铁路钢板梁桥上割取的8片钢梁进行了疲劳实验和数值分析,研究表明,采用AASHTO中C类疲劳细节评估腹板间隙细节的疲劳性能将产生过于保守的结果,建议维修时可采用增设加强板与止裂孔相结合的方法[8]。日本学者Miki、Okura等对高速铁路、高速公路桥梁上出现的一些不曾预料的面外变形疲劳问题进行了研究,并给出了相应的维修建议[9~10]。

国内也有大量的既有的钢桥中存在面外变形疲劳裂纹,但并未引起足够重视,相关研究较少。因此,本文采用有限元方法对一座实桥进行数值模拟,探讨钢桥中面外变形疲劳应力的产生机制,为后续的实验研究以及维修策略研究提供依据。

2 实桥介绍

本文对一座连续钢梁桥进行数值模拟,该桥是美国一座跨越铁路线的三跨连续斜弯钢板梁桥,跨径为25.60m+36.98m+23.32m。端横梁处斜交角为53°,曲率半径是873.2m。该桥由5片钢梁组成,钢梁上翼缘跨中板厚为19.05mm(由英制转为国际标准单位制出现了板厚不整),中支点处上翼缘加厚为44.45mm,而钢梁下翼缘跨中板厚为38.10mm,中支点处下翼缘加厚为44.45mm,腹板厚度为9.53mm。钢梁之间的间距为272cm,钢梁和钢梁之间设置有横撑,钢板梁通过栓钉和混凝土桥面板相连。横撑由X形和水平撑杆组成,角钢撑杆的单边宽度为15.2cm。由于跨中下翼缘和中支点处的上翼缘受拉,因此在跨中竖向加劲肋和下翼缘之间留有50.8mm的间隙,而在中支点附近区域的竖向加劲肋和上翼缘之间留有50.8mm的间隙,其余加劲肋均和上下翼缘板焊接,平面和横断面图如图2所示。

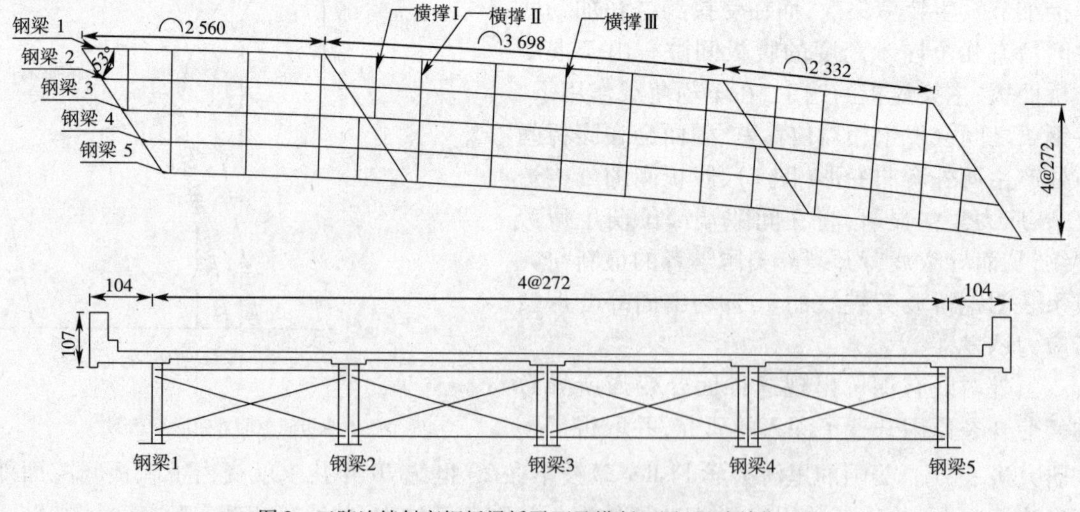

图2 三跨连续斜弯钢板梁桥平面及横断面图(尺寸单位:cm)

3 有限元模型

本文采用Ansys大型通用有限元程序对该实桥进行全桥仿真模拟,其中混凝土板采用 solid45 单元模拟，钢梁采用 shell63 单元模拟，而横撑采用 beam188 来模拟，混凝土和钢梁之间则采用耦合自由度的方式，使其位移协调一致[11]，有限元模型如图 3 和图 4 所示。

图 3　全桥模型　　　　图 4　局部视图

为得到支点附近上腹板间隙面外变形最大响应，将 AASHTO 规范中的疲劳车最后一个轴作用于中横撑Ⅰ，同时在横桥向变化车辆作用位置，分为以下 4 个工况进行静力分析：

工况 1：纵桥向疲劳车最后一个轴位于中横撑Ⅰ(图 5)处，横桥向为左轮中心线距护栏边缘 58cm。

工况 2：纵桥向疲劳车最后一个轴位于中横撑Ⅰ处，横桥向为左轮中心线距钢梁 1 中心线 135cm。

工况 3：纵桥向疲劳车最后一个轴位于中横撑Ⅰ处，横桥向为左轮中心线位于钢梁 2 中心线。

工况 4：纵桥向疲劳车最后一个轴位于中横撑Ⅰ处，横桥向为左轮中心线距钢梁 2 中心线 135cm。

同样，为得到跨中附近下腹板间隙面外变形最大响应，考虑如下工况：

工况 5：纵桥向疲劳车第二个轴位于中横撑Ⅲ处，横桥向同工况 1 横桥向布置相同。

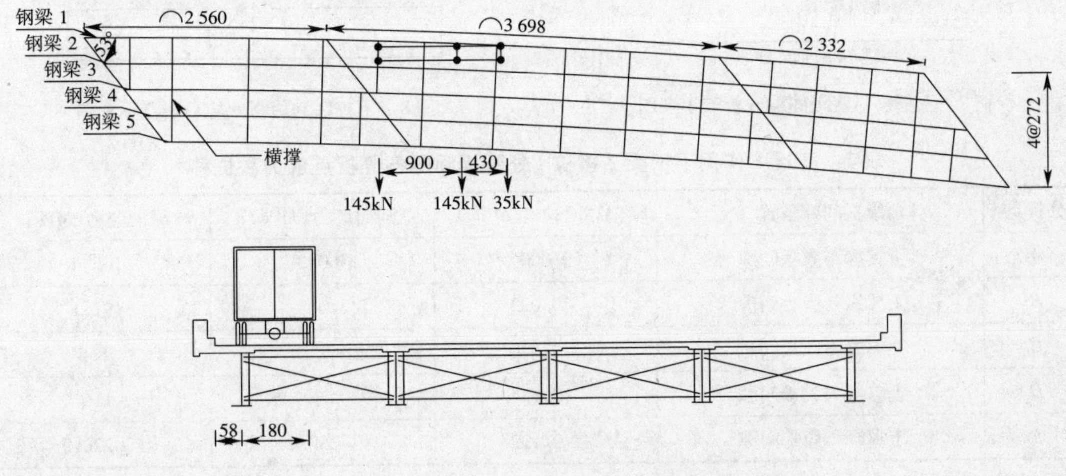

图 5　工况 1 荷载平面及立面布置示意图(尺寸单位：cm)

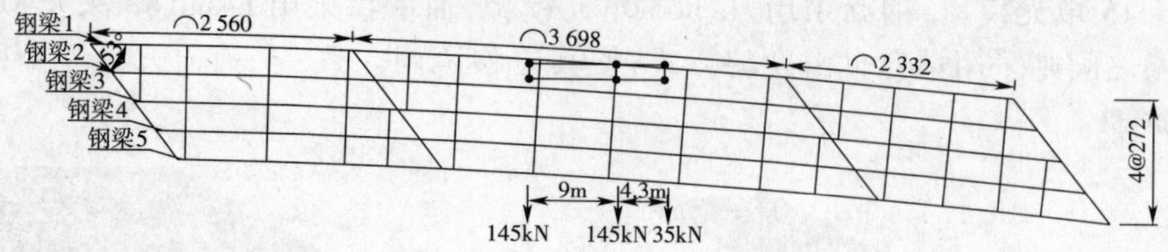

图6　工况5荷载平面布置示意图(尺寸单位:cm)

4　有限元结果分析

分别在横撑Ⅰ、横撑Ⅱ和横撑Ⅲ的腹板间隙处等间距布置5个分析点,各分析点编号如图7和图8所示。在工况1荷载作用下,各分析点的应力和位移如表1和表2所示。

由表1和表2我们可以发现,在荷载作用下,各分析点相对于$A(A')$点发生了相对的横向位移,随着距离的增大,相对位移也随之增大。在弯矩的作用下,$A(A')$点为拉应力最大,随着距离的增大,分析点的拉应力逐渐减小,到$D(D')$点已经变成压应力,而到$E(A')$点压应力达到最大值,由此说明$A(A')$点和$E(E')$两点的弯矩方向反向,形成面外双向弯曲状态。腹板间隙处的应力云图如图9和图10所示。

工况1作用下横撑Ⅱ和工况5作用下横撑Ⅲ处各钢梁的腹板间隙的各分析点的横向相对位移变化及竖向应力变化如图11所示。

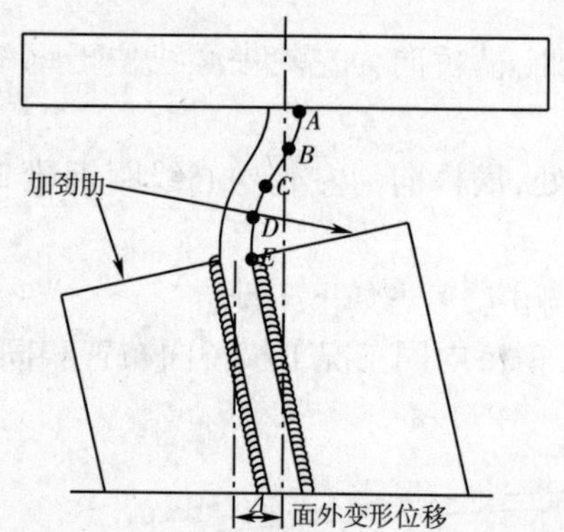

图7　上翼缘与腹板间隙分析点示意图

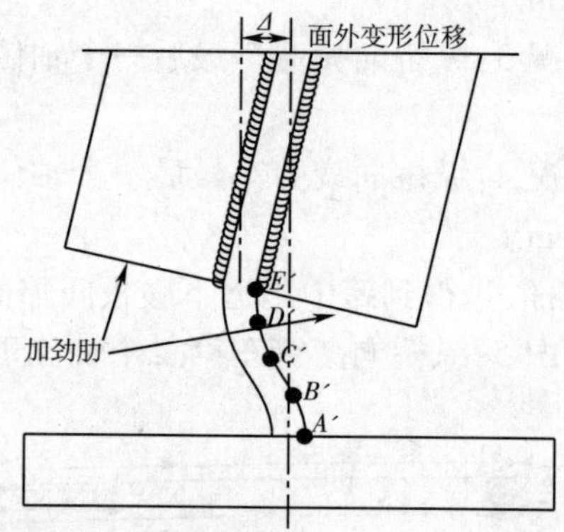

图8　下翼缘与腹板间隙分析点示意图

表1　工况1作用下钢梁2横撑Ⅰ处腹板间隙各分析点应力和位移

分析点	腹板间隙位置	横向相对位移Δ(mm)	竖向应力(MPa)	纵向应力(MPa)
A	上翼缘与腹板间隙	0.000	360.3	165.4
B	上翼缘与腹板间隙	-0.023	240.8	192.1
C	上翼缘与腹板间隙	-0.076	83.4	18.5
D	上翼缘与腹板间隙	-0.134	-82.2	-116.0
E	上翼缘与腹板间隙	-0.199	-262.2	-220.9

注:Δ为A、B、C、D、E各分析点相对于分析点A的横向位移;Δ为A'、B'、C'、D'、E'各分析点相对于分析点A'的横向位移。

表2　工况5作用下钢梁1横撑Ⅲ处腹板间隙各分析点应力和位移

分析点	腹板间隙位置	横向相对位移Δ(mm)	竖向应力(MPa)	纵向应力(MPa)
A'	下翼缘与腹板间隙	0.000	41.2	36.2
B'	下翼缘与腹板间隙	-0.018	30.6	40.3
C'	下翼缘与腹板间隙	-0.040	9.5	18.9
D'	下翼缘与腹板间隙	-0.063	-12.8	1.0
E'	下翼缘与腹板间隙	-0.085	-40.8	-17.1

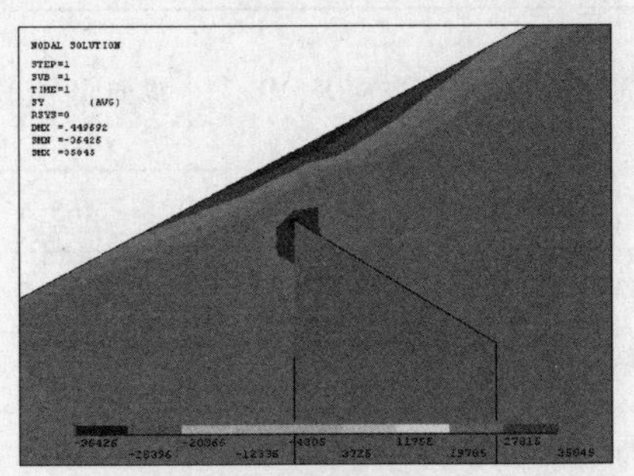

图9　横撑Ⅰ处腹板间隙竖向应力云图

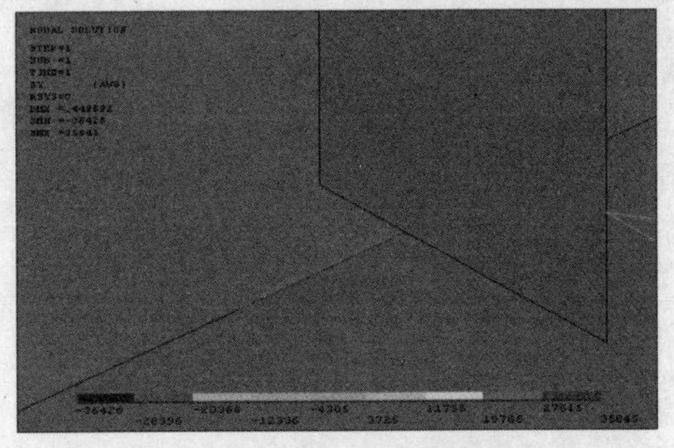

图10　横撑Ⅲ处腹板间隙竖向应力云图

由图11可知,在工况1作用下,横撑Ⅱ处腹板间隙的各分析点的横向相对变形变化不一致,钢梁1至钢梁3上各分析点相对于A点的横向位移与其他钢梁上各分析点相对于A点的横向位移反向,随着横向相对位移的变化,竖向弯曲应力也发生了相应的变化。在横撑Ⅱ处,各钢梁腹板间隙分析点的应力均从拉应力逐渐减小并反向变为压力,其中钢梁工的拉应力最大。

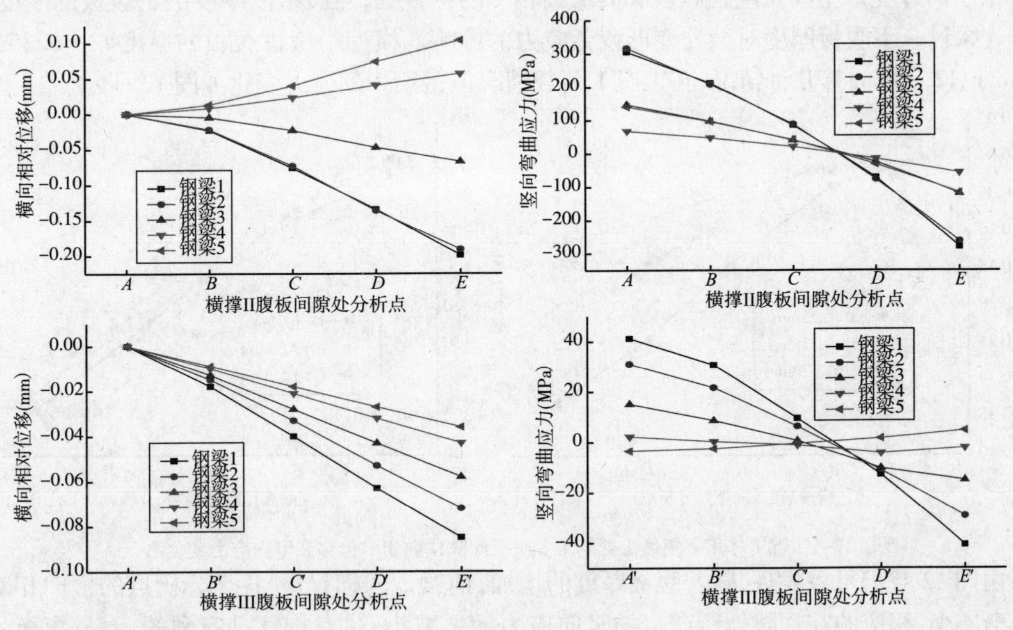

图11　工况1作用下横撑Ⅱ和工况5作用下横撑Ⅲ各钢梁腹板间隙横向相对位移及应力变化图

在工况5作用下,横撑Ⅲ各钢梁的横向相对位移变化一致,随着钢梁编号的增大,间隙处横撑相对位移变化随之减小。在横撑Ⅲ处,钢梁1到钢梁4腹板间隙处的竖向弯曲应力变化一致,均从A'点到E'是由拉应力变化为压应力,随着钢梁编号的增大,竖向弯曲应力逐渐减小,钢梁5腹板间隙处的竖向弯曲是由压应力变化为拉应力。由于钢梁4和钢梁5距离荷载作用点较远,荷载横向传递值较小,面外变形产生的应力也很小。

在各个荷载工况下,腹板间隙处各分析点的最大拉应力如表3所示,可以看出随着荷载向横桥向中心移动,腹板间隙处各分析点得最大拉应力随之减小,说明面外变形效应在减弱。

表3 各荷载工况下腹板间隙分析点最大拉应力

荷载工况	最大拉应力发生所在的钢梁	最大拉应力处横撑	分析点	腹板间隙位置	竖向应力(MPa)	纵向应力(MPa)
1	2	Ⅰ	*A*	上翼缘与腹板间隙	360.3	165.4
2	2	Ⅰ	*A*	上翼缘与腹板间隙	236.1	110.5
3	3	Ⅱ	*A*	上翼缘与腹板间隙	157.0	74.1
4	3	Ⅱ	*A*	上翼缘与腹板间隙	92.1	43.7

5 参数分析

同时,本文对该连续钢板梁桥进行变参数分析,研究腹板厚度和腹板间隙大小等对腹板间隙面外变形应力值的影响,从而确定控制腹板间隙面外变形疲劳问题的主要因素。

5.1 腹板厚度对面外变形应力的影响

由于面外变形主要发生在腹板和翼缘板相交的位置处,而腹板的厚度决定腹板的刚度,因此首先探讨一下腹板厚度对面外变形疲劳应力的影响。模型中考虑腹板的厚度t_w=6.35mm、9.53mm、12.70mm等几种情况,在工况1荷载情况下钢梁2的应力变化如图12所示。

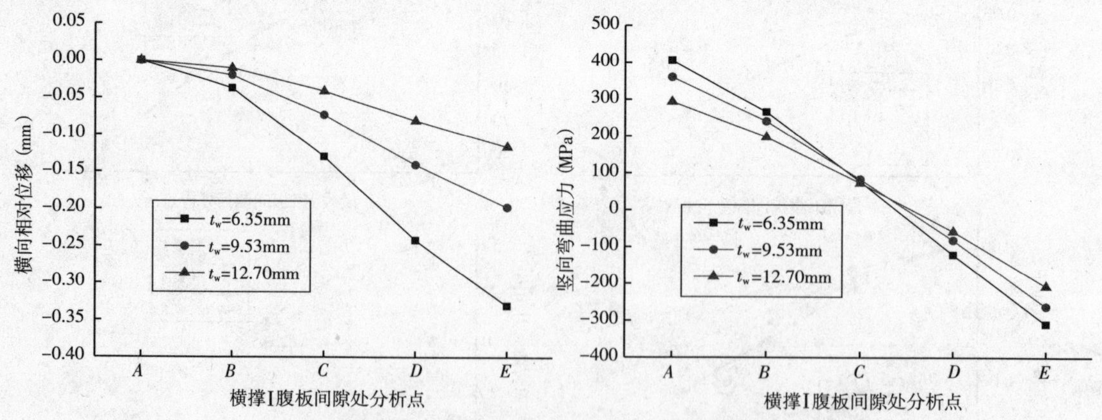

图12 工况1作用下横撑Ⅰ处钢梁2腹板间隙横向相对位移和竖向应力变化图

由图12我们可以发现,随着腹板厚度的增加,钢梁2的横撑I处各个分析点的横向相对位移逐渐减小,相应的在间隙处所产生的竖向应力随之减小,这对构件是有利的,但是腹板不可能无限制的增加,这样势必会不经济,需要综合考虑各方面因素确定一个合理的腹板厚度。

5.2 腹板间隙大小对面外变形应力的影响

模型中考虑腹板间隙大小 G = 25.4mm、38.1mm、50.8mm、63.5mm、76.2mm 等几种情况,在工况 1 荷载情况下钢梁 2 的应力变化如图 13 所示。

由图 13 可知,在横撑Ⅰ处,随着腹板间隙大小 G 的增加,钢梁 2 各个分析点的横向相对位移一直增大,而腹板间隙处各分析点的竖向弯曲应力是一直减小的。

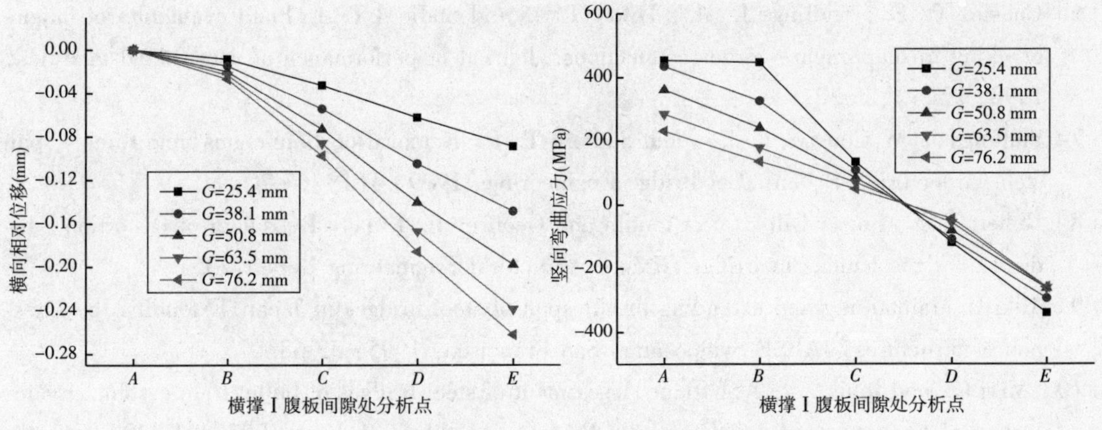

图 13　工况 1 作用下横撑Ⅰ处钢梁 2 腹板间隙横向相对位移和竖向应力变化图

6　结论与展望

针对既有钢桥中存在大量面外变形疲劳裂纹,本文通过有限元方法研究面外变形疲劳应力产生机制,通过分析可知:在车辆荷载作用下,腹板间隙处各个位置发生不同程度的面外变形,腹板间隙呈现出双向弯曲的特征;在同一个荷载工况下,距离荷载越近的主梁间挠度差越显著,从而使与竖向加劲肋相连的横撑传递的荷载越大,导致腹板间隙面外变形效应显著,产生的局部竖向弯曲应力越大;随着荷载作用的位置不同,面外变形效应也不同,在最不利的偏载作用下,腹板间隙面外变形所产生的局部竖向弯曲应力最大。

同时,本文还做了进一步的参数分析,讨论腹板厚度和腹板间隙大小等细部构造对腹板间隙面外变形疲劳的影响,分析发现腹板厚度和腹板间隙大小等细部构造对面外变形的影响很大。其中,腹板厚度和竖向应力成反比,腹板厚度越大,竖向应力越小;腹板间隙也同竖向应力成反比,腹板间隙增大,竖向拉应力随之减小。

参考文献

[1] Connor R. J. and Fisher J. W. Identifying Effective and Ineffective Retrofits for Distortion Fatigue Cracking in Steel Bridges Using Field Instrumentation, Journal of Bridge Engineering, ASCE,2006, 11(6): 745-752.

[2] 王春生,钱慧. 钢桥腹板间隙面外变形疲劳研究综述. 钢结构工程研究(七)——中国钢结构协会结构稳定与疲劳分会 2008 年学术交流分论文集,2008.

[3] Castiglioni C. A., Fisher J. W. and Yen B. T. Evaluation of Fatigue Cracking at Cross Diaphragms of a Multi - girder Steel Bridge. J. Construct Steel Research, 1988, 9:95-110.

[4] Fisher J. W. and Keating P. B. Distortion – induced fatigue cracking of bridge details with web gaps. Journal of Constructional Steel Research, 1989, 12:215-228.

[5] Fisher J. W., Jian Jin, Wagner D. C. and Yen, Ben T. Distortion – induced fatigue cracking in steel bridges (NCHRP Rep. 336). Transportation Research Board, National Research Council, Washington, D. C. 1990.

[6] Cousins T. E., Stallings J. M., Lower T. E. and Stafford T. E. Field evaluation of fatigue cracking in diaphragm – girder connections. Journal of performance of constructed facilities, 1998, 12(1):25-32.

[7] Stallings J. M, Cousins T. E., and Stafford T. E. Removal of diaphragms from three – span steel girder bridge. Journal of Bridge Engineering, 1999, 4(1):63-70.

[8] Robert E. K. Fraser Gilbert Y. Grondin and Geoffrey L. Kulak. Behaviour of Distortion – Induced Fatigue Cracks in Bridge Girders. Structural Engineering Report. 235.

[9] Miki C. Maintaining and extending the lifespan of steel bridges in Japan. Extending the Lifespan of Structures, IABSE Symposium, San Francisco, 1995: 53-68.

[10] Miki C. and Ichikawa, A. Fatigue Assessment of steel bridges of bullet train system. Evaluation of Existing Steel and Composite Bridges. IABSE workshop, 1997:221-230.

[11] Yuan Zhao and W. M. Kim Roddis. Finite Element Study of Distortion – Induced Fatigue in Welded Steel Bridges. TRB 2003 Annual Meeting.

101　基于疲劳寿命评估的模数式伸缩缝更换施工分析

孟会林[1]　朱劲松[2]　相宏伟[1]

(1.河北省交通规划设计院试验检测室;2.天津大学建筑工程学院;)

摘　要　本文针对模数式伸缩缝中梁疲劳断裂问题展开分析,以青银(青岛—银川)高速公路河北段桥梁用到的模数式伸缩缝为原型建立模数式伸缩缝中梁疲劳分析有限元模型,并选取国外BS5400规范及AASHTO规范对其进行疲劳寿命评估,对比分析整体安装及半幅安装焊接为整体两种施工方法下的疲劳寿命,并分析了支撑横梁间距、中梁截面尺寸及钢材弹性模量对中梁疲劳寿命的影响。结果表明:模数式伸缩缝中梁应力状态对车辆轮载比较敏感,应采用轮载作用次数来评估其疲劳寿命;半幅安装焊接为整体的更换施工方法对中梁疲劳寿命影响显著,BS5400规范及AASHTO规范下疲劳寿命均降低超过50%;支撑横梁间距、中梁截面尺寸为中梁疲劳寿命的显著影响因素,而弹性模量为一般影响因素。

关键词　高速公路桥梁　模数式伸缩缝　疲劳寿命评估　更换施工

1　引言

模数式伸缩缝凭借其行车安全舒适、使用寿命长且伸缩量适应能力强等优点被广泛应用于高速公路桥梁上,且由于其具有良好的防水性,能够有效地防止梁端接头部位渗水引起的下部结构腐蚀,通常在伸缩量超过100mm的情况下便优先采用模数式伸缩缝[1]。模数式伸缩缝在其使用寿命期内要经历几百万次车辆荷载引起的动态应力循环作用,因此疲劳性能便成为其重要的力学性能评价指标之一。与钢桥疲劳设计问题不同的是,模数式伸缩缝疲劳荷载取决于动态车轮荷载而不是车辆总重,因此其疲劳荷载循环次数要远大于钢桥[2]。欧美国家早在20世纪90年代初就已发现模数式伸缩中梁在桥梁通车运营不到两年时间就会出现疲劳断裂的问题,并就此问题开展了相关研究[1],国内高速公路中模数式伸缩缝的大量更换已引起相关管理单位的注意,但针对其疲劳断裂问题的研究几乎为空白,王立成等[3]对标准模数式伸缩缝进行了静载及先后两次200万次不同荷载幅值的疲劳试验,发现荷载幅值对中梁及支撑横梁累计残余应变增长速率的影响较大,而其他所做工作则主要集中在模数式伸缩缝橡胶止水带及锚固区混凝土的病害分析及防治[4]~[6],中梁断裂后也只是将原伸缩缝彻底更换,并未根据更换施工的特殊性采取改进性措施以提高其抗疲劳性能。

国家自然科学基金:钢盘混凝土结构疲劳积损伤随机演化规律及其失败模拟研究,50708065。

本文以青银高速公路河北段模数式伸缩缝更换为背景,参照英国 BS5400[7] 规范及美国 AASHTO[8] 规范对整体施工及半幅施工焊接为整体两种情况下模数式伸缩缝中梁的疲劳寿命进行了评估,并在此基础上分析了支撑横梁间距、中梁截面尺寸及钢材弹性模量对伸缩缝中梁抗疲劳性能的影响,对模数式伸缩缝更换施工提出了几点改进建议。

2　模数式伸缩缝构造

模数式伸缩缝有多支撑梁体系和单支撑梁体系两种设计形式,本文针对前者。多支撑梁概念代表了防水伸缩缝的经典体系,主要由边梁、中梁、支撑横梁、位移控制系统、密封橡胶带等构件组成,其每一根中梁只与一根支撑横梁刚性连接。支撑横梁为刚度和强度都非常大的实体矩形截面钢梁,支撑横梁两端上下表面为低摩擦滑动面,分别支撑在预压滑动弹簧及弹性滑动支座上,桥梁的伸缩即是通过支撑横梁在伸缩箱内的滑动来实现的;中梁为"王"字形截面异型钢,边梁截面有 C 形、D 形及 F 形,鸟形密封橡胶带嵌接于边梁与中梁及中梁与中梁之间;位移控制系统连接模数式伸缩缝的边梁及中梁,其作用是实现各条缝宽均匀变化。模数式伸缩缝构造如图 1 所示。

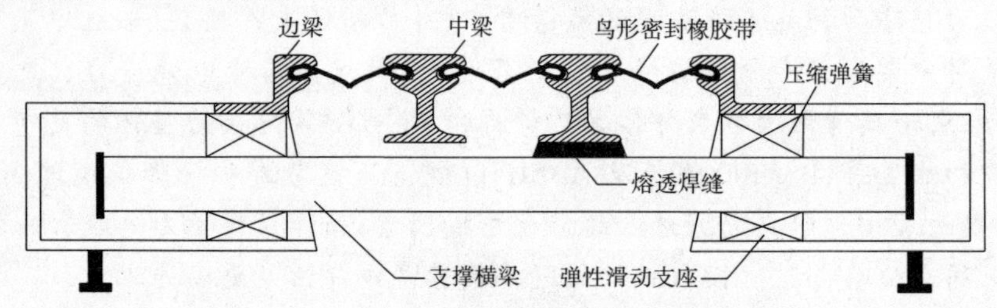

图 1　多支撑梁体系模数式伸缩缝

3　模数式伸缩缝中梁疲劳寿命评估

3.1　伸缩缝有限元模型

采用 MIDAS/CIVIL 程序建立模数式伸缩缝有限元模型,分析中梁在疲劳车轮载加载下的应力时程,得出疲劳应力幅。中梁及支撑横梁均采用梁单元建模,整个模型共包括 3 根中梁、4 组共 12 跟支撑横梁,同一根中梁所对应的支撑横梁间距为 150cm,中梁之间的横向净间距取为 8cm,中梁与支撑横梁之间采用刚性连接,支撑横梁在两端进行约束,除支撑横梁纵向位移外其他方向的位移全部约束。中梁及支撑横梁截面采用青银高速公路滏阳新河特大桥中所用的截面尺寸,所用材料为 16Mn 钢,弹性模量 $E = 206\text{GPa}$。有限元模型如图 2 所示。

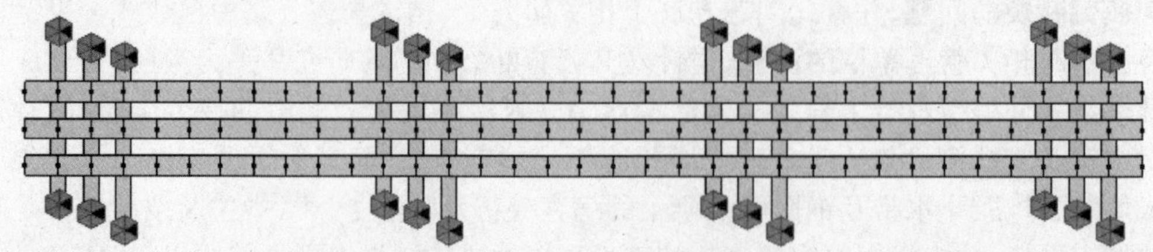

图 2　模数式伸缩缝有限元模型

青银高速公路河北段为双向四行车道,行车道宽度 3.75m,设计行车速度 120km/h。车轮横向中心间距1.8m，因此，在使用中模数式伸缩缝支撑横梁与车轮之间有图3所示两种位置关系，第一种跨两根支撑横梁，第二种跨一根支撑横梁，本文在进行疲劳加载时按照中梁受力最不利情况考虑，即按照第二种情况加载，并将一侧轮载置于两相邻支撑横梁跨中。

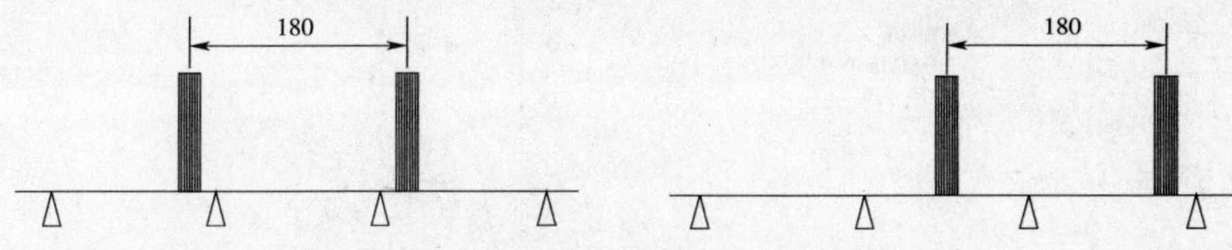

图3 模数式伸缩缝中梁承载方式（尺寸单位：cm）

3.2 疲劳荷载模型

我国目前公路和城市桥梁设计规范中还没有疲劳荷载谱计算的明确规定，只在《公路桥涵钢结构及木结构设计规范》（JTJ 025—86）中说明："验算疲劳强度时，可根据桥梁的实际行车情况，选用实际经常发生的荷载组合中的车辆荷载进行计算"。本文参照BS5400规范及AASHTO规范对模数式伸缩缝中梁进行疲劳加载及寿命评估，两种规范下的疲劳车模型如图4所示。

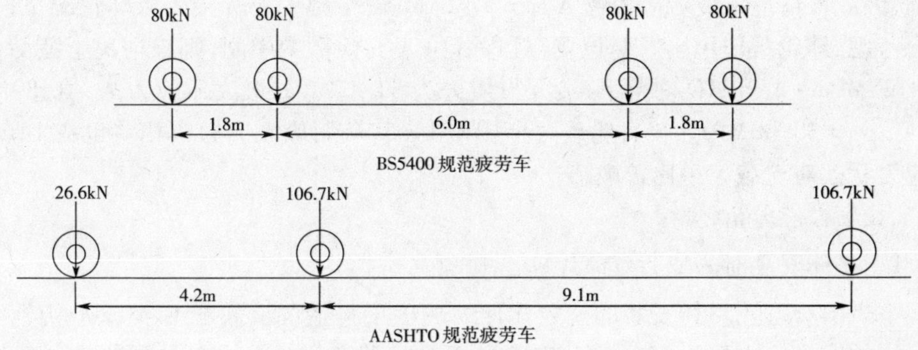

图4 BS5400及AASHTO规范下的疲劳车

进行加载时，将疲劳车荷载按照式(1)换算为等效车轮荷载。换算后，BS5400规范下车轮荷载为80kN，AASHTO规范下车轮荷载为93.5kN。

$$T_e = \left[\sum f_i \times W_i^m \right]^{1/m} \tag{1}$$

式中：T_e——等效的车轮荷载；

f_i——疲劳车中轴重为 W_i 的轴数占总车轴数的比例；

m——相应规范中 $S-N$ 曲线斜率的倒数，BS5400规范中 $m=5$，AASHTO规范中 $m=3$。

3.3 应力幅

使用车轮荷载加载时单个中梁荷载分配系数取0.6[3]，冲击系数取1.3[7]。BS5400规范疲劳车加载时轮载取 $V_B=80/2\times0.6\times1.3=31.2\text{kN}$，AASHTO规范疲劳车加载时采用等效轮载，轮载大小取值为 $V_A=93.5/2\times0.6\times1.3=36.5\text{kN}$。最不利加载情况下，两相邻支撑横梁跨中处中梁在两种疲劳车轮载下的应力时程曲线见图5。

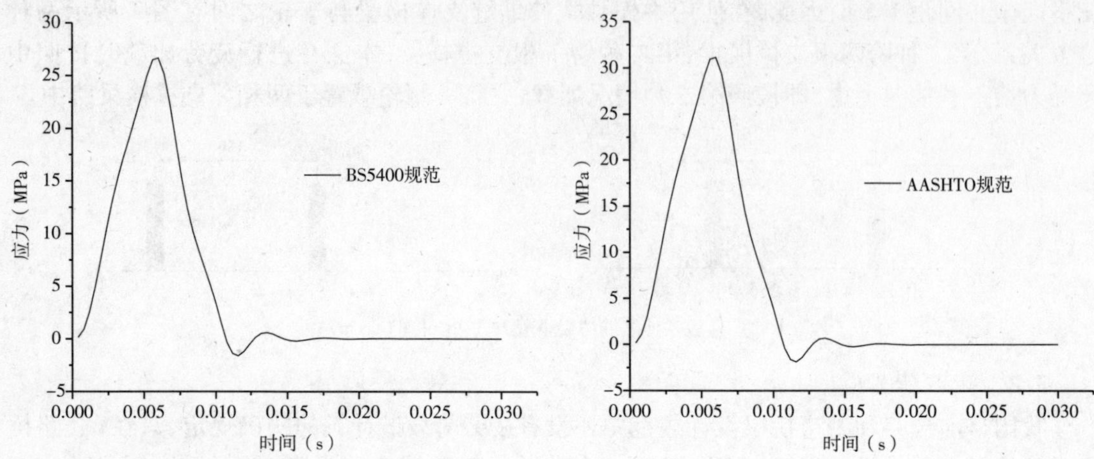

图5 规范疲劳车轮载下中梁跨中应力时程曲线

BS5400 规范下,最大拉应力为 26.67MPa,最大压应力为 -1.62MPa,按照该规范,对于整体安装的模数式伸缩缝,其中梁为非焊接构件,疲劳应力幅为最大拉应力与最大压应力的60%之和,因此该情况下疲劳应力幅 $\Delta\sigma_B^{'}=27.64$MPa;半幅安装焊接为整体情况下,按照最不利情况考虑,即轮载作用于焊缝位置,且焊缝位于支撑横梁中间,则该情况下疲劳应力幅 $\Delta\sigma_B^{''}=28.28$MPa。AASHTO 规范下,最大拉应力为 31.17MPa,最大压应力为 -1.89MPa,疲劳应力幅 $\Delta\sigma_A=33.06$MPa。二者轮载大小相差 14.5%,而最大应力幅相差也在 14.5%,说明中梁应力状态对轮载大小比较敏感。

3.4 疲劳性能分析

3.4.1 整体安装时的疲劳寿命计算

按照 BS5400 规范,整体安装的模数式伸缩缝中梁构造细节属于 C 类,200 万次常幅疲劳寿命对应的容许应力幅为 123.9MPa,1 000 万次疲劳寿命对应的应力幅为 $\sigma_0=78$MPa,该值大于 $\sigma_r^{'}=27.64$MPa,则验算部位的疲劳寿命 $N>10^7$,疲劳曲线为:

$$\log N = \log K_2\sigma_0^2 - (m+2)\log\sigma_r^{'} \tag{2}$$

代入 C 类曲线所对应的 $K_2=4.23\times10^{13}$,$\sigma_0=78$MPa,$m=3.5$ 及 $\sigma_r^{'}=27.64$MPa,计算出疲劳寿命 $N_B^{'}=3.034\ 382\ 744$ 轮次。

AASHTO 规范疲劳曲线的形式如式(3)所示,按照该规范模数式伸缩装置型钢构造细节属于 A 类,其常数 A 取值为 82.0×10^{11}。

$$\Delta F^{'} = (A/N_A^{'})^{\frac{1}{3}} \tag{3}$$

代入 $\Delta F^{'}=33.06$MPa,计算得验算部位的疲劳寿命 $N_A^{'}=226\ 936\ 998$ 轮次。

3.4.2 半幅安装焊接为整体时的疲劳寿命

伸缩缝更换施工时,由于不能完全中断交通而常采用半幅安装然后焊接为整体的施工方法,图 6 分别为施工时伸缩装置的焊接立面及中梁焊接断面示意图。焊接改变了伸缩装置中梁的抗疲劳特性,必然影响其疲劳寿命,而且在不中断交通的条件下施焊的焊接质量往往难以保证,这势必对中梁的抗疲劳性能产生不利影响。鉴于现实中轮载位置并不固定,本文考虑焊缝对模数式伸缩缝中梁抗疲劳特性影响时将中梁焊缝设置在距两相邻支撑横梁中间,且将疲劳车轮载置于此处。疲劳车轮载加载条件不变,且假定焊缝材料与母材相同,因此疲劳应力幅不变。此情况下疲劳寿命计算时改变的只有细节类型。

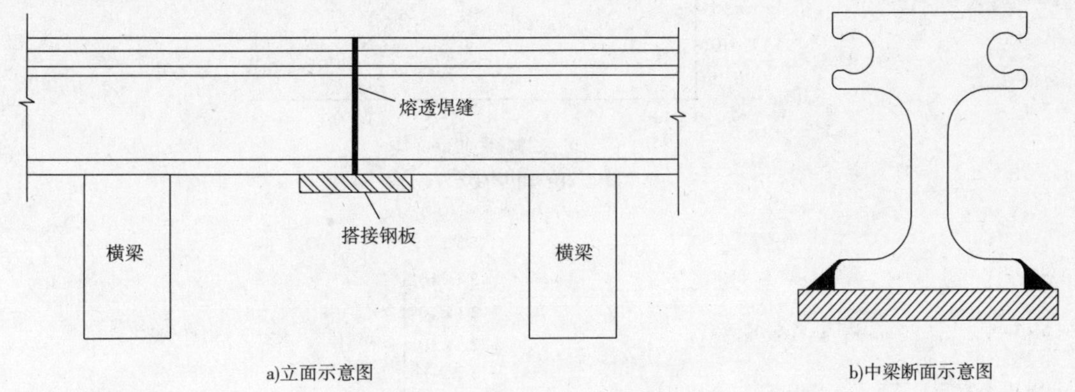

图 6　模数式伸缩缝中梁焊接示意图

按照 BS5400 规范,中梁焊缝位置构造细节属于 F2 类,200 万次常幅疲劳寿命对应的容许应力幅为 59.9MPa,1 000 万次疲劳寿命对应的应力幅为 $\sigma_0=35$MPa,该值大于 $\sigma_r''=28.28$MPa,疲劳寿命仍按照式(2)的形式计算。代入 F2 类曲线所对应的参数及 $\sigma_r''=28.28$MPa,计算出疲劳寿命 $N_B''=823\ 544\ 220$ 轮次,与整体安装施工相比,疲劳寿命降低 72.9%。

按照 AASHTO 规范,中梁焊缝位置构造细节属于 B 类,将其对应的参数及应力幅 $\Delta\sigma_A=33.06$MPa 代入式(3)计算得到此时的疲劳寿命 $N_A''=108\ 736\ 767$ 轮次,与整体安装施工相比,疲劳寿命降低 52.1%。可见,模数式伸缩缝更换时采用半幅施工焊接为整体的施工方法将显著降低伸缩缝中梁的疲劳寿命,应当积极采取措施提高中梁的抗疲劳性能。

3.4.3　中梁抗疲劳性能影响因素分析

在伸缩缝结构体系不变的情况下,影响中梁抗疲劳性能的因素主要有支撑横梁间距、中梁截面尺寸及钢材弹性模量。采用 AASHTO 规范中的疲劳车轮载进行加载,研究支撑横梁间距、中梁截面尺寸及钢材弹性模量对中梁疲劳寿命的影响。图 7a)为支撑横梁间距从 1.5m减小到 1.0m,其他条件不变时横梁间距与疲劳寿命之间的关系曲线;只改变中梁截面尺寸,将其减小 30% 至增大 30% 时中梁疲劳寿命变化曲线如图 7b)所示;弹性模量降低 5% 至提高 5% 时中梁疲劳寿命变化曲线如图 7c)所示。

从图 7 中可以看出,中梁疲劳寿命对支撑横梁间距及中梁截面尺寸比较敏感,二者为显著影响因素,而中梁钢材弹性模量对其疲劳寿命的影响较小,为一般影响因素。另外,支撑横梁间距及中梁钢材弹性模量对中梁疲劳寿命的影响基本呈线性关系,而中梁截面尺寸对其疲劳寿命的影响呈非线性指数关系,增大中梁截面尺寸显著提高其疲劳寿命,因此,中梁截面尺寸为疲劳寿命的最主要影响因素。

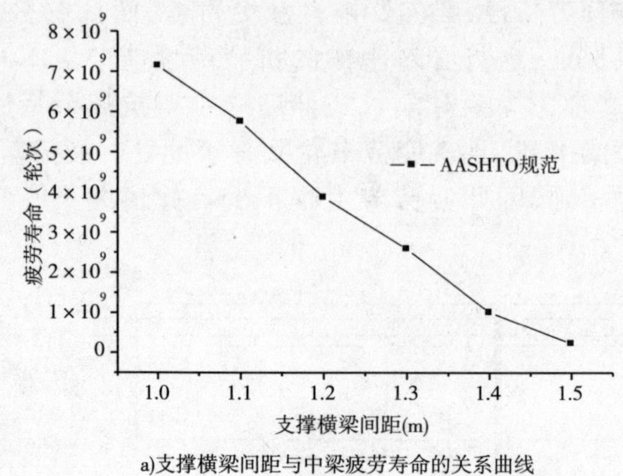

a)支撑横梁间距与中梁疲劳寿命的关系曲线

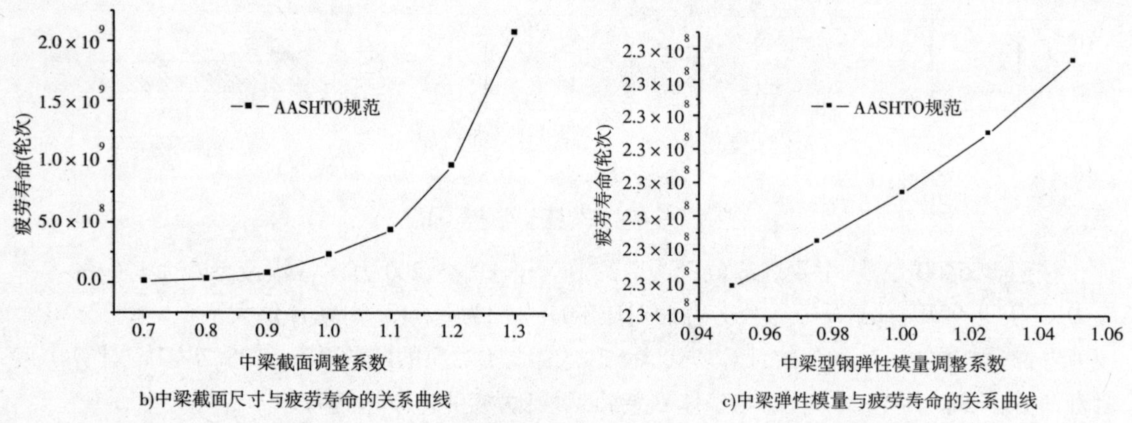

b)中梁截面尺寸与疲劳寿命的关系曲线

c)中梁弹性模量与疲劳寿命的关系曲线

图7　支撑横梁间距、中梁截面尺寸及钢材弹性模量对中梁疲劳寿命的影响

4　模数式伸缩缝更换施工改进建议

从本文分析结果看,对于半幅施工焊接为整体的更换施工方法,采取积极措施降低焊缝对中梁抗疲劳性能的不利影响十分有必要。基于上述疲劳寿命分析结果及其影响因素分析,对模数式伸缩缝更换施工提出如下建议:

(1)减小支撑横梁间距,这是改善中梁抗疲劳性能的有效措施之一,建议支撑横梁间距不大于1.2m。

(2)适当增大中梁截面尺寸,这是提高中梁的抗疲劳性能的最有效措施。

(3)更换模数式伸缩缝时焊缝宜布置在内侧行车道上,应避免在重车行车道上布置焊缝。

(4)更换施工时,对于焊接时的温度、车辆通行应严格控制,必要时可暂时中断交通,以减小车辆通行对焊接质量产生的影响。

5　结论

本文基于有限元模拟对模数式伸缩缝中梁进行了疲劳分析,得出如下结论:

(1)中梁应力状态对轮载大小比较敏感,因此应采用轮载作用次数来评估中梁的疲劳寿命。

(2)半幅施工焊接为整体的施工方法对中梁疲劳寿命影响显著,BS5400 规范与 AASHTO 规范下分别降低中梁 72.9% 与 52.1% 的疲劳寿命。

(3)支撑横梁间距及中梁截面尺寸为影响中梁疲劳寿命的显著因素,而中梁所用钢材的弹性模量则为一般影响因素,增加中梁截面尺寸为改善中梁抗疲劳性能的最有效途径。

参 考 文 献

[1] Roberto Crocetti, Bo Edlund. Fatigue Performance of Modular Bridge Expansion Joints. Journal of Performance of Constructed Facilities, 2003, 17(4).

[2] Roeder, C. W. Fatigue and dynamic load measurements on modular expansion joints. Construction and Budding Materials, 1998, 12(2-3).

[3] 王立成,王清湘,司炳君,等. 模块型桥梁伸缩缝疲劳试验研究. 土木工程学报,2004,37(12).

[4] 陈志红. 桥梁伸缩缝病害原因分析及毛勒伸缩缝施工技术. 湖南交通科技,2007,33(2).

[5] 张伟明,寇小健,胡冠梅. 桥梁伸缩缝破损原因分析及合理选取. 黑龙江交通科技,2007,(11).

[6] 牛广明,李莹. 浅谈桥梁伸缩缝病害的防治. 黑龙江交通科技,2008,(6).

[7] British Standard BS5400, Steel, concrete and Composite Bridge——Part10: Code of Practice for Fatigue, 1980.

[8] 辛济平,万国朝,张文,等译. 美国公路桥梁设计规范 AASHTO——荷载与抗力系数设计法. 北京:人民交通出版社,1998.

[9] 李杨海,程潮洋,鲍卫刚,等. 公路桥梁伸缩装置使用手册(第 2 版). 北京:人民交通出版社,2007.

(4)静力分析

102　混凝土桥梁结构分析与配筋设计的精细化

徐栋　刘超　赵瑜

(同济大学桥梁工程系)

摘　要　本文针对业内关注的桥梁结构开裂问题及目前配筋方法的缺陷,归纳了目前结构分析的不足和用于配筋的指标应力的不完整,指出结构分析方法需要面向配筋并仍然需要适用梁系本质,同时也需要解开所有断面的内部超静定效应(即空间效应)。本文针对桥梁结构的空间受力进行了拆解和分析,以箱梁的空间网格模型为例完整解开了桥梁结构的外部超静定和内部超静定,总结出完整的指标应力,并指出了结构计算分析与配筋设计连通的路径。希望为我国桥梁结构的设计更为完善、促进桥梁结构的耐久性和可持续发展提供有益建议。

关键词　箱梁　空间分析　指标应力　空间网格模型　配筋设计

1　引言

桥梁结构的耐久性和可持续发展是业内非常关注的问题[1]~[4],避免和处理结构性开裂是确保桥梁结构安全耐久的重要组成部分。而厘清桥梁结构的空间受力特征、明确配筋与设计连通的路径及了解现行配筋设计方法的局限,是避免桥梁结构性开裂的重要基础。

2　解析桥梁结构的空间受力特征

2.1　对桥梁结构空间受力的拆解

对于一个空间桥梁结构,其受力可以表征为:轴向力 N、两个方向的剪力 Q_x 和 Q_y、两个方向的弯矩 M_x 和 M_y 以及扭矩 M_z 共六个力。由于规范诞生时结构为柔细梁,所以其配筋思想也均是针对这六种受力方式的,即受弯、受剪、受扭、受压(拉),并且沿用至今。由于这些配筋方法相互独立甚至有时相互矛盾,同时剪扭配筋理论体系尚不完善,造成当这些力共同作用相互“耦合”时，现行设计理论便时常难以解释清楚，也部分造成了目前存在的诸多“疑难杂症”。

我们可以从应力角度在箱梁断面上对这“耦合”的六种受力方式进行归并和分解，如图1所示。

其中，轴向力和弯矩产生的是正应力，而剪力和扭矩产生的是剪应力，这些应力是可以相互叠加的。于是，最终在截面的各个组件（顶板、底板和腹板）各点的受力均只有正应力和剪应力，这样就将六种受力归并为两种应力了，而正应力和剪应力又可以合成为主应力。所以，归根到底，结构的受力均可以用主应力来衡量，正应力只是主应力的一种特殊情况（剪应力为0）。

注意，以上解析均是针对二维受力构件的，即基本前提认为桥梁结构受力断面均由二维（板式）受力构件组成。

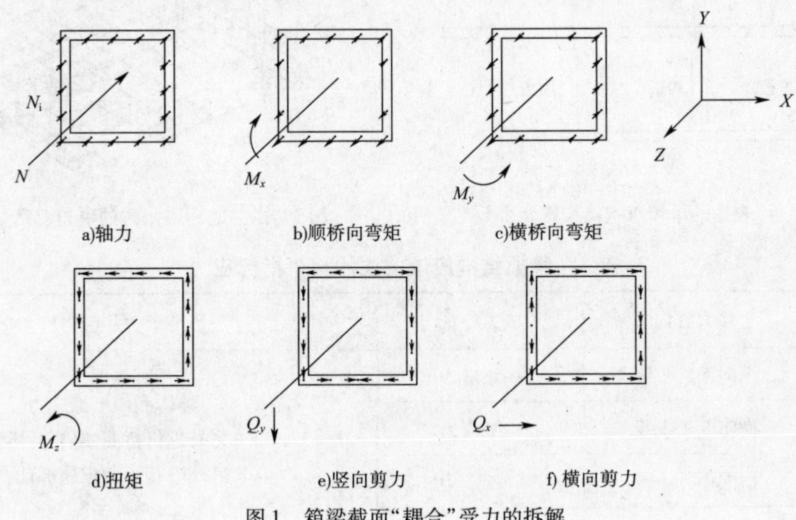

图1　箱梁截面“耦合”受力的拆解

2.2　桥梁结构空间分析的指标应力

如上所述，由于受桥梁结构设计规范建立时结构特点的影响，现行规范的配束配筋计算体系是针对柔细梁的，与规范相关的指标应力一般仅为三个，即截面上缘正应力、截面下缘正应力和腹板主应力。实际上，这三个指标应力仅是针对一根薄腹窄梁的，并不能反映现代复杂桥梁结构的真实受力情况，也就是说，现行规范体系关注的、大家早已习以为常的计算结果本身是存在漏洞的。

实际上桥梁结构可以分解为有规律受力的基本构件。基本上所有复杂的桥梁结构断面可以离散成“板”构成，例如一个箱梁可以分解为顶板、底板以及多块腹板构成，如图2所示。这些板可以是钢的，可以是混凝土的，或其他任意材料的。于是，这些板元便可以“组合”成全混凝土截面、全钢截面、部分是钢的部分是混凝土的截面（钢—混凝土叠合梁）以及其他任意几种不同材料组成的截面。

一个板元又可以由十字交叉的正交梁格来表达，一片正交梁格就像是一张“网”，一个结构有多少块板构成，就可以用梁格表示成多少张“网”。这样，空间桥梁结构可以用空间网格来表达。表1为一个单箱单室箱梁结构应该关注的9个指标应力，其中箱梁顶板和底板的面内应力在现行规范计算体系下常被遗漏,也造成相应的结构计算和配筋方法的缺失。

当然,箱梁腹板在腹板温差或其他荷载作用下产生畸变,在腹板的内外侧也有一维应力,但通常相对较小,这里不作为必须关注的指标应力。一维应力与二维应力的区别是:一维应力产生的裂缝是从截面边缘开始的,并不会贯穿板厚,剪应力照样可以传递;而二维应力产生的裂缝是全截面的,是贯穿板厚的,剪应力无法传递。

图3所示的空间网格模型可以得到表中所有需要关注的一维应力和二维应力为代表的指标应力。应该特别指出,这些指标应力与桥梁结构材料是无关的,适用于所有材料,包括钢结构、叠合梁结构和混凝土结构以及其他形成板式受力构件的材料。

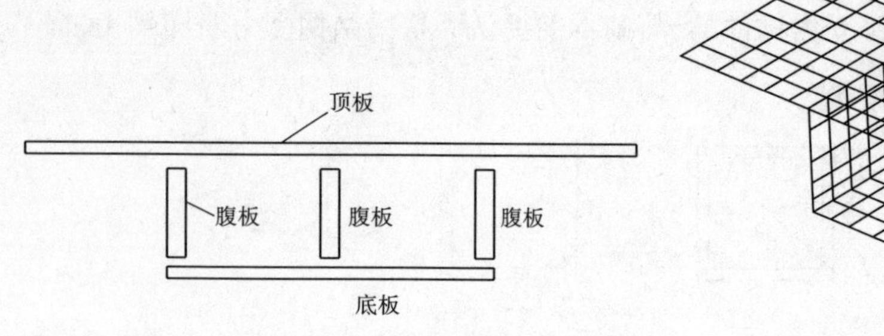

图2　由"板"表达的单箱双室箱梁截面

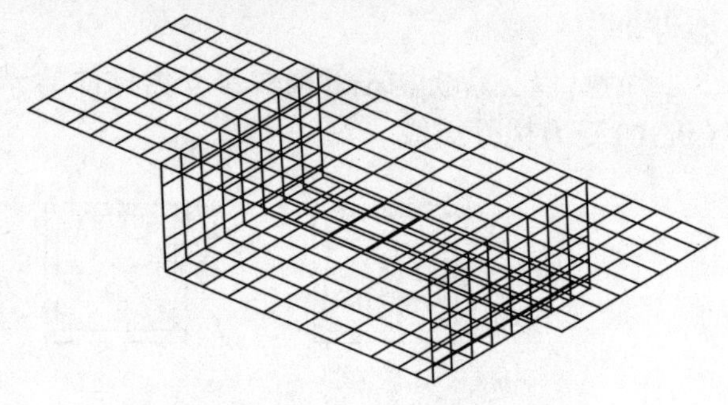

图3　由空间网格表达的单箱双室箱梁截面

表1　箱梁结构应该关注的9个指标应力

构　件	受力方向	应力特征	与传统关注应力比照
箱梁顶板	纵向面外上缘	一维应力	整体截面上缘应力 另外进行桥面板局部计算 另外进行桥面板局部计算 常被遗漏
	横向面外上缘	一维应力	
	横向面外下缘	一维应力	
	中间层面内	二维应力	
箱梁底板	纵向面外下缘	一维应力	整体截面下缘应力 主要为计算底板钢束的外崩力,简化计算方法仍不完善 常被遗漏
	横向面外上缘	一维应力	
	横向面外下缘	一维应力	
	中间层面内	二维应力	
箱梁腹板	中间层面内	二维应力	腹板主应力

3　配筋与计算连通的路径及现行方法的缺失

3.1　概述

桥梁结构整体分析的最终目标是验证受力的安全性及配筋。所有一维应力下需要校核的应力特征在二维应力情况下同样需要校核,例如钢结构面内的失稳和主应力方向上的疲劳。而对于混凝土结构,就要针对表1中各项指标应力进行配筋。表2是一个单箱单室箱梁各部分构件的应力与配筋特征以及现有配筋方法的适用情况。

表2　箱梁应力特征及配筋方法的适用性

构　件	受力方向	应力特征	配 筋 特 点	现行规范情况
箱梁顶板	纵向面外	一维应力	轴力与弯矩配筋	适用
	横向面外	一维应力	轴力与弯矩配筋	适用
	中间层面内	二维应力	剪切配筋	缺失
箱梁底板	纵向面外	一维应力	轴力与弯矩配筋	适用
	横向面外	一维应力	轴力与弯矩配筋	适用
	中间层面内	二维应力	剪切配筋	缺失
箱梁腹板	纵向面外	一维应力	轴力与弯矩配筋	适用
	横向面外	一维应力	轴力与弯矩配筋	适用
	中间层面内	二维应力	剪切配筋	有缺陷

可以看出，现行规范体系对于顶板和底板面内的薄膜(Membrane)的剪切配筋方法是缺失的，而针对腹板配筋的原苏联脱离体理论是有缺陷的。这里应该特别指出：目前业界许多“疑难杂症”或许可以从这张表中找到合理的解释。

3.2　配筋与计算连通的路径

将混凝土结构的配筋和计算连通的基础有两个：

(1)能够完整得到表2中的所有应力特征。

(2)能够建立针对表2中所有应力特征的配筋方法。

实质上，现行规范缺失或有缺陷的配筋方法均是剪切配筋方法，由于一个箱梁截面的顶板、底板和腹板均是承受主拉应力的构件，所以剪切配筋方法实际上就是针对主拉应力的配筋方法。作者研究提出的“拉应力域”配筋理论将建立一条新的配筋路径[5][6]。

3.3　示例——大跨径钢混叠合梁斜拉桥

图4为同济大学设计研究院桥梁分院承担的浙江省台州市的椒江二桥，该桥为双塔双索面叠合梁斜拉桥，跨径布置为70m＋140m＋480m＋140m＋70m，总长900m，桥面总宽度39.5m。图5为该桥采用的半封闭钢箱组合梁截面，该种截面组合方式为国内外首次采用。本文作者参与了该桥的科研项目，主要负责该桥桥面板配筋方法及抗裂性研究。

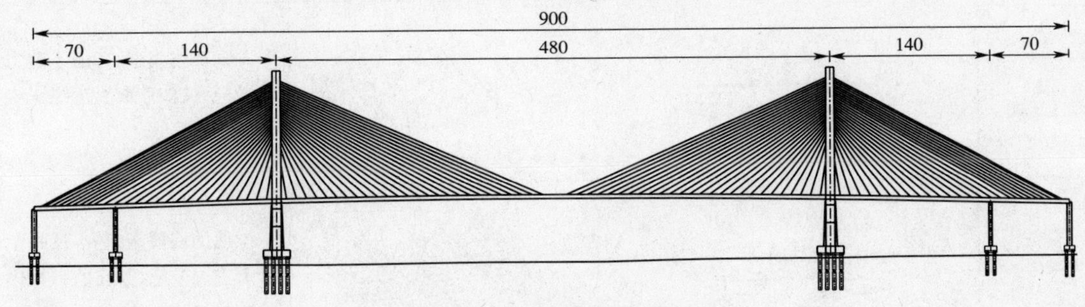

图4　椒江二桥跨径布置(尺寸单位：m)

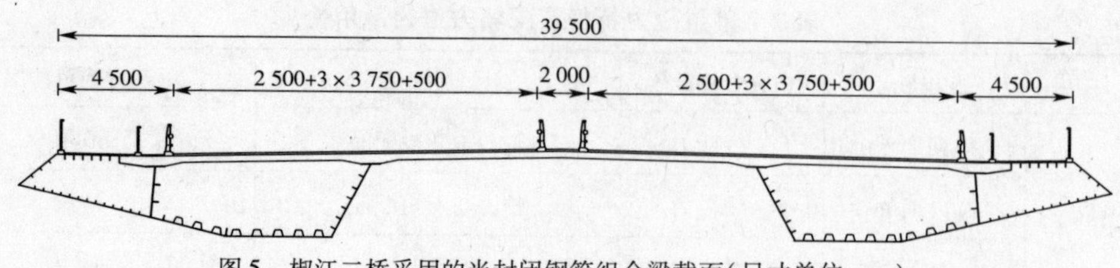

图5　椒江二桥采用的半封闭钢箱组合梁截面(尺寸单位:mm)

图6是目前对叠合梁常用的计算分析思路,其基本思路仍然想适用现行规范体系,即将如此复杂的截面"整理"成一根柔细薄腹窄梁,这样便可以应用现行规范中熟知的方法。

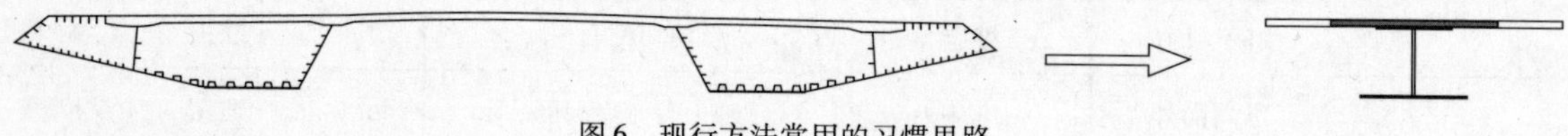

图6　现行方法常用的习惯思路

但问题是,按照图6的方法混凝土桥面板只有竖向的剪应力,这种方法"忽略"了这种结构最重要的受力特征:混凝土桥面板的面内剪应力(主拉应力)。

表3是该桥可以建立的整体计算模型以及相应的关注点。前二种计算模型无法考虑截面中混凝土桥面板的面内剪应力,而采用独立的桥面板局部分析只能得到桥面板面外的一维正应力,故无法支持该截面需要特别关注的桥面板面内配筋。作者在研究中采用计算模型C,这种计算模型能够得到表1中所有的9个指标应力。图7为作者对该截面采用的网格分离方式,从而连通了分析与配筋,并为"拉应力域"剪切配筋理论建立了应力来源。

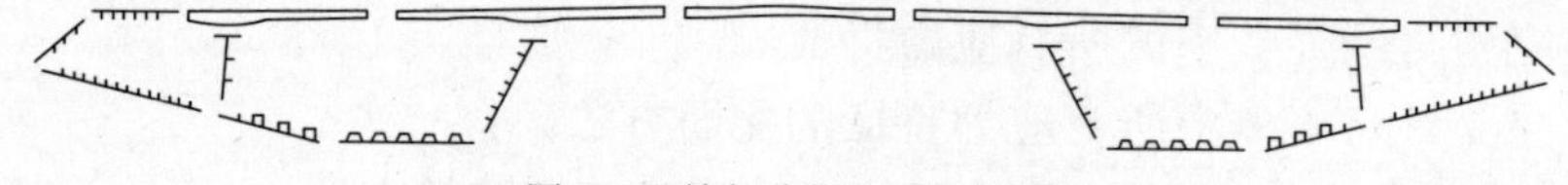

图7　配筋与分析连通的路径

表3　椒江二桥整体分析的建模方式

计算模型	截 面 划 分	有限元网格	模型及关注点
A		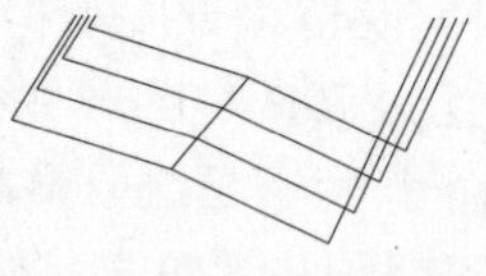	单梁鱼骨模型,关注截面上下缘正应力及位移
B	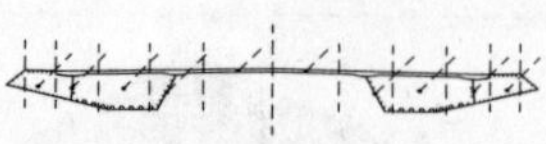	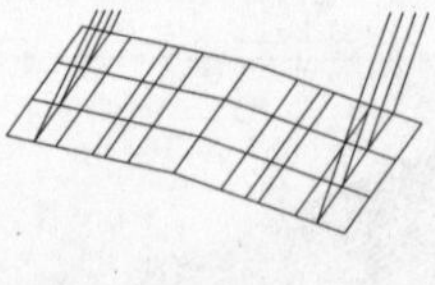	平面梁格模型,考虑了剪力滞效应,关注截面上下缘正应力及位移
C	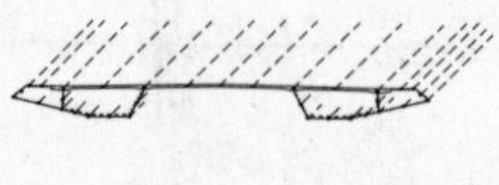	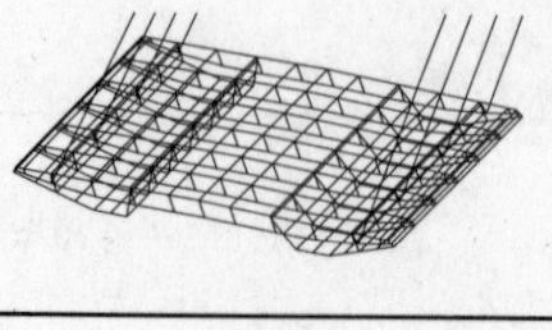	空间网格模型,基本反映了所有空间效应,关注所有指标应力和位移

4　桥梁结构的空间分析方法评述

4.1　采用梁系的空间分析方法

规范建立时的结构计算结果与规范的要求是协调的，当时桥梁结构基本均由柔细窄梁组成，如由多道简支T梁或空心板组成的梁格结构，构件形式与规范协调。随着桥梁结构的发展，特别是箱型截面梁开始使用后，结构越来越大型化，截面构成与结构体系也越来越复杂。这些桥梁的结构形式和受力类型已经远远超出了规范“原型结构”所定义的结构特征。于是，规范和设计计算只能采用“两边靠拢”的方法，使现行规范体系继续适用于不同的桥梁结构体系。

由于计算的最根本目的是为了配筋，而国内外现行规范体系均针对梁，所以只有采用梁系计算方法，才能够与规范连通，其计算结果可直接用于配筋。可以说，在可预见的未来，规范的梁系本质不会改变。但是，如果我们把主梁称为内部，主梁之外的结构统称为外部，根据适用范围和解除超静定能力的不同，梁系计算方法也是有不同台阶的，如表4所示。

表4　梁系计算方法的本质

分　类	分析方法	主梁以外的结构	主 梁 自 身	主 梁 模 型
第一台阶	平面杆系	平面分析（外部超静定）	平面分析（内部超静定）	三自由度单梁
第二台阶	准空间分析	空间分析（外部静定）	平面分析（内部超静定）	六自由度单梁
第三台阶	空间分析	空间分析（外部静定）	空间分析（内部静定）	空间网格或七自由度单梁

平面杆系分析方法无法将复杂的空间结构简化到一个平面上去，所以其外部、内部均是超静定的，解决的方法是用各种系数或近似方法去简化。

准空间分析方法可以将复杂的空间的结构在计算框架内建立计算模型（例如主梁采用单梁的“鱼骨”模型），所以其外部是“静定”的，计算结果是直接的。但是，这种方法对于主梁本身却仍然无法“解构”超静定，解决的途径依然与平面杆系计算方法相同，即采用各种系数或近似方法去简化，也就是说，其分析结果仍然是三个力、三个力矩的六种受力特征。

空间网格分析方法和七自由度单梁计算方法是真正的空间分析，同时“解开”了桥梁空间结构的外部超静定和内部超静定，计算结果直接面向配筋，是完整的空间分析，也是与配筋方法能够连通的计算方法。

4.2　分析与配筋尚未连通的空间分析方法

许多采用块单元和板单元的大型有限元软件在计算方面非常先进，但对于施工过程复杂的预应力混凝土桥梁结构，并没有完全适用。特别是块单元分析，其计算结果将整体效应和大量局部效应混淆在一起，难以直接用来交付配筋，故目前大多往往被作为局部分析时采用。

只有建立针对三维应力的配筋方法，才能够将块单元分析与配筋连通，也就是改变规范的梁系配筋本质，涵盖桥梁结构的整体效应配筋和局部效应配筋，但目前似乎尚看不到前景。

5 结语

对于混凝土桥梁结构,桥梁结构空间分析的目的是为了预防结构性开裂并面向配筋,以保证桥梁结构在允许出现结构性开裂的地方,配筋可以充分保证裂缝宽度满足要求,并确保钢筋能够完全"担负"的起由于混凝土开裂传递过来的(主)拉应力。

从桥梁建设历史来看,工程师总能在理论完善之前把握结构本质,从而能够满足行业发展需求。我国前几十年的大规模基础建设主要依赖平面分析方法;近年来,由于我国对桥梁结构的更高要求,使空间分析方法得到大规模普及,也使桥梁结构的分析方法上了一个台阶。但是,目前这些方法在分析结果和配筋设计方面仍然需要许多系数和经验,在不很清楚的地方依赖大量布设钢筋解决,这样做的结果一方面在某些区域造成材料的大量浪费,另一方面由于并没有分析清楚,在另一些区域的配筋设计仍然不足,甚至会错过需要布设钢筋的位置或受力方向。

本文试图解析桥梁结构的空间受力特征以及与配筋的关系,也指出了目前配筋方法的缺失和缺陷(这些缺失或缺陷可能就是一些"疑难杂症"的根源),希望对桥梁结构的空间受力特征以及配筋方法的本质有较完整和深入的揭示,以为我国桥梁结构的设计更为完善、促进桥梁结构的耐久性和可持续发展提供有益建议。

参 考 文 献

[1] 项海帆,潘洪萱,张圣城,范立础. 中国桥梁史纲[M]. 上海:同济大学出版社, 2009.

[2] J. Combault. Confederation Bridge: 10 Years of Excellence [C]. Proceedings of ASBI International Symposium on Future Technology for Concrete Segmental Bridges, 2007.

[3] 邓文中. 桥梁耐久性能的观察[J]. 桥梁,2009.

[4] GE Y. J. and XIANG H. F.. Towards Sustainable Development of Bridge Engineering: Chinese Lessons Experienced. Keynote paper in the Proceedings of the IABSE Symposium on Sustainable Infrastructure Environment Friendly, Safe and Resource Efficient, Bangkok, Thailand, 2009.

[5] 徐栋. 桥梁体外预应力设计技术[M]. 北京:人民交通出版社, 2008.

[6] 徐栋. 混凝土桥梁设计中的几个关键问题[J]. 桥梁,2009.8.

103　某连续箱梁桥钢筋混凝土独柱桥墩开裂机理的弹塑性分析

项贻强　唐国斌　晁春锋　胡开建　刘成熹　程　坤

（浙江大学）

摘　要　针对某连续箱梁桥钢筋混凝土独柱墩帽梁的开裂，考虑到现行《桥规》（JTG D62—2004）对钢筋混凝土独柱墩帽梁的计算没有明确的规定，本文采用平面设计理论和空间数值方法分别进行了分析计算，平面设计分析参考了《桥规》盖梁的有关设计计算方法，表明不同的设计计算方法结果有所差异，但总体而言，帽梁的横桥向配筋略显不足。进一步的考虑钢筋分布及混凝土开裂行为影响的空间精细的弹塑性数值模型计算结果表明，墩帽梁横桥向混凝土拉应力在箱梁一期恒载作用下已明显超出混凝土抗拉强度标准值，该混凝土构件将出现由上而下的纵桥向开裂，随着墩帽梁纵桥向混凝土的开裂，帽梁间非直接作用支反力的部分帽梁混凝土与直接作用支反力的帽梁混凝土协同工作性能变差，导致墩帽梁纵桥向的混凝土应力变大，并逐渐超过该构件混凝土的抗拉强度而使混凝土出现横桥向的裂缝，并逐渐向下和上延伸，对裂缝宽度的验算表明，在设计荷载下，桥墩帽梁基本满足钢筋混凝土结构II类环境条件下的正常使用极限状态裂缝宽度的要求，但不满足钢筋混凝土结构III类环境条件的裂缝宽度要求，应引起桥梁工作者的注意。

关键词　连续箱梁桥　钢筋混凝土桥墩　开裂　强度分析　应力分析

独柱悬臂墩造型简洁，节省空间，在城市立交桥梁和高等级公路的跨河桥梁中得到日益广泛的应用。然而作为一种较为新型的结构，其设计方法理论和方法尚不完善，尤其是截面尺寸界于深梁和普通梁之间的墩帽梁，其受力是比较复杂的，而现行规范（JTG D62—2004）对此类结构的设计并未作出明确规定。由于缺乏计算依据，目前对此类结构的设计通常是借鉴普通梁或深梁的设计方法，如果选用的设计方法不当，则可能导致墩帽梁开裂。本文以某钢筋混凝土独柱墩为例，分别采用平面设计理论和空间分析方法对其开裂的机理进行探讨。

1　问题的提出

某连续箱梁桥采用（30 +50 +30）m 现浇预应力混凝土连续箱梁，桥面净宽 25.8m，下部结构中间的两主桥墩采用实体式部分悬臂钢筋混凝土桥墩。该桥墩混凝土设计强度 C30，帽梁顶部横向布置 78ϕ28 的 HRB355 钢筋，其中 22 根为在跨中至 $l/3$ 截面弯起，同时 10ϕ12@ 100 箍筋，在纵桥向墩帽梁高范围内除上下缘的箍筋外，墩帽梁厚度范围内几乎没有布置纵桥向分布和抵抗混凝土温度收缩的水平受力钢筋。

该桥梁两个墩帽梁在二期恒载施工过程中发现大量裂缝,图1绘出其中一个墩帽梁的开裂情况,其中立面两侧共有23条纵向裂缝,最大裂缝宽度0.18mm,侧面两侧各有一条竖向裂缝,其中一侧最大裂缝宽度达0.56mm,裂缝贯穿盖梁端部;另一墩帽梁立面两侧共有18条裂缝,其中1条为斜裂缝,斜裂缝走向沿支座中心至梁柱交接处,长约1.31m,墩帽梁两端侧面也各有一条竖向裂缝。

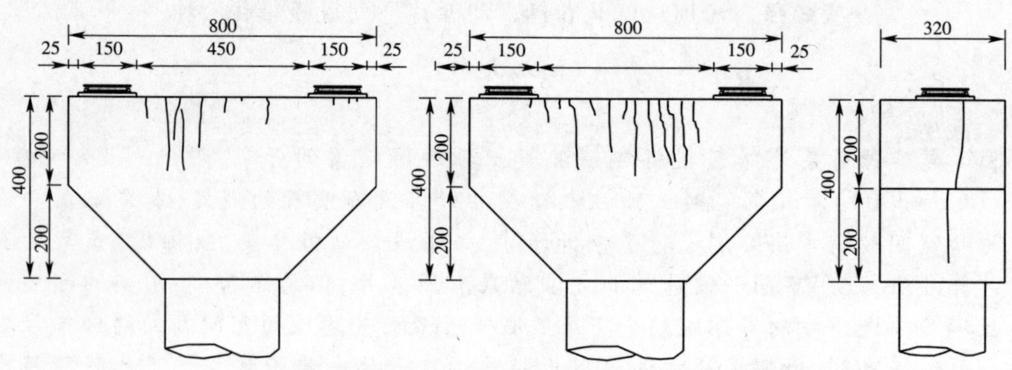

图1 结构示意图墩帽梁裂缝开展情况(尺寸单位:cm)

2 基于平面设计理论的开裂分析

2.1 计算简图

对于独柱式帽梁,其悬臂跨高比 $l/h=1$,对于这种形式的帽梁设计分析,现行的《公路桥涵设计规范》(JTG D62—2004)没有明确规定其计算方法。这里采用两种方法进行计算:

(1)简化为悬臂梁,采用规范对普通钢筋混凝土结构进行计算。

(2)类似深梁弯构件,参照现行桥梁规范(JTG D62—2004)第8.2节相关规定进行计算。

(3)撑杆—系杆体系。

2.2 简化计算图式及内力

表1列出采用不同主要计算理论的结果,由表可知,采用不同的理论,结果有较大的差异,因而在墩帽设计时,如果选用的不恰当的计算模型,可能得出错误的结果。就本文研究帽梁而言,当采用普通梁理论计算时,其横向配筋略显不足,约缺少5%左右,若采用类似深梁理论计算,则缺少20%左右,若采用"撑杆—系杆体系"计算,横向配筋缺少约40%;对墩帽梁的抗剪强度而言,采用普通梁理论的计算结果略小于类似深梁理论的结算结果。

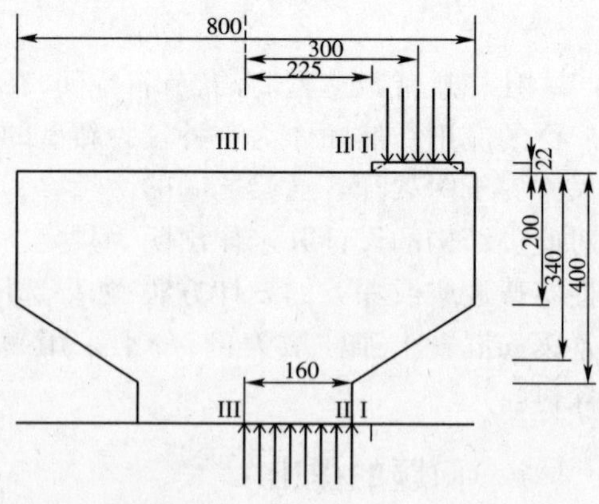

图2 桥墩墩身计算简图(尺寸单位:cm)

表1　桥墩帽梁强度验算表

验算内容	控制截面	荷载效应 S	承载能力 R	R/S	计算方法
正截面抗弯承载能力极限状态	Ⅰ－Ⅰ	1.6836×10^4kN·m	2.657×10^4kN·m	1.58	普通梁理论
		1.6836×10^4kN·m	2.345×10^4kN·m	1.39	类似深梁理论
	Ⅱ－Ⅱ	3.1474×10^4kN·m	3.038×10^4kN·m	0.97	普通梁理论
		3.1474×10^4kN·m	2.679×10^4kN·m	0.85	类似深梁理论
		13 276kN	7 931.5kN	0.60	撑杆—系杆体系
	Ⅲ－Ⅲ	4.6818×10^4kN·m	4.476×10^4kN·m	0.96	普通梁理论
		4.6818×10^4kN·m	3.914×10^4kN·m	0.84	类似深梁理论
		1.999×10^4kN	1.17×10^4kN	0.59	撑杆—系杆体系
斜截面承载能力极限状态	Ⅰ－Ⅰ	22 410kN	19 777kN	0.88	普通梁理论
		22 410 kN	24 058kN	1.07	类似深梁理论
	Ⅱ－Ⅱ	22 652kN	23 651kN	1.04	普通梁理论
		22 652kN	27 596kN	1.22	类似深梁理论

3　桥墩身及帽梁的空间受力状态分析

3.1　计算模型

事实上，上述桥墩帽梁是一复杂的空间受力构件，按一般的平面设计理论进行分析和设计与实际的受力相差较大，也不能解释墩帽梁侧面横向开裂等原因。为了更准确分析结构的实际空间受力特征及应力，采用有限元数值方法对该桥墩的空间应力分布进行计算。根据该桥墩结构钢筋布置特点，采用钢筋和混凝土分离式的模型进行建模分析，其中对混凝土采用空间8节点等参元，每个单元有 $2\times2\times2=8$ 个高斯积分点，为避免剪切锁死和体积锁定引入非协调项(extra shape functions)提高计算精度；对钢筋采用空间杆单元模拟，并在每个单元的节点与混凝土单元相连。图3为该结构构件分析的有限元模型，构件共划分83 480单元，260 781自由度，其中桥墩混凝土共划分74 080个单元，236 700个自由度，帽梁普通钢筋共划分9 400个单元，24 081个自由度，钢筋与混凝土之间相互作用通过节点耦合实现，不计黏结滑移作用，约束对应节点所有自由度。

桥墩柱身下部与承台固结，帽梁与墩柱身固结，在模型中约束底部所有自由度。材料特性选用结构设计值，计算荷载根据结构施工过程分为四种工况：

(1)工况一：一期恒载。

(2)工况二：一期恒载＋5cm厚沥青铺装。

(3)工况三：一期恒载＋10cm厚沥青铺装。

(4)工况四：一期恒载＋二期恒载＋活载。

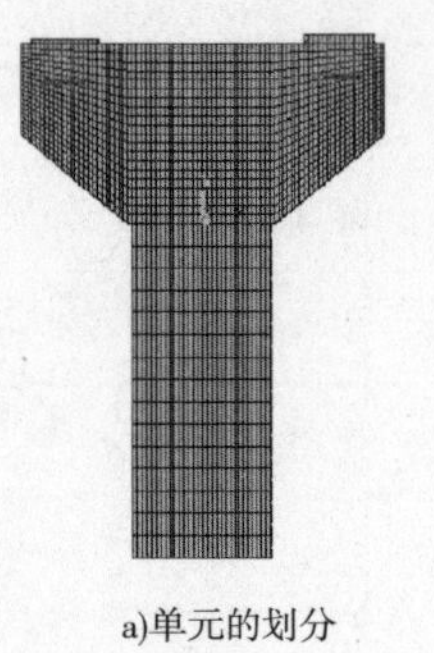

a)单元的划分

b)钢筋的模拟

图3　有限元计算模型图

3.2　主要计算结果

3.2.1　横桥向应力

图4绘出工况4荷载作用下墩帽梁横桥向应力的空间分布云图,图5绘出从工况一到工况四帽梁顶部I-I截面横向应力分布曲线。从工况一到工况四,横桥向最大拉应力分别为3.69 MPa、3.86 MPa、4.02 MPa和4.38MPa,由此可知,在一期恒载作用下,桥墩帽梁顶部的混凝土拉应力超过混凝土的抗拉强度,则该区域混凝土将被拉裂。从上述各截面的横桥向混凝土应力来看,一期恒载作用下帽梁上缘的混凝土横桥向应力值已经超过混凝土的抗拉强度标准值,结合现场调查中桥墩的裂缝开展情况,可以判断桥墩帽梁上缘的实际横桥向混凝土拉应力过大是引起开裂的主要原因。

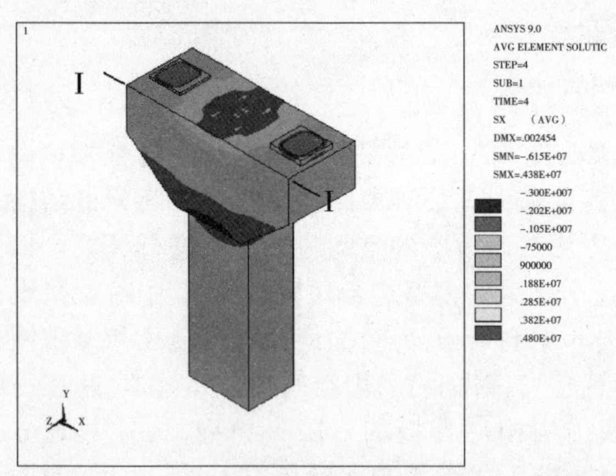

图4　桥墩身及帽梁横桥向混凝土应力空间分布图

图5　帽梁上边缘横桥向混凝土应力的分布

3.2.2　纵桥向应力

图6绘出工况四荷载作用下墩帽梁横桥向应力的空间分布云图,由图可知,在竖向支座力的作用下,直接承受箱梁荷载的支座底部一定范围内的混凝土将出现纵桥向的拉应力,最大值1.49MPa。混凝土的拉应力已接近和超过C30混凝土的设计抗拉强度,墩帽梁的部分混凝土可能出现纵桥向的裂缝。图7绘出I-I截面横向应力的分布情况,从图中可以看出,纵向拉应力沿墩帽梁横向的分布区域,其最大出现在墩帽梁外侧,向内逐渐减小。

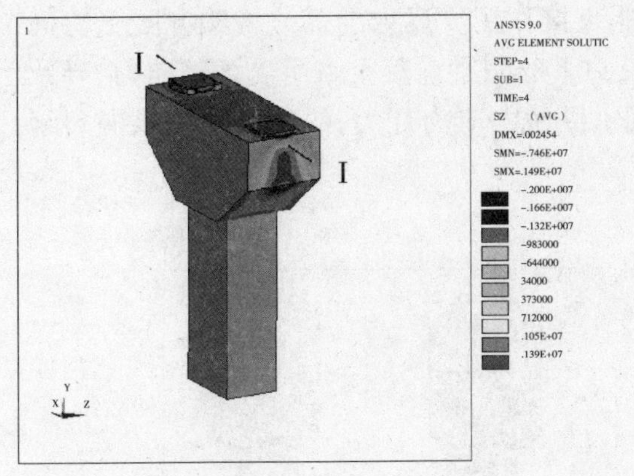

图6 桥墩身及帽梁纵桥向混凝土应力的空间分布云图

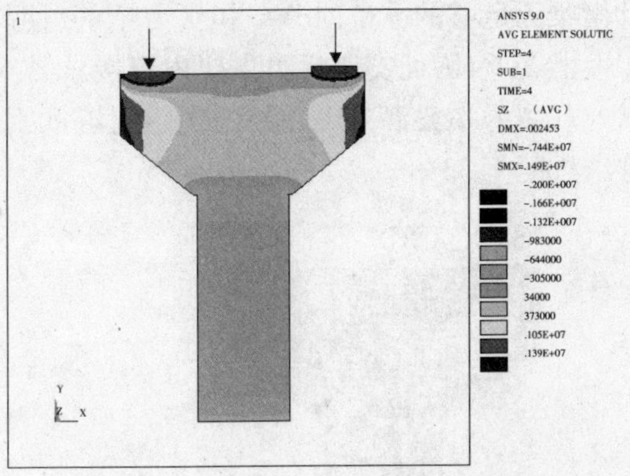

图7 I—I截面纵桥向混凝土应力分布云图

3.2.3 主拉应力

图8和图9绘出成桥状态墩帽梁主应力矢量图。在线性分析和不考虑混凝土纵横桥向开裂的情况下，帽梁悬臂端根部混凝土主拉应力已达到1.96MPa，基本超过混凝土的抗拉强度，混凝土可能出现斜裂缝。图9为悬臂端部I－I截面的主应力矢量图，在截面下缘混凝土主拉应力方向沿桥梁纵向，最大值达到1.52MPa。

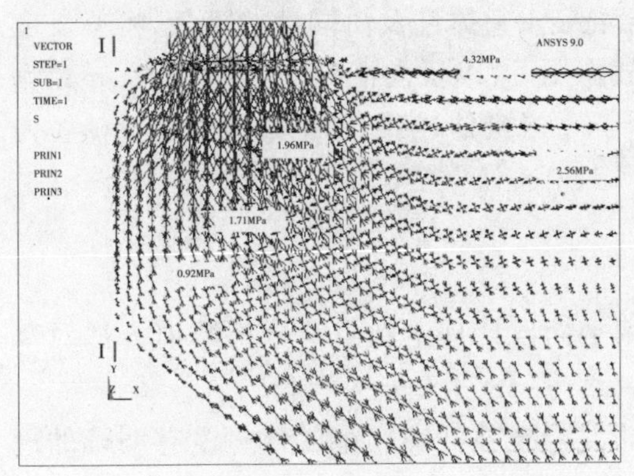

图8 帽梁立面混凝土主应力矢量图

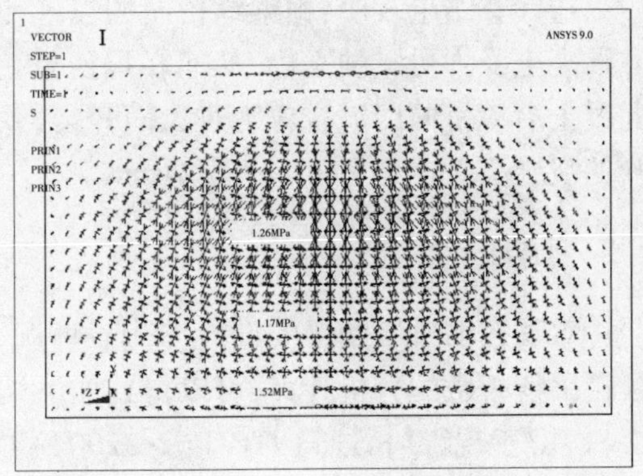

图9 帽梁悬臂端部I－I截面混凝土主应力矢量图

4 考虑混凝土非线性开裂特征的帽梁纵桥向应力的影响分析

上述分析表明：桥梁施工过程中，墩帽梁上缘横桥向混凝土应力将首先超过混凝土抗拉强度值而出现纵桥向的裂缝。帽梁纵桥向裂缝的出现一方面改变了桥墩中力传递的路径，另一方面将对墩帽梁的应力状态乃至极限承载力产生影响。由于帽梁普通钢筋较多，进行非线性分析即耗时又费力，为便于计算，本文根据实际的纵桥向裂缝分布和展开，将开裂处的单元刚度减少为完好单元刚度的0.1倍，以此模拟裂缝等开展影响。根据现场裂缝调查情况，在计算模型中一侧依次嵌入5条裂缝，如图10所示。

图11绘出考虑裂缝影响的墩帽梁两端截面的混凝土纵桥向应力分布的云图，由图11可知，靠近裂缝的悬臂端纵向应力明显大于另一端。这是由于帽梁混凝土纵向裂缝的存在，

及帽梁无足够的纵桥向分布和受力钢筋,使得非直接作用支反力的部分帽梁混凝土协同工作性能变差,因而支座反力主要由直接承受支反力下的帽梁混凝土来承受该竖向力,导致已纵向开裂的帽梁混凝土在靠近支座附近的混凝土纵桥向应力变大,约为不考虑纵向裂缝计算结果的1.33倍。

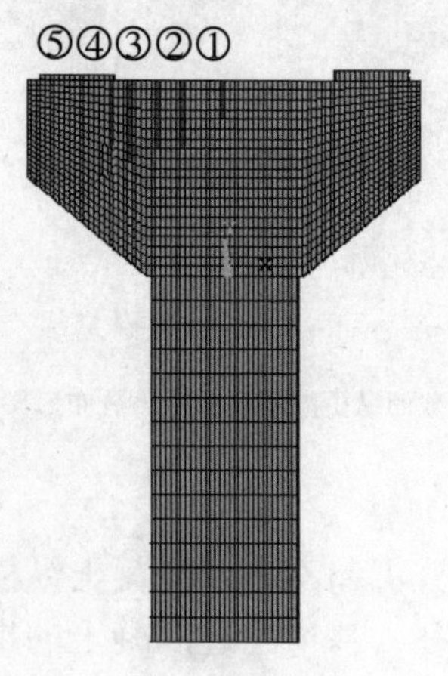

图10　考虑纵向裂缝的帽梁计算模型

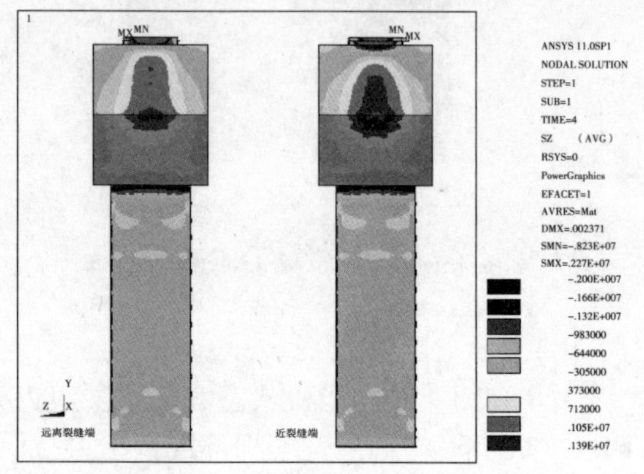

图11　帽梁悬臂端部混凝土纵向应力云图

上述计算结果表明:帽梁纵桥向的裂缝使帽梁混凝土整体性及协同性能降低,帽梁支座下方混凝土受力更具独立性,从而在局压劈力荷载作用下,纵桥向混凝土应力加大,导致帽梁混凝土沿横桥向因劈拉应力过大而开裂,并逐步向下方延伸,实际的帽梁混凝土沿横桥向展开的裂缝高度达到了1.5m至2.0m。

5　结语

针对现有的桥墩帽梁的设计和荷载情况,采用平面设计理论和空间分析数值方法对某连续箱梁桥桥墩的分析计算,可以得到如下结论:

(1)由于现行《桥规》(JTG D62—2004)对钢筋混凝土独柱墩帽梁的计算没有明确的规定,参考相关的研究和计算方法,对该桥墩帽梁的承载能力极限状态和正常使用极限状态进行复核,计算表明采用不同的设计计算方法,结果有所差异。但总体而言,帽梁的横桥向配筋略显不足,对裂缝宽度的验算表明,在设计荷载下,桥墩帽梁基本满足钢筋混凝土结构Ⅱ类环境条件下的正常使用极限状态裂缝宽度的要求,但不满足钢筋混凝土结构Ⅲ类环境条件的裂缝宽度要求。

(2)基于空间的数值分析方法对墩帽梁建立精细的有限元模型,分析了从一期恒载到承受活载等四种工况的墩帽梁横桥向正应力、纵桥向混凝土正应力及主拉应力,结果表明墩帽梁横桥向混凝土拉应力在箱梁一期恒载作用下已明显超出混凝土抗拉强度标准值,该混凝土构件将出现由上而下的纵桥向开裂。随着墩帽梁纵桥向混凝土的开裂,帽梁间非直接作用支反力的部分帽梁混凝土与直接作用支反力的帽梁混凝土协同工作性能变差,导致墩帽梁纵桥向的混凝土应力变大,并逐渐超过该构件混凝土的抗拉强度而使混凝土出现横桥向的裂缝,并逐渐向下和向上延伸。

参考文献

[1] JTG D62—2004. 公路钢筋混凝土及预应力混凝土桥涵设计规范.

[2] JTG D63—2007. 公路桥涵地基与基础设计规范.

[3] JTJ 041—2000. 公路桥涵施工技术规范.

[4] 丁皓江,何福保,谢贻权,徐兴. 弹性和塑性力学中的有限单元法. 北京:机械工业出版社,1989.

[5] 徐芝纶. 弹性力学(第3版). 北京:高等教育出版社,1990.

[6] 顾无敌. 独柱式桥墩结构性能研究. 上海:同济大学硕士学位论文,2003.

[7] 王亮. 公路桥梁墩台盖梁计算方法研究. 重庆:重庆交通大学,2006.

104　现代拱桥吊杆设计的新思路

姜瑞娟　吴启明　陈宜言　盖卫明　汤国栋

(深圳市市政设计研究院有限公司)

摘　要　在吊杆拱桥中,吊杆是连接桥道和拱肋的重要受力杆件,其将桥道系所承受的全部荷载顺利传递到拱肋。若吊杆发生损伤及至破坏,则会引起拱桥的坍塌。吊杆作为一个构件,其寿命远远短于拱桥的设计寿命,也就是说在拱桥的设计寿命期内,吊杆需要多次替换。但吊杆在替换以前,因各种随机作用的结果可能会发生突然破断。为了防止这种突发破断所引起的拱桥坍塌,本文针对以往拱桥吊杆的使用现状及存在问题进行了深入的探讨,在此基础上提出了现代拱桥吊杆设计的新思路,并对新思路的可行性以实际的吊杆拱桥实例为依托利用大型综合软件 ANSYS 进行了数值分析。结果证明,本文所提出的拱桥吊杆设计新思路可以保证拱桥结构在某一吊杆破断的情况下仍是安全的。

关键词　吊杆拱桥　现状探讨　设计新思路　数值分析　结构安全

1　概述

拱桥吊杆将桥道系所承受的全部荷载顺利传递到拱肋,是结构的关键受力构件。若其发生损伤及至破坏,则会引起拱桥的坍塌。数十年来,因吊杆骤断而引起桥梁整体结构破坏的事例时有发生。特别是20世纪90年代以来,国内、外此类因某一构件破坏而引起整体结构破坏的事故数目呈现增加的趋势,该类事故的发生引起桥梁界研究者和设计者的极大关注和重视。

吊杆作为一个构件,其寿命远远短于拱桥的设计寿命。基于国内拱桥吊杆、斜拉桥斜拉索等索构件的破断统计研究亦表明:拉索、吊杆的破断寿命为3~16年,很少超过20年,平均为桥梁设计寿命的1/10左右[1]。因此,在桥梁的设计寿命期内,拉索、吊杆将需多次替换。但拉索、吊杆在替换以前,因各种随机作用的结果可能会发生突然破断。而迄今为止,该类突发的拉索、吊杆破断往往是人类无法控制的,因此因吊杆(构件)破断而导致拱桥(结构)坍塌的可能不可避免。

本文在对现有拱桥吊杆的设计、使用及维护技术和方法进行总结的基础上,对吊杆骤断不可避免的问题进行了深入探讨和思考,提出了现代拱桥吊杆设计的新思路,其中心思想是通过对吊杆的合理设计来避免因吊杆破断而导致拱桥坍塌;亦即新的拱桥吊杆设计方法可以实现拱桥(结构)不会因为吊杆(构件)的破坏而破坏。这种新的设计理念和方法在飞机、轮船等结构中已经实现,也可以说是一种新的结构安全控制技术。本文在对该设计新方法进行阐述的基础上,对其可行性和合理性以实际的吊杆拱桥实例为依托利用大型综合软件

ANSYS进行了数值分析和论证。结果证明,本文所提出的拱桥吊杆设计新思路可以保证拱桥结构在某一吊杆破断的情况下仍是安全的。

2 拱桥吊杆现状

近年来,为企求吊杆拱桥在设计寿命内的安全得以保障,其吊杆设计方法和维护措施大致如下:①吊杆形式多样化:竖直双吊杆、交叉双吊杆、竖直单吊杆,竖直双吊杆又有顺桥向布置和横桥向布置两种等;②提高吊杆的安全储备:在设计上,一定程度地偏高取定吊杆的安全系数;③考虑吊杆的可替换设计:以方便吊杆的拆换;④预留吊杆备用孔:为方便桥梁使用寿命期内的加固;⑤定期检测和替换桥梁吊杆:针对吊杆"一年一检测,十年一拆换"[2],以尽可能地降低吊杆骤断的机率;⑥发展健康监测和监控技术:预测吊杆的剩余寿命,推断吊杆的破断时间,以使吊杆的破断可预测;⑦改进吊杆的品质:改进吊杆钢索的材质、构造与防腐、防护等技术,提高吊杆的安全性和耐久性,等等。

上述方法和措施,缓减了吊杆破断的可能性,一定程度地延迟破断时间,但不能排除拉索随时破断的可能,桥梁因此垮塌的风险并未排除。究其原因有如下几点:

(1)双吊杆设计从理论上来讲,并不能像预期的那样比单吊杆更安全。在同一吊点的双吊杆,往往设计成相同的两根吊杆,即横截面积是相同的;其两者的内力也基本相同,故其应力也大致一样。从而两根吊杆理论上会同时破断。其安全性并不比单吊杆更好。

(2)由于导致桥梁吊杆破断的因素的随机性,使吊杆破断的准确时间难以确定。桥梁吊杆破断的本质,为载荷与介质作用下的"腐蚀+疲劳"。由于载荷环境与腐蚀环境的随机性、检测的局限性,桥梁吊杆的"疲劳寿命,很难或者根本不可能归结为单一的数值,…其只能为不确定的统计量"[3]。换言之,对于具体的桥梁拉索,其破断的准确时间并不能预知。除却载荷环境与腐蚀环境的随机性,用于构件疲劳寿命评估的理论和方法也是基于概率统计的[4]~[6],这也决定了预测的疲劳寿命只能为不确定的统计量。

(3)桥梁健康监测与寿命评估等理论与技术仍在发展中,其现有的发展水平需客观对待[7]。桥梁健康监测系统于20世纪80年代成为可能[8]、[9],国内外相继在一些大型重要桥梁上建立了不同规模的健康监测系统[10]。健康监测系统的硬件和软件均在不断发展中,现有的硬件技术可以满足大多数中小型钢筋混凝土桥梁的病害检测,但对于大型桥梁的某些缺陷,如斜拉索或吊杆内钢丝的断裂与锈蚀、斜拉索或吊杆的锚头状况、结合构件的结合面状况、预应力筋状况、预应力管道灌浆密实度、水下基础病害等,目前尚缺乏可靠的检测技术[7];传感器、甚至是光纤传感器的耐久性均需要进一步的研究[11]。软件中的信号处理技术发展较完善,但用以分析桥梁健康状况,如:损伤、剩余寿命等的理论和技术则相对滞后,即成熟的、完全实用的损伤检测算法还在发展中,对桥梁损伤状态的评价缺乏统一有效的综合性、量化指标[12]~[14],难以反映个别构件的损伤及其程度对整个桥梁结构的影响。另外,桥梁健康监测系统的传感器的布置位置是有限的,很难触及整个桥梁的每一个局部,这无疑在增加基于数据分析实现损伤、寿命预测、决策难度的同时,也疏漏某些已经发生严重损伤的局部或者构件,进而引致桥梁结构的骤然失效。

(4)众多已建桥梁的设计理念和技术上的不足是因某一构件破坏而导致桥梁结构整体失效的重要原因:首先,所有构件的寿命不能期望都与结构的设计寿命相同。如:金属材料因腐蚀、疲劳和其他随机因素的耦合作用程度不同,导致其寿命也不尽相同。1967 年兴建的美国明尼苏达州境内的 I-35W 钢桁拱桥于 2007 年 8 月 1 日因钢构件的腐蚀疲劳而导致坍塌; 2003 年夏天竣工的巴黎戴高乐机场 E 候机厅的顶棚,于 2004 年 5 月 23 日因连接金属柱并支撑顶棚的一个金属构件破坏而导致突然坍塌; 1990 年建成的跨度为 240m 的钢筋混凝土中承式肋拱桥-四川宜宾小南门桥,于 2001 年 11 月 7 日凌晨发生吊杆骤断,进而两端桥道垮塌;2000 年 12 月竣工的武汉江汉三桥(晴川桥)于 2003 年 11 月 2 日凌晨发生系杆索断事故等等。其次,没有"冗余"保护的桥梁结构,由某一构件特别是重要构件破坏而导致整体结构的坍塌是可能的。

综上所述,由于现行设计、检测、诊断、维护技术的水平尚不能控制由各种随机因素(环境腐蚀、随机荷载等)耦合作用下吊杆的骤然破断,则拱桥骤然失效的可能也就未能杜绝。吊杆骤断损毁桥梁的修复费用非常高,且对社会和人类的生命安全所造成的损失也是难以估计的。另外,对于一些位于重要交通要道上的桥梁,当一次性拆换全部吊杆时,其施工周期长,需要中断桥梁和其他道路的全部或者部分交通,由此也会引起很大的经济损失和生活不便。

3 拱桥吊杆设计新思路

在飞机、军工等领域,为了避免因某构件发生破坏而导致飞机坠落等严重事故,研究者和工程师们已经率先提出了结构的失效控制理论、方法和设计:"破损安全设计"。所谓"破损安全",就是在结构的服役期内,允许损伤发生,但其剩余强度须保持在结构整体维持正常功能的最低限度内;"破损安全设计",在于通过设计,实现这一意图[3,15]。这是与现行普通理论、方法完全不同的技术途径:回避了基于随机背景的不确定性的检测、诊断与预测;在破损安全的结构系统中,构件损伤、破坏不可避免,其预先采取设计措施,使结构整体不致因此而失效。

针对拱桥因吊杆的破断而坍塌的可能没有避免的现状和成因,破损安全的思路可用于吊杆拱桥的设计:采用破损安全设计的理念,实现在桥梁使用寿命期内允许吊杆骤然破断但能够保证桥梁整体结构在修复破断吊杆之前的安全,并尽可能保证在修复破断拉索期间的交通不受影响。这也可以说是一种可行、有效的现代结构安全控制技术。其具体思想是:在进行拱桥吊杆设计时,将吊杆分为主吊杆和安全吊杆,主吊杆在桥梁运行期间允许破断,安全吊杆在主吊杆破断时和破断后均能够保证桥梁整体结构的安全;而主吊杆与安全吊杆的寿命差是通过应力差来实现;主吊杆与安全吊杆的应力差通过两索的截面积和内力调整来实现。

常见的中、下承式拱桥中的吊杆分为双吊杆和单吊杆两种情况。针对单吊杆,其破损安全设计可以通过将每根吊杆中的钢丝束分为为主束和安全束来实现,主束与安全束的寿命差通过应力差来实现。针对双吊杆,其破损安全设计可有两种途径:(1)将双吊杆中的每一吊杆内的钢丝束设计成主束和安全束;(2)将双吊杆中的一根吊杆设为主吊杆,另一根设为安全吊杆。

4 设计新思路的可行性

本文提到的新设计思路是否能够实现的关键是:主束(吊杆)破断时,安全束(吊杆)和其他构件以及整个结构是否能够真正承受得住主束(吊杆)破断的动力冲击从而保证结构的安全。主束(吊杆)破断的动力冲击与断裂时间和拱桥结构均有很大关系。为了探讨吊杆拱桥的破损安全设计是否可行和合理,该部分以一个双吊杆拱桥为实例,在大型综合软件 ANSYS 中建立拱桥模型,并对主束的破断过程进行了合理模拟,对其造成的动力冲击以及在该冲击下拱桥结构的安全性进行了数值分析并得出结论。

4.1 双吊杆拱桥实例概况

本文以深圳北站(彩虹)桥为分析对象。该桥已经建成并通车近 10 年,为跨径 150m 的下承式、双吊杆钢管混凝土系杆拱桥,矢跨比 1/4.5,设有 2 片竖向拱肋,每个拱肋由 4 根上下弦钢管构成。该桥双吊杆的新设计是将原有截面相等的平行双吊杆,改为截面一大一小的双吊杆。其中小截面吊杆为主吊杆,大截面吊杆为安全吊杆,但是同一吊点的两根吊杆总面积在改变设计前后相差不大:原有平行双吊杆均为 61Φ7 平行钢丝,新设计中主吊杆为 13 - 7Φ5 钢绞线,安全吊杆为 20 - 7Φ5 钢绞线。

4.2 拱桥有限元模拟

双吊杆拱桥深圳北站桥的有限元模型(图 1)在大型综合软件 ANSYS 中合理建立。其中,①桁架式主拱圈:拱肋的材料特性按混凝土取定,截面特性则分别根据核心混凝土的面积、材料特性和钢管的面积、材料特性经等效换算后得到。腹杆、平联、K 撑、一撑等构件的材料特性和截面特性则完全根据设计计算得到。主拱圈的拱肋、腹杆、平联、K 撑、一撑均采用 Beam4 单元来模拟;②桥道系:钢纵梁与钢横梁分别用 Beam4 和 Beam188 模拟,桥面板按照梁格法等效成纵横梁格,梁格的纵横梁均采用 Beam4 单元来模拟;混凝土横梁采用梁单元 Beam4,纵梁采用空间梁单元 B31,其节点与横梁及板单元节点采用 couple 方式耦联。③吊杆:采用杆单元 Link8 模拟。④边界条件:四个拱脚设为固结;桥道系两端视作铰支;钢纵横梁间的连接、桥面板与纵横梁的连接、吊杆与拱肋和桥道横梁的连接均采用刚性连接 MPC184 单元模拟。结构的阻尼比根据结构特点及经验,按一、二阶振型频率取为 0.02。

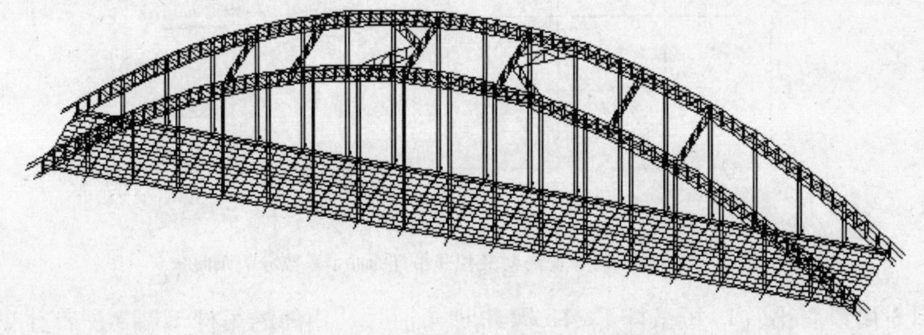

图 1 双吊杆拱桥实例深圳北站桥有限元模型

深圳北站桥(图 1)共有两片拱肋,每片拱肋有 17 个吊点。其中一片拱肋吊杆的编号按照吊杆在桥道系上的连接点的位置从左至右依次编为 1a,1b,2a,2b,……17a,17b,如图 2 所示;而另一片拱肋的吊杆编号相应为 1a′,1b′,2a′,2b′,……17a′,17b′。在采用本文的新方法对双吊杆进行设计后,编号为 a 的吊杆对应该吊点的主吊杆,编号为 b 的吊杆对应响应的安全吊杆。而另一片拱肋中,编号为 a′的吊杆对应安全吊杆,编号为 b’的吊杆对应主吊杆。

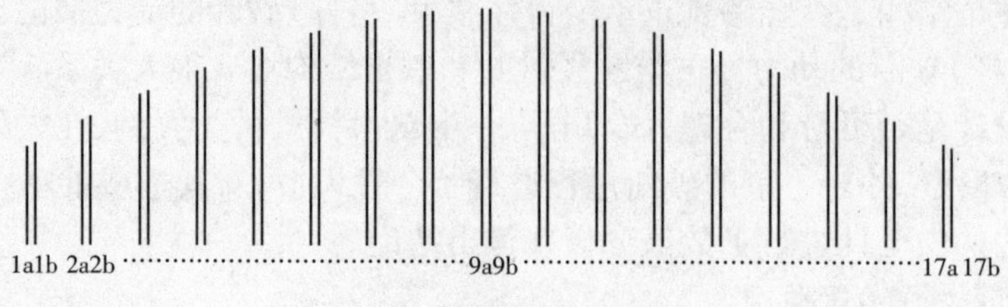

图2　吊杆编号示意

4.3　吊杆骤断的模拟及冲击响应分析

吊杆破断过程的模拟是通过假设吊杆原内力在破断时间 δt 内从原值撤销至0来实现的。而整体结构及各构件由此而引起的冲击响应是通过在 ANSYS 中对吊杆破断的过程进行时程分析而得到的。可以看出该有限元破断分析过程是对实际吊杆破断情况的较为符合的模拟。

吊杆的破断过程是该吊杆中内力释放并反作用冲击既存结构的过程,其冲击作用的程度取决于原吊杆内力的大小以及该内力释放的时间(δt)。为研究吊杆骤断时间对结构的冲击效应,本文对原桥短吊杆1a、1b、中长吊杆5a和长吊杆9a分别破断时的既存结构进行了不同 δt 取值下的冲击响应分析。取吊杆骤断时冲击作用下的结构响应(动力响应与自重作用下的响应的叠加)与自重作用下的响应的比值为 η,称为冲击系数。三种吊杆骤断情况下,骤断时间 δt 对相应相邻吊杆1b、1a、5b、9b的冲击系数 η 影响曲线分别如图3所示,其中纵轴代表对应冲击应力峰值下的冲击系数 η,横轴代表的是破断时间的对数值。

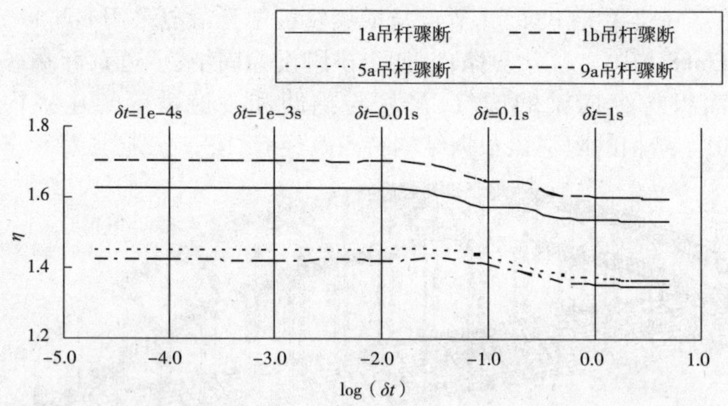

图3　吊杆骤断时间 δt 与对其相邻吊杆的冲击系数 η 关系曲线

从图3可以看出:(1)短吊杆1a、1b骤断时分别对其相邻的吊杆1b、1a所产生的冲击效应比中长吊杆5a及长吊杆9a骤断时对其相应的相邻吊杆5b、9b产生的冲击作用要大;(2)当 δt 减小到一定程度时(小于0.01s),δt 的变化对冲击效应的影响不大;当 δt 增大到一定程度时(大于1s),冲击效应的影响亦不明显。而当破断时间 δt 在0.01s和1秒之间时,破断冲击效应随破断时间的变化而有较大变化。为了偏于安全地考虑吊杆破断对既存结构的不利影响,宜将断索时间取得小于0.01s。

短吊杆1b骤断时,所有吊杆和拱肋的冲击系数分别如图4~图7所示。从图4、图5可以看出:吊杆1b骤断时,与其位于同一吊点的相邻吊杆1a受到的冲击作用最大;位于同侧拱肋的相邻吊点的吊杆 2a、2b 受到的冲击虽比其他吊杆受到的冲击明显，但亦不大。其他吊杆几乎不受到冲击。故进行主吊杆、安全吊杆的设计时，可按冲击系数约为 1.8 来控制。从图 6、图 7 可以看出，吊杆 1b 骤断时，拱肋受到的冲击很小，最大冲击系数仅为 1.071。

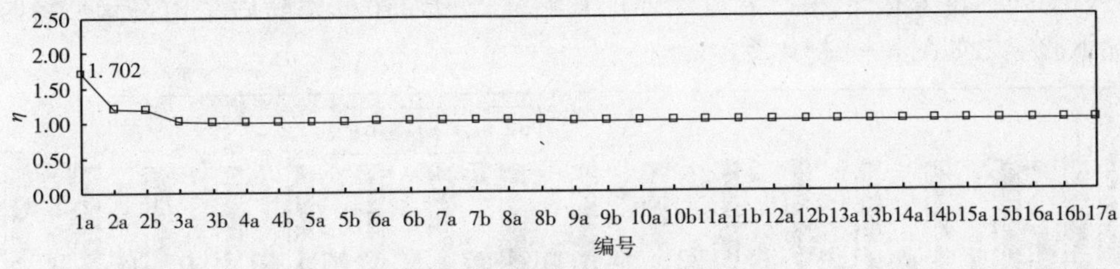

图 4　与 1b 吊杆同侧的吊杆冲击系数

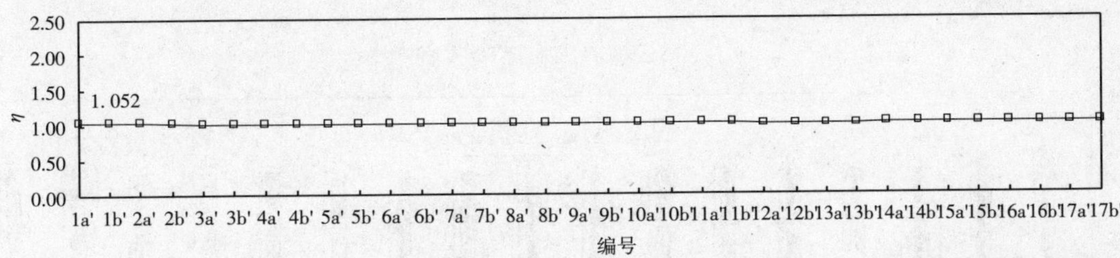

图 5　与 1b 吊杆异侧的吊杆冲击系数

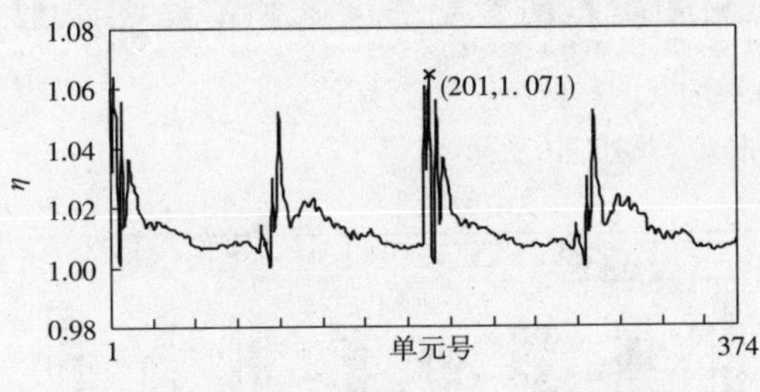

图 6　与 1b 吊杆同侧的拱肋单元冲击系数

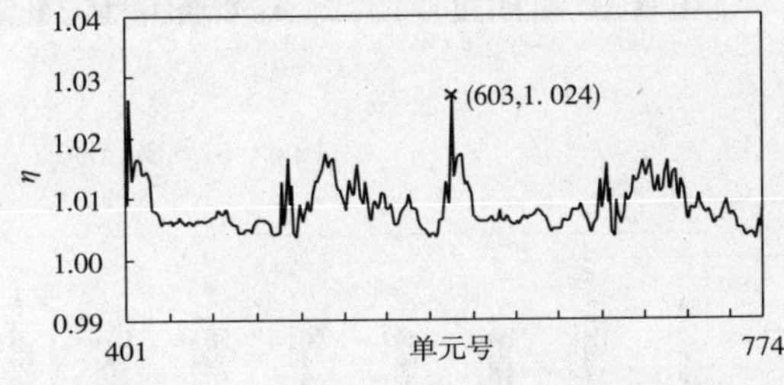

图 7　与 1b 吊杆异侧的拱肋单元冲击系数

4.4　新思路的可靠性验证

如上所述，原桥截面相同的双吊杆采用新思路设计后，由原来均为 61Φ7 平行钢丝的平行双吊杆变为新设计中 13－7Φ5 钢绞线的主吊杆和 20－7Φ5 钢绞线的安全吊杆。在此新设计基础上，为了真正实现主吊杆和安全吊杆之间的寿命差，主吊杆和安全吊杆在恒载作用下的应力比值按 1/2 来设定。在 ANSYS 中，该设定是通过使新体系与原结构受力变形等效的方法来实现的，等效的原则是：索力调整前后主拱的轴力、弯矩尽量保持不变，桥道系的竖向位移亦尽量保持不变。而在实际工程应用时，可通过调整吊杆的张拉力来控制实现。

针对以上设计的新吊杆拱桥，依据《公路桥涵设计通用规范》（JTG D60—2004）和《公路斜拉桥设计细则》（JTG/T D65－01—2007）以及本文提出的吊杆骤断模拟方法和冲击效应分析方法，对其在正常运营期间的持久状况、某一或多各主吊杆骤断时的短暂状况以及吊杆骤断后结构重趋平稳时的短暂状况进行了结构分析和验算。并且分别对短吊杆的主吊杆 1a 骤断、长吊杆的主吊杆 9a 骤断和所有主吊杆都骤断三种情况进行分析和验算。根据《公路斜拉桥设计细则》(JTG/T D65－01—2007)的规定,吊杆在持久状况及短暂状况下的安全系数分别不应该小于2.5和2.0,新设计采用的钢绞线的抗拉强度为1 860MPa,则吊杆的允许应力在持久状况及短暂状况下分别为744MPa、930MPa。三种骤断情况下,所有剩余吊杆在正常运营期间的持久状况、主吊杆骤断时的短暂状况以及吊杆骤断后结构重趋平稳时的短暂状况下的应力如图8～图10所示。

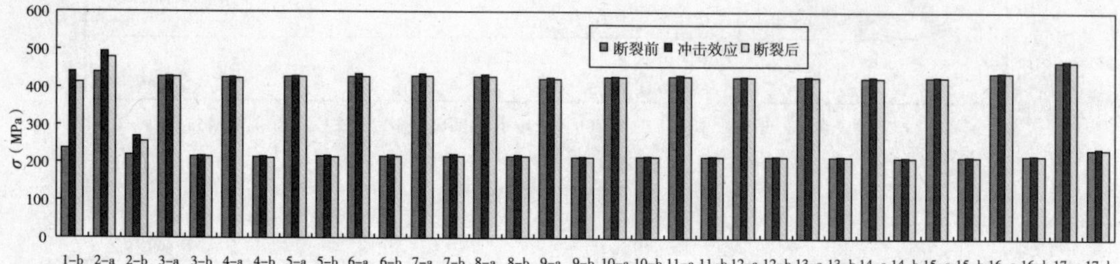

a)1a吊杆同侧吊杆

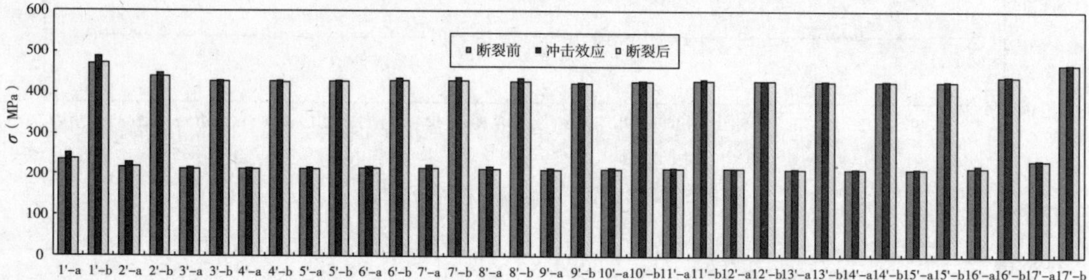

b)1a吊杆异侧吊杆

图8　1a吊杆破断前后及破断时其余吊杆应力变化

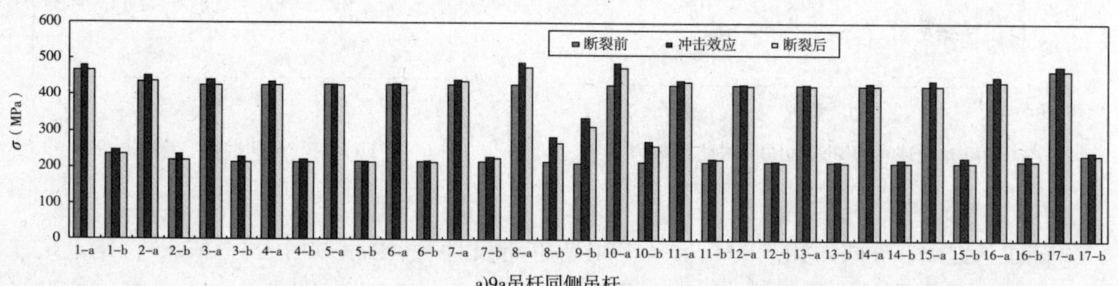

a)9a吊杆同侧吊杆

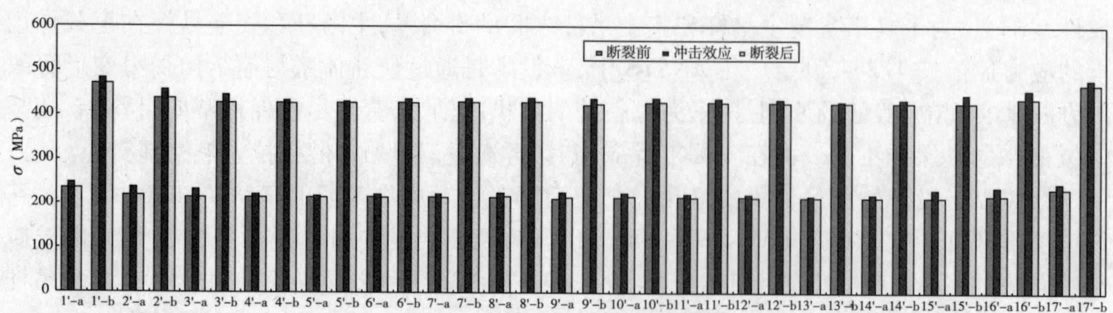

b)9a吊杆异侧吊杆

图9　9a吊杆破断前后及破断时其余吊杆应力变化

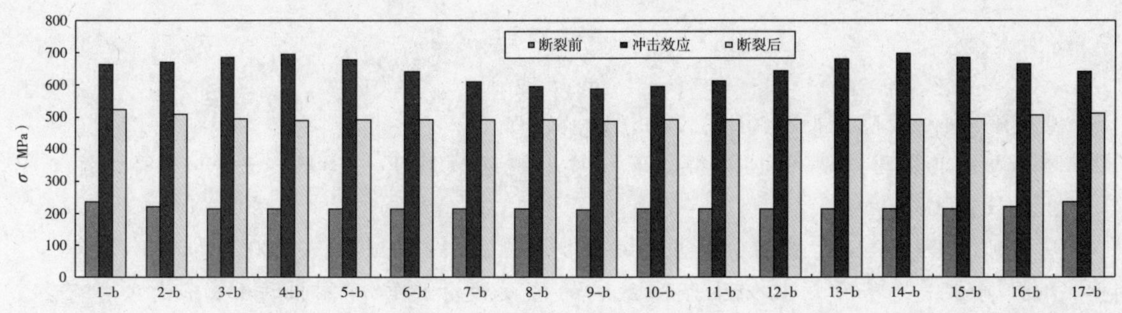

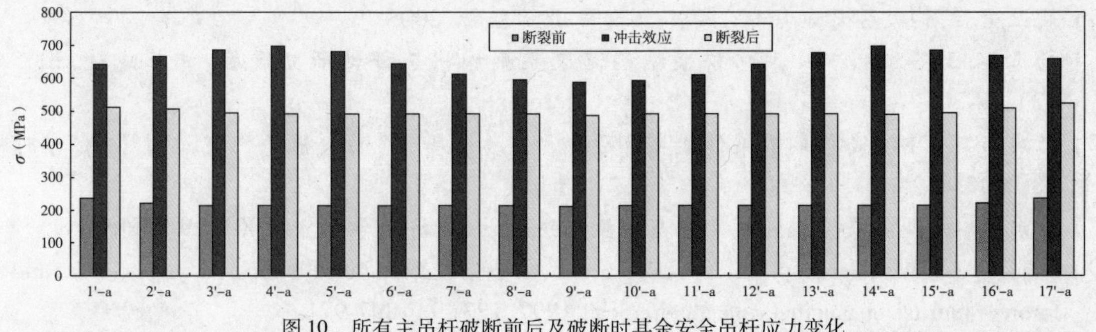

图 10　所有主吊杆破断前后及破断时其余安全吊杆应力变化

计算分析结果显示：三种骤断情况下，按照本文的新思路设计的吊杆拱桥在各种工况下均满足规范要求。即使所有主吊杆都骤断的情况下，所有的安全吊杆均是安全的，其应力均小于允许应力 930MPa；拱肋亦满足安全要求。故采用新思路设计的吊杆拱桥整体结构也是安全的。

5　结论

本文首先对现有拱桥吊杆的设计、使用及维护技术和方法进行了总结，进而对吊杆骤断不能避免的问题进行了深入探讨和思考。然后在此基础上提出了现代拱桥吊杆设计的新思路，新思路的中心思想是通过对吊杆的合理设计来避免因吊杆破断而导致拱桥坍塌；亦即新的拱桥吊杆设计方法可以实现拱桥（结构）不会因为吊杆（构件）的破坏而破坏。这种新的设计理念和方法在飞机、轮船等结构中已经实现。本文在对该设计新方法进行阐述的基础上，对其可行性和合理性以实际的吊杆拱桥实例利用大型综合软件 ANSYS 进行了数值分析和论证。结果证明，本文所提出的拱桥吊杆的新设计思路可以实现断吊杆而不毁桥，即：新的拱桥吊杆设计方法可以保证拱桥结构在某一吊杆破断的情况下仍是安全的。

本文所提出的吊杆拱桥设计的新思路可以有效避免因吊杆破断而引起拱桥坍塌，对于国内外大量吊杆拱桥面临的安全控制困境，是一种新颖、有效的现代结构安全控制技术。其因能够避免拱桥整体失效而造成的重大社会和经济损失，将产生不可估计的社会和经济意义。因其既可以用于已建拱桥吊杆的改造，又可用于拟建拱桥的吊杆设计，且已建、拟建吊杆拱桥数量很大，故该方法和思路将具有广阔的应用前景。

参考文献

[1] 唐寰澄. 斜拉索隐患剖析. 桥梁,2005(1):80-82.

[2] 中华人民共和国建设部. 城市桥梁养护技术规范(CJJ 99—2003). 北京:中国建筑工业出版社,2003.

[3] 周传月. MSC. Fatigus 疲劳分析应用与实例. 北京,科学出版社, 2005.

[4] 郑蕊,李兆霞. 基于结构健康监测系统的桥梁疲劳寿命可靠性评估. 东南大学学报, 2001. 31(6):71-73.

[5] 姚卫星. 结构疲劳寿命分析. 北京:国防工业出版社,2003.

[6] 杨玉冬,王浩,李爱群. 大跨桥梁结构健康监测和状态评估研究进展. 江苏建筑,2005(2):18-20.

[7] 张启伟. 不要过高预期桥梁健康监测系统 –"屡检屡过"的大桥为何突然坍塌. 科学时报,2007. 8. 24.

[8] 张启伟. 大型桥梁健康监测概念与监测系统设计. 同济大学学报,2001,29(1):65-69.

[9] Housner G. W. ,Bergman L. A. ,Caughey T. K. ,et al. Structural control: Past,present,and future. Journal of Engineering Mechanics, 1997,123(9):897-971.

[10] 张启伟,袁万城,范立础. 大型桥梁结构安全检测的研究现状与发展. 同济大学学报. 1997,25(增刊):76-81.

[11] 欧进萍. 土木工程结构用智能感知材料、传感器与健康监测系统的研发现状. 功能材料信息 – 高层论坛,2005,2(5):12-22.

[12] 刘西拉,杨国兴. 桥梁健康监测系统的发展与趋势. 工程力学(增刊),1996,20-29.

[13] 邬晓光,徐祖恩. 大型桥梁健康监测动态及发展趋势. 长安大学学报(自然科学版), 2003,23(1):39-42.

[14] 李宏南,高东伟,伊廷华. 土木工程结构健康监测系统的研究状况与进展. 力学进展, 2008,38(2):151-166.

[15] D. Brock. 工程断裂力学基础. 北京:科学出版社,1980.

105　高速铁路客运专线桥梁活载模式的探讨

李玲英　戴公连

（中南大学土木建筑学院）

摘　要　高速铁路客运专线桥梁活载模式控制桥梁的强度、刚度及使用性能，选取活载过大会使建桥费用增加，选取活载过小会降低桥梁的安全度和使用性能，合理的活载模式对桥梁设计和建设至关重要。本文首先对不同国家现行高速铁路客运专线铁路桥梁活载技术标准进行比较分析；接着对时速350km的高速铁路客运专线活载模式进行探讨；最后对时速250km的高速铁路客运专线活载模式进行探讨，为我国规范的制定及桥梁设计提供参考。

关键词　客运专线　活载模式　效应研究

1　引言

中国有时速350 km和时速250km（近期兼顾货运）的高速铁路客运专线。时速350 km高速铁路客运专线，规范规定用ZK活载设计；而时速250km的高速铁路客运专线，设计时为了安全起见，一般要求应同时满足ZK活载和中—活载的要求。

本文以高速铁路客运专线上跨度为16m、23.5m、31.5m、38.5m的简支梁，跨度为(32+40+32)m、(40+56+40)m、(40+64+40)m、(40+72+40)m、(48+80+48)m、(60+100+60)m的连续梁为背景，分别对时速350km和时速250km的高速铁路客运专线活载模式进行探讨。

2　各国高速铁路客运专线桥梁活载模式概述

2.1　高速铁路客运专线活载图式概述

2.1.1　欧洲大陆高速铁路客运专线桥梁设计活载图式

欧洲大陆高速铁路客运专线桥梁设计活载普遍采用UIC活载（图1），其基本图式是一致的，仅根据各国具体情况有所补充。如德国，用UIC活载特征值乘以一个系数α，α根据桥梁载重较重或较轻情况在0.75、0.83、0.91、1.00、1.10、1.21、1.33中取值，与α相乘的荷载被称为“分级垂直荷载”。UIC活载概括了当前欧洲的重型和轻型运营车辆，并留有列车发展余地。它包络的运营列车包括：最大时速为80km的特重列车、最大时速为120km的重型货车、最大时速为250km的长途客车和最大时速为300km的高速轻型客车。

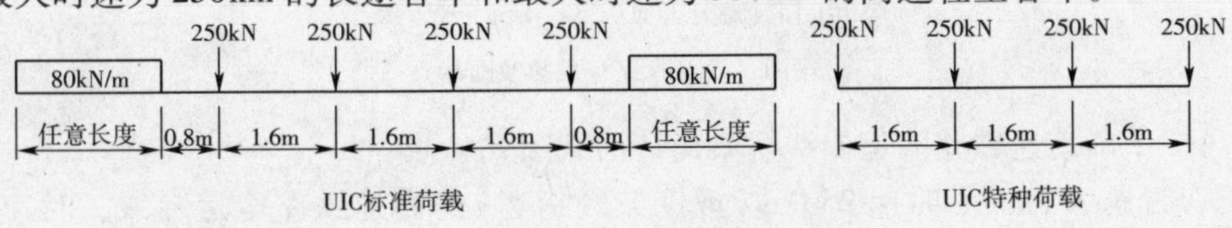

图1　UIC活载图示

2.1.2　英国高速铁路客运专线桥梁设计活载图式

英国高速铁路客运专线桥梁设计活载有 RU 活载和 RL 活载。RU 活载采用的是 UIC 荷载模式,概括了英国当前各重型和轻型运营车辆,用于客货共线高速铁路桥梁设计;RL 活载用于仅运营高速列车桥梁设计,当跨度小于 100m 时,设计活载由 50kN/m 的均布力和一个 200kN 的集中力组成,当跨度超过 100m 时,100m 范围内仍为 50kN/m 均布力和一个 200kN 的集中力,其余部分为 25kN/m,特种活载有两个集中力组成,用于桥面板构件的设计,其具体图式如下所示:

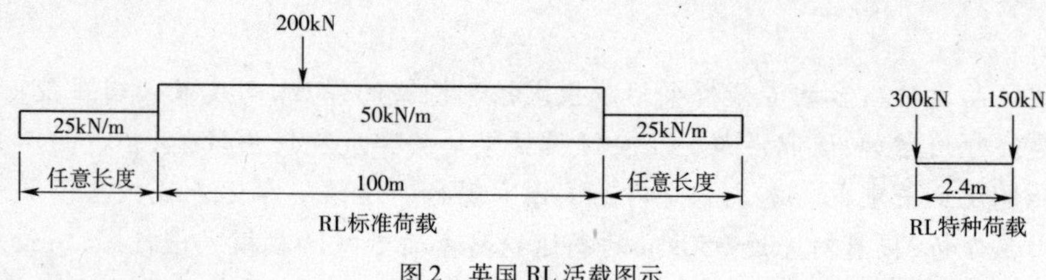

图 2　英国 RL 活载图示

2.1.3　日本高速铁路客运专线桥梁设计活载图式

日本新干线采用高速列车专用的 N、P 荷载(图 3),基本上是单一的轻型高速列车体系,N、P 标准活载模式非常接近日本实际的高速运营列车活载。通过换算可知,N 标准活载 47.4kN/m,P 标准活载分别为 32kN/m、34kN/m,远低于 UIC 荷载和中—活载,也小于 ZK 活载,与英国 RL 活载比较接近。

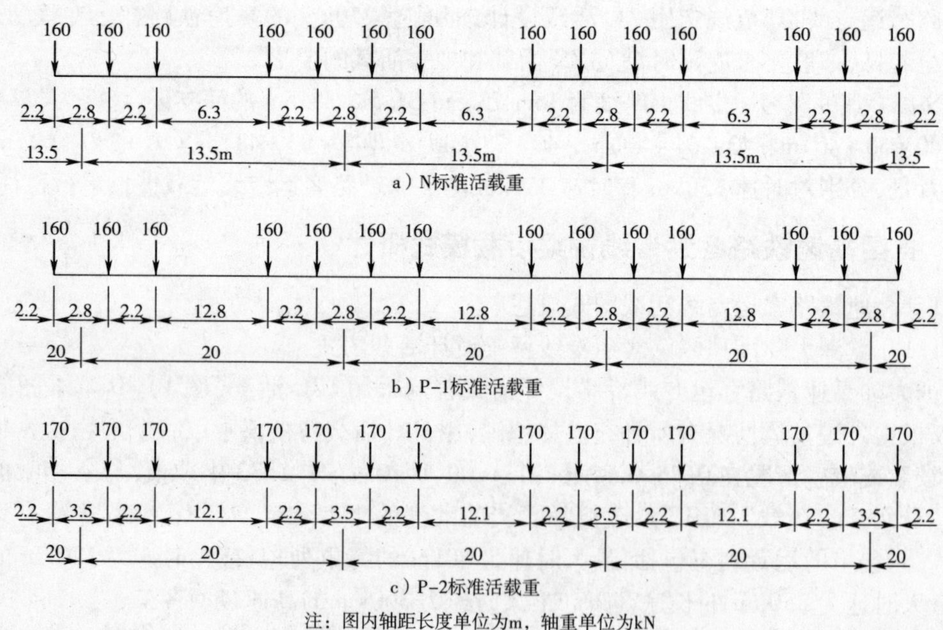

图 3　日本 N、P 标准活载图示

2.1.4　中国高速铁路客运专线桥梁设计活载图式

中国有时速 350km 和时速 250km(近期兼顾货运)的高速铁路客运专线。时速 350km 高速铁路客运专线,用 ZK 活载设计;而时速 250km 的高速铁路客运专线,应同时满足 ZK 活载和中—活载的要求。

中—活载和ZK活载图示如下：

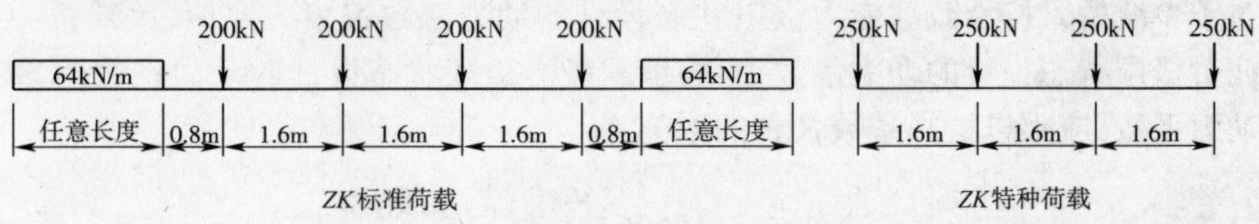

图4　ZK活载图示

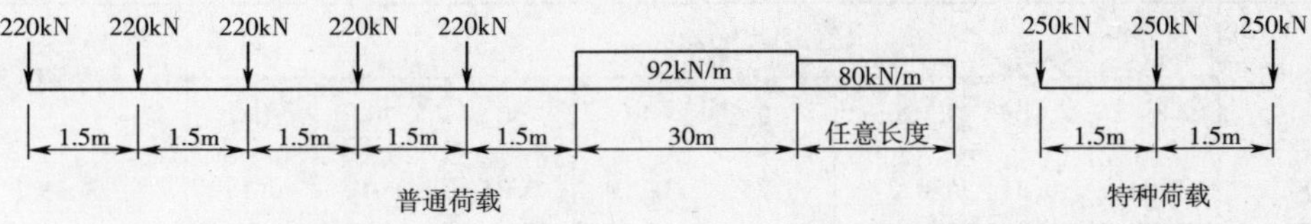

图5　中—活载图示

通过对上述各活载的比较可知，UIC活载、英国RU活载和中—活载，都用于可提供货运的高速铁路桥梁设计。而英国RL活载、日本N活载、日本P活载及中国的ZK活载，用于仅运营高速列车的高速铁路桥梁设计，远小于前面三种活载。只有中—活载是基于蒸汽机车而制订的，因此中—活载不论在形式或数值上都与其他活载有较大差别。

2.2　高速铁路客运专线动力系数概述

2.2.1　UIC活载动力系数（表1）

表1　UIC活载动力系数

计算跨径	ϕ_1	ϕ_2	ϕ_3
$L \leqslant 3.61$	1.44	1.67	2.00
$3.6 < L \leqslant 60$	$\phi_1 = \frac{0.96}{\sqrt{L_\phi} - 0.2} + 0.88$	$\phi_2 = \frac{1.44}{\sqrt{L_\phi} - 0.2} + 0.82$	$\phi_3 = \frac{2.16}{\sqrt{L_\phi} - 0.2} + 0.73$
$L > 67.24$	1.00	1.00	1.00

对于维修的很好的线路ϕ_1用于剪力，ϕ_2用于弯矩；对于维修一般的线路，ϕ_2用于剪力，ϕ_3用于弯矩。

2.2.2　英国活载动力系数（表2）

表2　英国RU活载动力系数

计算跨径(m)	动力系数	
	弯矩	剪力
$L \leqslant 3.6$	2.00	1.63
$3.6 < L \leqslant 67$	$\mu = \frac{2.16}{\sqrt{L} - 0.2} + 0.73$	$\mu = \frac{1.44}{\sqrt{L} - 0.2} + 0.8$
$L > 67$	1.00	1.00

RL活载在有砟结构上动力系数取1.2，对无砟结构及承受局部作用的纵横梁，动力系数取1.4。

2.2.3　日本活载动力系数

日本高速铁路活载的冲击系数与桥梁的跨度L、桥梁竖向自振频率 n 及列车最高速度有关。对于单线桥梁按承载载能力极限状态设计的动力系数按表3取值,单线桥梁按使用状态和疲劳极限状态设计的动力系数,为按承载能力极限状态设计的动力系数的3/4;复线桥梁的动力系数,应乘以折减系数 β,β 的取值为:

$$l \leqslant 80m, \beta = 1 - \frac{l}{200}; l > 80m, \beta = 0.6 \tag{1}$$

表3　日本单线桥梁按承载能力极限状态设计的动力系数

最大速度	跨度 l(m)								适用条件
	5	10	20	30	40	50	70	100	
110	0.34	0.31	0.27	0.25	0.23	0.21	0.19	0.17	$n \geqslant 55l^{-0.8}$
210	0.53	0.47	0.41	0.37	0.35	0.33	0.30	0.27	$n \geqslant 55l^{-0.8}$
260	0.53	0.47	0.41	0.37	0.35	0.33	0.30	0.27	$n \geqslant 70l^{-0.8}$
300	0.53	0.47	0.41	0.37	0.35	0.33	0.30	0.27	$n \geqslant 80l^{-0.8}$

2.2.4　中国ZK活载动力系数

$$\phi_1 = \frac{0.996}{\sqrt{L_\phi} - 0.2} + 0.913, \phi_2 = \frac{1.494}{\sqrt{L_\phi} - 0.2} + 0.851 \tag{2}$$

其中 ϕ_1 适用于剪力,其中 ϕ_2 适用于弯矩。

2.2.5　中—活载动力系数

$$\mu = 1 + \alpha\left(\frac{6}{30 + L}\right), \alpha = 4(1 - h) \leqslant 2 \tag{3}$$

表4　简支梁上各国活载动力系数比较

跨度(m)	UIC活载			英国RU活载		日本(300km/h)	中国ZK活载		中—活载
	ϕ_1	ϕ_2	ϕ_3	弯矩	剪力		弯矩	剪力	
5	1.35	1.53	1.79	1.79	1.53	1.53	1.58	1.40	1.34
10	1.20	1.31	1.46	1.46	1.31	1.47	1.36	1.25	1.30
20	1.10	1.16	1.24	1.24	1.16	1.41	1.20	1.15	1.24
30	1.06	1.09	1.14	1.14	1.09	1.37	1.13	1.10	1.20
40	1.04	1.06	1.08	1.08	1.06	1.35	1.09	1.08	1.17
50	1.02	1.03	1.04	1.04	1.03	1.33	1.07	1.06	1.15
70	1.00	1.00	1.00	1.00	1.00	1.3	1.03	1.03	1.12
100	1.00	1.00	1.00	1.00	1.00	1.27	1.00	1.01	1.09

从表4中可以看出,UIC活载、英国RU活载和中国的ZK活载,在小跨度中活载动力系数很大,但是其动力系数随跨度的增大而很快减小;而在中—活载和日本规范中,减小速度则慢很多,且各国动力系数的具体数值差别比较大。

冲击系数与桥面形式(有砟或是无砟)、跨度和速度等多种因素有关,各国在制定冲击时也是根据本国的实际情况确定的。如在日本,其早期的高速铁路桥梁主要采用无砟的形式,而欧洲各国主要采用有砟的形式。因此,中国在制定冲击系数时,也应结合中国的实际情况。

3 时速350km高速铁路客运专线桥梁活载模式探讨

3.1 现行规范中高速铁路客运专线桥梁活载模式比较

对于仅运营高速列车客运专线桥梁,各国规范中规定的设计活载有ZK活载、英国RL活载和日本P活载。由于ZK活载(0.8UIC)比英国RL活载和日本P活载大,因此本文选取了0.7UIC、0.6UIC、日本N活载和英国RL活载,通过分析它们在简支梁与连续梁中的效应,比较它们与ZK活载的相对大小。图中标准活载是指0.7UIC、0.6UIC、日本N活载和英国RL活载。

3.1.1 简支梁中效应比较

标准活载和ZK活载在简支梁中跨中弯矩、支点剪力和最大位移的比较结果如图6所示:

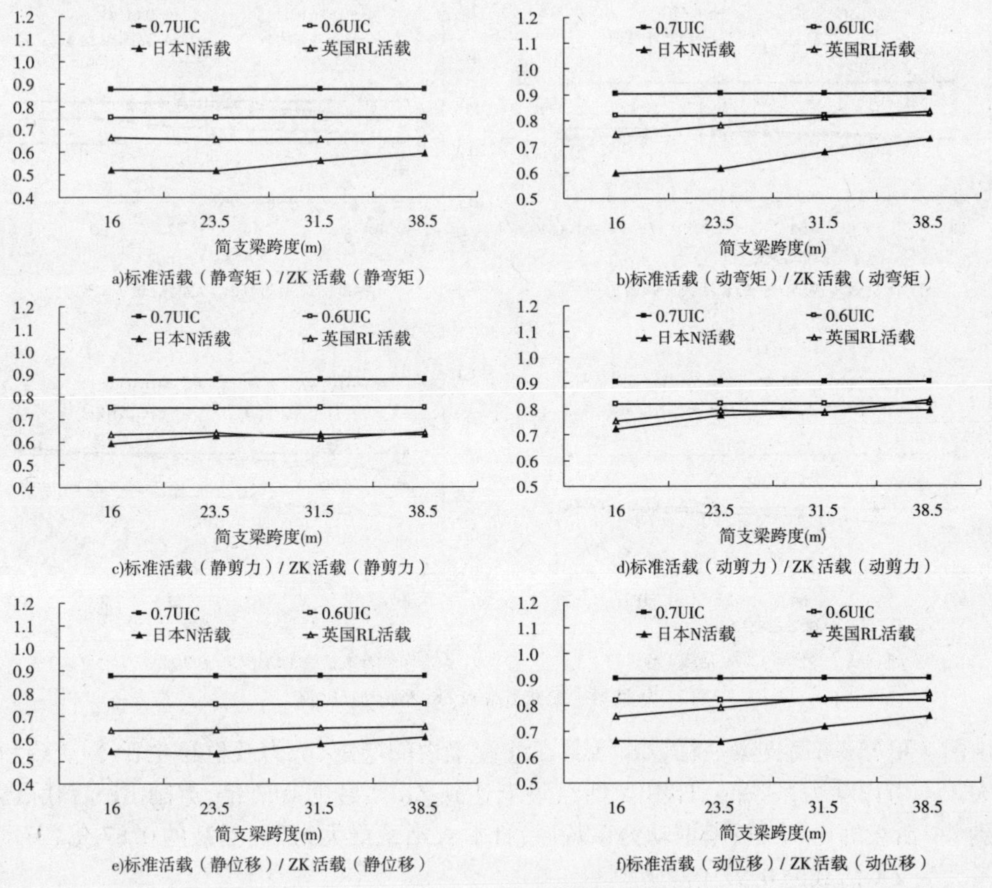

图6 简支梁中标准活载和ZK活载效应比较

由图6可知,ZK活载在简支梁中的弯矩、剪力及位移比N活载和RL活载大。不考虑动力系数时,日本N活载最大达到ZK活载的0.63倍,英国RL活载最大也仅达到ZK活载的0.66倍;考虑动力系数后,日本N活载最大为ZK活载的0.79倍,英国RL活载最大为ZK

活载的0.84倍。

3.1.2 连续梁中效应比较

标准活载和ZK活载在连续梁中跨中弯矩、支点剪力和最大位移的比较结果如图7所示。

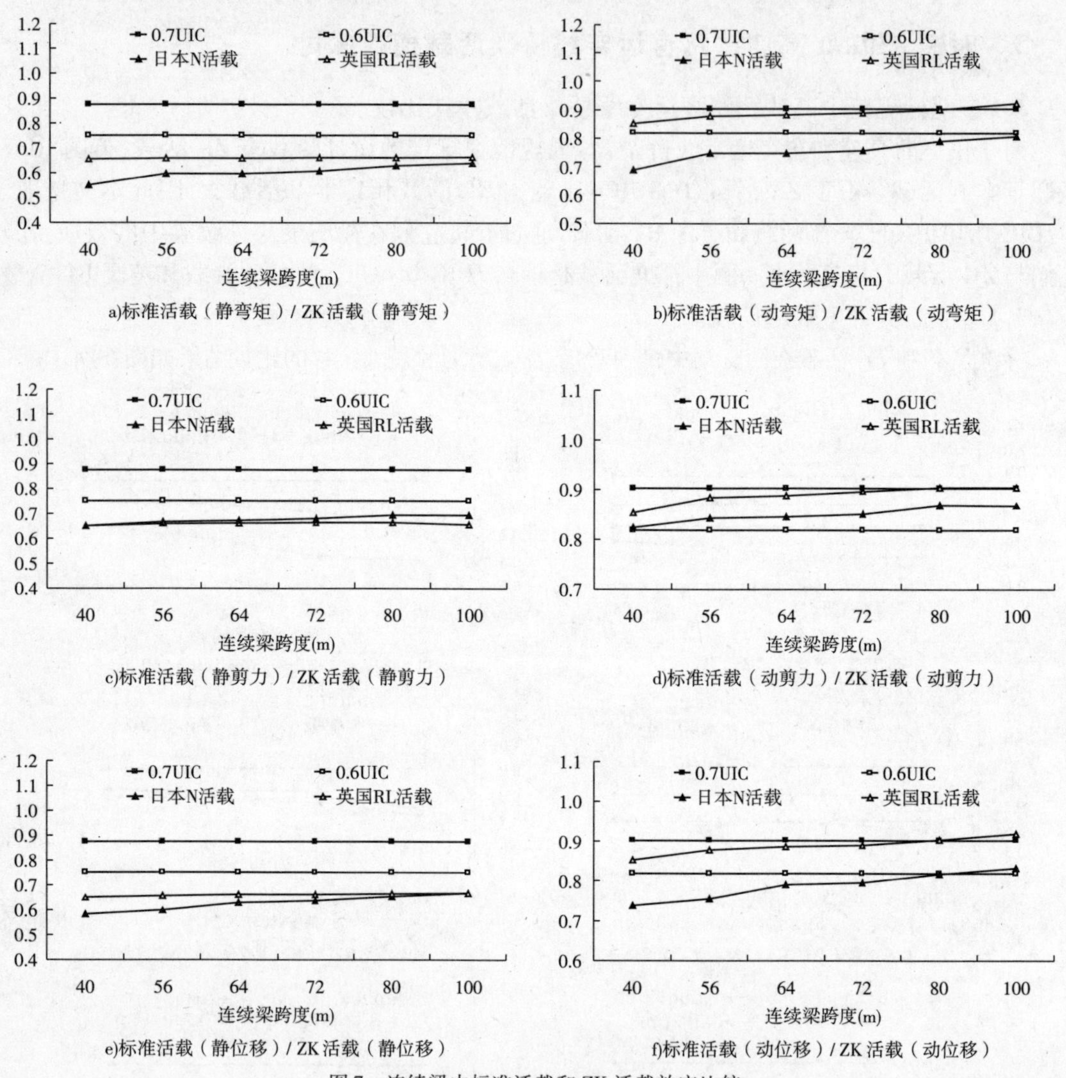

图7 连续梁中标准活载和ZK活载效应比较

由图7可知,与简支梁一样,ZK活载在连续梁中的弯矩、剪力及位移也比N活载和RL活载大。不考虑动力系数时,日本N活载最大达到ZK活载的0.7倍,英国RL活载最大也仅达到ZK活载的0.67倍;考虑动力系数后,日本N活载最大为ZK活载的0.87倍,英国RL活载最大为ZK活载的0.92倍。

由图6和图7可知,无论考虑动力系数与否, ZK活载比日本N活载及英国RL活载都大。但是如果选用0.7UIC活载,其静力效应为ZK活载的0.875倍,动力效应为ZK活载的0.90倍,即当不考虑动力系数时,0.7UIC活载比英国RL活载和日本N活载大,考虑动力系数后,与英国RL活载及日本N活载大小接近。可见,与日本N活载和英国RL活载相比,

ZK 活载偏大，而 0.7UIC 活载比较合适。因此，接下来本文将用 0.7UIC 活载与各实际运营车辆的效应进行比较。

3.2 0.7UIC 活载与现行运营车辆效应比较

在运营车辆与 0.7UIC 活载作用下，简支梁与连续梁中跨中弯矩、支点剪力和跨中最大位移的比较结果如图 8、图 9 所示：

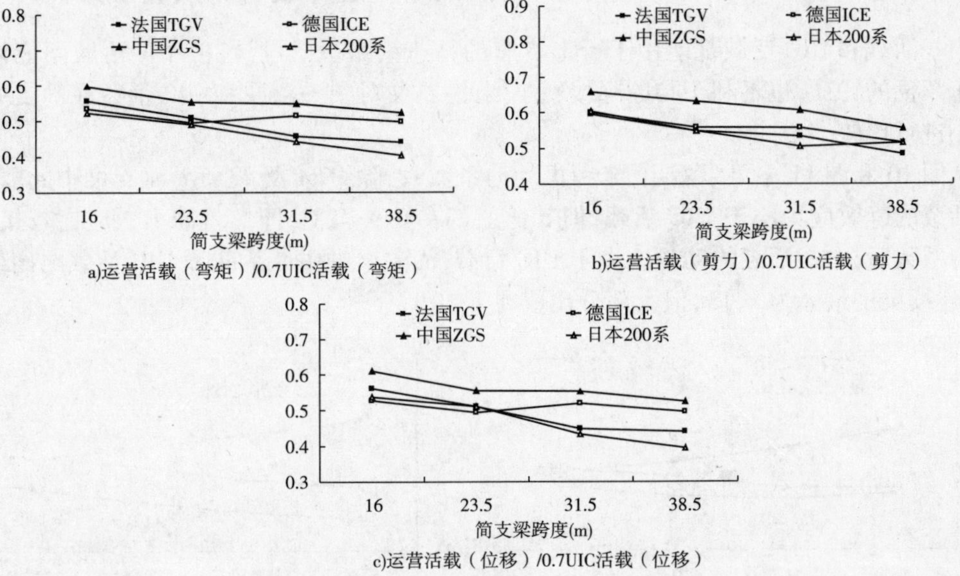

图 8　简支梁中运营车辆效应与 0.7UIC 效应比较

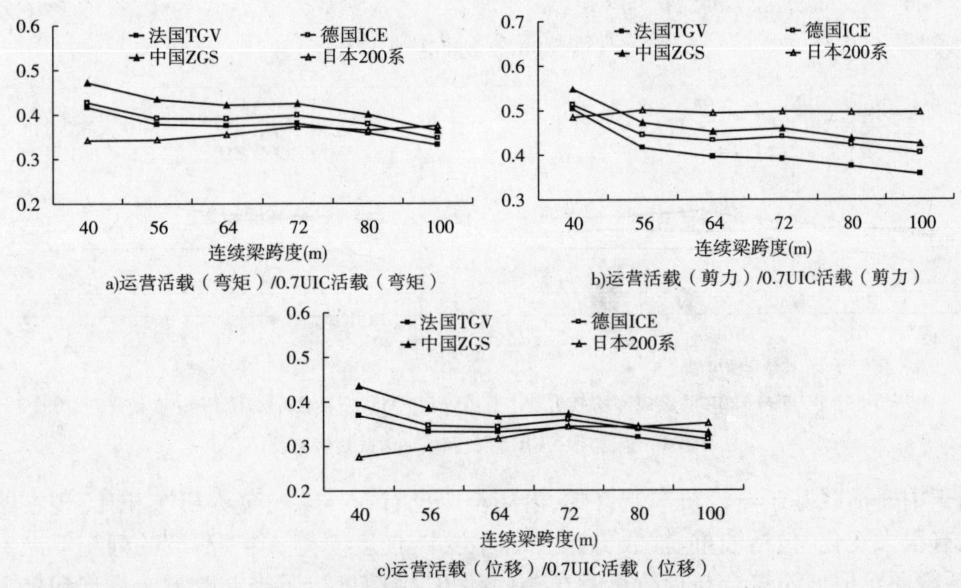

图 9　连续梁中运营车辆效应与 0.7UIC 效应比较

由图 8 和图 9 可知，各运营车辆效应与 0.7UIC 活载效应的比值，在简支梁中最大为 0.66，在连续梁中最大为 0.55。可见，用 0.7UIC 活载设计的桥梁，与现行运营车辆相比，不管是在简支梁中还是在连续梁中，都有足够的活载富余量。

通过用0.7UIC活载与日本N活载、英国RL活载及运营车辆效应的对比分析可知，对于时速350km的高速铁路客运专线常见跨度简支梁和连续梁，ZK活载偏大，0.7UIC活载更加合适，可以0.7UIC活载代替ZK活载进行设计。

4　时速250km（近期兼顾货运）高速铁路客运专线桥梁活载模式探讨

中—活载和UIC活载都能用于行走货车的高速铁路桥梁设计，但中—活载不能体现现代机车车辆的特征，也不利于与国际接轨。因此，本文对中—活载和UIC活载在简支梁的相对大小进行比较。

从图10和图11中可以看出，未考虑动力系数时，除16m及23.5m简支梁中的剪力外，中—活载的静效应均小于UIC活载，但其比值都在0.9以上，即二者静力效应比较接近；考虑动力系数后，中—活载的动效应大于UIC活载，简支梁中中—活载和UIC活载之比最大为1.16，连续梁中最大为1.13，但大部分比值在1.10以下。

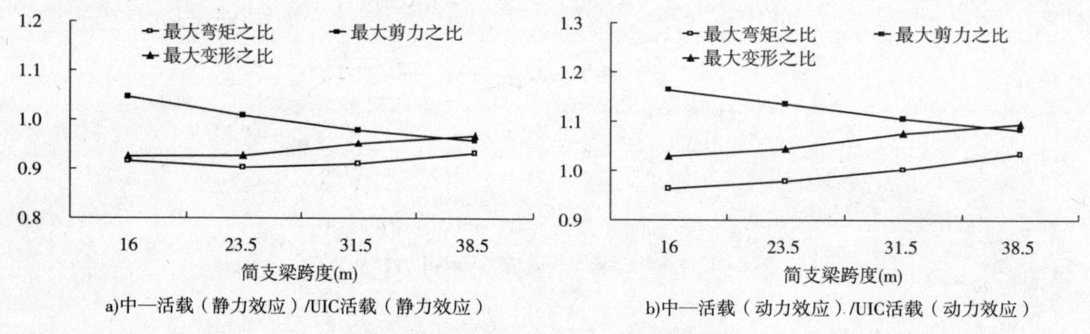

图10　简支梁中UIC活载和中—活载效应比较

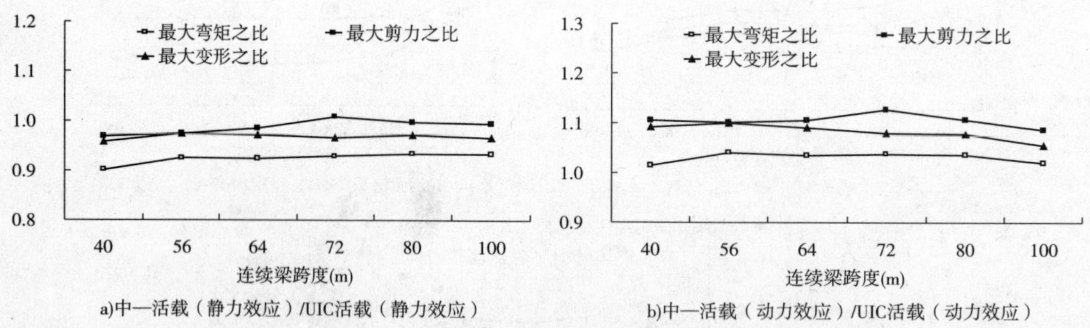

图11　连续梁中UIC活载和中—活载效应比较

由于中—活载基于蒸汽机车制订的，沿用至今已有35年，与蒸汽机车相比，现在的机车车辆已有很大变化，包括轴重、轴数、长度、编组方式、速度等等，中—活载的列车原型不复存在，其活载图示取值不符合与现行运营车辆；而UIC活载概括了当前欧洲的重型和轻型运营车辆，并留有列车发展余地，反映了现代机车车辆的特征。且计算表明，UIC活载的静力效应大于中—活载，其动力效应小于中—活载，但在15%以内。因此，对于时速250km的高速铁路客运专线桥梁，可以用UIC活载取代中—活载进行设计，但应加强对实际车辆动力效应的测量，定义更加符合实际的动力系数。同时根据上文比较可知，对于 ZK 活载，可用 0.7UIC 活载替代。

5 结论和建议

通过上文计算分析可知，对于时速 350km 的高速铁路客运专线上常见跨度简支梁与连续梁，ZK 活载偏大，0.7UIC 活载更加合适，可以 0.7UIC 活载代替 ZK 活载进行设计；对于时速 250km 的高速铁路客运专线上常见跨度简支梁与连续梁，通过对中—活载和 UIC 活载的对比分析可知，可以采用 UIC 活载取代中—活载进行设计，即变形由 0.7UIC 活载控制，而强度和应力由 UIC 活载控制。

同时，由于各国高速铁路客运专线桥面形式（有砟或是无砟）及常见桥梁跨度等不同，活载冲击系数有较大差别，中国应征对实际情况，加强对在实际运营车辆作用下桥梁冲击系数的测量，积累大量数据，重新定义冲击系数。因此，本文建议，规范应加强对活载模式的研究，确定更加合理的活载模式。

参 考 文 献

[1] 英国标准协会 BS5400. 钢桥、混凝土桥及结合桥（第二章）. 铁道部大桥工程局桥梁科学技术研究所. 1978.

[2] 王其昌. 高速铁路土木工程. 成都：西南交通大学出版社. 2000.

[3] 高岩，戚黎明，柯在田，等. 我国高速铁路桥梁活载图示的研究. 中国铁路. 2000.

[4] 铁道第三勘察设计院. 中华人民共和国行业标准. 铁路桥涵设计基本规范. 北京：中国铁道出版社. 2005.

[5] 辛学忠，张玉玲. 铁路桥梁设计活载标准修订研究. 铁道标准设计. 2006.

[6] 中华人民共和国行业标准. 新建时速 300 ~ 350 公里客运专线铁路设计暂行规定（上、下）. 中华人民共和国铁道部. 2007.

[7] 苏竹松. 城际快速轨道交通桥梁设计荷载图示标准研究. 铁道标准设计. 2009.

106　斜拉桥混凝土主塔早期开裂的影响因素研究

王　鹏　王福敏　刘孝辉　陈骑彪　李　琦
(招商局重庆交通科研设计院有限公司)

摘　要　研究混凝土水化热、降温作用对主塔早期开裂的影响。首先,通过热传导方程推导出水化热、环境降温作用下主塔壁的温度分布公式;其次,通过分析混凝土早期弹性模量、徐变影响,导出计入时变效应的塔壁表面温度应力计算公式。分析认为,水化热、降温作用将导致塔壁表面产生拉应力,应力值大小与水泥水化热发散系数 m、塔壁内外表面放热系数、主塔截面尺寸、环境降温值、降温起始及持续时间等因素密切相关,严重时会导致主塔早期开裂。对重庆忠县长江大桥主塔节段的早期温度和应力变化进行跟踪监测,证明上述理论分析的正确性。据此提出预防主塔早期开裂的措施。

关键词　斜拉桥　水化热　降温　混凝土主塔　早期开裂

通过对国内已建成的大跨径混凝土斜拉桥调研发现,混凝土主梁、主塔发生开裂现象较普遍,如重庆李家沱长江大桥、重庆马桑溪长江大桥、湖北荆州长江公路大桥、湖北宜昌夷陵长江大桥等斜拉桥的主塔均出现了不同程度的裂缝。主要表现为表面竖向裂缝,严重者中下塔柱出现竖向贯穿性裂缝[1]~[5]。

主塔裂缝一般发生在施工早期阶段—混凝土终凝完成后至90d时段。已有的针对混凝土主塔开裂的研究多属于定性分析[1-5],认为温度和收缩是引起主塔早期开裂的重要因素。但目前还缺少对斜拉桥主塔水化热温升、温度应力、混凝土收缩的系统理论分析和定量研究,这可能造成结构体系或抗裂构造设计不合理、施工工艺、养护方法不恰当等问题,导致裂缝的生成和发展,引发工程隐患。

美国混凝土协会规定[6]:任何现浇混凝土,只要结构最小尺寸大于0.6m时就应考虑水化热引起的混凝土体积变化和开裂问题。国际预应力混凝土协会(FIP)“海工混凝土设计与施工建议”规定[7]:“凡是混凝土一次浇筑最小尺寸大于0.6m,特别是水泥用量大于400kg/m^{3}时,应考虑采取降温散热措施。”以重庆忠县长江大桥主塔为例,主塔一般节段塔壁厚度为0.8m和1.2m;此外,主塔采用C50混凝土,水泥用量大于400kg/m^3,均超出上述指标。但与通常所研究的水工大体积[8]混凝土相比,斜拉桥主塔混凝土还具有以下特点:①体积相对较小,部分结构为薄壁型结构,中心最高温度位置距表面距离较小,受外界气温的影响更显著;②单位体积混凝土水泥用量较大,水泥水化产生的热量较多,绝热温升值较高,温度梯度较大,升温和降温速度较快。

因此,应将水化热温升、环境降温列为可能影响混凝土主塔早期开裂的重要因素加以研究。以下将结合重庆忠县长江大桥的设计与建设，定量分析水化热、环境降温对混凝土主塔早期开裂影响及可采取的设计、施工对策。

1 水化热、环境降温对塔壁内温度分布的影响

1.1 热传导方程

水化热作用下混凝土中的三维非稳定热传导方程如下[8]：

$$\frac{\partial T}{\partial \tau} = a\left(\frac{\partial^2 T}{\partial x^2} + \frac{\partial^2 T}{\partial y^2} + \frac{\partial^2 T}{\partial z^2}\right) + \frac{\partial \theta}{\partial \tau} \tag{1}$$

式中：θ——混凝土的绝热温升值；

a——导温系数，反映混凝土的导热性能，$a = \lambda / c\rho$，m^2/h；

c——比热，kcal/(kg℃)；

ρ——材料密度，kg/m^3。

由于水化热作用，在绝热条件下混凝土的温升速度为：

$$\frac{\partial \theta}{\partial \tau} = \frac{Q}{c\rho} = \frac{Wq}{c\rho} \tag{2}$$

式中：W——水泥用量，kg/m^3；

q——单位重量水泥在单位时间内放出的水化热，kcal/(kg·h)。

水泥实际水化热与混凝土龄期有关，可采用指数式表达：

$$Q(\tau) = Q_0(1 - e^{-m\tau}) \tag{3}$$

式中：$Q(\tau)$——在龄期 τ(天)时的累积水化热，kcal/kg；

Q_0——$\tau \to \infty$ 时的最终水化热，kcal/kg；对于 P0. 42. 5 普通硅酸盐水泥，可取 78. 9kcal/kg；

m——水泥水化热发散系数(1/d)，与水泥品种、比表面及混凝土浇筑温度等有关。

混凝土的绝热温升过程及温升速度为：

$$\theta(\tau) = \theta_0(1 - e^{-m\tau}),\ \frac{\partial \theta}{\partial \tau} = \theta_0 m e^{-m\tau} \tag{4}$$

热传导方程按第3类边界条件求解，即当混凝土与空气接触时，假设经过混凝土表面的热流量与混凝土表面温度 T 和气温 T_a 之差成正比。可表达为：

$$-\lambda \frac{T(t)}{\partial n} = \beta(T - T_a) \tag{5}$$

式中：β——表面放热系数，kcal/(m^2h℃)。β 与混凝土性质无关，取决于混凝土表面的粗糙度、流体的导热系数、黏滞系数、流速及流向等，一般认为与风速成正比。

环境降温作用下，混凝土中的三维非稳定热传导方程如下[7]：

$$\frac{\partial T}{\partial \tau} = a\left(\frac{\partial^2 T}{\partial x^2} + \frac{\partial^2 T}{\partial y^2} + \frac{\partial^2 T}{\partial z^2}\right) \tag{6}$$

重庆忠县长江大桥主塔截面形式见图1。

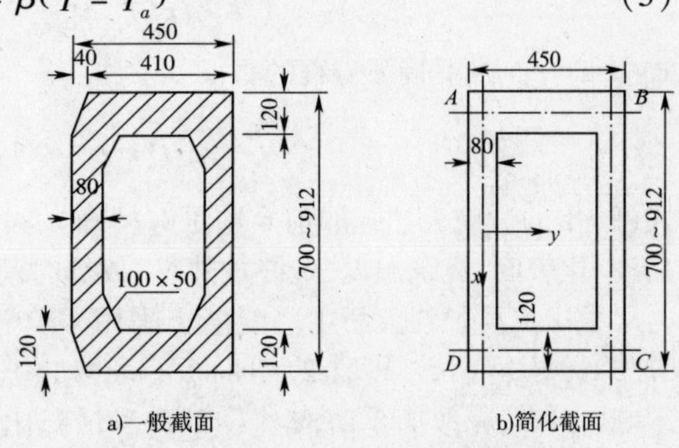

图1 主塔截面尺寸(尺寸单位：mm)

以 $m=0.384$ 情况为例,采用 MATLAB 可绘出水化热作用下某一时刻塔壁内的等温线分布图形,见图 2;塔壁内的初始平均温度为 15℃,环境温度为 0℃,持续 10h 主塔截面内的等温线分布图形见图 3。从中可见,因主塔塔壁长宽比较大,除主塔截面四角位置温升存在传递过渡外,沿塔壁温度分布情况基本相同。因此,两种情况下均假定温度只在厚度方向变化,沿塔高及水平方向无变化,这样,主塔的热传导简化为一维问题。

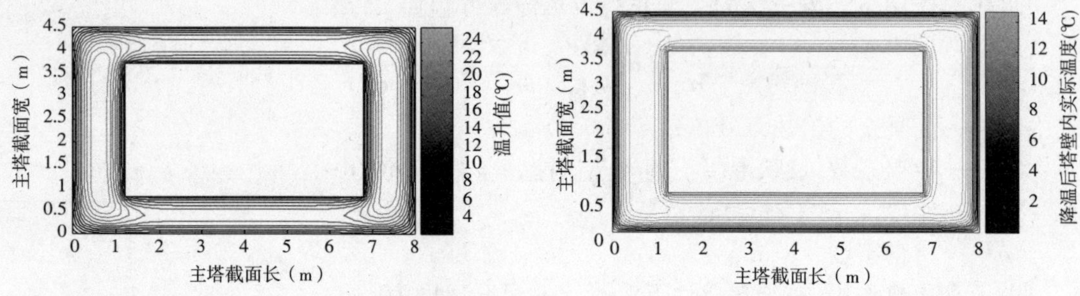

图 2　水化热作用下混凝土浇筑 54 小时后主塔截面等温线　　图 3　环境降温 10 小时后主塔截面等温线

1.2　水化热作用下主塔温度分布函数

设主塔箱内外环境温度为 0、塔壁厚为 $2h_0$,且放热系数相同。由于结构对称,取一半进行分析,按第 3 类边界条件,热传导方程简化为:

$$\frac{\partial T}{\partial \tau}=a\left(\frac{\partial^2 T}{\partial y^2}\right)+\theta_0 m e^{-m\tau}(-h_0<y<h_0,\tau>0)$$

$$\left.\frac{\partial T}{\partial y}\right|_{y=0}=0,-\lambda\left.\frac{\partial T}{\partial y}\right|_{y=h_0}=\beta T(h_0,\tau)(\tau>0) \tag{7}$$

采用拉普拉斯(Laplace)积分变换方法可得第 3 类边界条件下的温度场分布函数:

$$T(y,\tau)=\theta_0\left[\frac{\beta\cos\left(y\sqrt{\frac{m}{a}}\right)}{\beta\cos\left(\sqrt{\frac{m}{a}}h_0\right)-\lambda\sqrt{\frac{m}{a}}\sin\left(\sqrt{\frac{m}{a}}h_0\right)}-1\right]e^{-m\tau}+$$

$$\theta_0 m\beta\sum_{k=0}^{\infty}\frac{\cos\left(z_k\frac{y}{h_0}\right)\exp\left(-\frac{az_k^2}{h_0^2}\tau\right)}{\frac{az_k^2}{h_0^2}\left(m-\frac{az_k^2}{h_0^2}\right)\left[\frac{\lambda h_0}{2a}\cos(z_k)+\frac{h_0\sin(z_k)}{2az_k}(\lambda+\beta h_0)\right]} \tag{8}$$

式中:z_k——以下特征方程的根。

$$f(z_k)=\cot(Z_k)-\frac{kz_k}{\beta h_0} \tag{9}$$

式(8)中的后一表达式取前 6 项足够精确。从中可见,混凝土主塔温度分布与混凝土的水泥品种、比表面、浇筑温度、最终放热量、放热时间、导温系数及塔壁的厚度等直接相关。

重庆忠县长江大桥主塔混凝土采用 C50 混凝土,根据其配合比,可得绝热升温值 $\theta_0=67.5$℃,导热系数 λ 取 2.41kcal/(mh℃),比热取 0.22 kcal/(kg℃),混凝土密度 ρ 取 2 400kg/m^3,m 取 1.8、0.384(1/d)两种情况比较。可绘出塔壁中心点温度随时间的变化及某一时刻温度沿塔壁厚度的分布,见图 4。

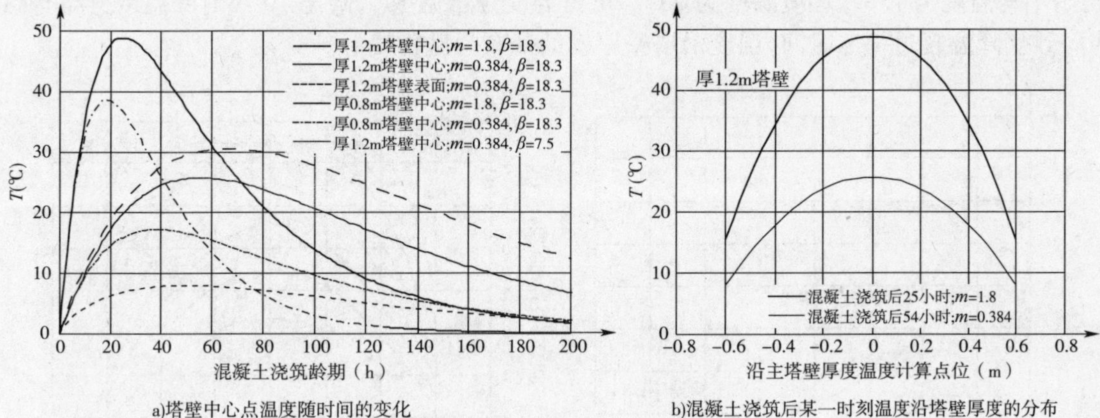

a)塔壁中心点温度随时间的变化 b)混凝土浇筑后某一时刻温度沿塔壁厚度的分布

图4 水化热作用引起的塔壁温度变化

由图4a)可见，对于厚1.2m塔壁，水泥水化热发散系数 $m=0.384$ 时，混凝土浇筑后54h塔壁中心达到最大温升值25.7℃，与图3一致；$m=1.8$ 时，混凝土浇筑后25h达到最大温升值48.5℃。即 m 越大，水化热作用下温升值越大，达到最大温升值的时间越短；且塔壁越薄，温升值越小；表面放热系数越小，温升值越大。从图4b)可见温度沿塔壁厚度的分布为抛物线形。

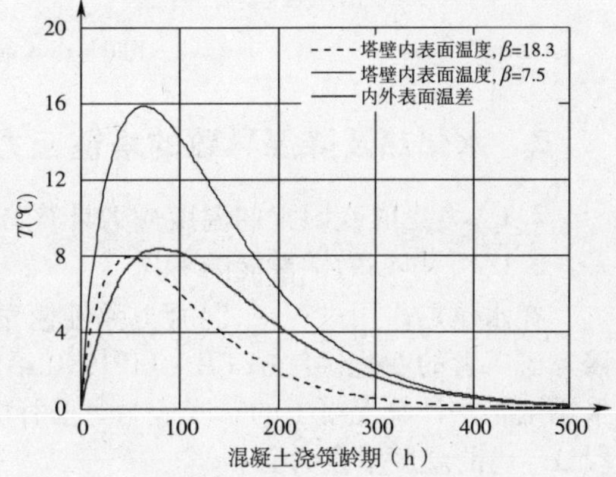

图5 塔壁内外表面放热系数不同时的温度变化

若主塔箱内外放热系数不同，可近似将塔壁分割成厚度为 h 的2块板，按照式(7)和式(8)求解。设塔壁内、外表面放热系数取7.5、18.3kcal/(m^2h℃)，可得塔壁内、外表面温度及其差值随时间的变化曲线，见图5。

1.3 环境降温作用下主塔温度分布函数

设塔壁内的初始平均温度为 T_0，环境温度为0℃，塔壁厚为 $2h_0$，设主塔塔壁内、外表面放热系数相同。根据结构、边界条件及温度荷载的对称性，取一半进行分析，热传导方程为：

$$\frac{\partial T}{\partial \tau}=a\left(\frac{\partial^2 T}{\partial y^2}\right)\qquad(-h_0<y<h_0,\tau>0)$$

$$\left.\frac{\partial T}{\partial y}\right|_{y=0}=0,-\lambda\left.\frac{\partial T}{\partial y}\right|_{y=h_0}=\beta T(h_0,\tau)(\tau>0)$$

$$T(y,0)=T_0\qquad(-h_0<y<h_0)\tag{10}$$

采用拉普拉斯(Laplace)变换可解得，降温历时为 τ 时，沿塔壁的温度分布函数为

$$T(y,\tau)=T_0\sum_{k=1}^{\infty}\left[\frac{2\sin Z_k}{Z_k+\sin Z_k\cos Z_k}\cos\left(\frac{Z_k}{h_0}y\right)\right]\exp\left(\frac{-Z_k^2 a}{h_0^2}\tau\right)\tag{11}$$

Z_k 为以下特征方程(9)的无穷多个根。式(11)中的根取前6项足够精确。设塔壁内的

初始平均温度为 15℃,环境温度为 0℃。可得温度分布见图 6,降温 10 小时的温度分布与图 4 一致。降温超过一定时间,温度沿塔壁厚度的分布为抛物线形。

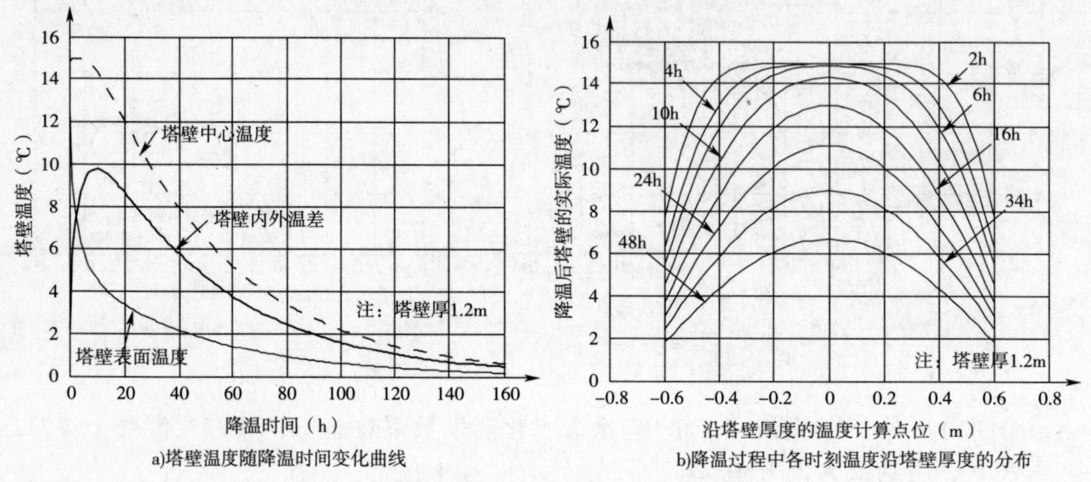

图 6　环境降温对塔壁温度的影响

2　水化热及降温导致的塔壁应力计算方法

2.1　考虑时变因素的温度应力计算方法

2.1.1　早期力学性能的考虑

在水化热作用过程中,混凝土弹性模量、强度尚处于早期阶段,此时进行温度应力分析需考虑二者的变化,可按 CEB - FIP1990 给出模型[9]计算。为计入弹性模量随龄期的变化,采用增量法计算混凝土的温度应力,把时间划分为一系列时段:$\Delta\tau_i$, $i=1,2,\cdots n$。在第 i 时段 $\Delta\tau_i$ 内的温度增量为:

$$\Delta T_i = T(\tau_i) - T(\tau_{i-1}) \tag{12}$$

由温差 ΔT_i 引起的弹性温度应力增量为:

$$\Delta\sigma_i^e = \psi\alpha\Delta T_i E_i, E_i = [E(\tau_{i-1}) + E(\tau_i)]/2 \tag{13}$$

式中:ψ——与结构形式、边界条件等相关的参数;

E_i——第 i 时段 $\Delta\tau_i$ 内的平均弹性模量。

2.1.2　徐变影响的考虑

因早期阶段主塔基本不承受外力,徐变不影响物体的应变,但使应力增量不断衰减,因而相当于应力松弛问题。采用增量法计算,先不考虑徐变,按弹性体并用增量法计算各时段的弹性应力增量,然后用松弛系数考虑徐变的影响。在第 i 时段 $\Delta\tau_i$ 内的弹性应力增量为 $\Delta\sigma_i^e$。到时间 t,实际应力增量为:

$$\Delta\sigma_i(t,\bar{\tau}_i) = \Delta\sigma_i^e(\bar{\tau}_i)K(t,\bar{\tau}_i) \tag{14}$$

式中:$\bar{\tau}_i = (\tau_{i-1} + \tau_i)/2$ 。

考虑徐变影响后,到时间 t_n 的弹性温度徐变应力为:

$$\sigma(t_n,\tau_0) = \sum_{i=1}^{n}\Delta\sigma_i^e(\bar{\tau}_i)K(t_n,\bar{\tau}_i) \tag{15}$$

式中：$K(t_n,\bar{\tau}_i)$ ——应力松弛系数，其取值可参照朱伯芳院士[8]根据 Neville 统计资料得到的公式，见式(16)。

$$K(t,\tau) = \exp[-0.80\phi(t,\tau)^{0.85}] \tag{16}$$

式中：$\phi(t,\tau)$——加载龄期 τ，混凝土龄期为 t 时的徐变系数。

2.2 斜拉桥主塔简化计算模型

取单位高度主塔节段，根据对称性，结构可简化为图 7 所示的形式。

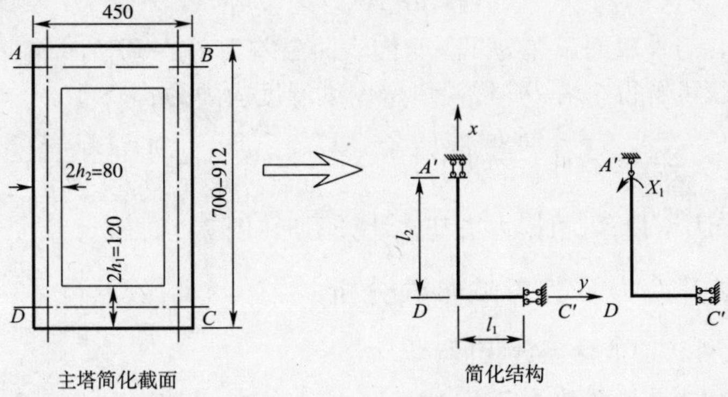

图 7 主塔简化计算图形

2.3 温度应力计算公式

水化热温升或环境降温作用下，根据实测经验和前述分析，沿塔壁厚度方向的温度分布曲线近似为二次抛物线，温度分布模式见图 8。

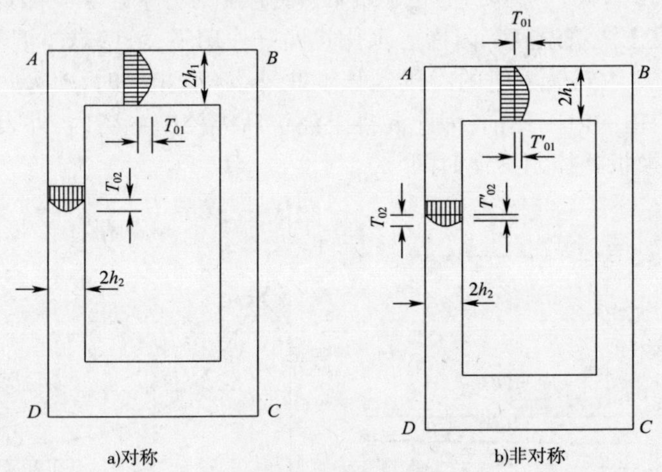

图 8 塔壁内温度分布

2.3.1 主塔内、外表面放热系数相同时

主塔的温度分布如图 8a)所示，主塔 DC 段温度温差沿梁厚度分布可表达为[10]：

$$T_1(x) = T_{01}\left(1 - \frac{x^2}{h_1^2}\right) \tag{17}$$

根据主塔结构简化计算图形，并考虑时变因素，可得 DC 段塔壁内沿塔壁厚度温度应力为

$$\sigma = \sum_{i=1}^{n} \frac{K(t,\bar{\tau}) E_i \alpha \Delta T_{01,i}}{1-\mu}\left(\frac{x^2}{h_1^2} - \frac{1}{3}\right) \tag{18}$$

2.3.2　主塔内、外表面放热系数不同时

由于主塔内相对封闭,内外风速不同,内外表面放热系数可能不同。此时,主塔的温度分布如图 8b)所示,其温差沿梁厚度分布可近似表达为:

$$T_1(x) = \frac{T'_{01} - 2T_{01}}{2h_1^2}x^2 + \frac{T'_{01}}{2h_1}x + T_{01} \tag{19}$$

式中:塔壁中心与外表面温差为 T_{01},与内表面温差为 $T_{01} - T_{01}'$。

考虑时变因素,可解得主塔 DC 段沿塔壁厚度温度应力为:

$$\sigma = \sum_{i=1}^{n} K(t,\bar{\tau}_i)\left[\frac{E_i\alpha}{1-\mu}\left(\Delta T_{01,i} - \frac{\Delta T'_{01,i}}{2}\right)\left(\frac{x^2}{h_1^2} - \frac{1}{3}\right) - \frac{3\Delta X_{1,i}}{2h_1^3}x\right] \tag{20}$$

式中:ΔX_1——赘余力增量,可根据主塔基本计算图形(图 7)求得。

3　水化热温升应力及其影响参数分析

3.1　主塔内、外表面放热系数相同时

分别取塔壁内、外放热系数为 7.5、18.3kcal/(m²h℃),取 m = 1.8、0.384(1/d)两种情况,水化热升温过程中混凝土表面应力历时变化曲线如图 9 所示。从图中可见,m 越大,塔壁表面拉应力峰值出现越早,峰值也越大。对于 1.2m 厚塔壁,m = 1.8,β = 18.3kcal/(m²h℃)时,混凝土浇筑后约 22h,表面应力达到最大值 2.2MPa,与 m = 0.384 的情况相比较,时间提前约 30h,应力峰值提高 33%,可能导致塔壁开裂。因此要控制与 m 值相关的水泥品种、混凝土浇筑温度等因素。水化热温升作用下,塔壁越厚混凝土出现开裂的可能性越大;同时,应力达到最大值的时段延长。此外,m 值相同时,β 越大,则塔壁表面应力越大,且出现应力峰值的时间提前,因此混凝土浇筑后应控制主塔内、外表面放热系数,可设置导热系数较低的模板并控制拆模时间。

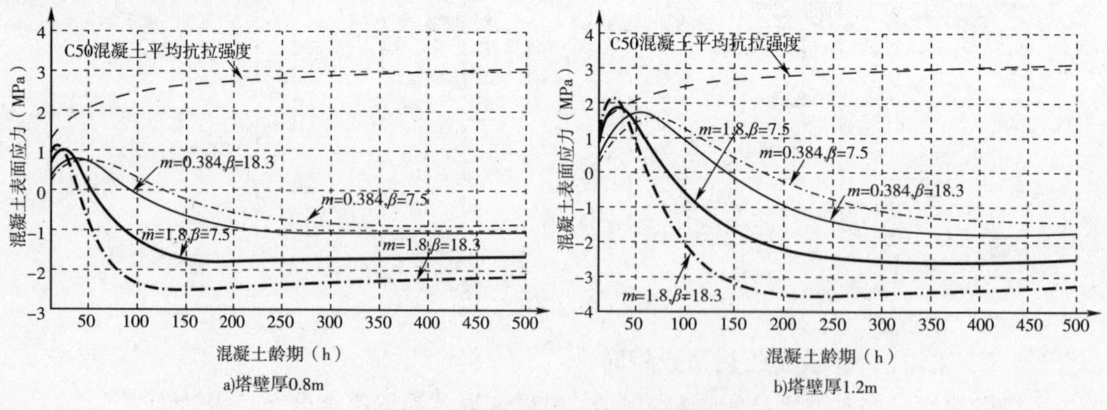

图 9　水化热对塔壁表面应力的影响

3.2　主塔内、外表面放热系数不同时

取塔壁内、外表面放热系数 7.5、18.3kcal/(m²h℃),水化热作用下塔壁内、外表面混凝土应力历时变化曲线如图 10 所示。主塔内表面混凝土拉应力较外表面应力大,超过图 9 情

况。按上述条件，对于 0.8m 厚塔壁，$m=1.8$ 时，混凝土浇筑后约 22h，内表面应力达到最大值 1.9MPa，混凝土浇筑后 13 ~ 27h 塔壁内表面将出现开裂，见图 10a）。对于 1.2m 厚塔壁，$m=1.8$ 时，混凝土浇筑后约 27h，内表面应力达到最大值 2.35MPa，混凝土浇筑后13 ~ 41h塔壁内表面将出现开裂，见图 10b）。比较可见，m 越大，温度应力峰值出现越提前，开裂情况越严重。

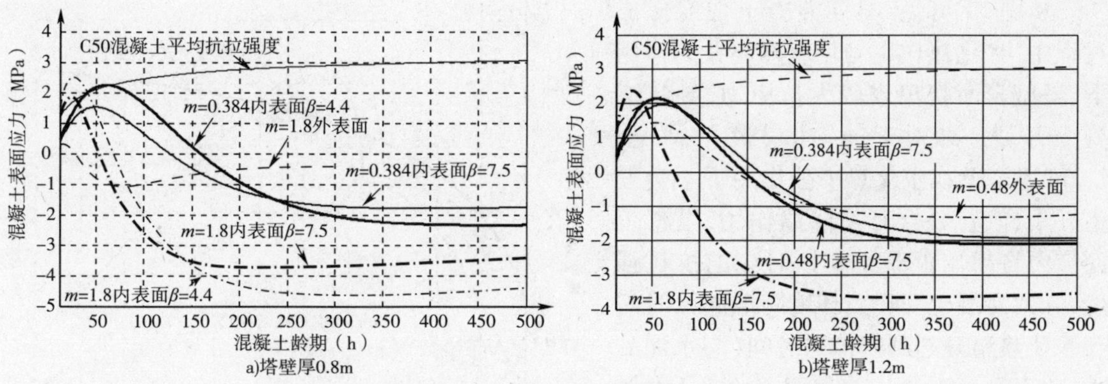

图 10　塔壁内外表面放热系数不同时水化热对塔壁应力的影响

比较图 10 和图 11 可知，主塔内、外放热系数差距越大，内塔壁表面应力越大，过大的主塔壁内外放热系数差可能导致主塔开裂，因此，混凝土浇筑后应控制主塔内、外表面放热系数。

4　环境降温应力及其影响参数分析

4.1　主塔内、外表面放热系数相同时

环境降温主要包括寒潮、气温年变化和日变化。从公式(20)可见，若不考虑冰冻等情况下，环境降温幅度越小其影响越小。取 $\beta=7.5$ 和 18.3kcal/(m^{2}h℃) 两种情况，温度取值同 1.3 节，塔壁表面应力的历时变化曲线如图 11。

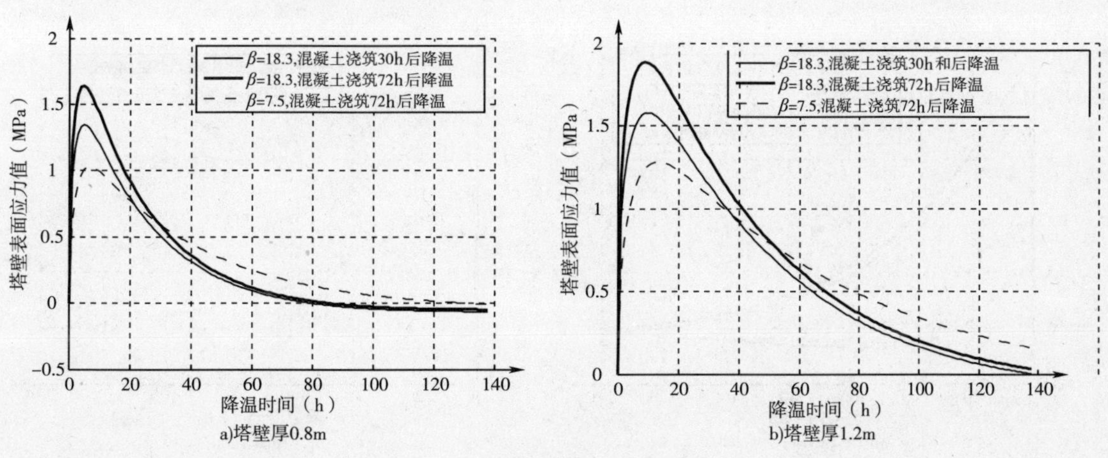

图 11　环境降温对塔壁表面应力的影响

从图11可见,与水化热作用时相似,表面放热系数β越大时,塔壁表面拉应力峰值越大,峰值出现的时间也相对提前;环境降温时混凝土的龄期越长,环境降温引起的塔壁表面拉应力越大;塔壁越厚,塔壁表面拉应力峰值越大,但峰值出现的时间相对延后。设表面应力达到最大值的时间为t_{max},一般10h左右,若环境降温持续时间小于t_{max},则持续越短影响越小。所以,气温的日变化和年变化影响较小,寒潮影响较大。

从图12可见,早期混凝土强度形成过程中,水化热作用与环境降温共同作用下,塔壁表面将出现较大拉应力,导致混凝土开裂。如对于$m=0.384$的情况,1.2m厚塔壁在水化热单独作用下不会发生开裂,但若叠合环境降温作用,塔壁表面应力将超出混凝土在该时刻的抗拉强度,导致混凝土开裂。环境降温起始时间与水化热温升达到峰值的时间(与水泥品种、比表面及混凝土浇筑温度有关)大体相当时最为不利。因此,在将发生寒潮的时段施工,应采用导热系数较低的模板,避免养护中过早拆模。

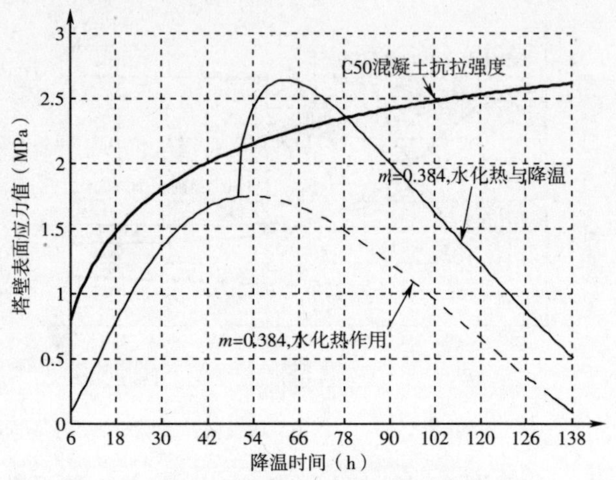

图12 环境降温与水化热作用叠合效应

4.2 主塔内、外表面放热系数不同时

分别取塔壁内、外表面7.5、18.3 kcal/(m²h℃),可绘出内、外表面应力随时间的变化曲线。

从图13与图11比较可见,降温后,塔壁内、外表面放热系数不同时,塔壁内表面拉应力较外表面拉应力大,且内外表面放热系数差越大,应力差距越大;主塔中的薄塔壁尤其明显,这是降温作用在塔内产生赘余力造成的。可考虑在主塔塔壁预留通风孔,减小主塔内、外表面放热系数差值,从而减小赘余力的影响。

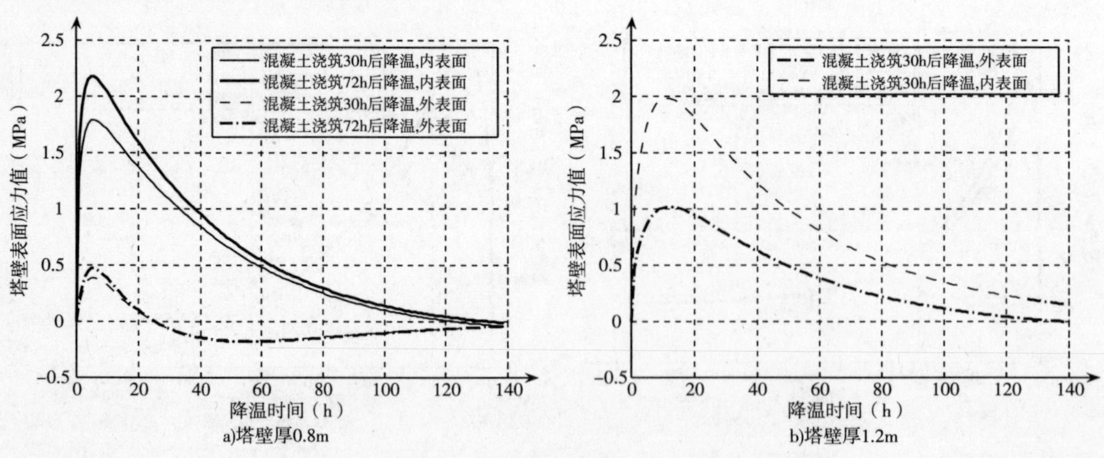

图13 内外表面放热系数不同时降温对塔壁表面应力的影响

5 实桥观测试验

课题组对重庆忠县长江大桥主塔关键节段混凝土浇筑后的水化热温度及应力进行了跟踪监测。0.8m、1.2m 厚塔壁中心点水化热温升值随混凝土龄期的变化如图 14 所示。根据水泥品种及现场实测，塔壁内、外表面放热系数取 7.5 kcal/(m^2h℃)，水泥水化热发散系数 m 取 1.8。从图 14 可见，理论计算值与实测值的符合情况较好。

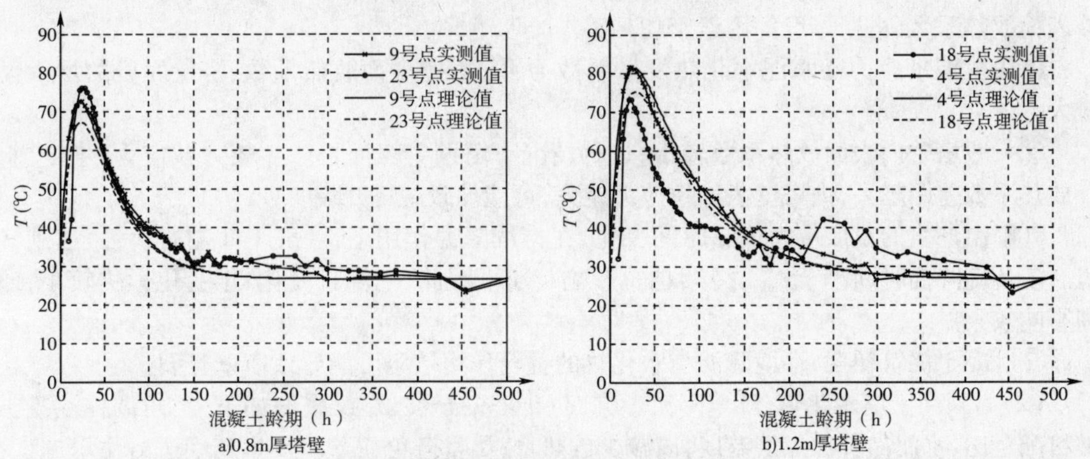

图 14 实测与理论塔壁中心测点温度的变化比较

图 15 为实测及理论分析得到的塔壁表面应力随时间变化曲线，可见，0.8m 塔壁表面测点 22、24 号点水化热温升应力随混凝土龄期的变化。理论计算应力值与实测应力值趋势基本一致，但两者符合情况并不理想，估计是由于两应变计位于主塔测试节段的顶层，且塔壁较薄，受到施工等周围环境的扰动所致。1.2m 厚塔壁理论计算应力值与实测应力值趋势基本一致，实测应力值略小，基本包络在理论值范围内，符合情况较好。理论与实测应力值均小于混凝土的实时平均抗拉强度，塔壁不会发生开裂。

图 15 中，22、24 号点在混凝土浇筑后 250h 左右应力值发生突变，这是由该时刻在该点位主塔环向预应力筋施加预应力引起的。由此可见，若适时施加预应力也可控制塔壁表面的早期应力，达到控制混凝土开裂的目的。从理论和实测数据比较看，前述推导的理论分析方法是正确的。

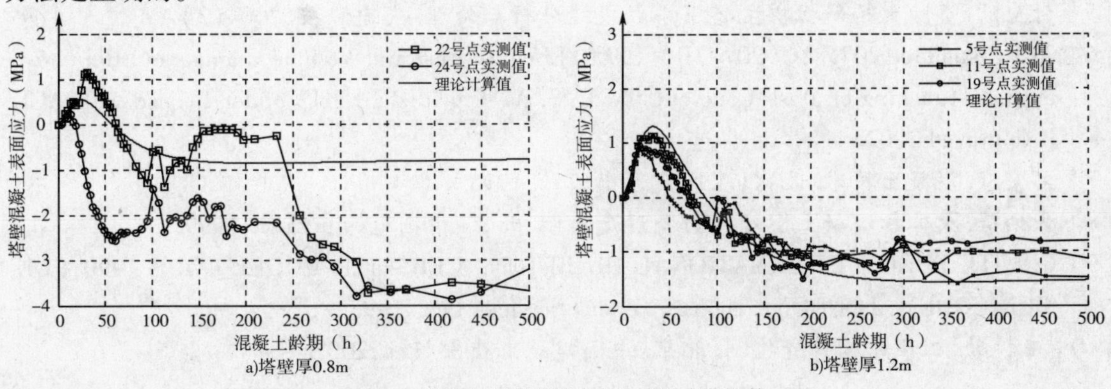

图 15 实测与理论塔壁表面应力的变化比较

6 结论

本文结合重庆忠县长江大桥的设计与施工,在大跨径混凝土斜拉桥混凝土主塔水化热及环境降温作用方面进行了理论分析及现场试验研究,得出如下结论和建议:

(1)水化热、环境降温作用都将导致塔壁表面产生拉应力。前者与水泥水化热发散系数 m、塔壁表面放热系数、塔壁厚度等有关。后者与环境降温值、降温起始及持续时间、塔壁内外表面放热系数、塔壁厚度等因素密切相关。

①塔壁温度应力随水泥水化热发散系数 m 值、塔壁表面放热系数、塔壁厚度的增大而增大。

②一般塔壁内表面放热系数较小,这种情况下塔壁内表面将产生较大拉应力,主塔内、外放热系数差距越大,内塔壁表面拉应力越大,可能导致主塔开裂。

③降温产生的温度应力值随时间变化,在持续降温作用下,一般10h左右(t_{max})达到峰值。若环境降温时间小于 t_{max},持续越短影响越小。因此,气温日变化、年变化影响较小,寒潮影响较大。

④混凝土浇筑初期,环境降温与水化热的叠合作用效应可能导致塔壁开裂。

(2)为减小主塔水化热、环境降温影响,防止塔壁开裂,建议采取如下措施:调控混凝土材料配合比、水泥品种和浇筑温度,以减少放热量;尽量避免在寒潮发生期间进行主塔施工;主塔塔壁预留通风孔,减小主塔内、外表面放热系数差值;采用木模板等导热系数较低的模板、养护中控制拆模时间,减少或避免混凝土水化热与环境降温的叠合作用;施工中应适时张拉主塔环向预应力筋。必要时应考虑设置冷却水管降低混凝土浇筑初期水化热效应。

参考文献

[1] 成文佳,强士中,夏招广.重庆李家沱长江大桥裂缝成因分析与对策.四川建筑,2005(6).

[2] 经柏林.荆州长江公路大桥北汊北塔下塔柱裂缝控制研究.华东公路,2000(6).

[3] 马春生,王萍.某大桥桥塔裂缝成因分析.公路,2002(8).

[4] 蔡涛,高新学.某公路斜拉桥混凝土裂缝成因及防治措施.铁道建筑技术,2004(6).

[5] 甘应朋.夷陵大桥斜拉桥主塔下塔柱裂缝分析与处理.交通科技,2004(3).

[6] ACI Committee 207. ACI 207.2R – 1995, Effect of Restraint Volume Change and Reinforcement on Cracking of Mass Concrete. the U. S. A. Provided by IHS under license with ACI. Reapproved 2002.

[7] 刘秉京.混凝土技术.北京:人民交通出版社,1995.

[8] 朱伯芳.大体积混凝土温度应力与温度控制.北京:中国电力出版社,1999.

[9] COMITE EURO – INTERNATIONAL DU BETON. CEB – FIP MODEL CODE 1990 (DESIGN CODE). LONDON. Thomas Telford Services Ltd. 1993.

[10] 王铁梦.工程结构裂缝控制.北京:中国建筑工业出版社,2007.

107 大跨度单跨悬索桥经济性能研究

贾丽君 石 坚 曹赟千

（同济大学）

摘 要 桥梁的经济性能是影响一个桥梁设计方案合理性与经济性的标志。本文在统计国内外部分已建悬索桥材料用量的基础上研究了大跨度悬索桥的经济性能，讨论了造价的几项影响因素，分析了主跨长度、边中跨比、加劲梁形式等参数与材料用量的关系。

关键词 大跨度 悬索桥 经济性能

1 引言

悬索桥因其受力明确、跨越能力大、造型美观等优点在大跨径桥梁领域具有举足轻重的地位，工程界普遍认为在600m以上跨径悬索桥具有很大的竞争力，在主跨超过1000m时少有竞争对手。目前对悬索桥的研究多限于该体系的力学性能，鲜有对其经济性方面的探讨，随着大量跨海越江工程的开展，大跨度悬索桥的经济性能研究具有十分重要的现实意义。本文用解析公式表示了悬索桥的吊杆、主缆、主塔的控制造价，讨论了影响造价的若干因素，同时分析了主跨长度、边中跨比和加劲梁形式等参数对材料用量的影响。

2 悬索桥的材料用量分析

本文以单跨地锚式悬索桥为研究对象，汽车荷载经过纵向、横向折减，并考虑1.15的偏载系数。部分计算参数取值见表1。

表1 计算参数表

	梁高 h_b(m)	主梁自重 q_b(m)	均布活载 q_l(m)	活载集中力 P(t)
计算参数	3.5	$28t$	$3.7t$	$127t$

2.1 吊杆

对于长度为 l，内力为 N 的单根吊杆，其理论用钢量 Q 可定义为：

$$Q = \gamma l \frac{N}{k\sigma} \tag{1}$$

式中：γ——材料相对密度；

σ——材料极限抗拉强度；

k——材料的应力折减系数($k \leqslant 1$)。

假设集中力等效作用为30倍梁高范围内的均布荷载 $Pe/30h_b$，则吊杆承受荷载为[1]：

$$T_d = k_2 A_d \sigma_d = (q_b + q_d + q_l)e + \frac{Pe}{30h_b} \tag{2}$$

假定主缆线形为二次抛物线,将沿全桥分布的若干根吊杆等效为一个受拉的连续面,积分可得全桥吊杆的用钢量:

$$Q_d = q_d l s \tag{3}$$

其中:吊杆自重等效均布荷载

$$q_d = \frac{\bar{h} A_d \gamma_d}{e} = \frac{\left(q_b + q_l + \dfrac{P}{30h_b}\right)\gamma_d}{\dfrac{k_2 \sigma_d}{\bar{h}} - \gamma_d}$$

式中:q_b——主梁自重;

q_l——活载;

q_d——吊杆自重;

P——集中力;

e——吊杆间距;

k_2——吊杆材料应力折减系数;

γ_d——吊杆比重;

σ_d——吊杆强度。

根据上述公式可得跨径、矢跨比与吊杆用钢量关系如图 1 所示。

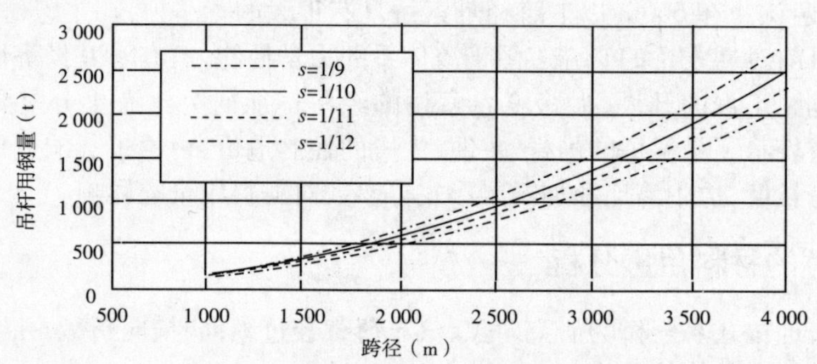

图 1 吊杆用钢量与跨径和矢跨比关系图

可见:吊杆材料用量与吊杆间距 e 无关,桥面荷载、矢高、跨径的增加均会导致吊杆材料用量的增加,桥面荷载增加使得吊杆材料用量线性增加。矢跨比减小可以减少吊杆用量。

2.2 主缆

主缆线型近似处理为:主跨为二次抛物线;边跨为直线,两部分光滑连接。可知全跨满布活载 q_l 且集中力 P 作用在跨中时,主缆受力最不利,主跨内主缆最大索力发生在塔顶,其大小为:

$$T_c = H_c \sec\alpha = \frac{H_s \sqrt{l^2 + 16h^2}}{l} = \frac{\left(q_b + q_l + q_c + q_d + \dfrac{2P}{l}\right) l \sqrt{l^2 + 16h^2}}{8h} \tag{4}$$

设主缆材料的应力折减系数 k_1 取 0.4,将 $T_c = k_1 A_c \sigma_c$ 代入上式,并近似地取 $W_c = A_c \gamma_c$,设主缆主跨方向切线与水平夹角为 α,边跨水平夹角为 β,矢跨比 $s = h/l$。整理得主缆面积和用钢量如下:

$$A_c = \frac{\left(q_b + q_l + q_d + \dfrac{2P}{l}\right) l \sqrt{l^2 + 16h^2}}{8k_1\sigma_c h - \gamma_c l \sqrt{l^2 + 16h^2}} \tag{5}$$

$$Q_{s1} = \left[1 + \frac{8s^2}{3}\right] \frac{\gamma_c l\left(q_b + q_l + q_d + \dfrac{2P}{l}\right)\sqrt{1 + 16s^2}}{\dfrac{8k_1\sigma_c s}{l} - \gamma_c \sqrt{1 + 16s^2}},$$

$$Q_{s2} = \frac{\gamma_c(h_0 + h)A_c\cos\alpha}{\sin\beta\cos\beta} = \frac{2\gamma_c A_c(h_0 + h)}{\sqrt{1 + 16s^2} \cdot \sin 2\beta}$$

$$Q_s = Q_{s1} + 2Q_s \tag{6}$$

通过上述公式可得跨径、矢跨比以及边跨长与主缆用钢量的关系如图 2、图 3 所示。其中 q_c 为主缆自重，Q_s、Q_{s1} 和 Q_s 分别为主缆总用钢量、边主缆和中主缆用钢量。

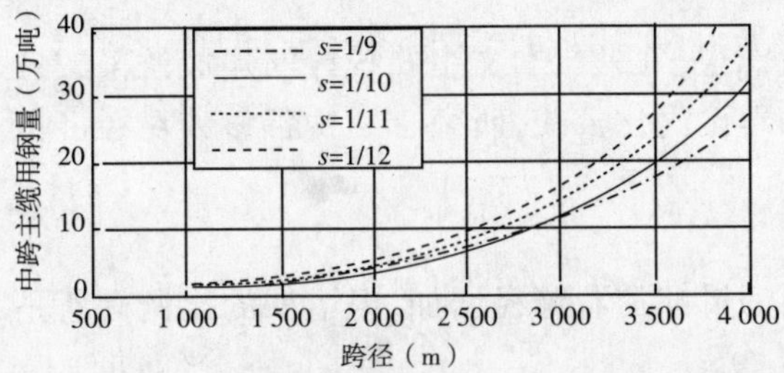

图 2　主缆用钢量与跨径和矢跨比的关系

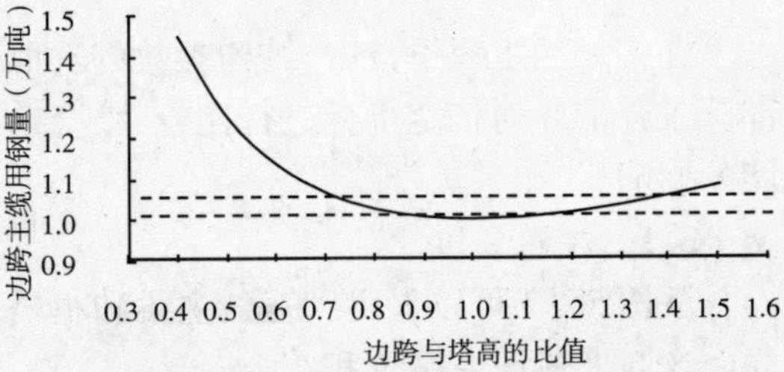

图 3　边跨跨长对主缆用量的影响

图 2 表明，主缆用量随着跨径的增长而增大，当跨径 l_s 超过 2 000m 以后，主缆规模开始呈非线性显著增加，当 $l_s \geqslant 3\,500$m 时，常规的悬索桥设计已经使得主缆规模过大，结构很不经济，应该考虑采用新的结构形式或者使用新材料；矢跨比对大跨度悬索桥的经济性能影响很大，矢跨比越大，主缆用量越小，随着跨度的增加，主缆规模的加大，矢跨比对主缆用量的影响也越明显。

图 3 表明，随着边跨跨长与塔高的比值逐渐增大，主缆用钢量先减小后增大，比值在 0.75～1.35 之间时对主缆用钢量影响不大。

2.3　主塔

为了便于比较用钢量，这里仅对主塔采用钢塔形式进行研究。主塔以受压为主，弯矩的影响一般被限制在小偏心范围内。这里主塔按轴心受压构件计算，但是由于是长细构件，还要考虑失稳对承载力的折减。

单个主塔用钢量为：

$$Q_p = N_{pb} - N_{pt} = N_{pt}\left(e^{\frac{\gamma_p(h + h_1 + h_0)}{k_3\sigma_p}} - 1\right) \tag{7}$$

其中塔顶轴力为：

$$N_{pt} = \frac{k_1\sigma_c(4s + \tan\beta)\left(q_b + q_l + q_d + \dfrac{2P}{l}\right)}{\dfrac{8k_1\sigma_c s}{l} - \gamma_c \sqrt{1 + 16s^2}} \tag{8}$$

当主塔采用钢材时，主塔用钢量与主跨跨径和矢跨比的关系见图 4。从图可知跨径超过 3 500m 时主塔用量大幅增大，已经非常不经济。矢跨比从 1/9 变化 1/12，主塔用量随矢跨比的减小而增大。跨径超过3 000m以后,矢跨比对主塔用量的影响则较为明显。所以单就主塔经济性能而言,对于跨径超过3 000m的超大跨度悬索桥宜采用较大的矢跨比。

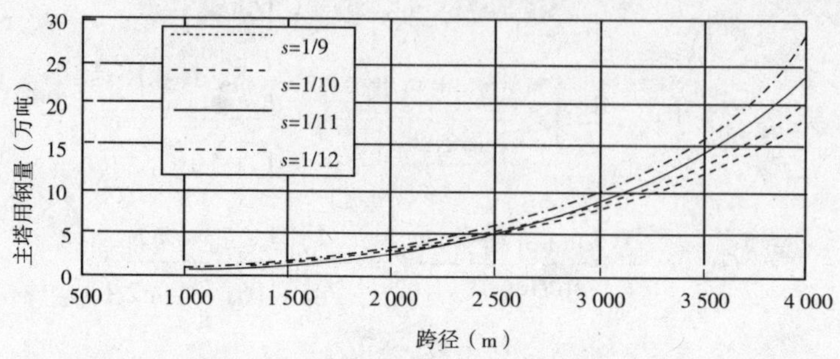

图4 主塔用钢量与跨径及矢跨比的关系

3 经济性能的参数研究

在实际的工程设计中,结构参数的选取要考虑很多因素,本文主要统计已建成桥梁的各部分工程量并对特定指标进行比较,结合前面的理论简化公式,研究悬索桥各参数对经济性能的影响。

3.1 主跨长度

从图5~7可以看出,缆索、主梁和主塔的用钢量都随着跨径增加,但增加的比例有所不同。这与上述研究结论相符合。

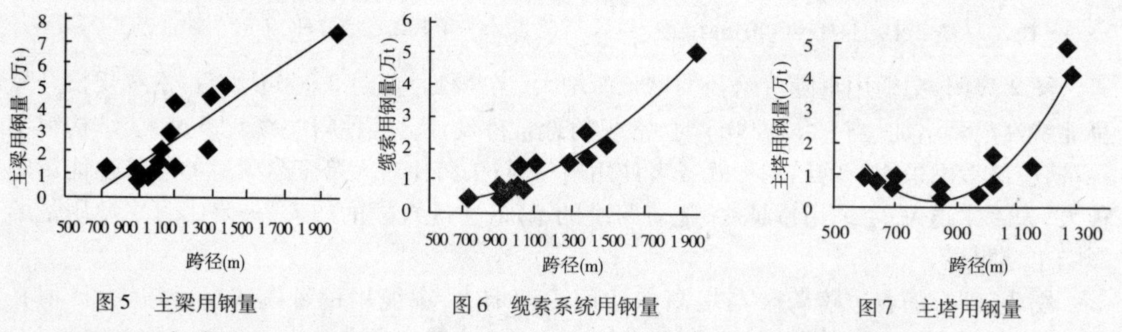

图5 主梁用钢量　　图6 缆索系统用钢量　　图7 主塔用钢量

3.2 边中跨比

图8、图9表明了不同跨径下主要缆索、主梁和主塔用钢量与边中跨比的关系。

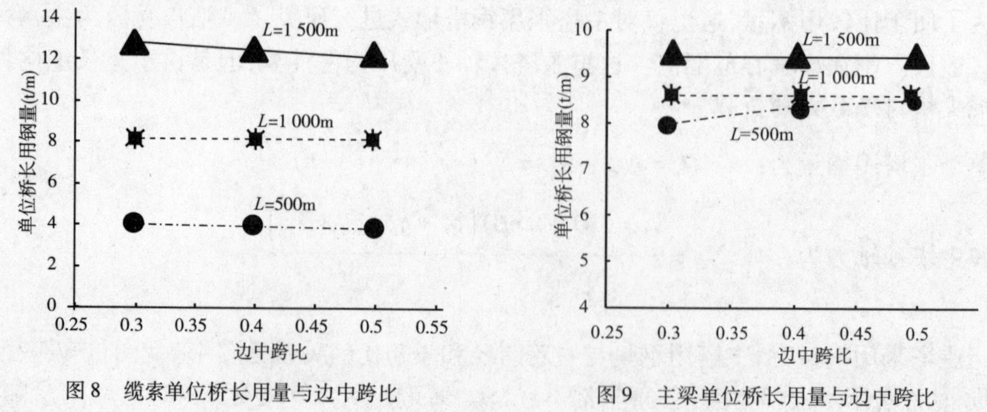

图8 缆索单位桥长用量与边中跨比　　图9 主梁单位桥长用量与边中跨比

从图8、图9可以看出，边中跨比对缆索和主梁用钢量影响不大。

3.3 加劲梁形式

根据统计国内外的一些悬索桥的情况，可以得出同等跨径的悬索桥，钢桁梁的用钢量明显比钢箱梁要大，对应的缆索体系用量也偏大。跨径在1 000～1 400m之间时，主梁用量似乎与跨径关系不大，这是因为悬索桥加劲梁主要承受局部荷载，其设计由构造决定，与跨径关系不大。将统计资料作线性回归，分别得到单位桥面主梁和主缆用钢量随跨径的变化，如图10、图11所示。

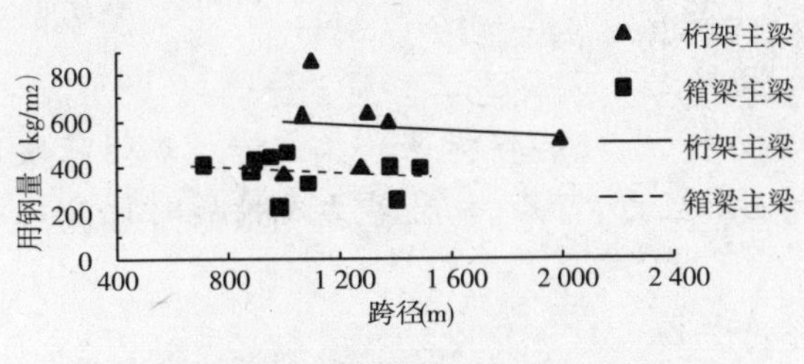

图10 单位桥面主梁用钢量比较

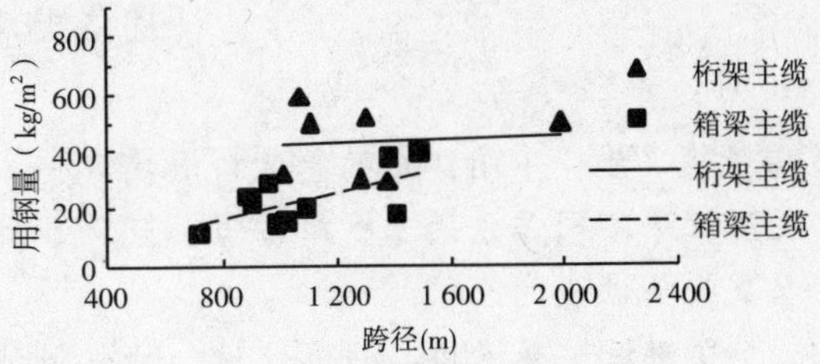

图11 单位桥面主缆用钢量比较

从图10、图11可以看出，不管加劲梁形式是箱形还是桁架，主梁单位桥面用钢量随着跨径增大基本不变，而主缆单位桥面用钢量均呈增长趋势，其中采用箱梁型式加劲梁时主缆单位桥面用钢量增长幅度较大。同等跨径的悬索桥，钢箱梁的用钢量比钢桁梁小。

4 小结

(1)随着跨径的增加，主缆用量呈非线性加速增加；而相同跨径下，较大的矢跨比则能减少主缆用量。当边跨长度在塔高的75%～135%范围内时，边跨的长度对主缆用量影响不大。

(2)主塔的用量随跨径的增大而增加，且增幅较大，跨径超过3 500m时主塔用量大幅增大，显得非常不经济。矢跨比从1/9变化1/12，主塔用量随矢跨比的减小而增大，跨径超过3 000m以后，矢跨比对主塔用量的影响则较为明显。单就主塔经济性能而言，对于跨径超过3 000m的超大跨度悬索桥，宜采用较大的矢跨比。

(3)无论加劲梁形式是箱形还是桁架，主梁单位桥面用钢量随着跨径增大基本不变，但是主缆单位桥面用钢量均随跨径增大而呈增长趋势，同等跨径的悬索桥，钢箱梁的用钢量比钢桁梁小。

参考文献

[1] 吉尔斯J.吉姆辛. 缆索支承桥梁[M]. 北京：人民交通出版社. 2002.

[2] 贾丽君. 大跨度悬索桥体系及其性能研究[D]. 上海：同济大学，2009.

[3] 孙斌，肖汝诚，贾丽君，等. 斜拉—悬吊协作体系桥经济性能研究. 第十四届全国桥梁学术会议论文集[C]. 南京. 2000.

[4] 滕小竹. 大跨度钢桁梁悬索桥关键问题研究[D]. 上海：同济大学，2008.

108　琼州海峡大桥三个方案受力分析与性能比较

章锋烽　贾丽君

(同济大学桥梁工程系)

摘　要　不同体系的悬索桥具有不一样的受力特性、经济指标等。本文针对琼州海峡大桥三个不同体系的悬索桥方案,进行恒活载状况下应力、弯矩、位移等力学性能对比分析以及经济性能的比较。

关键词　悬索桥　方案比选　力学性能　经济性能

1　概况

琼州海峡是北部湾的东向出海航道,海峡的北岸是广东省雷州半岛的徐闻县,南岸是海南省的海南岛(图1)。海峡平面呈腰鼓形,中段窄而顺直,两端扩大呈喇叭形。海峡全长约80km,中间最窄处的海面宽度19.7km,两端出口扩大至30~40km。海峡岸线稳定,海峡中无暗礁,水深20~80m,最深处达160m,大于22m和40m水深的航槽宽分别超过17km和13km,是一条可通世界级巨轮的天然航行通道。

图1　琼州海峡地图

通过深入的地质勘探和相关资料研究,确定了一条能回避灾害性地质条件、水深仅45m且冲积较稳定的线位,全长只有31.5km。在综合考虑了各种因素后,拟订出3种跨越琼州海峡的公路通道方案,即双塔悬索桥、共用锚碇的两座双塔悬索桥和三塔悬索桥。

1.1　双塔悬索桥方案

主缆的矢跨比为1/11。总体布置图如图2所示。

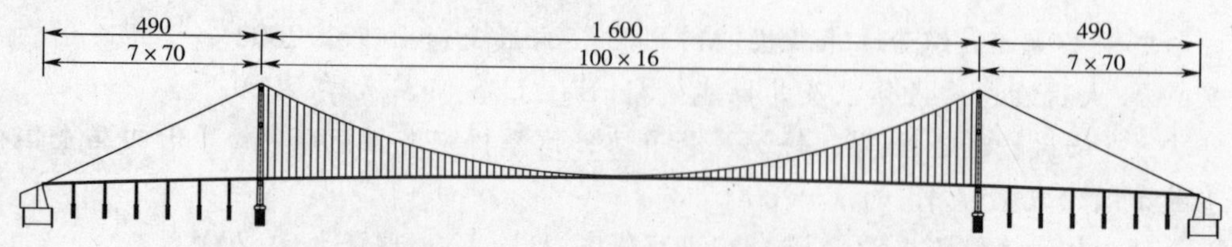

图2　方案1——双塔悬索桥方案总体布置(尺寸单位:m)

1.2 共用锚碇的两座双塔悬索桥方案

主缆的矢跨比为1/10。总体布置图如图3所示。

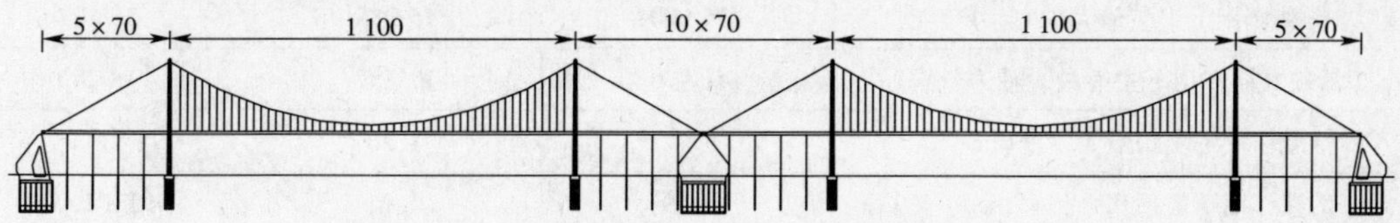

图3 方案2——共用锚碇的两座双塔悬索桥方案总体布置（尺寸单位：m）

1.3 三塔悬索桥方案

主缆的矢跨比为1/10。总体布置图如图4所示。

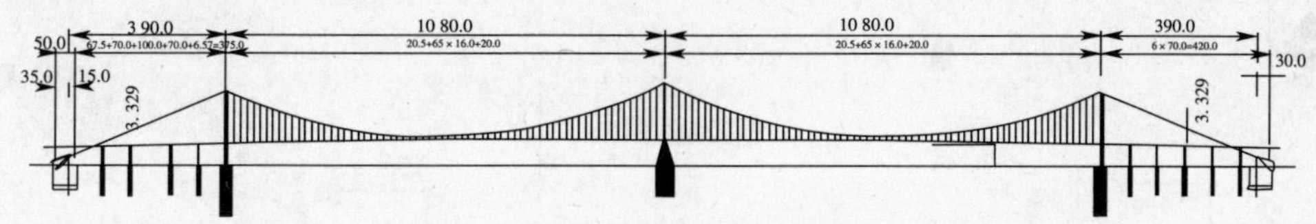

图4 方案3——三塔悬索桥方案总体布置图（尺寸单位：m）

2 方案基本参数

三个方案的结构采用平面杆系分析程序进行分析计算。

由于共用锚碇的两座双塔悬索桥方案是两座对称的单跨悬索桥，所以只取其中一座进行计算。

三个方案基本参数如表1所示，活载计算均采用公路－Ⅰ级。

表1 三方案基本参数表

方案	方案1	方案2	方案3
主跨(m)	1 600	2×1 080	2×1 080
桥宽(m)	38.7	39.1	39.1
矢跨比	1/11	1/10	1/10
梁高(m)	3	3.5	3.5
主缆直径(mm)	906	688	688
塔高(m)	221.7	178	194(中塔)178(边塔)
恒载(t/m)	19.548	22.685	22.685
主梁截面抗弯刚度	1.99	2.92	2.92

3 三个方案比较分析

3.1 三个方案受力性能比较

通过计算，三个方案体系受力性能如表2所示，其中包括边主跨的主缆最大轴力、主跨最大挠度以及塔顶水平位移。弯矩包络图和挠度包络图见图5～图7。

表2　三个方案体系受力性能比较

	方案1	方案2	方案3
恒载作用下主缆最大轴力(t)	35 900	15 088	15 177
恒活载共同作用下主缆最大轴力(t)	41 976	17 737	18 243
活载作用下主跨最大挠度(m)	5.92	4.26	5.17
活载作用下塔顶水平位移(m)	0.29	0.21	0.22(1.62)

注:括号内为中塔塔顶位移。

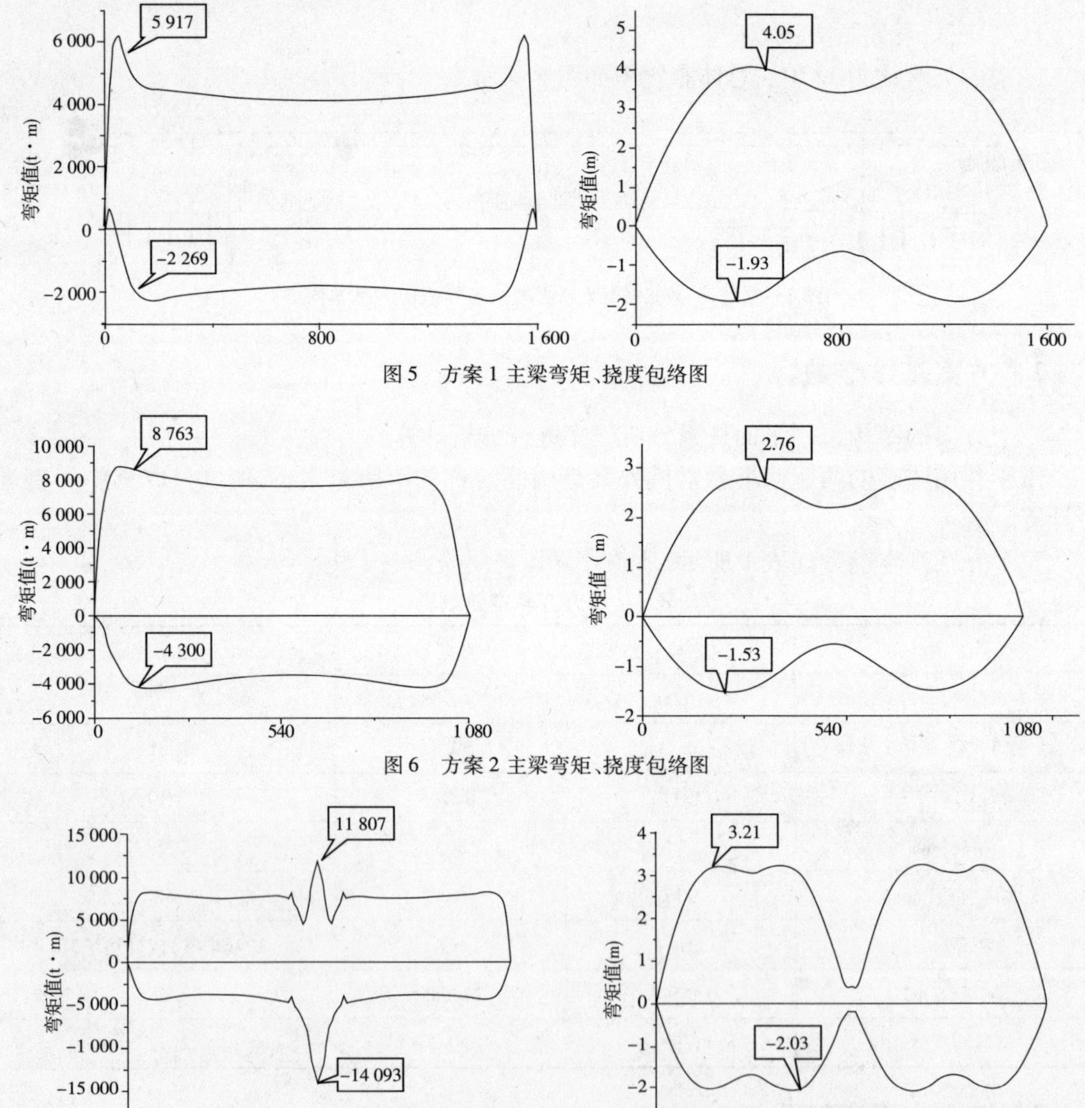

图5　方案1主梁弯矩、挠度包络图

图6　方案2主梁弯矩、挠度包络图

图7　方案3主梁弯矩、挠度包络图

从上述数据可以看到:

(1)因为方案1跨径明显大于其余方案,故方案1的主缆轴力是最大的,三方案主缆轴力比值为:1∶0.42∶0.42。

(2)方案2和方案3的主跨跨中弯矩相差不大,均大于方案1。最大弯矩均出现在塔根部,三者之比为1∶1.41∶2.06。

(3)三个方案主梁最大挠度比为:1∶0.72∶0.87。可见方案1和方案2主梁刚度接近,优于方案3。对双塔悬索桥来说,在非对称活载作用下,两个桥塔顶部产生的水平位移非常小,所以主梁产生竖向变形主要是由于主缆的形状发生了改变;而对多塔悬索桥来说,在非对称活载作用下,边塔顶的纵向位移仍然很小,但是中塔顶的纵向位移很大,这就使得加载跨的主缆矢高变大,而非加载跨的主缆矢高变小,这种现象加剧了主梁的竖向挠曲。这就是三塔悬索桥主梁挠度显著增大的原因。

(4)三个方案的边塔塔顶位移相差不大,但方案3中塔塔顶位移明显大于边塔。因为中塔顶缺乏有效的纵向约束,它与两塔悬索桥的桥塔和多塔悬索桥的边塔不同,其塔顶没有被从有效的竖向和纵向固结中引出的锚索所约束住,导致在竖向活载作用下塔顶产生很大的水平位移。这也是少有多塔悬索桥工程实例的原因之一。

3.2 三个方案经济性能比较

3.2.1 主桥用钢量比较

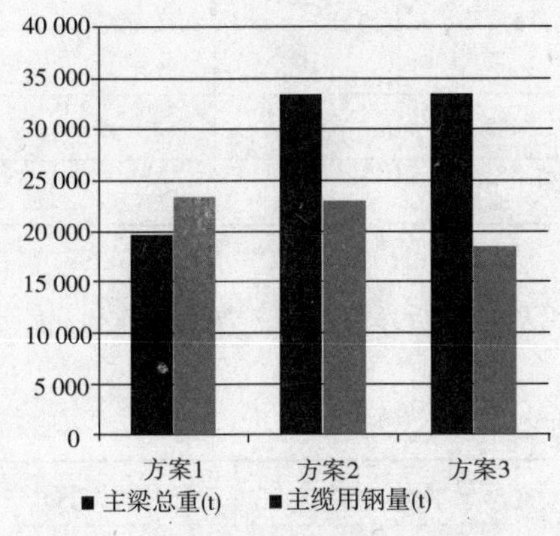

图8 三个方案主梁、主缆用钢量(t)

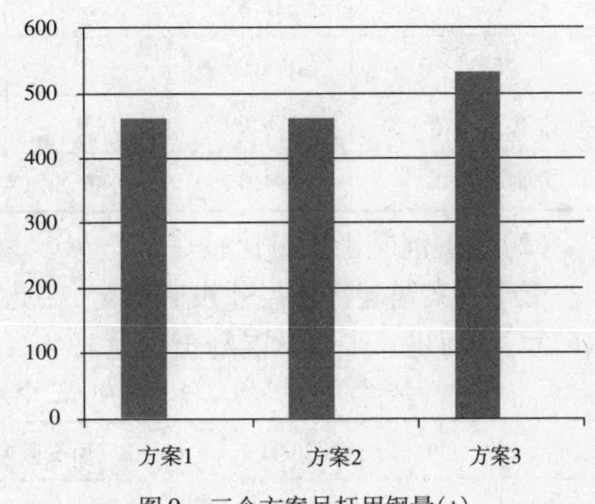

图9 三个方案吊杆用钢量(t)

从上述结果可以得出:

(1)主梁用钢量方案2和3一样,均大于方案1,三者用量比为1∶1.69∶1.69。这是由于方案1的主梁长度明显小于其余两个方案;主缆用钢量方案3最小,方案1和方案2比较接近,均较大,三者用量之比为1∶0.98∶0.79。因为方案1虽然主缆长度最小,但是其缆力最大,主缆面积是其余方案的1.4倍。而方案2和3主缆面积相同,但是方案2实际为两座悬索桥,比方案3多了两个边跨的主缆长度,因此方案1、2的用钢量基本一致,方案3则相对较小。

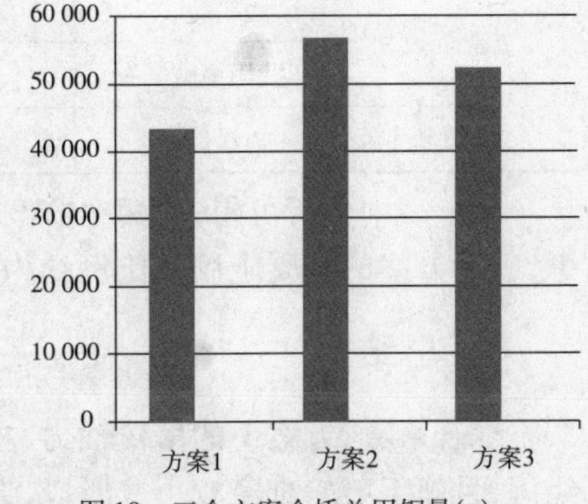

图10 三个方案全桥总用钢量(t)

(2)吊杆用钢量方案1和2相同,均小于方案3,三者用量比为1∶1∶1.16。这是由于方案3吊杆总长度大于其余两个方案,而且其部分吊杆面积较大。但吊杆用钢量占全桥用钢量的比例甚小,只有1%左右,所以对全桥总用钢量的影响不大。

(3)全桥总用钢量方案2居首、方案3次之、方案1最小,三者之比为1:1.31:1.21。这是因为方案2主缆和主梁较长,致使主梁用量和主缆用量均较大,而方案1虽然主缆用量比较大,但其主梁最短,只有方案2、3的60%左右。

(4)每延米用钢量方案1居首、方案2次之、方案3最小,三者之比为1:0.97:0.89。这是因为方案1总跨径最短,所以每延米用量大;方案2和方案3总跨径一样,但方案3总用钢量较小。

3.2.2　主桥混凝土用量比较

(1)索塔混凝土用量比较

三个方案的索塔尺寸如表3所示,从中可以看出方案2和方案3的索塔的混凝土用量相同,均大于方案1的混凝土用量。

表3　三个方案索塔尺寸表

方　案	塔高(m)	塔顶宽(m)		塔底宽(m)		索塔数目
		横桥向	顺桥向	横桥向	顺桥向	
方案1	221.65	6	9.5	6	12.5	2
方案2	178.00	6	8	7	10	4
方案3(边塔)	178.00	5	6	5	9.67	2
方案3(中塔)	194.00	6	8	7	10	1

(2)锚碇混凝土用量比较

三个方案锚碇具体尺寸没有确定,在此,我们通过计算锚碇所承受的拉力来比较其需要的尺寸,从而进一步表示混凝土用量。

表4　三个方案锚碇受力比较

方　案	锚碇位置	所受竖向力(t)	所受水平力(t)	全桥数量
方案1	边锚碇	27 444	66 647	2
方案2	边锚碇	17 476	41 719	2
	共用锚碇	34 439	56 591	1
方案3	边锚碇	16 216	42 195	2

从上表中分析可得,前两个方案的锚碇混凝土用量相差不多,而方案3所用混凝土量最少,三个方案的混凝土用量比例约为1:1.26:0.59。

4　小结

综合来看,方案1的吊杆轴力、主梁弯矩、塔顶位移和主梁挠度等受力性能较优,也比较经济,且施工养护难度较小。所以,方案1也即双塔悬索桥方案为最优方案。方案3的全桥总用钢量小于方案2,但中塔塔顶位移和主梁挠度较大,且施工复杂。所以,方案2、方案3之间的抉择,还需根据实际桥址的具体情况而定。

109　斜塔斜拉桥合理初始构形的确定

陈宜言[1]　晁忠贵[2]　姜瑞娟[1]　王清远[2]　易小纬[1]

（1. 深圳市市政设计研究院有限公司；2. 四川大学建筑与环境学院）

摘　要　由于斜拉桥属于高次超静定结构，且其在恒载作用下的内力和变形随斜拉索张拉力的改变而改变，故确定合理的斜拉索初始张拉力是确定斜拉桥结构合理初始构形的关键。相对于结构对称的直塔斜拉桥，确定斜塔斜拉桥的合理初始构形有着更为重要的意义。本文以深圳湾公路大桥独斜塔斜拉桥为工程背景，利用 ANSYS 结构有限元分析功能与优化分析模块，考虑各种因素的影响，采用在控制塔梁变形的同时使塔梁的轴向和弯曲变形能量最小的方法，实现对斜拉索初始张拉力的优化调整，从而确定斜塔斜拉桥整体结构的合理初始构形。并将计算结果与设计结果比较，表明该索力优化方法对斜拉桥整个结构的合理初始构形的确定是可行有效的。

关键词　斜塔斜拉桥　合理初始构形　索力优化　有限元分析　变形和内力

1　引言

斜拉桥是由多根拉索组成的超静定结构，成桥恒载内力分布的好坏以及成桥之后线形的变化是衡量设计优劣的重要标准。合理的初始构形是指斜拉桥成桥后整个结构在恒载作用下的内力和变形均是合理的，即在所有恒载的作用下，结构受力满足某种理想状态，如塔、梁中的弯曲应变能最小等并且塔梁变形控制在合理的范围内。

对大跨度斜拉桥的索力优化一直是研究的热点，基于成桥索力优化的理论与方法也比较多，主要有三大类[3]：制定受力状态的索力优化（刚性支撑连续梁法和零位移法等）；无约束的索力优化（弯曲能量最小法和弯矩最小法等）和有约束的索力优化（用索量最小法和最大偏差最小法等）。受力状态的索力优化法只顾及了梁的受力状态，布置不当会在塔中引起较大的弯矩，因此适用于对称斜拉桥；无约束的索力优化只使用于恒载索力优化，无法计入预应力影响，且计算时要改变结构的计算模式；有约束的索力优化计算时恰当的约束条件的选取是很困难的，约束条件选取的不合理，那也很难得到理想的结果。

斜塔斜拉桥因其结构形式不对称，无论在何种荷载作用下，主塔局部不可能达到平衡，往往存在较大的弯矩，这在设计中往往起控制作用。参考文献[4]对独塔斜拉桥合理成桥索力及设计参数进行研究，提出了最小弯曲能量法概念清晰，简单易行，但是人为调整量大。不足是只考虑了拉索的垂度效应，而没有考虑大变形和梁柱效应。

本文以深圳湾公路大桥独斜塔斜拉桥为工程背景，利用 ANSYS 结构有限元分析功能与优化分析模块，考虑各种因素的影响，采用在控制塔梁变形的同时使塔梁的轴向和弯曲变形能量最小的方法,实现对斜拉索初始张拉力的优化调整,从而确定斜塔斜拉桥整体结构的合理初始构形。并将计算结果与设计结果比较,表明该索力优化方法对斜拉桥整个结构的合理初始构形的确定是可行有效的。

2 索力优化理论

斜拉桥的索力调整的意义可用图1所示的简单结构来表示[2],索梁组成一次超静定体系,拉索的张拉力用 N 表示,梁的弯矩为:

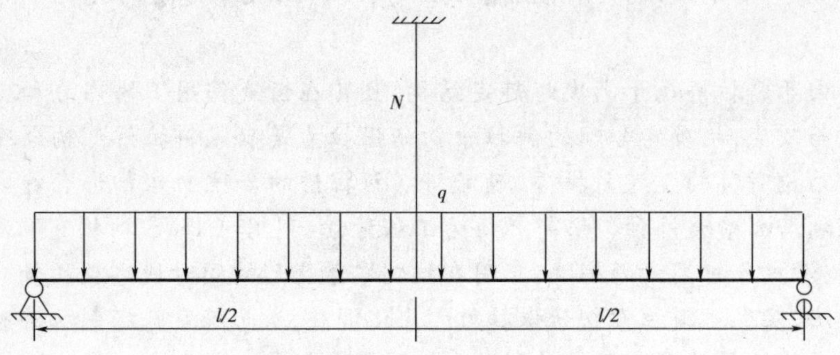

图1 索梁组合一次超静定结构

$$M = \frac{1}{2}q(lx - x^2) - \frac{N}{2}x \ (0 \leqslant x \leqslant l/2) \tag{1}$$

按照变形协调条件计算拉索张拉力,易得:

$$N = \frac{5ql^4/384EI}{l^3/48EI + h/EA} \tag{2}$$

式中:E——材料弹性模量;

I——截面惯性矩;

A——截面面积。

为优化梁的受力状态,可根据需要拟定一目标函数,现以梁的弯曲应变能为目标函数为例来加以讨论,目标函数为:

$$U = \int_s \frac{M^2(s)}{2EI}ds \tag{3}$$

经计算,当 U 最小时可得 $N = 5ql/8$,此时对应的弯矩图如图2所示。

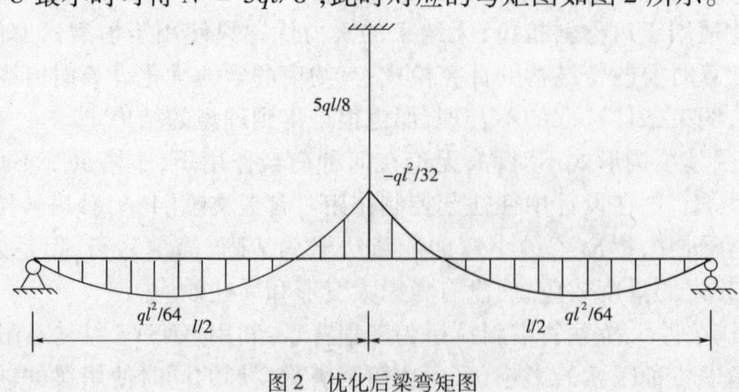

图2 优化后梁弯矩图

从优化前后的主梁弯矩状态比较可以看出,通过拉索索力的调整,达到了对主梁弯矩的优化,改善了主梁受力,反映出了斜拉桥索力优化的基本思想。如果要求跨中位移不得大于某合理值,则相当于施加了位移约束条件,在计算时索力则需要作相应的调整,问题变成满足位移条件下求目标函数的最小,这就是有约束的索力优化的基本思想。

式(3)中:ds——主梁或塔轴向微分长度,在杆系有限元结构中[5],可写成:

$$U=\sum_{i=1}^{n}\frac{L_i}{4E_iI_i}(M_{Li}^2+M_{Ri}^2) \tag{4}$$

式中: n——结构单元总数;

L_i、E_i、I_i——表示 i 单元的长度、材料弹性模量和截面惯性矩;

M_{Li}、M_{Ri}——表示 i 单元的左右端弯矩。

现假定主梁是由多根拉索组成的多次超静定结构,则拉索索力变为 $N_1,N_2,\cdots,N_m$,m 为拉索数量。则式(3)中,当 U 取极小值时,有:

$$\frac{\partial U}{\partial N_i}=0,(i=1,2,\cdots,m) \tag{5}$$

根据卡氏第二定理,对于线弹性结构,若将其应变能 U 表达为荷载的函数,则应变能对任一荷载 N_i 的偏导数,等于 N_i 作用点沿 N_i 方向的相应位移 δ_i。将卡氏第二定理应用于上面的公式,可以知道当沿索力对 N_i 方向的相应位移为 0 时,结构的能量有极小值。基于这个原理,可利用 ANSYS 的优化分析模块实现最小值问题的求解。

3 优化算法在 ANSYS 中的实现

优化设计是一种寻找确定最优设计方案的技术,是在各种可行的方案中寻求最优方案的解决技术。在此引入三种变量来阐明优化设计问题,数学表达如下:

最小化: $$f=f(x_1,x_2,x_3,\cdots x_n) \tag{6}$$

使服从: $$x_{id}\leqslant x_i\leqslant x_{iu}(i=1\ \text{to}\ n) \tag{7}$$

同时有: $$g_{jd}\leqslant g_j(x_1,\cdots x_n)\leqslant g_{ju}(j=1\ \text{to}\ m) \tag{8}$$

式中:f——目标函数;

x_i——设计变量;

g_j——状态变量;

n——设计变量个数;

m——状态变量个数。

式(6)~式(8)代表约束极小化,主要目的是极小化目标函数 f 的值。在极小化的过程中需满足式(7)和式(8),否则结构变为不可行设计。目标函数和状态变量是通过最小二乘法由设计变量逼近求得,使用罚函数的无约束搜索技术确定最小化设计。

ANSYS 程序的优化模块(/OPT)是集成于 ANSYS 软件包之中,它必须和参数化设计语言完全集合在一起工作才能发挥 ANSYS 优化设计的功能。优化设计通常包括以下几个步骤:①生成分析文件:ANSYS 程序运用分析文件构造循环文件,进行循环分析。在分析文件中,模型的建立必须参数化,通常是使用优化变量作为参数。模型建立完成后进行求解,定义分析类型和分析选项,施加载荷,指定载荷步,完成有限元计算。然后进入后处理器中进行参数化提取结果,并赋值给相应的参数,即状态变量和目标函数。②建立优化过程的参数,进入优化处理器,指定分析文件。声明优化变量,即指定哪些参数是设计变量,哪些参数是状态变量,哪个参数是目标函数。然后选择优化工具或优化方法。

程序实现:模型文件 MODEL. INP,内容如下:

```
… …                  ! 参数化建模,设计变量参数赋值
/PREP7               ! 前处理器
… …                  ! 建立有限元模型
FINISH               ! 退出前处理器
/SOLU                ! 求解器
… …                  ! 设置求解选项
SOLVE                ! 执行静力分析计算
FINISH               ! 退出求解器
/POST1               ! 后处理器
… …                  ! 提取目标函数和状态变量
FINISH               ! 退出后处理器
```

优化文件 CABLEOPT. INP,其内容如下:

```
/CLEAR,NOSTART
/INPUT,MODEL,INP     ! 输入设计的文件
/OPT                 ! 进入优化设计处理器
OPANL,MODEL,INP      ! 设定优化文件
… …                  ! 设置目标函数、状态变量和求解方法
OPEXE                ! 执行优化计算
FINISH               ! 退出优化处理器
… …                  ! 查看结果
```

ANSYS 程序最常见的优化算法有零阶方法、一阶方法等。零阶算法运算中只用到因变量而不用其偏导数,优化处理器一开始通过随机搜索建立状态变量和目标函数的逼近,称之为近似算法,这无疑是一种普遍的优化方法,不易陷入局部极值点,但优化精度一般不高,故多用于粗优化阶段。一阶算法使用因变量对设计变量的偏导数来决定搜索方向并获得优化结果,将真实的有限元结果最小化,而不是对逼近数值进行操作,其每次迭代都由一系列的子迭代组成,一次优化迭代有多次分析循环,分析更为精确。

4 工程算例

4.1 工程概况

深港西部通道深圳湾公路大桥是连接大陆深圳和香港的跨海大桥,全长 5 545m。本文研究的对象是深圳侧的通航孔桥,该桥为独斜塔单索面斜拉桥,桥跨布置为:180m + 90m + 75m,桥塔高 139.053m,主梁为闭口扁平流线型钢箱梁,高 4.122m,全宽 38.6m。全桥共设 24 对斜拉索,香港侧主梁的斜拉索集中布置在主 3 号墩附近,索距 3m,并在其 48m 范围内

进行压重处理，深圳侧主梁上的斜拉索均匀布置，索距 12m。斜拉索在主塔上的索距为 4m。其立面布置图如图 3 所示。

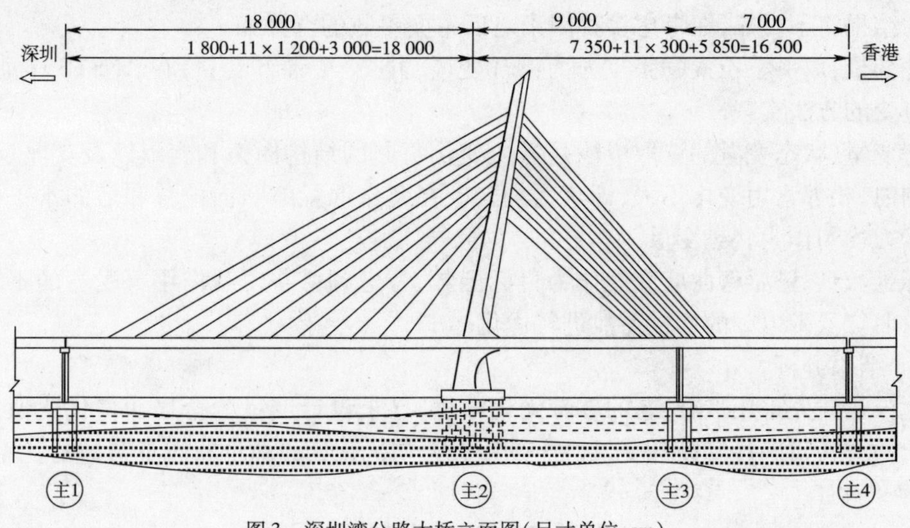

图 3　深圳湾公路大桥立面图（尺寸单位：cm）

桥塔为 C40 混凝土浇筑并设置竖向预应力筋，在索塔锚固区设有环向预应力筋，钢箱梁材料为 Q345c 钢材，斜拉索为低松弛高强度平行钢丝束，抗拉标准强度为 1 860MPa。

4.2　有限元模型的建立

为方便整体结构索力优化的计算，在此采用“鱼脊”模型建立空间杆系有限元。建模中采用 ANSYS 提供的以下 3 种单元类型：①空间梁单元 BEAM188，用于模拟钢箱梁和桥塔以及刚性横隔板；②空间杆单元 LINK10，用于模拟与塔梁相连接的斜拉索；③空间质量单元 MASS21，用于模拟桥面铺装和附属设施以及 3 号墩附近的混凝土压块。桥塔划分为 61 个梁单元，钢箱梁桥面划分为 169 个梁单元，刚性横隔板划分为 230 个梁单元，考虑斜拉索的垂度效应，每对斜拉索用 10 个杆元模拟，全桥共 240 个杆单元，32 个质量单元。由于索塔底端大直径桩深达基岩，地基对索塔上部结构影响甚微，所以认为索塔模型塔底固结，主梁与塔连接处耦合所有自由度，拉索与塔连接处耦合所有位移自由度。桥面铺装层按梁单元荷载处理，在计算过程中计入斜拉桥的非线性影响。全桥的有限元模型如图 4 所示。

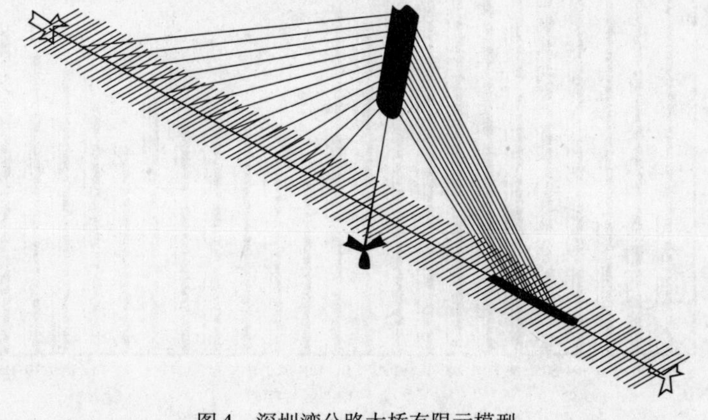

图 4　深圳湾公路大桥有限元模型

4.3 优化参数的选择

基于 ANSYS 优化分析三大参数的选取,对分析结果有着重大的影响,参数选择不当,索力优化的结果将不可靠,在考虑多种因素之后本文参数的选择如下:

设计变量:取每根拉索的张拉力为设计变量,共 24 个设计变量,在 ANSYS 中通过调整拉索初应变的方法实现。

状态变量:状态变量的选取应该是索力变化引起的结构内力和变形以及支座反力在规定的范围内,相邻索力变化不大,即索力均匀。在此选取梁的竖向位移和塔的水平位移、相邻索的索力均匀作为状态变量。

目标函数:以塔梁弯曲应变能作为目标函数,考虑到塔在恒载作用下受弯的不利因素,对塔的弯曲能量乘以 2 的加权系数进行优化。

4.4 结果分析

优化分析时先采用 ANSYS 的零阶优化方法,寻求设计变量的全局初略优化值,再使用一阶优化的方法精确计算设计变量值。设计索力与优化索力两种状态下参数对比结果如表 1 所示。

表 1　两种状态下参数对比表

受力状态	主梁最大位移(m)	主塔最大位移(m)	拉索最大位移(m)	目标函数值(Kj)
设计索力	0.142 9	0.022 0	0.713 3	367 304
优化索力	0.095 2	0.019 2	0.639 8	295 648

24 根斜拉索的设计索力与优化索力的对比如图 5 所示。设计索力和优化索力作用下钢箱梁和桥塔的弯矩比较分别如图 6、图 7 所示。设计索力和优化索力作用下钢箱梁和桥塔的位移比较分别如图 8、图 9 所示。

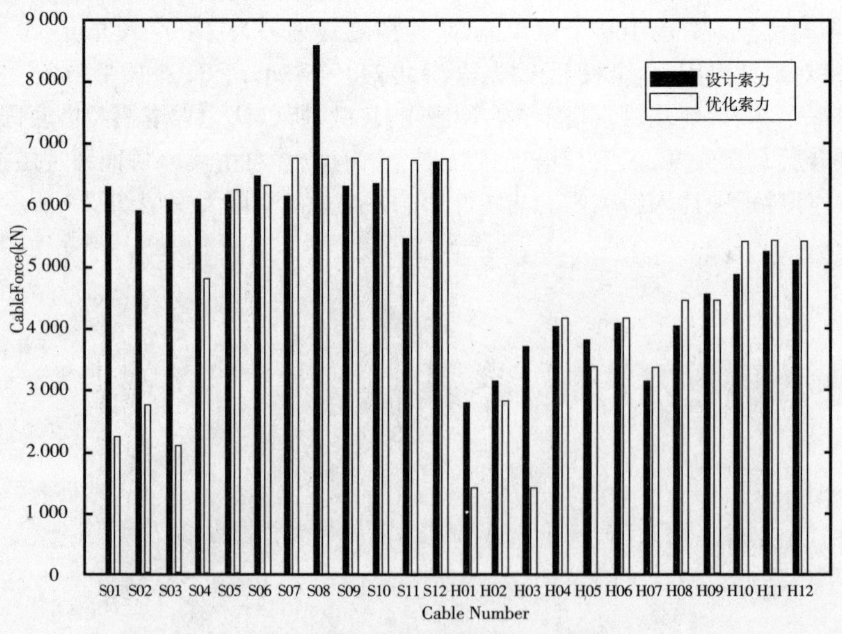

图 5　拉索索力比较

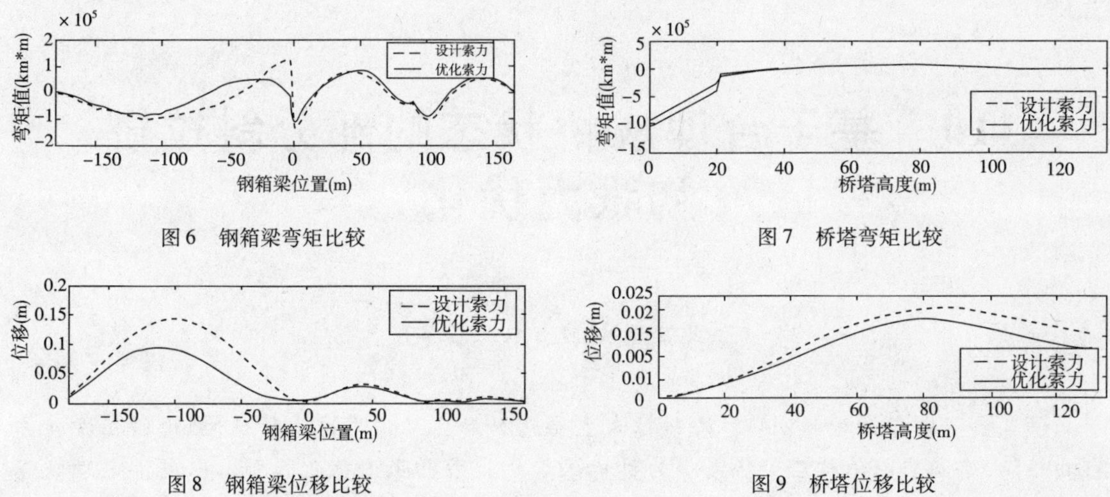

图 6　钢箱梁弯矩比较

图 7　桥塔弯矩比较

图 8　钢箱梁位移比较

图 9　桥塔位移比较

从图 5 ~ 图 9 可以看出,索力优化之后:①大大降低了目标函数,而且相应的塔梁以及拉索的位移也得到了改善;②在靠近桥塔附近的 S01、S02、S03、H01、H03 索在优化之后明显比之前的要小,而 S09、S10、S11、H10、S11、S12 拉索索力增大;③钢箱梁弯矩峰值明显减小,曲线更加平滑;④桥塔弯矩无明显变化,但是优化之后塔底处弯矩少量减少;⑤桥塔和钢箱梁的位移均有所减小。

总之,优化之后该桥的梁、塔均处于更好的受力状态,从而确定了该桥合理的初始构形。

5　结论

本文以深圳湾公路大桥独斜塔斜拉桥为工程背景,利用 ANSYS 结构有限元分析功能与优化分析模块,考虑大跨斜拉桥的几何非线性等因素的影响,以主梁和桥塔的压弯应变能为目标函数,对索力、变形等结构响应根据规范要求施加合理约束,使全桥整体和局部达到合理状态,实现对斜拉索初始张拉力的优化调整,从而确定斜塔斜拉桥整体结构的合理初始构形。并将计算结果与设计结果比较,表明该索力优化方法对斜拉桥整个结构的合理初始构形的确定是可行有效的。

参 考 文 献

[1] 龚曙光,谢桂兰. ANSYS 操作命令与参数化编程[M]. 北京:机械工业出版社,2004.

[2] 项海帆. 高等桥梁结构理论[M]. 北京:人民交通出版社,2001.4.

[3] 肖汝诚,项海帆. 斜拉桥索力优化及其工程应用[J]. 计算力学学报,1998,15(1):118-126.

[4] 陈海桦. 独塔斜拉桥合理成桥索力及设计参数研究[D]. 西南交通大学,2007.

[5] 李岩,盛洪飞,等. 基于 ANSYS 的大跨度斜拉桥非线性成桥索力优化研究[J]. 兰州理工大学学报,2007,33(1):125-128.

110　基于合理成桥状态的部分斜拉桥初张力优化

蔺鹏臻　刘凤奎

(兰州交通大学土木工程学院)

摘　要　本文针对部分斜拉桥斜拉索主要起加劲主梁作用这一特征,利用斜拉索索力影响矩阵,建立了以结构应变能最小为目标函数的拉索初张力优化模型。以成桥合理状态为目标,提出了考虑斜拉桥施工过程影响的拉索初张力优化分析流程并编制了初张力优化程序。结合一算例部分斜拉桥的优化表明,优化使得主梁成桥阶段的弯矩变化更为平顺,更容易满足合理成桥状态要求。

关键词　部分斜拉桥　初张力　优化　合理成桥状态

1　引言

部分斜拉桥,也称为矮塔斜拉桥,其总体特点是:塔矮、梁刚、索集中[1]~[3];其主要通过主梁受弯承受大部分竖向荷载,斜拉索竖向分力直接承载的作用很小,通过对国内已建的部分斜拉桥研究得出,拉索对竖向荷载的分担率最大仅为20%,而普通斜拉桥均在40%以上[4]~[5]。所以,部分斜拉桥拉索的作用主要是通过其初张力对主梁起加劲作用,相当于主梁的体外预应力筋。因而,日本在部分斜拉桥斜拉索设计中提出,部分斜拉桥拉索安全系数可按体外预应力取值1.67,即0.6倍拉索强度,而不采用普通斜拉索的2.5[6]。因此,在部分斜拉桥设计中,应主要发挥拉索对主梁受力的改善作用。部分斜拉桥的这种特性决定了进行斜拉索初张力优化的必要性和优化的目标。

通常,公路桥恒载内力占总荷载内力的70%以上,因而成桥状态恒载内力分布的好坏是衡量设计优劣的重要标准之一。部分斜拉桥斜拉索初张力优化就是要找出一组初张力,使结构在施工过程及成桥阶段各种确定性荷载作用下,成桥阶段结构的力学性能符合合理成桥状态的要求。

2　优化模型的建立

2.1　优化目标函数

取斜拉索的初张力为变量,以各斜拉索的单位初张力分别作用于无应力状态的结构,得到对结构主要构件(塔、梁)各单元杆端力的影响值而组成影响矩阵[7]。以结构的总势能(弯曲和拉压应变能)最小作为优化目标函数。

结构的通常情况下采用有约束的最小能量法对结构进行优化,可选结构的势能(弯曲和拉压应变能)U 作为优化目标函数：

$$U = \int_l \left(M^2(l)\frac{1}{2E(l)I(l)} + N^2(l)\frac{1}{2E(l)A(l)} \right) dl$$

假定主梁和塔各单元均为等截面，单元的弹性模量不变，则上式可简化为：

$$U = \sum_{i=1}^{m} \left[\frac{L_i}{6E_iI_i}(M_{Li}^2 + M_{Li}M_{Ri} + M_{Ri}^2) + \frac{L_i}{6E_iA_i}(N_{Li}^2 + N_{Li}N_{Ri} + N_{Ri}^2) \right] \tag{1}$$

式中：M_i^L、M_i^R——分别为第 i 号主梁单元左、右端弯矩；

N_i^L、N_i^R——分别为第 i 号单元左、右端轴力；

E_i、I_i、A_i、L_i——分别为第 i 号主梁单元的弹性模量、截面惯性矩、截面积和单元的长度；

m——结构的单元数。

如定义$\{x\}$为斜拉索初张拉力列阵；$\{P\}$为斜拉索索力列阵；$\{M\}$为结构各单元杆端弯矩列阵；$\{N\}$为结构各单元杆端轴力列阵；$[A_P]$、$[A_M]$、$[A_N]$分别为索力影响矩阵和各单元杆端弯矩、轴力影响矩阵，即单位初张力作用下的索力和各单元杆端弯矩和轴力；$\{P_D\}$、$\{M_D\}$、$\{N_D\}$分别为不包括初张力效应的恒载索力列阵和结构各单元杆端的弯矩、轴力列阵，在进行成桥合理状态优化时，这三个矩阵的形成应考虑施工过程体系转换、混凝土收缩、徐变、预应力等效应。各矩阵之间的关系式如下：

$$\{P\} = \{P_D\} + [A_P]\{x\} \tag{2}$$

$$\{M\} = \{M_D\} + [A_M]\{x\} \tag{3}$$

$$\{N\} = \{N_D\} + [A_N]\{x\} \tag{4}$$

将式(3)、式(4)代入式(1)并用矩阵形式表示为：

$$U = \{x\}^T[G]\{x\} + 2\{F\}\{x\} + D \tag{5}$$

式中：$G = [A_M]^T[B][A_M] + [A_N]^T[C][A_N]$

$F = \{M_D\}^T[B][A_M] + \{N_D\}^T[C][A_N]$

$D = \{M_D\}^T[B]\{M_D\} + \{N_D\}^T[C]\{N_D\}$

其中，$[B]$、$[C]$分别为单元柔度对单元弯矩、单元轴力的加权系数矩阵[8]。

2.2 合理成桥状态优化模型

考虑成桥阶段合理受力状态时，式(3)，式(4)中的$\{M\}$、$\{N\}$分别为成桥阶段的杆件弯矩、轴力；$\{M_D\}$、$\{N_D\}$为不包括初张力效应的成桥阶段杆件弯矩、轴力。初张力优化的数学模型仍取最小的结构势能为目标函数，并考虑必要的约束条件，优化模型为：

$$\begin{aligned} \min f(x) &= \{x\}^T[G]\{x\} + 2\{F\}\{x\} + D \\ s.t.\ c_i(x) &= \{D_{\min}\} - [A_D]\{x\} - \{D_D\} \leqslant 0 \\ c_i(x) &= \{D_D\} + [A_D]\{x\} - \{D_{\max}\} \leqslant 0 \\ c_i(x) &= \{P_{\min}\} - [A_P]\{x\} - \{P_D\} \leqslant 0 \\ \{x\} &\geqslant \{0\} \end{aligned} \tag{6}$$

约束条件的第一、二表示为了达到合理的成桥阶段主梁线形及索塔水平位移而设定的约束条件，$[A_D]$、$\{D_D\}$分别为节点位移的影响矩阵和结构恒载作用下的节点位移列阵，$\{D_{\max}\}$、$\{D_{\min}\}$分别为指定的位移上、下极限值。第三、四表示为了使得拉索始终处于“绷紧”状态而设定的约束条件，$\{P_{\min}\}$为活载作用下拉索可能产生的最大压力。

以上数学模型为二次线性规划问题,本文采用ROSE梯度投影法求解。考虑成桥合理状态的拉索初张力优化,其程序流程如图1所示,图中 $\varepsilon = \sqrt{\sum_{i=1}^{n}(x_{1i} - x_{0i})^2}$,$\varepsilon_0$ 为预定的容许误差。

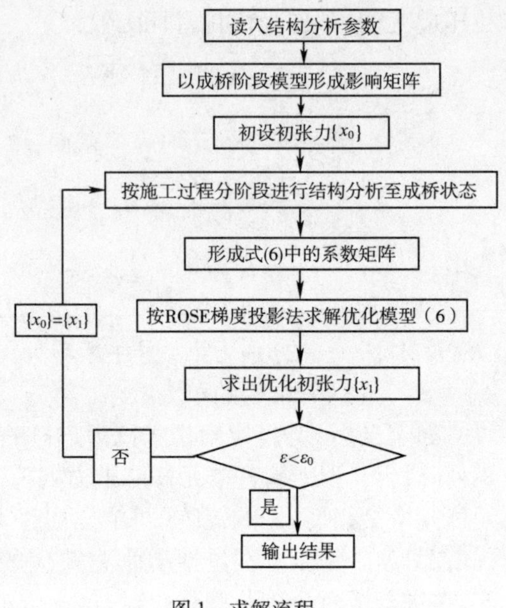

图1 求解流程

3 优化算例

3.1 优化分析

本文以某独塔单索面部分斜拉桥为例进行基于合理成桥状态的斜拉索初张力优化。该桥为(80m+80m)独塔单索面预应力部分斜拉桥(图2),采用塔、墩、梁固结方式。主梁为单箱三室箱形截面,梁高2.4~3.8m,箱梁顶宽27.0m,翼缘悬臂4.5m,箱梁底宽16.24~17.0m,两侧腹板斜置,边室净宽7.45m,中室净宽1.5m。斜拉索布置在中室,索在梁上间距为4.0m,索面为单排竖琴形,设计边支座无索区长19m,塔根无索区长25m,结构塔高为22.92m。

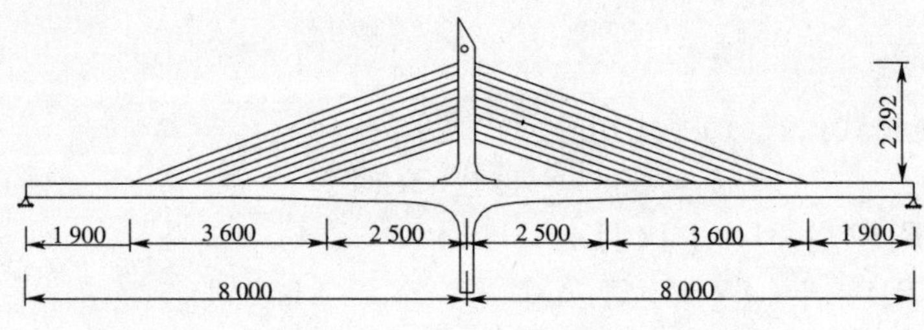

图2 算例部分斜拉桥(尺寸单位:cm)

基于本文优化模型编制的自编程序CBOP对大桥进行斜拉索初张力优化,并与设计进行比较。图3、图4分别为原设计和优化情况下拉索初张力和主梁成桥弯矩的对比。

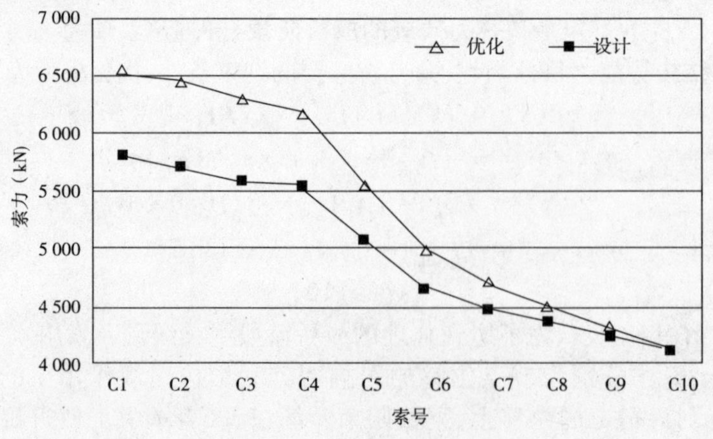

图3 斜拉索初张力对比

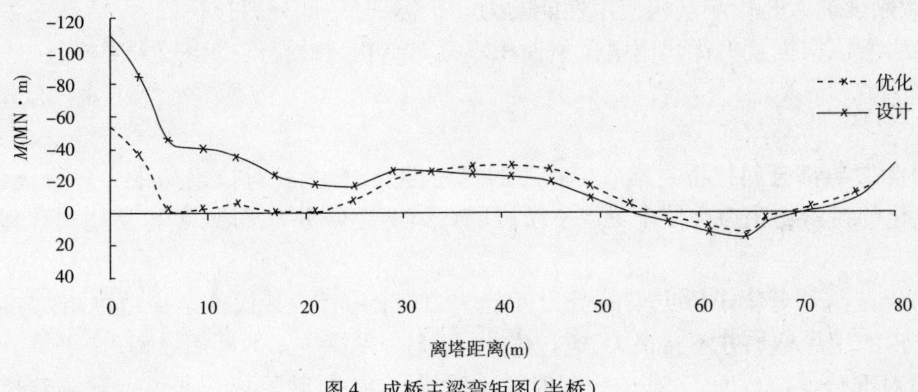

图4 成桥主梁弯矩图(半桥)

3.2 优化率

通常对于主梁而言,最大正、负弯矩、挠度是反映其受力的主要力学指标;而初张力和成桥索力可间接反映用索量,即优化成本。如定义优化率ρ为:

$$\rho = \frac{设计 - 优化}{设计} \times 100\%$$

ρ为正表示优化降低了原设计值,该指标起到优化效果;负值表示没有降低设计值,该指标没有起到优化效果。

主梁最大恒载负弯矩、正弯矩、挠度、总初张力及其优化率如表1所示。

表1 主要力学指标优化结果

项　　目	优　　化	设　　计	优化率(%)
主梁最大正弯矩(MN·m)	12.74	14.78	14
主梁最大负弯矩(MN·m)	-55.54	-109.07	49
主梁最大挠度(cm)	-14.77	-13.94	-6
拉索总初张力(kN)	53 614	49 540	-8
成桥恒载总索力(kN)	59 319	56 676	-5

注:弯矩以梁下缘受拉为正,挠度以向上为正。

3.3 优化效果分析

由表1、图3、图4可以看出,基于能量最小的索力优化方法,可减小成桥阶段主梁的弯矩。从优化率来看,在初张力和总索力分别增加8%、5%的情况下,最大负弯矩的优化率达到49%,而最大正弯矩优化率达到14%。从优化效果来看,对主梁弯矩的改善主要集中在靠近索塔部位,而在靠近边支座部位正弯矩区段,优化效果并不明显。这反映出基于能力最小原理的优化本质——以减小弯矩的不均匀分布规律,达到结构最小的应变能。

初张力和索力的大小反映拉索所需截面的大小,间接反映了索的用量。从表1及图3可以看出,主梁内力的改善是靠增加拉索初张力(拉索用量)来实现的。从本桥优化可以看出,在获得较大弯矩优化率的情况下,拉索用量增加较少。

索力优化增加了主梁的最大恒载挠度6%,恒载挠度可通过施工中的预拱度来消除。结构的活载刚度通常是影响结构使用性能的力学指标,对于部分斜拉桥而言,活载内力主要由主梁承受,所以根据索力优化调整拉索面积不会对结构活载挠度产生较大影响。

4 结论

(1)为改善部分斜拉桥主梁成桥状态的受力性能,有必要对拉索初张力进行优化;总体说来,优化的拉索初张力会使全梁成桥阶段的弯矩图变化更为平顺,更容易达到合理成桥状态要求。

(2)以改善部分斜拉桥主梁的受力性能为目标的优化,其代价是需适度增加拉索的用量,但拉索的用量增加并不会很大,通过优化,可充分发挥拉索的利用效率。

(3)对部分斜拉桥而言,基于变形能最小的优化方法,其原理是通过合理调整拉索索力来减小弯矩的不均匀性,从而减小结构的应变能。

参 考 文 献

[1] 陈亨锦,王凯,等. 浅谈部分斜拉桥,桥梁建设[J],2002,141(1):44-47.

[2] Ogawa A, Matsuda T, Kasuga A. The Tsukuhara extradosed bridge near Kobe[J]. Structural Engineering International 1998;8(3).

[3] Ogawa A, Kasuga A. Extra dosed bridges in Japan[J]. FIPnotes 1998.

[4] 蔺鹏臻,刘凤奎,周世军,等. 部分斜拉桥的力学性能及其界定. 铁道学报[J],2007,29(2):136-140.

[5] 蔺鹏臻,周世军,等. 单索面矮塔斜拉桥的动力特征参数研究[J]. 振动与冲击,2006,23(6):150-153.

[6] A. Kasuga. Extradosed bridges in Japan[J]. Structural Concrete,2006,7(3): 91-103.

[7] 肖汝诚,项海帆. 斜拉桥索力优化的影响矩阵法[J]. 同济大学学报,1998,26(3):235-239.

[8] 蔺鹏臻. 矮塔斜拉桥结构优化[D]:甘肃兰州:兰州交通大学,2003.

[9] 孙靖,曹德欣. Lipschitz 函数全局优化的区间算法[J]. 中国矿业大学学报,2007,36(5):711-716.

111　基于ANSYS的张拉索结构分析

彭友松　段鸿杰

(江苏省交通科学研究院股份有限公司长大桥梁健康检测与诊断技术交通行业重点实验室)

摘　要　本文提出了一种利用Ansys命令组合,实现索单元张拉分析的直接方法。文中给出了这种方法的具体实施步骤,并以斜拉桥作为计算实例,给出了进行斜拉索张拉分析的命令流,对计算过程进行了详细的解释和说明。利用该方法,不论是一次张拉还是多次张拉,是一次张拉一个索单元还是同时张拉多个索单元,都能很方便地直接实现,不需要迭代计算,而且计算结果是精确的。该方法解决了用ANSYS进行张拉索结构分析的一个关键问题,为用ANSYS进行斜拉桥等索承桥梁的设计和施工过程控制结构分析提供了很大的方便。

关键词　Ansys　索单元　张拉　斜拉桥

1　引言

Ansys[1]作为大型通用有限元分析软件,在交通运输、土木建筑、水利、机械制造、航空航天、能源化工、电子、生物医学、教学科研等众多领域得到广泛应用,是这些领域进行设计技术交流的主要分析平台。而且,Ansys软件的开放式结构允许对其进行用户化定制,是良好的二次开发平台,使其分析功能得到扩充,更好地满足不同专业的特定要求。但是Ansys毕竟是通用有限元软件,针对特定专业领域会有所欠缺,具体到桥梁结构分析中,还有许多问题,如活载影响线加载、桥梁施工分阶段结构分析等,不能用Ansys软件直接实现,需要利用一定的技巧或通过二次开发,才能实现。

对桥梁和建筑结构中的斜拉索、扣索、吊杆和预应力钢筋等需要张拉的索单元,Ansys没有实现直接给定张拉力的功能。国内学者和技术人员对利用Ansys进行斜拉桥等的结构分析时如何给定索单元张拉力的问题,进行了较多的研究,所采用的一般方法是通过施加初应变或虚拟降温荷载来间接实现索单元的张拉[2-5],但是,这种间接方法需要经过多次反复迭代计算,耗时较多,且算法复杂,使用起来很不方便。本文通过研究,提出了一种利用Ansys命令功能组合,实现索单元张拉分析的直接方法。利用该方法,不论是一次张拉还是多次张拉,是一个索单元还是同时张拉多个索单元,都能很方便地直接实现。

2　分析方法

Ansys通过在普通单元中插入预张拉单元prets179,来实现预张拉构件的结构分析。其

基金项目:江苏省自然科学基金项目,BK2008510。

一般步骤是,首先利用 PSMESH 命令插入预张拉截面,并自动加入预张拉单元,然后通过 Sload 命令施加预张力。这种方法主要是为紧固件(如螺栓)等构件在预张力作用下的受力分析而开发的。本文结合 Ansys 的其他命令和功能,将此方法进行移植,提出了用 Ansys 实现张拉索结构分析的直接方法,下面以斜拉桥中的斜拉索为例,对具体的分析方法和步骤进行简要介绍。

首先在所分析的每一根斜拉索上增加一个中间节点(图 1),这样将每根斜拉索划分成两个单元。需要注意的是,这两个单元不能全部用 LINK(LINK10 除外)类型的单元,因为如果都用 LINK 单元就成了机动结构,导致Ansys 分析难以收敛或出错。一般可以把中间节点设在离斜拉索的上锚固端(张拉端)足够近的位置(在图 1 中,为清晰起见,把此类中间结点画在了靠斜拉索中部的位置),中间节点以上的单元采用梁单元,给定很小的抗弯刚度,中间节点以下则可按正常使用 LINK 类型的单元。然后,用 PSMESH 命令在此中间节点处插入一个预张拉截面,截面垂直于斜拉索,命令格式为:PSMESH, SECID, Name, P0, Egroup, NUM, KCN, KDIR, VALUE, NDPLANE, PSTOL, PSTYPE, ECOMP, NCOMP。命令中各参数的意义及取值为:SECID—此预张拉截面的编号;Name—指定的截面名称,可以为空;P0—预张拉节点编号,可以为空,由程序自动指定;Egroup—在其间插入此预张拉截面的单元群,也就是同一根斜拉索上的两个单元,可先用 NSEL 命令选择这两个单元,然后给定 Egroup 的值为 all;NUM—当 Egroup 取为 all 时,NUM 为空;KCN—所采用的坐标系编号;KDIR—预张截面法线指向的坐标轴方向,取为 x、y 或 z;VALUE—此处不用,留为空;NDPLANE—确定截面位置的节点编号,即为上面所述斜拉索中间节点编号;PSTOL—节点位置误差限,留为空;PSTYPE—在截面处所插入的预张力单元类型号,可以留空,由程序选择,如果指定,则只能为 prets179 单元所对应的类型号;ECOMP、NCOMP—分别为在截面处所插入的预张力单元、节点给定的组名,可以留空。

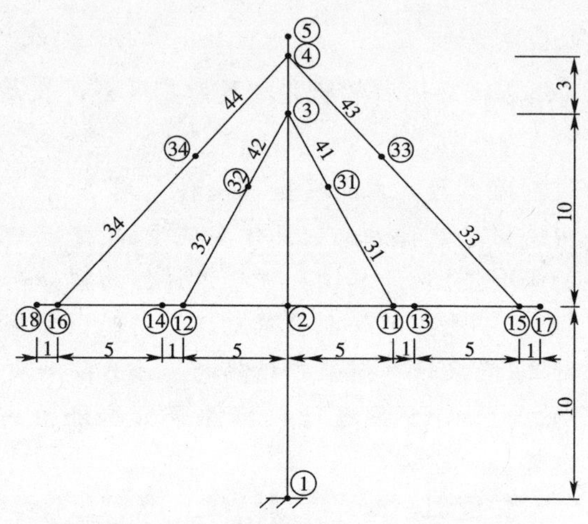

图 1　有限元模型(尺寸单位:m)

如上所述,在 PSMESH 命令中,预张拉截面的法线方向只能指定在坐标轴方向上,如果使用的是全局坐标系,则斜拉索是在斜方向上的,因此应对所定义的预张拉截面的法线方向进行修正,所用命令为 SECMODIF, SECID, NORM, NX, NY, NZ, KCN。命令中各参数的意义及取值为:SECID—截面编号;NORM—关键词,取为 NORM;NX、NY、NZ 分别为指定截面法线方向的 X、Y、Z 坐标分量;KCN—坐标系编号。

定义了预张拉截面后,即可对斜拉索施加张拉力,所用命令格式为:SLOAD, SECID, PLNLAB, KINIT, KFD, FDVALUE, LSLOAD, LSLOCK。其中各参数的意义和取值为:SECID—截面编号;PLNLAB—张拉力序列号,格式为 PLnn,其中“nn”可为 01 至 99 的数字,PLNLAB = PL01 表示初张力,PLNLAB = PL02 表示第二次张拉力,依此类推;KINIT—预张拉单元的初始状态,取为 LOCK;KFD—取为 FORC 或 DISP,前者表示直接给定张拉力,后者表示由位移值(相当于引伸量)给定张拉力;FDVALUE—张拉力的 FORC 或 DISP 值;LSLOAD—施加此张拉力的荷载步;LSLOCK—将预张力锁定的荷载步,需要注意的是给定的 LSLOCK 必须大于 LSLOAD;从 LSLOCK 荷载步开始,Ansys 将按锁定后的结构计算后续荷载的作用,自动叠加到前面荷载步的结果上。

3 计算实例及命令流

考虑如图 1 所示的假想斜拉桥主塔两侧各 2 个节段及相应 2 对斜拉索悬臂施工过程,按本文提出的方法用 ANSYS 进行施工过程分析。采用平面索单元和梁单元建立结构模型,塔柱截面积 $A_1 = 30m^2$,惯性矩 $I_1 = 64m^4$;主梁截面积 $A_2 = 25m^2$,惯性矩 $I_2 = 10m^4$;1 号、2 号斜拉索的面积均为 $A_3 = 0.01m^2$。混凝土塔柱和主梁弹性模量为 3.5×10^7kPa,容重为 26kN/m³;斜拉索弹性模量为 2.0×10^8kPa,容重为 80kN/m³。共有 3 个施工过程:①主塔、主梁 0 号和 1 号段施工,1 号斜拉索第 1 次张拉至 2 400kN;②悬浇主梁 2 号段,2 号斜拉索第 1 次张拉至 2 500kN;③同时调整 1 号索力和 2 号索力至 2 600kN。

用 Ansys 的 APDL 参数化设计语言编写命令流,实现以上施工过程的分析,其部分命令流如下:

```
/prep7 ! 进入前处理器
……,! 建立结构几何物理模型
esel,s,,,31,41,10 ! 选择右 1 号索 31、41 号单元
PSMESH,1, , ,all, ,0,y, ,31 ! 于右 1 号索 31 号节点处插入 1 号预张拉截面
dx = nx(3) - nx(31) ! 41 号单元 x 增量
dy = ny(3) - ny(31) ! 41 号单元 y 增量
SECMODIF,1,NORM,dx,dy ! 修正截面法线方向
……,! 类此分别于左 1 号索、右 2 号索、左 2 号索插入 2 号、3 号、4 号、预张拉截面,并修正法线方向
SLOAD,1,PL01,lock,forc,2400,1,2 ! 右 1 号索初张拉
SLOAD,2,PL01,lock,forc,2400,1,2 ! 左 1 号索初张拉
SLOAD,3,PL01,lock,forc,2500,2,3 ! 右 2 号索初张拉
SLOAD,4,PL01,lock,forc,2500,2,3 ! 左 2 号索初张拉
SLOAD,1,PL02, ,forc,2600,4,5 ! 右 1 号索 2 次张拉
SLOAD,2,PL02, ,forc,2600,4,5 ! 左 1 号索 2 次张拉
SLOAD,3,PL02, ,forc,2600,4,5 ! 右 2 号索 2 次张拉
SLOAD,4,PL02, ,forc,2600,4,5 ! 左 2 号索 2 次张拉
/solu                  ! 进入求解器
antype, static         ! 静力分析
nlgeom,on              ! 打开非线性大位移
acel,0,1,0             ! 施加重力
D,1,all                ! 约束塔底位移
esel,…,                ! 选择 2 号节段和 2 号索的所有单元
```

```
ekill,all               ! 杀死上面所选择的单元
D,15,all,,,18           ! 约束2号段上的有关节点
D,33,all,,,34           ! 约束2号索上的有关节点
allsel,all              ! 选择所有实体
time,5                  ! 荷载步1对应施工阶段1
nsubst,10,20,5,on       ! 给定非线性迭代时间步数
solve                   ! 求解
time,10                 ! 荷载步2对应施工阶段2
nsubst,10,20,5,on       ! 给定非线性迭代时间步数
ddele,…,                ! 解除2号、2号索上的有关节点约束
esel, …,                ! 选择2号节段和2号索的所有单元
ealive,all              ! 激活以上单元
allsel,all              ! 选择所有实体
solve                   ! 求解
time,10.5               ! 荷载步3,虚拟施工阶段
nsubst,2,3,1,on         ! 给定非线性迭代时间步数
solve                   ! 求解
time,15                 ! 荷载步4对应施工阶段3
nsubst,10,20,5,on       ! 给定非线性迭代时间步数
solve                   ! 求解
```

从上述命令流可以看出,每根索的每一次张拉力,包括初张力和调索张拉力,都是在进入求解器以前通过一个SLOAD命令行来给定的,凡是在SLOAD中给定的LSLOAD、LSLOCK值相同的索力都是同时张拉的。因此,在上面的实例中,在进入求解器求解时,同一编号的一对索都是按同时张拉计算的,在最后的调索施工阶段,1号、2号索共4根索是按同时张拉计算的。由于不能在同一荷载步内对同一预张拉截面锁定后又再次施加预张力,所以中间特意增加了一个虚荷载步3,以便对2号索初张后的结构进行锁定。

各施工阶段的索力计算结果见表1。从计算结果可知,在张拉阶段,索力结果与施加的张拉力非常接近,相差很小。产生微小误差的原因是受斜拉索的自重影响,因为自重是按等效节点力施加到节点上的,所以,插入的中间节点离张拉端越近,则插入点上侧单元的索力就越接近给定的张拉力。

表1 各施工阶段索力计算结果

施工阶段	张拉索力(kN)		索力结果(kN)	
	1号索	2号索	1号索	2号索
1	2 400	—	2 400.1	
2	—	2 500	2 454.6	2 500.1
3	2 600	2 600	2 600.1	2 600.1

曾按照本文提出的索单元张拉分析方法，利用 Ansys 的 APDL 二次开发语言，编制了大跨度斜拉桥结构分析的 Ansys 命令流文件，将其应用于一座跨径布置为 208m + 390m + 208m 的双线铁路斜拉桥的比选方案设计和复核计算，很方便地实现了成桥状态和各施工阶段的结构分析，顺利地确定了成桥索力和各施工阶段的索力张拉值，且具有省时、精确度高的优点，说明了该方法的实用性和有效性。

4 计算实例及命令流

本文提出了利用 Ansys 进行结构分析时，直接给定索单元张拉力的一种简便方法，避免了繁琐费时的反复迭代计算和复杂的算法编程，提高了计算速度和工作效率。通过计算实例，验证了该方法的正确性。该方法对斜拉索、扣索、吊杆和预应力筋等张拉索结构的分析是普遍适用的。

参 考 文 献

[1] ANSYS Corporation. ANSYS 10.0 Documentation,2002.

[2] 叶梅新，韩衍群，张敏. 基于 ANSYS 平台的斜拉桥调索方法研究[J]. 铁道学报，2006，28(4)：128-131.

[3] 周强，杨文兵，杨新华. 斜拉桥索力调整在 ANSYS 中的实现[J]. 华中科技大学学报[J]，2005，22(s)：81-83.

[4] 卫星，强士中. 利用 ANSYS 实现斜拉桥非线性分析[J]. 四川建筑科学研究，2003，29(4)：13-16.

[5] 程进，江见鲸，肖汝诚，等. ANSYS 二次开发技术及在确定斜拉桥成桥初始恒载索力中的应用[J]. 公路交通科技，2002，19(3)：50-53.

112 刚构体系斜拉桥合理成桥状态及合理施工状态计算研究

张琪峰[1] 王景全[1] 李运喜[2]

(1. 东南大学混凝土及预应力混凝土结构教育部重点实验室;
2. 江苏省交通科学研究院)

摘 要 刚构体系斜拉桥采用塔梁墩固结的结构形式,具有主梁刚度大,整体性好的特点,由于主梁刚度大造成其合理成桥状态及合理施工状态确定不同于其他斜拉桥。本文结合工程实例——苏州某斜拉桥(123m+75m),对比分析现有合理成桥状态确定方法对该桥的适用性,并提出简支梁法更适合初步确定刚构体系斜拉桥合理成桥状态;对于合理施工状态的确定,本文采用正装迭代方法计算索力,并提出利用斜拉索的变形确定成桥线形,为同类桥梁的设计与施工提供参考。

关键词 合理成桥状态 合理施工状态 施工索力 立模高程

1 引言

1.1 问题的提出

众所周知,斜拉桥是一个内部多次超静定的结构体系,在斜拉桥设计和施工中,确定成桥状态和施工状态是两项至关重要的工作[1]。斜拉桥合理成桥状态是指斜拉桥成桥时,结构受力、斜拉索索力、线形等与设计理想状态基本吻合的状态;斜拉桥合理施工状态是指,为达到合理成桥状态,按一定施工流程和方法控制结构内力、线形误差,使其符合相关规范要求的施工状态。

根据塔梁墩的连接情况,斜拉桥从结构体系上可分为四类:漂浮体系、支承体系、塔梁固结体系和刚构体系[2]。刚构体系即塔梁墩固结的结构形式,与其他结构相比,该体系具有主梁在塔梁交接处转角位移小、纵向位移被完全约束、主梁刚度大等特点。刚构体系斜拉桥结构整体性较好,采用悬臂施工时无需体系转换,伸缩装置设置简易,对抗风也有一定好处。然而也正是由于这样的结构特点,该类斜拉桥的设计与施工都会遇到不同于其他斜拉桥的问题,比如合理成桥状态计算较为困难;施工过程中,由于主梁刚度较大,主梁的线形较难控制;索力的偏差易导致梁体裂缝的产生。针对这一现象,本文以吴江学院路(123m+75m)刚构体系斜拉桥为工程背景,研究如何更加有效地确定该类斜拉桥的合理成桥状态和合理施工状态,为同类桥梁设计施工提供参考。

基金项目:江苏省交通科学研究计划项目,09Y12。

1.2 工程概况

苏州某大桥采用123m+75m的刚构体系非对称独塔双索面斜拉桥，该桥立面布置见图1。主塔为“八”形索塔，两个直立塔柱；采用分离式箱形混凝土主梁，桥面宽43m，单侧主梁采用单箱三室截面；空间扇形双索面。

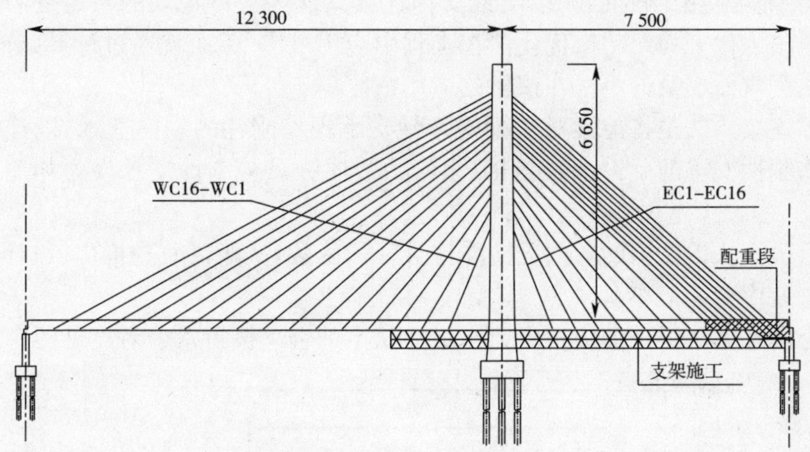

图1 吴江学院路斜拉桥立面图(尺寸单位:cm)

本桥采用悬壁浇筑与支架浇筑相结合的施工方法，主跨1号段和2号段在支架现浇，从3号段开始采用前支点牵索式挂篮悬臂施工；边跨主梁采用移动支架施工。主跨主梁一个标准节段的施工工序为:①挂篮前移，第一次张拉拉索；②浇筑51%该节段混凝土，第二次张拉拉索；③浇筑100%该节段混凝土；④待达到强度，张拉主梁预应力；⑤拉索锚固转移，第三次张拉斜拉索至设计初张力。混凝土浇筑过程施工示意图见图2，该图包含两个信息:挂篮的受力状态，一端简支在已浇筑梁段，一端由斜拉索吊挂，由此计算该过程中的施工索力；挂篮在浇筑过程中的变形，这是确定立模高程的重要内容。

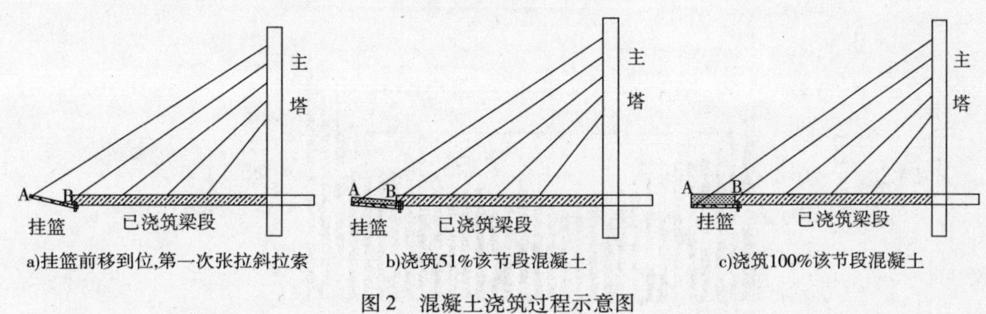

图2 混凝土浇筑过程示意图

2 合理成桥状态的计算研究

2.1 合理成桥状态确定方法的对比分析

确定斜拉桥合理成桥状态的主要工作是确定合理成桥索力，为了得到斜拉桥合理成桥索力，国内外学者在这方面做了大量工作，提出了很多方法，思考的角度各异。不过总体看来，这些方法可分为4类:指定受力状态法、无约束优化法、有约束优化法和影响矩阵法。影响矩阵法使用的前提是存在目标函数,而在斜拉桥中目标函数就是指受力状态(位移、内力、应力等)、用索量、弯曲应变能等,因此影响矩阵法没有脱离前3种方法,只是较之能得到更接近控制目标的成桥索力。有约束优化法的典型代表是用索量最小法,以用索量为目标函数,同时选择一定的约束条件,研究发现计算结果与选择的约束条件有很大关系,往往难以得到合理的结果[3]。相比较而言,以刚性支撑连续梁法为典型代表的指定受力状态法和以弯曲能量最小法为代表的无约束优化法在工程中应用最广,下面就通过计算,分析对比刚性支撑连续梁法和弯曲能量最小法在该桥的应用情况。

刚性支撑连续梁法是将拉索对主梁的弹性支承视作刚性的竖向支承,以连续梁的计算图式求得这些刚性支承的反力,利用斜拉索索力竖向分量与刚性支承反力相等的条件确定索力。

弯曲能量最小法以结构的弯曲应变能作为目标函数,从能量原理推出,设计的索力保证成桥后结构弯曲应变能最小。

运用以上两种方法得到的成桥索力与最后确定的合理成桥索力对比见图3和图4。

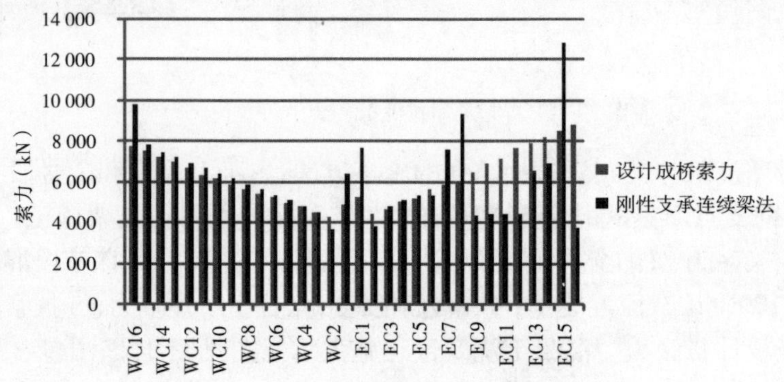

图3　刚性支承连续梁法与设计成桥索力对比图

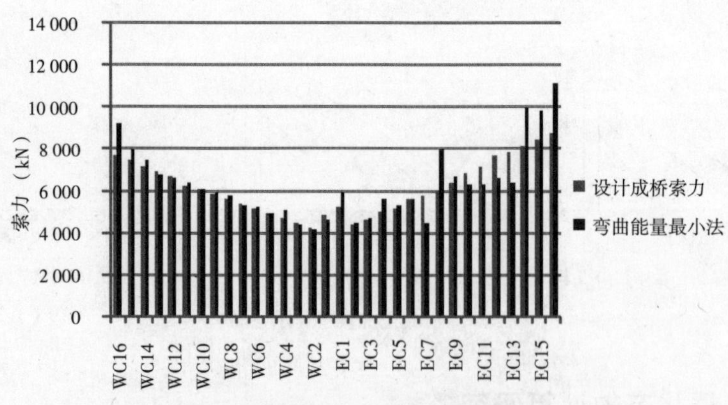

图4　弯曲能量最小法与设计成桥索力对比图

从图中数据可以发现,用弯曲能量最小法和刚性支承连续梁法确定的成桥索力与设计成桥索力相比,主跨斜拉索吻合较好,边跨则出现较大偏差。分析其原因:

(1)运用两种方法都可以发现边跨索力与设计相差较大,究其原因是边跨存在配重段,导致主梁质量、刚度分布不均匀,两种方法的适用性受到影响。

(2)运用刚性支撑连续梁法时,靠近主塔的第一对索力明显偏大,原因是这里存在一个跨度较大的无索区,按连续梁的方式进行计算时,跨度大的支座反力会明显大于相邻跨度小的支座反力。而在刚构体系斜拉桥中,由于塔梁固结的结构形式,一般无索区的长度较其他类型斜拉桥长,这就使得刚性支承连续梁法对刚构体系斜拉桥不太适用。

(3)运用弯曲能量最小法时,靠近桥台的几根索的索力明显偏大。前面已经提到,刚构体系斜拉桥的主梁类似于悬臂梁,因而在悬臂端的挠度是最大的,而采用弯曲能量最小法时,虽然可以将主梁的挠度变很小,但悬臂端的挠度较主梁上其他位置仍然很大,靠近悬臂端索的伸长量也很大,索力自然很大。

由以上分析可知,刚性支承连续梁法和弯曲能量最小法在确定刚构体系斜拉桥,特别是非对称结构的合理成桥状态时存在不足。

2.2 合理成桥状态确定的简支梁法

简支梁法基本思想是,以索梁交接位置为分界点,将主梁分离成若干个桁架单元,每个梁段简支在两端的索节点上。简支梁法的受力图式见图5。

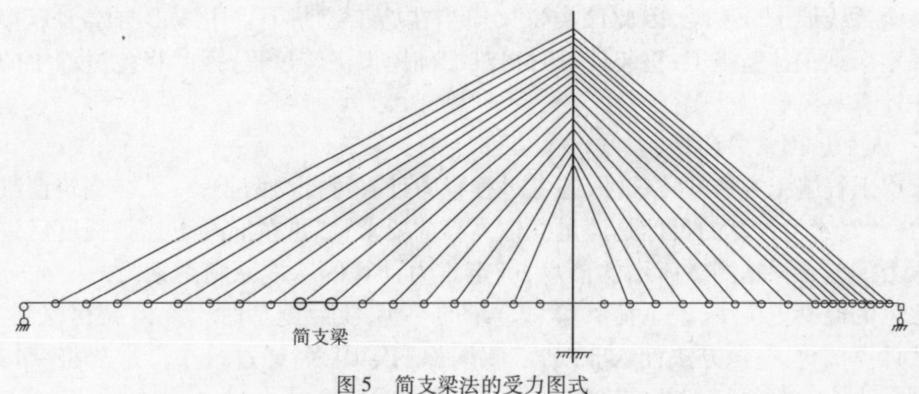

图5 简支梁法的受力图式

用刚性支承连续梁法得到的主梁内力是比较合理的,然而由于连续梁的受力特性,在跨度变化处的支座反力发生跳跃突变,导致索力明显不均匀,甚至出现负反力。与刚性支承连续梁法相比,简支梁法把连续梁分离成若干个简支梁,简捷的认为每根索只承担相邻梁段的自重,运用这种方法的优点是得到的索力都为正,并且对跨度的变化欠敏感。由此方法得到的成桥索力与设计成桥索力作对比,见图6。

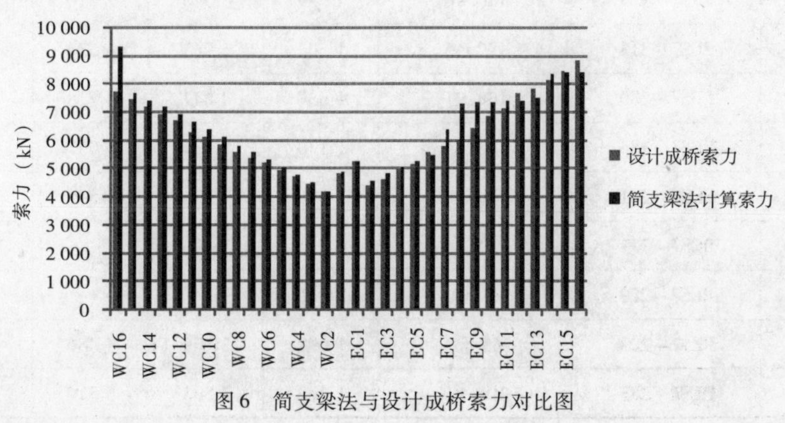

图6 简支梁法与设计成桥索力对比图

由图中数据对比可知,用简支梁法确定的成桥索力与设计索力符合较好,边跨索力较前两种方法有明显改善。不过也存在问题,一是主跨靠近桥台的索力,明显偏大;二是边跨尾端9根索的索力有两个明显台阶。分析其原因,前者是因为建模时没考虑引桥的作用;后者是因为配重段索间距较密,在进一步优化索力的时候,考虑到主塔内力,及索力分布最好呈均匀递增的趋势,会把靠近尾端的索力增大,远离尾端的索力减小,而调整前后索力的竖向分量总和几乎保持不变。

虽然简支梁法所采用的受力图式与实际有差别,实际更接近连续梁的受力图式,但是在初步确定斜拉桥合理成桥索力阶段,简支梁法较刚性支承连续梁法和弯曲能量最小法更能得到合理可用的成桥索力,同时对主梁质量和刚度分布不均匀情况具有更好的包容性。

3 合理施工状态的计算研究

由于刚构体系斜拉桥的主梁刚度较大,线形对索力的变化不敏感,而内力对索力的变化较敏感,施工悬臂节段应重视结构的内力控制和线形控制[4],尤其是到了施工后期,通过调索来调整全桥线形十分困难,因此该类桥梁应当在施工控制中采用线形与索力双控。由于本工程采用牵索式挂篮施工,正装计算时很难准确模拟浇筑过程,因此将此过程中的参数用其他方法计算。

3.1 施工过程索力计算

由于本工程施工方法的特殊性,施工过程索力计算可分为两类:一是在浇筑混凝土过程中的索力,此时索力计算的目标是满足立模高程的要求;二是在混凝土达到强度后进行初张拉时的索力。前者根据图2所示的信息,确定索力计算的基本原则是索力的竖向分量等于挂篮及之上的混凝土湿重、施工荷载等总重量的一半,实际施工时以立模高程控制为主;后者由正装计算法得到,该方法计入非线性、收缩徐变等因素,通过最小二乘法将结构不闭合影响降到最小[5]。计算得到的施工索力及成桥索力见表1。

表1 斜拉索部分施工索力及成桥索力(kN)

编号	拉索规格	截面面积	施工阶段索力			成桥索力
			第一次	第二次	第三次	
		cm^2	kN	kN	kN	kN
WC16	PES7-313	120.46	1 649	3 276	7 210	7 693
WC13	PES7-313	120.46	1 502	2 985	6 520	6 930
WC10	PES7-283	108.91	1 337	2 657	5 728	6 107
WC7	PES7-283	108.91	1 170	2 324	5 051	5 388
WC4	PES7-241	92.75	1 006	1 998	4 595	4 736
WC1	PES7-211	81.2	4 774	—	—	4 842
EC1	PES7-223	85.82	4 940	—	—	5 244
EC4	PES7-223	85.82	1 092	2 169	4 486	4 985
EC7	PES7-283	108.91	1 260	2 503	5 319	5 796

续上表

编　号	拉索规格	截面面积	施工阶段索力			成桥索力
			第一次	第二次	第三次	
		cm^2	kN	kN	kN	kN
EC10	PES7 - 337	129.69	1 491	2 963	6 296	6 885
EC13	PES7 - 367	141.24	1 744	3 464	7 155	7 843
EC16	PES7 - 409	157.4	1 954	3 881	7 921	8 813

由上述计算过程可知，浇筑过程中的索力计算只与挂篮重量、待浇混凝土重量及施工荷载有关，初张力则与计算模型中的参数取值有关。由于影响施工过程索力的因素众多，并且这些因素很难在设计阶段就把握准确，因此索力的理论值应当根据现场条件、实测数据进行修正，其中索力的实测值也是一项很具参考价值的参数。多次修正之后，应该做到索力计算的理论值与实测值在较小范围内偏离。

3.2　立模高程的确定

由于本工程施工方法的特殊性，即主跨采用牵索式挂篮施工，边跨采用支架现浇，造成确定立模高程的计算公式不完全相同。对于支架现浇部分立模高程的确定方法已经很成熟，本文主要研究的是，主跨牵索式挂篮施工段立模高程的确定。

立模高程的计算公式为：

$$h_f = h_s + h_c + h_l + h_g \tag{1}$$

式中：h_f——该节段的立模高程；

h_s——该节段的设计高程；

h_c——考虑后期施工对该节段产生总位移的预抛高；

h_l——该节段考虑活载的预抛高；

h_g——考虑挂篮在该节段浇筑过程中的变形预抛高。

以上参数中，h_s 由图纸确定，h_c、h_l 经过有限元建模分析都可得到，h_g 可以根据图 2 所示的变形关系计算得到，下面具体介绍其计算原理及过程。

参照图 2，由于斜拉索锚固在挂篮上，从而想到用斜拉索在这一点的位移来描述挂篮前端在浇筑过程中的变形。实际情况是挂篮前端既有竖向向下位移，又有沿桥纵向指向桥塔的水平位移。不过竖向位移是主要的，水平位移的影响忽略不计，然后利用图 7 所示的几何关系计算竖向位移。

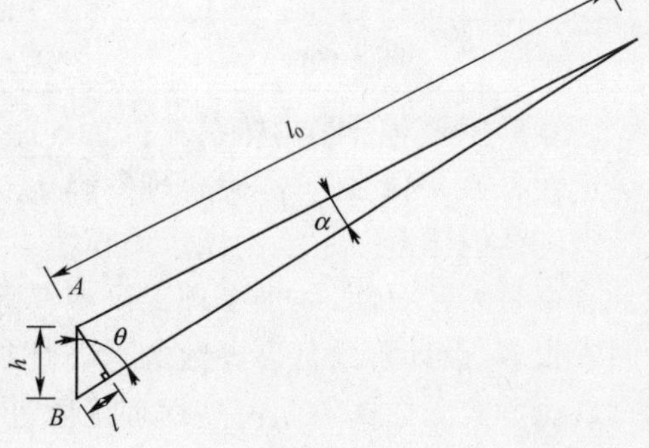

图 7　浇筑过程中的拉索变形图

$$h = \frac{l}{\cos\theta} = \frac{1}{\cos\theta}\frac{\Delta T l_0}{E_{eq} A} \tag{2}$$

式中：h——斜拉索的竖向变形；

l——拉索伸长量的近似值；

ΔT——索力增量

l_0——初始索长;

E_{eq}——考虑垂度效应的等效弹模;

A——索截面面积计算。

经过计算,牵索式挂篮施工梁段的立模高程见表2。

表2 挂篮施工节段立模高程(m)

(控制点 $WB(i)$ 表示主跨第 i 对索与主梁交接面的顶点)

控制点	设计高程(m)	施工后期变形预抛高(mm)	活载预抛高(mm)	挂篮变形预抛高(mm)	立模高程(m)
WB16	14.762	13.5	5.2	185.6	14.966
WB15	14.667	24.4	9.8	170.6	14.872
WB14	14.564	33.3	13.6	156.1	14.767
WB13	14.451	40.3	16.6	142.0	14.650
WB12	14.328	45.8	18.6	128.5	14.521
WB11	14.197	49.6	19.7	126.1	14.392
WB10	14.056	51.1	19.8	112.6	14.240
WB9	13.906	50.5	19.1	99.8	14.076
WB8	13.747	48.0	17.8	87.7	13.901
WB7	13.579	43.5	16.0	76.6	13.715
WB6	13.409	37.5	13.8	76.8	13.537
WB5	13.239	30.3	11.4	65.3	13.346
WB4	13.069	22.5	8.8	54.5	13.155

线形控制对于刚构体系斜拉桥的施工控制极其重要,而立模高程的确定是影响线形的决定性参数,因此必须准确合理的确定立模高程。本文提出的确定立模高程方法,是结合了特殊的结构体系——刚构体系斜拉桥,特殊的施工工艺——牵索式挂篮悬臂施工而提出的,具有很强的针对性,体现了理论联系实际的思想。同时需要注意的是,影响立模高程确定的因素很多,设计阶段各项参数的选择往往是凭经验或者规范建议,在实际施工过程中,要根据现场的实测数据对立模高程理论值进行修正。

4 结论及建议

通过分析研究,可以得出以下结论及建议:

(1)由于结构体系的原因,刚性支承连续梁法和弯曲能量最小法确定的刚构体系斜拉桥的合理成桥状态在局部存在明显不合理,在主梁质量和刚度分布不均匀的地方,这两种方法所得的结果更是偏差甚大。与之相比,简支梁法更适合初步确定刚构体系斜拉桥的合理成桥索力,其对主梁质量和刚度分布不均匀情况具有较好地包容性。

(2)由于刚构体系斜拉桥主梁刚度大的特点,造成线形对索力的变化不敏感,而内力对索力的变化较敏感,因此施工过程中应当特别重视对内力和线形的控制。

(3)针对刚构体系斜拉桥的特点以及牵索式挂篮悬臂施工的特殊性,本文建议施工索力分浇筑过程中的张拉力和结构达到强度后的张拉力,计算的原理与方法不同。

(4)一直以来,影响立模高程确定的挂篮变形计算是难点,本文巧妙利用前支点牵索式挂篮的变形特点,提出利用索的变形来代替挂篮变形,思路清晰,计算简便。

参考文献

[1] 肖汝诚,项海帆. 斜拉桥索力优化及其工程应用[J]. 计算力学学报, 1998,(01).

[2] 朱斌,林道锦.大跨径斜拉桥结构体系研究[J].公路,2006,(6).

[3] 颜东煌.斜拉桥合理设计状态确定与施工控制[D].长沙:湖南大学博士学位论文,2001.

[4] 张建民,肖汝诚. 千米级斜拉桥施工过程中的索力优化与线形控制研究[J]. 土木工程学报, 2005,(07) .

[5] 陶海, 沈祥福.斜拉桥索力优化的强次可行序列二次规划法[J].力学学报,2006,38(3).

113 大跨度斜拉桥变形几何非线性效应研究及现场验证

吴启和[1,2] 张永涛[1,2] 游新鹏[1,2]

(1.中交第二航务工程局有限公司;2.交通部长大桥梁建设施工技术交通行业重点实验室)

摘 要 桥梁结构的非线性研究主要涉及几何非线性和材料非线性两个方面,对于正常施工及使用的桥梁结构一般不允许出现塑性变形,因此桥梁结构施工全过程的非线性影响研究主要是指几何非线性影响研究。为了充分考虑几何非线性的影响,以主跨1 088m的苏通大桥为研究对象,根据现场实际施工情况,按线性、不考虑斜拉索垂度的部分几何非线性和完全几何非线性3种模式对几何非线性效应对结构变形的影响进行理论计算分析,并根据现场实测数据进行验证,总结了结构变形的几何非线性效应随施工悬臂长度的变化规律及其对结构变形的影响。

关键词 斜拉桥 苏通大桥 变形 几何非线性效应 斜拉索垂度非线性

1 引言

随着计算理论和计算手段的发展、高强度材料的应用以及施工方法和施工设备的进步,斜拉桥的跨径越来越大,目前在建和已经建成的主跨跨度超过800m的斜拉桥有4座(表1)[1]。随着跨度不断增大,结构非线性效应愈加显著,而对于正常施工及使用阶段的大跨度桥梁结构,一般不允许出现塑性变形,因此,大跨度斜拉桥的非线性主要表现为几何非线性,分析中不可忽略几何非线性因素的影响[2]。

表1 跨度超过800m的大跨斜拉桥

桥 梁 名 称	国家	主跨(m)	塔高(m)	主梁形式	拉索种类	建成时间(年)
苏通大桥	中国	1 088	300.4	钢箱梁	平行钢丝	2007
香港昂船洲大桥	中国	1 018	—	钢箱梁	平行钢丝	建设中
多多罗大桥	日本	890	220	混合梁	平行钢丝	1999
诺曼底大桥	法国	856	202.7	混合梁	钢绞线	1995

2 概述

斜拉桥的几何非线性因素包括以下3类:大位移效应;二阶(P-Δ)效应;斜拉索垂度效应[3]~[5]。与一般大跨度斜拉桥相比,千米级的特大跨度斜拉桥各类几何非线性因素均有各自特点。千米级斜拉桥的柔度大，因而结构变形量大，相邻施工阶段的结构构形间变化显著，即大位移效应明显。由于斜拉索数量多，因此主梁和索塔所受的轴力大，对侧向弯曲刚度的削弱较大，即 P－Δ 效应较大。同时，特大跨度斜拉桥的长索数量多，斜拉索的垂度效应对结构几何非线性的贡献大。

苏通大桥位于江苏省常熟和南通之间，为双塔双索面斜拉桥，主桥跨径布置为 100m＋100m＋300m＋1 088m＋300m＋100m＋100m，塔高 300.4m，主梁为流线型钢箱梁，梁高 4m，含风嘴全宽 41m，全桥共有 136 对斜拉索，其中最长索长达 577m，重 59t。为了研究几何非线性效应对大跨度斜拉桥变形的影响，以苏通大桥主桥为工程依托，采用有限元方法进行大规模的数值仿真分析，并根据现场实测数据进行分析结果的验证和比较，研究几何非线性效应对不同悬臂长度的斜拉桥施工过程中变形的影响。

3 计算模型

苏通大桥主桥钢箱梁采用悬臂拼装架设，首先采用浮吊吊装边跨总长约 340m 的大块梁段和索塔区 0 号块梁段，再采用桥面吊机双悬臂对称逐段拼装 16m 长的标准梁段至 10 号梁段，实现边跨合龙，然后采用桥面吊机单悬臂逐段拼装标准梁段至中跨 34 号梁段，实现中跨合龙。全桥共划分为 255 个施工阶段，其标准梁段悬臂拼装施工步骤如图 1 所示。

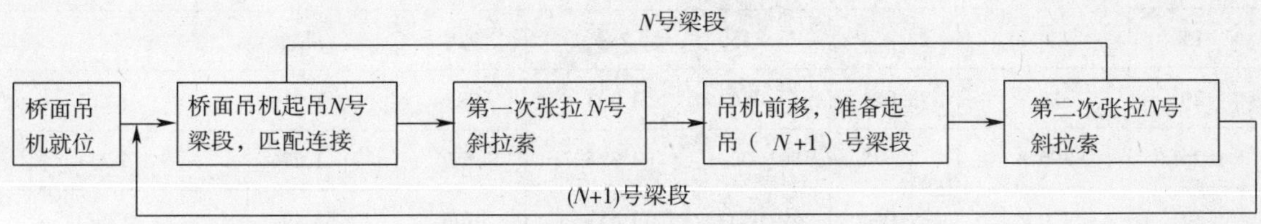

图 1　标准梁段悬臂拼装施工步骤

为了研究几何非线性效应对不同悬臂长度的斜拉桥施工过程中的变形的影响，采用大型有限元分析软件 ANSYS 建立空间有限元模型对苏通大桥施工过程进行数值模拟分析，分析模型如图 2 所示，结合现场实测数据，研究随着悬臂长度的增加几何非线性效应对变形的影响的变化规律。

图 2　苏通大桥空间有限元模型

4 计算结果分析

按考虑线性、完全几何非线性、仅考虑斜拉索垂度非线性的部分几何非线性3种计算模式,按上述255个施工阶段计算各模式对应的结构响应。由于梁段在悬臂拼装过程中,其结构变形在不断变化,且受施工荷载的影响较大,直接量测某一工况下的绝对位移较为困难;而同一梁段匹配连接和斜拉索第二次张拉(简称二张)这两个工况下悬臂最前端竖向位移增量,不仅能很精确地量测出来,而且在一定程度上能很好地反映结构变形的几何非线性效应。因此,选取较具有代表性的量侧5号、15号、20号、25号、30号、34号梁段安装时悬臂最前端在匹配连接和二张时的竖向位移增量进行对比分析,数值计算和现场测量的结果见表2所示。

表2 悬臂前端竖向位移增量的数值计算结果和实测结果

安装梁段	悬臂长度(m)	悬臂前端实测高程			数值计算变形增量		
		匹配(m)	二张(m)	变形增量(mm)	线性(mm)	部分几何非线性(mm)	完全几何非线性(mm)
5	76.8	76.172	76.506	334	319	320	322
10	156.8	76.854	77.326	472	449	451	458
15	236.8	77.434	78.215	781	715	723	744
20	316.8	78.051	79.084	1 033	982	1 014	1 061
25	396.8	78.628	80.002	1 374	1 185	1 276	1 351
30	476.8	79.045	80.682	1 637	1 300	1 491	1 573
34	540.8	79.350	80.834	1 484	1 141	1 429	1 461

从上表可以看出,悬臂前端竖向位移增量的实测值和考虑完全非线性的理论计算值基本一致,两者相差均在5%以内,说明理论计算值较准确,满足施工精度要求。以下讨论非线性效应时,均采用数值计算结果进行分析。

为了便于分析结构变形的非线性特征,将完全非线性、部分非线性的计算结果与线性计算结果进行比较,定义以下符号。

结构变形的非线性增量:

$$\Delta V_{\text{sag}} = V_{\text{sag}} - V_{\text{L}}$$
$$\Delta V_{\text{NL}} = V_{\text{NL}} - V_{\text{L}}$$

结构变形的非线性效应(相对于线性计算值的变化率):

$$\delta V_{\text{sag}} = \frac{\Delta V_{\text{sag}}}{V_{\text{L}}}$$

$$\delta V_{\text{NL}} = \frac{\Delta V_{\text{NL}}}{V_{\text{L}}}$$

式中:ΔV_{sag}——仅考虑索垂度效应分析的结构变形非线性增量;

ΔV_{NL}——几何非线性分析的结构变形非线性增量；

δV_{sag}——仅考虑索垂度效应分析的结构变形非线性效应；

δV_{NL}——几何非线性分析的结构变形非线性效应。

图3、图4为苏通大桥悬臂施工时各梁段匹配连接和二张两工况下悬臂前端竖向位移增量的非线性增量和非线性效应随悬臂长度的变化曲线。

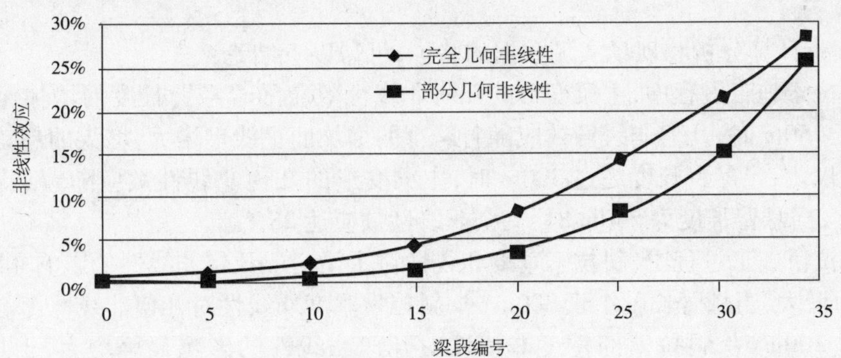

图3　悬臂前端竖向位移增量非线性效应

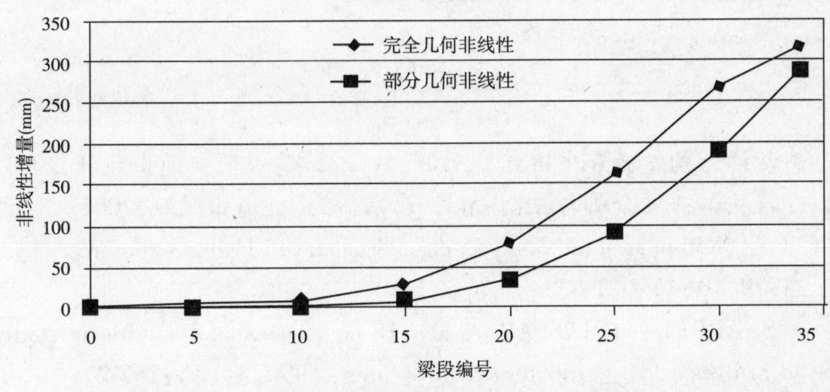

图4　悬臂前端竖向位移增量的非线性增量

由图3、图4可见，随着悬臂长度的增加，主梁悬臂端变形的非线性增量及非线性效应逐渐增加。在20号梁段安装之前，即悬臂长度小于250m时，主梁竖向变形非线性增量和非线性效应基本呈线形增大，但增大的趋势较为缓慢，一般在5%以内。在20号梁段安装阶段，当考虑完全几何非线性时，主梁变形最大几何非线性效应约为8%，当仅考虑斜拉索垂度非线性时，非线性效应约为2.6%，说明悬臂长度小于300m时，斜拉索垂度非线性效应对完全几何非线性效应的贡献较小，此时的斜拉索垂度非线性影响较小。

在20号梁段以后安装的梁段，即悬臂长度超过300m后，主梁竖向变形非线性增量和非线性效应随着悬臂长度的增加加速增大。在25号梁段安装阶段，当考虑完全几何非线性时，主梁变形最大非线性效应约为14%，当仅考虑斜拉索垂度非线性时，非线性效应约为7.7%，此时斜拉索垂度非线性效应占完全几何非线性效应的比例已超过50%；在34号梁段安装阶段，主梁变形完全非线性效应为25号梁段安装时的2倍，达到28%，仅考虑斜拉索垂度非线性的部分几何非线性效应已达25.2%，比25号梁段安装时的3倍还多，此时斜拉索垂度非线性效应对总的几何非线性效应的贡献已达90%,而此时的悬臂长度仅为25号梁段安装时的1.36倍,相应的斜拉索长度为25号斜拉索的1.24倍。可见当悬臂长度超过300m后,主梁悬臂端竖向位移几何非线性效应显著增大,且斜拉索的垂度非线性成为几何非线性的主要影响因素。

5 结论

根据理论计算分析和现场实测数据的验证,可得以下结论:

(1)斜拉索施工过程中,主梁变形的几何非线性效应随着悬臂长度的增加而增大,当悬臂长度小于250m时,几何非线性效应随着跨度的增加而呈线形增大,增大的趋势较为缓慢,一般在5%以内;当悬臂长度超过300m时,主梁变形的几何非线性效应随着悬臂长度的增加加速增大,当悬臂长度为540m时,完全非线性效应达28%。

(2)斜拉桥施工过程中,斜拉索垂度非线性对主梁变形几何非线性的影响亦随着悬臂长度的增加而增大,当悬臂长度小于300m时,斜拉索垂度非线性对几何非线性影响较小;当悬臂长度超过300m时,斜拉索的垂度非线性对几何非线性的影响显著增大,当悬臂长度为540m时,斜拉索的垂度非线性成为几何非线性的主要影响因素,其效应占全部几何非线性效应的比例高达90%。

参考文献

[1] 王伯惠. 斜拉桥结构发展和中国经验上册[M]. 北京:人民交通出版社,2003:388-432.

[2] 葛耀君. 分段施工桥梁分析与控制[M]. 北京:人民交通出版社,2003:18-32.

[3] FLEMING J F. Nonlinear static analysis of cable - stayed bridge structures [J]. Computer & Structure. 1979,10(4):621-635.

[4] NAZMY A S, ABDEL - CHAFFAR A M. Three dimensional nonlinear static analysis of cable-stayed bridges [J]. Computers & Structures, 1990,34(2):257-271.

[5] 赵雷,武芳文. 南京长江三桥初步设计方案施工阶段稳定性分析[J]. 西南交通大学学报,2005,40(4):36-41.

114 大跨结合梁斜拉桥桥面板有效宽度研究

卫　星　强士中

（西南交通大学土木工程学院）

摘　要　重庆江津观音岩长江大桥主跨斜拉桥主梁采用钢主梁与混凝土板共同受力的结合梁，桥面宽达36.2m。轴力及弯矩共同作用下，桥面板横截面上正应力沿板宽的分布不均匀程度可用有效宽度来描述。利用ANSYS有限元软件，建立结合梁梁段空间局部有限元模型，选取跨中及塔根截面为研究对象，计算得到运营阶段最不利荷载组合内力作用下，截面纵桥向应力分布情况。根据应力分布的拟合函数得到桥面板有效宽度。将数值分析结果与BS5400、DIN1078等国外典型规范计算结果进行比较，验证了设计规范计算的准确性，并提出了按规范计算时计算跨度的取值方法。

关键词　斜拉桥　结合梁　有效宽度　有限元　计算跨度

1　前言

重庆江津观音岩长江大桥，主桥全长879m，桥跨布置为(35.5＋186＋436＋186＋35.5)m。斜拉桥主梁采用钢主梁与混凝土板共同受力的结合梁，中间用剪力钉将两者结合。钢主梁截面为双工字形截面，横桥向两个钢主梁的中心间距35.2m，桥面混凝土板厚26cm，钢主梁顶部加厚为40cm。主梁宽36.2m，如图1所示[1]。横隔板的标准间距为4.0m，标准横隔板顶板宽700mm，厚度为28mm，底板宽700mm，厚度为32mm，腹板厚16mm，在横隔板的纵、横向设置有加劲肋。混凝土桥面板，采用C60型高强混凝土。钢主梁钢板采用Q370qE，横梁钢板采用Q345qC。

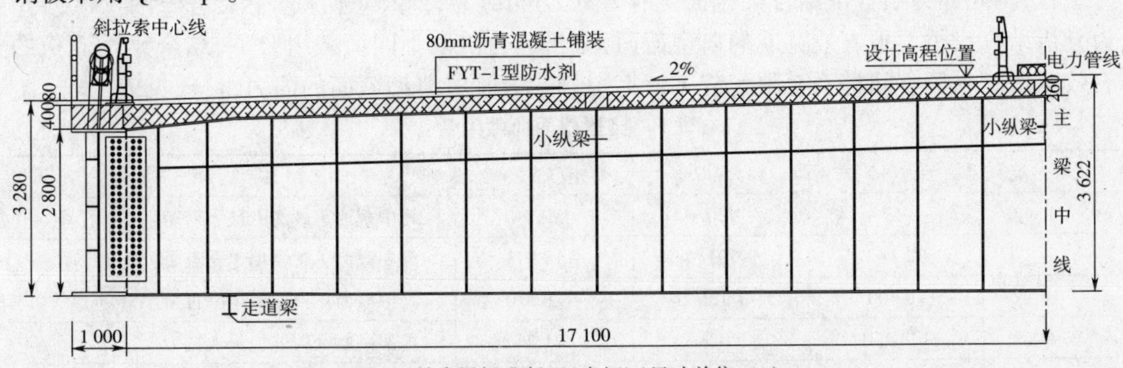

图1　结合梁标准断面(半幅)(尺寸单位:cm)

结合梁斜拉桥中，桥面板除随结构整体受力变形外必然同时产生较大的横向面外弯曲和纵向不均匀局部变形(压弯构件的剪力滞现象)。一方面桥面板和横梁均产生横向弯曲变形,同时引起主梁扭转。斜拉桥主梁为压弯构件,这种局部的横向弯曲变形加大主梁桥面板的局部变位。另一方面桥面板横截面沿桥轴方向非均匀变形。斜拉索拉力通过主梁传递到全截面,必然引起桥面板剪力滞后,使桥面板横截面上正应力沿板宽的分布不均匀。结合梁斜拉桥中桥面板有效宽度的问题,实质上是主梁在受力时沿桥面板宽度方向弯曲应力分布不均匀的表现。通常有效宽度只用于计算挠曲应力而不用于计算轴力产生的应力,但对斜拉桥的主梁来说,由于轴力是通过斜拉索的水平分力以集中力的方式不连续地作用于主梁,在传力点附近的力流必然是不均匀的,也存在着局部挠曲和有效宽度的问题[2]~[3]。因此,有必要对受弯矩和轴力共同作用的钢－混凝土结合梁中桥面板有效宽度问题进行探讨。

2　基本概念

通常可以通过剪力滞系数 λ 或翼缘有效分布宽度来对剪力滞效应进行描述。剪力滞系数 λ:剪力滞系数是衡量剪力滞影响程度的主要指标,λ 的值超过 1 越多时,则剪力滞效应越严重;λ 的值等于 1 时,说明截面内没有剪力滞现象的发生;而 λ 的值小于 1 时,则被认为是负剪力滞现象。有效分布宽度:按初等梁理论的公式算得与真实应力峰值接近相等的那个翼缘折算宽度。有效分布宽度是根据翼缘内的应力面积与折算截面的翼缘内应力面积相等的原理换算得来的。有效宽度与实际宽度之比称为有效宽度比,它反映翼板应力分布不均匀程度。

要确定钢—混凝土主梁桥面板的有效宽度,必须准确获得沿桥面板分布的应力函数。确定桥面板应力分布的分析方法主要有卡曼理论、弹性理论解法、比拟杆法、能量变分法、数值分析法和试验研究方法等[4]。理论方法的推导和计算相当复杂、繁琐,且都建立在一定的理论假设之上,因此存在一定的局限,且不便于工程的实际运用。对桥面板有效宽度进行分析的通常做法是采用空间有限元方法对桥面板弯曲应力的横向分布进行计算,再据此确定桥面板的有效宽度或是直接按组合梁的设计规范来确定有效宽度。

3　结合梁应力分布分析

3.1　计算资料

对于主梁采用钢—混凝土结合梁的斜拉桥,在运营阶段不同位置处的截面有不同的内力组合,不同内力组合下结合梁截面上存在不同的应力分布。选择跨中及塔根两个截面作为分析结合梁桥面板有效宽度的典型截面,分析运营阶段不同荷载组合下,结合梁桥面板的有效宽度。利用空间杆系有限元程序计算得到运营阶段典型截面的内力组合,见表 1。

表 1　典型截面荷载组合

工　况	轴力(kN)	剪力(kN)	弯矩(kN·m)	说　明
1	-579	-480.6	-55 240	跨中截面承载能力最小弯矩
2	72 180	-791.6	-18 018	跨中截面正常使用组合Ⅲ最大轴力
3	70 600	-1 136.6	-28 610	跨中截面正常使用组合Ⅲ最小弯矩
4	172 160	5 938	-71 340	根部截面承载能力最大轴力
5	150 920	7 660	-118 680	根部截面承载能力最小弯矩
6	141 100	4 756	-47 980	根部截面正常使用组合Ⅲ最大轴力
7	125 200	6 124	-86 700	根部截面正常使用组合Ⅲ最小弯矩

3.2 计算模型的建立

采用板壳、实体单元组合模型进行三维有限元分析，可解决平面模型无法反映的局部与整体的耦合变形、局部应力分布状况等问题。与平面模型相比，板壳、实体单元组合空间模型有以下优点：①刚度与质量分布更合理，更接近实际结构；②能全面精确考虑计算结构的整体与局部的变形、内力及整体动力性能，且能全面考虑平面梁单元不能考虑的加劲梁的畸变变形、约束扭转及剪力滞等因素。

利用有限元软件 ANSYS 建立江津观音岩长江大桥结合梁标准梁段空间局部计算模型，如图 2 所示。采用 SOLID65 实体单元模拟混凝土桥面板，SHELL181 板单元模拟钢板梁。在结合梁局部分析模型中不考虑剪力钉的滑移，混凝土桥面板与主梁间的剪力钉连接以及混凝土桥面板与横梁间的剪力钉连接按完全固结考虑。计算模型采用悬臂结构，横桥向取全宽 36.2m，顺桥向长 36m。

图 2　梁段有限元模型

3.3 计算结果

将表 1 给出 7 个荷载组合工况中的内力作用到梁段局部有限元模型的自由端，得到 7 个荷载工况下桥面板纵桥向应力分布。图 3 给出了工况 1 和工况 5 时桥面板应力沿桥宽方向分布情况。轴力及弯矩共同作用下，桥面板横截面上正应力沿板宽的明显分布不均匀，在钢主梁附近应力最大，桥面横向中部应力显著减小。

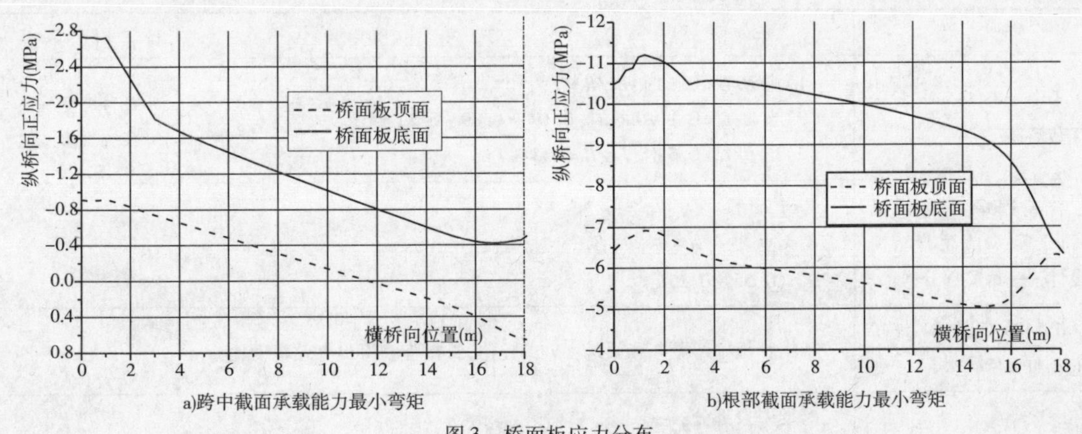

图 3　桥面板应力分布

4　结合梁有效宽度分析

4.1 数值分析结果

通过对结合梁梁段进行空间精细有限元分析，可以得到各种荷载组合下结合梁截面上沿横桥向的纵桥向正应力分布。将其与按初等梁计算得到的截面应力比较，可以得到结合梁桥面板纵桥向正应力的剪力滞系数。由于剪力滞现象引起的混凝土桥面板弯曲应力的不均匀主要表现为靠近钢梁腹板部分处最大,中部逐渐减少。沿横桥向,若半幅桥面板的纵向正应力按函数 $\alpha(x)$ 分布,则半幅桥面板的有效宽度可按式(1)确定。

$$B_e = \frac{\int_0^{l/2} \sigma(x)}{\sigma_{\max}} \tag{1}$$

采用空间有限元的方法计算桥面板有效宽度时,根据有限元计算的结果结合桥面板单元的横向划分,半桥面有效宽度按以下步骤进行计算:

①获得混凝土桥面板沿横向纵桥向正应力分布;

②绘制横桥向正应力与横向距离关系曲线;

③利用多项式函数 $f(x)$,对应力—距离曲线进行数据拟合,确定拟合函数;

④利用公式1,计算截面有效宽度(有效宽度比)。选用6次多项式函数对,应力分布进行拟合,计算得到工况1～工况7荷载作用下,结合梁截面桥面板的有效宽度,见表2。

表2　结合梁截面有效宽度(m)

荷载工况	1	2	3	4	5	6	7
有效宽度	12.03	13.27	13.09	13.17	12.04	13.33	13.01
有效宽度比	0.67	0.74	0.73	0.73	0.67	0.74	0.72

4.2　设计规范计算结果

针对剪力滞效应,各国规范对结合梁设计中翼缘有效宽度提出了不同的要求,大多数使用的规范中对有效宽度的计算都采用简化的公式。表3列出了各国规范对结合梁有效宽度的计算公式。

表3　设计规范中结合梁有效宽度(m)

规　　范	公　　式	备　注
DIN 18800—4 德国规范[5]	(1)当 $B/L<0.1$ 时:$Be/B=1$; (2)当 $B/L=0.1-0.6$ 时:$Be/B=0.89\sim0.5$; (3)当 $B/L>0.6$ 时:$Be/B=0.3$	L 为跨度; B 为板宽
EC4 Part2 欧洲规范4:钢—混凝土组合结构设计——桥梁部分[6]	$b_{eff}=b_0+\Sigma b_{ei}$　$b_{ei}=L_e/8\leqslant b_i$(Ⅰ$=1,2$); 端支承处:$b_{eff0}=b_0+\Sigma\beta b_{ei}$ $\beta=(0.55+0.25L_e/b_i)$	
BS5400 英国:钢、混凝土及组合桥[7]	根据腹板中心距 b 和梁跨度 L 的比值,直接查表得出有效宽度比 φ	
日本公路桥梁规范:钢桥篇[8]	跨度中央部分: (1) $b/l\leqslant0.05$, $\lambda_L=b$; (2)$0.05<b/l<0.3$, $\lambda_L=\{1.1-2\ (b/l)\}\ b$; (3)$b/l\geqslant0.30$, $\lambda_L=0.15l$ 中间支点: (1) $b/1\leqslant0.02$, $\lambda_S=b$; (2)$0.02<b/l<0.30$, $\lambda_S=(1.06-3.2(b/l)\ +4.5(b/l)^2\}b$; (3)$b/l\geqslant0.30$, $\lambda_S=0.151l$	

从各个设计规范中钢—混组合梁有效宽度不同的计算公式,可以看出翼缘有效宽度主要与宽跨比、截面类型、截面尺寸、支承条件、跨度布置、截面纵向位置、荷载类型、荷载分布等因素有关。我国桥梁规范中,对于结合梁桥的翼缘有效宽度并无明确规定,仅说明可参照T形梁翼缘有效宽度的计算方法进行计算。国内结合梁桥在计算翼缘有效宽度时多参照国外规范的规定,如英国规范 BS5400,日本公路桥梁规范:钢桥篇、德国 DIN 18800—4 等。

按照各国规范的公式来计算结合梁斜拉桥的桥面板有效宽度时,存在这一个共同的问题,即如何考虑算式中的 L 值:是用边跨长度或中跨长度,还是用索距。通常在斜拉桥设计中考虑有效宽度有两种方法:

①视索的刚度为无穷大,将索间距视为连续梁的跨度,按各国规范对连续梁结构规定的计算方法进行计算。

②视索的刚度为零,忽视索对梁的支点作用,将主梁作为连续梁,按各国规范对连续梁结构规定的计算方法进行计算。

表 4 给出跨中截面及塔根截面按设计规范计算的有效宽度及有效宽度比。

表 4　按设计规范计算的有效宽度(m)

截面位置	设计规范	按索距计算		按中跨跨度计算		平均值	
		有效宽度	有效宽度比	有效宽度	有效宽度比	有效宽度	有效宽度比
跨中截面	DIN 18800—4	5.4	0.3	18.0	1.0	11.7	0.65
	EC4 Part2	2.5	0.14	18.0	1.0	10.25	0.57
	BS5400	3.6	0.20	17.5	0.97	10.55	0.59
	日本桥规	4.9	0.27	18.0	1.0	11.45	0.64
塔根截面	DIN 18800—4	5.4	0.3	18.0	1.0	11.7	0.65
	EC4 Part2	5.83	0.32	18.0	1.0	11.91	0.66
	BS5400	3.6	0.20	17.5	0.97	10.55	0.59
	日本桥规	4.9	0.27	16.8	0.93	10.85	0.60

5　结论

通过对大跨结合梁斜拉桥重庆江津观音岩长江大桥跨中及塔根截面桥面板有效宽度分析,可以得出以下结论:

(1)结合梁斜拉桥中,桥面板除随结构整体受力变形外必然同时产生较大的横向面外弯曲和纵向不均匀局部变形,桥面板应力分布不均匀。

(2)采用实体与板混合单元建立梁段空间有限元模型,可以得到桥面板应力分布。

(3)有限元数值分析方法计算精度较高,但计算工作量较大,在对结合梁斜拉桥的组合梁截面进行总体分析时,可按规范计算桥面板有效宽度,应用弹性分析法对组合梁截面进行换算,简化钢—混凝土主梁的受力状态分析。

(4)根据有限元分析结果,若按照设计规范计算结合梁桥面板有效宽度时,跨度应取索距与斜拉桥跨径的平均值。

参 考 文 献

[1] 王应良，郑旭峰，庄卫林 等. 江津观音岩长江大桥设计. 桥梁建设，2009,(2).

[2] 何畏，强士中. 板桁组合结构中混凝土桥面板有效宽度计算分析. 中国铁道科学，2002，23(4).

[3] Il-Sang Ahn, Methee Chiewanichakorn, Stuart S. Chen, et al. Effective flange width provisions for composite steel bridges. Engineering Structures,2004, 26(12).

[4] 王慧东，强士中. 压弯荷载下薄壁箱梁剪力滞效应的变分解[J]. 北京工业大学学报，2006,(11).

[5] DIN. DIN18800—5: Composite structures of steel and concrete-Design and construction. Beuth Verlag GmbH, 2007.

[6] CEN. Euro code 4 Design of Composite Steel and Concrete Structures Part 2 Bridges, Brussels, 2002.

[7] 英国标准学会. 钢桥、混凝土桥及结合桥. 成都:西南交通大学出版社，1987.

[8] 日本道路协会. 道路桥示方书同解说(钢桥编). 日本：丸善株式会社，2001.

115　斜拉桥分离式钢箱组合梁剪力滞效应和应力集中

陆春阳　吴　冲　苏庆田　丁文俊

（同济大学桥梁工程系）

摘　要　分离式钢箱组合梁作为一种较为新颖的结构形式开始应用于斜拉桥中。在轴压力和弯矩组合作用下，斜拉桥组合箱梁存在明显的剪力滞现象，其应力分布与梁式桥有着较大不同。传统的初等梁理论无法考虑剪力滞效应，计算结果偏于不安全，可能导致混凝土配筋不足和开裂。本文结合一主跨480m的具体斜拉桥工程，采用半桥板壳半桥杆系的混合有限元方法计算斜拉桥中这种主梁的受力，得到了主梁各部分构件的应力。研究了箱梁顶板和底板应力分布的剪力滞效应，揭示了斜拉桥中分离式钢箱组合梁的应力分布特点。研究表明：箱梁顶底板应力分布复杂，与梁桥不同；弯矩较大的梁段剪力滞效应显著，轴力较大的梁段剪力滞效应相对不明显；斜拉索力会在混凝土桥面板中产生明显的局部效应。研究结果可为同类结构的日后设计计算提供参考。

关键词　组合箱梁　斜拉桥　应力　不均匀性

随着斜拉桥跨度的增大以及主梁宽度的增加，斜拉桥主梁的结构形式也在不断变化，新结构的主梁逐步在工程上采用，丰富了斜拉桥主梁结构形式。分离式钢箱组合梁作为一种新型的结构形式，采用钢箱梁与混凝土桥面板结合，可减轻自重，发挥钢材强度优势；钢箱梁采用斜腹板技术，使得主梁具有良好的抗风性能。由于斜拉桥结构体系受力复杂、空间效应明显，设计不当桥面板易发生开裂问题[1]，在斜拉索索力和桥面荷载等作用下的这种新型结构形式主梁的受力性能值得研究。

为了较为精确地分析斜拉桥中分离式钢箱组合梁应力分布的情况，本文结合浙江省台州市椒江二桥实际工程，采用通用有限元软件ANSYS对该桥建立混合有限元模型，对该桥的主梁各板件应力分布进行计算分析，研究箱梁顶板和底板应力分布的不均匀特性，得到一些可供工程设计参考的结论。

1　工程背景

椒江二桥主桥采用跨径210m+480m+210m的双塔双索面组合梁斜拉桥，主梁采用半封闭双箱组合梁，主桥边中跨比为210/480=0.4375，在210m边跨内设置辅助墩，形成70m+140m+480m+140m+70m的跨径布置。索塔采用花苞型钢筋混凝土塔，索塔总高157.297m，索塔在桥面以上高度为112.529m，斜拉索为空间密索型布置，在主梁上的标准索距为9m，在边跨尾索区索距为6m，全桥共208根斜拉索，两个索面在横桥向向内倾斜。总体布置如图1所示。

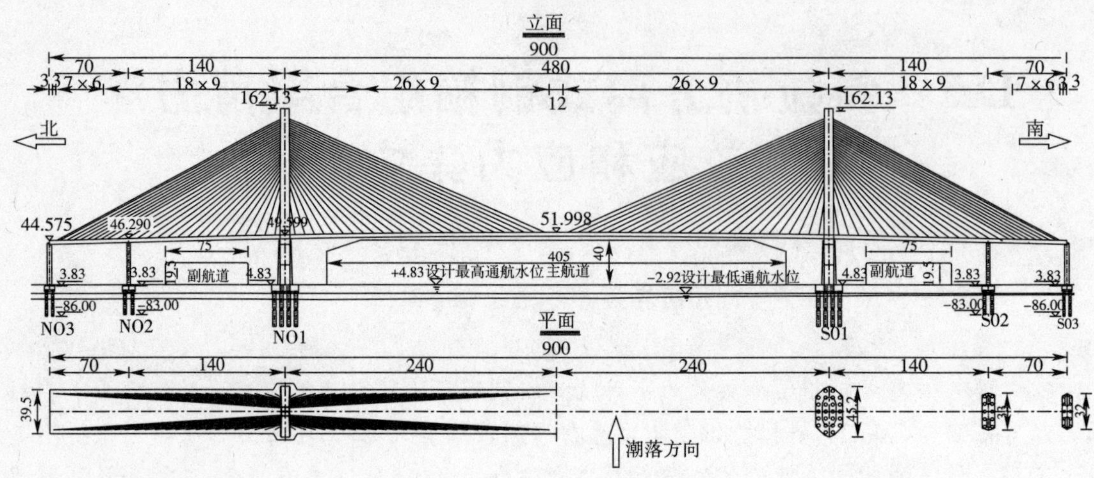

图1　椒江二桥总体布置图(尺寸单位:cm)

主梁采用半封闭双箱组合梁,横断面布置如图2所示。中心线处内轮廓梁高3.5m,钢箱梁全宽39.5m(不含两端风嘴),桥面设2%的双向横坡,高跨比1/137.1,宽跨比为1/12.2,高宽比1/11.3。组合梁标准节段长度为9m,边跨尾索区节段为6m。半封闭双箱组合梁共4道腹板,纵向每隔4.5m设置一道横隔板(索塔、辅助墩及尾索区为3m)。组合梁中混凝土桥面板厚度为260mm,在埂腋处及尾索区压重段为400mm;钢箱底板宽度:3.88m + 3.65m + 3.65m + 3.88m,板厚16~24mm;底板U形加劲肋:下口宽400mm、高260mm、间距800~850mm,厚度8~10mm;边腹板厚度30mm、中腹板16mm;横隔板厚度12~20mm。

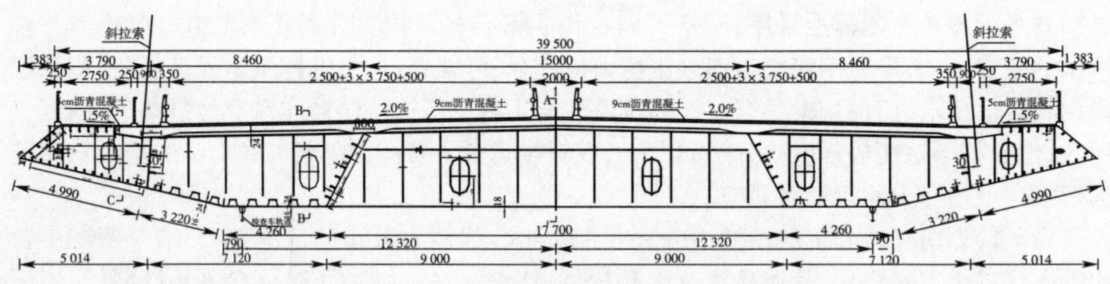

图2　主梁横断面图(尺寸单位:mm)

2　有限元模型

2.1　计算方法

根据椒江二桥结构特点,本文采用混合有限元模型对其进行分析[2],主塔用梁单元模拟,斜拉索用杆单元模拟,$x=0\sim456$m范围的主梁采用壳单元模拟,其他$x=456\sim900$m范围的主梁采用梁单元模拟(x表示纵桥向,原点位于边跨端部,指向主塔方向为正)。图3给出了全桥计算的混合有限元模型。

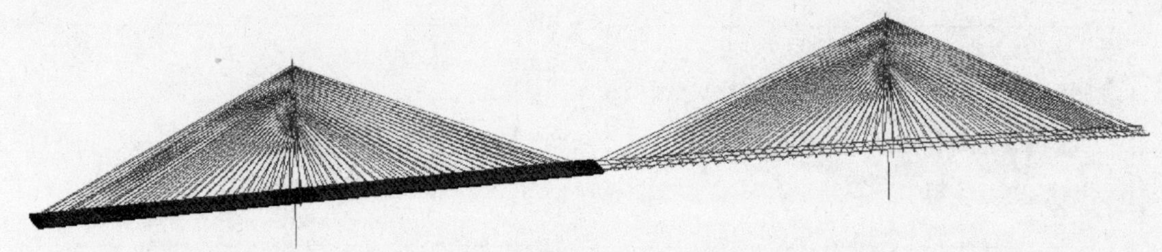

图3　全桥板壳混合有限元模型

2.2　材料

钢箱梁采用Q345C,弹性模量 $E=2.1\times10^5$ MPa,泊松比 $\upsilon=0.3$;斜拉桥索塔采用C50混凝土,弹性模量 $E=0.35\times10^5$ MPa,泊松比 $\upsilon=0.1667$,斜拉索的弹性模量 $E=1.96\times10^5$ MPa,泊松比 $\upsilon=0.3$。

2.3　荷载和约束

对箱梁进行受力分析,计算荷载包括钢箱梁自重、二期恒载和斜拉索的预应力。

模型的约束条件是在主塔底部固结,主梁在与辅助墩以及主塔横梁交接处约束竖向位移,主梁的梁单元与板壳单元的约束是根据交界面上满足平截面假定进行约束,斜拉索与钢梁边腹板通过节点耦合满足位移协调的。

3　组合梁断面正应力不均匀分布研究

组合箱梁在外荷载作用下,由于顶、底板存在剪切变形,从而导致其宽度范围内弯曲应力分布不均匀的现象,称之为“剪力滞效应”。顶底板上弯曲应力与根据初等梁弯曲理论所算出的应力比值称为“剪力滞系数”。“剪力滞”的概念一般仅适用于描述箱梁因受弯而引起的正应力不均匀分布。斜拉桥的主梁在受弯曲的同时,还承受强大的轴向力作用,而轴向力的扩散过程中同样存在顶、底板应力不均匀。因此,斜拉桥组合箱梁顶、底板应力不均匀分布是由弯曲应力不均匀和轴向应力不均匀共同引起的[3]。

仿照剪力滞系数的定义,本文将正应力不均匀系数定义为:

$$\lambda = \frac{\sigma}{\bar{\sigma}} \tag{1}$$

式中:σ——任意点的应力值;

$\bar{\sigma}$——平均应力值。

3.1　主梁截面的应力分布

通过混合有限元模型分别对主跨跨中、塔根附近、近塔辅助墩附近钢箱梁节段进行的计算分析,可以得到箱梁所有板件的应力[4]。限于篇幅,这里只给出前文三个位置主梁上部分截面上顶板和底板的应力分布,见图4和图5。图中应力负值代表压应力,正值代表拉应力。

由图4看出主梁顶板的应力沿横截面分布是不均匀的,但在不同位置上应力分布规律不同。跨中区域,主梁轴向压力小,混凝土压应力相对较小,混凝土顶板在腹板位置处受跨中正弯矩引起的剪力滞效应影响,压应力较大;主塔近索塔区域主梁轴向压力大,混凝土压应力较大,混凝土顶板在腹板位置处受正弯矩剪力滞效应影响,压应力较大;辅助墩位置轴

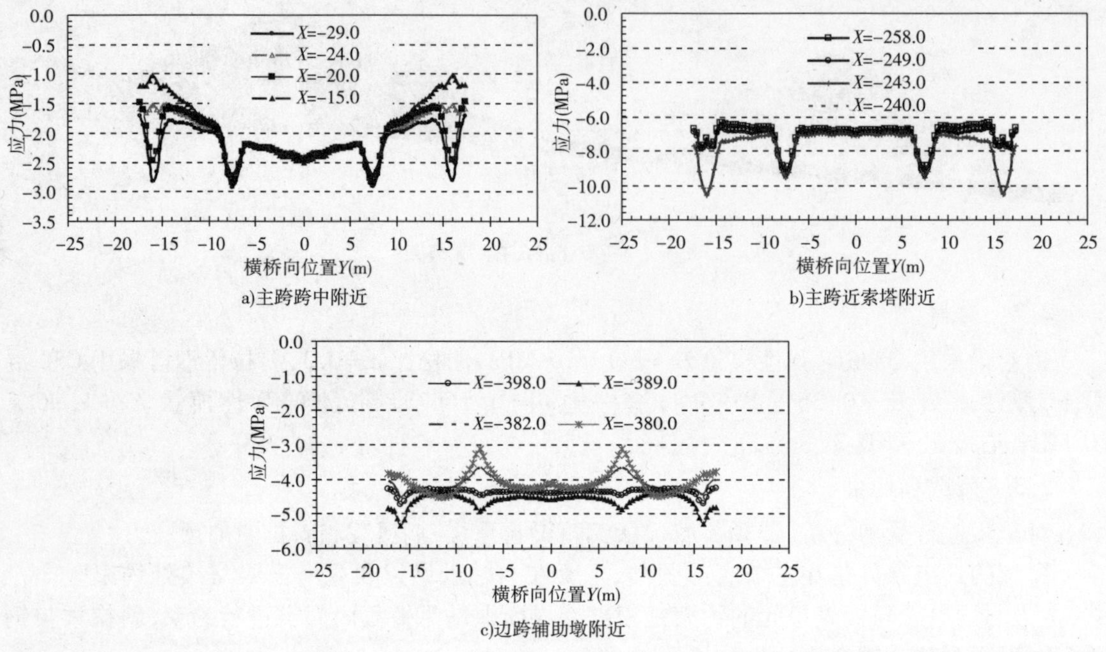

a)主跨跨中附近

b)主跨近索塔附近

c)边跨辅助墩附近

图4 主梁混凝土顶板应力分布

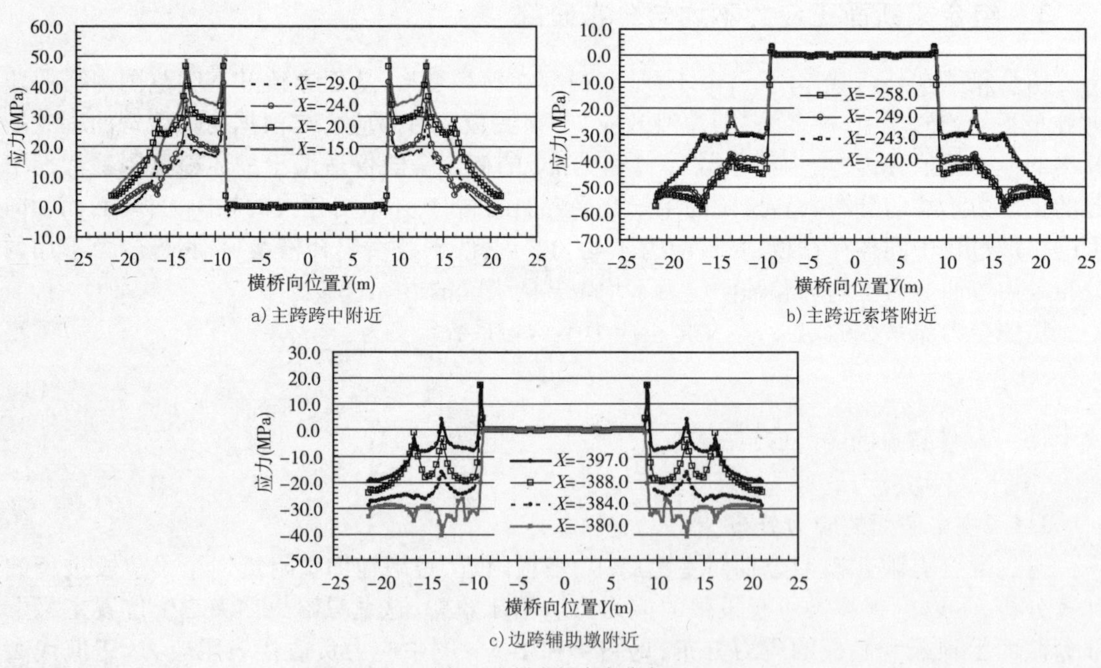

a)主跨跨中附近

b)主跨近索塔附近

c)边跨辅助墩附近

图5 主梁底板应力分布

力介于跨中和塔根之间,混凝土压应力也介于跨中和塔根之间。由于辅助墩位置处支座局部作用使得混凝土顶板受拉,内腹板位置处的混凝土顶板应力较为复杂,有负剪力滞[5]现象。此外,在各个节段中,由于拉索的作用,都存在外腹板斜拉索锚固前方相对受拉,后方相对受压的现象。

由图5看出主梁底板的应力沿横截面分布也是很不均匀的，总体上应力在平底板上相对均匀，在横截面上应力变化较大部位是平底板和斜底板相交处、内外腹板和风嘴位置处，同时由于拉索的作用，外腹板斜拉索锚固前方相对受拉，后方相对受压。

3.2 斜拉索力引起的应力集中现象

图6给出了恒载作用下轴力最大的桥塔处混凝土桥面板的纵横向应力云图。应力大小如图例所示。图中应力负值代表压应力，正值代表拉应力。

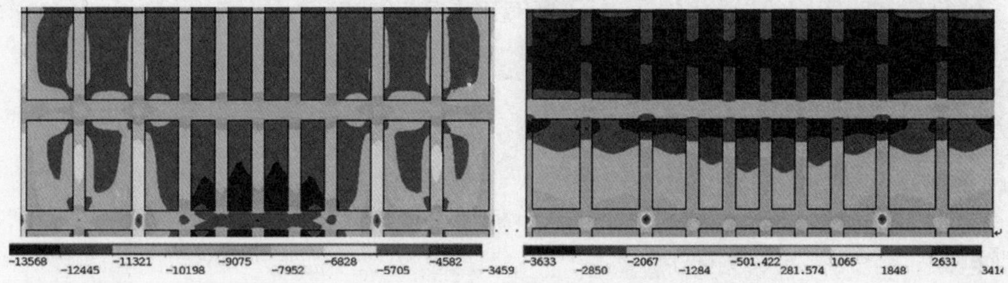

图6 混凝土桥面板桥塔处恒载纵横向应力(kPa)

由图6看出，在拉索锚固位置处的桥面板局部相对受拉，在纵桥向，索力局部作用使得压应力减小了约5MPa。在横桥向，索力局部作用引起的拉应力峰值达3.4MPa，在拉索锚固的边腹板处压应力仅约0.5MPa。为避免拉应力峰值和压应力不足引起桥面板出现顺桥向裂缝，应适当布置横向预应力，并在拉索锚固位置处加密普通钢筋。

3.3 主梁截面的应力分布不均匀系数

根据式(1)的定义，计算各截面顶板(底板)的最大应力与平均应力的比值，可以得到各分析截面上的最大应力分布不均匀系数，如表1所示。

表1 主梁截面顶板、底板最大应力分布不均匀系数

位置	名称	顶板				底板			
主跨	x(m)	-29	-24	-20	-15	-29	-24	-20	-15
中附近	λ	1.324	1.36	1.357	1.423	1.234	1.369	1.4	1.359
主跨靠近	x(m)	-258	-249	-243	-240	-258	-249	-243	-240
索塔附近	λ	1.315	1.304	1.247	1.387	1.07	1.078	1.078	1.056
边跨辅助	x(m)	-398	-389	-382	-380	-397	-388	-384	-380
墩附近	λ	1.079	1.16	1.081	1.107	2.796	2.174	1.789	1.137

由表1看出：主梁顶板除辅助墩位置外，剪力滞系数大部分在1.3~1.4左右，其中，索塔处剪力滞系数略小于跨中处。辅助墩附近由于支座的作用，受力较为复杂，内腹板位置有负剪力滞的现象，剪力滞系数反而较小，约1.0~1.1左右；主梁底板剪力滞系数在跨中为1.2~1.4，在索塔处为1.0~1.1，辅助墩处底板由于直接受到支座集中力作用，剪力滞系数较大；综合顶底板的数据，剪力滞系数在轴力较小的跨中较大，在轴力较大的索塔位置较小。

4 结语

本文采用混合有限元方法,较为精确地得到了椒江二桥半封闭钢箱组合梁板件的应力,分析了组合梁顶底板的应力分布。通过理论分析,得到以下结论:

(1)椒江二桥分离式钢箱组合梁截面正应力分布复杂,与梁桥存在较大不同。

(2)轴力较小的梁段剪力滞效应较为显著,轴力较大的梁段剪力滞效应相对不明显。

(3)斜拉索的作用使得斜拉索锚固前方的桥面板相对受拉,后方相对受压;并会在混凝土桥面板中产生明显的局部面外弯曲,产生不可忽视的局部拉应力。

参考文献

[1] 林元培,章曾焕. 混凝土—钢叠合梁斜拉桥裂缝探讨与对策[R],城市道桥与防洪,1991(Z1).

[2] 苏庆田. 斜拉桥扁平钢箱梁的有限混合单元法分析[J]. 同济大学学报,2005,33(6):742-746.

[3] 苏庆田,曾明根,吴冲,吴永昌. 珠江黄埔大桥北汊桥钢主梁应力不均匀性研究[J],桥梁建设,2007,(06).

[4] 同济大学. 椒江二桥半封闭钢箱组合梁斜拉桥关键技术研究 [R], 2008 .

[5] 张士铎. 平板结构中翼缘的负剪力滞效应,长沙交通学院学报[J],1992,(9).

116 空间主缆悬索桥水平母线索鞍设计位置计算方法

李传习[1] 刘海波[1] 赵朝阳[2]

(1. 长沙理工大学土木与建筑学院;2. 张花高速公路建设有限公司)

摘 要 以鞍座理论顶点为顺延悬链线交点的定义为基础,详细讨论了水平母线鞍座设计位置的确定问题。从力学和几何关系出发,建立了空间主缆索鞍的空间计算模型,导出了确定水平母线鞍座设计位置的13元非线性方程组,用牛顿—拉菲森迭代法求解,给出了迭代格式与步骤,推导了雅可比矩阵,明确了合理初值的选取方法,确保索鞍设计位置迭代快速收敛于真实值。最后通过算例验证了所得方法正确可行。

关键词 悬索桥 空间主缆 索鞍位置 牛顿—拉菲森迭代法

1 引言

悬索桥是典型的柔性结构,索鞍是悬索桥的重要构件,索鞍位置和主缆与索鞍切点位置的精确计算对主缆线形和加劲梁线形的精准定位有着重要影响[1-3]。

空间主缆悬索桥(通常为自锚式)因景观效果好,抗风能力强,动力性能优,越来越受到重视。迄今已建在建的有十余座,如韩国的永宗大桥、杭州江东大桥等。

对于空间主缆悬索桥,由于空间主缆的强烈非线性,因此索鞍位置和主缆与索鞍切点位置的精确计算显得尤为重要。文献[4]将空间主缆悬索桥塔顶索鞍归纳为水平母线鞍座和倾斜母线鞍座两类,并详细讨论了倾斜母线鞍座设计位置的确定问题。本文在此基础上,以鞍座理论顶点为顺延悬链线交点的定义为基础,讨论了水平母线鞍座设计位置的确定问题。

2 计算理论

2.1 基本假定

(1)主缆是理想柔性的,既不能受压也不能受弯。

(2)主缆材料符合胡克定律,其应力应变呈线性关系。

(3)主缆横截面面积在外荷载作用下变化量十分微小,计算时可不计这种影响。

2.2 计算方法

由平面缆索悬索桥理论顶点定义,同理空间主缆理论顶点可定义为设计基准温度下成

基金项目:国家自然科学基金(50778024),交通部应用基础项目(2008-329-825-040),湖南省桥梁与隧道工程重点学科和研究生创新基础资助。

桥状态索鞍两侧主缆离合点顺延悬链线的交点[5],则同样可采取索鞍分离方法计算鞍座的设计位置。计算流程如图1所示。

悬索桥水平母线索鞍如图2所示,其位置解析计算模型如图3。在该计算模型中鞍槽曲线位于母线平行的圆柱面上,其中(X_3,Z_3)为索鞍圆柱体立面圆心坐标,它表征着索鞍的位置。另外$B(X_1,Y_1,Z_1)$、$C(X_2,Y_2,Z_2)$为空间主缆与索鞍的切点,$A(X_0,Y_0,Z_0)$为索鞍理论顶点。设a_1为过左切点B沿悬索方向的切线与过该切点母线L_1形成的索鞍圆柱体切面,a_2为过右切点C沿悬索方向的切线与过该切点母线L_2形成的索鞍圆柱体切面,L_3为切面a_1、a_2的交线。$D(X_4,Y_4,Z_4)$为过左右切点沿悬索方向的切线交点。由几何关系可知L_3平行于索鞍圆柱体母线,交点$D(X_4,Y_4,Z_4)$位于L_3上。S_1、S_2分别为左右切点与理论顶点间顺延索段无应力长度。

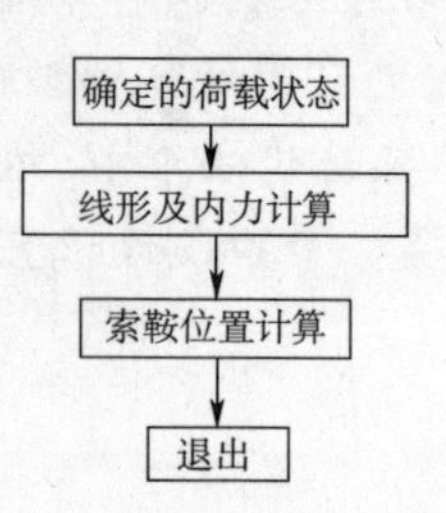

图1 悬索桥索鞍位置计算

a)侧面

b)正面

图2 水平母线鞍座

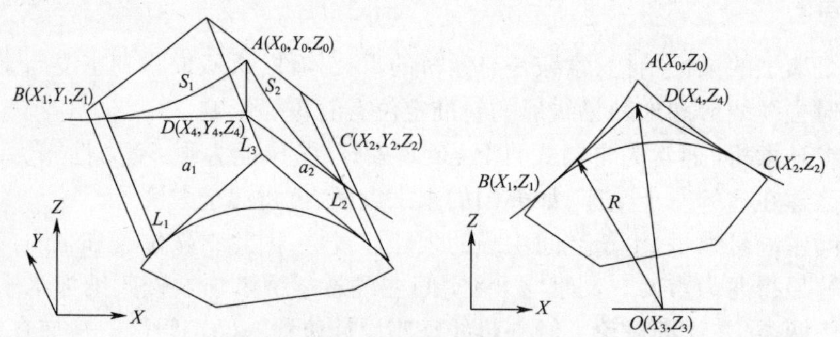

图3 悬索桥索鞍位置计算模型

由图中已知的理论顶点坐标$A(X_0,Y_0,Z_0)$和索鞍两边主缆线形以及左跨主缆纵桥向水平分力H_{X_1}、横桥向水平分力H_{Y_1}、竖向力V_1、右跨主缆纵桥向水平力H_{X2}、横桥向水平力H_{Y2}、竖向力V_2,根据几何和力学关系建立非线性方程组,从而迭代求解出索鞍位置坐标(X_3,Z_3)、主缆与索鞍切点坐标$B(X_1,Y_1,Z_1)$和$C(X_2,Y_2,Z_2)$。

2.3 计算公式

对于上述计算模型,根据基本假设可知,索段S_1、S_2均为悬链线,在空间笛卡尔直角坐标系下,有力学关系和几何关系[1]-[2]、[7]-[8]如下:

(1)索段S_1两端纵桥向水平距离(X方向)

$$L_X^1 = X_1 - X_0 = \frac{H_{X_1} S_1}{EA} + \frac{H_{X_1}}{W} \cdot \ln\left[\frac{V_1 + \sqrt{H_{X_1}^2 + H_{Y_1}^2 + V_1^2}}{V_1 - WS_1 + \sqrt{H_{X_1}^2 + H_{Y_1}^2 + (V_1 - WS_1)^2}}\right],即:$$

$$X_1 = L_X^1 + X_0 = \frac{H_{X_1} S_1}{EA} + \frac{H_{X_1}}{W} \cdot \text{In}\left[\frac{V_1 + \sqrt{H_{X_1}^2 + H_{Y_1}^2 + V_1^2}}{V_1 - WS_1 + \sqrt{H_{X_1}^2 + H_{Y_1}^2 + (V_1 - WS_1)^2}}\right] + X_0 \quad (1)$$

式中：E——主缆材料弹性模量；

A——主缆横截面积；

W——主缆单位长度重量。

(2)索段 S_1 两端横桥向水平距离(Y 方向)

$$L_Y^1 = Y_1 - Y_0 = \frac{H_{Y_1} S_1}{EA} + \frac{H_{Y_1}}{W} \cdot \text{In}\left[\frac{V_1 + \sqrt{H_{X_1}^2 + H_{Y_1}^2 + V_1^2}}{V_1 - WS_1 + \sqrt{H_{X_1}^2 + H_{Y_1}^2 + (V_1 - WS_1)^2}}\right]$$，即：

$$Y_1 = L_Y^1 + X_0 = \frac{H_{Y_1} S_1}{EA} + \frac{H_{Y_1}}{W} \cdot \text{In}\left[\frac{V_1 + \sqrt{H_{X_1}^2 + H_{Y_1}^2 + V_1^2}}{V_1 - WS_1 + \sqrt{H_{X_1}^2 + H_{Y_1}^2 + (V_1 - WS_1)^2}}\right] + Y_0 \quad (2)$$

(3) 索段 S_1 竖向距离(Z 方向)

$$L_Z^1 = Z_1 - Z_0 = \frac{WS_1^2 - 2V_1 S_1}{2EA} + \frac{1}{W} \cdot \left[\sqrt{H_{X_1}^2 + H_{Y_1}^2 + V_1^2} - \sqrt{H_{X_1}^2 + H_{Y_1}^2 + (V_1 - WS_1)^2}\right]$$，即：

$$Z_1 = L_Z^1 + Z_0 = \frac{WS_1^2 - 2V_1 S_1}{2EA} + \frac{1}{W} \cdot \left[\sqrt{H_{X_1}^2 + H_{Y_1}^2 + V_1^2} - \sqrt{H_{X_1}^2 + H_{Y_1}^2 + (V_1 - WS_1)^2}\right] + Z_0 \quad (3)$$

(4)同理，由索段 S_2 的基本方程，可得右切点的坐标点公式如下：

$$X_2 = L_X^2 + X_0 = \frac{H_{X_2} S_2}{EA} + \frac{H_{X_2}}{W} \cdot \text{In}\left[\frac{V_2 + \sqrt{H_{X_2}^2 + H_{Y_2}^2 + V_2^2}}{V_2 - WS_2 + \sqrt{H_{X_2}^2 + H_{Y_2}^2 + (V_2 - WS_2)^2}}\right] + X_0 \quad (4)$$

$$Y_2 = L_Y^2 + X_0 = \frac{H_{Y_2} S_2}{EA} + \frac{H_{Y_2}}{W} \cdot \text{In}\left[\frac{V_2 + \sqrt{H_{X_2}^2 + H_{Y_2}^2 + V_2^2}}{V_2 - WS_2 + \sqrt{H_{X_2}^2 + H_{Y_2}^2 + (V_2 - WS_2)^2}}\right] + Y_0 \quad (5)$$

$$Z_2 = L_Z^2 + Z_0 = \frac{WS_2^2 - 2V_2 S_2}{2EA} + \frac{1}{W} \cdot \left[\sqrt{H_{X_2}^2 + H_{Y_2}^2 + V_2^2} - \sqrt{H_{X_2}^2 + H_{Y_2}^2 + (V_2 - WS_2)^2}\right] + Z_0 \quad (6)$$

(5) 根据左右切点在半径为 R 圆柱体面上的几何关系，有：

$$R^2 = (X_1 - X_3)^2 + (Z_1 - Z_3)^2 \quad (7)$$

$$R^2 = (X_2 - X_3)^2 + (Z_2 - Z_3)^2 \quad (8)$$

(6) 根据右切点处切向量在 X—Z 平面分量 T'_1 与径向量 N_1 的垂直关系，有：

$$T'_1 \cdot N_1 = 0$$

而 $$T'_1 = (H_{X_1}, V_1 - WS_1);N_1 = (X_3 - X_1, Z_3 - Z_1)$$

故有

$$H_{X_1} \cdot X_3 - H_{X_1} \cdot X_1 + V_1 \cdot Z_3 - V_1 \cdot Z_1 - W \cdot S_1 \cdot Z_3 + W \cdot S_1 \cdot Z_1 = 0 \quad (9)$$

同理，右切点处有：

$$H_{X_2} \cdot X_3 - H_{X_2} \cdot X_2 + V_2 \cdot Z_3 - V_2 \cdot Z_2 - W \cdot S_2 \cdot Z_3 + W \cdot S_2 \cdot Z_2 = 0 \quad (10)$$

(7)索鞍在 X—Z 平面几何关系，有：

$$(X_1 - X_3)^2 + (Z_1 - Z_3)^2 + (X_4 - X_1)^2 + (Z_4 - Z_1)^2 = (X_4 - X_3)^2 + (Z_4 - Z_3)^2 \quad (11)$$

$$\left(\frac{X_1 - X_2}{2}\right)^2 + \left(\frac{Z_1 - Z_2}{2}\right)^2 + \left(X_3 - \frac{X_1 + X_2}{2}\right)^2 + \left(Z_3 - \frac{Z_1 + Z_2}{2}\right)^2 = (X_3 - X_1)^2 + (Z_3 - Z_1)^2$$

(12)

(8)由左右切点处切向量 T_1,T_2 与切线$\overline{BD},\overline{CD}$在同一个平面上,则有切向量 T_1,T_2 形成的法向量 T_3 与切线$\overline{BD},\overline{CD}$所形成的法向量$\overrightarrow{BCD}$平行,故有:

$$\overrightarrow{BCD}\cdot T_3=0$$

其中:

$$T_1=(H_{X_1},H_{Y_1},V_1),T_2=(H_{X_2},H_{Y_2},V_2)$$

$$T_3=T_1\times T_2=(H_{Y_1}\cdot V_2-H_{Y_2}\cdot V_1,H_{X_2}\cdot V_1-H_{X_1}\cdot V_2,H_{X_1}\cdot H_{Y_2}-H_{X_2}\cdot H_{Y_1})$$

$$\overrightarrow{BD}=(X_1-X_4,Y_1-Y_4,Z_1-Z_4)$$

$$\overrightarrow{DC}=(X_4-X_2,Y_4-Y_2,Z_4-Z_2)$$

$$\overrightarrow{BCD}=(Y_1(Z_2-Z_4)+Y_2(Z_4-Z_1)+Y_4(Z_1-Z_2),X_1(Z_4-Z_2)+X_2(Z_1-Z_4)+X_4(Z_2-Z_1),X_1(Y_2-Y_4)+X_2(Y_4-Y_1)+X_4(Y_1-Y_2))$$

$$\begin{aligned}\overrightarrow{BCD}\cdot T_3=&(H_{Y_1}V_2-H_{Y_2}V_2)[Y_1(Z_2-Z_4)+Y_2(Z_4-Z_1)+Y_4(Z_1-Z_2)]+\\&(H_{X_2}V_1-H_{X_1}V_2)[X_1(Z_4-Z_2)+X_2(Z_1-Z_4)+X_4(Z_2-Z_1)]+\\&(H_{X_1}H_{Y_2}-H_{X_2}H_{Y_1})[X_1(Y_2-Y_4)+X_2(Y_4-Y_1)+X_4(Y_1-Y_2)]=0\end{aligned}\tag{13}$$

联合式(1)~式(13),采用牛顿—拉菲森迭代法,即可求得索鞍设计位置和主缆与索鞍切点位置。

3 求解过程

3.1 牛顿—拉菲森迭代法[5]

将式(1)~(13)方程写为如下形式:

$$\begin{aligned}&F_i(X_1,X_2,X_3X_4X_5,X_6,X_7,X_8,X_9,X_{10},X_{11},X_{12},X_{13})\\&=F_i(X_1,Y_1,Z_1,X_2,Y_2,Z_2,X_3,Z_3,X_4,Y_4,Z_4,S_1,S_2)(i=1,2\cdots.13)\end{aligned}\tag{14}$$

(1)矩阵函数 F 为:

$$F_1=X_0+\frac{H_{X_1}S_1}{EA}+\frac{H_{X_1}}{W}\{\text{In}[V_1+\sqrt{H_{X_1}^2+H_{Y_1}^2+V_1^2}]-\text{In}[V_1-WS_1+\sqrt{H_{X_1}^2+H_{Y_1}^2+(V_1-WS_1)^2}]\}-X_1$$

$$F_2=Y_0+\frac{H_{Y_1}S_1}{EA}+\frac{H_{Y_1}}{W}\{\text{In}[V_1+\sqrt{H_{X_1}^2+H_{Y_1}^2+V_1^2}]-\text{In}[V_1-WS_1+\sqrt{H_{X_1}^2+H_{Y_1}^2+(V_1-WS_1)^2}]\}-Y_1$$

$$F_3=Z_0+\frac{WS_1^2-2V_1S_1}{2EA}+\frac{1}{W}[\sqrt{H_{X_1}^2+H_{Y_1}^2+V_1^2}-\sqrt{H_{X_1}^2+H_{Y_1}^2+(V_1-WS_1)^2}]-Z_1$$

$$F_4=X_0+\frac{H_{X_2}S_2}{EA}+\frac{H_{X_2}}{W}\{\text{In}[V_2+\sqrt{H_{X_2}^2+H_{Y_2}^2+V_2^2}]-\text{In}[V_2-WS_2+\sqrt{H_{X_2}^2+H_{Y_2}^2+(V_2-WS_2)^2}]\}-X_2$$

$$F_5=Y_0+\frac{H_{Y_2}S_2}{EA}+\frac{H_{Y_2}}{W}\{\text{In}[V_2+\sqrt{H_{X_2}^2+H_{Y_2}^2+V_2^2}]-\text{In}[V_2-WS_2+\sqrt{H_{X_2}^2+H_{Y_2}^2+(V_2-WS_2)^2}]\}-Y_2$$

$$F_6=Z_0+\frac{WS_2^2-2V_2S_2}{2EA}+\frac{1}{W}[\sqrt{H_{X_2}^2+H_{Y_2}^2+V_2^2}-\sqrt{H_{X_2}^2+H_{Y_2}^2+(V_2-WS_2)^2}]-Z_2$$

$$F_7=(X_1-X_3)^2+(Z_1-Z_3)^2-R^2$$

$$F_8=(X_2-X_3)^2+(Z_2-Z_3)^2-R^2$$

$$F_9=H_{X_1}\cdot X_3-H_{X_1}\cdot X_1+V_1\cdot Z_3-V_1\cdot Z_1-W\cdot S_1\cdot Z_3+W\cdot S_1\cdot Z_1$$

$$F_{10}=H_{X_2}\cdot X_3-H_{X_2}\cdot X_2+V_2\cdot Z_3-V_2\cdot Z_2-W\cdot S_2\cdot Z_3+W\cdot S_2\cdot Z_2$$

$$F_{11}=(X_1-X_3)^2+(Z_1-Z_3)^2+(X_4-X_1)^2+(Z_4-Z_1)^2-(X_4-X_3)^2-(Z_4-Z_3)^2$$

$$F_{12}=(\frac{X_1-X_2}{2})^2+(\frac{Z_1-Z_2}{2})^2+(X_3-\frac{X_1+X_2}{2})^2+(Z_3-\frac{Z_1+Z_2}{2})^2-(X_3-X_1)^2+(Z_3-Z_1)^2$$

$$F_{13}=(H_{Y_1}V_2-H_{Y_2}V_2)[Y_1(Z_2-Z_4)+Y_2(Z_4-Z_1)+Y_4(Z_1-Z_2)]+(H_{X_2}V_1-H_{X_1}V_2)[X_1(Z_4-Z_2)+X_2(Z_1-Z_4)+X_4(Z_2-Z_1)]+(H_{X_1}H_{Y_2}-H_{X_2}H_{Y_1})\left[X_1(Y_2-Y_4)+X_2(Y_4-Y_1)+X_4(Y_1-Y_2)\right]$$

(2)利用式(14)可得雅可比矩阵 $J=|J_{ij}|_{13\times13}$ 的各元素值为：

$$J_{1j}=\left[\begin{array}{l}-1,0,0,0,0,0,0,0,0,0,0,0,\frac{H_{X_1}}{EA}+\\ H_{X_1}\frac{\sqrt{H_{X_1}^2+H_{Y_1}^2+(V_1-WS_1)^2}+V_1-WS}{(V_1-WS_1)\sqrt{H_{X_1}^2+H_{Y_1}^2+(V_1-WS_1)^2}+H_{X_1}^2+H_{Y_1}^2+(V_1-WS_1)^2},0\end{array}\right]$$

$$J_{2j}=\left[\begin{array}{l}0,-1,0,0,0,0,0,0,0,0,0,0,\frac{H_{X_1}}{EA}+\\ H_{Y_1}\frac{\sqrt{H_{X_1}^2+H_{Y_1}^2+(V_1-WS_1)^2}+V_1-WS_1}{(V_1-WS_1)\sqrt{H_{X_1}^2+H_{Y_1}^2+(V_1-WS_1)^2}+H_{X_1}^2+H_{Y_1}^2+(V_1-WS_1)^2},0\end{array}\right]$$

$$J_{3j}=\left[0,0,-1,0,0,0,0,0,0,0,0,0,\frac{WS_1-V_1}{EA}-\frac{V_1-WS_1}{\sqrt{H_{X_1}^2+H_{Y_1}^2+(V_1-WS_1)^2}},0\right]$$

$$J_{4j}=\left[\begin{array}{l}0,0,0,-1,0,0,0,0,0,0,0,0,0,\frac{H_{X_2}}{EA}\\ +H_{X_2}\frac{\sqrt{H_{X_2}^2+H_{Y_2}^2+(V_2-WS_2)^2}+V_2-WS_2}{(V_2-WS_2)\sqrt{H_{X_2}^2+H_{Y_2}^2+(V_2-WS_2)^2}+H_{X_2}^2+H_{Y_2}^2+(V_2-WS_2)^2}\end{array}\right]$$

$$J_{5j}=\left[\begin{array}{l}0,0,0,0,-1,0,0,0,0,0,0,0,0,\frac{H_{Y_2}}{EA}+\\ H_{Y_2}\frac{\sqrt{H_{X_2}^2+H_{Y_2}^2+(V_2-WS_2)^2}+V_2-WS_2}{(V_2-WS_2)\sqrt{H_{X_2}^2+H_{Y_2}^2+(V_2-WS_2)^2}+H_{X_2}^2+H_{Y_2}^2+(V_2-WS_2)^2}\end{array}\right]$$

$$J_{6j}=\left[0,0,0,0,0-1,0,0,0,0,0,0,0,\frac{WS_2-V_2}{EA}-\frac{V_2-WS_2}{\sqrt{H_{X_2}^2+H_{Y_2}^2+(V_2-WS_2)^2}}\right]$$

$$J_{7j}=[2(X_1-X_3),0,2(Z_1-Z_3),0,0,0,2(X_3-X_1),2(Z_3-Z_1),0,0,0,0,0]$$

$$J_{8j}=[0,0,0,2(X_2-X_3),0,2(Z_2-Z_3),2(X_3-X_2),2(Z_3-Z_2),0,0,0,0,0]$$

$$J_{9j}=[-H_{X_1},0,-V_1+WS_1,0,0,0,H_{X_1},V_1-WS_1,0,0,0,-WZ_3+WZ_1,0]$$

$$J_{10j}=[0,0,0,-H_{X_2},0,-V_2+WS_2,H_{X_2},V_2-WS_2,0,0,0,0,WZ_3+WZ_2]$$

$$J_{11j}=\left[\begin{array}{l}2(2X_1-X_3-X_4),0,2(2Z_1-Z_3-Z_4),0,0,0,2(X_4-X_1),2(2Z_3-Z_1-Z_4),\\ 2(X_3-X_1),0,2(2Z_4-Z_1-Z_3),0,0\end{array}\right]$$

$J_{12j}=[X_3-X_1,0,3(Z_1-Z_3),(X_2-X_3),0,Z_2-Z_3,-X_2,-3Z_1-Z_2+4Z_3,0,0,0,0,0]$

$J_{13j}=[(H_{X_2}V_1-H_{X_1}V_2)(Z_4-Z_2)+(H_{X_1}H_{Y_2}-H_{X_2}H_{Y_1})(Y_2-Y_4),$
$(H_{Y_1}V_2-H_{Y_2}V_2)(Z_2-Z_4)+(H_{X_1}H_{Y_2}-H_{X_2}H_{Y_1})(X_4-X_2),$
$(H_{Y_1}V_2-H_{Y_2}V_2)(Y_4-Y_2)+(H_{X_2}V_1-H_{X_1}V_2)(X_4-X_2),$
$(H_{X_2}V_1-H_{X_1}V_2)(Z_1-Z_4)+(H_{X_1}H_{Y_2}-H_{X_2}H_{Y_1})(Y_4-Y_1),$
$(H_{Y_1}V_2-H_{Y_2}V_2)(Z_4-Z_1)+(H_{X_1}H_{Y_2}-H_{X_2}H_{X_1})(X_1-X_4),$
$(H_{Y_1}V_2-H_{Y_2}V_2)(Y_1-Y_4)+(H_{X_2}V_1-H_{X_1}V_2)(X_4-X_1),0,0,$
$(H_{X_2}V_1-H_{X_1}V_2)(Z_2-Z_1)+(H_{X_1}H_{Y_2}-H_{X_2}H_{Y_1})(Y_1-Y_2),$
$(H_{Y_1}V_2-H_{Y_2}V_2)(Z_1-Z_2)+(H_{X_1}H_{Y_2}-H_{X_2}H_{Y_1})(X_2-X_1),$
$(H_{Y_1}V_2-H_{Y_2}V_2)(Y_2-Y_1)+(H_{X_2}V_1-H_{X_1}V_2)(X_1-X_4),]$

3.2 计算步骤

(1)令迭代计数器 $K=0$,,给定收敛精度 ε 选取初值 X^0:

$X^0=[X_1^0,X_2^0,\cdots,X_{13}^0]^T=[X_1^0,Y_1^0,Z_1^0,X_2^0,Y_2^0,Z_2^0,X_3^0,Z_3^0,X_4^0,Y_4^0,Z_4^0,S_1^0,S_2^0]^T$。

(2)计算 $B(i)=-F_i(X)(i=1,2,3\cdots,13)$。

(3)如果 $\max\limits_{1\leqslant i\leqslant 13}|B(i)|<\varepsilon$,则方程组的解为:$X=[X_1,X_2,\cdots,X_{13}]^T$ 转(7),否则转(4)。

(4)计算雅可比矩阵 J。

(5)解方程组 $J\cdot\delta X=B$,其中 $\delta X=(\delta x_1,\delta x_2,\cdots,\delta x_{13})^T$。

(6)$K=K+1$,修正 X:$X^K=X^{(K-1)}+\delta X$,转(2)。

(7) 计算结束。

3.3 初值确定

在以悬链线单元为基础建立起的非线性方程组,在实际计算中初值的选取直接影响方程组的速度,若选取不恰当可能导使方程组不收敛。

为了使初值的获取既简便又能确保方程快速收敛于真实值,本文采用将索段用杆单元模拟从而确定索鞍各初始参数的方法。其公式如下:

$$X_1=X_0-\frac{H_{X_1}S_1}{\sqrt{V_1^2+H_{X_1}^2+H_{Y_1}^2}}-\frac{H_{X_1}S_1}{EA}$$

$$Y_1=Y_0-\frac{H_{Y_1}S_1}{\sqrt{V_1^2+H_{X_1}^2+H_{Y_1}^2}}-\frac{H_{Y_1}S_1}{EA}$$

$$Z_1=Z_0-\frac{V_1S_1}{\sqrt{V_1^2+H_{X_1}^2+H_{Y_1}^2}}-\frac{V_1S_1}{EA}$$

$$X_2=X_0-\frac{H_{X_2}S_2}{\sqrt{V_1^2+H_{X_1}^2+H_{Y_1}^2}}-\frac{H_{X_2}S_2}{EA}$$

$$Y_2=Y_0-\frac{H_{Y_2}S_2}{\sqrt{V_1^2+H_{X_1}^2+H_{Y_1}^2}}-\frac{H_{Y_2}S_2}{EA}$$

$$Z_2=Z_0-\frac{V_2S_2}{\sqrt{V_1^2+H_{X_1}^2+H_{Y_1}^2}}-\frac{V_2S_2}{EA}$$

$$R^2=(X_1-X_3)^2+(Z_1-Z_3)^2;R^2=(X_2-X_3)^2+(Z_2-Z_3)^2;X_4=X_0,Y_4=Y_0,Z_4=Z_0$$

$$\frac{X_4-X_1}{S_1}=\frac{H_{X_1}}{\sqrt{V_1^2+H_{X_1}^2+H_{Y_1}^2}},\frac{X_4-X_2}{S_2}=\frac{H_{X_2}}{\sqrt{V_1^2+H_{X_1}^2+H_{Y_1}^2}}$$

$$\frac{Y_4-Y_1}{S_1}=\frac{H_{Y_1}}{\sqrt{V_1^2+H_{X_1}^2+H_{Y_1}^2}},\frac{Y_4-Y_2}{S_2}=\frac{H_{Y_2}}{\sqrt{V_1^2+H_{X_1}^2+H_{Y_1}^2}}$$

$$\frac{Z_4-Z_1}{S_1}=\frac{V_1}{\sqrt{V_1^2+H_{X_1}^2+H_{Y_1}^2}},\frac{Z_4-Z_2}{S_2}=\frac{V_2}{\sqrt{V_1^2+H_{X_1}^2+H_{Y_1}^2}}$$

由此,只需将上面各式进行简单代数计算即可求得迭代初值:

$$X^0=[X_1^0,X_2^0,\cdots,X_{13}^0]^T=[X_1^0,Y_1^0,Z_1^0,X_2^0,Y_2^0,Z_2^0,X_3^0,Z_3^0,X_4^0,Y_4^0,Z_4^0,S_1^0,S_2^0]^T$$

4 算例分析

杭州江东大桥主通航孔自锚式悬索桥梁跨径布置为(83 + 260 + 83)m,桥梁宽度47m,采用分离式钢箱梁,独柱式桥塔,中跨两根空间主缆交汇于塔顶,主塔理论顶点分别为(2 273.000 0,97.7050,1.500 0),(2 533.000 0,99.915 0,1.500 0),主缆弹性模量为1.98×10^5MPa,主缆沿弧长分布荷载集度为6.2kN/m(包括缠丝与防腐),面积$A=0.071\ 5\text{m}^2$,索鞍半径$R=3\ 200$mm,在成桥理论线形计算中已计算出索鞍左右主缆索力分量低塔侧为:(20 929.52,0,16 600.98)(边跨)、(20 929.53,5 176.92,16 918.72)(中跨);高塔侧为:(20 923.26,5 744.63,17 238.66)(中跨)、(20 923.26,0,16 237.99)(边跨);表1为采用本文方法所得索鞍位置参数数据。

表1 江东大桥主索鞍成桥位置修正计算结果

计算项目	本文解
低塔侧索鞍立面圆心(X_3,Z_3)	(2 272.98,93.605 0)
低塔侧左切点(X_1,Y_1,Z_1)	(2 270.992 0,96.112 8,1.500 0)
低塔侧右切点(X_2,Y_2,Z_2)	(2 274.993 0, 96.094 3, 2.041 8)
高塔侧索鞍立面圆心(X_3,Z_3)	(2 533.06,95.815)
高塔侧左切点(X_1,Y_1,Z_1)	(2 531.025 0, 98.287 6, 2.035 7)
高塔侧右切点(X_2,Y_2,Z_2)	(2 535.022 0, 98.346 0, 1.500 0)

5 结论

(1)本文以索鞍理论顶点为顺延悬链线交点的定义为基础,采用索鞍分离的方法,讨论了水平母线鞍座位置和主缆与索鞍切点位置的计算,进一步完善了空间主缆索鞍设计位置的计算理论。

(2)从力学和几何关系出发,建立了空间主缆索鞍的空间计算模型,导出了确定水平母线鞍座设计位置的13元非线性方程组,用牛顿—拉菲森迭代法求解,明确了合理初值的选取方法,推导了相应方程,并用算例进行验算,算例表明了本文方法和所得公式的正确性。

(3)采取了合理初值选取方法,将索段用杆单元代替,列出相应简化方程组,求得各参数值作为以悬链线单元为基础的状态方程的迭代初始值。算例表明该初值选取方法既简便又能确保状态方程收敛于真实值,且具有一般性。

参考文献

[1] 李传习.混合梁悬索桥非线性精细计算理论及其应用[D].长沙:湖南大学,2006.

[2] 唐茂林.大跨度悬索桥空间几何非线性与软件开发[D].成都:西南交通大学,2003.

[3] 万填保.悬索桥主要鞍座的几何位移特性及与总体布置的关系[J].桥梁建设,2003,33(3):28-31.

[4] 李传习,姚明,柯红军.空间缆索悬索桥倾斜母线索鞍设计位置的计算方法[J].中国公路学报,2009,1.

[5] 李传习,王雷,刘光栋,陈明宪,肖勇刚.悬索桥索鞍位置的分离计算法[J].中国公路学报,2005,1.

[6] 唐茂林,沈锐利,强士中.悬索桥索鞍位置设计[J],公路交通科技,2001,18(4):55-62.

[7] Ho-Kyung Kim,Myeong-Jaea. Leeb,Sung-Pil Chang c. Determination of Hanger Installation Procedure forA Self-anchored Suspension Bridge,Engineering Structures,28(2006):959-976.

[8] 罗喜恒,肖汝诚,项海帆.空间缆索悬索桥的主缆线形分析[J].同济大学学报,2004.

[9] Heungbae G,Youngjae C. Cable erection test at pylon saddle for spatial suspension bridge[J].J Bridge Engrg,ASCE,2001,6(3):183-188.

117 大跨径三塔悬索桥的位移特征

陈 策

(江苏省长江公路大桥建设指挥部)

摘 要 泰州长江大桥采用三塔两跨悬索桥方案,本文以泰州大桥工程为例,分析了三塔悬索桥与双塔悬索桥位移特征的不同点,并研究分析了塔的刚度、高度、主梁高度、矢跨比变化、边中跨比变化对三塔悬索桥位移特征的影响。

关键词 三塔悬索桥 泰州大桥 位移特征 影响参数

1 引言

泰州长江大桥是交通部印发的《长江三角洲地区现代化公路水路交通规划纲要》所规划的长江三角洲高速公路网和江苏省规划"五纵九横四联"高速公路网的组成部分,也是江苏省规划建设的11座公路过江通道之一。本项目处于长江江苏段的中部,直接连接着北京至上海、上海至西安和上海至成都等三条国家高速公路,在长江三角洲地区和江苏省的高速公路网中起着重要的联络和辅助作用。

经过五年的基础性前期研究,泰州长江大桥选择了永安洲北桥位,江面宽2.3km,河床呈W形,桥位区河床中部相当宽范围河床面高程在-15~16m之间,深泓在右侧、最深处河床高程-30m。为了更好地利用航道资源,减少水中墩和锚碇结构物的数量,降低船舶撞击桥梁的概率,同时为两岸不可再生的岸线资源提供长远的发展空间,泰州长江大桥创新设计了三塔两跨式悬索桥型,以更好地适应桥位处水文形势的复杂变化。

2 泰州大桥方案简介

主缆跨径布置为390m+2×1 080m+390m。主梁梁高3.5m,全宽39.10m,标准节段长16m。中、边塔塔顶高程分别为200.0m和180.0m,边塔采用混凝土塔柱,中塔采用纵向人字形钢塔。为提高主缆与中主鞍座间抗滑移安全系数、改善中塔受力、减小加劲梁纵向活载位移,中塔处设置了纵向弹性索约束,弹性索一端固定在加劲梁,另一端固定在中塔[1]。由于弹性索的作用,加劲梁产生顺桥向轴力,为了传递该顺桥向轴力,同时增强悬索桥正交异性桥面板的刚度,设置了全桥通长的直腹板构造。两根主缆横向中心距为34.8m,主缆矢跨比采用1/9。每根主缆由154股索股组成,每根索股由91丝直径为5.2mm的镀锌高强钢丝组成,钢丝极限抗拉强度为1 670MPa。泰州长江大桥总体布置如图1所示。

基金项目:交通运输部交通行业联合科技攻关项目,2008-353-332-190。

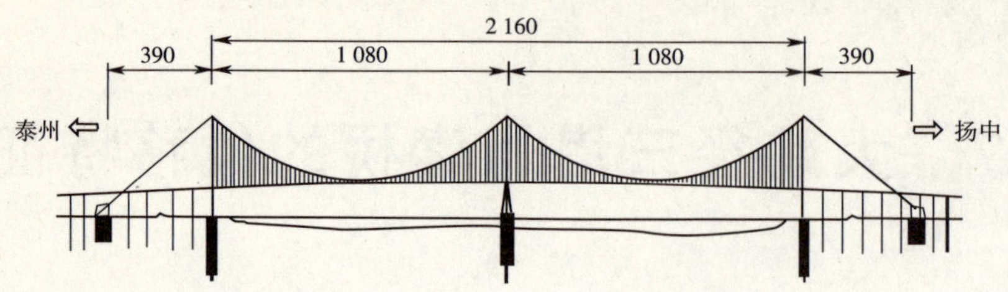

图1　泰州长江大桥总体布置图(尺寸单位:m)

3　三塔悬索桥与双塔悬索桥的区别

首先研究了三塔悬索桥与双塔悬索桥两者位移特征的区别,以泰州长江公路大桥三塔悬索桥方案的设计原型建立两塔和三塔悬索桥计算模型。两塔悬索桥计算模型的分跨布置为390m+1 080m+390m。三塔悬索桥计算模型的分跨布置为390m+2×1 080m+390m,中塔横梁与主梁间设横向抗风支座,下横梁上不设竖向支座,其余结构参数与两塔悬索桥计算模型相同。建立有限元计算模型时,加劲梁和桥塔采用 beam4 单元模拟,主缆和吊杆采用 link10 单元模拟,吊杆和加劲梁通过刚臂连接形成"鱼骨式"力学计算模型。未记入基础、承台以及锚碇的影响,塔底和边缆锚固端约束所有自由度,得到两塔悬索桥和多塔悬索桥的有限元计算模型如图2所示。

图2　两塔和三塔悬索桥有限元计算模型

根据《公路桥涵设计通用规范》(JTG D60—2004)[2]的规定,公路-Ⅰ级车道荷载的均布荷载标准值为 q_K = 10.5kN/m;集中荷载标准值按桥梁计算跨径等于或大于50m时,取 P_K=360kN。由汽车荷载产生的效应按规范中规定的多车道折减系数进行折减,取横向折减系数为0.55,同时对于大跨径桥梁上的汽车荷载考虑纵向折减,取纵向折减系数为0.93。在汽车荷载作用下,两塔与三塔的有限元静力分析结果如下:

表1　两塔悬索桥与三塔悬索桥位移特征分析

类　型	边塔最大位移(m)	中塔顶最大位移(m)	主梁最大竖向挠度(m)
两塔悬索桥	0.153	—	2.55
三塔悬索桥	0.138	1.68	3.75

由表1可知,三塔悬索桥的边塔顶水平位移与两塔悬索桥基本相当,但其中塔顶水平位移比两塔悬索桥的塔顶位移要大得多,约为两塔悬索桥塔顶水平位移的10余倍,其主要原因是中塔顶缺乏有效的纵向约束,从而导致在竖向活载作用下塔顶产生很大的水平位移。与两塔悬索桥相比,三塔悬索桥的主梁竖向挠度显著增大,其主梁的最大竖向挠度约为两塔悬索桥的1.5倍,究其原因,是因为两塔悬索桥在活载作用下,两个桥塔顶部产生的水平位移非常小,主梁产生竖向变形主要是由于主缆的形状发生了改变;而三塔悬索桥在活载作用下,中塔顶较大的纵向位移加大了主梁的最大竖向挠度。分析表明,主跨2×1 080m的三塔悬索桥活载作用下主梁的最大竖向挠度接近于跨径约为1 400~1 500m悬索桥的水平[3]。

4 对三塔悬索桥位移特征影响的参数研究

采用非线性有限元对各研究项目选用不同的参数,各自建立有限元计算模型计算,这些模型除指定的比较项目变化,其他参数均相同。有限元模型中,主缆和吊索离散为具有初始轴力的空间缆索单元,加劲梁和桥塔离散为空间梁单元,主塔底和主缆锚固处采用固结约束,加劲梁和桥塔下横梁采用主从约束,边塔及中塔处皆主从竖向、横向和扭转三个自由度。

4.1 塔刚度的影响

泰州大桥中塔采用纵向人字形钢塔,塔柱纵向从下到上共分为三个区段,下端斜腿段、交点附近的曲线过渡段及上端直线段。直线段与斜腿段按圆曲线过渡,曲线半径为100m,其中曲线过渡段的高度约为22.587m。索塔横向为门式框架结构。

表2 位移随中塔及边塔刚度的变化

刚度系数	中塔刚度变化引起的位移变化		边塔刚度变化引起的位移变化	
	主梁最大挠度(m)	中塔顶最大位移(m)	主梁最大挠度(m)	中塔顶最大位移(m)
0.55	5.297	2.274	4.507	1.739
0.75	4.882	1.995	4.508	1.739
1	4.505	1.740	4.505	1.740
1.25	4.229	1.549	4.503	1.740
1.45	4.057	1.428	4.501	1.740

由表2可见,随着中塔刚度的增加,主梁的最大挠度以及中塔顶的最大位移逐步减小,但减小的幅度越来越小,另外考虑到用钢量随着刚度的增大而不断增加,综合考虑工程的造价及安全,中塔的刚度不宜过大。泰州大桥的边塔采用混凝土塔,由于边塔受两边拉索的纵向约束较大,边塔刚度系数改变时,对位移特征几乎没有影响。

4.2 塔高度的影响

为比较塔高对三塔悬索桥对位移的影响,在三塔等高的基础上将中塔塔顶升高,主跨主缆理论交点以跨中为中心旋转,保持主梁高程不变,矢跨比不变,结构截面尺寸不变,加高或降低区段按截面变化规律内插。

由图3可见,随着中塔的升高,主梁的最大挠度和中塔顶的最大位移增加,且两者皆接近线性关系。当中塔升高32m时,加劲梁的最大挠度增加了28%,中塔顶最大位移增加了50%。

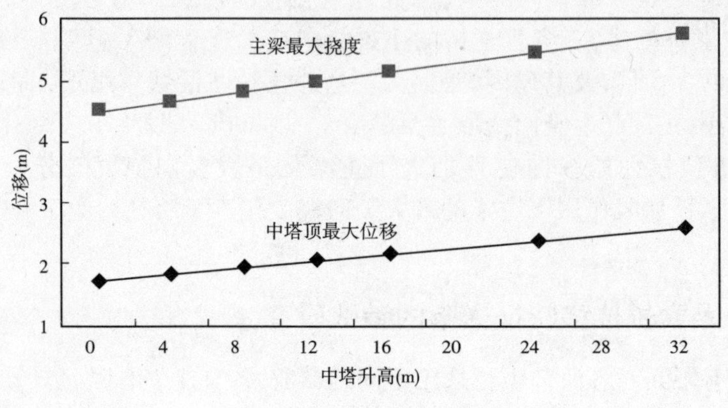

图3 中塔升高引起的位移变化

同时研究了降低边塔高度的情况,结果表明,当边塔降低32m时,加劲梁的最大挠度几乎没有变化,中塔顶最大位移增加了1.7%。

由于中塔为钢塔,增加钢塔的高度,引起了结构明显的位移变化,而适当降低边塔的高度,对结构变形的影响很小,同时可以降低边塔的建设时间与成本,并减小了吊杆的长度,从而节省工程造价。

4.3 加劲梁高度的影响

当主梁截面高度由2.5m增加到5m时,加劲梁最大挠度减小了3.8%,中塔顶最大纵向位移减小了1.3%,可见主梁高度增加对位移的影响很小,但却会引起工程造价的增加。

4.4 矢跨比的影响

矢跨比是影响三塔悬索桥位移特征的重要参数之一,研究了7种不同的矢跨比(表3)。当矢跨比较大时,主梁的最大活载挠度较小,主缆的用刚量、塔和锚碇基础的规模都相对较小[4],当矢跨比由1/7减小至1/13时,主梁最大竖向活载挠度增大了35%,且两者接近线性关系;而中塔顶最大纵向位移先变大后变小,中塔纵向位移最大值(矢跨比1/9)与最小值(矢跨比1/13)相差为11%。

表3 矢跨比对位移的影响

矢跨比	1/7	1/8	1/9	1/10	1/11	1/12	1/13
主梁最大挠度(m)	4.073	4.280	4.505	4.750	5.022	5.278	5.497
中塔顶最大位移(m)	1.665	1.724	1.740	1.721	1.685	1.626	1.548

4.5 边中跨比的影响

在已建的两塔悬索桥中,美国华盛顿桥的边中跨比最小为0.17,里斯本塔谷斯河桥的边中跨比最大为0.48[5]。图4列出边中跨比从0.2~0.45变化时,对三塔悬索桥位移特征的影响。结果表明,边中跨比由0.2变化至0.45时,主梁的最大活载竖向挠度增加了8.8%,中塔顶的最大纵向位移减小了7%,可见边中跨比对位移的影响不大。

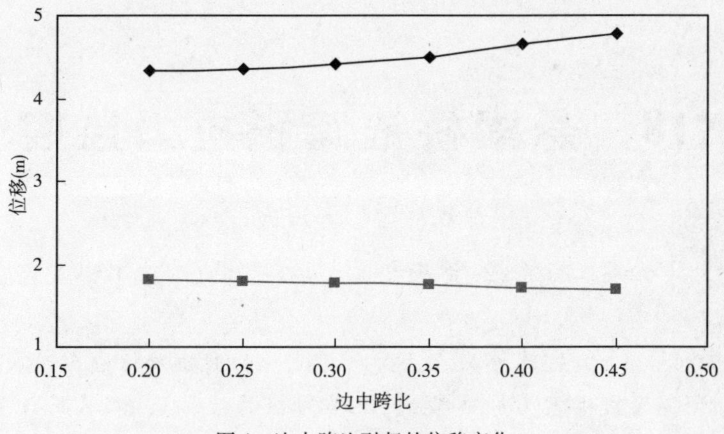

图4　边中跨比引起的位移变化

5　结论

(1)相同主跨条件下,三塔悬索桥的边塔顶水平位移与两塔悬索桥基本相当,但中塔顶最大纵向水平位移比约为边塔顶最大水平位移的10余倍,三塔悬索桥的主梁最大竖向挠度约为两塔悬索桥的1.5倍。

(2)三塔悬索桥中塔刚度增加时,主梁的最大挠度以及中塔顶的最大位移逐步减小,边塔刚度系数改变时,对位移特征几乎没有影响。

(3)增加钢中塔的高度,引起了三塔悬索桥结构明显的位移变化,而适当降低混凝土边塔的高度,对结构变形的影响很小,因此可以适当降低边塔高度以节省工期及造价。

(4)当矢跨比变小时,三塔悬索桥主梁最大竖向活载挠度增大,中塔顶最大纵向位移先变大后变小。

(5)主梁高度、边中跨比变化对三塔悬索桥结构位移的影响不大。

参 考 文 献

[1] 江苏省长江公路大桥建设指挥部,泰州长江大桥设计项目组.泰州长江大桥三塔悬索桥结构分析研究[R].2006.

[2] JTG D60—2004,公路桥涵设计通用规范[S].北京:人民交通出版社,2004.

[3] 中交公路规划设计院有限公司.泰州长江公路大桥跨江大桥工程初步设计咨询审查总体分析报告[R].2007.

[4] 陈策,钟建驰.三塔悬索桥垂跨比变化对结构静动力特性的影响[J].桥梁建设,2008,(6):12-14.

[5] 朱本瑾.多塔悬索桥的结构体系研究[D].上海:同济大学土木工程学院,2007.

118　悬索桥锚跨张拉力监控

谭红梅[1,2]　肖汝诚[1]

(1. 同济大学桥梁工程系;2. 重庆交通大学(桥梁)结构工程重点实验室)

摘　要　悬索桥施工时,锚跨按张拉力进行控制。针对锚跨索股的空间离散性,从索股的利用效率考虑,研究了成桥索力分布模式,及其对应的计算思路,从而计算成桥状态各索股精确的空间走向、索力和无应力长度。然后,对施工阶段包括索股张拉阶段时的锚跨索股进行了计算研究,计算其对应阶段的索力。通过引入能计入温度的悬索公式,分别计算了散索鞍固定、自由时,温度对锚跨索股张拉力的影响。最后,采用一算例,对温度对锚跨索股张拉力的影响进行了计算,计算结果表明:散索鞍固定时,温度变化对锚跨索股张力的影响近似为线性关系,当温度升高1℃时,锚跨张拉力平均减少6.8kN,温度变化对锚跨索股张拉力的影响不容忽视;而散索鞍自由时,温度变化的影响则小得多。

关键词　锚跨　张拉力　索力分布模式　温度

1　引言

在悬索桥主缆索股架设时,中、边跨一般根据垂度进行控制,而锚跨则按张拉力控制,因此,锚跨索股张拉力也应是悬索桥施工计算的一项重要内容[1,2]。

以往悬索桥的施工控制以线形控制为主,一般不对索股张力进行特别控制,这样,可能会出现以下不良后果:散索鞍约束解除后,边跨线形可能发生变化;索股在鞍槽内有滑动的可能;拉杆上的不平衡力影响锚固体系的安全[3]。另外,由于散索鞍的位置在施工过程中是不断变化直至成桥设计位置的,索股在这一过程中所产生的索力增量也会因其在散索鞍内位置的不同而不同,如架设时采用相同的张拉力,则成桥时各索股的索力就不可能完全相同。锚跨索股索力的这种不均匀性势必降低主缆的实际安全系数[1]。因此,加强对锚跨索股的分析,特别是索股架设时锚跨张拉力的分析是很有必要的。

锚跨张拉力控制包括两部分内容:一是成桥状态下锚跨索股的无应力长度计算;二是在主缆架设过程中对锚跨张力的调整,将锚固每束索股的两根连接拉杆的拉力之和调整至设计值,并限制两拉杆之间的不平衡力。对于成桥状态时锚跨索股的分布,文献[2]做了详尽的研究。但是,对于施工时锚固张拉力如何控制、施工时温度对锚跨张力的影响以及索股滑动等问题,目前研究得还比较少。

基金项目:重庆交通大学(桥梁)结构工程重点实验室开放基金。

2 成桥状态锚跨索股计算

锚跨内主缆索股为离散的空间索股,同时具有平弯和竖弯。文献[4]中给出了锚跨索股分析的图式,以及索股竖弯切点和平弯切点的计算方法。

2.1 成桥索力分布模式

在理想的成桥状态,散索鞍达到设计位置,此时,散索鞍两侧的锚跨索股和边跨主缆在总体上满足散索鞍的平衡条件,但由于锚跨是由众多索股组成的,因此还无法计算出各索股的具体索力,必须增加一个约束条件。文献[1]中提出了考虑锚跨索股离散性的两种计算模式:一是假定各索股各自满足对散索鞍的平衡条件;第二种模式假定各索股在与散索鞍的切点处的索力相等。模式一假定边跨各索股的索力相等,并将总体上的平衡条件运用到每根索股上,是一种自然的选择,但由此得出的索股索力各不相同;切点处的索力是锚跨索股的最大索力,而索股的截面积一般是相同的,为使各索股的安全系数相同就必须使各索股切点处索力相同,因此,模式二是一种较为合理的索力分布模式。本文对锚跨索股进行计算时采用第二种模式。

有了锚跨索股索力的分布模式,根据边跨主缆缆力和锚跨索股布置情况,及散索鞍的总体平衡条件,锚跨索股的索力就是唯一的了。

假定成桥状态下,边跨主缆在散索鞍切点处的索力为 F_b(图1),其到散索鞍转点的力臂为 l_b,F 为锚跨索股切点处的索力(图2,每根索股的索力相等),第 i 号索股与 $x-z$ 平面(x 轴沿纵桥向,z 轴沿竖直方向,y 轴沿横桥向)的夹角即平弯转角为 α_i,F_{ixz} 为 i 号索股索力在 $x-z$ 平面上的投影:$F_{ixz}=F\cdot\cos\alpha_i$。

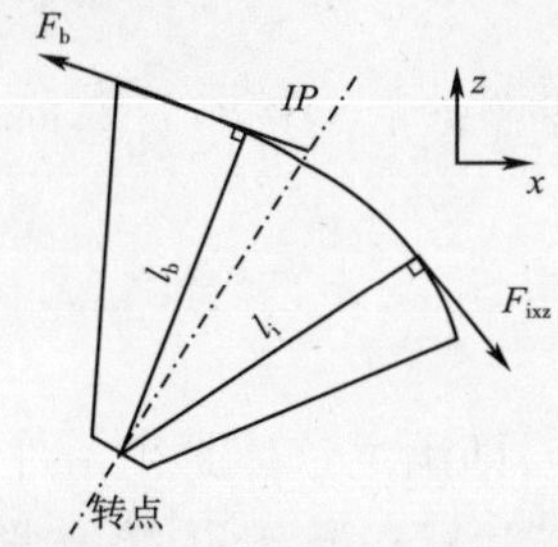

图1 竖直面内的 i 号索股

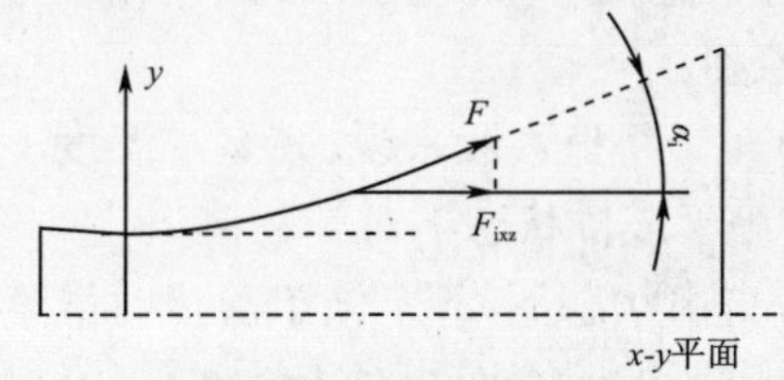

图2 平弯面内的 i 号索股

根据散索鞍整体平衡可知:对于转动式散索鞍来讲,如忽略转点处的摩擦,其平衡条件为:两侧切点处的索力对转点的力矩相等[2,5]。

结合散索鞍的整体平衡条件和锚跨成桥索力分布模式,可以计算成桥时锚跨索股切点处的索力 F(n 为锚跨索股根数):

$$\sum_{i=1}^{n}F_{ixz}\cdot l_i=\sum_{i=1}^{n}F\cos\alpha_i\cdot l_i=F_b\cdot l_b$$

$$F=\frac{F_b\cdot l_b}{\sum\limits_{i=1}^{n}\cos\alpha_i\cdot l_i} \tag{1}$$

一旦知道了边跨主缆的受力和锚跨索股的几何线形(平弯转角、竖弯转角),就可以根据散索鞍的整体平衡条件和索力分布模式,计算在索股在切点处的索力 F。

2.2 锚跨索股索力及无应力长度计算

锚跨内主缆索股为离散的空间索股,同时具有平弯和竖弯。由于只受本身重力作用,锚跨内索股为与桥轴线有一夹角的铅垂面上的悬链线,其在水平面上投影为一直线,当散索鞍和索股锚固位置确定时,索股的平弯角就确定了,因此,计算时只需找出索股的竖弯转角即可确定其切点位置。平弯转角的计算见文献[4]。而竖弯转角值及竖弯切点位置则需通过迭代求解。

成桥锚跨索股计算时,可以先初估每根索股的竖弯转角,然后结合边跨主缆的受力、线形和散索鞍的整体平衡条件,利用式(1),计算索股切点处的索力;然后以该索力和每根索股在切点处的线形,计算各自在前锚面的坐标,判断是否与设计的锚固位置相符,不符的话,需要修改索股的竖弯转角,重新进行锚跨索股的整体计算。其详细计算流程见图3。

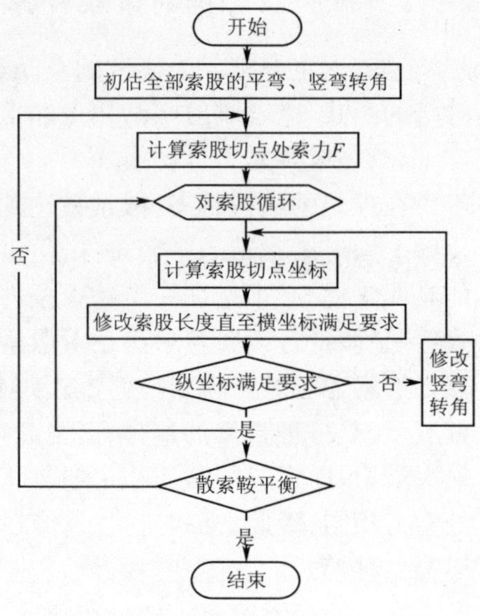

图3 成桥状态锚跨计算流程图

3 施工阶段锚跨张拉力计算

索股安装完成后即对锚跨索股进行调整,将锚固每束索股的两根连接拉杆的拉力之和调整至设计值;施工各个阶段中,也需对各束索股张力进行监测,考察其与理论值是否相符,并观察索股受力的均匀性。因而需对各个阶段的锚跨张拉力进行理论计算。

3.1 施工阶段锚跨索力的计算原则

对各个施工阶段(包括锚跨索股最初的张拉阶段)的锚跨索股力进行计算时,需满足以下几个原则:

(1)对于每根索股来说,其基准温度下锚跨部分无应力长度与索鞍内无应力长度之和保持不变,等于成桥状态下对应的值。

(2)自由状态下,各个施工阶段时散索鞍仍然保持平衡,即满足整体平衡条件。

(3)索股的起弯面相对于散索鞍的位置保持不变。也就说,在鞍槽里面,锚跨索股相对于散索鞍的相对位置保持不变。

(4) 索股在鞍槽里不滑动。

3.2 锚跨索股计算流程

与成桥锚跨索股状态不同的是,此时每根索股切点处的索力 F 不一定相等,需要采用不同的计算方法。而且每根索股的平弯转角、竖弯转角和切点位置均不同于成桥状态,需重新计算。

与成桥状态一样,当散索鞍的位置确定时,索股在平弯面上的平弯转角也就确定了,因此,计算时只需对竖弯转角进行迭代。但由于此时索股的无应力长度是已知的,其计算方法与成桥状态计算又有不同之处。

索股架设时,散索鞍先是临时固定,再放松可自由转动或滑动,其计算思路也各不相同。

散索鞍自由时,首先假定散索鞍的位置,然后分别对锚跨索股进行计算:假定索股切点处的索力值,根据该索力值计算散索鞍内索股的无应力长度,然后根据索股的锚点坐标调整计算索股在该阶段的竖弯转角，同时计算锚跨索股悬空段的无应力长度，直至每根索股的散索鞍内及悬空段的无应力长度总和满足4.1节中的原则(1)为止。最后判断散索鞍在该位置(对应于转动式散索鞍的转动角)处，散索鞍是否满足整体的受力平衡，若不满足则需修改散索鞍的位置重新进行迭代计算。其详细计算流程见图4。

而散索鞍固定时的计算则相对简单些，计算流程基本同图4，只是不需要假定散索鞍的位置和判断其整体受力平衡。

由于索股架设计算时塔顶鞍座已与主塔临时固定，因此还必须考虑主塔刚度的影响，同时也可考虑温度变化和猫道的影响。

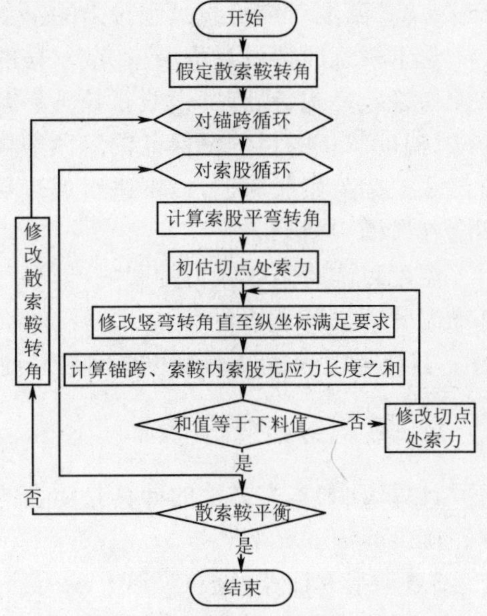

图4　施工阶段锚跨索股张拉力计算流程图

4　温度对索股张拉的影响

若在基准温度下，对锚跨索股进行张拉，其张拉力就是本节中对应于空缆状态时的索股力。但是，张拉时的温度往往不等于基准温度，所以需要对温度的影响进行分析。

4.1　计入温度的悬索公式

现阶段常用的悬索公式是基于荷载沿无应力长度均布的弹性悬链线模型[6-11]。假定一悬索，l 为其两点间的跨度，h 为两点间的竖向高差，基准温度下的无应力长度为 S_0，沿无应力长度均布的线荷载为 q_0。则满足：

$$l=\frac{HS_0}{EA}-\frac{H}{q_0}\left[\operatorname{arcsh}\frac{V-q_0S_0}{H}-\operatorname{arcsh}\frac{V}{H}\right] \tag{2}$$

$$h=\frac{VS_0}{EA}-\frac{1}{2}\frac{q_0S_0^2}{EA}+\frac{H}{q_0}\left[\sqrt{1+\left(\frac{V}{H}\right)^2}-\sqrt{1+\left(\frac{V-q_0S_0}{H}\right)^2}\right] \tag{3}$$

用 α、Δt 分别表示材料线膨胀系数与温度变化量。则对应于该温度下的无应力长度为：$S_0^t=(1+\alpha\Delta t)\mathrm{S}_0$；由于整段悬索的质量守恒，则对应于该温度下的索无应力线荷载 q_0^t 为：

$$q_0^t=\frac{q_0S_0}{S_0^t}=\frac{q_0}{(1+\alpha\Delta t)} \tag{4}$$

将 q_0^t、S_0^t 的值代替式(2)、式(3)中的 q_0、S_0 得：

$$l^t=(1+\alpha\Delta t)\cdot\frac{HS_0}{EA}-(1+\alpha\Delta t)$$
$$\frac{H}{q_0}\left[\operatorname{sh}^{-1}\left(\frac{V-q_0S_0}{H}\right)-\operatorname{sh}^{-1}\left(\frac{V}{H}\right)\right] \tag{5}$$

$$h^t=(1+\alpha\Delta t)\cdot\frac{q_0S_0^2}{EA}\left(\frac{V}{q_0S_0}-\frac{1}{2}\right)+(1+\alpha\Delta t)\cdot\frac{H}{q_0}\left[\sqrt{1+\left(\frac{V}{H}\right)^2}-\sqrt{1+\left(\frac{V-q_0S_0}{H}\right)^2}\right] \tag{6}$$

这就是可计入温度变化 Δt 的悬索公式。

4.2 温度对锚跨索股张拉力的影响

悬索桥索股架设过程中,在散索鞍的拉杆没有放松、作用于散索鞍的摩擦力不能使散索鞍保持稳定之前,锚跨的索股张拉力一般要进行温度修正。采用一次使张拉力到位的施工方法,温度修正的目的是保证锚跨索股的无应力长度与设计相符。不采用一次张拉到位的方法张拉锚跨索股时,可以不进行温度修正,但要控制锚固时的张拉力的大小,以保证索股不会在鞍槽中滑动。

温度对锚跨索股张力的影响可以通过 $\Delta T/\Delta t$ 来表示。按照图 4 的计算流程,首先计算基准温度下锚跨索股的索力,然后计算对应于 Δt 下的锚跨索股索力,两者索力之差就是 ΔT。其计算过程通过下面的算例来详细介绍。

5 算例分析

计算表明,本文方法的计算是闭合的,具有很高的精度,同时由于篇幅的限制,故略去程序正确性验证的算例。

5.1 基本计算参数

以广州市珠江黄埔大桥的北锚跨为算例,主要参数取值如下:主缆分跨为 290m + 1 108m + 350m,矢跨比 1/10。每根主缆中,从北锚碇到南锚碇的通长索股有 147 股,北边跨另设 6 根背索,南边跨另设 2 根背索,均在主索鞍上锚固。每根索股由 127 根钢丝组成。索股在前锚面的布置见图 5。

索股截面积 $A_0 = 2.697 \times 10^{-3} \mathrm{m}^2$;

弹性模量 $E = 2.02 \times 10^5 \mathrm{MPa}$;

线荷载 $q = 0.211\ 7 \mathrm{kN/m}$。

5.2 成桥阶段的索股锚跨索力

工程中锚跨索力一般指的是锚跨索股靠近锚杆侧的索力值,表 1 中列出了成桥状态时该桥北锚跨的索股索力值。从该表可以看出:成桥状态时各索股索力基本上分布均布。其差异是由索股在锚跨处的无应力长度不等引起的。

5.3 索股架设阶段索股锚跨索力

5.3.1 基准温度下的索力值

基准温度下,珠江黄埔大桥在索股架设阶段的张拉力值计算结果见表 1。从表 1 中可以看出,从下到上,索股的张拉值逐渐减少。其规律同文献[1],同时也证明了本文计算流程及程序的正确性。

5.3.2 散索鞍固定时,温度对锚跨索股张拉的影响值

将北锚跨索股离散为索单元,用第 4.2 节中的计算思路计算温度变化对边跨单根索股张拉力的影响。(索股布置见图 5)。计算表明,温度变化对锚跨索股张力的影响近似为线性关系,同时由表 2 可知:从下往上温度的影响略微减少。以最上端的索股 146 号索股为例,温度升高 1℃时,在散索鞍固定处,单根索股锚跨侧切点处索力降低 6.557 0kN,而由计算得知边跨侧单根索股的索张力降低 1.008 1kN。也就是说当温度升高 1℃后,对于 146 号索股来说,其边跨的索张力比锚跨大 5.548 9kN。当实际温度与基准温度相差 20℃,两者差值将达到 110.978 3kN。

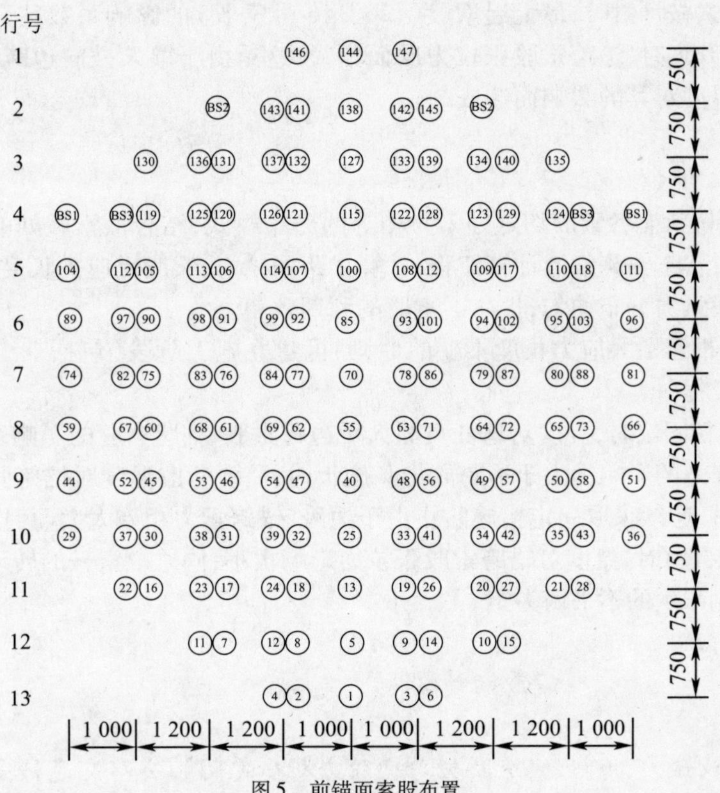

图5　前锚面索股布置

表1　北锚跨索股索力(kN)

	1	26	51	76	101	126	146
成桥阶段	1 487.703	1 501.726	1 474.189	1 483.412	1 493.291	1 491.081	1 481.263
索股架设阶段	438.633	387.556	383.598	345.220	323.567	305.803	296.653

表2　北散索鞍固定时温变对索股张力的影响(kN/℃)

索股编号	1	26	51	76	101	126	146
$\Delta T/\Delta t$	−7.105 5	−7.071 0	−6.959 5	−6.872 0	−6.806 5	−6.713 5	−6.557 0

5.3.3　散索鞍自由时,温度对锚跨索股张拉的影响值

按照同样的思路可计算出散索鞍自由时,温度对锚跨索股张拉力的影响值,见表3。从表3可看出,此时温度的影响较5.3.2节要小得多,相对于表2来说,其数值要小一个数量级,这是由于散索鞍自由时,温度变化产生的索鞍不平衡力矩可以通过索鞍的转动来抵消,这样温度对锚跨张拉力的影响要小得多。

表3　北散索鞍自由时温变对索股张力的影响(kN/℃)

索股编号	1	26	51	76	101	126	146
$\Delta T/\Delta t$	−0.688 5	−0.478 5	−0.438 5	−0.215 0	−0.101 5	0.052 0	0.195 0

表3中,散索鞍自由时,最上层索股(126、146 号索股)的影响系数甚至出现了反号,也就是说,当温度升高时,锚跨索股张拉力反而增大,这是由于散索鞍向边跨转动对索股张拉力的影响大于温度对其的影响而造成的。

6 小结

(1)选择成桥状态各索股切点处索力相等的分布模式,结合散索鞍处的整体平衡条件,以此来建立成桥状态锚跨索股计算流程,计算锚跨张拉力、索股无应力长度。以此思路计算的成桥锚跨索股索力分布均匀,提高了索股的利用效率。

(2)根据每根索股无应力长度不变的原则,可建立施工阶段(包括空缆状态)时的锚跨张拉力思路和流程。

(3)当散索鞍固定时,温度对珠江黄埔大桥边跨索股、锚跨索股的影响系数相差很大,温度变化对锚跨张力的影响远大于边跨索力。施工时,需要考虑温度对锚跨张拉力的影响;当温度变化很大时,还须采取一定措施防止由于边跨、锚跨索力相差太大而引起索股滑动。

(4)散索鞍自由时,温度对锚跨索股张拉力影响很小;同时散索鞍的转动,也抵消了边锚跨由于温度变化产生的不平衡力矩。

参 考 文 献

[1] 罗喜恒,肖汝诚,项海帆. 悬索桥锚跨索股分析研究[J]. 公路交通科技,2004,21(12):45-49,53.

[2] 罗喜恒. 复杂悬索桥施工过程精细化分析研究[D]. 同济大学博士学位论文,2003.

[3] 黄平明,慕玉坤. 悬索桥锚跨张力控制系统[J]. 长安大学学报(自然科学版), 2007,27(4):42-45.

[4] 罗喜恒,林长川. 悬索桥锚跨索股分析[J]. 江阴长江公路大桥工程建设论文集[C]. 北京:人民交通出版社, 2000:72-75.

[5] 沈锐利,薛光雄. 悬索桥主缆索股锚固力的计算方法探讨[J]. 桥梁建设,2003(6):25-29.

[6] 罗喜恒,肖汝诚,项海帆. 悬索桥主缆架设过程分析[J]. 桥梁建设,2004(2):8-11.

[7] Ahmadi - Kashani, K. ,and Bell A. J. The analysis of cables subject to uniformly distributed loads[J]. Engineering Structures. 1988:174-184.

[8] Irvine, H. M. Cable structures[M]. The MIT Press, Massachusetts ,1981.

[9] 罗喜恒,肖汝诚,项海帆. 基于精确解析解的索单元[J]. 同济大学学报(自然科学版), 2005,33(4):445-450.

[10] Andreu, L. Gil, P. Roca. A new deformable catenary element for the analysis of cable net structures[J]. Computers and Structures. 2006(84):1882-1890.

[11] Der Kiureghian, M. ASCE, J. L. Sackman, H. M. ASCE. Tangent Geometric Stiffness of Inclined Cables Under Self - Weight[J] . ASCE, 2005(6):941-945.

119 三塔悬索桥竖向刚度分析

刘丰洲 肖汝诚

(同济大学桥梁工程系)

摘 要 三塔悬索桥的竖向刚度过低是限制其实际应用的主要因素之一。为对其竖向刚度进行分析,推导了水平缆索和倾斜缆索的等效纵向刚度计算公式。将该公式与数值计算结果进行对比,对公式进行验证并进行参数讨论。提出了三塔悬索桥的简化计算方法,可方便估算其在单主跨均布荷载作用下的力学特性。通过与数值计算结果对比,证明此方法满足概念设计的要求。基于简化计算方法,讨论各参数变化对三塔悬索桥竖向刚度的影响。

关键词 三塔悬索桥 竖向刚度 等效纵向刚度 简化计算

1 引言

随着经济建设的发展,跨江跨海交通建设的需要越来越迫切,一些超大跨度桥梁迅速发展起来。为了跨越更大范围的水域和取得更好的经济效益,避免深水基础的施工困难和高昂造价,三塔悬索桥方案在一些大跨度桥梁方案中被多次提出。其中包括意大利 Messina 跨海大桥、美国 San Francisco-Oakland 西海湾桥、智利 Chacao 海峡大桥和我国琼州海峡跨海大桥等。但是,目前大跨度的三塔悬索桥在国内外尚无成功经验,只有我国的泰州长江大桥和马鞍山长江大桥正在建设中。建成后,将成为世界上首座超千米三塔悬索桥。

与常规的两塔悬索桥相比,三塔悬索桥的整体竖向刚度过低[1]和中塔顶鞍槽与主缆的滑移问题[2]是限制其实际应用的主要原因。因此,对这方面的研究,有非常重要的意义。现阶段,各国学者对三塔悬索桥整体竖向刚度的研究并不深入,只停留在基于有限元软件分析的参数讨论阶段。本文提出三塔悬索桥的简化计算方法,由解析公式深入探讨其竖向刚度,以指导概念设计。

2 三塔悬索桥竖向刚度

刚度是指结构产生单位变形所需要的力。故桥梁的竖向刚度可由竖向荷载作用下桥梁的竖向挠度值来衡量。在恒载作用下,桥梁处于成桥后的初始平衡状态,主梁挠度由施工控制纠正,不存在竖向刚度问题。桥梁的整体竖向刚度,是针对成桥后期荷载而言。在汽车最不利工况下,若桥梁竖向刚度过低,会影响行车舒适性和伸缩缝的性能。所以规范对挠跨比进行限定,并规定主梁挠度为最大正挠度和最大负挠度的绝对值之和。

对于两跨三塔悬索桥,其活载最不利布载为单主跨满布荷载,最大挠度在主梁跨中。对于四跨三塔悬索桥,其主跨主梁跨中挠度影响线如图 1 所示,最不利布载是单侧主跨和另一

侧边跨的满布荷载。由于边跨影响线的数值很小,可忽略不计。在单侧主跨满布作用下,该跨主梁跨中下挠 Δf_1,另一侧主跨主梁上挠 Δf_2,主梁挠度为 $\Delta f = |\Delta f_1| + |\Delta f_2|$。本文对两种三塔悬索桥体系,统一考虑其单主跨满布荷载 q 作用下的主梁跨中挠度值 Δf。并定义三塔悬索桥的广义竖向刚度数学表达式为:

$$k = \frac{q}{\Delta f} \tag{1}$$

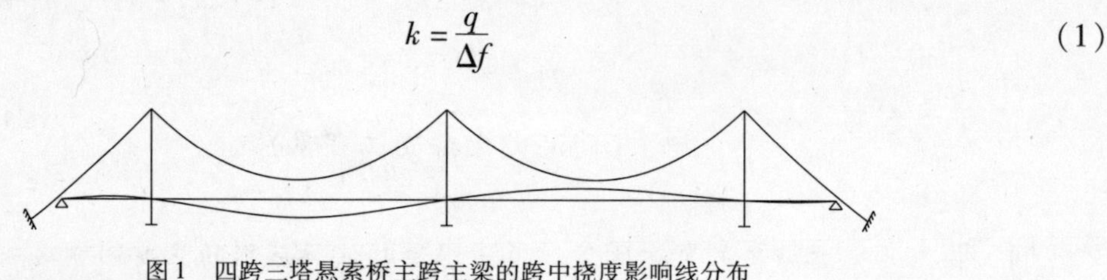

图1 四跨三塔悬索桥主跨主梁的跨中挠度影响线分布

3 缆索等效纵向刚度

悬索桥是以缆索为主要承重构件的结构,缆索的大位移非线性决定了悬索桥的高几何非线性力学特性。缆索的非线性表现为:不仅可以通过其自身弹性变形,而且可以通过其几何形状的改变来影响体系平衡,给结构提供重力刚度[3]。所以,对缆索刚度的研究是分析三塔悬索桥竖向刚度的前提。

3.1 水平缆索等效纵向刚度

水平缆索等效纵向刚度适用于主跨缆索。如图2所示,缆索跨径 l,垂度 f,恒载均布力为 q,在支点水平力 ΔH 作用下,缆索纵向位移为 Δl,则其等效纵向刚度为 $K_a = \Delta H/\Delta l$。Δl 由主缆垂度效应和弹性变形两部分原因产生,故水平缆索可看成反映垂度效应的重力刚度 K_u 和反映弹性变形的弹性刚度 K_h 的串联体系[4]。

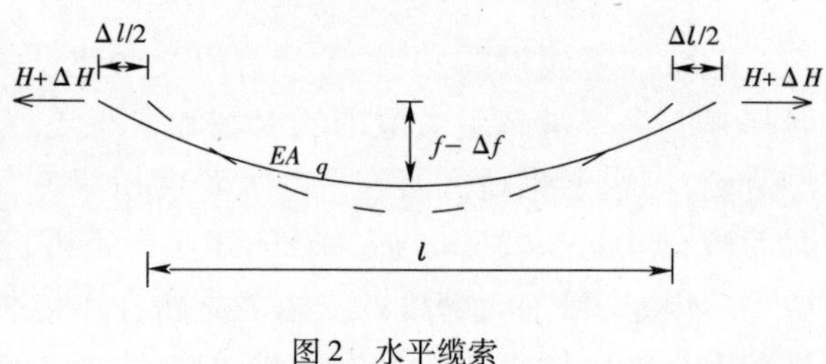

图2 水平缆索

$$K_a = \frac{K_u \cdot K_h}{K_u + K_h} \tag{2}$$

悬索桥一般矢跨比较小,基本满足抛物线假设。故缆索水平力 H 和索长 L 为:

$$H = \frac{ql^2}{8f} \tag{3}$$

$$L = l\left(1 + \frac{8}{3}\left(\frac{f}{l}\right)^2 - \frac{32}{5}\left(\frac{f}{l}\right)^4\right) = l\left(1 + \frac{1}{24}\left(\frac{ql}{H}\right)^2 - \frac{1}{640}\left(\frac{ql}{H}\right)^4\right) \tag{4}$$

近似认为缆索跨径纵向增量等于索长增量,则由上式得 Δl 和 ΔH 的关系:

$$\Delta l \approx \Delta L = -\left(\frac{1}{12}\frac{q^2 l^3}{H^3} - \frac{1}{160}\frac{q^4 l^5}{H^5}\right)\Delta H \tag{5}$$

则一阶重力刚度为:

$$K_u = \frac{1}{\left(\frac{1}{12}\frac{q^2 l^3}{H^3}\right)} \tag{6}$$

二阶重力刚度为：

$$K_u = \frac{1}{\left(\frac{1}{12}\frac{q^2 l^3}{H^3} - \frac{1}{160}\frac{q^4 l^5}{H^5}\right)} \tag{7}$$

缆索在水平力 H 作用下的弹性伸长 Δl_e 为：

$$\Delta l_e = \frac{Hl}{EA}\left(1 + \frac{16}{3}\left(\frac{f}{l}\right)^2\right) = \frac{Hl}{EA}\left(1 + \frac{1}{12}\left(\frac{ql}{H}\right)^2\right) \tag{8}$$

故在水平力增量 ΔH 作用下弹性伸长增量 $d\Delta l_e$ 为：

$$d\Delta l_e = \frac{l}{EA}\left(1 - \frac{1}{12}\frac{q^2 l^2}{H^2}\right)\Delta H \tag{9}$$

则一阶弹性刚度为：

$$K_h = \frac{EA}{l} \tag{10}$$

二阶弹性刚度为：

$$K_h = \frac{EA}{l\left(1 - \frac{1}{12}\frac{q^2 l^2}{H^2}\right)} \tag{11}$$

把 K_u 和 K_h 代入式(2)，即得水平缆索的等效纵向刚度。

3.2 倾斜缆索等效纵向刚度

边缆是倾斜缆索，如图3所示。类似水平缆索的推导，由于边缆垂度很小，用一阶重力刚度已足够精确。把倾斜索看成水平索，$l = c\cos\theta$，由式(2)得：

$$\Delta T = \frac{\frac{EA}{c}}{1 + \frac{EAq^2 l^2}{12\ T^3}} \cdot \Delta c \tag{12}$$

上式即是 ernst 公式。

把 $H = T\cos\theta$，$\Delta c = \Delta l\cos\theta$ 代入上式，即得倾斜索的等效纵向刚度：

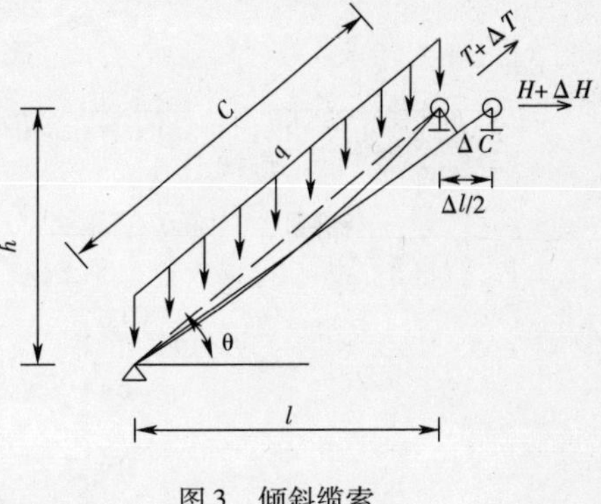

图3 倾斜缆索

$$K_a = \frac{\frac{EA\cos^3\theta}{l}}{1 + \frac{q^2 l^2}{H^2}\frac{EA}{12H}\cos^3\theta} \tag{13}$$

3.3 本文方法与数值计算结果对比

对水平主缆，建立 ANSYS 有限元模型。在各垂跨比下，其等效纵向刚度公式计算结果和有限元计算结果的误差比较如图4a)所示。由图知，垂跨比越小，计算精度越高。对于垂跨比为1/10左右的常规悬索桥，当选择二阶重力刚度和一阶弹性刚度公式计算时，误差在5%左右，满足概念设计的误差要求。

把式(7)、式(10)代入式(2)，得按二阶重力刚度和一阶弹性刚度计算的水平缆索等效纵向刚度公式：

$$K_a = \frac{\frac{EA}{l}}{1 + \left(\frac{1}{12}\left(\frac{ql}{H}\right)^2 - \frac{1}{160}\left(\frac{ql}{H}\right)^4\right) \cdot \frac{EA}{H}} \tag{14}$$

图4b)为垂跨比与等效纵向刚度的关系曲线。由图知,等效纵向刚度随垂跨比减小而增加。按公式计算的刚度值比有限元计算结果小,是因为该公式类似于等效切线模量法,存在刚度随应力变化的滞后性。对于应力增大的情况,刚度偏小;对于应力减小的情况,刚度偏大。

假设缆索弹性刚度 K_h 不变,其重力刚度 K_u 为 K_h 的 m 倍($m=0.1\sim10$),则 K_a 为 K_h 的 n 倍。m 和 n 的关系如图4c)所示。由于缆索是重力刚度和弹性刚度的串联系统,该图反映了 K_u、K_h 和 K_a 三者的关系。K_a 总是小于 K_u 和 K_h,当缆索放松时,K_u 相对于 K_h 很小,K_a 接近于 K_u;当缆索张紧时,K_u 相对于 K_h 很大,K_a 接近于 K_h。

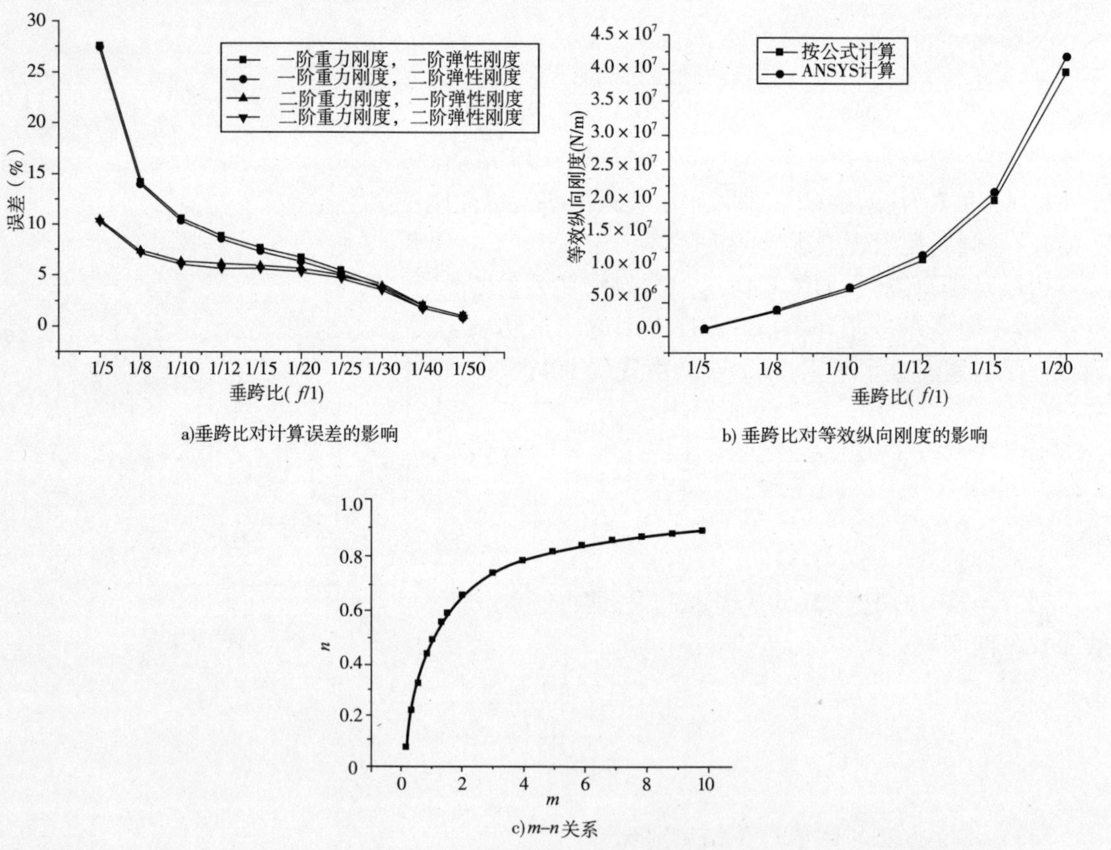

a)垂跨比对计算误差的影响

b)垂跨比对等效纵向刚度的影响

c)m-n关系

图4　水平缆索等效纵向刚度参数讨论

对于倾斜边缆,在恒载下其缆索水平力已知。由式(13)知随 q 增大,边缆等效纵向刚度减小。因此边跨有吊索的三跨悬索桥,其等效纵向刚度远小于边跨无吊索的单跨悬索桥。

保持塔高不变,改变边缆跨径,图5反映边缆与水平线的角度对边缆等效纵向刚度的影响。由图知,当边缆倾角在30°和45°之间,其等效纵向刚度较大。据此,可对边缆跨径进行优化。

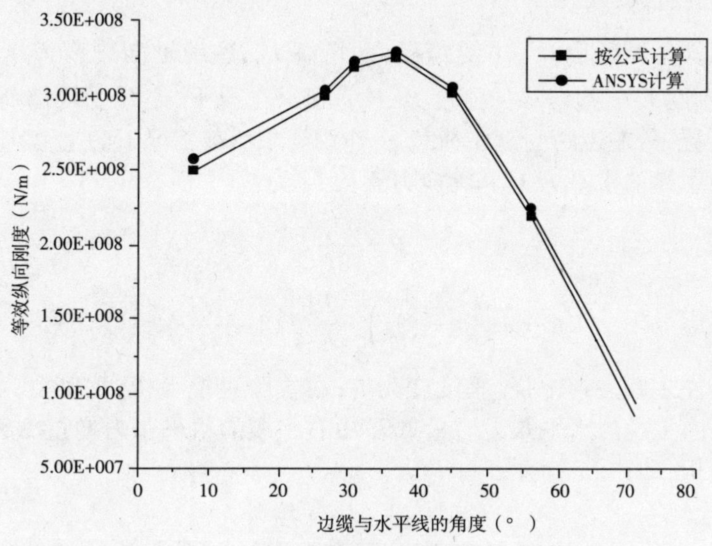

图5　边缆与水平线的角度对边缆等效纵向刚度的影响

4　三塔悬索桥简化计算

4.1　简化模型

对于特大跨径三塔悬索桥，为了便于分析，作如下假设和简化：

(1)忽略加劲梁的刚度。

(2)缆索线形为抛物线。

(3)吊杆为刚性膜，即主梁和主缆的竖向挠度相等。

(4)由于主塔轴向刚度较大，故忽略塔顶的竖向位移。

(5)边塔塔顶位移相对于中塔塔顶位移很小，故忽略边塔塔顶位移对主缆线形的影响。

简化后的模型如图6所示。

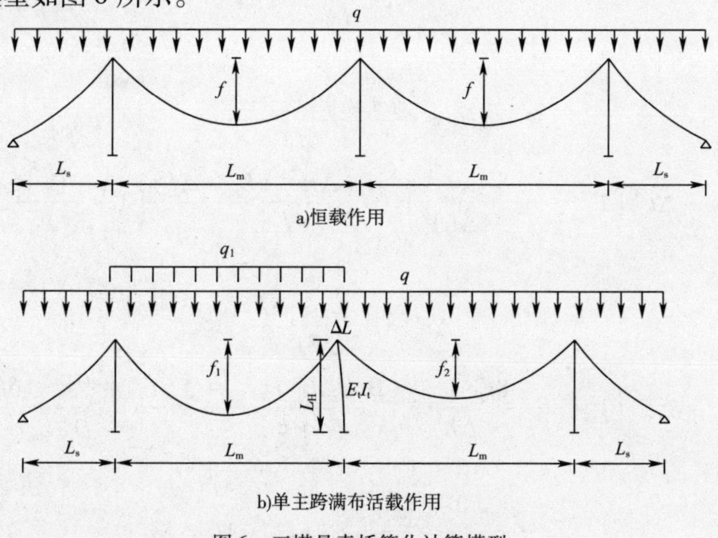

图6　三塔悬索桥简化计算模型

4.2 简化计算公式

命题如下:已知主缆跨径 L_m,边缆跨径 L_s,塔高 L_H,主缆轴向刚度 E_sA_s,边缆轴向刚度 $E'_sA'_s$,中塔纵向刚度 E_tI_t,边塔纵向刚度 $E'_tI'_t$。恒载工况下,主缆受均部荷载 q 作用,主缆垂度为 f。活载工况下,左主跨受满布荷载 q_1 作用。求活载工况下的主跨跨中挠度。

恒载工况下,主缆的水平力 H 和无应力索长 L_o 为:

$$H=\frac{qL_m^2}{8f} \tag{15}$$

$$L_o=L_m\left(1+\frac{8f^2}{3L_m^2}\right)-\frac{HL_m}{E_sA_s}\left(1+\frac{16f^2}{3L_m^2}\right) \tag{16}$$

活载工况下,左主跨主缆下挠,垂度变为 f_1;右主跨主缆上挠,垂度变为 f_2,中塔塔顶发生水平位移 ΔL。左主缆的水平张力增量 ΔH_1 由右主缆的水平张力增量 ΔH_2 和中塔塔顶水平推力 H_t 共同承担,即:

$$\Delta H_1=\Delta H_2+H_t \tag{17}$$

ΔH_2 和 H_t 按右半跨缆索体系纵向刚度 K_r 和中塔纵向刚度 K_t 之比进行分配。K_r 包括右主跨等效纵向刚度 K_a,右边跨等效纵向刚度 K'_a 和右塔纵向刚度 K'_t:

$$K_r=\frac{K_a(K'_t+K'_a)}{K_a+K'_t+K'_a}=\frac{K_a}{K_a/(K'_t+K'_a)+1} \tag{18}$$

由于 $K'_a\gg K_a$,所以 $K_r\approx K_a$,则:

$$\Delta L=\frac{\Delta H_1}{K_a+K_t}=\frac{\Delta H_2}{K_a}=\frac{H_t}{K_t} \tag{19a}$$

其中,

$$K_a=\frac{\dfrac{E_sA_s}{(L_m+\Delta L)}}{1+\left(\dfrac{q^2}{12}\left(\dfrac{L_m+\Delta L}{H+\Delta H_2}\right)^2-\dfrac{q^4}{160}\left(\dfrac{L_m+\Delta L}{H+\Delta H_2}\right)^4\right)\times\dfrac{E_sA_s}{H+\Delta H_2}} \tag{19b}$$

$$K_t=\frac{3E_tI_t}{L_H^3} \tag{19c}$$

对于左主跨:

$$H+\Delta H_1=\frac{(q+q_1)(L_m-\Delta L)^2}{8f_1} \tag{20}$$

$$L_o=(L_m-\Delta L)\left(1+\frac{8f_1^2}{3(L_m-\Delta L)^2}\right)\frac{(H+\Delta H_1)(L_m-\Delta L)}{EA}\left(1+\frac{16f_1^2}{3(L_m-\Delta L)^2}\right) \tag{21}$$

对于右主跨:

$$H+\Delta H_2=\frac{q(L_m+\Delta L)^2}{8f_2} \tag{22}$$

$$L_o=(L_m+\Delta L)\left(1+\frac{8f_2^2}{3(L_m+\Delta L)^2}\right)\frac{(H+\Delta H_2)(L_m+\Delta L)}{EA}\left(1+\frac{16f_2^2}{3(L_m+\Delta L)^2}\right) \tag{23}$$

式(19)略去高阶项,得:

$$f_1=\frac{1}{H+\Delta H_1}\cdot\frac{q+q_1}{8}\cdot(L_m^2-2L_m\Delta L) \tag{24}$$

式(21)略去高阶项,得:

$$f_2 = \frac{1}{H + \Delta H_2} \cdot \frac{q}{8} \cdot (L_m^2 + 2L_m \Delta L) \tag{25}$$

联立(20)和(22)式,得:

$$\frac{8f_1^2}{3(L_m - \Delta L)} \frac{8f_2^2}{3(L_m + \Delta L)} - 2\Delta L = \frac{H}{EA}\left(\frac{16f_1^2}{3(L_m - \Delta L)} \frac{16f_2^2}{3(L_m + \Delta L)} - 2\Delta L\right) + \frac{\Delta H_2}{EA}\left\{\frac{K_t}{K_a} \cdot L_m - \left(\frac{K_t}{K_a} + 2\right)\Delta L + \left(\frac{K_t}{K_a} + 1\right)\frac{16f_1^2}{3(L_m - \Delta L)} \frac{16f_2^2}{3(L_m + \Delta L)}\right\} \tag{26}$$

联立式(19)、式(24)~(26),即可求得基本未知量 f_1、f_2、ΔH_1、ΔH_2、ΔL 的值。由于方程联立求解复杂,可通过数值方法迭代求解,过程如下:

(1)假设初值 $\Delta H_2 = 0$,$\Delta L = 0$。

(2)由式(19b)求得 K_a。

(3)将式(18)、式(24)、式(25)代入式(26),得到 ΔL 的单变量非线性方程。可通过 matlab 等数学软件方便解得 ΔL。

(4)由 ΔL 得到 $\Delta H_2 = K_a \Delta L$。

(5)重复步骤(2)~(4),直到 ΔL 满足收敛条件。

通过上述步骤,一般迭代 3 至 4 轮即可得到收敛结果。解得 ΔL 和 ΔH_2 后,可由式(19)、式(24)、式(25)求得其他未知量 ΔH_1、f_1、f_2,进而得到左主跨挠度 Δf_1 和右主跨挠度 Δf_2(方向向下为正):

$$\Delta f_1 = f_1 - f \tag{27}$$

$$\Delta f_2 = f_2 - f \tag{28}$$

主跨挠度值 $\Delta f = \Delta f_1 - \Delta f_2 = f_1 - f_2$ 即反映了三塔悬索桥的整体竖向刚度。

考虑 $P \sim \delta$ 效应,中塔塔根弯矩 M_t 为:

$$M_t = (\Delta H_1 - \Delta H_2) L_h + (4f_1 \frac{H + \Delta H_1}{L_m - \Delta L} + 4f_1 \frac{H + \Delta H_2}{L_m + \Delta L}) \Delta L \tag{29}$$

边缆等效纵向刚度 K'_a 可由式(13)求得,边塔纵向刚度 K'_t 为:

$$K'_t = \frac{3E'_t I'_t}{L_H^3} \tag{30}$$

由此得边塔塔顶位移:

$$\Delta L_2 = \frac{\Delta H_1}{K'_a + K'_t} \tag{31}$$

考虑 $P \sim \delta$ 效应,则边塔塔根弯矩 M'_t 为:

$$M'_t = \Delta H_1 \cdot \frac{K'_t}{K'_a + K'_t} \cdot L_h + (\Delta H \cdot \frac{K'_a}{K'_a + K'_t} \cdot \frac{L_h}{L_s} + 4f_1 \frac{H + \Delta H_1}{L_m - \Delta L}) \Delta L_2 \tag{32}$$

主缆抗滑移安全系数 K_{kh} 为:

$$K_{kh} = \frac{\mu\alpha}{\ln(\frac{T_1}{T_2})} = \mu\alpha / \ln\left(\frac{H + \Delta H_1}{H + \Delta H_2} \cdot \frac{L_m + \Delta L}{L_m - \Delta L} \cdot \frac{\sqrt{16f_1^2 + (L_m - \Delta L)^2}}{\sqrt{16f_2^2 + (L_m + \Delta L)^2}}\right) \tag{33}$$

其中,μ 为主缆和鞍座材料间的最大摩擦系数,α 为束股两切点间圆心角。

4.3 简化计算公式验证

建立两跨三塔悬索桥有限元平面模型验证上述简化计算方法。取主缆跨径 L_m = 1 024m,边缆跨径 L_s = 220m,矢跨比 1/10。主缆面积 $A_s = 0.42m^2$,边缆面积 $A'_s = 0.45m^2$,弹性模量 $E_s = 1.95\times10^{11}N/m$。主塔高 L_h = 160m,弹性模量 $E_t = 3.45\times10^{10}N/m$,纵向截面惯性矩 $I_t = 342m^4$。加劲梁惯性矩 $3m^4$,重量为250kN/m。满布活载取 q_1 = 37kN/m。

表1是简化计算方法与有限元计算的结果比较。由表知,两者误差在20%以内,满足概念设计的要求。产生误差的主要原因是简化计算时忽略了主梁刚度,即 K_a 值偏小,全桥整体刚度偏小。故中塔计算结果偏大,边塔计算结果偏小,跨中挠度值偏大。忽略主梁刚度,与有限元计算结果比较,误差均小于5%,这也证明了上述观点。

表1 简化计算结果与有限元计算结果比较

计 算 项 目	简化计算结果	有限元计算结果	相对误差(%)
中塔塔顶位移 ΔL(m)	1.330	1.110	16.52
边塔塔顶位移 ΔL_1(m)	0.082	0.098	19.92
左主跨跨中挠度 Δf_1(m)	2.810	2.540	9.61
右主跨跨中挠度 Δf_2(m)	2.190	1.829	16.50
中塔塔根弯矩 M_t(N·m)	1.84E+09	1.51E+09	17.95
边塔塔根弯矩 M'_t(N·m)	1.11E+08	1.33E+08	19.34

5 三塔悬索桥竖向刚度参数分析

如图6所示,把三塔悬索桥左主跨等效为两塔悬索桥,缆索的等效纵向刚度用弹性约束模拟。显而易见,三塔悬索桥与两塔悬索桥的区别,仅在于另一侧缆索体系的等效纵向刚度的差异。三塔悬索桥另一侧主缆体系的等效纵向刚度 K_a 远小于两塔悬索桥边缆刚度 K'_a,使得中塔塔顶位移很大,全桥竖向刚度很低。所以提高三塔悬索桥竖向刚度的关键在于如何控制中塔塔顶位移。

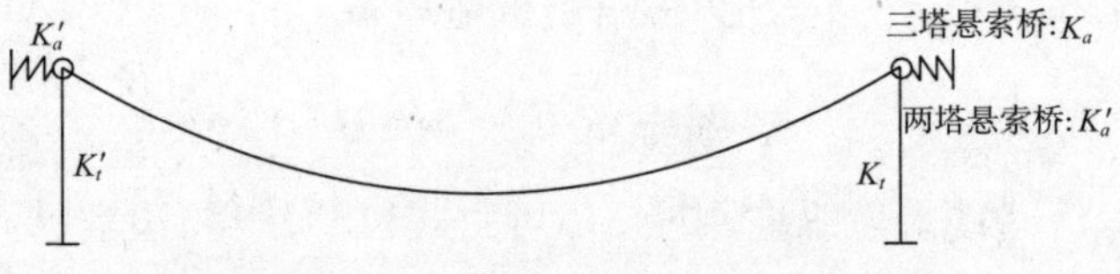

图6 三塔悬索桥和两塔悬索桥比较

5.1 边缆跨径的影响

由图5知,随边缆跨径的增大,边缆等效纵向刚度先增大后减小,所以三塔悬索桥的竖向刚度也随边缆跨径的增大而先增大后减小。但是,由式(18)知,边缆等效纵向刚度对中塔塔顶位移的影响很小,故边缆跨径的改变对三塔悬索桥竖向刚度的影响不大。所以锚碇位置的确定,可不考虑其对三塔悬索桥竖向刚度的影响。

对4.3的算例,只改变边缆跨径,L_s 分别取110m、220m、330m和440m,用简化方法计算的结果见表2。表中广义竖向刚度按式(1)计算,边缆跨径从110m增加到440m,广义竖向刚度变化范围只有1.35%。

表 2　边缆跨径对竖向刚度的影响

边跨长度（m）	中塔塔顶位移 $\Delta L/(\mathrm{m})$	边塔塔顶位移 $\Delta L_1/(\mathrm{m})$	主梁挠度 $\Delta f/(\mathrm{m})$	广义竖向刚度 $k/(\mathrm{kN/m^2})$
110	1.331	0.135	5.231	7.073
220	1.332	0.097	5.161	7.170
330	1.332	0.110	5.184	7.137
440	1.331	0.135	5.230	7.075

5.2　垂跨比的影响

对 4.3 的算例，只改变塔高，垂跨比取 1/12、1/11、1/10、1/8 和 1/9，用简化方法计算的结果见表 3。由式(19c)、表(3)和表(14)知，随着主缆垂度 f 增大，塔高 L_H 增加，主塔刚度和主缆等效纵向刚度 K_a 均减小，故广义竖向刚度减小。垂跨比从 1/12 变化至 1/8，广义竖向刚度减小了 7.9%，中塔顶不平衡水平力差减小了 18%。左主缆的水平张力增量 ΔH_1 减小 26%，主缆等效纵向刚度 K_a 由图 3b）知减小了约 70%，所以根据式(19a)，中塔塔顶位移 ΔL 增大。由图 5 知，垂跨比从 1/12 变化至 1/8，边缆跨径和塔高之比从 1.5 变化至 1.2，此区间内边缆等效纵向刚度 K'_a 几乎不变，所以根据式(31)，边塔塔顶位移 ΔL_1 反而减小了。

表 3　垂跨比对竖向刚度的影响

垂跨比	中塔塔顶位移 $\Delta L/(\mathrm{m})$	边塔塔顶位移 $\Delta L_1/(\mathrm{m})$	主梁挠度 $\Delta f/(\mathrm{m})$	广义竖向刚度 $k/(\mathrm{kN/m^2})$	中塔顶不平衡水平力差(kN)
1/12	1.023	0.110	4.893	7.562	1.276E+04
1/11	1.161	0.104	5.022	7.368	1.236E+04
1/10	1.332	0.097	5.161	7.170	1.185E+04
1/9	1.549	0.089	5.313	6.964	1.121E+04
1/8	1.831	0.081	5.483	6.749	1.043E+04

5.3　主缆等效纵向刚度的影响

由式(19a)式知，提高主缆等效纵向刚度 K_a 可以有效控制中塔塔顶位移，进而提高三塔悬索桥的竖向刚度。一般采取如下措施：

(1)增加主梁重量。根据式(7)，增加主梁重量可以提高主缆重力刚度，以提高 K_a 值。

(2)增加主缆面积。根据式(11)，增加主缆面积可以提高主缆弹性刚度。但悬索桥垂跨比一般在 1/10 左右，其弹性刚度远大于重力刚度。由图 3，此时提高主缆弹性刚度对 K_a 的影响不大。

(3)塔顶间设置纵向水平加劲索。水平加劲索提供的纵向等效刚度由式(14)计算。设置水平加劲索可直接限制中塔塔顶位移，提高主缆抗滑移安全系数。但对于大跨径悬索桥，水平加劲索垂度效应显著，效果不明显。

(4)采用单面双索体系。该体系在活载作用下两索的总水平力不变，故中塔塔顶不需要提供纵向约束,中塔可以采用单柱式桥塔,以降低中塔的基础造价。

5.4 中塔纵向刚度的影响

根据式(19a),提高中塔纵向刚度 K_t,则中塔顶位移 ΔL 减小,左主缆水平力 ΔH_1 增加,右主缆水平力 ΔH_2 减小。因此,全桥竖向刚度提高,中塔顶不平衡水平力 H_t 增加。所以设计时需优化 K_t,以解决跨中挠度过大和主缆抗滑移安全系数过低的矛盾。

对4.3的算例,中塔纵向刚度和主缆等效纵向刚度之比 $m=\dfrac{K_t}{K_a}=2.4$。保持 K_a 不变,改变 K_t 值,使 $m=0.7\sim7$,用简化方法计算结果见图7。由图知,提高中塔刚度,可以有效提高广义竖向刚度,但同时降低了主缆抗滑移安全系数。参考泰州大桥经验,挠跨比规定小于1/220,即主跨挠度 Δl 应小于4.65m。由图7a)知,m 应大于3。取 $\mu=0.2$,$\alpha=2\times23.962°$,按规范要求 K_{kh}应小于2。由图7b)知,m 应小于7。由此确定了中塔刚度范围,可据此方法指导设计。

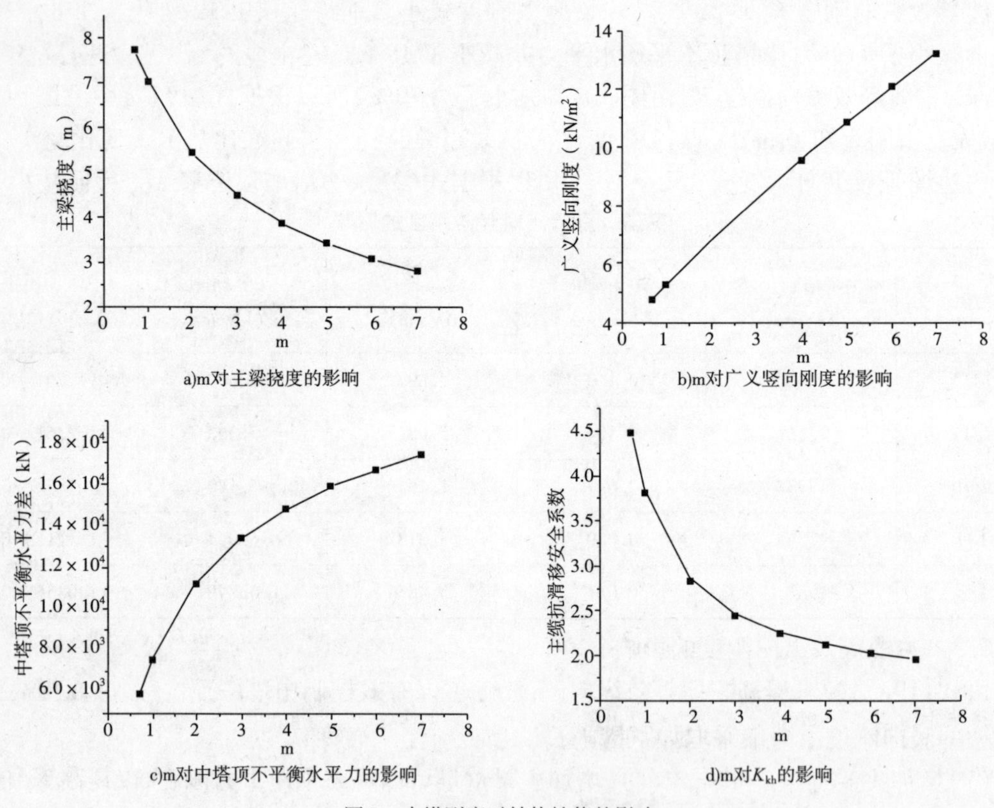

a)m对主梁挠度的影响

b)m对广义竖向刚度的影响

c)m对中塔顶不平衡水平力的影响

d)m对K_{kh}的影响

图7 中塔刚度对结构性能的影响

6 结语

本文提出的三塔悬索桥的简化计算方法,可方便估算其在单主跨均布荷载作用下的力学特性。在此基础上进行的参数分析可得出如下结论:

(1)边缆跨径对三塔悬索桥竖向刚度的影响很小。

(2)主缆垂度越小,三塔悬索桥竖向刚度越大。

(3)采取各项措施以增加主缆等效纵向刚度的方法,可以提高三塔悬索桥的竖向刚度。

(4)提高中塔纵向刚度 K_t 可有效提高三塔悬索桥的竖向刚度,但同时会降低主缆抗滑移安全系数。设计时,应对其进行优化。

参 考 文 献

[1] Niels J G. 缆索支承桥梁:概念与设计[M]. 纽约:约翰. 威立出版社,1997:178 – 180(英文版).

[2] 朱本瑾. 多塔悬索桥的结构体系研究[D]. 上海:同济大学,2007:53-58.

[3] 项海帆,等. 高等桥梁结构理论[M]. 北京:人民交通出版社,2001:302-304.

[4] 肖恩源. 论悬挂索的重力刚度[J]. 公路,2000,(08):43-49.

120 大跨铁路拱桥一阶导数不连续拱轴线

饶少臣

(中铁第四勘察设计院集团有限公司)

摘　要　拱桥承重拱肋的合理拱轴线问题在工程界已做了大量理论和实践工作,圆曲线、抛物线、悬链线等形式的拱轴研究和工程运用数不胜数并已趋成熟,针对困扰铁路向轻型大跨发展的刚度问题,在从拱轴线对桥梁刚度影响的比较分析的基础上提出一阶导数不连续拱轴线设计思想,和一阶导数不连续拱轴线的构成方法,并给出同等条件下几种不同拱轴线的计算比较。结果可见:一阶导数不连续拱轴线在结构整体刚度方面具有较明显改善,对于大跨铁路拱桥修建具有一定参考价值。

关键词　大跨铁路拱桥　一阶导数不连续　拱轴线

古老的拱桥结构形式有着千年的延续历史,随着万县长江大桥、上海卢浦大桥的相继建成,拱桥最大跨度一跃再跃,目前主跨已达550m。从大跨桥梁的发展历程来看,新材料及组合构件的运用在其中起着主导作用,对于拱肋轴线不管是采用圆曲线、抛物线还是悬链线,从本质上讲并没有发生改变,即都是一阶导数连续的曲线,也就是说这种拱结构拱身不适合承受较大的非轴向集中力,而只适应承受均匀的分布力,且越均匀对拱肋受力越有利。

铁路桥梁向轻型大跨发展的最大障碍是桥梁的整体刚度,主要反映在集度较大的静活载作用的竖向挠度限制,对于拱桥而言改善结构刚度最有效的途径是矢跨比,至于拱轴线的优化改善的程度存在不可逾越的极限,而对于在特定矢跨比条件下提高整体刚度主要途径是增大截面尺寸,这样就意味着强度与刚度之间可能失衡而造成材料浪费。

以拱肋为主要承重部件的拱桥,其竖向刚度主要来自拱肋,具体影响主要反映在三个方面:一是拱轴线的变形形态;二是拱肋轴向压缩的竖向分量累积;三是吊杆或立柱的竖向伸缩量,也即竖向 *EA* 刚度。后两者的提高意味着需加大构件截面,因此它们只是理论上存在一个合理取值范围的问题,实际设计中只需设定一个原则试算若干次即可达到理论上的最佳状态;而三者之中拱轴线的变形形态变数最大,历来就是设计和研究的重点内容,圆曲线和各种阶次的抛物线、悬链线以及各种合理的矢跨比等都是在研究这个问题时提出来的,这也包括对于不同的恒载活载下拱轴线的优化过程。而在此提出的一阶导数不连续拱轴线的设计思想也同样是因此而产生的。

1　计算比较依据

算例按350km/h客运专线双线铁路桥梁考虑,所依据行业技术规范和主要技术标准与一阶导数不连续拱轴线本身并无直接关系,此不赘述。

2 一阶导数不连续拱轴线的提出

一般桥跨的活载挠度曲线均为各孔一条单极值点的下挠曲线,除非梁跨中部受到强力顶托,否则要减少挠度就只有均衡地增大各部分的截面尺寸,因此设法增加跨中顶托就成为减小活载挠度的可能突破点。三角形桁架中间的竖向吊杆几乎可把下弦杆分成两个梁跨,相应的挠度也随之大减,试着把三角形桁架的这种作用引入到拱轴线中就产生了所谓一阶导数不连续拱轴线,其要点是在拱顶出现一个突变点,这样就可通过拱肋顶部提供一个对梁体中部较强有力的支承点,相应的通过增大的中吊杆(以中、下承式拱为例)就可实现在跨中对主梁提供一个顶托作用,从而减小跨中挠度甚至于使挠度曲线极值点数大于1个,因此就有可能在仅增大个别构件尺寸的情况下较大幅度地改善结构竖向静力刚度,后面的计算结果证实了这一推论。

采用多段曲线拱肋的做法在隧道洞室断面设计中运用较为普遍,其目的是为了适应各个方向不同的围岩压力及应力释放后不同部位变形的差异性,但因为压力变化是渐变的而没有采用出现多段曲线的一阶导数不连续现象,即在各段曲线的连接处存在公切线。所以,一阶导数不连续拱轴线设计思路实际上是某种意义上的多段曲线拱轴线思路的延伸。

2.1 结构受力基本原理阐述

拱桥是充分利用材料承压能力的一种结构形式,保持桥梁在各种荷载组合作用下维持拱肋中只存在较小的弯矩是合理拱轴线设计的关键,因此合理拱轴线是与所承受荷载相关一种曲线状态,而不能脱离工程背景孤立地看待合理拱轴线问题,如“1.8次抛物线拱轴比别的曲线好”之类的说法是不科学的。

一般的,对于同样大小的均布竖向荷载,当拱越坦平衡竖向荷载产生的拱轴力及水平推力越大,而拱肋越坦则竖向挠度就越大,反之则向反,这说明拱肋矢跨比是决定拱桥最重要的技术指标。合理拱轴线的标准应是在将非轴向力由跨间传至拱脚或基础的过程中产生的拱肋弯矩最小,而且认为:在特定荷载作用下,拱肋矢跨比不变的条件下传统拱轴线的优化程度是有限的。

通常拱肋、三角形桁架、一阶导数不连续拱轴线的结构承载时的挠曲状态示意见图1。比较之下可见一阶导数不连续拱轴线结构受力情况介于前两者之间,具体特点如下:①在拱顶提供更大的竖向力给跨中吊杆,形成对主梁跨中较强劲的竖向弹性支承;②被分为两段的拱轴线的曲率半径更大(即更坦),其越坦拱脚指向拱顶的推力越大,提供的跨中弹性支承则越强,但跨间承受竖向荷载的能力则减弱,极端情况是退化为三角形拱;③拱脚的水平推力由整个拱的矢跨比决定,不因半拱肋的矢跨比产生实质性的变化;④对设计而言的主要优化工作是权衡跨中吊杆受力与其他跨间吊杆受力的分配问题,从个人体会来看,在通常拱桥设计基础上简单地加大跨中吊杆到达预期的挠度改善量即可。

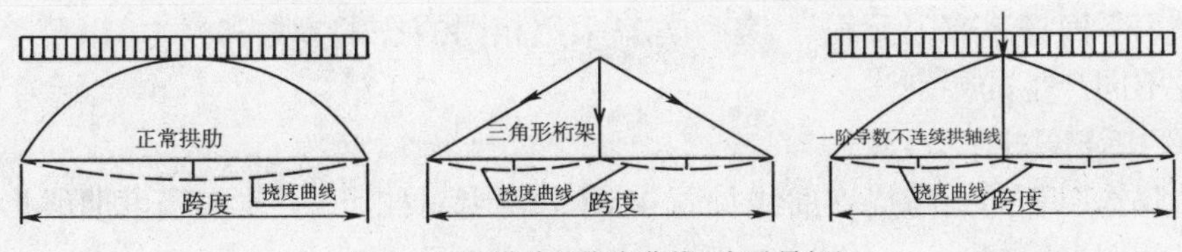

图1 三种拱肋的挠度曲线(未示吊杆)

2.2 一阶导数不连续拱轴线构成方法

一阶导数不连续拱轴线构成遵循由于大到小的基本原则,即先根据正常拱桥设计所依照的做法确定整体矢跨比,再将拱脚与拱顶连线之间视为局部的两个小拱肋分别进行轴线拟定,建议两个半拱肋采用圆曲线以方便确定坐标值。具体操作如下:①根据全拱肋矢跨比确定拱顶,连接拱脚与拱顶得弦线,此两弦线即三角形拱之上弦杆;②作弦线之矢线,在矢线上任取一点与拱脚拱顶构成三点圆弧即为所求的一阶导数不连续拱轴线;③根据设计预期的跨中集中弹性支承的强弱调整半边拱肋轴线的矢高即可达到设计追求的目标。构成方法见图2。

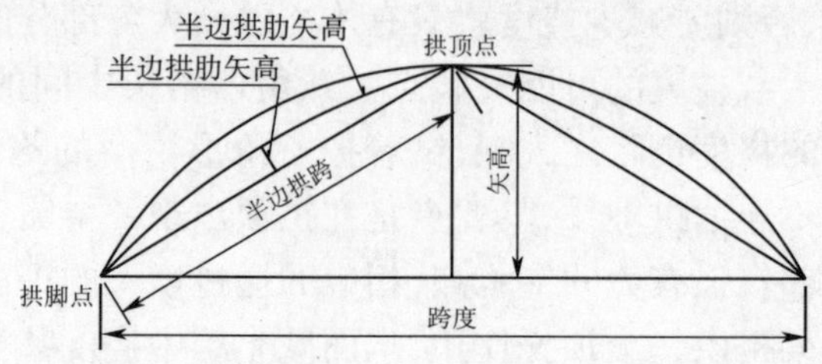

图2 一阶导数不连续拱轴线构成方法

3 对比计算分析

对比分析基于同样的设计标准,并采用相同的基本结构参数和尺寸,所比较样本有:①圆曲线拱肋、抛物线拱肋、悬链线拱肋、一阶导数不连续拱肋;②抛物线拱肋、悬链线拱肋自身优化过程。为压缩篇幅对于“②”中的过程没有在文中反应,而直接取其优后的结果参与“①”中的比较。

3.1 结构基本尺寸

大桥主跨300m,桥面以上矢高70m,拱肋为两根高5m、宽3m、壁厚30mm的箱形钢截面,主梁在拱间桥面为钢箱梁,为顶宽12m、底宽7m、梁高5m的单箱双室截面,跨中加大的吊杆横截为45 360mm^2(相当于两根15cm×15cm的方形截面),是正常值的4.5倍,这也是与正常拱桥唯一差别,其他部分均采用预应力混凝土或钢筋混凝土结构。全桥结构布置形式见图3,外形与正常拱桥并无差异,仅仅是拱的中部出现寿桃形的尖顶。

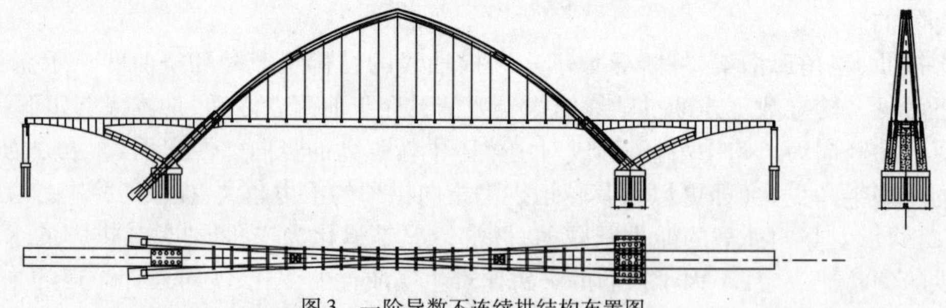

图3 一阶导数不连续拱结构布置图

3.2 结构计算说明

计算采用平面杆系有限元程序,各种方案采用相同的技术参数和尺寸,以便单纯地反映出拱肋轴线不同产生的差别。

3.3 跨中挠度对比

计算活载作用下的主跨挠度曲线见图4、图5,两者对比可见,改变挠度曲线形态对减少挠度绝对值的效果较好。

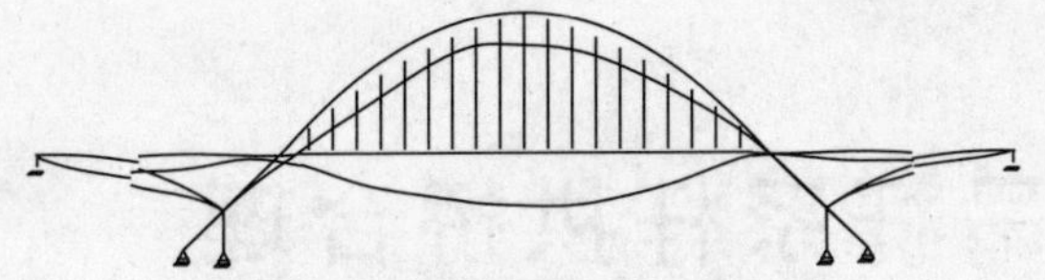

图4　抛物线拱肋时的挠曲线形态

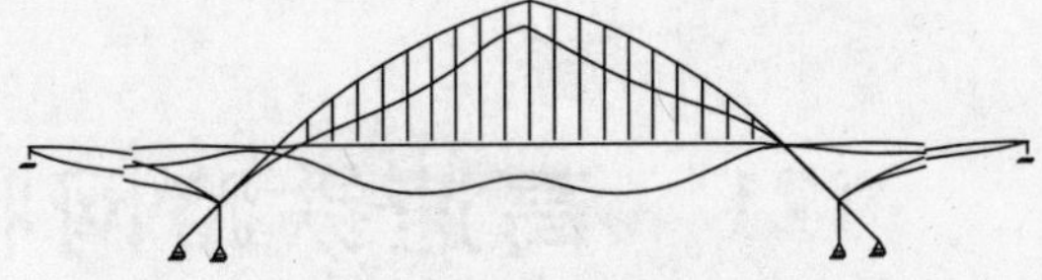

图5　一阶导数不连续拱的挠曲线形态

将上述所介绍的各结构的“跨中”最大挠度计算结果，摘抄列于表1中。可见：前3者中除了圆曲线拱轴线曲率不能调整而逊于其他两者外，悬链线和抛物线拱均可通过调整曲率沿纵向的分布而最终趋于一致，彼此几近不分伯仲；而一阶导数不连续拱肋主跨挠度较前面各值的最优者还降低了，仅为前者的0.8倍，可见加粗一根吊杆的代价是物超所值。

表1　“跨中”最大挠度计算结果（摘抄）

序　号	拱 轴 形 式	“跨中”最大挠度（cm）
1	圆曲线拱	12.00
2	悬链线拱	9.00
3	抛物线拱	8.67
4	一阶导数不连续拱肋	6.93

4　进一步研究的问题

一阶导数不连续拱轴线带来的改变并不会对工程施工带来太多额外的复杂性，传统的施工工艺基本上可以沿用，虽如此但从建造的角度看，拱顶承受较大集中力在构造上需要有相应的构造措施与之相适应，因此具体设计中要进行局部应力分析及构造优化设计。另外，作为新结构形式，有必要对结构整体稳定性、行车动力性能、矢跨比等进行进一步研究，虽然一阶导数不连续拱轴线可以提高一阶对称和反对称压曲失稳的极限承载力，但毕竟跨中吊杆加大后相当于加大了跨中集中质量，会对动力性能产生一定的负面影响，经初步分析影响应很有限。

5　结语

从一阶导数不连续拱轴线对列车活载作用下的挠度改善程度来看，以在同样的工程代价条件下可使结构跨度增大，或者降低同等跨度下结构的工程造价，而结构构造技术上没有增加太多困难，认为一阶导数不连续拱轴线在提高拱桥结构竖向刚度方面效果较为明显，具有一定的实用价值、学术价值和创新性，值得进一步深入研究或付诸实践。

参 考 文 献

[1] 新建时速300～350公里客运专线铁路设计暂行规定[S]. 铁建设〔2007〕47号.
[2] 铁路桥涵钢筋混凝土和预应力混凝土结构设计规范(TB 10002.3—2005)[S].
[3] 铁路桥梁钢结构设计规范(TB 10002.2—2005)[S].

121　高速铁路网状吊杆系杆拱桥合理吊杆内力研究

朱小康　聂永福　刘　钊

(东南大学土木工程学院)

摘　要　在我国京沪高速铁路以及沪宁城际高速铁路建设中,网状吊杆系杆拱桥得到了一定的应用。与竖吊杆系杆拱相比,网状吊杆体系具有良好的静动力特性。但网状吊杆体系,在成桥状态下的吊杆索力对拱肋和系梁的内力状态及位移影响很大,所以有必要确定索力优化的方法。本文在既有柔性吊杆合理索力确定方法的基础上,研究了"修正无限轴向刚度法",可较好地应用于网状吊杆系杆拱桥合理成桥吊杆索力的确定,使成桥状态的结构内力及位移达到理想目标。

关键词　网状吊杆系杆拱桥　吊杆索力　修正无限轴向刚度法

网状吊杆系杆拱桥比常见的竖吊杆系杆拱桥竖向刚度大,在荷载作用下挠度较小;提高了结构的竖向刚度,振幅较小,是适用于高速铁路的一种系杆拱桥形式。

网状吊杆系杆拱桥为外部简支静定、内部高次超静定的结构体系,吊杆索力对于拱肋和系梁的内力状态起主导作用。而网状吊杆的下吊点处锚固有两根倾斜方向不同的吊杆,这两根吊杆的索力分配对于下吊点的水平向位移也有较大的影响。因此通过对吊杆索力进行优化,可以保证桥梁设计的安全性和经济性。

1　索力的优化目标

在进行索力优化时,确定的优化目标为:①通过合理索力的确定,保证在恒载作用下关心截面的内力处于合理的范围之内,使得拱肋受压而少受弯,系梁和拱肋的受力尽量均匀;②在活载作用下桥梁受力安全,保证吊杆在任意活载工况下仍然有一定的张力储备;③尽量使吊杆的索力接近,有利于均衡结构的刚度,统一吊杆选型规格,以方便设计与施工。

2　网状吊杆系杆拱桥索力确定的方法

对于柔性吊杆索力的确定方法,许多学者进行了研究,几种常见计算方法如:刚性支承连续梁法、用索量最小法、最小弯矩法、最小弯曲应变能法,最小应变能法、影响矩阵法等[1~5]。每种方法都有各自的优缺点。文献[6]比较系统地研究了确定系杆拱桥最优吊杆索力的三种方法:其一是基于无约束最小应变能原理的"刚性吊杆法";其二是基于无约束最小弯曲应变能原理的"无限轴向刚度法";第三种方法是形成一个二次规划问题,以离散化结构的最小弯曲应变能为目标函数,以某些位置的弯矩、位移或吊杆内力等作为约束条件。此三种方法在实质上均以最小应变能法为基础,并且简便实用,可作为确定网状吊杆系杆拱桥索力的基础。

最小应变能法以吊杆索力($x_1,x_2,x_3,\cdots,x_n$,)为基本未知量,结构在索力和恒载作用下的应变能为:

$$U=\int_s \frac{M^2}{2EI}ds+\int_s \frac{N^2}{2EA}ds+\int_s k\frac{Q^2}{2EA}ds \tag{1}$$

式中:$M=\sum_{i=1}^{n}x_i\overline{M}_i+M_p,N=\sum_{i=1}^{n}x_i\overline{N}_i+N_p,Q=\sum_{i=1}^{n}x_i\overline{Q}_i+Q_p$

忽略剪力的影响,要使结构的应变能最小,则 x_i 应满足:

$$\frac{\partial U}{\partial x_i}=\delta_{ii}x_i+\sum_{\substack{j=1\\j\neq i}}^{n}\delta_{ij}x_j+\Delta_{ip}=0 \tag{2}$$

式中:$\delta_{ii}=\int_s \frac{\overline{M}^2}{EI}ds+\int_s \frac{\overline{N}^2}{EA}ds,\delta_{ij}=\int_s \frac{\overline{M}_i\overline{M}_j}{EI}ds+\int_s \frac{\overline{N}_i\overline{N}_j}{EA}ds,\Delta_{iP}=\int_s \frac{\overline{M}_iM_P}{EI}ds+\int_s \frac{\overline{N}_iN_P}{EA}ds$

由式(2)易知此式对应于吊杆两端的相对位移为0,即为"刚性吊杆法"。而此方法应用商业软件的实现时,只需将吊杆的刚度 EA 赋大值即可,如图1所示。由于一般控制关心截面的力素是弯矩而非轴力,因此可以在计算中忽略轴力的影响,对应于式(1)中将拱肋、系梁和吊杆的截面A均赋大值,即为"无限轴向刚度法",如图2所示。

对于竖吊杆的系杆拱桥,"刚性吊杆法"和"无限轴向刚度法"可以得到较均匀的索力。而对于网状吊杆系杆拱桥,由于吊杆倾斜方向不同,若仅应用"刚性吊杆法"或"无限轴向刚度法"得不到合理的索力。这是因为斜吊杆的索力由上下吊点的相对变形决定,而拱肋和系梁的轴向压缩变形对于同一吊点两根吊杆的索力分配起主导作用。考虑到系梁内部需要张拉强大的预应力,若控制系梁轴向变形(对应于"无限轴向刚度法"中的忽略系梁的轴向应变能)与实际结构相差较大。因此本文应用最小应变能原理,同时通过限制拱肋轴向压缩变形,释放系梁轴向压缩变形的"修正无限轴向刚度法",使得索力分配均匀化。算法实现如图3所示,首先将吊杆刚度及拱肋截面积均赋大值,在恒载作用下计算出吊杆索力;然后将结构刚度恢复为实际值,并赋予吊杆由上步计算所得的初拉力;最后通过调整系梁预应力修正吊杆和关心截面的受力。

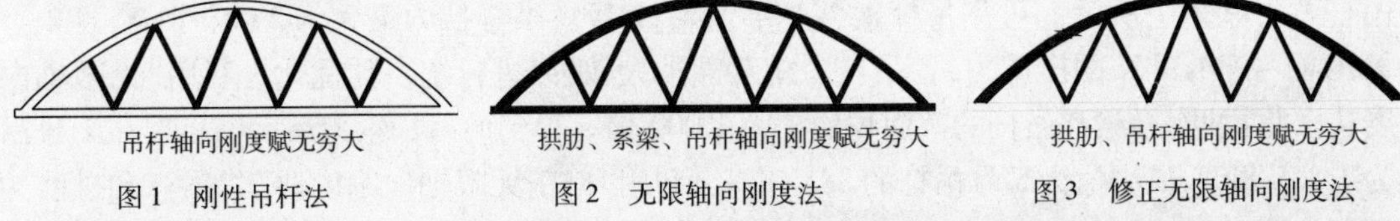

图1 刚性吊杆法　　图2 无限轴向刚度法　　图3 修正无限轴向刚度法

对于某一特定结构,在已知荷载工况,"刚性吊杆法"和"无限轴向刚度法"得到的吊杆索力为一组定值。在控制关心截面的弯矩时,必然会增大其他截面的弯矩,很难同时控制各截面的弯矩达到最小。根据文献[6]"二次规划法"的思想,通过应用"修正无限轴向刚度法"并调整系梁内部预应力,控制系梁的轴向变形,可以减少拱肋和系梁的总应变能,适当的预应力布置可以使拱肋和系梁关心截面的弯矩值同时降低。而且软件实现起来也非常方便,为设计提供一个可行的方法。

在铁路桥梁中,铁路活载所占比例相对较大,因此要特别关注在活载作用下各吊杆的受力状况,使得在恒活载共同作用下结构受力安全合理。

3 算例

3.1 工程概况

沪宁城际铁路上某网状吊杆系杆拱桥,设计车速为350km/h,梁全长100m,计算跨径为96m,矢跨比$f/L=1/5$,拱肋平面内矢高19.2m,拱肋选用悬链线线形,拱轴系数$m=1.167$。拱肋截面采用哑铃型钢管混凝土截面,截面高度$h=3.0$m。系梁为单箱三室预应力混凝土截面,桥面箱宽17.1m,梁高2.5m,系梁中和轴位于起拱线上,二期恒载取为117kN/m。吊杆采用尼尔森体系,在吊杆平面内,吊杆水平夹角在50.978°~65.384°之间;横桥向水平夹角为90°,吊杆间距为8m。拱肋之间共设五道横撑,拱顶处设置X形撑,拱顶至两拱脚间设4道K形横撑,由圆形钢管构成。

3.2 模型建立

利用MIDAS建模进行索力的确定和分析。拱肋、系梁、风撑采用梁单元,吊杆采用桁架单元。拱肋与系梁、风撑与系梁都采用刚性连接。全桥共划分为331个节点424个单元,全桥模型如图4所示。

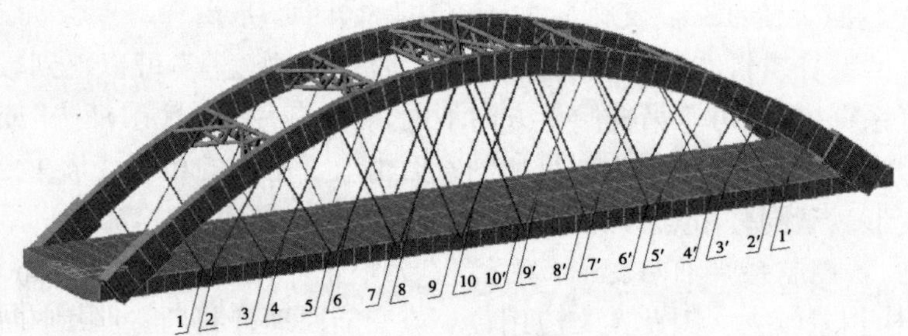

图4 拱桥有限元模型(图中数字为吊杆编号)

3.3 计算分析

首先不考虑系梁预应力筋的作用,在自重和二恒作用下,利用“刚性吊杆法”进行求解。仅将吊杆的刚度调大,吊杆面积赋值为实际面积的1 000倍,其余参数按实桥模型选取,得到的吊杆索力如表1所示。可见吊杆索力并不均匀,1号短吊杆拉力最大为2 088.8kN,且2号吊杆出现-984.9kN的压应力,各吊杆力跳跃性很大,难以进行统一的优化。利用“无限轴向刚度法”,将拱肋、系梁和吊杆的截面积均扩大1 000倍。得到的吊杆索力最大值出现在2号吊杆为1 805.8kN,最小值为5号吊杆的885.8kN。利用“修正无限轴向刚度法”将吊杆和拱肋的截面积均调大1 000倍,控制各吊杆上吊点的位移。此时得到的吊杆索力相对均匀。短吊杆索力较大,最大吊杆力出现在4号吊杆,为1 423.0kN,7号吊杆力最小,为1 086.1kN。

表1 吊杆索力

吊杆编号	1号吊杆	2号吊杆	3号吊杆	4号吊杆	5号吊杆	6号吊杆	7号吊杆	8号吊杆	9号吊杆	10号吊杆
刚性吊杆法(kN)	2 088.8	-984.9	794.6	2 019.5	1 990.5	716.6	829.6	1 381.7	1 401.9	892.0
无限轴线刚度法(kN)	1 004.8	1 805.8	1 299.1	1 281.2	885.8	1 390.7	1 219.8	1 055.8	1 003.0	1 216.7
修正无限轴向刚度法(kN)	1 371.1	1 263.5	1 153.9	1 423.0	1 171.1	1 194.4	1 086.1	1 166.5	1 132.8	1 099.3

而各方法所得的拱肋和系梁的弯矩值如表 2 所示。“刚性吊杆法”所得的拱肋和系梁的正弯矩均最大，“修正无限轴向刚度法”使得系梁正负弯矩接近，拱肋正弯矩最小。

表 2　关心截面弯矩值

截面 方法	系梁(kN·m)		拱肋(kN)	
	最小值	最大值	最小值	最大值
刚性吊杆法	−13 356.4	24 701.7	597	7 720.2
无限轴向刚度法	−15 759.9	9 772.3	−976.7	4 727.9
修正无限轴向刚度法	−12 377.4	12 873.3	−480.5	3 833.1

用“修正无限轴向刚度法”所得的系梁和拱肋的弯矩如图 5 所示。系梁最大负弯矩出现在拱肋与系梁连接处，最大正弯矩在拱脚与第一个吊点之间，远离拱脚的系梁弯矩类似于在两吊点间简支。此时拱肋的最大弯矩出现在拱脚处，拱肋绝大部分内侧受拉，吊点处出现弯矩尖峰。

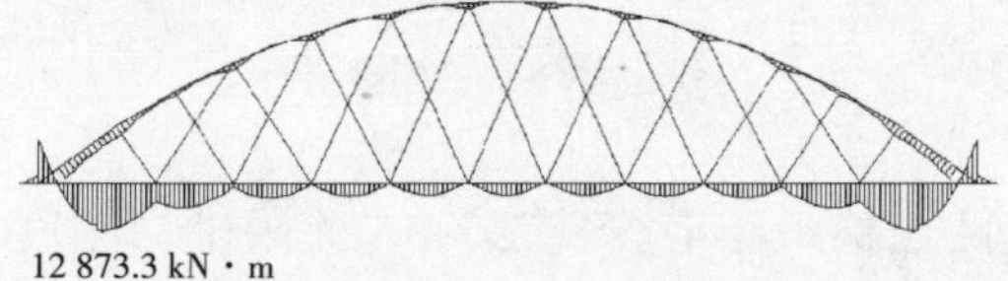

图 5　不考虑预应力时系梁、拱肋弯矩

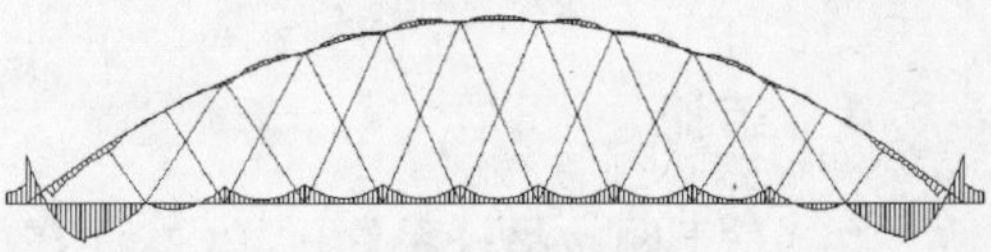

9 636.1 kN · m

图 6　考虑预应力作用下系梁、拱肋弯矩

计算发现当系梁预应力合力作用于截面中和轴时，预应力对于吊杆索力的影响很小，可以忽略不计，因此可以通过调整系梁预应力的大小使拱肋与系梁的受力状态更趋于合理。张拉系梁预应力，使得在自重二恒预应力的共同作用下，拱肋的正负弯矩值尽量接近。如本例中使得系梁的最大正弯矩由 12 873.3kN · m 变为 9 636.1kN · m，此时，拱肋系梁的弯矩图如图 6 所示。拱肋在拱顶处受负弯矩外侧受拉，在拱脚处拱肋受正弯矩内侧受拉，与最不利荷载组合下截面的控制弯矩相反。系梁最大正弯矩减小，跨中承受负弯矩，符合合理成桥状态的要求。

活载计算采用铁路列车竖向静活载采用中华人民共和国铁路标准活载，即“中—活载”。计算得各吊杆的影响线如图 7 所示。可见影响线的形状与吊杆和拱肋的夹角有很大的关系，当吊杆与拱肋轴线的夹角很大时（定义最大角度为 90°），如 1 号、5 号吊杆与拱肋近乎垂直，此时吊杆的影响线均为正值；随着夹角的减小，吊杆影响线将有负值出现，且负值出现在系梁与吊杆夹角为锐角一侧的部分范围内。

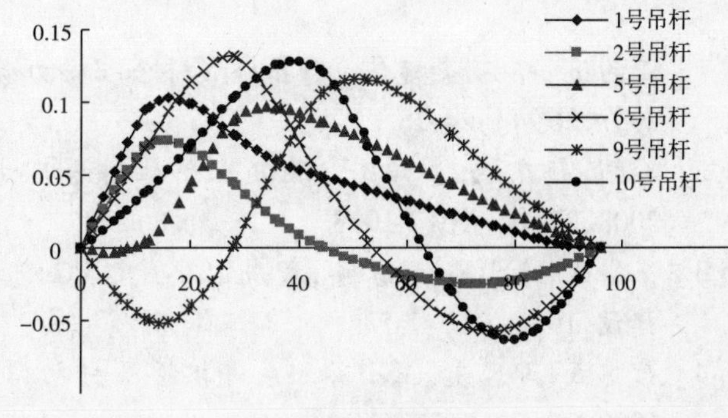

图 7　吊杆影响线

按影响线最不利布载，得各吊杆在恒活载共同作用下的轴力包络如图 8 所示。短吊杆在活载作用下的最大拉力较其他吊杆小，与恒载作用下较大的拉力在叠加时形成互补，使得各吊杆最不利荷载值相接近,为吊杆的统一选取提供了方便。吊杆因活载引起的拉力减少程度有限,最大减小值为8号吊杆的-59kN;且同一下吊点处向跨中倾斜的吊杆索力减小值比向支座倾斜的吊杆索力减小值大约1倍。

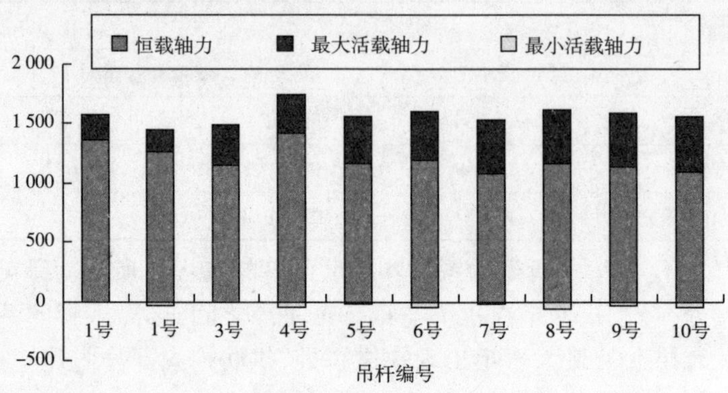

图8　恒活载共同作用下吊杆张力

4　结论

(1)对于网状吊杆系杆拱桥,本文在文献[6]给出的"最小应变能法"和"无限轴向刚度法"的基础上,提出"修正无限轴向刚度法"。在应用商业软件实现时,只需要将吊杆和拱肋的截面积取大值,其余参 数按实际情况选取,在自重和二恒作用下即可得到一组相对合理的吊杆索力。

(2)在恒载作用下短吊杆拉力较大,在活载作用下其拉力相对较小,在各活载工况下柔性斜吊杆不会出现消拉的情况。

(3)采用"修正无限轴向刚度法"确定的网状吊杆系杆拱桥成桥索力均匀,能够使系梁和拱肋的弯矩较小,结构受力合理,充分发挥混凝土抗压及吊杆抗拉的能力。

参 考 文 献

[1] 王为圣,邱龙,李建伟. 斜拉桥成桥合理索力确定方法的研究[J]. 重庆交通大学学报. 2007,26(4):24-28.

[2] 李熠,颜东煌,李学文. 混凝土斜拉桥合理成桥状态研究[J]. 重庆交通大学学报. 2008,27(6):1017-1023.

[3] 王勋文,辛学忠,潘家英,程庆国. 确定PC斜拉桥合理恒载索力方法的探讨[J]. 桥梁建设. 1996,(4):1-5.

[4] 虞建成,邵容光,王小林. 系杆拱桥吊杆初始张拉力及施工控制[J]. 东南大学学报. 1998,26(3):1-5.

[5] 肖汝诚,项海帆. 斜拉桥索力优化的影响矩阵法[J]. 同济大学学报. 1998,26(3):235-240.

[6] 刘钊. 基于能量法的系杆拱桥最优吊杆内力的确定[J]. 工程力学. 2009,26(8):168-173.

122 下承式三跨连续梁拱组合桥梁拱梁荷载分担比研究

蔡金标 陈海浪 胡 蒙

(浙江大学建筑工程学院)

摘 要 通过引入坦拱假定、吊杆力相等假定、等效膜张力假定,用力学方法推导了下承式三跨连续梁拱组合桥梁拱梁荷载分担比的计算公式。通过改变结构参数,建立了多个桥梁模型,并将各模型下公式计算结果与有限元计算结果进行对比,验证了计算公式的准确性。最后通过参数分析,探讨了各相关结构参数对拱肋荷载分担比的影响。

关键词 梁拱组合桥梁 三跨连续 荷载分担比

1 引言

关于梁拱组合体系桥梁拱梁荷载分担比的文献很少,大多只是对某单一的梁拱组合桥梁进行有限元受力分析[1~3]。文献[4]~[7]推导出了均布荷载作用下单跨简支梁拱组合桥梁拱梁荷载分担比的计算公式。本文在此基础上,推导出了中跨均布荷载作用下下承式三跨连续梁拱组合桥梁的拱梁荷载分担比的计算公式,探讨了与拱肋荷载分担比相关的各因素的影响。相比简支梁拱组合桥梁,三跨连续梁拱组合体系具有更高的超静定次数,因此计算过程更为繁琐。

2 力学公式推导

推导连续梁拱组合桥计算公式的基本假定沿用文献[6]的假定,即:

(1)结构处于弹性工作阶段。

(2)吊杆力大小相等。

(3)吊杆力符合膜张力假定($T=t\times a$)。

(4)拱肋为抛物线形坦拱($f/L\leqslant1/5$)[8]。

(5)拱肋、主梁、吊杆为等截面构件,吊杆间距相等。

作用在梁拱组合桥梁桥面板上的竖向均布荷载可分为q_1和q_2两部分,q_1由吊杆传递到拱肋,由拱肋承担。q_2则直接由主梁承担。q_1的值代表了拱肋分担的竖向荷载的大小,q_2的值代表了主梁分担到的竖向荷载值。由此则可定义q_1/q为拱肋荷载分担比,定义q_2/q为主梁荷载分担比[5]。

对于现行规范中的汽车活载,均布荷载是一种主要的荷载形式。中跨作用均布活载的情况为三跨连续梁拱组合桥受力变形最不利工况之一,故本文以这一工况推导计算公式,详见图1。

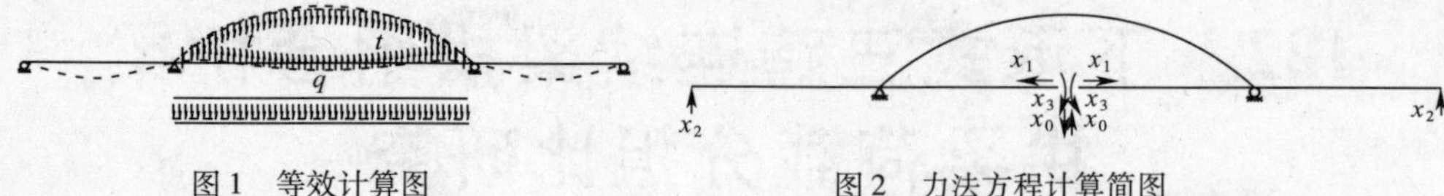

图1　等效计算图　　　　图2　力法方程计算简图

为求解图1等效计算图所示超静定结构,建立如图2所示的基本结构。x_0,x_1,x_3,为主梁跨中截面截断后的赘余力:剪力、轴力和弯矩;x_2 为边支座竖向力。由于结构和荷载对称,故 $x_0=0$。因此力法方程为:

$$\left.\begin{aligned}\delta_{11}x_1+\delta_{12}x_2+\delta_{13}x_3+\Delta_{1\mathrm{p}}=0\\ \delta_{21}x_1+\delta_{22}x_2+\delta_{23}x_3+\Delta_{2\mathrm{p}}=0\\ \delta_{31}x_1+\delta_{32}x_2+\delta_{33}x_3+\Delta_{3\mathrm{p}}=0\end{aligned}\right\} \tag{1}$$

根据结构力学知识,可求出方程组(1)中的各项系数,由于篇幅原因,这里不列出。对方程组(1)进行求解得:

$$x_1=\frac{-L^2[2\eta E_aI_a(5+t)+E_bI_b(3t+2\eta t)]}{8f[12\eta E_aI_a(1+k_a)+E_bI_b(3+18k_a+2\eta+12k_a\eta)]} \tag{2}$$

$$x_2=\frac{LE_bI_b(-1+t-6k_a)}{4\eta[12\eta E_aI_a(1+k_a)+E_bI_b(3+18k_a+2\eta+12k_a\eta)]} \tag{3}$$

$$x_3=\frac{L^2[4\eta E_aI_a(-1+t-k_a+k_at)+E_bI_b(-1+t-6k_a-2\eta+2\eta t+6k_at-12k_a\eta+4k_a\eta t)]}{8[12\eta E_aI_a(1+k_a)+E_bI_b(3+18k_a+2\eta+12k_a\eta)]} \tag{4}$$

式(2)~式(4)得出的值为令 $q=1$(单位均布荷载)时的值,因而各公式中并未出现均布荷载 q 项,以下皆同。

上面各式中:L——中跨跨径;

η——边跨跨径与中跨跨径比值;

f——矢高;

t——等效膜张力;

k_a——拱肋、主梁轴向变形系数,$k_a=\dfrac{15E_aI_a}{8f^2}\left(\dfrac{1}{E_aA_a}+\dfrac{1}{E_bA_b}\right)$;

E_a、A_a、I_a——拱肋的弹性模量、截面面积、截面抗弯惯性矩;

E_b、A_b、I_b——主梁的弹性模量、截面面积、截面抗弯惯性矩。

求得上述力后根据结构力学知识可进一步求得主梁跨中挠度 f_b、拱肋跨中挠度 f_a 以及跨中吊杆的伸长量 f_c。f_b、f_a、f_c 为用 t 表示的代数式,将其代入跨中变形协调方程:

$$f_b=f_a+f_c \tag{5}$$

可求得 t 值:

$$t=\frac{k_{sa}[4\eta(1+k_a)+k_{ba}(1+6k_a+4\eta+4k_a\eta)]}{\{k_{sa}[4\eta(1+k_a)+k_{ba}(1+6k_a+4\eta+8k_a\eta)+2k_ak_{ba}^2(3+2\eta)]+k_fk_{ba}[1536\eta(1+k_a)+128k_{ba}(3+18k_a+2\eta+12k_a\eta)]\}} \tag{6}$$

式中：$k_{ba}=\dfrac{E_bI_b}{E_aI_a}$——梁拱截面抗弯刚度比；

$k_f=\dfrac{f}{L}$——拱肋矢跨比；

k_{sa}——吊杆拱肋等代刚度比，$k_{sa}=\dfrac{ea_sL^3}{E_aI_a}$；

$ea_s=\dfrac{E_sA_s}{a}$——吊杆均布轴向刚度；

E_sA_s——吊杆轴向拉压刚度；

a——吊杆间距。

t 为单位均布荷载作用于中跨主梁上时的等效膜张力，也就是拱肋承担竖向荷载的比例，则主梁承担的荷载比例就是 $1-t$。

3 公式验证

某三跨梁拱组合桥，跨径布置为 50m + 100m + 50m；拱轴线为二次抛物线，矢高 20m；主梁和拱肋都选用 C50 混凝土，弹性模量 $E_a=E_b=3.45\times10^4$MPa；吊杆采用平行高强钢丝拉索，弹性模量 $E_s=2.05\times10^5$MPa，吊杆间距 $a=6$m，共 15 根；拱肋、主梁、吊杆的截面参数见表 1。Midas 计算模型图如图 3 所示。表 2 列出了本文公式与 MIDAS 计算结果的比较。

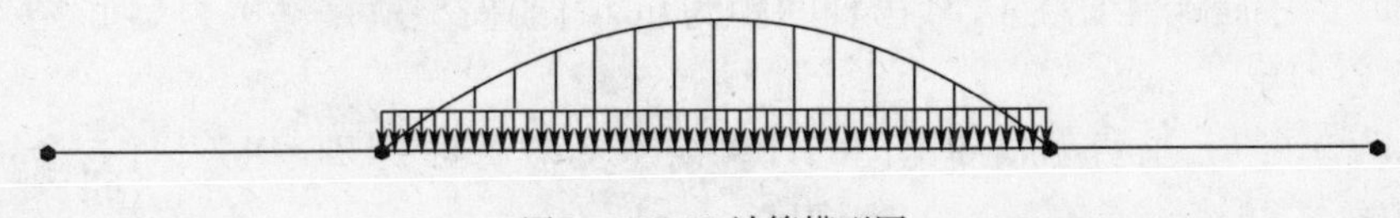

图 3　MIDAS 计算模型图

表 1　截面几何特性

构　件	主　梁	拱　肋	吊　杆
$A(m^2)$	14	3.5	3.92×10^{-3}
$I(m^4)$	12.7	1.3	0

表 2　本文公式与有限元计算结果比较

模　型　1	有限元法	本文公式	误差(%)
t	0.81*	0.85	5.12

注：通过 MIDAS 软件计算发现，除边吊杆外，其他吊杆力基本相等。因此，本数值计算时为去除边上两根吊杆后，其他所有吊杆轴力的平均值除以吊杆间距得到的值。

为了进一步验证本文公式的正确性，在上述基本模型 1 的基础上调整结构参数，可得出不同梁拱抗弯刚度比、矢跨比、边中跨跨径比、吊杆间距下本文公式与有限元方法的计算结果，表 3 列出了各结构参数下本文公式的计算误差。

表3　不同结构参数下本文公式计算误差(单位:%)

模型序号	参　数	有限元法	本文公式	误差(%)
2	$E_bI_b/E_aI_a=1$	0.832	0.851	2.20
3	$E_bI_b/E_aI_a=80$	0.939	0.940	0.13
4	$E_bI_b/E_aI_a=1/80$	0.651	0.697	7.15
5	$k_f=1/6$	0.998	0.990	-0.80
6	$k_f=1/7$	0.833	0.848	1.87
7	$k_f=1/8$	0.825	0.838	1.60
8	$\eta=0.4$	0.825	0.824	-0.18
9	$\eta=0.45$	0.820	0.840	2.46
10	$a=5\text{m}$	0.827	0.846	2.32
11	$a=8\text{m}$	0.834	0.866	3.76

《铁路桥涵设计基本规范》定义梁拱截面抗弯刚度比大于80~100时为柔拱刚梁(朗格拱),小于1/80~1/100时为刚拱柔梁(系杆拱)[9],故表3中选取了梁拱抗弯刚度比分别为1,80,1/80这三种情况;对于下承式三跨连续梁拱组合桥,其合理矢跨比为1/5~1/8[10],合理边中跨跨径比为0.4~0.5[11],吊杆间距一般为5~8m[4]。故本文选取了1/5,1/6,1/7,1/8四个矢跨比;边中跨跨径比η取0.4,0.45,0.5;吊杆间距取5m、6m、8m进行计算。其中矢跨比为1/5、边中跨跨径比为0.5、吊杆间距为6m时的模型就是基本模型1,结果如表2所示,表3中不再列出。

由表2、表3可知,拱肋荷载分担比的计算误差基本上在-1%~4%以内,个别误差较大的达到7.15%,总体来讲具有较高的精确度。

4　拱肋荷载分担比影响因素分析

4.1　梁拱抗弯刚度比 k_{ba}

如果只考虑对k_{ba}对t的影响,则公式(6)可以改写为:

$$t=F(k_{ba})=\frac{C_1+C_2k_{ba}}{C_1+C_3k_{ba}+C_4k_{ba}^2} \tag{7}$$

以基本模型的结构参数确定式(7)中的各系数C_i,绘出t随k_{ba}的变化曲线如图4。以下各影响因素分析类同。

从图4可知,当k_{ba}小于1时,t基本无变化,荷载主要由拱肋分担,分担率达95%以上;当k_{ba}大于1时,t随k_{ba}的增大而明显减小,但即使在k_{ba}较大的情况下,拱肋还是承担了相当一部分荷载。另外,从式(7)可知,当k_{ba}无限大时,即主梁无限刚性时,$t=0$,荷载完全由主梁承担。当$k_{ba}=0$时,即主梁无限柔,则$t=1$,荷载完全由拱肋承担。

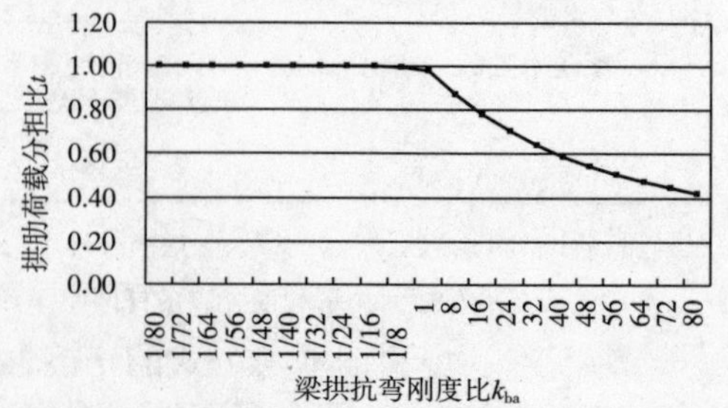

图4　k_{ba}对t的影响图

4.2 吊杆拱肋等代刚度比 k_{sa}

$$t = F(k_{sa}) = \frac{C_1 k_{sa}}{C_2 + C_3 k_{sa}} \qquad (8)$$

从图5可知,随的增大而增大。即吊杆轴向拉压刚度越大,拱肋分到的荷载越多。当 $k_{sa}=0$ 时,即吊杆无刚度时,$t=0$,荷载完全由主梁承担;当 k_{sa} 趋于无限大时,即吊杆为完全刚性时有,根据式(6)有:

$$t = \frac{4\eta(1+k_a) + k_{ba}(1+6k_a+4\eta+4k_a\eta)}{4\eta(1+k_a) + k_{ba}(1+6k_a+4\eta+8k_a\eta) + 2k_a k_{ba}^2(3+2\eta)} \qquad (9)$$

文献[12]对采用刚性支承连续梁法、力的平衡法和刚性吊杆法三种不同方法确定最佳成桥状态吊杆张拉力进行了比较,认为刚性吊杆法值得推荐。如果运用公式(9),不需复杂的建模,便可以很快求得刚性吊杆法下相应的吊杆力度。

由图5还可看出,在 k_{sa} 较小的那个区段,t 变化较为敏感,当 k_{sa} 达到一定的值后,渐渐趋于稳定。总体来看 k_{sa} 随着取值不同值变化幅度很大,因此通过调节吊杆的刚度可有效调整梁拱荷载分担比,实现荷载的合理分配。

4.3 矢跨比 k_f

$$t = F(k_f) = \frac{C_1}{C_2 + C_3 k_f} \qquad (10)$$

从图6可知,t 随 k_f 的增大而较小。也就是说拱越坦,拱所分担到的荷载就越大。但是,曲线图比较平缓,如当 k_f 从1/8变到1/5,t 由0.885减小到0.851,变化不是很大。说明通过调整 k_f 来改变 t 的效果不明显。

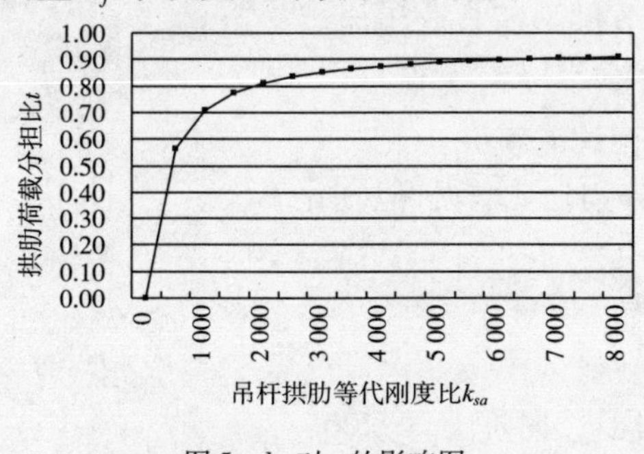

图5 k_{sa} 对 t 的影响图

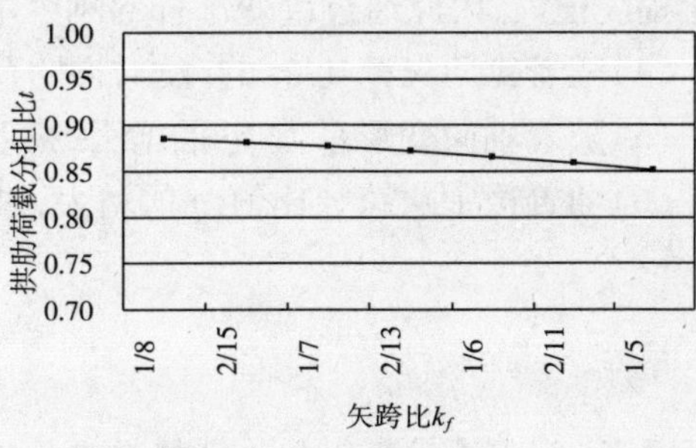

图6 k_f 对 t 的影响图

4.4 轴向变形系数 k_a

$$t = F(k_a) = \frac{C_1 + C_2 k_a}{C_3 + C_4 k_a} \qquad (11)$$

由图7可知,t 随 k_a 的增大而减小,也就是说拱肋和主梁的轴向拉压刚度越小,拱肋荷载分担比也越小。

4.5 边中跨跨径比 η

$$t = F(\eta) = \frac{C_1 + C_2\eta}{C_3 + C_4\eta} \qquad (12)$$

由图8可知,t 随 η 的增大而增大,但变化不大,说明 η 的变化对 t 的影响不大。

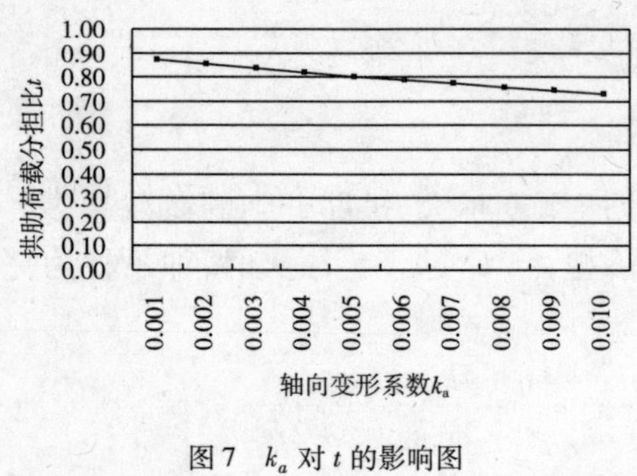

图7　k_a 对 t 的影响图

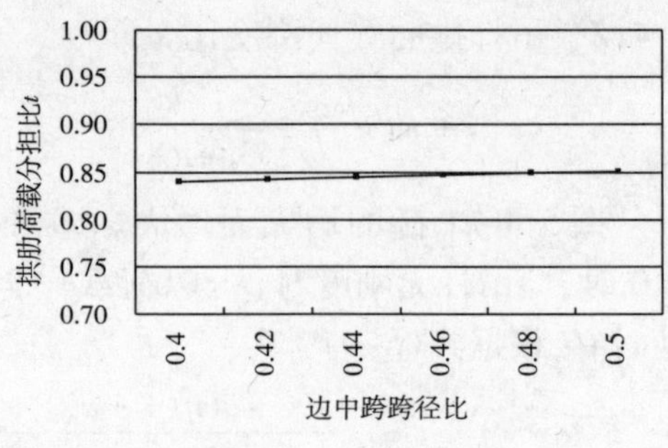

图8　η 对 t 的影响图

5　结论

本文用力学方法推导出了下承式三跨连续梁拱组合桥在中跨均布荷载作用时拱肋荷载分担比的计算公式,公式的计算误差基本在-1%~4%范围内。这些公式对此类桥型的初步设计有较大的指导作用。通过对拱肋荷载分担比各影响因素的讨论,还发现:

(1)拱肋荷载分担比 t 与梁拱截面抗弯刚度比 E_bI_b/E_aI_a、吊杆拱肋等代刚度比 ea_sL^3/E_aI_a、拱肋矢跨比 f/L、边跨与中跨跨径的比值 η 以及拱肋、主梁轴向变形系数 k_a 有关。

(2)拱肋荷载分担 t 随着梁拱抗弯刚度比 k_{ba} 的增大而减小。当 k_{ba} 小于1时,t 基本无变化,荷载基本由拱肋分担。当 k_{ba} 大于1时,t 值随 k_{ba} 变化较明显。且即使在拱肋抗弯刚度较小的情况下,拱肋还是承担了相当一部分的荷载。

(3)拱肋荷载分担比 t 随吊杆拱肋等代刚度比 k_{sa} 的增大而增大。随着 k_{sa} 取值不同 t 值变化幅度很大,因此通过改变吊杆的刚度可有效调节拱梁荷载分担比。

(4)随着拱肋矢跨比 k_f 的减小,拱肋荷载分担比 t 增大。

(5)随着轴向变形系数 k_a 的增大,拱肋荷载分担比 t 减小。

(6)随着边中跨跨径比值 η 的增大,拱肋荷载分担比 t 增大,但变化不大。

参 考 文 献

[1] 李莹. 斜靠式梁拱组合体系桥梁设计理论研究[D]. 同济大学,2006.

[2] 于淑兰. 梁拱组合桥梁结构体系性能分析[D]. 大连理工大学,2003.

[3] 李映. 拱梁组合体系桥梁的拱梁相对刚度分析[J]. 桥梁建设,2008,(01):50-53.

[4] 易云焜. 梁拱组合体系设计理论关键问题研究[D]. 同济大学,2007.

[5] 易云焜,王文杰. 梁拱组合桥梁的拱梁荷载分担比例研究[J]. 桥梁建设,2008,(02):34-37.

[6] 易云焜,肖汝诚. 均布荷载作用下梁拱组合桥梁的实用计算[J]. 同济大学学报(自然科学版),2008,(06):728-732.

[7] 易云焜,肖汝诚. 下承式梁拱组合桥梁的梁拱协作机理研究[J]. 力学季刊,2007,(01):153-159.

[8] 朱伯钦,周竞欧,许哲明. 结构力学(上册)[M]. 上海:同济大学出版社,2002.

[9] 中华人民共和国铁道部. TB 10002.1—99 铁路桥涵设计基本规范[S]. 北京:中国铁道出版社,1999.
[10] 邵旭东. 桥梁工程[M]. 北京:人民交通出版社,2004.
[11] 金成棣. 预应力混凝土梁拱组合桥梁——设计研究与实践[M]. 北京:人民交通出版社,2000.
[12] 叶建龙,孙建渊,石洞. 梁拱组合桥柔性吊杆张拉力的确定及分析[J]. 城市道路与防洪,1999,(04):21-24.

123 大跨度钢管混凝土斜靠式拱桥设计及几何非线性稳定分析

陈 峰[1] 范伟擎[2] 刘 浪[3]

(1. 长安大学 公路学院桥梁系;2. 深圳市光明新区城市建设局;
3. 佛山市路桥建设有限公司)

摘 要 斜靠式拱桥因其结构新颖美观,造型独特,富有曲线美和力度感,往往成为我国城市景观桥梁的优选方案。但是,由于此类拱桥由两片竖直主拱与两片斜靠拱组合而成,受力及构造复杂,加之空间效应明显,因而斜靠式拱桥建造的工程实例相对较少。文章以一座拟建的大跨径斜靠式拱桥为例,介绍了其设计参数的特点,并分析了主要结构参数(矢跨比、吊杆间距、斜拱倾角、横撑数量及位置)对结构内力的影响。并针对大跨度斜靠式拱桥的稳定问题,采用通用程序ANSYS建立该桥的空间有限元计算模型,分工况对其成桥状态进行了线弹性和几何非线性稳定计算,通过分析其失稳特征发现纵横梁格系贡献的刚度有效地降低了桥梁的几何非线性,此类拱桥的几何非线性效应并不显著。研究结果为此类桥梁的设计提供有利的参考。

关键词 斜靠拱 结构参数 几何非线性 稳定

1 引言

斜靠式拱桥是由两片竖直拱肋与两片斜靠拱肋两两形成组合拱肋,并与吊杆、桥面系形成的空间拱式结构体系。中间两片竖直拱肋为桥梁的主要承重结构,每侧斜靠拱肋与相邻竖直拱肋构成人行桥的空间。此类桥梁结构桥面开阔、畅通,人行道宽度大,且结构外形独特新颖,富有曲线美和力度感。在桥面宽度大于35m、跨径在40~150m之间的人行桥和景观桥中,是一种颇有竞争力的结构形式[1]。这种桥型外形新颖美观,桥面开阔,同时又具有许多鲜明的技术特点。使其作为城市标志性建筑备受大众青睐,我国目前已建及在建的斜靠式拱桥如表1所示。

表1 我国目前已建及在建斜靠式拱桥

桥 名	位 置	跨度(m)	矢跨比	拱 肋	备 注
江都龙川二桥	江苏扬州	70	1/5	钢管混凝土	系杆拱
杏春桥	江苏江阴	73.5	1/4.375	三角形钢管混凝土	系杆拱
丹溪大桥	浙江义乌	88	1/5.6	三角形钢管混凝土	系杆拱
樾河大桥	江苏昆山	110	1/5.4	三角形钢管混凝土	系杆拱

续上表

桥　　名	位　　置	跨度(m)	矢跨比	拱　　肋	备　　注
康富南路桥	湖南益阳	120	1/4.444	钢管混凝土	系杆拱
湛河桥	河南平顶山	120	1/4.444	混凝土箱形	系杆拱
新河桥	江苏镇江	73	—	钢管混凝土	系杆拱
韩江北桥	广东潮州	137.2	1/4.66	钢管混凝土	系杆拱
拉萨柳梧大桥南引桥	西藏拉萨	120	1/4.615	八边橄榄形钢箱截面	系杆拱

作为一种新型的、复杂的空间梁拱组合体系,斜靠式拱桥既具有一般梁拱组合桥梁的特点,又有明显的空间效应,且具有自身良好的平衡性能。其设计思路、结构计算分析均有其独特的特点。设计中必须解决好拱梁内力分配合理、主斜拱变形协调、尽量减少主拱和斜拱的面外弯矩等问题。同时由于该类桥梁往往在两竖直主拱之间不设横向支撑,结构的横向刚度减弱会影响结构的整体稳定性,稳定性问题就成为斜靠式拱桥设计中的关键性问题。本文通过对拟建的斜靠式拱桥空间模型的计算分析,研究此类桥梁结构特点,以及设计参数对结构内力、结构动力特性和稳定性的影响。最后对该桥梁的空间稳定性和失稳特征进行了计算分析,探讨不同工况条件对桥梁稳定性的影响。

2　工程背景

工程为拟建的一座跨径为100m的斜靠式拱桥。该桥在横桥向两主拱肋之间布置21.4m机动车道,主斜拱之间布置非机动车道和人行道,另外在人行道两侧外缘还设有弧形的观景平台,因而桥面宽度从主墩处50.4m变化至跨中处56.4m;桥梁全长111.16m,主拱肋截面为哑铃形,高度为2.7m,斜拱肋截面为圆形,直径1.2m,拱轴线均采用二次抛物线,矢跨比为1/4.5,斜拱倾角为25°,拱肋钢管采用厚14mm的A3钢板,钢管内灌注C50混凝土,主拱与斜拱之间各设11道一字形横撑,横撑顺桥向间隔6m,采用壁厚20mm矩形钢箱截面,主拱和斜拱吊索的纵桥向间距均为3m;梁体为混凝土结构,由纵横向系梁、双悬臂横梁、桥面纵梁和桥面板组成。全桥总体布置及横断面图如图1、图2所示。

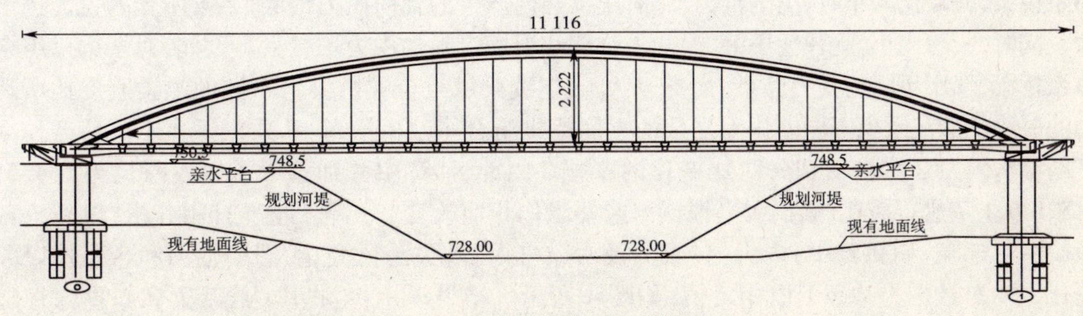

图1　桥梁设计立面(尺寸单位:cm)

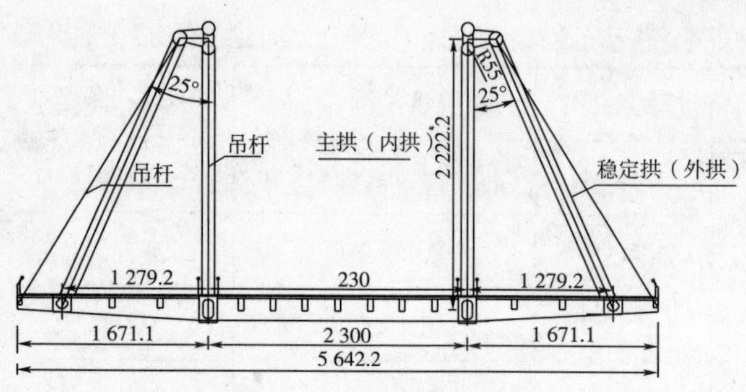

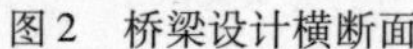

图2　桥梁设计横断面

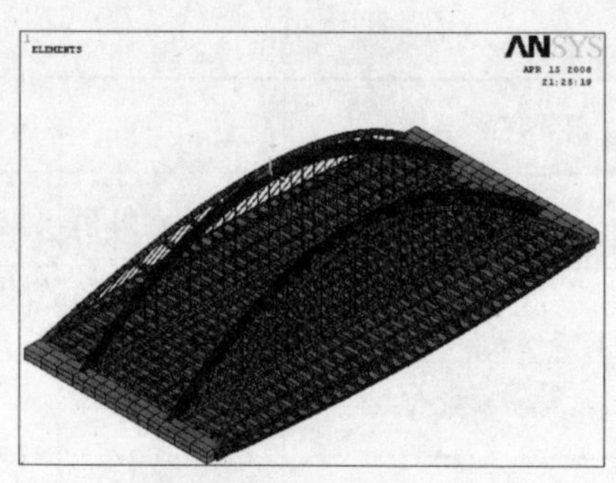

图3　桥梁结构计算空间模型

3　结构有限元模型

该桥有限元模型的主拱肋、斜拱肋、横撑、系梁、横梁、纵梁均采用三维空间梁单元Beam188单元模拟,吊杆和桥面板分别采用link10单元和shell63单元来模拟(图3)。主拱支座由一个固定支座、一个双向滑动支座和两个单向滑动支座组成,斜拱拱脚处均设双向滑动支座[3]。钢管混凝土材料的本构关系按统一理论取用,钢材采用理想弹塑性应力—应变关系[4,5]。

4　结构参数分析

斜靠式拱桥主要呈现拱梁组合体系特点,其主要结构参数包括矢跨比、吊杆间距、斜拱倾角、横撑数量及位置。考虑到成桥恒载和成桥恒载+运营阶段全桥活载作用下结构受力相似,按以下4种工况考虑结构参数进行结构内力分析:

工况1:恒载+车道荷载(全桥)+人群荷载(全桥)

工况2:恒载+车道荷载(半桥)+人群荷载(半桥)

工况3:恒载+车道荷载(全桥)+人群荷载(全桥)+温降(全桥)

工况4:恒载+车道荷载(全桥)+人群荷载(全桥)+温升(全桥)

通过对比研究发现,其中第三工况为各工况中结构内力最不利者,由于篇幅所限,本文以第三工况为例介绍各结构参数对内力的影响。

4.1　矢跨比

矢跨比是拱桥重要的特征参数,它影响结构的内力和稳定性的重要指标。对于梁拱组合体系桥梁,矢跨比减小时,拱的推力增加,主拱圈内产生的轴向压力增大,系梁所受的拉力也增大。同时,矢跨比小,则弹性压缩、混凝土收缩和温度等附加内力均较大。因此,对于梁拱组合体系桥梁,选用不同的受力体系(简支、悬臂或连续梁拱组合式桥梁)、不同的拱梁刚度比所适用的矢跨比的范围也不同。作为复杂的空间梁拱组合体系桥梁,斜靠式拱桥在不同荷载作用下的结构内力必然会受到矢跨比变化的影响。因此,计算中分别选取主拱矢跨比为1/4.5、1/5、1/6、1/7进行对比(斜拱矢高根据构造要求作相应改变)分析。经过对比分析,得到各截面(主拱、系梁、斜拱跨中)内力值(轴力及对应弯矩)随矢跨比变化,图中轴力和弯矩均以矢跨比1/4.5数据为基数1取相对值,如图4所示。结果显示:主拱内力、系梁和斜拱弯矩随着矢跨比的减小而增大,其中轴力从1/4.5到1/5发生突增,而拱上弯矩值从1/5到1/6发生突增。对于拱式结构而言,往往弯矩影响更为不利,可见,斜靠式拱桥的矢跨比不宜小于1/5。

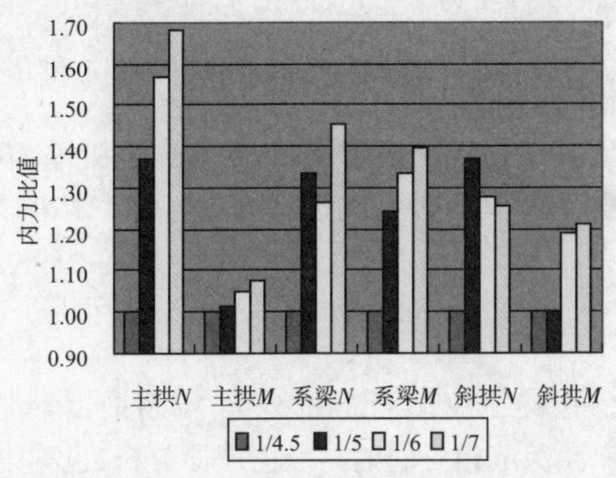

图4 矢跨比变化下跨中各截面内力比值变化图

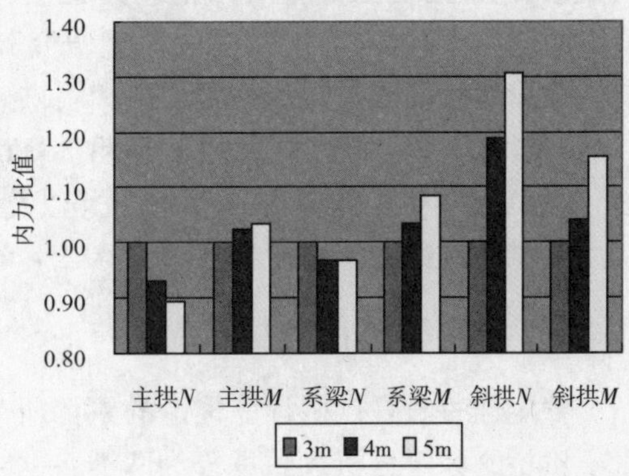

图5 吊杆间距变化下跨中各截面内力比值变化图

4.2 吊杆间距

吊杆则是系梁和拱肋之间的传力构件,其布置形式对拱梁组合结构内力(尤其是恒载)、自振特性、稳定性都有重要的影响。本桥采用竖吊杆形式,吊杆间距分别取为3m、4m、5m,分别对比研究研究吊杆间距的变化对主拱、系梁、斜拱跨中内力的影响。图中轴力和弯矩均以吊杆间距为3m时数据为基数1取相对值,如图5所示。由结果可见,斜拱内力对吊杆间距增大呈现出敏感的不利反应。吊杆间距取3~4m较为合适。

4.3 斜拱倾角

斜靠式拱桥的主拱肋和稳定拱肋的合适倾角是影响斜靠式拱桥设计质量的重要因素,如果主拱肋和稳定拱肋的倾角配置不合适,桥梁建成后,由于吊杆保向力的作用,组合拱肋将向受力较小的一侧倾斜,致使拱顶发生较大的横向位移,影响桥梁的使用功能。因此,需要研究拱肋合适的倾角值设置问题,保证由主拱肋和稳定拱肋组成的组合结构的平衡稳定,使得拱顶不发生较大的横向位移。分别对斜拱倾角取28°、25° 、22°、19° 、16°进行对比分析。以斜拱倾角为25°时主拱、系梁、斜拱的内力值为基数1,取各倾角下控制截面内力相对值,如图6所示。结果显示倾角的增大使得内力有所减少,但是在19°~25°之间轴力变化不大。

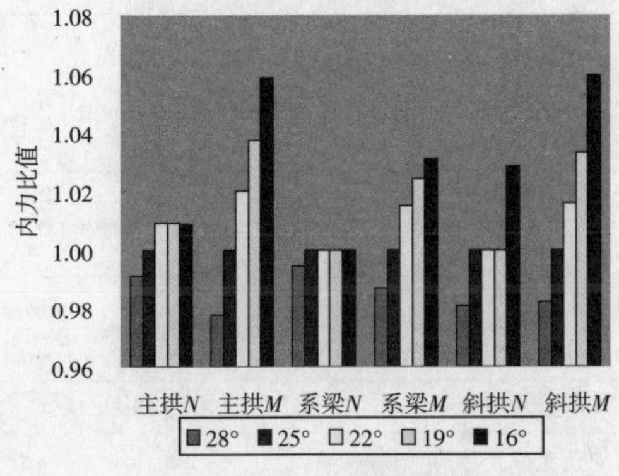

图6 倾角变化下跨中各截面内力比值变化图

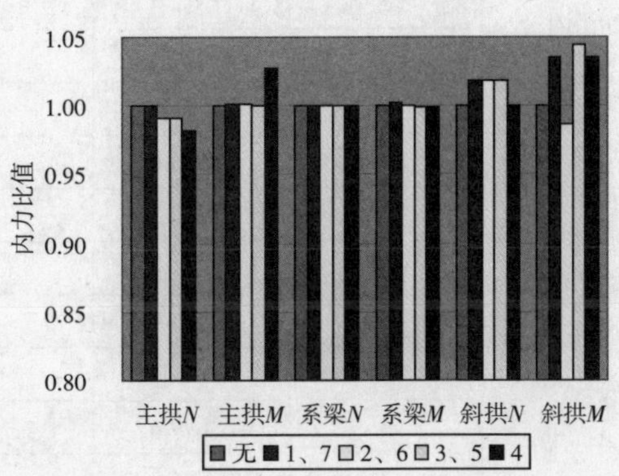

图7 横撑变化下跨中各截面内力比值变化图

4.4 横撑数量和位置

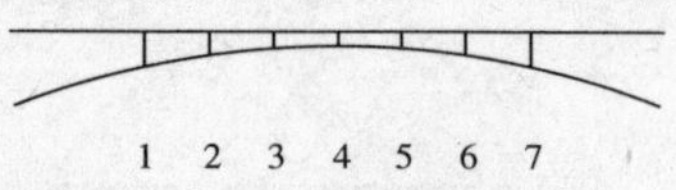

图8 单侧主拱和斜拱横撑示意图

斜靠式拱桥横撑不仅可以提高横向稳定性,且横撑的间距和数量、位置的变化都会对结构内力也会产生影响(图7)。为了简明起见,现讨论7根横撑的模型研究其位置对稳定性的影响。横撑编号如图8所示单侧主拱和斜拱。分为保留全部横撑(去掉横撑编号为“无”)、去掉1号和7号(而仍保留其他位置的横撑,如3、4、5、6号横撑,下同)、去掉2号和6号、去掉3号和5号以及去掉4号横撑,共5种情况进行对比分析。结果显示拱顶横撑对结构影响较为突出。

5 结构稳定性分析及结果

稳定性一直是拱桥计算理论的重要研究内容之一。根据稳定问题的分类[2],目前钢管混凝土拱桥的稳定分析大致可分为两类:一类是与线弹性稳定相对应的特征值屈曲分析,也称第一类稳定分析:一类是与双重非线性增量分析相对应的稳定极限承载力分析,也称第二类稳定分析;还有相当数量的文献进行了仅考虑几何非线性的第二类稳定分析。因为实际的拱桥不可能是纯压结构,在施工架设过程中压力线不断发生变化,总存在拱轴线和压力线的偏移,还存在很大比例的弯矩作用。另外,斜靠式拱桥两竖直主拱之间不设横向支撑,而影响其结构横向刚度,因此,本文着重考虑几何非线性对此类拱桥进行稳定性分析。

本桥稳定性共分析3种工况,每种工况下分别进行特征值屈曲分析和几何非线性分析[6]。工况如下:

工况Ⅰ:全桥恒载+满跨活载;

工况Ⅱ:全桥恒载+满跨活载+风载;

工况Ⅲ:全桥恒载+风载+全跨均布人群荷载;其中横桥向静风作用偏安全风压取900Pa。

对杨梅大桥的计算模型进行特征值屈曲分析,得到各工况下的弹性稳定系数及失稳特征如表2所示,由于篇幅所限本桥的失稳模态只显示如图9~图12所示。

表2 各工况下桥梁稳定系数及失稳模态特征表

荷载工况	失稳阶次	稳定系数	失稳模态特征	失稳模态图
工况Ⅰ	1	7.686 9	拱肋面外反对称失稳	
	2	7.812 4	拱肋面外反对称失稳	
	3	8.621 8	拱肋面外正对称失稳	
	4	8.644	拱肋面外正对称失稳	
工况Ⅱ	1	7.686 6	拱肋面外反对称失稳	
	2	7.812 5	拱肋面外反对称失稳	
	3	8.621 4	拱肋面外正对称失稳	
	4	8.643 9	拱肋面外正对称失稳	
工况Ⅲ	1	6.787 7	拱肋面外反对称失稳	图9
	2	6.899 6	拱肋面外反对称失稳	图10
	3	7.605 3	拱肋面外正对称失稳	图11
	4	7.625 5	拱肋面外正对称失稳	图12

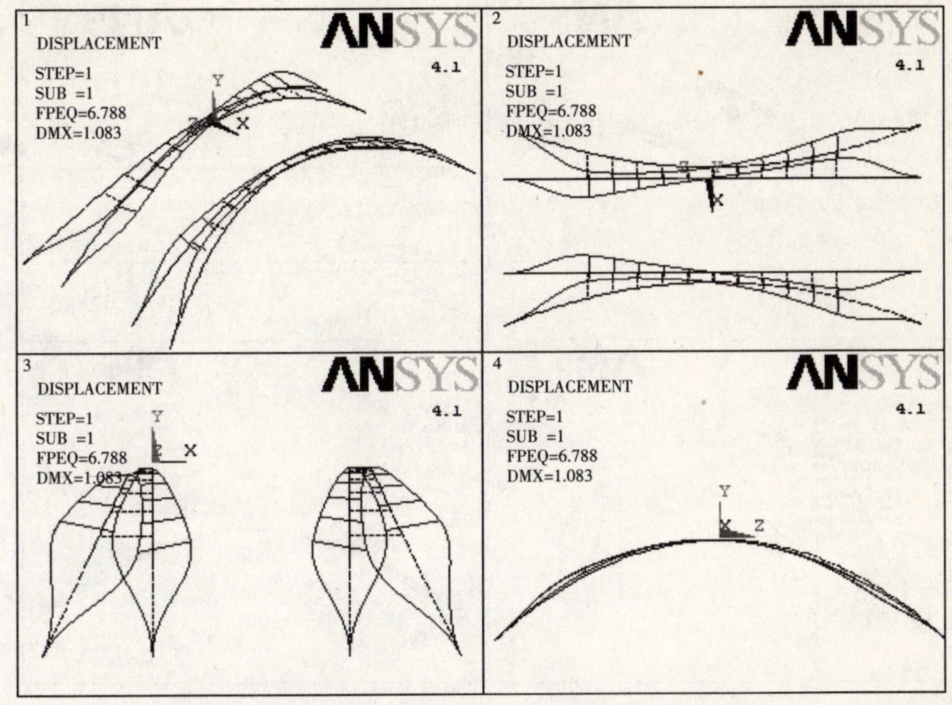

图9　工况Ⅲ 第1阶失稳模态

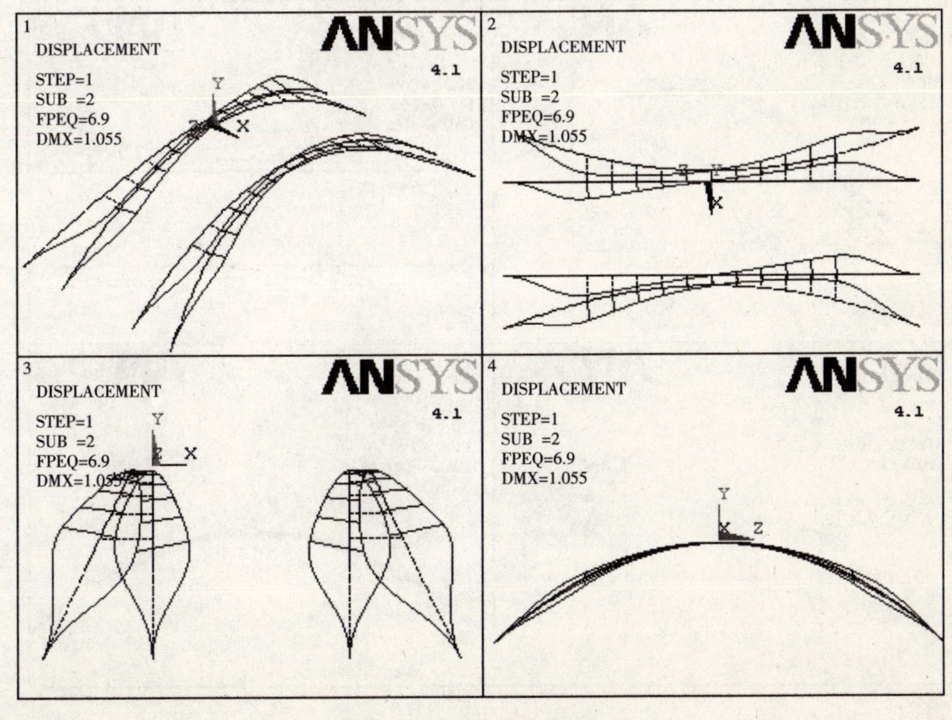

图10　工况Ⅲ 第2阶失稳模态

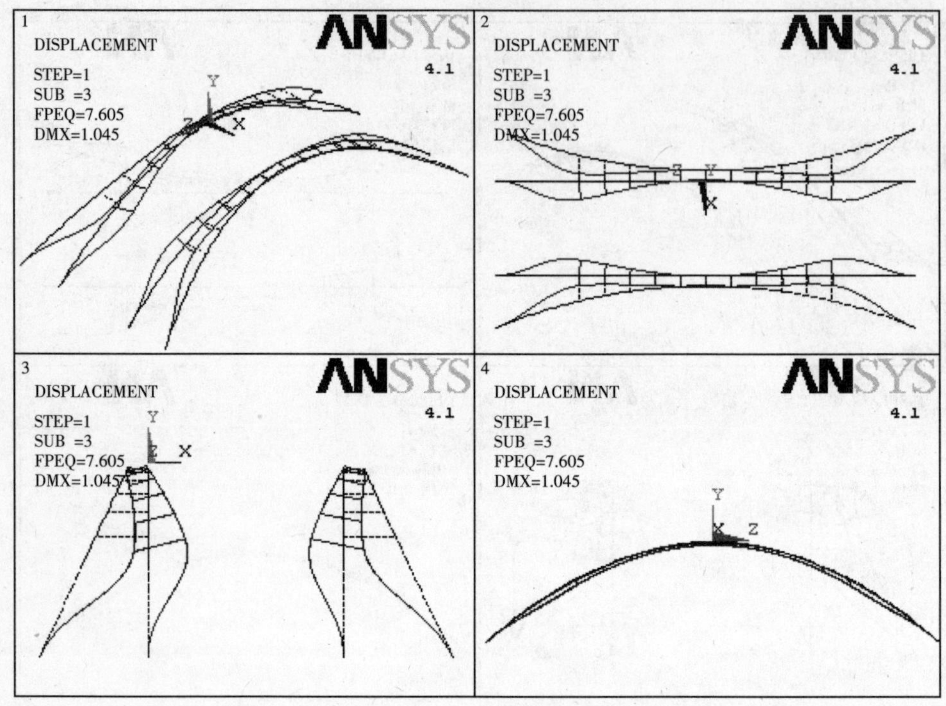

图 11 工况Ⅲ 第 3 阶失稳模态

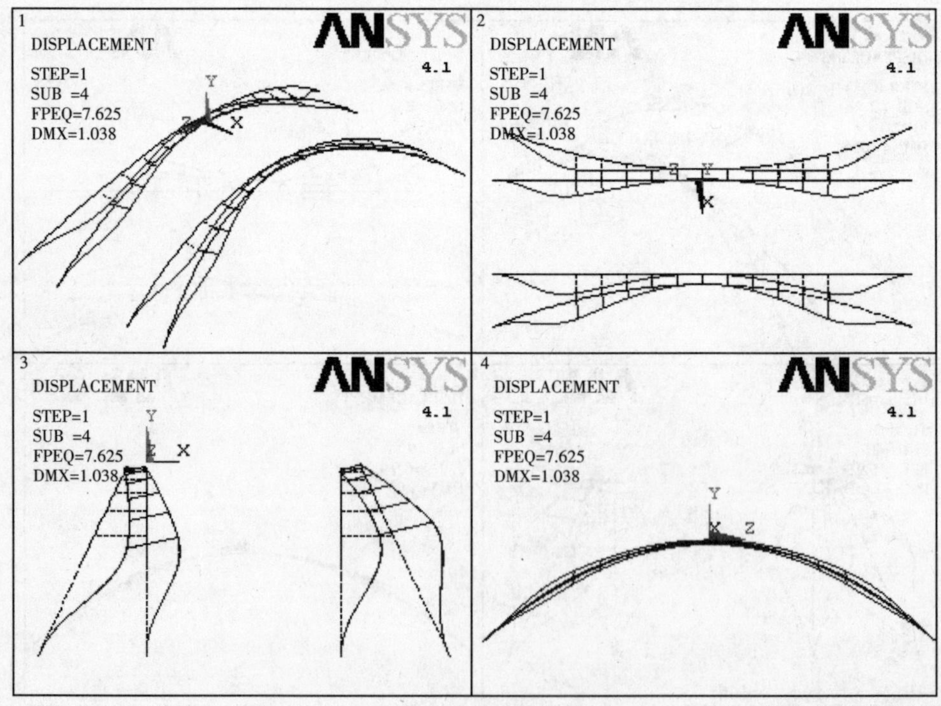

图 12 工况Ⅲ 第 4 阶失稳模态

为了研究几何非线性因素对斜靠式拱桥稳定性的影响,本文进一步对各工况进行了几何非线性分析,特征值屈曲分析和几何非线性分析所得稳定系数结果对比如表3所示。

表3 稳定系数对比表(工况Ⅰ~工况Ⅲ)

分析类型	工况Ⅰ	工况Ⅱ	工况Ⅲ
特征值分析稳定系数 λ_1	7.686 9	7.686 6	6.787 7
几何非线性分析稳定系数 λ_2	7.491 1	7.402 1	6.614 5
$\lambda_1 : \lambda_2$	1:0.97	1:0.96	1:0.97

由稳定分析计算结果可知:

(1)各工况下特征值屈曲分析时前四阶失稳模态均为拱肋面外侧倾失稳。由于斜靠式拱桥桥面主拱肋之间无横向联系,仅靠拱肋自重和斜靠拱支撑来维持其稳定,面外刚度较小,失稳形式一般表现为面外拱肋侧倾失稳,在生产实践中应该对斜靠式拱桥的面外刚度储备予以足够的重视。

(2)特征值屈曲分析时,工况Ⅱ的全桥荷载稳定系数比工况Ⅰ降低了0.004%;几何非线性分析时,工况Ⅱ的全桥荷载稳定系数比工况Ⅰ降低了1.188%。横向风荷载对结构稳定性的影响较小,计算表明,此类跨径斜靠拱桥的抗风并非设计控制因素。

(3)分析结果表明:计入各工况下结构的几何非线性后,荷载稳定系数较特征值屈曲分析有一定程度降低,但降低幅度都在4%以内,几何非线性对该桥斜靠式拱桥进行稳定性分析有一定影响。究其原因,主要是因为设计时为了加强桥梁横向刚度而可以强化了该桥的纵横梁格系刚度,同时斜向吊杆间距变小以加强非保向力效应,使得整体桥梁的屈曲大变形效应得到了抑制。

(4)各工况下考虑几何大位移影响的结构第一阶稳定系数为6.614 5~7.491 1,满足拱桥稳定性的要求,从计算分析结果来看该桥是有安全保证的。

6 结语

通过斜靠式拱桥各结构参数对比计算分析发现:当矢跨比由1/5变化至1/6时,内力值将出现突变增。吊杆间距的增大和横撑数量的减少对斜拱受力不利。倾角的减小和横撑位置的变化对主拱、系梁和斜拱受力不利。并根据分析结果给出了斜靠式拱桥结构参数选取的建议。由于斜靠式拱桥桥面主拱肋之间无横向联系,面外刚度较小,分析发现其失稳形式一般表现为面外拱肋侧倾失稳,此时结构的位移较大,但其稳定极限承载力,在加强桥面系刚度后几何非线性的影响可以弱化。从本文计算分析结果表明,该桥在成桥阶段的稳定性是有安全保证的。

参考文献

[1] 肖汝诚,郭瑞,等. 无推力斜靠式拱桥体系及其优化设计[C]. 第十六届全国桥梁学术会议论文集,2004.

[2] Transportation Research Board. Highway capacity manual[M]. Washington D C: National Research Council,2000.

[3] 王新敏. ANSYS 工程结构数值分析[M]. 北京:人民交通出版社,2007.
[4] 李莹. 斜靠式梁拱组合体系桥梁设计理论研究[D]. 同济大学硕士学位论文,2006.
[5] 钟善铜. 钢管混凝土结构[M]. 第 3 版. 北京:清华大学出版社,2003.
[6] 韩林海. 钢管混凝土结构[M]. 北京:科学出版社,2000.
[7] 陈宝春. 钢管混凝土拱桥[M]. 第 2 版 . 北京:人民交通出版社,2007.
[8] 盛叶,陈宝春. 钢管混凝土哑铃型梁试验[J]. 哈尔滨工业大学学报, 2003, 35 (增刊): 248-251.
[9] 肖汝诚,孙海涛,贾丽君,孙斌. 昆山玉峰大桥—首座大跨度无推力斜靠式拱桥的设计研究[J]. 土木工程学报,2005, 38 (1): 78-83.
[10] 胡锋. 斜靠式拱桥力学性能分析[D]. 郑州大学硕士学位论文,2006.

124 波形钢腹板—钢管混凝土组合梁桥受力性能研究

李 果 樊健生

(清华大学)

摘 要 波形钢腹板—钢管混凝土组合桥将混凝土桥面板、钢管混凝土和波形钢腹板组合成整体,能够充分发挥各构件的优势,具有预应力导入度高、抗裂性好、抗剪强度及稳定性高等优点。本文设计了一座3跨波形钢腹板—钢管混凝土连续组合梁桥,验算了结构在各工况下的应力和变形。采用有限元软件对该桥进行了计算模拟,分析结果与解析计算结果吻合良好,并基于有限元模型进行了参数分析。计算表明,这种上、下翼缘分别为预应力混凝土、钢管混凝土而腹板为波形钢腹板的组合梁桥具有较高的承载力和稳定性,并易于在混凝土桥面板内施加预应力。

关键词 波形钢腹板 钢管混凝土 组合梁 数值模拟

1 引言

钢—混凝土组合梁桥具有截面高度小、自重轻、延性好等优点,在国内外工程中得到了广泛应用。作为连续梁桥设计时,传统的T形截面组合梁在负弯矩作用下会产生钢梁受压、混凝土板受拉的不利情况,导致混凝土桥面板易于开裂而降低结构的耐久性,同时会降低钢梁的稳定性,不利于材料强度的充分发挥,这也限制了组合梁在连续梁桥或刚构桥等超静定结构中的应用。

近年来,钢管混凝土和波形钢腹板结构得到了深入的研究和长足的发展。钢管混凝土将钢与混凝土两种材料组合在一起,可充分发挥钢材抗拉、混凝土抗压性能好的优点,具有良好的力学性能[1]。波形钢腹板则具有自重轻、抗剪强度高和稳定性好等特点,同时沿轴向的压缩刚度非常低,与其他结构相组合,可以产生良好的受力效果。将上述三种结构形式结合起来而形成的波形钢腹板—钢管混凝土组合梁桥,能够充分发挥不同构件各自的优势:钢管混凝土既能在负弯矩区提供很高的抗压强度并有效防止发生侧扭失稳,又能在正弯矩区提高结构的弯曲刚度;波形钢腹板不仅可提高腹板的稳定性,同时有助于在混凝土桥面板内施加预应力,增强桥梁的耐久性。

自1985年在法国建成了世界上第一座波形钢腹板预应力组合箱梁桥以来,波形钢腹板组合梁桥在世界上许多国家得到了较广泛应用。其中法国于1988年建成的Maupre高架桥

基金项目:教育部新世纪优秀人才支持计划,NCET-08-0318。

就采用了波形钢腹板—钢管混凝土组合结构这种上部结构形式。该桥上翼缘为预应力钢筋混凝土桥面板,下翼缘是钢管混凝土,由波形钢腹板将上、下翼缘连接成三角形截面[2],如图1所示。

图1　法国 Maupre 高架桥

本文研究了顶部是混凝土桥面板,底部是钢管混凝土,中间由波形钢腹板相连接的连续组合桥梁的基本受力性能,并进行了相应的有限元模拟和参数分析。通过对波形钢腹板—钢管混凝土梁受弯承载力的分析,给出这种结构的基本计算方法。

2　桥梁参数及计算

2.1　计算假定

大量研究表明,波形钢腹板组合梁中波形钢腹板对其抗弯能力的贡献很小[3~5]。本文在对波形钢腹板—钢管混凝土组合梁桥进行设计计算时遵循以下假设:

(1)忽略波形钢腹板对抗弯承载能力的贡献,即不考虑腹板的抗弯作用。

(2)截面纵向应变分布符合线性分布。

(3)钢腹板与上、下翼缘,钢管与内部混凝土之间完全共同工作,即忽略相对滑移或连接破坏。

2.2　结构基本参数

按照相关桥梁设计规范[6]设计一座3跨连续梁桥,中跨跨度为60m,两边跨跨度均为40m,桥梁宽度为8m,双向两车道。上部结构形式为波形钢腹板—钢管混凝土连续组合梁。为防止负弯矩区混凝土开裂,在混凝土桥面板内张拉预应力,并通过后浇负弯矩区混凝土等施工措施来降低恒载作用下的混凝土拉应力。根据上述条件得到的桥梁内支座及跨中截面的基本构造如图2和图3所示。混凝土等级为C40,钢材为Q345。

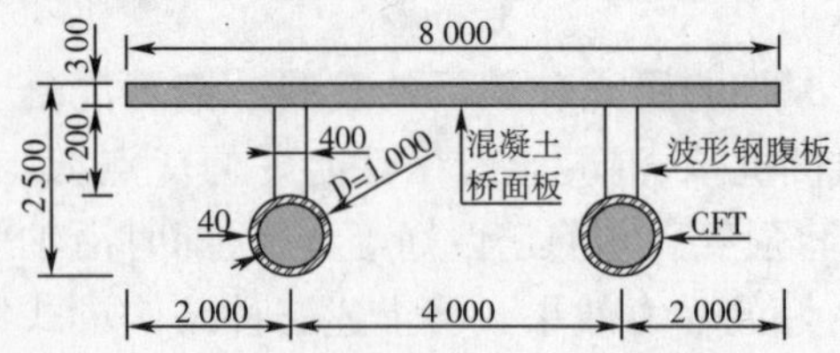

图2　连续支座附近截面构造

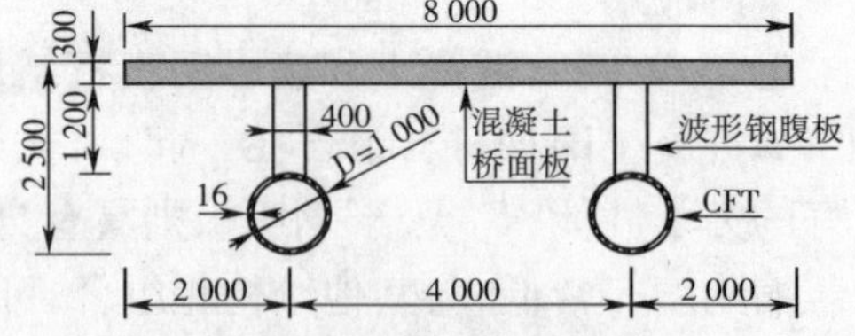

图3　跨中截面构造

2.3　基本计算原则

按弹性方法进行设计计算。对于如图4所示的组合截面,可采用换算截面法将混凝土按照混凝土与钢材的弹性模量比等效为钢材进行计算。承载力验算时,忽略正弯矩作用下钢管内混凝土的抗拉作用。负弯矩作用下如施加预应力且未开裂,则混凝土桥面板仍可按换算截面法参与受力。正弯矩和负弯矩作用下的截面计算模型和应变分布如图5和图6所示。

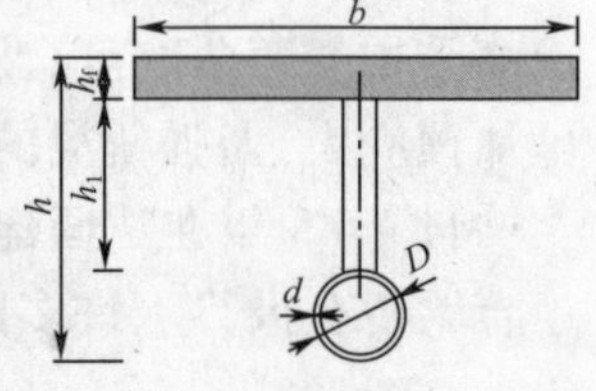

图4　截面示意图

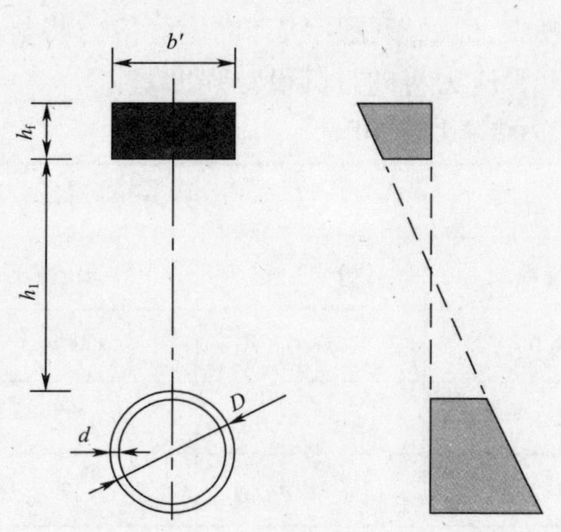

图5　正弯矩区换算截面及截面应变示意

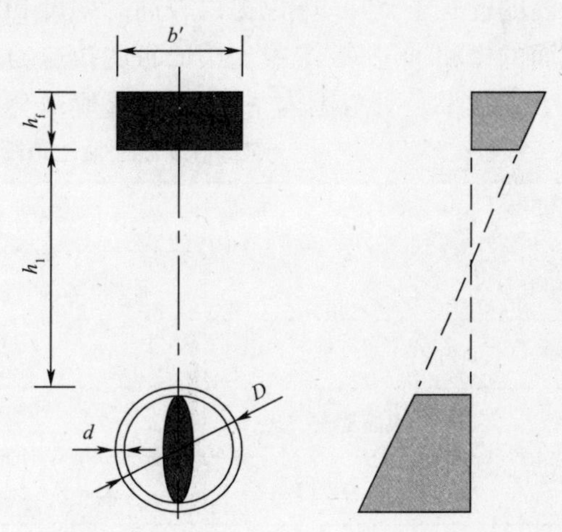

图6　负弯矩区换算截面及截面应变示意

3　有限元模拟及参数分析

3.1　基本假定及主要计算结果

采用有限元程序ANSYS建立该桥的三维计算模型并进行弹性分析。钢管与波形钢腹板均采用4节点板壳单元，管内的混凝土和混凝土桥面板采用六面体实体单元。全桥模型总共划分为22 784个板壳单元和151 978个实体单元。混凝土桥面板内施加的预应力则用等效力来模拟。

各控制截面的应力解析计算结果与有限元计算结果的比较如表1所示，表明有限元分析结果与解析计算结果吻合良好。

表1　有限元与解析计算结果比较(MPa)

截面位置	连续支座附近				中跨跨中		
	钢管下缘	钢管上缘	混凝土板顶	钢管内混凝土	钢管下缘	钢管上缘	混凝土板顶
有限元计算结果	204	101	3.24	5.65	85.2	60.3	3.37
解析计算结果	232	114	2.97	5.00	85.4	55.0	3.70

3.2　有限元参数分析

在前述有限元模型的基础上，对该组合桥作进一步的参数分析。

(1)钢管内混凝土的影响

正弯矩作用下钢管内的混凝土受拉，对抗弯承载力的贡献很小，但有利于提高结构刚度。利用有限元模型，对这一范围内钢管内是否灌筑混凝土的受力性能进行了对比分析。钢管内混凝土灌筑范围不同时各控制截面的应力比较如表2所示。如正弯矩区钢管内灌筑混凝土，截面中和轴下移，混凝土桥面板应力略增大，但由于混凝土抗拉强度低，因此钢管应力基本未有变化，但此时混凝土用量将增加约30%，结构自重也增加约20%。正弯矩区钢管内灌筑的混凝土可以提高截面刚度，同时还会引起结构的内力重分布。负弯矩作用下钢管内的混凝土受压,可以提供较高的强度和刚度。如负弯矩区钢管内不浇筑混凝土,则组合截面的中和轴上移,混凝土桥面板的拉应力将略微减小,但处于受压状态的钢管应力将显著增大。如果全长范围内采用空钢管,则部分截面的钢管应力将超过其设计强度。

表2 混凝土灌注范围不同时应力结果比较(MPa)

截面位置	连续支座附近		中跨跨中	
	钢管下边缘	下翼缘混凝土	钢管下边缘	上翼缘混凝土
仅负弯矩区灌混凝土	108	3.95	51.0	3.37
全长灌注混凝土	54	2.93	43.6	3.70
全长不灌注混凝土	212	3.35	131.0	3.13

(2)预应力导入效率

波形钢腹板组合梁桥中,由于波形钢腹板的纵向刚度很小,几乎不抵抗轴向力,理论上预应力可以几乎全部施加于混凝土桥面板,从而有效提高了预应力效率。表3给出了施加预应力前后连续支座处混凝土桥面板内拉应力的比较。

表3 连续支座处施加预应力前后上翼缘混凝土拉应力比较(MPa)

计算点距上表面距离(mm)	0	100	200	300
无预应力	3.54	3.20	2.96	2.61
有预应力	0.04	0.28	0.26	0.06

由表3可以看出,施加预压力之后,混凝土桥面板的拉应力将明显减小。图7和图8为施加预应力前后各计算点钢管和混凝土应力的比较,说明施加预应力之后连续支座处的钢管应力和没有施加预应力的混凝土面板的应力变化很小。

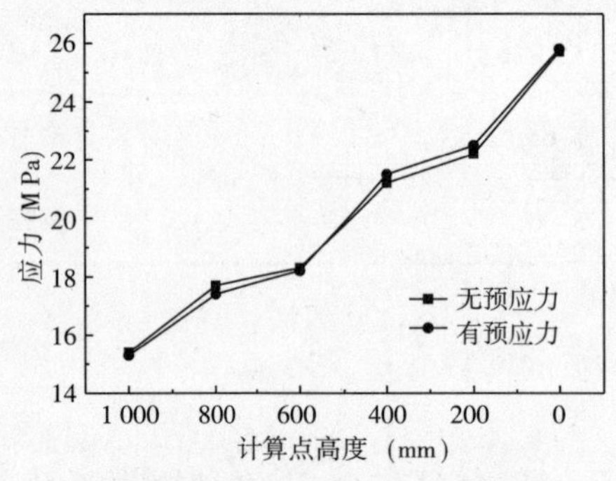

图7 施加预应力前后钢管应力比较

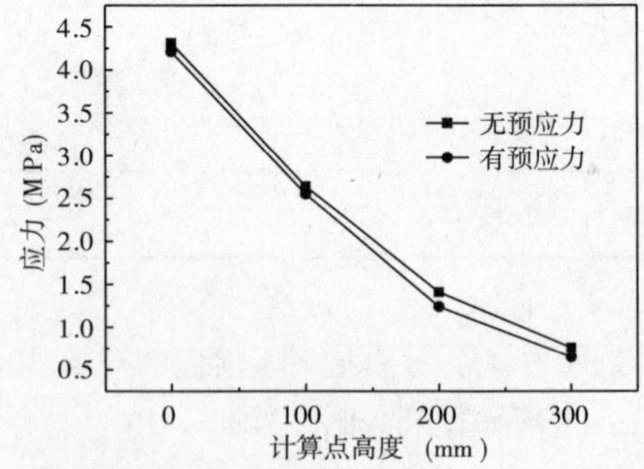

图8 施加预应力前后混凝土应力比较

(3)与直钢腹板桥的对比分析

本文同时建立了直钢腹板组合梁桥的计算模型。除腹板形式改用直钢腹板外,结构参数与图5和图6相同。在相同的预应力作用下,钢管混凝土的应力如图9和图10所示。直钢腹板和波形钢腹板模型施加预应力前后的混凝土面板拉应力对比如图11所示。

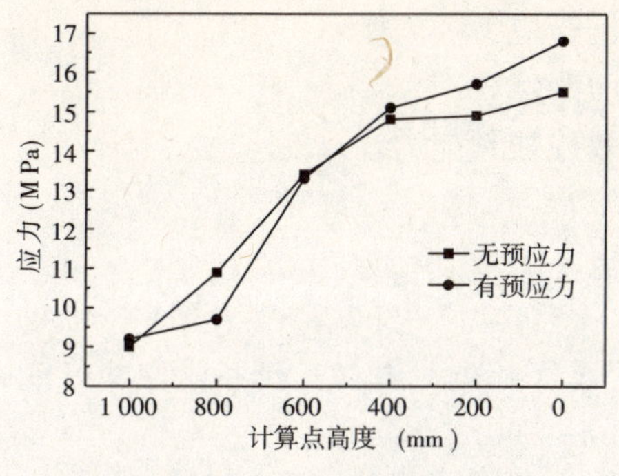

图9 直腹板施加预应力前后的钢管应力

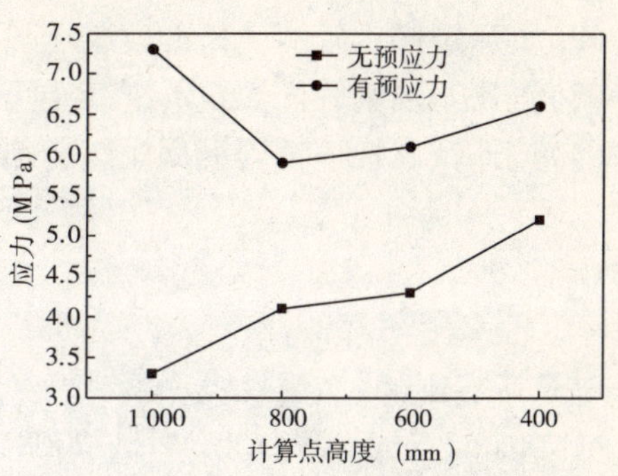

图10 直腹板施加预应力前后混凝土应力

由图9和图10可知，直钢腹板模型中施加预应力后钢管内混凝土应力变化很大，应力变化超过20%，甚至达到100%。由图11可知波形钢腹板组合梁施加预应力前混凝土面板拉应力更大，而施加预应力后拉应力更小。这是因为直钢腹板也承受一定的弯矩，施加预应力之后，直钢腹板以及下翼缘钢管混凝土会受到一定的弯矩作用而抵消掉部分预应力，而波形钢腹板则因为轴向刚度很小而几乎不抵抗轴向力。

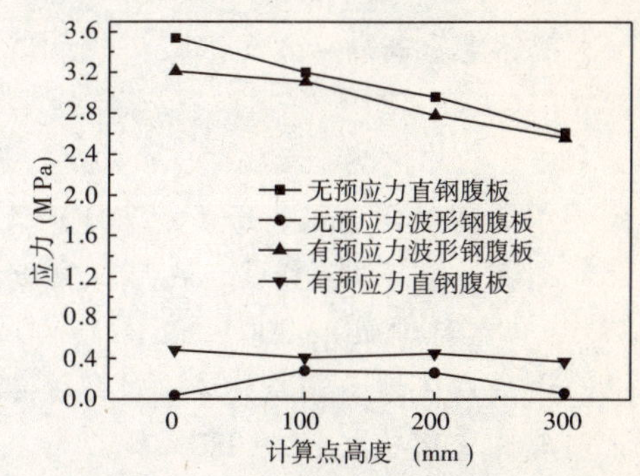

图11 施加预应力前后混凝土拉应力对比

（4）温度应力计算分析

对所设计的桥梁进行温度应力的计算和分析，解析计算假定截面温度应变呈线性分布，分别采用三角形温度梯度模型和矩形温度梯度模型。根据上、下翼缘应变差和截面平衡条件可以解得截面应变分布和应力分布。在有限元模型中则直接定义温度荷载。上下翼缘温度差取为 $\Delta t = 15℃$。有限元计算结果和解析计算结果的比较如表4所示。

表4 温度应力比较（MPa）

截 面 位 置	连续支座截面		跨 中 截 面	
	钢管	混凝土板	钢管	混凝土板
有限元计算结果	9.8	3.52	12.4	2.97
三角形应变模型计算结果	16.1	2.26	18.3	1.91
矩形应变模型计算结果	13.6	2.66	16.6	2.18

计算可知，由于波形钢腹板的刚度很低，使混凝土桥面板相对于钢管混凝土可自由轴向变形，因此结构的总体温度应力水平较低。

4 结语

本文设计了一座波形钢腹板—钢管混凝土组合梁桥，并对此结构进行了有限元模拟分析和参数分析。计算表明：

（1）此类组合梁桥在正弯矩和负弯矩作用下均具有良好的承载能力和稳定性。

(2)负弯矩区钢管内浇筑的混凝土可大大降低钢管应力。

(3)正弯矩区钢管内灌筑的混凝土可以提高截面刚度。

(4)波形钢腹板—钢管混凝土组合梁桥便于有效施加预应力。

参考文献

[1] 王艳丽，王春生，翟晓亮，段兰，李宝瑞. 带管翼缘的钢－混凝土组合梁抗弯性能试验研究[J]. 交通运输工程学报，2008，8(6)：63-69.

[2] Jacques Combault. The Maupre viaduct near Chrolles，France. Proceedings of Amecican Institute of Steel Construction. 1988，3(12).

[3] 陈宝春，高婧. 波形钢腹板钢管混凝土梁受弯试验研究[J]. 建筑结构学报，2008，29(1)：75-82.

[4] 万水，陈建兵，袁安华，喻文兵. 波形钢腹板PC组合箱梁简化计算及试验研究[J]. 华东交通大学学报，2005，22(1)：11-14.

[5] 徐岳，朱万勇，杨岳. 波形钢腹板PC组合箱梁桥抗弯承载力计算[J]. 长安大学学报(自然科学版)，2005，25(2)：60-64.

[6] 中华人民共和国交通部. 公路桥涵钢结构及木结构设计规范(JTJ 025—86)[S]. 北京：人民交通出版社，1987.

125　钢管混凝土拱结构计算的三维空间实体—梁单元法

周海龙

（内蒙古农业大学水利与土木建筑工程学院）

摘　要　结合拱结构计算的矩阵位移法[1]和钢管混凝土拱桥分析的纤维单元法[2]，特提出钢管混凝土拱结构计算的三维空间实体—梁单元法。该法在子结构分析时采用8结点六面体的实体单元，而在空间结构整体分析时采用梁单元，通过转换矩阵建立二者之间的关系。该法既考虑了钢管与混凝土的套箍效应，又可用作进行非线性分析。因此，该法的提出为完善钢管混凝土拱桥的计算理论具有重要的理论意义和参考价值。

关键词　钢管混凝土拱　结构计算　三维空间　实体—梁单元法

1　引言

钢管混凝土，它是将高强混凝土灌入薄壁圆钢管内而形成的组合结构材料。其较普通钢筋混凝土具有优越的力学性能：一方面钢管对混凝土起约束作用，使混凝土处于复杂应力状态下，从而使混凝土强度得以提高，塑性和韧性性能大为改善；另一方面核心混凝土的存在也可以避免钢管发生局部屈曲，从而保证材料性能的充分发挥。此外，在钢管混凝土的施工中，钢管还可以作为浇筑其核心混凝土的模板，与钢筋混凝土相比，采用钢管混凝土可节省模板的费用，加快施工速度。

20世纪60年代初，我国开始了对这种组合材料的系统研究，随后在我国工业与厂房建筑中得到广泛的应用。这些成功的实践为钢管混凝土在拱桥中的应用提供了理论基础。拱桥的跨度一直是设计和施工人员所关心的问题，而跨度又与材料和施工技术密切相关。于是钢管混凝土在拱桥上的应用，解决了桥梁跨度和施工两大难题。为我国具有传统文化和技术特色的拱桥发展增添了无限生机。但是，由于其设计理论，计算方法，规范制定等方面比较落后，一些关键的技术问题还没有得到彻底的解决，因而，在一定程度上，限制了该桥向大跨度方向发展的进程。

钢管混凝土拱桥最常用的分析方法是有限元法。目前的计算模型主要有三种[3]：一种是双材料模型，即在截面模型的建立过程中分别考虑钢和管内混凝土两种材料的特性，具体根据划分方式的不同，又分为双单元模型和纤维单元模型；一种是单材料模型，即在有限元建模时，将钢管和混凝土考虑成同一种材料进行输入，具体又可以分为钢管混凝土单元模型和换算单元模型；一种是统一理论模型，即考虑两种材料特性的差异和相互作用，利用试验

基金项目：内蒙古农业大学博士基金，BJ06－54。

的方法得出各种荷载情况下各种构件的一个统一设计的公式。通过文献[4]对以上的几种模型的分析比较,发现纤维单元法在钢管混凝土拱桥的材料非线性分析中具有明显的优势,但由于其需要对拱肋截面进行积分运算,而且不能求得拱肋内部断面山任意一点的应变和应力。所以作者为了弥补纤维单元法计算的局限性,结合普通的梁单元,即矩阵位移法,特提出了三维空间实体—梁单元法。该法特别适合进行全过程的非线性的分析。同样该法也可用于进行钢管混凝土构件的分析。

2 分析思路

首先将拱肋沿纵向划分为 n 个单元,如图1所示,由于拱结构体系面外受力不可忽视,因此划分的单元均需按空间梁单元来考虑。

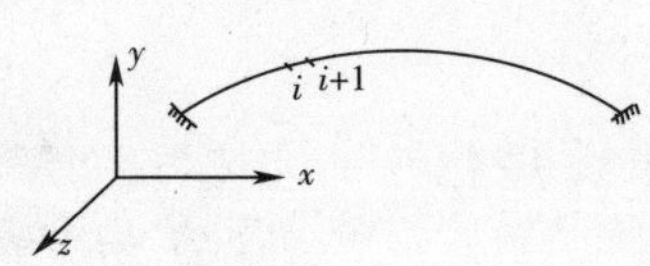

图1 拱肋梁单元划分示意图

建立整体结构的刚度方程

$$[K]\{\delta\}=\{F\} \tag{1}$$

对于每一个单元,以圆心处的位移代表梁单元的结点位移,可得到空间梁单元的刚度方程

$$[k]^e\{\delta\}^e=\{F\}^e \tag{2}$$

式中:$[k]^e$——空间梁单元刚度矩阵;

$\{\delta\}^e=\{u_0^i \quad v_0^i \quad w_0^i \quad \theta_x^i \quad \theta_y^i \quad \theta_z^i \quad u_0^j \quad v_0^j \quad w_0^j \quad \theta_x^j \quad \theta_y^j \quad \theta_z^j\}^T$ 代表第 e 个空间梁单元两端圆心处的结点位移;

$\{F\}^e=\{F_x^i \quad F_y^i \quad F_z^i \quad M_x^i \quad M_y^i \quad M_z^i \quad F_x^j \quad F_y^j \quad F_z^j \quad M_x^j \quad M_y^j \quad M_z^j\}^T$ 代表第 e 个空间梁单元两端圆心处的结点力。

为了进一步分析钢管与混凝土材料进入弹塑性状态后两者之间的套箍作用,在横截面上按径向和环向划分为若干个六面体8结点等参子单元。如图2所示。为了避免由于圆心

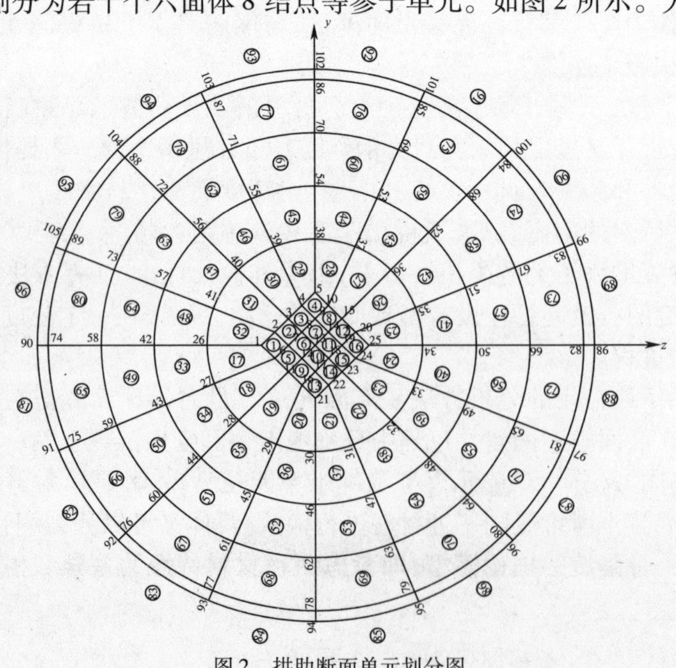
图2 拱肋断面单元划分图

处的单元为五面体,容易引起刚度矩阵奇异和求解失败,为此,本文将核心混凝土沿半径方向划分为5环,钢管单独划分为一环,全圆沿周长16等份,靠近圆心的第一个圆环用菱形替代,法线方向与菱形的交点作为四边形划分单元的结点,共划分为16个小矩形,由此保证了所有子单元均为真实的六面体单元。本文将混凝土划分为80个等参子单元,钢管划分为16个等参子单元,全断面共105个结点。

3 子结构有限元分析

杆(梁)元内的子单元采用8结点六面体单元,如图3所示。在局部坐标系下,一个标准的8结点六面体边长设为2。采用结点插值的方法,可得到在局部坐标系下的对应于每一个结点的形状函数为[5]

$$N_i = \frac{1}{8}(1+\xi_i\xi)(1+\eta_i\eta)(1+\zeta_i\zeta)\quad (i=1,2,\cdots 8) \tag{3}$$

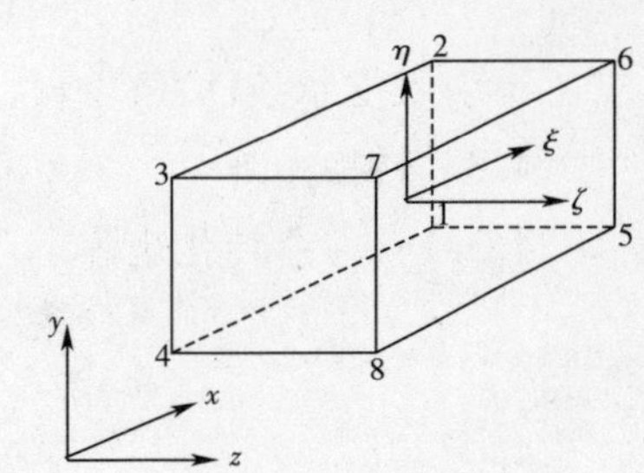

图3 8结点六面体子单元

式中:(ξ_i,η_i,ζ_i)——局部坐标系下结点 i 的局部坐标值。

设子单元结点位移为 $\{\delta\}^s = [u_1\ \ v_1\ \ w_1\ \ u_2\ \ v_2\ \ w_2\ \ \cdots\ \ u_8\ \ v_8\ \ w_8\ \ ]^T$

$$\varepsilon^s = B\delta^s \tag{4}$$

$$\sigma^s = D\varepsilon^s = DB\delta^s \tag{5}$$

则子单元刚度矩阵为

$$k^s = \iiint_V B^{\mathrm{T}}DBd_{\mathrm{V}} = \int_{*1}^{1}\int_{-1}^{1}\int_{-1}^{1} B^{\mathrm{T}}DB\,|J|\,d_\xi d_\eta d_\zeta = \int_{-1}^{1}\int_{-1}^{1}\int_{-1}^{1} f(\xi,\eta,\zeta)\,d_\xi d_\eta d_\zeta \tag{6}$$

4 空间梁单元刚度分析

4.1 基本假定

(1)钢管和混凝土黏结良好,没有出现脱空。

(2)在外荷载作用下钢管与混凝土变形协调,不发生相对滑移和变形。

(3)截面形状和面积在变形前后不发生变化,平截面假定成立。

(4)截面扭转不引起翘曲。

4.2 空间梁单元刚度矩阵

假设梁单元发生虚位移 $\{\delta^*\}^e$,由此在子单元中产生虚位移 $\{\delta^*\}^s$,由虚功原理可知

$$(\{\delta^*\}^e)^T F^e = \sum_{i=1}^{m}(\{\delta^*\}^s)^T F^s \tag{7}$$

假设:$\{\delta^*\}^s = T\{\delta^*\}^e$,则 $F^s = k^s\delta^s = k^sT\delta^e$,式中 T 为位移转换矩阵。于是

$$(\{\delta^*\}^e)^T F^e = \sum_{i=1}^{m}(\{\delta^*\}^e)^T T^T k^s T\delta^e \tag{8}$$

根据变分原理得

$$F^e = \sum_{i=1}^{m} T^T k^s T\delta^e = k^e\delta^e \tag{9}$$

则梁单元的刚度矩阵为

$$k^e = \sum_{i=1}^{m} T^T k^s T \tag{10}$$

整体坐标系下三维空间梁单元的刚度矩阵为:

$$[\bar{k}]^e = \sum_{i=1}^{m}[L]^T[T]^T[k]^s[T][L] \tag{11}$$

式中:$[L]$——从整体坐标系到局部坐标系的转换矩阵。

从而可以将梁单元进行组集,形成结构的刚度矩阵,形式如下:

$$[K] = \sum_{j=1}^{n}\sum_{i=1}^{m}[L]^T[T]^T[k]^s[T][L] \tag{12}$$

再引入支承条件,解方程,求出位移,便得出内力。

4.3 转换矩阵

4.3.1 位移转化矩阵

$$T = \begin{bmatrix} 0 & 0 & t_3 & t_4 & 0 & 0 & t_7 & t_8 \\ t_1 & t_2 & 0 & 0 & t_5 & t_6 & 0 & 0 \end{bmatrix}^T$$

$$t_i = \begin{bmatrix} 1 & 0 & 0 & 0 & -z_i & -y_i \\ 0 & 1 & 0 & -z_i & 0 & 0 \\ 0 & 0 & 1 & y_i & 0 & 0 \end{bmatrix} \tag{13}$$

式中:x_i,y_i,z_i,x_j,y_j,z_j——分别为子单元各结点在梁单元两端截面上的坐标。

4.3.2 坐标转化矩阵

$$[L]^T = \begin{bmatrix} h & 0 & 0 & 0 \\ 0 & h & 0 & 0 \\ 0 & 0 & h & 0 \\ 0 & 0 & 0 & h \end{bmatrix}$$

$$[h] = \begin{bmatrix} l_1 & l_2 & l_3 \\ m_1 & m_2 & m_3 \\ n_1 & n_2 & n_3 \end{bmatrix} \tag{14}$$

式中:l_i,m_i,n_i——局部坐标各轴在整体坐标系中的方向余弦。

由于篇幅关系,有关转换矩阵的详细推导过程请参见文献[4]。

5 算例

图4所示钢管混凝土等截面拱,承受$5P$的试验荷载作用。该拱跨度$l=5\text{m}$,$f=1.25\text{m}$,即拱的矢跨比$f/l=1/4$。钢管为Q235钢,$E_s=206\text{GPa}$,外径325mm,壁厚6mm,混凝土强度等级C40,$E_c=32.5\text{GPa}$。

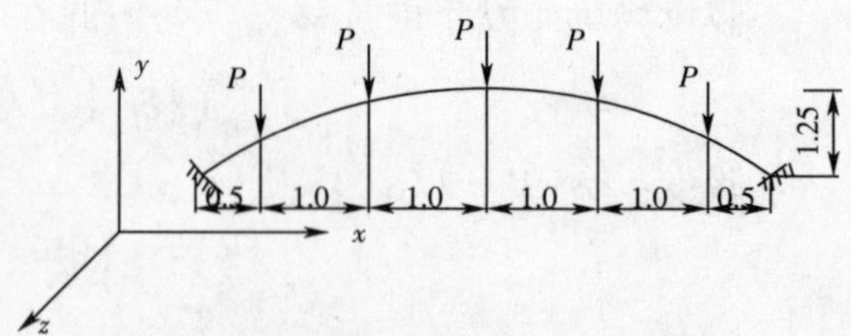

图4 钢管混凝土拱(尺寸单位:m)

利用本文的方法,求得的结果见表1。同时,为了作比较,将用SAP2000计算的结果和文献[1]的计算结果一同列入表1中。用SAP2000计算时,将钢管混凝土等效为一种材料计算。

从上面内力计算的结果来看,除了拱脚剪力计算的误差较大外,其他内力的计算基本吻合,最大误差为5.02%,最小误差0.5%,均小于文献[1]的计算误差。主要由于本题在分析时采用了子结构法,对刚度矩阵进行了凝聚。从方差的分析来看,内力的计算是趋于稳定的。

表1　本文的计算结果与文献[1]中计算结果的比较

截面位置	内力、扰度	文献[1]的计算结果	本文的计算结果	SAP2000计算结果	文献[1]的相对误差/%	本文的相对误差/%
拱顶截面	N(kN)	2.381 71P	2.375 0P	2.387 6P	0.6	0.53
	V(kN)	0.488 08P	0.500 1P	0.476 2P	2.4	5.02
	M(kN·m)	0.139 98P	0.140 60P	0.141 0P	0.7	0.28
	V_c/($\times 10^{-3}$mm)	4.213 26P	4.531 7P	4.400 0P	4.1	3.0
拱脚截面	N(kN)	3.457 04P	3.446 6P	3.445 7P	0.7	0.03
	V(kN)	0.095 48P	0.088 4P	0.106 6P	2.6	17.07
	M(kN·m)	0.139 14P	0.141 5P	0.141 8P	8.2	0.5

6　结论

(1)视钢管混凝土为组合材料,建立了钢管混凝土拱结构计算的三维空间实体—梁单元法,在对横截面作子单元分析的基础上,利用平截面假定,将实体子单元转换为空间梁单元,从而导出梁单元的刚度矩阵。

(2)根据前面的推导、阐述和算例计算结果分析,说明本文的方法在线弹性范围内,计算工作量小,精度高,而且除了获得内力的结果外,还能很容易地获得截面上各点的应力解,特别是钢管的应力,有利于进一步地掌握结构的受力状况。

(3)针对拱肋以面内受力为主,利用子结构法,对梁单元内任一点的"六个自由度"进行凝聚,算例的计算结果表明:凝聚后的力与位移的计算更接近于SAP2000的计算结果。

(4)通过引入非线性的本构模型,该法深化后可用作进行非线性分析,这样不仅能考虑两种材料的特性,还能考虑二者间的套箍效应,尽可能在分析中反映这两种材料的组合的力学行为,使分析更准确。

(5)本文的方法不仅可用于钢管混凝土拱结构,还可用于分析其他钢管混凝土构件。

参考文献

[1] 熊峰,童蔷.钢管混凝土拱结构计算的矩阵位移法.西南交通大学学报,2000(5).

[2] 陈友杰,陈宝春.钢管混凝土单圆管肋拱的非线性有限元分析.湘潭师范学院学报(自然科学版),2003(4).

[3] 韦建刚,陈宝春.钢管混凝土拱材料非线性有限元分析方法.福州大学学报(自然科学版,2004(3).

[4] 周海龙.单肢钢管混凝土拱桥考虑钢管初始应力的承载力分析研究.重庆交通大学硕士论文,2006.

[5] 谢贻权,何富保.弹性和塑性力学中的有限元法.北京:机械工业出版社,1981.

126　拱桥新型吊杆运营安全性及其动力敏感性分析

朱劲松　邑　强

(天津大学建筑工程学院)

摘　要　以天津站交通枢纽工程李公楼立交桥主桥为三跨连续钢结构坦拱桥梁为背景,分析了带套筒螺纹连接的不锈钢短吊杆运营期内损伤或断裂对桥梁整体静动力性能的影响。首先分析了这类新型吊杆运营期最可能的失效模式,并建立了吊杆失效引起的动力放大效应指标;然后基于通用有限元软件 ANSYS 分别建立桥梁整体静、动力空间有限元参数化模型,钢箱梁与钢拱肋采用采用 Shell 单元、吊杆采用杆单元模拟,并考虑运营期吊杆力对桥梁整体刚度的贡献;在此基础上分别模拟了单根吊杆突然失效及损伤断裂等工况下桥梁的静、动力学行为,并分析了各根吊杆失效对桥梁整体静、动力性能的影响。本文研究方法和成果可为中下承式拱桥设计优化、运营期健康监测及吊杆维护与替换提供理论支持。

关键词　钢拱桥　不锈钢吊杆　动力增大系数　损伤　动力特性

1　引言

拱桥吊杆是中下承式拱桥的关键受力构件,吊杆失效不但会引起吊索力静张力的重分布[1],对拱桥结构整体受力安全产生不利影响,也可能引起拱桥整体自振特性的变化或拱肋稳定性的降低[2,3],甚至引发桥面坍塌等恶性事故的发生。因为拱桥吊杆在运营期间除了承受桥面静载和往复活载外,还会参与桥梁整体振动,使吊杆与桥面主梁及拱肋交接的吊点处受力异常复杂[4]。另外,在长期环境侵蚀下,也会因疲劳与腐蚀的交互作用,加快吊杆失效过程。实际工程中,吊杆的损伤和换索事例,国内外都有很多报道,造成了严重的经济损失和极坏的社会影响。许多桥梁不得不提前更换吊杆,吊杆更换工艺复杂,施工难度大,换索期间需要关闭交通,从而带来严重的经济损失,统计表明,更换吊杆的造价往往是原索造价的 4 ~ 5 倍[5]。因此,除了对吊杆采取有效的防护措施延长使用寿命,并采取科学的监测手段对其服役状态进行长期监测之外,在设计阶段对这类桥梁进行强健性设计则是满足桥梁全寿命周期成本最优化的基础。在设计阶段除需进行吊杆静力安全、抗疲劳等常规设计,还应考虑吊杆渐进损伤及突然断裂对结构静动力特性的影响,并确保桥梁在单根或少量吊杆断裂的极端事件发生时,仍然保持一定的承载能力和稳定性,设计具有足够强健性和冗余度的索承体系桥梁,为不中断交通的吊杆维护和替换施工提供保证。

本文以天津站交通枢纽工程李公楼立交桥主桥为三跨连续钢结构坦拱桥梁为背景,分析了带套筒螺纹连接的不锈钢短吊杆运营期内损伤或断裂对桥梁整体静动力性能的影响。

首先分析了这类新型吊杆运营期最可能的失效模式,并建立了吊杆失效引起的动力放大效应指标;然后基于通用有限元软件 ANSYS 分别建立桥梁整体静、动力空间有限元参数化模型,钢箱梁与钢拱肋采用采用 Shell 单元、吊杆采用杆单元模拟,并考虑运营期吊杆力对桥梁整体刚度的贡献;在此基础上分别模拟了单根吊杆突然失效及损伤断裂等工况下桥梁的静、动力学行为,并分析了各根吊杆失效对桥梁整体静、动力性能的影响。本文研究方法和成果可为中下承式拱桥设计优化、运营期健康监测及吊杆维护与替换提供理论支持。

2 结构概况

2.1 天津站交通枢纽李公楼立交桥

李公楼立交桥位于天津站后广场,与跨越海河的赤峰桥直接相连成为一个整体,主桥距离赤峰桥主桥约为 300m。考虑到两种桥梁结构形式的相互协调,以及桥梁跨径、桥梁平面、桥梁纵断面等相关技术标准要求,李公楼立交桥主桥结构设计为三跨连续坦拱钢结构桥,主桥三跨拱的高度分别为 7m、10.5m、7m,矢跨比分别为 1:7.3、1:5.2、1:7.3,拱轴线全部采用多次抛物线。跨径布置为 51m + 55m + 51m,全长为 157m。横桥向分离布置三道拱肋,总宽 28.8m,以获得通敞豁亮的视觉感受。拱肋采用矩形截面,中跨拱拱脚、拱顶截面尺寸分别为 0.8m × 2.1m、0.8m × 0.8m;边跨拱拱脚、拱顶截面尺寸分别为 0.8m × 1.5m、0.8m × 0.6m。主梁采用单箱多室钢箱梁,是典型的刚性系杆柔性拱。桥梁总体立面布置如图 1 所示。

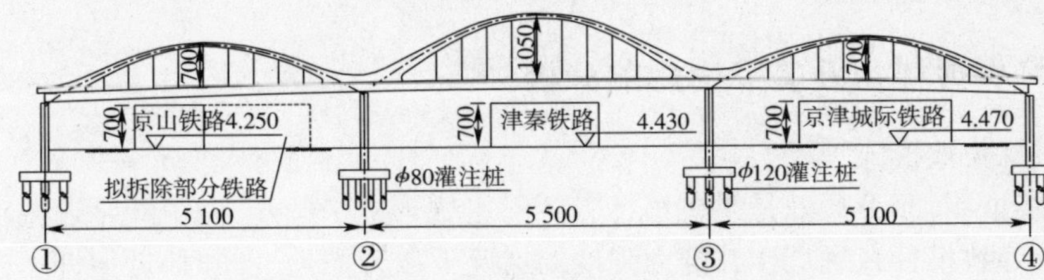

图 1 三跨连续坦拱钢桥立面布置图(尺寸单位:cm)

2.2 不锈钢吊杆

全桥 9 片钢拱肋采用 81 根吊杆与桥面钢箱梁相连,考虑美观、锚具尺寸及耐久性等因素,采用了螺纹连接的新型不锈钢吊杆,边拱吊杆直径为 55mm,中拱吊杆直径为 70mm。以往这类螺纹连接的不锈钢吊杆在大型场馆的空间屋盖结构中已有采用,然而桥梁工程中国内应用尚属首次。

不锈钢吊杆构造示意如图 2 所示。

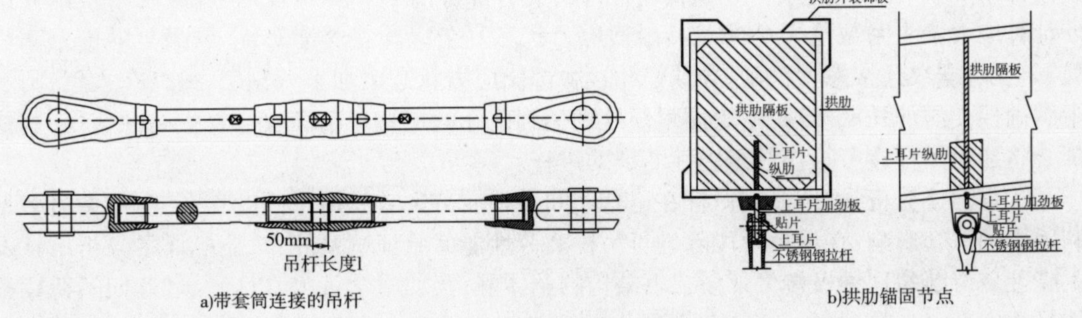

图 2 不锈钢吊杆构造示意图

2.3 结构整体有限元模型

李公楼立交桥主桥为三跨连续的拱梁组合体系桥,体系为外部静定结构,无水平推力。横桥向三道主拱肋截面刚度不同,两边拱与中拱的吊杆直径及吊杆力也不同,主桥三跨处于道路缓和曲线上,在交通荷载、温差等共同作用下,其结构空间效应明显。

基于 ANSYS 建立空间有限元模型,全桥节点 6 097 个,各类结构单元 8 573 个,如图 3 所示(x、y、z 每轴拱肋吊杆从 1 - 27 编号)。为真实模拟实际结构的构造细节,采用 8 492 个 Shell63 板单元对拱肋、箱梁的顶、底板、腹板、横隔板、各类加劲板进行精细化模拟,不锈钢吊杆采用 81 个 Link8 单元模拟。动力分析时,将二期恒载换算成质量,用 MASS21 单元加载到模型上,并考虑运营期吊杆张力对结构动力刚度的影响。计算采用的材料常数及边界条件根据桥梁相关规范和设计条件确定。

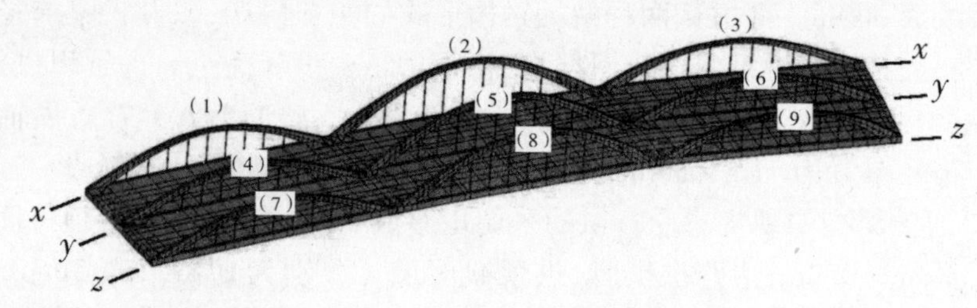

图 3 空间有限元计算模型

3 吊杆失效模拟及其静力影响分析

3.1 吊杆失效模式

工程实践证明,疲劳失效是拱桥吊杆破坏的主要形式,车辆、风(雨)导致振动产生的交变应力,都会导致吊杆在远低于其静力强度的情况下疲劳失效。同时,近年许多桥梁事故表明,吊杆的使用寿命一般在 3 ~ 16 年左右,远低于桥梁设计年限。因此,桥梁设计工作中,应当考虑吊杆的疲劳设计寿命,以便及时更换,防止重大事故的发生。目前,国内应用比较成熟的平行钢丝束成品拉索及冷铸镦头锚锚具满足断丝率 $<5\%$ 的疲劳应力幅为 200MPa,循环加载次数一般约为工程寿命 200 万次。美国得克萨斯大学在对 700 余套吊杆疲劳试验结果的统计分析和补充试验的基础上,也提出了相应的 S - N 曲线,在这类拱桥吊杆设计时可以参考选用[6]。

然而对于本桥采用的带螺纹套筒连接的不锈钢吊杆,试验及工程实践表明,车削螺纹连接构件中 60% ~65% 是发生在螺栓与螺母的旋合部分的第一扣螺纹的根部[7],本桥吊杆该处计算应力集中系数达 3.6,螺纹接触面应力状态复杂[8]。在交通车辆、风振等随机振动荷载影响下,螺纹连接发生松动,导致螺扣接触部位应力状态更加不可预测,另外在大气、雨水中腐蚀性介质的长期侵蚀下,表面耐候处理受到破坏的螺纹车削面也会发生腐蚀损伤,这些都必将加速吊杆疲劳损伤乃至脆性断裂的过程。

综合上述分析,本桥新型吊杆在运营期间多种疲劳失效风险源同时存在,为考虑诸多不利因素的综合影响,在设计阶段除进行吊杆疲劳性能的验证试验外[8],还应详尽分析吊杆发生脆性疲劳断裂这种极端失效模式下结构的整体静力、动力学行为,以确保运营期间桥梁整体受力安全。

3.2 吊杆断裂动力放大效应

对于拱桥吊杆、斜拉桥的斜拉索与悬索桥的吊索这类柔性承载构件,在成桥运营状态下突然断索引起的结构瞬时响应分析,可以采取非线性动力学方法或准静态方法进行。其中非线性动力学方法在结构复杂、单元自由度众多的情况下,计算量太大;而准静态方法在进行脆性断裂的吊杆失效模拟时,将结构中该吊杆单元撤去,并将吊杆内拉力以静荷载反向作用在拱肋和主梁的吊杆锚固点处。由于吊杆突然断裂,必然会对拱、梁产生一定的冲击作用,因此,静力分析施加在拱梁锚固点的拉力应乘一个动力放大系数 *DAF*(Dynamic Amplification Factor)。根据 Park 等的分析[9],对于单自由度系统,这个动力放大系数为 2.0,对于斜拉桥这类复杂桥梁,动力放大系数与所关心的结构响应类型及断索的位置有关,在 1.3 到 2.7 之间变化。

根据 Park 等[9],对结构所有单元的不同状态变量均有一个独立的动力放大系数,可按式(1)计算:

$$DAF = \frac{S_{\mathrm{dyn}} - S_0}{S_{\mathrm{stat}} - S_0} \tag{1}$$

式中:S_{dyn}——采用瞬态动力学时程分析方法,在某根吊杆突然断裂时,将该吊杆力反向冲击施加在结构上得到的某状态变量的极端动态响应;

S_{stat}——撤除该吊杆之后该状态变量的静态响应;

S_0——吊杆完好的初始状态下该状态变量静态响应。

对于李公楼桥,偏于危险地以拱(1)和拱(2)(图 3)两个跨中吊杆突然断裂为例,计算最危险工况下吊杆突然失效引起的主梁竖向位移的动力放大系数 *DAF*,计算得到的 *DAF* 在 1.6~2.2 之间变化,如图 4 所示。为偏安全起见,本文统一按 *DAF* =2.2 进行分析。

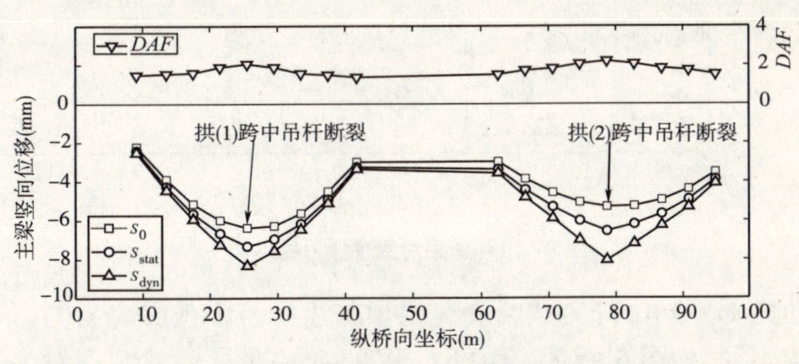

图4 边拱各跨中吊杆断裂动态放大系数(*DAF*)

3.3 吊杆失效对拱桥静力安全性影响

根据影响矩阵法,拱桥吊杆损伤或失效后,必然引起周围相邻吊杆的张力变化,引起吊杆系静张力的重分布,从而导致拱桥面内刚度的变化。本文考虑上述动力放大系统,采用准静态加载方法,对全桥 81 根吊杆中任意单根吊杆疲劳断裂而引起的吊杆应力、拱肋、主纵梁关键截面应力的变化情况进行分析。分析发现,每到拱肋内的吊杆失效对其他相邻拱肋结构静力响应影响较小,即 9 道拱肋之间具有弱相关性。其中引起吊杆名义应力最大值为 299.5MPa,而吊杆完好状态下,所有吊杆中名义应力最大值仅为 157MPa。因其他吊杆失效而引起的吊杆应力相对增大系数定义为 $\gamma = (T_{f,\max} - T_0)/T_0$($T_{f,\max}$为其他吊杆失效引起的某根吊杆应力最大值,$T_0$ 为运营期间吊杆完好状态下的该吊杆应力)。x、y 轴内吊杆应力相对增大系数如图 5 所示,且(4)(5)拱内吊杆断裂对该拱内其他吊杆应力的影响如图 6 所示。由图 5 与图 6 可见,每道拱内九根吊杆中第 2 与第 8 根吊杆失效,引起的最短杆的应力相对增长系数最大,即这两根吊杆失效为最危险工况。以拱(4)为例,当第 2 根吊杆突然断裂,而引起第 1 根最短吊杆瞬时应力从 85MPa 骤增至 299.5MPa,相对增长系数达 2.52。

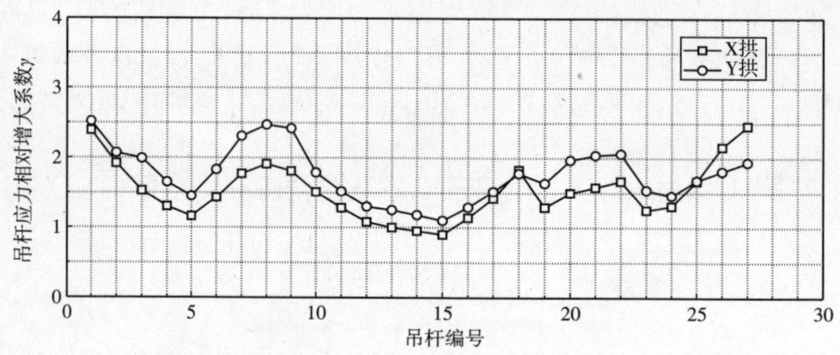

图 5　因吊杆失效引起的其他吊杆应力相对增长系数

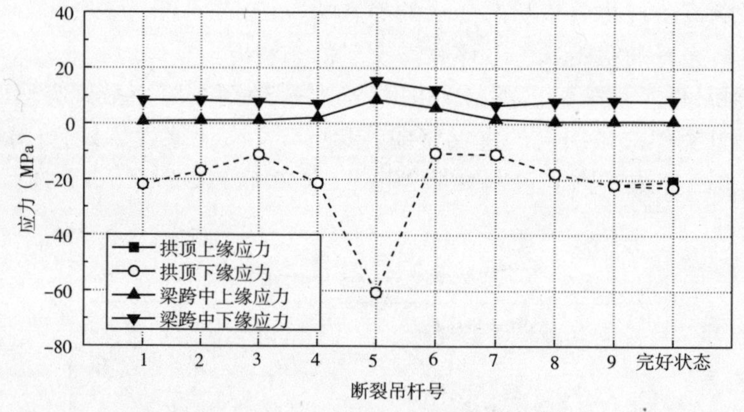

图 6　吊杆断裂对梁拱应力的影响

然而每道拱肋内部不同吊杆突然断裂对拱顶与纵梁跨中截面应力的影响规律则与对吊杆应力的影响规律不同,如图 6 所示。由图 6 可见,跨中吊杆突然断裂对关键的拱顶和主梁跨中上下缘应力的影响最大,而一般跨中截面应力最大,故跨中吊杆突然失效为拱梁截面承载力的控制失效模式,然而因为断杆的影响,引起的拱肋压应力最大值也仅 60MPa,主梁拉应力仅 19.4MPa,因为对于本桥而言中间吊杆失效对桥梁整体静力性能影响很小。

4　吊杆失效对桥梁动力特性的影响

4.1　完好状态下的自振特性

在结构自振特性分析中,一般情况下结构前几阶自振频率和振型起控制作用,然而本桥为多跨连拱的刚梁柔拱体系桥,单道拱肋的局部振动出现较早,整体振动振型出现较晚。根据吊杆完好状态下的前 20 阶桥梁自振特性分析结果表明:结构前 9 阶振型为各拱肋的面外局部振动，第10阶开始出现桥梁整体竖弯振型，自振频率4.68（表1）。典型整体振型如图7所示。

表1　吊杆完好状态下桥梁自振特性

振型阶次	频率（Hz）	振型描述	振型阶次	频率（Hz）	振型描述
1	2.02	（2）拱横向1阶振动	11	5.01	（2）拱横向2阶振动，有微小竖弯振动
2	2.13	（8）拱横向1阶振动	12	5.05	（2）拱横向2阶振动
3	2.16	（5）拱横向1阶振动	13	5.24	（8）拱横向2阶振动
4	2.66	（3）拱横向1阶振动	14	5.31	（5）拱横向2阶振动
5	2.84	（1）（7）拱横向1阶反对称振动	15	5.58	全桥桥面2阶竖弯振动
6	2.85	（1）（7）拱横向1阶对称振动	16	5.82	全桥桥面3阶竖弯振动，有微小扭转
7	2.94	（4）拱横向1阶振动	17	6.40	全桥桥面竖向1阶扭转振动
8	3.07	（6）拱横向1阶振动	18	6.59	（3）拱横向2阶振动
9	3.19	（9）拱横向1阶振动	19	6.64	（3）拱横向2阶振动
10	4.68	全桥1阶竖弯振动，无横向和扭转振动	20	7.03	全桥桥面4阶竖弯振动，拱横向二阶微小振动

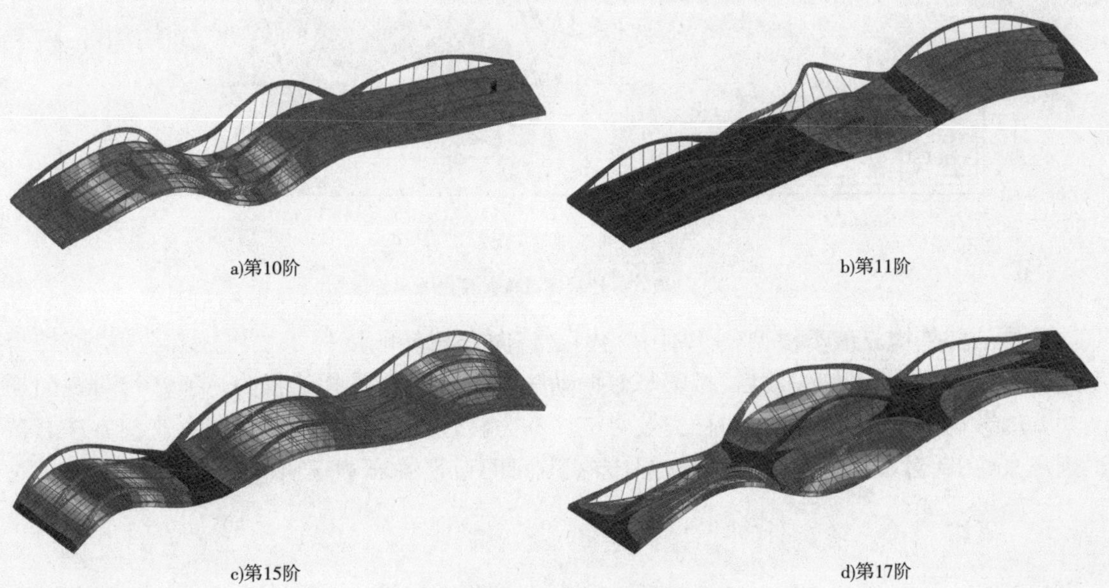

图7　吊杆完好状态下桥梁典型振型图

4.2　吊杆损伤对自振特性的影响

由于该桥每跨拱肋截面刚度、吊杆直径与成桥吊杆力不同，导致不同位置吊杆失效后对桥梁整体刚度的贡献亦不同。因此，本文首先分析了不同拱跨跨中最长吊杆失效后，对桥梁前20阶自振频率的影响，结果如图8所示。

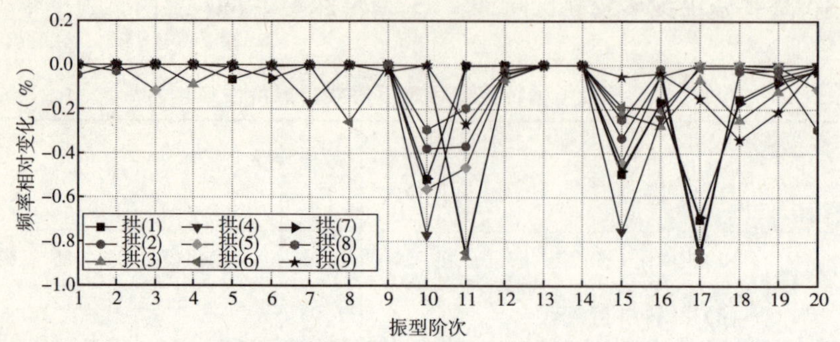

图8 各拱肋跨中吊杆失效对桥梁自振频率的影响

根据以上分析,拱(4)跨中吊杆断裂对该拱肋局部振动(第7阶)及整体竖弯振动频率(第10及15阶)影响较大,故选取该拱跨,分析了拱内不同长度的吊杆失效对结构整体前20阶自振频率的影响,如图9所示。由图9可见,跨中最长吊杆失效对相应受影响阶次的自振频率影响最大,短吊杆失效的影响较小,同样长度的吊杆,如4与6,3与7及2与8号吊杆,靠近中跨的吊杆失效对桥梁整体竖弯振动频率的影响要小。

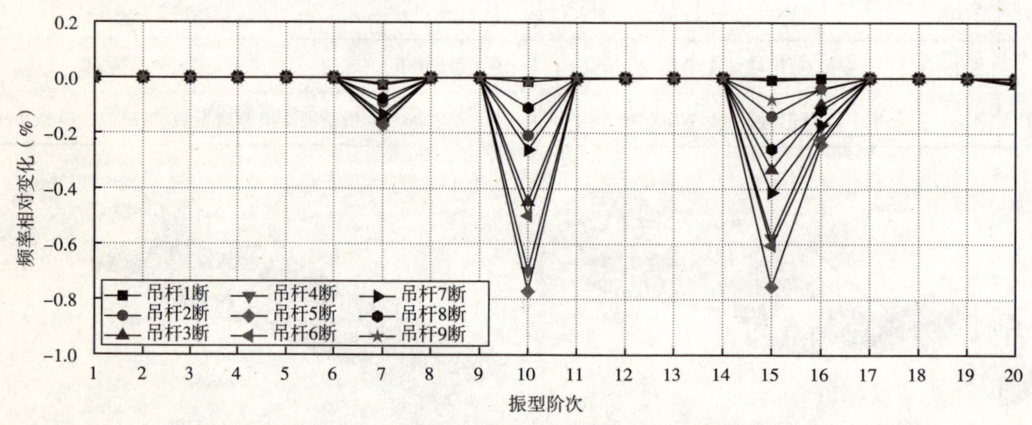

图9 拱(4)失效吊杆长度对桥梁自振频率的影响

虽然吊杆是构成该类桥型整体刚度特别是竖向和扭转刚度的重要组成部分,然而综合上述分析可知:单根吊杆失效后,桥梁竖弯振动频率相对变化最大值仅为-0.9%,对横向振动频率的影响更小,因此,单根吊杆失效对整体动力特性的影响无法通过动力监测方法有效识别出來,在针对本桥的健康监测与检测方案制订时应以静态响应监测为主。

5 结论

(1)对本桥而言,单根吊杆失效引起主梁竖向位移动力增大系数在1.6~2.2之间变化,每道拱的次短吊杆突然失效对相邻吊杆应力影响较大,吊杆最大应力相对增长系数达2.52,应力最大值达299.5MPa,而吊杆瞬时失效对拱肋与主梁的应力安全性影响较小。

(2)单根吊杆失效对整体动力特性影响较小,单根吊杆失效后桥梁竖弯振动频率相对变化最大值仅为-0.9%,单根吊杆失效对横向振动频率的影响更小。

(3)根据本文分析,运营期间可以对该桥实施不中断交通的吊杆逐根替换工作。

参考文献

[1] 殷学纲,姚建军. 中(下)承式拱桥的吊索损伤对吊索系静张力的影响. 中国公路学报,2004,17(1).

[2] 陈淮,葛素娟. 吊杆损伤对钢管混凝土拱桥自振特性影响的分析. 桥梁建设,2008,38(4).

[3] 葛素娟,陈淮. 考虑吊杆损伤的拱桥稳定性分析. 世界桥梁,2006,34(3).

[4] 顾安邦,徐君兰. 中、下承式拱桥短吊杆结构行为分析. 重庆交通学院学报,2002,21(4).

[5] 陈宜言,汤国栋,等. 拱式桥梁破损安全吊杆及其系统研究. 四大学学报(工程科学版),2008,40(1).

[6] 陈兵,赵雷,杨弘,周剑波. 拉萨柳梧大桥吊杆疲劳寿命研究. 铁道建筑,2007,47(4).

[7] 虞岩贵. 在循环荷载作用下螺纹连接件疲劳寿命的估算,福州大学学报(自然科学版),1994,22(4).

[8] 朱劲松. 天津站交通枢纽李公楼立交拱桥新型吊杆疲劳性能试验研究. 天津:天津大学建筑工程学院. 2009.

[9] Park, Y. S., Starossek, U. et. al. Effect of cable loss in cable stayed bridges – Focus on dynamic amplification. Improving infrastructure worldwide: Report IABSE symposium, Weimar, Germany, 2007.

127　钢管混凝土自预应力的有限元分析

杨海挺[1,2]　黄福伟[2]

(1. 重庆交通大学;2. 重庆交通科研设计院)

摘　要　自预应力弹性计算理论有平面弹性理论和空间弹性理论,平面弹性理论公式被普遍采用,空间弹性理论公式刚被推导出;采用 ANSYS 有限元程序,利用带中间节点的协调单元对平面和空间模型进行了模拟分析,验证了理论公式的正确性。在对理论公式相关参数进行了计算分析后发现:要产生自预应力效果,理论上混凝土的自由膨胀率起码得大于 1e-4;径厚比较重要,自预应力会随着径厚比的增大而减小;混凝土泊松比和弹性模量对自预应力的影响相对较小。

关键词　钢管混凝土　自预应力　有限元　参数分析

1　自预应力

为了解决钢管混凝土脱空问题,高性能膨胀混凝土被应用于钢管混凝土结构中。由于钢管的约束,混凝土中就产生了约束应力,而钢管则由于混凝土的膨胀而产生拉应力,这就是通常所说的钢管膨胀混凝土的自预应力,如图 1 所示,q 为自预应力。自预应力的存在使得混凝土处于三向受压状态,如图 2 所示,改善了混凝土的受力性能,同时在混凝土的凝结硬化过程中,使得混凝土的内部结构也发生了变化,有利于混凝土的受力性能的改善。

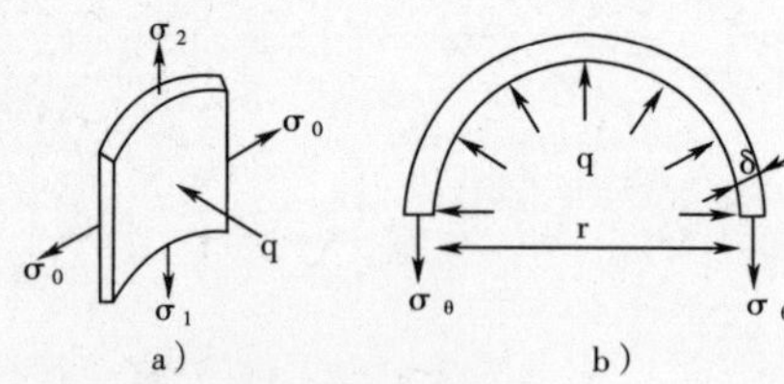

图 1　钢管受力图

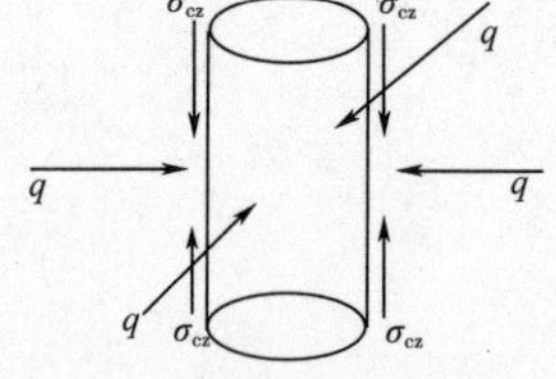

图 2　混凝土受力图

2　自预应力弹性计算理论

根据文献[1],自预应力弹性计算理论有平面弹性理论和空间弹性理论,空间弹性理论又有轴向限制和轴向自由弹性理论。此三套理论都是根据混凝土的自由膨胀率来计算管内混凝土的自预应力,计算公式为:

$$q = \frac{1}{(\beta - 1)\gamma - 1} E_c \varepsilon_0 \tag{1}$$

$$q = \frac{1 + \mu_c}{k_1 + k_2} E_c \varepsilon_0 \tag{2}$$

$$q = \frac{1 + k_3 k_1}{k_4 - k_3 k_2} E_c \varepsilon_0 \qquad (3)$$

公式具体含义见文献[1],式(1)用于平面弹性理论,式(2)用于轴向限制理论,式(3)用于轴向自由理论。此三套式子的径厚比β均采用了$\beta \approx \frac{2a^2}{b^2 - a^2}$简化,其中a为钢管内径,b为钢管外径。

3 利用有限元法模拟

利用ansys有限元程序对自预应力弹性计算理论进行模拟分析。混凝土掺入膨胀剂后所产生的膨胀由混凝土温度膨胀来等量模拟。对钢管混凝土短柱膨胀进行模拟,模型尺寸为400mm×10mm×1 200mm,并根据对称荷载和均匀温度在对称结构上产生对称效果的原则,将短柱简化成1/4柱体来建模分析,提高效率。

3.1 单元类型的选择

选择20节点(实体)和8节点(平面)的协调单元进行模拟,这种具有中间节点的协调单元,具有二次位移模式可以更好的模拟不规则的网格,更容易准确模拟曲边的受力情况。

3.2 材料特性和膨胀的模拟

混凝土掺入膨胀剂后所产生的膨胀由混凝土温度膨胀来等量模拟,本文采用4.13×10^{-4}的自由膨胀率,模拟的相对温度值为41.3℃。混凝土和钢材材料特性见表1。

表1 混凝土和钢材材料特性

材　料	泊松比	弹性模量(Pa)	线膨胀系数(1/℃)
混凝土	0.168	$3.45 \times e^{10}$	1.0×10^{-5}
钢管	0.28	2.10×10^{11}	1.2×10^{-5}

3.3 边界条件处理

假定钢管混凝土充分密实,在钢管壁和混凝土交界处,以它们的径向位移作为连续条件,分别对钢管和混凝土进行建模计算。管壁厚10mm,细分为两层单元。

对称面作为边界条件来处理:面AC中节点x方向受到约束,面AB中节点y方向受到约束,线A(即管心)x、y方向都受到约束;轴向限制模型由于轴向受限制,所以钢管的z方向受到约束;轴向自由模型下钢板表面节点z方向受到约束,上钢板表面的节点不作约束(图3)。

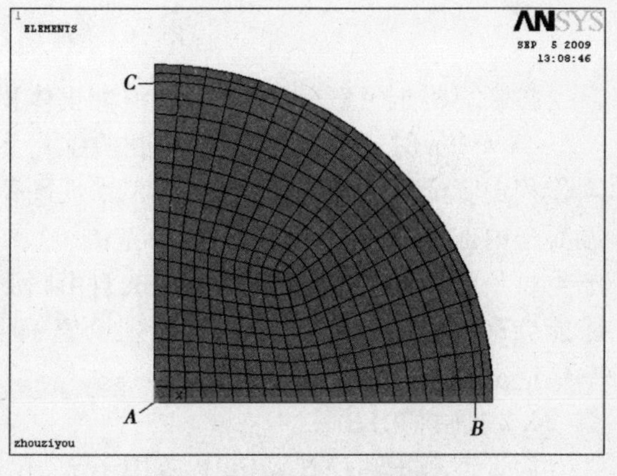

图3 单元网格及边界处理

3.4 有限元分析结果

根据圣维南原理,取模型中间截面的计算结果来分析(表2)。

表 2　有限元分析结果和理论公式值的比较(自预应力 MPa,相对误差%)

	平面弹性理论		轴向限制理论		轴向自由理论	
	自预应力	相对误差	自预应力	相对误差	自预应力	相对误差
有限元值	3.42		4.41		4.56	
理论公式值 1	3.32	2.72	4.31	2.33	4.54	0.37
理论公式值 2	3.39	0.87	4.40	0.39	4.63	1.51

说明:有限元值指的是从有限元分析结果中直接读取出来的自预应力值;理论公式 1 指做了 β 简化,理论公式值 2 未做 β 简化。

表中可见,有限元值和理论公式值很接近,相对误差都很小,且空间模型比平面模型得到的自预应力要大,符合理论结果,因此认为有限元计算结果可信,同时也相当于验证了平面理论公式和空间理论公式的正确性。同时可以看出,理论公式若不作 $\beta \approx \frac{2a^2}{b^2 - a^2}$ 简化,得到结果的精度相对更高。

4　参数分析

4.1　自由膨胀率 ε_0

所有参数中,最重要的就是自由膨胀率,它从根本上决定了自预应力值的大小,以轴向限制有限元模型分析其与自预应力的关系,分析结果见图 4,自预应力随之显著增大。

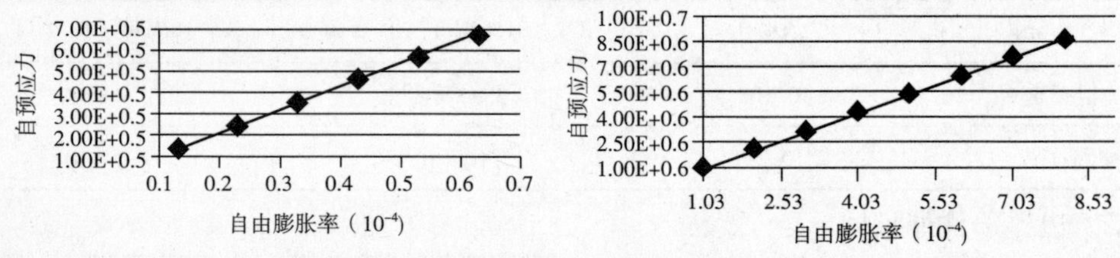

图 4　自预应力(Pa)与 ε_0 的关系曲线

膨胀混凝土一般分为两类:当混凝土体积受到约束时,因其体积膨胀而产生的压应力在 0.2 ~ 0.7MPa 时,可补偿因水泥硬化收缩产生的拉应力,这种混凝土称为补偿收缩混凝土。因体积膨胀产生的压应力,除可抵消水泥硬化收缩产生的拉应力外,还有剩余压应力存储于混凝土内部,应力值在 0.7 ~ 7MPa 范围,这种混凝土称为自预应力混凝土。由图 4 可见,要产生自预应力效果,理论上混凝土的自由膨胀率起码得大于 1×10^{-4},但实际情况,混凝土膨胀能会有损失,其自预应力值会比理论值偏小,所以要产生自预应力效果,其实际自由膨胀率还应提高。

4.2　径厚比 β

假设混凝土泊松比 μ_c 变化范围不大,在给定自由膨胀率的情况下,那么理论式中较重要的参数就是 β。工程中钢管混凝土结构常见的 β 大约在 20 ~ 70 之间,分析结果见图 5。

研究资料表明钢管混凝土初期的膨胀率损失客观存在,且核心混凝土徐变也会造成自预应力的损失等,实际工程中,混凝土的自预应力值要比这里所分析的计算理论值小,而图 5

所示，自预应力与β关系较密切，所以设计初期，合适的径厚比的选择，也尤为重要，使其能提供足够的自预应力，使混凝土处于三向受压状态，改善混凝土的受力性能。

4.3 混凝土泊松比μ_c

混凝土泊松比μ_c一般为0.15~0.22，且在三向受压的情况下，其值要随着压应力而有所变化[2]。

$$\mu_c = \begin{cases} 0.173; & \dfrac{\sigma}{\sigma_o} \leqslant 0.55 + 0.25\left(\dfrac{f_c - 41}{41}\right) \\ 0.173 + 0.7036\left(\dfrac{\sigma}{\sigma_o} - 0.4\right)^{1.5}\left(\dfrac{f_c}{24}\right); & \dfrac{\sigma}{\sigma_o} \geqslant 0.05 + 0.25\left(\dfrac{f_c - 41}{41}\right) \end{cases} \tag{4}$$

式中具体含义见文献[2]公式3.35。

通过程序分析，发现自预应力随着μ_c而增大(图6)，可见三向受压状态对提供混凝土的自预应力也起到一定的作用。但增大的幅度很小，$0.01\mu_c$的增量引起约为1.3%自预应力增量，其值很小几乎可以忽略。

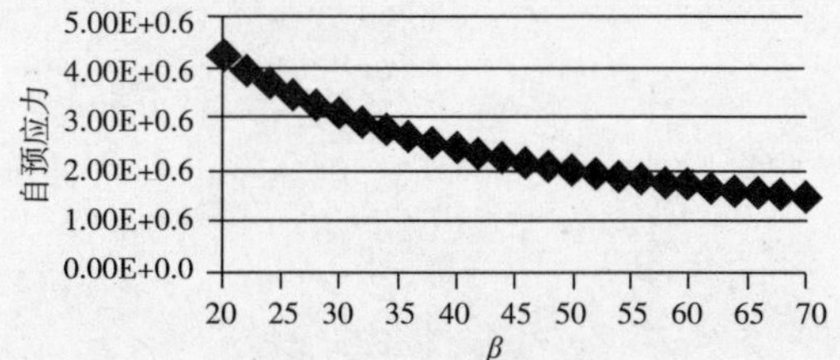

图5 自预应力与径厚比的关系曲线

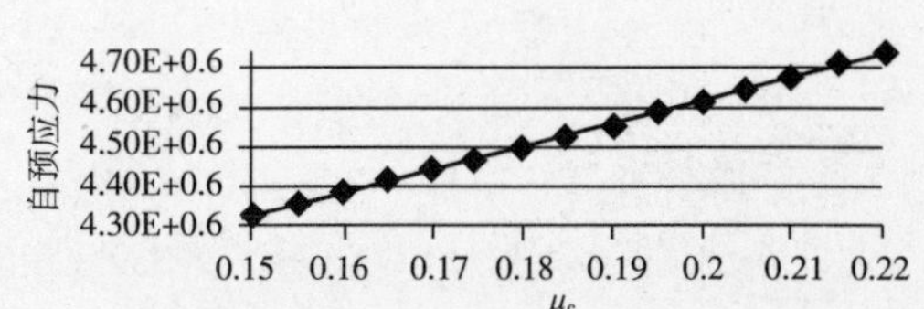

图6 自预应力(Pa)与μ_c的关系曲线

4.4 混凝土弹性模量E_c

混凝土弹模对结构的承载能力至关重要，实际桥梁中对主要承重构件往往采用高强度混凝土。这里只研究它与自预应力的关系。

如图7，自预应力随着E_c而增大，C40前增加幅度较多，之后比较平缓。在给定的自由膨胀率条件下，C40~C50每提高1个强度等级，自预应力增加约0.03MPa，C50~C80每提高1个强度等级，自预应力增加约为0.01MPa，可见强度小范围的增大，对自预应力的影响并不显著。因此，在满足结构受力下，从自预应力角度来讲，应根据所期望的自预应力值选择合适的E_c，虽然强度的增加能提供一些增量，但其值较小可以忽略。

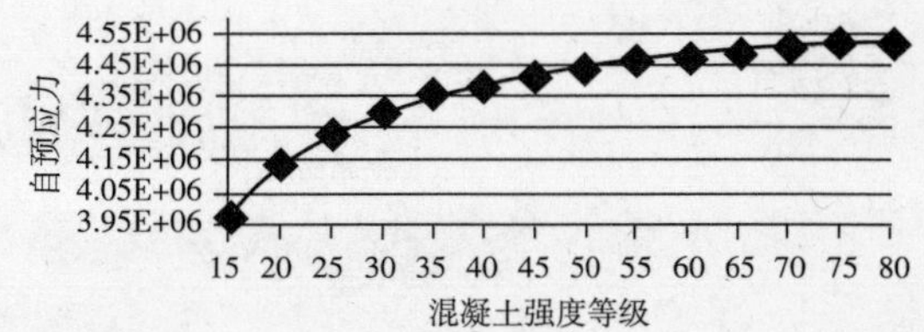

图7 自预应力(Pa)与E_c的关系曲线

5 结语

(1)通过有限元程序，利用带中间节点的协调单元对钢管混凝土的自预应力进行了模拟分析，验证了自预应力弹性理论公式的正确性，有限元结果和理论计算值接近，计算结果可信。

(2)所有参数中，最重要的是自由膨胀率，它从根本上决定了自预应力值的大小。要产生自预应力效果,理论上混凝土的自由膨胀率起码得大于 1×10^{-4}。

(3)在自由膨胀率确定后,最重要的参数就是径厚比β,自预应力随β的增大而减小,而混凝土泊松比和弹性模量对自预应力的影响相对较小。

参 考 文 献

[1] 戴文远,黄福伟. 自预应力钢管混凝土初始自预应力的弹性理论分析[J]. 公路交通科技,2008,11 月增刊,58-61.

[2] 韩林海. 钢管混凝土结构——理论和实践[M]. 北京:人民交通出版社,2004.

[3] 齐甦,张季如,王家阳. 有限单元法分析钢管膨胀混凝土的力学性能[J]. 武汉理工大学学报,2001,23(12):37-39.

[4] 罗冰,等. 钢管混凝土膨胀率试验与测定分析[J]. 交通科技,2005,(6):86-87.

[5] 胡曙光,丁庆军. 钢管混凝土[M]. 北京:人民交通出版社,2007.

128 钢管混凝土拱桥水化热影响的精细化分析

李东旭 孙建渊

(同济大学桥梁工程系)

摘 要 温度效应是钢管混凝土拱桥计算理论中的一个重要问题,温度作用对拱桥的内力分布及正常使用具有重要影响。对钢管混凝土拱桥施工过程中混凝土水化热影响的精细化分析,可以对桥梁结构体系及其引起的结构内力重分布的影响有更加明确的认识,从而减少实际结构内力和设计计算内力的误差。本文通过对宁波某拱桥施工过程中水化热影响的精细化分析,提高了对水化热影响的认识,并明确了本桥在施工过程中具有足够的安全储备。

关键词 钢管混凝土拱桥 水化热 精细化分析 温度应力

1 引言

在中等跨度的桥梁中,相对于斜拉桥和悬索桥,钢管混凝土拱桥由于其经济性、造型优美和施工技术比较成熟等优点,在我国桥梁建设中得到了广泛的应用。虽然我国在钢管混凝土拱桥的应用方面处于国际领先地位,然而,有关钢管混凝土拱桥的结构设计理论尚有不足之处,还有待进一步精细化。

精细化的思想起源于被誉为科学管理之父的弗雷德里克·泰勒,丰富的人生经历使其在1911年出版的《科学管理原理》成为世界上第一本精细化管理著作。二战后,企业规模的扩大,生产技术日趋复杂,对企业经营者管理提出了更加精细化的要求,也使得精细化的思想得到蓬勃的发展并逐渐影响到其他领域。目前,精细化分析研究已经引起工程界的注意,如何使设计理论和设计方法更加准确、清楚地反映结构特点,如何使施工过程更加安全、更加有效地保证施工质量已经成为工程师们关心和悉心研究的课题。现在,精细化分析研究才刚刚开始,科学合理的精细化分析必将在结构优化领域中有广阔的发展空间。

混凝土水化热效应是钢管混凝土拱桥计算分析中的一个重要问题,钢管混凝土在施工过程中,水泥硬化过程会产生大量的水化热,致使混凝土温度上升,随着水化热向外散热,混凝土温度下降。在水化热引起混凝土的升、降温的同时,混凝土内部结构也随之变化,表现为强度和弹性模量的增长和塑性的减小,这些变化着的性能与温度变化共同对处于三向受力状态的混凝土产生影响,也会对起套箍作用的钢管产生影响。

2 混凝土温度场理论、参数选取及假定条件

2.1 混凝土水化热的计算方法

混凝土的水化热主要来自选用的水泥的矿物成分,不同品种和标号的水泥,矿物成分含

量不同,其水化热的数值和发展规律也不尽相同。养护温度、环境、外加剂及水灰比对水泥水化热和放热速率有很大的影响,但对水泥水化热累积总量影响却不大。

水泥累积水化热与龄期有关,具有可累积性。一般计算方法有三种:指数式,复合指数式和双曲线式。根据相关试验,双曲线式与试验的测量值吻合得较好,本文采用双曲线式模拟水化热。

2.2 混凝土温度场理论

温度内力和温度自应力在计算力学理论方面已基本成熟,所以钢管混凝土拱桥的温度问题主要归于温度场和边界条件的确定问题,钢管混凝土内部的温度场是确定温度荷载影响的关键。

分析温度场的方法,一般有三种:(1)热传导微分方程;(2)近似数值方法;(3)半理论半经验公式,现分别介绍如下:

2.2.1 混凝土热传导微分方程及边界条件

混凝土结构内部和表面的某一点,在某个时刻的温度:

$$T = f(x, y, z, t) \tag{1}$$

某个点的温度值不仅与空间位置有关,还与时间 t 有关,即为瞬态温度场。

一般情况,方程常用的边界条件主要有以下三种:

(1)第一类边界条件

混凝土表面温度 T 是时间的函数:

$$T(t) = f(t) \tag{2}$$

(2)第二类边界条件

混凝土表面热流量是时间的函数:

$$-\lambda \frac{\partial T}{\partial n} = f(t) \tag{3}$$

式中:n——表面外法向方向。

(3)第三类边界条件

在混凝土与空气接触时,混凝土表面的热流量与混凝土表面温度 T 和气温 T_a 及日照辐射的关系:

$$-\lambda \frac{\partial T}{\partial n} = \beta(T - T_a) - \alpha_s S \tag{4}$$

式中:β——混凝土表面的放热系数;

T_a——大气气温;

α_s——混凝土表面日照辐射的吸热系数;

S——日照辐射强度。

2.2.2 温度场近似数值分析方法

实用的近似数值求解方法主要有有限元法、边界单元法和有限差分法等。利用有限单元法分析温度场,对一些重要结构或构件进行局部分析,是一种有效的、实用的方法。

2.2.3 半理论半经验公式

工程界在大量的工程实践和科学研究中,积累并总结了针对不同结构形式的经验公式,这些公式简便适行,在工程实践中有显著的实际意义。

钢管混凝土内部的温度场确定后,根据钢管和混凝土的热工物理性能,利用有限元耦合结构分析,就可以确定温度效应。

2.3 钢管、混凝土的材料参数

2.3.1 钢管的热工性能

钢材的热工性能参数主要包括导热系数 k_s、比热 c_s、重度 ρ_s、热膨胀系数 a_s 等。钢管混凝土拱桥一般选用的钢材为 Q235、Q345 和 Q390 钢,在水化热引起的温度变化范围内,上述几个参数几乎不变,本文采用的数据如表 1 所示。

表 1 k_s、c_s、ρ_s、a_s 取值

热工性能	k_s	c_s	ρ_s	a_s
数值	48W/(M·℃)	480J/(kg·℃)	7 850kg/m^3	12×10^{-6}/℃

2.3.2 混凝土的材料参数

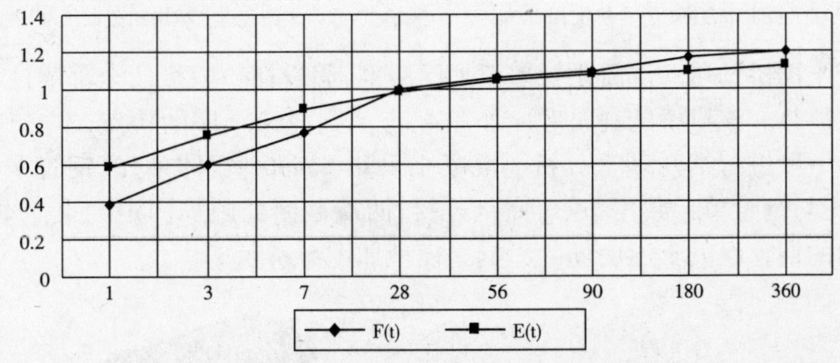

图 1 抗压强度和弹性模量随龄期的化

在水泥水化过程中,混凝土的材料性能一直在变化着,主要表现为抗压强度和弹性模量的增长以及塑性的减小。混凝土的抗压强度和弹性模量随龄期的变化如上图。

2.4 假定条件

本文在进行钢管混凝土拱肋断面温度场分析时,有如下假定:

(1)钢管混凝土一般添加缓凝剂和微膨胀剂,在一根拱肋全部灌注完成后,混凝土才开始水化放热,钢管混凝土拱肋为细长结构,可以认为沿拱肋纵向的温度场是相同分布的,可将三维温度场假设为二维温度场。

(2)本文主要研究水化热对钢管混凝土拱桥的影响,不考虑日照辐射影响,但可与大气进行热交换。

(3)钢管与钢管内混凝土接触良好,不考虑混凝土脱空影响,接触面上温度和热流是连续的,为完全接触边界。

3 实桥背景和模型的建立

本文以宁波某梁拱组合桥为工程背景,对拱脚处钢管混凝土拱肋进行有限元分析,并与实测值进行对比分析。

桥梁结构形式采用下承式钢管混凝土梁拱组合桥,桥梁标准跨径 100m。拱轴线形式为二次抛物线,计算跨径为 97.0m,矢跨比 $F/L=1/6$(如图 2)。整个体系外部静定、内部高次超静定结构。主拱肋采用钢管混凝土结构,截面形式为哑铃型,钢管及哑铃型断面的腹腔内浇筑 C50 微膨胀混凝土;钢管:Q345C,管壁厚 10mm,直径 1m;混凝土:C50 微膨胀混凝土。拱肋主要断面构造及尺寸布置如图 3 所示。

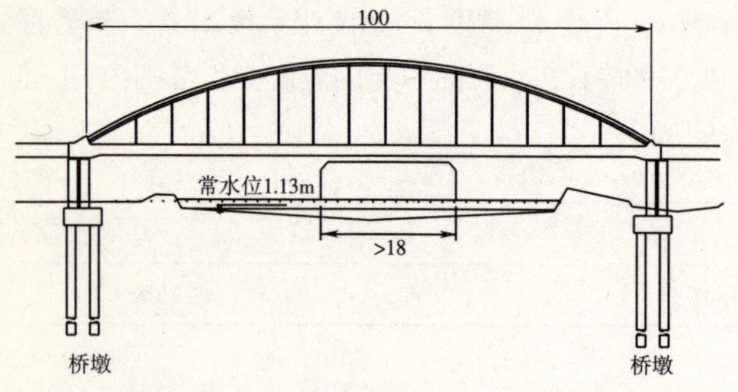

图 2　总体布置图(尺寸单位:m)

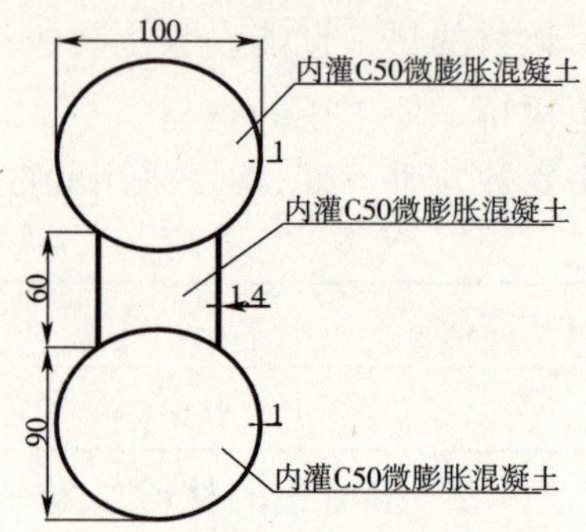

图 3　主桥拱肋截面尺寸图(尺寸单位:cm)

钢管混凝土拱桥选用的混凝土一般添加缓凝剂,假设在一根拱肋全部灌注完成后,混凝土才开始水化放热。该拱桥的浇筑顺序如图 4,考虑到浇筑顺序的特点,本文只针对钢管混凝土的拱脚处一段进行结构耦合分析。混凝土采用 Solid65 实体单元,钢管采用 Shell93 单元,混凝土单元与钢管单元共用节点,完全连接,两端截面处施加固定约束。本文分析的是浇筑后半天内的钢管混凝土温度场的影响。模型如图 5 所示。

图 4　主桥拱肋混凝土灌注顺序

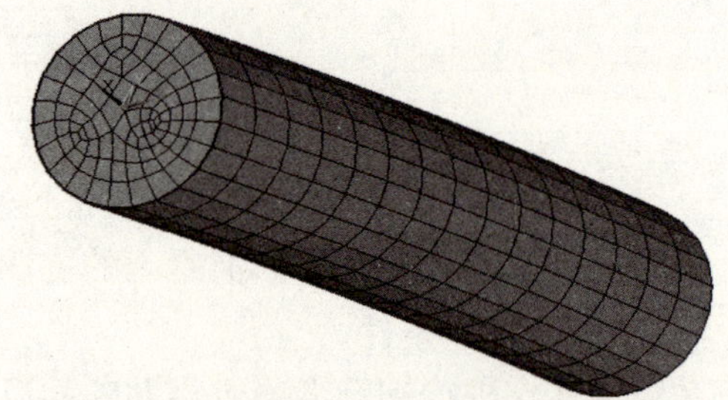

图 5　钢管混凝土有限元模型图

4　数值分析结果与对比分析

为尽量减少太阳直接照射的影响,本文采用测量点在背阳处的数据,本文实测值与分析值是沿拱肋纵向方向的应力,见表 2。

表 2　钢管应力随温度变化分析表

测量时间	传感器温度	传感器读数	应变增量	温度应力增量实测值	温度应力增量计算值
9 时 48 分	29.7	-39	0	0	0
12 时 48 分	32.1	-67	-28	7.680	5.309

续上表

测量时间	传感器温度	传感器读数	应变增量	温度应力增量实测值	温度应力增量计算值
13 时 57 分	30.9	-67	0	8.280	5.282
14 时 54 分	29.9	-66	-27	8.070	5.355
15 时 45 分	28.4	-69	-30	8.500	5.846
16 时 43 分	24.8	-57	-18	6.580	4.837

注:1. 表中应变以受拉为正,受压为负。

2. 应力以受压为正,受拉为负。

实测值与数值分析得到的结果偏大,并存在较大误差,主要原因在于日照辐射和钢管初应力影响,但二者的变化趋势基本一致。有限元分析结果显示钢管在混凝土水化热影响下应力变化不大,这与钢管管径不大、钢管热传导系数较高有很大关系(图6)。

钢管和钢管内混凝土的温度变化情况如图 7 所示,钢管内的混凝土温度上升了 20℃,并与钢管表面有 10℃的温差,这与混凝土的比热较大、温度变化缓慢有关。

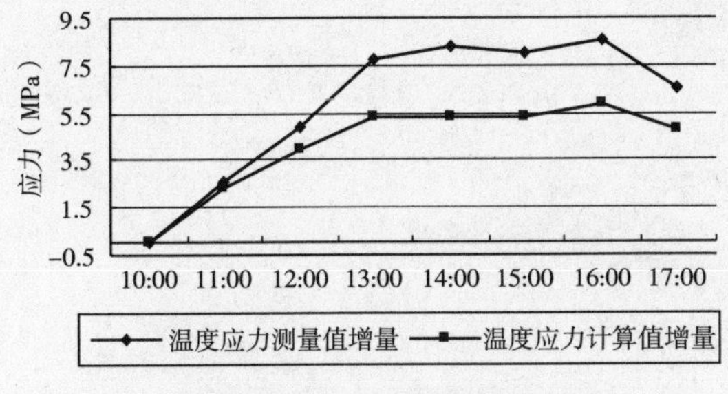

图6 钢管应力增量随温度变化对比分析图

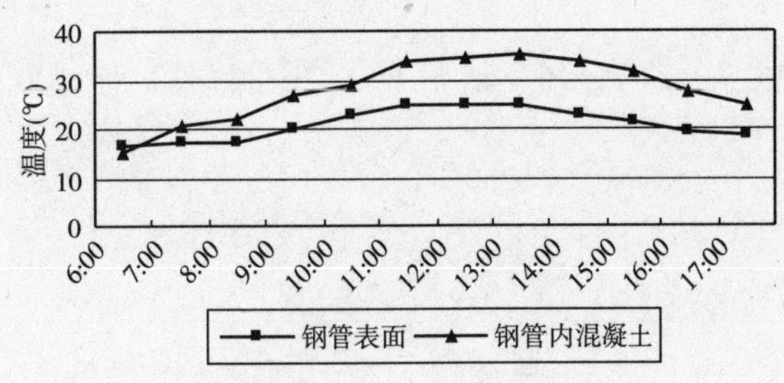

图7 钢管和钢管内混凝土温度值

由以上分析和实测情况,可知:随着水泥水化的进行,钢管随之升温,钢管纵桥向压应力也随之增大,钢管压应力小于容许应力,本桥有较大的安全系数。

5 结语

通过对拱脚处钢管混凝土的应力分析和监测,发现实测拱肋钢管的应力变化趋势与计算变化趋势基本一致,但钢管混凝土拱桥利用数值分析得到的结果与实测值有很大误差,主要原因在于施工现场无法提供试验室的科研条件,难免受日照辐射的影响。

随着管内混凝土温度升高,钢管压应力增大,管内混凝土温度降低,钢管压应力随之减小,但变化幅度不大。本桥在施工过程中,实测得到应力均远小于材料的容许应力,拱桥施工过程中有足够的安全储备。

国内外的一些科研院所已经开展了钢管混凝土温度效应的研究,对钢管混凝土结构截面温度场进行了相关试验和研究,也取得了一定的成果,但相关的分析研究还需要深化、优化和精细化。

参考文献

[1] 项海帆. 高等桥梁结构理论. 北京:人民交通出版社,2001.
[2] 陈宝春. 钢管混凝土拱桥(第二版). 北京:人民交通出版社,2007.
[3] 朱伯芳. 大体积混凝土温度应力与温度控制. 北京:中国电力出版社,1999.
[4] 蔡正咏. 混凝土性能. 北京:中国建筑工业出版社,1979.
[5] 韩林海. 钢管混凝土结构:理论与实践. 北京:科学出版社,2004.
[6] Lie,T. T.. Fire Resistance of Circular Steel Columns Filled with Bar - Reinforced Concrete [J]. Journal of. Structural Engineering,1994.
[7] 冯斌. 钢管混凝土中核心混凝土的水化热、收缩与徐变计算模型研究[D]. 福州大学硕士学位论文,2004.
[8] 刘振宇. 钢管混凝土拱肋截面温度场研究[D]. 福州大学硕士学位论文,2006.

129 高速铁路预应力混凝土连续梁桥设计参数研究

周志敏　戴公连

（中南大学土木建筑学院）

摘　要　本文针对高速铁路中常用的有砟轨道与无砟轨道预应力混凝土连续梁桥的结构设计参数展开研究，分别探讨了高速铁路无砟轨道与有砟轨道预应力混凝土连续梁桥的设计条件，包括二期恒载，温度模式，应力水平的控制，强度安全系数的选择，活载作用下的弹性变形和温度作用下的变形比较以及无砟轨道梁体后期徐变上拱的控制条件。结合实际高速铁路中客运专线主跨为56m，64m，72m，80m三跨预应力混凝土连续桥的设计，研究了无砟轨道与有砟轨道预应力混凝土连续梁设计参数及主要影响因素。

关键词　预应力连续梁桥　设计参数　变形　工后徐变

1　引言

1964年，日本修建了世界上第一条高速铁路——东海道新干线，开通时列车运营速度为210km/h，自此开启了世界高速铁路建设的序幕，我国秦沈客运专线的建设是中国铁路步入高速化的起点。随后又修建了一大批高速铁路项目，其中京津城际铁路已于2008年8月正式运营，武广客运专线现正处于试运行阶段，此外还有京沪高速铁路、郑西客运专线等多条高速铁路处在施工建设阶段。待京沪高速铁路正式运营后，中国将是世界上高速铁路里程最多的国家。

国内外高速铁路线路中，桥梁均占有很大的比例，如中国正在修建的京沪高速铁路中，桥梁全长1 140m，占线路全长的比例高达86.5%。近期国内主要以无缝铁路的有砟和无砟轨道为主，区间除采用标准化的简支梁外，为了满足跨线、跨河的需要，也大量选用了预应力混凝土连续箱梁，箱梁的整体性好，竖、横向刚度大，抗扭性能优良，结构耐久性好等特点。随着列车速度的提高，对于连续梁的成桥后性能要求也更高，包括工后徐变的控制，梁端转角，跨中挠度等。这些变形条件都与设计参数选取息息相关，故对于高速铁路的设计参数的选取显得尤为重要。

本文选用主跨为56m，64m，72m，80m的高速铁路三跨预应力混凝土连续梁作为研究对象，研究其发展规律、影响因素和控制措施。

2　设计参数对比

中国高速铁路桥梁主要以24m和32m简支梁为主。在跨越既有线和一些河流时，则需采用其他桥梁形式跨越障碍。预应力连续梁桥是一种主要采用的形式。在现今中国高速铁路预应力连续梁桥梁的设计中,根据跨径的不同,梁高和截面也均有所变化。桥面宽度主要有12.6m和12.0m。箱型截面类型为直腹板(图1)。对于桥面系而言,主要分为有砟轨道和无砟轨道两种类型,运营的线路为双线活载,线间距5m,具体数据如表1所示。

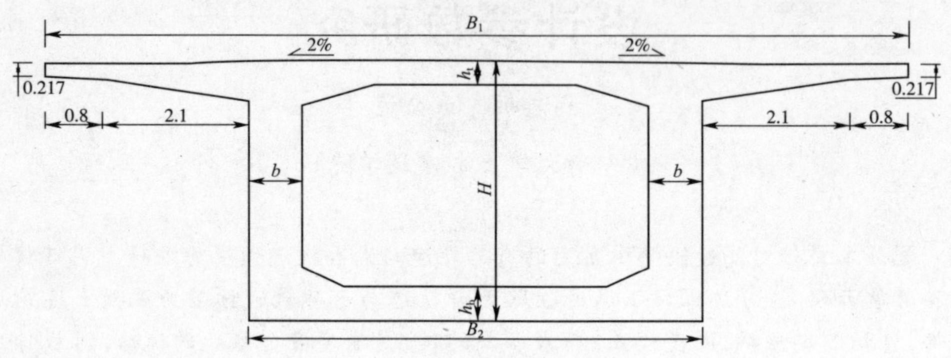

图1　箱形截面图(有砟)(尺寸单位:m)

表1　预应力连续梁基本参数

桥　　跨	轨道类型	桥面宽 B_1(m)	线间距(m)	腹板类型	中支点梁高 H_1(m)	跨中梁高 H_2(m)	顶板厚 h_t(m)	底板厚 h_b(m)	腹板厚 b(m)	边中跨之比
40+56+40m	有(无)砟	12.6(12)	5	直腹板	4.35	3.05	0.4	0.4~0.8	0.48~0.8	0.73
40+64+40m	有(无)砟	12.6(12)	5	直腹板	6.05	3.05	0.4	0.4~0.8	0.48~0.8	0.63
40+72+40m	有砟	12.6	5	直腹板	6.20	3.60	0.4	0.4~1.0	0.48~0.9	0.56
48+80+48m	有(无)砟	12.6(12)	5	直腹板	6.65	3.85	0.45	0.42~1.3	0.45~0.85	0.61

梁体采用C50混凝土,为三向预应力体系,纵向及横向预应力钢束采用高强度低松弛钢绞线,钢绞线公称直径15.2mm,规格为7ϕ5型;竖向预应力采用ϕ25粗螺纹钢筋,各材料弹性模量及强度数值依照《铁路桥涵钢筋混凝土及预应力混凝土结构设计规范》(TB 10002.3—2005)。箱梁的截面形式为单箱单室截面。在端支点、中支点及跨中位置需要增设横隔板来增加主梁的抗剪能力。一般情况下,支点下缘加宽用来增大混凝土的受压面积,同时也可以增加支座的布置空间。

3　设计荷载与参数的选用

(1)结构自重:混凝土结构按$\gamma=26.0\text{kN/m}^3$计。

(2)二期恒载:轨下道砟厚度350mm,包括钢轨、扣件、轨道板、CA砂浆垫层、混凝土基座等线路设备重,以及防水层、保护层、人行道、栏杆或声屏障、防撞墙、电缆槽盖板及竖墙等附属设施重量。

本文中有砟桥面的二期恒载按170kN/m和210kN/m,无砟桥面按113.7kN/m和158kN/m两种情况。

(3)活载:基于 UIC 活载模式的 *ZK* 活载模式(图 2),即 *ZK* 活载 =0.8UIC 设计活载

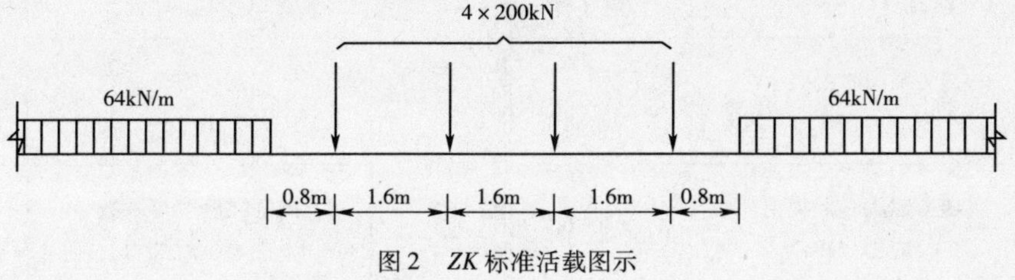

图 2 *ZK* 标准活载图示

ZK 活载作用下,动力系数应按下列公式计算:

计算剪力时,$\phi_1=\dfrac{0.996}{\sqrt{L_\phi}-0.2}+0.913$

计算弯矩时,$\phi_2=\dfrac{1.494}{\sqrt{L_\phi}-0.2}+0.851$

这里的 L_ϕ 为加载长度,其中 $L_\phi<3.61$m 时按 3.61m 计;简支梁时为梁的跨度;*n* 跨连续梁时取平均跨度乘以下列系数:

$n=2$　　1.20

$n=3$　　1.30

$n=4$　　1.40

$n\geqslant5$　　1.50

但是当计算 L_ϕ 小于最大跨度时,取最大跨度。$(1+\mu)$计算值小于 1.0 时取 1.0。预应力连续梁动力系数见表 2。

表 2　预应力连续梁动力系数

桥　　跨	L_ϕ	ϕ_1	ϕ_2
40.75+56+40.75m	58.9	1.046	1.051
40.60+64+40.60m	60.7	1.041	1.043
40.75+72+48.75m	65.9	1.033	1.031
48.65+80+48.65m	76.3	1.027	1.022

(4)梁体体系温差按 ±20C 考虑。

(5)非线性温度按顶板升温 5℃处理。

(6)桥墩间不均匀沉降主跨 56m 按 1.5cm 考虑,其他的跨度均按 2.0cm 考虑。

(7)收缩徐变按《铁路桥涵钢筋混凝土和预应力混凝土结构设计规范》(TB 10002.3—2005)6.3.4 条及附录 A 进行计算。

4　结构设计参数控制

预应力混凝土铁路连续梁的设计,需要满足对混凝土和钢绞线的应力和强度的要求,同时也要满足梁体变形的要求,表 3 列出无砟(括号内表示为有砟)铁路预应力连续桥的设计参数限值。

表3　预应力连续梁计参数控制

检算项目		控制条件	检算项目		控制条件
混凝土	传力锚固时混凝土压应力(MPa)	$\sigma_c \leqslant 0.75f_c'$	强度	抗弯强度安全系数(主力)	$K \geqslant 2.0$
	传力锚固时混凝土拉应力(MPa)	$\sigma_{tp} \leqslant 0.70f_{ct}'$		抗弯强度安全系数(主力+附加力)	$K \geqslant 1.8$
	运营荷载下混凝土压应力(主力)(MPa)	$\sigma_c \leqslant 0.5f_c$		抗剪切强度安全系数(主力)	$K \geqslant 2.0$
	运营荷载下混凝土压应力(主+附)(MPa)	$\sigma_c \leqslant 0.6f_c$	预应力钢绞线	预加应力时钢绞线控制应力(MPa)	$\sigma_{con} \leqslant 0.75f_{pk}$
	运营荷载下梁体最小正应力(MPa)	$\sigma_c \geqslant 0$		传力锚固时钢绞线应力(MPa)	$\sigma_p \leqslant 0.65f_{pk}$
	运营荷载下混凝土剪应力(MPa)	$\tau_c \leqslant 0.17f_c$		运营荷载下钢绞线应力(MPa)	$\sigma_p \leqslant 0.6f_{pk}$
	抗裂荷载下混凝土拉应力($K_f=1.2$;MPa)	$\sigma_t \leqslant f_{ct}$		疲劳荷载下钢绞线应力幅(MPa)	$\Delta\sigma_p \leqslant 140$
	抗裂荷载下混凝土主拉应力(MPa)	$\sigma_{tp} \leqslant f_{ct}$	变形	静活载最大挠度(mm)	$\leqslant L/1\ 500$
	抗裂荷载下混凝土主压应力(主力)(MPa)	$\sigma_{cp} \leqslant 0.6f_c$		梁端转角(rad)	≤1‰(2‰)
	抗裂荷载作用下混凝土主压应力(主+附)(MPa)	$\sigma_{cp} \leqslant 0.66f_c$		工后徐变上拱值(mm)	≤10(20)

5　结构分析

本文中桥面宽12.6m预应力混凝土连续梁施工方法均为悬臂浇筑施工法,在跨度相对较大的梁桥,在最初的施工阶段中,上下缘应力不均匀性明显,所以配置下弯的腹板索(图3),用来缓解上下缘较大的应力差,受力更为合理。

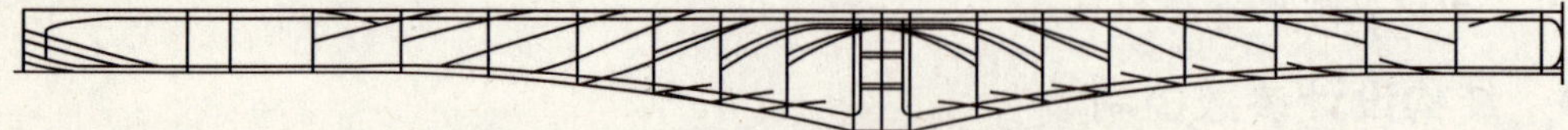

图3　纵向(1/2)预应力立面布置图

对于有砟轨道的桥梁,梁端转角过大会导致位于梁端伸缩缝部位的道床不稳定,导致轨道养护工作量增大,对于采用无砟轨道的桥梁,由于梁端竖向转角使得梁缝两侧的钢轨支点分别产生钢轨的上拔和下压现象,竖向挠度的大小对高速行车条件下的安全和舒适性具有一定的影响。挠度和转角大小取决于预应力的配置的方式。

由表4中可以看出,随着跨度的增加,应力水平也有增大的趋势,三跨预应力连续梁桥的跨度增加,在二期恒载的作用下,跨中挠度随之增加的,且其所占总变形的比例也在上升;基础沉降是造成挠度和转角的主要因素,同时也可以看出,主跨72m在沉降中跨中挠度最大,主要是由于边中跨比太小的原因造成的,组合下变形也可以得出,跨度增加,挠度和转角都相应的增加,对于高速铁路中三跨预应力连续梁桥跨度继续增加是非常不利的。

表4 各种工况下的变形

计算跨径(有砟)	二期恒载(210kN/m)		非线性温度		不均匀沉降		*ZK* 活载	
	跨中挠度(mm)	梁端转角 $\times 10^{-3}$(rad)	跨中挠度(mm)	梁端转角 $\times 10^{-3}$(rad)	跨中挠度(mm)	梁端转角 $\times 10^{-3}$(rad)	跨中挠度(mm)	梁端转角 $\times 10^{-3}$(rad)
(40+56+40)m	7.21	-0.330	1.97	0.196	18.5	0.658	12.6	0.351
(40+64+40)m	10.1	-0.140	2.49	0.177	28.0	0.938	14.9	0.440
(40+72+40)m	13.4	0.001	2.32	0.157	36.0	0.855	13.4	0.340
(48+80+48)m	16.8	-0.010	2.92	0.177	29.0	0.734	20.1	0.430

由图4可以明显地看出各跨径在静活载作用下都远远小于规范要求,满足规范要求。同时可以看出,静活载挠度和转角并不是随着跨度的增加而增加的,其中64m梁的挠度和转角都偏大,主要原因是64m跨中梁高相对偏小的原因造成的,所以,可以通过增加梁高、优化截面尺寸来控制活载作用下的变形。

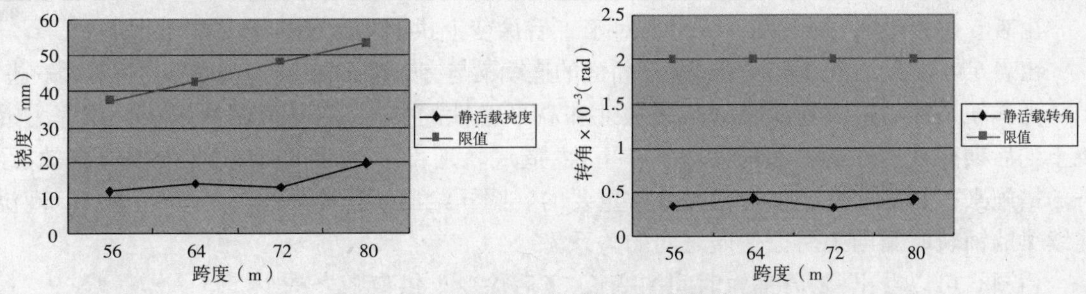

图4 不同跨径静活载变形及规范限值

由图5可以看出,本文中连续梁桥的工后徐变都满足规范要求,同时也得到,在应力差别不大的情况下,边跨不变,边中跨比越小,工后徐变越大,且跨度增大,合理的边中跨比也可以控制工后徐变值。

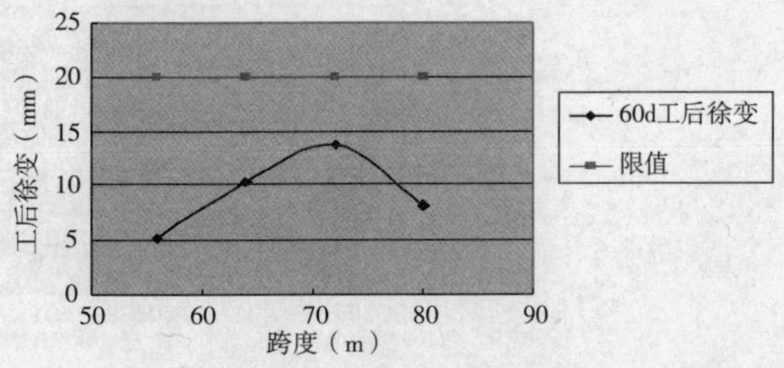

图5 不同跨径工后徐变及规范限值

目前的高速铁路中存在无砟轨道和有砟轨道两种轨道形式。世界各国及地区的高速铁路运营实践表明，无砟轨道和有砟轨道都能够满足高速铁路高平顺性、高舒适性、高可靠性和高稳定性的运营要求。在国内高速铁路的设计中，同样要有很高的变形要求，本文对高速铁路上主跨56m、64m和80m三跨连续梁有砟和无砟的设计应力值、工后徐变值(表5)以及活载作用下的变形(表6)做了总结。

表5 设计应力值及工后徐变值

主跨	有砟				无砟			
	跨中下缘最小压应力		工后徐变(mm)		跨中下缘最小压应力		工后徐变(mm)	
	二期恒载		二期恒载		二期恒载		二期恒载	
	170kN/m	210kN/m	170kN/m	210kN/m	113.7kN/m	158kN/m	113.7kN/m	158kN/m
56m	2.00	1.50	5.20	3.50	2.00	2.22	5.60	6.70
64m	2.60	2.20	10.30	7.70	2.18	2.29	4.80	4.10
80m	1.60	1.00	8.10	4.38	2.45	2.84	7.10	7.20

表6 活载作用下的变形

主跨	有砟		无砟	
	静活载挠度(mm)	梁端转角 $\times10^{-3}$(rad)	静活载挠度(mm)	梁端转角 $\times10^{-3}$(rad)
56m	12.00	0.351	14.5	0.630
64m	13.00	0.340	17.0	0.620
80m	19.67	0.430	22.8	0.570

由表6可以看出，跨中设计应力值对于工后徐变上拱值的大小影响是非常大的。

由表6可以看出，跨度相同无砟轨道桥面的连续梁与有砟桥面相比较，变形都要相对大一些。

无砟轨道能适应高速铁路的高平顺性和高平稳性的要求，但是可调性很小。预应力混凝土的后期徐变变形会引起桥梁上拱和下挠，造成轨道不平顺，所以在设计中采取有效、经济的措施来控制后期徐变上拱值是非常重要的。图6给出了无砟轨道(40+56+40)m现浇连续梁的铺轨时间与工后徐变值之间的关系。

由图6可以看出，随着铺轨时间的变长，工后徐变上拱值随之减少。

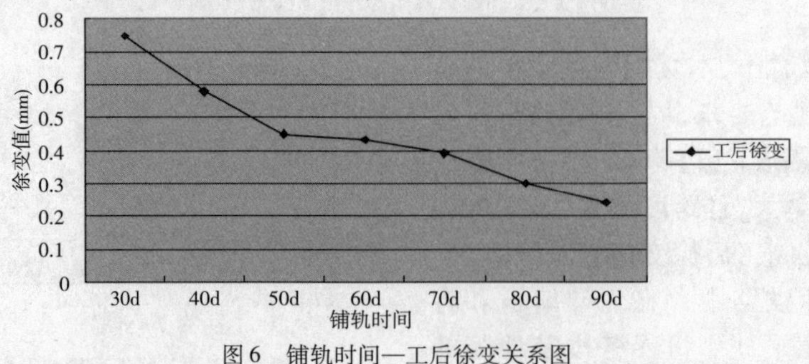

图6 铺轨时间—工后徐变关系图

6 结语

通过对高速铁路预应力连续梁桥的设计与分析比较，有以下的设计体会：

合理的边中跨比以及合理的结构尺寸对控制应力、强度以及变形的是十分有利的；对于中小跨度的铁路预应力连续梁，采用斜腹板会降低结构的自重，而且较为美观，但是对于大跨度的连续梁桥由于箱梁底缘配筋相对较多，如果采用斜腹板，随着跨度、梁高的增加，会造成箱梁下缘宽度减少，对预应力的配置和张拉造成很大的限制；在施工阶段出现大悬臂的情况下，要配置一部分下弯的腹板索，用来平衡施工阶段较大的上、下缘的应力差；连续梁桥的变形受基础不均匀沉降的影响最大，因此，要想满足高速运营下的平顺性和平稳性，对基础的变形控制非常关键。为了很好地控制工后徐变上拱值，建议尽量晚铺轨。

参 考 文 献

[1] 铁路桥涵设计规范(TB 10002. 1 ~ TB 10002. 3—2005).

[2] 铁路桥涵钢筋混凝土和预应力混凝土结构设计规范(TB 10002. 3—2005).

[3] 铁建设〔2007〕47 号. 新建时速 300 ~ 350 公里客运专线铁路设计暂行规定. 北京：中国铁道出版社，2007.

[4] 梁志光，李华伟，张俊宏. 大跨度预应力混凝土连续梁桥的线形控制，石家庄铁道学院学报，2003，15(1).

[5] 郭丰哲. 铁路大跨预应力混凝土连续梁桥设计，四川建筑，2007，(27).

[6] 黄志鹏. 考虑三向预应力效应的混凝土箱梁应力分析，浙江大学，2006. 8.

130　九堡大桥连续组合梁桥顶推施工中的受力性能研究

匡勇江[1]　熊永光[2]　韩　晗[1]　张治成[1]　汪劲丰[1]

(1.浙江大学建筑工程学院;2.杭州市城市基础设施开发中心)

摘　要　本文以九堡大桥南引桥为对象,对槽形钢梁顶推施工中的受力性能进行研究。由于槽形钢梁构造复杂和顶推施工特性,结构各截面均可能处于最不利状态,局部应力成为控制因素。本文采用杆系—板壳混合单元建立槽形钢梁有限元模型,通过单元生死技术模拟钢梁拼装,采用基于接触的边界约束模拟顶推过程,解决了槽钢形梁顶推过程中的受力分析问题,并讨论了顶推设备横向偏位和液压不同步工作所产生的效应,为优化设计和施工控制提供了依据。

关键词　槽形钢梁　顶推　接触　液压不同步　施工仿真分析

1　引言

顶推法以高度工业化、使用局限小、施工速度快等优势在桥梁施工中广泛应用。连续梁传统顶推施工一般为整体顶推,即箱梁的顶板、腹板和底板同时顶推,顶推方式为施加水平推力使得梁体在滑道上前进[1~3],轴向压力在梁体中传递路径较长,顶推设备不能自动适应纵坡和竖曲线上的高差变化[4]。

正在施工中的九堡大桥引桥为钢—混凝土组合结构,槽形钢梁采用顶推施工,全部到位后安装桥面板,有效减小了顶推重量和水平推力。南引桥槽形钢梁顶推距离长,纵断面上设有纵坡和竖曲线,传统的顶推设备难以适用。本桥采用的自平衡多点连续顶推设备设有水平和竖向两套千斤顶,梁体顶推过程中不承受水平推力,通过感应装置、计算机控制和液压驱动实现组合动作,实现了顶推过程中纵断面高差的自动适应。

本文采用MIDAS/civil建立槽形钢梁空间有限元模型,对结构顶推过程中的受力性能进行分析,并对支点接触方式、顶推设备横向偏位和液压不同步工作对结构的影响进行研究。

2　工程介绍

2.1　设计概况

九堡大桥为钱塘江上一座大跨度新型组合结构桥梁,由南引桥、主桥和北引桥组成。南北引桥均为槽形钢梁与混凝土桥面板组成的大悬臂单箱单室组合结构。南引桥跨径布置为21.5+78+9×85+55=919.5m。主梁结构由槽形钢梁和混凝土桥面板组成,两者通过剪力钉连接。槽形钢梁材质Q345d,由顶板、腹板、底板、横梁和加劲肋组成,腹板厚28mm,标准节段长 8.5m，每隔 4.25m 设置一套横向支撑系统。槽形钢梁中心线高 4.5m，顶面宽 13.1m，底板宽 11m。桥面板采用 C50 混凝土，宽 31.3m，两侧各悬臂 5.9m，横向由 3 块预制板组成，板厚范围 0.22～0.3m。桥跨布置、结构横断面见图 1 和图 2。

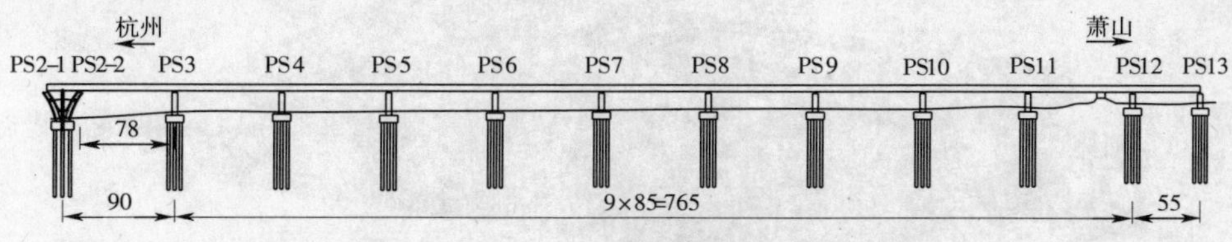

图 1　桥跨布置图（尺寸单位：m）

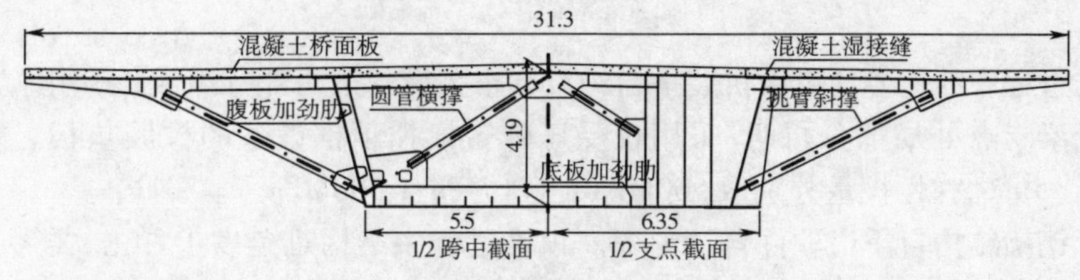

图 2　结构横断面（尺寸单位：m）

槽形钢梁采用顶推法施工，江中不设临时支墩。顶推设备必须置于腹板下部，由腹板承受支点反力。顶推到位后，张拉体外预应力钢束，然后吊装混凝土桥面板预制块。

2.2 施工方法

槽形钢梁分节段在工厂内加工，节段运到拼装平台进行焊接连成整体。梁体顶推出一段距离后，再在拼装平台焊接槽形钢梁节段，直至顶推到位。槽形钢梁顶推到位后，通过各永久墩上的顶推设备对纵向线形进行整体调整，安装好支座后完成槽形钢梁的施工。

顶推设备顶部设有橡胶垫板与钢梁腹板接触，顶推设备内部设有滑移结构来实现滑动。顶推工艺为多点连续顶推施工，由竖向千斤顶顶起梁体，水平千斤顶向前顶推，落梁后置于临时垫梁上，顶推设备回油完成一个顶推工作。顶推设备设有竖向和水平两个同步感应装置，把数据传回计算机分析后自动调整液压以达到同步工作状态，同步精度为 ±1mm。顶推施工过程示意见图 3。

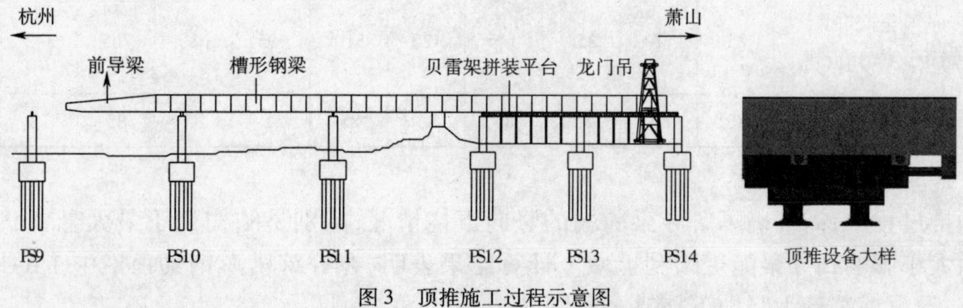

图 3　顶推施工过程示意图

3　计算模型

本次分析采用杆系—板壳混合单元[5] 对南引桥槽形钢梁和导梁进行空间离散，由梁单元模拟横梁、加劲肋,板单元模拟板件,共离散为86 482 个节点、124 990 个单元,其中梁单元46 058 个、板单元78 932 个。结构有限元局部模型见图4。

图4 结构有限元局部模型

顶推过程中的边界约束由拼装平台约束和永久墩约束两部分组成,采用刚性支承模拟。对槽形钢梁支点处局部分析时,采用仅受压弹簧模拟顶推设备的橡胶垫板。橡胶垫板宽40mm,厚45mm,弹性模量分别取500MPa、1 000MPa、1 500MPa[6]。

槽形钢梁结构自重由软件自动考虑。顶推过程中结构难免发生冲击,需考虑冲击的放大效应,本次仿真计算采用1.1 冲击放大系数。

为研究顶推过程中槽形钢梁的受力性能,要设置较多的工况以减小单步顶推长度。理论上单步顶推长度划分得越小,顶推模拟越接近实际施工过程,但需要耗费大量的计算机资源。本次分析单步顶推长度为1m,把整个施工过程分解为10 个施工阶段,计算时采用整体一次建模、分阶段激活结构单元和荷载条件的方法。每个施工阶段包含着若干个施工工况,分工况激活边界约束条件。南引桥总顶程为864.5m,划分为866 个工况。

4 结果分析

顶推施工为连续运动过程,结构体系受力状态不断变化,需要确定每个工况的结构刚度、支点反力和应力分布来指导施工。最不利工况的有关信息见表1。

表1 最不利工况信息

工况	1	2	3	4	5	6	7	8	9	10	11
导梁前端至PS12 墩距离(m)	85	170	255	340	425	510	595	680	765	843	864.5
最大悬臂长度(m)	85	85	85	85	85	85	85	85	85	78	21.5

4.1 结构刚度

顶推过程中,需准确了解导梁前端的竖向下挠情况,特别是结构处于最大悬臂状态时,下挠值大小影响到导梁能否顺利上墩。计算结果表明,在等跨槽形钢梁顶推施工的最大悬臂状态,导梁前端最大竖向下挠基本相同。

槽形钢梁在所有工况中最大竖向下挠值112mm,挠跨比为1/759,槽形钢梁整体刚度较好。工况1 导梁前端最大竖向下挠值为796mm,工况2 至工况9 导梁前端最大竖向下挠值同为750mm 左右。由于工况1 不存在工况2 的前支点附近负弯矩卸载作用,所以其导梁前端下挠值最大。导梁前端从距离 PS12 墩(下同)0m 到 170m 的位移变化曲线见图 5。从图 5 得出 0m 到 85m,导梁前端一直处于下挠状态;85m 到 135m 时,导梁前端上翘,过了 135m 后又逐渐下挠。

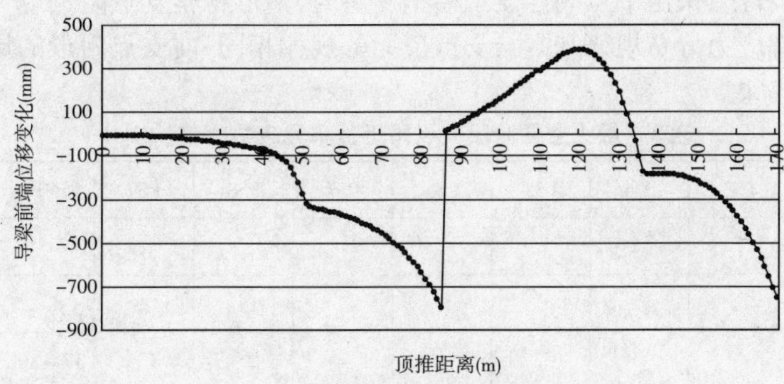

图 5　导梁前端竖向位移变化曲线

4.2　支点反力

顶推设备竖向承载力和水平推力根据支点反力控制,并且支点反力的变化幅度对顶推设备感应装置有较大影响。从表 2 可以看出,桥梁在等跨顶推时,永久墩支点没有发生脱空现象,最大悬臂施工阶段最前方支点反力几乎相等,均为控制值。支点反力变化较有规律,一般是最前方支点反力最大,次前方和最后方支点最小,中间支点相差不大。在其他施工阶段,支点反力为非控制值。

表 2　最大悬臂阶段的永久墩支点反力(kN)

施工阶段	PS2－2	PS3	PS4	PS5	PS6	PS7	PS8	PS9	PS10	PS11	PS12
工况 1											5 078
工况 2										5 160	2 461
工况 3									5 015	3 593	3 633
工况 4								5 039	3 439	4 357	3 353
工况 5							5 032	3 482	4 176	4 173	3 423
工况 6						5 034	3 472	4 220	3 997	4 221	3 398
工况 7					5 034	3 474	4 209	4 042	4 044	4 201	3 404
工况 8				5 034	3 473	4 212	4 031	4 088	4 024	4 205	3 403
工况 9			5 034	3 474	4 211	4 033	4 077	4 069	4 029	4 205	3 411
工况 10		4 452	3 775	4 144	4 049	4 079	4 050	4 102	3 919	4 311	1 801
工况 11	660	4 473	3 914	4 104	4 061	4 071	4 060	4 071	4 031	4 211	3 341

4.3　应力分布

通过顶推分析,除支点附近出现应力集中现象外,其余单元应力均满足要求,所有梁单

元应力变化幅值为 -113 ~ 141N/mm^2,板单元应力变化幅值为 0 ~ 189N/mm^2。下面从约束参数、约束位置以及顶推设备液压驱动同步性来分析槽形钢梁支点附近板单元的应力状况。

(1)约束参数对应力的影响

从表 3 可以看出,采用单点刚性支承模拟支座时,槽形钢梁支点附近应力分布与支点反力密切相关,局部应力分布规律基本与支点反力的规律相同,前支点附近的局部应力超出了允许应力 295MPa[7]。

表 3　最大悬臂阶段支点附近板单元应力幅值(MPa)

施工阶段	PS2 - 2	PS3	PS4	PS5	PS6	PS7	PS8	PS9	PS10	PS11	PS12
工况 1											37 ~ 306
工况 2										37 ~ 315	6 ~ 145
工况 3									37 ~ 308	18 ~ 218	20 ~ 221
工况 4								37 ~ 309	16 ~ 208	29 ~ 268	16 ~ 202
工况 5							37 ~ 308	16 ~ 210	26 ~ 256	26 ~ 256	17 ~ 207
工况 6						37 ~ 309	16 ~ 210	27 ~ 260	23 ~ 244	27 ~ 260	16 ~ 205
工况 7					37 ~ 309	16 ~ 210	27 ~ 258	24 ~ 247	24 ~ 247	26 ~ 258	16 ~ 206
工况 8				37 ~ 309	16 ~ 210	27 ~ 259	24 ~ 246	25 ~ 250	24 ~ 246	26 ~ 258	16 ~ 206
工况 9			37 ~ 309	16 ~ 210	27 ~ 259	24 ~ 247	24 ~ 250	24 ~ 249	24 ~ 246	26 ~ 258	16 ~ 206
工况 10		32 ~ 252	17 ~ 267	21 ~ 295	20 ~ 287	20 ~ 290	20 ~ 287	20 ~ 291	18 ~ 277	26 ~ 260	45 ~ 117
工况 11	3 ~ 137	34 ~ 279	27 ~ 287	31 ~ 303	30 ~ 300	30 ~ 300	30 ~ 300	30 ~ 300	29 ~ 297	32 ~ 262	19 ~ 209

注:梁单元应力是轴力和弯矩所产生的组合应力,板单元应力是基于第四强度理论的主应力。

通过分析发现工况 2 受力最不利,前支点附近应力幅度为 37 ~ 315MPa,应力云图见图 6。下面均针对工况 2 来展开讨论。

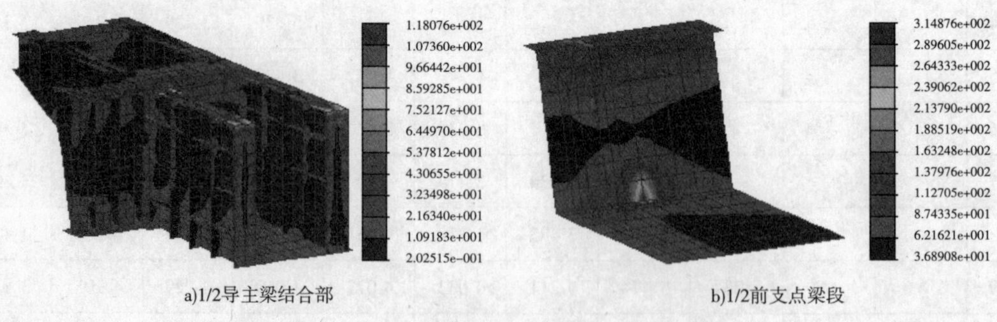

a)1/2导主梁结合部　　b)1/2前支点梁段

图 6　工况 2 采用刚性点接触约束的应力云图

槽形钢梁与顶推设备采取单点刚性接触模拟时,造成支点附近应力失真。实际上顶推设备顶部设有一层橡胶垫板,起到吸能减振的作用。支点附近的局部应力中主要为弯曲应力,接触应力较小[8]。在槽形钢梁支点附近的局部分析中,把橡胶垫板简化为一组仅受压的

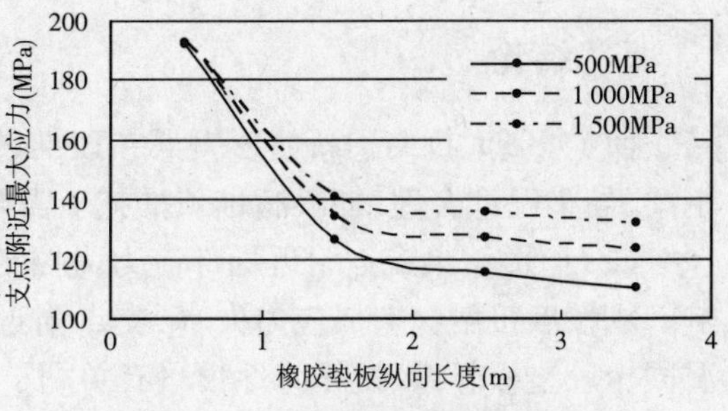

图7 应力与橡胶垫板参数取值关系

弹簧。假定橡胶垫板长度分别为0.5m、1.5m、2.5m、3.5m，每种长度分别取橡胶抗压弹性模量500MPa、1 000MPa、1 500MPa。从图7得出，采用弹簧约束模拟橡胶垫板，支点附近局部应力大幅减小，接触长度越长局部应力越小，顶推设备应采用较长的橡胶垫板。橡胶抗压弹性模量与水平摩擦力相关，对于本桥而言橡胶垫板不做为滑道使用，较大的水平摩擦力反而有利，长1.5m、抗压弹性模量500MPa的橡胶垫板可满足要求。

(2)约束位置对应力的影响

顶推过程中顶推设备难免会发生横向偏位，导致结构的约束位置发生改变。从图8可以看出，支点局部应力分布与顶推设备横向偏位正相关。偏位10mm、20mm、30mm时，腹板下侧尚有橡胶垫板支承，槽形钢梁应力幅值水平较小，但偏位30mm支点局部应力已达303MPa，而偏位40mm时腹板下侧没有了橡胶垫板，最大应力值达到458MPa。分析表明，底板不能承受全部支点反力，腹板下侧有橡胶垫板时较安全的偏位宽度为10mm。

(3)液压不同步对应力的影响

假设顶推过程中橡胶垫板与槽形钢梁无相对滑动，即它们之间同时向前水平移动。同一个墩上下游两侧水平不同步长度8mm时，支点附近局部应力为264MPa；竖向不同步高度55mm时，支点附近局部应力为171MPa。图9液压不同步分析表明，结构顺桥向刚度较大，横桥向刚度较小，同一个墩上下游两侧顶推设备水平不同步工作对结构影响非常突出，竖向不同步工作影响较小。考虑到水平和竖向不同步工作的组合效应，水平不同步长度应限制在5mm内，竖向不同步高度宜限制在20mm内。

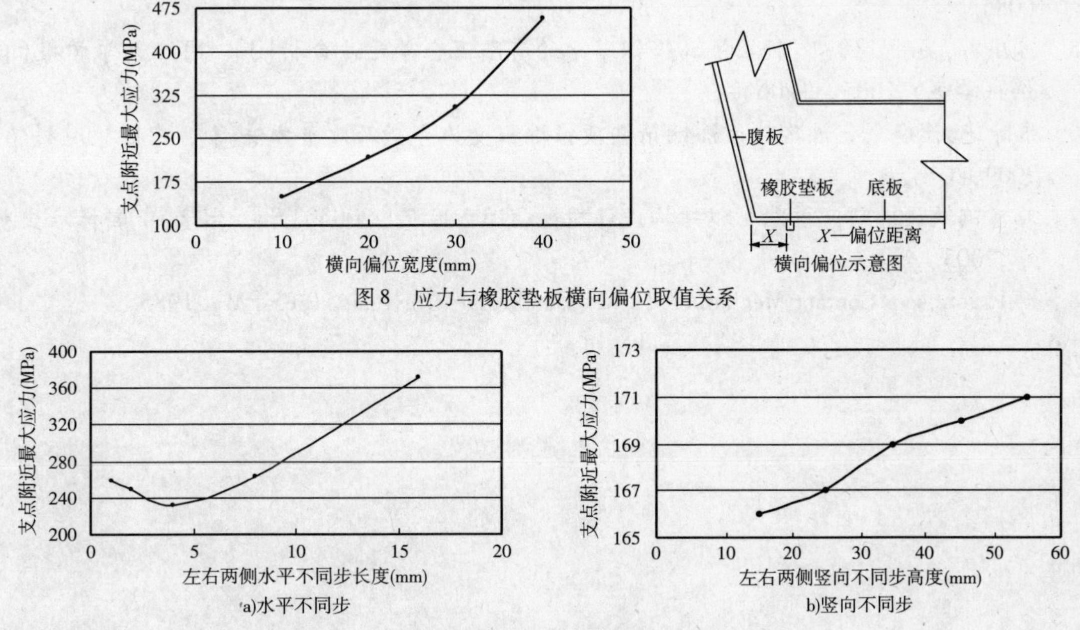

图8 应力与橡胶垫板横向偏位取值关系

图9 应力与同一个墩上下游两侧液压不同步关系

5 结论

(1)九堡大桥南引桥槽形钢梁在顶推过程中,最大悬臂状态起控制作用。分析表明槽形钢梁、导梁设计合理,能够满足顶推施工需要。

(2)槽形钢梁支点附近局部应力为控制因素,不同的约束参数对局部受力分析有很大影响。刚性点接触会造成应力失真,支点附近的局部分析应采用弹性接触。支点处的应力状况同橡胶垫板长度、抗压弹性模量有关,长1.5m、抗压弹性模量500MPa的橡胶垫板可满足要求。

(3)支点附近局部应力受顶推设备的偏位宽度影响,安全的横向偏位宽度不应超过10mm。在本桥顶推施工中,应设置可靠的横向限位装置使腹板承受支点反力。

(4)顶推设备液压不同步工作对结构受力影响较大,同一个墩上下游两侧支点水平不同步对结构最为不利,竖向不同步对结构影响较小。水平不同步长度应控制在5mm内,竖向不同步高度宜控制在20mm内。

参 考 文 献

[1] Wilhelm, Zellner, and Holger, Svenson. Incremental Launching of Structures[J]. Journal of Structure Engineering, 1983, 109(02).

[2] Marco, Rosignoli. Thrust and Guide Devices for Launched Bridges[J]. Journal of Bridge Engineering, 1998, 5(01).

[3] 张晓东. 桥梁顶推施工技术[J]. 公路, 2003, (09).

[4] 周光忠. 五里亭大桥预制顶推竖曲线箱形连续梁施工技术[J]. 铁道标准设计, 2006, (08).

[5] 苏庆田, 吴冲, 董冰. 斜拉桥扁平钢箱梁的有限混合单元法分析[J]. 同济大学学报(自然科学版), 2005, 33(06).

[6] 张晔芝, 谢晓慧. 铁路特大桥钢箱梁顶推过程受力分析及改善方法[J]. 中国铁道科学, 2009, (03).

[7] 北京钢铁设计研究总院. 钢结构设计规范(GB 50017—2003)[S]. 北京: 中国标准出版社, 2003.

[8] K. L. Johnson. Contact Mechanics. U. K.: Cambridge University Press[M]. 1985.

131　空心板桥横向连接的有限元建模技术研究

李现科[1,2]　黄福伟[2]

(1. 重庆交通大学;2. 招商局重庆交通科研设计院有限公司)

摘　要　本文探讨了空心板简支梁桥上部结构三种不同横向连接的有限元建模方式,并以一座空心板桥为例建立有限元模型,对跨中挠度横向分布、跨中应力横向分布、3 号板的跨中纵向应力影响线等三项计算结果进行比较分析,得到了模型 3(刚接)更符合实际的结论。可供空心板桥梁的计算和检测等参考。

关键词　空心板桥　有限元模型　横向连接

1　引言

空心板简支梁桥上部结构是由许多平行密排的空心板与宽度很小的湿接缝彼此相互连接而成的。在梁格计算机方法发展以前,一般来说,这种上部结构采用史宾特尔所推导的"以接缝作连接的板理论"来分析,这个理论是以荷载分布系数图表为基础的,目前最方便的方法是梁格法。在空心板简支梁桥结构的设计计算中一般采用的是铰接板理论,而桥梁建成后,荷载的横向分布规律变得极其复杂,导致设计时的连接关系与实际结构之间相差较大,如何简化空心板的横向连接仍是一个棘手的问题。

2　上部结构横向连接构造分析

空心板桥上部结构各主梁间由接缝把它们相互连接,接缝里有主梁上外伸的短钢筋,其构造如图 1 所示。

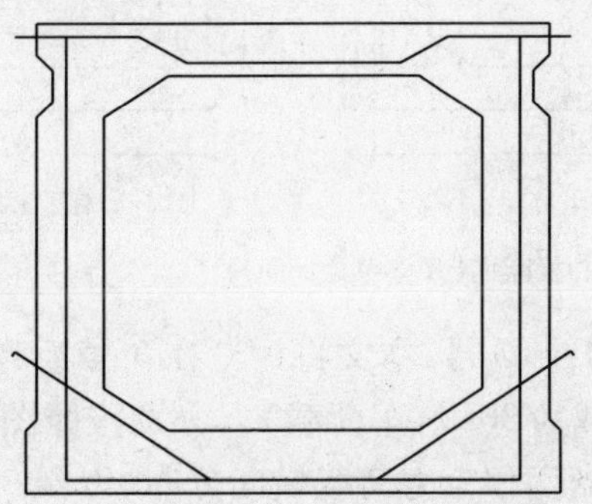
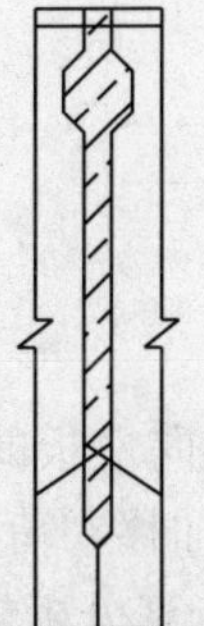

图 1　主梁外伸钢筋和接缝构造图

根据个主梁间接缝的构造特征,建立有限元模型时可以按以下几种情况处理:

(1)按照空心板简支梁桥结构设计阶段采用的铰接板理论,假设接缝刚性很弱,视作近似铰接,假定竖向荷载作用下接缝只传递竖向剪力,不传递弯矩。这种方法建立的有限元模型见图2b)。

(2)如果接缝混凝土已破坏,此时只考虑接缝中短钢筋的作用,图2c)中悬臂梁由短的柔性构件连接,在这种情况中,短的柔性梁格表示短钢筋的有效长度和刚度。

(3)如果接缝完好,再加上桥面铺装,则接缝的横向刚度应该大于空心板的横向刚度,因此可将两相邻纵梁用一根横梁单元直接相连,横梁的刚度为空心板的横向刚度,节点为刚接,这样可建立图2d)所示梁格模型。

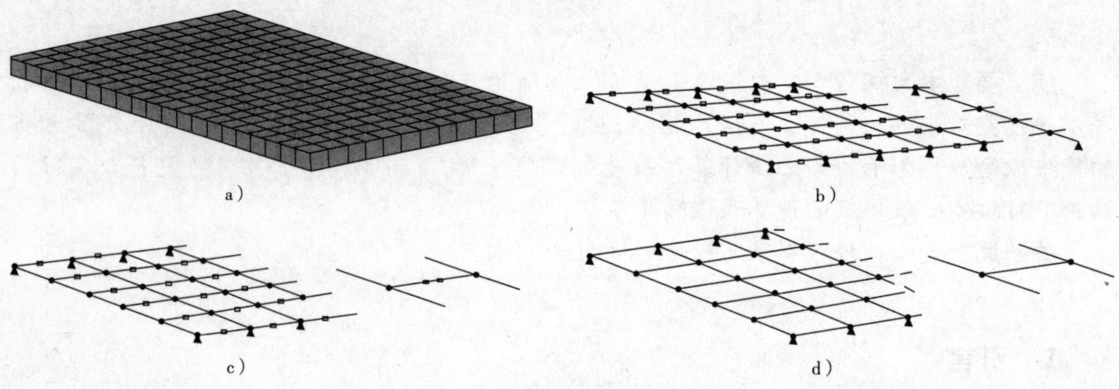

图2 不同横向连接的梁格模型

3 实例分析

某20m装配式后张法无黏结部分预应力混凝土空心板简支梁桥,计算跨径为19.96m。空心板厚90cm,横断面由12块空心板组成,采用C40混凝土。预应力筋为Φ15.24钢绞线,每块板下缘布置10根钢绞线,两侧腹板各有两根曲线钢绞线。结构尺寸见图3。

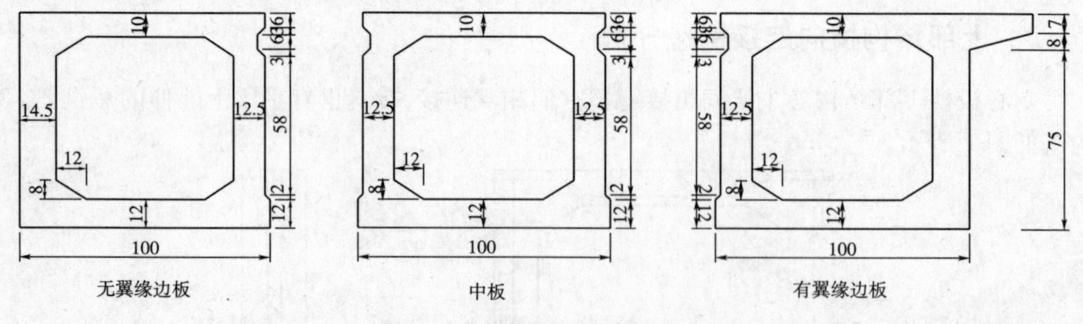

图3 空心板断面(尺寸单位:mm)

图2a)中,由右向左板的编号为1号~12号,本文将讨论在3号板跨中加集中荷载(P = 30t)以及在3号板加移动荷载(车辆荷载为30t汽车荷载)。分别按照图2b)、图2c)、图2d)建立有限元模型,计算分析该桥的跨中挠度和应力荷载横向分布,以及3号板的纵向应力影响线。

3.1 跨中荷载横向分布

荷载横向分布计算一直是空心板桥梁设计中的一个重要内容,利用内力或荷载的横向分布分析桥梁结构,实质上是在一定的误差范围内寻求一个近似的影响面来代替精确的影响面,把一个复杂的空间问题转化成平面问题来进行求解。

3.1.1 跨中挠度横向分布

在3号板跨中加载时,其跨中挠度横向分布如图4所示。从图上可以看出,模型1和模型2的跨中挠度横向分布很接近,二者最大相对误差在12号板处为4.8%,在加载位置的3号板处,二者相对误差为1.8%;它们与模型3的跨中挠度横向分布差别很大,模型1和模型3的相对误差最大可达18.7%(3号板)。

3.1.2 跨中应力横向分布

在3号板跨中加载时,其跨中应力横向分布如图5所示。从图上可以看出,模型1和模型2的跨中应力横向分布很接近,二者最大相对误差在3号板为6.6%;它们与模型3的跨中应力的横向分布差别很大,模型1和模型3的相对误差最大可达18.5%(3号板)。

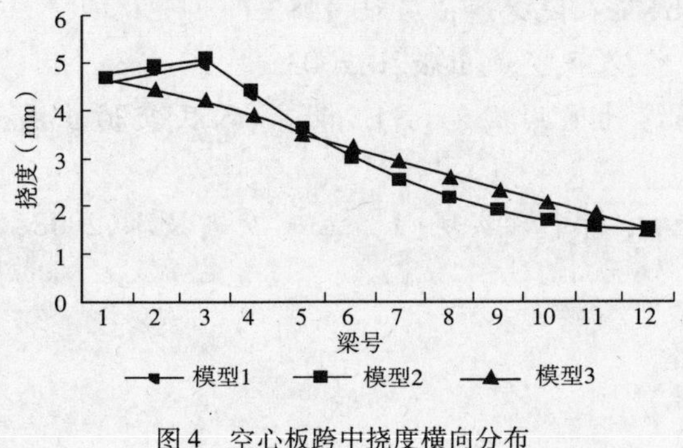

图4 空心板跨中挠度横向分布

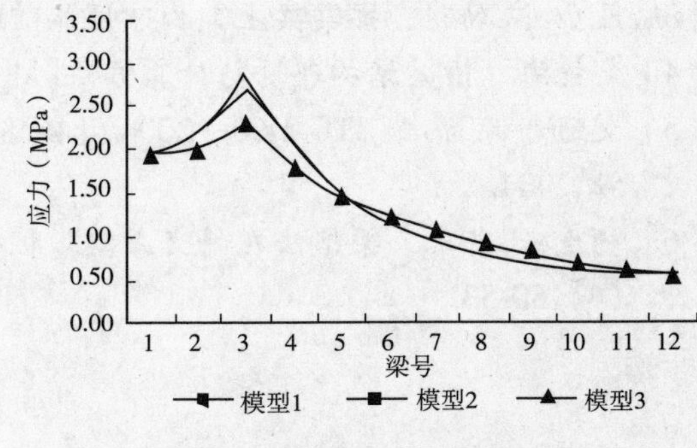

图5 空心板跨中应力横向分布

3.2 3号板的跨中纵向应力影响线

在3号板加载时,3号板的跨中纵向应力影响线如图6所示(图6中横向坐标轴表示3号主梁纵向,跨长20m,每1m划分1个单元)。从图上可以看出,模型1和模型2的跨中纵向应力影响线很接近,二者最大相对误差在跨中节点11处(跨中)为6.6%;它们与模型3的应力影响线差别很大,模型1和模型3在跨中节点11处的相对误差达到13.1%,最大相对误差为16.4%,在节点10处。

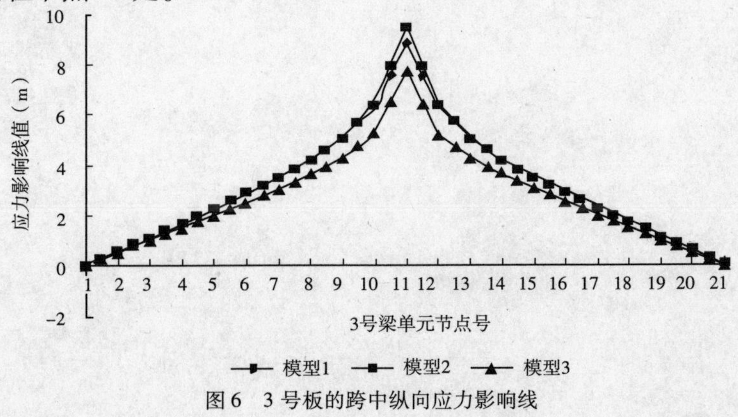

图6 3号板的跨中纵向应力影响线

4 结语

在空心板桥梁三种横向连接模型中,空心板跨中挠度横向分布、跨中应力横向分布、3号板的跨中纵向应力影响线等三项计算结果都是模型1与模型2比较接近,但与模型3差别较大,最大误差达16%~18%。对于接缝和桥面铺装完好的空心板桥梁,模型3(刚接)应该更符合桥梁的实际受力状况。但目前空心板桥梁设计和计算时,一般采用模型1(铰接),这是偏于安全的考虑。当然,本文的结论还有待实桥检测数据的证明。

参考文献

[1] 范立础. 桥梁工程[M]. 北京:人民交通出版社,2001.

[2] 戴公连,李德建. 桥梁结构空间分析设计方法及应用[M]. 北京:人民交通出版社,2001.

[3] E. C. 汉勃利. 桥梁梁上部构造性能[M]. 北京:人民交通出版社,1982.

[4] 贺拴海. 桥梁结构理论与计算方法[M]. 北京:人民交通出版社,2003.

[5] 交通部颁标准(JTG D60—2004):公路桥涵设计通用规范[S]. 北京:人民交通出版社,2004.

[6] 杨虎根,陈琼. 梁格法在斜交式空心板桥结构分析中的实现[J]. 公路交通技术,2008,(4):50-53.

132　简支 T 梁桥影响线与影响面分析的差异

李　宁　孙　远　徐　栋

（同济大学桥梁工程系）

摘　要　本文针对当前简支 T 梁桥常用的活荷载计算方法，对同一座简支 T 梁桥进行单梁模型的影响线加载分析与梁格模型的影响面加载分析，通过对两种分析方法下的结果进行比较研究，发现剪力结果有较明显差异。结果表明，影响线加载方式计算支点反力结果是偏小的，并且本文通过论证得出其偏小的缘由。

关键词　简支 T 梁桥　支点反力　影响线　影响面

1　概述

简支梁桥属于静定结构，由于其结构内力受地基变形的影响不大，且具有受力明确、结构简单和施工方便等优点，使其在桥梁建设中成为最常见的桥型。

然而即使这种结构形式最简单的桥梁，在设计与运营中也会出现一些问题。目前简支梁桥的设计计算方法，均是采用近似计算每片梁的“荷载横向分布系数”的方法，通过计算各片梁的横向分布系数 m_c，找出最不利梁作为标准梁进行设计计算。这类常用的横向分布计算方法有刚接梁法，铰接板法，刚性横梁法与修正的刚性横梁法以及正交各向异性板法（G－M 法）。无论上述哪种近似方法，均建立在这样一个前提上：建立一个近似的内力影响面去代替精确的内力影响面，而且这个内力影响面可以通过分离变量的方法 $\tilde{\eta}(x,y)=\eta(x)\cdot\eta(y)$ 得到。

2　现行简支梁桥设计计算方法简述

简支梁桥控制设计因素主要是跨中弯矩与梁端剪力（本文以支点反力表示），下面先以这两个因素简单说明“荷载横向分布系数”的原理。

2.1　弯矩

一座简支梁桥边梁的典型跨中弯矩影响面如图 1 所示。

图 1　简支梁格系桥梁边梁跨中弯矩影响面

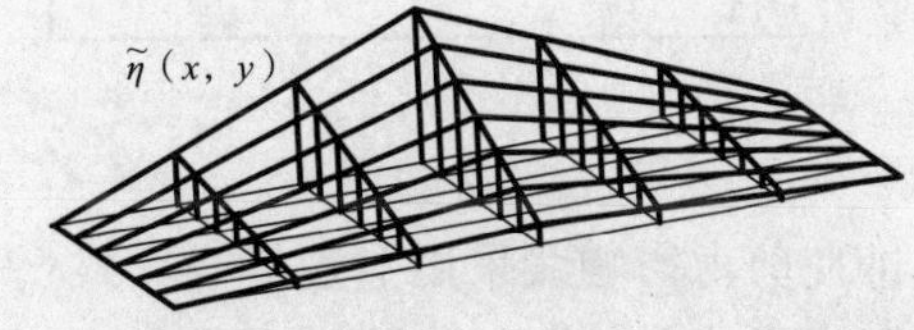

图 2　简支梁格系桥梁边梁跨中弯矩近似影响面

通过图 1 我们可以直观得到，一座简支梁桥边梁跨中弯矩影响面在每片梁上的线形是非常接近的，这样一旦确定了一片梁的最大加载方式，其他梁的最大加载方式也就确定了。

这样我们就可以采用一个近似的线性平面组合来代替原始影响面,并且这个近似影响面(图2)可以通过分离变量途径方便得到。在计算一座桥梁最大内力时,重轮总是加载在影响面的峰值上,文献[1]通过验证,仅重轮加载在峰值位置上得到的弯矩值占总弯矩的78%,因此只要近似影响面能够在峰值区域保证精度,总弯矩的精度也就得到保证。

表1是本文第3部分所述的简支T梁桥采用影响线分析与影响面分析得到的边梁跨中弯矩比较,可以看出两者是非常接近的。

表1　影响线分析与影响面分析的弯矩结果

结果来源	横向分布系数计算结果	影响面计算结果
跨中弯矩(kN·m)	2 179.25	2 152.61

2.2　剪力

以上讨论的荷载横向分布系数 m_c 仅指主梁的跨中弯矩横向分布而言,计算主梁弯矩时,对跨中的荷载横向分布系数与主梁其他各点上的荷载横向分布系数是采用相同的值。这是近似方法基本原理的前提决定的,因为变量分离的前提是精确内力影响面的图形在纵、横方向上各自有相似的特征。但是对于剪力的荷载横向分布系数计算就不同了,图3是一座简支梁桥的边梁支点反力的精确影响面图。

由图可见,边梁支点反力的影响面图形的纵横向完全不同的,如果我们仍然进行简单的变量分离绘制近似影响面,则会导致影响面峰值区域的图形误差过大(图4)。

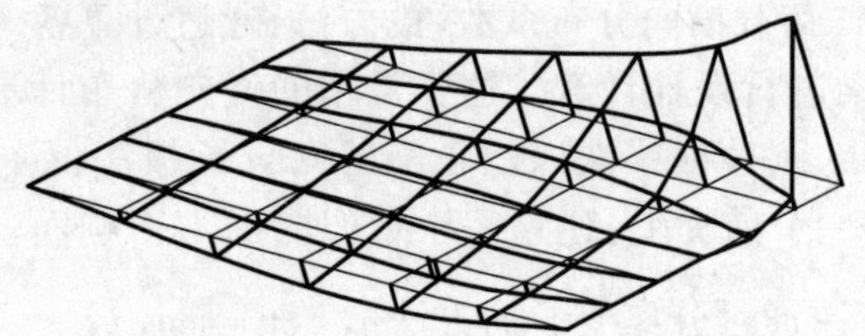

图3　简支梁格系桥梁边梁支点反力影响面图

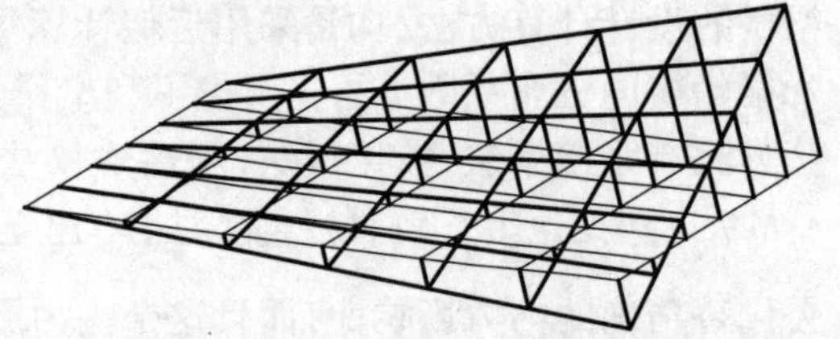

图4　简支梁格系桥梁边梁支点反力近似影响面

为了解决这个问题,现在的做法是:在计算支点剪力时,其荷载横向分布系数在梁端采用按杠杆法计算得到的 m'_c,在跨内从第一片横梁开始近似采用跨中的荷载横向分布系数 m_c,从梁端到第一片中横梁之间采用从 m'_c 到 m_c 的直线过渡形式;当仅有一片中横梁时,则取用距支点1/4跨径的一段,如图5所示。

图5　简支梁格系桥梁剪力影响线

即使剪力影响线采用上述折线形式,仍然是认为当支点反力达到最大值时,每片梁上的荷载布局形式是相同的。通过观察整座桥的真实支点反力影响面可以得出,每片梁单独影响面值 $\eta(x,y)$ 变化趋势相差甚远,采用相同的荷载布局形式难以得到梁端最大剪力值。这个差距本文会详细说明。

3 影响线与影响面差异分析计算模型

计算模型来自文献[3]的算例五,桥梁资料及结构尺寸如下(图6):

跨径:40m

主梁全长:39.96m

计算跨径:39.00m

桥面净空:净 - 14 + 2 × 1.75m = 17.5m

设计荷载:汽 - 20,挂 - 100

人群荷载:3.5kN/m^2

材料:C50 混凝土。

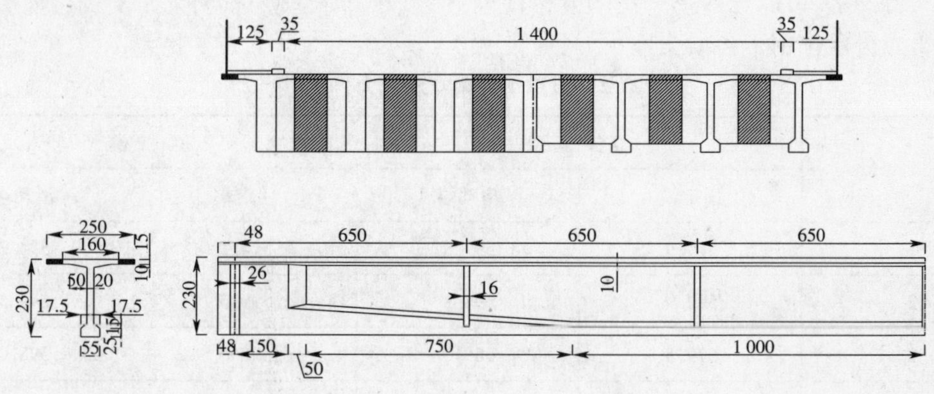

图6 结构图(尺寸单位:cm)

文献[3]对本算例进行了修正了抗扭刚度的刚性横梁法计算。刚性横梁法计算前提有以下几点:

(1)$2 \leqslant l/b < 4$。

(2)至少有 5 根横隔梁。

(3)横梁高度至少为主梁高度的 0.75 倍。

本算例以上三点都符合,故采用修正了抗扭刚度的刚性横梁法是合理的。

同时文献[3]得出,两车道加载时,边梁支点反力会达到最大值,且给出了影响线下的加载方式,本文将主要对一、二车道加载两种情况进行比较。

4 采用空间分析计算剪力结果

本文应用的空间分析有限元软件有 WisePlus 慧加结构分析与设计软件与大型有限元软件 ANSYS 两种,分别建立梁格模型与实体模型(图7、图8)。其中梁格模型纵梁间距取图6所示截面宽度2.5m,每个纵梁由78个0.5m等长单元组成;横梁间距6.5m,每个横梁由18个单元组成,以模拟横向截面的变化。

文献[3]已计算得出两车道加载时得到的内力值控制设计,因此本文仅验证单车道与两车道两种情况。

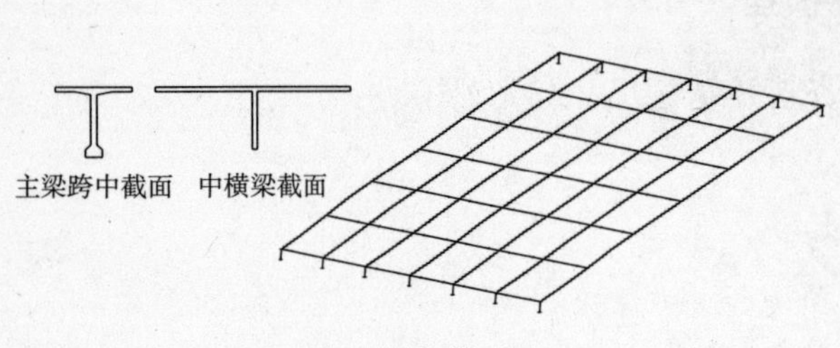

图7 梁格模型图

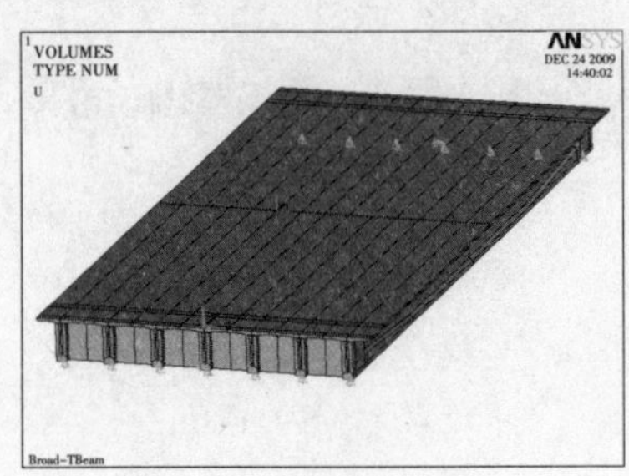

图8 实体模型

4.1 两种有限元模型自重效应比较

此部分验证梁格模型与实体模型在自重下的效应,以验证梁格模型在分析简支T梁桥上刚度满足要求,可以进入下一步的分析计算。

表2为自重作用下各梁支座反力:

表2 自重下各梁支座反力(kN)

梁号	实体模型		梁格模型	
	固定端	滑动端	固定端	滑动端
1	619.9	599.8	574.2	574.2
2	592.9	596.8	599.5	599.5
3	579.5	589.0	598.0	598.0
4	569.1	582.6	597.8	597.8
5	577.7	588.2	598.0	598.0
6	595.3	597.1	599.5	599.5
7	618.9	599.9	574.2	574.2
Σ	8 306.8		8 282.1	

表3中的数据为自重作用下各片梁跨中挠度:

表3 自重下跨中位移比较(m)

梁号	实体模型	梁格模型
第1片梁	0.035	0.034 8
第2片梁	0.035	0.034 9
第3片梁	0.035	0.034 9
第4片梁	0.035	0.034 9
第5片梁	0.035	0.034 9
第6片梁	0.035	0.034 9
第7片梁	0.035	0.034 8

4.2 两种有限元模型单车道加载作用下效应比较

此部分主要对梁格模型与实体模型做单车道加载,活载为85规范汽－20级,加载方式按照文献[3]提供方式,其纵横向布置方式见图9。

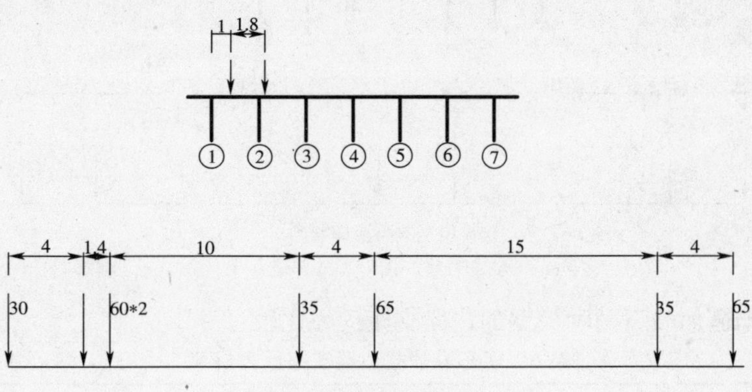

图9 单车道加载图示
(轴重力单位:kN;尺寸单位:m)

表4为单车道加载下两种模型的边梁支座反力比较:

表4 单车道加载边梁支座反力(kN)

	实体模型	梁格模型
支座反力	174.48	179.04

表5为单车道加载下的两种模型各梁跨中挠度比较:

表5 单车道加载跨中位移比较(m)

梁 号	实体模型	梁格模型
第1片梁	0.004	0.003 7
第2片梁	0.004	0.003 3
第3片梁	0.003	0.002 8
第4片梁	0.003	0.002 4
第5片梁	0.002	0.002 0
第6片梁	0.002	0.001 7
第7片梁	0.001	0.001 3

4.3 两种有限元模型两车道加载效应比较

此部分主要对梁格模型与实体模型做两车道加载,活载为85规范汽－20级。由于"荷载横向分布系数"的方法没有考虑不同车列排布的区别,所以两个车列的纵向排列均按照文献[3]提供方式,其纵横向活载布置方式见图10。

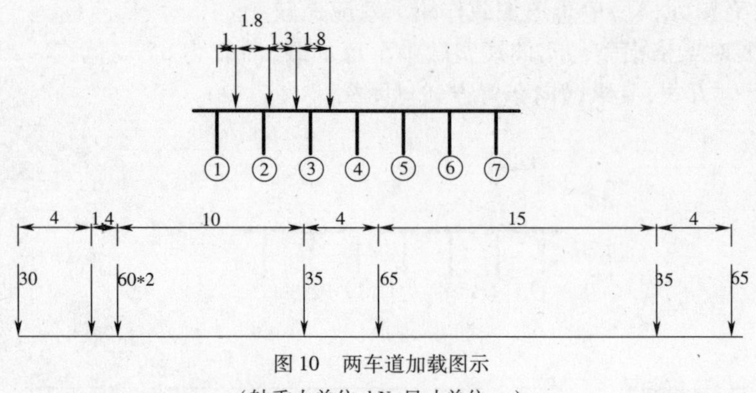

图10 两车道加载图示

(轴重力单位:kN;尺寸单位:m)

表6为两车道加载下两种模型的边梁支座反力比较:

表6 两车道加载边梁支座反力(kN)

	实体模型	梁格模型
支座反力	222.605	226.121

表7为两车道加载下的两种模型各梁跨中挠度比较:

表7 两车道加载跨中位移比较(m)

梁 号	实体模型	梁格模型
第1片梁	0.007	0.006 3
第2片梁	0.006	0.005 9
第3片梁	0.006	0.005 3
第4片梁	0.005	0.004 8
第5片梁	0.004	0.004 2
第6片梁	0.003	0.003 6
第7片梁	0.002	0.003 1

从以上三组数据比较来看,梁格模型与实体模型在各种工况下的效应都符合很好,这表明通过梁格模型在刚度与作用效应上完全可以模拟原型,因此通过梁格模型来进行简支梁桥的影响面分析是合理的,而且梁格模型具有建模迅速、作用效应查看方便的优点,而实体模型要做到这点则需要大量的后期工作。

5 影响面分析与影响线分析的区别

通过2.2中的论述可以得知,剪力的"荷载横向分布系数"之所以采用折线形式,目的就是为了改善影响面峰值区域内造成的误差,但是依然借用了荷载横向分布系数的大前提:内力影响面的图形在纵、横方向上各自有相似的特征,这就默认了荷载在各片梁上的布局形式是相同的。因此无论如何人为处理,不恰当的前提总会带来计算结果上的出入。以下本文将对文献[3]中简支梁桥的影响线加载与影响面加载下的边梁支点反力效应做一比较。

5.1 单车道加载下的影响线效应与影响面效应

由表8中加载结果可以看出,单车道情况下,两种加载方式结果很接近,这是因为单车道在整个影响面上的影响范围有限,结构的空间效应并不明显,第①片梁的影响面值起主要作用。

表8 单车道影响线与影响面分析结果(kN)

加载方式	图9单车道加载	影响面最大加载
支点反力	179.037	188.158

5.2 两车道加载下的影响线效应与影响面效应

通过表9中的数据可以明显看出,即使采用与文献[3]中提供的影响线最大加载布局加载在影响面上,得到的支点反力已经比文献[3]支点反力结果大了11.5%。然而这种方式并不是影响面上的最大加载方式,这个差距仅仅是相同加载方式采用近似影响线加载与精确影响面加载造成的差别。当考虑到不同车道在精确影响面上采用最大加载方式加载时,支点最大剪力比文献[3]中的影响线最大结果大了16.05%,差距较为明显。

表9 两车道影响线与影响面分析结果(kN)

加载方式	文献[3]影响线加载	图10两车道加载	影响面最大加载
支点反力	202.870	226.121	235.429

6 结论

首先建立简支T梁桥的梁格模型与实体模型,通过两种模型计算结果比较可以表明采用梁格模型分析简支T梁桥是正确的,并采用梁格模型对简支梁桥进行影响面加载分析。

本文2.2中提到的简支梁桥剪力采用折线形影响线加载的计算方法,是在当时电算手段落后的情况下采用的一种近似方法,这种方法借用了弯矩影响线的原理。然而这种方法存在着以下两个缺点:

(1)影响线在梁端采用按杠杆法计算得到的 m_c',在跨内从第一片横梁开始近似采用跨中弯矩的荷载横向分布系数 m_c,从梁端到第一片中横梁之间采用从 m'_c 到 m_c 的直线过渡形式;这种取值方式本身存在着较大误差,它等于是默认了跨中部分剪力影响面在纵横方向线性相似,而且端部从 m_c'线性过渡到 m_c 也存在较大误差。

(2)剪力影响线在借用了弯矩影响线的前提下,最大加载是各片梁的车轴布置方式是相同的,然事实上每片剪力梁影响面的纵向线性相差明显(图3),因此最大加载时不同梁上车轴的排列布置方式实际上是有较大差异的。

上述两点误差累计在一起,导致本文验证的边梁支点反力误差达到16.05%。

参 考 文 献

[1] 范立础. 桥梁工程. 北京:人民交通出版社,2001.
[2] 杜国华,毛昌时,司徒妙龄. 桥梁结构分析[M]. 上海:同济大学出版社,1994.
[3] 易建国. 混凝土简支梁(板)桥(第2版)[M]. 北京:人民交通出版社,2001.

133　横隔梁对预应力混凝土T梁桥受力影响的研究

刘小燕[1]　李晓磊[1]　王光辉[2]

(1.长沙理工大学土木与建筑学院;2.湖南理工学院土建系)

摘　要　预应力混凝土T梁桥中设置横隔梁,能使荷载分布得更均匀,受力更合理,然而由于设计施工等原因,导致T梁桥内的横隔梁出现了一些问题,一度认为应该少设横隔梁。本文建立某T梁桥有限元模型,对桥梁进行整体和局部受力分析。在整体分析中,发现少设、甚至不设横隔梁时,在跨中截面主梁受力比较均匀;但在局部分析中,发现少设、不设横隔梁时,在跨中截面梁肋顶面、翼缘板处产生较大的应力,设置中横隔梁时,可以有效地减小这些应力。通过全面计算,得出横隔梁对T梁桥受力的影响,从而为预应力混凝土T梁桥横隔梁的设计提供理论依据。

关键词　预应力混凝土T梁　横隔梁　翼缘板　最大应力

1　引言

预应力混凝土简支T梁桥以其结构简单、施工方便、利于大规模生产的特点,在中小跨径桥梁中广泛应用。预制T梁架好以后,相邻T梁之间通过浇筑桥面板和横隔梁相连以提高桥梁的整体性,一般在桥跨间设3~7道横隔梁,《公路钢筋混凝土及预应力混凝土桥涵设计规范》也作了相应的规定。桥梁所设横隔梁片数越多,主梁间的横向刚度越大,荷载分配越均匀。但是多设横隔梁会给桥梁施工带来一些不便:横隔梁在拼装过程中,容易出现横隔梁不共面,横隔梁错台,横隔梁钢筋焊接质量差或混凝土浇筑不密实等问题,横隔梁的病害已成为桥梁常见病害之一,国内外学者对此做了大量研究[1]~[4],一度提出少设横隔梁。然而在以往的计算分析中,大多只对桥梁跨中截面梁肋上下缘的应力进行比较,对较薄弱的翼缘板很少进行分析[1]~[4]。我国曾建设的一些无横隔梁、少横隔梁的T梁桥,在运营使用期间,由于横向联系较弱,预应力T梁桥(尤其是无横隔梁的T梁桥)中梁梁肋上缘、翼缘板连接处常常出现纵向通缝[5]~[8]。本文以某25m预应力混凝土简支T梁桥为例,针对横隔梁的设置情况建立有限元模型,对桥梁控制截面(四分之一和跨中截面)的弯矩和应力及翼缘板薄弱位置处的应力进行计算,分析T梁的受力情况,探讨横隔梁在桥梁中的作用。

基金项目:湖南省研究生科研创新基金项目,CX2009B180。

2 计算模型与单元选取

某跨径 25m 的预应力混凝土简支 T 梁桥，桥面净宽 10m，主梁高 1.7m，间距 2m，主梁肋宽 0.2m，计算跨径 24.06m，设计荷载为公路Ⅱ级，主梁和横隔梁均采用 C40 混凝土。根据有限元理论，建立整桥的空间有限元模型，主梁选用八节点六面体 solid45 单元，横隔板采用 shell63 单元。

文献[9]建立了具有 0 ~9 片横隔梁的 T 梁桥（跨径 22.5m）模型，计算发现：(1) 无横隔梁时，各片 T 梁分配到的最大荷载比较接近；(2) 有中横隔梁时，边梁受力最不利，随横隔梁片数的增加，T 梁受力状态逐步改善；当横隔梁片数大于 5 时，增加横隔梁片数对改善边梁受力已经没有意义。基于文献[9]的计算结果，本文分别建立无横隔梁、仅有端横隔梁、三道横隔梁和五道横隔梁的简支 T 形梁桥四种模型。

模型一：无横隔梁模型，通过整体分析，计算四分点、跨中截面主梁的弯矩；通过局部分析，计算四分点和跨中截面主梁以及翼缘板主应力值。

模型二：仅设二道端横隔梁（少横隔梁模型），横隔板厚度 0.16m，计算同前。

模型三：在跨中、支点设三道横隔梁（少横隔梁模型），计算同前。

模型四：在跨中、四分点、支点设五道横隔梁（适量横隔梁模型）。T 梁横断面和应力分析计算点示意见图 1。

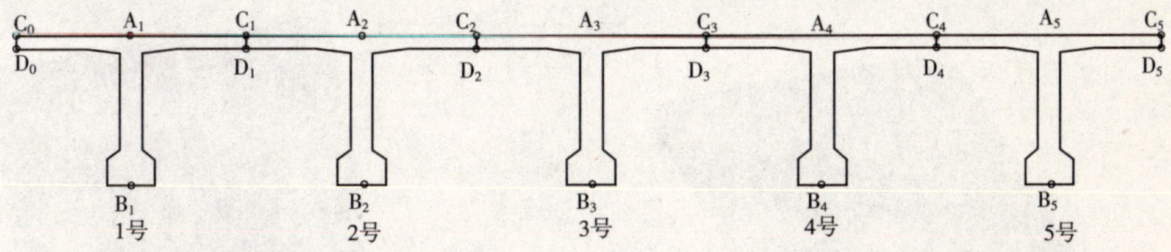

图 1 桥梁横断面和计算点位置示意图

3 T 梁整体受力分析

对于 T 梁桥而言，通常边梁的受力是最不利的，在桥梁设计中是控制因素[9]，因此在本文中采用偏心荷载进行计算。分别在上述四种模型上加载，用车道荷载进行最不利加载，得出四种模型中主梁 1 号 ~3 号梁的内力，比结果见表 1 和表 2。

表 1 主梁跨中截面弯矩（单位：kN · m）

梁　号	模型一		模型二		模型三		模型四	
	恒载	活载	恒载	活载	恒载	活载	恒载	活载
1 号梁	1 772	1 014	1 772	990	1 826	1 059	1 861	1 050
2 号梁	1 746	852	1 746	839	1 797	895	1 834	890
3 号梁	1 746	894	1 746	894	1 774	667	1 820	703

表 2 主梁 1/4 截面弯矩(单位:kN·m)

梁号	模型一		模型二		模型三		模型四	
	恒载	活载	恒载	活载	恒载	活载	恒载	活载
1 号梁	1 344	463	1 343	424	1 362	430	1 415	437
2 号梁	1 337	449	1 337	431	1 356	416	1 402	426
3 号梁	1 339	398	1 440	398	1 360	416	1 396	372

从表 1 和表 2 可以看出:

(1)在恒载下,横隔梁的自重使主梁在 1/4 截面和跨中截面的弯矩有所增加。

(2)在偏心活载作用下,端横隔梁能有效降低边梁和次边梁的弯矩,在跨中布设一片横隔梁时,将使跨中截面边梁和次边梁的弯矩增加,使中梁的弯矩减小;随着横隔梁数量的增加,跨中截面荷载将分布更均匀;1/4 截面横隔梁的存在也使 1/4 截面的边梁和次边梁弯矩减小。

4 T 梁局部受力分析

为了分析横隔梁对主梁局部受力的影响,采用 55t 重车对桥梁进行加载。车轮荷载按跨中截面的最不利受力状况进行加载,计算中分别考虑了偏心荷载和对称荷载两种加载情况,荷载布置如图 2 和图 3 所示。计算结果见表 3 和表 4 及图 4 ~ 图 11。

图 2 偏心加载示意图

图 3 对称加载示意图

表 3 主梁翼缘板上缘第一主应力(仅给出最大值)(单位:MPa)

位置	偏载				中载			
	模型一	模型二	模型三	模型四	模型一	模型二	模型三	模型四
1/4 截面 C4	0.520 3	0.527 7	0.340 2	0.035 9	-0.004 1	-0.004 1	-0.004 4	-0.007 9
1/4 截面 C5	0.059 2	0.051 3	0.039 8	0.033 6	0.026 3	0.025 1	0.005 5	0.012 4
跨中截面 C4	0.552 5	0.549 1	0.012 5	0.008 8	0.044 9	0.044 9	0.034 6	0.031
跨中截面 C5	0.003 9	0.003 5	0.012 5	0.009 7	0.011 2	0.011 2	0.013 5	0.011 3

表4 主梁翼缘板下缘第一主应力(仅给出最大值)(单位:MPa)

位置	偏载				中载			
	模型一	模型二	模型三	模型四	模型一	模型二	模型三	模型四
1/4 截面 D2	1.082 2	1.066 3	0.729 7	0.209 1	1.066 5	1.044 1	0.609 4	0.022 4
1/4 截面 D3	0.915 7	0.910 6	0.765 0	0.334 2	1.066 5	1.044 1	0.609 4	0.022 4
跨中截面 D2	3.841 3	3.830 0	−0.227 0	−0.155 9	1.569 8	1.551 7	0.107 1	0.086 9
跨中截面 D3	3.572 6	3.567 9	−0.132 0	−0.102 8	1.569 8	1.551 7	0.107 1	0.086 9

注:受拉为正,受压为负。

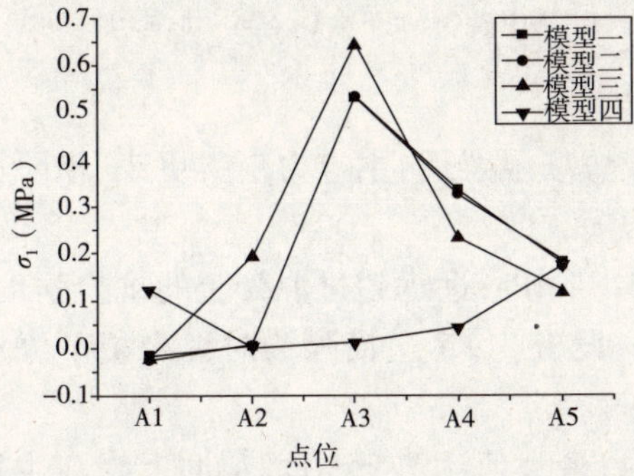

图4 1/4 截面梁肋上缘 Ai 点第一主应力值(偏载)

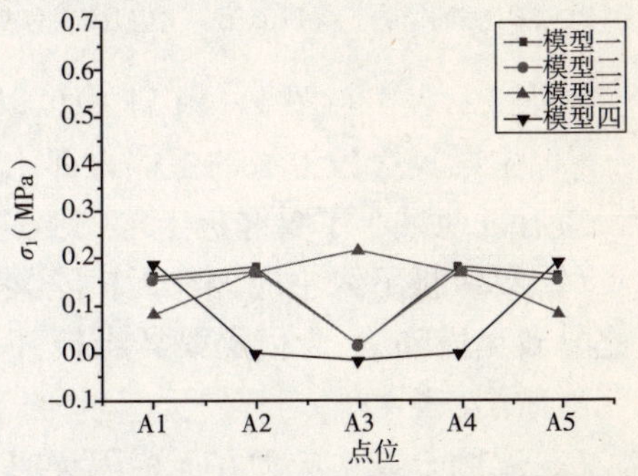

图5 1/4 截面梁肋上缘 Ai 点第一主应力值(中载)

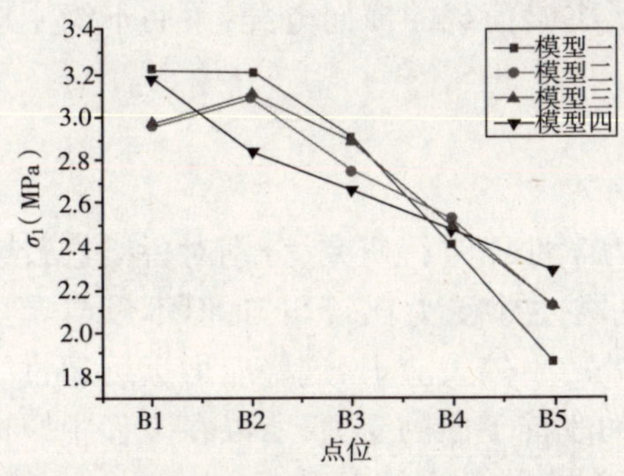

图6 1/4 截面梁肋下缘 B 点第一主应力值(偏载)

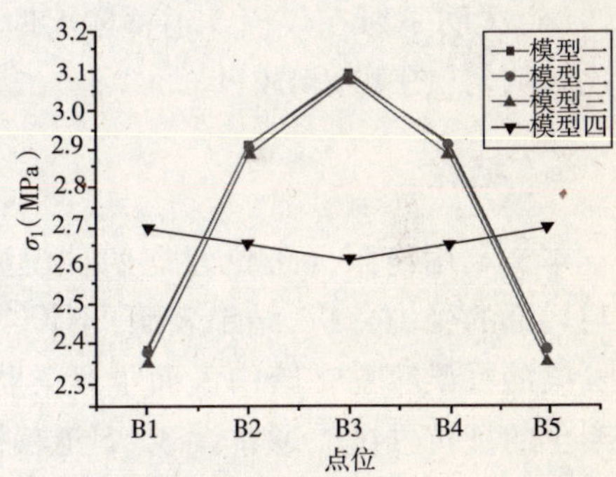

图7 1/4 截面梁肋下缘 Bi 点第一主应力值(中载)

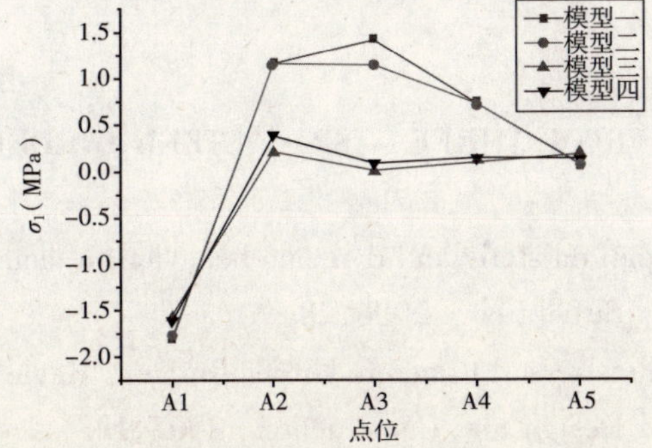

图8 跨中截面梁肋上缘 Ai 点第一主应力值(偏载)

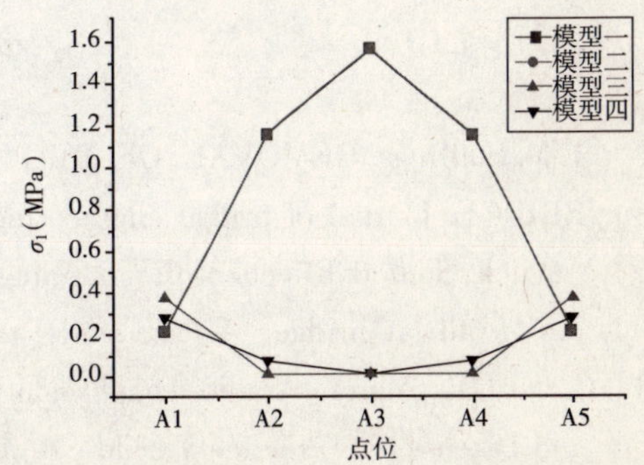

图9 跨中截面梁肋上缘 Ai 点第一主应力值(中载)

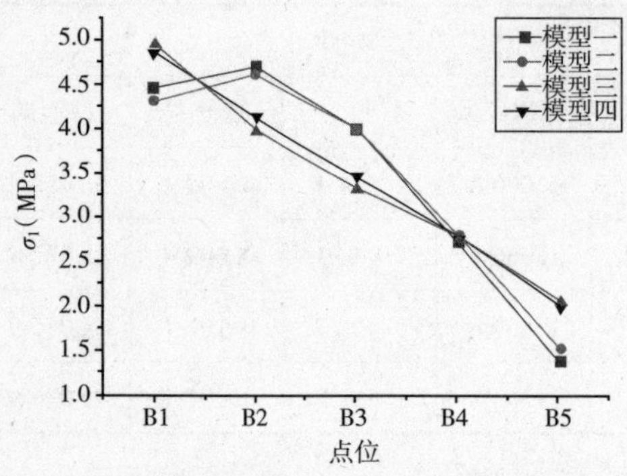

图10　跨中截面梁肋下缘 Bi 点第一主应力值(偏载)

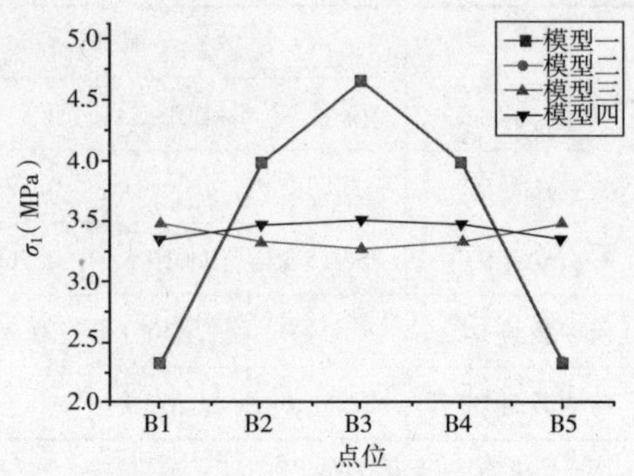

图11　跨中截面梁肋下缘 Bi 点第一主应力值(中载)

从表3～表4与图4～图11中可以看出：

(1)主梁翼缘板上缘的主应力都比较小(表3),设置横隔梁后,主应力变得更小,横隔梁的设置有效地减小了翼缘板上缘的主应力。

(2)翼缘板下缘主应力在无横隔梁时,最大值达3.84MPa,远远超过混凝土的抗拉强度,这是导致无横隔梁、少横隔梁翼缘板开裂的主要原因,设有3～5道横隔梁时翼缘板下缘应力明显减小(表4)。

(3)梁肋上缘主应力在无横隔梁、只设端横隔梁时,最大值达1.55MPa,梁肋上缘产生较大的主应力,布设中横隔梁,可以有效地降低这种应力(图4、图8和图9)。

(4)梁肋下缘在仅设5道横隔梁时,横隔梁改善了主梁荷载的横向分配,梁肋下缘主应力比较均匀(图10和图11)。

5　结论

本文利用有限元理论建立四种模型对T梁桥的力学性能进行研究,分别对桥梁进行整体与局部的受力分析,结果表明:不设或者少横隔梁时各主梁受力比较均匀;但不设或者少横隔梁的桥梁容易在跨中截面主梁梁肋上缘、翼缘板处产生较大应力,这些应力远远超过了混凝土的抗拉强度。通常设3～5道横隔梁可以很好的改善T梁的受力,所以在工程中应该重视横隔梁的设计与施工,预防横隔梁的病害,从根本上改善T梁的受力。

参考文献

[1] J. M. Stallings. REMOVAL OF DIAPHRAGMS FROM THREE – SPAN STEEL GIRDER BRIDGE. Journal of bridge engineering ,1999,4.

[2] Yannick. Sieffert Effects of the diaphragm at midspan on static and dynamic behaviour of composite railway bridge: A case study. Engineering Structures . 2006,28.

[3] C. S. Cai, Marcio Araujo. Diaphragm Effects of Prestressed Concrete Girder Bridges: Review and Discussion. Practice Periddical on Structural Design and Construction, 2007,12.

[4] 过伯陶．铰接简支梁、板桥的横向分布系数的计算．西安公路学院学报,1983(4).

[5] 余波,徐光华．预应力T梁桥跨中横隔梁力学分析与维修加固．现代交通技术,2007,4(5).
[6] 张耀辉,张华新．桥梁的横隔板效应．山西交通科技,1998,(4).
[7] 来旭光．预应力混凝土T梁翼板断裂后的加固．公路,2003,(5).
[8] 杨海滨．梁板式桥梁整体性能降低的危害及处治对策．山西交通科技,2007,(6).
[9] 陈生年．简支变连续自应力法加固旧桥的数值分析研究．大连,大连理工大学,2007.

134 碗扣连接刚度对支架整体受力的影响分析

王 旭 陆春阳

(同济大学桥梁工程系)

摘 要 碗扣支架是桥梁施工中的一种常用支架,碗扣之间的连接刚度对碗扣支架底部的荷载分布有较为明显的影响。本文以沪宁上行线跨A5高速公路连续梁现浇支架为背景,研究了碗扣杆件连接刚度不同时碗扣支架底部的荷载分布,并对荷载分布不同对碗扣下部结构受力的影响进行了分析。结果表明:考虑碗扣连接刚度时,碗扣支架受力不均,荷载向下部结构刚度较大处集中,对碗扣支架较为不利,对下部结构较为有利。

关键词 碗扣支架 连接刚度 荷载分布

1 概述

满堂支架现浇施工时桥梁建设中最常见的方法之一,碗扣支架又是一种最常用的支架。由于碗扣支架的单根杆件截面小,刚度弱。为简化计算,通常假定碗扣支架只承受轴力,不能传递弯矩,并且假定通过每根碗扣杆件传给地基的荷载等于该碗扣杆件自重与其受到的上部荷载之和,据此确定地基所受荷载并进行碗扣杆件强度验算。通过这种简化,地基上的荷载分布就与支架顶端的荷载分布规律相同,碗扣支架对荷载的分布不起作用。但实际上,碗扣支架杆件数量众多,杆件间的碗扣式连接具有一定的抗弯刚度,不完全等效于铰接,其总体的刚度不能完全忽略。碗扣支架自身的抗弯刚度会对上部荷载向下的传递造成一定影响,使地基上的荷载分布规律与支架顶端的荷载分布规律产生很大不同。本文基于沪宁上行线跨A5高速公路连续梁现浇支架,建立了所有受力杆件的有限元模型,分别按刚接和铰接模拟了碗扣杆件的连接,对碗扣支架的传给下部结构的荷载分布进行了比较。

2 工程背景

沪宁上行线为40m+72m+40m预应力混凝土连续梁采用单箱单室、变高度、直腹板结构。全桥箱梁顶宽7.6m,底宽4.0m,其中边支点局部加宽至4.8m,中支点处局部加宽5.4m。顶板厚34cm;腹板厚分别为0.36m、0.65m,按折线变化;底板厚由跨中的30cm按圆曲线变化至中支点梁根部的70cm,中支点处加厚到150cm;底板设60cm×30cm梗肋,顶板设75cm×25cm梗肋。

支架现浇施工,支架布置如图1、图2所示。根据现场施工环境及荷载分布情况进行支架设计。满堂支架采用Φ820钢管桩作为基础;距离钢管桩顶50cm处,设置高度为6m的双][20a 钢管桩平联及剪刀撑连接成框架结构；桩顶放置双 I40a 中间加 10mm 钢板作为贝雷梁分配梁；中跨 18m 跨径处主梁采用双层贝雷梁，其余支架位置采用单层贝雷梁作为主要承重结构，在贝雷梁支点处设置加强竖杆；贝雷梁上按 75cm 间距布置 I20a 作为分配梁，分配梁顶面布置纵向〔〕10 型钢；最后，在〔〕10 型钢上搭设碗扣支架或小钢管支架，现浇箱梁底模采用 15mm 高强竹胶板，其余均采用钢模进行箱梁施工。所有支架杆件都采用 Q235 钢材。

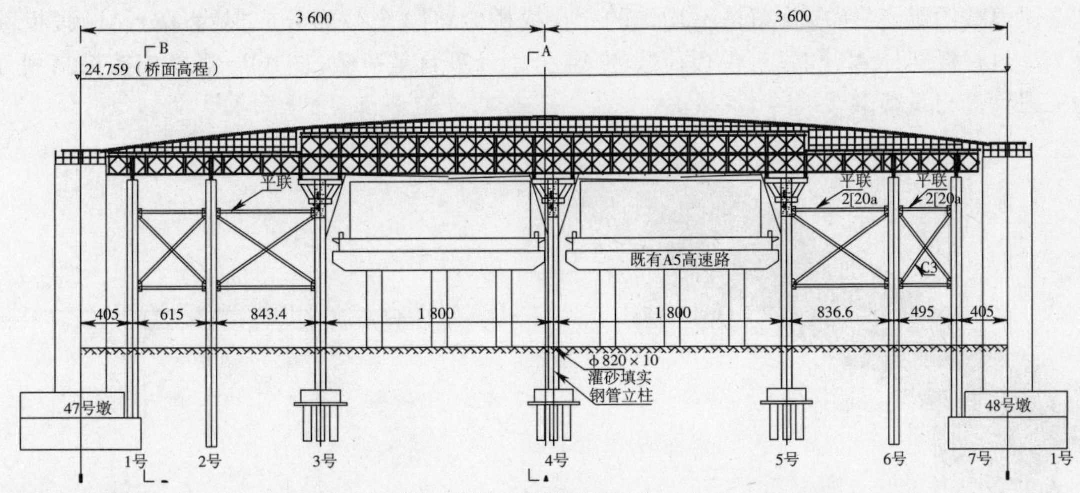

图 1　支架立面图(尺寸单位:cm)

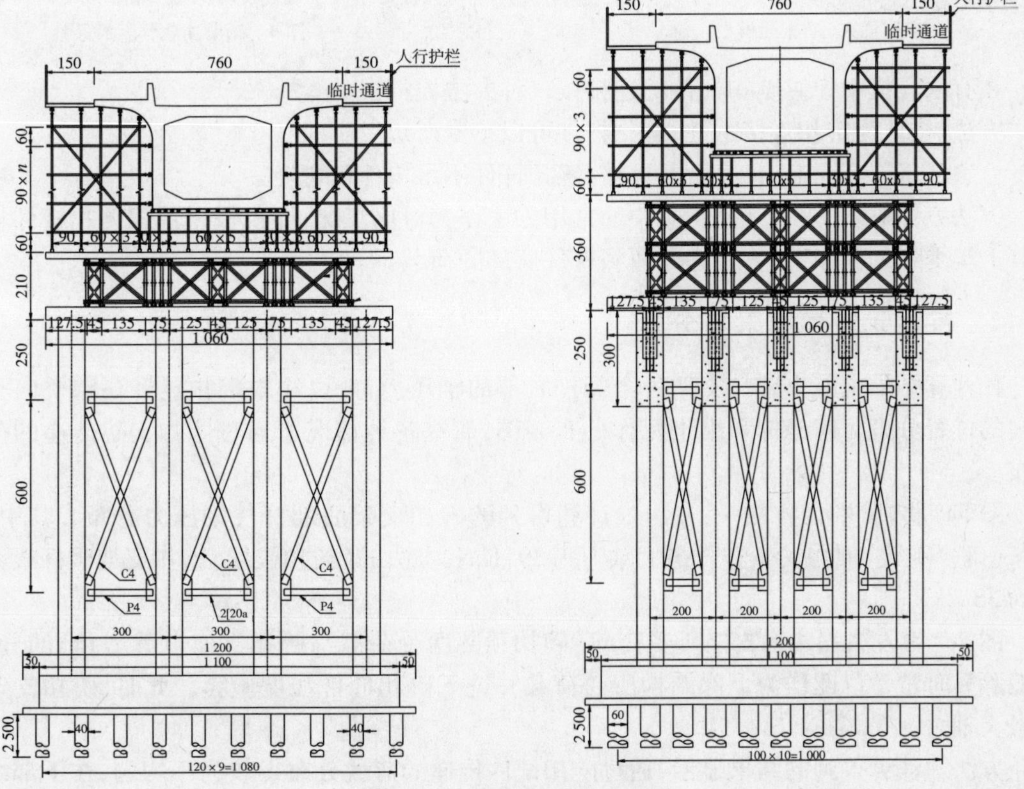

图 2　支架剖面图(尺寸单位:cm)

3 数值计算模型

沪宁上行线跨 A5 高速公路连续梁现浇支架的有限元模型如图 3 所示。使用有限元分析软件 ANSYS 进行计算,利用空间杆系有限元程序对主要受力结构进行模拟,包括钢管桩、分配梁、贝雷梁以及 WDJ 型碗扣式脚手架。所有杆件采用 Beam44 单元进行模拟。上部结构箱梁恒载沿纵、横桥向分布是不均匀的。在横桥向将整个截面分成翼缘部分 A1,腹板部分 A2、顶底板部分 A3 和只有模板荷载的 A4 分别计算自重荷载(图 4)。顺桥向按梁高划分为三段计算自重荷载。

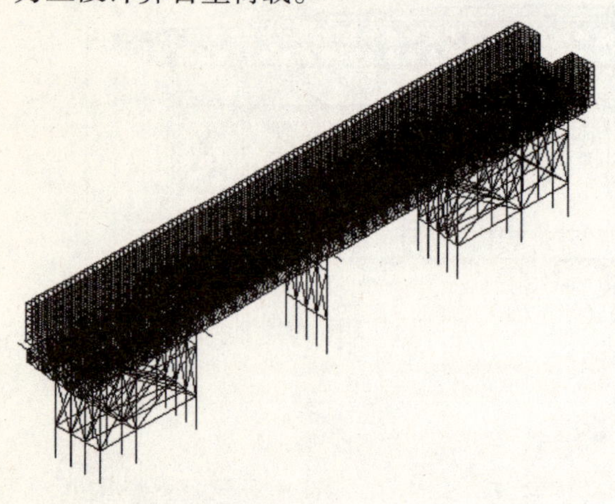

图 3 有限元模型

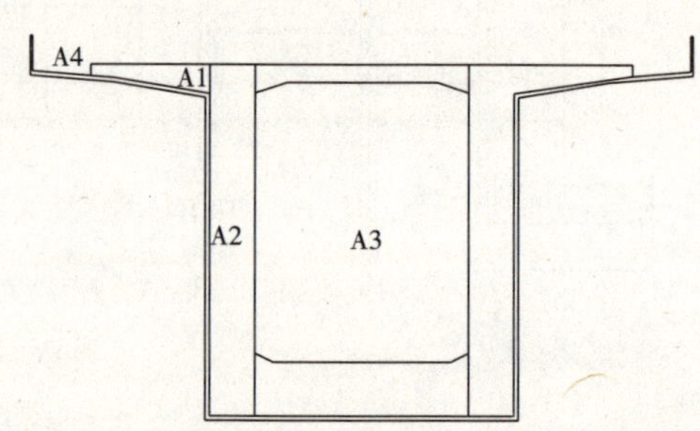

图 4 箱梁加载分段示意图

在有限元模型中对碗扣杆件的连接按三种方法模拟:

方法一:认为碗扣连接刚性,碗扣杆件可以承受弯矩。

方法二:认为碗扣连接完全是铰接,碗扣杆件不承担任何弯矩。

方法三:采用工程设计和验算中的常用方法作为对比工况,即仅根据单根碗扣杆件自重与其上端受到的荷载,计算传递到每根杆件底部的荷载。

4 有限元计算结果与分析

在计算结果中取出碗扣支架各个竖杆底部的轴压力,并以每根碗扣竖杆在顺桥向和横桥向的位置分别为横坐标和纵坐标作分布云图,研究各种情况下通过碗扣支架传递的荷载分布。

图 5a)、b)分别为方法一、方法二计算得到的碗扣支架底部杆件轴压力分布。其中,方法一(碗扣刚接)碗扣支架竖杆最大轴力为 39.1kN;方法二(碗扣铰接)碗扣支架竖杆最大轴力为 33.7kN。

图 5c)为方法三碗扣支架所受荷载(碗扣顶部所受荷载与碗扣支架自重之和)的分布。一般验算时常常以此作为下部结构所受荷载并进行碗扣杆件强度验算。此时,碗扣支架竖杆最大轴力为 32.7kN。

方法一计算得到的结果显示,通过碗扣杆件传递的荷载分布得较为不均匀,在下部结构竖向刚度较大处(如支撑柱处)受力较大,在下部结构竖向刚度较小处(如贝雷梁跨中)传递

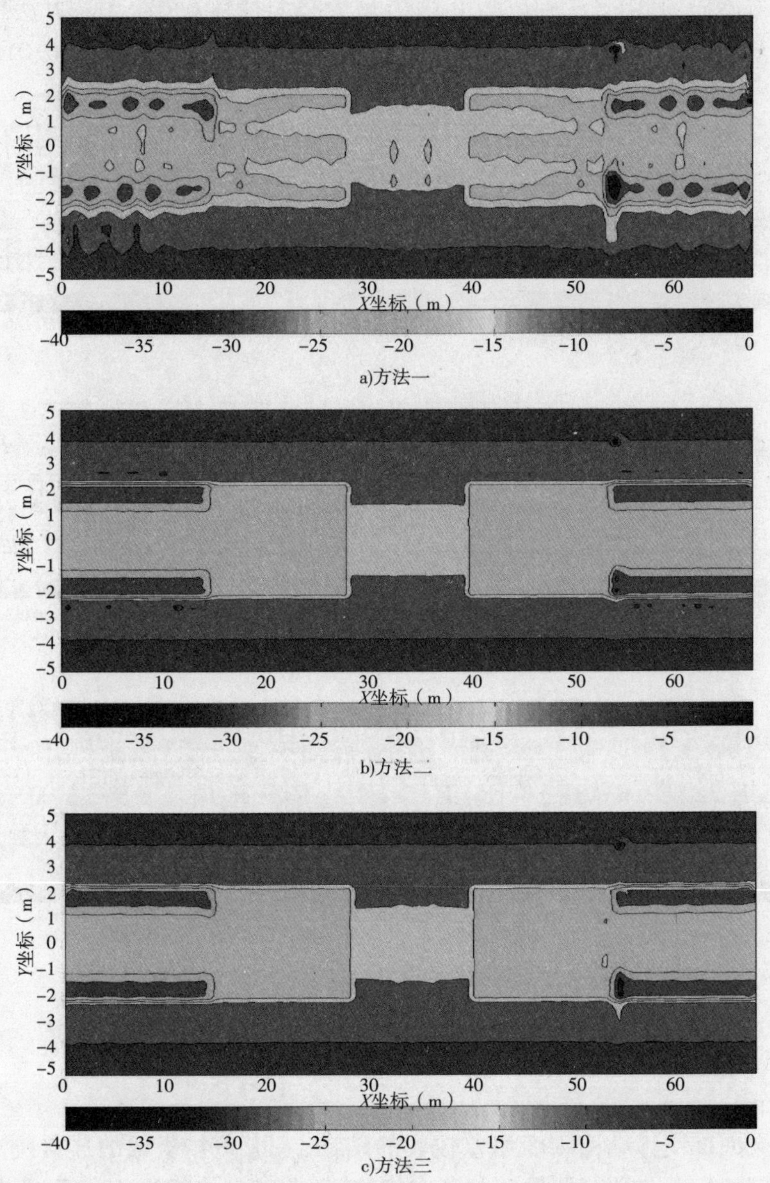

a)方法一

b)方法二

c)方法三

图 5　各种情况下碗扣支架荷载分布比较(单位:kN)

的竖向荷载较小。荷载的分布与下部结构受下部结构刚度的影响比较明显,与图 5c)所示的荷载分布差别很大。

方法二计算得到的结果显示,通过碗扣杆件传递的荷载分布得较为均匀,荷载的分布与下部结构的布置对应关系不明显,与图 5c)所示的荷载分布较为近似。

三种方法所得的碗扣杆件轴力最大值存在较大不同,与方法二相比,方法一碗扣杆件最大轴力偏大了 16% 。方法三碗扣杆件最大轴力与方法二基本一致。

图 6 给出了按方法一、方法二和方法三计算得到的碗扣支架底面竖向位移。三种方法得到的位移分布基本相似,竖向位移最大值都出现在沪宁上行线支架的跨中位置。但竖向

位移最大值略有不同:其中方法一(碗扣刚接)最大竖向位移 0.012 3m,方法二(碗扣铰接)最大竖向位移 0.013 8m,方法三(碗扣支架作为荷载处理)最大竖向位移 0.014 9m。与方法二相比,方法一所得最大位移偏小了 11%,方法三所得最大位移偏大了 8%。

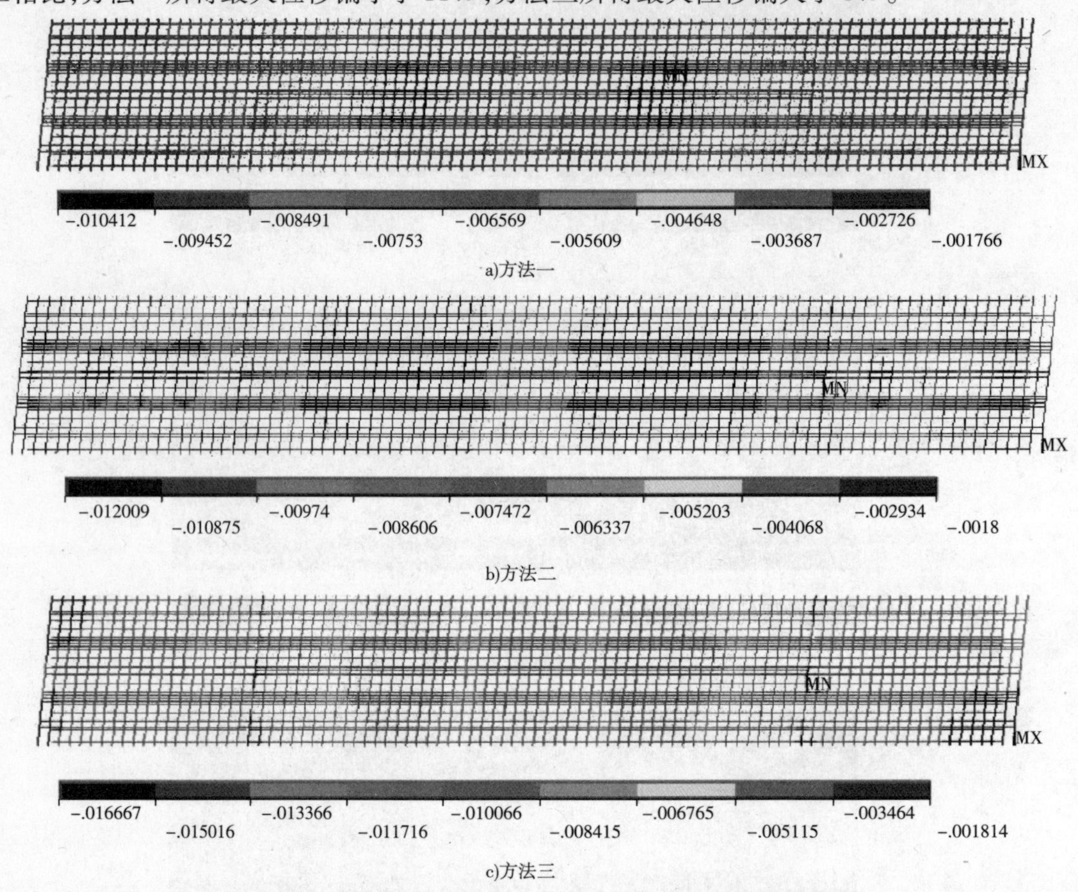

a)方法一

b)方法二

c)方法三

图6 各种情况下碗扣支架底面竖向位移(尺寸单位:m)

5 总结

对碗扣支架底部支撑结构刚度相差较大的结构,考虑碗扣支架的连接刚度会使得传递到碗扣支架底部的荷载与顶部所受荷载分布规律不同,碗扣支架底部所受荷载变得不均匀,底部结构刚度较大处的碗扣支架受力变大,刚度较小处受力减小。这种效应使得碗扣支架受力不均,碗扣最大轴力变大,对碗扣受力不利;这种效应使得通过碗扣支架传递、作用在下部结构顶部的荷载由刚度较小处(如跨中位置)向刚度较大处(如墩柱位置)转移,对下部结构有利。因此,常规计算中,仅将碗扣支架作为荷载加载在下部结构上来验算下部结构安全性的计算方法是可行的,但由此验算碗扣支架的受力是偏于不安全的。

参考文献

[1] ANSYS,Inc. Release 10. 0 Documentation for ANSYS.

[2] 项海帆．高等桥梁结构理论[M]．北京:人民交通出版社,2001.
[3] 黄绍金,刘陌生．装配式公路钢桥多用途使用手册[M]．北京:人民交通出版社,2002.
[4] 同济大学建筑设计研究院(集团)有限公司桥梁工程设计分院．京沪高铁跨京沪铁路(沪宁段)连续梁现浇支架验算[R].2009.

135 上海闵浦二桥索梁钢锚箱锚固区应力分析

周 良[2] 胡 洋[1] 邓玮琳[2] 杨允表[1]

(1.合乐中国有限公司;2.上海城市建设设计研究院)

摘 要 斜拉索索梁锚固区域结构复杂,受力集中,是控制设计的关键。掌握锚固区域在斜拉索作用下的应力大小及分布是十分重要的。采用非线性接触方法,进行有限元计算分析闵浦二桥索梁索梁锚固区,并对模型进行验证,计算分析锚固区域的应力分布和传力途径,为实际桥梁的设计和施工提供可靠的依据并提供合理的建议。

关键词 斜拉桥 钢锚箱锚固 非线性接触 传力途径 应力分布

1 引言

闵浦二桥为沪闵路—沪杭公路地方交通越江工程,主桥为一座特大跨径的斜拉桥,如图1所示,主跨251.4m,该桥为独塔双索面连续钢桁梁斜拉桥,主塔为钢筋混凝土H形塔,斜拉索为空间扇形双索面,主梁为矩形断面钢板桁结合梁形式,桁架为三角形形式,桥面分上下两层,斜拉索与钢箱梁的锚固采用锚箱式索梁锚固系统。

锚箱结构如图2所示,锚箱主要由两块锚箱连接板(N1)和一块底锚板(N4)组成,每块锚箱连接板的外侧各有三块加劲板(N2),两锚箱连接板之间有两块"凹"型加劲板(N3),其两侧与连接板外侧的加劲板位置对应,底板上开有与斜拉索直径配套的圆孔,斜拉索穿过索管N6,锚固在底锚板外侧。这种锚固结构,不仅空间结构复杂,而且在斜拉索巨大拉力的直接作用下,锚固区域的应力分布规律也比较复杂,需要进行细致的分析。

图1 上海闵浦二桥

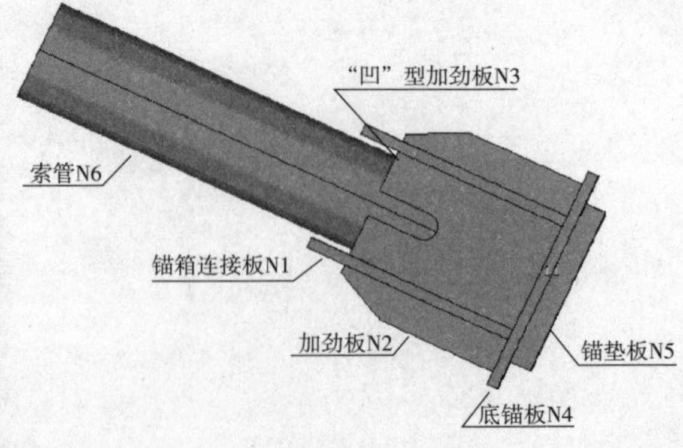

图2 钢锚箱示意图

由于钢锚箱随着位置的变化,其与桥面夹角也在变化,夹角从73.271°逐步减小到

25.414°，作用在拉索上的作用力也是不断变化的，夹角比较小的边索较大。由于索力是影响锚箱应力的主要因素，选取距离最远的边锚作为锚箱的计算节点，其参数如表1~表3。

表1　钢锚箱位置与角度

位置	ΔX(m)	ΔY(m)	ΔZ(m)
参数	172.658	0.000	99.459
位置	α(°)	D1(mm)	t(mm)
参数	25.414	355	12

表2　钢锚箱各构件板厚及材料参数

板号	N1	N2	N3	N4	N5	N6	JN1
板厚(mm)	40	25	25	40	80	12	35

表3　荷载工况及参数

作用力	恒载	活载	恒载+活载
索力 F(kN)	5 060	110	5 170

2　有限元模型

计算模型选取锚固区的钢锚箱(图3)及部分梁上结构，梁上结构由主桁上弦节点的部分腹杆、部分上层桥面板及加劲肋组成。主梁构件包括上弦杆、腹杆、上层桥面板、横隔板及相应的"I"形加劲肋和"U"形加劲肋，具体布置参考设计图纸。长度方向的尺寸截取为：沿顺桥向桥面部分取两节点的中心处，横桥取半幅桥面，腹杆取腹杆沿长度方向的中心。由于模型主要考虑钢锚箱部分，故模型忽略了腹杆的加劲肋和隔板部分，有限元模型如4所示。

钢锚箱的锚垫板N5与底锚板N4之间为顶紧接触，受力复杂。为有效模拟锚垫板N5与底锚板N4之间的作用，采用接触非线性分析，即在锚垫板N5与底锚板N4之间建立接触单元，通过锚垫板N5与底锚板N4之间的受力来计算判断二者的接触面积，如图4所示。整个模型中，除垫板N5采用块体单元，其他板件则采用板壳单元。实体部分采用四面体单元模拟，板壳部分采用四节点板壳单元进行模拟，不考虑锚管N6的作用。

图3　钢锚箱三维空间模型图

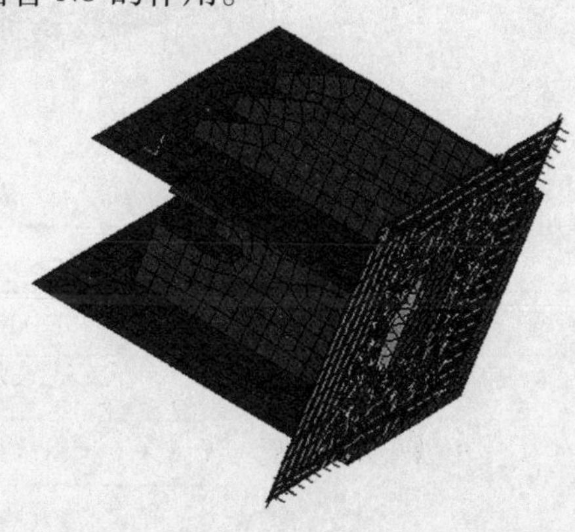

图4　钢锚箱有限元模型(非线性接触)

为考察索力对于锚箱与主梁的影响,力的边界条件只有斜拉索索力的作用。索力根据锚头垫圈的尺寸按均布荷载作用形式所用在钢锚箱的垫板 N5 上,如图 5 所示。

由于模型尺寸大于 3 倍钢锚箱尺寸,边界条件的影响较小,因此位移边界条件考虑为模型主梁两端固结,腹杆端部也为固结,如图 6 所示。

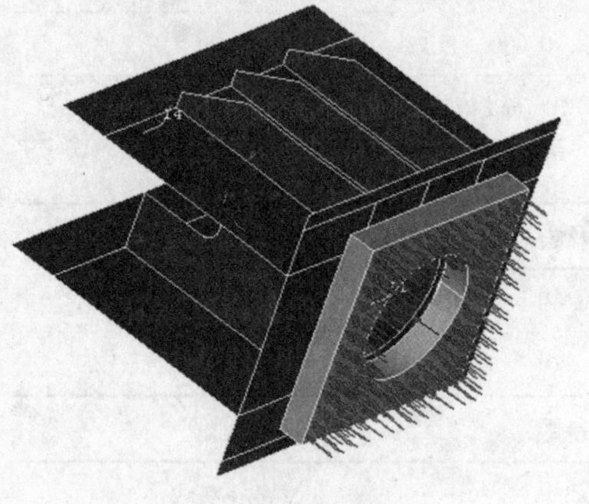

图 5　索力加载图

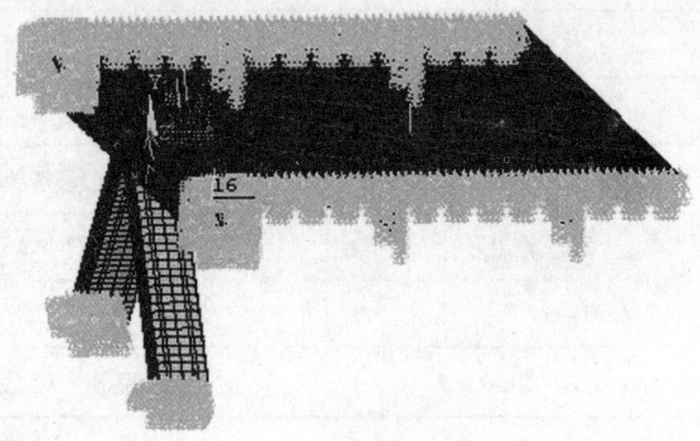

图 6　位移边界条件

3　计算模型的验证

对模型施加自重下的索力,分别提取边界反力和锚箱结构隔离体的受力进行验证分析,锚箱隔离体提取位置如图 7 所示,边界反力和隔离体反力如图 8 所示,计算结果如表 4 所列。由计算结果可知,无论是边界反力还是锚箱隔离体所受力均与索力一致,即模型准确,可适用于进一步分析。

图 7　锚箱隔离体图

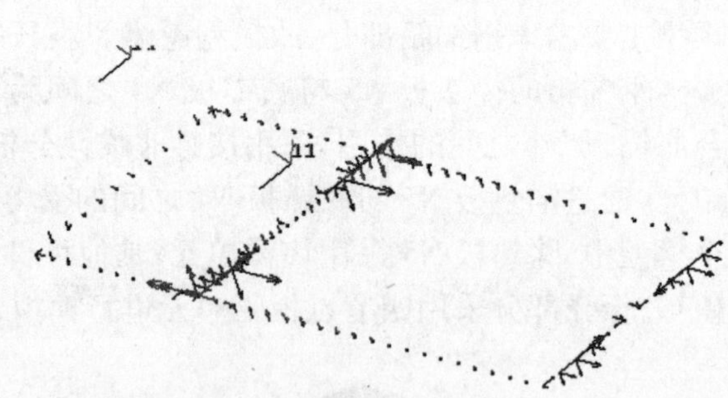

图 8　隔离体受力图

表 4　模型验证分析结果

分　项	分　量	大　小	合　力
索力	F(kN)	5 060	5 060
边界反力	Fx(kN)	0	5 059.6
	Fy(kN)	-2 148	
	Fz(kN)	-4 581	

续上表

分　项	分　量	大　小	合　力
隔离体所受力	Fx(kN)	0	5 059.9
	Fy(kN)	-2 148.6	
	Fz(kN)	-4 581.1	

在计算模型中,钢锚箱的锚垫板 N5 与底锚板 N4 之间采用非线性接触方法计算,为验证该计算方法的合理性,建立一个忽略锚垫板 N5 而将索力直接作用于底锚板 N4 与 N5 交接作用面的对比模型。在索力为 5060kN 作用下的模型为例,在上述两种不同模型下,计算最大 Von Misses 应力如表 5 所示。

表 5　不同传力方式钢板最大 Von Misses 应力

锚箱钢板(MPa)		N1	N2	N3	N4
Von 应力	非线性接触	105	54.3	68	107
	直接作用	100	62.9	88.9	150

计算结果表明:采用非线性接触的计算方法模型与采用直接加载于底锚板模型相比,其底锚板 N4 和加劲板 N2、N3 上的应力要小得多,而锚箱连接板 N1 上的应力略微偏大。这是由于直接加载于底锚板的计算方式,作用面和未作用面处变化突然,锚垫板 N4 在该交接处应力很大;而采用锚垫板和底锚板非线性接触方式,传递给底锚板 N4 上的力比较平滑,更符合工程实际,因而底锚板 N4 上的最大应力也较小。由于底锚板 N4 与锚垫板 N5 交接处恰为加劲板支撑处,因而在采用直接加载模式下,加劲板 N2、N3 承担了更多的作用力,其最大应力比非线性接触方式偏大;反之,在总作用力不变的情况下,锚箱连接板 N1 承担部分就相应减少,因而其最大应力也偏小。综上,采用非线性接触方式的拉索力加载模式是比较合理和符合工程实际的。

4　计算结果与分析

锚箱各钢板及封板钢板在恒载和活载共同作用下的应力云图如图 9 和图 10 所示。

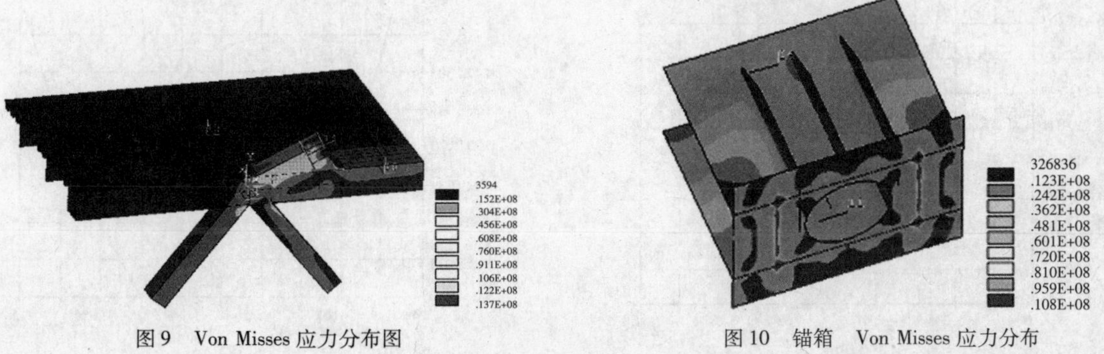

图 9　Von Misses 应力分布图　　　图 10　锚箱　Von Misses 应力分布

从底锚板 N4 上提取横向和纵向路径进行分析,底锚板 N4 在此两个方向的应力分布规律如图 11 和图 12 所示。

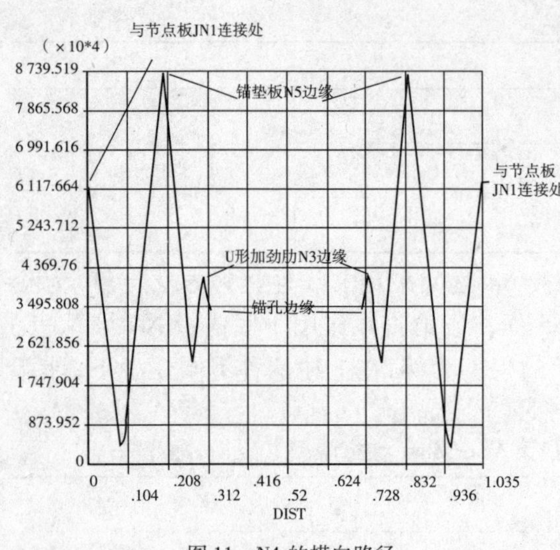

图 11　N4 的横向路径

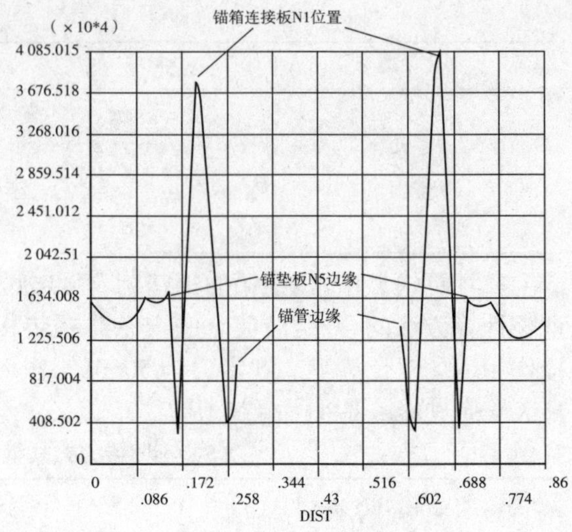

图 12　N4 的竖向路径

由底锚板 N4 的应力路径图可以得到:①横向的应力分布情况大致为,锚垫板 N5 边缘处和与节点板 JN1 交接处为最大应力出现位置,但位于两者之间的应力较小;与 U 形加劲肋交接处的应力较大,但加劲肋两侧应力逐渐减少;②竖向的应力分布情况大致为,最大应力出现在底锚板 N4 与锚箱连接板 N1 的交接处,并在锚垫板 N5 边缘处出现稍大的应力,但处于两者之间的应力最小,而在外缘部分,应力基本不变。

可以发现:①在横向,锚垫板 N5 所受压力,是通过锚垫板 N5 与底锚板 N4 的接触面传给底锚板 N4 的;在接触边缘,由于底锚板 N4 较薄又无加劲造,所以此处刚度较弱,在压力作用下产生较大的变形,从而引起的应力也较大;而底锚板 N4 又将横向压力传给节点板 N1 和 U 形加劲肋;②在竖向,锚垫板 N5 所受压力,通过接触面传给底锚板 N4 后,主要由节点板 N1 承担。

从锚箱连接板 N1 上提取路径进行分析,锚箱连接板 N1 在这两个方向上的应力分布规律如图 13 和图 14 所示。

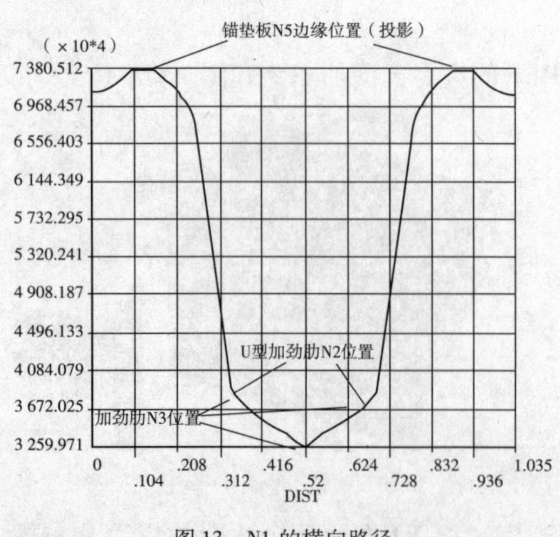

图 13　N1 的横向路径

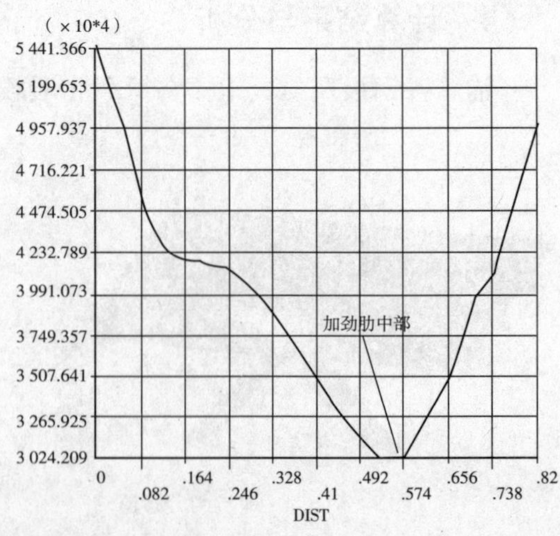

图 14　N1 的竖向路径

由锚箱连接板 N1 的应力路径图可以看出:①横向的应力分布大致为,与锚垫板 N5 边缘处的投影位置交接处为最大应力出现位置,从交接处到中间和两端都呈逐渐减少的趋势,并且为对称分布,到中间加劲肋处达到最小值;②竖向的应力分布大致为,在加劲肋外缘,锚箱连接板 N1 上应力从下到上逐渐减少;在加劲肋之间,锚箱连接板 N1 上应力从下到上逐渐减少,到加劲肋中部达到最小,以后又逐渐增加。由此可以发现,锚箱连接板 N1 所压力由下往上逐渐传递,传递给加劲肋 N2、N3。

5 结论与建议

5.1 结论

计算结果表明:①钢锚箱构件 Von Misses 应力均满足要求;②采用接触非线性分析,与直接作用方式计算结果比较表明,接触非线性加载的方法较为准确地模拟了锚垫块与底锚板之间的接触情况,计算结果更为合理。

5.2 建议

(1)底锚板 N4 最大应力出现在底锚板 N4 与锚垫板 N5 交接的边缘处,这是由于加载力的突变,导致底锚板 N4 变形较大,应力也较大,因此建议在条件许可的情况下,可以适当加厚底锚板 N4 的厚度。

(2)节点板 JN1 最大应力出现的位置在底锚板 N4 与锚箱连接板的连接处,而该处恰为两者的焊接处;另外节点板 JN1 在其曲线段与封板交接处的应力也较大。因此,建议加强此部位焊缝的质量管理。

(3)在整个模型中,由于封板 JN17 的参与作用,在拉索作用下应力为最大;虽然其应力满足结构要求,但由于封板 JN17 并非重要受力部位,此处出现最大应力,对于设计来说并非本意;所以,可以建议在拉索张拉完成后,再焊接封板 JN17,使封板 JN17 不承受拉索的作用。假定无封板 JN17,计算在活载、恒载的组合作用下,锚箱的各块钢板和连接板的应力,如表 6 所列。计算结果表明,封板 JN17 对其他各块钢板的应力影响很小,施工中可以采取上述建议。

表 6 有无 JN17 钢板应力(单位:MPa)

封板 JN17 的存在情况		有	无
Von Misses 应力	连接板 N1	108	111
	加劲板 N2	55.4	55.4
	加劲板 N3	69.5	69.6
	底锚板 N4	107	108
	节点板 JN1	108	119
	封板 JN17	137	—
	封板 JN18	88.7	86.2

参考文献

[1] 江苏省交通规划设计院,中交公路规划设计院. 苏通大桥主桥索塔设计. 2004. 11.

[2] 李本伟. 斜拉桥索锚固模型试验与计算分析[D]. 成都:西南交通大学. 1997.

[3] 刘庆宽,吴懋. 用 ALGOR 软件对南京二桥锚固区的计算研究[J]. 计算机应用,1999(10):166-167.

[4] 李少珍,蔡婧,强士中. 大跨度钢箱梁斜拉桥索梁锚固结构形式的比较研究[J]. 土木工程学报,2004(3).

[5] 严国敏. 现代斜拉桥[M]. 成都:西南交通大学出版社,1995:63-67.

[6] 金增洪编译. 日本多多罗大桥简介[J]. 国外公路,1999,19(4):8-13.

[7] M. Virlogeur. 诺曼底大桥的设计与施工[J]. 城市道路与防洪. 杨祖东译. 1995(3):19-35.

[8] 高宗余. 青州闽江大桥结合梁斜拉桥设计[J]. 桥梁建设,2001(4):13-17.

[9] 王嘉弟,赵廷衡. 斜拉桥钢箱梁索梁锚固区域应力应变分析[J]. 桥梁建设,1997(4):20-25.

[10] 後文岐,叶梅新. 结合梁斜拉桥锚拉板结构研究[J]. 钢结构,2002,17(2):23-27.

136　梁式锚箱在单索面钢箱梁斜拉桥中的应用研究

熊　刚　谢　斌　刘文江　黄思勇

（天津市市政工程设计研究院）

摘　要　某单索面钢箱梁斜拉桥梁高较小，钢锚箱顺拉索方向尺寸受限，设计采用了梁式锚箱。受中央箱室横向宽度的影响，拉索吊点距两侧腹板的偏心率较大，致使梁式钢锚箱受力不同于传统的柱式钢锚箱。采用数值计算和足尺模型试验对比分析的方法，研究了梁式锚箱结构的应力状态、传力途径和应力集中现象，二者分析结果吻合较好。数值计算采用非线性接触方法考虑了钢锚箱中承压板和锚垫板之间的紧压密贴关系。比较了梁式锚箱与柱式锚箱的构造特点和索力传递规律。提出了优化锚箱结构的构造措施。

关键词　单索面斜拉桥　索梁锚固　梁式锚箱　传力机理　应力集中　优化设计

1　引言

斜拉桥的索梁锚固区负责将由斜拉索传递来的巨大索力分散到主梁截面，是斜拉桥控制设计的关键部位。大跨度钢箱梁斜拉桥索梁锚固结构主要有锚箱式、销铰式(耳板式)、锚拉板式和锚管式等四种连接形式[1]。钢锚箱是一种典型的索梁锚固形式，已经广泛应用于钢箱梁斜拉桥中。国内外修建的许多大跨度钢箱梁斜拉桥都把拉索锚固区作为设计分析的重点，开展了大量的计算和试验工作[2]。

范立础等人研究了钢锚箱承压板与锚垫板之间的传力模式，提出了模拟二者紧压密贴关系的非线性接触法和等效板厚法[3]。安庆长江大桥[4]和苏通长江大桥[5]均运用此方法对钢锚箱进行分析，计算结果与模型试验结果吻合较好。日本的多多罗大桥对钢锚箱开展了静载试验和疲劳试验研究，试验试件分为梁式锚箱和柱式锚箱[6]。试验取得的研究成果很大程度上指导了后续钢箱梁斜拉桥钢锚箱的设计。

国内众多学者结合已建和在建的斜拉桥对柱式钢锚箱开展了大量的研究工作。李乔等人研究了焊缝长度、加劲肋和横隔板对柱式锚箱及锚箱附近主梁腹板受力的影响，总结了柱式钢锚箱的传力途径和合理构造型式[7]、[8]。南京长江二桥、苏通长江大桥和安庆长江大桥的柱式锚箱进行了足尺模型静载试验和疲劳试验[9]。周绪红等人结合青岛海湾大桥研究了钢锚箱的极限承载力[10]。吴冲等人通过模型试验和数值研计算究了公铁两用的钢箱梁斜拉桥的钢锚箱结构[11]、[12]。

基金项目：国家自然科学基金资助课题，编号：50708065；国家“863”计划资助课题，编号：2007AA11Z133。

大量的理论计算和试验研究已经十分清楚地揭示了柱式钢锚箱的受力特性和索力传递规律。本文将结合北方某单索面钢箱梁斜拉桥,研究式锚箱的受力特性、索力传递规律和合理构造形式。

2 研究背景

某独塔单索面斜拉桥,主跨采用扁平闭口流线型钢箱梁,正交异性板钢桥面,边跨为预应力混凝土箱梁。主跨桥宽 30m,钢箱梁梁高 1.8m。主跨共 6 根索,索距 15m,边跨共 2 对索,索距 13m。

主跨钢箱梁为单箱三室断面对称布置,共设四道纵向腹板,箱室宽为 3.2m + 3.1m + 3.2m。主跨钢箱梁侧拉索与主梁间采用梁式锚箱[6]、[9]连接,拉索吊点位于中央箱室对中心上。斜拉索吊点距腹板距离为 1.55m,远大于传统柱式钢锚箱斜拉索吊点距腹板的距离。主跨 6 个钢锚箱结构形式相同,钢锚箱与腹板倾角随着斜拉索的倾角变化而变化。钢箱梁主跨在最不利荷载组合作用下,斜拉索最大设计索力为 8 800kN。主梁梁高较低,设计索力大且拉索吊点距腹板偏心率较大,需要专门分析其应力状态、传力途径和应力集中现象,研究合理的构造措施。

3 有限元计算及模型试验

3.1 有限元分析模型

为保证钢锚箱分析的代表性,选取钢主梁侧索力最大的 C3 节段为钢锚箱模型模拟梁段。由于局部模型的边界条件较为复杂,为简化计算,并保证钢锚箱附近范围内腹板应力受边界条件影响较小,参照圣维南原理,取约 3 倍于锚箱尺寸的主梁节段为分析对象。主梁和梁式钢锚箱结构满足几何对称、材料对称和荷载对称条件,实际计算取其一半建立空间有限元模型(图 1)。

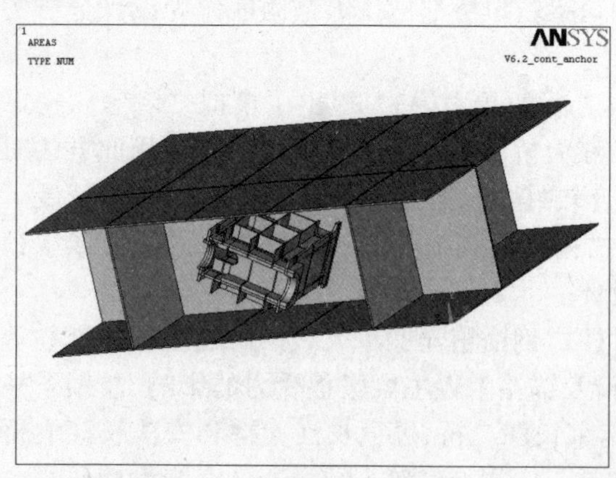

a)节段整体模型

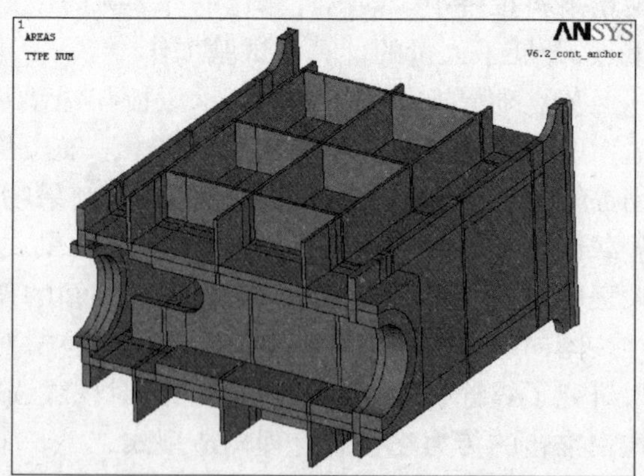

b)局部放大

图 1 柱式钢锚箱有限元模型

钢锚箱由锚垫板、承压板、锚固板、U 形侧向加劲肋、锚前翼板和网状加劲板等板件组成。斜拉索通过锚具锚固在锚垫板上,锚垫板与承压板之间通过磨光顶紧连接。上下两块锚固板和左右两块U形侧向加劲板一起对承压板构成四边支承。索力传递路线为:拉索锚具→锚垫板→承压板→锚固板→主梁腹板。锚箱顺桥梁向尺寸受主梁梁高制约,锚固板与腹板相连的焊缝长度有限。因此在锚箱前端设置与承压板平行的锚前翼板。上下锚固板、承压板和锚前翼板均与两侧腹板相连,与腹板的交角随斜拉索水平倾角的变化而变化。

3.2 有限元计算思路

承压板和锚垫板之间是一种不焊接的紧压密贴的关系。锚垫板参与抗弯,同时锚垫板和承压板之间的面面接触把作用在较小面积上的压力分散到较大的面积上[3]。模拟这种紧压密贴关系的方法通常有等效板厚法和非线性接触法[3]、[4]、[10]。在对梁式钢锚箱进行验算时,采用非线性接触方法更为准确,但是耗时较长。而研究钢锚箱合理的构造措施需要反复试算,采用等效板厚法可以提高分析效率。

3.3 足尺模型试验

图2 钢锚箱足尺模型试验

模型试验采用1:1足尺模型进行(图2),试验主要测试分级荷载作用下梁式钢锚箱主要板件的应力分布和应力极值。试验在数值计算的基础上进行。试验前进行数值分析,可掌握结构应力状态的差异,了解应力大小及分布情况,为测试元件布置提供可靠参考,增强试验的针对性。

模型试验共分3个轮次进行加载,每级加载级差为2 000kN,最终荷载为16 000kN,在每级加载稳定后进行测量。第1、第2轮均进行了6级加载,最大荷载为12 000kN,第3轮进行了8级加载,最大荷载为16 000kN。

4 梁式锚箱受力特性分析

4.1 模型试验结果分析

足尺模型试验结果表明,在设计荷载作用下,除锚箱板件相焊接位置局部应力集中较明显外,钢锚箱整体应力水平较低。主梁腹板与锚箱焊接区域剪应力幅值较高,但仍然在规范允许范围内。从同一测点逐级加载得到的应力值分析看出,随着荷载的线性增加,正应力值也基本线性增加。即使加载到设计荷载的1.8倍,仍然未出现应力突变的情况。这表明钢锚箱承载力具备一定的安全储备。

4.2 钢锚箱板件应力分析

分析钢锚箱 Von. Mises 等效应力分布规律,可对锚固区承载能力进行评价[10]。图 3 依次为钢锚箱承压板、U 形加劲肋、锚固板和主梁腹板等效应力云图。从中可以看出,板件应力分布复杂,各板件均出现一定程度的应力集中现象,主要区域集中在钢锚箱板件间连接区域。但应力集中区域较小,并未扩散开来,且大部分应力水平较低。经对比发现,有限元计算值与足尺模型试验测试值吻合较好,相互验证了试验和计算的正确性。有限元计算应力幅值略小于试验测试值。原因主要是数值计算时,锚箱各板件连接为理想化状态。而模型试验钢锚箱是全焊结构,焊接残余变形会影响钢锚箱的应力值。

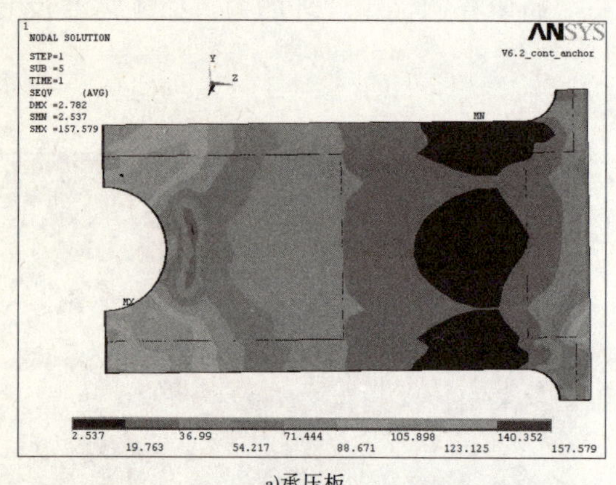

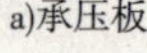
a)承压板

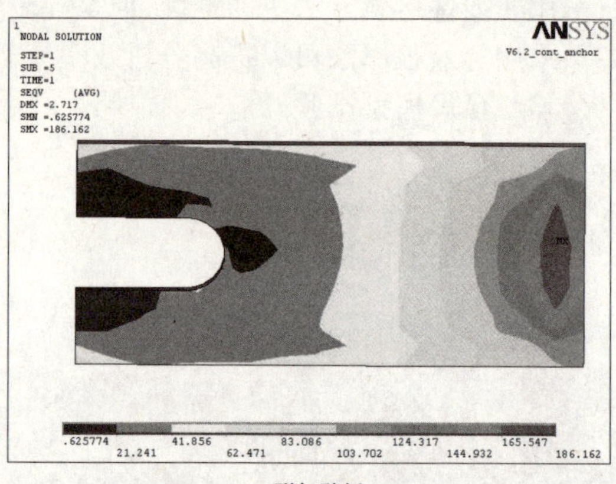

b)U形加劲板

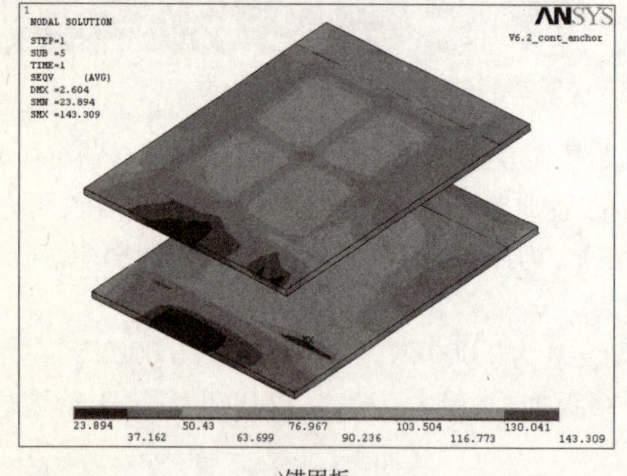

c)锚固板

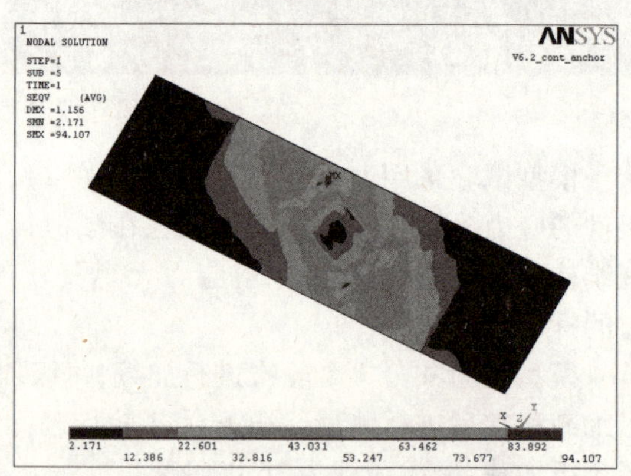

d)主梁腹板

图 3 钢锚箱板件等效应力图

4.3 梁式锚箱合理构造形式研究

由于索吊点距腹板较远,且索力巨大,容易造成承压板承载力不足。若设置单块较厚的承压板,虽然能满足承载力要求,却增加了承压板与腹板焊接的难度。采用薄承压板加厚锚垫板的方式既能解决索孔附近应力大的矛盾,又降低与腹板的焊接难度[2,3]。

上下锚固板和左右 U 形侧向加劲板彼此之间的间距,对承压板的与之相连接区域的应力幅值影响较大。在满足锚箱内焊接施工操作空间的情况下,应严格控制上下锚固板和左右 U 形侧向加劲肋彼此之间的间距。锚固板横向宽度大,在巨大索力作用下,容易产生变形,应对其设置网状加劲肋。网状加劲肋不仅有效减小了锚固板的变形,也增加了承压板井字形支承的刚度。

本文梁式锚箱不同于以往的柱式锚箱,锚固板拉索方向长度受梁高制约,传力焊缝长度有限。为了降低锚固板焊缝的应力,在锚箱前方设置了与承压板平行的锚前翼板。锚前翼板与两侧腹板和上下两块锚固板同时焊接。应与承压板一样,锚前翼板四个角需做到圆处理,以减小应力集中。

4.4 梁式钢锚箱与柱式钢锚箱比较

梁式锚箱与传统的柱式锚箱在受力特性和构造特点上均有显著区别。传统柱式锚箱索吊点距腹板偏心小,而梁式锚箱偏心率较大;柱式锚箱往往有较长的传力焊缝,梁式锚箱则传力焊缝较短,容易造成焊缝应力集中严重,幅值偏高;传统的柱式锚箱锚固板设置顺拉索方向加劲板即可,而梁式锚箱的锚固板应设置双向网状加劲肋。

5 结论

本文对单索面钢箱梁斜拉桥所采用的梁式钢锚箱的构造形式、传力机理和应力集中现象进行足尺模型静力试验和空间有限元分析,得出如下结论。

(1)模型试验和数值分析均标明,对于单索面钢箱梁斜拉桥而言,索梁锚固采用梁式锚箱连接是完全可行的。通过合理的构造处理,能够克服吊点偏心率大及梁高低造成焊缝短的不利条件。

(2)梁式钢锚箱在巨大的斜拉索索力作用下,板件应力分布复杂,不均匀程度严重。尤其在几何突变和各受力焊缝位置均出现了不同程度的应力集中现象,但应力集中区域较小,且并未扩散。应力极值在规范允许范围之内,能够满足结构安全要求,且有一定安全储备。

(3)钢锚箱板件众多,各板件间几何关系密切,应强化优化设计,寻求合理的板件厚度和相互几何位置关系。此外,钢锚箱为全焊结构,多条焊缝为受力焊缝,应严格保证焊接质量。

参考文献

[1] 李小珍,蔡靖,强士中. 大跨度钢箱梁斜拉桥索梁锚固结构形式的比较[J]. 工程力学,2004,21(6):84-80.

[2] 丁雪松,熊刚,谢斌. 大跨度钢箱梁斜拉桥索梁锚固结构的发展与应用[J]. 世界桥梁,2007,4:70-73.

[3] 颜海,范立础. 大跨度斜拉桥索梁锚固中的非线性接触问题[J]. 中国公路学报,2004,17(2):46-49.

[4] 万臻,李乔. 大跨度斜拉桥拉索锚固区三维有限元仿真分析[J]. 中国铁道科学,2006,27(2):41-45.

[5] 高剑,裴岷山. 大跨度斜拉桥锚箱空间受力分析[J]. 建筑科学与工程学报,2006,23(3):66-70.

[6] 陈开利译. 大跨度斜拉桥拉索锚固结构的疲劳试验研[J]. 世界桥梁,2004,1:29-37.

[7] 满洪高,李乔,等. 钢斜拉桥锚箱式索梁锚固区合理构造形式研究[J]. 中国铁道科学,

2005,26(4):23-27.

[8] 万臻,李乔. 大跨度斜拉桥钢锚箱锚固区试验与计算分析分析[J]. 铁道学报,2007,29(5):89-92.

[9] 陈开利,郑纲. 大跨度钢箱梁斜拉桥索梁锚固区传力机理[J]. 中国铁道科学,2005,26(4):28-31.

[10] 周绪红,吕忠达,等. 钢箱梁斜拉桥索梁锚固区极限承载力分析[J]. 长安大学学报,2007,27(3):47-51.

[11] 苏庆田,曾明根,吴冲. 上海长江大桥索塔钢锚箱模型试验研究[J]. 工程力学,2008,25(10):126-132.

[12] 吴冲,韦杰鼎,曾明根,等. 上海长江大桥斜拉桥索梁锚固区静力试验研究[J]. 桥梁建设,2007,6:30-33.

137 大跨径钢箱连续梁桥临时结构加固计算

周仁忠[1,2] 郭 劲[1,2] 曾 健[3] 王紫超[1,2]

(1. 中交二航局技术中心;2. 长大桥梁建设施工交通行业重点试验室;
3. 中交武汉港湾工程设计研究院有限公司)

摘 要 某大跨钢箱梁桥架设采用大节段整体吊装架设方法。因梁段超长、超重,在钢箱梁吊装和和调位时候,局部结构受力将不利,为确保在钢箱梁施工过程中结构应力安全,需对钢箱梁进行局部加固。运用大型通用有限元软件 ansys,对需加固钢箱梁部位包括主墩临时支座处、梁段接缝牛腿处、梁段吊装吊耳处进行有限元分析。运用梁单元和板单元相结合的方法,截取 185m 大节段梁段,在其中加固部位用板单元模拟,其余部分用梁单元模拟,由此成功处理好边界条件、单元节点数量也合理,节省机时,更好的模拟结构真实的受力状况。通过加固计算分析,为钢箱梁架设临时结构加固提供了依据,确保了大桥钢箱梁在施工和成桥中的应力安全。文中所述的加固计算方法为以后同类桥梁临时结构加固技术提供借鉴参考。

关键词 钢连续梁桥 加固 有限元分析 ansys

1 工程概述

某大跨径钢箱连续梁桥,主桥采用双幅 102m + 4 × 185m + 102m 的六跨钢连续梁桥方案,主跨跨径为 185m,无论联长还是单跨跨径均为国内第一。主桥总体布置示意见图 1。

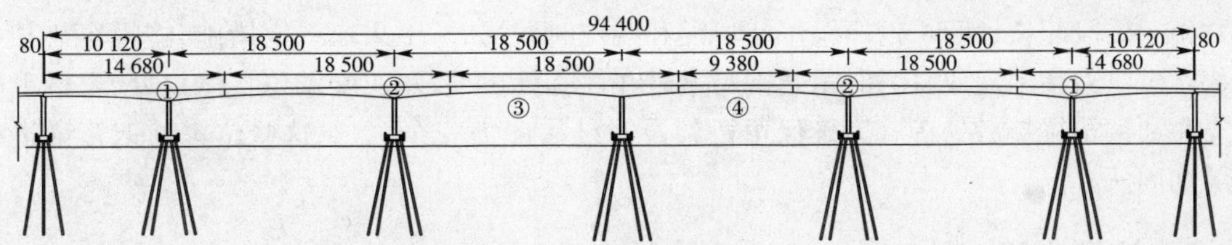

图 1 总体布置图(尺寸单位:cm)

主梁采用双幅变截面直腹板连续钢箱梁,全桥梁宽 33.2m,钢箱梁单幅梁宽 16.1m,两幅主梁间设置 1m 的间隙,箱体宽度 7.5m,梁底曲线采用二次抛物线。钢箱梁边跨端部梁高 3.5m,中跨跨中梁高 4.8m,主墩处根部梁高 9.0m。横隔板间距 5.6m,两道横隔板之间设置一道横肋。横隔板采用实腹式和框架式两种构造,框架中设置“*X*”或“*V*”形斜撑。支点处及边跨端部横隔板采用实腹式横隔板。钢箱梁采用正交异性钢桥面板,顶板均采用 U 肋加劲,底板及腹板采用扁钢加劲。根据受力情况的不同,钢箱梁在不同区段采用不同钢板厚度。钢箱梁断面图如图 2 所示。

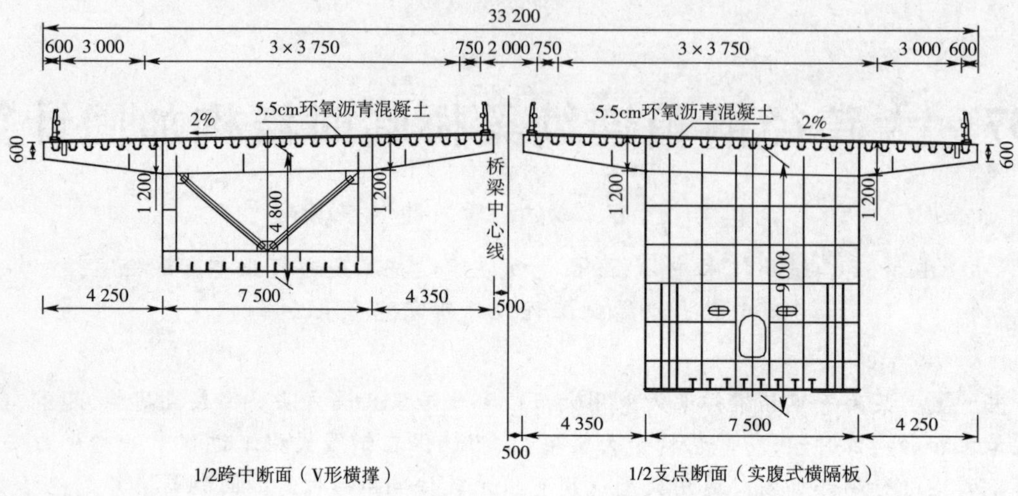

图2　钢箱梁断面图(尺寸单位:cm)

2　总体施工方法

由于桥位处临近长江入海口,常年大风天气较多,台风影响较为严重,为降低施工风险,减少钢箱梁架设时间,钢箱梁采用大节段吊装。

主跨钢箱梁小节段(设计节段)在工厂制作并焊接成长度为146.8m、185m、55.6m的大节段后,通过运梁船运至桥位处,采用大型起重船由北岸侧向南岸侧、先上游后下游逐段吊装。其中146.8m、185m长大节段采用两台1 600t浮吊抬吊架设,55.6m长大节段用一台1 600t浮吊吊装架设。

钢箱梁吊装架设时,一端搁置已架梁段上,另一端搁置在临时支座上,在主墩上布置纵、横、竖向千斤顶作为临时支座,以方便钢箱梁调位。钢箱梁重为:146.8m梁重为1 542.1t、185m梁重为2 112.2t、55.6m梁重为411.2t。

由于梁段超长、超重,钢箱梁吊装架设和调位时候,如果不采取一定措施,将很容易某些局部产生应力集中现象,比如:吊装钢箱梁时在吊耳处、梁段间匹配调位接缝口处,主墩上临时支座和钢箱梁接触处等。为确保主桥架设时结构应力安全,需对这些位置处钢箱梁进行局部加固。

3　模型说明

网格划分是否合理、边界条件处理是否得当这两个因素对有限元分析是否能达到满意的精度要求起着关键作用。对于局部分析,通常采用二维或三维实体单元进行实体分析。为了节省机时,通常做法是把要分析的某个部位截取下来,对该部位建模和网格划分,再施加合理的边界条件加载并求解。然而在截取某个部位进行分析时往往边界条件不好模拟,难以真实的模拟实际结构的受力状况。此处针对该大跨钢箱梁桥,进行钢箱梁加固计算时,为尽量真实模拟好边界条件,需对整个185m梁段进行分析,若都采用实体单元,则太耗机时。为解决好这个矛盾,模型中采用不同的单元,对需加固的局部梁段,采用板单元,而对于大节段中的其余梁段,则采用梁单元。只要局部梁段长度截取得当,网格划分合理,分析精度即可满足要求。

模型采用大型空间结构有限元分析软件 ansys 软件计算。用梁单元和板单元相结合的模拟计算方法:计算时截取相应大节段用 beam188 梁单元模拟;在截取梁段中加固位置处局部结构用板单元 shell63 模拟钢箱梁顶板、底板、腹板以及横隔板,用 beam188 模拟横隔板斜撑。

4 墩顶竖向调位处箱梁加固计算分析

4.1 加固设计

根据施工过程分析,崇启大桥在施工过程中,临时墩墩定承受最大支反力为 16 000kN,拟在墩顶设 4 台千斤顶作为竖向调位用,在竖向调位千斤顶位置加竖向承重板,高 2.4m,厚度 36mm,长 1.8m,(超出千斤顶处垫板 0.1m),并在加固承重板间与腹板平行位置布置竖向承重加劲板,高 1m,宽 0.6m,厚 0.02m。墩顶竖向调位系统布置见图 3,加固位置箱梁三维模型图如图 4 所示。

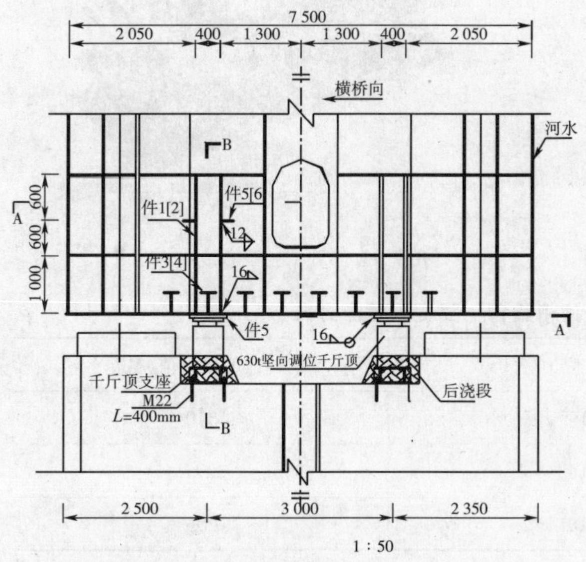

图 3 墩顶竖向调位处加固布置图

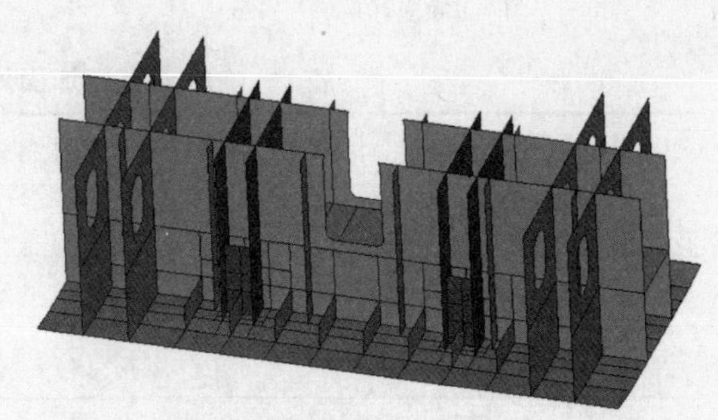

图 4 加固位置三维模型图

4.2 模型说明

模型介绍:计算针对 185m 整体梁段,用 beam188 梁单元模拟;在竖向调位处,采用局部板单元模型,局部分析截取梁段长度为 22.6m。

设计荷载:施工中出现的最大顶升力为 15713.5kN,按 16 000kN 计算,有考虑风载及安装过程中可能出现的不均匀性,按 1.5 倍的不均匀系数考虑,即 24 000/4kN 分别作用于箱梁底板上(共 4 块,每块尺寸 0.6m ×0.4m)。

边界条件:一端固结,释放横桥向转角约束,支座处采用 1 600t 顶升力代替竖向约束。梁单元和板单元之间位移和弯矩耦合。模型节点数 125 410 个,单元数 130 949 个。模型示意图如下图 5 ~ 图 7 所示。

图5　加固计算整体模型示意图　　图6　局部处加固板单元模型图　　图7　加固处板单元网格划分示意图

4.3　加固计算结论

下图8和图9为分析结果等效应力图,表1为箱梁加固处应力较大各个部位等效应力表。

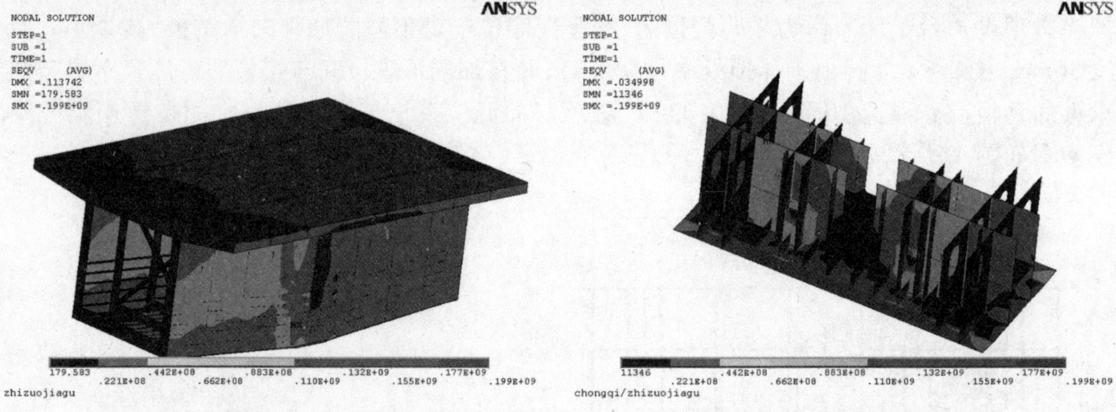

图8　局部钢箱梁等效应力图　　图9　加固处钢箱梁等效应力图

表1　临时支座处加固处钢箱梁各个部位等效应力表

位　置	最大等效应力(MPa)	钢材强度设计值(MPa)
底板	199	310
实腹式横隔板	158	295
加固承重肋	181	295

注:钢材强度设计值为根据《钢结构设计规范》(GB 5007—2003)不同材质不同板厚下的强度设计值。以下相同。

从表和图中知,临时支座处钢箱梁最大应力为199MPa,位于临时支座和箱梁接触箱梁底板上,小于箱梁底板的强度设计值,其他部位的应力也比相应的强度设计值都要小。

综上对墩顶处临时支座处钢箱梁结构的加固计算分析,箱梁结构各构件应力均小于强度设计值,结构加固设计计算满足要求。

5　起吊钢箱梁吊耳处局部加固计算分析

5.1　加固设计

大节段钢箱梁吊装架设146.8m和185m梁段采用两台1 600t浮吊整体抬吊架设,一个梁段布置8对16个吊点,吊点位置按每个吊点等重设计,吊耳以185m箱梁段作为设计荷载。将吊耳耳板从钢箱梁顶面延伸至钢箱梁腹板,原箱梁此处位置腹板厚为16mm,现改为厚28mm厚规格为-28mm×1 300mm×1 250mm(如图12件4板)。吊装示意图如图10所示,吊耳设计如图11~图13所示。

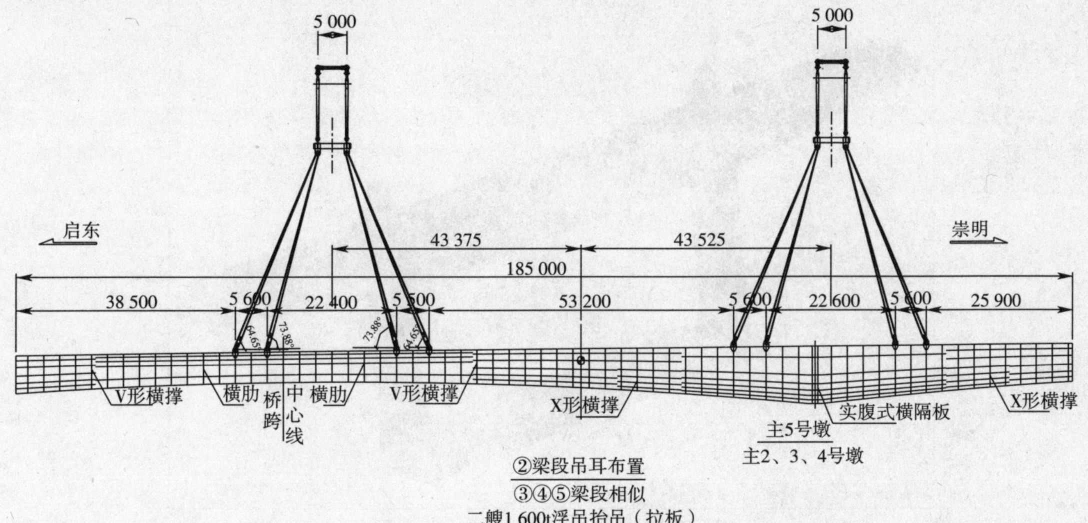

图10　185m大节段吊装示意图

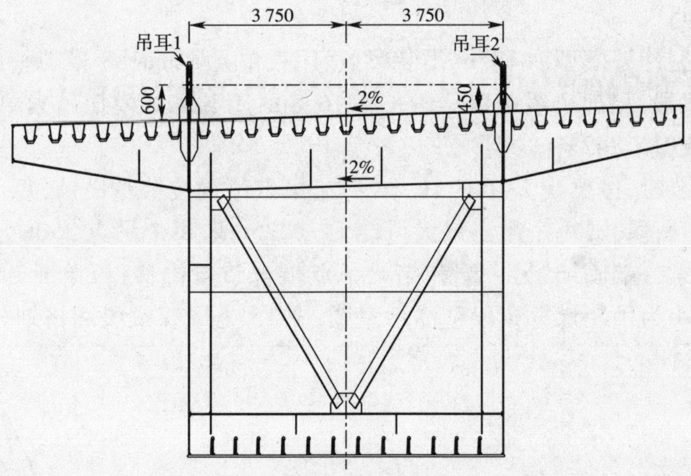

图11　185m大节段吊装吊耳布置图(1)

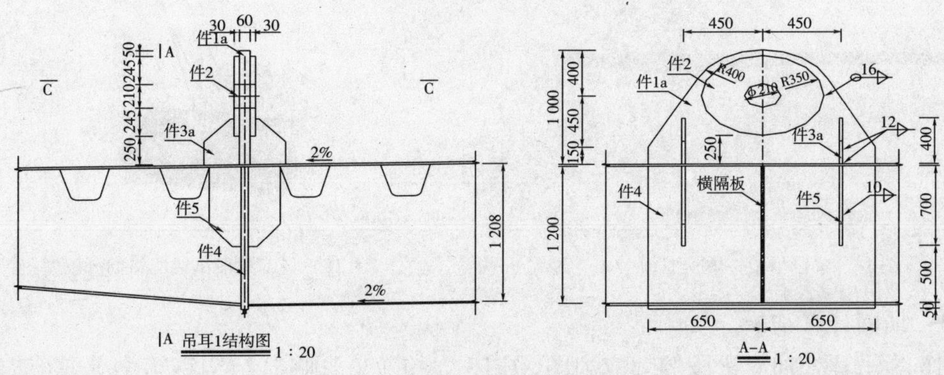

图12　大节段起吊吊耳设计图(2)

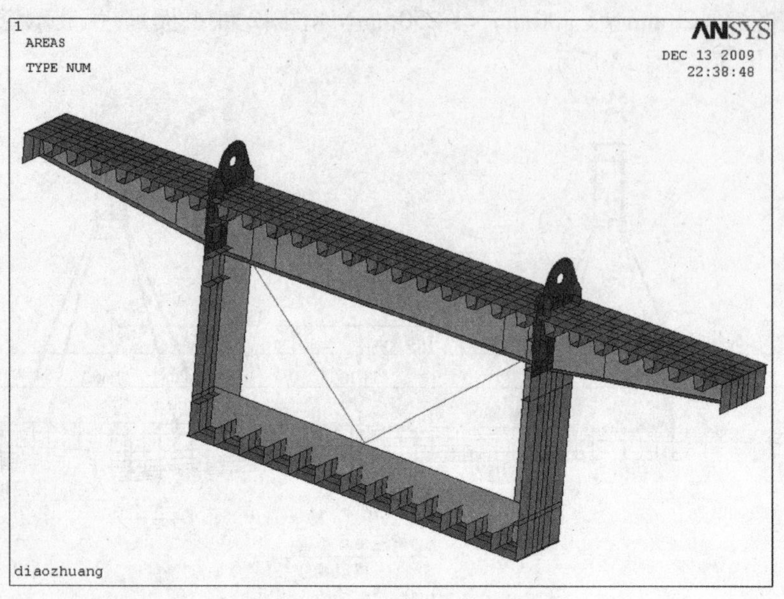

图 13　大节段起吊吊耳三维示意图

5.2　模型说明

模型介绍:模型计算模型取 185m 吊装梁段,用梁单元 beam188 模拟整体梁段,用板单元 shell63 模拟局部梁段,局部梁段截取梁段长度 16.8m,用 link10 模拟吊索单元。模型节点数 103 840 个,单元数 107 842 个。

设计荷载:吊装时,按梁重 2 400t,16 个吊点,吊点位置按等重设计,每个吊点为 150t,吊装时取 1.5 的不平衡系数,每个吊点最大可能力为 225t,取每个吊点 250t 力计算。

边界条件:吊索一端固结,另一端和箱梁吊点耦合节点位移;板单元和梁单元之间位移和弯矩耦合。图 14 为吊装计算梁段整体示意图,图 15 为局部梁段网格划分图。

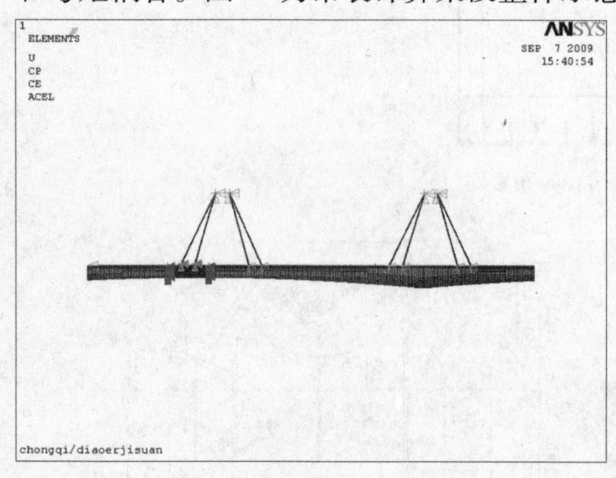

图 14　梁段吊装整体模型图

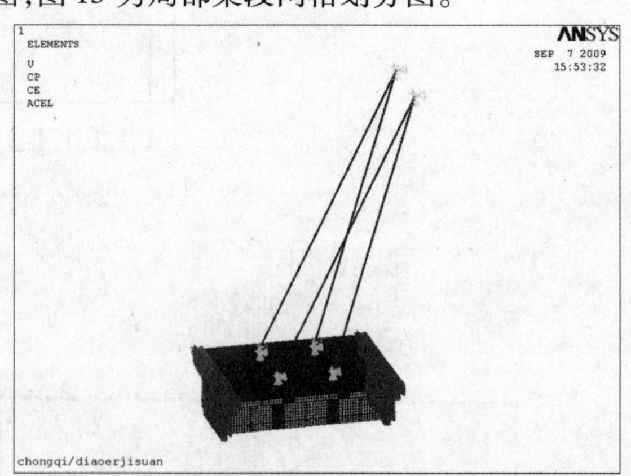

图 15　局部梁段吊装网格划分模型图

5.3　加固计算结论

图 16 为吊耳处加固梁段等效应力图,图 17 为扣除吊耳临时结构钢箱梁等效应力图,表 2 为吊装时吊耳处钢箱梁各部位等效应力表。

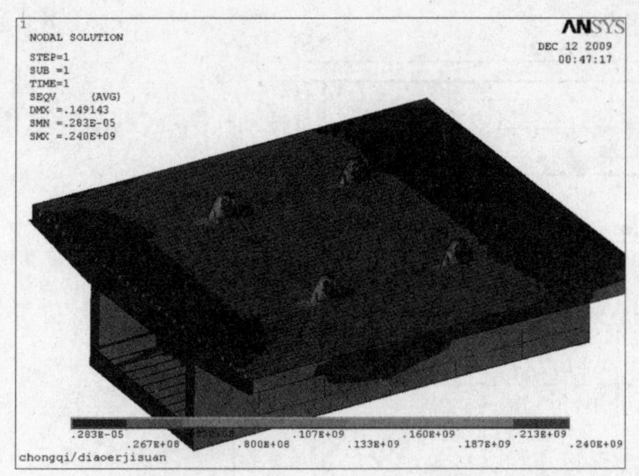

图 16　加固梁段等效应力图

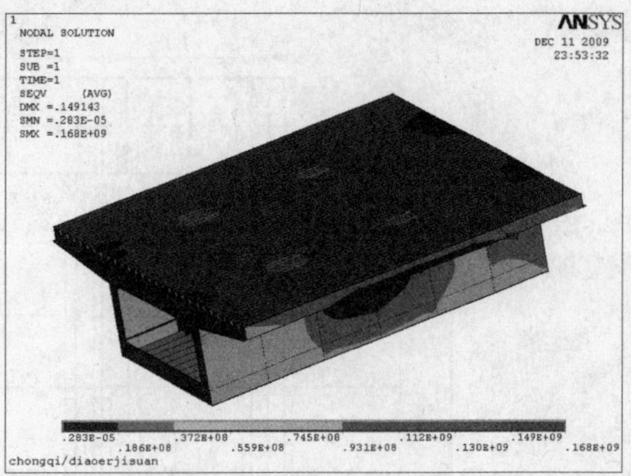

图 17　扣除吊耳加固梁段箱梁等效应力图

表 2　吊装时吊耳处钢箱梁等效应力表

位　　置	最大等效应力(MPa)	钢材强度设计值(MPa)
箱梁顶板	168	295
横隔板	58.3	310
腹板	168	295
吊耳	240	250

从表 2 和图 16 ~ 图 17 中可以看出,吊装时最大应力为 240MPa,在吊耳贴板处,小于钢材强度设计值 250MPa;扣除吊耳临时结构后,钢箱梁最大应力为 168MPa,位置在吊耳耳板和钢箱梁相交处的钢箱梁顶板上,小于钢材强度设计值 295MPa。

综上对吊装时钢箱梁的局部计算分析知,吊耳的设计钢箱梁结构应力计算满足规范要求。

6　接缝处大节段箱梁结构加固计算分析

大节段钢箱梁吊装时,除 1 号节段支撑在两个主墩上外,其余节段均一端支撑在主墩上,另一端则支撑在已装梁段上(即节段间的支撑),在待装梁段接口顶板上设置牛腿,在已装梁段接口顶板处设置临时支座,吊装时牛腿搭接在临时支座上,在临时支座上设置纵横竖三向千斤顶,用以支撑和匹配梁段调位用。

6.1　加固设计

待架梁段和已架梁段之间的连接,以接缝线为准,将连接部位分为已装梁段和待装梁段两个部分。

已装梁段部分:临时支座,沿横向位置上布置两个,每个设计荷载为 500t 共 1 000t。支座下横隔板将框架式横肋改为半实腹式横隔板,其横隔板为两块 –16mm × 1 960mm × 3 764 mm 板(图 19 中板 N1 和板 N1a)另将箱梁顶板下部的横肋原厚 12mm 改为 16mm 厚(图 19 中板 HJ1、HJ2 和 HJ3),图 18 为接缝处箱梁加固立面布置图;图 19 为临时支座处箱梁加固图。

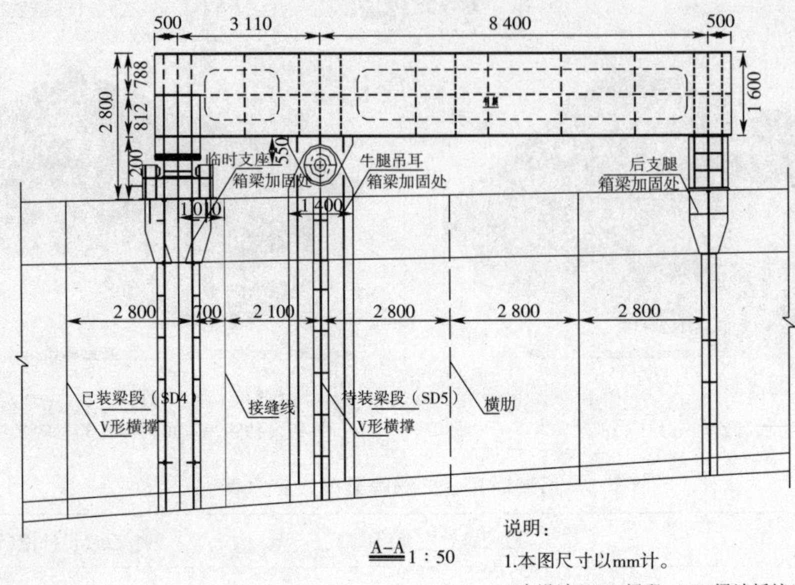

图 18　接缝处箱梁加固立面布置图

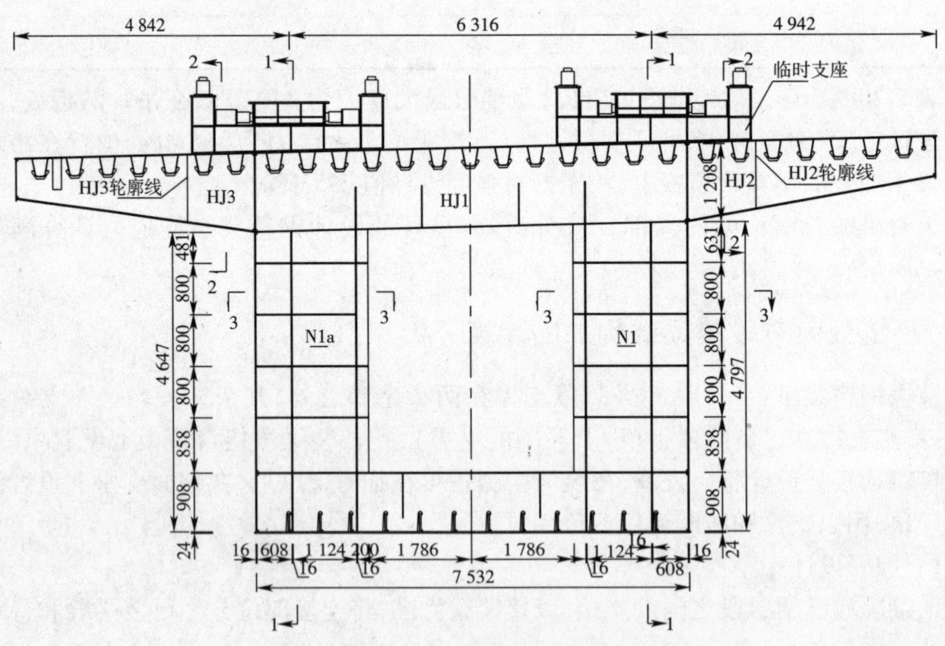

图 19　临时支座处箱梁加固图

待装梁段部分:在吊耳位置,沿横向布置 4 个,每个设计荷载为 350t,共 1400t。为将横隔板将框架式横肋改为半实腹式横隔板,其横隔板为两块 16mm × 2 035mm × 3 659mm 板(图 20 中板 HB1 和 HB2)另将箱梁下部的横肋原厚 12mm 改为 16mm 厚(图 20 中板 HJ1、HJ2 和 HJ3),图 20 为搁置牛腿吊耳处箱梁加固图。

在后支腿处荷载按最大 200t 荷载加载，加固原理类似。图 21 为后支腿处箱梁加固图。

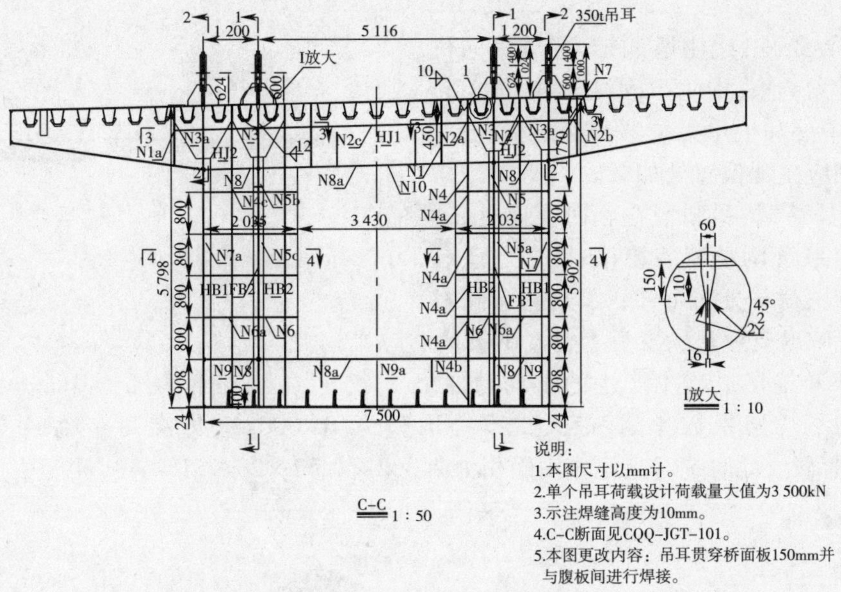

图 20　搁置牛腿吊耳处箱梁加固图

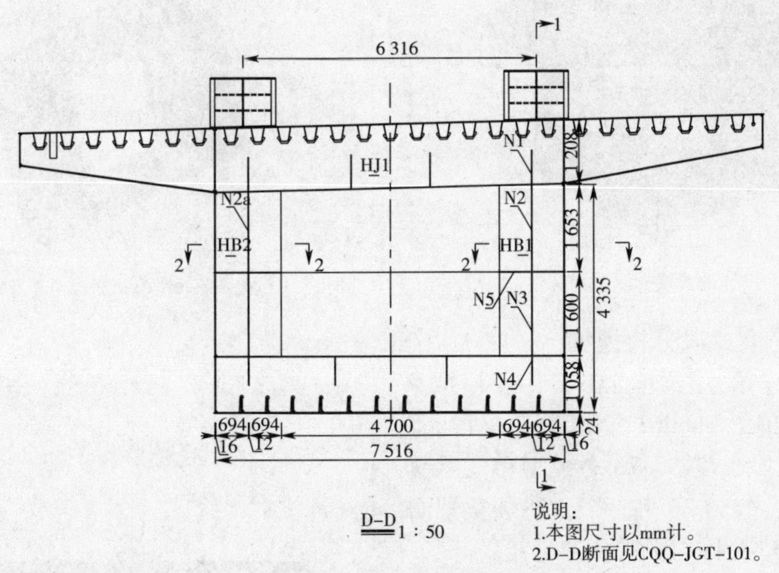

图 21　后支腿处箱梁加固图

6.2　模型说明

计算模型已架梁段取 146.8m 梁段，待架梁段取 185m 梁段，分析时，以接缝线为准，分别对已装梁段和待装梁段两个部分独立分析。

6.2.1　已装梁段分析模型

(1)模型介绍，用梁单元 beam188 模拟整体梁段，用板单元 shell63 模拟局部梁段，局部梁段截取梁段长度 11.9m。模型单元数为 34 957 个，节点数为 33 194 个。模型如图 22 和图

23 所示。图 24 为支座处箱梁加固模型三维示意图。

(2)边界条件:边主墩固结,释放纵向位移和横向转角约束,中主墩固结,释放横向转角约束,梁单元和板单元位移和弯矩耦合;对板单元在相应牛腿位置处加载。

(3)设计荷载:牛腿搭在临时支座处,通过水平调位系统调整待装箱梁,使之与已装梁段匹配。由荷载分析可知,梁段搭接时,在搭接处两个临时支座最大支反力为 6 670kN,考虑到风载及搭接过程中产生的不均匀性,按 1.5 倍的不均匀系数考虑,最大支反力取整为 10 000kN,即在每个临时支座处施加 5 000kN的荷载。此时临时支座作用面积为 $2.362 \times 1.52 \times 2 = 7.18048(m^2)$。

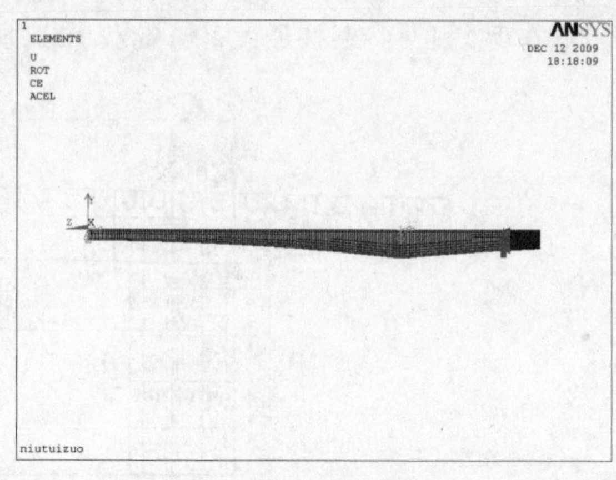

图 22　已装梁段分析整体模型图

图 23　已装梁段局部网格划分图

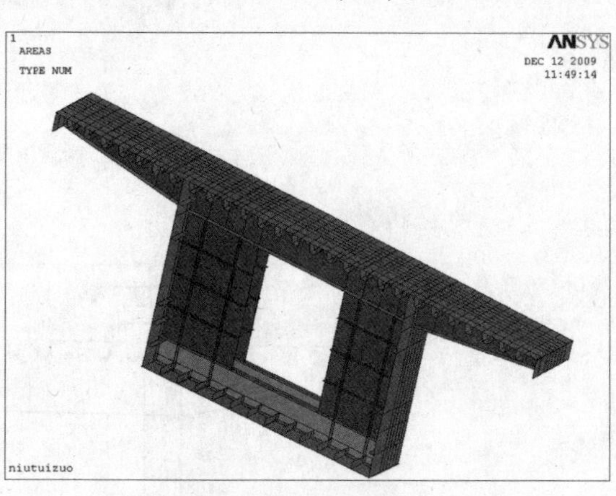

图 24　支座处箱梁加固模型三维示意图

6.2.2　待装梁段分析模型

(1)模型介绍:用梁单元 beam188 模拟整体梁段,用板单元 shell63 模拟局部梁段,局部梁段截取梁段长度 35.7m。模型单元数为 38 764 个,节点数为 36 923 个。待装梁段分析模型如图 25 ~ 图 27 所示。

(2)边界条件:墩顶处,释放横向转角约束;在搭接处用竖向力代替竖向支撑。梁单元和板单元之间位移和弯矩耦合。

由荷载分析可知,梁段搭接时,在临时支座处支反力为 6 670kN,吊耳处为 9 130kN,后支腿处支反力为 2 640kN。考虑到由于风载及吊装的偏载引起各支点反力不均匀,按 1.5 的不均匀系数考虑,则分别在临时支座处按

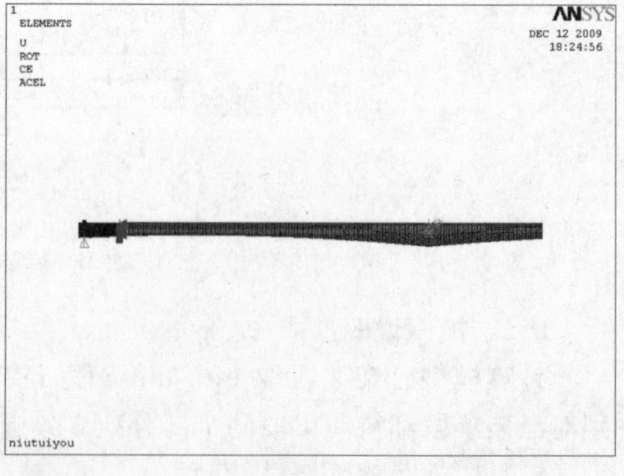

图 25　待装梁段分析整体模型图

10 000kN;在吊耳处按 14 000kN(4 个吊点,每个吊点均按 3 500kN);在搁置牛腿后支腿处,按最大 2 000kN 加载,对箱梁结构计算。

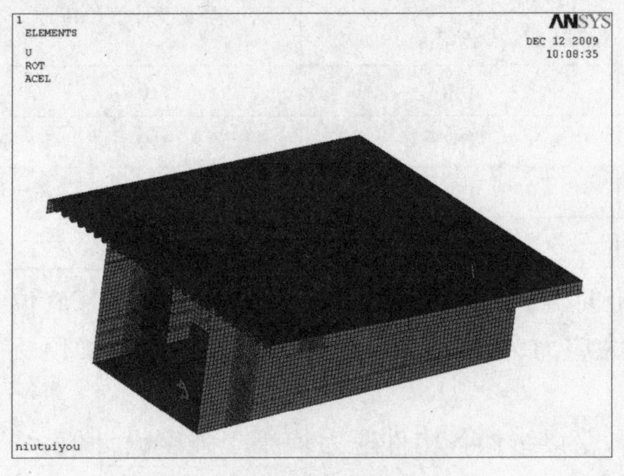

图 26　待装梁段局部网格划分图

图 27　吊耳处箱梁加固模型三维示意图

6.3　接缝口处分析结果

图 28 和图 29 为已装梁段等效应力图,图 30 和图 31 为已装梁段等效应力图,表 3 为箱梁加固处各个部位等效应力表:

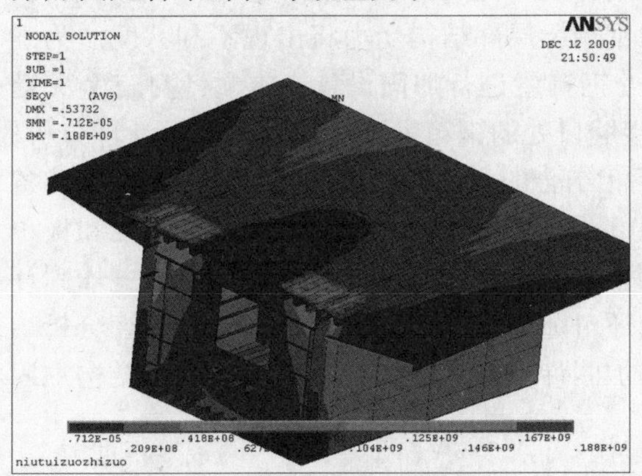

图 28　已装梁段局部梁段等效应力图

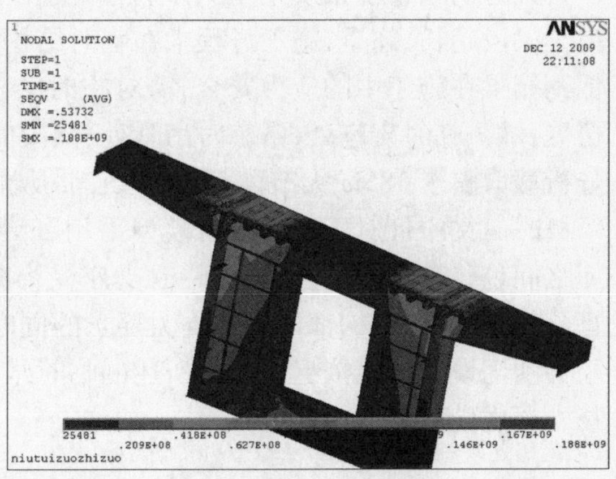

图 29　已装梁段局部梁段加固处等效应力图

图 30　待装梁段局部梁段等效应力图

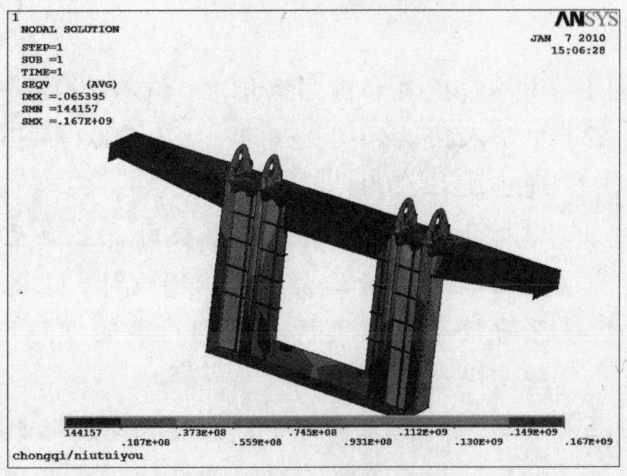

图 31　待装梁段局部梁段加固处等效应力图

表3　待装梁段箱梁加固处各个部位等效应力表

位　置	最大等效应力(MPa)		钢材强度设计值(MPa)
	已装梁段	待装梁段	
箱梁顶板	188	180	310
横隔板	154.1	167	310
腹板	98.2	152	295
吊耳	—	144	250

从表和图中知,当牛腿搭在已装梁段支座上时,已装梁段钢箱梁最大应力为188MPa,位置在支座下面钢箱梁顶板处,待装梁段箱梁最大应力为180MPa,位置在吊耳处钢箱梁顶板上,以上各个部位应力都小于钢材强度设计值。

综上对梁段搭接调位时待梁段的计算分析,箱梁结构各构件应力均小于强度设计值,结构加固设计计算满足要求。

7　结论

大跨钢箱梁桥架设采用大节段整体吊装架设方法,施工中将利用一些临时辅助结构。由于梁段超长、超重,施工过程中在临时结构处钢箱梁局部结构受力将出现不利状况。为确保钢箱梁在施工中的应力安全,需对临时结构处钢箱梁进行加固设计。本文针对三个关键位置:墩顶临时支座处、吊装时吊耳处、梁段间接缝口处的钢箱梁进行加固有限元计算分析,分析截取整个185m大节段,用梁单元和板单元相结合的方法,既处理好了边界条件,又节省了机时。文中针对不同的受力模型采用了一些不同的处理边界条件方法:如梁单元和板单元之间位移和弯矩耦合;模拟临时支座受力时用支座竖向力代替竖向约束等。通过加固计算分析,使加固结构部位满足受力要求的同时,还对加固结构部位进行了优化。计算分析结果为加固设计提供依据。文中所述的临时结构加固计算方法为以后同类桥梁临时结构加固技术提供借鉴参考。

参 考 文 献

[1] 中华人民共和国国家标准.(GB 50017—2003)钢结构设计规范[S].建设部,2003.

[2] 中华人民共和国交通部.(GB 50017—2003)公路桥涵设计通用规范[S].北京:人民交通出版社,2004.

[3] 中交公路规划设计院有限公司.上海至西安国家高速公路崇明至启东长江公路信道工程(江苏段)跨江大桥施工图设计.北京:中交公路规划设计院有限公司,2009.

[4] 张永涛.崇启大桥大跨钢箱梁架设与控制技术方案.武汉:武汉港湾工程设计院研究院有限公司,2009.

[5] 郭劲,曾健,王紫超等.崇启长江公路大桥(江苏段)跨江大桥工程施工项目CQ－A2合同标段箱梁吊装临时结构设计.武汉:武汉港湾工程设计院研究院有限公司,2009.

[6] 朱伯芳.有限单元法原理与应用[M].第2版.北京:中国水利水电出版社:1998.

138　双层斜拉桥复合桁架节点构造及受力分析

薛东焱[1]　刘玉擎[1]　马　骉[2]

（1. 同济大学；2. 上海市政工程设计研究总院）

摘　要　上海闵浦大桥为双层桥面斜拉桥，边跨采用混凝土桥面板与型钢混凝土弦杆、混凝土横梁、钢腹杆、钢斜撑杆构成的复合桁架体系。复合桁架节点为多根杆件交汇处，其构造复杂，还存在着作用力在异种材料之间传递的问题，是保证作用力在钢腹杆、钢斜撑、型钢混凝土弦杆之间平顺地传递的关键。采用子模型技术，对该桥的边跨复合桁架节点进行受力性能研究，比较分析了有限元模型的计算结果。

关键词　双层斜拉桥　复合桁架　节点　受力性能　有限元

1　前言

双层桥面斜拉桥的加劲梁出于对桥梁刚度和视野通透性的考虑，通常采用桁架加劲梁的形式。它常用的形式一是正交异性钢桥面板与钢桁梁组合体系，如日本东神户航道桥；二是上层混凝土桥面板，通过焊钉连接件与钢桁架上弦杆顶板相连接，形成板桁组合结构体系，如芜湖长江大桥。桁架加劲梁由桥面板与主桁架弦杆共同承受外荷载，能发挥桥面板与主桁的共同作用，增强结构的抗弯、抗扭刚度，是比较理想的大跨度桥梁结构形式之一[1,2]。

上海闵浦大桥为双层桥面斜拉桥，边跨采用混凝土桥面板与钢桁架组合而成的加劲梁体系。与传统板桁组合结构体系不同的是钢桁架弦杆用型钢混凝土代替，混凝土桥面板与型钢混凝土弦杆、混凝土横梁、钢腹杆、钢斜撑杆构成复合桁架体系[2]。

合理的节点构造，是钢腹杆与型钢混凝土弦杆、混凝土桥面板的结合部的设计关键。在结合部位，混凝土与钢结构两种材料相互结合，节点构造需能确保作用力在两者之间平顺地传递。为此采用节点子模型技术对该桥的边跨复合桁架节点进行详细受力分析，比较分析了模型的计算结果。

2　复合桁架节点构造特点

闵浦大桥是一座全长1212m，主跨708m，双塔、双索面、双桥面的斜拉桥，上层高速公路为双向8车道，桥面全宽43.6m；下层地方道路为双向6车道，桥面全宽28m。闵浦大桥的边跨是由外包混凝土的型钢弦杆主梁、钢竖腹杆、钢斜腹杆、钢斜撑杆、预应力混凝土横梁与混凝土桥面板形成一体，构成了复合结构桁架体系。闵浦大桥主要特色是将钢杆件、混凝土杆件以及型钢混凝土杆件三种不同类型的构件，根据其性能特点合理的使用在斜拉桥加劲梁的结构体系,达到有效发挥各自优点的目的。桥梁总体布置见图1。

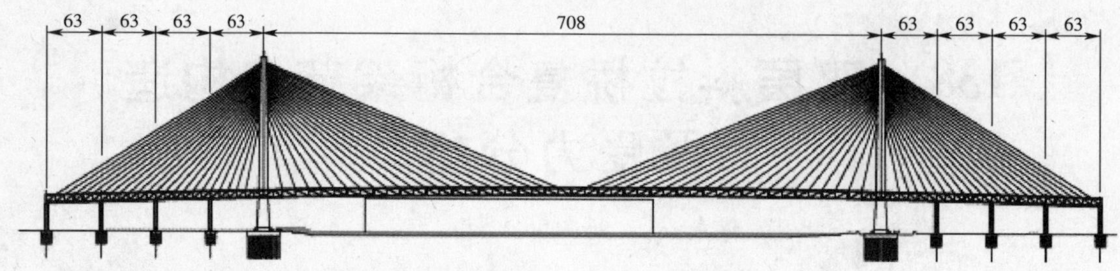

图1 闵浦大桥总体布置图(尺寸单位:m)

边跨复合桁架节点是该桥设计的关键部位之一,有三种典型的桁架节点,即下弦节点、上中弦节点和上边弦节点,边跨横断面布置和节点位置如图2所示,节点构造如图3所示。

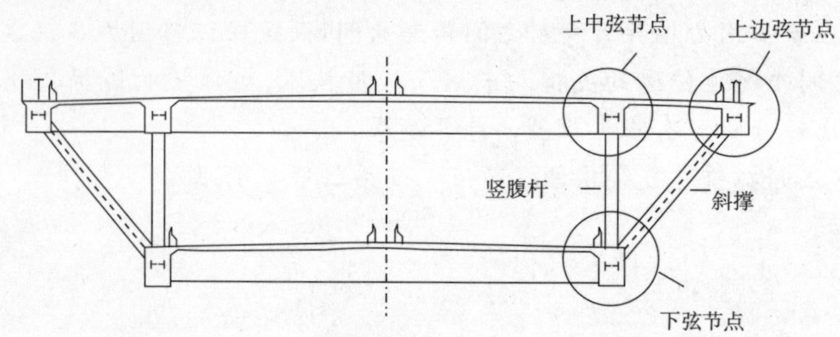

图2 边跨横断面布置及节点位置示意

a)下弦节点　　b)上中弦节点　　c)上边弦节点

图3 节点构造

3 建立节点有限元模型

闵浦大桥边跨复合桁架节点板件多、构造复杂,是实现上下层桥面相互间力的传递的关键部位。为了计算节点的应力状态、剪力连接件受力大小、对节点受力性能进行评价,在有限元分析中,采用子模型技术。

子模型是得到模型部分区域中更加精确解的有限单元技术。子模型方法又称为切割边界位移法或特定边界位移法,切割边界就是子模型从整个较粗糙的模型分割开的边界,整体模型切割边界的计算位移值即为子模型的边界条件[3]。

建立了三个层次的有限元模型,研究复合桁架节点的受力性能。第一层次模型为全桥空间整体模型,见图4。第二层次模型为节段梁模型,即在空间整体模型的基础上嵌入一段更为精细地模拟实际构造的模型。该嵌入段混凝土桥面板及混凝土横梁均用实体单元模拟,钢腹杆采用空间板壳模拟,以期更精确地获得局部计算的结果,见图5。第三层次模型为节点模型。节点模型充分考虑了节点钢与混凝土接合的细部构造,如节点板尺寸、焊钉的布置等。

图4 全桥空间整体模型

图5 节段梁模型

选取墩顶下弦E6节点作为研究对象,该节点的竖腹杆和斜腹杆中填充有混凝土,节点有限元模型见图6所示。混凝土采用实体单元Solid45模拟,C50混凝土弹性模量取$3.45 \times 10^7 kN/m^2$,泊松比0.17。钢结构采用Q345,用实体单元Solid45模拟,钢结构弹性模量取$2.1 \times 10^8 kN/m^2$,泊松比0.3。钢节点板上的焊钉布置如图7所示,焊钉用单元Combin14模拟,采用三个一维弹簧单元模拟一根焊钉。三个弹簧元分别模拟焊钉三个方向的作用,其中两个方向为焊钉剪切方向,第三个方向为焊钉的轴向。根据以往焊钉推出试验,直径22mm、长度200mm焊钉抗剪刚度取值为413kN/mm。

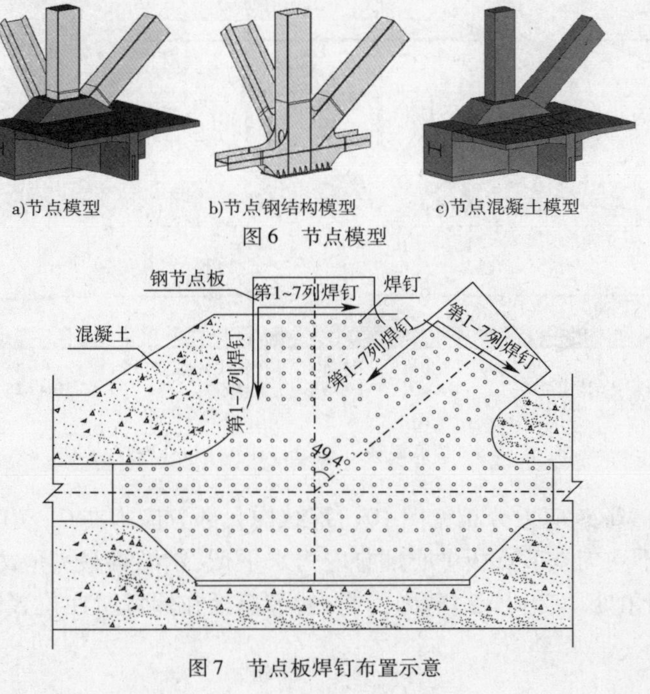

图6 节点模型

图7 节点板焊钉布置示意

4 节点有限元模型计算结果及分析

4.1 焊钉受力特点

节点板上焊钉排列分布如图7所示,焊钉的剪力分布见图8。可以看出,前排焊钉受力较大,后排焊钉受力逐步减小。斜腹杆第二排焊钉平均剪力比第一排减小9.6kN,竖腹杆第二排焊钉平均剪力比第一排减小5.8kN,后排焊钉剪力减小的趋势变缓。

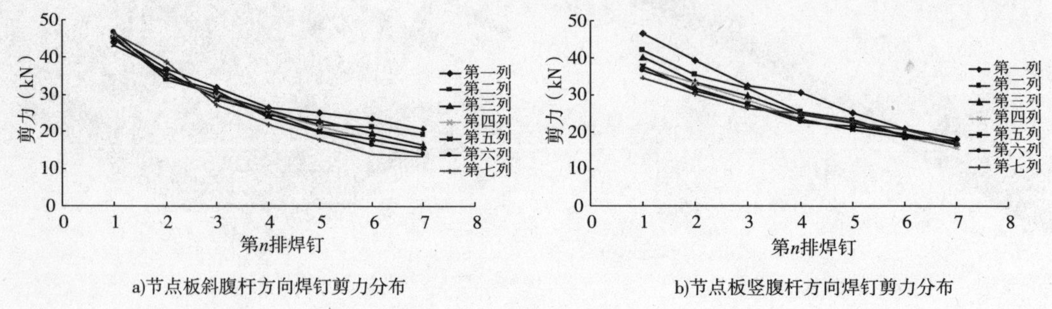

图8 焊钉剪力分布状态

4.2 节点钢板与混凝土受力分析

节点混凝土主拉应力分布见图9,由图可知,混凝土主拉应力主要在0.5~2MPa之间,在混凝土各个角点以及横梁预应力锚固处,混凝土主拉应力局部增大。

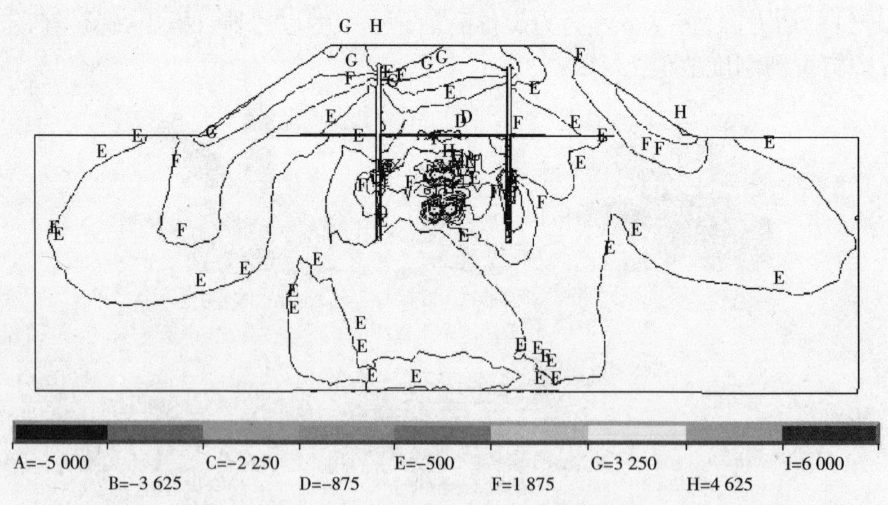

图9 节点混凝土主拉应力图(单位:kPa)

节点板钢结构Mises应力分布见图10。钢结构大部分应力在0~70MPa之间,节点板受力复杂,应力分布不均匀。节点板中心部分应力水平低,钢结构最大应力为160MPa,出现在竖腹杆与斜腹杆倒角处。受到焊钉剪力的影响,节点板在焊钉所在位置的局部范围内,有应力升高的现象。

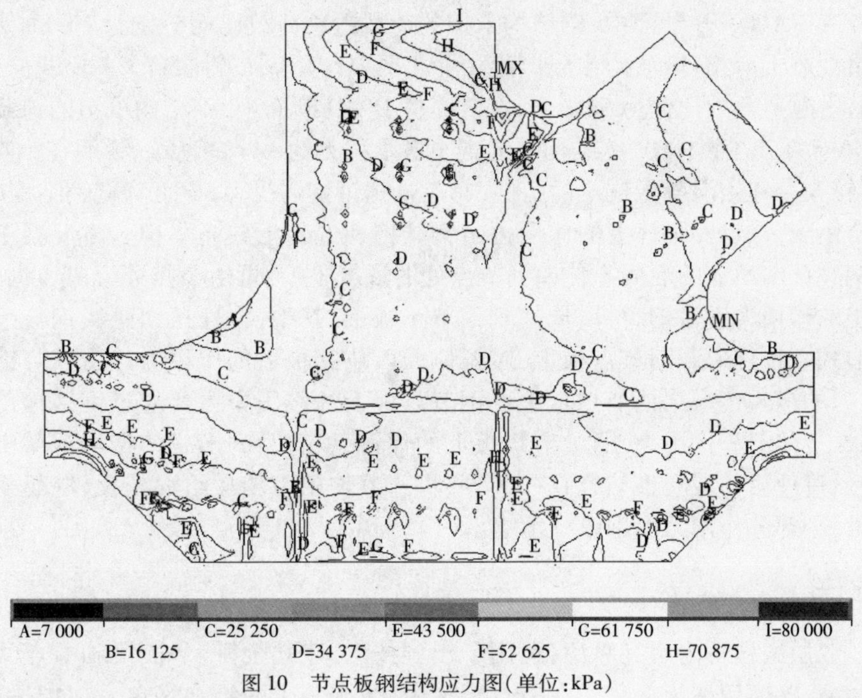

图 10　节点板钢结构应力图(单位:kPa)

4.3　各杆件荷载承担比例及节点传力机理分析

在构造中选取 A—A、B—B、C—C、D—D 四个断面,如图 11 所示,各断面钢结构与混凝土承担的荷载及其比例见表 1。

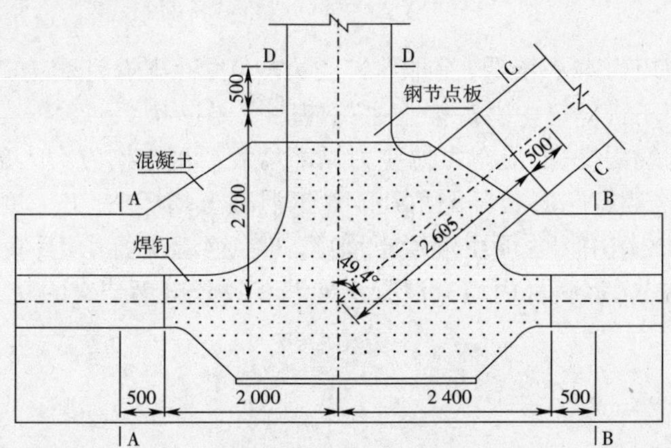

图 11　断面位置示意(尺寸单位:mm)

表 1　荷 载 承 担 比 例

断面编号	钢结构承担的荷载 N_1(kN)	混凝土承担的荷载 N_2(kN)	$N_1/(N_1+N_2)$
A－A	3 130	19 604	13.8%
B－B	2 529	18 351	12.1%
C－C	4 834	4 017	54.6%
D－D	9 800	7 854	55.5%

在弦杆 A—A、B—B 断面中,钢结构承担的荷载占总荷载比例分别为 13.8% 和 12.1%,荷载主要由混凝土承担,钢结构在分担荷载中起次要作用。在斜腹杆 C—C 断面中,钢结构承担的荷载占总荷载的比例为 54.6%;在竖腹杆 D—D 断面中,钢结构承担的荷载占总荷载的比例为 55.5%。在腹杆中,钢结构与混凝土各承担大约一半的荷载,说明在钢腹杆中填充混凝土,能够充分利用混凝土抗压的特性,有效分担钢结构受力,显著降低钢结构应力水平。

在复合桁架节点处,腹杆上的作用力由钢结构和混凝土共同承担。由混凝土承担的作用力通过钢腹杆内填充的混凝土传递到节点处的混凝土上,再由节点处混凝土向外传递;由钢结构承担的作用力通过钢腹杆,传递到钢节点板上,其中,腹杆正面两块钢板上的作用力以压力的形式直接传递到钢节点板上,腹杆侧面两块钢板上的作用力经由其与钢节点板的焊缝,以剪力的形式传递到钢节点板上。钢节点板上的作用力主要通过钢结构传递给钢弦杆,钢节点板上的部分作用力,通过节点板上的焊钉,以剪力的形式传递给混凝土。在弦杆中,钢结构通过焊钉与混凝土结合在一起,并将部分作用力传递给混凝土,混凝土承担了主要的作用力,小部分作用力由钢弦杆承担。

5 结语

本文以双层斜拉桥为研究对象,运用子模型技术,建立全桥、节段梁和节点共三个层次的有限元模型,各模型逐步细化。在节点模型中,采用三个一维弹簧单元模拟一根焊钉,三个弹簧元分别模拟焊钉三个方向的作用,其中两个方向为焊钉剪切方向,第三个方向为焊钉的轴向。根据节点有限元模型计算,研究了钢节点板上焊钉受力特点,分析了节点钢板和混凝土的受力,探讨了钢与混凝土荷载承担比例并进行了节点传力机理的分析,得出如下主要结论:

节点板焊钉多数应力水平较低,前排焊钉受力较大,后排焊钉受力逐步减小,受力集中在主要传力方向的前三排焊钉中。混凝土主拉应力主要在 0.5 ~ 2MPa 之间,在混凝土各个角点以及横梁预应力锚固处,混凝土主拉应力局部增大。钢结构应力大部分在 0 ~ 70MPa 之间,最大应力出现在竖腹杆与斜腹杆倒角处。型钢混凝土弦杆中,工字钢承担荷载占总荷载的 12% 左右,弦杆上的作用力主要由混凝土承担,工字钢起次要作用;腹杆中钢结构承担荷载占总荷载的 55% 左右,钢腹杆内填充混凝土能够有效分担钢结构的受力,降低钢结构应力水平。

参 考 文 献

[1] 刘玉擎. 组合结构桥梁[M]. 北京:人民交通出版社,2005.

[2] 余振,刘玉擎,薛东焱,等. 闵浦大桥复合桁架节点连接件受力分析[A]. 中国公路学会全国桥梁学术会议论文集. 北京:人民交通出版社,2008.

[3] 黄生富. 双层斜拉桥复合桁架节点受力性能研究[D]. 上海. 同济大学. 2008.

139　异型拱桥关键构造的局部应力分析

金　剑　李　扬　庄东利

（同济大学桥梁工程系）

摘　要　一座异型钢拱桥由六片不对称的斜拱组成，其空间构形极其复杂。为了研究其关键构造的安全性及传力机理，利用大型有限元程序 ANSYS 对拱脚、拱梁内、外节点以及拱上锚点进行了局部应力分析。分析表明，关键构造处的传力明确，受力合理，均满足设计要求。

关键词　异形拱桥　有限元　局部应力分析

1　引言

随着经济建设的高速发展和人民生活水平的不断提高，“美观”已成为桥梁结构设计的重要原则，异型拱桥由于其景观效果而备受关注。由于桥梁景观的需要，这类桥梁结构的构造和受力往往非常复杂，传力机理不明确、应力集中问题比较突出，采用传统的杆系模型和设计规范的简化计算方法难以准确地分析结构受力。本文采用大型有限元程序 ANSYS 建立空间板壳元模型，对结构的拱脚、拱梁内结点和拱上锚点进行了局部静力分析，解决了设计中难以确定的空间应力问题。

2　工程及设计概况

主桥由两幅相同的拱桥组成，单幅的结构为五跨异形中承式无推力拱桥，外形由六片不对称的斜拱组成，拱肋斜跨桥面，组成两个空间的 Z 字形，如图 1、图 2 所示。上部结构为全钢结构，全桥总跨径 201.96m，最大拱肋的跨度 76.5m，矢高 35.27m。

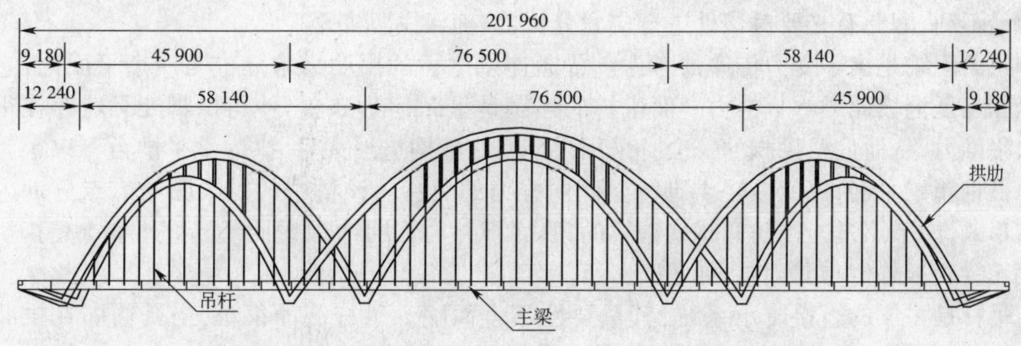

图 1　异型拱桥总体立面布置图（尺寸单位：mm）

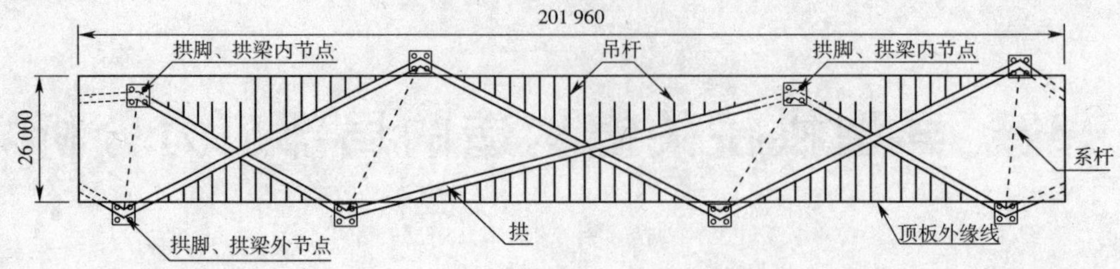

图2 异型拱桥总体平面布置图(尺寸单位:mm)

拱肋为圆管截面,在桥面的位置与主梁固结,从而通过钢箱梁来平衡拱肋的水平推力。其中有两处拱肋是穿越主梁并与其固结(称为拱梁内结点),其余均为外部固结(称为拱梁外结点)。所有拱脚处均设置支座,除一点采用固定支座外,其余点均采用单向或双向活动支座,全桥在顺桥向无多余约束,以此释放温度应力。相近的两拱脚间用系杆连接,以保证拱脚的侧向稳定。吊杆纵向间距为3.06m,梁上锚固端采用耳板形式锚固;拱上锚固端采用竖向隔板锚固。

图3是主梁标准断面,采用等截面单箱三室扁平钢箱梁,全宽26.6m,钢箱梁高1.8m。顶板为正交异性钢桥面板,顶板宽26m,厚12mm。主桥按公路-I级和城-A级双控设计,单幅结构活载按单向近期三车道、远期四车道取值,并设非机动车道与人行道。

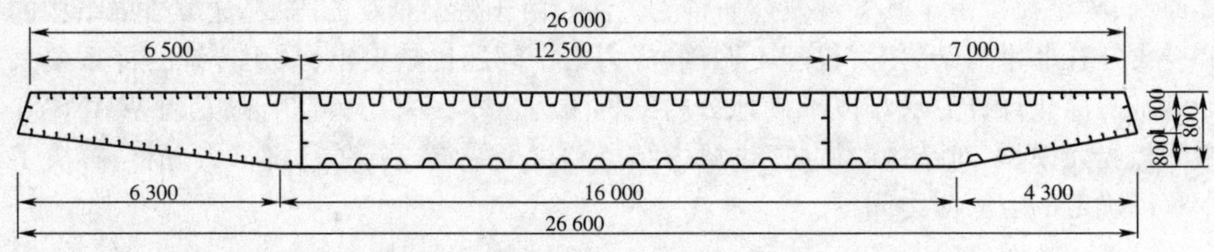

图3 钢箱梁标准断面图(尺寸单位:mm)

拱脚、拱梁节点以及吊杆的锚点均是结构的关键构造,它们的安全关系着整个结构的安全。拱脚直接承受桥梁的所有荷载,并将其传至基础。拱脚节点是由两根拱肋和一根系杆空间相贯而成,复杂的构造使应力集中现象不可避免。相对而言,跨度最大的拱肋在拱脚处受力最不利,因此有必要对该处进行应力分析,以确保拱脚安全。

拱梁固结是出于受力传递的考虑。普通连拱拱桥的拱肋通常是位与一个平面内,它们可以相互抵消彼此的水平推力。而该桥的连拱是呈Z字形布置,使得拱脚处必然存在很大的水平推力,从而危及拱脚的安全。采用拱梁固结的构造形式后,拱内水平推力可以很大程度上被钢箱梁平衡,以此减轻拱脚承受侧向推力的负担。该桥中的拱梁固结节点分为内外两种形式,内节点是指拱肋穿越钢箱梁的顶、底板并与其固结,如图4所示,外节点是指拱肋在钢箱梁腹板外侧与其固结,如图5所示。

吊杆是主梁的直接支承系统,其重要性不言而喻。吊杆截面很小,当其锚固在拱肋上时,由于两者截面尺寸相差悬殊,必然产生十分严重的应力集中现象,因此需要对拱上锚点的应力集中情况进行研究。

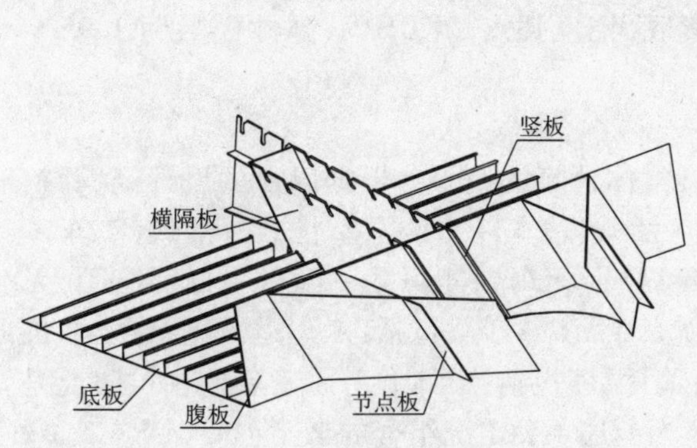

图4　拱梁外节点构造(尺寸单位:mm)

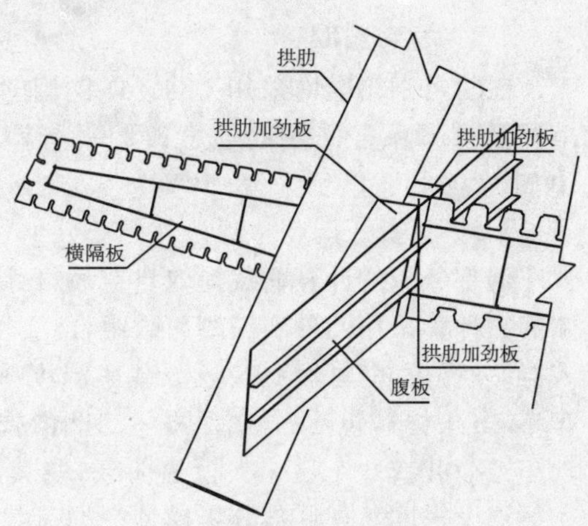

图5　拱梁内节点构造(尺寸单位:mm)

3　有限元模型

3.1　几何模型

采用大型通用有限元程序 ANSYS 建立上述三个关键构造的几何模型,如图 6 ~ 图 9 所示。由于主桥为全钢结构,因此模型的板壳部分采用 SHELL63 弹性壳单元模拟。该单元既具有弯曲能力又具有薄膜张力,可以承受平面内荷载和法向荷载。吊杆及拱脚系杆采用 LINK10 单元模拟,该单元具有双线性刚度矩阵,若设定刚度矩阵为只受拉特性,则一旦单元受压刚度就会消失,因此十分适合对索的模拟。

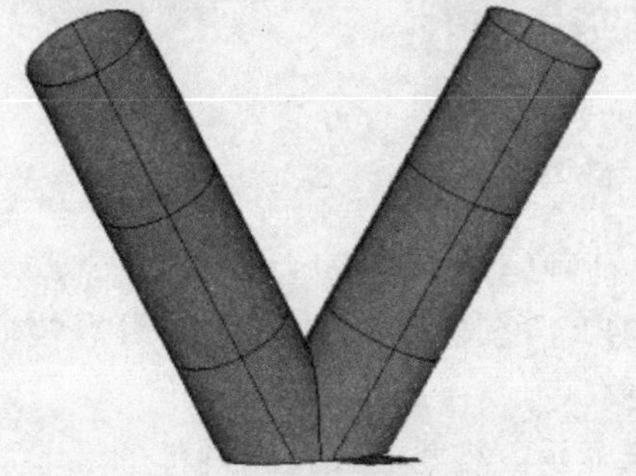

图6　拱脚几何模型

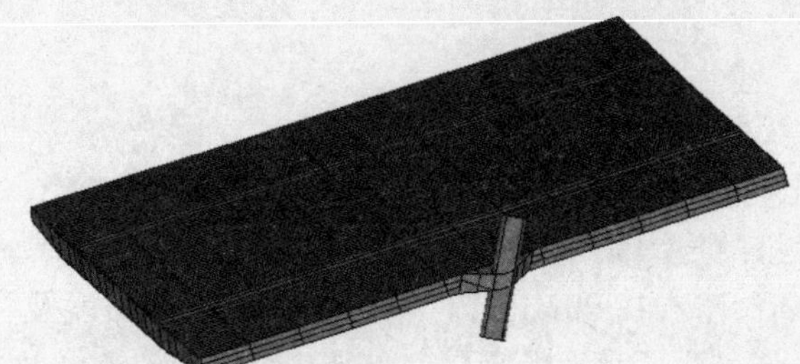

图7　拱梁内节点几何模型

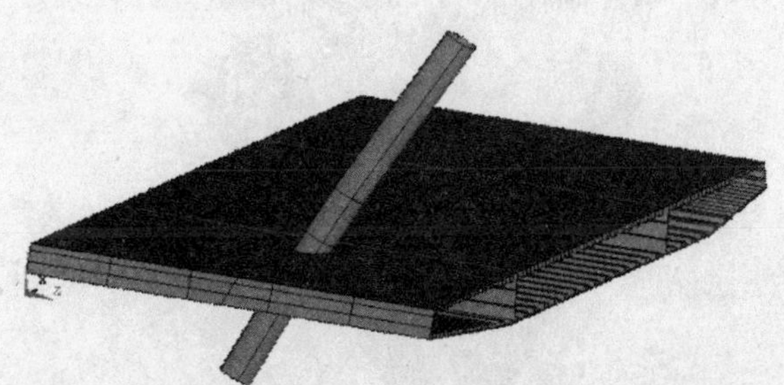

图8　拱梁内节点几何模型

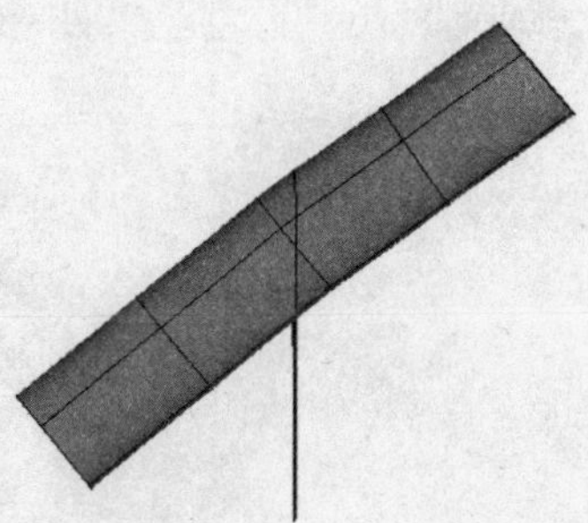

图9　拱上锚点几何模型

3.2 材料选取

拱肋及钢箱梁均采用 Q345qD 钢,弹性模量为 2.1×10^5 MPa,重力密度为 78.5kN/m^3。吊杆及拱脚系杆采用高强度镀锌平行钢丝索股,钢丝强度 1670MPa,弹性模量为 1.95×10^5 MPa,重力密度仍为 78.5kN/m^3。

3.3 计算工况与边界条件

局部分析的计算荷载提取自空间杆系模型整体计算的结果。根据以往的设计经验,整体静力计算采用四种不同的荷载组合:①恒载 + 活载(汽车 + 人群);②恒载 + 活载(汽车 + 人群) + 温度 + 运营纵风;③恒载 + 温度 + 百年纵风(无车);④恒载 + 温度 + 百年横风(无车)。其中恒载包括:一期恒载 + 二期恒载 + 索力 + 沉降;活载包括:六车道 + 人行道、非机动车道荷载或八车道 + 人行道荷载,取其包络值;温度包括:整体温差 + 索温差 + 拱肋温差 + 梁温度梯度。在局部分析模型中的荷载取值为上述 4 种工况组合的最不利值。

用于局部应力分析的板壳模型的荷载必须与整体杆系模型所得的荷载值等效。根据圣维南原理,荷载施加的方式仅会在局部范围内有较大影响,因此只要板壳模型具有足够的尺寸,使得关心的部位在上述局部范围之外,则可避免其影响。对于拱脚和拱梁内节点而言,荷载直接施加在拱肋圆管截面的中心上,为此需要在圆心设置 MASS21 单元,并与管壁结点耦合。MASS21 单元是一个质点单元,具有六个自由度,当质量为零时用来模拟荷载的施加点是十分有效的。对于拱上锚点的模型,荷载则直接通过吊杆的一端施加。

由于研究的重点是局部板件的受力情况,因此必须设定合理的位移边界条件以消除局部模型的刚体位移。具体的设置方法是:在拱脚处固定底面的支座;拱梁内节点处将钢箱梁节段端部固定;拱梁外节点处将钢箱梁节段端部固定;拱上锚点处固定拱肋的两个端面。在局部模型尺寸足够的条件下,这些处理不会影响到关键板件的受力情况。

4 计算结果

4.1 拱脚分析结果

图 10 是拱脚部位在最不利工况下的 Mises 应力云图。荷载施加的局部区域出现非常严重的应力集中现象,这是失真的,可不予考虑。拱肋管壁均出于受压状态,并且应力水平较低,基本在 90MPa 以内,可以满足管件强度及稳定的设计要求。

为了明确内部受力情况,图 11 中一侧拱肋的部分管壁未显示。容易看出拱肋内部的圆形加劲板受力很小,但为了保证拱肋管壁的稳定性仍需予以保留。拱肋相贯面处的竖隔板和拱脚底部的钢板除在约束处有稍许应力集中外,应力水平均控制在 200MPa 以内,满足设计要求。

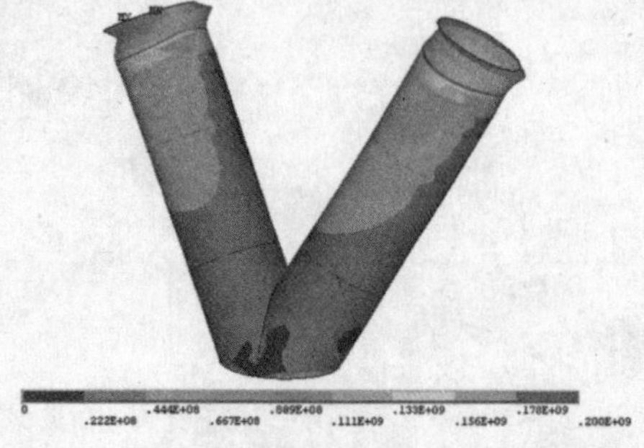

图 10 拱脚外部 Mises 应力图

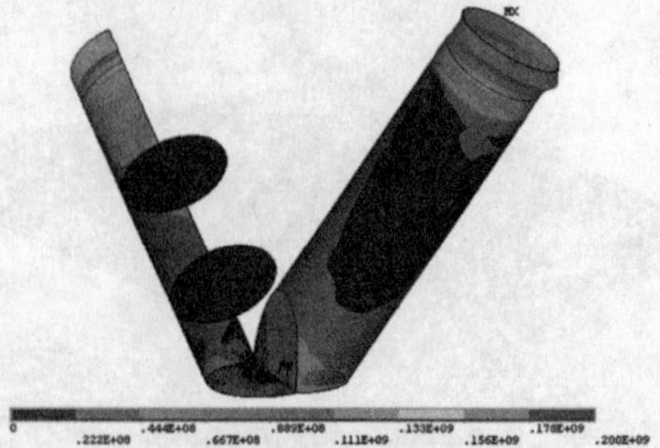

图 11 拱脚内部受力情况

4.2 拱梁外节点分析结果

拱梁外节点的 Mises 应力云图如图 12 所示，除拱肋端面的局部加载位置出现应力集中外，钢箱梁及拱肋的应力水平均不高。图 13 是钢箱梁局部构造的受力情况。拱梁节点部位主要板件除角点部位外，其余部位的应力随距离拱肋的距离增大而减小，应力扩散与传递顺畅。除边腹板与节点板角点处以及拱肋与顶底板局部焊接处（图中黄色区域）出现了 80MPa 左右的应力外，其余部位（图中绿色区域）的应力均处于 65MPa 以内，大部分受力板件的应力水平都不高，应力在 50MPa 以内。容易看出各板件的应力均在 120MPa 以内，可知拱梁内节点满足设计要求。

图 12　拱梁外节点 Mises 应力图

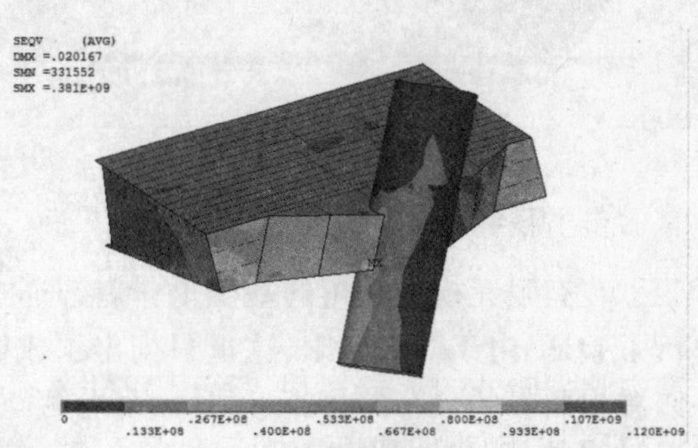

图 13　箱梁局部受力情况

4.3 拱梁内节点分析结果

拱梁内节点的 Mises 应力云图如图 14 所示，除拱肋端面的局部加载位置出现应力集中外，钢箱梁及拱肋的应力水平均不高。图 15 是钢箱梁内部构造的受力情况。需要指出的是，此处钢箱梁的顶底板及腹板应力非常小，因为这些应力仅是由拱肋传来的推力引起的，并没有计入整体计算中的其他荷载效应。因此可以看出，拱肋推力对钢箱梁顶底板中的应力影响非常小，在 20MPa 以内。拱肋和节点处加劲板的应力水平是反映真实情况的，这是因为：①拱肋上的荷载与整体计算得到的荷载相同；②内节点处设置的加劲板对整体受力的贡献极小。容易看出各板件的应力均在 100MPa 以内，可知拱梁内节点满足设计要求。

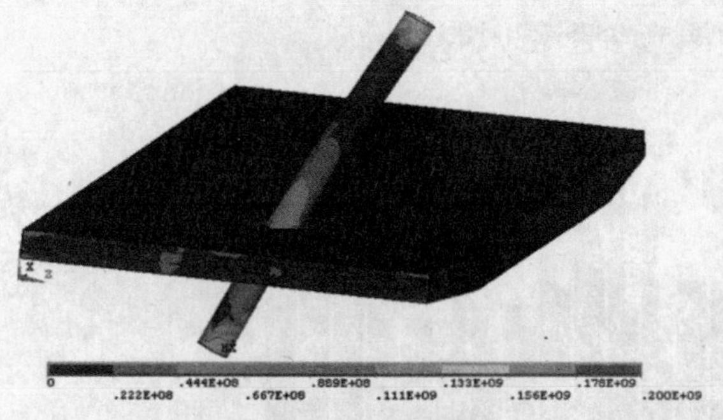

图 14　拱梁内节点 Mises 应力图

图 15　箱梁内部受力情况

4.4 拱上锚点分析结果

模型选取吊杆力最大的拱上锚点进行分析，得到如图 16 所示的 Mises 应力结果。吊点力直接施加在该处的竖直隔板上，如图 17 所示（图中拱肋管壁未显示）。由于竖向隔板是面内受载,可以有效地传递吊杆力,将其扩散到拱肋的整个断面,因此可以显著减小了拱肋的局部应力水平。可见除了隔板加载点处极小范围内出现应力集中外,其他部位的应力水平均较低,管壁处的最大应力也在90MPa以内,满足设计要求。

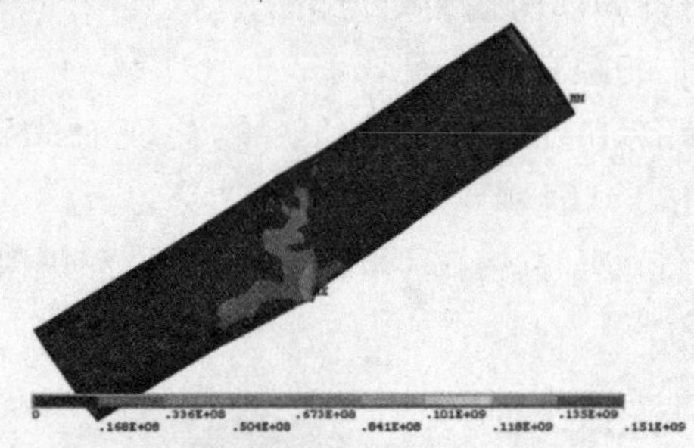

图16 拱上锚点 Mises 应力图

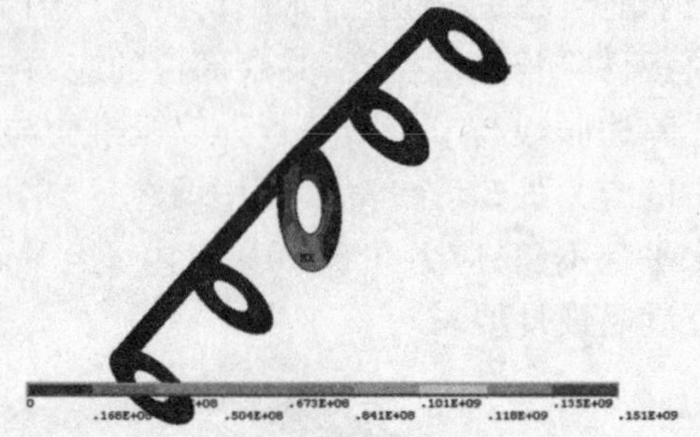

图17 竖向隔板 Mises 应力图

5 试验结果对比分析

在有限元模型分析的基础上作者还通过拱梁外节点模型试验对有限元模型计算结果进行了验证,由于篇幅有限,这里只列出了成桥状态的对比分析结果。如图18~图20所示,可以看出两者的分布趋势相近,且大部分测点误差都在20%以内。

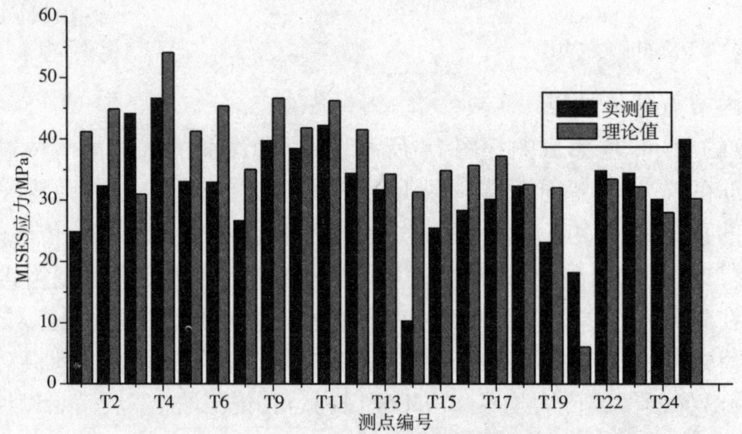

图18 顶板试验与仿真得到的 MISES 应力对比

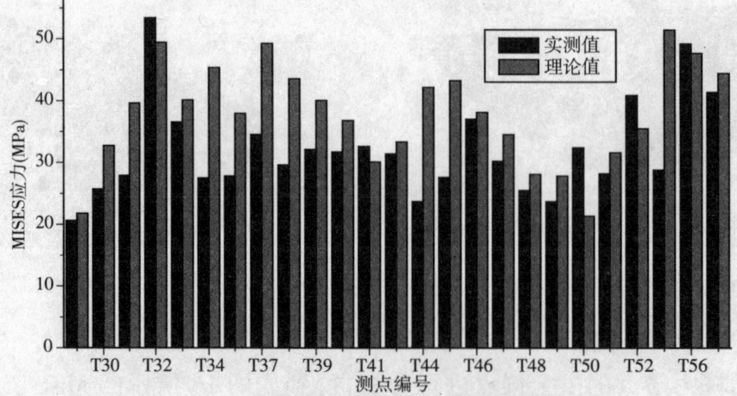

图19 底板试验与仿真得到的 MISES 应力对比

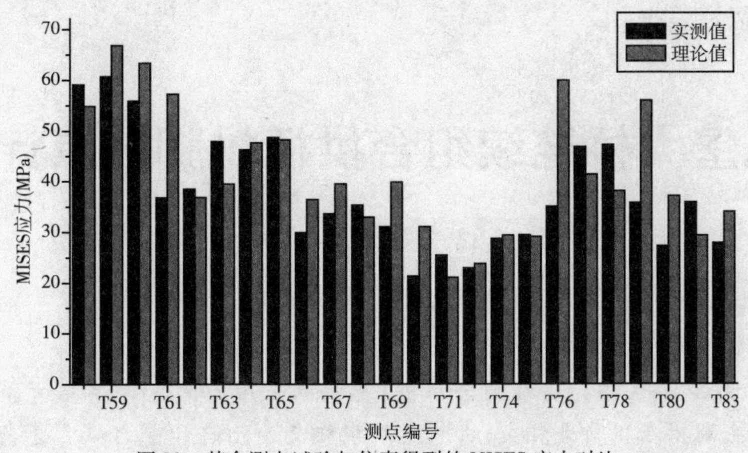

图 20　其余测点试验与仿真得到的 MISES 应力对比

6　结论

拱脚处除施加荷载的局部区域发生应力集中外，拱肋管壁的 Mises 应力在 90MPa 以内。而与支座接触的底部钢板，以及拱肋相贯处的竖隔板应力也在 200MPa 以内，满足受力要求。底部钢板约束处存在的应力集中现象亦是失真的，可不予考虑。

拱梁固结的构造对钢箱梁受力的影响很小，不控制设计。拱梁内、外节点构造自身的应力水平在 120MPa 以内，说明该处构造设计合理，有效地将拱肋推力传递给了钢箱梁。

拱上锚点的 Mises 应力水平在 90MPa 以内，这说明拱上锚点的设计安全可靠。竖向隔板的设置有效地避免了拱肋上的应力集中，起到了扩散吊杆力至整个拱肋断面上的效果。

通过拱梁外节点模型试验，对比有限元分析结果和试验数据，发现两者的偏差在 20% 以内，说明有限元模型所假设和简化的边界条件、模型结构等是适用有效的。

140　九堡大桥连续组合拱桥拱脚节点计算分析

汪　瑞　吴　冲　苏庆田

(同济大学桥梁工程系)

摘　要　九堡大桥主桥为连续组合拱桥,其拱肋采用空间主副拱相结合的空间结构形式,全钢形式的主副拱在拱脚处相交,由于主副拱相交处构造和受力极其复杂,钢板数量多、焊接量大,为了防止应力过大,避免拱脚处局部失稳,要对该部位进行详细的计算分析。故采用空间有限元程序详细模拟了主副拱肋相交处所有构件,并与整体杆系有限元模型相嵌套,形成混合有限元模型,对主副拱肋相交处进行受力分析。计算结果表明,拱脚的主副拱相交处构件传力总体上可靠,但局部存在应力集中现象。通过对有限元模型弹性稳定计算,得到主副拱相交处有足够强的稳定安全性。

关键词　组合拱桥　主副拱　混合有限元模型　弹性稳定

1　工程背景

九堡大桥主桥采用结合梁—钢拱组合体系拱桥,跨径组合为188m+22m+188m+22m+188m,为连续结构。钢拱跨径188m,如图1所示。

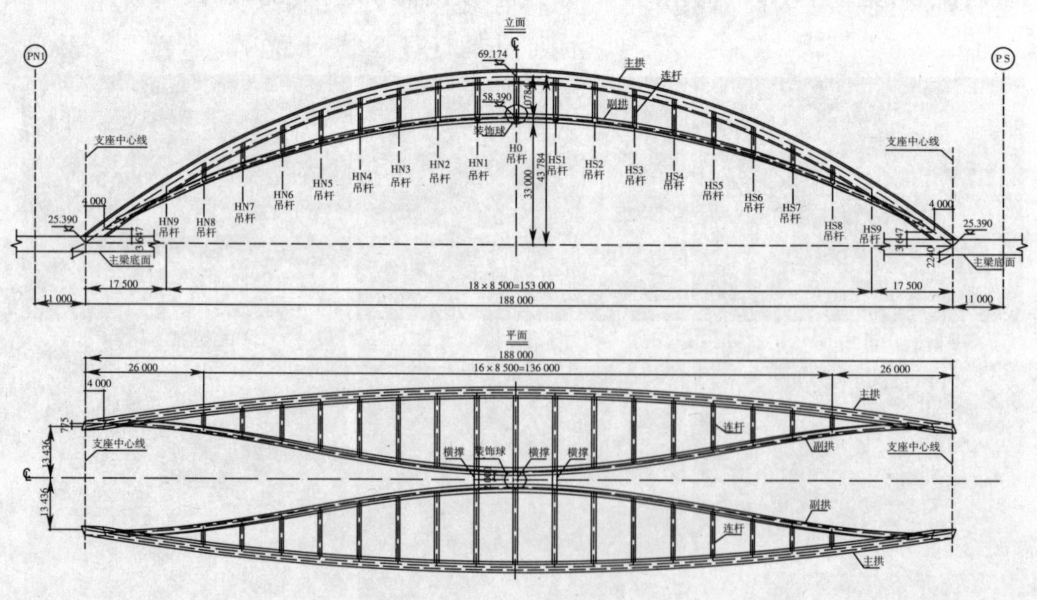

图1　拱肋立面和平面图(尺寸单位:mm)

拱肋系统由主拱肋、副拱肋、主副拱肋之间的横向连杆和拱顶横撑等构件组成。主拱肋外倾 12° 立面矢高 43.784m。副拱肋轴线为空间曲线,立面矢高 33m。主拱肋材料为 Q345qD 和 Q370qD,采用矩形截面,宽 2.2m,高 3.2m,腹板及顶底板厚度为 20 ~ 36mm,如图 2a)所示。副拱肋采用方形截面,边长 1.5m,腹板及顶底板厚度为 20mm,其轴线为空间曲线,为空间弯扭构件,如图 2b)所示。主副拱总体图和内部构造图如图 2c)和图 2d)。

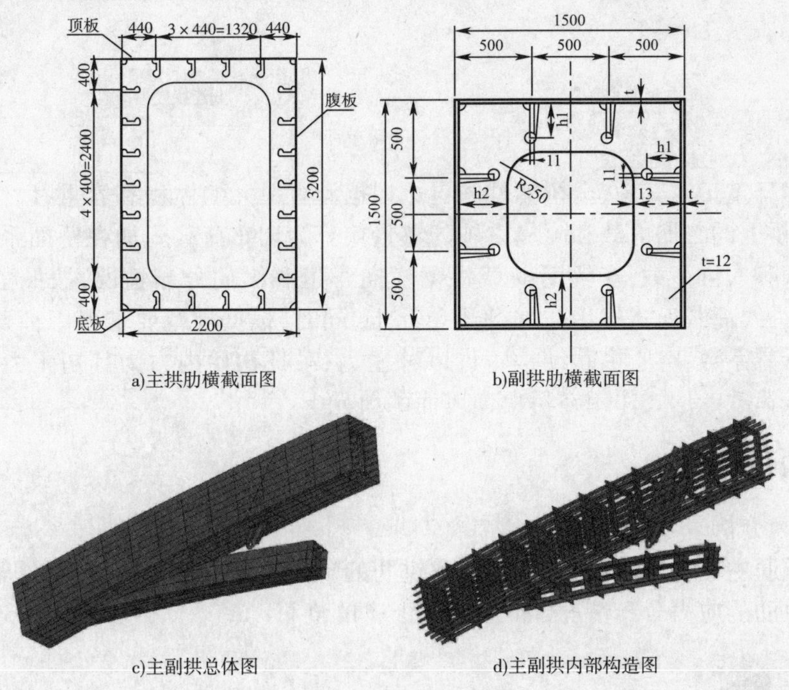

图 2　主副拱结构布置图

九堡大桥主桥的主要受力构件是钢结构拱肋、桥面系、梁格系和吊杆。其中平面曲线主拱肋和空间曲线副拱肋相交的拱脚节点连接形式、构造和受力极其复杂,钢板数量多、焊接量大、承受的荷载也很大[1]。为了保证该节点在桥梁使用寿命内的安全性,对此节点结构传力机理进行详细的计算分析。

2　计算方法和模型

为了模拟桥梁整体受力行为,采用 Ansys 有限元程序,建立双主梁空间杆系有限元模型对主要受力结构进行模拟。拱肋、加劲梁、横撑采用空间梁单元模拟[2];吊杆以及水平拉索采用空间杆单元模拟。桥面系横梁和主梁之间采用刚臂来实现偏心和传力,且满足变形的相对关系。对于主副拱交接处拱脚部分采用板壳单元建模,然后将其插入杆系模型的相应部位,在壳单元和梁单元交界面上按平截面假定建立约束方程,即连接处杆系节点和主副拱节点耦合。吊杆与节点连接处按三个平动位移协调建立约束方程,形成混合有限单元模型,如图 3 所示。

施加在结构上的荷载为恒载,活载,吊杆系杆初始内力,风荷载。恒载包括结构自重,二

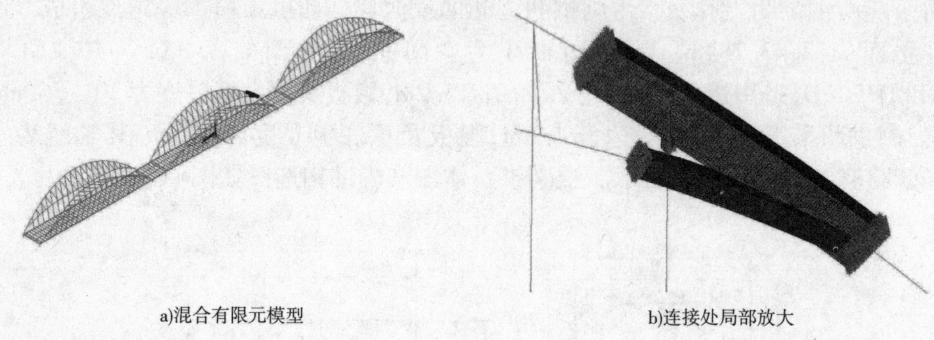
a)混合有限元模型　　b)连接处局部放大

图3　混合有限单元模型

期铺装以及栏杆重量。其中,全桥构件的自重根据计算单元的体积和容重,以体力的形式作用在单元上,桥上的二期恒载和附属设施的重量换算为均布荷载施加在桥面系单元上;活载包括汽车荷载和人群荷载,车辆活荷载根据横向车道和纵向分布情况,按照静力等效的原则,把其换算为线荷载形式作用在加劲梁单元上,同时,根据规范要求考虑荷载的横向折减系数和纵向折减系数,对于拱肋结构不计入冲击力;吊杆初始内力为其初张力;风荷载根据风力强度以线荷载的形式作用在桥梁迎风面的单元上。

3　结构分析

3.1　静力分析

拱桥的拱肋主要受轴向力的作用,因此拱肋的轴向应力占很大的比重,从轴向应力云图可明确得出拱肋的应力分布情况,如图4和图5(单位 kN/m^2)。

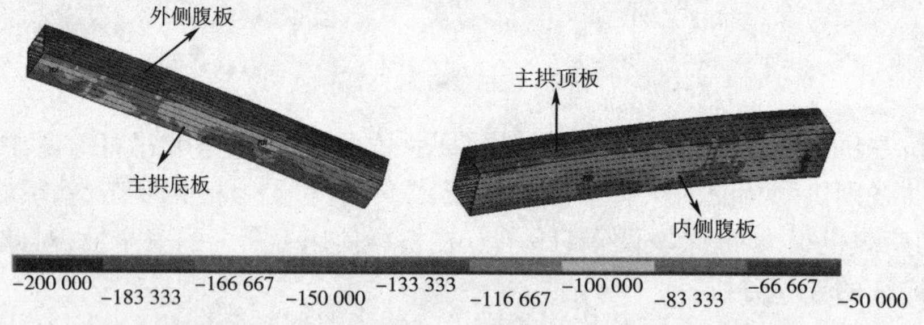

图4　主副拱交接处主拱轴向应力分布图

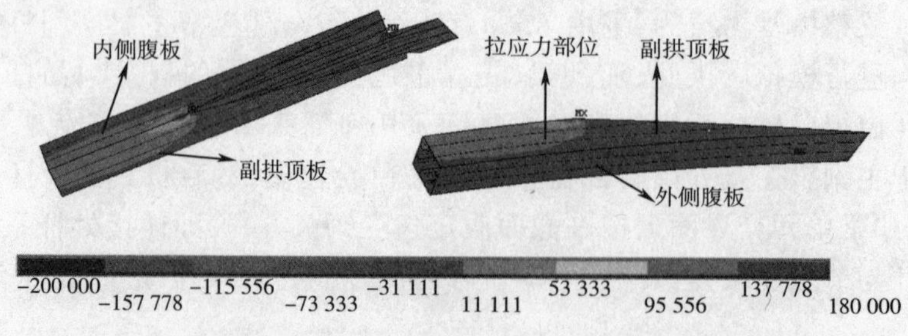

图5　主副拱交接处副拱轴向应力分布图

除主副拱除交接处等应力集中部位应力过大外，主拱的轴向压应力大部分在100MPa以内，其中主拱的顶板轴向压应力大约在80MPa以内，底板轴向压应力在130MPa以内，底板压应力较大；内侧腹板轴向压应力大约为100MPa左右，外侧腹板轴向压应力大约在80MPa以内，内侧腹板压应力较大。由此可知，主拱是一个向内侧和底部弯曲的压弯构件，主副拱交接处轴向压应力所占比重较大，并且主要由主副拱的顶底板、腹板和加劲肋承受。副拱肋轴向压应力大部分在70MPa左右，相对主拱较小。并且在副拱前端部位有50MPa左右的拉应力存在，在主副拱连接部位存在应力集中。

拱脚处拱肋内部的横隔板和加劲肋受力复杂，受力方向不明确，因此给出Mises应力图，如图3.1.3所示。

由图6可以看出，主副拱横隔板和加劲肋的Mises应力也比较小，除应力集中部位，大部分应力不超过30MPa。

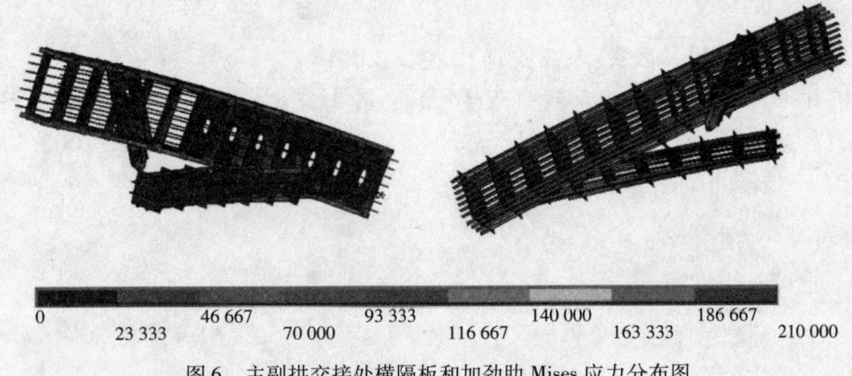

图6　主副拱交接处横隔板和加劲肋Mises应力分布图

3.2　弹性稳定分析

本次研究还计算了在恒载、活载、吊杆系杆初始内力和风荷载的作用下的弹性稳定问题[3]，图7a)和b)给出了混合有限元模型的前两阶失稳模态。

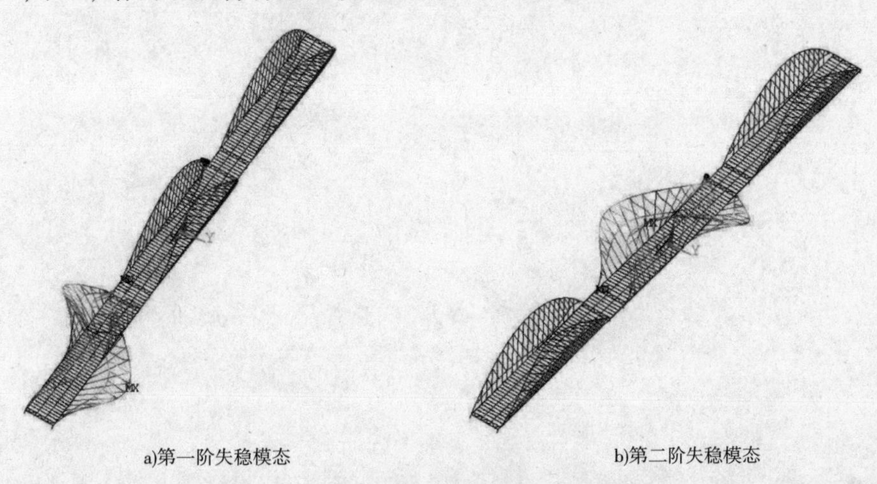

a)第一阶失稳模态　　b)第二阶失稳模态

图7　前两阶失稳模态图

其中，第一阶失稳的稳定特征值为4.782，失稳形式为边跨面外反对称失稳。第二阶失稳的稳定特征值为4.883，失稳形式为中跨面外反对称失稳。从失稳模态看出，其失稳形式为拱肋的整体弯扭失稳,没有在拱脚的主副拱钢板上发生局部失稳,表明主副拱肋的板件设置安全可靠。

4 结论

静力分析结果中,主副拱各项应力轴向应力所占比重最大,交接处由于应力集中和构造问题产生较大应力。主副拱轴向应力主要由主副拱的加劲肋和腹板顶底板承受。主副拱除交接处部位应力集中,其他部位应力不超过 130MPa。稳定分析的结果中,前两阶均为整体失稳,一阶失稳的稳定特征值为 4.782,未发生局部屈曲,结构的局部稳定性较整体稳定性要好。

参 考 文 献

[1] 吴冲. 现代钢桥[M]. 北京:人民交通出版社,2001.
[2] 邵敏. 有限单元法基本原理和数值方法[M]. 第2版. 北京:清华大学出版社,1997.
[3] 李国豪. 桥梁结构稳定与振动[M]. 修订版. 北京:中国铁道出版社,2002.

141　体外临时预应力粗钢筋钢锚靴优化设计

陈夏春　陈德伟

（同济大学　桥梁系）

摘　要　采用预制节段施工方法施工桥梁时，一般需要利用临时预应力体系来进行拼装。临时预应力体系可以采用粗钢筋或钢绞线，其中的关键是预应力钢筋的锚固方法问题。目前，国外应用的比较多的是粗钢筋体系，相应的采用钢锚靴作为粗钢筋体系的临时锚固结构，具有经济、便捷、可靠的优点，但国内很少有应用的报道。本文对钢锚靴进行了理论分析，并应用 ANSYS 建立有限元空间实体模型对锚固区域的局部应力、传力路径、边界非线性、设计参数影响等问题进行了分析，进而对钢锚靴进行优化设计。

关键词　体外临时预应力　钢锚靴　有限元　边界非线性　优化设计

1　概述

随着预应力技术的发展，早在20世纪40年代就开始应用预制节段施工方法。自70年代末以来，由于体外束防腐问题的解决、预制施工技术的发展及快速施工的要求等，预制节段体外预应力技术在桥梁建设中广泛应用[1~3]。

采用预制节段施工方法施工桥梁时，一般需要利用临时预应力体系来进行拼装。临时预应力体系的预应力筋可以采用粗钢筋或钢绞线，其中的关键是预应力钢筋的锚固方法问题。

目前，国外应用的比较多的是粗钢筋体系，相应的采用钢锚靴作为粗钢筋体系的锚固结构（图1～图4）。这种方法锚固可靠、不划丝、构造简单、安装和拆卸方便[4]、可重复使用，具有经济、便捷、可靠等优点。但国内目前很少有应用的报道。

图1　钢锚靴构件组装图

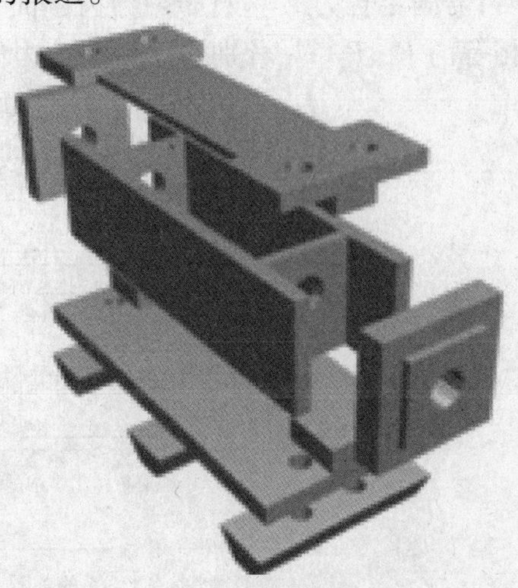

图2　钢锚靴分解图

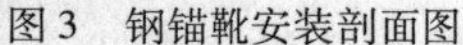

图3　钢锚靴安装剖面图

图4　印度某斜拉桥采用粗钢筋钢锚靴临时预应力体系

在预应力粗钢筋张拉前，利用精轧螺纹钢筋和配套螺母、垫板将钢锚靴固定在梁段上。由于钢锚靴采用预制安装，可拆卸，故不会增加主梁自重，且方便预制节段时采用标准模板。另外，钢锚靴两端均可作为锚固端，从而减少了在节段施工过程中安装、拆卸的次数。

锚固区域受力复杂，其关系到临时预应力体系的可靠性和施工过程中结构的安全性。因此，需要合理设计锚固粗钢筋的钢锚靴，以满足整个锚固区域受力要求。本文对钢锚靴进行理论分析，并应用 ANSYS 建立有限元空间实体模型，对锚固区域的局部应力、传力路径、边界非线性、设计参数影响等问题进行了分析，进而对钢锚靴进行优化设计。

2　理论分析

钢锚靴受到粗钢筋预应力 P、螺纹钢筋预压力 T_1 及 T_2 等外力作用[图5a)]。当上述合力恰好可以通过钢锚靴剪力齿侧面垂直地传递到混凝土板时，认为其为理想的受力状态。此时假设力全部由钢锚靴剪力齿侧面传递，并且应力在接触面上均匀分布。将 P、T_1、T_2 平移至 O 点，并附加相应力偶 M_p、M_1、M_2[图5b)]。若要达到上述理想受力状态，则对 O 点简化后，需满足合力 F 垂直于剪力齿侧面，且合力偶矩为0[图5c)]。此时将主力 F 分解为大小相等的 F_1、F_2、F_3 分别作用在各剪力齿侧面便可达到理想的受力状态[图5d)]。

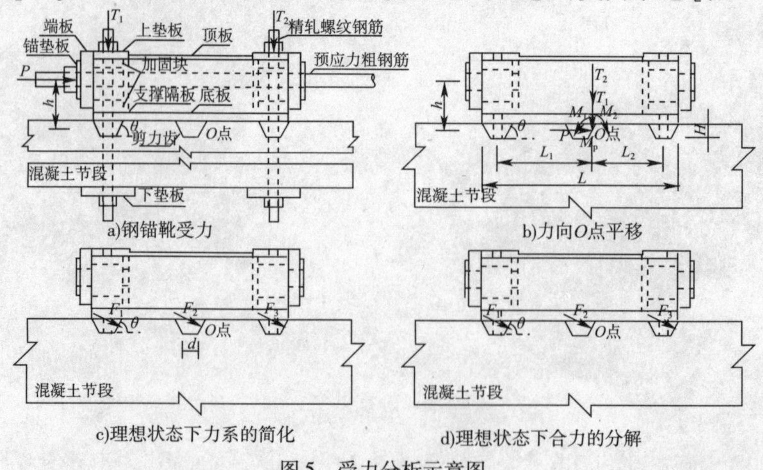

图5　受力分析示意图

3 锚固区域局部应力分析

实际上锚固区域受力非常复杂,本文以悬臂节段拼装施工为例建立空间实体有限元模型1对其局部应力进行接触分析。分析采用通用有限元软件 ANSYS,取对称体系的一半建模(图6、图7)。材料取 C50 混凝土,其弹性模量为 3.45×10^4MPa,泊松比为0.1667;钢锚靴材料为 Q345,其弹性模量为 2.1×10^5MPa,泊松比为0.3。有限元模型中混凝土采用 solid45 单元,钢锚靴采用 solid95 单元。接触分析时混凝土与钢的摩擦系数取0.2,最大摩擦应力取混凝土轴心抗拉强度标准值2.65MPa,接触刚度因子取1.0。其他主要参数如表1。梁节段安装钢锚靴端自由,另外一端固结,对称面上约束横向水平位移及横向转角。

图6 整体有限元计算模型

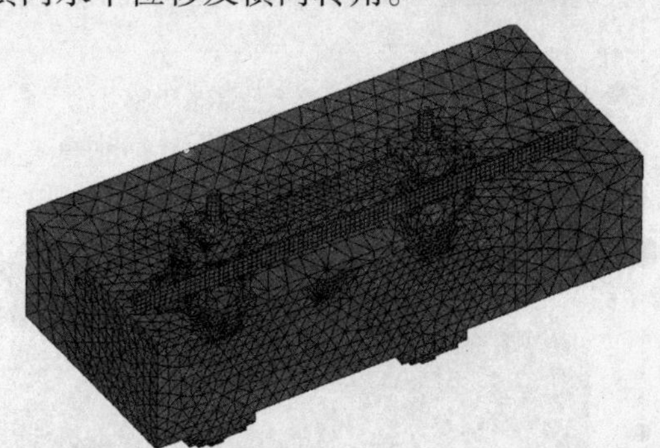

图7 局部有限元模型

表1 局部应力分析模型参数

	P(t)	$T1$(t)	$T2$(t)	H(mm)	h(mm)	m(个)	d(mm)	S(mm)	L(mm)	A(cm)	$\cot\theta$	下垫板总面积(mm^2)
模型1	50	25/2	25/2	40	130	3	40	250	540	30	0.5	61 600

注:m 为剪力齿个数,A 为钢锚靴端部距梁段端部的距离,其余参数意义参考图5。

由图8可知混凝土主压应力在凹槽设计受压面附近及螺纹钢筋的下垫板附近较大,且离粗钢筋锚固端越远的凹槽,其附近主压应力越大。在最右侧混凝土的凹槽设计受压面上棱边出现局部主压应力高度集中,达到24.3MPa,但区域很小(单元划分越细,应力集中越严重,最大值只具参考价值)。上述分布特点是由于钢锚靴受到粗钢筋预应力产生的力矩的作用而绕最右侧混凝土凹槽设计受压面转动(图9),从而导致各剪力齿受力不均匀。螺纹钢筋钢垫板下混凝土最大主压应力为13.2MPa。除主压应力高度集中区外,混凝土主压应力均处于22.4MPa以下。

由图10、图11可知,混凝土主拉应力在凹槽底面、两端面附近较大,且越靠近粗钢筋锚固端的凹槽其附近主拉应力越大。在凹槽设计受压面下棱边、左右棱边以及螺纹钢筋预留孔出现局部主拉应力高度集中。最大主拉应力为18.2MPa,出现在左侧螺纹钢筋预留孔顶部。主拉应力大于2.65MPa的最大深度为4.8cm,主拉应力大于2.65MPa区域体积为0.0015358m^3,但主拉应力数值和影响深度衰减都很快,主拉应力大于2.65MPa的区域较小而且主要分布在混凝土板的表面。因此,在钢锚靴下合理配置钢筋网片抵抗拉应力的情况下,设计是安全可靠的。混凝土出现较大主拉应力主要是由于凹槽附近混凝土对设计受压面有强大的约束作用。

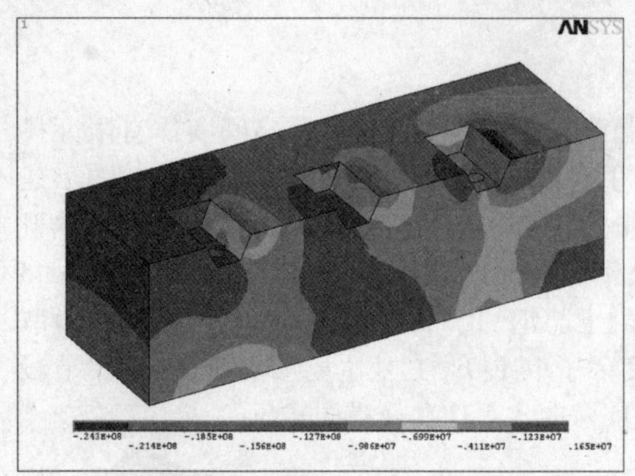

图8　模型1混凝土局部主压应力

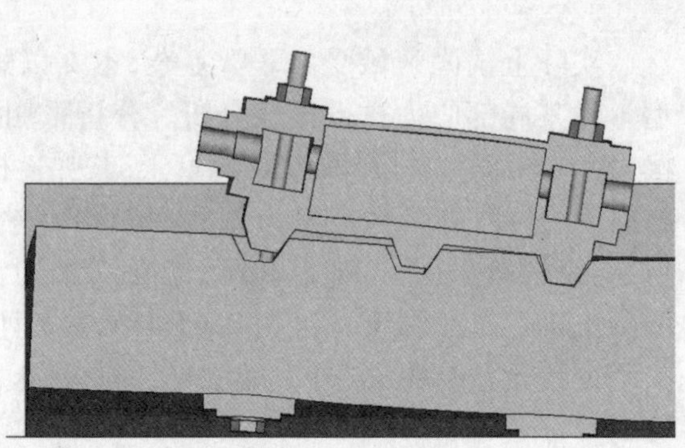

图9　模型1变形图(变形显示比例200:1)

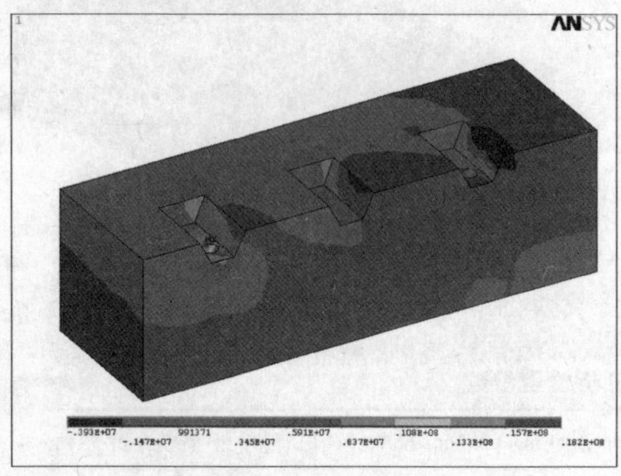

图10　模型1混凝土局部主拉应力

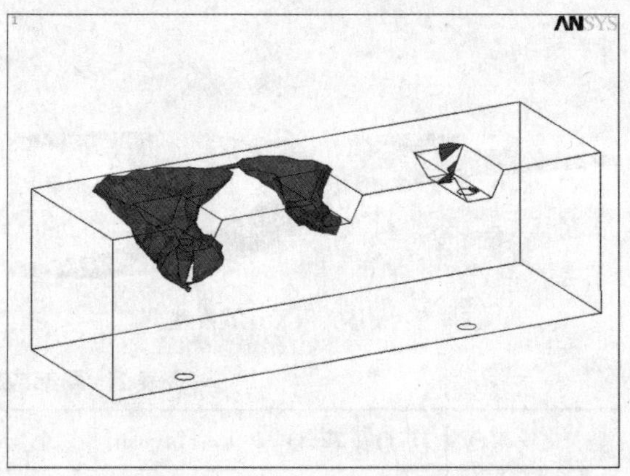

图11　模型1混凝土主拉应力大于2.65MPa区域

由图12、图13可知钢锚靴上粗钢筋预应力锚垫板、近锚固端端板,加固块、顶板近锚固端一侧、螺纹钢筋垫板主压应力较大,且在锚垫板预应力钢筋预留孔及螺纹钢筋预留孔边缘处出现主压应力高度集中。除主压应力高度集中区,钢锚靴的主压应力均处于245MPa以下。钢锚靴的近锚固端端板内侧、支撑隔板、螺纹钢筋垫板预留孔附近主拉应力较大,最大拉应力为172MPa。综合上述结果可知钢锚靴是安全的。

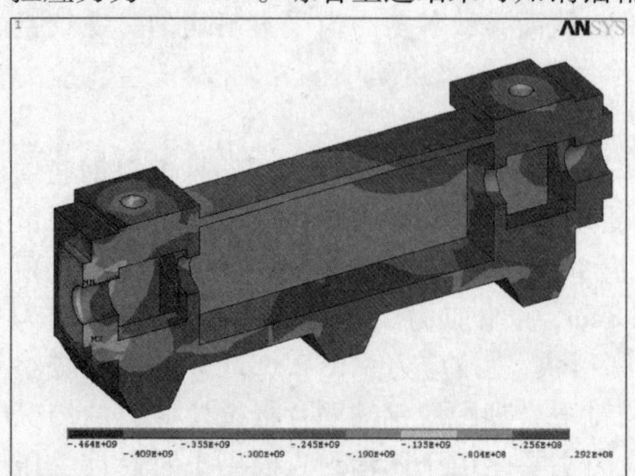

图12　模型1钢锚靴主压应力图

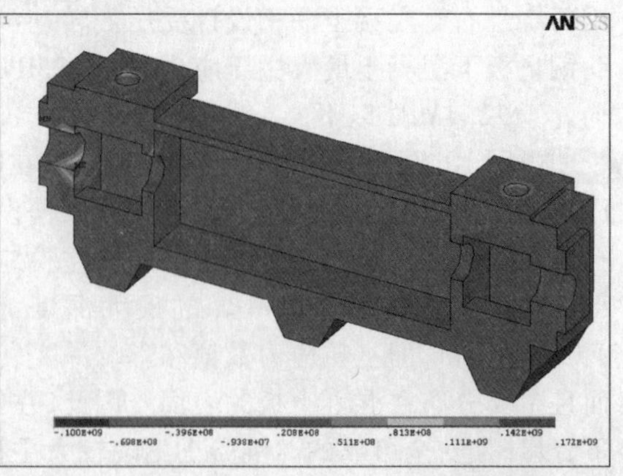

图13　模型1钢锚靴主拉应力图

4　锚固区传力路径和边界非线性分析

仍以模型 1 为例分析锚固区传力路径和边界非线性。混凝土板主压应力矢量如图 14 所示(矢量箭头的大小根据矢量的大小使用相对长度进行缩放),由图可知作用力大致垂直凹槽设计受压侧传递,然后慢慢转向水平传递。离粗钢筋锚固端越远的凹槽,其设计受压面受到的压力越大。

钢锚靴主压应力矢量如图 15 所示,粗钢筋预应力通过锚垫板传至端板,再由螺纹钢筋上垫板、加固块、顶板、侧板传至底板,最后传至剪力齿,很明显力总是沿刚度大的方向传递。其中加固块对于加大钢锚靴的刚度,减小预应力锚垫板、螺纹钢筋垫板的应力有很大的作用。

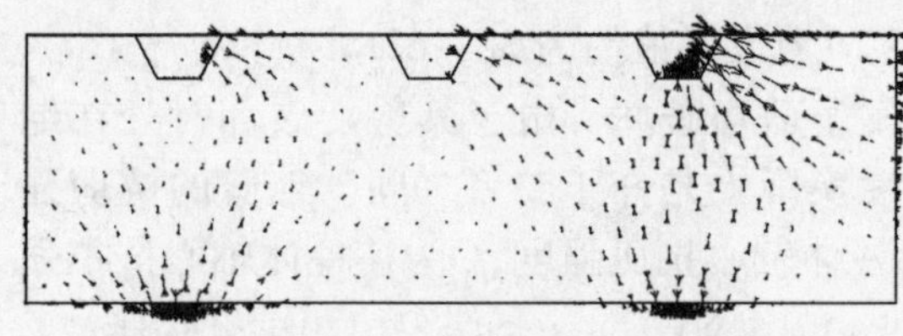

图 14　模型 1 混凝土板主压应力矢量图

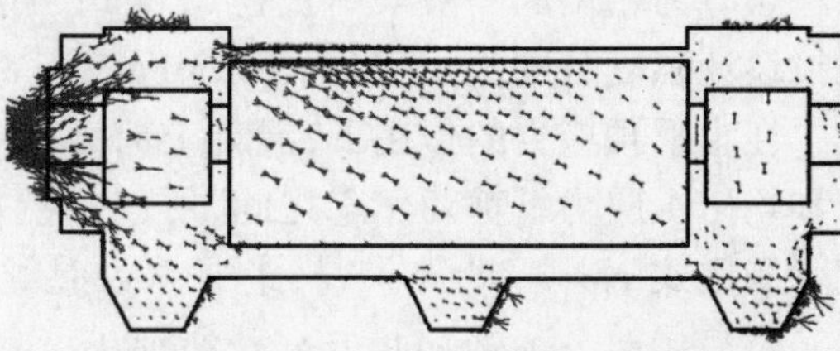

图 15　模型 1 钢锚靴主压应力矢量图

另外,接触分析表明钢锚靴与梁段的接触状态随受力状况变化,甚至出现脱离和滑移,表现出很强的边界非线性。施加粗钢筋预应力后,钢锚靴除了剪力齿设计受压面外,其余面基本与混凝土板脱离接触。

综上可知,理论分析时钢锚靴所受力全部由剪力齿设计受压面垂直传递到混凝土节段的假定是合理的。

5　钢锚靴优化设计

锚固区域受力复杂,需要合理设计锚固粗钢筋的钢锚靴,以满足整个锚固区域受力要求。钢锚靴的高度、长度 L、安装位置,剪力齿的几何尺寸、倾角 θ、布置形式,螺纹钢筋预加力的大小和分配等是设计的主要内容。

5.1　钢锚靴高度

在满足粗钢筋张拉尺寸要求的前提下,粗钢筋的锚固高度 h 越低越好,可有效减少预应力引起的力矩。在 h 确定后,钢锚靴高度就随之确定。因此,张拉尺寸的要求是控制粗钢筋锚固高度 h 和钢锚靴高度的主要因素。

5.2　钢锚靴剪力齿受压竖直投影面

根据理论分析,在理想的受力状态下混凝土凹槽设计受压面的平均压应力可按式(1)计算。

$$\sigma = \frac{P\csc\theta}{mHS\csc\theta} = \frac{P}{mHS} \tag{1}$$

由式 1 可知,在 P 一定的情况下,平均压应力由剪力齿个数 m、高度 H 及其横向长度 S

的乘积 mHS 决定,即由受压竖直投影面积决定。因此,可根据式(2)确定参数 m、H、S,式中 $[\sigma]$ 为混凝土抗压强度。

$$mHS \geqslant \frac{P}{[\sigma]} \tag{2}$$

剪力齿高度 H 一般应在 4cm 左右,太小不利于混凝土粗集料浇筑;太大会过度削弱主梁,且不便于梁段靠近表面钢筋的布置。另外,剪力齿宜采用小而密的布置形式,以使各剪力齿受力均匀。

5.3 钢锚靴长度

锚固区域不仅要承受粗钢筋的水平预应力,另外由于粗钢筋具有一定的锚固高度,使得锚固区域还要承受由粗钢筋水平预应力引起的力矩。钢锚靴的长度由此二者共同决定。

预应力粗钢筋一般采用直径 32mm 的精轧螺纹钢筋,有 JL540、JL785、JL930 三个级别,抗拉设计强度分别为 450MPa、650MPa、770MPa,预应力设计值约为 36~62t。

在水平预应力的作用下,混凝土剪力齿可能发生剪切破坏。由于其剪切破坏时处在纯剪和均匀压应力下剪切状态之间,所以其抗剪强度实际上是介于二者之间。纯剪的抗剪强度可采用式 $\tau_1 \approx 0.08 f_c \approx f_t$[5],式中 f_c 为混凝土棱柱体轴心抗压强度,f_t 为棱柱体轴心抗拉强度。均匀压应力下剪切状态的抗剪强度可采用式 $\tau_2 = 7.80\sqrt{f_c'} + 1.36\sigma_c$[6],式中 f_c' 为混凝土圆柱体轴心抗压强度,σ_c 为垂直剪切面的压应力。σ_c 可由螺纹钢筋总预压力 T 与剪切面积比值估算,由此可知适当加大 T 对抗剪是有利的。混凝土剪力齿的抗剪强度可近似取上述抗剪强度的平均值,所以锚固区混凝土的剪应力需满足式(3),并可按式(4)近似估算剪力齿的最小宽度 D,进而按式(5)估算抗剪所需的钢锚靴最小长度 L'_{min}。

$$\tau = \frac{P}{mSD + m(d + D)H} \leqslant \frac{1}{2}(\tau_1 + \tau_2) \tag{3}$$

$$D \geqslant \frac{1}{S + H}\left(\frac{2P}{m(\tau_1 + \tau_2)} - dH\right) \tag{4}$$

$$L'_{min} = (m - 1)D + md + 2H\cot\theta \tag{5}$$

同时,锚固区还要受到水平预应力引起的力矩作用,钢锚靴需要有一定长度以抵抗力矩。如图 5 所示,理想受力状态下有:

$$M_1 - M_2 = T_1 L_1 - T_2 L_2 = M_p \tag{6}$$

$$T = T_1 + T_2 = P\cot\theta \tag{7}$$

解得:

$$T_1 = \frac{P[h + \cot\theta(L/2 - d - 1.5H\cot\theta)]}{L - d - 2H\cot\theta} \tag{8}$$

$$T_2 = P\cot\theta - T_1 \tag{9}$$

显然若 T 一定,当 T_2 为 0 时,T_1 将达到最大值 T,这是一种极限状态。这种状态下需要的钢锚靴的长度最小。此时有 $T_1 L_1 = Ph$,$T = T_1 = P\cot\theta$,联立上述两式并注意到 $L_1 = (L - H\cot\theta)/2$,可得:

$$T = T_i = P\cot\theta = \frac{P(L''_{min} - \sqrt{L''^{2}_{min} - 8Hh})}{2H} \tag{10}$$

即：

$$\cot\theta = \frac{L''_{\min} - \sqrt{L''^{2}_{\min} - 8Hh}}{2H} \tag{11}$$

以 $h=130\text{mm}$ 为例，根据式11绘制 $\cot\theta$（或 T/P）与抵抗力矩所需钢锚靴最小长度 $L''_{\min}$ 关系图（图16）。因为 $T=P\cot\theta$，T 随 $\cot\theta$ 的增大而增大。随着 $\cot\theta$（或 T/P）的减小，$L''_{\min}$ 不断的增大，而且增加的越来越快。从图中可看出 $\cot\theta$ 为0.5时较为合理，其对应的倾角约为63°，T 为 $0.5P$，钢锚靴长度为540mm。设计时可以绘制出相应 h 下的 $\cot\theta$（或 T/P）与 $L''_{\min}$ 关系图，确定一个合理的倾角值，得到相应的钢锚靴长度和 T。

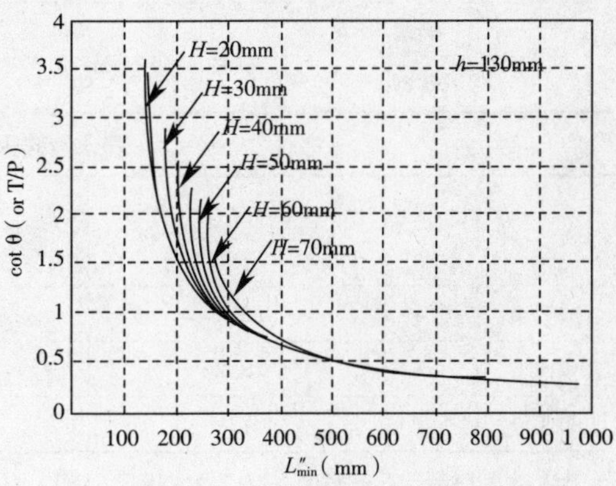

图16　抵抗力矩所需钢锚靴最小长度与 $\cot\theta$ 关系图（$h=130\text{mm}$）

综上所述，钢锚靴最小长度取满足承受水平预应力与承受其所产生力矩所需钢锚靴长度的最小值中的大者。一般满足抵抗力矩要求的钢锚靴长度要大，控制钢锚靴长度的设计。

5.4　螺纹钢筋预压力

螺纹钢筋预加力的大小要考虑垫板下混凝土局部承压和螺纹钢筋自身承载力。钢垫板下的混凝土的局部承压可参照规范 JTG D62—2004 计算。例如锚固区域两端各采用一块下垫板，尺寸为 $220\text{mm}\times140\text{mm}\times25\text{mm}$，参照规范计算得的局部抗压承载能力可达300t。螺纹钢筋直径一般取25mm或32mm，则单个螺纹钢筋的设计值为22～62t。综上所述，一般螺纹钢筋总设计值要小于锚固区垫板局部压力设计值，其控制螺纹钢筋预压力的设计。在设计时要考虑到在粗钢筋预应力作用下螺纹钢筋受力会增大，且两端的螺纹钢筋受力并不完全均匀，可能一端比另一端大很多。

在满足上述要求的前提下，T 大些对于剪力齿的抗剪是有利的，但是 T 大了对于混凝土凹槽的抗拉却是不利的，设计时要综合考虑。

5.5　剪力齿倾角

由上两节可知剪力齿倾角的确定要综合考虑钢锚靴的长度和螺纹钢筋预加力，其关系如图16所示。因为 $T=P\cot\theta$，所以当 θ 太大，T 就小，容易导致混凝土剪力齿的剪切破坏，所需的钢锚靴长度也更大；θ 太小，T 就大，容易导致螺纹钢筋垫板下混凝土压坏。通过绘制不同 h 下的关系图，可知比较经济的倾角值均在63°左右。

设计有限元模型2、3、4进行比较，模型主要参数如表2所示，其中 T 按式 $P\cot\theta$ 确定。其结果如表3所示，表明随着倾角度数的增大锚固区混凝土最大主拉应力和垫板下混凝土最大主压应力逐渐减小。但倾角越大，最右侧凹槽棱边就越尖，最大主压应力逐渐增大，应力集中将更严重。另外，混凝土凹槽底部主拉应力大于2.65MPa区域的体积和最大深度在倾角63°时最小。综合以上有限元分析也可确定最佳角度在63°附近。

表2　确定剪力齿倾角有限元模型参数(其余参数同模型1)

模型方案	P(t)	T_1(t)	T_2(t)	θ(°)
模型2	50	50/2	50/2	45
模型3	50	25/2	25/2	63
模型4	50	13.4/2	13.4/2	75

表3　锚固区混凝土计算结果

	B(cm)	最大主拉应力(MPa)	最大主压应力(MPa)	V(m^3)	垫板下混凝土最大主压应力(MPa)
模型2	6.4	22.5	22.9	0.001 612	22.9
模型3	4.8	18.2	24.3	0.001 536	13.2
模型4	5.1	17	28.3	0.001 706	10.7

注:B为混凝土凹槽底部主拉应力大于2.65MPa的最大深度,V为主拉应力大于2.65MPa区域的体积。

5.6　确定T_1、T_2的分配

T_1、T_2的分配对于锚固区域的受力有很大影响需要同时考虑抵抗力矩、垫板下混凝土局部承压、混凝土剪力齿及其周围区域受力等要求。

建立四个模型进行比较。模型主要参数见表4,其余参数同模型1。由图17可知当$T_1=T_2$时,左右垫板下混凝土受力均匀。由表5可知随着T_1的减小T_2的增大,最大主拉应力逐渐减小,混凝土凹槽底部主拉应力大于2.65MPa的最大深度也逐渐减小,主拉应力大于2.65MPa区域的体积也逐渐减小,且主拉应力分布趋于均匀。这是因为锚固端T_1越大,混凝土的约束作用越强。由此可知,减小T_1增大T_2对受拉是有利的。

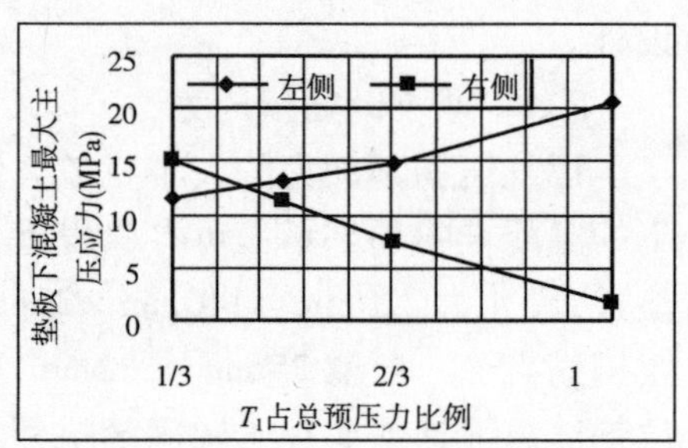

图17　垫板下混凝土最大主压应力

表4　确定T_1、T_2的分配比例模型参数

模型方案	P(t)	T_1(t)	T_2(t)	$\cot\theta$
模型5	50	25	0	0.5
模型6	50	(2×25)/3	25/3	0.5
模型7	50	25/2	25/2	0.5
模型8	50	25/3	(2×25)/3	0.5

表5　锚固区混凝土计算结果

	B(cm)	最大主拉应力(MPa)	最大主压应力(MPa)	V(m^3)
模型5	6	21.8	20.6	0.001 778 5
模型6	5.6	21.8	20.5	0.001 654 4
模型7	4.8	18.2	24.3	0.001 535 8
模型8	4.5	14.6	28.4	0.001 542 4

由表6可知，随着 T_1 的减小 T_2 的增大各个齿块的受力越来越不均匀。模型5的方差仅为2.19%，模型8已经达到了18.56%。这是由于螺纹钢筋预加力不足以抵抗钢锚靴上存在的力矩，而通过各齿块的不均匀受力产生反力矩来补充引起的。

表6　各剪力齿受力百分比

	模型5	模型6	模型7	模型8
左侧剪力齿	35.42%	26.62%	20.04%	13.38%
中间剪力齿	30.30%	30.25%	29.47%	28.53%
右侧剪力齿	34.28%	43.13%	50.50%	58.09%
方差	2.19%	7.08%	12.73%	18.56%

由表6可知，T_1、T_2 分配比例满足理论分析的式6和式7的模型5的结果与理论相吻合，各剪力齿所承受的力的比例基本相等，方差仅为2.19%。但是兼顾锚固区混凝土抗拉和垫板下混凝土受力均匀性的要求，取模型7的分配方式 $T_1=T_2$，其总体受力更合理。

5.7　确定钢锚靴的安装位置

悬臂拼装施工时，临时预应力体系提供临时预应力锚固梁段，根据受力特点钢锚靴应靠节段的端部安置。设计模型9、10、11分析钢锚靴安装位置对锚固区受力的影响，其钢锚靴距梁段端部的距离分别为10cm、30cm、50cm，其余参数同模型1。

其结果如表7及图18所示，钢锚靴安装位置离梁段端部越远，出现的拉应力就越大越集中，主拉应力大于2.65MPa的区域就越深，但这个趋势随着钢锚靴安置位置离梁段端部的距离的增加趋势越来越缓。另外，随着离梁段端部距离的增加，主拉应力大于2.65MPa区域的体积也逐渐越大，分布越不均匀。这是由于凹槽附近的混凝土对凹槽设计受压面有强大的约束作用，钢锚靴离梁段端部越远，约束混凝土就越多，约束作用就越大，其为锚固区主拉应力控制因素。

表7　确定钢锚靴安装位置有限元模型结果

	B(cm)	最大主拉应力(MPa)	V(m^3)
模型9	2.4	11.3	0.001 531 5
模型10	4.8	18.2	0.001 535 8
模型11	5.6	20.9	0.002 062 5

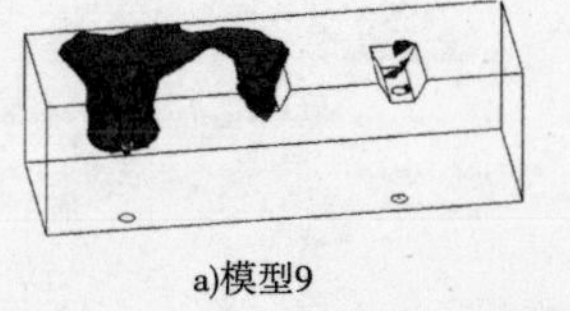
a)模型9

b)模型10

c)模型11

图18　确定钢锚靴安装位置有限元模型局部主拉应力2.65MPa区域图

综上所述，钢锚靴应尽量靠梁端安置，但考虑到钢锚靴下布置钢筋网片需要一定的锚固长度，以及当拼装下一节段时钢锚靴要反向锚固等因素，钢锚靴宜安置在离梁段端部约30cm处。

6 结论

本文对钢锚靴进行了理论分析,并建立了有限元模型对锚固区域的局部应力、传力路径、边界非线性、设计参数影响等问题进行分析,进而对钢锚靴进行优化设计。主要结论有:

(1)当 P、T_1、T_2 对 O 点简化后,合力 F 垂直剪力齿侧面,合力偶矩为0,为理想的受力状态。

(2)钢锚靴受力合理,满足要求。锚固区混凝土主压应力在凹槽设计受压面附近及螺纹钢筋的下垫板附近较大,且离粗钢筋锚固端越远的凹槽,其附近主压应力越大;主拉应力在凹槽底面、两端面附近较大,且越靠近粗钢筋锚固端的凹槽,其附近主拉应力越大。

(3)钢锚靴与梁段的接触表现出很强的边界非线性。施加粗钢筋预应力后,钢锚靴除了剪力齿设计受压面外,其余面基本与混凝土板脱离接触。作用力基本由剪力齿设计受压侧传递给混凝土板。

(4)在满足粗钢筋张拉尺寸要求的前提下,钢锚靴的粗钢筋的锚固位置越低越好。

(5)混凝土凹槽设计受压面平均压应力由受压竖直投影面积决定。

(6)钢锚靴的长度主要由要锚固的预应力及其引起的力矩二者共同决定。

(7)钢锚靴应尽量靠梁端安置,考虑到钢锚靴下需布置钢筋网片需要一定的锚固长度和反向锚固等因素,钢锚靴宜安置在离梁段端部约30cm处。钢锚靴的最佳倾角在约为63°。

(8)剪力齿高度应在4cm左右,剪力齿宜采用小而密的布置形式。

参考文献

[1] 刘亚东,秦宗平,金卫兵. 预制节段拼装连续梁桥设计要点和施工关键技术[J]. 铁道建筑技术,2006,(5):50-55.

[2] 徐栋,项海帆. 体外预应力桥梁的应用和研究[J]. 上海公路,1999,(B11):115-120.

[3] 徐栋,项海帆. 体外预应力桥梁的力学性能及其影响因素分析[J]. 桥梁建设,1999,(3):1-4,7.

[4] 熊学玉,黄鼎业. 预应力工程设计施工手册[M]. 北京:中国建筑工业出版社,2003.

[5] 过镇海. 钢筋混凝土原理和分析[M]. 北京:清华大学出版社,2003.

[6] Oral Buyukozturk, Mourad M. Bakhoum, S. Michael Beattie. Shear behavior of joints in precast concrete segmental bridge. ASCE Journal of Structural Engineering, 1990, 116(12): 3380.

142 钢筋混凝土连续弯梁桥设计应用存在问题及反思

徐建武[1] 邬谷丰[2] 项贻强[1] 俞勇芳[1]

(1. 浙江大学土木工程系;2. 嘉兴市交通工程质量监督局)

摘 要 钢筋混凝土弯梁桥广泛应用于城市高架、高速公路立交等基础设施。本文以某高速公路立交枢纽为背景,总结其通车不久后桥检发现的病害特征,对钢筋混凝土曲线箱梁桥的相关病害数据进行统计分析,探讨病害数据与相关参数(曲率、截面布置、配筋)等的关系,分析其病害原因;并就高速公路钢筋混凝土曲线箱梁桥在设计及使用上的弊端,提出相关建议。

关键词 钢筋混凝土 曲线箱梁桥 裂缝 分析

1 前言

近年来,一方面随着经济和设计施工技术水平的提高、材料的进步,预应力技术和混凝土连续箱梁桥普遍运用于各地的桥梁工程;另一方面基于造价和设计及施工难度等原因,部分城市高架和公路立交枢纽仍然会采用钢筋混凝土连续箱梁结构,尤其在曲线桥段,桥梁必须要有较大的抗扭刚度度、良好的整体结构性能、施工方便等要求,此时钢筋混凝土连续弯箱梁桥就成为最优选择。

关于钢筋混凝土曲线箱梁桥结构受力,相对其他直线桥和T梁桥等要复杂,加之施工质量等因素交错,使得该类桥梁极易产生各种病害,如箱梁裂缝[1]~[4]、支座脱空[5]、爬移翻转[6]等等。文献[1]~[4]就显示了混凝土曲线连续箱梁产生裂缝病害的诸多原因,基本上可以归纳为下面几点:①超载和偏心;②混凝土收缩变形;③支座不均匀沉降;④构造措施不到位;⑤剪力滞效应考虑不足;⑥受力钢筋配筋不足;⑦箱梁裂缝计算理论不完善;⑧施工质量等其他。

尽管前面有若干的研究,但是大多关注于某一两座特定桥梁。而本文拟结合某高速公路立交枢纽多座曲线箱梁桥出现的典型裂缝病害问题,通过现场调查,从钢筋混凝土曲线箱梁桥的曲率、截面布置、配筋等参数入手,分析研究并总结钢筋混凝土连续弯箱梁桥的相关病害(主要是裂缝病害)的特征,找出病害原因,以期为高速公路枢纽匝道桥的设计、运营、管养提出相关建设性意见。

2 工程背景

某高速公路按交通部颁《公路工程技术标准》[7]六车道高速公路技术标准,计算行车速度120km/h,路基宽度为35m,主线全长24.785km。该高速与多条高速相接,涉及匝道桥53座,占整个高速桥梁数目的60%,分布于3个大型立交枢纽中,主要桥型为钢筋混凝土和预应力混凝土连续箱梁,其中钢筋混凝土连续箱梁总计282跨,主要作为匝道桥的引桥使用,也有极少部分作为跨线桥。等截面钢筋混凝土箱梁桥的主要跨径为20m,还有少数跨径16m、17m、19m的调整跨,桥宽在8~12m不等;一般3~4跨一联,少数5~6跨一联;截面形式主要为单箱单室和单箱双室,少数变宽截面为单箱多室;箱梁腹板在靠近支座1/4~1/3跨范围内布置有弯起斜筋;弯桥曲线半径80~14 000m不等;混凝土强度等级均为C50;设计荷载均为汽-超20级、挂-120。典型箱梁跨中截面信息如表1所示。

表1　典型箱梁跨中截面信息

边跨跨中截面	单双室	梁高(m)	板截面尺寸(cm)			底板纵向受力钢筋			腹板箍筋		
			底板	腹板	底板	支座形式	直径(mm)	间距(cm)	直径(mm)	间距(cm)	半径(m)
HY21号桥	双	1.2	25	45	25	B	28/25	10	12	10/20	1 148~5 911
HY19号桥	双	1.2	20	45	20	B	32	10	16	10	177~8 861
HY6号桥	双	1.2	20	45	20	A	32	10	16	10	332~3 044
BY7号桥	单	1.2	25	45	25	C	32	10	16	10	80~6 979

注:支座布置分为A/B/C三类,A类:全部墩台设置抗扭支座;B类:两端设置抗扭支座,其余均为单点铰支座;C类:混合式。

3　病害特征及影响参数分析

3.1　病害概况

为了解桥梁的运营状况,在该枢纽工程通车一年后,对该枢纽工程的各类桥梁进行了常规的检查,结果发现钢筋混凝土连续箱梁桥存在较多的病害,主要分为两类:第一类是由于混凝土施工质量不佳引起的混凝土漏浆、松散、掉块、甚至钢筋锈胀露筋、盐析等病害,如图1a)~图1d)所示;第二类是箱梁翼板、底板、腹板出现的大量结构性裂缝,且相当数量的裂缝宽度超过规范[8]-[9]的规定,如图1e)、图1f)所示。

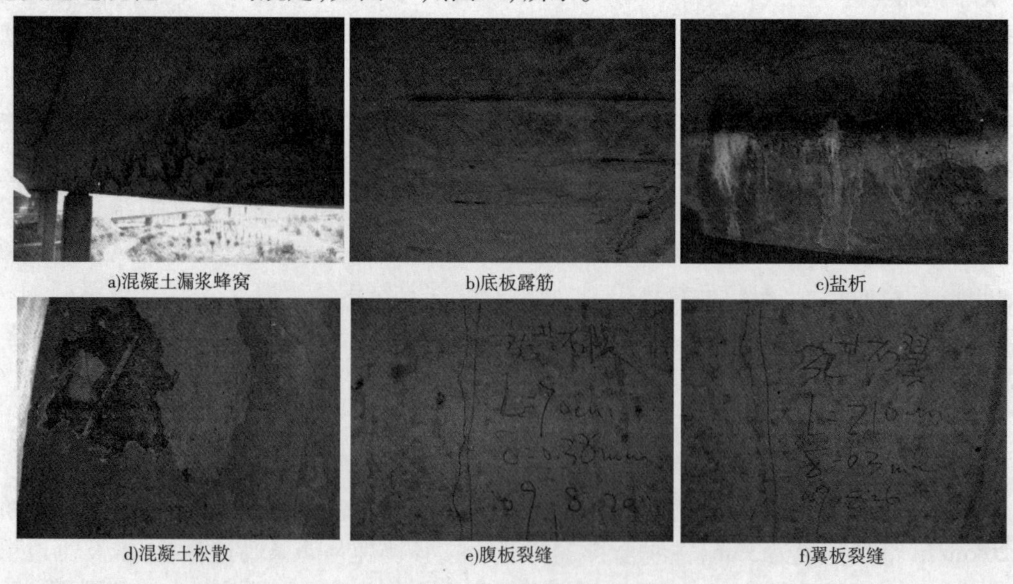

a)混凝土漏浆蜂窝　b)底板露筋　c)盐析

d)混凝土松散　e)腹板裂缝　f)翼板裂缝

图1　主要病害照片

出现裂缝病害的主要为 1.2m 梁高的箱梁;图 2 为裂缝病害较严重的 3 类截面形式(截面一(Ⅰ)和截面一(Ⅱ)的仅顶底板厚度不等,故归为同一截面布置),桥宽 8.0 ~12.0m。

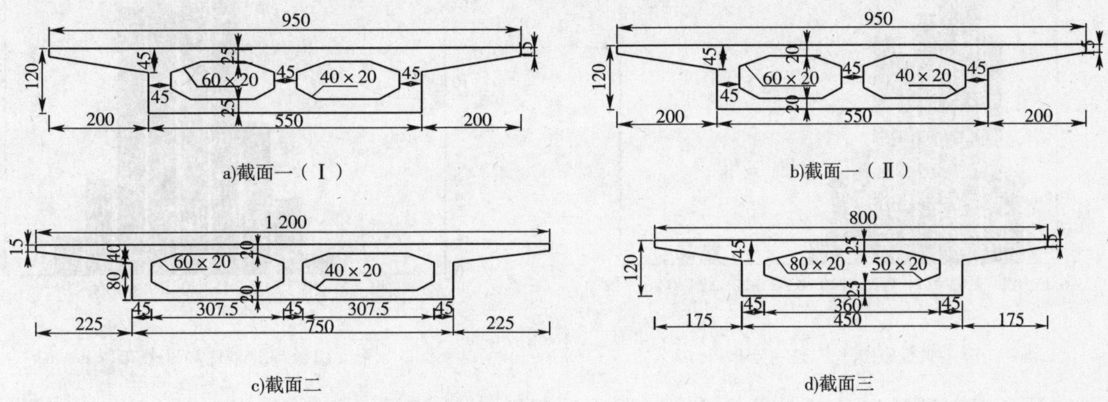

图 2　裂缝病害严重的截面形式(尺寸单位:cm)

由于底板裂缝大部分与腹板竖向裂缝贯穿在同一位置,所表征和反映的结构受力状况较一致,故对底板裂缝不做专门分析,下面仅就腹板竖向裂缝和翼板裂缝进行具体描述和分析。

3.2　腹板裂缝的分布

图 3 所示的是根据现场记录还原的桥跨裂缝分布图,从图中可以看出:腹板竖向裂缝的分布符合桥梁的弯矩分布图式,即绝大多数腹板裂缝出现在跨中正弯矩区,且连续箱梁边跨裂缝多于中跨。

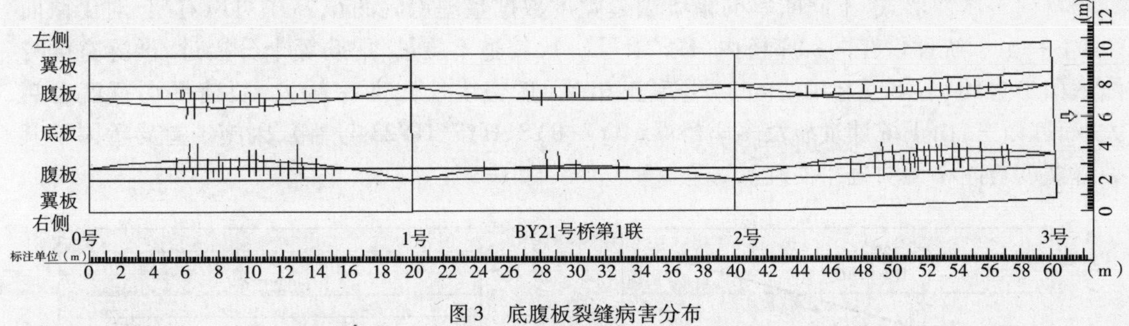

图 3　底腹板裂缝病害分布

注:此图为箱梁翼板、腹板、底板展开图,横轴为里程,纵轴为箱梁横向宽度,弯曲线为弯矩分布;只考虑腹板和底板裂缝,故翼板裂缝已略去。

考虑到《规范》[8] 允许钢筋混凝土结构带裂缝工作,且过细的裂缝对结构影响不大,故统计时过滤掉此次桥检发现的宽度小于 0.1mm 的裂缝(事实上这部分裂缝也只占整体裂缝数目的很小部分)。图 4 是所检查桥梁的单跨裂缝平均宽度分布柱状图,大部分箱梁平均裂缝宽度集中于 0.11 ~0.16mm。

根据统计计算,4 种截面的中性轴距底缘高度分别为 70.34cm、71.30cm、70.27cm、71.37cm。图 5 是检查的单跨裂缝平均高度(长度)分布柱状图,桥跨箱梁腹板竖向裂缝平均高度集中于 45 ~60cm,且大部分自腹板底缘起,裂缝均位于中性轴以下。

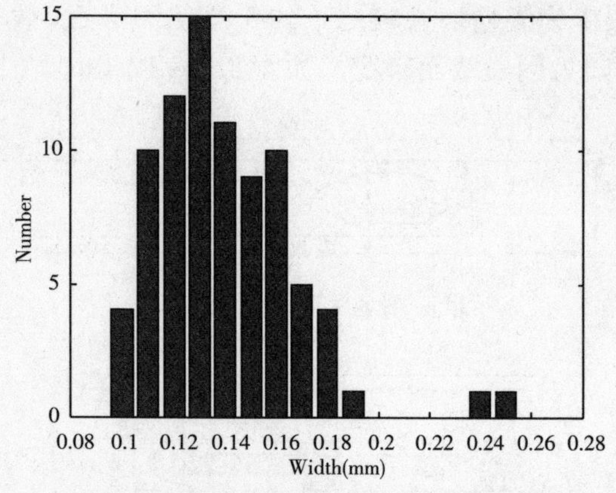

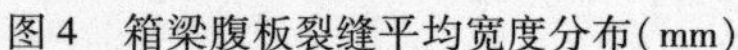
图4　箱梁腹板裂缝平均宽度分布(mm)

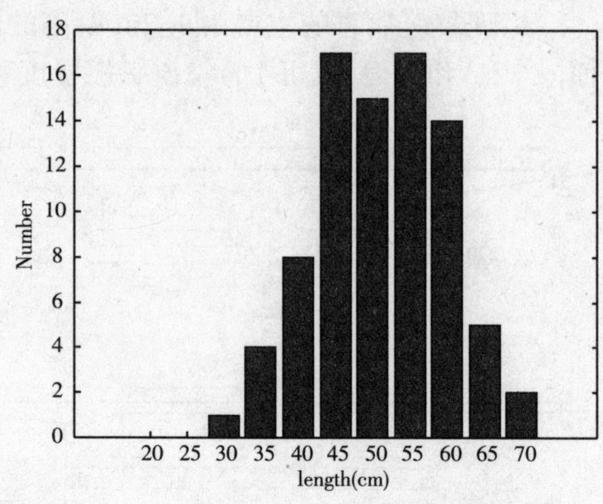

图5　箱梁腹板裂缝平均高度分布(cm)

考虑到裂缝数目的差异性较大,部分跨的裂缝数目在10条以下,因此单纯用裂缝平均宽度或平均长度参数还不足以反映桥跨裂缝病害的特点和规律,因此参照文献[10]、[11]将每一跨的裂缝高度(或长度)相加,得到一跨裂缝的总长度,再将每一条裂缝长度乘以裂缝宽度后再求和得到一跨裂缝的总面积来表征桥梁裂缝展开的严重程度。

3.3　腹板裂缝信息与有关参数的关系

3.3.1　曲率与裂缝参数的关系

由于箱梁桥均位于匝道缓和曲线上,曲率渐变。因此可以研究曲率变化对桥跨裂缝的影响关系。

(1)裂缝宽度

将同一截面形式、不同曲率的箱梁裂缝宽度数据整理得到图6,从中可以看出,对于截面一(Ⅰ),由于统计量在同一座桥内(HY21号桥),其施工质量、配筋等十分接近,裂缝宽度与曲率($1.7\times10^{-4}\sim8.7\times10^{-4}m^{-1}$)呈现正相关(近似线性),曲率越大,裂缝平均宽度也越大;而截面三,由于统计量涉及多座桥梁(BY7、BY8、HY7、HY23号桥),因施工差异等因素其裂缝宽度与曲率无明显相关性。

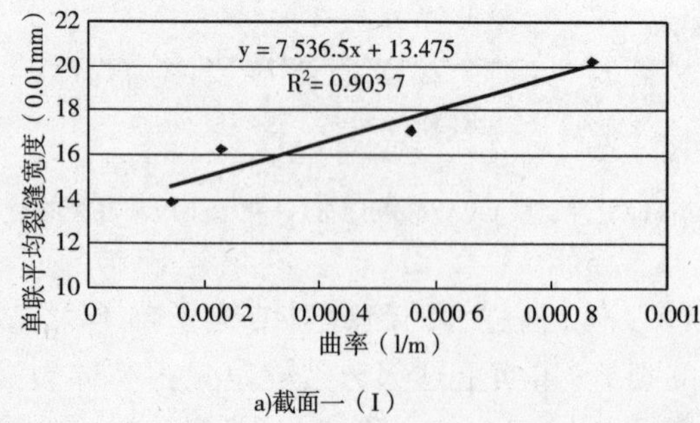

a)截面一(Ⅰ)

b)截面三

图6　桥跨裂缝平均宽度与曲率关系

(2)裂缝面积

将同一截面形式、不同曲率的箱梁裂缝面积数据整理得到图7,从图7a)中可以看出,截面一(Ⅰ)桥单跨裂缝平均面积与曲率成正相关,曲率大、半径小的箱梁,其裂缝面积较曲率小、半径大的箱桥要大，两者近似二次曲线；截面一（Ⅱ）也有类似关系，但相关性不明显。原因除去施工因素干扰外，和曲率范围也有关系，图7a）桥曲率半径范围1 148~6 941m（曲率$1.7\times10^{-4}\sim8.7\times10^{-4}m^{-1}$），为大半径，图7b）大部分曲率半径在1 000m以下（曲率大于$0.001m^{-1}$），为小半径，这表明钢筋混凝土箱梁结构受箱梁复杂的弯曲扭转及带裂缝工作的影响明显。

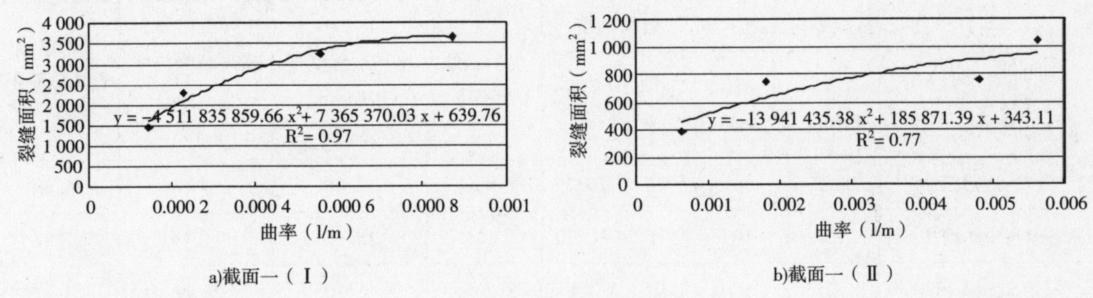

图7　桥跨裂缝平均面积与曲率关系

（3）内、外侧裂缝差异

考虑弯桥当曲率半径R较大时，可以近似看做成直桥。故考察曲率半径对弯桥内外侧裂缝各参数差异性的影响。将全部桥梁腹板裂缝数据（平均宽度、单跨总长度、单跨总面积）按曲线内、外侧分别统计，然后取计算的每一跨内、外侧裂缝对其平均值的差值（%），绘制成图8。

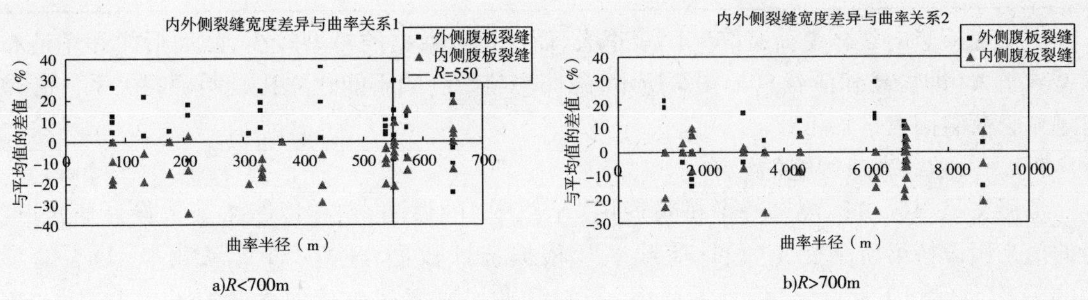

图8　腹板内外侧平均裂缝宽度差异与曲率关系

从图8可以看出在$R<550m$时，曲率半径对内外侧裂缝宽度差异影响较大，如图8a），此时外侧裂缝平均宽度绝大多数大于内侧裂缝；而$R>550m$以后内、外侧裂缝宽度关系紊乱，无明显规律和趋势可循。

采用上述平均宽度的做法，研究了曲率对单跨裂缝内、外侧总长度和总面积差异性的影响，发现规律基本一致，即$R=550m$是内、外侧裂缝参数差异的分界线：$R<550m$，差异明显；$R>550m$后无明显差异。

而根据加拿大规范[13]做法，对曲线连续梁，如果$L^2/(BR)<1$，则曲线梁桥可以按直线桥设计做，反之按曲线桥设计（L——桥梁总长；B——桥宽的一半；R——曲线半径）。基于此算出各连续梁各截面的最小临界半径：$R_{min}=L^2/B=60^2/6=600m$，（即3跨连续梁，截面二），与现场调查发现的临界半径$R=550m$接近。

3.3.2 配筋率对腹板裂缝的影响

如前表1给出的腹板箍筋及底板纵向受力钢筋信息,这里进一步考察在跨中正弯矩范围内出现的腹板裂缝的位置与跨中截面配筋率的关系。跨中截面形式有4种,如图2,跨中截面配筋率有5种情况,见表2。

表2 配筋率与腹板裂缝参数关系

截面	底板纵向受力钢筋		腹板箍筋		受力钢筋配筋率	平均裂缝宽度(0.01mm)	平均单跨裂缝总长(m)	平均单跨裂缝总面积(cm^2)
	直径(mm)	间距(cm)	直径(mm)	间距(cm)				
一(Ⅰ):边跨跨中	28/25	10	12	10/20	1.53%	17.28	19.68	34.60
一(Ⅰ):中跨跨中	25	10	12	10/20	1.25%	15.61	11.14	17.37
一(Ⅱ):边跨跨中	32	10	16	10	3.20%	13.70	9.59	13.31
一(Ⅱ):中跨跨中	32	10	16	10	3.20%	12.97	3.59	4.64
二:边跨跨中	32	10	16	10	2.62%	13.31	11.17	12.79
二:中跨跨中	32	10	16	10	2.62%	13.56	8.63	10.55
三:边跨跨中	32	10	16	10	2.38%	12.28	9.44	11.77
三:中跨跨中	32	10	16	10	2.38%	11.45	5.99	6.96

由于腹板竖向裂缝受荷载影响因素很大,而所调查数据的桥型较少,截面形式和车道布置差异很大(即恒载和活载),如图9所示,配筋率与裂缝的不能建立比较明确的关系。必须考虑结合荷载因素进行考察。

3.3.3 承载率对裂缝的影响

参照文献[10-11]规定一个桥梁使用"承载率"的做法,初步以跨中最大设计弯矩/抗力的值来假设桥梁所承受的"设计荷载率",根据统计数据,建立"设计承载率"与裂缝参数的关系,如图10所示。"设计承载率"与裂缝平均宽度存在某种程度的正相关关系(相关系数0.71),而与单跨平均长度和平均面积则不存在明显相关性。其中原因可能是多方面的:

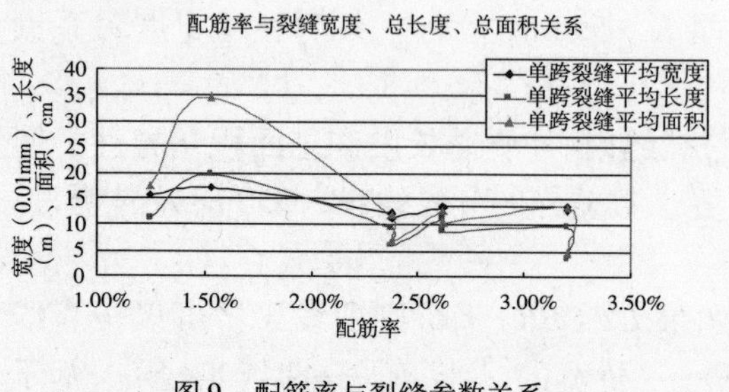

图9 配筋率与裂缝参数关系

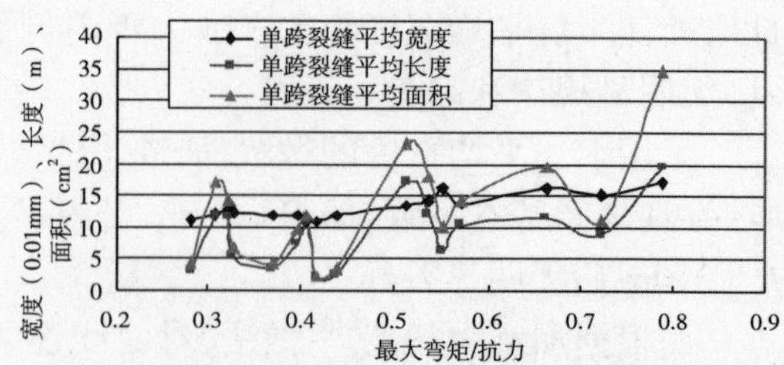

图10 "设计承载率"与裂缝参数关系

(1)实际匝道桥梁承受的荷载差别非常大。所调查的全部是高速公路立交枢纽的匝道桥,连接的是不同方向的高速公路,而由于高速公路交通流方向性的差异导致个别匝道车辆较多、部分超载现象严重，而其他匝道则车辆稀少。

(2)除去车辆荷载之外的其他作用的原因，如施工质量差异等因素。

3.3.4 碳纤维加固对裂缝的影响

检查中发现HY19号桥第一、二联(1~6跨)箱梁底板贴有碳纤维布，基于此，将HY19号桥其余联(3跨一联)的腹板裂缝参数与之对比，如表3所示。(该桥箱梁截面参见表1和图2b)，混凝土设计强度等级C50。)

表3 加固联与非加固联对比

联号(跨号)	腹板裂缝数目	裂缝平均宽度(0.01mm)	单跨裂缝平均高度(cm)	单跨裂缝平均总长度(cm)	单跨裂缝平均总面积(mm^2)
第一联(1-3)*	29	16.60	43.38	629	1 046
第二联(1-3)*	30	15.51	49.07	491	764
第四联(11-13)	51	11.92	40.96	696	836
第七联(21-23)	83	12.52	46.94	1 044.5	1 780

注：打*号为碳纤维布加固过的联号(跨号)。

从表3中可以看出，经碳纤维布加固的箱梁裂缝数目、单跨裂缝总长度、单跨裂缝总面积均比未加固的要小，但是平均裂缝宽度仍比未加固的要大。结合相关的文献[13]~[16]，可以初步推测这种结果的原因是：第1、2联在施工结束后不久即因施工质量等因素出现了比较严重的裂缝病害，因此采取粘贴纤维复合材料进行加固，而根据相关文献[13]的结论："后粘贴高强纤维复合材料层可以制约裂缝的发展，间接提高结构的抗裂性能"，但是粘贴纤维复合材料属于被动加固范畴，不能使原有裂缝闭合，只能抑制原有裂缝的继续展开[17]。故原有因施工因素造成的裂缝宽度未能减小，但是就整跨而言，由于后期抗裂性能的提高，其裂缝数目、总长度、总面积均相应的减小。

3.4 翼板裂缝分布及成因分析

经现场记录并用CAD还原绘制的桥跨裂缝分布如图11所示。结果表明翼板裂缝分布出现两种典型形式：①翼板近中支座1/3跨范围(负弯区)内开始出现数道横向贯穿的裂缝，在正弯区基本没有裂缝，如图11a)；②全跨范围内间隔一定间距出现均匀翼板裂缝，如图11b)。

与讨论腹板裂缝特征参数相似，这里给出了翼板裂缝与各参数的关系研究，限于篇幅，不再详述。仅列出以下几点规律：

(1)翼板单跨平均裂缝面积与曲率成正相关关系，且半径较大时($R>1\ 000$m)，相关性明显。

(2)翼板裂缝内、外侧差异性的临界半径为$R=520$m，比腹板裂缝的$R=550$m偏小。

(3)曲率半径对内、外侧裂缝面积差异的影响较小，所有桥跨的外侧翼板裂缝面积均大于内侧。这从一个侧面说明选取裂缝总面积作为桥梁裂缝病害参数之一的合理性。

(4)翼板裂缝与配筋率、承载率无明显相关性，其具体原因较复杂，需综合其他因素(温度、剪力滞、日照等)分析。

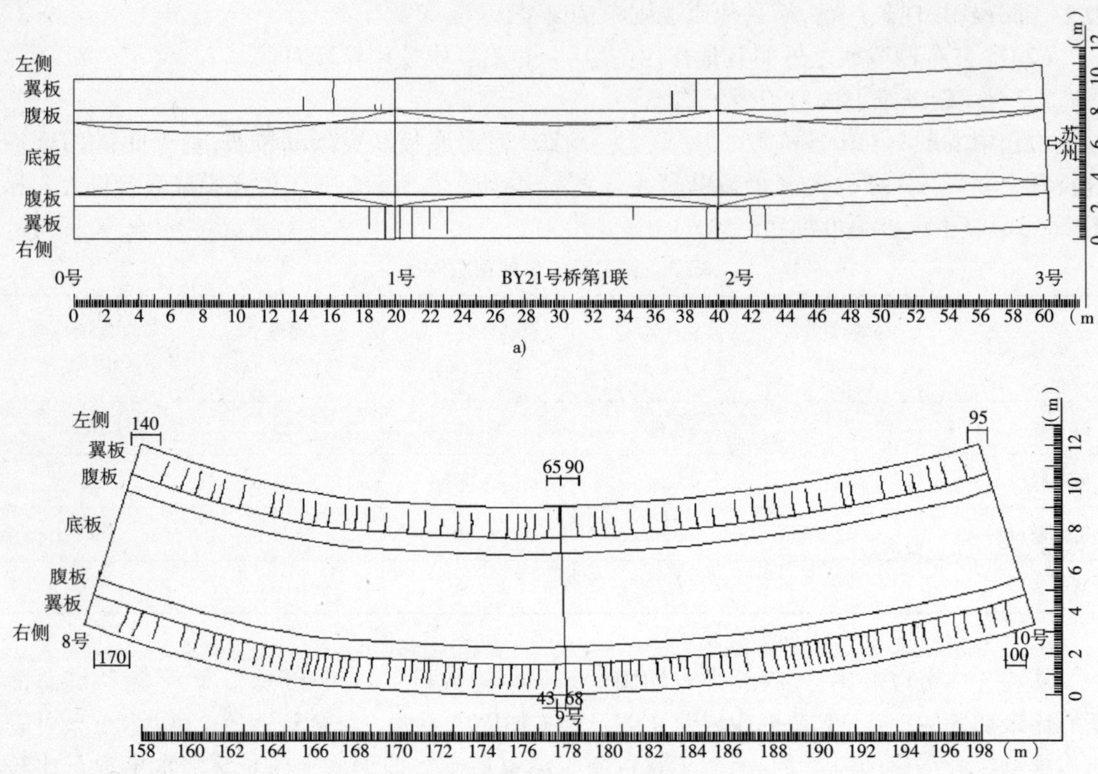

图 11　典型翼板裂缝分布图

注:此图为箱梁翼板、腹板、板展开图,横轴为里程,纵轴为箱梁横向宽度。红线为弯矩分布。只考虑翼板裂缝,故腹板和底板裂缝裂缝已略去。

4　总结与反思

根据桥检状况的初步统计分析研究,可以得出以下几点:

(1)底腹板竖向裂缝的分布符合桥梁的弯矩分布图式,荷载引起弯矩应该是底腹板裂缝出现的主要原因。

(2)曲率对曲线箱梁桥的底板、腹板、翼板裂缝均有明显影响;半径超过一个分界点后,曲线箱梁内外侧差异可以忽略,按直线桥设计。

(3)配筋率、承载率各自单独对钢筋混凝土箱梁结构裂缝参数影响不明显,必须结合其他因素综合考虑;这与目前规范[8]中裂缝宽度计算公式的参数多样相一致。

(4)对钢筋混凝土箱梁底板粘贴碳纤维布加固,只能提高其整体抗裂性、抑制原有裂缝的继续展开,不能提载使原有裂缝闭合。

(5)自重、车辆荷载、配筋率与翼板裂缝参数无明显相关性,翼板裂缝原因较复杂。

结合桥检及总结情况,得出以下几点反思。

(1)对曲线桥应尽可能用预应力混凝土结构或部分预应力混凝土进行设计,条件限制时应重视小半径钢筋混凝土曲线桥梁的“弯扭组合效应”影响,适当提高其配筋率安全系数及减小普通钢筋分布的间距,如图 10 中最大设计承载率接近 0.8,而现场调查发现其混凝土开裂程度亦相当严重。

(2)通车后应注意车辆荷载观测,尤其是立交枢纽中超限严重的匝道,应及早进行相关检查,发现问题及时予以处理和解决,避免桥梁结构因耐久性失效而加速破坏的现象发生,防患于未然。

(3)注重施工控制,桥检结果表明施工质量对钢筋混凝土结构开裂状况影响较大,甚至出现了施工未结束即加固的案例;即便钢筋混凝土结构允许带裂缝工作,也应从耐久性和全寿命的角度注重其裂缝的发展,并进行相应的封闭或控制。

参考文献

[1] 潘大荣,赵启林,王景全,杨洪. 某钢筋混凝土连续箱梁裂缝成因分析及计算研究[J]. 工业建筑,2002(38)增刊.

[2] 万红燕,叶见曙,钱培舒,郭忆. 钢筋混凝土连续箱梁裂缝原因分析及研究[J]. 江苏交通工程,2002,5.

[3] 林敏,卢绍鸿. 钢筋混凝土连续箱梁裂缝原因分析[J]. 广东公路交通,2002,增刊.

[4] 郑步全,吴培锋. 某钢筋混凝土连续曲线梁桥裂缝事故分析与设计修正[J]. 公路交通科技,2004,11.

[5] 杨党旗. 华强立交A匝道桥独柱曲线梁桥病害分析及加固[J]. 桥梁建设,2003,2.

[6] 陈守逸,莱荣兴. 创业立交匝道桥缺陷分析与处理[J]. 公路交通科技,2002,2.

[7] 交通部. 公路工程技术标准(JTJ001-97)[S]. 北京:人民交通出版社,1997.

[8] 交通部. 公路钢筋混凝土及预应力混凝土桥涵设计规范(JTG D62—2004)[S]. 北京:人民交通出版社,2004.

[9] 交通部. 公路桥涵养护规范(JTG H11-2004)[S]. 北京:人民交通出版社,2004.

[10] Han Da-jian, Du Jiang. Crack Statistic-Based Method for Bridge Performance Assessment [J]. Journal of South China University of Technology, 2007, 35 (10):70-77,104.

[11] 杜江,韩大建. 基于裂缝统计量的桥梁性能评估[J]. 桥梁建设,2009,1:74-77.

[12] 杨则英,黄承逵,翁长年,张冠华. 由表观损伤特征反演钢筋混凝土梁承载率神经网络模型[J]. 大连理工大学学报,2005,3(45):260-264.

[13] Canadian Highway Bridge Design Code (CHBDC),Canadian Standard Association, Ontario, Canada, 2000.

[14] 张树仁. 桥梁加固设计理念剖析与商榷[C]. 全国既有桥梁加固、改造与评价学术会议论文集. 北京:人民交通出版社,2008.

[15] 叶列平,崔卫,岳清瑞等. 碳纤维布加固混凝土构件正截面受弯承载力分析[J]. 建筑结构,2001,31(3):3-12.

[16] 吴刚,吕志涛. 外贴CFRP加固混凝土结构的抗弯设计方法[J]. 建筑结构,2000,30(7):7-10.

[17] 兰建雄. 大跨度预应力混凝土连续钢构桥碳纤维布加固与挂篮施工[J]. 城市道桥与防洪,2007,10(10):50-53.

143　大跨度预应力混凝土梁桥裂缝原因分析

肖运栋　李欣然　陈德伟

(同济大学土木工程学院)

摘　要　针对大跨度预应力混凝土梁桥广泛存在跨中长期挠度过大以及0号块开裂的问题,本文根据一座实桥施工实测参数进行分析,采用裂缝等参单元建立离散裂缝模型和裂缝扩展程序,分析桥梁在结构自重超重,同时预应力损失超标情况下裂缝的扩展路径。并对裂缝持续发展下的应力状态、挠度和剪力滞效应做了研究。研究表明:混凝土裂缝的扩展将主要影响结构主墩附近顶板的应力状态,对底板剪力滞效应和挠度也有较大影响。

关键词　挠度　预应力　损失　裂缝

近10多年来,我国不少大跨度预应力混凝土梁式桥在运营若干年之后,观测到跨中持续下挠的现象。少数特大跨径预应力混凝土梁式桥,如黄石长江公路大桥、三门峡黄河公路大桥[1],其跨中下挠达到相当大的数值,同时伴随出现梁体垂直裂缝或大量腹板斜裂缝,病害较严重。

在大跨度预应力混凝土梁桥的施工过程中,由于模板安装误差和振捣过程中模板可能的移位,实际浇筑的混凝土量往往大于设计值;另外在张拉预应力过程中,由于操作的不规范,存在预应力实际损失超出规范值的实际情况,有研究报道:对于曲线配束的预应力混凝土桥梁,预应力损失按规范值计算偏小约10%～20%[2]。在这二者作用下,导致桥梁结构安全储备先天性不足,在运营状态条件下,裂缝产生难免,如果裂缝进一步扩展,进而影响整个结构的刚度,形成"开裂—刚度减小—挠度增大—继续开裂"的恶性循环。本文结合一个工程实例,根据实测的结构自重值、预应力损失值等参数进行大跨径梁桥长期效应的研究。

1　研究方法

对于开裂后的预应力结构,其结构状态不应简单地理解为一般意义上的结构状态,而应根据其原有无损结构在实测荷载作用下的应力,建立原有无损结构与开裂后结构之间应力的关系,具体过程如下:

(1)结合设计资料,对原有无损结构在实测自重和预应力损失下进行平面杆系分析,得到结构在外荷载下的应力状态,判断结构是否开裂。

(2)结合第一步计算结果和设计资料,对原有无损结构进行有限元数值分析,得到原有无损结构在实测荷载下的应力状态和挠度值,分别称之为无损应力状态和无损挠度。

(3)根据开裂结构的开裂位置,建立开裂后结构的有限元模型,通过分析得到开裂结构在实测荷载下的应力状态和挠度值,分别称之为开裂应力状态和开裂挠度。

(4)通过比较无损状态、开裂状态应力和挠度值,可以直观的得到裂缝对结构安全的影响。

本文利用 ANSYS 的参数化设计语言 APDL 编制合适的裂缝单元、裂缝形成和扩展的宏文件,重点分析桥梁结构在结构超重及预应力损失情况下,裂缝的扩展形式与扩展路径,以及对桥梁结构应力和挠度的影响。

2 数值分析理论

2.1 裂缝单元模型

混凝土裂缝的有限元模型主要有 5 种:包括①离散裂缝模型;②分布裂缝模型;③薄层单元模型;④无拉力模型;⑤断裂力学裂缝模型。[3]

本文采用离散裂缝模型:如图 1 所示,假定裂缝是离散的,在裂缝尖端布置等参单元,靠近裂缝尖端的几个边中点,向裂缝尖端靠拢,至裂缝尖端的距离等于单元边长的 1/4 以反映裂缝尖端附近的应力集中。由此计算裂缝尖端的应力,以判断裂缝是否扩展。裂缝每扩展一次,需要修改一次有限元网格。

在 ANSYS 中,Solid95 为 3 - D 20 节点单元,只需要将该单元的边中点从正常位置移至 1/4 边长处,就可以很好的模拟裂缝尖端的应力场,如图 2 所示。

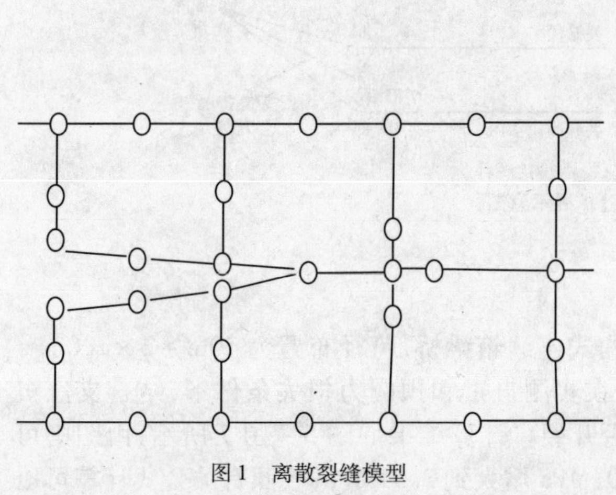

图 1 离散裂缝模型

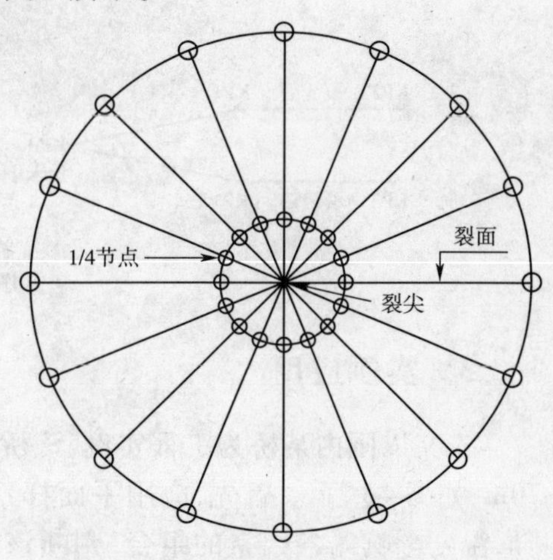

图 2 Solid95 单元节点调整

2.2 混凝土开裂判据

对于实际的桥梁结构,一般采用强度理论作为混凝土开裂的判定准则。强度理论研究开始于 19 世纪末,有:Rankine 提出了第一强度理论(最大主拉应力理论,E. Mariotto 提出了第二强度理论最大应变理论)。Tresca 和 Mises 提出了剪应力强度理论,Mohr - Coulomb 和 Drucker 提出了双参数理论,Bresler - Pister 提出了三参数理论。ottosen 和 Hsich - Ting - Chen 提出了四参数理论。Willian ~ Warnke 提出了五参数理论。俞茂宏提出了双剪应力强度理论。

考虑混凝土抗拉强度很低,本文采用第一强度理论(最大主拉应力理论)为混凝土开裂判据,认为当最大主拉应力超过某一极限时,即出现裂缝。在一般的工程计算中,认为当

$\sigma_1 = R_t$ 时,混凝土开裂,其中 R_t 为混凝土单轴抗拉强度。即当 $\sigma_1 < R_t$ 时,认为混凝土是弹性的。当 $\sigma_1 = R_t$ 时,立即开裂[3]。

2.3 混凝土裂缝扩展处理

本文假设:

(1)结构一旦出现裂缝,裂缝即为贯通式裂缝,不考虑微裂和表层裂缝。

(2)裂缝面为平面,符合平截面假定。

(3)裂缝扩展方向垂直于最大主拉应力方向。

裂缝扩展实现方法为:

(1)根据实测数据(结构超重参数、预应力实际损失值)建立桥梁结构有限元模型。

(2)假定初始裂缝扩展步长 Δ_0,由结构应力分布情况确定裂缝起裂位置,根据起裂位置主应力方向确定起裂方向,就可以计算初始裂缝。

(3)根据初始裂缝建立结构在结构超重、预应力实际损失值下的有限元模型。

(4)判断裂缝是否扩展。如果扩展,假定裂缝扩展步长 Δ_1,根据裂尖的位置及主应力方向确定裂缝扩展下一步的裂尖位置;如果不扩展,计算结束;如图 3 所示,其中裂缝面上如 KP1、KP1,点为重合点。

(5)根据新的裂尖位置重复③的步骤,直至裂缝扩展结束或者结构失效。

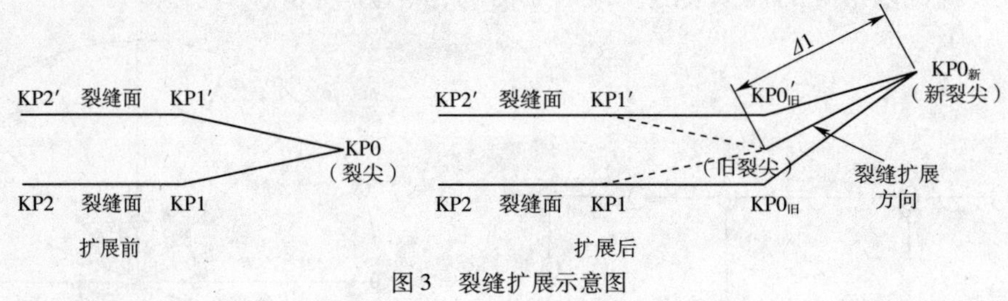

图 3 裂缝扩展示意图

3 实例应用

本文以国内某桥为工程实例,该桥为刚构式连续箱梁桥,跨径布置为 70m + 2 × 120m + 70m,如图 4 所示。首先,应用平面杆系模型在实测自重和预应力损失条件下,结合支座沉降,温度影响等各因素的组合,判断该桥是否开裂。计算结果如图 5 ~ 图 7 所示,由图中可知,该桥在成桥后跨中部位的主拉应力由 1.03MPa 增大到 3.37MPa,按照有关公式计算可以知道该结构在运营阶段可能发生开裂。

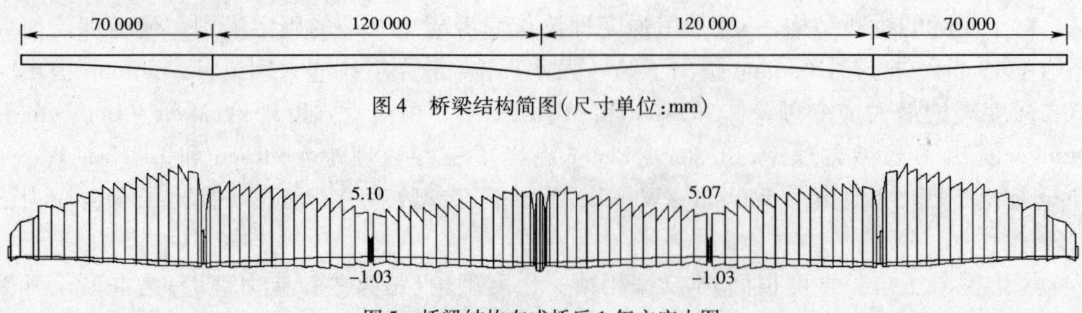

图 4 桥梁结构简图(尺寸单位:mm)

图 5 桥梁结构在成桥后 1 年主应力图

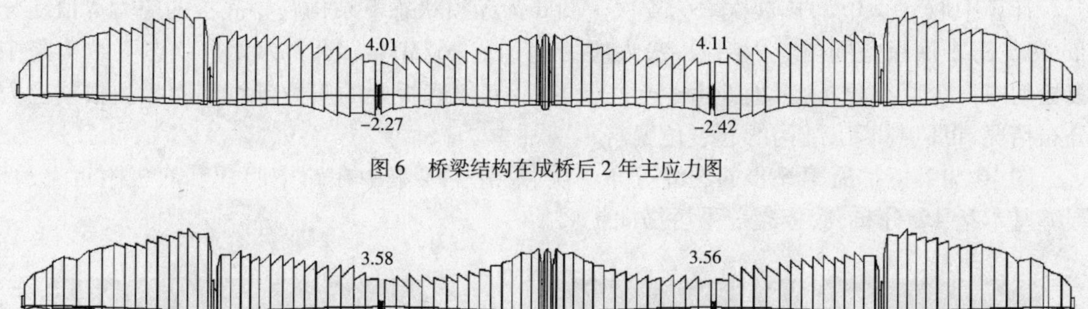

图6　桥梁结构在成桥后2年主应力图

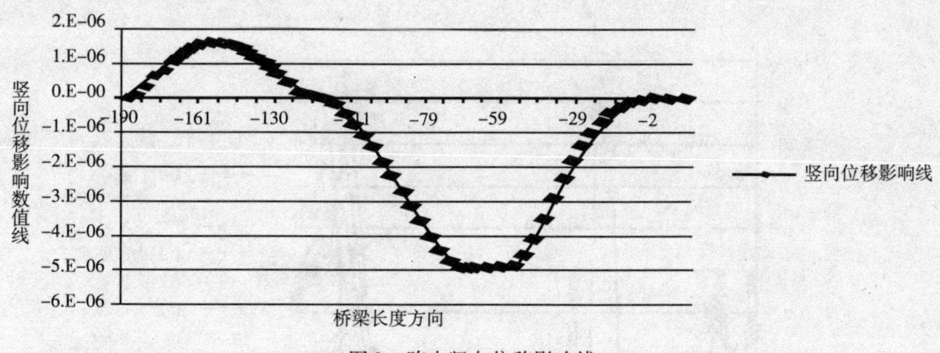

图7　桥梁结构在成桥后3年主应力图

根据上述计算判断结果，应用ANSYS建立实体单元模型。裂尖区域由于应力奇异，采用20节点Solid95单元，其余部分混凝土采用Solid65单元，预应力钢束采用link8单元，通过给预应力钢筋单元降温的方式施加预应力。利用桥梁对称性，选取纵向1/4结构建立有限元模型。

在ANSYS计算中将施加结构实际自重、实际预应力损失和汽车活载（公路Ⅰ级），其中汽车荷载按跨中位移影响线加载，如图8所示。不考虑偏载效应，将规范线荷载集度转化为桥宽范围内的面荷载集度。

图8　跨中竖向位移影响线

裂缝模型示意图如图9所示，其中两端圆心为裂尖位置，包围裂尖的圆为修改中节点位置后的Solid95单元，每裂尖各16个；其余裂缝单元为Solid65单元；裂缝面由两裂尖之间连线构成，转折点处采用两重合节点，初始位移为0。

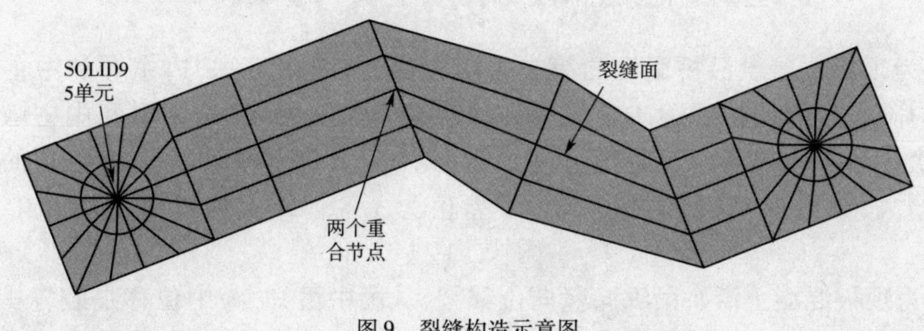

图9　裂缝构造示意图

计算中取 $\Delta_1=0.2$,扩展次数为 6 次。图 6 为无损状态下结构跨中底板的应力等值线分布,可见跨中底板范围内应力超限,最大应力达到 8.267MPa。图 7 为无损状态下结构跨中腹板的应力等值线分布,腹板处由于与底板的固结,使底板处的应力延续到腹板。根据应力分布情况,可以判断出结构的起裂位置。

图 10 为裂缝扩展第 6 步的裂缝分布情况,裂缝主要集中在跨中腹板和底板附近,腹板裂缝基本呈 45°分布,底板裂缝沿桥横向扩展。

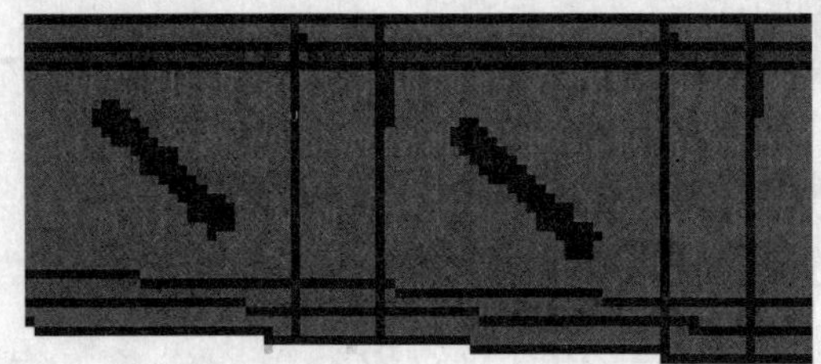

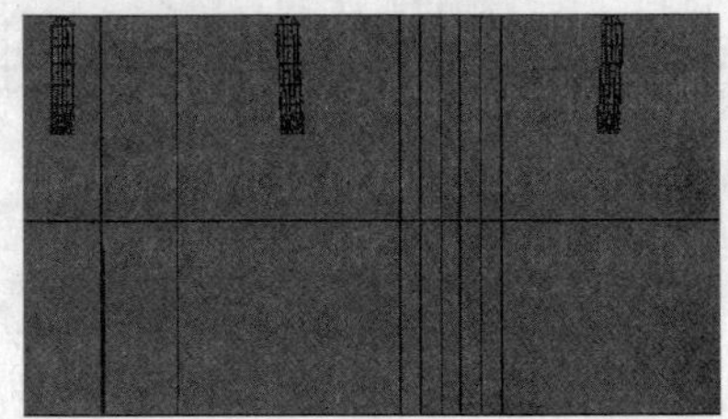

图 10　裂缝分布示意图

图 11 为顶板混凝土沿桥梁纵向第一主应力图,从图中可知,在裂缝不断发展的过程中,中主墩 0 号、1 号附近的应力变化幅度较大,并随着裂缝的持续扩展不断增大,其中第六次扩展与无损状态下的应力差值达到 1.46MPa。持续下去,将导致中主墩顶板开裂,继续加剧结构的破坏程度。

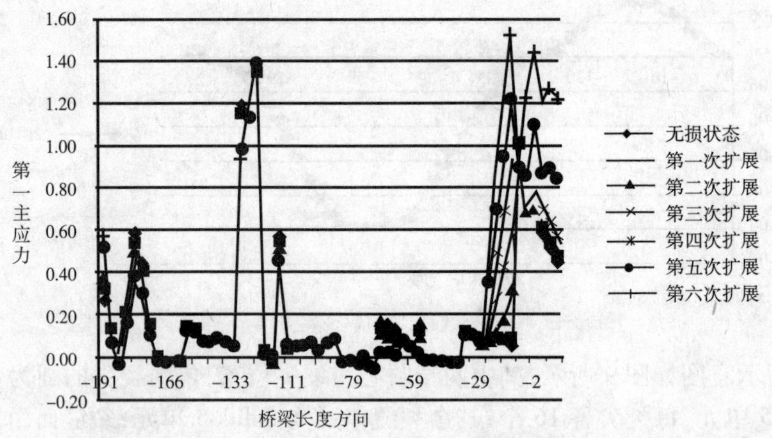

图 11　顶板沿桥梁纵向第一主应力图(单位:MPa)

图 12 为顶板混凝土沿桥梁纵向第三主应力图,从图中可知,边主墩和中主墩附近的第三主应力随着裂缝的扩展逐步由压应力往拉应力方向发展,边主墩和中主墩第三主应力在第六次扩展和无损状态下差值分别为 2.92MPa、1.06 MPa。而跨中位置的第三主应力则持续增大,第六次扩展和无损状态下差值为 1.85MPa。这对边主墩和中主墩是不利的。

图 13 为顶板混凝土沿桥梁纵向竖向位移图,从图中可知,跨中位移在裂缝扩展过程中将持续下挠,第六次扩展和无损状态下位移差值为 1.2cm。边跨位置挠度在裂缝发展过程

中呈增大趋势，第六次扩展和无损状态下位移差值为0.86cm。跨中的持续下挠将导致边主墩和中主墩顶板由受压逐渐转为受拉状态，降低结构的安全储备。

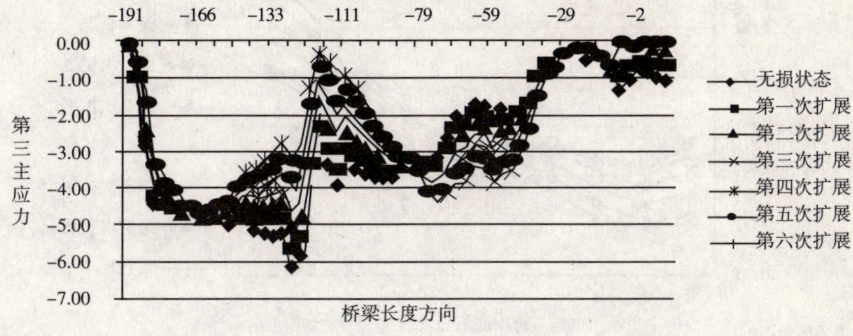

图12　顶板沿桥梁纵向第三主应力图(单位:MPa)

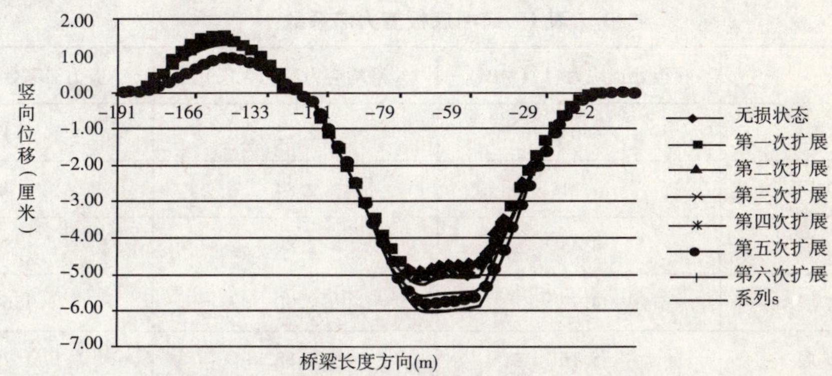

图13　顶板沿桥梁纵向竖向位移图(尺寸单位:cm)

图14和图15为跨中顶板、底板混凝土应力图，从图中可知，跨中顶板应力往压应力方向发展，其中靠近腹板处应力变化幅度较大；跨中底板靠桥轴线附近拉应力逐渐减小，而在腹板附近处的底板应力却在增大。这是由于底板裂缝不断扩展使底板逐步退出工作，转而由腹板承担。表1为跨中底板剪力滞系数，可见随着裂缝的扩展，底板剪力滞效应逐渐增大。

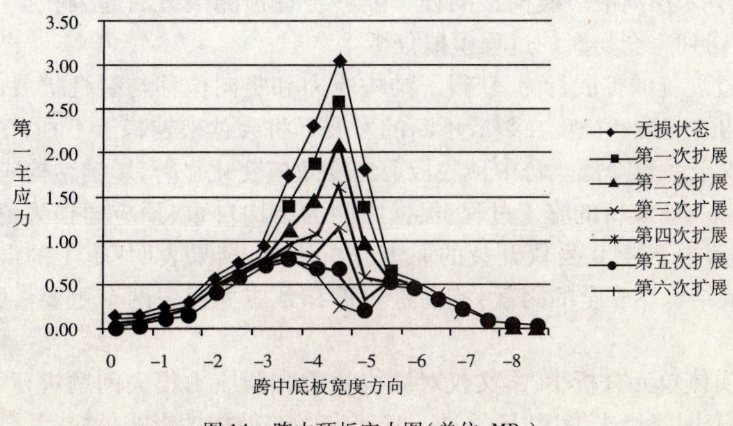

图14　跨中顶板应力图(单位:MPa)

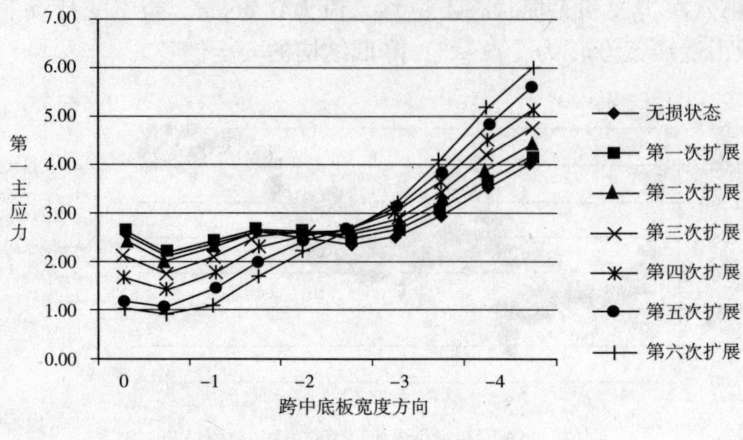

图15　跨中底板应力图(单位:MPa)

表1　跨中底板剪力滞系数

	腹板处正应力(1)(MPa)	平均应力(2)(MPa)	剪力滞系数(1)/(2)
无损状态	4.03	2.75	1.47
第一次扩展	4.21	2.84	1.48
第二次扩展	4.45	2.89	1.54
第三次扩展	4.77	2.90	1.64
第四次扩展	5.16	2.88	1.79
第五次扩展	5.59	2.83	1.97
第六次扩展	6.03	2.76	2.19

4　结语

(1)本文基于 ANSYS 的二次开发编写三维裂缝的扩展程序分析预应力混凝土桥梁的开裂行为,结果表明:采用离散裂缝模型的程序能够合理预测裂缝的起裂和扩展,同时可以进行结构从开始损伤到完全崩溃的过程模拟分析。

(2)本文通过裂缝的扩展行为,获得了结构应力和竖向位移与裂缝扩展的曲线关系,通过比较,表明结构的应力和挠度在裂缝不断的发展下将会越来越趋于不利,三者之间相互影响,最终使结构安全系数降低。跨中顶底板剪力滞效应变化显著,影响结构应力分布。

(3)本文跟踪一座实桥的施工过程,根据实测的结构自重、预应力损失值等参数进行大跨径梁式桥长期跨中下挠、0 号块开裂的原因分析研究,结果表明:施工的误差原因不容忽视,完全可以构成结构不安全的因素,特别是自重和预应力损失两个重要参数,应该引起工程界的足够重视。

(4)在裂缝实体单元分析中,本文仅对结构超重和预应力损失问题进行了分析尝试,对于混凝土收缩徐变因素尚未考虑,还需进一步研究以获得相关影响效应。

参考文献

[1] 马保林. 高墩大跨连续刚构桥. 北京:人民交通出版社,2001.
[2] 刘志文,宋一凡,赵小星,等. 空间曲线预应力束摩擦损失参数. 西安公路交通人学学报,2001.7,(21)3.
[3] 朱伯芳. 有限单元法原理与应用. 北京:中国水利水电出版社,1998.

144 施工过程箱梁腹板预应力裂缝成因分析及处理

许 俊[1] 张建伟[2]

(1.同济大学桥梁工程系;2.杭州市交通工程质量监督局)

摘 要 预应力混凝土连续梁桥挂篮悬臂施工过程中,张拉腹板预应力束会产生腹板顺预应力管道的裂缝,通过分析这些裂缝产生的原因以及处理、加固方法,并且在张拉预应力束过程中对混凝土进行应力监控,能有效地控制裂缝的发生。

关键词 箱梁腹板 预应力 裂缝 处理

1 概述

预应力混凝土箱形梁以其价廉、美观、抗弯扭性能好等优点在桥梁工程中得到广泛应用。早期的预应力箱梁桥在运营多年后普遍出现了跨中下挠,为了改善这种现象,许多工程师采用了增大预抛高和增加预应力度的方法。但是,预应力度的增加又引发了一些新的问题,如悬浇过程中预应力混凝土箱梁在预应力张拉后腹板出现裂缝,合龙段顶底板应力破坏等现象。我国大多数桥梁都出现过上述裂缝,并且也有多座桥梁出现了箱梁底板应力破坏。在对已建成的桥梁进行普查中,发现预应力混凝土箱梁出现裂缝、开裂甚至破坏的比例也相当高,造成了重大的经济损失和社会影响。

本文介绍的案例是一座跨径布置为50m+75m+75m+50m四跨预应力混凝土连续刚构桥,主桥分成上、下行两幅,每幅均为独立的单箱单室竖直腹板断面,箱梁顶宽15.55m,底面宽为8.0m,翼缘板悬臂长度为3.72m。翼缘板端部厚20cm、根部厚85cm;顶板除0号段厚度为40cm外,其余节段厚度均为26cm;底板厚度23~60cm;腹板厚度55~70cm,见图1。

悬臂施工过程中,在进行8号墩左幅1号、1′号块压浆时,发现8号墩腹板内侧均有沿F1束方向的裂纹,进而检查9号墩右幅幅板内侧,发现裂纹情况一般。裂纹长度约2~3m,宽度约0.2mm左右。9号墩右幅1号、1′号块因为竖向束已经张拉完成,裂纹宽度均小于0.05mm;8号墩左幅1号、1′号块竖向束没有张拉,裂纹宽度0.05~0.15mm。已经张拉的9号墩右幅和8号墩左幅1号块外侧安装挂篮检查,发现裂纹位置与腹板内侧基本相同。1号块腹板预应力管道曲线位置见图2,裂缝图片如图3。

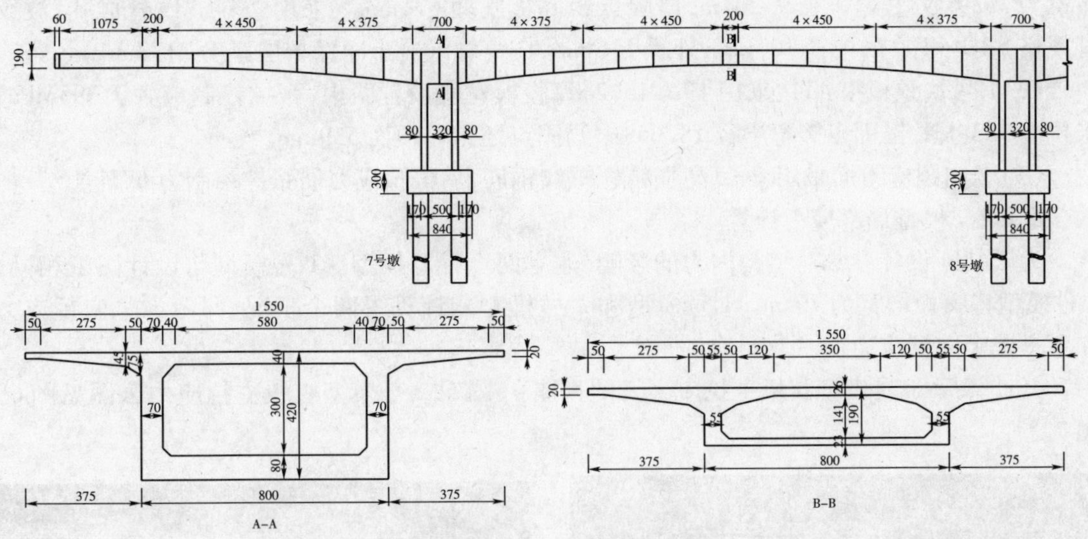

图1　主梁立面图和断面图(尺寸单位:cm)

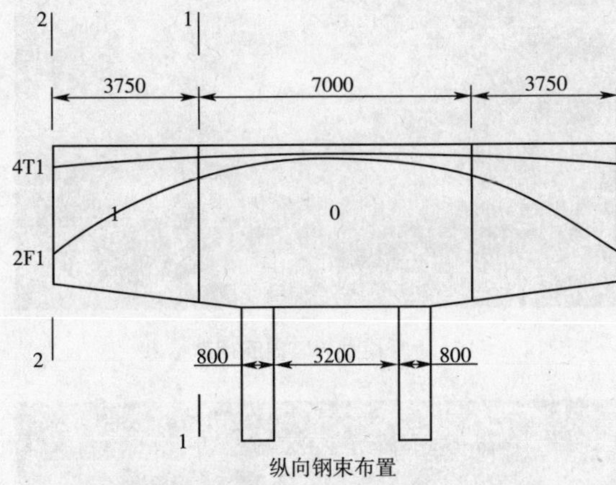

图2　腹板预应力管道示意图(尺寸单位:mm)

图3　腹板顺预应力管道方向裂缝

2　原因分析

2.1　设计分析

与设计有关的主要原因包括下列几项:

(1)腹板宽度;

(2)预应力张拉力;

(3)预应力孔道直径及形状;

(4)腹板普通钢筋。

2.1.1　设计参数

根据设计图纸,设计参数如下:

(1)1 号块腹板宽度为 55cm,梁高 359cm。

(2)1 号块腹板下弯束 2F1:采用 $19\Phi^{s}15.2$,每腹板设置一根,张拉控制应力 1 395MPa,

张拉力3539kN,竖弯半径9.204m,锚固点距底板底面671mm。采用塑料波纹管成孔,波纹管规格SBG-100Y,内径100mm,外径116mm,波纹管混凝土净保护层厚度217mm。

(3)1号块顶板束4T1:采用19Φ^s15.2,每腹板对应设置两根,张拉控制应力1 395MPa,张拉力3539kN,锚固点竖弯半径18.653m锚固点距顶板顶面539mm。

(4)竖向预应力筋采用Φ32高强精轧螺纹钢筋,单根预应力筋张拉控制力673kN。

2.1.2 模型局部应力计算

为了判断设计参数对结构内力的影响,建立两个计算模型。1号模型与设计图纸相同,2号模型将腹板增宽为70cm。1号模型和2号模型均计算了两个工况,即考虑竖向预应力和不考虑竖向预应力筋。

经计算后,1号模型腹板主拉应力云图见图4、图5,2号模型腹板主拉应力云图见图6、图7。

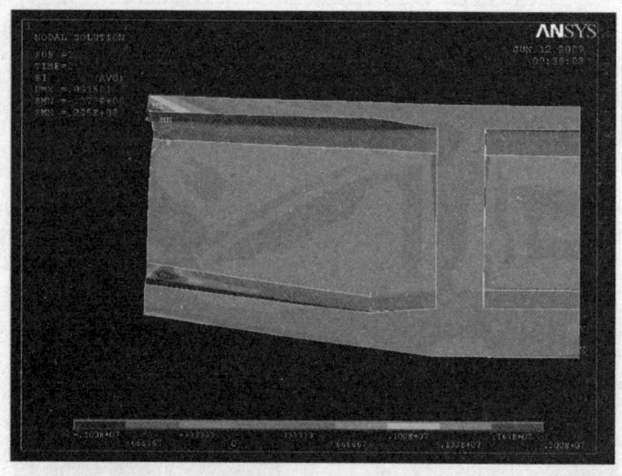

图4 1号模型有竖向筋计算结果

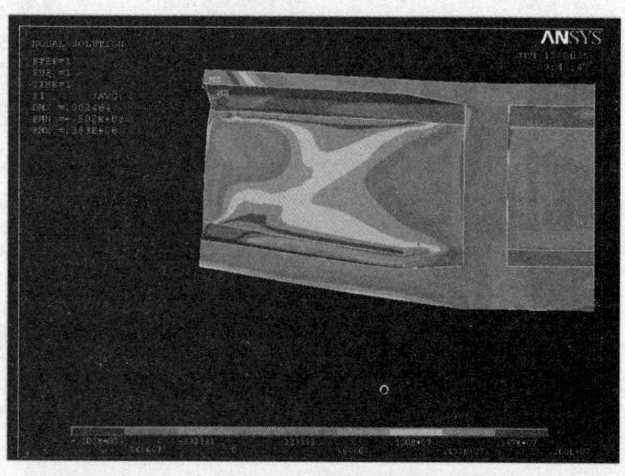

图5 1号模型无竖向筋计算结果

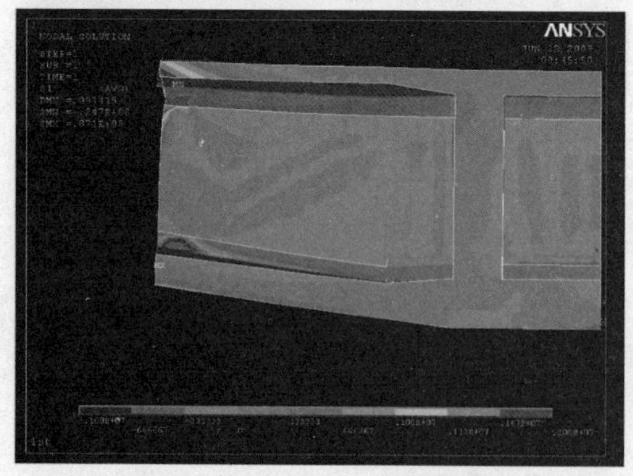

图6 2号模型有竖向筋计算结果

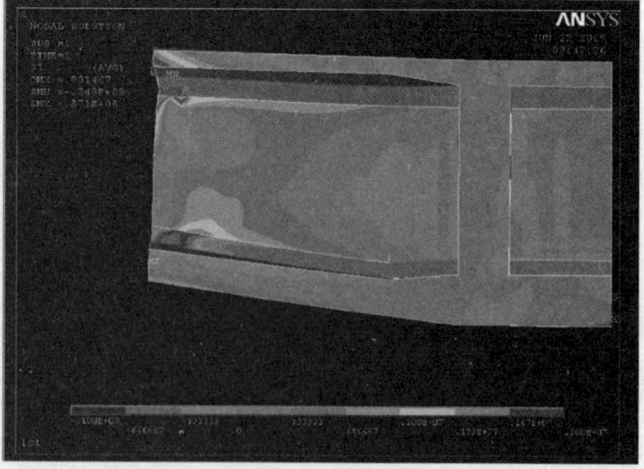

图7 2号模型无竖向筋计算结果

由图4可见,由于配有竖向预应力筋,整个腹板的主拉应力呈现一种较为稳定的状态,在预应力曲线段上主拉应力平均在-0.3MPa左右。

由图5可见,由于没有竖向预应力筋,整个腹板的主拉应力比较混乱。在预应力曲线段上主拉应力平均在-1.4MPa左右,部分区段应力达到了-1.7MPa左右。

由图 6 可见，将腹板加宽至 70cm，并且配竖向预应力筋，在预应力曲线段上主拉应力平均在 -0.2 MPa 左右。

由图 7 可见，将腹板加宽至 70cm，并且不配竖向预应力筋，在预应力曲线段上主拉应力平均在 -0.8 MPa 左右。

以上计算表明，在未改动预应力张拉力的情况下，腹板采用 55cm 厚，主拉应力较大，将腹板增宽至 70cm 后，则满足要求。

2.2 施工分析

施工过程中，混凝土出现裂缝，原因往往是多方面的，除了设计原因外，以下一些因素也会导致施工过程中出现上述腹板裂缝，必须加以控制。

(1)张拉时的强度及龄期是否双控：设计要求张拉时混凝土强度达到 100% 及龄期 8d 以上方可张拉。因混凝土强度及其弹性模量未达到要求而进行张拉，会导致混凝土开裂。

(2)张拉力如果有超张拉现象，也会产生主拉应力过大情况。

(3)管道下方混凝土施工质量保证：由于波纹管位置下方混凝土振捣较其他位置困难，为确保混凝土振捣的密实性，考虑到梁体较高且一次浇筑完毕，建议采用插入式与附着式相组合的方法进行施工。

(4)管道位置偏差问题：由于采用的是圆形塑料波纹管，在未压浆之前其刚度较小，在混凝土浇筑压力下，波纹管是否被压变形而引起孔道混凝土保护层减薄，对抵抗横向主拉应力不利。

(5)预应力张拉之前应拆除侧模板，以免模板约束引起主梁附加力。

3 处理措施

为了保证后期施工的顺利进行，设计单位变更了原先的腹板厚度，并采取了下述措施：

(1)8L 和 9R 两个桥墩 1 号块：采用表面封闭法和压力灌注法对现有裂缝进行修补；采用后锚固植筋工艺对 1 号块腹板内侧加厚 30cm，以 2～3 号块作为腹板厚度过渡段，其余节段腹板厚度不变。

(2)9L 桥墩 1 号块：采用后锚固植筋工艺对 1 号块腹板内侧加厚 30cm，以 2～3 号块作为腹板厚度过渡段；调整预应力钢束(筋)的张拉次序，即先张拉顶板束，再张拉竖向预应力钢筋但不压浆，最后张拉腹板下弯束。相隔 25～30d 时间，对竖向预应力钢筋进行二次复拉并压浆。

(3)7L、7R、8R 桥墩 1 号块、8R 桥墩 0 号块及全桥 2～6 号块腹板的箍筋由双肢式变更为四肢式，纵向布置间距和规格都不变。沿预应力管道方向，在曲线段增设管道加强定位钢筋，以防止管道偏差对局部产生的不利影响。

(4)7L、7R 桥墩 0 号块已浇筑完毕，需通过植筋工艺将 0、1 节段交接处至 0 号块横隔板之间的腹板厚度由原来的 55cm 加厚至 85cm，未浇筑的 1 号块腹板厚度相应变更为 85cm，2～3 号节段作为腹板厚度变化段。

(5)8R 桥墩 0 号块尚未浇筑，将 0、1 节段交接处至 0 号块横隔板之间的腹板及 1 号块腹板厚度由原来的 55cm 加厚至 70cm，2～3 号节段作为腹板厚度变化段。

(6)7L、7R、8R 桥墩 1 号块及所有桥墩 2～3 号块，调整预应力钢束张拉次序，即先张拉顶板束,再张拉竖向预应力钢筋但不压浆,最后张拉腹板下弯束。相隔 25 ~ 30d 时间,对竖向预应力钢筋进行二次复拉并压浆。其余节段张拉次序不变。

4 后期监控

4.1 裂缝观测

应业主要求,监控组对已有的裂缝,在后续的施工过程中进行裂缝宽度监测,判断是否有发展的趋势。监控组使用读数显微镜对 8 号墩左幅 1 号块腹板裂缝宽度进行了跟踪观测。

测量数据显示,在后期的施工过程中,腹板裂缝宽度未发生明显变化。1 号块腹板裂缝观测数据参见表 1。

表 1 裂缝观测数据表(尺寸单位:mm)

测点	1	2	3	4	5	6	7	8
10 月 8 日	0.25	0.30	0.15	0.20	0.20	0.10	0.20	0.20
10 月 20 日	0.25	0.35	0.15	0.20	0.15	0.15	0.25	0.20
10 月 24 日	0.25	0.35	0.20	0.20	0.15	0.15	0.25	0.20
10 月 27 日	0.25	0.35	0.20	0.20	0.15	0.15	0.25	0.20
10 月 30 日	0.25	0.35	0.20	0.20	0.15	0.15	0.25	0.20
11 月 3 日	0.25	0.35	0.20	0.20	0.15	0.15	0.25	0.20

4.2 腹板应变监测

应业主要求,监控组对后增宽后的腹板(70cm 厚),进行预应力张拉前后的应变观测,在箱梁内侧布置了 4 个应变观测点。应变计采用弦式应变计,在测点处两两垂直布置,以测出主拉应变。应变计安装位置见图 8、图 9。

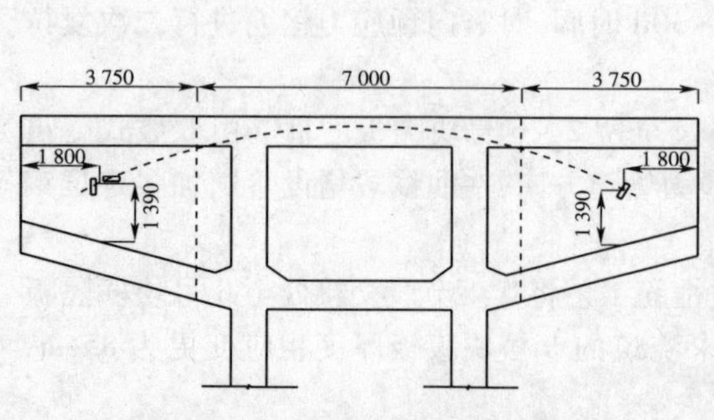

图 8 腹板应变计布置图(尺寸单位:mm)

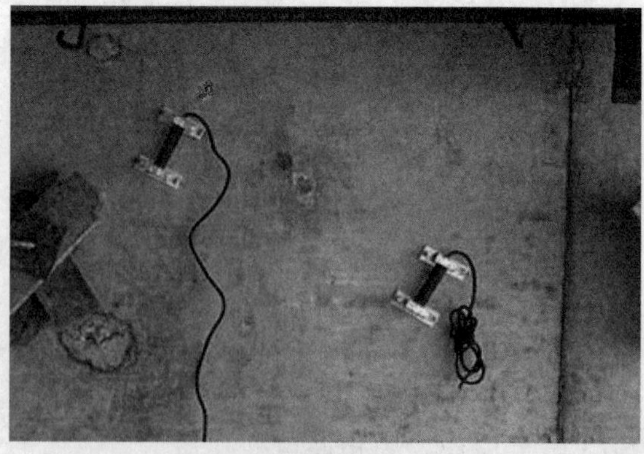

图 9 安装应变计照片

表 2 测量数据显示,在预应力张拉过程中,腹板主拉应力增加 0.53MPa,与理论值 0.80MPa 相差不大(计算模型未考虑普通钢筋作用),整个过程腹板未出现裂缝。

表 2　张拉预应力过程中腹板主拉应力数值表(单位:MPa)

测点	1	2	3	4	平均
实测点	0.50	0.55	0.55	0.53	0.53
理论值	0.80	0.80	0.80	0.80	0.80

5　结论

(1)预应力张拉过程中产生的腹板裂缝方向基本都是顺着预应力管道方向,此时由于断面中预应力管道未灌浆,断面较薄弱,产生裂缝后一般不再发展,说明预应力产生主拉应力已经释放。

(2)增加腹板厚度或者控制张拉应力能够避免产生腹板裂缝。

(3)竖向预应力筋张拉后,或者随着悬臂的增加,裂缝宽度不再发展,并且有减小的趋势。

145　连续刚构桥施工期腹板斜向开裂影响因素研究

周文骏　吴万忠

(同济大学桥梁工程系)

摘　要　某连续刚构桥悬臂施工过程中,在张拉完腹板束后出现了沿预应力管道方向的裂缝,本文采用大型有限元计算软件 ANSYS 对该桥出现裂缝时的受力进行参数分析,以期得到各因素对该类裂缝的影响。

关键词　连续刚构　预应力混凝土　悬臂施工　腹板裂缝

预应力混凝土连续刚构桥是一种适应性相当强且施工简便的结构体系,且外形匀称、简洁。但随着大量预应力混凝土连续刚构桥的兴建,在实践中也暴露出一些问题,其中跨跨中下挠和混凝土开裂等问题尤为突出[1]。目前有关专家、学者对裂缝问题的报道和分析研究,基本集中于施工和运营过程中顺桥向出现的底板与顶板的纵向裂缝、桥面裂缝以及运营阶段出现最多的腹板主拉应力斜裂缝,但对悬臂施工阶段箱梁腹板出现的斜裂缝却鲜见报道。

目前也有部分学者及工程技术人员对该类裂缝进行了一定的研究:石家庄铁道学院的王新敏、王秀伟认为该类裂缝属于受力裂缝,产生该类裂缝的原因主要是预应力效应过大[2]。中交四航局第一工程公司的周翰斌认为纵向腹板下弯束张拉后产生的过大径向拉力是腹板斜向开裂的最主要原因[3]。江西省交通设计研究院的肖星星认为该类斜裂缝对桥梁结构影响不大,但从耐久性方面考虑必须要严格执行封闭操作[4]。长江大学的李威等对某桥腹板受力进行了全程监控,并得出添加腹板防崩钢筋会改善腹板的应力分布、有效抑制裂缝的出现的结论[5]。

本文以某悬臂施工过程中发生斜向开裂的连续刚构桥为背景,进行参数分析,得到各类因素对该类斜裂缝的影响。该桥跨径布置为 50m + 2 × 75m + 50m,采用单箱单室竖直腹板断面,其平面、立面如图 1 ~ 图 3 所示。悬臂施工过程中,在预应力张拉后即发现了沿预应力管道方向的斜裂缝,裂缝纵向呈连续状态,裂缝的长度约 2 ~ 3m,宽度不等。对箱梁外侧的裂缝进行检查发现外侧裂缝位置与腹板内侧基本相同,但宽度略细,且呈一定的断续状。

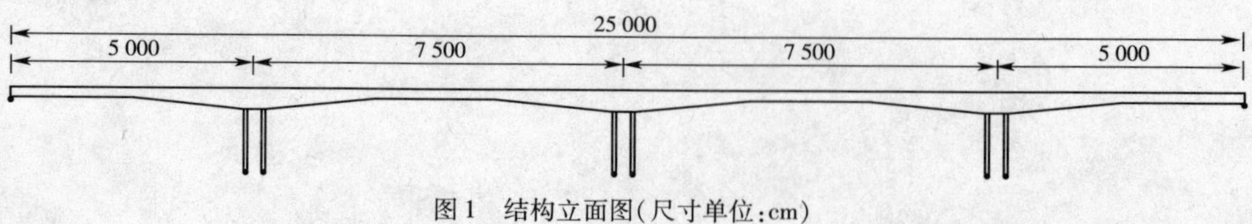

图 1　结构立面图(尺寸单位:cm)

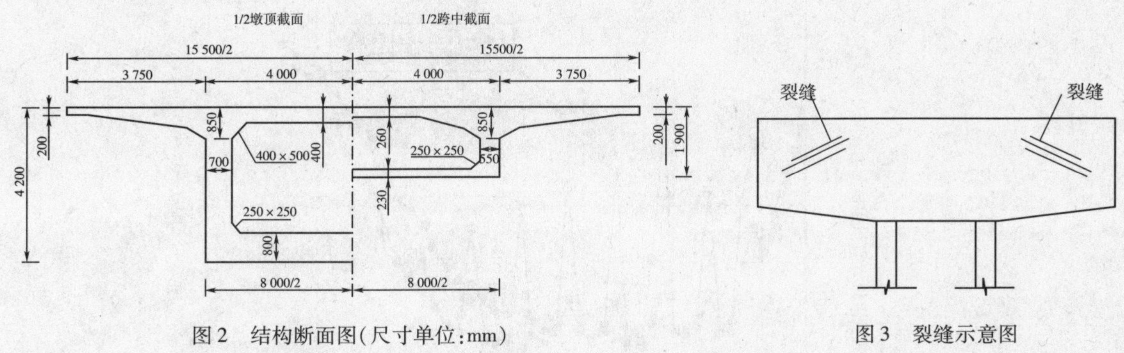

图2　结构断面图(尺寸单位:mm)　　图3　裂缝示意图

1　有限元分析

现修改各影响因素对结构的受力进行分析比较,得到各因素对该类裂缝的影响。本文考虑了以下影响因素:①腹板厚度;②腹板束的竖弯半径;③有效预应力;④竖向预应力。

1.1　分析模型

由于混凝土裂缝出现在1号节段预应力钢筋张拉后,因此分析模型主要包括主梁已浇筑节段和桥墩。考虑到结构的对称性,有限元计算根据对称面取结构的1/4建立模型,计算分析采用通用有限元软件ANSYS进行。计算参数取值如下:混凝土弹性模量:$E = 1.95 \times 10^4$MPa;混凝土容重:$\gamma = 26$kN/m^3;混凝土泊松比:$\nu = 0.167$。约束条件为:桥墩底部施加固结约束,纵向及横向对称面处施加正对称约束。主梁采用Solid45单元模拟,预应力筋采用Link8单元模拟[6],结构有限元模型如图4所示。

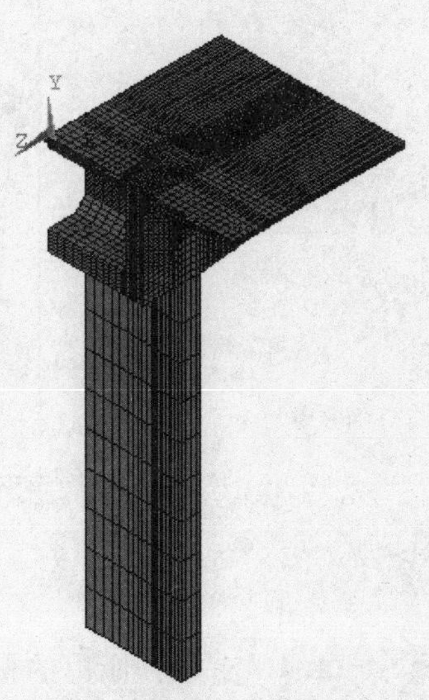

图4　结构有限元模型

1.2　腹板厚度的影响

出现斜裂缝的1号块腹板厚度为55cm,现考虑将其加厚为85cm,分析其加厚之后腹板的受力状况,并与加厚之前的受力状况相比较。

由图5可知,腹板加厚后开裂处(距锚固端约1m位置处$z = -6.25$m～0号与1号交接处$z = -3.5$m)腹板最大主拉应力由0.539MPa降低为0.506MPa,减小幅度较小,且在部分区域腹板内的主拉应力甚至有所增加。不过增加腹板厚度在较大程度上减小了预应力锚固端的局部应力,增加了预应力管道的保护层。

1.3　腹板束竖弯半径的影响

裂缝起于预应力管道起弯点处,该处腹板束竖弯半径为9.204m,现不改变钢束线形而仅将其竖弯半径修改为5m、7m、11m,以考察腹板束竖弯半径对腹板受力的影响。

由图6可知,腹板束的竖弯半径对腹板主拉应力的影响较大,当竖弯半径分别为5m、7m、9.204m、11m时开裂处腹板最大主拉应力分别为0.720MPa、0.657MPa、0.539MPa、0.399MPa。腹板下弯束的竖弯半径越小腹板内的主拉应力越大。

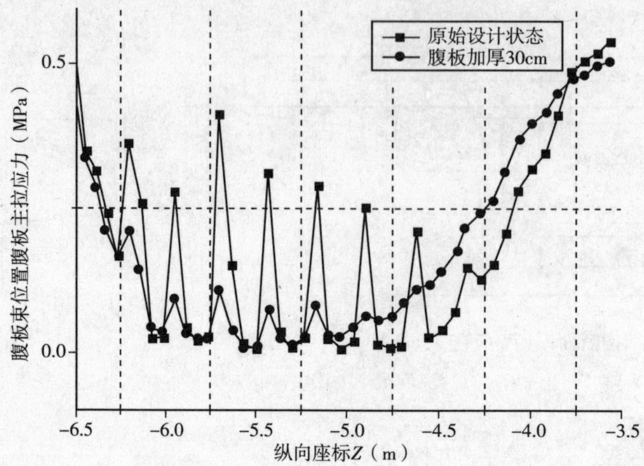

图5　腹板束位置腹板主应力比较

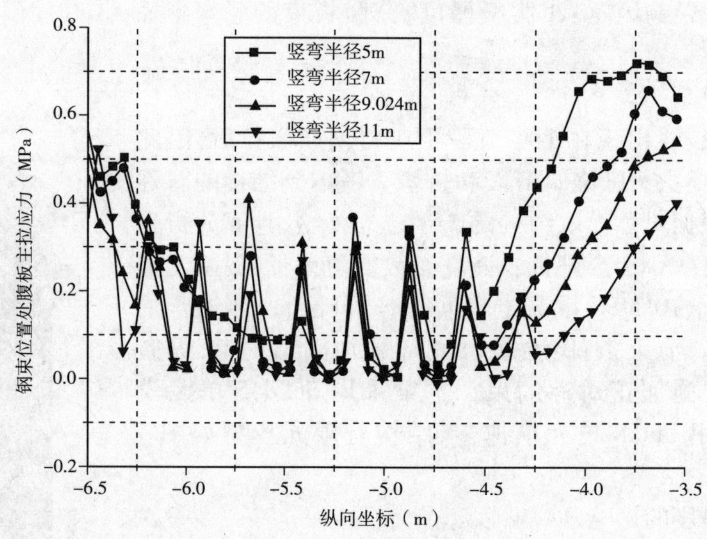

图6　腹板束位置腹板主应力比较

1.4　有效预应力的影响

本桥的腹板束采用19 ϕ_j^s15.2,张拉控制应力为1 395MPa。现通过修改纵向预应力钢束的张拉力来考虑有效预应力的影响,将张拉力分别改为原始设计状态的0.5倍、1.5倍,分析此时腹板的受力。

由图7可知,当有效预应力分别为原始设计状态的0.5、1.0、1.5倍时开裂处腹板最大主拉应力分别为0.491MPa、0.539MPa、0.686MPa,有效预应力越大腹板束位置腹板的主拉应力越大。

1.5　竖向预应力的影响

在该桥产生裂缝的各个位置,9号墩右幅1号、1′号块因为竖向束已经张拉完成,裂缝宽度均小于0.05mm;8号墩左幅1号、1′号块竖向束没有张拉,裂缝宽度0.05~0.15mm,可见竖向预应力的张拉对避免该处出现裂缝有利。现将竖向束张拉前后腹板束处腹板的主拉应力作一比较,以期得到竖向预应力的影响。

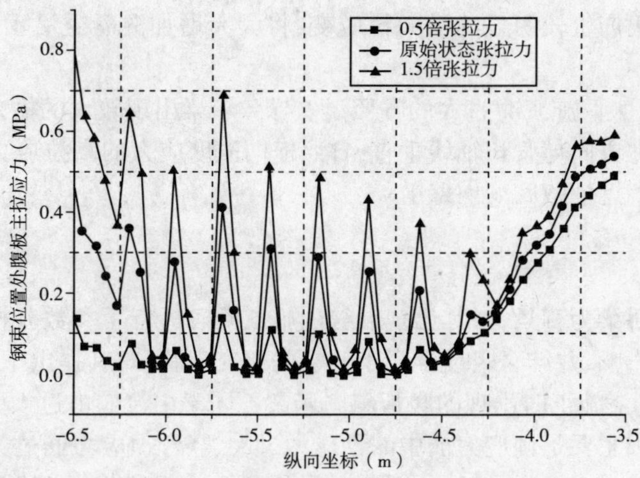

图7　腹板束位置腹板主应力比较

由图8可知，竖向束张拉后开裂处腹板最大主拉应力由张拉前的0.539MPa减小为0.350MPa，竖向预应力的施加显著减小了腹板的主拉应力。

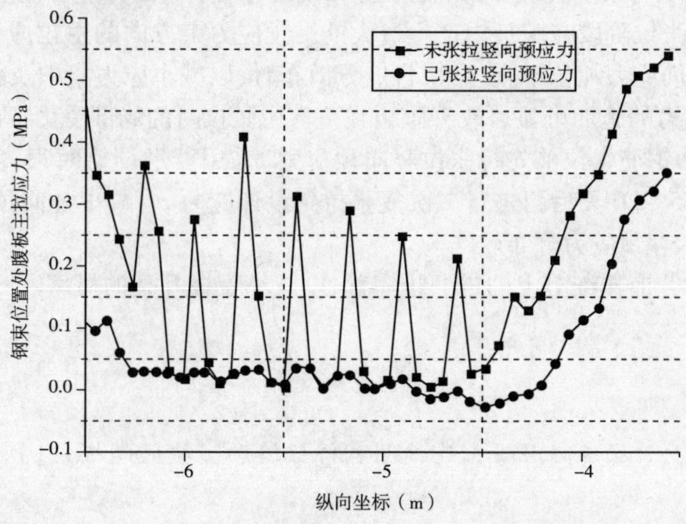

图8　腹板束位置腹板主应力比较

2　其他开裂影响因素分析

结合现有混凝土开裂的研究现状[7]~[8]，总结桥梁施工阶段腹板开裂的影响因素还包括：

(1)施工过程中混凝土浇筑及养护质量对此类裂缝有很大的影响，包括浇筑顺序、振捣方式、张拉时混凝土龄期、强度、弹性模量、养护条件等，此类原因难以精确量化界定。如果任何一个环节处理不好，都会使混凝土开裂的几率增大。

(2)预应力孔道位置的偏差。理想的圆滑曲线预应力束在实际构件中常常成为以波动的曲线，并非设计的曲线。由于施工的影响，预应力孔道常有定位不力、不准或偏置的现象。预应力钢筋在张拉绷紧后将力图保持直线形状，而对凸出的混凝土部分将产生局部作用力，致使局部区域混凝土产生较明显的横向拉应变,将大大增加混凝土沿预应力钢筋纵向开裂的几率。

(3)温度应力过大。施工时过大的日照温差导致箱梁出现较大的横向温度应力,横向温度应力的最大主应力方向与梁长轴线垂直,日照横向温度应力的高拉应力区,一般在腹板的内壁及相邻腹板的相近梗腋区的内壁上。

3 结论

本文以一实际桥梁为背景,对其出现裂缝的施工阶段进行了参数分析,总结了各因素对该阶段箱梁受力的影响,并结合目前混凝土开裂的研究现状,对其提出了相应的对策:

(1)该桥箱梁悬浇施工时出现的腹板斜向开裂不同于主拉应力过大引起的腹板剪裂缝,产生该类裂缝的原因主要是预应力筋中的预应力过大、竖弯预应力筋过于集中、弯角过大等从而造成锚固区及腹板主拉应力过大,引起开裂及发展。而腹板束的锚头局压区拉应力,预应力管道偏离实际位置出现较大的局部拉应力,以及施工时温差引起大的温度应力,也是促进腹板开裂或加重开裂的重要原因。

(2)纵向腹板下弯束应合理布束,使腹板束既起到减小截面剪力和使用阶段主拉应力的作用,又不至于使张拉阶段在腹板内产生过大的沿预应力束方向的主拉应力,桥梁阶段施工时,各阶段预应力筋应力吨位不宜过大,且应分散布置,以减小应力集中及腹板中应力。

(3)竖向预应力的施加可显著改善腹板在下弯束张拉时的局部受力,在条件允许的情况下可在纵向预应力钢筋张拉前先行张拉竖向预应力(采用菱形挂篮时很容易实现),还可在其张拉完毕后约15~20天后再进行二次复张拉到设计应力,以减小竖向预应力损失并保证腹板混凝土内的永存预应力分布较均匀。

(4)对施工工艺应作细节上的进一步完善,以减小腹板开裂的概率。

参考文献

[1] 陈颜辉,李风兵. 预应力混凝土连续刚构桥裂缝和下挠问题探讨[J]. 四川建筑,2008(5).

[2] 王新敏,王秀伟. 某连续刚构桥施工阶段开裂原因的空间分析[J]. 铁道标准设计. 2001(04).

[3] 周翰斌,卢任贵. 预应力混凝土连续箱梁施工阶段腹板斜裂缝探讨[J]. 华南港工,2006(4).

[4] 肖星星,李程华,万重文,等. 预应力混凝土箱梁桥悬臂施工中腹板斜裂缝成因分析[J]. 中外公路,2008(1).

[5] 李威, 郗铁博, 张静. 预应力混凝土连续箱梁桥腹板裂缝研究[J]. 中国水运(下半月),2008(2).

[6] 王勖成, 邵敏. 有限元法基本原理与数值方法[M]. 北京:清华大学出版社, 1988.

[7] 预应力混凝土梁桥裂缝成因分析研究报告[P]. 中交公路规划设计院,1998(12).

[8] 孙东方. 连续刚构桥箱梁腹板开裂原因分析[J]. 山东交通学院学报. 2006(1).

146　考虑龄期调整系数的徐变次内力计算方法及在体系转换结构设计中的应用

阴存欣

（北京市市政工程设计研究总院）

摘　要　在工程设计中经常要遇到的体系转换的结构类型中，徐变次内力将成为结构设计的重要因素。本文详细系统介绍了程序设计中考虑龄期调整等效系数的混凝土桥梁结构徐变次内力以及作为其核心的徐变固端力的不同计算方法，并分析论证了其统一关系，将混合法用于按《公路钢筋混凝土及预应力混凝土桥涵设计规范》（JTG D62—2004）进行徐变二次力分析的桥梁结构综合计算有限元程序 BRGFEP 的编制，并将程序应用于简支转固定，简支转连续等有体系转换的结构的设计计算分析，根据简支变连续设计中的徐变作用规律得出了该类结构设计中的关键控制因素。

关键词　桥梁工程　体系转换结构　徐变次内力　徐变固端力　有限元法

1　引言

在工程设计中经常要遇到体系转换的结构类型，比如简支变连续，先悬臂浇筑后合龙的T形刚构等，在这种类型的结构中，徐变次内力将成为结构设计的重要因素。徐变次内力是指由于徐变变形的发展受到约束时的次生内力，并不是次要内力，从数量级来看，完全可以和自重或者预应力等初始力的重要荷载处于同一个数量级。对于存在体系转换的结构，徐变次内力计算如果不考虑龄期调整系数，都会造成较大的误差。对于钢—混混凝土组合梁来说即使是静定结构，徐变的作用也将引起混凝土桥面板和钢梁部分之间的内力重分配。国内外的钢—混组合梁设计规范里也规定了计算徐变次内力时要考虑混凝土弹模的折减。

对于徐变次内力的计算，通过近期开展的研究已有有不少理论和方法，但总的来说考虑龄期调整系数的等效弹性模量法更适合以位移为基本未知量的有限元方法，更适合桥梁结构设计中计算机的应用。虽然徐变规律比较复杂，但如果不排除计算因素上的人为误差，即使采用了合理的徐变发展曲线，也将使徐变成为重要影响因素的体系转换结构的计算结果和实际结果存在明显差异，不考虑弹性模量等效折减按线性计算时甚至会出现转换体系结构转换的内力大大超过无体系转换相应成桥状态内力的结果的不合理现象。

2　考虑龄期调整等效模量的徐变次内力的计算方法

徐变次内力的计算关键在于徐变等效荷载向量的计算，在明确徐变次内力荷载向量的计算方法之前，首先要了解考虑龄期调整按等效弹性模量计算徐变次内力的有限元求解全过程。由于徐变研究的资料较多,在这里不再重复推导其过程,直接给出其求解步骤。和按弹性方法的徐变计算过程比较,考虑龄期调整的等效弹性模量方法的徐变次内力计算需要在下几个方面进行修改:

(1)单元刚度矩阵的弹性模量要按龄期调整的等效弹性模量进行修正。

(2)固端力荷载向量计算时要根据等效弹性模量计算得到的折减系数进行修正。

(3)作为有限元方程基本未知量的位移求解时要采用经过弹模折减的单元刚度矩阵组集的总刚度矩阵。

(4)根据解出的位移反算单元内力时,也要用考虑等效弹性模量的单元刚度矩阵。

除了每阶段都要用另一套等效折减的弹性模量组集和求解徐变次内力方程外,其他步骤和通常的有限元法并无不同之处。但是,这里所说的按龄期调整系数折减的弹性模量并不是指随着时间和强度而发展的实际弹性模量的变化,而是根据理论推导而得出的一种等效表达形式。时间段为 $t_{i-1} \sim t_i$ 的第 i 阶段的弹模折减系数如式(1)所示。根据积分中值定理推导的龄期调整系数如式(2)所示。

$$r(t_i, t_{i-1}) = E_\varphi / E = \frac{1}{1 + \rho(t_i, t_{i-1}) \times \varphi(t_i, t_{i-1})} < 1.0 \tag{1}$$

$$\rho(t_i, t_{i-1}) = \frac{\int_{t_{i-1}}^{t_i} \frac{d\sigma_s(\tau)}{d\tau} \varphi(t_i, \tau) d\tau}{\Delta\sigma_s \cdot \varphi(t_i, t_{i-1})} \tag{2}$$

由于徐变应力 σ_s 以及变化率本身是待求的未知量,所以本质上来说,即使撇开弹性模量的实际变化,以及徐变系数的非线性,徐变求解问题本身也仍然要涉及用未知求解未知的非线性问题。龄期调整系数根据参考文献[1][2] 中增量微分方程和全量代数方程解进行比较得出的公式为式(3)。

$$\rho(t_i, t_{i-1}) = \frac{1}{1 - e^{\varphi(t_i, t_{i-1})}} - \frac{1}{\varphi(t_i, t_{i-1})} \tag{3}$$

参考文献[3]中,考虑了不同加载龄期并根据试验结果回归得到的更有适应性的表达式中,将式(3)中 e 的指数进行修正取为式(4)中的形式。尽管在新桥规 JTG D62—2004 中,已经将 JTJ 023—85 规范中与 CEB—FIP 标准规范(1978 年版)的以衰减的指数形式表达的徐变系数改为了与 CEB—FIP 标准规范(1990 年版)一致的用各种变量相乘来表达的徐变系数,作为龄期调整系数推导过程基础的增量微分方程和全量代数方程解仍然成立,所以计算按等效弹性模量法计算龄期调整系数的公式仍然被大量研究徐变的人员广泛采用,只需把公式中的徐变系数值换为按 2004 新规范计算的值即可。

$$\rho(t_i, t_{i-1}) = \frac{1}{1 - e^{-[0.665\varphi(t_i, t_{i-1}) + 0.107(1-e)^{-3.131\varphi(t_i, t_{i-1})}}} - \frac{1}{\varphi(t_i, t_{i-1})} \tag{4}$$

3 徐变次内力荷载向量的不同计算方法及其统一性

徐变次内力计算的关键在于徐变固端力等效荷载向量的计算。求解徐变次内力时的荷载向量都是用徐变固端力在转换为整体坐标系后进行反符号组集,但徐变固端力的求解有多种表达方式,可以用位移表示,可以用力表示,通过分析可以得到它们的统一关系后,可以采用力和位移的混合表示方法。

3.1 以位移表示的徐变固端力计算方法

文献[4][5],用徐变变形的微分方程结合虚功原理推导,得到用位移表达的徐变固端力为:

$$-[K_{\varphi}^{i}]\times\{\delta_{0i}^{*}\}=-r(t_i,t_{i-1})[K]\times\{\delta_{0i}^{*}\} \tag{5}$$

$$\{\delta_{0i}^{*}\}=\sum_{j=0}^{i-1}\{\delta_{0j}\}\Delta\varphi_{ij}+\sum_{j=1}^{i-1}(\{\delta_j\}-\{\delta_{oj}^{*}\})r(t_j,t_{j-1})\Delta\varphi_{ij}^{\xi j} \tag{6}$$

$$\Delta\varphi_{ij}=\varphi(t_i,t_j)-\varphi(t_{i-1},t_j) \tag{7}$$

$$\Delta\varphi_{ij}^{\xi j}=\varphi(t_i,t_{\xi j})-\varphi(t_{i-1},t_{\xi j}) \tag{8}$$

$$t_{\xi j}=\frac{t_j+t_{j-1}}{2} \tag{9}$$

其中,$\{\delta_{0j}\}\{\delta_j\}$为第$j$阶段的弹性变形和总徐变变形,即有限元方程解出的徐变二次力相应位移,$\{\delta_{0i}\}$为第i阶段初始力产生的徐变变形,$\Delta\varphi_{ij}$为j阶段荷载在i阶段的徐变系数增量。

从上式可以看出,徐变固端力采用了单元刚度矩阵乘以徐变相关位移的形式。徐变变形包括三部分内容,即i阶段前第j阶段末t_j时刻的弹性力在i阶段末t_i时刻产生的徐变,i阶段首t_{i-1}时刻弹性荷载在本阶段末t_i产生的徐变,j阶段的徐变次内力荷载在t_i产生的徐变。由于第3部分的徐变次内力是在一个阶段的过程内来形成的,所以式(9)中取了j阶段中点即阶段时间的算术平均值$(t_j+t_{j-1})/2$作为荷载龄期。从式(6)的后一项还可以看出,考虑j阶段徐变对i阶段徐变的影响时,i阶段的徐变固端力和j阶段末解出的徐变变形$\{\delta_j\}$与j阶段首求得的徐变固端力相应位移$\{\delta^{*}{}_{0j}\}$的差有关,不能像计算弹性荷载影响一样,直接把徐变位移乘以单刚反算作为徐变固端力。

3.2 以力表示的徐变固端力计算方法

文献[1][2]中,在力法赘余力解的基础上,再运用位移法锁定待求位移的节点,但该方法可以推广到任意次数超静定结构的矩阵位移法即有限元解法上。文献中,它们的徐变固端力用公式表达为式(10)的形式,其中X_{0i}为初始力,P_i为弹性固端力。

$$(X_{0i}-P_i)\times r(t_i,t_{i-1})(\varphi(t_i,t_j)-\varphi(t_{i-1},t_j)) \tag{10}$$

施加荷载相关单元存在后产生的P_i为弹性固端力,在j阶段和i阶段都有相同的值。初始力X_{0i},或者说是j阶段荷载在当前第i计算阶段起始时刻t_{i-1}时刻产生的单元实际内力,包括计算阶段前的各个阶段$t_{j-1}\sim t_j$内的所有有弹性力以及徐变次内力效应,和弹性固端力之差$(X_{0i}-P_i)$正好为j阶段通过解有限元方程得出的变形释放的力,可以用节点位移乘以单刚反算,所以从这点看,用力表示的徐变固端力和用前述用位移表示的徐变固端力是一致的。由于初始力为单元内力,在锁定节点时,弹性外荷载在边界上的弹性固端力也同时存在,和初始力(内力)共同开始按$\Delta\varphi_{ij}=\varphi(t_i,t_j)-\varphi(t_{i-1},t_j)$产生徐变效应,单元内力和边界上的固端力不但在弹性状态要同时存在,在计算徐变效应时也是同时出现的,所以需将二者的效应共同考虑,如果徐变固端力计算时,只用各阶段的单元内力乘以徐变发展系数增量,忽略了弹性固端力的徐变效应,则会得出不完整的错误结果。

3.3 用力和位移的混合方法

在有限元解法中对于弹性效应部分可以用位移乘以单刚的变形力,而对于徐变次内力的初始力则用可以用读单元内力的方法,这样只要存储了各个阶段的弹性位移和徐变次内力,便可以很方便地求解徐变次内力,作者最新升级编制的新版综合程序的徐变次内力计算模块就采用这种同时用位移和内力计算徐变固端力的混合方法。从公式还可以看出,无论采用哪种计算方法计算徐变固端力,都要考虑弹模折减系数 $r(t_i,t_{i-1})$,并且用于计算弹模折减系数的徐变系数 $\varphi(t,t_{i-1})$ 只和本计算阶段 i 的时间 t_i,t_{i-1} 有关,而计算徐变系数增量 $\Delta\varphi_{ij}=\varphi(t_i,t_j)-\varphi(t_{i-1},t_j)$ 时却和 t_i,t_{i-1},t_j 都有关。

4 其他要注意的问题

4.1 与徐变相关的各种时间参数的准确定位

无论运用既有软件建模,还是自己编制计算程序,用于徐变计算时的施工阶段首尾的单元龄期 t_{i-1},t_i 以及荷载加载龄期 t_j 都需要根据输入的时间参数进行转换后得到。如果不对时间轴进行准确科学的定位,即使求解方法正确,也不可能得到合理的徐变分析结果。单元有激活龄期,计算徐变次内力时,要根据单元激活龄期得到的阶段时间增量计算弹模折减系数。荷载有加载龄期,加载龄期和作为徐变产生重要原因的初始内力密切相关,相同激活龄期的单元在不同阶段作用的相同大小的荷载其徐变效应也不同。对于施工阶段时间序列参数和用于徐变计算的时间参数存在着个不同的时间参考点,施工阶段参考点一般以 0 为起点,用于徐变计算的荷载龄期和单元龄期的时间参考点则是以单元生成阶段的激活龄期推得的时间原点作为参考点。对于荷载作用时尚未激活的单元,计算该荷载对该单元的徐变效应时徐变系数增量应该置零。式(11)、式(12)为作者新修改的综合计算程序 BRGFEP 中计算荷载龄期和单元龄期的公式。其中以第 1 阶段首的时间点 $tst\ (0)$ 作为体系形成阶段时间原点,$tst\ (i)$ 为第 i 阶段末的累计时间,$tp(ie)$ 为单元 ie 激活时已经发生的制作龄期,$tset(ie)$ 为单元生成即激活阶段的起始时间。

$$t_j(ie)=tst\ (j-1)-tset\ (ie)+tp(ie) \tag{11}$$

$$t_i(ie)=tst\ (i)-tset\ (ie)+tp(ie) \tag{12}$$

4.2 收缩和徐变的关系

从化学作用上来说,收缩和徐变是相关的。但是从目前的数学力学计算理论和相应的计算手段方法上来说,将收缩和徐变荷载向量和效应分开计算更合理。因为收缩和本阶段的收缩量有关,但与加载过程的应力历史无关,而徐变和计算阶段以前所有阶段的内力增量有关,收缩二次会引起徐变二次,但徐变二次并不引起收缩二次。将收缩和徐变效应分开计算也便于考察各自的结果和规律是否正确。

5 在体系转换结构的徐变次内力分析中的工程应用

5.1 一次落架的等截面连续梁

根据《公路钢筋混凝土及预应力混凝土桥涵设计规范》(JTG D62—2004)附录中及参考文献[1]、[2]、[6]的推导证明得到的理论解和结论,一次落架的等截面超静定连续梁,在均匀分布的自重作用下的徐变次内力和徐变次反力应该都为零。这是对程序徐变计算模块的一个最基本的检验方法和任何程序都应该满足的普遍性当中的特殊性要求。根据力法和 Dischinger 微分方程解得出的解:

$$X_t = (X - X_0)(1 - e^{-(\varphi(t,t_0)-\varphi(\tau,t_0))}) \tag{13}$$

其中 X 转换体系后内力,X_0 为简支状态内力,t 为计算时间,τ_0 为荷载施加时间,τ 为转换体系时的时间。由于没有体系转换,也就是转换体系前后的内力差 $X-X_0$ 为零,所以次内力 X_t 为零。所以,有弹性变形有相应的弹性力,但有徐变变形不一定有徐变次内力,简支梁有徐变变形,但徐变次内力却为零,一次落架的超静定连续梁有非零的徐变固端力和徐变变形解,但徐变次内力为零。

5.2 简支转两端固定梁

取一跨度为20m,横截面面积 $A=b\times h=2\times2=4\text{m}^2$ 的混凝土梁,设混凝土为C50,轴心抗压强度标准值 $f_{ck}=32.4\text{MPa}$,弹性模量 $E=3.45\times10^4\text{MPa}$,混凝土比重 25kN/m^3,相对湿度65%。按施工过程分三个阶段考虑:第一阶段,梁两端简支无荷载作用;第二阶段首施加梁自重均布荷载 $q=100\text{kN/m}$;第三阶段首梁两端施加固定约束。龄期调整系数参考文献[3]采用式(4)的形式。

徐变固端力:
$$F = -\frac{ql^2}{12}\frac{\varphi(t_3,\tau)-\varphi(t_2,\tau)}{1+\rho(t_3,t_2)\times\varphi(t_3,t_2)} = -\frac{ql^2}{12}\frac{\Delta\varphi}{1+\rho(t_3,t_2)\times\varphi(t_3,t_2)} \tag{14}$$

弹模折减系数:
$$E_\varphi/E = \frac{1}{1+\rho(t_3,t_2)\times\varphi(t_3,t_2)} \tag{15}$$

计算结果如表1所示。第一、二阶段为静定体系,没有徐变次内力,第三阶段首尾时间为 t_2,t_3。加载龄期为 t_1。徐变系数均按JTG D62—2004新规范计算。表中的主要系数以及徐变固端力向量,均可以用式(14),式(15)手算得到,电算结果和手算的结果完全一致,如果不考虑龄期调整系数的对弹性模量进行等效折减,将会得到支点处有比连续梁的负弯矩还大得多的徐变二次弯矩。随着转换体系时间龄期的增长,使内力发生转换的徐变次内力越小,其受力状态越接近转换前的体系内力。

表1 简支转固定计算结果

工况	t_0/天	t_1/天	t_2/天	t_3/天	$\Delta\varphi$	$\varphi(t_3,t_2)$	$\rho(t_3,t_2)$	E_φ/E	支点弯矩 M (kN-m)
a	不计收缩、徐变的固端梁				—	—	—	—	-3 333.30
b	0	4	7	1 500	1.515 1	1.686 1	0.821 2	0.419 3	-2 117.79
c	0	10	40	1 500	0.979 2	1.208 4	0.848 2	0.493 8	-1 611.84
d	0	100	800	1 500	0.118 4	0.594 1	0.917 1	0.647 2	-255.51
e	不计收缩、徐变的简支梁				—	—	—	—	0.00

5.3 普通钢筋混凝土简支变连续桥梁

将前面简支转固定的2m×2m矩形普通钢筋混凝土断面算例变为3跨简支变连续的结构,中间用2个1m单元的现浇湿接头用于设置中支点的永久支座,临时支座和体系转换。同时应用作者根据前面阐述的各主要技巧要点编制的最新版的桥梁综合计算程序BRGFEP和MIDAS程序进行计算并进行比较,计算结果如图1所示。图1中列出了简支梁;连续梁成桥阶段;湿接完拆除临时支座即刚完成体系转换但徐变尚未完成前;简支段单元龄期14d,现浇段单元龄期10d,简支梁段自重荷载施加了7d后进行体系转换的状态的4种工况的结果。中间两条曲线是分别用两种软件计算的简支变连续工况的最后总弯矩图,既介于一次成桥的简支和连续的工况之间,也介于刚发生体系转换和一次成桥的连续梁的工况之间,可以从线型上判断 MIDAS 和 BRGFEP 计算的徐变二次引起的弯矩变化也比较接近。

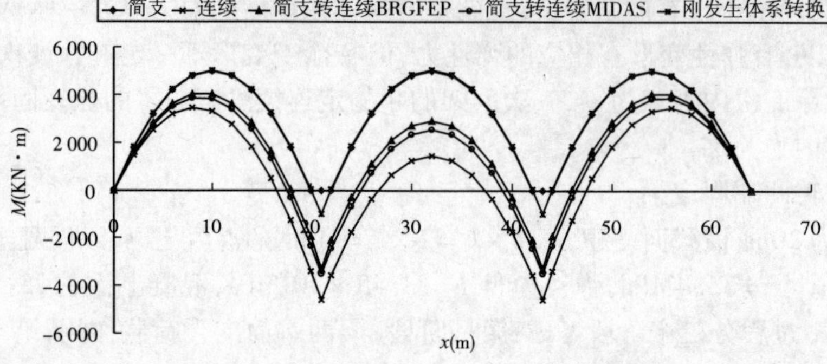

图1 简支、连续、简支转连续的恒载总弯矩分布图

由于临时支承的存在,实际设计的简支变连续中一般有湿接段,和零距离连接的没有临时支座的简支到连续的理想转换不同,前者在体系转换的瞬间在湿接阶段出现了部分恒载内力的调整,而后者没有这种变化。所以简支变连续徐变完成后的内力与转换体系前的内力之差并不完全是徐变次内力,除此外还包含了体系转换瞬间恒载的调整部分。此外,在湿接段和预制段存在龄期差异,实际设计的简支变连续的计算结果和零距离连接的理想简支变连续状态的微分方程解也会存在一定差异。

5.4 预应力混凝土简支变连续桥梁

一般简支转连续都采用预应力结构。首先,一次浇筑连续梁在自重作用下中支点截面表现为负弯矩,下翼缘受压,而简支变连续初始自重弯矩很小,中支点下翼缘压应力储备小;其次,湿接完后在中支点上翼缘要张拉负弯矩钢束,进一步增大了使中支点下翼缘受拉的局势;最后,由于次内力具有使内力由简支的受力向成桥体系下弯矩转变的趋势,自重作用下产生的徐变次弯矩为负弯矩,预应力作用下产生的徐变次弯矩为正弯矩,但设计时一般预应力效应大于自重效应,所以中支点的徐变次内力仍然表现为正弯矩。这三种共同作用使得简支转连续的中支点下翼缘成为应力状况的控制点。结果也表现为中支点下翼缘拉应力为最不利控制点。下面是程序在预应力简支转连续小箱梁中的应用算例。主梁外形情况如图2所示,中支点永久支座2侧50cm处各设一临时支座,张拉完全部主梁正弯矩束和中支点负弯矩预应力后进行体系转换。顶板负弯矩用7根15-6,中跨用10根15-5,边跨用4根15-5,6根15-6,控制应力1 395MPa。图3是4×35m简支转连续预应力小箱梁的最后恒

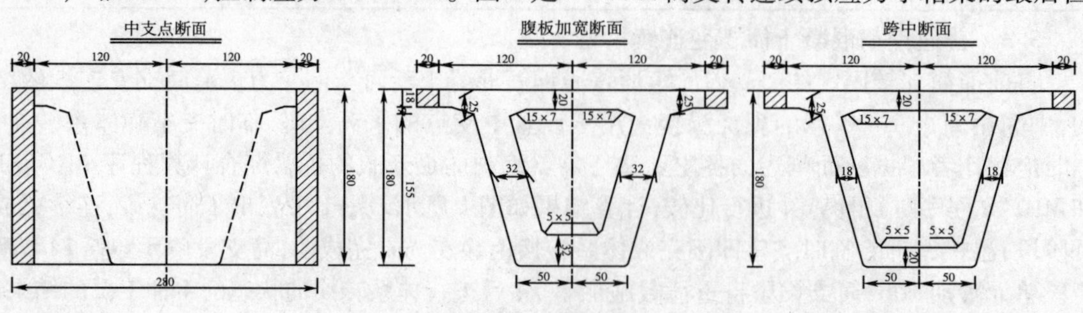

图2 主梁主要截面图

载组合下的组合应力图,中支点下翼缘压应力储备较低,所以对于预应力混凝土简支变连续梁,设计计算的关键在于控制中支点下翼缘的太大的正弯矩,和上述分析得出的结果一致。

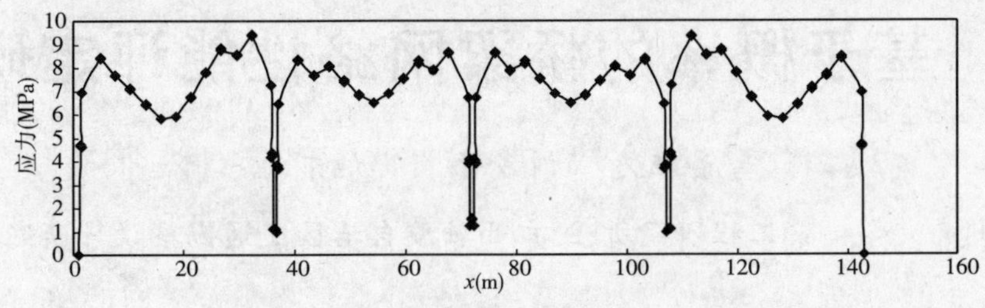

图3 下翼缘全恒组合(含预应力)的应力图

6 结论

根据本文分析,得到需要引起注意的以下主要结论:

(1)徐变固端力可以采用力,位移或者混合的表达形式,不同形式之间具有统一性。用力的表示方法计算徐变固端力时不仅要考虑外荷载形成的初始内力的影响,也要考虑外荷载引起的弹性固端力的影响,二者缺一不可。

(2)超静定结构有弹性变形就有弹性力,但有徐变变形不一定有徐变次内力。材料和截面相同的一次落架的超静定连续梁,在均布自重荷载作用下,由于具有相同的单元龄期和荷载施加龄期,有非零的徐变固端力和徐变变形解,但徐变次内力为零。

(3)通过简支转固定结构和简支转连续结构徐变次内力分析表明,徐变次内力的有限元分析中徐变固端力以及单元刚度计算时要考虑龄期调整系数对弹性模量的等效折减,否则在体系转换结构的徐变计算中会使徐变次内力显著偏大,甚至会出现转换体系结构转换的内力大大超过相应一次成桥状态内力的结果的不合理现象。预应力简支变连续结构由于施工恒载和徐变次内力的特点,中支点下翼缘拉应力是设计中的关键控制环节。

本文中的徐变计算方法已用于作者的程序设计中,该程序对于分段浇注和张拉的预应力混凝土连续梁,悬臂施工后合龙的T形刚构等其他有体系转换结构也适用,进一步结合钢—混组合梁自身的规律还可以把该方法用于今后钢—混组合梁徐变计算的程序编制。

参 考 文 献

[1] 金成棣. 混凝土徐变对超静定结构变形及内力的影响——考虑分段加载龄期差异及延迟弹性影响. 土木工程学报,1981,14(8).

[2] 刘作霖,徐兴玉,等. 预应力T形刚构式桥. 北京:人民交通出版社,1982.

[3] 王勋文. 大跨度PC斜拉桥的时变分析. 铁道部科学研究院,1995,12,7.

[4] 梅兴富,黄剑源,沈为平. 曲线桥梁的收缩徐变分析. 中国土木工程学会1998年全国市政工程学术交流会论文集.

[5] 肖汝诚. 桥梁结构分析及程序系统. 北京:人民交通出版社,2002.

[6] 范立础. 预应力混凝土连续梁桥. 北京:人民交通出版社,2001.

147 基于概率的桥梁网络性能评定研究

晏班夫[1] 刘多贵[2] 邵旭东[1]

(1.湖南大学桥梁工程研究所;2.广西壮族自治区交通勘察设计研究院)

摘 要 应用网络理论提出了基于概率评定桥梁网络性能的数学模型,桥梁网络性能可以通过网络连通可靠性、网络使用者满意度可靠性和网络中关键桥梁性能方面可靠性三个指标进行评定。利用状态枚举法,建立了网络连通可靠性评估指标模型;通过分析网络中各路段交通量、通行能力和通行成本,建立了使用者满意度可靠指标评估模型;利用网络最优算法,确定了网络中各节点间通行成本最优路径,建立了最小权重生成树,给出了关键桥梁的定义,并利用串联模型及关键桥梁可靠性建立了关键桥梁性能方面的可靠指标评估模型。最后综合考虑上述三个指标,建立了桥梁网络总体性能评定指标模型,并将之应用到某市区域桥梁网络实例中,对桥梁网络性能进行了评定。

关键词 桥梁 网络 概率 结构可靠性 性能评定

1 引言

公路网络中的桥梁对不同区域的城市提供了更为有效的连接,然而网络中的建设时间、桥梁类型、技术状况等级等各有不同,其他诸如老化、退化、超载、环境条件恶化等使得在有限资金条件下如何维持公路桥梁在寿命期内达到最低或以上的安全等级和使用状态等级是急需解决的问题。目前国内桥梁管理系统对桥梁的维护管理大多基于"项目级"层次,从"路网级"层次考虑较少。桥梁网络作为国家或区域经济发展的生命线系统,为了使其"畅通"运行,它的性能研究就尤为重要。

本文应用网络理论提出了基于概率的数学模型来评定桥梁网络的性能[1]~[7],桥梁网络性能可以通过网络连通可靠性、网络使用者满意度可靠性和网络最优路径中关键桥梁性能方面可靠性三个指标进行评定[8]~[9],最后再组合上述三个性能指标,给出单一指标对桥梁网络总体性能进行评定,并将提出的桥梁网络概率评估模型应用到某市区域桥梁网络性能评定。

2 桥梁网络可靠性

2.1 连通可靠性

桥梁网络连通可靠性是指桥梁网络中各节点之间处于连通的概率。分析时仅考虑桥梁

基金项目:国家自然科学基金,50878081。

网络中桥梁单元的失效,其他组成要素如节点(城镇)、道路不失效。本文采用状态枚举法进行连通可靠性计算,该法基本思想是用图表列出所有可能的使系统"可靠"的互斥状态,再对各"可靠"系统状态的概率求和,得出整个系统的可靠度。假定网络中有 n 座桥梁,则系统具有 2^n 个"连通"和"中断"状态,由于网络中桥梁之间可靠性相互独立,各状态之间互斥,所以网络处于"连通"状态时的概率 P_{c-net} 为:

$$P_{c-net} = \sum_{i=1}^{m} P_i \tag{1}$$

$$P_i = \prod_{j=1}^{k} P_j \tag{2}$$

式(1)、式(2)中,P_i 为系统第 i 个"连通"状态时的概率,m 为系统处于连通时的状态数;P_j 为系统第 i 个"连通"状态中第 j 座桥的可靠概率,k 为系统第 i 个"连通"状态中桥梁数。由于桥梁"连通"和"中断"两个事件互补,则有:

$$P_{c-net} + P_{d-net} = 1 \tag{3}$$

式中:P_{d-net}——桥梁网络处于"中断"状态时的概率。因此,桥梁网络连通可靠指标 β_{c-net} 为:

$$\beta_{c-net} = \Phi^{-1}(P_{c-net}) = \Phi^{-1}(1 - P_{d-net}) \tag{4}$$

状态枚举法在计算网络的连通可靠性时,是非常简单而适用的方法,但是当网络中桥梁的数量增多时,网络的状态个数将成指数倍增大,因此可以将网络中处于串联状态的桥梁用等效桥梁来代替,以达到简化计算的目的,这将在本文的工程实例中得到体现。

2.2 使用者满意度可靠性

桥梁网络使用者满意度可以通过路网系统交通运行状态来度量,而交通系统的运行状态取决于路网路段的通行能力及交通需求。由于各种影响因素是不断变化的,这使得路网系统的交通运行状态及阻塞发生也是不断随机变化的。因此,有必要应用概率评价指标来分析路网交通运行状态方面的性能。本文结合公路网络交通流的特性和交通运输工程经济学中成本分析理论,分析了网络中道路路段的交通量、通行能力及通行成本;然后建立路段交通阻塞的极限状态方程,确定各路段交通阻塞发生的概率;最后利用各路段的交通量和通行成本,建立满意度指标评定模型[10]~[13]。

(1)路段功能函数建立

道路路段交通运行状态的影响因素总的概括起来即是路段通行能力和交通量的综合,所以道路路段的功能函数可以表示为:

$$Z_a = g(C_a, Q_a) = C_a - Q_a \tag{5}$$

式中:Z_a——道路路段的功能函数;

C_a——路段通行能力;

Q_a——路段交通量。

由于实际交通中路段的通行能力和交通量均为随机变量,因此功能函数也是随机变量。$Z_a = C_a - Q_a > 0$ 表明道路路段交通运行处于畅通状态;$Z_a = C_a - Q_a < 0$ 表明道路路段交通运行处于阻塞状态;$Z_a = C_a - Q_a = 0$ 表明道路路段交通运行处于极限状态。

(2)路段处于阻塞状态时概率计算

根据式(5),若已知道路路段功能函数 Z_a 的概率密度分布函数 $f_{Z_a}(Z_a)$,则道路路段处于阻塞状态时的概率 P_{fa} 按下式计算:

$$P_{fa} = P(Z_a < 0) = \int_{-\infty}^{0} f_{Z_a}(Z_a)dZ_a \tag{6}$$

由于事件 $\{Z_a < 0\}$ 与事件 $\{Z_a \geqslant 0\}$ 是对立的,因此路段处于畅通状态时概率 P_{ra} 与阻塞状态时概率 P_{fa} 有下列关系:

$$P_{ra} + P_{fa} = 1 \tag{7}$$

在道路路段正常使用条件下,假设路段通行能力 C_a 和交通量 Q_a 为两个相互独立的正态随机变量,它们的均值和标准差分别为 μ_{C_a}、μ_{Q_a},由概率论和道路路段功能函数式(7)可知,Z_a 也为正态随机变量,其均值和标准差分别为 $\mu_{Z_a} = \mu_{C_a} - \mu_{Q_a}$、$\sigma_{Z_a} = \sqrt{\sigma_{C_a}^2 + \sigma_{Q_a}^2}$,令:$\beta_a = \frac{\mu_{Z_a}}{\sigma_{Z_a}}$,则路段处于阻塞状态时的概率 P_{fa} 为:

$$P_{fa} = \Phi(-\beta_a) \tag{8}$$

(3)桥梁网络使用者满意度可靠指标

桥梁网络使用者满意度可靠指标可以通过网络中路段阻塞的概率和路段通行成本来确定。假定桥梁网络中包含 n 个路段,且第 a 个路段的通行成本为 CO_a,则桥梁网络使用者满意度方面的失效概率 P_{f-us} 可按式(9)计算:

$$P_{f-us} = \frac{TFC}{TTC} = \frac{\sum_{a=1}^{n} \mu_{Q_a} \cdot \mu_{CO_a} \cdot P_{fa}}{\sum_{a=1}^{n} \mu_{Q_a} \cdot \mu_{CO_a}} \tag{9}$$

式中:TFC——桥梁网络总通行失效成本;

TTC——桥梁网络总通行成本;

μ_{Q_a}——路段交通量均值;

μ_{CO_a}——路段通行成本均值;

P_{fa}——路段交通阻塞状态概率。

联立式(3)、式(8)及式(9)即可求得桥梁网络使用者满意度方面的失效概率 P_{f-us},由概率论可得桥梁网络使用者满意度可靠指标 β_{us-net} 表达式为:

$$\beta_{us-net} = \Phi^{-1}[1 - P_{f-us}] \tag{10}$$

2.3 关键桥梁性能可靠指标

(1)求解网络最优路径的基本方法

最短路问题[14]是一个带权的网络优化问题。本文定义的区域公路桥梁网络可用有向带权的交通网络 $N=\{G,E\}$ 表示,其中 G 代表节点集合,E 代表路段集合。对于路段(i,j),有路权 w_{ij},表示路段的通行成本,即 $w_{ij} = CO_a$。假设从起始节点 O 到终止节点 D,有多条路径(至少有一条)可走,P 是其中的一条路径,最短路问题就是要在从起始节点 O 到终止节点 D 的所有路径中寻求一条路径,使得其路权 $w(P)$ 为最小,即求一条从节点 O 到节点 D 的路径 P_0,使得

$$w(P_0) = \min w(p) \tag{11}$$

式中对网络 $N=\{G,E\}$ 中所有从起始节点 O 到终止节点 D 的路径 P_0 取最小，称 P_0 是从起始节点 O 到终止节点 O 的最短路。

目前用于求最短路问题常用的算法有：狄克斯托（Dijkstra）标号法、别尔曼（Bellman）和福特（Ford）法[19]，其中，当路权 $w_{ij}<0$ 时，用别尔曼和福特法，当路权 $w_{ij}\geqslant 0$ 时，用狄克斯托（Dijkstra）标号法。本文路权为网络中路段通行成本，其值大于零，所以采用狄克斯托标号法求解最短路问题，该方法可以一次求出起始节点到任意节点的最短路。

（2）可靠指标确定

本文考虑的路段通行成本 CO_a 作为随机变量处理，而狄克斯托标号算法中，路权数为确定值，所以应把路段通行成本不确定值转化为确定值。国外学者[15]建议的转化思想为：考虑95%的分位点进行转化，可用如下表达式进行说明。

$$F_{CO_a}(CO_a^d)=P(CO_a\leqslant CO_a^d)=95\% \tag{12}$$

即：

$$CO_a^d=\mu_{CO_a}+1.645\sigma_{CO_a} \tag{13}$$

式中：CO_a^d——路段 a 通行成本确定值；

μ_{CO_a}——路段 a 通行成本均值；

σ_{CO_a}——路段 a 通行成本标准差。

据网络理论可知，采用狄克斯托标号法确定的桥梁网络中最短路径构成的集合即为最小权重生成树，同时所生成的树中包含了网络中所有的节点，据此，最小权重生成树即为桥梁网络中节点之间运输货物或运送乘客的最优路径，最小权重生成树中所包含的桥梁定义为关键桥梁，为了确保最小权重生成树存在，则生成树中的桥梁必然处于可靠状态。因此，最小权重生成树的可靠性即为由关键桥梁所构成的串联系统的可靠性，假定生成树中各桥梁之间相互独立，桥梁网络在关键桥梁性能方面的可靠指标 $\beta_{\text{cb-net}}$ 表达式为：

$$\beta_{\text{cb-net}}=\Phi^{-1}(P_{\text{cb-net}}) \tag{14}$$

$$P_{\text{cb-net}}=\prod_{i=1}^{n}P_i \tag{15}$$

式中：n——最小权重生成树中所含桥梁总数；

P_i——最小权重生成树中第 i 座桥梁的可靠概率；

$P_{\text{cb-net}}$——桥梁网络在关键桥梁性能方面的可靠概率。

3　桥梁网络总体性能指标确定

由于 $\beta_{\text{c-net}}$、$\beta_{\text{us-net}}$ 和 $\beta_{\text{cb-net}}$ 三个指标从不同方面反映了桥梁网络的性能，在评定网络性能时具有同等的重要性。因此，可用“串联系统”模型来计算总体性能指标 β_{BN}。此外，在计算 $\beta_{\text{cb-net}}$ 和 $\beta_{\text{c-net}}$ 时采用了网络中单座桥梁的可靠概率，因此，$\beta_{\text{c-net}}$ 和 $\beta_{\text{cb-net}}$ 之间具有相关性，$\beta_{\text{us-net}}$ 与 $\beta_{\text{c-net}}$ 和 $\beta_{\text{cb-net}}$ 之间相互独立，于是总体性能可靠指标 β_{BN} 的上限和下限可采用单模式界限概率模型[20]确定，具体计算公式如下：

$$P_{\text{c-net}}\cdot P_{\text{us-net}}\cdot P_{\text{cb-net}}\leqslant\Phi(\beta_{\text{BN}})\leqslant\min(P_{\text{c-net}},P_{\text{cb-net}})\cdot P_{\text{us-net}} \tag{16}$$

式中：$P_{\text{c-net}}=\Phi(\beta_{\text{c-net}})$，$P_{\text{us-net}}=\Phi(\beta_{\text{us-net}})$，$P_{\text{cb-net}}=\Phi(\beta_{\text{cb-net}})$。

总体性能指标 β_{BN} 可作为不同区域桥梁网络总体性能评定的对比参数，但是在具体的桥梁网络最优维护决策制定时不可作为单一的目标优化函数，还应结合单座桥梁的状态性能指标进行;从式(16)也可看出:β_{BN}对β_{us-net}的变化较为敏感,而β_{c-net}和β_{cb-net}变化对β_{us-net}的影响较小。因此,桥梁网络最优维护决策制定的目标是:使β_{c-net}和β_{cb-net}在桥梁网络的寿命期内最大,同时应确保由于桥梁维护加固期间对β_{us-net}的影响最小。

4 工程实例

某市区域桥梁网络由27座桥梁、6条公路(12个路段)和5个节点组成,网络图中用小圆圈代表节点,粗线表示各段公路,黑点代表桥梁,桥梁编码编码规则为对于S111-A的桥梁,S:道路类别码,111:道路顺序号,A:桥梁代码。桥梁网络模型中各桥梁用桥梁简码表示,如:桥梁编码:S111-MZL,简码为MZL(桥梁名称的头一个汉语拼音组成)。该区域桥梁网络及网络模型如图1所示。

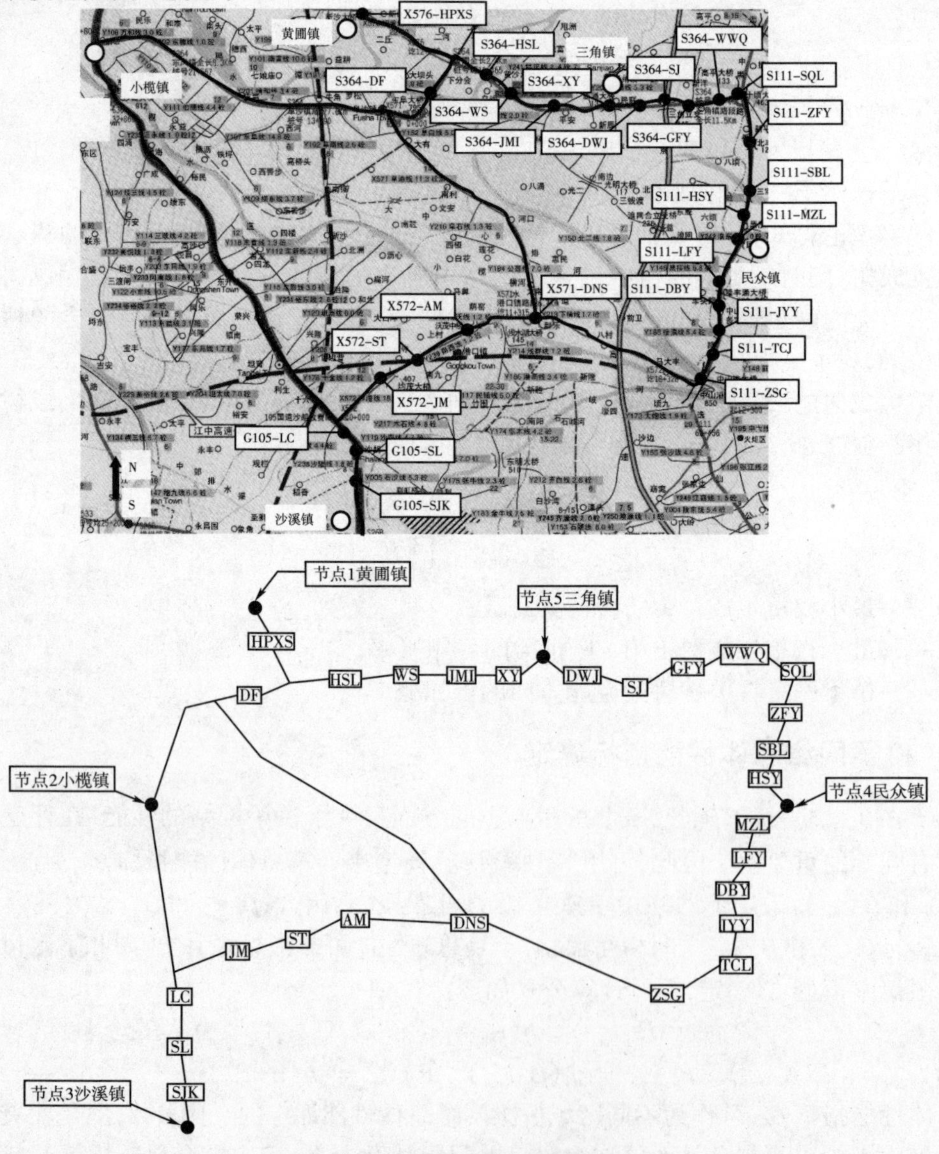

图1 某市区域桥梁网络及桥梁网络模型

4.1 网络连通可靠性评定

根据区域桥梁检测试验评定结果，利用 MATLAB 语言基于 JC 法简化计算目前状况下（服役现时刻）各桥可靠指标。采用状态枚举法分析桥梁网络中各节点之间处于连通状态的可靠概率，为了简化可靠概率的计算，引入等效桥梁代替组成串联系统的桥梁，等效桥梁的可靠概率为串联系统中各桥梁可靠概率的乘积；等效后桥梁网络模型如图 2 所示；简化后桥

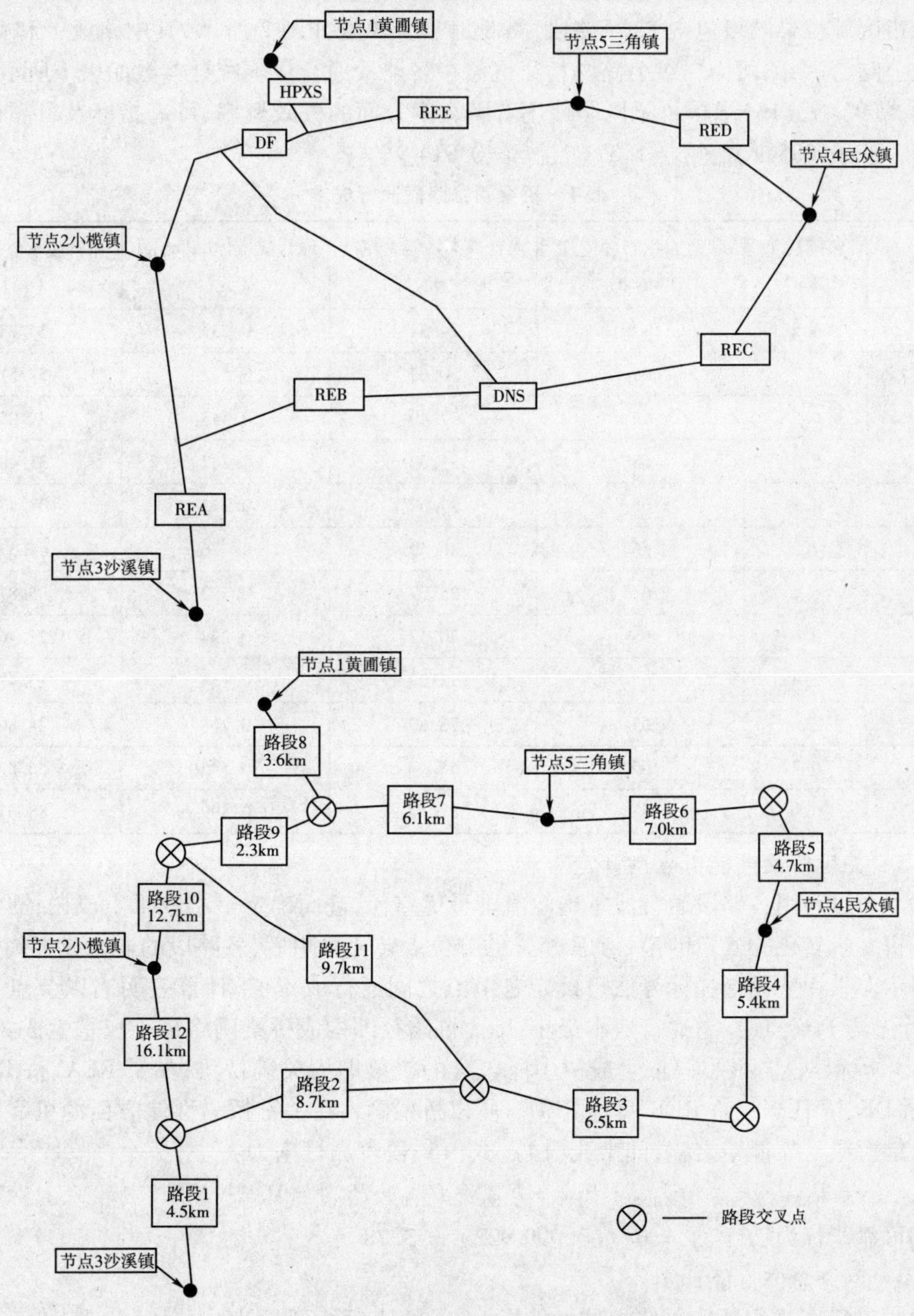

图 2　等效后桥梁网络模型及路段编号与长度

梁网络中桥梁数由27座降为8座,据状态枚举法的原理可知,网络中共有 $2^8=256$ 个系统状态,但由网络模型的组成结构可以看出,如果网络中各节点之间处于连通状态,则桥梁 HPXS 和等效桥梁 REA 必处于可靠状态,为此,网络系统状态个数由 $2^8=256$ 降到 $2^6=64$,通过状态枚举法得到的真值表及式(1)、式(2)和式(4)计算得到网络连通可靠指标 $\beta_{c-net}=4.22$。

4.2 使用者满意度可靠性评定

该市区域桥梁网络包含12个路段,路段编号及长度如图2所示,其中路段1和路段12为一级公路,其余路段为二级公路。桥梁网络中各路段通行成本统计参数如表1所示。

由式(9)、式(10)求得桥梁网络使用者满意度方面的失效概率、可靠指标及可靠概率分别为:$P_{f-us}=0.0851$、$\beta_{us-net}=1.37$、$P_{us-net}=0.9149$。

表1 桥梁网络路段通行成本

路段编号	路段长度(km)	平均自由行驶速度(km/h)	通行成本均值(μ_{CO})(元)	通行成本标准(σ_{CO})(元)	通行成本值(CO^d)(元)
1	4.5	87	24.34	0.237	24.73
2	8.7	65	50.63	0.571	57.51
3	6.5	65	37.49	0.343	38.05
4	5.4	65	31.02	0.233	31.40
5	4.7	65	27.07	0.243	27.47
6	7.0	65	40.59	0.476	41.37
7	6.1	65	35.29	0.352	35.87
8	3.6	65	20.98	0.294	21.46
9	2.3	65	13.29	0.111	13.47
10	12.7	65	73.60	0.768	74.86
11	9.7	65	55.97	0.545	56.87
12	16.1	87	87.19	0.899	88.67

4.3 关键桥梁性能可靠性评定

为了通过利用各路段通行成本确定成本最优路径,进而确定最小权重生成树,需将通行成本随机变量转化为确定的值,考虑95%的分位点转化思想后,各路段的通行成本确定值如图3所示。采用狄克斯托标号法可确定各节点之间通行成本值,计算表明当以节点5为起点,其余节点为终点时,总通行成本最小,因此该路径即构成桥梁网络最小权重生成树,如图4中虚线所标路径。最小权重生成树中所包含的桥梁即为关键桥梁;如桥 REA、桥 REB、桥 DNS、桥 DF、桥 HPXS、桥 REE 及桥 RED。所以桥梁网络在关键桥梁性能方面的可靠概率为所有关键桥梁可靠概率之积,即由式(14)、式(15)得可靠概率为:

$$P_{cb-net}=P_{REA}\cdot P_{DF}\cdot P_{HPXS}\cdot P_{REE}\cdot P_{RED}\cdot P_{REB}\cdot P_{DNS}=0.999922$$

则可靠指标为:$\beta_{cb-net}=\Phi^{-1}(0.999922)=3.78$

4.4 网络总体性能评定

由式(16)可求得桥梁网络总体性能指标 β_{BN} 的值(取下限)为:

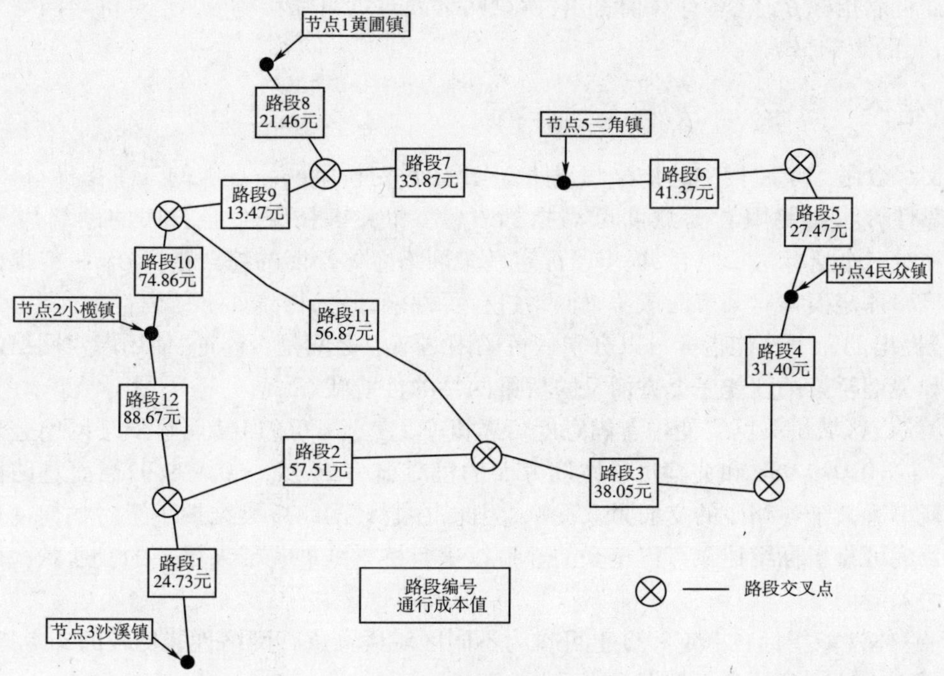

图 3　桥梁网络路段通行成本

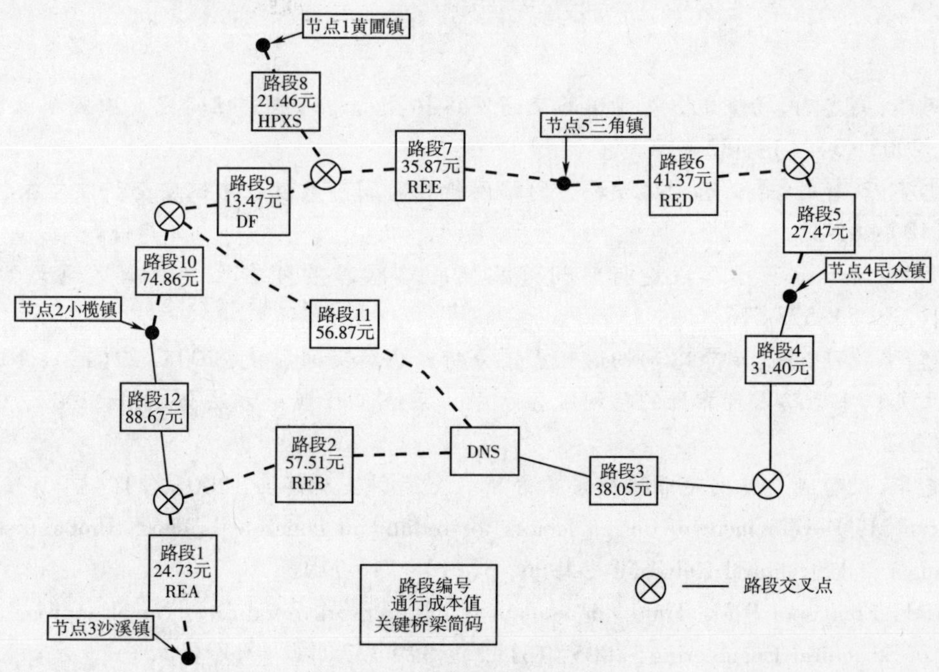

图 4　桥梁网络最小权重生成树

$$\beta_{BN} = \Phi^{-1}(P_{c-net} \cdot P_{us-net} \cdot P_{cb-net}) = \Phi^{-1}(0.999\,988 \times 0.914\,9 \times 0.999\,922) = 1.37$$

从桥梁网络连通可靠指标 β_{c-net}、桥梁网络满意度可靠指标 β_{us-net} 及桥梁网络关键桥梁性能方面可靠指标β_{cb-net}各计算值看出:桥梁网络满意度可靠指标β_{us-net}对桥梁网络总体性能指标β_{BN}的影响最大。

5 结论

本文综合考虑了路网中的桥梁和道路,提出了评定桥梁网络性能的三个指标:桥梁网络连通可靠性β_{c-net}、使用者满意度可靠指标β_{us-net}和关键桥梁性能方面的网络可靠指标β_{cb-net};并对三个指标进行组合,提出了评定桥梁网络总体性能的综合指标β_{BN}。将提出的桥梁网络概率评定模型对某市区域桥梁网络进行了性能评定,得到如下结论:

(1)提出的三个性能指标可以分别从桥梁网络节点之间是否连通、使用者对网络的使用满意度和关键桥梁的性能三个方面反映桥梁网络的性能状态。

(2)该市区域桥梁网络使用者满意度可靠概率$P_{us-net}=0.9149$明显低于网络连通可靠概率$P_{c-net}=0.999988$和关键桥梁性能方面的可靠概率$P_{cb-net}=0.999922$;而且路网中桥梁可靠概率远大于各路段的交通阻塞概率,因此,在制订网络桥梁维护决策时如何使网络使用者满意度可靠指标维持在可以接受的水平以避免桥梁维护时带来更差的交通状况的发生是考虑的关键。

(3)总体性能指标在一定程度上可作为不同区域桥梁进行网络性能比较的参考指标,也可作为桥梁维护决策的参考依据。

参考文献

[1] 范海燕,吴志周,杨晓光. 基于道路交通网络拓扑结构的可靠性研究. 中国矿业大学学报, 2005, 34(4): 482-485.

[2] 熊志华,姚智胜,等. 基于路段相关的路网行程时间可靠性. 中国安全科学学报, 2004, 14(10): 81-82.

[3] 刘海旭,蒲云. 基于路段走行时间可靠性的路网容量可靠性. 西南交通大学学报, 2004,39(5):573-576.

[4] 梁颖,陈艳艳,等. 城市路网畅通可靠性分析. 公路交通科技, 2005, 22(12): 105-108.

[5] 侯立文. 基于路网可靠性的路网服务水平. 系统工程理论方法与应用, 2002, 12(3): 248-252.

[6] 熊志华,姚智胜. 路网可靠性及层次分析. 交通科技与经济, 2004, 24(4): 1-3.

[7] Ghosn M. Development of design factors for redundant concrete bridges. Probabilistic Mechanics and Structural Reliability, 1996, 5(11): 716-719.

[8] Liu M, Frangopol D M. Time – dependent bridge network reliability: Novel approach. Journal of Structural Engineering, 2005, 131(2): 329-337.

[9] 梁颖. 城市交通系统畅通可靠性分析与优化:[北京工业大学博士论文]. 北京:北京工业大学, 2005, 23-26.

[10] 张起森,张亚平. 道路通行能力分析. 北京:人民交通出版社, 2002, 97-117.

[11] 肖秋生,郭占全,林秉良,谢志刚. 行程时间随交通流量变化规律的研究. 中国公路学

报. 1991, 3(4): 41-46.

[12] 任福田,刘小明,美国交通研究委员会. 道理通行能力手册(公制版). 北京:人民交通出版社, 2007.

[13] 赵建有. 道路交通运输系统工程. 北京:人民交通出版社, 2004, 196-203.

[14] 谢金星,刑文训. 网络优化. 北京:清华大学出版社, 2000, 1-297.

[15] Ang A H - S, Tang W H. Probability concepts in engineering planning and design: decision, risk, and reliability. New York: John Wiley & Sons, 1984, 131-146.

148 考虑斜拉索施工随机误差的斜拉桥结构可靠度分析研究

向绪霞[1] 程 海[2] 陈德伟[1]

(1. 同济大学;2. 上海建设机场道路工程有限公司)

摘 要 在斜拉桥施工过程中,施工误差不可避免,结果造成实际结构参数往往偏离设计取值,最终导致斜拉桥偏离设计的内力和外形状态。本文首先对有限元软件 ANSYS 的概率设计系统做了简单的介绍,利用 ANSYS 的二次开发工具 APDL 语言和概率分析功能,编制相应的 ANSYS 命令流程序,综合考虑影响斜拉桥几何非线性的因素,主要考察了斜拉桥处于最大双悬臂不利施工工况下斜拉索索力施工随机误差对斜拉桥结构安全可靠度的影响。

关键词 斜拉桥 施工误差 随机性 可靠度 蒙特卡罗法

1 引言

斜拉桥因其造型美观、经济性好、跨越能力大等优点得到了迅猛发展,已成为大跨度桥梁结构最具竞争力的桥型之一。在传统的确定性结构分析方法中,在设计、施工、使用过程中存在的种种影响其安全、适用、耐久的不确定因素被忽略或者通过引入安全系数来考虑,这些外部荷载和结构的物理参数都是按确定性的方法来考虑的。对于斜拉桥结构的设计分析也是如此,然而有时即使是采用较大的安全系数,还是不能保证斜拉桥的绝对安全可靠,或者导致不经济的设计结果,尤其是斜拉桥施工过程中出现的误差随机性方面。尝试斜拉桥一类的复杂结构按照随机性方法,考虑材料、几何尺寸、外部荷载、施工误差等随机性,定量地确定出斜拉桥的可靠概率,可以达到既保证结构安全,又避免不经济的盲目设计的目的。

2 ANSYS 中的 PDS 系统

ANSYS 自 5.7 增加了概率设计系统(PDS)的新功能,用于计算有限元分析中由于输入参数的非确定性导致的输出参数的非确定性[1]。结构可靠性文件在 ANSYS 中主要由生成分析文件、可靠性分析和可靠性结果输出处理 3 个阶段组成,其中,生成分析文件是整个分析过程中的关键环节[2]。ANSYS 中可靠性分析数据流程如图 1 所示[2]。在进行结构可靠性分析中,需用到二次开发功能参数化设计语言 APDL 进行结构的参数化建模。PDS 可以解决以下问题:根据模型中输入参数的不确定性计算待求结果变量的不确定程度;确定由于输入参数的不确定性导致的结构失效概率数值;已知容许失效概率确定结构行为的容许范围如最大变形、最大应力等;判断对输出结果和失效概率影响最大的参数,计算输出结果相对于输入参数的灵敏度;确定输入变量、输出结果变量之间的相关系数等。

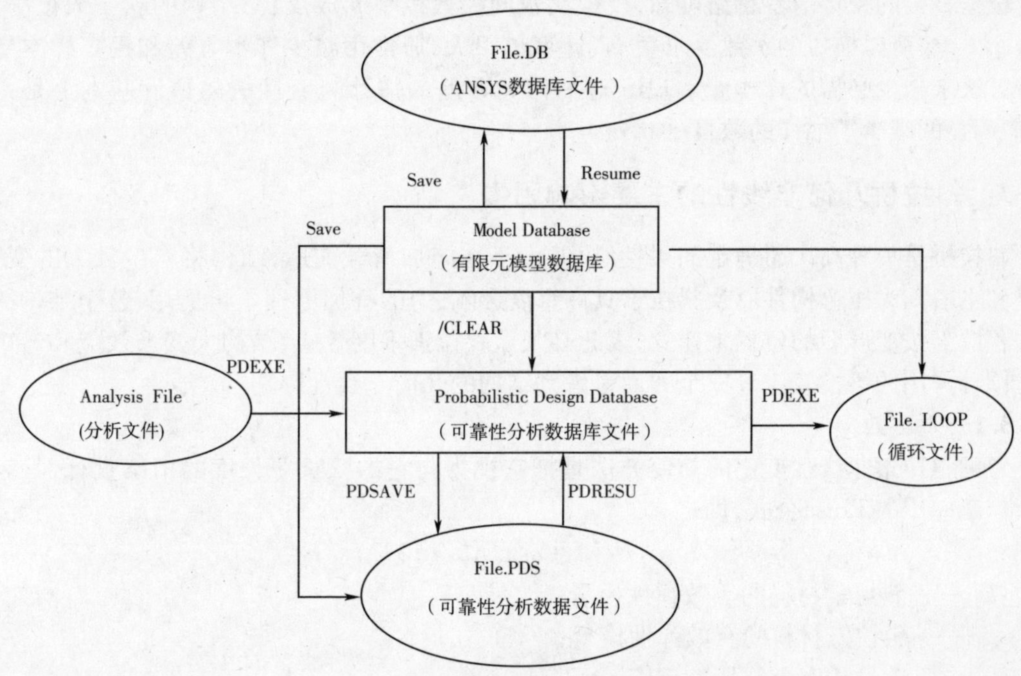

图1　ANSYS 概率设计过程数据流模型

ANSYS 提供了两种基本的概率设计函数:蒙特卡罗法(Monte Carlo)和响应面法。其中的蒙特卡罗模拟技术可以选择直接抽样、拉丁超立方抽样(LHS)和用户自定义抽样(USD)[2]。直接抽样法对于需大量模拟循环时的分析不是很有效,但它仍然被广泛的接受并得到使用,尤其是作为基准并验证可靠性分析的结果。另外直接抽样模拟过程没有记忆能力也是其效率不高的原因。LHS 要比直接抽样更高级和有效,唯一不同的是前者具有记忆功能,可以避免直接抽样数据点集中而导致的仿真循环重复问题。在达到相同的精度范围内,LHS 相对要少 20% ~40% 的仿真循环次数。USD 方法要求提供样本的文件和获取样本数据的路径,这样可以完全控制样本的数据。而响应面法的思想是通过系列确定性试验拟合一个响应面来模拟真实的极限状态曲面,从而进行可靠性分析。从本质上讲,响应面法是一项统计学的综合试验技术,用于处理几个变量对一个体系或结构的作用问题,也就是体系或结构的输入与输出的转换关系问题。试验设计用来确定抽样点在输入变量抽样空间的位置,要求抽样点数量较少,但又能有效包含抽样空间的信息以保证响应面的精度。ANSYS 中提供的试验设计方法有中心复合设计法(CCD)、Box - Behnken 矩阵设计法(BBM)和自定义设计法 3 种[2]。由于响应面法中要求至少有 2 个随机输入变量[3],本文中只考虑了一个随机输入变量,所以采用蒙特卡罗方法中的 LHS 方法来分析计算。

LHS 是多维分层抽样方法,其原理是:

(1)定义参与计算机运行的抽样数目 N;

(2)再把每一次输入等概率地分成 N 列,成为 N 个样本的区域,$x_1 < x_2 < x_3 \cdots x_n < \cdots <$

x_N,且 $P(x_n < x < x_{n+1}) = 1/N$;

(3)每一列仅抽取一个样本,各列中样本的区域是随机的。

根据直接的蒙特卡罗思路可知,模拟次数同失效概率 p_f 成反比,结构的 p_f 一般很小,为了减小方差,所以模拟的次数要求很高,计算量很大,通常用减少样本方差和提高样本质量两种方法来减少必需的样本量。LHS 对抽样和方差的估计与直接法的估计基本上是一样的,但明显的减少了抽样的数目。

3 斜拉桥几何非线性的主要影响因素

斜拉桥是一种高次超静定的柔性结构,由于在施加荷载前后,结构将产生较大的变位;主梁和主塔均为压弯构件以及斜拉索具有垂度影响,力的叠加原理不再适用,整个结构的平衡方程应当按变形后的位置来建立,因此必须从斜拉索垂度效应、结构大变形效应和弯矩轴向力耦合作用的梁柱效应等三个方面考虑其结构的几何非线性影响。

3.1 垂度效应

考虑斜拉索非线性变化的简便方法是把它视为与它的弦长等长度的桁架直杆,其表达式为广泛应用的 Ernst 公式,即

$$E_{eq} = E/[1 + \omega^2 L^2 AE/(12T^3)]$$

式中:E_{eq}——斜拉索材料的等效弹性模量;

E——斜拉索材料的有效弹性模量;

ω——单位长度上斜拉索重度;

L——斜拉索水平投影长度;

A——斜拉索截面积;

T——斜拉索张拉力。

该式得出的是切线模量,当索拉力从 T_1 变为 T_2 较大时,可用下式计算斜拉索的割线模量,即

$$E_{eq} = E/[1 + \omega^2 L^2 AE(T_1 + T_2)/24T_1^2 T_2^2]$$

对斜拉索的弹性模量进行修正后,就可以像直杆单元一样建立局部坐标系下的索单元刚度矩阵。除了上述方法外,还有几种斜拉索的建模方式,如多段直杆法、曲线索单元法等。

3.2 大变形效应

在荷载作用下,斜拉桥上部结构的几何位置变化显著。从有限元的角度来讲,节点坐标随荷载的增量变化较大,各单元的长度、倾角等几何特性也相应产生较大改变,结构的刚度矩阵成为几何变形的函数,因此平衡方程 $\{F\} = \{K\}\{\delta\}$ 不再是线性关系,小变形假设中的叠加原理也不再适用。解决上述问题的方法是在计算应力及反力时计入结构位移的影响,也就是按照位移理论来建立平衡方程。

3.3 弯矩与轴向力的梁柱效应

斜拉索张拉力使其他构件处于弯矩和轴向力组合作用下,这些构件即使在材料满足虎克定律的情况下也会呈现非线性特性。构件在轴向力作用下的横向挠度会引起附加弯矩,而弯矩又影响轴向刚度的大小,此时叠加原理也不再适用。需要考虑主梁及桥塔的梁柱效应,其几何刚度矩阵中需要考虑轴力影响。

4 可靠性相关理论

结构的可靠度是指结构在规定的时间内,规定的条件下完成预定功能的概率。如结构的基本变量由 $X_1, X_2 \cdots X_n$ 组成,且结构功能 Z 为基本变量的函数,则结构的功能函数(极限状态函数)可表示为:$Z = g(X_1, X_2 \cdots X_n)$。

在概率极限状态设计理论中,极限状态方程为:$g(X_1, X_2 \cdots X_n) = 0$。

通常在结构设计中,基本变量 $X_1, X_2 \cdots X_n$ 为随机变量,如果把基本变量归结为结构抗力 R 和载荷效应 S 两大类,则结构功能函数可简化为:$Z = R - S$。

所以在概率极限状态的结构设计中,必须满足下列条件,即:$Z = g(R, S) = R - S \geqslant 0$。

由可靠性理论可知,求一个结构的可靠度就是求极限状态函数 $g(X) \geqslant 0$ 的概率,所以,利用 ANSYS 概率设计系统计算出 $g(X) \geqslant 0$ 的概率,就得到了结构的可靠度。

5 利用 ANSYS 实现斜拉桥可靠性分析基本过程

5.1 结构简况

以某斜拉桥为例,该斜拉桥主桥为独塔中央索面预应力混凝土箱梁,全长 342m,跨径布置为 142m + 110m + 2 × 45m,见图 2,桥梁纵坡北侧为 2.48%,南侧为 1.984%,设 $R = 8\,000$m 凸曲线。主桥主梁为倒梯形展翅箱梁,单箱五室结构,箱顶全宽 34m,箱梁底宽 14m,悬臂板长 4.25m,设双向 1.5% 横坡。主梁高 3.0m。有索区主梁标准截面尺寸如下:顶板厚 0.24m,底板厚 0.3m,中间竖腹板厚 0.35m,两边竖腹板厚 0.25m,斜腹板厚 0.24m,横梁厚 0.5m,见图 3。边跨 45m 跨梁段除竖腹板厚度均为 0.45m,横隔梁厚度为 0.3m 外,其余同有索区主梁标准截面。主塔上中塔柱为单箱混凝土结构,采用塔梁固结,柱式独塔,承台以上塔高为 77.78m。斜拉索共采用 19 对高强度平行钢丝拉索,单索面。塔上索距 1.8m。全桥横梁间距基本上为 6.2m。主梁及主塔均采用 C50 混凝土。

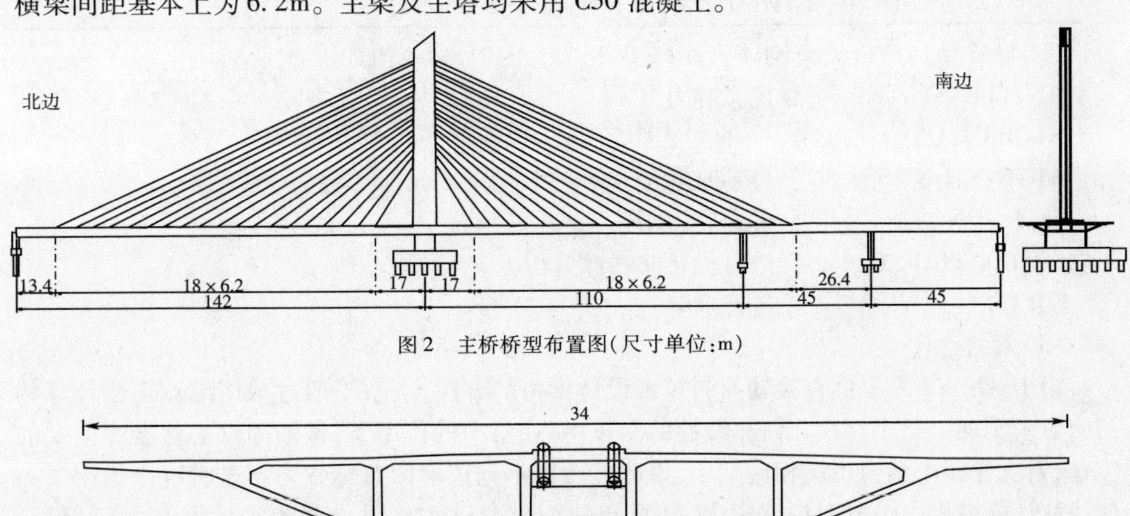

图 2 主桥桥型布置图(尺寸单位:m)

图 3 主梁标准截面

5.2 有限元模型的建立

ANSYS 非线性分析将荷载分解成一系列增量的荷载步,并且在每一荷载步内进行一系列线性逼近以达到平衡。利用更新单元空间方位作为结构变形来解决大变形问题,通过应力刚化解决由应力状态引起的结构刚度变化。另外,ANSYS 提供了一系列命令来增强问题的收敛性,如自适应下降,线性搜索,自动荷载步和二分法等。

首先利用 APDL 语言进行斜拉桥的参数化建模,编制相应的命令流,建立鱼刺骨模型。通过引入有效弹性模量、稳定性函数和几何刚度矩阵到 ANSYS 软件中,实现斜拉桥的非线性分析,具体实现过程如下:

(1)定义参数数组存储斜拉桥几何特性(如截面面积,材料属性等)、斜拉索索力、初应力等。

(2)运用 APDL 语言,编写建立斜拉桥有限元模型的数据文件,包括结构的节点信息、单元信息、材料信息、截面信息、约束信息以及荷载信息等。该斜拉桥结构最大双悬臂状态的有限元模型见图 4 及表 1。主梁、桥塔及拉索都采用自定义截面形式,则不需要定义截面的实常数,横梁实常数为横梁质量。对塔梁相互支承的两个节点利用 cp 命令耦合以模拟塔梁固结。在利用命令流定义节点和单元时使节点和单元编号符合一定的规律,以便更好地控制所分析的模型。

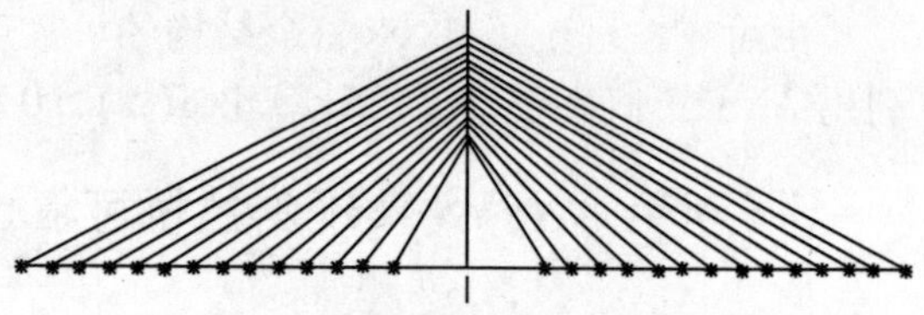

图 4　最大悬臂状态有限元模型

表 1　可靠度分析的有限元模型

结　构	主　梁	桥　塔	拉　索	刚　臂	横梁重量模拟
单元类型	Beam188	Beam188	Link180	Beam188	Mass21
单元数	64	40	56	56	32
合计	单元数 248,节点数 351,自由度数 1920				

(3)设置结构分析类型,求解结构变形和单元内力,命令流如下:

```
ANTYPE,STATIC        ! 定义静力分析
NLGEOM,ON            ! 打开大变形效应
AUTOTS,ON            ! 自动时间步开
SSTIF,ON             ! 考虑应力刚化
SOLCONTROL,0         ! 进行优化非线性分析
SOLVE                ! 进行求解
```

(4)索力迭代

由于 ANSYS 未提供直接输入斜拉索设计索力的方法,一般是通过采用虎克定律计算的初应变来实现。对于存在几何非线性的斜拉桥,在索力的作用下,索锚固点必然会产生大的位移,索应变减小索力也就相应减小,由此显然得不到正确的目标索力。这时可以运用索力迭代从计算结果中提取斜拉索索力,计算新的初应变,检查(设计索力 - 计算索力)/(设计索力)是否小于允许值。若大于允许值,则将计算所得到的索力作为成桥索力,修改斜拉索单元的实常数,采用新的初应变重复步骤(3),(4)进行计算。若小于允许值,则迭代终止,输出计算结果。在本例中由于采用 link180 单元,索力不能直接以实常数初应变来输入,则

首先写初应力文件 name. ist,然后以命令 isfile,read,name,ist,,0 对拉索施加初应力,同样以索力的迭代来不断更新初应力文件达到施加正确目标索力的目的。

5.3 斜拉索索力误差模拟

本文通过对以往数座已经施工完成的斜拉桥的索力误差数据 error 进行整理,剔除异常值,在此基础上借助于 matlab 工具,作分布假设检验,命令流如下:

histfit(data,k)　　　　　%作频数直方图

normplot(x)　　　　　　%分布的正态性检验

[muhat,sigmahat,muci,sigmaci] = normfit(x,alpha)　　　　%参数估计

[h,sig,ci] = ttest(x,m,alpha,tail)　　　　%总体方差 sigma2 未知时,总体均值的检验使用 t - 检验

分析结果表明索力误差不拒绝正态分布,得出相应的参数和概率分布函数。最终施加在斜拉索上的索力值以设计索力 ×(1 + error)来模拟。在生成分析文件时取 error = 0,而在可靠性分析时 error 按实际模拟的概率分布输入,在随机抽样 error 时也就随机抽样了设计索力值,以此来考虑斜拉索索力的随机性。

5.4 大型复杂结构的失效模式

要进行大型复杂结构的可靠度分析,首先必须建立结构的失效模式。对于一般的土木工程结构,失效模式往往不是单一的,除了塑性铰失效模式,还包括失稳、振动、变形等失效模式,而且当结构按不同失效模式失效时,结构功能的丧失差别可能是很大的。而对于类似斜拉桥这种大型复杂结构,其失效模式更是复杂。如果想要考虑大型复杂结构所有可能的失效模式,计算出一个"全面"的结构体系可靠度几乎是不可能的。为此,我们提出了基于功能的结构体系可靠度的概念[4]。将结构体系可靠度与结构的某种功能联系起来,使体系可靠度的概念更加明确,符合实际情况,而且计算也比较简便。

斜拉桥的特点之一是设计和施工的高度耦合,施工过程不但影响安装时的结构应力,而且对建成后的桥梁的最终应力状态和几何线形也有很大影响[5]。为了能够满足正常施工及成桥后的使用情况,斜拉桥最大双悬臂不利状态要求满足的功能要求为:对于强度要求上,主梁及主塔上拉压应力不应该超过混凝土的抗拉压强度设计值,从耐久性、全预应力结构等方面考虑主梁施工过程中不应该出现拉应力,或者应将拉应力控制在一定的范围之内。

5.5 可靠度分析

在假定不考虑主梁自重误差的前提下,对施工过程中大量实测斜拉索索力的数据,按照 5.3 节利用 matlab 工具进行拟合,考虑索力误差对斜拉桥结构可靠度的影响,索力误差数据的分布参数见表 2。

表 2　可靠度分析的基本随机变量

随机变量	分布类型	均　值	方　差	变异系数
误差 error	正态分布	3.0321%	3.1517%	1.039

采用拉丁超立方进行抽样,蒙特卡罗有限元模拟 300 次,采用置信水平 95%。输出变量中的位移 MAXDIS 为正值时表示主梁向上挠;而位移 MINDIS 为负值时表示主梁向下挠。

首先对模拟次数是否足够进行验证,如图 5 ~ 图 8 可以看出,主梁最大位移和主梁最大

应力的均值及标准差关于采样次数的曲线带宽较小,都已收敛,说明模拟次数已经基本足够。误差抽样直方图9比较接近概率函数曲线,也比较光滑,虽然在左侧处有一定的间隙,但是模拟次数也基本满足要求,其中误差抽样过程见图10。

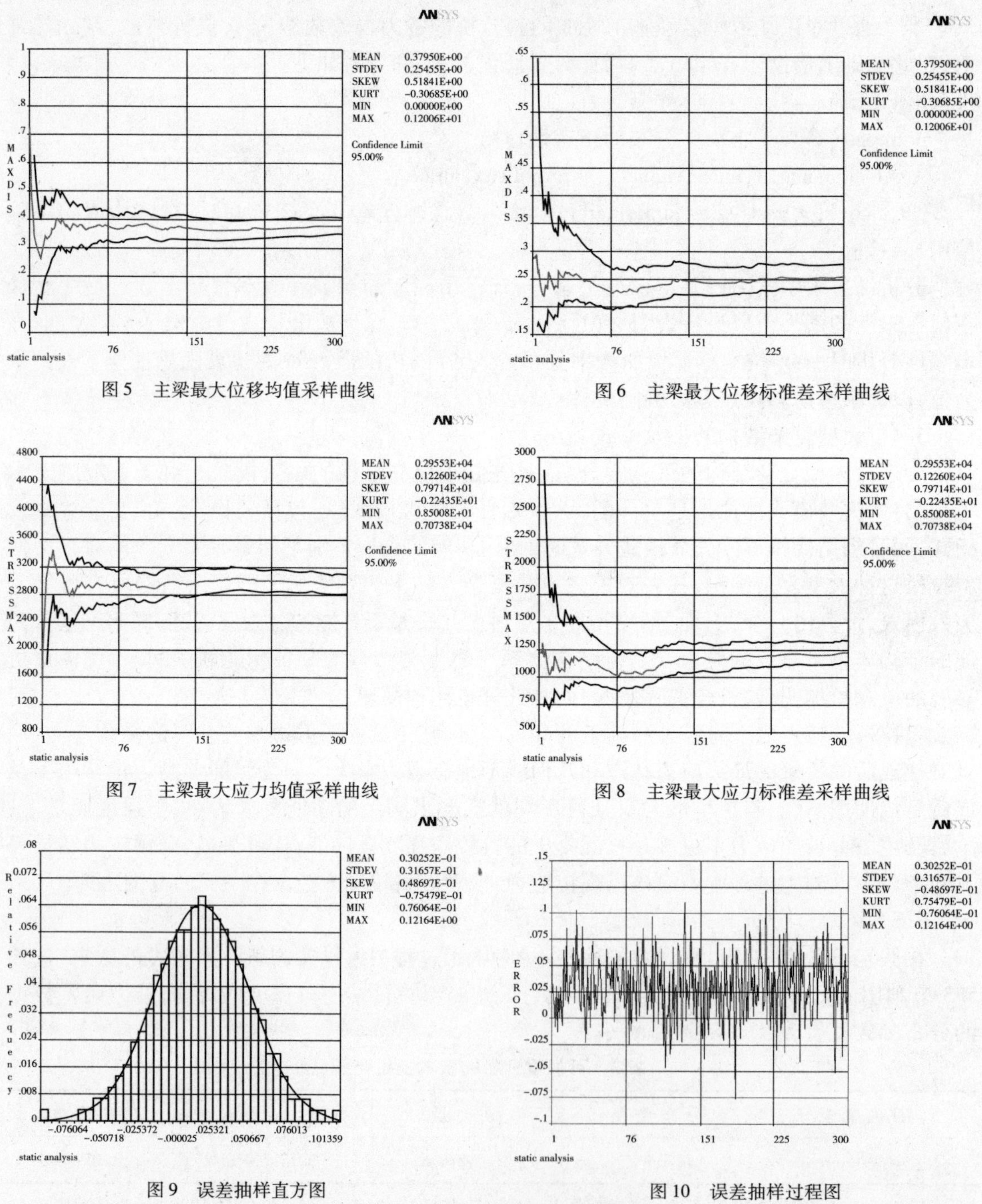

图5　主梁最大位移均值采样曲线

图6　主梁最大位移标准差采样曲线

图7　主梁最大应力均值采样曲线

图8　主梁最大应力标准差采样曲线

图9　误差抽样直方图

图10　误差抽样过程图

随机输出变量的统计特性见表3,从表中数据可以看出最大双悬臂不利状况下主梁虽然会产生一定的拉应力,但是值很小,即在考虑索力误差影响下的最大值也仅为0.07MPa,远小于主梁C50混凝土的抗拉强度设计值1.83MPa,那么可以认为在5.3节中模拟的索力误差数据对该桥基于强度功能要求上的体系可靠度影响不明显;主梁及主塔内的最大压应力均为9.7MPa左右,也都在混凝土的抗压强度设计值之内。

表3 随机输出变量的统计特性(应力值符号规定:负表受压,正表受拉)

变量名称	均值	标准差	偏度	峰度	最小值	最大值
主梁最大位移 MAXDIS(m)	0.37950×10^{0}	0.25455×10^{0}	0.51841×10^{0}	-0.30685×10^{0}	0.00000×10^{0}	0.12006×10^{-1}
主梁最小位移 MINDIS(m)	-0.25078×10^{-1}	0.59605×10^{-1}	-0.58636×10^{1}	0.42293×10^{2}	-0.61561×10^{0}	-0.10349×10^{-1}
主梁最大应力(Pa)	0.29553×10^{4}	0.12260×10^{4}	0.79714×10^{-1}	-0.22435×10^{-1}	0.85008×10^{1}	0.70738×10^{4}
主梁最小应力(Pa)	-0.91268×10^{7}	0.21104×10^{6}	0.65069×10^{-1}	0.82304×10^{-1}	-0.97319×10^{7}	-0.84125×10^{7}
主塔最大应力(Pa)	-0.84720×10^{1}	0.14664×10^{-2}	-0.19711×10^{0}	-0.38494×10^{-1}	-0.84768×10^{1}	-0.84675×10^{1}
主塔最小应力(Pa)	-0.91266×10^{-7}	0.21103×10^{6}	0.65069×10^{-1}	0.82304×10^{-1}	-0.97316×10^{7}	-0.84122×10^{7}

为了便于对比和参考,同时给出按确定性方法的分析结果,分别按照正常设计索力、所有索力加大5%和所有索力减小5%下的结构响应如表4。

表4 设计索力下的各参数值(应力值负受压,正表受拉)

参数	设计索力	索力加大5%	索力减小5%
主梁最大位移 MAXDIS(m)	0.10537×10^{0}	0.53846×10^{0}	0.00000×10^{0}
主梁最小位移 MINDIS(m)	-0.10423×10^{-1}	-0.10806×10^{-1}	-0.37819×10^{0}
主梁最大应力(Pa)	0.41314×10^{4}	0.21841×10^{4}	0.60682×10^{4}
主梁最小应力(Pa)	-0.89252×10^{7}	-0.92588×10^{7}	-0.85889×10^{7}
主塔最大应力(Pa)	-0.84691×10^{1}	-0.84739×10^{1}	-0.84707×10^{1}
主塔最小应力(Pa)	-0.89250×10^{7}	-0.92585×10^{7}	-0.85886×10^{7}

主要考察索力误差对于主梁最大位移和主梁最大应力的影响。其中主梁最大位移抽样过程见图11,抽样过程柱状图见图12,累积分布函数示意图见图13。主梁最大位移抽样过程见图14,抽样过程柱状图见图15,累积分布函数示意图见图16。

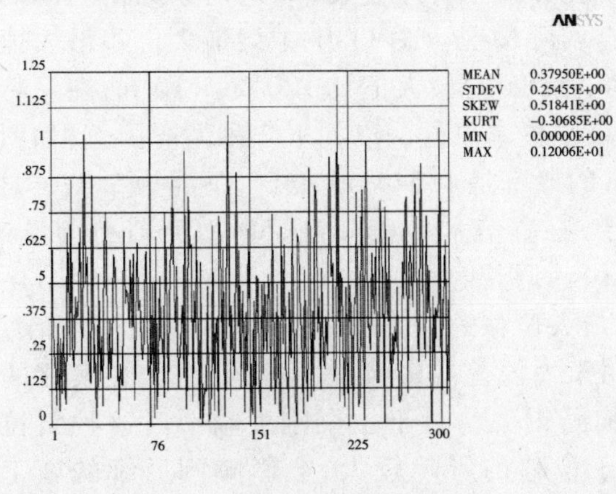

图11 主梁最大位移抽样过程图

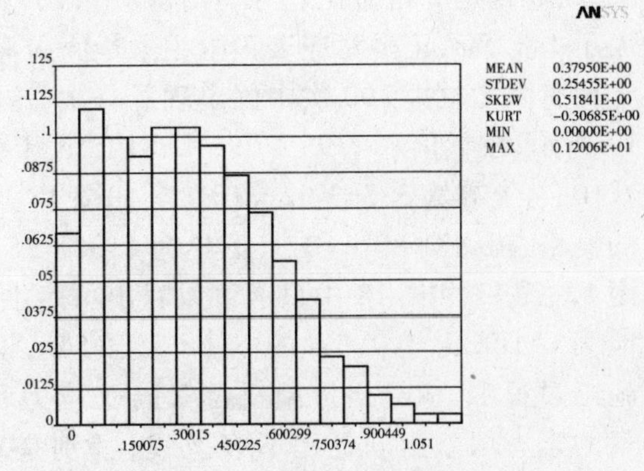

图12 主梁最大位移抽样柱状图

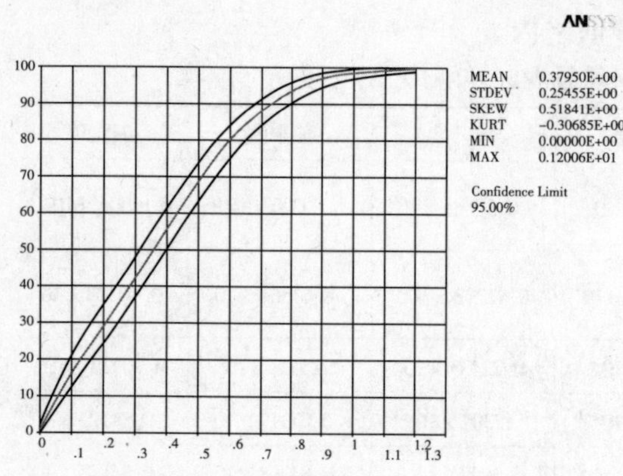

图 13 主梁最大位移累积分布函数示意图

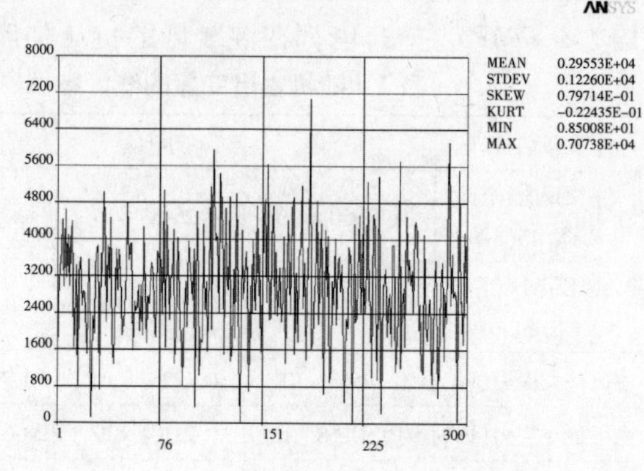

图 14 主梁最大应力抽样过程图

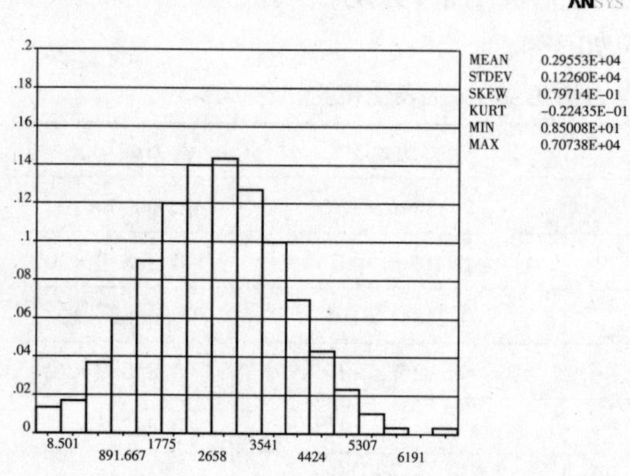

图 15 主梁最大应力抽样柱状图

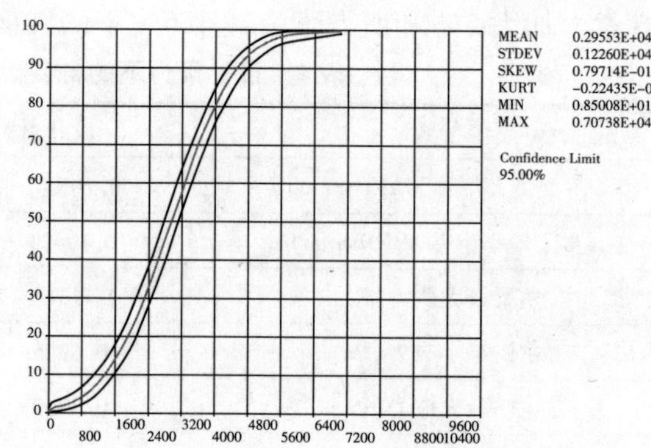

图 16 主梁最大应力累积分布函数示意图

在可靠度分析方法中，索力误差均值为 3.032 1%，由此比较表 3 中对应参数的均值与表 4 中设计索力值之间以及比较表 4 中设计索力值与索力增大 5% 时的索力值之间的关系，发现这 2 组对比趋势是对应一致的，符合实际情况。图 11 中主梁最大位移最大值大于 1.125m，正是对应表 3 中主梁最大位移 MAXDIS 的最大值 $0.120\ 06 \times 10^{1}$m，在蒙特卡罗有限元模拟 300 次中仅出现了一次，这是极小概率事件。以如下 2 种情况为例，如图 17 所示，在置信水平 95% 下，MAXDIS 大于 1m 的概率是 $1.544\ 60 \times 10^{2}$，下界为 $5.376\ 03 \times 10^{-3}$，上界为 $3.363\ 02 \times 10^{-2}$。如图 18 所示，在置信水平 95% 下，MAXDIS 小于 0.5m 的概率是 $6.871\ 89 \times 10^{-1}$，下界为 $6.333\ 36 \times 10^{-1}$，上界为 $7.378\ 65 \times 10^{-1}$。根据图 11、图 12、图 17 和图 18 中显示可以看出虽然主梁最大位移的值大都集中在均值范围内波动。但 MAXDIS 大于 0.5m 的概率仍有 31%，说明索力误差的影响是不容忽视的，在实际的施工过程中，应严格控制斜拉索的张拉力和锚固损失。对于主梁刚度较小时这种斜拉索的索力偏差影响更是不容忽视，特别是对于位移的影响较大，会影响到后续的施工过程。

```
The probability that MAXDIS is larger than  1.0000000e+000 is:

 Probability  [  Lower Bound,  Upper Bound]
1.54460e-002  [ 5.37603e-003, 3.36302e-002]

NOTE: The confidence bounds are evaluated with a confidence level of  95.000%.
```

图 17　MAXDIS 大于 1m 的概率

```
The probability that MAXDIS is smaller than  5.0000000e-001 is:

 Probability  [  Lower Bound,  Upper Bound]
6.87189e-001  [ 6.33336e-001, 7.37865e-001]

NOTE: The confidence bounds are evaluated with a confidence level of  95.000%.
```

图 18　MAXDIS 小于 0.5m 的概率

6　结论

大型复杂结构的可靠度分析,不仅极限状态函数是设计变量的高度非线性隐式函数,而且结构分析本身就是一个非常复杂的过程。在现有有限元分析软件 ANSYS 的基础上进行大型复杂结构的可靠度分析,是本文研究的主要内容。利用 APDL 语言进行二次开发,有效连接可靠度计算模块与 ANSYS 软件,使其具有结构分析及可靠度计算的功能,从而解决了大型复杂结构可靠度分析的困难。通过本文的叙述,可以看出实现斜拉桥的可靠性分析是切实可行的。

本文利用 matlab 工具通过对以往数座已经施工完成的斜拉桥的索力误差数据进行整理拟合,说明索力误差数据不拒绝正态分布。另外,对比于确定性分析,得出了上述斜拉桥在最大双悬臂不利状况下,斜拉索索力施工随机误差对其可靠度会带来不利的影响,应力以及位移都有增大的趋势,实际施工过程中应严格控制斜拉索的张拉力,尽量保证索力张拉到设计值,可以降低索力施工随机误差对斜拉桥整体结构可靠度的风险。

本文在计算过程中没有考虑混凝土的收缩、徐变,温度效应等影响,则在 ANSYS 中利用该索力计算会导致可靠概率偏小。斜拉桥可靠度的影响是在多种因素影响下的,如材料特性,主梁自重等,而本文仅考虑了斜拉索索力随机误差对斜拉桥结构体系可靠度的影响。另外,可以适当再加大蒙特卡罗有限元模拟的次数,以达到更高的精度。

参 考 文 献

[1] 张宗科,唐文勇,张圣坤. 在 ANSYS 中开发用响应面法求解结构可靠度的专用程序. 船舶力学. 2007,11(1).

[2] 博弈创作室. ANSYS9.0 经典产品高级分析技术与实例详解. 北京:中国水利水电出版社. 2005.

[3] 张胜民. 基于有限元软件 ANSYS7.0 的结构分析. 北京:清华大学. 2003.

[4] 程耿东,李刚,蔡悦. 基于可靠度的抗震结构优化设计. 见:抗震结构的最优设防与可靠度第二部分. 北京:科学出版社,1999.

[5] 重庆交通科研设计院. JTG/T D65-01—2007 公路斜拉桥设计细则. 北京:人民交通出版社,2007.

149 公路桥梁工程安全风险识别的综合法研究

朱劲松[1] 王诗青[1] 赵君黎[2] 张 杰[2]

(1.天津大学建筑工程学院;2.中交公路规划设计院有限公司桥梁技术中心)

摘 要 结构形式、施工方法及建设条件的多样性是桥梁工程区别于其他基础设施工程的重要特征,在这三个多样性的影响下,每座桥梁可能面临的风险都不尽相同,这使得桥梁工程风险的识别较为复杂。桥梁工程风险识别的理论和方法尚不成熟,目前常用的风险识别方法有资料法、专家调查法(头脑风暴法、德尔菲法)、核对表法、事故树法、层次分析法等,利用这些传统的单一风险识别方法,不足以实现高效、准确地识别桥梁工程的风险。为了更好地进行桥梁工程风险的识别,本文开发了公路桥梁风险事故管理系统,并提出基于资料法、事故树法和安全检查表法进行公路桥梁风险识别的综合法,最后以某一实际的公路桥梁工程风险识别为例,来说明本文提出的识别方法和系统的应用及风险识别的过程。

关键词 桥梁 风险识别 综合法 风险事故管理系统

1 引言

结构形式、施工方法及建设条件的多样性是桥梁工程区别于其他基础设施工程的重要特征,在这三个多样性的影响下,不同桥梁建设及运营过程中存在的不确定性也千差万别,这使得桥梁工程风险的识别较为复杂。

桥梁工程风险识别的理论和方法还不成熟,尚处于探索研究阶段,目前常用的风险识别方法有资料法、专家调查法(头脑风暴法、德尔菲法)、核对表法、事故树法、层次分析法等,利用这些传统的单一风险识别方法,不足以实现高效、准确地识别桥梁工程的风险。从见诸于文献的报道来看,巩春领提出采用层次分析法作为桥梁施工风险识别的主要方法[1];张杰提出利用改进的模糊层次分析方法进行风险因素识别[2],在保证度量准确的情况下,能够快速完成风险因素识别和半定量风险评估。为了更好地进行桥梁工程风险的识别[3],本文开发了公路桥梁风险事故管理系统,提出了基于资料法、事故树法和安全检查表法相结合的风险识别综合法。并以内蒙古某一级公路的一座特大桥工程风险识别为例,说明了本文提出的识别方法与系统的应用及公路桥梁风险识别的

基金项目:国家“863”计划资助课题,项目编号:2007AA11Z133;西部交通科技项目资助课题,项目编号:200831849450。

过程。

2　公路桥梁安全风险识别综合法

2.1　桥梁工程安全风险识别的流程

风险识别是风险评估的起始阶段，在这个阶段里评估人员要广泛的收集数据和征求意见，并且在此基础上详细、透彻地分析风险及其相关因素，进行风险类别划分，理清各风险源及相互关系，确定评估范围。风险识别的工作进行的是否全面、深刻，将会直接影响到风险评估是否成功。

实际桥梁工程安全风险评估中风险识别的过程可分为三个步骤：

2.1.1　风险源普查

要进行有效的风险识别，首先必须对桥梁建设项目的各方面情况有一个全面、深入了解，如建设方案的自然和环境条件、桥梁结构形式、设计标准与技术指标、桥梁施工以及结构体系性能等各方面基本信息。在此基础上，剖析评估对象，归类各种可能存在的风险事件，并依据类似工程的成功经验和失败教训、本工程的实际特点，普查风险源存在的方式和部位，以确定该风险源是否存在于评估对象中，完成普查。

2.1.2　风险因素筛选

风险因素筛选的目的是要将工程中存在但与本工程关系不大，或者说在本工程中发生概率极小且该风险造成的损失又很轻微的因素及时排除在进一步的分析之外，以便专注于最重要的风险因素。采用合适的风险识别方法，将那些可能给项目带来危害的风险因素识别出来。目前常用的风险识别方法有资料法、专家调查法（头脑风暴法、德尔菲法）、核对表法、事故树法、层次分析法等，本文提出了综合资料法、事故树法和安全检查表法进行桥梁工程安全风险识别的综合法。

2.1.3　建立风险因素清单

这是风险识别的最后一个步骤，将识别出来的项目可能面临的风险因素汇总，确定风险因素，建立风险因素清单，为下一步评估做准备，逻辑清晰、简明扼要的风险因素清单，可以让风险承担者清楚地了解工程面临哪些风险。

2.2　基于公路桥梁风险事故管理系统的风险识别综合法

本文提出的风险识别综合法基于公路桥梁风险事故管理系统收集的风险事故信息，并综合运用资料法、事故树法和安全检查表法来进行桥梁工程安全风险的识别。

2.2.1　公路桥梁风险事故管理系统

对实际发生的桥梁事故特性进行统计分析及对典型事故进行深入剖析，是科学地、客观地进行桥梁工程风险评估的有效途径之一，是桥梁风险评估的重要基础性工作，也是桥梁风险评估理论的重要组成部分。目前国内外对桥梁事故统计研究相对较少，日本科学技术振兴机构（JST）面向社会公开了分析事故与故障等实际案例的“失败案例数据库”，该数据库共收集了48例桥梁事故；2002年戴彤宇建立了我国的船撞桥事故数据库，并开发了该数据库管理软件；2006年阮欣、陈艾荣等通过专著、报刊、情报资料等渠道收集了国内外500起桥梁事故资料，建立起国内首个桥梁事故数据库，并对这些数据进行了初步的统计分析[4]。但总体来说，这些数据库在一定程度上还不具备系统性、开放性、完善性，尚不能有效支撑公路桥梁风险评估理论的发展,为更好地促进风险评估的研究和应用的进步,本文开发了公路桥梁风险事故管理系统(图1),该系统是基于 VB + ACCESS 平台的数据库系统,能够录入、检索及汇总桥梁风险事故信息,事故信息包括事故的名称、事故发生的具体日期、国家地区、事故原因、事故发生时桥梁所处生命周期的阶段、事故的详细介绍等。按不同查询条件,可以将结果以图表形式直观地显示出来(图2),如有需要,还能够将需要的信息导出或生成报表打印。目前系统收集的事故共212起,其中梁桥事故信息153起,拱桥事故41起,斜拉桥事故9起,悬索桥事故9起。系统将为资料法提供需要的风险事故信息。

图1 系统初始界面

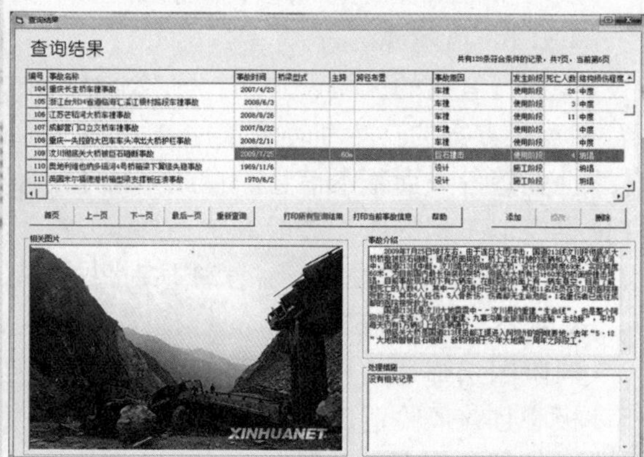

图2 事故查询结果

2.2.2 资料法

通过收集各种有关工程的文字和图表资料识别目标工程的风险,尤其适用于工程尚未施工或刚刚动工就进行风险分析的项目。资料包括过去建设过程中的档案、记录、水文、地质、工程总结、工程验收资料、工程质量与安全事故信息,以及工程变更和施工索赔资料等。但是资料法本身具有一定的局限性,资料的真实性、完整性和有效性影响着风险分析的结论,因而资料法一般作为辅助的风险识别方法,配合其他方法进行风险识别。

2.2.3 事故树法

事故树分析法最早由美国贝尔试验室于20世纪60年代在从事空间项目研究时提出的[5]。事故树既能找到引起事故的直接原因,又能揭示事故发生的潜在原因,并能概括导致事故发生的各种风险因素。事故树分析是根据系统可能发生的事故或已经发生的事故所提供的信息,去寻找事故发生的原因。该方法在此后的运用过程中不断完善。事故树分析法主要是以树状图的形式表示所有可能引起主要时间发生的次要事件,揭示风险因素的聚集过程和个别风险事件组合可能形成的潜在风险事件[6]。在构造分析树时,被分析的风险事件在树的顶端,树的分支是考虑到的所有可能的风险因素,事故树是由各种事件符号和逻辑门组成的。事件符号是树的节点,逻辑门是表示相关节点之间逻辑连接关系的判别符合,逻辑门的输入连线是树的边。表1列出了几种最常用的符号[5]。

表1　事故树中常用符号

符　号	名　称	描　述
	事件	顶部和中间位置
	基本事件	底层位置
	条件事件	使用限制门时使用
	省略事件或二次事件	没有必要详细分析或来自系统之外的原因事件
	或门	只有这一层的所有风险因素都发生，它们的上一级的风险事件才能发生
	与门	只要其中的一个风险因素发生，它们的上一级风险事件就能发生
	限制门	当输入事件 E 发生且满足事件 a 时，才产生输出事件

2.2.4　安全检查表法

安全检查表法是根据系统工程的分析思想，在对系统进行分析的基础上，找出所有可能存在的会导致事故的风险因素，然后以提问的方式将这些风险因素列在表格中，要求回答"是"或"否"[7]。安全检查表简明易懂，容易掌握，能很快从事故树概括的导致事故发生的各种风险因素中选出符合工程情况的风险因素。

2.3　风险识别综合法的流程

首先，利用事故管理系统收集和整理的桥梁风险事故和桥梁工程其他相关资料，运用资料法判断或推测桥梁工程可能会发生风险事故的风险源，建立初步风险源清单；然后运用事故树，搜索风险源清单中引起风险事故的风险因素，作为检查表的基本检查项目，针对风险因素，结合实际工程情况，填写安全检查表，列出风险清单。基于公路桥梁风险事故管理系统的风险识别综合法的流程如图3所示。

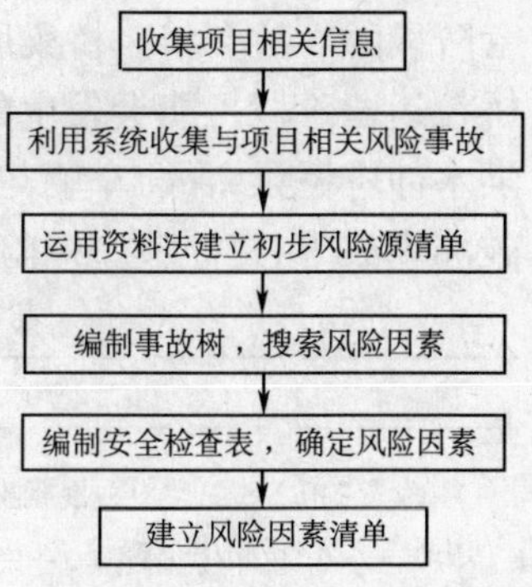

图3　风险识别综合法流程图

3　工程应用

以某一级公路初步设计阶段的一座特大桥工程运营期安全风险识别为例，来说明本文提出的识别方法和公路桥梁风险事故系统的应用及风险识别的过程。

3.1　工程概况

桥址区地形为高原地区丘陵地形，属于黄河流域，该桥跨越 U 形冲沟为季节性河流，其主河沟 6.5km，流域平均宽度 3.0km。桥址上游 478m 处建有坝高 38m、坝长 250m 的土坝式水库，设计洪水频率按 1/100 降水发生溃坝考虑。桥址处中温带大陆气候，特点是冬季漫长而寒冷、夏季炎热而短暂，春秋气温变化剧烈。计算行车速度为 100km/h，设计荷载为公路－I 级。大桥所在一级公路为当地主要交通大动脉，承担着当地煤炭、矿产及其他资源和产品外运的重任，超载问题会比较严重。

根据桥位处U形冲沟地形特点及地质条件,桥梁上部为(95+168+95)m三跨预应力混凝土变截面连续刚构桥,桥梁全长为366m,桥宽33.5m,由上、下行分离的两个单箱单室箱形截面组成。下部结构采用双薄壁墩、肋台、桩基础,最大墩高44.709m。桥跨布置如图4所示。

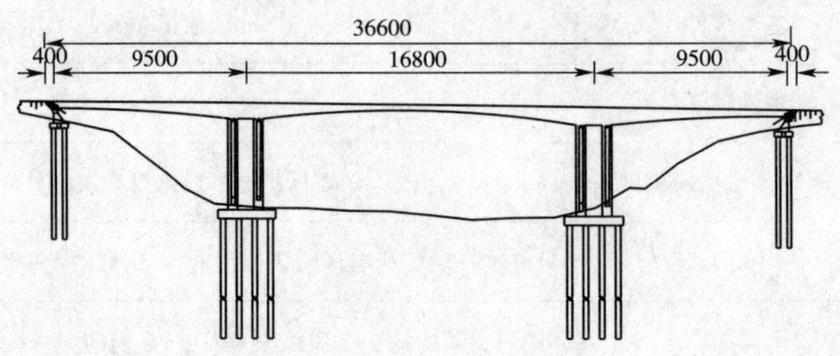

图4 桥跨布置图(尺寸单位:cm)

3.2 基于综合法的运营期安全风险识别

3.2.1 资料法建立初步风险源清单

资料法有利于总结和归纳风险源,提供桥梁各个生命阶段的可能发生的风险事故。根据桥梁工程概况,利用本文开发的公路桥梁风险事故管理系统,检索系统收集的有关桥梁运营阶段的事故资料。桥梁所跨冲沟没有通航条件,故不存在船撞事故的风险。经过分析,该桥在运营阶段可能会发生的风险事故主要有大跨径预应力混凝土梁桥开裂下挠事故、溃坝洪水冲垮桥梁事故、车辆与护栏碰撞事故、超载造成桥梁破坏甚至倒塌事故和地震导致桥梁破坏事故等,建立典型风险事故及对应的初步风险源清单列表,见表2。

表2 典型风险源事故及对应初步风险源清单列表

典型风险事故	风险源
主跨为240.8m的预应力混凝土梁桥西太平洋帕劳共和国的科偌尔-巴比拉达奥比桥,建成后的18年(1995年),该桥跨中下挠了120cm,1996年9月26日也就是加固工作结束后的三个月,整个科-巴桥在没有任何先兆的情况下突然全部垮入江中	主梁开裂下挠
2009年3月27日晚8点20分,海南万宁市礼纪镇博冯水库护坝决堤,造成东线高速公路160km处涵桥被冲断20多米	溃坝
2005年4月19日,重庆汽车运输集团黔江运输有限公司一辆大型卧铺客车,由重庆市朝天门车站开往黔江,行经黔江区境内沙湾特大桥时,坠于89m高的沙湾特大桥下,造成27人死亡,轻重伤4人	车撞
2007年8月15日凌晨,一辆超载货车将208国道太原市小店区段东柳林桥压塌,该车的车货总重达183.2t,超载率为233%,实际载货量接近3个火车皮的运量,该事故造成直接经济损失就超过两三百万元	超载
2008年5月12日四川都汶路百花大桥地震中第五联5×20m箱梁上部结构整体垮塌,因地震造成支承连接件失效或下部结构失效等引起落梁	地震

3.2.2 建立事故树模型

通过资料法建立的初步风险源清单,将该桥在运营期间可能发生的五类事故作为事故树的五个顶事件,将各顶事件层层分解至基本事件,建立事故树模型,如图5所示。

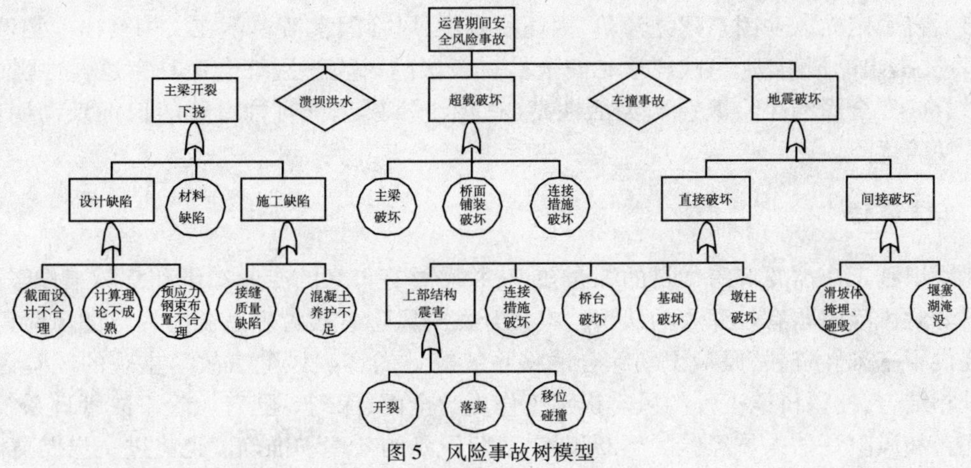

图5　风险事故树模型

3.2.3　编制安全检查表

将事故树模型中的基本事件作为检查表的基本检查项目，风险评估人员结合实际工程情况，判断基本检查项目是否是该桥风险因素，填写安全检查表（表3），检查结果为"是"即确定为本桥的风险因素。

表3　安全检查表

序号	检查项目		是否是该桥风险因素
1	设计缺陷	截面设计不合理	是
2		计算理论不成熟	是
3		预应力钢束布置不合理	是
4	材料缺陷		是
5	施工缺陷	接缝质量缺陷	是
6		混凝土养护不足	是
7	洪坝洪水冲毁桥梁		是
8	超载破坏	主梁破坏	是
9		桥面铺装破坏	是
10		连接措施破坏	是
11	车辆与护栏碰撞事故		是
12	地震破坏	上部结构开裂	是
13		落梁	是
14		上部结构移位、碰撞	是
15		连接措施破坏	是
16		桥台破坏	是
17		基础破坏	是
18		墩柱破坏	是
19		滑坡体掩埋、砸毁桥梁	否
20		堰塞湖淹没桥梁	否

最后将确定的风险因素建立清单,因篇幅有限,风险因素清单不在文中列出。实例分析表明,本文提出的资料法、事故树法和安全检查表法的风险识别综合法具有逻辑性强(能实现高效、准确、全面的风险识别)、灵活性高(适用于桥梁工程各种风险的识别)、简明易懂、使用方便等优点。

4 结束语

风险识别工作需要有跨学科的综合知识,并需要有丰富的专业知识和实际工作经验,同时也需要对风险问题有较深入的认识。本文开发的风险事故管理系统为提出的风险识别综合法提供了基础性资料,风险识别综合法将系统统计的客观风险事故与主观的风险评估人员意见相结合,使得桥梁工程的风险识别工作更为全面、深刻。随着风险事故管理系统的进一步完善和风险评估人员经验的不断积累,风险识别的效率和准确度也将进一步提高。

参考文献

[1] 巩春领. 大跨度斜拉桥施工风险分析与对策研究. 上海:同济大学,2006.

[2] 张杰. 大跨度桥梁施工期风险分析方法研究. 上海:同济大学,2007.

[3] 中交公路规划设计院有限公司. 公路桥梁工程建设安全风险评估指南(试用本). 北京:中交公路规划设计院有限公司,2008.

[4] 阮欣,陈艾荣,石雪飞. 桥梁工程风险评估. 北京:人民交通出版社,2008.

[5] 杨宇杰. 事故树和贝叶斯网络用于溃坝风险分析的研究. 大连:大连理工大学,2008.

[6] Keary H. LeBeau, Sara J. Wadia – Fascetti. Fault tree analysis of schoharie creek bridge collapse. Journal of Performance of Constructed Facilities, 2007, 21(4).

[7] 刘明礼,李明,周大为. 安全评价中安全检查表的编制. 石油与天然气化工,2003,5.

150 变分渐近梁截面分析方法在桥梁工程中的应用与验证

钟轶峰[1] 牛建丰[1] Wenbin Yu[2]

(1. 重庆大学土木工程学院;2. Department of mechanics and aerospace engineering, Utah state University, U. S)

摘 要 截面特性分析与计算是计算结构动力问题的基础。本文对几种常用的主梁截面特性计算工具进行系统、客观的评估。对各计算工具的基本理论进行了简要总结,并指出其优缺点。通过算例(各向同性均匀梁、复合材料梁)进行对比分析。结果证明利用变分渐近方法 VABS(Variational Asymptotic Beam Section Analysis)计算结果与弹性理论完全相同的,截面剪切中心与一般工程分析结果十分吻合。相比三维有限元分析,变分渐近方法能以更低的计算成本,更少的单元和节点,更少的计算量(2~3 阶计算量)获得相同精度的结果。最后,提出经典理论在一般梁建模不足和修订有关理论的建议,为桥梁工程师在计算截面特性提供更有效的计算工具。

关键词 变分渐近法 VABS 截面特性 截面刚度常数 横向剪切

1 前言

近 20 年,我国修建了大量的超大跨桥梁以应对日益增加的公路交通量要求,桥梁工程正在成为最受关注的工程领域。主梁是桥梁结构的重要构件,直接承受荷载,如何设计出更好的主梁是桥梁工程中的最热门的研究和发展领域。设计优秀的主梁不仅能减少自身的成本,而且能使其他部件(如桥塔、斜拉索、吊索)成本大为减少,最终使整个桥梁结构的成本降低,从而增加其竞争性。现在,桥梁主梁宽度达 30m(如双向六车道桥梁),高度达 11m(如刚构桥主梁),并且有进一步增大的趋势,这些巨大和复杂的截面对工程设计和分析是一个巨大的挑战,由此带来的一些新的因素必须在设计计算时加以考虑,如各变形形式间可能存在的弹性耦合和横截面内外翘曲位移,而传统的截面分析方法不能准确地计算解耦的扭转刚度,也不能预示重要的复合材料结构的弹性耦合(设计者常可利用这种耦合改善主梁的气弹性能)。另外,因主梁截面特性的精度直接影响静动力模拟和最终整个桥梁的性能,为估计主梁的规模和建造成本,初步设计时必须准确迅速建立桥梁模型,在设计和分析整个桥梁体系之前应首先准确计算出截面特性。诸如 Euler - Bernoulli 和 Timoshenko 梁模型已建立很

基金项目:重庆大学第五届大学生创新创新基金(项目编号:2009060)重庆市自然科学基金项目(项目编号:CSTC,2007BB6119)。

长时间,但如何计算具有复杂截面的复合梁截面特性近年来成为研究的热点。因此,如何进一步减少大跨度桥梁断面的重量和抵抗动力荷载(如风荷载和地震)的冲击,并综合考虑主梁结构的气动和气弹性问题,精确迅速建立的桥梁主梁模型,寻求更可靠、更有效的计算工具分析主梁截面已成为当务之急。

最可靠的建模方法是使用三维有限元实体单元进行分析,它可以提供最精确的预测。但是,这种方法需要提供主梁截面详细的几何和其他信息,需花费巨大的人力和物力,更何况许多三维建模所需的结构参数只有在设计阶段后期才能准确地确定下来。利用梁高相比其跨度很小的特点,可采用有限元的二维壳单元来简化分析,其计算量只有实体单元的1/100。但是,研究发现若单元节点发生偏移会导致剪应力误差增大,因其基于 Kirchhoff - Love 假设,忽略了层间的横向交互作用,从而导致在不等厚时模型的不连续性,使建模、插值和评估准确性变得十分困难。由于主梁展向尺寸远大于其余两个方向的尺寸,这类结构也可处理为一维梁,可得到较为简约的控制方程。VABS 是典型的二维有限元分析方法,该方法首先由 Hodges 等人提出,文献[2]-[6]中简述了其发展历程。将原三维结构严格拆分为两个问题:二维截面线性分析和沿梁参考轴的一维梁精确分析,可在保证精度的前提下使计算大为简化。VABS 可通过将约束渐近修正函数重新输入 Euler - Bernoulli 或 Timoshenko 模型,以适合工程应用,可对具有初始扭曲/弯曲,任意几何/材料属性的不同类型梁进行分析。

本文对桥梁计算常用的 CrossX,Sigma - X 和 VABS 截面分析程序进行客观评估,对其基本原理和优缺点进行总结。最后,用各向同性均匀梁和复合材料梁算例进行验证,为桥梁工程师选用合理的计算工具进行更有效的设计提供指导。

2 理论基础

2.1 一维动能计算公式推导

弹性体的形态完全由其能量所确定,因此为推导出一维梁的理论,可用一维量来再现三维应变能,当然维数的缩减有一定的误差。VAM 分析方法是一种有效的数学工具,它可以尽可能准确地把三维能量表达为一维能量。设 V_1, V_2, V_3 为梁参照面上任意点的三个线性速度分量,$\Omega_1, \Omega_2, \Omega_3$ 为三个角速度分量,梁的动能密度可表示为

$$\kappa = \frac{1}{2}\begin{Bmatrix} V_1 \\ V_1 \\ V_1 \\ \Omega_1 \\ \Omega_1 \\ \Omega_1 \end{Bmatrix}^T \begin{bmatrix} \mu & 0 & 0 & 0 & \mu x_{m3} & -\mu x_{m2} \\ 0 & \mu & 0 & -\mu x_{m3} & 0 & 0 \\ 0 & 0 & \mu & \mu x_{m2} & 0 & 0 \\ 0 & -\mu x_{m3} & \mu x_{m2} & i_{22}+i_{33} & 0 & 0 \\ \mu x_{m3} & 0 & 0 & 0 & i_{22} & -i_{23} \\ -\mu x_{m2} & 0 & 0 & 0 & -i_{23} & i_{33} \end{bmatrix} \begin{Bmatrix} V_1 \\ V_1 \\ V_1 \\ \Omega_1 \\ \Omega_1 \\ \Omega_1 \end{Bmatrix} \tag{1}$$

式中,μ 为每单位长度密度;(x_{m2}, x_{m3}) 为用户自定义坐标系下的质量中心;i_{22}, i_{33} 为绕 x_2, x_3 轴质量惯性矩;i_{23} 为惯性积。这里我们选择如图 1 所示的坐标系,x_1 为沿梁轴线方向坐标,x_2, x_3 为横截面坐标。

值得注意的是,使用 Euler - Bernoulli 模型进行主梁分析时通常忽略掉与弯矩相关的惯性矩项。若选择 x_1 置于截面质量中心,x_2, x_3 置于主惯性轴,则式(1)中 6×6 阶惯性矩阵转

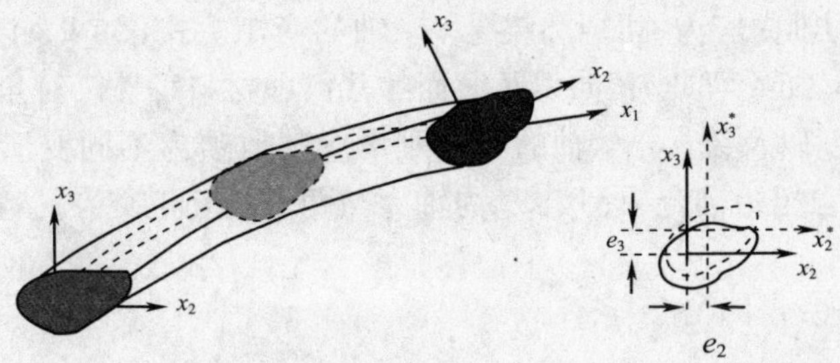

图1　主梁坐标系示意图

化为只含由μ, i_{22}, i_{33}来表达截面惯性的对角矩阵。因此,对任意选定的坐标系统,可选择用μ, i_{22}, i_{33}、质量中心(x_{m2}, x_{m3})以及主惯性轴x_2, x_3间的角度来代替式(1)中的惯性矩阵。若选用不同的坐标系来表达动能(如图1所示平行于x_1, x_2, x_3的坐标轴x_1^*, x_2^*, x_3^*),需将式(1)中的基于原坐标系推导的质量矩阵进行相应转换。基于线性速度和角速度分量的定义[4],可推导以下关系式:

$$\begin{Bmatrix} V_1 \\ V_2 \\ V_3 \\ \Omega_1 \\ \Omega_2 \\ \Omega_3 \end{Bmatrix} = \begin{bmatrix} 1 & 0 & 0 & 0 & -e_3 & e_2 \\ 0 & 1 & 0 & e_3 & 0 & 0 \\ 0 & 0 & 1 & -e_2 & 0 & 0 \\ 0 & 0 & 0 & 1 & 0 & 0 \\ 0 & 0 & 0 & 0 & 1 & 0 \\ 0 & 0 & 0 & 0 & 0 & 1 \end{bmatrix} \begin{Bmatrix} V_1^* \\ V_2^* \\ V_3^* \\ \Omega_1^* \\ \Omega_2^* \\ \Omega_3^* \end{Bmatrix} \tag{2}$$

其中带星号量为星号坐标系下的速度分量。$\Omega_1 = \Omega_1^*, \Omega_2 = \Omega_2^*, \Omega_3 = \Omega_3^*$。梁的动能密度不会随坐标系的改变而改变。将式(3)代入式(1)中,可得到星号坐标系下的动能表达式。

$$\kappa = \frac{1}{2}\begin{Bmatrix} V_1^* \\ V_2^* \\ V_3^* \\ \Omega_1^* \\ \Omega_2^* \\ \Omega_3^* \end{Bmatrix}^T \begin{bmatrix} \mu & 0 & 0 & 0 & \mu x_{m3}^* & -\mu x_{m2}^* \\ 0 & \mu & 0 & -\mu x_{m3}^* & 0 & 0 \\ 0 & 0 & \mu & \mu x_{m2}^* & 0 & 0 \\ 0 & -\mu x_{m3}^* & \mu x_{m2}^* & i_{11} & 0 & 0 \\ \mu x_{m3}^* & 0 & 0 & 0 & i_{22} + e_3(e_3 - 2x_{m3}) & (e_3 x_{m2} + e_2 x_{m3}^*) - i_{23} \\ -\mu x_{m2}^* & 0 & 0 & 0 & -i_{23} & i_{33} + e_2(e_2 - 2x_{m2})\mu \end{bmatrix} \begin{Bmatrix} V_1^* \\ V_2^* \\ V_3^* \\ \Omega_1^* \\ \Omega_2^* \\ \Omega_3^* \end{Bmatrix} \tag{3}$$

式中,$x_{m3}^* = x_{m3} - e_3, x_{m2}^* = x_{m2} - e_2, i_{11}^* = i_{22} + i_{33} + \mu(e_2^2 - 2x_{m2}e_2 + e_3^2 - 2e_2 x_{m3})$

2.2　一维动能计算公式推导

梁的一维应变能密度或横截面的应变能表达式取决于所选用的梁理论模型。对于可处理轴力、扭转和二个方向弯曲的 Euler - Bernoulli 模型,其应变能可表示为:

$$U = \frac{1}{2}\begin{Bmatrix} \gamma_{11} \\ \kappa_1 \\ \kappa_2 \\ \kappa_3 \end{Bmatrix}^T \begin{bmatrix} EA & S_{12} & S_{13} & S_{14} \\ S_{12} & GJ & S_{23} & S_{24} \\ S_{13} & S_{23} & EI_{22} & S_{34} \\ S_{14} & S_{24} & S_{34} & EI_{33} \end{bmatrix} \begin{Bmatrix} \gamma_{11} \\ \kappa_1 \\ \kappa_2 \\ \kappa_3 \end{Bmatrix} \tag{4}$$

式中:γ_{11},κ_1,κ_2,κ_3 为轴向应力、扭矩和绕 x_2,x_3 轴的弯矩。式(5)4×4 阶刚度矩阵中各项取决于坐标系的选择、初始弯曲/扭曲以及截面的几何和材料特性。对角项 EA,GJ,EI_{22},EI_{33} 为轴向刚度、扭转刚度以及绕 x_2,x_3 轴的弯曲刚度。其他项为不同变形形式间的弹性耦合项。其中:S_{12}为轴力与扭矩耦合项;S_{13},S_{14}为轴力与两个相互正交方向弯矩耦合项。其计算公式为

$$
\begin{aligned}
S_{12} &= [S_{33}+S_{44}-2(\upsilon+1)S_{22}]\kappa_1 \\
S_{13} &= -(1+\nu)S_{33}\kappa_2 \\
S_{14} &= -(1+\nu)S_{44}\kappa_3
\end{aligned}
\tag{5}
$$

若定义轴向中心(x_{t2},x_{t3})为不产生任何弯曲的轴力通过点,主弯曲轴为在两方向都不产生耦合项的轴。对各向同性的等截面梁,其参考轴线与轴向中心重合,x_2,x_3 轴与主弯曲轴重合。其刚度阵为对角阵,并且四个变形量完全独立,其应变能为

$$
U = \frac{1}{2}\begin{Bmatrix}\gamma_{11}\\ \kappa_1\\ \kappa_2\\ \kappa_3\end{Bmatrix}^T \begin{bmatrix} EA & 0 & 0 & 0\\ 0 & GJ & 0 & 0\\ 0 & 0 & EI_{22} & 0\\ 0 & 0 & 0 & EI_{33}\end{bmatrix} \begin{Bmatrix}\gamma_{11}\\ \kappa_1\\ \kappa_2\\ \kappa_3\end{Bmatrix}
\tag{6}
$$

对于更一般的情况-具有初始弯曲/扭曲的复合梁,各变形量不能完全独立,其变形量可表示为:

$$
U = \frac{1}{2}\begin{Bmatrix}\gamma_{11}\\ \kappa_1\\ \kappa_2\\ \kappa_3\end{Bmatrix}^T \begin{bmatrix} EA & 0 & S_3 & -S_2\\ 0 & GJ & 0 & 0\\ 0 & 0 & EI_{22} & -EI_{23}\\ -S_2 & S_3 & -EI_{23} & EI_{33}\end{bmatrix} \begin{Bmatrix}\gamma_{11}\\ \kappa_1\\ \kappa_2\\ \kappa_3\end{Bmatrix}
\tag{7}
$$

需要强调的是,对于一般梁,质量中心与轴力中心不重合,主惯矩轴与主弯矩轴不重合。使用 Euler - Bernoulli 模型来准确预测结构特性(尤其是扭转性能时),有必要选择剪切中作为参考轴,因此,对 Euler - Bernoulli 模型只提供刚度参数,而不提供剪切中心的坐标是不足够的[5]。

式(1)惯性参数计算和式(5)或式(7)结构特性计算都属于截面分析范围。准确估计这些参数对成功建模进行设计与分析显得尤其重要。需强调的是,目前许多梁模拟分析软件只要求部分惯性参数和结构参数,如每单位长度质量μ)和弯曲刚度(EI_{22},EI_{33})。扭转刚度(GJ)并未用于桥梁工程中的梁分析,因为大部分梁都是刚性的。但是当梁变得更大、更柔、各向异性时,诸如扭转-弯曲耦合等惯性和结构特性就需要精确地加以估计。

3 算例

本节通过各向同性均匀梁和复合材料梁两个算例提供较为详细和系统的常用梁分析工具的评估,包括 VABS,Sigma - X 和 Cross$X$。比较各计算工具在计算质量和刚度系数、质量中心坐标和剪切中心等结构特性时的差异。尽管 VABS 能提供 Euler - Bernoulli、Timoshenko 和 Vlasov 模型,在本次评估为与其他工具进行对比,只选用 Euler - Bernoulli 模型。

CrossX 将截面分为薄壁截面和实体截面两种类型。实体截面的扭转刚度基于

St. Venant 理论,忽略翘曲的影响,并作如下假设:截面沿梁长均匀分布;x 轴与截面形心重合;材料线弹性,各向同性。而薄壁截面考虑翘曲影响作以下假设:等截面直梁;忽略截面的局部变形;忽略局部(横向)弯矩和剪力;忽略截面开口部分由扭转产生的剪应力;弯曲变形服从 Navire 假设(平截面假设)。

Sigma－X 软件所采用的方法是三维边界有限元法,因其建立在分析公式的基础上,精确度很高,但同时计算量更大,更耗费资源。另外,Sigma－X 只能计算截面的惯性和结构特性,而缺少重要的扭转与其他变形形式间的弹性耦合项。

3.1 各向同性均匀梁

第一个算例是各向同性、由同种材料构成的开口 π 型截面:宽 21m,高 2.5m,所使用的材料:弹模 $E=2.1\times10^5\text{N/mm}^2$,泊松比 $\nu=0.3$,密度 $\rho=7\ 850\text{kg/m}^3$,如图 2 所示。

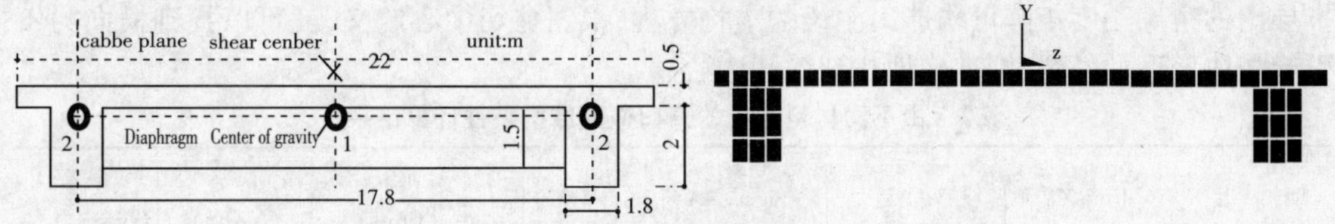

图 2　各向同性开口截面示意图,VABS 划分单元及节点

VABS 截面离散化选用 8 节点四边形单元(图 3),而 Cross$X$ 和 Sigma－X 中使用三角单元(图 4)。表 1 为三种计算结果的对比,表中相对误差为 $|(X-X_E)/X_E|\times100\%$,其中 X 为前面提到的三种方法之一的计算结果,X_E 是理论分析的精确解。由表 1 可知:VABS 计算的质量和刚度系数与精确解几乎完全相同,最大误差不超过 0.05%,这证明在计算各向同性均匀梁时 VABS 能重现弹性理论结果。Cross$X$ 和 Sigma－X 在计算扭转刚度 GJ 和剪切中心 x_{s3} 相对误差较大,如 Sigma－X 计算出的扭转刚度误差超过 0.8%。

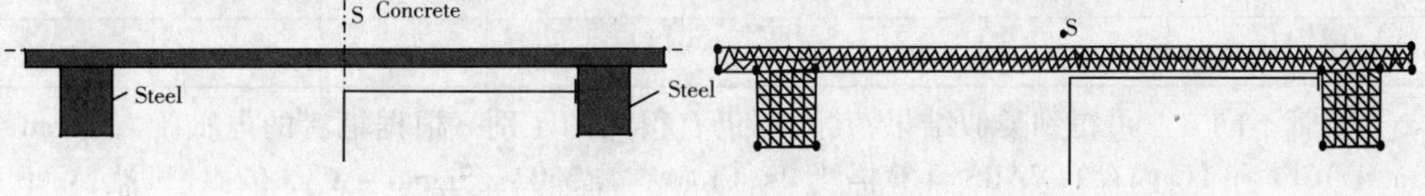

图 3　复合材料梁示意图

图 4 Cross$X$ 划分单元及节点

表 1　各向同性开口截面结构特性计算结果

项　目	Cross$X$	VABS	Sigma－X	理论分析	误差(Cross$X$)	误差(VABS)	误差(Sigma－X)
EA(N)	3.8220×10^9	3.8220×10^9	3.8220×10^9	3.8220×10^9	0.05%	0.05%	0.05%
EI_{33}(Nmm^2)	2.1334×10^{11}	2.1334×10^{11}	2.1300×10^{11}	2.1334×10^{11}	0.00%	0.00%	-0.16%
EI_{22}(Nmm^2)	1.9800×10^9	1.9800×10^9	1.9800×10^9	1.9800×10^9	0.00%	0.00%	0.00%
GJ(Nmm^2)	5.1195×10^8	5.1265×10^8	5.1680×10^8	5.1265×10^8	-0.14%	0.00%	0.81%
μ(kg/m)	1.4287×10^1	1.4287×10^1	1.4300×10^1	1.4287×10^1	0.00%	0.00%	0.09%
x_{s3}(m)	1.1100×10^0	1.1300×10^0	1.1300×10^0	1.1300×10^0	-1.77%	0.00%	0.00%
x_{m3}(m)	-7.4450×10^{-1}	-7.4450×10^{-1}	-7.4450×10^{-1}	-7.4450×10^{-1}	0.00%	0.00%	0.00%

3.2 复合材料梁

第三个算例是复合梁,由两种不同材料构成:混凝土:$E=300\mathrm{N/mm^2}$,$\nu=0.225$,$\rho=2\ 700\mathrm{kg/m^3}$,钢:$E=210\ 000\mathrm{N/mm^2}$,$\nu=0.3$,$\rho=7\ 850\mathrm{kg/m^3}$。如图5所示,计算结果列于表2,其中相对误差是对理论分析而言。从表2中可看出,VABS与理论分析十分吻合(最大误差仅为0.04%)。Cross*X*和Sigma-*X*在预测抗扭刚度和剪切中心时显出较大误差(最大误差分别达到1.28%和0.24%),原因在于:在各向同性条件下,剪切中心定义为横向作用力只引起横向变形而没有扭曲变形的点。但是,此定义对于复合材料梁,应定义为横截面上作用的黄向力直接引起的扭曲变形为零的点,由于弯扭耦合,横向力引起的弯曲变形可能产生扭曲变形。应用薄壁假设,确定各向同性均匀梁的剪切中心不存在困难,但是对复合材料梁,要找到一个封闭形式的解来确定该点是非常困难甚至是不可能的。而在VABS中利用推导出的精确刚度矩阵可构造出主梁的本构方程,根据剪切中心定义,就可以找到横向力不引起扭曲变形的位置,即准确地找到剪切中心。

表2 由不同材料组成的开口截面结构特性计算结果

项目	Cross*X*	VABS	Sigma-*X*	理论分析	误差(Cross*X*)	误差(VABS)	误差(Sigma-*X*)
EA(N)	1.8421×10^9	1.8421×10^9	1.8421×10^9	1.8421×10^9	0.00%	0.00%	0.00%
EI_{33}(Nmm^2)	1.3340×10^{11}	1.3340×10^{11}	1.3341×10^{11}	1.3340×10^{11}	0.00%	0.00%	0.01%
EI_{22}(Nmm^2)	9.3429×10^8	9.3400×10^8	9.3457×10^8	9.3404×10^8	0.03%	0.00%	0.06%
GJ(Nmm^2)	3.3597×10^8	3.4036×10^8	3.3674×10^8	3.4034×10^8	-1.28%	0.01%	-1.06%
μ(kg/m)	8.6220×10^4	8.6220×10^4	8.6380×10^4	8.6220×10^4	0.00%	0.00%	0.19%
x_{s3}(m)	7.6380×10^{-1}	7.6200×10^{-1}	7.6410×10^{-1}	7.6230×10^{-1}	0.20%	-0.04%	0.24%
x_{m3}(m)	-7.4450×10^{-1}	-7.4450×10^{-1}	-7.4400×10^{-1}	-7.4450×10^{-1}	0.00%	0.00%	-0.07%

尽管不同方法可得到类似结果,其效率仍有很大的区别。根据笔者的电脑配置(Pentium 4 3Ghz和1G内存),VABS计算需1.2s,Cross*X*需2.03s,Sigma-*X*需92s。显然,VABS计算最有效,远超过三维有限元ANSYS的效率。

4 结论

本文推导了用一维动能和应变能再现三维动能和应变能的计算公式。详细描述各截面惯性和结构特性在不同坐标系下的含义。用若干算例来评估不同计算工具的表现,从中发现不同计算工具间有很大的差异。与其他软件相比,VABS对所有结构特性表现出一致、可靠的预测。当截面为各向同性、由同类材料构成的开口截面时,Cross*X*和Sigma-*X*能提供可靠的惯矩和结构特性;当截面变得复杂,如复合材料构成的截面,Cross*X*的计算结果(尤其是对剪切中心和抗扭刚度)误差增大。Sigma-*X*不能提供除轴向刚度和每单位长度质量以外其他属性的准确预测。另外,这两个软件对弹性耦合项都无法做出准确预测。只有VABS能准确再现三维变形、应力/应变场,并与三维实体单元有限元分析相吻合。

系统而客观的评估对桥梁工程师选择适合的、更有效的计算工具具有指导作用。随着梁变得越来越复杂、多样性，应使用基于坚实数学基础的，并有稳定表现的截面计算工具（如VABS）来准确预测截面特性，为动力分析和空气动力模拟提供更可靠、更有效的依据。文中仅提供了较为简单的算例，需更多、更复杂的算例来验证 VABS 的有效性。

参 考 文 献

[1] V. L. Berdichevsky and L. A. Staroselskii. On the theory of curvilinear timoshenko - type rods. Prikladnaya Matematika I Mekhanika, 6(39):809-817,1983.

[2] V. L. Berdichevsky and L. A. Staroselskii. Bending, extension and torsion of twisted rods. Prikladnaya Matematika I Mekhanika, 6(49):746-755,1985. 6.

[3] C. E. S. Cesnik, D. H. Hodges, and V. G. Sutyrin. Cross - sectional analysis of composite beams including large initial twist and curvature effects. AIAA Journal, 34(9):1913-1920, 1996.

[4] D. H. Hodges. Nonlinear composite beam theory. AIAA, Reston, Virginia,2006.

[5] D. H. Hodges and W. Yu. A rigorous, engineering - friendly approach for modeling realistic, composite rotor blades. Wind Energy, 10(2):179-193,2007.

[6] D. H. Hodges. Non - linear in - plane deformation and buckling of rings and high arches. International Journal of Non - Linear Mechanics, 34(4):723-737,1999.

四

耐久性、试验、检测、加固与船撞

(1)耐　久　性

151　上海长江大桥主桥高塔混凝土结构耐久性措施

毕桂平

(上海长江隧桥工程建设指挥部)

摘　要　本文对世界最大的隧桥结合工程——上海长江隧桥中的长江大桥主桥高塔混凝土耐久性措施进行介绍和讨论。在100年设计基准期的前提下、在恶劣滨海条件下,确保桥梁结构耐久性的施工实践还很缺乏,此项工作就显得十分重要和有意义,这将对我国21世纪滨海工程混凝土耐久性研究提供宝贵经验。

关键词　上海长江大桥　高塔　混凝土　耐久性

1　概述

随着我国经济的快速发展和高速公路、干线铁路、海岛开发等建设项目的兴起,我国的桥梁建设迎来了前所未有的发展机遇。目前,我国桥梁的建设进入了一个最辉煌的时期。尤其在近20年中,我们建设了一大批结构新颖、技术复杂、设计和施工难度大、现代化程度和科技含量高的斜拉桥、悬索桥、拱桥等特大型桥梁,积累了丰富的桥梁设计和施工经验,我国公路桥梁的建设水平已跻身于国际先进行列。沿海地区经济的高速发展,使得港口及一些岛屿的开发和连通成为迫切要求,由此而掀起了我国滨海及跨海大桥的建设高潮。目前,大规模在建的有上海长江大桥及港珠澳跨海工程等几个跨海工程。我国远景规划建设的跨海通道工程有渤海海峡通道工程(连通辽东半岛与山东半岛)、琼州海峡大桥(海南岛连陆)工程等。

处于海洋或恶劣环境(如高盐酸土壤等)影响条件下,混凝土结构的耐久性自然成为工程界关注的焦点。这些跨海工程在设计时大多对结构的使用寿命有较高的要求(通常要求大于或等于100年),同时,这些工程大都面临大体积混凝土施工的问题。一方面,对混凝土材料的耐久性要求,需要使用耐海水氯盐侵蚀强的高性能混凝土;另一方面,大体积混凝土抗裂性要求也很严格,这是因为混凝土开裂后,其性能与原状混凝土性能相差很大,特别是对耐久性的影响更大,这会严重影响结构的长期安全和使用寿命。在结构设计方面,考虑增大混凝土保护层厚度、使用阻锈剂、混凝土表面涂层、钢筋表面涂层、避免使用预埋件形成锈蚀通道等措施来保证。

首先明确一下影响混凝土结构耐久性的主要因素。

2 影响混凝土结构耐久性的主要因素

实际上,和人们普遍认为的混凝土耐久性良好的观念相反,这种材料的基本缺点之一就是其耐久性不足,进而降低结构的耐久性。根据有关资料,美国 50 万座公路桥梁中,20 万座已有损坏,平均每年有 150 ~ 200 座桥梁部分或完全倒塌,寿命不足 20 年,修复这些桥梁需 900 亿美元。其中除了荷载增加,受地震或船舶撞击作用外,最主要的原因就是混凝土桥梁的耐久性不足。其主要原因是人们对混凝土耐久性的认识水平不足,过分强调减少工程造价而忽略了桥梁结构的耐久性,影响混凝土结构耐久性的主要因素有以下几个方面。

2.1 钢筋的锈蚀

混凝土中的高碱性溶液可以使钢筋表面形成一层惰性的钝化膜,该惰性薄膜可以阻止钢筋的锈蚀。通常,钢筋表面氧化铁薄膜的破坏主要有两个原因:一是因混凝土碳化使钢筋混凝土结构保护层的 pH 值降低,进而破坏氧化铁薄膜;二是氯离子与氧离子的作用而破坏氧化铁薄膜。氧化铁薄膜被破坏后,铁原子与水和氧气共同发生化学反应生成铁锈,造成钢筋的锈蚀。与此同时,铁锈的体积与铁相比可增大数倍,引起混凝土的开裂,使钢筋和混凝土的有效工作面积减小。此外,锈蚀钢筋的强度和塑性性能下降,这些都导致钢筋混凝土构件结构性能的下降。当钢筋的锈蚀质量小于 1% 时,钢筋的锈蚀会增加钢筋与混凝土之间的黏结力;当锈蚀的质量大于 1% 时,钢筋的锈蚀会减小钢筋与混凝土之间的黏结力;即使钢筋的锈蚀情况很严重,钢筋与混凝土之间仍保持有一定的黏结力,这也是锈蚀状况严重的混凝土桥梁仍能承担一定活载的原因。钢筋与混凝土之间黏结力的下降,同样会导致钢筋混凝土结构性能的降低。

对预应力钢筋混凝土结构来说,钢筋锈蚀对结构性能的影响更为严重,这主要表现在预应力钢筋的应力腐蚀和氢脆两方面。

腐蚀性介质与钢筋作用,在钢筋表面形成大小不等弥散分布的腐蚀坑,每个腐蚀坑相当一个缺口,在拉应力作用下,缺口处形成集中应力,钢筋平均应力还不高时,缺口处的应力即可达断裂应力的水平,引起钢筋的早期断裂。由于缺口的存在,形成拉应力三轴不等的状态,使钢筋的塑性性能降低。以上就是预应力钢筋的应力腐蚀。产生应力腐蚀需要拉应力、腐蚀介质(如氯离子、硝酸盐等)和对应力腐蚀敏感的钢筋(直径不超过 4mm 的钢筋、强化处理过的钢筋、拉应力大于 400MPa 经冷拉过的钢筋)。

钢筋在腐蚀过程中,表面可能有少量的氢原子产生,通常情况下,氢原子会结合成分子氢,在常温下是无害的,但这一过程受阻时,氢原子会向内部扩散而被吸收到金属晶格中去,如钢筋内部有缺陷存在,氢原子会重新结合成氢分子,产生很大的压力,出现“鼓泡”现象,使钢筋变脆,在超过临界拉力作用下,会发生断裂,这就是氢脆现象。硫化氢是引起氢脆的介质之一。

2.2 混凝土的碳化

混凝土是以水泥砂浆为基体，以骨料为加劲材料的复合材料，水泥砂浆体的主要成分CHS凝胶是一种结晶不完整的蜂窝形或错综复杂的网状结构，骨料与水泥砂浆间有微孔隙、微裂纹，因而混凝土材料具有一定的渗透性。空气中的二氧化碳扩散到混凝土中与水作用生成碳酸，碳酸与水泥水化过程中产生的氢氧化钙、硅酸二钙、硅酸三钙反应生成碳酸钙，在自由水的作用下碳酸钙沉淀在混凝土内部的孔穴中，这就是混凝土碳化。

混凝土碳化的结果使混凝土的pH值降低，如果碳化发生在钢筋附近，当混凝土的pH值小于11.5时，就能引起钢筋表面惰性氧化铁薄膜的破坏。在空气中的水和氧的作用下，还可以引起平行于钢筋的裂纹和混凝土的崩裂。碳化有初始期和传播期，在初始期二氧化碳渗透进入混凝土保护层，最终导致钢筋表面惰性薄膜的破坏，在传播期钢筋锈蚀导致混凝土保护层开裂或崩裂。

混凝土的碳化程度与水灰比有关，随水灰比的增加而碳化速度加快；随空气湿度和空气中二氧化碳含量的增加，混凝土的碳化速度加快；混凝土的碳化速度随养护时间的增加而减小；增加单位混凝土中水泥的用量，会提高混凝土的密实度和抗渗透性，可以减小混凝土的碳化速度；增加保护层的厚度，使混凝土碳化到达钢筋表面的时间增加，也有利于混凝土结构抗碳化的能力。

2.3 氯化物侵蚀导致的锈蚀

如果混凝土本身含有氯离子或氯离子通过扩散作用和毛细作用进入混凝土内，就会对钢筋的锈蚀影响极大。氯离子半径小，穿透能力强，很容易吸附在钢筋阳极区的钝化膜上，取代钝化膜上的氧离子，使氢氧化铁变为无保护作用的氯化铁。氯化铁的溶解度比氢氧化铁大得多。由于氯离子到达钢筋表面的不均匀性，特别是氯离子作用在钢筋局部区域时，则这些区域为阳极区，形成大阴极、小阳极的腐蚀。溶入混凝土中的氯盐达到混凝土重量的1‰~2‰时，钢筋开始锈蚀，当混凝土中氯盐含量超过1%后，钢筋的锈蚀面积将急速增加。同时，氯化物侵蚀所形成的锈蚀产物会导致混凝土的开裂和崩裂。

研究表明，氯化物侵蚀导致的钢筋锈蚀结果一般大于混凝土碳化引起的钢筋锈蚀结果。影响氯化物锈蚀钢筋速度的因素主要有以下几点：①水灰比，随水灰比的增加而锈蚀速度加快；②混凝土的pH值，随pH值的增加而加快；③增加单位混凝土中水泥的用量，提高混凝土的密实度和抗渗透性，可以减小氯离子的渗透速度；④保护层厚度的增加，使氯离子渗透至钢筋表面的时间增加。

2.4 混凝土的碱集料反应

碱集料反应是指混凝土中的氢氧根离子与集料中的活性二氧化硅之间的反应，混凝土中的碱离子主要是由水泥引入的。当集料中含有二氧化硅时，在有水的条件下，碱离子与二氧化硅反应生成一种含碱金属的硅凝胶（具有强烈的吸水膨胀能力），其形成和成长常常造成混凝土内部的膨胀，这种膨胀所产生的内部应力，使混凝土内部形成微裂缝，甚至造成混凝土的严重开裂。

碱集料反应需要有三个方面的条件：活性集料，混凝土碱的含量达到一定程度，有水或潮湿的环境。为了避免碱集料反应，应该在混凝土中采用非活性的集料，采用低碱水泥或控制混凝土中其他组分碱的引入，掺入混合料，如粉煤灰和硅灰，以降低混凝土中碱的含量。

上述四方面是影响钢筋混凝土结构耐久性主要因素。我们对跨海桥梁耐久性的提高主要是从提高混凝土结构材料本身的耐久性来达到的。由于目前我国还没有在海洋与恶劣环境下保证跨海桥梁结构混凝土耐久性的有关规范,因此学习和借鉴国际上重大工程的经验和教训是非常迫切和必要的,研究国际上类似工程的通行做法为我所用是避免和防止未来工程灾难的有效途径。下面对国外几座著名的跨海工程进行简单介绍。

3 著名滨海或跨海桥梁工程及其耐久性措施

国内外已建、在建或计划建造的许多大型桥梁、高速公路等,无一不以混凝土和钢筋混凝土作为主要建筑材料和结构材料,这不仅是因为混凝土材料具有原材料来源广泛易得、抗压强度较高、体积稳定性较好、易于施工和现场造型、成本较低等基本特点,而且也是相对较为耐久的材料之一。海水环境是混凝土所处的最严峻的环境条件之一,混凝土结构在此环境中使用会遭受到冰冻、风浪和水质等多种天然因素的作用,容易遭受损伤而缩短其耐久年限。在我国已经发现许多海港码头的混凝土梁、板使用不到 10 年已普遍出现顺筋锈胀开裂、剥落。

为提高滨海桥梁工程的耐久性,国内外众多的工程技术人员在实际的工程建设中采取了各种提高耐久性能的方法和措施——采用外加掺和材料(矿渣、粉煤灰,硅灰)的高性能混凝土、混凝土外部的防腐蚀涂层、钢筋阻锈剂、结构外部的阴极保护、混凝土耐久性改善外加剂等。

下面介绍目前国内外在建或已建滨海桥梁工程所采用的具体混凝土防腐蚀及高耐久性措施的应用实例。

3.1 丹麦大贝尔特海峡工程

大贝尔特海峡工程包括长 6.5km、主跨 1624m 的公路铁路并列双线悬索桥以及总长 7km 公路桥和 8km 长双孔铁路隧道,共使用了 106 万 m^3 混凝土。工程于 1989 年开工,1997 年建成通车。

该工程首次提出了 100 年使用寿命的设计要求,并规定钢筋在 100 年内不得开始锈蚀。为保证实现 100 年设计寿命,工程技术人员预先进行了大量专题研究,制定了严格的混凝土技术标准。例如,规定掺加一定量硅粉和粉煤灰,以保证混凝土的低渗透性;通过引气和气泡质量控制保证抗冻性;通过掺加硅粉保证耐磨性(抗海水冲磨);通过限制活性骨料含量及总含碱量,掺加硅粉和粉煤灰防止碱骨料反应;使用抗硫酸盐水泥和掺硅粉保证足够的抗硫酸盐侵蚀性能;对于大体积混凝土浇筑中使用低热水泥,掺加微硅粉与粉煤灰降低水化热,浇筑时对混凝土内部降温的控制以限制热应力裂缝的发生。

在工程实际施工过程中,严格执行了技术标准;并根据施工现场的实际情况,采用了相应的混凝土施工配合比,其中所使用胶结材料组成分别为 82.3% 的波特兰水泥(相当于国内的硅酸盐水泥) + 12.1% 粉煤灰 + 5.2% 微硅灰和 82.4% 波特兰水泥 + 12.5% 粉煤灰 + 5.1% 微硅灰。这样,混凝土不仅具有很高的抗氯离子渗透能力,同时具有低热、经济等特点。

3.2 香港青马大桥

青马大桥是公路、轻轨两用悬索桥,主跨 1 377m,主桥塔高 206m,是香港新机场的配套工程。青马大桥工程于1992年3月正式开工建设,1997年完成通车。

该工程设计使用寿命为120年,为此工程项目也制定了混凝土技术标准以保证耐久性能要求,标准中主要考虑的耐久性因素是氯离子渗透引起的钢筋锈蚀、碱骨料反应和热应力裂缝。

通过大量试验,该工程确定使用满足要求的两种配合比,胶结材组成分别为70%波特兰水泥+25%粉煤灰+5%微硅粉(用于引桥桥墩)和30%波特兰水泥+64.4%磨细矿渣+5.6%微硅粉(用于主桥塔)。

3.3 加拿大联盟大桥

联盟大桥总长12.9km,跨越诺森伯兰海峡,连接爱德华王子岛和加拿大大陆,是世界上最长的连续多跨桥,大桥已于1997年建成通车。该桥由重力结构桥墩和单孔箱形梁上部结构组成,设计寿命100年。诺森伯兰海峡的环境严酷,每年均有大量的浮水持续迁移,再加上强风,致使大桥桥墩上有大面积的浪溅与喷洒区,冻融循环频繁。通过广泛的调研和考虑各种影响钢筋锈蚀的因素,最后得出结论:采用高性能混凝土结合提高钢筋保护层厚度等措施,是保护结构免受锈蚀的有效方法。采用的高性能混凝土胶结材组成为84.7%波特兰水泥+9%粉煤灰+8.3%微硅粉。出于成本—性能方面的考虑,工程中没有使用环氧涂层钢筋或阻锈剂。

3.4 沙特阿拉伯—巴林的法赫德国王跨海堤桥

沙特阿拉伯—巴林之间的法赫德国王跨海堤桥全长25km,包括12km长的跨海大桥。1981年5月开始施工建设,1986年底建成通车。

该桥使用寿命设计为150年,耐久性要求很高。为此,承包人专门成立了耐久性研究组。经过调研,研究组认为混凝土必须是向钢筋和预应力钢丝提供保护的唯一措施,并向位于潮差区的基础混凝土施以规定的防腐涂层。

研究组最后为工程拟定了高性能混凝土的主要配合比,其胶结材组成为29%波特兰水泥+71%的高炉矿渣粉。

为了监测该桥的氯离子渗透情况,分别于1984年、1988年、1994年在该桥的桥墩上连续钻芯取样,送交实验室检测。按照设计计算,则钢筋将于150年后才开始腐蚀。

由于高性能混凝土采用了低水胶比和掺加足量的矿物细掺料与高效外加剂,其耐久性、工作性、各种力学性能、实用性、体积稳定性、低水化热性和经济合理性都较普通混凝土优越。采用低水胶比和掺加足量的矿物细掺料与高效外加剂等技术措施不仅是提高混凝土耐久性能的重要手段,在许多情况下,也是一种必要的手段,在跨海桥梁工程的应用中,有效地减少了水化热,大大降低了大体积混凝土由于热效应产生裂缝的可能性。

4 上海长江大桥混凝土结构采取的耐久性措施

上海长江大桥是目前世界上最长的隧桥结合工程——上海长江隧桥工程北港桥梁工程部分,全长16.55km,其中主通航孔桥为主跨730m的双塔双索面钢箱梁斜拉桥,跨径布置为92m+258m+730m+258m+92m=1 430m。索塔为人字型独柱结构,塔柱底面高程为7.00m,塔顶高程为215.72m,塔柱总高度为208.72m。

上海长江大桥主通航孔桥工程地处长江口,江水与海水随潮汐反复作用,塔柱采用C50

海工耐久混凝土以保证大桥的设计使用年限100年的工程使用寿命可靠性要求;在塔柱海工混凝土设计时,根据工程特定环境下使用的要求,重点保证混凝土的耐久性、工作性、适用性、强度、体积稳定性等。配制塔柱海工混凝土采用低水胶比,选用优质原材料,并在除水泥、水、集料外,必须掺加足够数量的矿物掺和料,同时匹配以高效减水剂。上海长江大桥主桥桥塔耐久性方案从材质本身的性能出发,以提高混凝土材料抗氯离子渗透为根本,并辅以外加涂层等补充措施。塔柱海工耐久混凝土的设计技术要求见表1。

表1 塔柱海工混凝土的技术要求

区段	构件类型	环境分类	保护层厚度(mm)		混凝土强度等级	最大水胶比	最小胶凝材料用量(kg/m^3)	氯离子扩散系数(90d) $10^{-12}m^2/s$	电通量C(28d)
			塔柱位置	设计厚度					
水上段	斜拉桥主塔	Ⅲ	梁底以下	60(外侧)/40(内侧)	C50	0.36	420	1.5	1 000
		Ⅳ	梁段以上	50(外侧)/40(内侧)		0.40	420	3.5	2 500

注:混凝土耐久性能混凝土电通量试验按照ASTMC1202方法进行,混凝土氯离子扩散系数测试按照NTBUILD443方法进行。

塔柱混凝土设计强度等级为C50,实际试配强度考虑掺入粉煤灰28d强度可能的不均匀性,提高至65MPa;考虑混凝土爬模施工工艺要求,混凝土40h强度大于20MPa。混凝土的28d电通量小于等于1 000库仑,标准养护28d后90d混凝土氯离子扩散系数小于等于$1.5\times10^{-12}m^2/s$。混凝土要有良好的工作性,初始坍落度大于220mm,扩展度大于500mm,2h后坍落度大于180mm,初凝时间不小于8h且满足施工要求即可;极端条件下,拖泵内混凝土在点动条件下可以保持2h。混凝土的水胶比设计考虑最大为0.35,并在各项条件均满足的条件下尽量用比较小的水胶比。通过多组配比试验,得出最佳C50塔柱海工混凝土配合比数据见表2。

表2 塔柱混凝土配合比数据表

工作性能	施工方法	混凝土配合比 (C+K+F): S: G: W: J	密度(kg/m^3)	扩展度	坍落度(mm)		凝结时间	
					初始	2h	初凝	终凝
	泵送	480(192+144+144): 705: 1 057: 158: 3.84	2420	540m	210	190	8:15	11:00

力学性能	混凝土抗压强度(MPa)			弹性模量($\times10^4$MPa)		抗拉强度(MPa)		收缩值($\times10^{-6}$mm)		
	3d	7d	28d	5d	28d	3d	28d	3d	28d	60d
	35.6	48.2	67.1	4.33	4.85	1.83	4.16	53	287	347

耐久性能	电通量	氯离子扩散系数(90d)	混凝土碱含量(kg/m^3)	混凝土氯离子含量(%)
	643C	$1.19\times10^{-12}m^2/s$	1.39	0.013

上海长江大桥于2006年10月开工,目前施工已结束,从整体的质量情况来看,混凝土的质量较好,适合了上海长江大桥工期紧、质量标准高的要求。

5 结语

(1)上海长江大桥工程满足混凝土结构耐久性技术的着眼点是提高材质本身性能,基本措施是采用高性能混凝土,以提高结构抗氯离子渗透的能力。同时,依据混凝土构件所处结构部位及使用环境条件,采用必要的补充防腐措施,如适当增大保护层厚度、提高混凝土密实度、降低水化热等。在保证施工质量和原材料品质的前提下,混凝土结构的耐久性能达到了设计要求。

(2)经过工程实际检验,上海长江大桥所使用的高性能混凝土具有较好的施工性能和后期养护性能,满足了200m高空的泵送距离,施工工期和耐久性质量得到满足。

上海长江大桥耐久性混凝土的应用实践,掀开了我国滨海大跨度高塔桥梁混凝土耐久性设计和施工的新篇章。我们完全有理由相信,随着我国对建筑材料耐久性研究的深入展开,具有更高耐久性的新技术和新材料将广泛应用于滨海工程中。

参 考 文 献

[1] FHWA, High Performance Concrete(HPC) for Bridges, Promotion Materials.

[2] C. Goodspeed, et al, High Performance Concrete(HPC) Defined for Highway Structures, Concrete International, Feb. 1996.

[3] A. Neville & P. C. Aitcin, High Performance Concrete - An Overview. Materials and Structures, Vol. 31, March 1998, pp. 111-117.

[4] 吴中伟,廉慧珍. 高性能混凝土[M]. 北京:中国铁道出版社,1999.

[5] 买淑芳. 混凝土聚合物复合材料及其应用[M]. 北京:科学技术出版社,1996.

[6] 张显军,魏志刚,等. 钢筋混凝土桥梁耐久性影响因素分析[J]. 交通科技与经济,2001(3).

[7] 吴中伟. 高性能混凝土及其矿物掺和料[J]. 建筑技术,1999,13(3).

[8] 金伟良,赵羽习. 混凝土结构耐久性研究的回顾与发展[J]. 浙江大学学报,2002(4).

152　桥梁安全·耐久·管养

苏小健

(解放军理工大学工程兵工程学院)

摘　要　本文通过对国内近几年来发生的桥梁坍塌事故所付出的惨重代价进行汇总对比,分析了影响桥梁安全、耐久、管养以及造成桥梁事故的相关因素。对耐久性差、管养层次低以及如何保证桥梁安全等问题作了探讨,并提出了相关建议。

关键词　桥梁事故分析　安全性　耐久性　管养

1　概述

随着我国交通建设的迅猛发展,桥梁工程建设日新月异,桥梁技术创新和安全耐久性及管养成为突出主题。同时,强震、强风、船撞、水毁等灾害和恶劣环境也使桥梁工程的安全耐久性与灾害防护成了桥梁专家们的主要研究课题。桥梁是城市重要的基础设施,是城市的生命线,是社会经济发展的动脉。随着我国经济的发展,城市桥梁的建设不断增加,为国家经济的发展和人民生活水平的提高做出了巨大贡献。但近几年来我国发生的大、小桥梁事故所付出的惨重代价也备受人们关注,造成事故的原因大多来自桥梁安全、耐久、管养方面所存在的大小漏洞。因此,要想提高桥梁安全、耐久、管养层次,必须要有健全的规章制度和科学的管养体系,才能确保桥梁工程的质量。质量是结构安全与耐久最基本的要求,而好的管养是确保质量的最基本保证。同时,我们不仅要开展保障结构安全与耐久性新设计理念的研究,更好地完善桥梁的管养体系,更要认识到结构各部件的寿命并不完全相同,因此结构寿命期内功能的保证必须从设计、施工、材料、检测、维修、加固等过程来考虑,不同的环境、使用条件、设计对象等因素,都会对结构体系有不同的布局和构造等方面的要求。

2　近几年来的桥梁坍塌事故及分析

2.1　桥梁坍塌事故列举

(1)2006 年 3 月 11 日,扬州市江都郭村镇通扬运河上的一座大桥在拆除过程中轰然坍塌,致使 9 名民工落水,造成 4 死 5 伤。

(2)2006 年 5 月 16 日,位于甘肃省岷县县城以北 500m 处,始建于 1974 年的省道 306 线北门洮河大桥突然全部垮塌,造成 4 人受伤。

(3)2006 年 12 月 9 日,北京市顺义城区北侧减河上一座悬索桥在进行承重测试时突然坍塌,约 50m 桥体连同桥上进行测试的 10 辆满载煤渣的运输车一起坠落,1 名司机和 2 名检测人员受伤。

(4)2007 年 5 月 13 日,位于常州境内的运村大桥坍塌,未造成人员伤亡,但水陆交通被迫中断。

(5)2007 年 6 月 15 日,位于广东省西江干流下游 325 国道上的九江大桥,被一艘 2 000t 级的运沙船撞断桥墩,导致 200m 桥面垮塌,4 车坠河、9 人失踪,交通动脉被迫中断。

(6) 2007 年 8 月 13 日,湖南省湘西土家族苗族自治州凤凰县堤溪沱江大桥发生坍塌事故,造成 64 人死亡,4 人受重伤,18 人轻伤,直接经济损失达 3 974.7 万元。

(7)2008 年 3 月 27 日,浙江台州路桥勤丰船务有限公司"勤丰 128"轮穿越在建的浙江宁波金塘大桥非通航桥孔时,船舶桅杆与该桥非通航桥孔的桥面发生碰撞,造成该桥孔两桥面箱梁塌落,砸到"勤丰 128"轮驾驶台上,致使船舶驾驶台前部坍塌,4 名船员失踪。

(8)2008 年 5 月 12 日,四川汶川地震时国道 213 线由都江堰进入阿坝藏族自治州的主要枢纽彻底关大桥被巨石砸断。

(9)2009 年 5 月 17 日,湖南株洲红旗路高架桥坍塌事故,酿成重大人员伤亡和财产损失。

2.2 桥梁坍塌事故分析

据统计,80% 以上的桥梁工程事故是人为失误造成的,这些人为失误主要反映在结构的安全、质量和管养的环节上。桥梁事故有内因和外因两个方面,也可是内、外因交叉影响。要减少桥梁使用期间的工程事故,提高桥梁安全、耐久、管养,首先要有健全的规范、规程、指南等管养体系的保证,特别是职责权限的制定;其次应该立足于目前经验事故的基础上开展新的理念和方法的研究。

3 桥梁安全性、耐久性差的主要成因及改进方向

3.1 设计理论和结构构造体系

当前国内的结构设计过程中,更多的是考虑强度而较少考虑耐久性,重视强度极限状态而不重视使用极限状态,而结构在整个生命周期中最重要的恰恰是使用时的性能表现。由于重视结构的建造而不重视结构的维护,国内当前桥梁设计对安全性、耐久性只是作为一种概念受到关注,却没有相应明确的使用年限要求或者专门的耐久性设计。这些设计倾向在一定程度上造成了当前工程事故频发,结构使用性能差、使用寿命短等不良后果。不少桥梁虽然满足了设计规范的强度要求,但仅用了几年就因为耐久性出了问题,从而影响了整座桥梁结构安全。

3.2 施工与质量管理

一般的看法认为,当前的工程事故主要是野蛮施工和腐败所导致,对于短期内发生的诸如忽然破坏与倒塌问题,多是由于施工质量没有达到规范和设计要求,典型的问题包括材料强度不足和施工工艺不合格等,也有个别桥梁建设单位存在偷工减料、以次充好等严重的治理问题。这些施工上的缺陷虽然短期不会对桥梁的正常使用产生明显的影响,但却会对结构的长期安全性、耐久性产生极大的危害。

3.3 疲劳损伤的研究

桥梁所采用的材料并非是等强度的,实际上存在许多微小的缺陷,因为这些小的缺陷往往被人们所忽略,最终在循环荷载作用下,这些微缺陷会逐渐发展、合并形成损伤,并逐渐在

材料中形成宏观裂纹。又因宏观裂纹得不到有效控制,极有可能会引起材料、结构的脆性断裂。由于早期疲劳损伤往往不易被检测到或被忽略,最后其带来的后果往往让人难以想象。

3.4 桥梁超载问题的管理强度

首先,老桥超龄负载运营,桥梁通行的车流量超过原设计,车辆违规超载等问题在我国路桥运输中普遍存在。其次,有关部门为了私利轻视桥梁超载的管理制度。这样不仅会引发桥梁疲劳问题,还会使桥梁疲劳应力幅度加大、损伤加剧,甚至会出现结构破坏。从结构上来讲,因超载而形成的桥梁内部损伤不能恢复,会使得桥梁在正常荷载下的工作状态发生变化,从而可能危害桥梁的安全性和耐久性,甚至造成更大的危害。

3.5 桥梁防撞配套设施和安全警告

桥区安全警告标志标牌不齐全、不规范;桥梁防撞设施配套明显不足;桥区附近渡口、码头较多,通航环境较差;少数船舶逃避海事监管,违章涉险穿越非通航桥孔;安全监督手段较弱,装备、设施技术水平跟不上,从而引起大量的船舶与桥梁相撞事故。

3.6 需要改进和努力的方向

(1)真正合理可靠的设计理论和结构构造体系除了满足规范的要求外,还应对结构本身的认识和准确判断作出相应的要求。结构设计的首要任务是选择经济合理的结构方案,其次是结构分析与构件和连接的设计,并取用规范规定的安全系数或可靠性指标以保证结构的安全性。

(2)对疲劳损伤的研究不仅仅要针对整个布局,往往桥梁结构因某些局部关键部位失效而导致整个布局的瘫痪,从而因小失大。

(3)桥梁的超载不仅会引起桥梁疲劳损伤问题,而且还会造成桥梁内部布局的损伤,使其不能恢复到原有的承受荷载,甚至还可能引发整座桥梁结构的破坏,从而大大减弱了桥梁的安全性和耐久性。因此除了相关部门要加强治理外,也需要对超载带来的后果进行研究、分析。

(4)应重视和改善桥梁防撞配套设施,桥墩(柱)承受了整座桥梁的命脉,因此特别要对跨通航水域的涉水桥墩(柱)做全部“体检”。有条件的相关部门要在桥梁的主、副航道桥墩上安装雷达遥感系统,新建桥梁要增强防撞性能:

①在通航桥孔航道上方显示通航净空高度,设置超高船舶进入桥区水域的防碰撞报警装置;

②完善对桥区水域的监控设备,并指定部门和人员对通过桥梁水域的船舶实施有效监控;

③对能通航水域的涉水桥墩(柱)配备防碰撞装置,并设置防碰撞设施的明显标志;

④尽快配备必要的应急设施设备。一是在桥区水域安排警戒船进行巡逻警戒;二是安排适宜的拖轮就近值班待命,以便及时对失控船舶进行抢险救助和应急处置,以免险情对大桥造成损害。

4 桥梁管养体系的不足及以后改进与提高的意见

4.1 桥梁管理存在的突出问题

(1)组织机构不够完善。当前公路管理部门主要设“养护处(科)”来负责所辖范围内的道路、桥涵、隧道、附属设施等的一切养护管理工作。存在工作量繁重、人员不足、缺少对应的专业分工等问题。

(2)没有设立专业的养护队伍。实行养护机制改革后,各基层桥梁管理机构均成立了两个甚至两个以上的养护队,原来的养护道班基本撤销,大部分养护工人直接转入养护队,按市场规律和企业管理运作。养护队的成立为建立桥梁专业养护队提供了基本条件,但由于当前的养护工人素质参差不齐,很难做到真正的专业养护。

(3)桥梁检查制度不够健全。

(4)对建立专门的桥梁档案事项不够重视。

4.2 桥梁养护存在的突出问题

(1)桥面不清洁、泻水孔堵塞在中小型桥比较普遍,个别的桥面上堆放障碍物、垃圾梁泥土污物等,晴天过车尘土飞扬,雨天桥面积水,车辆过桥时泥浆四溅。

(2)桥面不平整,使车辆颠簸,影响车速,增加桥梁构件的疲劳,如不改善将缩短桥的使用寿命。

(3)引道路面与桥衔接处不够平整。导致桥头跳车,行车不顺适,影响车速,降低行车质量,为乘客、驾驶员所反感,长期下去也会影响桥的使用寿命。

(4)桥栏杆残缺不齐且修复不及时的现象在干线或支线中随处可见,造成栏杆残缺的原因很多,如行驶车辆交通事故撞坏,人为破坏等。虽然不影响车辆运行,但行驶在桥上的车辆行人缺乏安全感,降低交通安全舒适水平。

(5)桥梁构件损坏不及时维修。桥梁投入运营后,由于施工中出现的变位、沉陷空洞、裂缝等毛病,在日常养护中没有及时修补,造成混凝土剥落、钢筋外露锈蚀、活动支座失去活动能力等,这类小病不及时处理可能酿成大祸。

4.3 对今后加强桥梁管养体系的意见

一直以来"重建设、轻养护"在桥梁管理中表现得十分明显 ,桥梁失养是桥梁使用性能迅速降低 ,变成危桥的主要原因之一。桥梁养护治理作为公路治理中非常重要的一个环节,是保障桥梁安全、快速、舒适、畅通的基础。国家虽然已投入不少人力、物力开发研究了一些桥梁治理系统,但仍然没有比较成熟的桥梁管养系统。

因此,我们以后的工作目标一定要坚持"两健全一到位",即:组织机构健全、规章制度健全、管养措施到位。各部门要成立以主要领导挂帅、分管领导具体负责的管养安全组织机构,并以桥梁管护办公室为依托具体落实桥梁管养安全工作,各桥梁管养办公室必须配备专业养护技术人员和桥梁巡查员,切实按照"两强化三到位"的要求把安全工作抓细抓实,即:强化桥梁经常检查和桥梁季节性管养,日常巡查工作、应急处置工作及养护作业安全工作到位,并将桥梁管养安全工作一并纳入管养核体系。

5 结语

本文针对桥梁安全、耐久、管养等问题进行了探讨。加强桥梁管理要引入市场机制逐步实现城市桥梁建设、管理、养护的分离,解决好重建轻养的难题,推动各地建立城市桥梁检测、养护和维修系统,桥梁应急预案系统,加强档案管理制度、预警制度和责任追究制度,规范道路、桥梁养护维修管理,建立桥梁检测体系和信息管理体系,促进桥梁检测、评估与加固新技术的应用,不断深入探索并积累经验。

参 考 文 献

[1] 周金鹏.桥梁结构安全性设计若干问题的思考[J].安全与健康,2006.

[2] 范立础.桥梁安全性与耐久性——展望设计理论进展[J].专家论坛,2004.

[3] 赵宝平.我国现行公路养护管理体制的弊端及交通标准化[J].改革方向探讨,2006.

[4] 李德新,曹建敏,姚素萍.运用质量体系规范公路养护管理[J].山东交通科技,2004.

[5] 中华人民共和国行业标准 JTJ 041—89.公路桥涵施工技术规范[S].北京:人民交通出版社,1989.

153 混凝土桥梁建设中几个值得注意的问题

闻宝联

(天津市市政工程研究院)

摘 要 桥梁的安全性和耐久性一直是业内研究的重点,影响桥梁安全性和耐久性的因素很多。本文结合现场实例对结构设计中经常出现的一些错误认识进行总结,并提出相应的应对措施。

关键词 桥梁 混凝土 耐久性 规范

1 引言

近年来,我国桥梁建设进入了一个新的高潮,特别是随着国际金融危机的爆发,我国采取了一系列措施积极应对,其中主要的一项便是加大基础建设的投资力度。而市政交通基础建设首当其冲,本文结合现场实例对桥梁规划、设计、工程建设及养管运营全过程进行分析,并提出相应的应对措施。

2 规划问题

城市规划是城市发展之本,是国民经济与社会发展总体规划在城市经济社会发展中的具体化,是城市建设发展过程中的具有刚性制约作用的"宪法"。城市规划确定了城市在产业发展、功能分区、资源配置、交通安排、环境设计等各个方面的发展思路与综合安排。但我国很多地区长期以来缺乏长远的战略规划,造成巨大的经济损失。在工程上表现为盲目扩大规模,而不是技术创新,浪费国家有限的资金,由此造成的巨额损失。

3 设计问题

设计是关键,施工、监理的依据就是规范和设计要求。目前国内建设的现状是工期紧,任务重,突击建设。这导致设计人员整天忙于完成设计任务,无暇认真研究新规范,学习新技术,往往是照搬以前的工程设计图略作修改,而设计规范不断更新,结果要么是设计与现行规范不一致,要么是因为没有考虑结构所处的环境、气候、技术水平现状而让后续的施工、监理无所适从,从设计之初就留下隐患。

比如《公路钢筋混凝土及预应力混凝土桥涵设计规范》(JTG D62—2004)明确提出100年设计基准期的要求,《公路工程混凝土结构防腐蚀技术规范》(JTG/T B07—01—2006)颁布实施可以理解为规范JTG D62—2004的细化要求,从防腐规范上我们可以看出,不管在内陆还是沿海、南方还是北方,尽管劣化模式不同,都必须考虑腐蚀因素。而一些设计人员,只简单理解为沿海地区需要防腐,其他地区无需考虑。

另外,许多设计人员对基础腐蚀作用,还依然沿用三级防腐概念。对腐蚀性等级的划分,标准 GB 50021 和 GB 50046 均规定为强、中、弱三级。腐蚀性等级的概念可理解为:等级为强时,材料腐蚀速度较快,基础构配件必须采取表面隔离性防护,防止与腐蚀介质直接接触;等级为中时,材料有一定的腐蚀,可采用提高构配件自身质量措施(如混凝土提高密实性,钢筋加厚混凝土保护层,石砌体提高砂浆强度等级等)或采用简单的表面防护;等级为弱时,材料腐蚀较慢,但还需采取一些措施,一般采用提高自身质量即可。但这些要求只是定性的,已经远不能满足桥梁耐久性的要求,《公路工程混凝土结构防腐蚀技术规范》已经从定量角度进行了规定。

4 原材料选用问题

4.1 骨料的问题

混凝土是土木工程应用最广泛的材料,而砂石则是混凝土中用量最大的材料,也最容易出现问题。工程上,石料常常选用连续级配,但实际上,所谓的连续级配往往是在石料厂大小石子随意一掺,质量不高。而且这样的石料运到搅拌站,一卸料就离析,造成混凝土质量极不稳定。应采用不同粒径的石料进行人工配制,实现连续级配,以保障混凝土的质量稳定。

砂同样存在很多问题,比如有些搅拌站,对于含石量很高的砂,要么就是不扣除卵石量,直接结果就是砂率变小,混凝土和易性变差;要么就是将卵石充抵一部分碎石,结果是造成混凝土强度降低,正确的做法是要过筛。

有资料表明,同样的配比,良好的级配与不良级配,工作性相差非常大,强度可以差10MPa,足见级配的重要性。我国以前的规范都使用圆孔筛,而国际上一些先进国家,如美国、日本、英国等的骨料试验均采用方孔筛。为继续沿用原来的研究成果,我国采用方孔筛对应圆孔筛。表1为方孔筛和圆孔筛的对应关系[1]。

表1 方孔筛和圆孔筛的对应关系(mm)

方孔	2.36	4.75	9.5	16.0	19.0	26.5	31.5	37.5
圆孔	2.50	5.00	10.0	16.0	20.0	25.0	31.5	40.0

而在《公路工程集料试验规程》(JTJ 058—2000)中,竟然出现了方孔 13.2 mm 对应圆孔 16.0 mm,16.0mm 对应 19.0 mm 的错误。虽然此规范已经废止,但由于一些规范性的文件都以此为参考,使部分技术人员的工作受到影响。

4.2 胶凝材料的问题

水泥是混凝土中最关键的材料,直接影响着混凝土的各项性能。目前,工程界追求进度、追求强度的倾向依然很明显。为了追求进度,追求早期强度,即便夏季施工,依然选用早强水泥,可以保障早期强度,可以7天甚至5天进行预应力梁的张拉,但早强水泥塌损大,不利于施工,再好配比的混凝土,如果施工性能不好,质量便无法保证。

掺和料在混凝土中的作用至关重要,没有掺和料,高性能混凝土便无从谈起。很多地方对掺和料的认识依然很有限,认为掺和料不能替代水泥,极大限制了混凝土技术的进步。有些地方盲目迷信硅粉,连桩基里都加,结果导致操控困难、塌损严重、结构开裂。掺加硅粉是有很多要求的,很多施工人员却并未了解,而且桥梁结构掺加硅粉的必要性并不很大,应该慎用。

4.3 外加剂的问题

外加剂的使用是混凝土技术的一大进步，外加剂的掺用对混凝土的性能提高起到了关键作用。但是，错误地使用外加剂不仅起不到应有的效果，反而适得其反。沿海地区结构特别重视混凝土和钢筋的防腐，大规模使用阻锈剂，甚至连桩基也用上了。众所周知，钢筋的锈蚀必须具备以下几个条件：存在电解质、氧气和电位差，三者缺一不可。而桩基处于地面以下，氧气的供应极其有限，特别是在沿海地区的软泥环境，渗透系数极低，氧气和盐分供应量极低，基本不存在锈蚀隐患。浙江大学作过专门检测，也证实了以上观点[2]。另外，目前的阻锈剂大多是亚硝酸钙，也有用亚硝酸钠的，亚硝酸钠会诱发碱集料反应，不能用。而亚硝酸钙也是早强剂的主要组分，钙离子具有促凝作用，会加快混凝土坍落度的损失，对桩基混凝土，一旦塌损过大，将造成重大的经济损失。

5 施工养护过程的问题

5.1 配合比的设计与调整

常规的混凝土配合比设计一般参照《普通混凝土配合比设计规程》，根据强度定水胶比，根据工作性定用水量，再根据减水剂的减水率扣除部分用水，然后定掺和料取代量，接着按部就班定其余材料用量，最后再上下浮动水胶比，固定用水量做对比配比，建筑工地基本都这样做。这样的配比还是基于强度来设计的，但由于现行规范要求混凝土按耐久性设计，强度只作为其中一个指标，配比必须由专门的检测或研究机构确定。有些业主和监理过于依赖检测或科研单位，明确要求批复的配合比不能改动，要严格遵守，结果导致现场混凝土性能出现不稳定性。混凝土原材料是不断变化的、环境也是不断变化的，配比相应调整是必须的，但要掌握一定的原则，比如征得原配比设计单位和监理同意，比如维持水胶比不变，可适当调整砂率和外加剂用量，较好地解决问题。

5.2 坍落度的控制

施工中混凝土坍落度的选用也是常出现的问题，对结构质量而言，在保障能顺利施工的前提下，坍落度越小越好，如不能保障施工，就无从谈起质量和耐久性。以桩为例，施工人员总要求流动性越大越好，桩的强度一般不高，粉料用量不会太多，坍落度太大很容易离析，造成骨料与浆体的分离，断桩、废桩屡屡发生。而对于预制箱梁，往往走向另一个极端。很多地方要求坍落度在 9 ~ 12cm，这是很多年前的要求，现在已经不适应了。以前的混凝土是不用外加剂的，工作性能只能靠水来调节，坍落度不能太大，因为坍落度大意味着用水量大，振捣就容易离析。另外，早期的桥梁荷载等级低，跨径小、含钢量小，钢筋间距能满足这样的混凝土浇筑。但随着材料科学的发展，外加剂的出现使混凝土即便大坍落度也不容易离析，随着梁的跨径越来越大、荷载等级越来越高，梁体含钢量越来越大导致钢筋间距很小，再加上采用预应力技术，沿桥向几道波纹管的存在使混凝土的浇筑就更加困难，还要求小坍落度，很难施工，特别是应用外加剂后，黏稠度增加导致施工难度变大，建议采取的措施是保障用水量不变，通过外加剂适当增加坍落度，14 ~ 16cm 是一个比较好的范围，同时可以保障质量的要求。

5.3 混凝土的养护

对现在的高性能混凝土，养护至关重要。笔者在长年的技术工作中，一直注意在各地调研当地混凝土桥梁的耐久性状况,结果发现天津本地的桥梁墩柱与相同环境下周边地区相比腐蚀较严重,这是由于天津本地桥梁混凝土用掺和料,而周边地区一直限用掺和料,但施工过程控制是一样的,基本24小时拆模。相对而言,现在的混凝土掺用了大量的掺和料,对养护要求就更高,因为掺和料的活性需要一段时间的激发,养护不好,强度和耐久性都无从谈起,而不用掺和料的混凝土强度增长较快,同样粗放施工养护敏感性差一些,这并不是说不用掺和料好,而是对掺入掺和料的混凝土一定要注意养护,这是业内的共识,但也容易被忽略,毕竟施工人员并不是这方面的专家。

另一个很容易被忽略的是桥面板、路面的养护。冬夏季施工最容易出现的问题就是养护不到位。冬季施工,温度低,混凝土强度增长较慢,而且冬季往往风速大、空气干燥,混凝土表面失水快,失水结成硬壳并产生很多细裂纹。夏季施工也有类似现象,夏季使用过多的缓凝剂,混凝土表面硬化慢,同样不重视养护,失水形成硬壳,内部还是软的,表面开列逐步形成通裂。天津某高速桥现浇梁,就因为桥面板没养护好形成很多细裂纹,部分形成通裂,最后被全线通报并凿除,直接和间接经济损失2 000多万元。

6 管理养护的问题

超载在很多地区特别是沿海地区是常见的问题。一方面超载会使桥梁疲劳应力幅度加大、损伤加剧,最终引发结构破坏事故。另一方面,由于超载造成的桥梁内部损伤不能恢复,将使得桥梁在正常荷载下的工作状态发生变化,从而可能危害桥梁的安全性和耐久性。2009年7月津晋高速公路塌桥的直接原因是由于有五辆超载重货车逆行进入匝道桥,致桥体重心偏移,瞬间坍塌,造成了车毁人亡桥塌的重大事故,相关管理部门必须切实整治超载,才能保障路桥工作在正常条件下运营。

另外,养护问题也是相当突出的。特别是早期修建的桥梁,当时由于资金短缺、桥梁设计荷载标准低、施工工艺落后、技术管理不严格,造成施工质量不高。超限车辆通行后,桥梁结构部分发生变形、裂缝、甚至沉陷、断裂等。所以,强调养护、及时整治缺陷,是保障桥梁耐久性的关键,特别是一些细节问题,如泻水口、伸缩缝、桥墩根部,往往被大家忽略,却直接影响桥梁的健康。

7 结语

设计、施工、养护、养管等任何一个环节出现偏差都会影响结构的性能,因此需要加强培训和现场指导,从各个环节保证混凝土的施工和结构的耐久性能。针对具体工程编制相应的工程技术指南,可使工程技术人员统一认识、保障各工序的衔接,是比较有效的办法。

参考文献

[1] 中华人民共和国行业标准.普通混凝土用砂、石质量及检验方法标准(JTJ 52—2006)[S].北京:中国建筑工业出版社,2006.

[2] 侯敬会,宋志刚,金伟良.滨海土壤环境下混凝土方桩的耐久性[J].混凝土,2005(2).

154 基于耐久性指标的钢筋混凝土简支梁桥合理耐用构造研究

雷艳丽[1,2] 郑小燕[1,3] 徐 岳[1] 梁晓飞[1]

(1. 长安大学旧桥检测与加固技术交通行业重点实验室；
2. 黄河水利职业技术学院；3. 合肥工业大学交通运输工程学院)

摘 要 针对钢筋混凝土简支梁桥耐久性的主要影响因素，选择合理的寿命准则，采用多指标分级加权的方法建立了单个部件的耐久性指标表达公式；以构件重要性系数为表达方式建立了混凝土简支梁桥耐久性指标计算公式。结合混凝土简支梁桥结构特点，以主梁、桥面板、桥墩和基础为主要部件，采用层次分析法确定了各部件耐久性指标中影响因素的权重。以一座钢筋混凝土简支T形梁桥为例，用本文建立的耐久性指标对桥梁的耐用性进行评判，确定了该桥的耐久寿命；在此基础上通过调整混凝土保护层厚度、钢筋直径等细部构造，分析各因素对桥梁耐用性的影响；以承载能力和经济性作为约束条件，确定了混凝土简支梁桥的合理耐用构造。

关键词 钢筋混凝土简支梁桥 耐久性指标 混凝土碳化 钢筋锈蚀

1 引言

桥梁结构耐久性问题已引起了国内外各界越来越多的关注，相关的研究已经取得较多成果，但大多数研究关注材料本身的耐久性问题，有些研究成果还不易量化，实际应用受到限制。关于桥梁这种多种构件结构体系的整体耐久性的研究还较欠缺，对结构耐久性的提高十分不利。针对我国存在的大量混凝土桥梁的现状，开展桥梁结构体系合理耐用构造研究已势在必行。本文针对钢筋混凝土简支梁桥的结构特点，基于现有钢筋混凝土耐久性研究成果，采用多指标分级加权法建立钢筋混凝土简支梁桥结构体系耐久性指标，用所建立的耐久性指标对某钢筋混凝土简支梁桥进行耐久性评定，并通过调整耐久性指标中的混凝土保护层厚度、钢筋直径等细部构造，分析各细部构造对桥梁耐久性的影响，从而确定该钢筋混凝土简支梁桥的合理耐用构造，为桥梁结构的耐久性评估和设计提供依据。

2 钢筋混凝土简支梁桥耐久性指标的确定

众所周知，影响钢筋混凝土简支梁桥耐久性的因素很多而且很复杂，并且各因素之间又

基金项目：西部交通科技项目(200631822302—04)。

相互影响,桥梁结构的耐久性退化,往往是在多因素共同作用下的性能劣化,影响因素自身表现出一定的随机性,在与耐久性的关系上又表现出一定的模糊性,要确定其耐久性指标,单纯用某一种方法或是仅考虑某一种因素的影响不能得到满意的结果,也是比较片面的;另外,桥梁耐久性的劣化是由单个构件的耐久性劣化开始的,钢筋混凝土梁桥作为一个建筑实体,它是有许多基本的构件组成,如果把所有构件都考虑进去,无疑会造成分析的复杂化,往往也得不到满意的结果,为了简化计算,本文依据抓事务的主要矛盾的思想,略去了次要构件对混凝土简支梁桥耐久性的影响,只考虑主要构件:主梁、桥面板、桥墩和基础对结构耐久性的影响,影响程度用构件的重要性系数来表征。基于上述原因,本文采用多指标分级加权法[1]确定耐久性指标。

多指标分级加权法是对桥梁结构耐久性进行检测分析,确定影响耐久性的主要因素(混凝土碳化、钢筋锈蚀、混凝土强度等级、保护层厚度等),并综合考虑钢筋混凝土结构耐久性评估中的几种寿命准则,本文分别采用碳化深度等于保护层厚度的时间(年)、钢筋开始锈蚀的时间(年)、混凝土保护层锈胀开裂的时间(年),作为反应结构耐久性的指标,并确定各指标的权重,各项指标加权求和获得单一构件(主梁、桥面板、桥墩和基础)的耐久性指标β_i,由β_i再乘以构件的重要性系数求和即可得到桥梁结构的耐久性指标β。

2.1 单个构件耐久性指标的确定

单个构件的耐久性指标β_i,表达如式(1):

$$\beta_i = \alpha_1 t_1 + \alpha_2 t_2 + \alpha_3 t_3 \tag{1}$$

式中:β_i——单个构件(包括主梁、桥面板、桥墩和基础)的耐久性指标(年);

t_1——碳化深度等于混凝土保护层厚度所用的时间(年);

t_2——钢筋开始锈蚀的时间(年);

t_3——混凝土保护层锈胀开裂的时间(年);

α_i——权重,用层次分析法求得。

山东建筑科学研究院的朱安民[2]给出计算碳化深度的经验公式:

$$X = K\sqrt{t} = r_1 r_2 r_3\left(12.1\frac{W}{c} - 3.2\right)\sqrt{t} \tag{2}$$

式中:K——混凝土碳化速度系数;

r_1——水泥品种影响系数,矿渣水泥取1.0,普通水泥取0.5~0.7;

r_2——粉煤灰影响系数,取代水泥量小于15%时取1.1;

r_3——气象条件影响系数中部一般地区取1.0,南方潮湿地区取0.5~0.8,北方干燥地区取1.1~1.2。

在一般大气环境开始锈蚀的条件下,钢筋开始锈蚀时间的计算公式(3)[3]为:

$$t_i = \left(\frac{c - x_0}{K}\right)^2 \tag{3}$$

式中:t_i——钢筋开始锈蚀时间(年);

c——混凝土保护层厚度(mm);

x_0——碳化残量(mm);

碳化残量 x_0 计算公式(4)[4]可表示为:

$$x_0 = 4.86(-RH^2 + 1.5RH - 0.45)(c-5)(\ln f_{cu,k} - 2.30) \tag{4}$$

式中:RH——环境湿度(%);

$f_{cu,k}$——混凝土抗压强度标准值(MPa);

c——混凝土保护层厚度(mm),当 $c>50$mm 时取 $c=50$mm。

混凝土保护层锈胀开裂时间由公式(5)[3]确定:

$$t_{cr} = \frac{\delta_{cr}}{\lambda_{el}} \tag{5}$$

式中:δ_{cr}——混凝土保护层锈胀开裂时钢筋锈蚀深度(mm),计算参看文献[3]公式3.63;

λ_{el}——保护层锈胀开裂前的钢筋锈蚀速度(mm/年),计算参看文献[3]公式3.44;

t_{cr}——钢筋开始锈蚀到锈胀开裂的时间(年)。

2.2 钢筋混凝土简支梁桥耐久性指标的确定

求出单个构件的耐久性指标后,再考虑构件的重要性系数,整合而得整座钢筋混凝土简支梁桥的耐久性指标的表达式:

$$\beta = \gamma_1\beta_1 + \gamma_2\beta_2 + \gamma_3\beta_3 + \gamma_4\beta_4 \tag{6}$$

式中:γ_1、γ_2、γ_3、γ_4——构件的重要性系数。

桥梁是由主梁、桥面板、桥墩和基础这些基本构件组成,桥梁自身的耐久性又是由这些基本构件的耐久性所共同作用的,各基本构件对桥梁耐久性的影响可用构件的重要性系数来表征,参照参考文献[6]可得:主梁、板、墩和基础的重要性系数 γ_1、γ_2、γ_3、γ_4 分别取0.2、0.1、0.3和0.4。

3 钢筋混凝土简支梁桥耐久性分析

一座位于北方地区的钢筋混凝土简支梁桥,使用环境年平均相对湿度为70%,年平均环境温度为20℃,桥宽8.82m,计算跨径为25.0m,桥面净宽7.0m,设计荷载为公路-Ⅱ级,主梁翼缘板刚性联结,采用普通硅酸盐水泥,混凝土强度等级为C30,水灰比(w/c)为0.54,钢筋等级为HRB335级,桥面铺有9cm厚沥青混凝土铺装层和10cm厚钢筋混凝土铺装层,主梁横断面和单片主梁横截面分别如图1、图2所示。

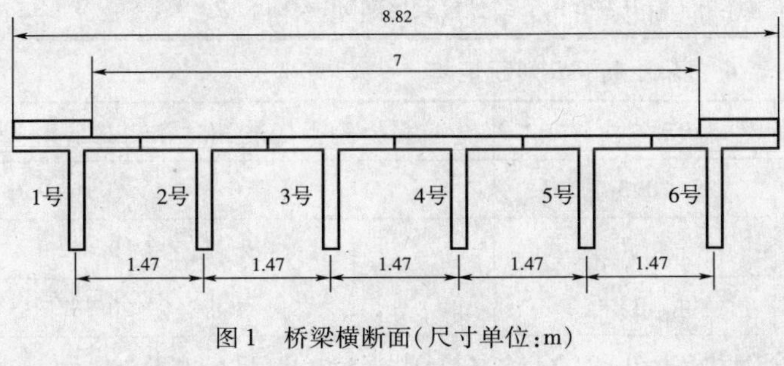

图1 桥梁横断面(尺寸单位:m)

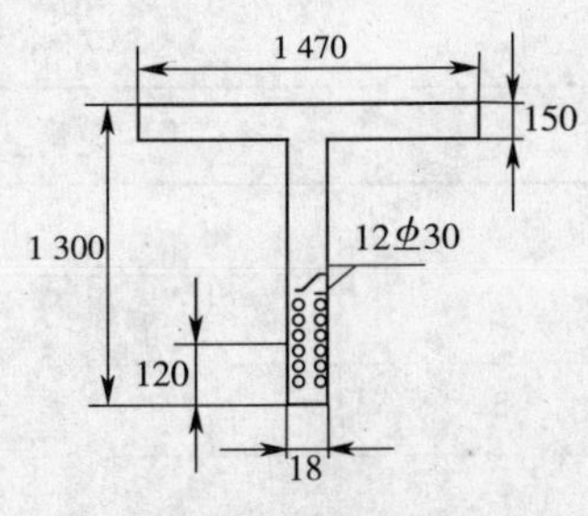

图2 单片主梁横截面(尺寸单位:mm)

3.1 耐久性指标中各影响因素权重的确定

本文采用层次分析法确定各影响因素权重。层次分析法(Analytic Hierarchy Process 简记 AHP)[5]是一种层次权重决策分析的方法。

通过对主梁耐久性指标各影响因素分析,并参考其他资料,给出目标 A(整桥耐久性)对指标 $T(t_1、t_2、t_3)$的判断矩阵,见表 1。

表 1 主梁 A_1—T 判断矩阵

A	t_1	t_2	t_3	权重 W
t_1	1	1/2	1	0.25
t_2	2	1	2	0.5
t_3	1	1/2	1	0.25
$\lambda_{max}=3$,一致性检验指标 CI = 0,一致性检验比率 CR = 0 < 0.1				

由计算可知,主梁耐久性指标中各影响因素的权向量 A_1 = {碳化深度等于混凝土保护层厚度所用的时间 t_1,钢筋开始锈蚀的时间 t_2,混凝土保护层锈胀开裂的时间 t_3 = {0.25,0.5,0.25}。

用同样的方法可以分别求出桥面板、桥墩和基础的 $t_1、t_2、t_3$ 的权重,见表 2、表 3、表 4。

表 2 桥面板 A_2—T 判断矩阵

A	t_1	t_2	t_3	权重 W
t_1	1	1/2	1/3	0.163 8
t_2	2	1	1/2	0.297 2
t_3	3	2	1	0.539 0
$\lambda_{max}=3.009$,一致性检验指标 CI = 0.004 6,一致性检验比率 CR = 0.008 9 < 0.1				

表 3 桥墩 A_3—T 判断矩阵

A	t_1	t_2	t_3	权重 W
t_1	1	1/2	1	0.261 1
t_2	2	1	1	0.411 1
t_3	1	1	1	0.327 8
$\lambda_{max}=3.0537$,一致性检验指标 CI = 0.026 9,一致性检验比率 CR = 0.051 7 < 0.1				

表 4 基础 A_4—T 判断矩阵

A	t_1	t_2	t_3	权重 W
t_1	1	1/3	1/2	0.169 9
t_2	3	1	1	0.442 9
t_3	2	1	1	0.387 3
$\lambda_{max}=3.0183$,一致性检验指标 CI = 0.009 2,一致性检验比率 CR = 0.017 6 < 0.1				

3.2 桥梁耐久性指标中 t_1、t_2、t_3 的确定

(1) t_1

令式(2)等于保护层厚度 c,从中求出 t 即为 t_1,由已知该桥梁采用普通硅酸盐水泥,r_1 取0.7;粉煤灰取代水泥量小于15%,r_2 取1.1;该桥位于北方地区,r_3 取1.2;水灰比 W/C 为0.54。

把已知条件代入可得:$t_1 = (\frac{c}{3.08})^2$

(2) t_2

把公式(4)和公式(2)中碳化速度系数 K 代入公式(3)得:

$$t_2 = [\frac{c - 0.53 \times (c-5) \times (\ln f_{cu,k} - 2.30)}{3.08}]^2$$

(3) t_3

由公式(5)得:

$$t_3 = \frac{0.008\frac{c}{d} + 0.000\,55 f_{cu} + 0.022}{90.28 \times c^{-1.36} f_{cu}^{-1.83}}$$

3.3 桥梁耐久性指标的确定

本例中已知:

(1)主梁钢筋直径 d=30mm,混凝土强度等级为:C30,保护层厚度 c=35mm;

(2)板主要钢筋直径 d=22mm,混凝土强度等级为:C30,保护层厚度 c=30mm;

(3)墩主要钢筋直径 d=25mm,混凝土强度等级为:C30,保护层厚度 c=30mm;

(4)基础主要钢筋直径 d=30mm,混凝土强度等级为:C30,保护层厚度 c=40mm。

根据本文建立的耐久性指标计算公式,列表计算桥梁耐久性指标 β,见表5。

表5 桥梁耐久性指标计算

项目 / 部件	混凝土强度等级	主筋直径 d(mm)	保护层厚度 c(mm)	t_1(年)	t_2(年)	t_3(年)	β_i
梁	C30	30	35	129.13	32.25	33.67	56.82
板	C30	22	30	94.87	25.03	28.20	38.18
墩	C30	25	30	94.87	25.03	27.45	44.06
基础	C30	30	40	168.66	40.38	41.50	62.61
β=53.45							

通过计算可得该桥梁的耐久性年限为53.45年。

4 钢筋混凝土简支梁桥合理耐用构造研究

通过改变耐久性指标中的影响因素,如保护层厚度、混凝土强度、钢筋直径等,再用承载能力和经济性加以约束,以确定该钢筋混凝土简支梁桥的合理耐用构造。

4.1 调整主梁混凝土保护层厚度对耐久性的影响

列表分析调整主梁保护层厚度对桥梁耐久性的影响,见表6。

表6　主梁保护层厚调整对桥梁耐久性影响的对比表

参数变化(mm)	主梁保护层 c(mm)	主梁耐久性指标 β_1(年)	整桥耐久性指标 β(年)	β 变化率(%)	一片主梁混凝土变化量(m^3)
-15	20	20.81	46.24	-13.5	-0.007
-10	25	30.86	48.25	-9.7	-0.005
-5	30	42.87	50.65	-5.2	-0.002
基准	35	56.82	53.45	0	0
+5	40	72.73	56.63	5.9	0.002
+10	45	90.59	60.20	12.6	0.005
+15	50	110.39	64.16	20.0	0.007
+20	55	132.15	68.51	28.2	0.009
+25	60	155.86	73.25	37.0	0.011
+30	65	181.52	78.39	46.7	0.014
+35	70	209.14	83.91	57.0	0.016

从表6分析可知,保护层厚度增加能较显著地增大桥梁结构的耐久性寿命;从投资方面考虑,如果C30的混凝土每立方米按300元计算,保护层厚度增加15mm时增加投资为 $0.007\times6\times300=12.6$ 元,6片主梁的总投资为 $[18\times(1\ 300-150)+1\ 470\times150]\times25\times10^{-6}\times6\times300=10\ 854$(元),如果控制增加投资在1%,那么保护层厚可增加134mm,考虑到结构的抗裂性,保护层厚度在规范规定的最小值的基础上增加10~40mm。

4.2　调整主梁钢筋直径对耐久性的影响

采用3.1的分析方式,调整主梁钢筋直径对耐久性的影响分析,如图3。

通过比较可知:当主梁钢筋直径减少时,结构耐久性相应增加;钢筋直径增加时,结构耐久性有所减小,但总体变化不大,说明调整钢筋直径对结构耐久性影响不显著。考虑到结构的抗裂性和经济性,钢筋直径可选用较小值,比规范规定值可小1~5mm。

4.3　调整混凝土强度等级对耐久性的影响

采用3.1的分析方式,调整混凝土强度等级对耐久性的影响分析,如图4。

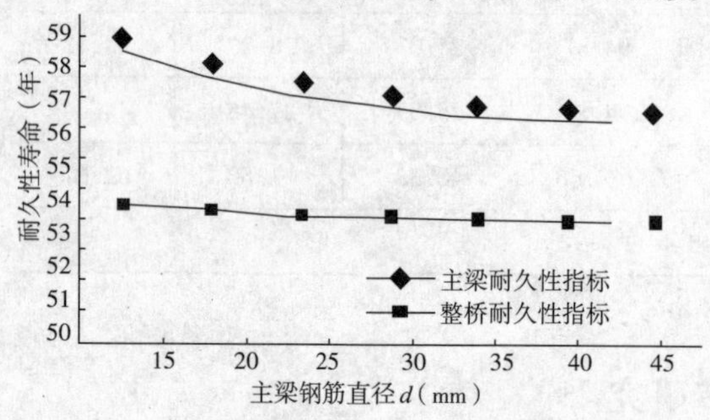

图3　调整主梁钢筋直径对桥梁耐久性影响对比图

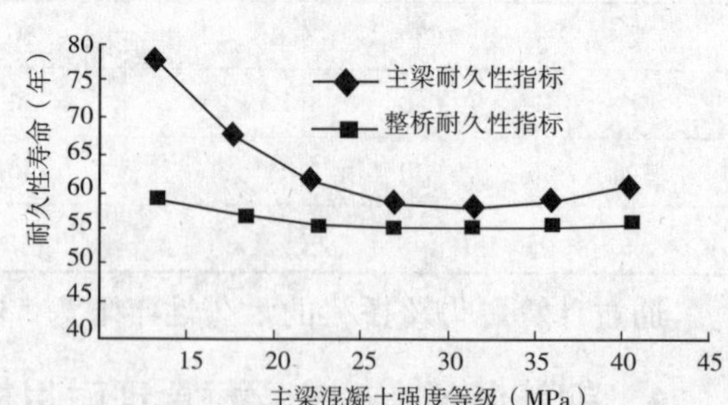

图4　调整主梁混凝土强度等级对桥梁耐久性影响对比图

通过比较可知:当主梁混凝土强度等级减少时,结构耐久性相应增加;混凝土强度等级增加时,结构耐久性也有所增加,但总体变化不大,且混凝土强度等级的减小对结构耐久性的影响较混凝土强度等级的增加对结构耐久性的影响较为显著。考虑到结构的抗裂性和经济性,混凝土强度等级可选用较小值,比采用值可小 1 ~ 5MPa。

采用同样的分析方法研究桥面板、桥墩和基础对结构耐久性的影响。结论如下:桥面板、桥墩和基础的保护层厚度在满足规范要求的前提下,应选用较大值;主钢筋直径在满足规范要求的前提下,应选用较小值;混凝土强度等级在满足抗冻要求的前提下桥面板和桥墩可选用稍大值,基础可适当选用。

5 结语

通过对实例进行分析,对于钢筋混凝土简支梁桥的合理耐用构造可得到如下结论:

(1) 钢筋混凝土简支梁桥主梁、桥面板、桥墩和基础的保护层厚度在满足规范要求的前提下,选用较大值。

(2) 主梁、桥面板、桥墩和基础的主钢筋直径在满足规范要求的前提下,选用较小值。

(3) 主梁混凝土强度等级在满足抗冻要求的前提下选用稍小值,桥面板和桥墩混凝土强度等级在满足抗冻要求的前提下选用稍大值,基础混凝土强度等级在满足抗冻要求的前提下适当选用。

参 考 文 献

[1] 王娴明,等. 混凝土结构耐久性检测指南[R]. 建设部科技研究课题 85 - 1908. 混凝土结构耐久性及耐久性设计鉴定文件之三,1996.

[2] 朱安民. 混凝土碳化与钢筋混凝土耐久性[J]. 混凝土,1992(6):18-22.

[3] 牛荻涛. 混凝土结构耐久性与寿命预测[M]. 北京:科学出版社, 2003.

[4] 徐善华,牛荻涛,王庆霖. 钢筋混凝土结构的碳化耐久性分析[J]. 建筑技术开发,2002.

[5] 许树柏. 层次分析法原理[M]. 天津:天津大学出版社. 1988.

[6] 张誉,等. 混凝土结构耐久性概论[M]. 上海:上海科学技术出版社,2003.

155　化学腐蚀环境下节段预制拼装混凝土梁桥的耐久性探讨

仝　腾[1]　濮　卫[2]　刘　钊[1]

(1. 东南大学土木工程学院;2. 南京长江第四大桥建设指挥部)

摘　要　针对南京长江四桥引桥所处的化学腐蚀环境,结合定量分析,探讨了碳化、氯盐侵蚀作用下,不同保护层厚度混凝土梁体的劣化发展速度及其影响因素,最后对南京长江四桥引桥的寿命做出预测,并提出相关设计及施工建议。

关键词　碳化　氯盐侵蚀　保护层　环氧树脂接缝

正在建设的南京长江第四大桥引桥主要为节段预制拼装混凝土梁桥,南引桥处于栖霞化工园区,而北引桥处于南京化工园区,受化学侵蚀环境影响的耐久性问题比较突出。

节段预制拼装混凝土梁桥的耐久性问题涉及面很广,包括对预应力体系的合理选择、后张预应力灌浆质量、混凝土材料配合比、预应力材料的防护构造、桥梁防水,等等。本文从碳化、氯离子侵蚀等方面,定量探讨混凝土梁体劣化发展速度及其影响因素,并从抵抗化学腐蚀环境影响角度,提出了提升南京四桥引桥耐久性的一些设计及施工建议。

1　碳化作用下混凝土梁体劣化时间预测

混凝土碳化导致钢筋表面钝化膜的破坏,从而导致钢筋顺筋锈胀,引起护层开裂。影响碳化深度的因素包括构件几何尺寸、应力水平、环境温度湿度等。因碳化作用引起梁体劣化的过程可分为"钢筋脱钝"和"钢筋锈胀到保护层开裂"两个阶段。

1.1　碳化作用下钢筋脱钝时间

四桥引桥桥位处年平均温度15℃,相对湿度80%,梁体为C55混凝土,现行保护层设计厚度为3.7cm。碳化导致钢筋脱钝时间可根据现行混凝土结构耐久性评定标准进行计算[1],碳化深度可以表示为:

$$X_c = k\sqrt{t} = K_{mc}k_jk_{CO_2}k_pk_sK_eK_f\sqrt{t} \tag{1}$$

式中:K_{mc}——计算模型不定性随机变量,主要反映碳化模型计算结果与实际测试结果之间的差异;

k_j——角部修正系数,在角部取 $k_j = 1.4$,非角部取 $k_j = 1.0$;

k_{CO_2}——CO_2 浓度影响系数(%),$k_{CO_2} = \sqrt{C_{CO_2}/0.03}$;

基金项目:江苏省交通科学研究计划项目(09y11)。

k_p ——浇筑面修正系数,可取 1.0～1.1 之间;

k_s ——工作应力影响系数,混凝土受压时 $k_s = 1.0$,混凝土受拉时 $k_s = 1.1$;

K_e ——环境因子随机变量,与环境温度 T 和相对湿度 RH 有关,计算公式为 $k_e = 3 \times \sqrt[4]{T}(1 - RH)RH^{1.5}$;

K_f ——混凝土质量影响系数,计算公式为 $K_f = 58/f_{cu,k} - 0.76$;

t ——计算时间。

在混凝土碳化深度达到钢筋表面之前,尚未完全碳化的深度称作碳化残量,可采用公式(2)计算碳化残量[1]:

$$X_0 = (1.2 - 0.35k^{0.5})D_c - \frac{6}{m + 1.6}(1.5 + 0.84k) \tag{2}$$

式中:当 $c \leqslant 28\text{mm}$ 时,$D_c = X(t)$,当 $c > 28\text{mm}$ 时,$D_c = c + 0.066(c - 28)^{0.47k}$($k \geqslant 1$,且当 $k \geqslant 3.3$ 时,取 $k = 3.3$);

m——局部使用环境影响修正系数。

设定碳化深度及碳化残量深度之和为混凝土保护层厚度 c 时,则根据式(1),可计算出钢筋脱钝时间:

$$t_i = (\frac{X_c}{k})^2 = (\frac{c - X_0}{k})^2 \tag{3}$$

1.2 碳化作用下钢筋锈胀到保护层开裂时间

在钢筋脱钝完成以后,混凝土保护层面临钢筋锈胀引起开裂的危险,从钢筋开始锈蚀到引起保护层开裂的时间可以按照式(4)估算[1]:

$$t_{cr} = \delta_{cr}/\lambda_0 \tag{4}$$

式中:$\delta_{cr} = 0.012c/d + 0.000\,84f_{cu,k} + 0.018$;

$\lambda_0 = 7.35K_{cl} \cdot m \cdot (0.75 + 0.012\,5T)(RH - 0.45)^{2/3}c^{-0.675}f_{cu,k}^{-1.8}$;

δ_{cr} ——保护层开裂时临界钢筋的锈蚀深度;

λ_0 ——保护层开裂前钢筋锈蚀速度。

以混凝土保护层厚度 c 为参变量,根据式(3)、(4)可得到钢筋脱钝时间 t_i 和钢筋开始锈蚀到引起保护层开裂时间 t_{cr},通过将两者相加,可得到在不同保护层厚度时的梁体劣化时间。在仅仅考虑碳化作用时,由图 1 可知现行 3.7cm 的保护层厚度足以满足抗碳化的要求。

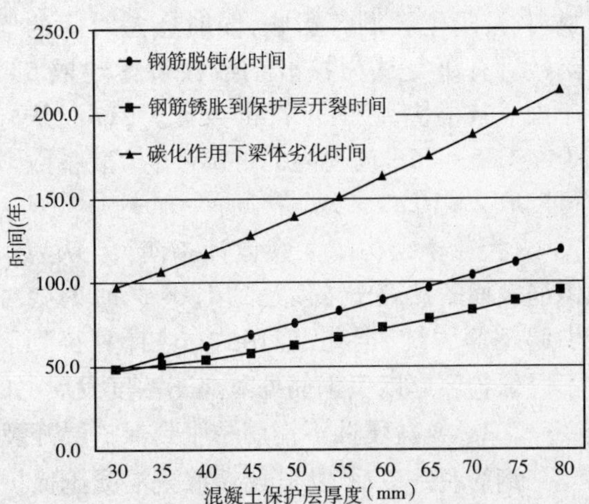

图 1 碳化作用下不同保护层厚度的梁体劣化发展图

2 氯盐侵蚀下混凝土梁体劣化时间预测

南京四桥混凝土梁体可能受氯盐侵蚀的情形有两种:一是冬季除冰盐的使用,会加大混凝土中氯离子的含量。二是化工园区空气中的氯离子浓度高,桥位附近 4 个监测点的环境空气历史监测数据[2]表明空气中的 HCl 含量峰值达到 0.177 mg/m^3,远大于正常空气中氯离子含量。

氯盐对混凝土桥梁的巨大破坏作用表现在:

(1) 破坏钢筋钝化膜;

(2)形成"腐蚀电池";

(3)氯离子会产生阳极去极化作用,并且在这一过程中氯离子只是起到"搬运作用",没有被消耗,这正是氯离子最大的危害所在;

(4)强化导电作用,由于氯离子的存在,强化了离子通路,加速电化学腐蚀。

氯盐导致钢筋锈蚀的时间可按公式(5)预测:

$$T_D = t_{int} + t_{cor} \tag{5}$$

式中:t_{int} ——钢筋脱钝时间;

t_{cor} ——钢筋开始锈蚀到保护层出现裂缝时间。

2.1 氯盐侵蚀下钢筋脱钝时间

钢筋脱钝时间取决于氯离子的扩散速度,经过时间 t 达到混凝土深度 x 处的氯离子浓度,可采用经典的 Fick 第二定理描述:

$$C(x,t) = C_s\left[1 - erf\left(\frac{x}{2\sqrt{Dt}}\right)\right] \tag{6}$$

式中:C_s ——混凝土表面的氯离子浓度;

D ——氯离子扩散系数(cm^2/s)。

C_s 和 D 需要经实桥测量方可得到,这里参阅国外研究资料,对这两个参数考虑如下:

除冰盐对箱梁顶板的侵蚀性在很大程度上受到桥面铺装的隔离保护,但由于氯离子沿伸缩缝的渗漏作用,腹板上的氯离子聚集效应也不容忽视。Middleton 和 Hogg[3] 建议箱梁的腹板和桥面板的氯离子浓度取值相同。根据 Hoffman 和 Weyers[4] 对 321 座混凝土桥梁的统计数据,建议 C_s 取为 3.5kg/m^3。

扩散系数是个很复杂的变量,受温度、材料、混凝土孔洞等影响,同时还是时间的函数。有研究认为扩散系数在桥梁建成 5 年内衰减很快,之后保持常数[5]。Kim[6] 认为在 C35 ~ C55 范围内的混凝土,扩散系数可以取 $2\times10^{-8}cm^2/s$。

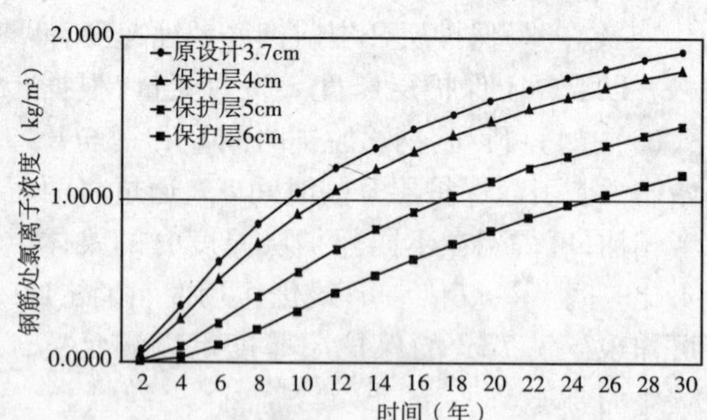

图 2 不同保护层厚度下钢筋处氯离子浓度发展图

《混凝土结构耐久性设计指南》[7] 认为钢筋表面的氯离子浓度达到 1.0kg/m^3 时会引起钢筋脱钝,据此,应用式(6)计算得到不同保护层厚度下钢筋处氯离子浓度发展,如图 2 所示。

2.2 氯盐侵蚀下钢筋锈胀到保护层开裂时间

钢筋脱钝以后,从开始锈胀到混凝土保护层开裂这一时间为[8]:

$$t_{cor} = \frac{W_{crit}^2}{2k_p} \tag{7}$$

其中：$W_{crit} = \rho_{rust}\{\pi[\frac{cf_t}{E_{ef}}(\frac{b^2+a^2}{b^2-a^2}+\nu_c)+d_0]d+\frac{W_{st}}{\rho_{st}}\}$ 。

式中：ρ_{rust} ——铁锈的密度；

c ——混凝土保护层厚度(cm)；

f_t ——混凝土抗拉强度；

E_{ef} ——混凝土有效弹性模量 $E_{ef} = E_c/(1+\varphi_{cr})$ ；

φ_{cr} ——混凝土徐变系数；

$a = (d+2d_0)/2$ ；$b = c+(d+2d_0)/2$ ；

ν_c ——混凝土泊松比；

d_0 ——钢筋与混凝土界面上空隙的厚度；

d ——钢筋直径；

W_{st} ——已锈蚀的钢筋质量，$W_{st} = aW_{crit}$ ，铁锈为 $Fe(OH)_3$ 时，a 取 0.532；

ρ_{st} ——钢筋密度；

k_p ——铁锈生成速度，$k_p = 0.098(1/a)\pi di_{cor}$ ；

i_{cor} ——平均锈蚀电流，根据文献[6]，$i_{cor} = 37.8(1-w/c)^{-1.64}/c$，($\mu A/cm^2$)。

当施工水灰比为0.45时，由式(7)计算得到不同保护层厚度时，从钢筋锈胀到保护层开裂的时间见表1。

表1　从钢筋锈胀到保护层开裂的时间

保护层厚度(mm)	30	35	40	45	50	55	60	65	70	75	80
t_{cor} (年)	0.98	1.44	2.03	2.76	3.66	4.74	6.02	7.51	9.24	11.2	13.5

在氯盐侵蚀情况下，由图2以及表1可知，在3.7cm保护层厚度下，钢筋去钝时间为13年，钢筋锈胀到保护层开裂时间为2年。预测成桥15年后梁体可能出现氯盐侵蚀造成的梁体局部开裂。

3　增强混凝土桥梁耐久性的措施

由上述分析可知，氯离子侵蚀对结构耐久性构成严重威胁，以下从控制混凝土表面氯离子含量、水灰比和环氧接缝的不利影响等三个方面，对抵抗氯盐侵蚀、提升混凝土耐久性进行探讨。

3.1　控制混凝土表面氯离子含量

混凝土保护层厚度和混凝土表面的氯离子浓度对延缓钢筋表面处氯离子浓度的增长有较大影响，根据式(6)，当保护层厚度达到6cm时，可以得到在不同混凝土表面氯离子浓度下的钢筋表面氯离子浓度随时间发展曲线。由图3可知，若成桥之后能够控制混凝土表面的氯离子浓度在 $1.6\sim1.8kg/m^3$ 的浓度范围内，则可推导出氯离子引起的钢筋脱钝时间在80~85年之间。

3.2　控制施工水灰比

在氯盐侵蚀下，平均锈蚀电流 i_{cor} 是影响从钢筋锈胀到保护层开裂时间的重要参数，而平均锈蚀电流与水灰比有关，这里根据式(7)考察钢筋锈胀到保护层开裂时间与水灰比、保护层厚度两者之间关系(图4)。可见如果混凝土保护层达到6cm,控制水灰比在0.3~0.4之间时,预测钢筋锈胀到保护层开裂时间在8~10年之间。

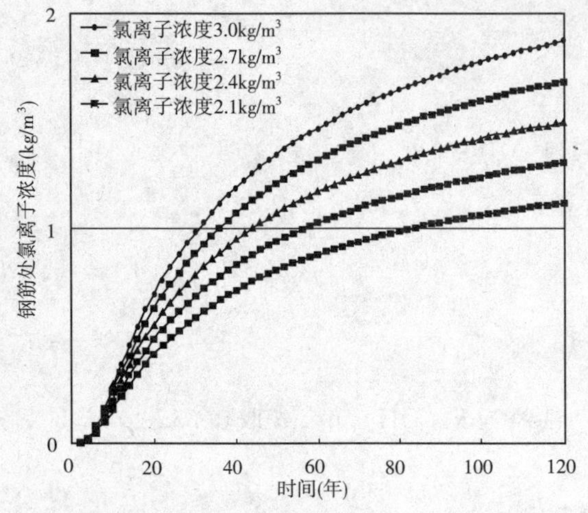

图3 控制氯离子浓度以后钢筋处氯离子浓度发展图

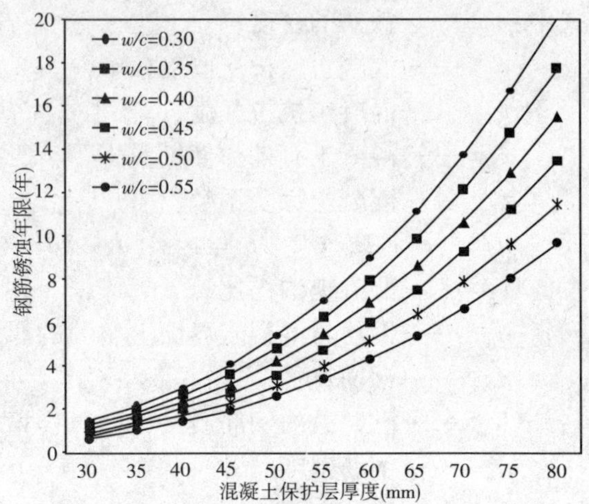

图4 不同水灰比、保护层厚度下的 t_{cor}

3.3 控制环氧接缝的不利影响

南京四桥节段预制拼装梁体均采用环氧树脂胶接缝。如果环氧树脂接缝涂抹不均匀或在使用过程中出现受拉开裂,均可能会使得节段梁在接缝面处形成新的侵蚀界面,导致接缝处的双向侵蚀(图5)。此时接缝处的腐蚀速率为普通梁端的$\sqrt{2}$倍。

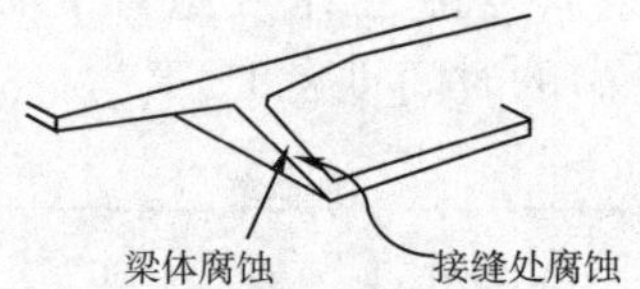

图5 接缝双向腐蚀模式

4 结语

(1)在仅仅考虑碳化作用下,现行设计的保护层厚度可以满足设计年限内抗碳化作用的要求。

(2)氯离子侵蚀对结构耐久性的影响远大于碳化作用,若混凝土梁表面局部氯离子浓度达到3.5kg/m^3,则在现行3.7cm厚度保护层下,经预测在桥梁建成15年后,可能在局部产生钢筋脱钝后的保护层锈胀开裂现象。

(3)可以从设计、施工和管养等方面来增强节段预制拼装混凝土桥梁的耐久性。在设计上可以考虑适当增大保护层厚度,增加梁体压应力储备保证梁体受力不开裂。施工上要确保施工精度,减小保护层施工误差,控制水灰比,确保混凝土密实性以及接缝处环氧树脂涂抹要均匀等。在运营期管养方面,要尽量减少冰雪天除冰盐的使用次数,必要时对梁体表面进行涂刷保护。

(4)如果能够增大保护层厚度为50~60mm、控制水灰比0.3~0.4以及控制混凝土表面氯离子浓度在1.6~1.8kg/m^{3}之间。则氯盐侵蚀导致的脱钝时间需要80年左右,钢筋锈胀到保护层开裂时间需要10年左右,在90年时间范围内能够抵抗氯盐侵蚀,基本满足抗氯盐侵蚀的要求。

参 考 文 献

[1] 牛荻涛. 混凝土结构耐久性评定标准[M]. 北京:科学出版社,2003.

[2] 南京长江第四大桥空气质量监测报告[R]. 南京长江第四大桥建设协调指挥部,2008.

[3] Middleton CR, Hogg V. Review of deterioration models used to predict corrosion in reinforced concrete structures[J]. Cambridge University, 1998.

[4] Hoffman PC, Weyers RE. Predicting critical chloride levels in concrete bridge decks[J]. Structural Safety and Reliability, 1994.

[5] Bamforth PB, Price WF. An international review of chloride ingress into structural concrete [R]. Taywood Engineering Ltd Technology Division, 1997.

[6] Anh K., Mark T. Vu., Stewart G. Structural reliability of concrete bridges including improved chloride - induced corrosion models[J]. Structural Safety, 2000.

[7] 陈肇元. 混凝土结构耐久性设计与施工指南[S]. 北京:中国建筑工业出版社,2004.

[8] Weyers RE. Service life model for concrete structures in chloride laden environment[J]. ACI Journal, 1988.

156 预应力钢筋锈蚀程度评定与力学性能衰减研究

刘志梅 侯 旭 许宏元 牛 宏

(中交第一公路勘察设计研究院瑞通公司)

摘 要 本文依托国家西部交通建设科技项目“大跨径混凝土桥梁预应力检测技术研究”,在对国内外混凝土桥梁预应力筋锈蚀情况调研的基础上,选取大量工程实践中已锈蚀、轻微锈蚀及未锈蚀钢绞线进行表观及力学性能研究,力求得出预应力钢绞线锈蚀程度的分级、评定方法以及其力学性能衰减效应。该技术研究成果在一定程度上完善了预应力钢绞线锈蚀程度评定研究,为预应力混凝土桥梁因预应力体系损伤或失效后的承载能力综合评价研究打下良好的基础。

关键词 预应力钢筋 锈蚀损伤 分类标准 力学性能衰减

1 引言

近年来很多的预应力混凝土桥梁,尤其是处在海洋环境、化学工业腐蚀性介质等其他特殊环境下的桥梁,由于设计、施工或使用维护不当,十几年甚或几年内就会出现因预应力钢筋锈蚀而引起混凝土结构开裂破坏等缺陷,轻者影响结构耐久性和美观,严重的将影响桥梁的正常使用或危及桥梁的结构安全。随着使用时间的增加,恶劣环境以及混凝土中各种有害化学物质的反复作用,桥梁结构中各个组成部分的使用功能都将持续退化。大多数情况下,这种退化在实际损伤发生之前并不能够得到及时的发现,待到发现损伤的时候多数结构已经处于晚期,因此造成维修、加固成本相当高。其中最隐蔽最难发现,同时也是对结构影响最大的退化损失原因是结构钢筋的锈蚀损伤。因此,迫切需要针对预应力钢筋锈蚀对结构的影响进行深入细致的研究。

2 研究思路及方法

由于直接进行桥梁内预应力钢筋锈蚀研究非常不现实,而完全进行梁体外钢筋锈蚀研究又无法确定是否能够代表梁内钢绞线的实际锈蚀状况。因此本文在对国内外混凝土桥梁预应力筋锈蚀情况调研的基础上,结合实际桥梁检测,选取大量工程实践中的已经锈蚀、轻微锈蚀及未锈蚀钢绞线样本进行表观及力学性能研究:

(1)主要通过锈蚀钢绞线的锈蚀质量测量试验及钢绞线静力拉伸试验进行数据对比分析。

(2)将自然锈蚀样本与废弃梁内锈蚀样本进行对比分析,研究梁内钢绞线锈蚀特点,以及自然锈蚀样本与梁内锈蚀样本的关系。

(3)将锈蚀钢绞线锈蚀分类标准应用于在役实际危旧桥中,确定该分类标准的适用性及关联性。

(4)根据分类标准结合样本的力学性能变化特点,建立锈蚀状况与力学性能衰减的模型,确定各类锈蚀钢绞线程度分类标准,以评定梁内钢绞线锈蚀程度,进而评价其对结构受力的影响。

3 样本收集准备

本文依托国家西部交通建设科技项目"大跨径混凝土桥梁预应力检测技术研究",根据《关于子课题四"预应力钢束锈蚀状况检测技术研究"工作大纲中部分内容的修改》"建议不采用电化学方法对钢筋进行锈蚀,在模型试验中使用在自然环境下锈蚀的预应力钢筋"的研究思路,本次试验取样涵盖新钢绞线、废弃梁打出的钢绞线、料场陈旧钢绞线、垃圾场回收钢绞线、施工现场因锈蚀废弃钢绞线等各类锈蚀钢绞线,并采取以下方式对其中部分钢绞线进行加剧锈蚀,以模拟各种锈蚀环境。

(1)室内锈蚀:干燥活动板房内,通风良好的水泥地面上自然堆放。

(2)自然锈蚀:工棚外,露天堆放,自然日晒雨淋。

(3)人工加速锈蚀:工棚外,露天堆放,隔日人工淋水。

(4)湿热环境下的人工加速锈蚀:埋置于土壤里,隔日人工淋水或电解液。埋置时间:2008 年 3 月 ~2008 年 7 月,约 120d。

经过长时间准备,本次锈蚀试验共获得原始样本 77 束,包括了各类环境下锈蚀钢绞线及全新钢绞线,经检查均无物理破坏。

4 试验样本分析

由于试验样本均需锈蚀质量检测以及静力拉伸试验,因此对每个样本至少裁取一个静力拉伸试验试件及一个锈蚀质量检测试件,条件允许即钢绞线较长时,可选取两个以上锈蚀质量检测试件。这样可使两项试验之间建立对应关系,且多个质量检测试件的测量平均值会使得试验的准确率以及代表性更高。

4.1 样本锈蚀程度分析及初步分类

本次试验通过使用不含腐蚀成分的除锈剂以及电子天平,对试验样本进行了观测称重→人工物理除锈(非机械打磨)→再称重观测的初步试验过程。根据锈蚀样本的锈蚀数据,分析"钢绞线的单位长度锈蚀率"(以下简称"锈蚀率")以便对钢绞线进行初步分类。

试验发现,本次样本包含各种锈蚀程度的钢绞线,锈蚀率最小为 0.45%,最大约 8%。通过测量钢绞线的锈蚀率可以轻松地分辨出锈蚀非常轻及非常严重的钢绞线,其结论基本与外观观测结论一致。但当钢绞线锈蚀程度在上述两者之间时,由于锈蚀环境、介质、时间、附着物的不同,导致该数据很难对锈蚀程度进行清晰的量化分类。因此本文从钢绞线特性入手研究其他更为可行的量化参数。由于钢绞线是由多根钢丝捻制而成,钢绞线的最大破断力取决于首批断裂的钢丝。由此本文对试验样本进行了再一次的微观观测,目的在于找出每根钢绞线中锈蚀最严重的一根钢丝及其最大锈蚀损伤截面,即通过游标卡尺对各钢丝最大锈坑测量来计算钢绞线的“单根钢丝截面最大损失率$\mu_{截面}$”(以下简称“损失率”)。

$$\mu_{截面} = \frac{测量锈坑损失面积}{钢丝理论截面面积} \times 100\%$$

部分观测测量数据见表1。

表1　锈蚀率样本微观观测数据

原始编号	状况描述	损失率(%)
2	坑状锈蚀分布较为均匀,锈坑最深达0.3mm	4.1
3	表面可见锈迹均匀,中段有微小锈坑,锈坑最深达0.2mm	2.4
6	表面可见明显蜂窝状锈坑,锈坑最深达0.15mm	3.2
8	锈蚀坑呈条状分布,锈坑最深达0.45mm	2.1
13	表面可见局部锈斑不均匀分布,未见明显锈坑	0.8
21	表面锈蚀呈点状,均匀连续分布,未见明显锈坑	2.1
25	整股钢绞线3/4面锈蚀呈坑点状均匀分布,偶有锈坑最深达0.05mm	2.1
42	锈蚀分布较为均匀且锈坑较浅坡度较缓,锈坑最深达0.4mm	6.7
45	钢绞线锈坑连续满布,最大锈坑分布在中间钢丝处,5mm×2.9mm×1.0mm	15.0
46	锈蚀呈坑状均匀分布,锈坑均在1mm^{2}以上,最大锈坑5mm×5mm×0.6mm,最深坑为2mm×2mm×0.9mm	13.5

显然,彻底除锈后钢绞线截面锈蚀形态差别较大,典型形态见图1~图4,就锈蚀面积而言呈现条状、片状及满布状态;就锈蚀深度而言呈现点状、坑状及蜂窝状,这些不同锈蚀形态不仅决定了钢绞线的单位长度锈蚀率,同样决定了钢绞线最大截面损失率。

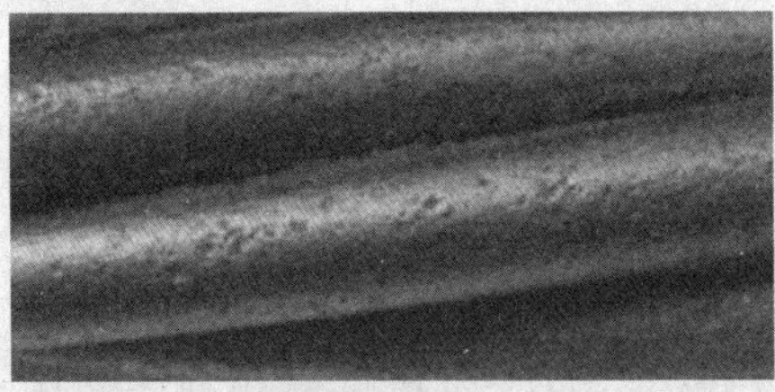

图1　典型点状锈蚀

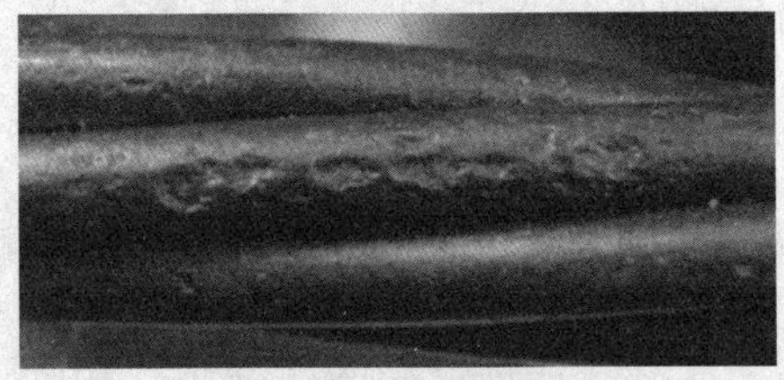

图2　典型坑型条状非均匀分布锈蚀

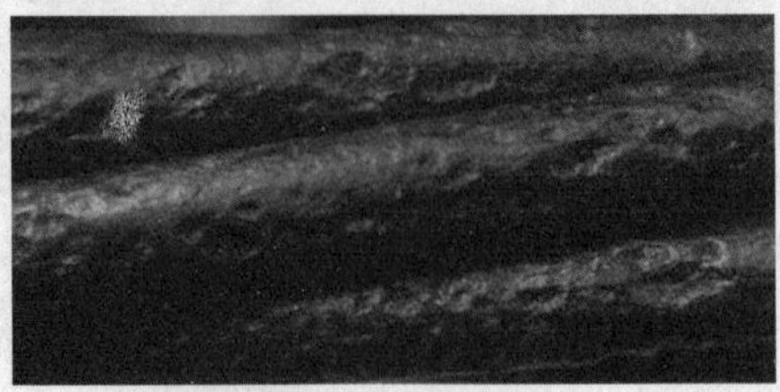

图3　典型坑状均布连续锈蚀

图4　典型蜂窝状锈蚀

当一根钢绞线锈蚀率很小时,其表面必然不可见明显锈坑;同样当该值大于一定数值后即其锈蚀严重且均匀时,其锈坑决定的损失率也较大,此时,这两个参数是相互决定相互统一的。但当钢绞线锈蚀非均匀分布时,单根钢绞线损失率与锈蚀率并不一定相互对应。而只有损失率的测量受影响因素更小，才能够更加清晰地反映出钢绞线的实际状态。本文即据此对样本进行了初步分类(详见表2)，并将通过后续拉伸试验来验证该分类方式的合理性以及损失率、锈蚀率与钢绞线的力学性能关系的密切程度。

表2 钢绞线分类标准对应表

类别	编号	状况描述	损失率(%)	锈蚀率(%)
一类	R1-1~R1-7	人工打磨后呈现钢绞线金属光泽，平整	—	—
二类	R2-1~R2-29	除锈后，表面可见均匀或不均匀分布的点状锈斑，大部分未见明显锈坑，局部可见0.05mm深度以内锈坑，个别最深达0.1mm	0.7~2.1	0.19~0.89
三类	R3-1~R3-29	除锈后，表面锈斑呈现片状分布，多处可见深浅不一的锈坑，并随锈斑呈条状分布，锈坑深度基本分布在0.15~0.3mm之间，最大达0.45mm	3.0~5.9	0.23~2.46
四类	R4-1~R4-29	除锈后，可见钢丝表面锈蚀均匀连续，坑蚀明显较多较深，且大部分都在0.5mm深度以上，最大坑深为1.0mm左右	6.7~15.0	2.96~7.92

4.2 自然锈蚀与废弃梁内锈蚀钢绞线对比分析

为研究人工加速锈蚀的钢绞线与实际梁中锈蚀状态的关系，样本分析中首先对比分析试验样本中的从废弃梁中获得的10束钢绞线以及自然加人工加速锈蚀的60束钢绞线。典型锈蚀状况见图5。

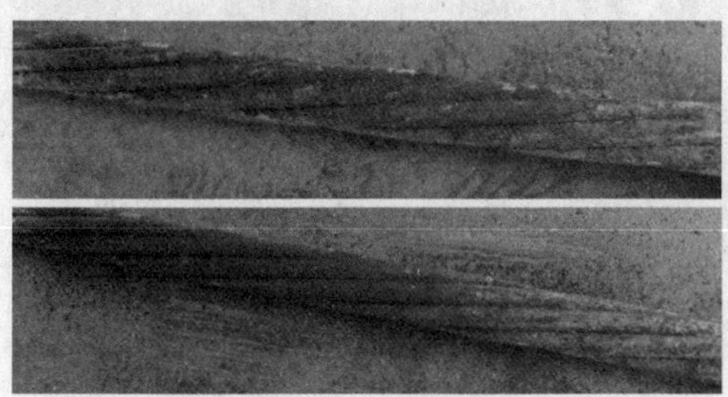
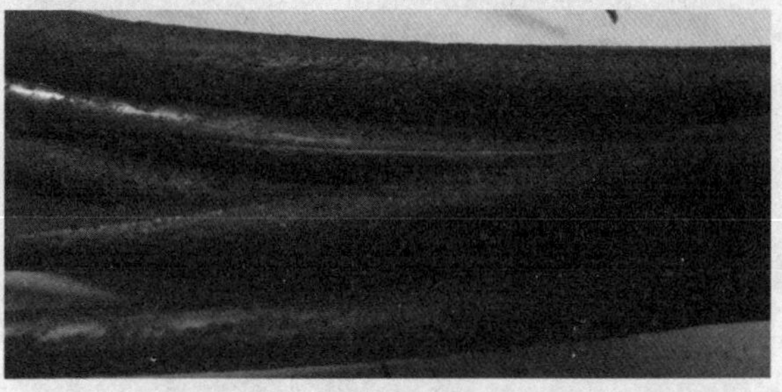

图5 典型梁内锈蚀钢绞线状态

图6 典型自然锈蚀钢绞线状态

对比分析发现：

(1)均匀性：本次样本内的两种锈蚀类型钢绞线均相对均匀；

(2)锈蚀程度：尽管梁内钢绞线使用时间更长，但由于混凝土碱性环境的保护，锈蚀程度较人工加速锈蚀钢绞线要轻；

(3)代表性:由于两种锈蚀环境下,锈蚀表现都是均匀分布,因此人工加速锈蚀钢绞线样本,可以较安全地作为锈蚀更加严重的混凝土梁内钢绞线,进行锈蚀后使用特性研究。

综上所述,可以认为本次试验样本是实用有效的。

4.3 锈蚀样本与在役危旧桥锈蚀钢绞线对比分析

与废弃梁内钢绞线对比后发现,本次人工加速锈蚀的样本锈蚀程度较严重,但是到底有多严重,现实中是否存在更加严重的锈蚀状态,还有待于进一步考证,因此本文选择了两个将面临承载能力加固和拆除重建的典型预应力混凝土桥梁进行对比分析。

从表3可见,本次样本中4类钢绞线的锈蚀程度已超过A、B两座已经确定要拆除或进行承载力加固桥梁的锈蚀钢绞线。即本试验样本已涵盖实际运营中的第4、5类桥梁[根据《公路桥涵养护技术规范》(JTG H11—2004)评定]的钢绞线锈蚀程度。因此本次试验不仅是实用有效的,而且是全面可靠的。

表3 桥梁实例与本次试验样本比对表

项目	A桥[1]	B桥
概况	32m+50m+32m预应力混凝土连续箱梁桥;单箱单室,等高度、C50混凝土	3~16m的装配式预应力混凝土空心板
检查状况	对左右幅箱梁的拆除工作共分62个节段进行,对其中34个(54.8%)箱梁段面进行调查。纵向预应力孔道压浆质量状况指标面积孔隙率AV或周边空隙率PV在0.2~0.3之间比例最大,达到45%	2006年06月12日对该桥全部梁板进行了详细调查;全桥呈现多处混凝土开裂剥落,甚至空洞露筋,致使该桥的普通钢筋及预应力钢绞线均锈蚀严重
钢绞线锈蚀现状	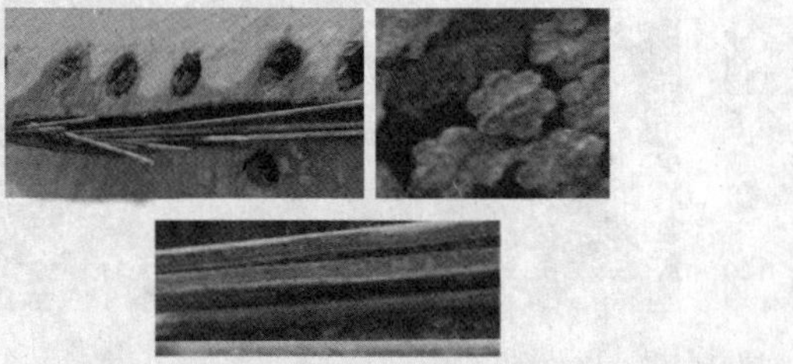	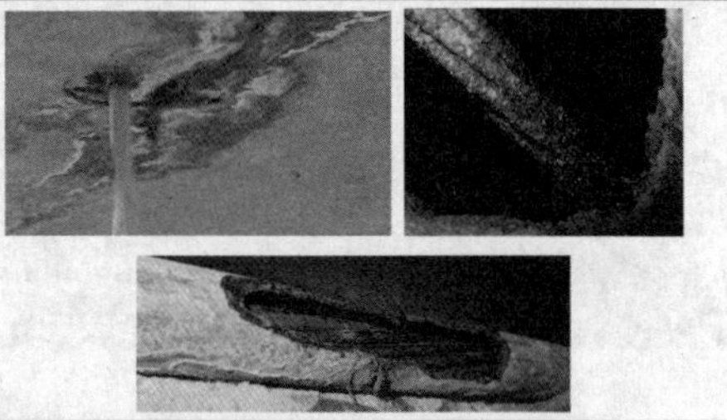
本次试验中第4类锈蚀样本	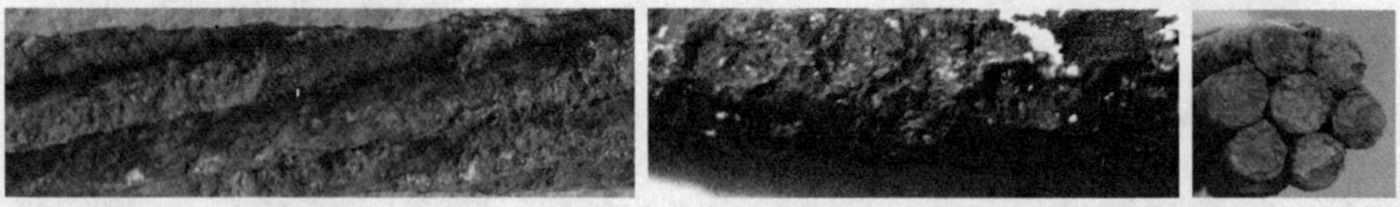	
桥梁处置方式	拆除重建	多种方法共同实施加固以提高桥梁承载力和安全储备

5 锈蚀影响分析

评价预应力钢绞线性能的主要力学性能指标为钢绞线的抗拉强度R_m、最大力F_m、规定非比例延伸力$F_{P0.2}$、规定非比例延伸强度$R_{P0.2}$、名义弹性模量E以及最大力总伸长率A_{gt}等。本次试验根据不同锈蚀程度的钢绞线样本,通过专业仪器进行的预应力钢绞线拉伸试验,研究分析钢绞线不同锈蚀程度下对应以上各种力学性能的衰减程度,量化影响分析。

5.1 力学性能参数分析

由于本次钢绞线试验样本存在 15.2 及 12.7 两种规格，其相应力学性能指标无法直接进行对比，因此本文将最大力 F_m（非比例延伸力 $F_{P0.2}$）以最大力相对值 ΔF_m（非比例延伸力相对值 $\Delta F_{P0.2}$）代替。即：

$\Delta F_m = \dfrac{F_m - \text{规范值}}{\text{规范值}}$；$\Delta F_{P0.2} = \dfrac{F_{P0.2} - \text{规范值}}{\text{规范值}}$ [《预应力混凝土用钢绞线》(GB/T 5224—2003) 限值详见表 4]。

表 4　钢绞线相关力学参数规范限值

钢绞线规格	非比例延伸力规范值(kN)	最大力规范值(kN)
15.2	≥260	≥234
12.7	≥184	≥166

5.2 力学性能试验数据

本次拉伸试验样本采用 WEW－1000B 型微机液压万能试验机，对包括四类样本在内的共计 77 根钢绞线全部进行了静力拉伸试验。

(1)断裂过程分析

本次样本包括无初应力自然锈蚀钢绞线以及废弃梁内锈蚀等等钢绞线，各类钢绞线断裂过程不一，大致可分为以下几种，各种拉断方式对应的试验曲线见图 7。

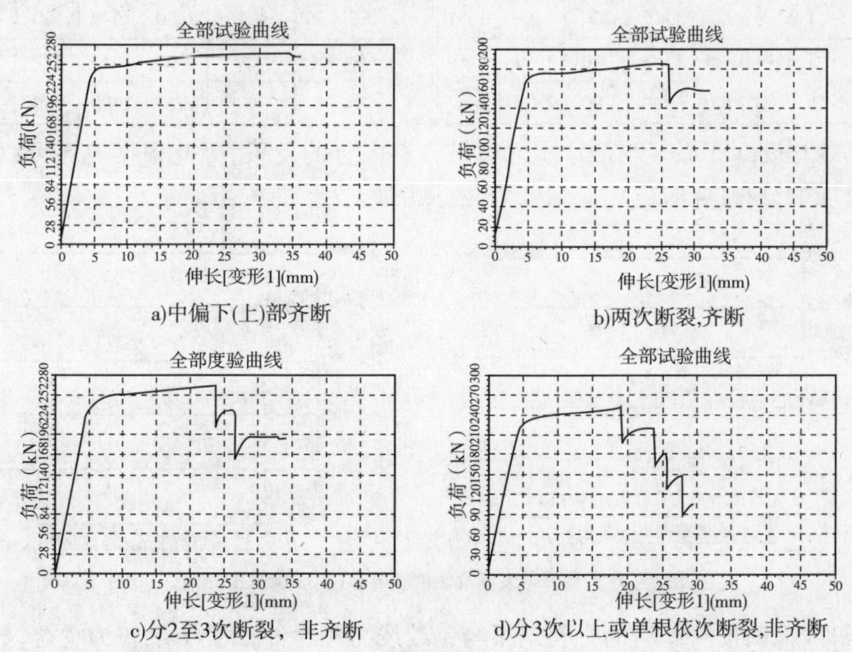

图 7　预应力钢筋静力拉伸试验曲线

其中，未锈蚀钢绞线拉断方式均为齐断，主要形式为图 7a) 中所描述；已锈蚀钢绞线中，锈蚀等级二、三类钢绞线断裂过程为图 7b) 中所描述，而当锈蚀等级达到四类以上后，钢绞线基本均分为 3 次以上断裂，甚至是单根依次断裂，且不再出现齐断形式。

即当每根外围钢丝上所有锈蚀轻微且均匀时,则首批钢丝断裂时会发生足够的拉伸变形而使其余所有钢丝充分受拉(即中部齐断或者分次齐断),因而整根钢绞线的最大破断力削弱不大。其削弱主要来自首批断裂钢丝在断裂面处的锈蚀坑对整根钢绞线横截面积的减少。反之,只要钢绞线中的某一根外围钢丝的某一个锈蚀坑较大,对截面损伤较为严重,则这根钢丝就会在拉伸变形并不充分的条件下首先以宏观脆性方式断裂,由此决定的整根钢绞线的最大破断力将受到较大削弱。

(2)力学性能影响分析

部分钢绞线力学性能试验测试数据见表5。

表5 钢绞线力学性质分类对应表

类别	编号	损失率	最大强度(MPa)	屈服强度(MPa)	弹模(MPa)	最大力相对值(%)	延伸力相对值(%)	类别	编号	损失率	最大强度(MPa)	屈服强度(MPa)	弹模(MPa)	最大力相对值(%)	延伸力相对值(%)
1	R1-1	0	1925	1775	200	3.73	6.15	3	R3-1	2.1	1885	1735	200	1.03	3.19
	R1-5	0	1925	1805	190	3.62	7.99		R3-5	4.2	1880	1730	200	0.87	2.89
2	R2-1	1.2	1905	1760	210	2.28	4.76		R3-13	2.7	1880	1725	190	0.76	2.41
	R2-7	1.9	1880	1750	200	0.92	4.04		R3-32	2.1	1875	1660	250	1.08	-0.73
	R2-20	1.5	1885	1745	200	1.09	3.61		R3-35	4.1	1830	1640	190	-1.35	-2.01
	R2-26	1.3	1885	1735	210	1.03	3.19	4	R4-4	15	1620	1315	170	-12.7	-21.4
	R2-29	0.9	1900	1730	190	2.35	3.5		R4-6	9	1765	1580	190	-5.04	-7.91

由于锈蚀程度介于最轻与最严重之间是较难区分的阶段,因此根据表5可以列出2~3级锈蚀钢绞线的分布区间,以屈服强度为例,见图8。

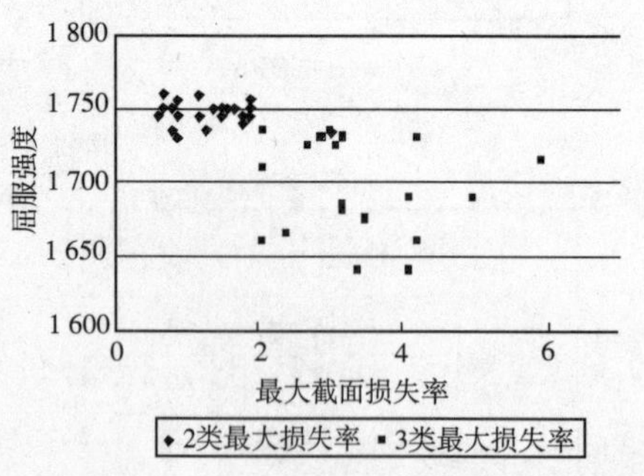

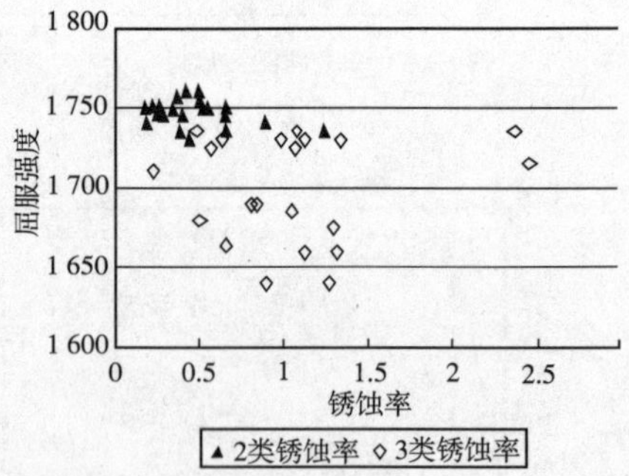

图8 最大截面损失率及锈蚀率分布(以屈服强度为例)

显然,最大截面损失率后的分类结果与钢绞线力学性能试验结果较为吻合,数据间交错较少,同时可以看出:

(1)全新钢绞线力学性能测值均大于规范限值约3%~7%,而当钢绞线产生轻微锈蚀时基本上仍能满足规范要求,但已接近规范限值。

(2)当钢绞线锈蚀进一步加剧,锈蚀由斑点状转而呈现坑蚀时,钢绞线基本已无安全储备,相关力学性能测值均在规范限值附近,具有一定的安全隐患。

(3)当钢绞线坑蚀状况加剧,较大锈坑连续满布钢绞线,则该钢绞线虽然没有锈断,但却已完全不能满足规范要求了。

总结钢绞线锈蚀后力学性能指标范围结果见表6。

表6　钢绞线力学性质分类对应表

分类	单位长度锈蚀率(%)	最大截面损失率(%)	最大强度(kN)	屈服强度(kN)	最大力相对值(%)	非比例延伸力相对值(%)
一类	—	—	1 925 ~ 1 910 (均值1 917)	1 805 ~ 1 735 (均值1 764)	3.73 ~ 2.85 (均值3.26)	7.99 ~ 3.80 (均值5.57)
二类	0.19 ~ 0.89 (均值0.46)	0.7 ~ 3.0 (均值1.4)	1 905 ~ 1 875 (均值1893)	1 760 ~ 1 730 (均值1 746)	4.04 ~ 0.76 (均值1.61)	4.76 ~ 3.19 (均值3.90)
三类	0.23 ~ 2.46 (均值1.05)	2.1 ~ 5.9 (均值3.2)	1 890 ~ 1 830 (均值1 869)	1 735 ~ 1 640 (均值1 699)	1.38 ~ -1.35 (均值0.45)	3.19 ~ -2.01 (均值1.36)
四类	2.96 ~ 7.92 (均值4.76)	6.7 ~ 15.0 (均值10.2)	1 785 ~ 1 560 (均值1 702)	1 650 ~ 1 315 (均值1 534)	-3.92 ~ -16.0 (均值-8.4)	-4.15 ~ -21.37 (均值-8.60)
规范值	—	—	≥1860	≥1674	≥0	≥0

5.3　锈蚀程度与力学性能关系量化拟合

为了能够量化锈蚀程度与钢绞线性能指标之间的影响关系,建立锈蚀程度与钢绞线的抗拉强度 R_m、最大力 F_m、规定非比例延伸力 $F_{P0.2}$、规定非比例延伸强度 $R_{P0.2}$ 以及最大力总伸长率 A_{gt} 之间关系曲线趋势,本文将所有数据进行拟合趋势分析,结果见图9 ~ 图12。

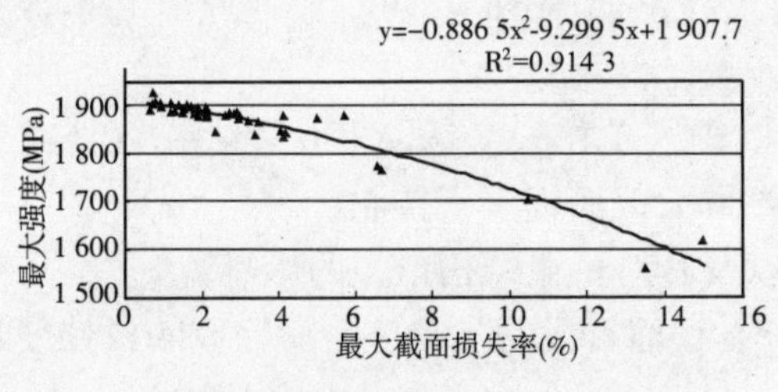

图9　损失率与最大强度关系曲线

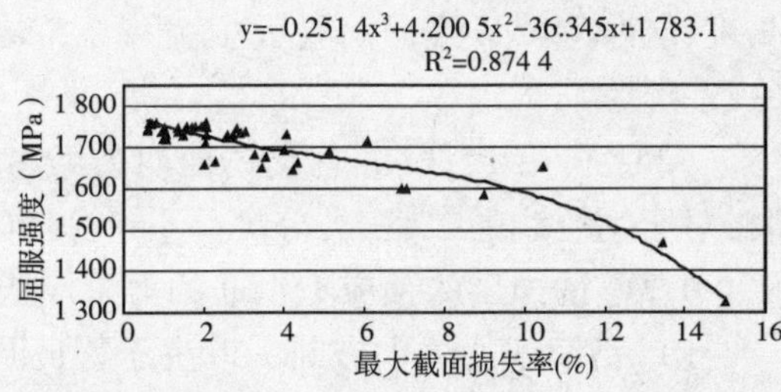

图10　损失率与屈服强度关系曲线

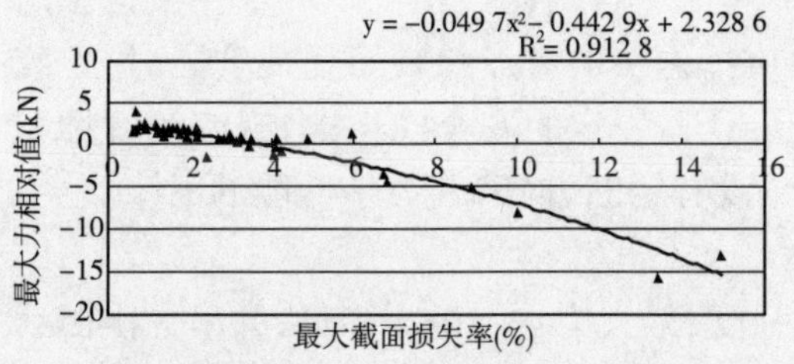

图11　损失率与最大力相对值关系曲线

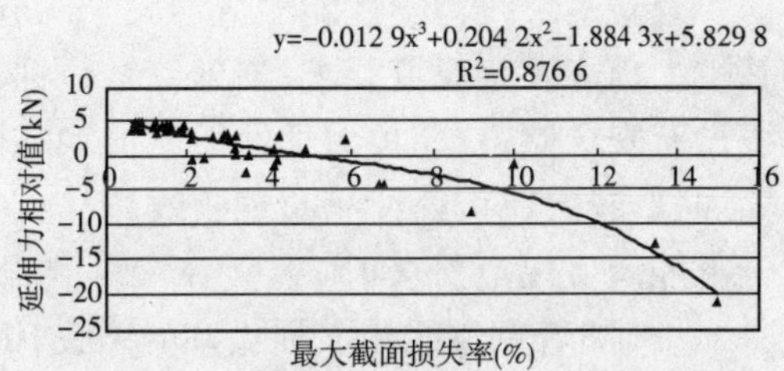

图12　损失率与非比例延伸力相对值关系曲线

因为本次试验数据虽然覆盖范围较广,但数量仍然较少,要得出一个具体的量化公式还需要进一步的试验研究,因此本文仅仅给出了一个拟合趋势,供相关研究参考。

6 结语

6.1 分级判断标准研究

钢绞线的单位长度锈蚀率(简称锈蚀率)虽然可以反映钢绞线的一般锈蚀程度,但是由于钢绞线锈蚀的不均匀不确定性,导致其不能完全控制钢绞线性能的衰退。相比较而言,单根钢丝的截面最大损失率与钢绞线性能衰退较为吻合,离散较小。据此得出钢绞线锈蚀分类方法如下。

一类:钢绞线全新;钢绞线表面局部失去光泽,钢丝间有少量氧化铁粉,人工打磨后现原金属光泽。

二类:钢绞线表面局部失去光泽,钢丝间有少量氧化铁粉,人工打磨呈现原钢绞线金属光泽,可见锈蚀为斑点状无锈坑。

三类:钢绞线表面较多锈迹,锈迹呈粉末状活片状,人工打磨能使钢绞线呈现灰黑色,钢绞线表面有片状或条带状分布锈点,局部呈现锈坑,锈点(坑)面积 $1\sim3\text{mm}^2$。

四类:钢绞线钢丝间已经被锈迹填满,钢绞线表面有满布锈迹,人工打磨钢绞线呈灰黑色,且钢绞线一周表面有明显连续大于或等于0.2mm深的锈坑,锈坑面积大于 3mm^2。

6.2 定量评定方法研究

钢绞线单位长度的锈蚀率能反映钢绞线的一般锈蚀程度,而钢绞线的最终破坏是由最大锈坑控制。实际样本中,最大锈坑的发生及分布规律与钢绞线单位长度的锈蚀率基本一致。

(1)当单位长度锈蚀率 $<0.2\%$ 或截面最大损失率 $<0.7\%$ 时,钢绞线属于一类;当单位长度锈蚀率 $>3\%$ 或截面最大损失率 $>5\%$ 时,钢绞线已属于四类,两参数在此时基本保持一致;

(2)由于钢绞线二、三类锈蚀均为不均匀锈蚀,即当单位长度锈蚀率 $0.2\%\sim3.0\%$ 之间时,对于钢绞线的二、三类分类并不十分清晰,需要最大截面损失率控制。

6.3 锈蚀后的预应力钢筋的力学性能变化以及其对桥梁结构产生的影响

(1)钢绞线的最大破断力取决于首批断裂的钢丝,即首批钢丝断裂时所完成的拉伸变形决定了整根钢绞线的破断力。

(2)力学性能变化程度。

全新钢绞线力学性能测值均大于规范限值约 $3\%\sim7\%$,因此当钢绞线产生轻微锈蚀时基本上仍能满足规范要求;当钢绞线锈蚀进一步加剧,锈蚀由斑点状转而呈现坑蚀时,钢绞线没有安全储备,相关力学性能测值均在限值附近,具有一定的安全隐患;当钢绞线坑蚀状况加剧,较大锈坑连续满布钢绞线,则该钢绞线虽然没有锈断,但因其力学性能的下降,已完全不能满足规范要求了。

(3)随着钢绞线截面损失率的增大,钢绞线的强度、最大力均会随之降低,并呈二次曲线下降趋势。

参考文献

[1] 叶见曙,雷笑,张峰.旧预应力混凝土箱梁现场解剖调查.全国既有桥梁加固、改造与评价学术会议论文集[M].南京:人民交通出版社,2008.

[2] 刘士林,许宏元,侯旭.大中跨径混凝土桥梁预应力检测技术研究专题研究分报告四——预应力钢束锈蚀状况的检测方法、设备与评价技术研究,2005.

[3] 李富民,袁迎曙.锈蚀钢绞线的静力拉伸断裂特性[J].东南大学学报(自然科学版),2007,37(5).

[4] 郑亚明,欧阳平,安琳.锈蚀钢绞线力学性能的试验研究[J].现代交通技术,2005(6).

[5] 罗小勇,李政.无黏结预应力钢绞线锈蚀后力学性能研究[J].铁道学报,2008,30(2).

[6] 沈德建,吴胜兴.海水浪溅下混凝土中锈蚀钢筋性能试验研究及仿真分析[J].工业建筑,2005,35(3).

[7] 西安瑞通路桥科技有限责任公司.云南楚大高速公路桥梁定期检测报告[R],2006.

158 桥梁拉索外层护套 HDPE 的磨损耐久性探讨

黄日金 玉进勇 杨 青 陈建国 宋 强

(柳州欧维姆机械股份有限公司)

摘 要 本文通过预应力拉索与转向器疲劳磨损性能试验和滑移距离较大的摩擦损耗试验,对 HDPE 的磨损耐久性进行了探讨。两组试验结果均表明 HDPE 的磨耗率很低,说明其有足够的磨损耐久性,可满足桥梁拉索一般使用要求。试验结果可为桥梁拉索设计使用年限的确定提供一定参考。

关键词 HDPE 磨损耐久性 拉索 外层护套

1 引言

1933 年英国 ICI 公司首先发现了聚乙烯(PE),发展至今,聚乙烯得到广泛应用,也在桥梁预应力拉索上得到大量应用。HDPE(高密度聚乙烯,密度为 0.940 ~0.965g/cm^3)用作拉索外层护套(见图 1),起保护、防腐作用,直接影响桥梁的安全使用与拉索的寿命。预应力拉索在桥梁和一些大型建筑结构上应用很广泛,如桥梁上应用很多的体外索、系杆索等。在工程实际应用中,当拉索需要转弯时,就通过转向器来实现,拉索穿过转向器后,把力传给转向器,转向器再把力传给工程构件(见图 2 和图 3)。由于桥梁经常受到外力作用而产生振动或因温差影响产生体积变化,造成拉索与转向器之间产生振动或滑移,形成拉索外层 HDPE 磨损,因此,HDPE 使用寿命除了与材料本身性能结构有关之外,还与使用环境及受力状态有关,特别是结构受力状态及滑移摩擦,如拉索与转向器之间的滑移摩擦,直接磨损拉索外层 HDPE。因此有必要对 HDPE 的磨损进行试验分析,以便了解其耐磨性,以保证桥梁拉索长期使用的安全可靠性。

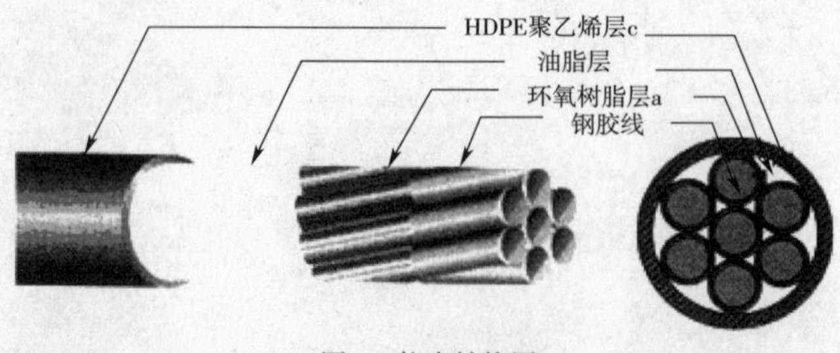

图 1 拉索结构图

磨损包括微振动磨损和滑移距离较大的摩擦损耗,下面分别从这两方面进行试验分析。拉索的外层 HDPE 与转向器的 HDPE 导向套管间的摩擦系数为 0.083。

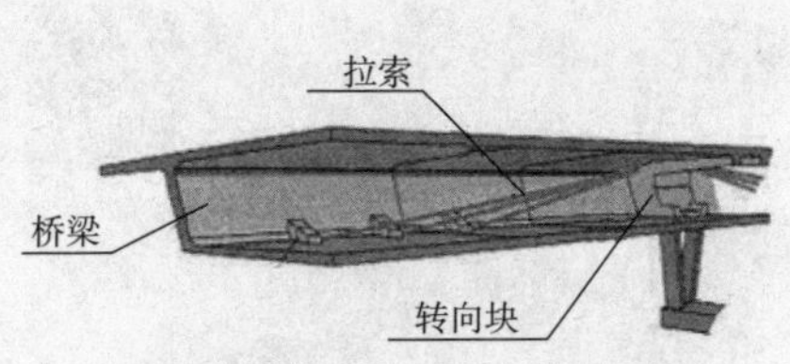

图2　拉索通过转向器转弯示意图

图3　拉索通过转向器转弯应用现场

2　试验分析

2.1　预应力拉索与转向器疲劳磨损性能试验

2.1.1　试验目的

本试验是针对微振动磨损进行的,主要是分析拉索在使用受力状态中,经过外力冲击振动反复滑移后,拉索外层护套 HDPE 与转向器间的滑移磨损情况。试验方式是在弯曲应力和偏转应力下进行 200 万次脉冲振动滑移试验,然后根据以下几点来确定其磨损情况:

(1)检测拉索外层 HDPE 层是否磨损。

(2)检测转向器上 HDPE 是否磨损。

(3)检测锚固单元的损坏情况。

2.1.2　试验材料

(1)OVM 体外预应力索用单层 HDPE 环氧喷涂无黏结钢绞线 2 根,锚具 4 套。

用于拉索和转向器上的 HDPE 原料基本性能应符合《建筑缆索用高密度聚乙烯塑料》(CJ/T 3078)的要求,并附有生产厂家的质量保证书和产品合格证。

(2)试验台架。

(3)脉冲疲劳试验机。

(4)千斤顶。

(5)转向器(转向器转向偏角为 4°)。

2.1.3　试验场地

上海市建筑科学研究检测站。

2.1.4　试验方法

试验台架如图 4 和图 5,按以下步骤进行试验:

(1)将钢绞线两端 PE 剥除,穿过转向器,两端张拉锚固。

(2)通过脉冲疲劳试验机,产生脉冲振动,使钢绞线与转向器间产生滑移。按如下要求进行试验:

上限应力 $\sigma_{max} = 1\ 860 \times 0.6 = 1\ 116$MPa;

下限应力 $\sigma_{min} = 1\ 116 - 80 = 1\ 036$MPa。

试验频率 4.2Hz(250 次/分),进行 200 万次脉冲振动滑移。

试验中有固定转向器的装置,通过脉冲疲劳试验机,转向器可振动,以保证钢绞线与转向器之间能产生相对滑移,使转向器和钢绞线之间产生偏转。此试验模拟实际应用工况中产生滑动偏移的情况。转向器和钢绞线 HDPE 层之间没有添加润滑剂。

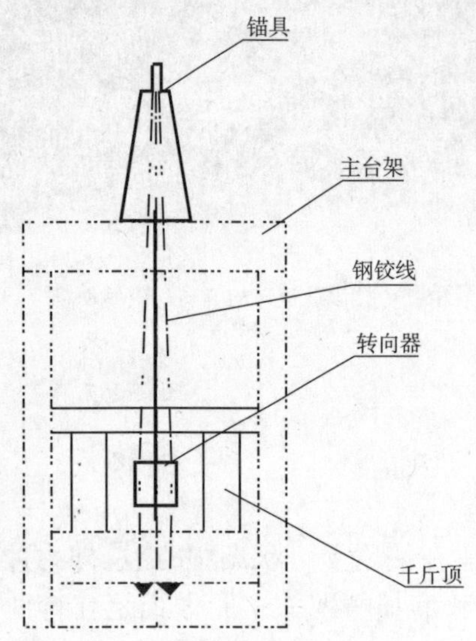

图 4　试验装置示意图

(图中主台架是脉冲疲劳试验机主台架)

图 5　试验现场

2.1.5　检测结果

经 200 万次疲劳试验,试件未断丝,夹片、锚板良好,通过转向器的钢绞线外层 PE 没有磨损破坏,钢丝上的环氧层良好,转向器上 HDPE 无磨损破坏,满足 GB/T 14370—2000 标准要求。试验后转向器处 PE 层和环氧涂层的磨损情况见图 6、图 7。在弯曲应力和偏转应力下 200 万次疲劳破坏试验结果表明,这种滑动摩擦对索体的使用寿命没有影响。

图 6　试验后转向器处 PE 层磨损情况

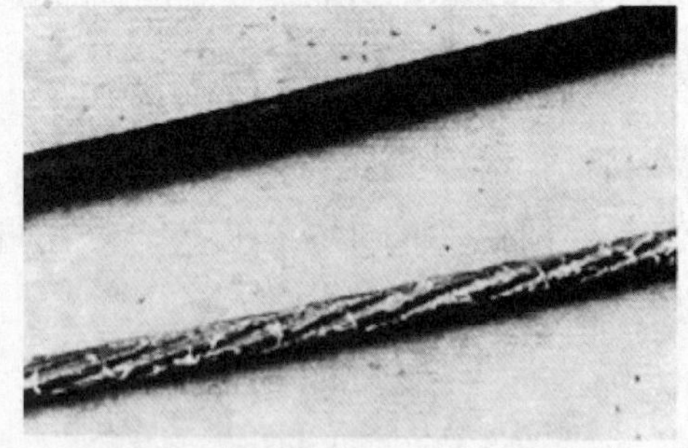

图 7　试验后转向器处环氧涂层磨损情况

2.2　预应力拉索与转向器滑移距离较大的摩擦损耗试验

本试验是针对滑移距离较大的振动磨损进行的,主要是分析拉索在使用受力状态中,经过外力反复冲击振动产生较大滑移距离后,拉索外层护套 HDPE 与转向器间的滑移磨损情况。

根据桥梁设计更换拉索周期,一般为 30 年,在这期间推测拉索与转身器间可能的相对位移量:

(1)地震:相对位移量 96mm,寿命期内发生次数假设为 30 次(1 次地震)。

(2)温差:相对位移量 31mm,寿命期内发生次数约 43 800 次。

(3)极端制动力:71mm;寿命期内发生次数,假设约 6 570 次(取中等制动力次数的2%)。

(4)中等制动力:由重车产生,相对位移量 2mm;重车平均 3 000 辆/d,寿命期内发生次数 = 3 000 × 365 × 30 × 0.01 = 328 500 次(取制动频率为 1%)。

(5)轻微制动力:由小车产生,相对位移量 0.2mm;小车平均 27 000 辆/d,寿命期内发生次数 = 27 000 × 365 × 30 × 0.01 = 2 956 500 次(取制动频率为 1%)。

①忽略轻微制动力产生的微振动,其他换算为相对位移量 31mm,寿命期内发生次数约 8 万次。

②计入轻微制动力产生的微振动,全部换算为相对位移量 31mm,寿命期内发生次数约 10 万次。

(6)根据假设推测:相对位移量 31mm,寿命期内发生次数 8 ~ 10 万次,那么它的总累积相对位移量为:31 × 100 000 = 3 100 000mm。

通过试验,测试拉索外套 HDPE 之间的磨耗率,是否满足桥梁拉索使用要求。

2.2.1 试验目的

测试转向器与钢绞线外套 HDPE 之间的磨耗率。

2.2.2 试验场地

柳州欧维姆机械股份有限公司试验中心。

2.2.3 试验材料

(1)支架及反复移动机构。

(2)正应力产生装置(由弹簧、螺母螺杆组成)及定位机构。

(3)1 根 5m 长双层 PE 环氧喷涂无黏结筋。

(4)转向器的 PE 套管 1 根 0.1m。

2.2.4 设备、工具

(1)电源插座。

(2)卡尺、直尺等其他工具若干。

2.2.5 试验方法、步骤。

试验装置如图 8 和图 9 所示。

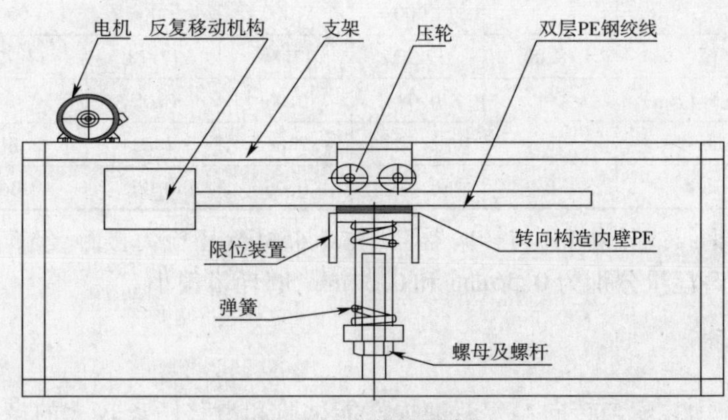

图 8 试验装置示意图

图9 试验装置

(1)准备试验支架及所需工具。

(2)把双层 PE 环氧喷涂无黏结筋装夹在反复移动机构并张紧。

(3)计算压力 F = 正应力 × 面积 = 0.45MPa × 0.02m × 0.1m = 900N,即 PE 块上产生 0.45MPa 正应力,需要的压力为 900N,故选用 900N 的力压弹簧,记下弹簧的长度 L_1;

(4)将弹簧装在正应力产生装置上,拧上螺母,使弹簧的长度为 L_1,产生 0.45MPa 正应力;拧松螺母,用卡尺检查无黏结筋上的 PE 层厚度变化情况记下并记录。

(5)再拧紧螺母使弹簧的长度为 L_1,产生 0.45MPa 正应力。

(6)接通反复移动机构上电机电源,使钢绞线外套 PE 与转向器的定位套管之间每次产生 0.5m 相对滑移量的移动。

(7)当 PE 层间摩擦产生过热时要暂停,待冷却时再开机。

(8)减速器(反复移动机构)输出轴每分钟为 2.8 转,滑移 1 000m 时间为 1 000/2.8/60 =5.95h。

(9)在滑移量为 1 000m、2 000m、3 000m、4 000m、5 000m 时,分别测试两组板材的剩余厚度和磨耗厚度并记录。

2.2.6 试验结果

损耗情况见表 1 所示的试验记录。

表1 试验记录

项目	数据					
滑移量(m)	0	1 000	2 000	3 000	4 000	5 000
钢绞线外套 PE 剩余厚(mm)	18.00	17.92	17.86	17.78	17.72	17.64
钢绞线外套 PE 磨耗厚(mm)	0	0.08	0.06	0.08	0.06	0.08
转向器 PE 剩余厚(mm)	3	2.92	2.86	2.80	2.74	2.68
转向器 PE 磨耗厚(mm)	0	0.08	0.06	0.06	0.06	0.06

由表 1 可见,钢绞线外套 PE 与转向器 PE 在 0.45MPa 正应力接触,经 5 000m 的相对滑移量移动,产生的磨耗量分别为 0.36mm 和 0.32mm,磨耗量很小。

3 结语

本文通过预应力拉索与转向器疲劳磨损性能试验和滑移距离较大的摩擦损耗试验,对 HDPE 的磨损耐久性进行了探讨。前者针对微振动磨损,在弯曲应力和偏转应力下进行 200

万次脉冲振动滑移试验以检测 HDPE 磨损程度;后者针对滑移距离较大的振动磨损,模拟实际受力状况测试转向器与钢绞线外套 HDPE 之间的磨耗率。两组试验结果均表明 HDPE 的磨耗率很低,说明其有足够的磨损耐久性,可满足桥梁拉索一般使用要求。根据聚乙烯管材环向抗拉强度的长期静水压设计基础值(HDB)确定,普通聚乙烯管道使用寿命可达 50 年以上,已被国际标准确认。本文试验的结果与上述标准是吻合的。本文对桥梁拉索的外层防护材料 HDPE 之间的磨耗情况进行的探讨结果,可为桥梁拉索设计使用年限的确定提供一定参考。

参 考 文 献

[1] 王凡. 桥梁预应力混凝土施工技术及标准规范实施手册[M]. 长春:吉林电子出版社,2004.

[2] 柳州欧维姆机械股份有限公司. 建筑缆索用圆管护套[R],2008.

(2)试　　验

158　超高性能混凝土试验及应用研究

周红梅　朱万旭　陈钰烨　王日艺　庞忠华　潘水兰

(柳州欧维姆机械股份有限公司)

摘　要　超高性能混凝土是一种力学性能超高、耐久性能优异、体积稳定性优良的新型水泥基复合材料,本文介绍了基本制备原理,并采用水泥、石英砂、矿物掺和料等常规建筑原材料配制出超高性能混凝土,探索其在预应力结构工程方面的应用,为超高性能混凝土在预应力结构工程方面的推广应用提供参考。

关键词　超高性能混凝土　超高强　高耐久性　锚垫板　偏向器

1　引言

1993年法国率先研制出一种超高性能水泥基材料——活性粉末混凝土(RPC),并成功应用于许多重大工程。我国对超高性能混凝土(UHPC)的研究开始于1993年湖南大学的沈蒲教授,直至近年来包括清华大学等等众多院校均在进行超高性能混凝土的研究。与普通混凝土相比,超高性能混凝土有以下优势:

(1)可以代替部分钢结构,降低成本,特别是用在预应力产品结构上,可以减轻结构重量,并提高产品的安全性能。

(2)用于预制薄壁构件、细长构件以及其他特殊结构形式的构件,可以不配筋或者少配筋,降低生产造价。

(3)用于大型民用建筑,可以大幅度缩减结构的尺寸,增大使用空间,使结构更美观。

(4)用于基础建设,比如水库大坝等,可以大大减少混凝土用量,降低建筑成本,节约资源,减少生产、运输和施工能耗,提高工程质量。

(5)其超高的抗渗性和高抗冲击韧性,用在制作压力管道、腐蚀性介质输送管道以及制造中低放射线核废物储藏容器,可延长使用寿命并降低发生泄漏的概率。

对于专业的、高品质要求的建筑工程,超高性能混凝土具有广阔的应用前景。本文介绍了这种新型材料的制备原理,通过试验确定了最佳配合比,并探究了其在预应力结构工程方面的应用。

2 配合比设计

2.1 配制原则

通过提高组分的细度与活性,使材料的内部缺陷(塑性状态下的孔隙与硬化过程的微裂隙)减小到最少,包括各种材料的颗粒之间的空隙能相互填充完全,塑性状态下的孔隙能互相进行挤压,同时排除浇筑过程中引入的气体和多余的水汽,由此获得超高强度与高耐久性。

2.2 方案设计

2.2.1 原材料的选择

采用水泥、石英砂、矿物掺和料等常规建筑用材。

2.2.2 生产工艺的选择

(1)在许多文献中均有报道,热养护有利于超高性能混凝土内部结构的改善,使材料的活性充分发挥出来,因此在最初的工艺中,我们也选择了热养护,并且试验了多种方式。

(2)试验在自然养护条件下,同样的配合比其抗压强度与抗折强度变化大小。

3 配合比试验

3.1 试验准备

根据试验所需,把各种所需要的设备以及原材料准备好。

3.2 试验方法

3.2.1 流动度

拌和物流动度的测定采用跳桌法,方法根据规范(GB/T 2419—2005)中的《水泥胶砂流动度测定方法》进行,在实际测定过程中,我们制作的拌和物因流动度好,在跳桌跳动时流摊出圆盘桌面,导致扩散直径无法测定。

3.2.2 力学性能

超高性能混凝土的力学性能根据国家标准《水泥胶砂强度检验方法(ISO)》(GB/T 17671—1999)进行测定。

3.3 试验步骤:

称量——搅拌——成型——养护——性能检测。

3.4 热养护条件的试验情况

3.4.1 使用矿渣粉与硅灰复合掺和料试验情况

使用矿渣粉与硅灰复合掺和半年试验总共做了 95 组,从抗压强度分布图(图 1)中可以看出,其抗压强度集中在 150 ~ 200MPa,其次在 200 ~ 250MPa。

3.4.2 使用石英粉、硅微粉与硅灰复合掺和料试验情况

试验共做了 220 组,从抗压强度分布图(图 2)中可以看出,使用石英粉、硅微粉与硅灰复合掺和料其抗压强度多数集中在 250 ~ 300MPa,其次在 200 ~ 250MPa。

3.4.3 增加复合钢纤维的试验情况

对于稳定的配合比,当所加的钢纤维质量不同的时候,强度差别不大,抗折强度提高,效

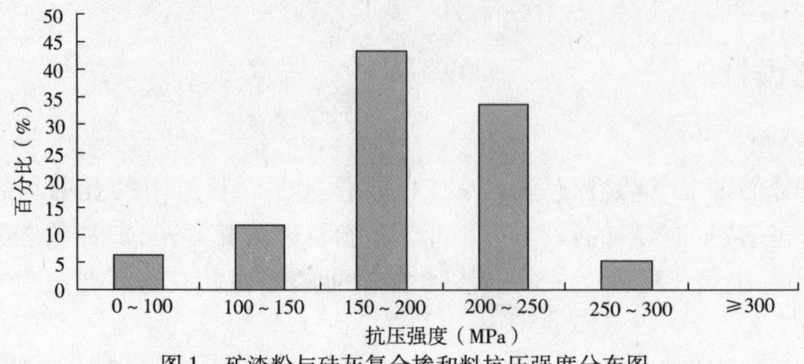

图1　矿渣粉与硅灰复合掺和料抗压强度分布图

果不太明显;但对于破坏的形式,加入的钢纤维有决定性作用,增加钢纤维极限破坏后只是造成试件局部裂纹或者微裂纹,试块是完整的,不影响结构;而不加钢纤维极限破坏后是粉碎性的破坏,整体结构崩溃。不加钢纤维抗折强度能达到23MPa,加入钢纤维从1%~16%,抗折强度集中在20~35MPa,试验数据见图3。

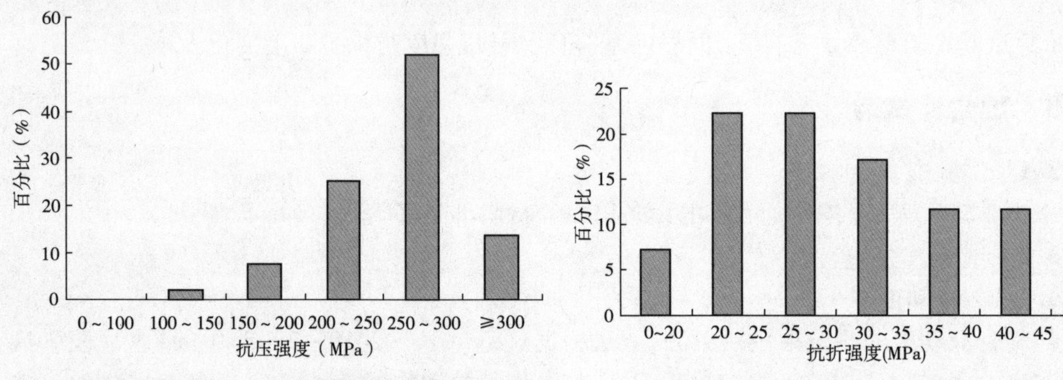

图2　石英粉、硅微粉与硅灰粉掺和料抗压强度分布图

图3　增加复合钢纤维的抗折强度分布图

3.5　自然养护条件下的试验情况

根据热养护条件下试验得出的最佳配合比,我们在自然养护下进行试验,测量28天以及60天的抗压强度以及抗折强度。总共进行了180组,其中有半数是生产试制过程中制作的试块,抗压强度集中在180MPa,抗折强度集中在35MPa附近,试验分布图见图4、图5。

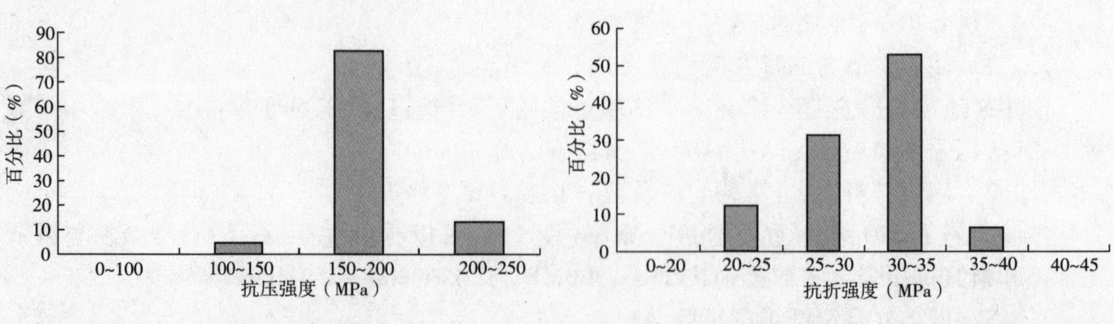

图4　自然养护下的抗压强度分布图

图5　自然养护下的抗折强度分布图

4 应用研究

4.1 超高性能混凝土锚垫板

在预应力产品中,锚固体系是最重要的受力单元,其中锚垫板起到连接混凝土与锚夹具之间力的传递的作用。传统的锚垫板材料是铸铁,经过几年来对超高性能混凝土制品的深入研究,柳州欧维姆机械股份有限公司成功开发出新一代超高性能混凝土锚垫板产品——OVM. M15ZH 型锚垫板。OVM. M15ZH 型锚垫板由芯板、超高性能混凝土和喇叭管组成。OVM. M15ZH 型锚垫板具有以下的特点:

(1)锚垫板满足 FIP—1993《后张预应力体系验收建议》关于荷载传递试验的性能要求。

(2)锚垫板具有很好的耐久性和耐腐蚀性。

(3)不导电,有效地减少预应力筋在锚具处的电化学腐蚀。

(4)锚下混凝土应力传递更均匀、合理,承载力不低于同规格的整体铸造锚垫板。

超高性能混凝土锚垫板与目前的铸铁锚垫板相比,它有相同的抗压强度,满足同样的技术指标,而它的成本较低,重量较轻,运输费用较少,与混凝土构件结合紧密,力的传递更趋于均匀,优化了整个结构(图6)。

a)铸铁的锚垫板

b)超高性能混凝土锚垫板

图6 铸铁的锚垫板与超高性能混凝土的锚垫板对比

4.2 超高性能混凝土偏向器

防落梁装置是用于简支梁结构中预防地震时候梁体位移过大或者脱离桥墩的装置,其中偏向器是重要的受力组件之一。对于地震造成的多方向弯曲,偏向器具有导向作用,而且缓和发生在连接索的局部弯曲应力,使锚碇部位不产生弯应力和剪应力。偏向器如图 7 所示,内孔形状为喇叭形;为了便于安装和更换,制成两半式。在强震作用下,偏向器受到较大的偏向压应力,因此,要求其材料抗压强度大于 90MPa,取 3 倍安全系数。试验表明,超高性能混凝土材料很好地达到了这一要求。

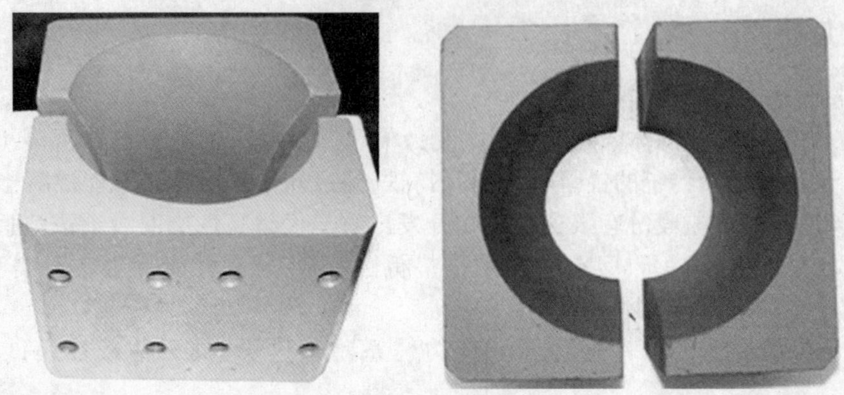

图7　超高性能混凝土的偏向器

5　结语

(1)经过大量的试验,筛选出最佳配合比,在热养护的条件下,其抗压强度最高为325MPa,抗折强度最高为54MPa,而经大量数据验证表明其抗压强度集中在290MPa左右,抗折强度集中在38MPa,非常稳定;在自然条件下,60d其抗压强度最高在226MPa,抗折强度为35MPa,而28d抗压强度集中在160MPa,抗折集中在28MPa。可以根据实际用途选择养护方式。

(2)不掺钢纤维的情况下,制作出的超高性能混凝土流动性更好,抗压强度基本不变,抗折强度能达到23MPa左右,在一些受压、对抗折要求不高的构件中使用更有优势。

(3)我们已将超高性能混凝土应用在预应力产品结构中,如:①防落梁装置的偏向器材料,满足偏向器的技术指标,并已生产应用。②代替部分钢材生产锚垫板,典型孔位通过了国家建筑质量检测中心的试验,满足GB/T 14370—2000以及FIP—1993中的技术要求,并已在实践中得到应用。

(4)在现场施工中,自然养护能完全满足具体工程的要求,降低成本,并且操作简便,有利于环保。

参考文献

[1] 何峰. 200~300MPa活性粉末混凝土(RPC)的配制技术研究[J]. 混凝土与混凝土施工, 2000.

[2] 冯乃谦. 实用混凝土大全(第二版)[M]. 北京:科学出版社,2005-4-1.

[3] 徐至钧. 纤维混凝土技术及应用[M]. 北京:中国建筑工业出版社,2003.

159　预应力混凝土简支梁受弯性能的超载试验研究

张秀永[1]　宗周红[2]　夏樟华[1]

(1. 福州大学土木工程学院;2. 东南大学土木工程学院)

摘　要　通过预应力混凝土简支梁室内模型在超载下的抗弯性能试验,测试和分析了跨中变形、裂缝宽度和高度及梁截面应变等静力参数的变化规律,研究超载损伤及重复超载作用对预应力混凝土梁的抗弯性能及承载力的影响。超载试验研究可以为预应力混凝土桥梁的使用和承载力评估提供试验依据。

关键词　超载　预应力混凝土　梁模型试验　抗弯性能　承载力退化

1　引言

随着国民经济和社会的迅速发展,道路桥梁的交通量逐年增大,尤其是大型车辆数量剧增,桥梁超载现象日趋严重。桥梁超载是指超过桥梁设计荷载等级的车辆荷载作用。对于桥梁超载问题,国内外学者都开展了该领域的相关研究。在国外,2000 年,Jamshid Mohammadil 和 Ramakishna Polepeddi[1] 研究了超载对损伤积累的影响,并在 Miner 法则的基础上提出超载情况下的损伤指标计算方法。对五座桥梁的超载研究得出,在过去的 25 年里,超载使这五座桥梁的损伤寿命减少了 3.5%。在国内,1992 年,钱永久[2] 为了评价既有钢筋混凝土桥梁对超重车辆和超过设计荷载的车辆的通行能力,进行了超载对损伤结构的模拟试验,比较了损伤梁和完好梁经受反复超载作用后的受力性能。试验结果表明:超载对钢筋混凝土构件的裂缝形态、分布及高度、宽度有明显的影响。超载损伤梁的裂缝出现较早,而且一旦出现就很快延伸至中和轴位置附近,形成主裂缝。2004 年,孙晓燕[3] 对钢筋混凝土梁室内模型进行抗弯和抗剪超载试验,得出超载对钢筋混凝土结构的使用性能产生影响,并降低了结构抗弯和抗剪承载力等结论。此外,还有一些学者[4-6] 对超载车辆的轴重特征及超载对桥梁的危害及防治等方面进行了有意义的研究。现有理论认为[7-8],结构在不超过正常使用状态的荷载作用下,承载能力不会降低。然而,对于超过正常使用状态的荷载作用对结构极限承载力影响和劣化机理尚无完善理论研究,超载对预应力混凝土桥梁使用性能及承载力影响研究更为少见,因此开展这方面的研究可以为超载评估,保证桥梁的安全使用提供必要试验和理论依据。

基金项目:福建省交通科技发展项目资助。

2 试验设计与加载

2.1 构件设计

预应力混凝土梁的截面设计尺寸:180mm×360mm, 梁长 $l=4.2\text{m}$,净度 $l_0=4.0\text{m}$。混凝土强度采用为C40,纵向钢筋为Ⅱ级钢,预应力筋采用钢绞线,配筋情况见图1。

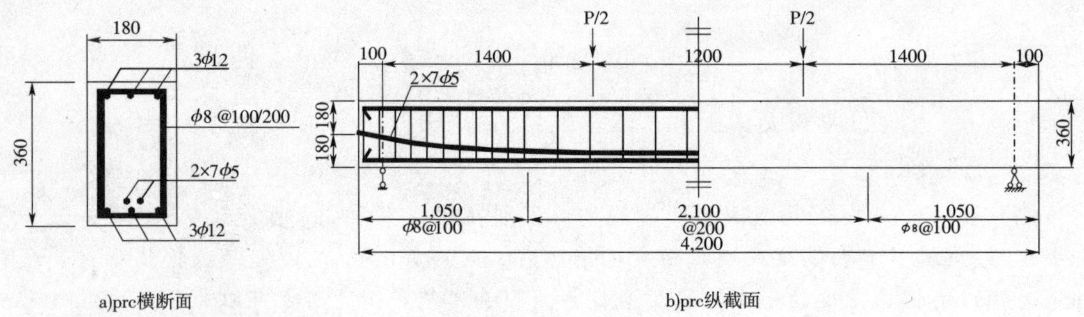

a)prc横断面　　b)prc纵截面

图1 梁钢筋配置图(尺寸单位:mm)

2.2 加载装置

试验采用三等分点加载,使梁跨中处于纯弯曲状态。采用MTS加载系统和IMP数据采集系统,其加载装置见图2和图3所示。

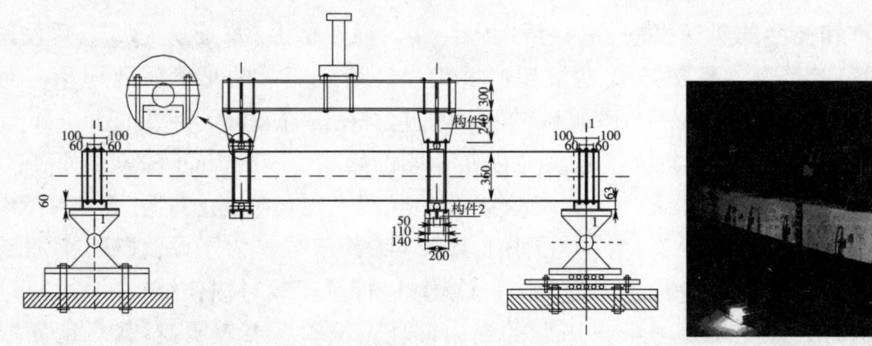

图2 梁模型加载示意图

图3 加载试验实景

2.3 加载试验

《混凝土结构设计规范》(GB 50010—2002)规定[9]了采用钢绞线的B类预应力混凝土桥梁结构的最大裂缝宽度限值为0.1mm,以控制结构不超过正常使用极限状态。本试验加载过程中,当梁体最大裂缝宽度超过这一限值时的荷载,视为超载。试验共有8根预应力混凝土构件(表1),采用三等分点加载,使梁跨中处于纯弯曲状态。对参考梁prcA0进行单调加载直至梁达到极限承载力而破坏,主要考查其在各荷载状态下的静力参数。其余为损伤梁,加载到一定荷载损伤或超载幅值后,分别进行重复加载10、30及80次,主要考查不同预应力水平、不同超载损伤状态下预应力混凝土简支梁静力参数随重复超载次数的增加而变化的规律,为预应力混凝土结构受弯性能及承载力评估提供依据。

表 1　试验梁加载损伤情况

试件	开裂荷载			损伤水平		
	预应力水平	荷载(kN)	挠度(mm)	幅值(kN)	挠度(mm)	最大裂缝宽度(mm)
prcA0	0.4	78	3.2	单调加载直到破坏		
prcA1	0.4	73	2.8	124	11.7	0.2
prcA2	0.4	62	3.1	97	7.7	0.14
prcA3	0.4	72	3.5	89	7.7	0.06
prcB1	0.3	52	2.4	90	9.3	0.22
prcB2	0.3	57	2.3	103	10.3	0.22
prcC1	0.5	62	2.7	146	17.7	0.4
prcC2	0.5	72	3.3	114	9.1	0.12

3　试验结果与分析

3.1　超载对梁承载力性能的影响

对超载梁 prcA1 进行重复超载抗弯试验,考察了不同超载次数对其使用承载力性能的影响,由图 4 可知,在初次加载过程中,超载梁表现出和参考梁相同的力学性能,然而随着重复超载次数的增加,在相同荷载条件下,梁跨中挠度逐渐增大,可见超载对预应力混凝土结构承载力性能具有明显的影响。试验结果表明,随着超载次数的增加,结构正常使用极限荷载下降,在重复超载 80 次后,正常使用极限荷载降低了 20%,见表 2。超载使梁底钢筋过早屈服,承载力降低,与正常参考梁相比,正常使用极限荷载降低了 14%,极限承载力降低了 6%,见表 3。

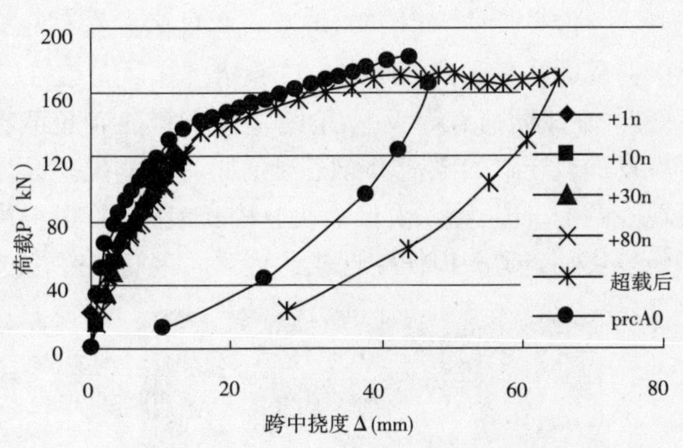

图 4　跨中挠度与荷载等级的关系曲线

表 2　重复超载对正常使用性能的影响

构　件	正常使用极限荷载(kN)			
	第 1 次	第 10 次	第 30 次	第 80 次
prcA1	100	93	84	80

表 3　prcA1 重复超载后与 prcA0 承载力对比分析

构　件	正常使用极限荷载(kN)	屈服荷载(kN)	承载能力极限荷载(kN)
prcA0	93	139	182
prcA1	80	124	171

3.2　超载对梁体裂缝宽度及高度的影响

对试验梁在重复超载作用下裂缝高度及宽度的发展情况进行观测(图 5),试验结果表明,超载使梁体裂缝更加密集,重复超载使裂缝高度和宽度进一步增大,并会出现新的裂缝,损伤进一步加剧。在梁底钢筋没有产生较大塑性变形之前,裂缝在卸载后重新闭合。当超载损伤接近或达到梁底钢筋呈现屈服状态,梁底最大裂缝高度及宽度的变化将随着超载次数的增加呈现出较大的增长,如表4所示。

表4　重复加载对构件裂缝的影响

试件	加载1次		重复加载10次		重复加载30次		重复加载80次	
	宽度(mm)	高度(cm)	宽度(mm)	高度(cm)	宽度(mm)	高度(cm)	宽度(mm)	高度(cm)
prcA1	0.2	23	0.18	25	0.24	25	0.24	25
prcA2	0.14	24	0.2	26	0.24	30	0.24	30
prcA3	0.06	13	0.1	19	0.1	19	0.1	19
prcB1	0.22	26	0.24	26	0.24	26	0.28	26
prcB2	0.22	24	0.24	27	0.2	27	0.23	27
prcC1	0.4	29	—	29	0.66	33	0.9	33
prcC2	0.12	22	0.16	23	0.16	23	0.16	23

3.3　超载对梁跨中挠度的影响

挠度是预应力(钢筋)混凝土构件内部损伤积累和裂缝扩展的外观表现,可以宏观地反映梁的受力性能和损伤状态。试验梁抗弯试验结果(表5和图6)表明,超载使梁产生较大的跨中变形,在相同荷载等级下,梁跨中挠度将随着超载次数的增加而增长。在相同预应力水平下,重复加载导致的挠度增长随着预加荷载的提高而增大。当超载幅值较小时,跨中变形增长表现为两个阶段:第一阶段为快速增长阶段,并很快进入第二阶段;第二阶段变形增长表现为平稳增长。当超载损伤接近或达到梁底钢筋屈服,挠度增长较大,并呈不断增长趋势。

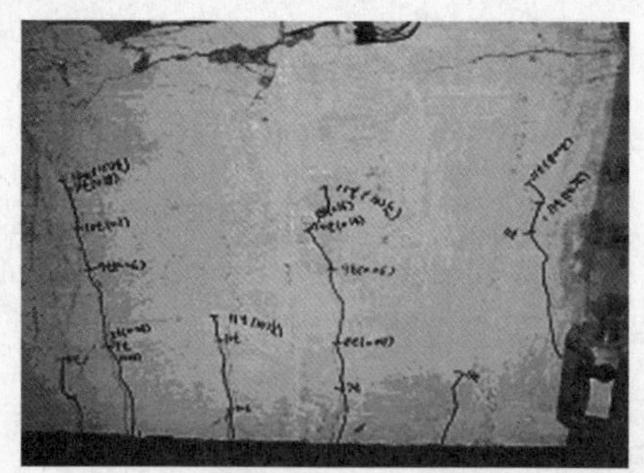

图5　重复超载作用下梁体裂缝增长

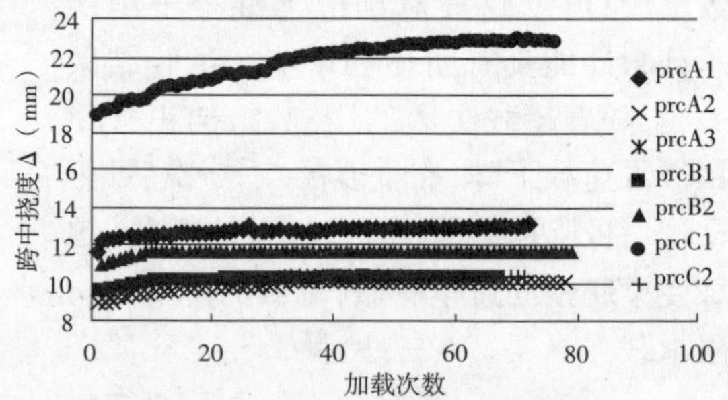

图6　跨中挠度随超载重复次数的变化

表5　重复超载作用挠度变化(单位:mm)

超载次数	prcA1	prcA2	prcA3	prcB1	prcB2	prcC1	prcC2
1	0	0	0	0	0	0	0
10	0.9	0.53	0.3	0.53	0.56	1.26	0.6
30	1.13	0.89	0.42	0.72	0.62	2.66	0.9
80	1.46	1.16	0.74	0.72	0.77	3.98	1.06

3.4　超载对梁截面应变的影响

试验测试了纵向钢筋和混凝土截面应变(图7),主要分析了纯弯段梁底纵向受拉钢筋应变和跨中混凝土截面应变。

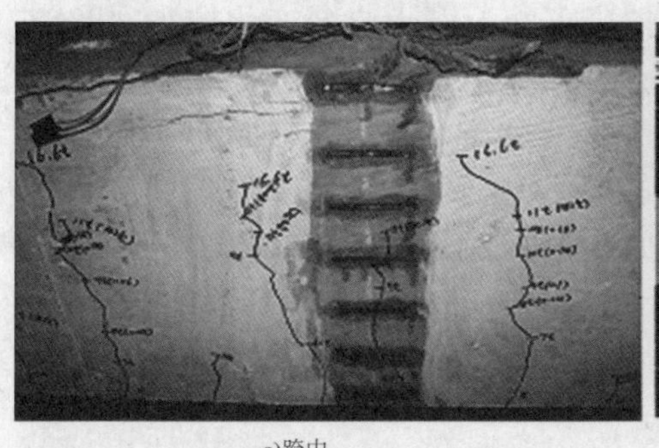

a)跨中

b)加载点

图7　混凝土应变片位置图

试验结果表明，超载损伤使梁底钢筋具有更大的应变变形，梁底钢筋应变随着超载次数的增加而增长。在同种预应力水平下，超载幅值越大，钢筋应变增长越大，而对于 prcC1 构件，因超载导致钢筋局部屈服，其测试处钢筋应变的增长反而较小。对于 prcB2 梁测得数据与其他梁所得数据有较大差距，可能是因在重复超载过程中，超载值没有加载到位造成的，见表6。

表6　超载对钢筋应变的影响（单位：με）

超载次数	prcA1	prcA2	prcA3	prcB1	prcB2	prcC1	prcC2
1	0	0	0	0	0	0	0
10	136	129	139	24	11	67	134
30	288	182	179	134	−59	122	201
80	279	200	204	—	4	182	144

对超载梁 prcA1 截面应变进行测试，得出了不同重复超载次数作用。下梁截面应变变化规律，见图8。可以看出在梁底出现裂缝之后，随着荷载的提高，中和轴不断上升，而且超载及重复超载作用都将使中和轴进一步上升。初始加载，截面应变变化与平截面假定较为吻

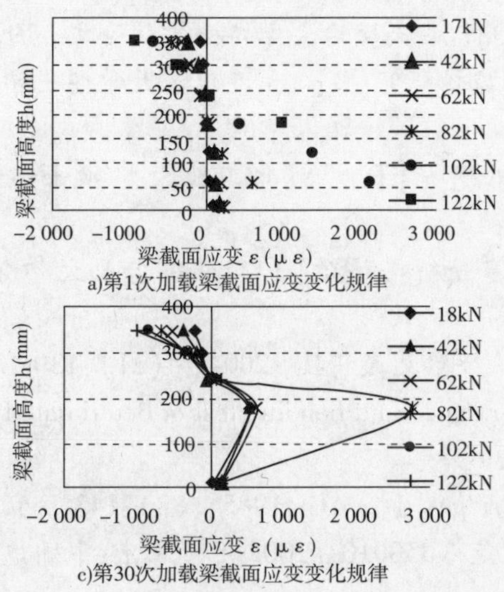

a)第1次加载梁截面应变变化规律

c)第30次加载梁截面应变变化规律

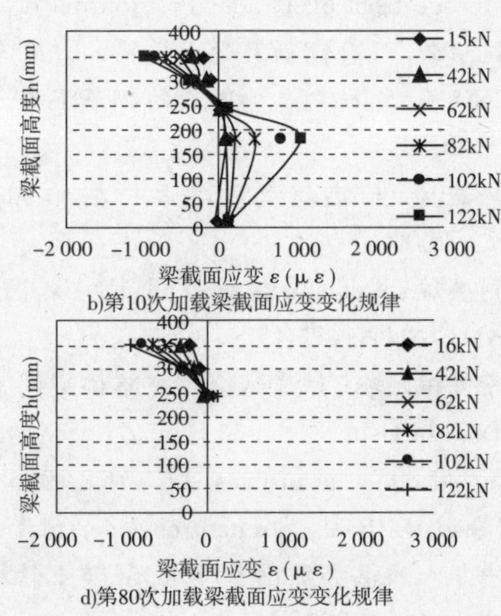

b)第10次加载梁截面应变变化规律

d)第80次加载梁截面应变变化规律

图8　重复超载对梁截面应变的影响

合,接排随着荷载增大,裂缝出现并发展,受拉区下端混凝土应变变化较小,甚至应变值变小,截面应变变化逐渐不符合平截面。随着重复超载次数的增加,受拉区混凝土应变越来越小,表明受拉区在超载损伤或重复超载作用下,受拉区混凝土进一步退出工作,其对荷载抗力的贡献越来越小。而受拉钢筋进一步承担拉应力,在重复超载作用下其应变进一步增加。受压区混凝土应变在重复超载过程中,始终较好地符合平截面假定。图 8d)中,因应变片处于裂缝处而溢出,受拉区混凝土应变没有显示出来。

4 结语

(1)超载对预应力混凝土梁的抗弯性能具有明显的影响,重复超载损伤将使预应力混凝土梁底普通钢筋提前屈服,其正常使用承载力和极限承载能力降低。

(2)超载使梁体裂缝更加密集,重复超载导致裂缝进一步增长,并会出现新的裂缝。在梁底钢筋没有产生较大塑性变形之前,裂缝在卸载后能重新闭合;当超载损伤接近或达到梁底钢筋屈服,最大裂缝高度及宽度的变化将随着超载次数的增加呈现出较大的增长。

(3)重复超载使梁产生较大的跨中变形,在相同荷载等级下,梁跨中挠度将随着超载次数增加而增长。在相同预应力水平下,重复加载导致的挠度增长随着预加荷载的提高而增大。

(4)超载损伤或重复超载导致中和轴进一步上升,受拉区混凝土进一步退出工作,使其承担的拉应力进一步由受拉钢筋承担,从而导致钢筋应变进一步增长。

(5)类似的超载试验研究可以为预应力混凝土桥梁的使用和承载力评估提供必要的依据。

参考文献

[1] Jamshid Mohammadi1, Ramakishna Polepeddi. Bridge rating with Consideration for fatigue damage from overloads[J]. Journal of Bridge Engineering, ASCE, 2000, 5(3): 259-265.

[2] 钱永久. 既有钢筋混凝土桥梁的评估与诊断[D]. 西南交通大学博士学位论文, 1992.

[3] 孙晓燕. 服役期及加固后的钢筋混凝土桥梁可靠性研究[D]. 大连理工大学博士学位论文,2004.

[4] 孙建诚. 车辆超载对路面结构的影响及对策研究[D]. 河北工业大学硕士学位论文, 2000.

[5] 刘洪瑞, 周俊锋. 超载作用下刚架拱桥的病害分析与防治[J]. 广东工业大学学报, 2003, 20(2): 42-45.

[6] 李万恒. 浅谈超载运输对公路桥梁的危害[J]. 公路交通科技, 2004, 4(21): 130-132.

[7] Takeshi Oshiro, Sumio Hamada. Structural performance and bending test of deteriorated reinforced concrete bridges[J]. ACI, 1985, (88): 39-58.

[8] David B. Beal, Strength of concrete T－beam bridges[J]. ACI, 1985, (88): 143-164.

[9] 中华人民共和国国家标准. 混凝土结构设计规范 GB50010－2002[S]. 北京: 中国建筑工业出版社, 2002.

160　斜拉桥桥塔钢混组合结构剪力键选型试验研究

白光亮[1,2]　唐光武[2]

(1. 重庆交通大学(桥梁)结构工程重点实验室;2. 招商局重庆交通科研设计院有限公司桥梁工程结构动力学国家重点实验室)

摘　要　索塔锚固区是斜拉桥的关键部位,采取合适的剪力连接件以确保锚固区钢混组合结构连接的安全可靠,对于整个桥塔的受力至关重要。本文结合实际工程,对包括栓钉和新型带孔钢板剪力连接件进行模型试验研究,将栓钉和 PBL 剪力键荷载—滑移量关系、抗剪刚度、抗剪承载力进行了比较,分析了两类试件全过程结构行为和破坏形态。试验结果表明:前者以栓钉受弯剪破坏为主,后者以带孔钢板下方的混凝土纵向劈裂破坏为主,抗剪承载力及抗剪刚度均较栓钉大。当界面间剪力较大而又无法布置许多栓钉连接件时,可以用少量的 PBL 剪力键代替大量的栓钉剪力键达到同样的抗剪效果。

关键词　斜拉桥　组合结构　栓钉　PBL 键　试验研究

1　引言

国内某跨海大桥主通航孔桥采用主跨为 620m 的五跨半漂浮连续钢箱梁斜拉桥,其索塔锚固区在世界首次采用钢锚梁—钢牛腿方案(图 1),钢结构的端板与塔壁混凝土组成钢混组合结构。因此,采取合适的剪力连接件,对于整个组合结构的受力至关重要。一直以来,栓钉是应用最为广泛的剪力连接件,其他还有钢筋、方钢、角钢连接件等。20 世纪 90 年代初,日本在鹤见航道桥中采用穿过钢板的钢棒作为剪力连接器应用在索塔处的钢—混凝土结合段上。德国 Leonhardt 教授和 Partners 公司随后在委内瑞拉的 Caroni 河桥上开发的新型剪力键思路即源于此,这种连接件德文称为 Perfobond Leiste(PBL),英文称为 Perfobond Strip(PBS)[1]。葡萄牙 Minho 大学[2]、韩国首尔大学[3]也都进行了相关试件的推出试验。虽然国外对 PBL 键作了一些研究,但还没有规范规定 PBL 键的形式、尺寸和承载能力,也没有规定试件和试验方法。目前国内对 PBL 键的研究应用还处于起步阶段,相关报道较少,南京长江三桥在钢与混凝土混合塔柱中采用了 PBL 键,广州新光大桥的剪力接头以及佛山平胜大桥钢—混凝土接合段均同时采用了栓钉和 PBL 键[4]。

为了详细了解大桥桥塔钢混组合结构剪力连接件的受力特性,分为两个阶段开展试

基金项目:重庆交通大学(桥梁)结构工程重点实验室开放基金资助(CQSLBF - Y10 - 2)。

验研究。第一阶段围绕传统的栓钉剪力连接件进行破坏试验,研究其荷载传递机理和破坏特征。第二阶段在第一阶段的基础上,进行新型剪力连接件的破坏试验,并将两者的极限承载力和试验结果进行比较,分析其各自的破坏形态。本文主要介绍第二阶段试验研究的结果。

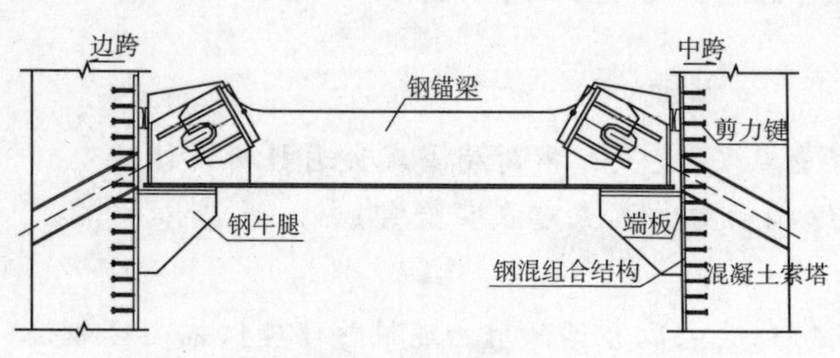

图1 钢锚梁—钢牛腿组合结构

图2 试件钢结构部分

2 试验方案设计

2.1 试件设计

为了研究剪力连接件的抗剪承载力和抗剪刚度,试验共设计了A类栓钉和B类PBL两组剪力连接件,每组3个试件。其中A组栓钉连接件的设计采用截取实桥结合段有代表性的局部进行1:1比例的验证试验,这种方法与其他方法相比可以真实地模拟索塔端板和塔壁混凝土接触情况,得到较为准确的剪力连接件抗剪承载力。试件采用圆柱头焊钉,其材料为ML15,单侧混凝土试块设置9排直径为22mm的栓钉,每排2个。B组试件采用PBL键,单侧混凝土试块在端板处设置两条传剪肋,其材料为Q345-D钢。并在每条肋上开有直径为60mm的5个圆孔,HRB335的穿孔钢筋直径为22mm。试件的钢结构部分如图2所示。通过加载梁连接的两块混凝土构件尺寸为60cm×37cm×175cm,模型混凝土强度为C40,实测混凝土28d标准立方体抗压强度为37.4MPa,28d混凝土弹性模量为3.35×10^4MPa。所有试件端板下混凝土均挖空。试验模型的详细构造情况如图3所示。

2.2 加载装置及测试内容

试验采用单调分级加载的方式进行,先重复两次加载,最后一次加载至试件达到极限承载力后破坏为止。荷载记录采用UCAM日本共和电业万能数据采集系统,端板与混凝土之间的相对滑移量通过在两块混凝土构件上各布置四个高精度机电百分表,经信号转换器转换为数字信号后直接存储在计算机中。同时,将采集的荷载和相对滑移量直接导入$X-Y$函数仪绘制曲线,以对试验加载进行控制。加载装置如图4所示。

3 试验结果及其分析

3.1 试件破坏形态

3.1.1 裂缝形态

A类试件在加载过程中均首先在混凝土与端板交界面处开始出现斜裂缝,随着荷载增

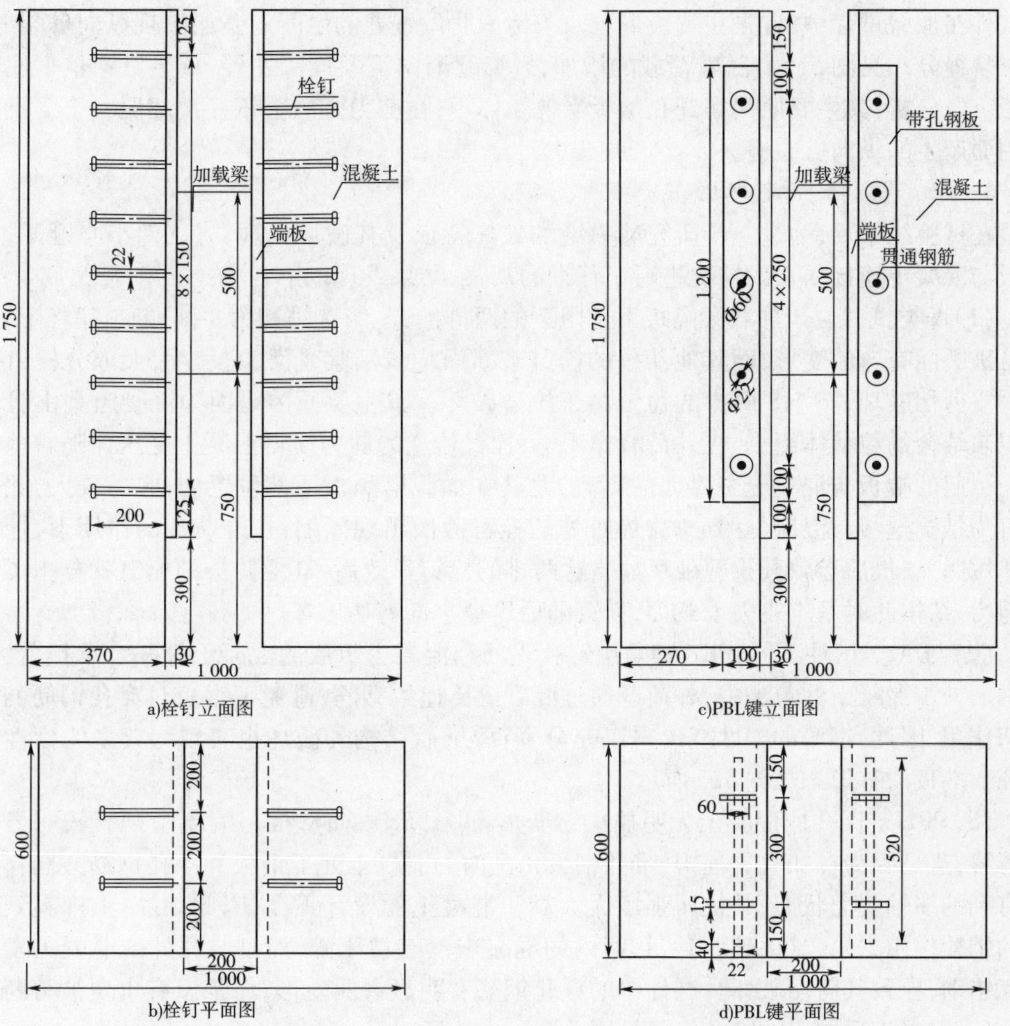

栓钉
加载梁
混凝土
端板
a)栓钉立面图
b)栓钉平面图
带孔钢板
贯通钢筋
c)PBL键立面图
d)PBL键平面图

图3　剪力连接件模型构造图(尺寸单位:mm)

千斤顶
加载设备
加载梁
试件
砂浆

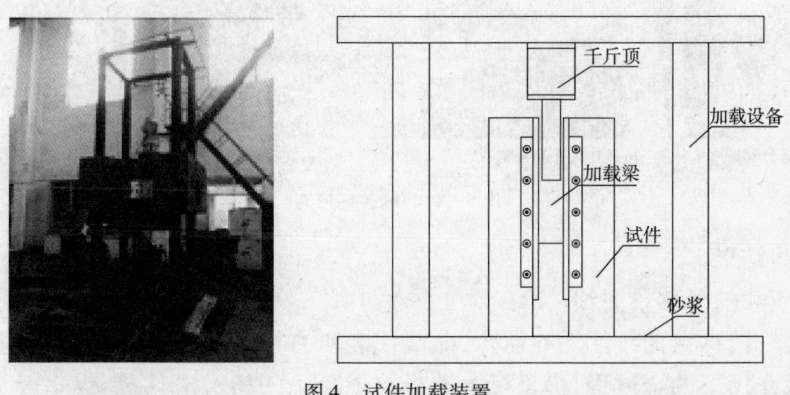

图4　试件加载装置

加,裂缝逐渐沿栓钉焊趾处向圆柱头方向发展,直至达到极限承载力。与 A 类试件不同,B 类试件在加载过程中,首先在端板下方两条传剪肋位置处的混凝土开始出现纵向劈裂缝,混凝土裂缝分布见图 5a)。随着荷载的增加,裂缝逐渐向下及周围发展,直至贯穿整个底部混凝土。经分析,其主要原因是开孔钢板受剪切作用,在剪力方向上钢板端部混凝土受到冲切作用而产生的纵向劈裂缝。

3.1.2　试件内部破坏形态

在试验结束后,为进一步研究剪力键的破坏特征及其破坏机理,将试件小心砸开,对其端板与混凝土连接面上的情况进行了仔细的观察,结果发现以下现象:

(1)A 类试件位于加载梁隔板下部附近的两排栓钉(第 7 排和第 8 排)断口呈杯形,同时栓钉破断面有弯曲变形,而其他几排的栓钉破断面均较平整光滑,这表明,大部分栓钉的破坏属于剪切破坏,而 7、8 两排的栓钉属于拉剪破坏。其主要原因是因为混凝土是由骨料和水泥浆结合的粒状体组成,在外荷载作用下,栓钉传递的剪力使得混凝土受压伴随着剪切变形而引起的端板与混凝土交界面的剥离,尤其在加载梁隔板下部位置处,应力较大,此处的栓钉为抵抗壁板与混凝土的分离,焊趾处的栓钉截面出现紧缩,在外荷载的作用下,栓钉受剪作用明显,最后导致其拉剪破坏。当这两排的栓钉失效后,其他几排的栓钉就分担了更多的剪力,结构此时基本丧失承载力,栓钉随后迅速全部剪切破坏。

(2)与 A 类试件不同,PBL 键是由穿孔钢筋和混凝土组成的混凝土榫联合承担剪力,穿孔钢筋处于混凝土的包裹中,外荷载通过混凝土传递给钢筋,避免了钢板对穿孔钢筋的直接剪切作用,因此,钢筋的塑性变形得以充分发挥,最后结构的破坏也表现为典型的延性破坏特征。端板滑移形态见图 5b)所示。

(3)PBL 键圆孔内混凝土无明显压缩变形,见图 5c),而壁板与混凝土则有较明显的相对滑移,这是因为在加载过程中,带孔钢板孔洞内的混凝土处于钢板和穿孔钢筋共同作用下的有利的多轴受力状态,其抗压强度大大高于混凝土的设计强度,因此,混凝土榫起到了很好的销栓作用,最后试件破坏时,孔洞内的混凝土没有被压碎,而是与孔外的混凝土发生了相互错动,导致其剪切破坏。试件中的穿孔钢筋有明显弯曲变形,但都没有出现被剪断的现象,凿开混凝土后取出的穿孔钢筋见图 5d)。

a)混凝土裂缝分布图

b) B类试件端板滑移形态

c)带孔钢板

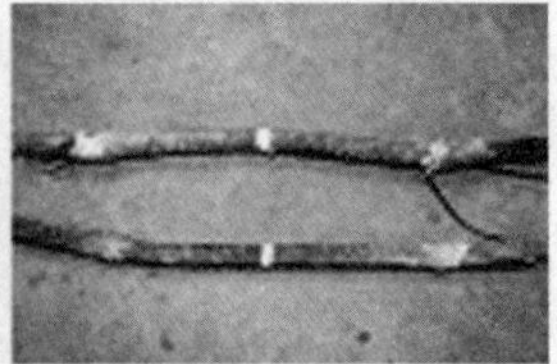
d)穿孔钢筋

图 5　PBL 键破坏形态

3.2　试验结果

3.2.1　荷载—滑移量曲线

试件荷载—滑移量曲线如图 6 所示,曲线代表所有百分表测试结果的平均值,记录的是试件在外荷载作用下的全过程,横坐标为端板与混凝土的相对滑移量,纵坐标为试件承受的外荷载。

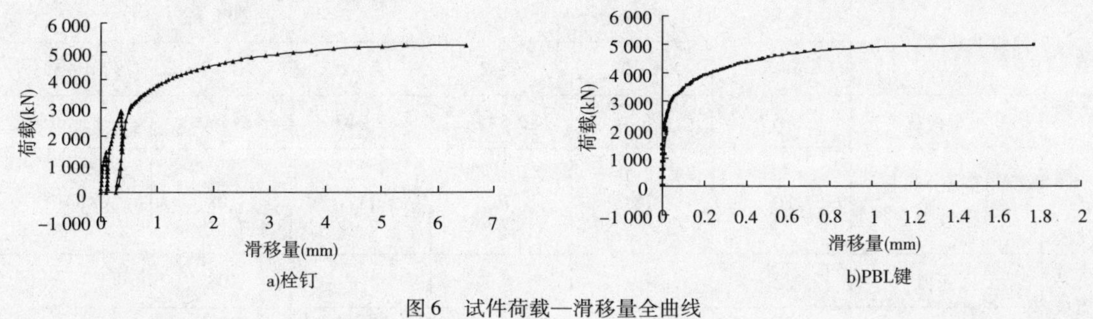

图6　试件荷载—滑移量全曲线

从图6中可知：

(1)对栓钉试件，荷载小于0.55倍的栓钉极限承载力时，组合结构处于弹性阶段，荷载—滑移曲线近似呈线性关系，且滑移量很小。此后，组合结构进入弹塑性阶段，滑移发展速率明显加快。当荷载大于0.8倍的栓钉极限承载力时，组合结构进入塑性阶段，在荷载增加很少的情况下，滑移量增加很多。重复加载试验表明，即使在外荷载很小时，对栓钉卸载其滑移变形仍不能恢复。经分析认为，在第一次低重复荷载作用下，壁板与混凝土交界面的摩擦力阻止了滑移的恢复，而在第二次高重复荷载作用下，栓钉与混凝土的塑性变形和栓钉根部下方的混凝土压碎失效是导致滑移量难以恢复的主要原因。

(2)从PBL试件的荷载—滑移曲线可以看出，线性阶段的滑移量绝对值较小，荷载—滑移曲线近似为直线，此时滑移发展较慢，荷载与滑移关系基本为线性。随着荷载的增大，荷载—滑移曲线开始进入非线性，此时随着荷载的增大，滑移发展较快，曲线表现出明显的弯曲。当荷载进一步增加时，位移开始迅速增大，此时PBL剪力键承载能力提高较小，荷载—滑移曲线表现为较长的平缓段，直至构件破坏。

3.2.2　抗剪承载力

试件的屈服抗剪承载力是指剪切作用力与滑移量的变化曲线开始显著倾斜时所对应的剪切作用力，可以通过观察其荷载—滑移量曲线的线性拟合来获得。在这里，要求荷载—滑移量曲线的线性拟合相关系数 $R > 0.97$。线性拟合结果如图7所示。

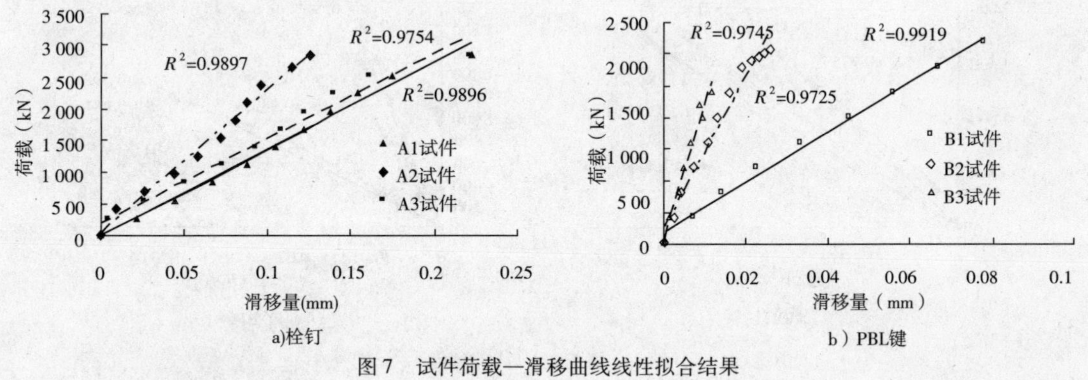

图7　试件荷载—滑移曲线线性拟合结果

根据线性拟合获得的单钉(孔)抗剪承载力如表1所示。

表 1　单钉(孔)抗剪承载力(单位:kN)

抗剪承载力		栓钉			PBL 键		
		A－1	A－2	A－3	B－1	B－2	B－3
屈服承载力极限承载力	屈服荷载	2 877	2 794	2 845	2 240	2 160	1 680
	单钉(孔)屈服承载力	80	78	79	112	108	84
	代表值		79			108	
	极限承载	5 230	5 080	5 173	3 640	3 480	4 950
	单钉(孔)极限承载力	145	141	144	182	174	248
	代表值	—	143	—	—	182	—

由表 1 可知,PBL 键单孔屈服承载力和极限承载力均要高于栓钉单钉承载力。A 类试件得到的屈服承载力为 0.55 倍的极限承载力,与英国标准 BS5400 中的定义几乎是一致的。从 B 类三组试件的试验结果可以看出,即使混凝土标号、孔洞数、孔径及带孔钢板厚均相同,但极限承载力也有较大差别,具有较大的离散型。分析认为,各组试件底部混凝土受支承条件的影响,加载时不可能做到完全一致,其次穿孔钢筋位置可能没有完全居中,另外,受壁板与混凝土间摩擦力大小及混凝土本身性质的影响使得 PBL 键没有充分发挥其承载能力。

3.2.3　刚度分析

日本钢结构协会(JSSC)于 1996 年制定的推出试验方法里这样定义抗剪刚度:根据每根连接件的剪切作用力与滑移量的关系曲线,把通过最大抗剪承载力 1/3 大小处的割线倾斜度设为抗剪刚度[5]。经线性拟合得到的试件群钉(孔)抗剪刚度见图 8。

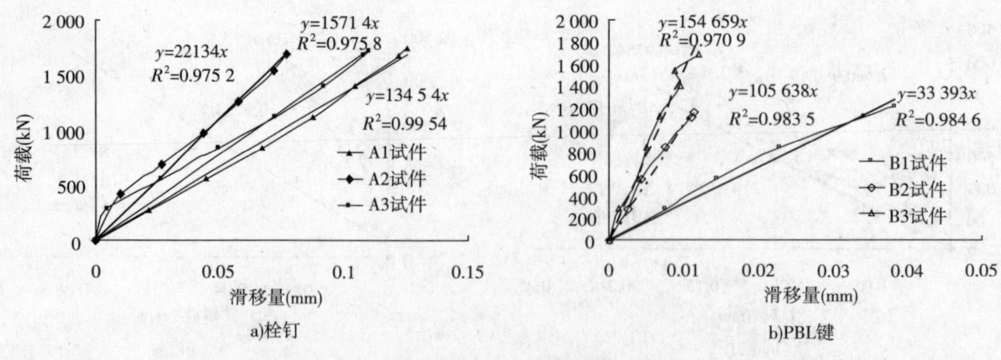

图 8　群钉(孔)抗剪刚度

根据线性拟合获得的单钉(孔)抗剪刚度如表 2 所示。

表2　单钉(孔)抗剪刚度(单位:kN/mm)

抗剪刚度	栓钉			PBL 键		
	A-1	A-2	A-3	B-1	B-2	B-3
群钉(孔)抗剪刚度	13 454	22 134	15 714	33 393	105 638	154 659
单钉(孔)抗剪刚度	374	615	437	1 670	5 282	7 733
代表值	—	437	—	—	5 282	—

表2中的单钉(孔)抗剪刚度代表值其物理意义就是允许界面处产生单位相对滑移时作用于其上的剪力,其大小与连接件的类型、数量、尺寸、材料、混凝土标号等均有关[6]。试验表明,B类试件的滑移量明显小于A类试件,说明PBL键比栓钉具有更好的抗剪刚度。两类试件抗剪刚度较为离散,这是因为最大抗剪承载力1/3大小处的割线倾斜度所对应的滑移量均很小,最大的A类试件为0.13mm,B类试件则更小,对测试手段的要求较高;其次,A-2试件在最后一次加载时,荷载—滑移曲线出现较长的"软化"段,所包围的面积"饱满",全部栓钉更好地发挥了各自的抗剪能力,抗剪刚度较高,不过,对栓钉的抗剪承载力影响不大;B-3试件由于底部混凝土支承条件较为对称,左右两侧混凝土受力一致,抗剪刚度和极限承载力均要比其他两组试件高。

4　结语

通过两种不同类型的剪力连接件试验研究,对其在斜拉桥索塔锚固区中的受力行为做了全面考察,主要结论如下:

(1)栓钉连接件以栓钉受弯剪破坏为主,栓钉具有良好的延性性能,在破坏前均有明显的屈服过程,结构属于塑性破坏;PBL剪力键以带孔钢板下方的混凝土纵向劈裂破坏为主,抗剪承载力及抗剪刚度均较栓钉大。

(2)由两类共计六组试件的模型试验,得到了不同剪力键的荷载—滑移量曲线,同时,对试验数据采用线性拟合,通过相关系数将其拟合的曲线斜率作为试件的抗剪刚度,考查了试件在荷载作用下的位移响应。

(3)两类剪力连接件均满足钢锚梁—钢牛腿新型结构的承载要求,当界面间剪力较大而又无法布置许多栓钉连接件时,可以用少量的PBL剪力键代替大量的栓钉剪力键而达到同样的抗剪效果。

参考文献

[1] Leonhardt. Development and testing of a new shear connector for steel concrete composite bridges[A]. Fourth international bridge engineering conference[C],1995.

[2] Valente I, Paulo J S. Cruz. Experimental analysis of Perfobond shear connection between steel and lightweight concrete[J]. Journal of Constructional Steel Research,2004.

[3] Nam J H, Yoon S J, et al. Perforated FRP shear connector for the FRP - concrete composite

bridge deck[J]. Key Engineering Materials,2007.
[4] 胡建华,叶梅新,黄琼. PBL剪力连接件承载力试验[J]. 中国公路学报,2006.
[5] Jean – Paul Lebet. Composite Bridge in Switzerland[J]. Japanese Bridge and Foundation Engineering,2000.
[6] 刘玉擎. 组合结构桥梁[M]. 北京:人民交通出版社,2005.
[7] 罗如登,叶梅新. 组合梁钢与混凝土板相对滑移及栓钉受力状态研究[J]. 铁道学报,2002.
[8] 宗周红,车惠民. 剪力连接件静载和疲劳试验研究[J]. 福州大学学报:自然科学版,1999.
[9] 聂建国,李勇,余志武,等. 钢—混凝土组合梁刚度的研究[J]. 清华大学学报,1998.

162　CFRP 体外预应力筋混凝土梁斜截面抗剪试验研究

王新定　戴　航　丁汉山　叶见曙

（东南大学）

摘　要　在自主研制开发 CFRP 体外预应力筋夹片式锚具的基础上，进行了六片体外 CFRP 预应力筋混凝土梁斜截面抗剪性能试验，其中三片 CFRP 体外预应力筋为直线布置，另外三片 CFRP 体外预应力筋为曲线布置。试验研究表明 CFRP 体外预应力筋混凝土梁的剪切受力过程与传统的预应力钢筋混凝土梁相类似，经历了弹性阶段、裂缝扩展阶段、与斜裂缝相交的体内箍筋屈服阶段和破坏阶段。

关键词　CFRP 筋　体外预应力　抗剪试验　抗剪承载能力

1　引言

传统的体外预应力钢筋的腐蚀严重影响着体外预应力混凝土结构的安全和耐久性，采用耐腐蚀 CFRP 筋材作为体外预应力筋的混凝土梁则可避免这一问题，而且 CFRP 筋密度小，重量轻，其自重可大大减轻，从而相应提高了新建结构或加固结构的承载能力并节省预应力筋材料[1~5]。此外，CFRP 筋具有良好的抗疲劳性能和低松弛[6,7]，适合用作体外预应力筋。因此在体外预应力混凝土结构中用 CFRP 筋代替传统的体外预应力钢筋，具有较高的理论研究价值和广阔的应用前景。

2　CFRP 预应力筋锚具研制

CFRP 预应力筋材料的横向抗剪强度较传统的预应力钢筋低，因此传统的预应力钢筋锚具将不再适用于预应力 CFRP 筋的锚固，否则将会由于 CFRP 预应力筋抗剪强度较低导致其在锚固区的过早失效，达不到预应力混凝土梁的预期目的[8,9]，这也是制约其目前不能在预应力混凝土结构中得到广泛应用的主要因素之一。为此根据 CFRP 预应力筋的特点，自主开发研制了轻巧灵活方便的夹片式锚具，通过试验证实研制的夹片式锚具锚固效果良好，并获得了国家实用新型专利的授权。

3　CFRP 体外预应力筋混凝土梁斜截面抗剪试验设计

试验梁每一片全长均为 2 700mm，按“强弯弱剪”设计。试验梁为 T 形截面梁，梁高 280mm，梁肋宽 100mm，翼缘板宽 280mm，翼缘板厚 80mm。为了确保试验时梁的稳定性，在梁的两端各 300mm 长度范围内做成 280mm × 280mm 的矩形截面。在 T 形梁的梁肋两侧各布置一根直径8mm的CFRP体外预应力筋。CFRP体外预应力筋布置有两种形式，一种是直线布置(图1),另一种是在试验梁跨中安装一个转向装置而布置成曲线形式(图2)。

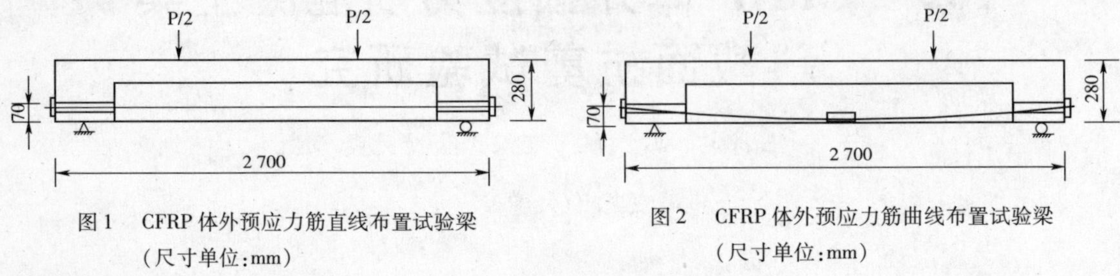

图1 CFRP体外预应力筋直线布置试验梁(尺寸单位:mm)

图2 CFRP体外预应力筋曲线布置试验梁(尺寸单位:mm)

试验梁为计算跨径2 400mm的简支梁,采用两点加载方式,试验梁采用C40混凝土。CFRP体外预应力筋抗剪试验梁共六片,其中三片CFRP体外预应力筋为直线布置,另外三片CFRP体外预应力筋为曲线布置。这六片试验梁具有相同的几何尺寸和相同的试验材料,只是体外预应力筋的布置、张拉后的CFRP预应力筋的有效预应力值以及加载时的剪跨长不一样。这六片试验梁的详细情况见表1。

表1 体外预应力CFRP筋混凝土抗剪试验梁明细表

试件编号	体外预应力筋配置	有效预应力f_{pe}(MPa)	f_{pe}/f_{pu}	剪跨比	体外筋布置形式
JZ-1	CFRP2φ8	694	0.54	3.0	直线
JZ-2	CFRP2φ8	685	0.53	3.0	直线
JZ-3	CFRP2φ8	565	0.44	3.0	直线
JQ-1	CFRP2φ8	704	0.55	3.8	曲线
JQ-2	CFRP2φ8	728	0.57	2.7	曲线
JQ-3	CFRP2φ8	712	0.56	3.0	曲线

4 试验梁的受力过程

试验过程中,六片抗剪试验梁JZ-1、JZ-2、JZ-3、JQ-1、JQ-2、JQ-3中剪跨比较小的试验梁JZ-1、JZ-2、JZ-3、JQ-2、JQ-3均发生了剪压破坏,剪跨比较大的试验梁JQ-1则发生了斜拉破坏。这六片试验梁的受力过程相似,受力过程可以简化为以下四个阶段:

(1)弹性阶段

从开始施加垂直荷载到梁开始出现裂缝为止。在加载初期,由于预压应力的存在,试验梁下缘混凝土处于受压状态,无裂缝出现。随着荷载的逐渐增大,试验梁下缘混凝土的预压应力逐渐减小,直至出现拉应力,若荷载继续逐渐加大,则当试验梁下缘混凝土的拉应力达到混凝土的极限拉应力时,试验梁下缘混凝土开始出现弯曲裂缝,裂缝短而细。在此阶段,试验梁处于弹性工作阶段,垂直荷载与跨中挠度近似成正比例线性关系,体外预应力筋的增量变化幅度较小。

(2)裂缝扩展阶段(弹塑性阶段)

开裂后,结构刚度降低。随着荷载的增加,出现临界斜裂缝,该临界斜裂缝一出现即上升到腹板的顶部,并指向加载点。腹板斜裂缝出现后,腹板内应力发生重分布,和斜裂缝相交的箍筋应力迅速增长,同时体内受拉普通纵筋应力也增长迅速。在此阶段,跨中挠度增量比梁开裂前的弹性阶段要大,体外预应力 CFRP 筋的应力增量变化幅度也变大。

(3)与斜裂缝相交的体内钢筋屈服阶段(塑性阶段)

随着荷载的增加,与临界斜裂缝相交的体内箍筋开始达到屈服强度,与临界斜裂缝相交的体内纵筋接近或达到屈服强度,试验梁的跨中挠度和斜裂缝宽度明显增大,梁的刚度明显下降,在荷载挠度曲线上出现第二个转折点,荷载与挠度之间的关系呈现非线性关系。在这一阶段,试验梁出现的临界斜裂缝迅速向上扩展,裂缝宽度也迅速加大。跨中挠度增量比前一阶段更大,体外预应力筋的增量变化幅度也比前一阶段的要大。

(4)破坏阶段

随着施加荷载的继续加大,试验梁跨中挠度急剧变大,斜裂缝宽度急剧变宽,体外预应力筋的应力急剧增加。继续加载,体外预应力混凝土试验梁迅速达到极限状态,直至试验梁发生剪切破坏,试验梁破坏后形态见图 3 所示。虽然此阶段的斜裂缝数量不再增加,但斜裂缝的宽度、长度和深度扩展较快,出现了几乎贯通的临界斜裂缝。CFRP 体外预应力筋除了 JZ－2 梁发生断裂以外,其余均未断裂。剪跨比较小的试验梁 JZ－1、JZ－2、JZ－3、JQ－2、JQ－3 发生了剪压破坏,剪跨比较大的试验梁 JQ－1 则发生了斜拉破坏。

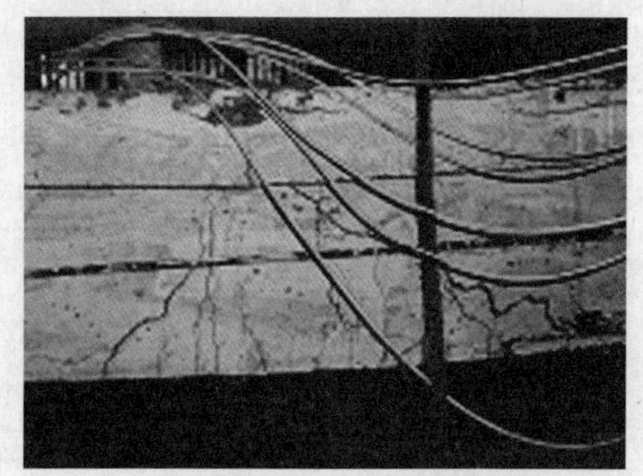

图 3　CFRP 体外预应力筋混凝土试验梁破坏形态图

5　试验梁的荷载—挠度曲线特性

CFRP 体外预应力筋混凝土试验梁 JZ－1、JZ－2、JZ－3、JQ－1、JQ－2、JQ－3 的垂直施加荷载和跨中挠度的关系曲线(即 P－Δ 曲线)如图 4 所示。

从图 4 可以看出,荷载—挠度曲线在混凝土开裂前呈现第一阶段的线性关系,混凝土开裂时,明显出现第一个拐点;混凝土开裂后到与斜裂缝相交的体内箍筋屈服前,荷载—挠度曲线呈现第二阶段的线性关系,由于混凝土开裂后梁的刚度降低,此阶段的线段斜率要比前一阶段的线段斜率要小,也即单位荷载作用下的跨中挠度变形要比前一阶段大;在与斜裂缝相交的体内箍筋屈服时,又可以看到明显的第二个拐点,在与斜裂缝相交的体内箍筋屈服后,即在塑性阶段,荷载—挠度曲线呈现非线性关系,跨中挠度变形急剧增加,直至体外预应力混凝土梁达到极限状态而发生剪切破坏。

可以看出,在剪跨比相同的情况下,设置转向装置的体外筋曲线布置的体外预应力 CFRP 筋混凝土 JQ－3 梁的抗剪承载能力要比不设转向装置的体外 CFRP 筋直线布置的体外预应力 CFRP 筋混凝土 JZ－1、JZ－2、JZ－3 梁大。这是由于体外筋的布置不同所致,体外预应力 CFRP 筋混凝土 JQ－3 梁的体外筋为曲线布置,体外筋由跨中向支点逐渐弯起。同时也可看出,在体外预应力筋布置相同情况下,剪跨比越大,抗剪承载力越小。

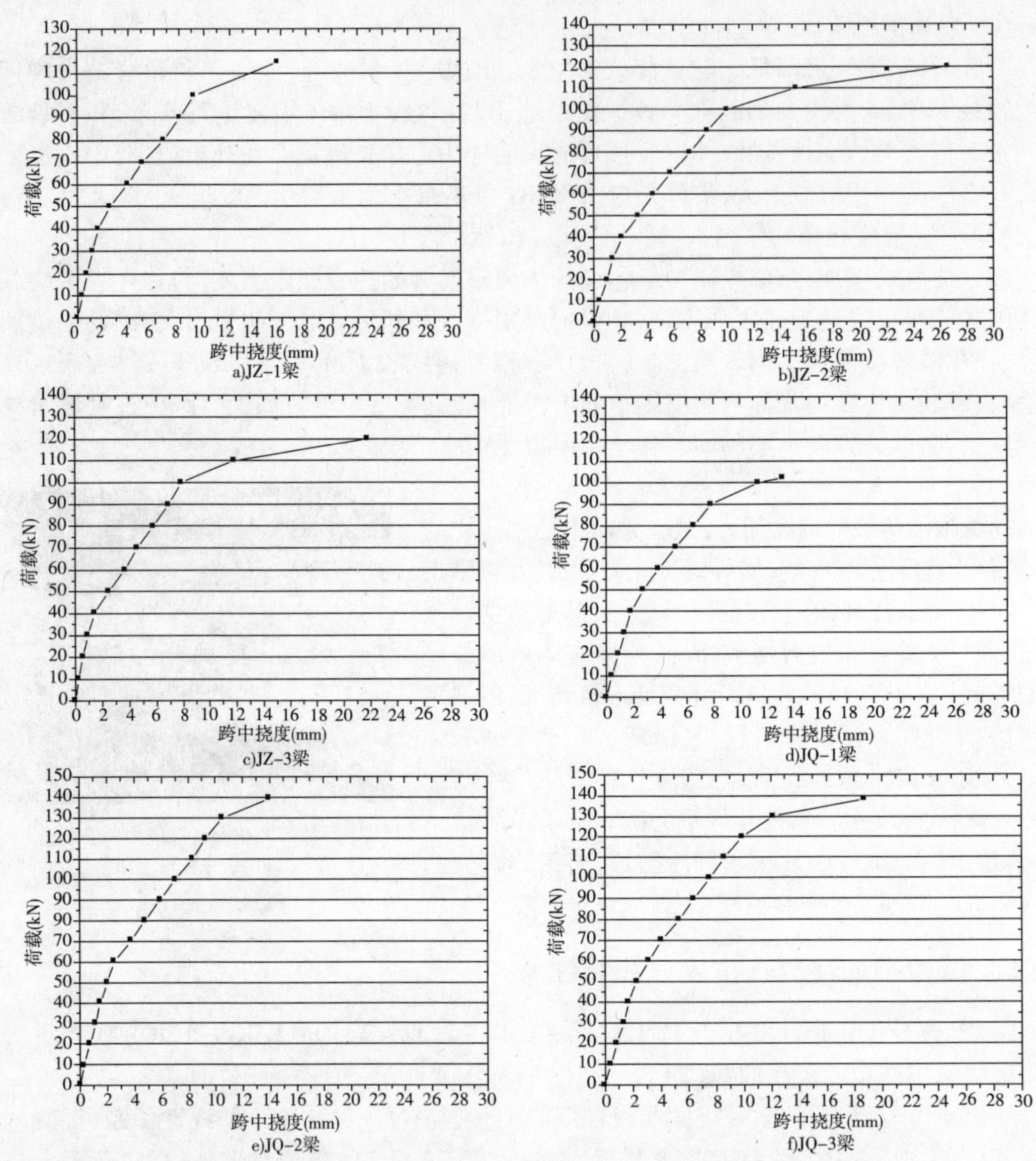

图4　体外 CFRP 预应力筋混凝土梁荷载—跨中挠度的关系曲线(P-Δ 曲线)

6　CFRP 体外预应力筋混凝土梁斜截面抗剪承载力影响参数分析

影响 CFRP 体外预应力筋混凝土梁抗剪承载力的因素较多,主要有剪跨比、混凝土强度、箍筋配箍率和箍筋强度、体内纵向受拉钢筋配筋率、预应力筋布置和预加力大小、体外预应力筋二次效应、纵筋弯起角度、截面形状等。这里仅对剪跨比、体外预应力筋布置等两项关键参数进行分析。

6.1　剪跨比

剪跨比 m 是影响 CFRP 体外预应力筋混凝土梁斜截面破坏形态和抗剪能力的主要因素。剪跨比 m 可表示为:

$$m = \frac{M}{Vh_o} = k\frac{\sigma}{\tau}$$

式中:M、V——混凝土梁斜截面受压端正截面处的弯矩和剪力;

σ、τ——混凝土梁斜截面受压端正截面处的正应力和剪应力;

h_o——混凝土梁斜截面受压端正截面处的截面有效高度;

k——与截面形状有关的系数。

可以看出,剪跨比 m 实质上反应了混凝土梁内正应力与剪应力的相对比值。显然,m 不同,则 σ/τ 也不同,混凝土梁内主压应力迹线和主拉应力迹线也不同。剪跨比 m 在所有影响因素中占主要地位,决定着受弯构件的斜截面破坏形式,直接决定混凝土梁的抗剪承载能力的大小。

图 5 为预应力筋曲线布置的体外 CFRP 预应力筋混凝土梁 JQ－1、JQ－2、JQ－3 等三片梁随着剪跨比变化的关系曲线图,从图中可以看出,随着剪跨比的增加,CFRP 体外预应力筋混凝土梁的抗剪承载力逐步减小。

6.2 体外 CFRP 预应力筋布置

对于体外 CFRP 预应力筋为曲线布置的 CFRP 体外预应力筋混凝土梁而言,体外 CFRP 预应力筋弯起提供的竖向力分量可以平衡部分外荷载,从而提高混凝土梁的抗剪承载力。图 6 为不设转向装置的体外 CFRP 预应力筋直线布置的体外预应力 CFRP 筋混凝土 JZ－2 梁和跨中设一个转向装置的体外 CFRP 预应力筋曲线布置的体外预应力 CFRP 筋混凝土 JQ－3 梁的抗剪承载力比较图,这里两片梁的体外 CFRP 预应力筋在梁端的锚固位置相同。从图中可以看出,在跨中设置一个转向转置的 JQ－3 梁的抗剪承载力要比不设转向转置的 JZ－2 梁的抗剪承载力大 15%。

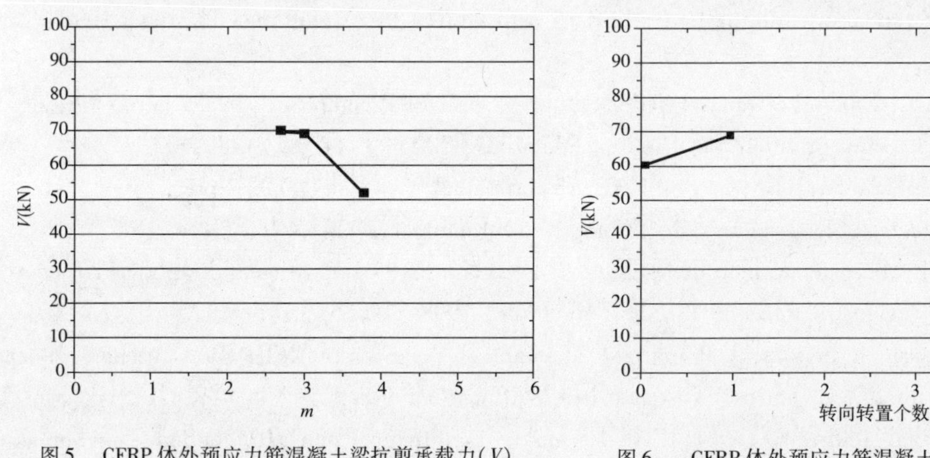

图 5　CFRP 体外预应力筋混凝土梁抗剪承载力(V)—剪跨比(m)关系曲线

图 6　CFRP 体外预应力筋混凝土梁抗剪承载力—转向转置个数关系曲线

7　结语

在自主研制开发体外 CFRP 预应力筋夹片式锚具的基础上,进行了六片 CFRP 筋体外预应力混凝土梁斜截面抗剪承载能力试验,对体外 CFRP 预应力筋混凝土梁在单调荷载作用下的受力过程、破坏形态、挠度变形和抗剪承载能力等进行了研究,得出如下结论:

(1)CFRP 体外预应力筋混凝土梁的剪切受力过程与传统预应力钢筋混凝土梁相类似,经历了弹性阶段、裂缝扩展阶段、与斜裂缝相交的体内箍筋屈服阶段和破坏阶段。

(2)在体外预应力 CFRP 筋布置相同情况下,CFRP 体外预应力筋混凝土梁的抗剪承载力随着剪跨比的增大而逐步减小。

(3)在剪跨比相同情况下,体外预应力 CFRP 筋曲线布置混凝土梁的开裂荷载和斜截面抗剪承载力比体外预应力 CFRP 筋直线布置的混凝土梁要大。

(4)在体外预应力 CFRP 筋布置相同情况下,对于不同剪跨比,随着剪跨比的增大,CFRP 体外预应力筋混凝土梁的开裂荷载减小。

(5)与传统的体外预应力钢筋混凝土梁相比,由于体外预应力 CFRP 筋的弹性模量和剪切模量均比体外预应力钢筋要小,在相同情况下,CFRP 体外预应力筋混凝土梁剪切破坏时的跨中挠度要较传统的体外预应力钢筋混凝土梁大。

参考文献

[1] Arvid Hejll, Bjorn Taljsten, Masoud Motavalli. Large scale hybrid FRP composite girders for use in bridge structures - theory, test and field application[J]. Composites(Part B: Eng.), 2005, 36(8):573-585.

[2] Nabil F. Grace. Design - construction of bridge street bridge - First CFRP bridge in the United States[J]. PCJ Journal,2002(Sept. Oct.):20-35.

[3] Taketo Uomoto. Use of fiber reinforced polymer composites as reinforcing material for concrete [J]. Journal of material in civil engineering, 2002,14(3):191-209.

[4] Sebastian Swiatecki. Building better bridges with CFRP[J]. Reinforced Plastics, 1998, 12(3):44-46.

[5] Lelli Van Den Einde, Lei Zhao, Frieder Seible. Use of FRP composites in civil structural applications[J]. Construction and Building Materials, 2003, 17(6-7):389-403.

[6] Frederick S, Saliba J E, Casper L E. Experimental study of CFRP - prestressed high - strength concrete bridge beams[J]. Composite Structures, 2000, 49(2):191-200.

[7] Demers C E. Fatigue strength degradation of E - glass FRP composites and carbon FRP composites [J]. Construction and Building Materials, 1998, 12 (5):311-318.

[8] A Al - Mayah, K Soudki, A Plumtredd, Mechanical Behavior of CFRP Rod Anchors under Tensile Loading[J]. Journal of Composites for Construction, 2001(May):128-135.

[9] Ahmed Elrefai, Jeffrey S. West, Khaled Soudki. Performance of CFRP tendon - anchor assembly under fatigue loading[J]. Composite Structures, 2007, 80(3):352-360.

162 预应力 CFRP 片材快速加固空心板的试验研究

卓 静[1] 黄福伟[1] 李唐宁[2]

(1. 重庆交通科研设计院;2. 重庆大学)

摘 要 体外锚固预应力 CFRP 片材加固是一种基于波形齿夹具锚(简称波形锚)的主动预应力加固技术,它采用非黏贴的、预制的、现场安装和张拉 FRP 片材的技术,施工速度很快。为了模拟实际桥梁的加固,特别寻找了一片废弃的 10 米的预应力混凝土空心板梁进行快速加固试验。

关键词 CFRP 片材 预应力 波形齿夹具锚 加固

1 引言

将 FRP 片材简单地黏贴在结构构件表面进行加固,直到构件加载破坏时 FRP 片材中的拉应力仍然不高,材料的强度得不到很好的发挥[1-2]。特别在实际加固工程中,被加固构件上往往存在着初始荷载,此时若采用普通的 FRP 片材加固方法,则在二次受力过程中 FRP 片材的应变将比梁中钢筋的应变滞后更多,加固效果就更加不明显。为了充分有效地利用 FRP 片材高强度的特点,取得较好的加固效果,预拉 FRP 片材的加固技术就具有重要的应用价值。通过对 FRP 片材进行预张拉,产生的初始预应力可用来平衡结构的一部分自重或荷载,从而能够充分发挥 FRP 片材的增强效果,诸如大大推迟裂缝的开展和减小裂缝宽度,有效地增强结构的刚度,减小结构构件的挠度,缓解内部钢筋的应变,提高钢筋的屈服荷载和结构的极限承载能力[3]。

波形齿夹具锚(以下简称波形锚)[4]和体外锚固 FRP 片材预应力张拉和锚固的施工方法[5]的发明为 FRP 片材的预应力加固技术提供了新的思路。通过近年来不断的技术改进和完善,体外锚固 FRP 片材的预应力加固技术在简洁性、快速性、经济性、适用性得到很大的提高,为了配合某桥梁加固工程,特别寻找了一片 10m 的无黏结预应力空心板梁进行加固试验,以检验该预应力加固工艺的可行性、可靠性、经济性等,为实际桥梁工程的应用打下坚实的基础。

2 试验情况

2.1 试验构件简介

本试验构件为无黏结预应力钢筋混凝土空心板,板长 10m,计算跨径 9.6m,梁高 0.58m,混凝土设计强度等级为 C40,构件的无黏结预应力筋纵向布置见图 1,截面的具体尺寸与主要配筋情况见图 2。

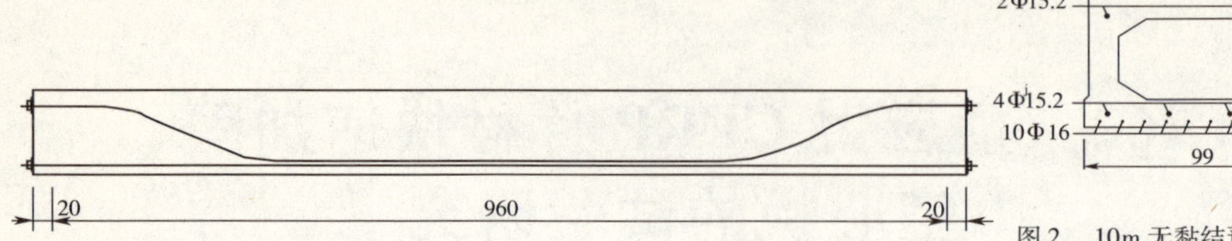

图1　10m 无黏结预应力空心板梁预应力筋布置图(尺寸单位:cm)

图2　10m 无黏结预应力空心板横截面尺寸与配筋(尺寸单位:cm)

特别说明的是,本试验的空心板是其他科研项目做试验用过的废构件,构件本身有相当大的破损,如板底10根普通的非预应力筋已经被割断2根(图3),板底多个地方的混凝土被切割(图4)。

图3　板底非预应力主钢筋被割断

图4　板底混凝土被切割

2.2　空心板体外锚固 CFRP 片材预应力加固方案

为了帮助业主和施工单位了解预应力 FRP 快速加固技术,同时也为了进一步验证这种加固技术施工的可行性和加固效果的可靠性,按图5的布置设置了两条碳纤维片材加固。

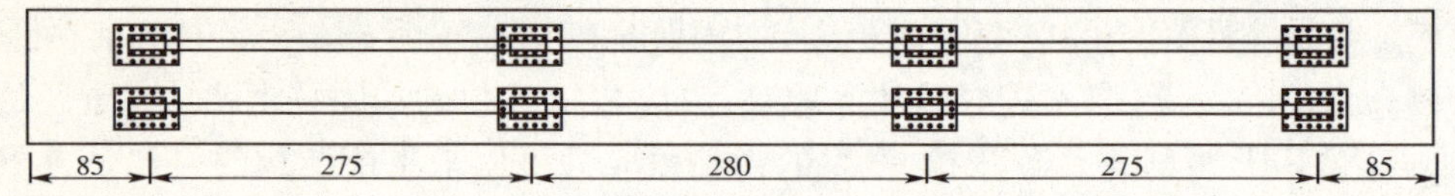

图5　底板预应力 CFRP 片材及波形锚布置图

每条碳纤维片材采用四个波形齿夹具锚进行四点体外锚固,碳纤维片材设计预应力张拉到600MPa 左右,每条碳纤维片材的预拉力在150kN 左右,其目的是预期每条碳纤维片材相当于一根 $\Phi^j15.2$ 的预应力钢绞线,两条碳纤维片材就相当于两根 $\Phi^j15.2$ 预应力钢绞线,有了这样的加固量,就可以满足对空心板的加固,显著提高其承载能力。为了便于比较,表1列出了碳纤维片材与钢绞线、钢筋的设计参数对比。

表1　加固用的预应力碳纤维片材与空心板内的钢绞线、非预应力主钢筋的性能参数对比

类　别	规格及截面积	设计有效预应力(MPa)	预拉力(kN)	设计强度(MPa)	极限拉力(kN)
碳纤维片材	0.167mm×75mm×20层,计算截面积250.5mm^2	600*	150.3	1 680*	420.84
Φj15.2 钢绞线	公称截面积139mm^2	1116	155.1	1 860	258.54
HRB335 级 Φ16	公称截面积201.1mm^2	0	0	280	56.31

*:按《公路桥梁加固设计规范》JTG/TJ 22—2008[6]第7.6.2条规定,纤维复合材料容许拉应变不能超过0.007,本次加固所用碳纤维布弹性模量2.4×10^5MPa,确定碳纤维布的设计强度1 680MPa,预应力按35%的设计强度考虑取600MPa。

2.3 空心板体外锚固 CFRP 片材预应力快速加固工艺

经过近年来的不断改进和完善，体外锚固 FRP 片材的预应力加固技术日趋成熟，特别是我们开发了波形齿夹具锚压紧装置（专利号 200820097782.5），用液压千斤顶实现较大吨位预应力张拉，摆脱了早期靠“一把扳手搞定”的历史。本次快速加固试验的施工工艺简述如下：

（1）植筋：由于每个波形齿夹具锚都需要固定在梁底，通过在梁底钻孔植入螺栓，用螺栓将波形锚与梁底保持固定连接。

（2）预制碳纤维片材：采用我们开发的专利技术预先制作碳纤维片材，使碳纤维片材在其中两个锚具需要夹持和挤压的部分保持柔软的状态，而其余部分达到浸渍胶固化强度的90%以上。

（3）安装并固定碳纤维片材的两端波形齿夹具锚。

（4）安装中间波形齿夹具锚并挤压碳纤维片材，采用专门的压紧装置挤压波形锚（图6），强迫碳纤维片材伸长产生预应力，通过测试碳纤维带的应变，确认达到预定的预应力后，拧紧螺栓，拆除压紧装置。

（5）重复 3 ~4 步进行另一条碳纤维片材的张拉施工。

（6）进行预应力损失观测及后续加载试验。

由于第 3 ~5 步采用预制安装的办法，预应力张拉与锚固的施工过程很快，试验梁加固用的两条碳纤维片材安装和预应力张拉施工仅用 1 个小时就完成了。因为采用非粘贴技术，这一施工过程与粘贴碳纤维布或钢板相比，无论是施工时间或者施工强度都大大减少，实现了结构的快速加固。

在预应力张拉过程中，进行了碳纤维片材的预应力测试（图 7），测试结果表明碳纤维片材在张拉过程中最高达到 720MPa（约 3 000$\mu\varepsilon$），在拆除压紧装置后损失最大，大约有 90MPa 左右，其后 3 小时左右，由于浸渍胶还在继续固化，还存在一定的预应力损失（约 20MPa），在其后约 175 小时里（约 7 天），预应力损失非常小，表明碳纤维片材中的预应力基本保持稳定的状态，有效预应力达到 600MPa（2 509$\mu\varepsilon$）左右，经换算，一条碳纤维片材的预拉力达到 150kN，基本与一根 Φ^j15.2 的预应力钢绞线的预拉力相当。在监测碳纤维片材的预应力过程中，也发现边跨段的 CFRP 片材预应力略低于跨中段的 CFRP 片材，但相差不大，其预应力损失规律也基本相同。

图 6 CFRP 片材中间预应力张拉和锚固施工照片

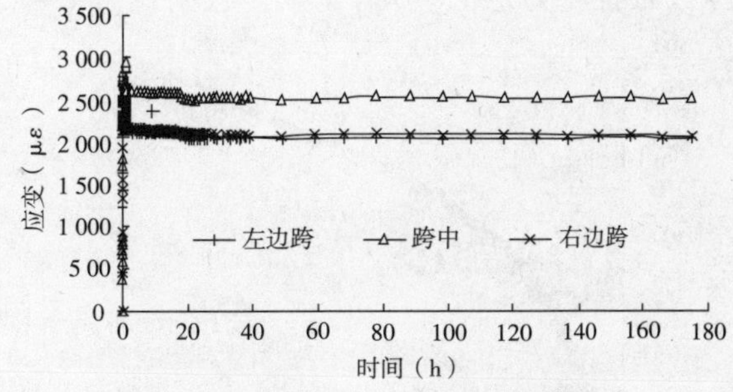

图 7 碳纤维片材预拉应变观测曲线

3 空心板加固前后的荷载试验

由于本次试验的空心板是其他科研项目用过的构件，目前只有一片，没有相同的构件进行荷载对比试验。为使本次加固具有一定的可信度,在加固前后分别进行了荷载试验,加固前的荷载试验以加载到构件裂缝宽度至0.3mm后停止加载,以确保非预应力筋不至进入屈服,获得试验梁在弹性工作阶段的荷载—挠度曲线,使其与加固后的荷载试验有一定的可比性。

3.1 加固前的荷载试验

由于该空心板是以前试验废弃的构件,有两根Φ16的主钢筋被割断,底板混凝土多处被切割,且构件已经发生轻微的开裂,并且由于构件放置了较长时间,非黏结预应力筋的预应力程度不是很明确,为试验的精确计,对6根Φ^j15.2钢绞线(体内的无黏结预应力筋)进行了重新张拉,张拉控制应力按$0.6f_{pk}$,每根钢绞线张拉力155kN。重新张拉完成后进行加固前的荷载试验,试验加载按图8进行。

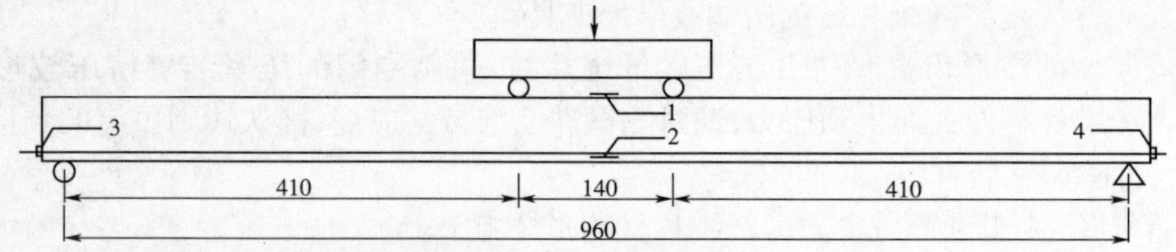

测点说明:1–跨中截面板顶混凝土应变测点;2–跨中截面板底主钢筋应变测点;3、4–钢绞线拉力测点。

图8 荷载试验加载及主要测点位置示意图(尺寸单位:cm)

3.2 加固后的荷载试验

在空心板板底采用四点锚固预应力碳纤维片材加固后,进行了构件加固后的荷载试验,试验加载方式仍然同图8。在加载过程中对裂缝宽度、碳纤维片材的应变、跨中截面非预应力主钢筋及板顶混凝土的应变进行了测试,测试点的位置如图8。

3.3 加固前后的试验结果对比分析

如图9、图10所示,加固前构件只加载到147kN,跨中挠度14.6mm,裂缝宽度在0.34mm,基本上在构件的弹性工作状态(从图12也可以验证主钢筋没有达到屈服,处于弹性范围)。加固后的构件加载到486kN时,挠度达110.3mm,此时构件因碳纤维片材拉断而卸载,由于非黏结预应力钢绞线,构件还能承当一定荷载。碳纤维片材拉断时,测得的极限应变为5 045με,加上有效预拉应变2 509με,碳纤维片材发挥出来的总应变为7 554με,实际极限拉应力达1 813MPa,实际极限拉力454kN,基本发挥出规范[6]所要求的设计强度。当

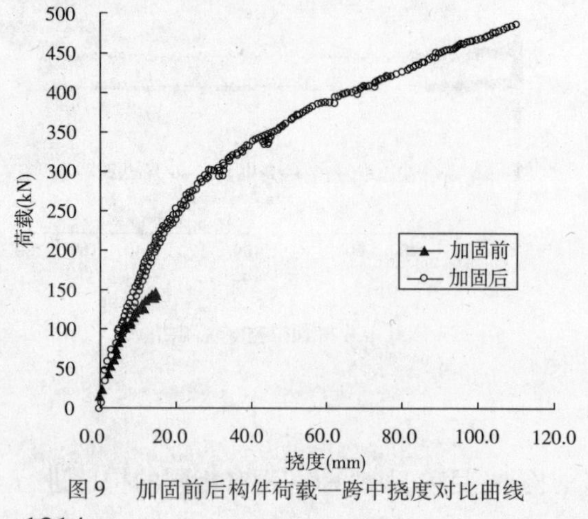

图9 加固前后构件荷载—跨中挠度对比曲线

图10 加固前后裂缝宽度对比图

然，从碳纤维片材的破坏现象看，断裂发生在锚具内部，其余部分完好，说明锚具提供的锚固能力不够，如能提高波形锚的锚固力，碳纤维片材的强度还可以发挥得更高。

本试验构件加固前后的荷载—挠度对比曲线（图 9）和裂缝—荷载对比曲线（图 10），从宏观上证实了加固效果是非常好的。由于缺乏加固前构件的极限荷载数值，我们无法给出定量的数据，但是比较加固前后同一荷载水平下的挠度和同一挠度水平下的荷载（如表 2），可以明显看出，在构件的弹性工作阶段，加固效果仍然是十分显著的。同样通过对荷载—裂缝宽度的分析也可以得出这样的结论。

表 2　空心板加固前后弹性工作阶段的荷载、挠度数据对比

比 较 项 目	加固前	加固后	比值（后/前）
相同挠度 14.6mm 下的荷载（kN）	147	207	1.41
相同荷载 147kN 下的挠度（mm）	14.6	9.1	0.62

以上是对构件在加载期间的荷载、挠度、裂缝宽度这些指标进行对比，这些指标都是构件作为受力构件的宏观指标，下面再从微观的深层次着手分析构件使用性能改善。图 11 ~ 图 13 给出了空心板加固前后构件跨中截面板顶混凝土、板底非预应力钢筋的应变测试数据以及无黏结预应力钢绞线两端的拉力增量实测数据对比。从这三个图形可以看出，在弹性工作阶段，由于碳纤维片材主动参与工作，在相同荷载作用下显著降低了混凝土、钢筋、钢绞线的应力，改善了构件的受力性能。

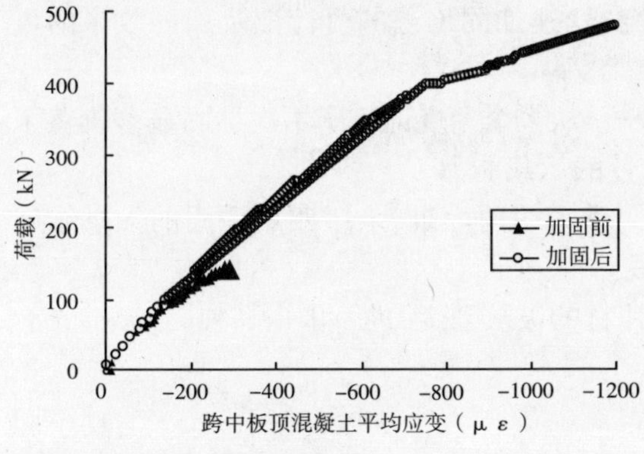

图 11　加固前后跨中顶板混凝土受力对比图（测点 1）

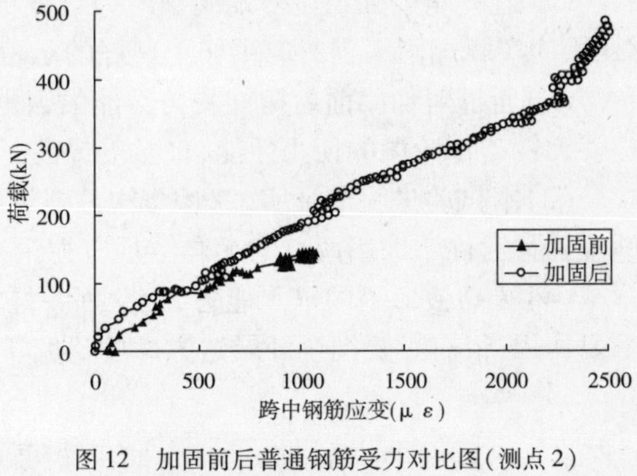

图 12　加固前后普通钢筋受力对比图（测点 2）

3.4　加固构件的碳纤维片材与无黏结钢绞线受力对比分析

在加载试验中，通过在无黏结预应力钢绞线的两端设置压力传感器直接测得整个加载过程中的拉力增量变化。如图 14，在非预应力普通钢筋未屈服前，无黏结钢绞线的拉力增量很小，也很缓慢，只有当普通钢筋屈服后，其拉力增量才较快增长，到碳纤维片材破坏时，其拉力增加了约 46kN。对于加固的预应力碳纤维片材，由于四点锚固将其分为三段，每段通过黏贴应变片测试其应变增量，再换算成其拉力增量，绘于图 14。从该图中可以非常明显地看出，跨中段的碳纤维片材从加载一开始就很好地参与了构件的受力，到碳纤维片材破坏时，其拉力增量达 301kN，是无黏结钢绞线拉力增量的 6 倍多，可以简单地说，若不考虑预拉力的作用，仅考虑拉力增量对构件承载力提高这一角度而言，本试验加固用的 1 条碳纤维片材就相当于 6 根无黏结钢绞线的作用，也相当于 5 根普通 $\Phi16$ 钢筋的作用，也表明本试验的加固方法确实显著地提高了构件的使用性能和承载能力。

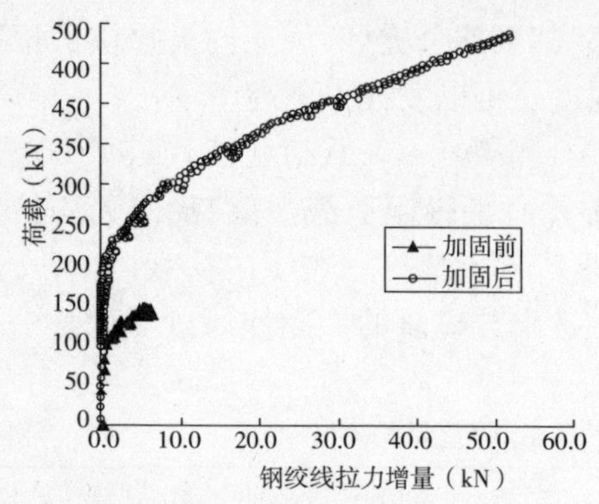

图 13 加固前后无黏结预应力钢绞线拉力增量对比

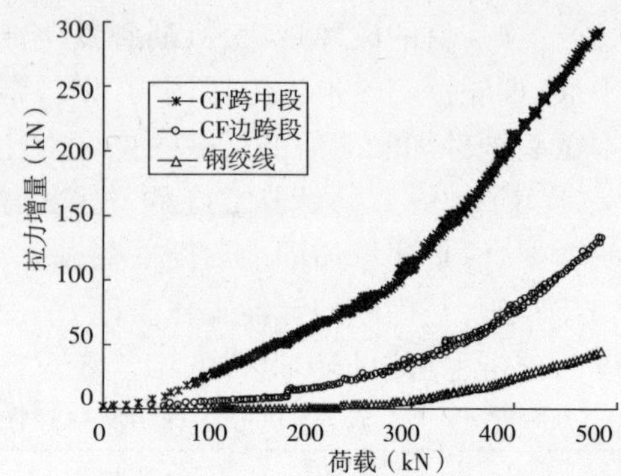

图 14 加固后碳纤维片材、无黏结钢绞线拉力增量比较

特别指出的是,本加固试验采用的碳纤维片材在预应力张拉和锚固后,与构件并没有粘贴,是一种无黏结预应力体系,但就参与构件整体共同受力的角度讲,采用四点锚固的碳纤维片材远优于采用两点的无黏结预应力钢绞线,本次试验进一步验证了这种多锚固点预应力体系的受力特点。

4 结语

通过 10m 空心板梁的快速加固试验,可以得到如下结论:

(1)进一步验证了体外锚固预应力碳纤维片材快速加固工艺的可行性及加固效果的可靠性,为实际加固工程的应用作了良好的示范。

(2)通过对加固前后构件受力性能的数据分析,从多个角度证实了本次加固显著改善了构件弹性工作阶段的使用性能,也显著提高了构件的承载能力。

(3)本试验进一步证实,就参与构件整体共同受力的角度讲,采用四点锚固的无黏结碳纤维片材远优于采用两点的无黏结预应力钢绞线。

(4)提高波形锚的锚固能力,对发挥碳纤维片材的极限强度,进一步提高加固效果,具有重要作用,很有必要继续开展这方面的研究工作。

参 考 文 献

[1] 李唐宁,卓静.波形齿夹具锚在碳纤维片材加固技术中的应用研究[J].预应力技术,2005.

[2] 腾锦光,陈建飞,等. FRP 加固混凝土结构[M].北京:中国建筑工业出版社,2004 .

[3] 尚守平,彭晖,等.预应力碳纤维布材加固混凝土受弯构件的抗弯性能研究[J].建筑结构学报,2003,24(5).

[4] 卓静,李唐宁. FRP 片材波形齿夹具锚的原理[J].土木工程学报,2005,38(10).

[5] 卓静,李唐宁,等.一种锚固 FRP 片材的体外预应力新方法[J].土木工程学报,2007,40(1).

[6] 中华人民共和国行业标准.公路桥梁加固设计规范 JTG/TJ22—2008[S].北京:人民交通出版社,2008.

163 甬江斜拉桥索塔预应力束研究

王存国[1] 叶派平[2] 赵人达[1]

(1.西南交通大学土木工程学院;2.中交第一公路工程局有限公司)

摘 要 本文对甬江斜拉桥进行现场足尺模型试验,得出井字形预应力束、U形预应力束采用不同材料的管道其相应摩阻损失率及摩阻系数;通过测试索塔关键截面控制点的拉索力效应及有限元仿真分析,对现有锚固区预应力筋布束方式进行优化研究,得到井字形与直线束,U形束与直线束的布束方式以及采用一定数量的预应力束能使长短边的应力和抗裂安全系数均匀,对原设计提供了一些参考建议,并且根据施工中出现的一些问题对低回缩锚的张拉工艺进行改进,可为设计和施工参考。

关键词 索塔 预应力束 有限元仿真 模型试验 优化

1 工程概况

宁波绕城公路甬江特大桥为联塔四索面分幅钢混凝土双π形叠合梁斜拉桥,跨径为54m+166m+468m+166m+54m。索塔采用C50混凝土索塔,钻石型结构,总高141.5m,索塔上塔柱在其顶部区域通过混凝土板相连(称为塔顶结合部)。目前国内建成的大多数斜拉桥中,以双索面居多,宁波甬江斜拉桥最大的创新在于横向将两塔相连成为一个整体,这在国内属于首创。两索塔相接在一起,该桥索塔双塔横向相连进一步增加了索塔结构的复杂性。索塔顶部连体部分采用井字形的布束方式(图1、图2),分离部分根据塔柱的构造特点,采用U形的布束方式(图3),预应力束为15Φ^s15.2(N1、N2、N3、N6、N7),19Φ^s15.2(N4、N5),12Φ^s15.2(N8、N9)预应力高强度低松弛钢绞线,标准强度R_y=1 860MPa, E_y=1.95×10^5MPa,张拉控制应力为1 395MPa,采用塑料波纹管进行管道成型,锚固体系采用低回缩锚,两端张拉施工。

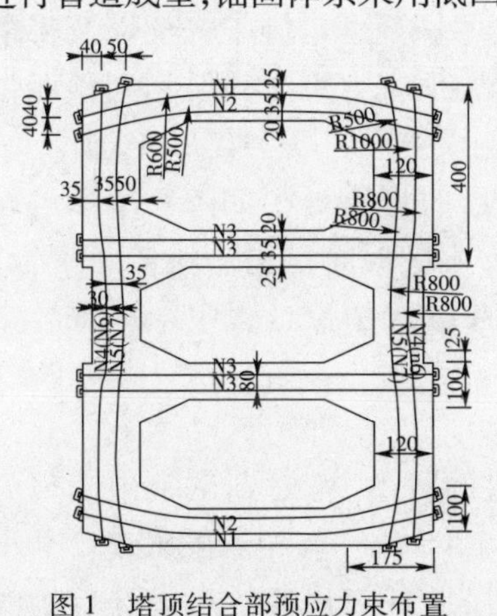

图1 塔顶结合部预应力束布置图一(尺寸单位:cm)

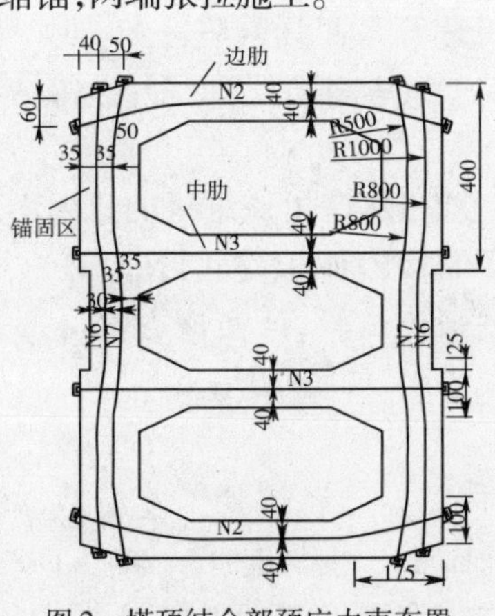

图2 塔顶结合部预应力束布置图二(尺寸单位:cm)

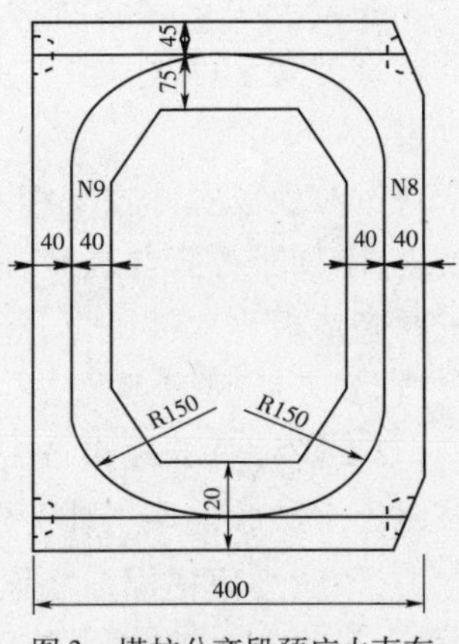

图3 塔柱分离段预应力束布置图(尺寸单位:cm)

2 预应力束张拉试验

2.1 塔顶结合部张拉试验

由于该索塔内采用的钢束长度相对较短,钢绞线回缩损失在总损失中占的比重较大,为了保证塔内预应力能够有效抵消索力在塔内产生的拉应力,尽最大可能减小锚具变形产生的损失就非常重要,该桥设计中 $15\Phi^{s}15.2$、$19\Phi^{s}15.2$、$12\Phi^{s}15.2$ 钢束均采用低回缩锚具,其基本原理是:用传统的张拉方法张拉到位,回顶后,在千斤顶与锚垫板间加设张拉撑脚,再进行二次张拉,拉至设计张拉值,将损失的张拉值补足,这时整个锚具随着钢绞线的伸长一起移动,锚具与承压板之间形成缝隙,千斤顶停止张拉,持压。将锚具的承压螺母旋紧与承压板贴紧后再回顶,张拉过程完毕。该桥所用的此类型号低回缩锚具为国内首次采用,在节段模型试验中对预应力束的张拉工艺进行试验可以为索塔后续施工提供重要依据。在张拉节段模型预应力束的过程中采用图4所示撑脚进行二次张拉时,大部分齿块及垫板出现了类似图5的情况。

图4 改进前撑脚

图5 撑角改进前齿块张拉状况

通过进行认真仔细的分析总结,得出产生该问题的原因有两点:(1)由于齿块尺寸过高,在强大预应力作用下容易导致劈裂。(2)锚垫板厚度较小以及采用图4所示撑脚,使齿块受力不够均匀,局部应力过大也是导致第二次张拉失败的主要原因。由于索塔节段模型试验为1∶1足尺模型试验,其施工工艺等与实际索塔完全一致,为了保证索塔施工安全以及将来成桥后索塔安全可靠,同时为了考察索塔节段真实开裂等情况,预应力束必须要达到预期张拉效果。

通过对现场实际情况综合考虑,从产生该结果的原因出发,对撑脚做了如图6所示的设计改进,增加了撑脚与齿块顶面的接触面积,同时在原来被破坏垫板面上垫一块较厚钢板,防止原来垫板再次被破坏,经过张拉试验,证实该方案可行,在二次张拉过程中未出现异常情况,达到了低回缩锚具应有的作用,如图7所示。

2.2 塔柱分离段张拉试验

该模型试验前期工作一定程度上已经达到了该模型试验的目的,考虑到试验中出现的问题,对预应力束锚固齿块设计做了一些改进:(1)减小了锚固齿块高度,相对原来设计减小了10cm左右;(2)将原来所用的铸铁垫板替换为钢垫板。为了验证对齿块改进设计后的实际状况以及预应力束采用钢管孔道的摩阻,重新浇筑了一个较小的混凝土节段,其预应力布置及张拉工艺与实际索塔完全一致，用图6改进后的撑脚张拉，张拉过程顺利，达到了低回缩锚具应有的作用，同时为塔顶结合部及塔柱分离段的施工积累了经验，保证了施工进度，张拉后见图8。从目前实桥中索塔预应力束张拉情况来看，张拉效果良好。

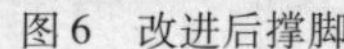

图6　改进后撑脚

图7　撑角改进后张拉情况

图8　齿块设计改进后张拉情况

2.3　预应力束摩阻试验及伸长值测定

从节段模型中U形束的张拉来看，采用塑料波纹管时效率较低，实桥索塔中改用钢管孔道，其强度、刚度好，施工方便，但采用不同类型的管道对摩阻系数有很大影响，有必要通过试验来确定其摩阻系数。该索塔内预应力束的损失主要为锚具变形和U形束管道摩阻的损失，对于长度相对较长的U形束，摩阻损失占所有损失总和比例较大，对于大吨位小半径的预应力U形束，通过试验来确定其摩阻系数及损失率是很有必要的。

2.3.1　摩阻系数测定

摩阻系数由于受每束预应力钢绞线的数量、张拉吨位、曲率半径等的影响，本试验模型环向预应力钢束长度相对较小，根据相关文献及工程经验，管道偏差系数k值可按照规范中规定的取用，设主动端的张拉力值为P_1，被动端的张拉力值为P_2，则$P_2 = P_1 e^{-(kx+\mu\theta)}$，由此可以推算孔道摩阻系数$\mu = -[\ln^{(P_2/P_1)} + kx]/\theta$，该试验中$\theta = 3.14$，$x$为管道长度。同时，张拉中的孔道总摩阻损失率可以按：$(P_1 - P_2)/P_1 \times 100\%$计算。该摩阻试验中预应力束采用一端张拉，张拉分为5级：10%、20%、50%、80%、100%。结果见表1。

表1　预应力束管道摩阻损失率及摩阻系数实测值

管道类型	钢束编号	总摩阻损失率	平均总摩阻损失率	摩阻系数实测值	摩阻系数实测平均值
波纹管孔道U形束	1-N6	46.50%	47.40%	0.193	0.198
	4-N6	48.10%		0.202	
	5-N6	47.60%		0.199	
波纹管孔道井字形束	1-N2	11.81%	10.75%	0.177	0.170
	2-N2	10.10%		0.171	
	1-N4	10.34%		0.163	
钢管孔道U形束	1-N8	77.40%	75.70%	0.468	0.449
	1-N9	77.40%		0.484	
	2-N9	72.50%		0.416	

由表1实测数据可以得知,U形波纹管及钢管孔道摩阻系数比《公路钢筋混凝土及预应力混凝土桥涵设计规范》(JTG D62—2004)参考值大,实测井字形束采用塑料波纹管孔道其摩阻系数与参考值一致,说明该摩阻试验结果是可信的,可以为设计提供参考,由于实桥中为两端张拉,摩阻系数会略小于表1实测值。表1中摩阻损失率为单端张拉时钢束总的摩阻损失率,实际施工中采用两端张拉,钢束跨中摩阻损失最大,设计中关心的是钢束跨中的摩阻损失率,由实测摩阻系数可以推算得到采用波纹管孔道井字形预应力束、采用波纹管孔道U形预应力束、采用钢管孔道U形束跨中的摩阻损失率分别为5.21%、27.38%、51.46%。

2.3.2　钢束伸长值测定

钢束实测伸长值按照《公路桥涵施工技术规范》(JTJ 041—2000)推荐方法,使用10%,20%,100%三个张拉级来推算,并且扣除了两端千斤顶内部钢束的伸长值。理论伸长值按照现行《公路桥涵施工技术规范》(JTJ 041—2000)规定的方法分段计算,计算中采用了实测的摩阻系数。预应力束实测及理论伸长值见表2。

表2　预应力束伸长量实测值与理论值

管道类型	钢束号	实测伸长值(mm)	理论伸长值(mm)	实测值-理论值/理论值
波纹管孔道U形束	1-N6	96.0	64.7	48.4%
	4-N6	94.0	64.9	44.8%
	5-N6	—	65.0	—
波纹管孔道井字形束	1-N2	68.0	50.5	34.7%
	2-N2	61.0	50.6	20.6%
	1-N4	74.0	55.9	32.4%
钢管孔道U形束	1-N8	64.0	64.4	0.6%
	1-N9	62.0	61.4	1.0%
	2-N9	67.0	61.4	9.1%

注:"—"表示由于客观原因没有量测。

由表2可知,钢束实测伸长值与理论值存在一定差异,主要原因有:

(1)锚具内缩值对伸长量有一定影响。

(2)塑料波纹管在管道曲线部位产生压缩变形,同时使钢束产生一定的几何伸长量。

(3)钢绞线由于受力不均匀会产生附加伸长量。可以明显看出,采用钢管孔道时,伸长量理论值与计算值相差相对较小,由此可以推断,塑料波纹管弯道内侧波纹被压平,由此引起钢束在弯道处产生几何伸长,是导致钢束的实测伸长值与理论伸长值偏差较大的重要原因。钢束伸长量主要受钢束曲率半径、波纹管类型等各种因素的影响,结合该试验结果并综合国内各大工程项目经验,建议取25%的控制应力作为该桥预应力束初始张拉应力。

3　塔顶结合部预应力束优化

大跨度斜拉桥由于其塔顶斜拉索布置相对较密,拉索在塔内会产生很大拉应力,为了改善锚固区受力状态,在索塔布置环向预应力显得尤为重要。同时优化环向预应力的布置形

式,可以节约钢束,优化索塔受力状态。为了对索塔环向预应力进行优化,从以下两个方面来考虑:

(1)各个控制点安全度基本一致,各点的应力基本均匀。

(2)采用预应力筋的数量最少。

3.1 有限元模型建立

现以通用有限元软件 ANSYS 为计算平台,考虑到结构的对称性,取 17 号索索塔节段一半为研究对象,混凝土采用八节点三维实体单元 SOLID45 和十节点单元 SOLID92,预应力钢束采用空间杆单元 LINK8 模拟;用 SHELL63 单元模拟斜拉索锚垫板和预埋索导管,本文采用工作平面切分体的方法准确模拟了预应力束的空间线型,使实体单元与杆单元共用节点,SHELL63 单元与实体单元通过共用节点来保证其共同受力。共离散为 46 608 个块体单元,1 724 个 SHELL63 单元,1 440 个 LINK8 单元,索塔节段预应力束及混凝土有限元模型分别见图 9 和图 10。

图 9　塔顶结合部钢束有限元模型

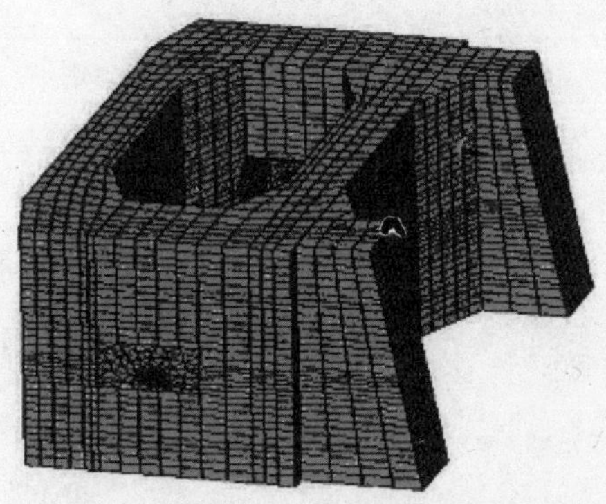

图 10　塔顶结合部节段混凝土有限元模型

3.2 预应力束优化

通过节段模型试验及有限元仿真分析可知,锚固区外索孔顶缘为该索塔节段的开裂控制点。采用线性规划的思想,对索塔锚固区预应力筋进行优化,目标函数和约束函数如下[3]:

$$\Sigma x_i = X_{\min} \tag{1}$$

$$\sum_{j=1}^{m} \sigma_{ij} x_j + \sigma'_i \leqslant 0 \tag{2}$$

$$\sum_{j=1}^{m} \sigma_{ij} x_j + \sigma''_i \leqslant \sigma_t \tag{3}$$

根据该优化配索公式,可以计算出每一种组合方式需要的索的数量,式(2)表示锚固区按全预应力设计,式(3)表示按部分预应力 A 类构件设计,实际中只需保证一种另一种自动会满足;其中 σ_{ij} 代表第 j 种预应力索在第 i 个控制点产生的预压应力的大小,σ'_i 代表第 j 种预应力筋的使用数量,x_{j} 代表第 i 个点在最不利索力作用下的拉应力值大小,σ''_i 代表第 i 个点在 1.5 倍最不利索力作用下的拉应力值大小。将 N1 ~ N3(15Φ^s15.2)、N4 ~ N5(19Φ^s15.2)钢束分别作用在 17 号索锚固区,在控制点产生的应力值见表 3。

表3 预应力束的应力影响系数

预应力束	锚固区控制点(MPa)	边肋控制点(MPa)	中肋控制点(MPa)
预应力束 N1	0.416	-0.517	-0.046
预应力束 N2	0.211	-0.462	-0.105
预应力束 N3	0.050	-0.187	-1.126
预应力束 N4	-0.932	-0.0401	-0.056
预应力束 N5	-0.603	-0.059	-0.018

17 号索锚固区控制截面在最不利索力及 1.5 倍最不利索力作用下,锚固区控制点应力值见表4。

表4 斜拉索荷载效应

拉索荷载(kN)	锚固区控制点(MPa)	边肋控制点(MPa)	中肋控制点(MPa)
8084	4.06	1.38	1.37
1.5×8084	6.08	2.07	2.06

将表1、表2数据代入优化公式(1)、(2)、(3),考虑到对称性,即 $x_1 = x_2, x_4 = x_5$,求解得到 $x_1 = x_2 = 15 \times 0.929 = 13.9$,取 $x_1 = x_2 = 14$;$x_4 = x_5 = 19 \times 3.054 = 58.02$,取 $x_4 = x_5 = 58$;$x_3 = 30 \times 0.893 = 26.8$,取 $x_3 = 27$,且满足混凝土容许压应力要求,与原设计在该部位的钢束布置 $x_1 = x_2 = 30, x_4 = x_5 = 76, x_3 = 60$ 相比,优化后预应力束数量减少 30%,同时可以看出原设计在中肋钢束布置过于富余,建议边肋、中肋钢束减少为原来的一半。由于是线弹性问题,可以推算原设计各点的开裂荷载,如表5所示。

表5 各控制点开裂荷载及模型抗裂度

项目	锚固区	边肋	中肋
预应力+设计索力对应应力(MPa)	-0.46	-4.56	-4.37
储备应力(MPa)	2.91	7.01	6.82
单位索力产生的拉应力(MPa)	0.000 502	0.000 170	0.000 169
储备荷载(kN)	5 796.80	41 235.30	40 355.00
总开裂荷载(kN)	13 880.80	49 319.30	48 439.00
抗裂安全度	1.72	6.10	5.99

由表5可知,该索塔节段锚固区开裂荷载为 13 880kN,与该模型试验实际结果相符,各控制点抗裂度不均匀,原设计中边肋及中肋预应力束布置过于保守,建议按优化结果减少边肋及中肋预应力束数量,可以达到各控制点抗裂度均匀及钢束数量较少的目的。

4 塔柱分离段抗裂度评估

4.1 有限元模型建立

利用与塔顶结合部相同的建模方法,建立塔柱分离段一个节段钢束及塔体的有限元模型,共离散为 63 195 个块体单元,4 988 个 SHELL63 单元,667 个 LINK8 单元,分别见图 11 和图 12。

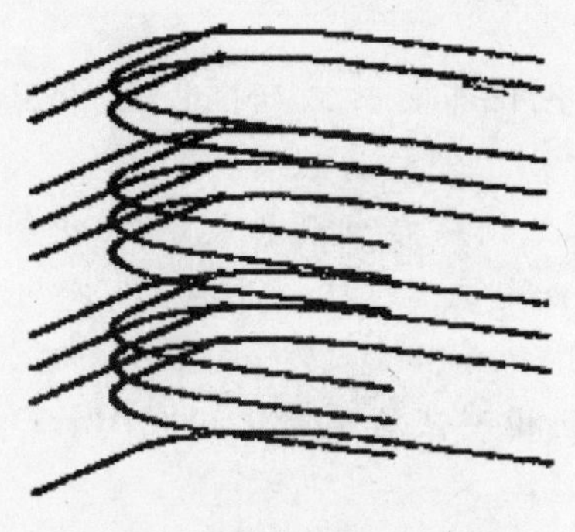

图11　塔柱分离段钢束有限元模型

图12　塔柱分离段混凝土有限元模型

4.2　塔柱分离段抗裂性分析

该桥塔柱分离段预应力束全部采用U形束，由于U形束长度相对较长，锚下回缩损失相对较小，可以减小预应力束的用量，但其缺点是摩阻损失相对较大。由文献[4]及其他相关研究成果可知，该桥采用横桥向开口U形束是合理的，在U形预应力束及拉索荷载作用下控制点处应力值见表6。

表6　U形预应力束及索力作用下塔柱分离段锚固区应力效应

项　目	短边控制点(MPa)	长边控制点(MPa)
U预应力束	-4.70	-3.05
拉索荷载(4 104kN)	1.49	0.51

按照文献[5]对抗裂度评价方法，使用表6数据可得长短边拉应力比 $\eta'=0.340$，长短边消压应力比 $\eta=0.265$，$\eta'/\eta=1.28$，可以看出长边短边的抗裂度不够均匀，这是因为下塔柱只布置了U形预应力束缘故，在短边增加直线束的布置才能使长短边抗裂度均匀。

5　结语

(1)单端张拉时，U形预应力束采用塑料波纹管孔道钢束跨中摩阻损失率为27.38%，摩阻系数为0.198；井字形预应力束采用塑料波纹管孔道钢束跨中摩阻损失率5.21%，摩阻系数为0.171；U形预应力束采用钢管孔道钢束跨中摩阻损失率为51.46%，摩阻系数为0.456。

(2)改进撑角以及对齿块设计修改是可行的，在实桥索塔预应力束张拉中已经得到了验证。

(3)为减小伸长量误差，建议该桥施工中初始张拉应力应该适当提高，取25%张拉控制应力。

(4)塔顶结合部抗裂度不均匀，建议按优化结果减少边肋及中肋预应力束数量；塔柱分离段单一布置U形束不能使塔柱分离段抗裂度均匀。

参考文献

[1] 严国敏.现代斜拉桥(第一版)[M].成都:西南交通大学出版社,1996.
[2] 陈小刚,吴文清,姚伟发,等.斜拉桥索塔锚固区环形预应力束孔道摩阻试验研究[J].现

代交通技术,2008.
[3] 邵旭东,曾胜田,李立峰,等.斜拉桥预应力索塔优化布束方式研究[J].中国公路学报,2001.
[4] 朱玉,王宜均,杨耀全,等.鄂黄长江大桥索塔锚固区预应力布束方式分析.中国公路学会桥梁和结构工程学会2000年桥梁学术讨论会论文集[M].北京:人民交通出版社,2000.
[5] 刘钊,孟少平,吕志涛.两座大型斜拉桥索塔锚固区模型试验及对比研究[J].预应力技术,2005.

164　斜拉桥 190m 主塔拉索锚固区 U 形预应力管道摩阻试验创新研究

金奇峰　卜东平　李玉宏

（中铁一局集团第二工程有限公司）

摘　要　本文主要针对斜拉桥 190m 主塔塔身拉索锚固区 U 形预应力管道摩阻试验的过程，没有像传统的斜拉桥做此试验时制作足尺，而是创新地提出直接利用塔身位置上的设计孔道，利用两台千斤顶对拉进行摩阻试验，并对整个过程进行了总结。该方法简单方便，既节省了成本，又能达到试验目的，可供同类桥梁施工借鉴。

关键词　U 形预应力管道　摩阻试验　双控关系　摩擦系数　足尺

1　工程概况

铁罗坪特大桥 190m 主塔塔身拉索锚固区 U 形预应力管道摩阻试验的过程，没有像类似斜拉桥做此试验时制作足尺，而是创新地直接利用塔身拉索锚固区位置上的设计孔道，利用千斤顶对拉进行摩阻试验。该方法通过了专家论证，简单、方便，既节省了成本，又能达到试验目的，是未来高墩大跨桥梁管道摩阻试验的发展方向。

斜拉桥钢筋混凝土索塔拉索锚固区必须设置环形预应力体系，以抵抗斜拉索传来的巨大水平分力。环形预应力筋由两束首尾交错的 U 形预应力筋构成。由于 U 形预应力筋具有半径小，平面线形不圆顺，孔道摩阻力大，张拉吨位大的特点，锚固区是斜拉桥的重要受力结构部位，必须重视其设计与施工。在预应力张拉施工中，弯曲的孔道会使预应力产生损失，在小半径孔道中，同一束预应力筋内外侧长度相差较大，张拉过程中几何变形大，这些因素都会直接影响到张拉质量。为了弄清这些关系，必须在正式张拉前在实体上做工艺试验，得出管道的摩阻系数。铁罗坪大桥主跨为（140 + 322 + 140）m 预应力混凝土双塔双索面斜拉桥，主塔高 190.397m，其结构形式为“H”形，塔身为钢筋混凝土五边形空心截面。下塔柱为变截面，上塔柱为等截面，锚固区塔身断面尺寸为 6.5m × 4.8m，顺桥向壁厚为 0.8m，横桥向（即锚固侧）1.4m，每侧塔身设 78 束预应力筋，最小曲率半径仅 1.6m。采用 15 - 19、15 - 22 预应力筋束，两束之间竖向间距为 45cm。本文以该斜拉桥为例，介绍 U 形预应力管道摩阻试验施工过程。

2　试验的意义

2.1　验证摩擦系数

预应力管道的摩擦损失对预应力数值影响较大，由于影响预应力的因素较多，其中摩擦系数的选用是关键,而孔道摩擦系数主要与波纹管的材质与构造有关。本桥采用近几年推广的塑料波纹管进行实体试验以便比较准确地测出摩擦系数,验证设计数值是否合理。通过反复试验,测得该桥孔道摩擦系数为0.157,与设计采用的系数(0.18)比较接近,证明施加于塔身结构内的有效预应力符合设计值。

2.2 合理确定钢绞线张拉初应力

《公路桥涵施工技术规范》[1]规定,张拉作业时,初应力按10%～15%张拉力操作,但是在以往张拉作业中,经常出现按此初应力及张拉测量结果推算的伸长量大于6%的情况。出现这种情况时,往往从千斤顶和油表的使用,孔道摩阻及钢绞线材质方面去寻找原因,而忽视了初始应力采用的不合理性,才是导致推算伸长量超过6%的主要原因。试验证明,在弯曲孔道中,钢绞线的变形和孔壁压迫变形对伸长量的影响是很明显的。此时只有通过试验来确定钢绞线弹性变形,合理地使用初应力,才能够正确指导张拉作业,计算得到合理的伸长量。

3 预应力钢绞线张拉工艺试验[2]

3.1 孔道位置的选定[3]

经过与设计院、业主沟通,及组织专家论证,本桥没有像以往斜拉桥在地面上专门制作一个足尺进行试验,而是以该桥索塔右幅第23节段实体混凝土作为预应力钢绞线张拉试验节段。U形预应力筋为15－19和15－22两种钢束,强度级别为标准强度 $R_y^b = 1\ 860\text{MPa}$,$E_y = 1.95\times10^5\text{MPa}$。第一束管道距浇筑层面400cm处,按设计规格型号设N1($L=11.51$m),N2($L=10.25$m),共两道,张拉槽口交错布置,N1为15－19,N2为15－22,见图1。

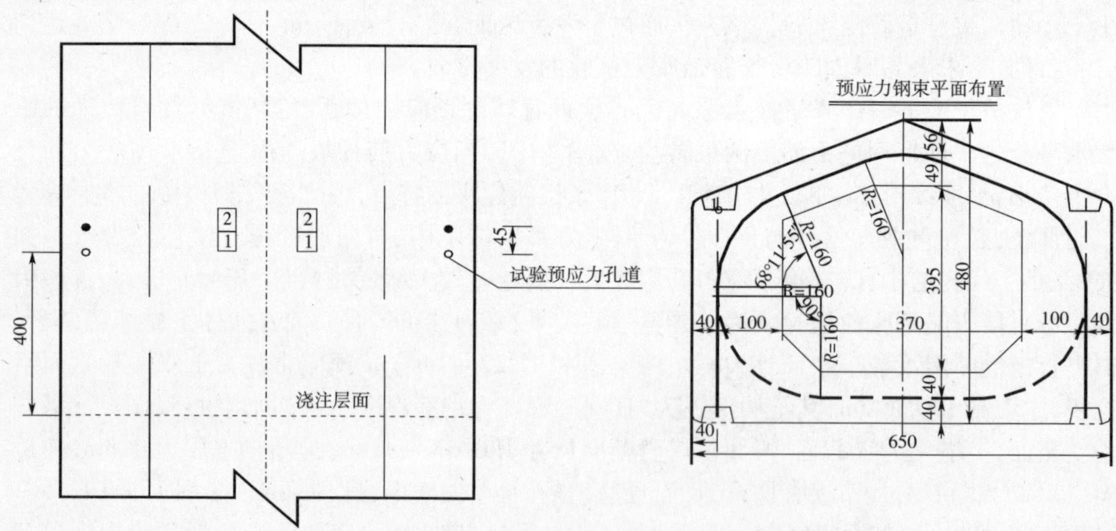

图1 预应力管道布置图(尺寸单位:cm)

3.2 预应力孔道材料选择及钢束穿束施工工艺

钢束均采用$\phi116$波纹管留孔。采用"后穿法"将钢绞线3根或4根为一束分次穿入孔道。按照设计要求,当混凝土强度达到设计强度的85%(即大于42.5MPa)且龄期达到7d以上时,进行张拉试验。

3.3 测试方法及 μ 值的确定

对两种孔道进行分级张拉，张拉荷载分别为 10% P、15% P、20% P、25% P、30% P、35% P、40% P、60% P、80% P、100% P。最终设计吨位 $P = 3\ 711$kN(15 - 19)，$P = 4297$kN(15 - 22)。对每级荷载读出主动端、被动端油压表值及量测伸长值，步骤如下：(1)两端千斤顶同时进油，张拉至第一级荷载后量测伸长值；(2)被动端封闭，主动端进油张拉，张拉时分级加载，量测并记录每一级的伸长值和读取主动端及被动端千斤顶读数，量测结果见表1(N1 15 - 19)。

表1　千斤顶张拉原始记录表

主动端			被动端		
张拉力(kN)	油表读数(MPa)	伸长量(mm)	张拉力(kN)	油表读数(MPa)	伸长量(mm)
10% P	3.5	74	10% P	3.6	52
15% P	5.1	79	15% P	3.8	52
20% P	6.6	84	20% P	4	52
25% P	8.2	89	25% P	4.4	52
30% P	9.7	94	30% P	5.2	52
35% P	11.3	98	35% P	6.7	52
40% P	12.9	103	40% P	7.1	52
60% P	19.1	123	60% P	11	52
80% P	25.3	122	80% P	15	52
100% P	31.6	162	100% P	18.8	52

注：只列出一次试验数值

测试结束后回油，轮换主动端和被动端，重复上述步骤(共三次)，N2 束重复 N1 束步骤(共四次)。计算最终平均张拉力，根据 $\mu = -[\ln(P_p/P_a) + kx]/\theta$，得出 μ 值，试验结果见表2。

表2　μ 值计算表

编　号	P(kN)	P_p(kN)	x(m)	θ	k	μ
N1	3711	2255.4	11.51	π	0.001	0.155
N2	4297	2594	1025	π	0.001	0.157

注：上式中 P——设计张拉力；P_p——平均张拉力；k——孔道每米局部偏差对摩擦的影响系数；θ——从张拉端至计算截面曲线孔道部分切线的夹角之和；x——从张拉端至计算截面的孔道长度；μ——预应力筋与孔道的摩擦系数。

3.4 初始张拉力的确定

根据分级加载的结果，假设各级荷载为初张力 P_o：推算实测延伸量 $L = \triangle L/(1 - P_o/P)$，结果显示，在 10% P ~ 25% P 之间的伸长量与张拉力逐渐成为直线比例关系，从 25% P 后开始结果趋于稳定，表明钢束已完全进入弹性变形阶段(表3)，根据张拉力与伸长量关系图(图2)可以看出，施工中将初始张拉力确定为 25% P。

表3　计算伸长量表

主动端			被动端			15-19
张拉力(kN)	油表读数(MPa)	伸长量(mm)	张拉力(kN)	油表读数(MPa)	伸长量(mm)	计算伸长量(mm)
10% *P*	3.6	63	10% *P*	3.5	71	90
15% *P*	5.1	68	15% *P*	3.6	71	89.4
20% *P*	6.7	72	20% *P*	3.6	71	90
25% *P*	8.2	78	25% *P*	3.7	71	88
30% *P*	9.8	83	30% *P*	4.0	71	87.1
35% *P*	11.3	88	35% *P*	5.1	71	86.2
40% *P*	12.8	93	40% *P*	5.9	71	85
60% *P*	19.0	110	60% *P*	10.0	71	85
80% *P*	25.2	127	80% *P*	13.4	71	85
100% *P*	31.3	144	100% *P*	20	71	86

注:只列出一次试验数值

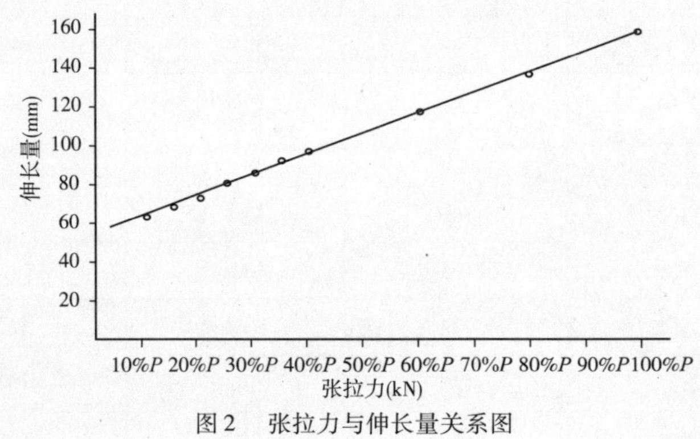

图2　张拉力与伸长量关系图

3.5　理论伸长值与试验实际伸长值的比较

由于试验时采用的是主动端一端张拉,实际测量伸长值为工具锚外端钢绞线的伸长值,计算理论伸长值时应加入两端工作长度钢绞线1.6m的伸长值11mm,推算对比见表4(取0.16)。

表4　理论伸长值与试验实际伸长值对比表

钢束编号1	理论伸长值 $\triangle L$(mm)	实际平均伸长值(取25% *P*) 推算值 $\triangle L_1$(mm)	$(\triangle L-\triangle L_1)/\triangle L$ (%)
N1	75	94.7	26%
N2	68	93.5	37.50%

注:表中理论伸长值为加上钢束工作长度的理论值

表中的差值便是孔道变形及预应力筋受力挤压时引起的增加量,其值为19.7~25.5mm,钢束理论伸长值为N1=75mm,N2=68mm,因此:

张拉伸长值=现场实际的伸长值-预应力筋工作长度的伸长量-孔道变形及预应力筋挤压排列重组的增加量(计算时取20mm)。

将张拉伸长值与理论值比较是否在±6%范围内。通过对U形预应力张拉工艺试验及理论伸长值与实际伸长值的比较,得出如下结论:(1)U形预应力束的张拉初始应力应由试验得出,而不是以有关施工规范的10%~15%来确定;(2)由于大吨位小半径环向预应力钢绞线是主塔施工的关键,不宜随便调整张拉力,必须做出全面、合理的分析;(3)U 形预应力钢绞线在径向荷载下有陷入孔道内壁的趋势,将增大摩擦系数,因此 U 形预应力的摩擦系数应由试验确定(该桥取 0.16);(4)塑料波纹管在钢绞线的径向压应力作用下产生变形及钢绞线二次排列组合引起的钢绞线几何伸长量通过试验确定,该桥取值为 20mm。

4 试验成果及其运用

施工中采用 25% *P* 初始应力张拉,分级加载至 35% *P*、50% *P*、100% *P*,持荷,进行实际伸长值的计算,结果对比见表 5。

表 5 实际伸长值的计算表(单位:mm)

编号	张拉端向	型号	25% P 伸长值	35% P 伸长值	50% P 伸长值	100% P 伸长值	理论伸长值	实际伸长值	比值
U67	A	15 - 22	76	86	86	108	75	97.3	+3.1%
	B		74	84	89	115			
U46	A	15 - 19	61	67	74	95	68	89.3	+1.9%
	B		60	65	75	93			

从表 5 中可以看出,施工中利用得出的试验结论来校核钢束的实际伸长值是可以满足规范 ±6% 要求的。

5 施工中应注意的问题

5.1 孔道定位

施工中塑料波纹管的定位要准确,定位钢筋的数量应适当加密,防止波纹管在混凝土浇筑过程中上浮,波纹管定位后尽量不要对钢筋进行烧、焊,避免波纹管受损,塑料波纹管应选择阻燃性及抗冲击性较好的塑料波纹管,波纹管接头尽量不放在曲线段,避免因振捣意外脱落。

5.2 张拉工艺

(1)由于钢绞线在张拉过程中受径向压应力作用有排列重组现象,基于采用分束穿束及孔道不平顺的影响,由于钢束排列的随机性,钢束在孔道中势必会有扭绞现象,导致钢束受力存在着不均匀性,为了防止断丝,同时为尽量减小钢绞线受力挤压、重组引起的几何伸长量,提倡用整束穿入法并逐根编号。

(2)通过本次试验得到的结果,证明在预应力筋张拉作业中,影响伸长量的因素较多且复杂,故张拉中要遵循以油表读数为主,符合伸长量校核的规定(规范)。只要对千斤顶与油表及时标定准确,则以张拉力来控制张拉作业是可以确保张拉质量的。

(3)为了使张拉端钢绞线均匀受力,避免工具锚夹片松紧不一的现象,张拉前应用套筒对工具锚夹片逐根敲击顶紧,使所有钢绞线同步均匀受力,要经常检查工具锚,定期更换用旧的夹片,这是防止钢绞线断丝或不受力,确保张拉质量的有效措施。

参考文献

[1] 中华人民共和国行业标准 JTJ 041—2000. 公路桥涵施工技术规范[S]. 北京:人民交通出版社,2000.

[2] 陆磊,吴文清. U 形预应力束管道摩阻试验研究[J],山西建筑,2007(21).

[3] 交通部第一公路工程总公司. 公路施工手册[M],北京:人民交通出版社,2000.

165　弯束预应力锚碇模拟施工试验研究

苏　强[1]　赵千明[2]　曾　诚[2]　汪桂升[2]　谢正元[2]

(1.广西大学;2.柳州欧维姆机械股份有限公司)

摘　要　隧道锚因具有性价比高、环境扰动小的特点,成为山区中大型悬索桥理想的锚碇型式。本文针对湖南矮寨特大悬索桥,进行了弯束预应力锚碇模拟施工的试验研究:通过穿束试验检验穿束工艺的可行性,试验表明穿束顺利,钢绞线穿束过程中不会打绞;通过换索试验检验换索工艺的可行性,试验表明能顺利实现单根换索;通过灌油密封试验检验灌油工艺的可行性与密封效果,试验表明能顺利灌满孔道且系统无泄漏。模拟试验的结果和经验,可为实际工程及类似的工程参考和借鉴。

关键词　隧道锚　预应力锚碇　转向器　模拟　试验

1　概述

湖南矮寨特大悬索桥为吉茶高速公路的控制性工程。吉首岸锚碇采用重力式锚碇,锚体长度25m,水平交角45°。茶洞岸锚碇为隧道式锚碇,水平交角38°,锚体长度43m。锚固系统在水平、竖向两个面内均为辐射形布置,拉杆方向与其对应的索股方向一致,前后锚面均为大缆合力线垂直的平面,预应力钢束先沿索股发散方向布置,后按一定半径收敛,最后与大缆合力线平行锚固于后锚面[1],如图1所示。

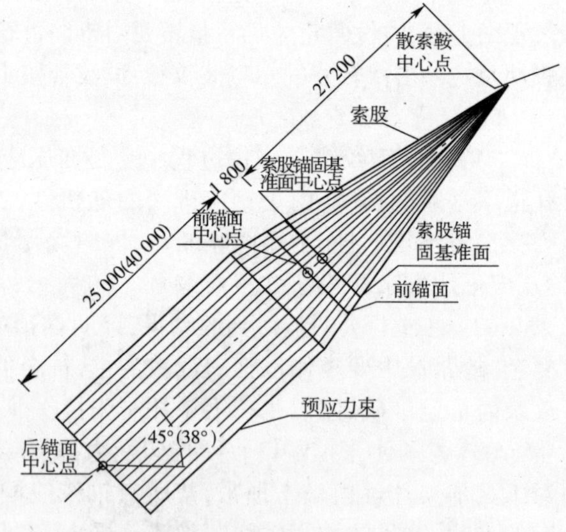

图1　预应力锚碇布置(尺寸单位:mm)

本桥锚碇采用的是可换式预应力体系。单索股锚固单元采用15－16规格预应力钢束锚固,双索股锚固单元采用15－31规格预应力钢束锚固。预应力钢束锚固构造由管道、预应力钢绞线及其锚具、防腐油脂、锚头防护帽等组成。拉杆上端与索股锚头的锚板相连接,另一端与被预应力钢束锚固于前锚面的连接器连接。湖南矮寨特大悬索桥的预应力束管道与常规可换式锚碇锚固体系不同之处主要在于其结构是弯曲的,在靠近前锚的管道设计了弯曲的分丝管结构(转向器),如图2所示。因转向器的存在,使得在穿束、灌油、密封等方面比常规直管的锚固体系更加困难,为确保工程施工可靠,进行了足尺模拟穿束、灌油密封及换索试验。通过试验积累了相关经验，为实际工程应用及类似的弯束预应力施工提供借鉴。

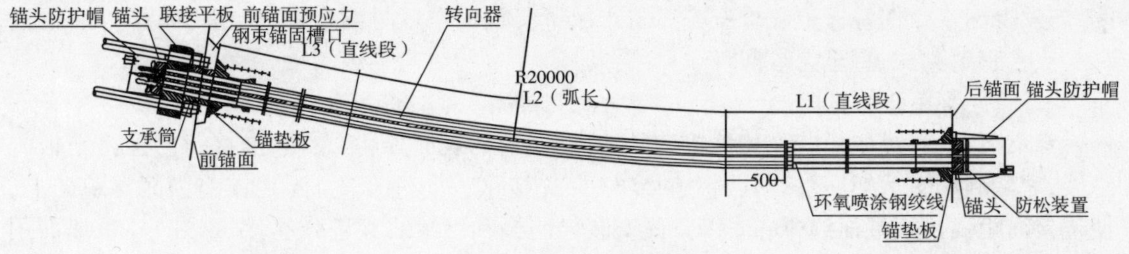

图2　弯束预应力锚碇结构

2　试验方案

2.1　试验目的

(1)通过穿束试验检验穿束工艺的可行性，检验能否顺利穿进钢绞线，穿束过程中是否会打绞。

(2)通过换索试验检验换索工艺的可行性，检验能否顺利实现单根换索。

(3)通过灌油密封试验检验灌油工艺的可行性，检验能否顺利灌满孔道，检验是否会漏油。

2.2　试验准备

我们选取实际工程中编号为 B2 的钢束为试验束，此钢束为 15－31 型预应力钢束，总长 25m，其中转向器部分长 6m，由 31 根 $\Phi 34\times3$ 无缝钢管组焊弯曲而成。直管部分长 19m，由 $\Phi 230\times5$ 钢管接长组焊而成。为模拟实际安装情况，我们在一幢楼房旁搭建了试验用支架平台，把试验钢束安装固定在支架平台上，保证试验钢束的倾斜角度与实际工程一致，如图 3 所示。

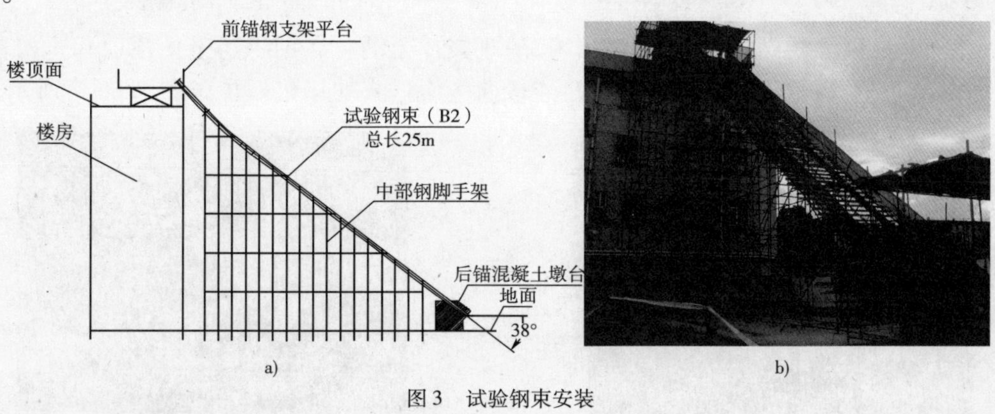

图3　试验钢束安装

2.3　试验过程

试验钢束安装好后按以下顺序进行各项试验：

密封测试——穿束张拉试验——单根更换试验——灌注油脂——观测。

2.3.1　密封测试

可换式锚碇是一种无黏结体系，在其管道内灌注油脂对钢绞线进行防腐，所以要求整束钢道无泄漏。为保证后续注油工作顺利进行,先进行了一次水密封测试:从后锚面的保护帽进行灌水,直至水到达前锚面充满整个预应力管道,在此过程中检查各焊缝处是否有水渗漏,如发现漏水点作好标记。检查完后将水放干。放完水后对漏水点进行补焊,焊好后再进行一次水密封测试,直至无渗漏。

2.3.2 穿束张拉试验

穿束前,检查锚垫板与连接器接触的平面,要清洁表面异物、杂质;连接筒与连接平板先组装,之后利用支承架、手拉葫芦将连接器(含连接平板与连接筒)固定在前锚面支承架上,使连接筒距锚垫板端面约30cm,以方便安装导向帽和钢绞线穿进分丝管,如图4。后锚面用手拉葫芦将工作锚板固定在锚垫板后约20cm处。

为避免在孔道内打绞,穿束前钢绞线先镦好头,并在钢绞线前端设置圆形钝头导向帽,导向帽尽量做成大直径,避免在穿索过程中钢绞线嵌入其他钢绞线之间或者其他特殊部位;之后按设定的顺序进行穿束:钢绞线从前锚面用人工单根穿过前锚锚板、连接器,穿过连接器后,在支承架处装上钝头导向帽(图5),之后依次穿入前锚锚板、转向器、直钢管、后锚垫板;穿过后锚垫板后,拆下导向帽并把钢绞线穿入后锚锚板;钢绞线穿到位后,前锚面每根钢绞线用夹片临时锚固,后锚面仅用3块夹片暂时将锚板固定。

图4 连接器安装在支承架上

图5 安装钝头导向帽

全部31根钢绞线穿完后,先装好压板,防止夹片松动。利用手摇千斤顶顶起连接器,拆掉支承架,如图6所示。然后利用葫芦让连接筒缓慢进入前锚垫板止口内,如图7所示。

图6 用手摇千斤顶拆支承架

图7 连接器就位

张拉前,在后锚面整理钢绞线预留约36cm长,全部安装好夹片,并逐一打紧。

因试验台搭建在楼顶,前锚端无法做混凝土台座,为保险起见,试验张拉力尽量降低,张拉力控制为绷紧钢绞线即可,约0.5t左右,采用单根张拉。张拉操作如下:

(1)连千斤顶油管,接油表,接油泵电源。

(2)开动油泵,将千斤顶活塞来回打出几次,以排出可能残存于千斤顶缸体中的空气。

(3)张拉过程中,后锚面工作人员要注意夹片的跟进,如发现有异常,马上通知停止张拉,处理好异常情况后,方能继续。

(4)完成全部31根钢绞线张拉。

2.3.3 单根更换试验

整索换索工艺流程如下:

(1)在后锚面利用锚垫板上螺栓孔固定放张张拉支座。

(2)用单孔连接器接上后端钢绞线,用千斤顶放张。

(3)换用单根穿索器与原钢绞线镦头连接,另一头接新钢绞线,如图8。

(4)前锚面用葫芦配单孔锚将钢绞线拉松,再人工牵引出新钢绞线至满足工作长度,更换新夹片锚固。

(5)单根张拉到设计控制力。

(6)重复前面步骤,可以完成整束钢绞线的换索工作。

图8 新旧钢绞线对接

本试验中由于张拉力不大,而且只试验换索工艺的可行性。实际任选了其中的2根进行更换。

换索试验后,按设计长度切除前锚钢绞线,并安装防松装置与前、后保护罩。

2.3.4 灌注油脂

油脂灌注宜在后锚端进行,此时前锚保护罩的观测管端盖需打开,灌油前应先将灌油泵内的空气排空,待连接管出油后再将其接到保护罩的球阀上,打开球阀进行灌油。施工时前锚面需留一人观察情况,并应保持与后锚面的操作人员通信畅通。当油面到达上保护罩出口时,上端工作人员喊停,等油脂沉降静止约10min后,再补灌满油脂,观察各接触密封面与各焊缝是否漏油。

关闭油泵与球阀,拧上前锚端观测管及其端盖,如图9所示。拆下后锚注油连接管,用棉纱擦干净球阀内孔,将螺堵缠绕生胶料不少于8圈后装上螺堵并拧紧;用棉纱将保护罩及球阀外表所黏结的油脂擦干净,并把防漏杯拧到接头管上(图10),完成该束施工。

图9 前锚保护罩装观测管

图10 后锚保护罩装防漏杯

为保证管道内油脂的密实性,对同一管道要连续灌注,灌油时缓慢均匀地进行,中途不间断,以使管道内排气通顺,无气泡残留。

2.3.5 观测

长期观测锚束是否有漏油现象及油脂的热胀冷缩情况。

3 试验结果与分析

(1)在水密封测试过程中发现焊缝有渗水现象,说明焊接质量不过关。如在实际工程中出现焊接缺陷,且如果焊接缺陷处的混凝土浇捣不密实,则管道注油出现渗漏,处理起来非常困难。所以要求所有的焊接管件,包括转向器与直管,必须严格按工艺进行焊接,按设定的检验要求(如水压力试验)进行逐根检验,保证每件焊管不渗漏。对于在施工现场的焊接,如直管的接长焊接,必须确保所有焊缝光滑、平整、连续,不允许有气孔、夹渣、裂纹等缺陷。建议焊接后在每条焊缝处涂刷环氧树脂作进一步密封。

(2)通过穿束试验表明,采用支承架、钝头导向帽的方法能实现钢绞线不打绞。

(3)通过换索试验表明,设定的换索工艺能满足单根换索需要。

(4)通过灌注油脂试验表明,本试验的注油压力约0.4MPa,所使用的灌油设备满足灌注要求。

(5)通过试验后长期观察发现,油脂的热胀冷缩现象明显:本试验是在夏天进行,当温差约20℃~30℃时,管道内的油脂液面高度变化约10cm。所以在实际工程上,要求成桥后的锚室内安装抽湿设备,保持空气的干燥与温度的相对稳定。

(6)为保证各接触面密封可靠,要严格按设定的详细工艺进行安装操作。

(7)通过本次模拟试验,达到试验目的:验证我们的施工工艺能满足施工要求,同时,从试验过程中总结了很多经验,为实际施工及类似的工程提供借鉴。

参考文献

[1] 湖南省交通规划设计院.矮寨桥特大悬索桥第三册锚碇[R],2006.

166 桥梁失火拉索性能的试验研究

李德兴[1] 龙 跃[1] 李鹏飞[2] 邓年春[1] 周庠天[1] 赵 劼[1]

(1.柳州欧维姆机械股份有限公司;2.广东省建筑科学研究院)

摘 要 为了评估拉索失火对拉索体系及其他结构使用安全性、耐久性的影响,本文根据广东省某斜拉桥拉索失火的情况,试验研究了桥梁钢丝拉索失火后整体索及其组成钢丝的各项力学性能,找到了失火工况对拉索技术性能产生影响的关键因素,得出了拉索失火对拉索各项力学性能影响的结论。为评估失火后的拉索性能提供了依据,可为评判同类工程事故提供参考。

关键词 桥梁 拉索 失火 试验 力学性能

1 引言

国内外已建及在建的大型缆索支承类桥梁越来越多,这类桥梁包括斜拉桥、悬索桥以及吊杆拱桥等。缆索支承类桥梁中,拉索是关键承力部件,拉索性能的好坏关系着桥梁使用的安全性和耐久性。在桥梁的施工及运营阶段,因各种原因时常发生拉索PE层着火的事故,这类事故我们称为拉索过火事故。正确评估拉索过火后的性能变化,并根据实际影响采取有效、合理、经济的应对处置措施是桥梁工程界亟须解决的问题。为了解失火拉索各项技术性能的变化以及这些变化对拉索结构使用安全性、耐久性的影响,本文结合广东省某斜拉桥拉索失火的实际情况,制作了试验拉索并进行拉索失火模拟试验及多个分项试验,对试验结果进行定性、定量的分析研究,得出了拉索过火对拉索静载强度、弹性模量、疲劳强度、断裂伸长率等力学性能以及拉索防腐性能影响的结论。为采取合理的事故处置措施提供了科学的依据,也可以给其他同类工程事故提供参考。

2 试验研究内容

根据试验目的及相关规范[1,2]要求,制定以下试验研究项目:

(1)制作镀锌钢丝成品拉索作为试验索,钢丝母材强度取1 670MPa级,在拉索中部埋设温度传感器。在0.4Pb恒载状态下引燃试验索,控制燃烧时间及着火范围,使失火的效果尽可能接近事故的实际情况,燃烧过程中对着火点温度进行检测。

(2)失火模拟试验结束后,对试验索进行整体承载力试验。

(3)从试验索中对不同烧伤程度的钢丝进行取样,做试样的硬度检测及拉伸试验,并对严重烧伤的钢丝试样做动载试验。

(4)对试验情况及试验数据进行分析研究,探索拉索过火对拉索各项技术性能的影响。

3 试验结果分析

3.1 失火模拟试验结果

给安装在试验台架上的试验索施加 0.4 倍公称破断索力(0.4Pb)的恒载。从安装在拉索上的 LED 装饰灯(原桥拉索亮化用灯)处引燃拉索时,装饰灯塑料件极易着火且燃烧烈度重,拉索 HDPE 层不易着火且燃烧烈度轻。HDPE 层自行燃烧至索体钢丝整圆外露达到一定长度后把火扑灭。拉索燃烧全部过程用时 4h。

燃烧初期拉索测点温度上升较慢,PE 层烧蚀后测点温度上升很快,可见拉索 PE 层隔热性能良好。测点最高温度为 247.6℃,测点 150℃以上高温时间约为 40min。测点温度的变化见图 1。

因试验张拉设备持续保压性能的局限,无法完全实现拉索燃烧过程的理论恒载,但根据拉力—相对伸长量数据,还是能反映着火过程中拉索在恒载作用下伸长量趋势性的变化。在索体燃烧前一阶段燃烧烈度较重,索体恒载伸长量有增大现象。索体燃烧后一阶段燃烧烈度较轻,索体恒载伸长量增量减少并趋于恢复。燃烧过程中拉索荷载—相对伸长量关系见图 2。

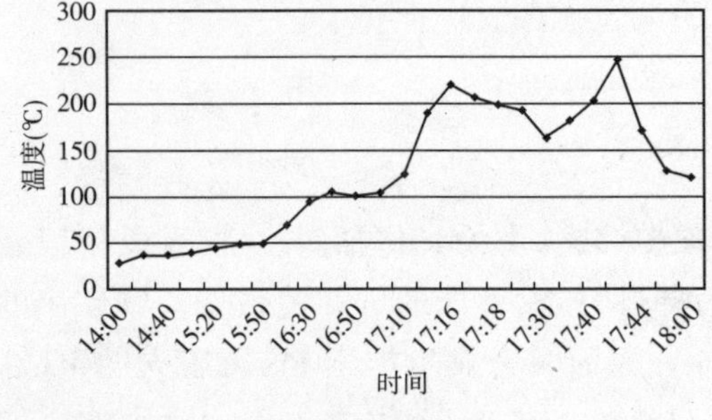

图 1 燃烧过程索体温度变化

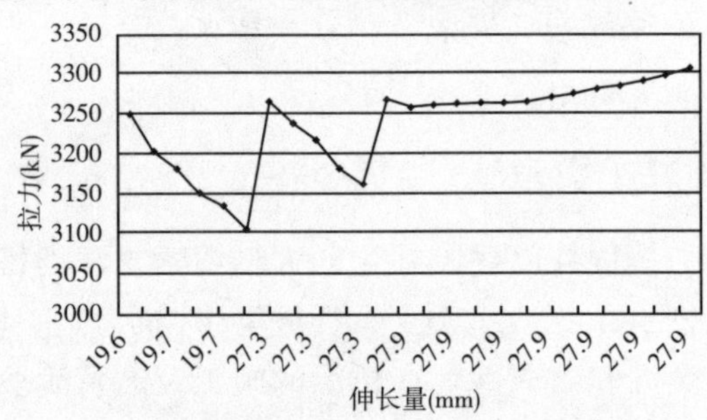

图 2 燃烧过程拉索荷载—相对伸长量变化图

3.2 过火拉索整体承载力试验结果

3.2.1 拉索荷载—伸长量关系

为了对比拉索过火前与过火后在等张力状态下伸长量的变化以及名义弹性模量的变化,在拉索过火前后均需检测各级荷载下的伸长量,绘制拉索荷载—伸长量曲线,计算拉索过火前后的名义弹性模量。考虑桥梁拉索的实际使用情况以及实验室模拟的科学性与可行性,在拉索弹性变形范围内,选取拉索设计索力的 2 倍安全系数索力区间对拉索荷载—伸长量关系进行分析研究[1],即考察区间在 0.1Pb 到 0.8Pb 之间。

拉索过火前与过火后等张力伸长量数据见表 1。

拉索过火前与过火后的荷载—伸长量曲线见图 3。

表 1 拉索过火前后等张力伸长量表

拉索荷载(kN)	500	1 632	2 500	3 265	4 000	5 000	6 000	6 530
过火前拉索伸长量(mm)	2.1	8.9	14.1	18.6	23.2	29.5	35.9	40.3
过火后拉索伸长量(mm)	2.2	9.1	14.3	19.0	23.6	29.7	36.1	39.6
过火前拉索基准长度(mm)	5 545							
过火后拉索基准长度(mm)	5 546							

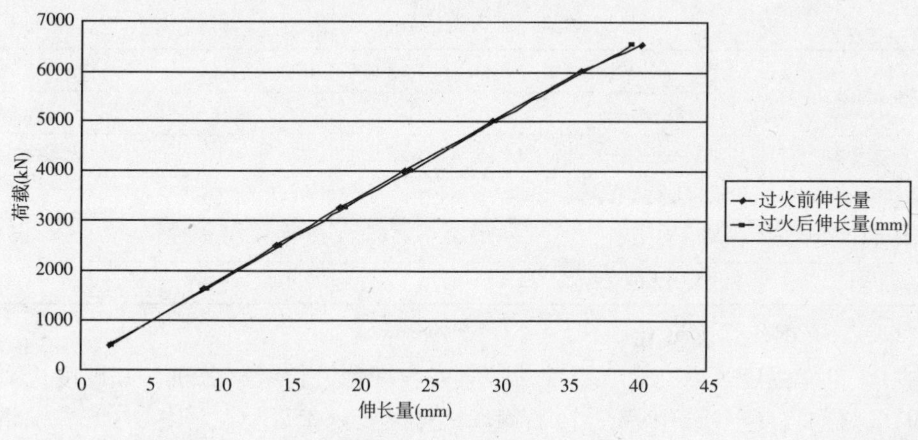

图3　拉索过火前后荷载—伸长量曲线

从表3及图3可以看出，在拉索弹性变形范围内，拉索在过火前后的等张力伸长量基本一致，没有明显的趋势性变化。

3.2.2　拉索弹性模量变化

参考相关规范[4]中的拉索弹模试验方法，测得拉索伸长量和荷载的对应关系（荷载应在拉索0.1~0.4Pb范围内），按式(1)计算拉索的弹性模量：

$$E = \frac{P_2 - P_1}{\Delta L} \times \frac{L_0}{F} \tag{1}$$

式中：P_1、P_2——起始、终了测量载荷(N)；

ΔL——对应于P_1、P_2载荷下的长度变化值(mm)；

L_0——原始长度(mm)；

F——试验索股中钢丝标称总截面积(mm^2)。

在拉索燃烧试验中，取整根试验拉索的长度为计算原始长度，计算出过火前后的拉索名义弹性模量以作对比。

过火前拉索名义弹性模量 E_1 = [(3 265 − 1 632) ×103/(18.6 − 8.9)] ×5 545/4 888 = 1.920 ×105(MPa)

过火后拉索名义弹性模量 E_2 = [(3 265 − 1 632) ×103/(19.0 − 9.1)] ×5 546/4 888 = 1.882 ×105(MPa)

从以上计算可见，过火后拉索名义弹性模量较过火前下降约2%，但考虑试验允许测量误差的因素，可以认为PE燃烧对拉索弹性模量基本没有影响。

3.3　过火拉索钢丝试验结果

3.3.1　过火钢丝硬度变化

硬度是钢丝强度的表观反映，拉索着火对钢丝力学性能的影响，一定程度上可以通过钢丝的硬度变化反映出来。

在索体着火段取烧伤程度严重、中等、轻微的钢丝试样以及钢丝母材试样各3件。分别将以上各类试样做硬度检测，检测结果见表2。

从表2可以看出，过火程度不同的钢丝硬度并没有趋势性的变化。

表2 过火钢丝硬度值

钢丝状态	硬度值(HRC)			
	试样1	试样2	试样3	硬度均值
烧伤程度严重	45.5	47.0	45.0	45.8
烧伤程度中等	45.0	45.0	44.0	44.7
烧伤程度轻微	47.0	46.0	45.5	46.2
钢丝母材	47.0	47.0	45.0	45.7

3.3.2 过火钢丝强度变化

检测过火钢丝强度可以在微观层面对拉索强度变化进行考察分析。和硬度检测的取样方法相同,取烧伤程度严重、中等、轻微的钢丝试样以及钢丝母材试样各3件,分别将以上各类试样按相关规范[5]做拉伸试验,检测结果见表3。

表3 钢丝试样主要力学性能平均值表

力学性能 / 钢丝状态	抗拉强度(MPa)	$R_p0.2$(MPa)	弹性模量(10^5MPa)	破断伸长率(%)
烧伤程度严重	1 749	1 629	1.97	5.28
烧伤程度中等	1 723	1 599	2.01	5.04
烧伤程度轻微	1 749	1 598	2.01	5.41
钢丝母材	1 734	1 588	1.99	4.75

对以上试验数据进行统计分析,过火程度不同的钢丝抗拉强度最大偏差值在1.5%之内,$R_p0.2$ 最大偏差值在2.5%之内,弹性模量E最大偏差值在2.0%之内,破断伸长率最大偏差值在12%之内且均大于4%的国际要求[3]。钢丝力学性能本身具有一定的离散性,过火后各类钢丝试样的各项力学性能没有趋势性的变化。

3.3.3 过火钢丝疲劳性能的变化

过火试验后取拉索着火处烧伤程度严重的3根钢丝作为试样按相关规范[5]做钢丝的疲劳试验,检验结果为全部合格。可见拉索PE燃烧对钢丝疲劳性能基本没有影响。

4 试验研究结论

(1)拉索附着物的火灾往往是拉索失火的起因。

从失火模拟试验过程可以看出,拉索本身的HDPE层并不容易燃烧,而引燃拉索的LED装饰灯却是易燃物。做好挂在拉索上的电路、电器等附着物的安全防火措施是杜绝桥梁拉索火灾的重要手段。

(2)失火温度及燃烧时间是影响过火拉索技术性能的关键因素。

拉索PE燃烧相当于对拉索的钢丝进行了一次热处理,热处理的温度和时间对钢丝的力学性能产生重要的影响。按国家规范[3]生产的拉索高强钢丝是高碳钢盘条经冷作硬化后的产物,根据钢材热处理的规律[6],淬火或冷作硬化后高碳钢硬度及屈服强度发生改变的回火温度在300℃左右,破断强度发生改变的回火温度在400℃左右。准确检测拉索失火温度及高温时间对评判拉索性能的改变至关重要。

(3)拉索 PE 自然燃烧失火对索体钢丝的力学性能基本没有影响。

拉索 PE 自然燃烧情况下钢丝最高温度在 250℃左右,且高温持续时间短,根据试验结果并结合钢材热处理的规律[6],可以认为这种特定的钢丝热处理工况不足以改变拉索钢丝的硬度、强度、弹性模量、疲劳强度、断裂伸长率等力学性能。恒载作用下的拉索在失火过程中有少量伸长,但燃烧过后拉索基本恢复到原来的长度。

(4)失火对拉索防腐性能产生破坏作用。

拉索着火后 PE 防护层烧坏、外露钢丝被灼伤后镀锌层也容易发生氧化老化现象,即拉索着火段的防护层产生严重破坏,防腐性能将基本丧失。需要在拉索烧伤处全面有效地修复其多层防护体系。

(5)拉索 PE 自然燃烧失火对拉索使用性能产生影响。

综合各项试验结果,可以认为拉索 PE 自然燃烧失火对拉索在短期内使用的安全性基本没有影响,但长期使用的耐久性主要取决于拉索失火处防腐修复的质量以及桥梁运营过程中对拉索的有效管养。拉索是缆索支承类桥梁的核心构件之一,是桥梁安全使用的生命线,拉索体系的科学养护是桥梁使用安全性和耐久性的重要保障。桥梁拉索体系除了要按现有的国家及行业规范进行例行检查、养护之外,提高管养的专业化水平应引起足够的重视。

5 结语

评估过火拉索的性能变化是一项系统工程,根据拉索失火工况进行模拟试验是有效的评估方法。过火温度和高温时间是影响拉索性能的关键因素,准确检测过火温度和高温时间是正确评估拉索性能变化的基础。只有根据拉索失火的具体工况采取有针对性的应对处置措施,才能提高工作的有效性、合理性及经济性。

参 考 文 献

[1] 中华人民共和国国家标准. 斜拉桥热挤聚乙烯高强钢丝拉索技术条件 GB/T 18365-2001[S]. 北京:中国标准出版社.

[2] 中华人民共和国国家标准. 公路斜拉桥设计规范(试行)JTJ027-1996[S]. 北京:中国标准出版社,1996.

[3] 中华人民共和国国家标准. 桥梁缆索用热镀锌钢丝 GB/T 17101-1997[S]. 北京:中国标准出版社,1997.

[4] 中华人民共和国行业标准. 公路悬索桥吊索 JT/T 449-2001[S]. 北京:人民交通出版社,2001.

[5] 中华人民共和国国家标准. 金属材料室温拉伸试验方法 GB/T 228-2002[S]. 北京:中国标准出版社.

[6] 中国机械工程学会热处理专业学会. 热处理手册第三版第四卷[M]. 北京:机械工业出版社,2005.

167 自平衡测试技术在卡纳普里三桥荷载试桩中的应用

顾吉祥[1] 余本俊[2] 谢红兵[2]

(1.嘉绍跨江大桥工程建设指挥部;2.中铁大桥局集团有限公司)

摘 要 孟加拉卡纳普里三桥项目是进行国际招标的设计—施工总承包项目,桥梁的整体设计非常新颖和前卫,主跨为200m的矮塔斜拉连续梁桥,单个主墩仅设置4根ϕ3.0m钻孔灌注摩擦端承桩。荷载试桩在降低桥梁桩基设计风险、确保桥梁结构安全和控制项目成本方面发挥了重要作用。对本工程最大单桩静载4000t的荷载试桩而言,自平衡测试技术与传统静载试验方法相比,具有诸多优点。本文着重介绍了自平衡测试技术在卡纳普里三桥荷载试桩中的实际应用和效果。

关键词 孟加拉 桥梁 桩基 荷载试桩 自平衡测试

1 概述

1.1 工程总体概况

卡纳普里三桥(3rd Karnaphuli Bridge)是孟加拉国境内第三座横跨卡纳普里河(Karnaphuli River)的桥梁,连接吉大港(Chittagong)和科克斯巴扎尔(Cox's Bazar)。桥梁全长950m,包括(115m +3×200m +115m)预应力混凝土连续宽幅箱梁四塔矮塔斜拉桥及(16m +4×22m +16m)引桥(图1)。

图1 卡纳普里三桥

1.2 投标阶段桥梁桩基础设计

桥梁桩基础为摩擦端承型混凝土钻孔灌注桩,全桥共56根。其中北桥台、1~6号墩每墩各4根ϕ1.5m钻孔桩,南桥台12根ϕ1.5m钻孔桩,ϕ1.5m钻孔桩底高程均为-50.0m;7~10号主墩每墩各4根ϕ3.0m钻孔桩,桩底高程均为-65.0m。

根据工程地质勘察资料,设计单位英国高峰宏道公司(High Point Rendel)选定了在3、7、8及10号墩位附近进行最大单桩静载4 000t的荷载试桩试验,荷载试验采用近年来在国内外迅速发展和推广应用的桩承载力自平衡测试技术。

1.3 自平衡测试原理

自平衡测试技术是利用试桩自身反力平衡的原则，在桩端附近或桩身某截面处预先埋设单层（或多层）荷载箱，加载时荷载箱以下将产生端阻和/或向上的侧阻以抵抗向下的位移，同时荷载箱以上将产生向下的侧阻以抵抗向上的位移，上下桩段的反力大小相等、方向相反，从而达到试桩自身反力平衡加载的目的。试验时，在地面上通过油泵加压，随着压力的增加，荷载箱伸长，上下桩段产生弹（塑）性变形，从而促使桩侧和桩端阻力逐步发挥。荷载箱施加的压力可通过预先标定的油泵压力表测得，荷载箱顶底板的位移可通过预先设置的位移杆，用位移传感器测得。由此可测得上下桩段两条 Q S 曲线及相应的 S lgt 曲线，采用合理的测试数据等效转换方法和承载力确定方法，即可确定基桩的极限承载力、桩侧、桩端阻力分担情况。

2 荷载试桩设计与施工

2.1 荷载试桩目的

（1）确保桥梁结构安全：本工程通过荷载试桩确定承包人在现有施工条件下成桩的极限承载力、桩身弹性变形、桩身轴力分布、桩侧岩土分层实测摩阻力、桩侧摩阻力与桩端土的端承载力分担情况，了解基桩的承载性状。形成的荷载试桩报告将成为设计及设计复核公司重新评估投标阶段桩基础设计的重要依据。

（2）控制工程投资：由于本项目是设计—施工总承包项目，签订的是包含设计与施工在内的固定总价合同，所以荷载试桩的应用对总承包商合理控制设计深度、节约工程投资也是必要的。

2.2 荷载试桩概况

根据《卡纳普里三桥荷载试桩规范》，本工程共计设置 4 根 ϕ1.5m 荷载试桩。其中 3 号墩试桩（P3）确定引桥桩基的承载力；7、8 和 10 号墩试桩（P7、P8 和 P10）采用 ϕ1.5m 钻孔桩模拟 ϕ3.0m 钻孔桩以确定 7 ~ 10 号主墩桩基的承载力。

P3 试桩测试结果出来后，经分析桩端地基极限承载能力仅为 2.8MPa，远低于设计预想的 6MPa 标准，在这种状况下主墩桩基的承载能力将不能达到设计要求。根据总承包人从事类似工程的经验和建议，设计单位对主墩荷载试桩增加应用了桩端后压浆技术，以消除工艺因素造成的影响，提高桩的承载力，同时根据详细地质调查报告调整桩底高程位于更有利于增强压浆效果的砂性地层范围（表 1）。

表 1　卡纳普里三桥荷载试桩概况表

试桩桩号	试桩类型	试桩桩径	试桩桩底高程	试桩桩顶高程	试桩桩长	桩端后压浆	加载能力	正式桩桩径
P3	单层荷载箱	1.5m	-51.0m	+1.3m	52.3m	否	单向 10 500kN	1.5m
P7	单层荷载箱	1.5m	-78.0m	-3.4m	74.6m	是	单向 20 000kN	3.0m
P8	单层荷载箱	1.5m	-63.0m	-3.63m	59.37m	是	单向 20 000kN	3.0m
P10	单层荷载箱	1.5m	-63.0m	+3.1m	66.1m	是	单向 20 000kN	3.0m

2.3 自平衡测试装置及其安装要求

自平衡测试装置主要包括荷载箱 Loading－Cell,线性振弦式位移传感器 LVWDT,钢筋应力计和混凝土应变计,以及 ST2000 基桩静荷载测试系统(图2、表2)。

每个荷载箱均由 3 个或 4 个 500t 千斤顶和上下底板共同组成,荷载箱组装前由中国国家计量检定单位对千斤顶进行了标定,另外每个荷载箱上都安装 2 个线性振弦式位移传感器(可测量最大位移 200mm),用来测量荷载箱顶底板的张开量。荷载箱顶、底板上均设置有位移杆,通过上端的电子位移传感器来测量试桩的向上位移和向下位移。另外在桩顶处设置位移测点,用电子位移传感器测量桩顶的位移量。钢筋应力计根据不同的土层分段设置,根据测得的数据推算桩身轴力。混凝土应变计直接埋设在桩底,根据测得的数据,推算桩底反力。

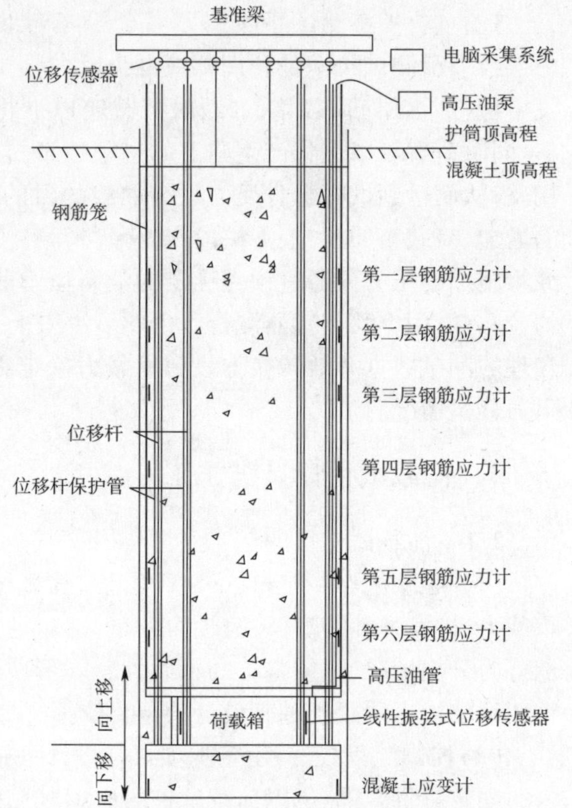

图2　P3 试桩自平衡测试装置立面布置示意图(P7、P8、P10 试桩类似)

荷载试桩的钢筋笼根据荷载箱的位置分段制作,然后将荷载箱与分段钢筋笼进行焊接连接,连接时使钢筋笼轴线(桩身轴线)与荷载箱的轴线尽量保持一致,且荷载箱位移方向与桩身轴线夹角≤3°。

表2　卡纳普里三桥荷载试桩自平衡测试预埋元件汇总表

试桩桩号	P3	P7	P8	P10	备　注
第一层钢筋应力计位置	-11.1m	-17.0m	-11.0m	-19.0m	4 个钢筋计,对称布置
第二层钢筋应力计位置	-17.0m	-25.0m	-20.0m	-24.0m	4 个钢筋计,对称布置
第三层钢筋应力计位置	-22.8m	-31.0m	-30.0m	-29.0m	4 个钢筋计,对称布置
第四层钢筋应力计位置	-30.5m	-42.0m	-42.0m	-36.0m	4 个钢筋计,对称布置
第五层钢筋应力计位置	-43.1m	-48.0m	-50.0m	-40.0m	4 个钢筋计,对称布置
第六层钢筋应力计位置	-47.5m	-53.0m	-56.0m	-45.0m	4 个钢筋计,对称布置
第七层钢筋应力计位置	—	-61.0m	-58.0m	-56.0m	4 个钢筋计,对称布置
第八层钢筋应力计位置		-66.0m	—	-59.0m	4 个钢筋计,对称布置
混凝土应变计位置	-51.0m	-78.0m	-63.0m	-63.0m	4 个混凝土计,对称布置
荷载箱顶高程	-49.49m	-75.49m	-60.49m	-60.49m	包含 2 个线性振弦式位移传感器,对称布置
荷载箱底高程	-50.0m	-76.0m	-61.0m	-61.0m	

钢筋应力计与桩身钢筋采用钢筋帮焊,在焊接时必须同时对钢筋应力计进行水冷却,以免焊接时的高温对钢筋应力计内部的电器元件造成损伤。所有的钢筋计和位移传感器在安

装完毕后用 SS - II 型数字钢弦频率接收仪检查以确保有效。

荷载箱、导向钢筋及各种预埋测试元件均应与钢筋笼可靠固定。液压管路、测试导线应沿主筋每隔 1m 用扎带固定。

2.4 荷载试桩施工要点

本工程荷载试桩所使用的混凝土立方体强度为 37MPa,为保证成桩质量,混凝土中加入了从印度进口的 Conplast 缓凝剂。由于孟加拉当地炎热的气温,混凝土施工选择在晚间进行,同时采用冰块对拌和用水进行冷却等措施以控制混凝土浇筑时的温度不超过 30℃。

混凝土施工时当混凝土灌注面超过荷载箱顶板达到 3m 时,方可将导管拔过荷载箱,然后灌注至设计桩顶。对 P7、P8 和 P10 试桩,桩身混凝土灌注完毕 6h 后,及时对桩底压浆管进行初裂。

桩身混凝土施工完毕 7d 后采用反射波法进行桩身完整性检测,经检测被评定为合格的桩才能被接受并用于荷载试验,本工程 4 根荷载试桩均为合格桩。

对 P7、P8 和 P10 试桩,桩身完整性检测合格后,还需对桩端砂性地基土壤进行压浆,本工程单根荷载试桩设计压浆量为 2 240L,压浆分为四次循环进行,以均匀地增强桩端地基的承载能力。每根试桩设置了 4 个压浆回路,每个回路的每循环压浆完成后须将管路冲洗干净,以便后续的第二循环压浆。第一个回路压浆完成后换第二个回路,依次轮流压注完四个回路,即完成第一循环注浆。从第一个管路注浆开始后 4 ~ 6h 内,开始第二循环注浆,第三、四循环压浆依此类推。

3 荷载试桩自平衡测试

3.1 自平衡测试程序

桩身混凝土强度达到 37MPa 的设计强度且满足桩土休止期(本工程取 10d),另外 P7、P8 和 P10 试桩必须待桩端后压浆完成并且桩底压浆试块强度超过 5MPa 后,方可开始自平衡测试(表 3)。

表 3　卡纳普里三桥荷载试桩自平衡测试信息表

试桩桩号	桩身混凝土灌注日期	桩端压浆日期	桩端压浆量 L	自平衡测试日期	加载时桩身混凝土强度(MPa)	加载时桩端浆液强度(MPa)
P3	2007.02.24	—	—	2007.03.06	39.40	—
P7	2007.03.26	2007.04.05	2090	2007.04.27	47.27	20.30
P8	2007.06.30	2007.07.11	2450	2007.07.28	45.84	15.45
P10	2007.03.14	2007.03.22	2230	2007.04.15	45.89	17.08

自平衡测试遵照《卡纳普里三桥荷载试桩规范》中的要求按照"ASTM D - 1143 - 81, Subsection 5.6(Quick Test Method)"并在监理工程师的监督下进行。

对荷载箱加载时,应逐级加载,理论上加载级数为 20 级,加载及持荷时间等要求见表 4。在荷载分级加载过程中,进行应力和位移数据采集,采集精度为 0.01mm。

表4　卡纳普里三桥荷载试桩自平衡测试加载分级表

荷载(荷载箱极限力的百分比)	读取位移记录仪时间	最小持荷时间
从0%加载到95%,每级5%	第0.5,1.0,1.5,2.0,3.0,4.0,6.0,8.0,10,12,14,15分钟读取	每级加载15min
加载到100%	前30min在0.5,1.0,1.5,2.0,3.0,4.0,6.0,8.0,10,12,14,15,30min读取;第1~4h每隔30min读取;第4~12h每隔1h读取	24h
卸载(分4级,每级25%)	第0.5,1.0,1.5,2.0,3.0,4.0,6.0,8.0,10,12,14,15min读取	每级卸载15min

位移测试数据包括:

(1)试桩压缩量。

(2)桩顶位移。

(3)荷载箱顶面向上的位移。

(4)荷载箱底板向下的位移。

当出现以下任一情况时试验即可结束:

(1)试桩达到其极限承载力(向上或向下)。

(2)荷载箱达到其极限加载能力。

(3)荷载箱位移达到荷载箱最大行程(200mm)。

3.2　自平衡测试成果

利用埋设的钢筋应力计和混凝土应变计等测试元件,根据采集到的数据进行相关转换后,对桩的桩身轴力分布、桩侧岩土分层实测摩阻力、桩侧摩阻力与桩端阻力分担情况进行计算分析。

P7、P8和P10试桩采用ϕ1.5m钻孔桩模拟ϕ3.0m钻孔桩进行测试,将测得单位面积的摩阻力、端阻力极限值等,最后通过尺寸换算并按照AASHTO LRFD(2004 and 2006 interim)及设计文件要求确定ϕ3.0m钻孔桩的极限及容许承载力(荷载试桩成果详见表5)。

表5　卡纳普里三桥荷载试桩自平衡测试成果表

试桩桩号	加载级数	累计向下位移(mm)	累计向上位移(mm)	桩顶位移(mm)	桩侧极限承载力(kN)	桩端极限承载力(kN)	正式桩极限承载力(kN)	正式桩容许承载力(kN)
P3	12	171.95	5.52	1.52	10 650	5 000	15 650	10 920
P7	20	194.69	3.68	0.00	25 851	17 774	122 798	100 222
P8	15	135.31	59.86	52.50	12 190	14 000	93 750*	75 000*
P10	20	115.47	5.91	1.02	21 828	20 000	123 656	104 412

注:1. P7、P8和P10试桩所对应的正式桩承载力为换算成ϕ3.0m钻孔桩后的承载力;

2. 加"*"号的为按照最新设计文件要求和荷载试桩报告修正的数据。

3.3　自平衡测试结论

根据荷载试桩自平衡测试的成果,主要形成如下结论:

(1) P3试桩承载力满足引桥桩基的受力要求。

(2)由试桩成果表可知P7、P10主墩桩基的承载力满足设计要求。

(3)由试桩成果表可知P8主墩桩基的承载力不满足设计要求的安全度。

(4)对桩底砂性地基压浆后能显著提高桩端承载力和桩端附近的桩侧摩阻力。

3.4 对正式桩基础设计与施工的影响

上述试桩成果和结论对正式桩基础设计和施工的主要影响如下：

(1)维持引桥桩基础投标设计不变；

(2)调整了P7~P10主墩正式桩桩底高程(表6)；

(3)在随后的工艺试桩中进一步优化在粉砂层、淤泥层和黏土层中的钻孔施工工艺，确保成桩质量；

(4)增加对P7~P10主墩桩基础应用桩端后压浆技术。

表6 卡纳普里三桥P7~P10主墩正式桩变动情况表

主墩桩号	投标阶段桩底高程(m)	试桩阶段桩底高程(m)	正式桩桩底高程(m)	正式桩桩长与投标阶段桩长相比
P7	-65.0	-78.0	-78.0	增加13m
P8	-65.0	-63.0	-69.0	增加4m
P9	-65.0	—	-74.0	增加9m
P10	-65.0	-63.0	-63.0	减少2m

4 结语

由于本工程是设计—施工总承包项目，故在投标及施工阶段，承包人都重点关注了桥梁桩基础的设计风险及其可能带来的投资风险。最终的桩基础设计工程量比投标阶段有所增加，但由于承包人投标时在投标阶段桩基设计的基础上额外考虑了20%的桩基设计风险金，使得本工程桩基础最终投资额未超出投标额度。总体来说，通过自平衡测试技术在荷载试桩上的成功应用，为卡纳普里三桥工程桩基础设计提供了安全、经济的保证，较好地实现了确保桥梁结构安全和控制工程投资的目的，较合理地控制住了桩基础工程的设计风险及投资风险。

(3)检测与监测

168　桥梁混凝土裂缝分布式、非接触检测技术

王景全　赵启林

(解放军理工大学工程兵工程学院)

摘　要　本文在分析现有桥梁裂缝检测技术的基础上,重点介绍了两种新开发的裂缝分布式、非接触检测技术:高精度桥梁毁伤非接触检测系统和混凝土裂缝分布式自动检测系统。介绍了系统的原理、组成以及检测过程,分析了系统的特点及不足。工程应用表明,该技术是对桥梁检测技术的创新,可以实现桥梁混凝土裂缝的远距离、非接触、分布式测量,相对于传统方法,操作方便,精度高,适用性强。

关键词　桥梁　混凝土　裂缝检测　非接触　分布式　数字摄影测量　导电涂料　红外成像

1　引言

随着桥梁建设的飞速发展,桥梁结构设计越来越新颖,跨度越来越大,上部结构也越来越轻柔。然而,由于桥梁设计、施工和管理中的不合理,以及工程地质、气候和地震等自然因素的影响,桥梁不可避免地要产生各种内部损伤和外部变形,如不及时发现并维修,甚至会出现断裂、跨塌。例如,2007 年湖南凤凰桥坍塌,造成了 30 人死亡,数十人受伤,社会影响巨大。混凝土桥梁中最主要也是最普遍的病害表现是结构混凝土上出现裂缝,因此,研究建立一种高效、快捷和准确的桥梁裂缝检测方法变得非常迫切。

目前,混凝土结构的裂缝检测及诊断主要遵循以下步骤:采用桥梁检测车或脚手架等到达混凝土结构表面后,人工观测混凝土结构是否出现裂缝;在发现裂缝后,采用裂缝显微镜等进行裂缝宽度测量,采用超声波、电磁波等技术进行裂缝深度测量;在需要跟踪观测的情况下,在裂缝位置安装钢弦传感器等对裂缝宽度进行跟踪监测。以上技术比较成熟,测量结

基金项目:国家 863 计划课题项目,2007AA11Z120。

果可靠，但是存在很多缺陷：依靠人工不定期的检查，不能及时发现新裂缝；传感器均为点式传感器，难以实施大面积的监测；每个步骤需要采用不同的检测手段，成本高投入大；对于大型桥梁的主拱与桥塔等高空构件、桥墩等临水构件、隧道管片等隐蔽构件与大面积构件，人工检测难以实施。

基于以上问题，目前国内外广泛开展在线分布式监测技术的研究工作，其中较为突出的是光纤传感器监测技术和智能混凝土技术。光纤传感器监测技术是将光 纤预埋入混凝土构件或贴于外表面，通过检测光纤传感器中光强输出的变化来判断内应力的变化以及裂缝的发生、发展的方法。该方法易于布置传感器，感知信息量大，适合进行裂缝的分布式监测。但是该技术处于实验室向工程应用过渡阶段，无论是成本还是性能均无法完全满足国内需求，如光纤采集仪完全依靠进口产品，成本昂贵(100 万人民币左右)；该技术还不能够实现裂缝宽度的测量，当裂缝扩展到一定程度后传感器会发生断裂失效，断点以后的裂缝就无法进行测量，等等。智能混凝土技术是将导电性材料(如石墨、碳粉、钢纤维、炭纤维等)直接埋设到混凝土内部，或者将智能检测线(碳纤维丝、铜丝等)以网格的形式黏贴在混凝土结构表面，通过监测混凝土电信号来进行判断裂缝的方法。该技术将传感器与结构本身一体化，具有使用方便和能真实反应构件状态的优点，是材料、结构研究的前沿领域，但是裂缝位置确定、裂缝宽度测量等一系列问题还没有得到有效解决，距实用化还有较长的距离。

综上可知，目前还缺乏一种可以快速准确检测桥梁裂缝的分布式、非接触技术。本文在这一问题上展开研究，基于数字摄影测量原理，开发了高精度桥梁毁伤非接触检测系统，基于柔性导电涂料的特点，开发了混凝土裂缝分布式自动检测系统，是对桥梁检测技术的一次尝试和创新。

2 高精度桥梁毁伤非接触检测系统

数字摄影测量是基于数字影像与摄影测量的基本原理，应用计算机技术、数字图像处理、影像匹配、模式识别等多学科的理论和方法，从所摄对象中提取用数字方式表达的几何与物理信息的技术。数字摄影测量技术能实现二维位移的测量，精度高、测量范围大、价格相对低廉，目前已经应用到了土木工程领域，例如施工过程监测，滑坡监测与地表形变监测，桥梁变形观测，路面裂缝测量等。基于数字摄影测量技术，我们开发出了高精度桥梁毁伤非接触检测系统。该系统可以用于桥梁的梁体、桥塔、锚室以及大型洞库的毁伤进行远距离、非接触、高精度检测。通过不同环境下的工程实践测量表明，开发的桥梁非接触检测系统能够适应多种桥梁结构与环境的检测要求，整套仪器携带方便、拆装简单，现场作业量小，后期处理直观，测量结果精度高，能够实现对受损的钢筋混凝土桥梁的快速检测与评估。与传统的桥梁检测设备及上一代系统相比，具有更好的便携性、实时性、可视性和精确性的特点。

2.1 系统组成

该系统由硬件系统和软件系统两大部分组成。硬件系统主要用来获取桥梁表面的图像，从而为下一步的软件处理准备素材，包括摄影、放大望远、自动控制、指示、光线增强和测距 6 个模块。软件系统主要用于硬件系统的控制、图像的后期处理、信息的存储与桥梁损伤程度的评估,因此软件系统包括三个子系统,分别为自动控制与图像获取子系统、图像处理与测量子系统、信息存储与评估子系统。目前已经完成了第二代系统的开发,与第一代相比,解决了三维测量、微小裂缝自动识别、远距离清晰成像等一系列关键问题,从而使得系统的测量精度更高,适用范围更广,可操作性更强(图1)。

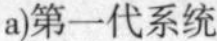
a)第一代系统

b)第二代系统

图1　高精度桥梁毁伤非接触检测系统

2.2　系统原理

高精度桥梁毁伤非接触检测系统基于数字摄影测量的基本原理,首先利用相机拍摄到桥梁表面裂缝的图像,然后通过图像的后期处理,提取裂缝的特征值信息,最后测量得到裂缝的几何参数。桥梁裂缝检测的目的是要得到裂缝的宽度、长度和位置等信息,而相机所拍摄的图像仅仅含有二维的像素信息,并非空间的、三维的实际物理距离,所以需要将像素信息转换成裂缝的实际宽度和长度,也即实现坐标转换。

数字摄影测量作为一种成熟的技术,也研究出了相应的坐标转换方法,比如适合于量测型相机的单像空间后方交汇法和双像空间前方交汇法,适合于非量测型相机的直接线性变换法等。但是以上方法需要设置控制点或者使用内、外方位元素已知的数码相机,现场辅助工作量大,对于桥梁的快速检测明显是不适合的。因此本文提出了一种新的坐标转换方法——测距法。

所谓的测距法就是直接利用激光测距仪测得的物距 u 来计算裂缝宽度的方法。其基本原理是根据透镜成像原理(图2),在摄影测量的物距为 u 的某一位置,建立裂缝宽度在图像中所占象素数与其实际物理宽度之间的坐标转换公式,代入相机成像 CCD 的相关参数来计算裂缝的实际宽度(图3)。

$$L = \frac{(u-f)m}{f} \cdot \sqrt{\left(\frac{a\cos k}{s_1\cos\omega}\right)^2 + \left[\frac{b\cos(90^\circ - k)}{s_2\cos\varphi}\right]^2} \tag{1}$$

式中:u——物距;

f——镜头的焦距;

m——裂缝宽度在图像中所占像素数;

a,b——相机成像 CCD 的长边和短边的尺寸;

s_1、s_2——长边和短边的像素数;

ω、φ、k——相机光轴的三个方位角,分别为水平倾角、垂向倾角和图像倾角。

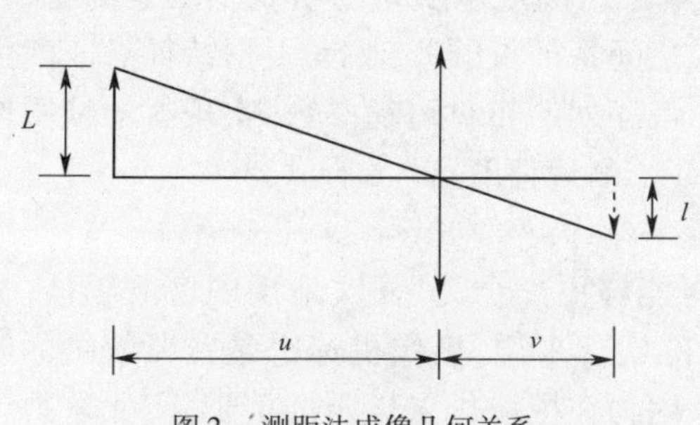

图 2　测距法成像几何关系

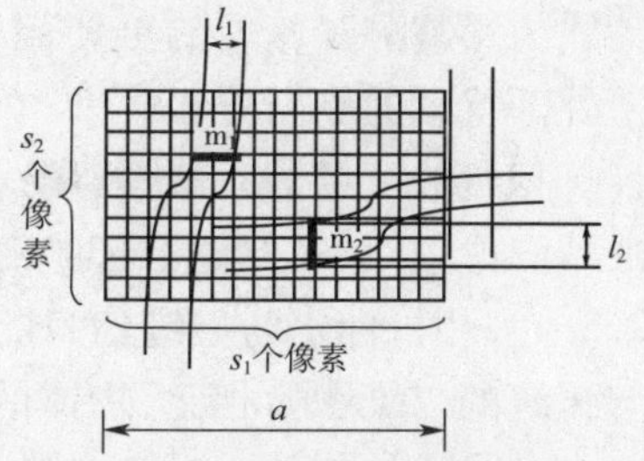

图 3　CCD 成像示意图

2.3　特色功能简介

为了提高系统的测量精度，拓展其使用范围，对一些关键技术进行了深入研究，取得了一定的成果，使得检测系统具备了一些特色功能，现简要介绍如下。

2.3.1　自动控制与非接触实时检测

本系统最大的特点是实现了对硬件系统的自动控制，并真正具备了非接触实时检测的功能。如放大望远模块选用的是能够与卫星连通的天文望远镜，望远镜的双轴都安装了高扭矩的直流电机，插入配备的 AutoStar 电脑控制手柄，通过几个按钮即可控制镜头的转动。摄影模块选用的相机有效像素 1 220 万，最高分辨率为 4 272 × 2 848，通过使用相机附带的电缆连接相机和计算机，可以利用自带软件与所具备的 LiveView 功能进行遥控实时拍摄，完成对混凝土梁桥的扫描工作（图 4）。因为采用测距法这一坐标转换方法，不需要在桥梁表面黏贴任何标志物，即可在远距离实现裂缝信息的非接触测量。

2.3.2　微小裂缝的自动识别与测量

智能化是未来检测技术的重要发展方向之一。同时，在桥梁毁伤裂缝检测中涉及海量图像信息，人工处理不仅效率低而且极易漏检，实现混凝土梁桥微小裂缝的自动识别是提高检测系统检测效率并防止漏检的重要技术手段。以计算机视觉和图像处理技术为理论技术，通过对裂缝固有的空间形态分析，建立了基于长细比和边缘相关性的裂缝识别方法，重点研究了图片长细比和边缘相似度的描述与判别方法，实现了对混凝土梁桥微小裂缝自动识别，显著提高了裂缝检测与识别的效率（图 5）。

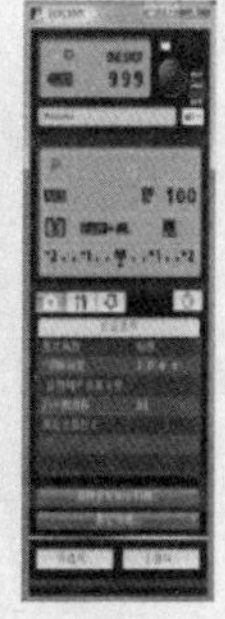

图 4　LiveView 功能下的实时检测

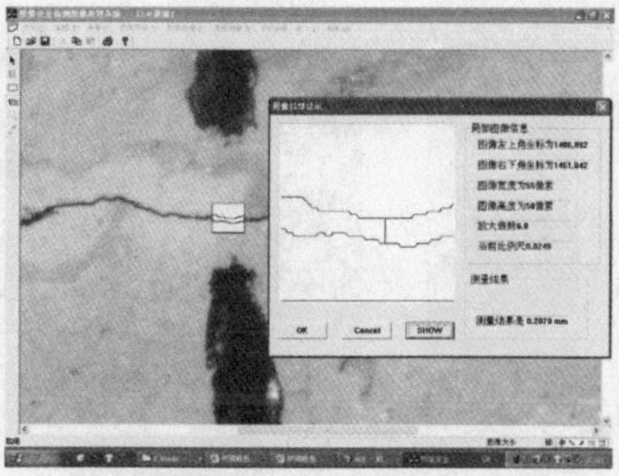

图 5　裂缝的自动识别与测量

2.3.3　远距离清晰成像技术

在远距离成像条件下，微小震动、大气扰动等随机扰动成为降低图像质量的主要原因，并进而成为影响测量精度的重要因素。通过对影响远距离成像质量随机扰动因素的分析，建立了外部扰动的高斯分布模型，在提取每幅图像之间特征点的基础上，根据特征点匹配的结果计算相机的全局运动参数，用这些参数估计图像序列的相对运动参数，实现扰动帧图像向基准帧图像的纠正，保证了远距离成像质量，提高了测量精度。

2.3.4 相机标定与三维信息的恢复

与传统的二维图像相比，物体的三维图像信息能够更加全面、真实地反映客观物体，提供更加丰富准确的信息。对于三维测量立体视觉的实现来说，摄像机标定是首要解决的问题，它是从二维图像获取三维信息的前提和基础。因为在摄像机未标定的情形下，无法得到三维结构的欧氏信息，从而只能实现射影重构，这一过程的精确与否，直接影响立体视觉系统测量与定位等功能的精度。在分析了相机的成像模型的基础上，利用粒子群优化智能算法实现了相机的标定与三维信息的恢复，并通过试验证实了上述理论方法的有效性，为高精度桥梁毁伤非接触测量系统提供了有力的理论支撑和试验依据。

3 混凝土裂缝分布式自动检测系统

导电涂料是涂于高电阻率的高分子材料上，使之具有传导电流和排除积累静电荷能力的特种涂料。与真空溅射、塑料电镀等获得导电层的方法相比，导电涂料具有施工方便、设备简单、成本低廉、应用范围广等诸多优点，尤其适用于各种复杂形状表面的涂覆。基于导电涂料的特点，开发出了混凝土裂缝分布式自动检测系统。利用该系统，可以对已经刷涂或者喷涂了导电涂料的混凝土进行裂缝的分布式检测，并可对混凝土裂缝发生、发展直至构件破坏的全过程跟踪监测。利用红外成像技术还可以有效识别裂缝的位置，而且可以进行远距离、非接触情况下的裂缝宽度测量。

3.1 系统原理

将导电涂料刷涂或喷涂在混凝土表面上，固化形成导电涂膜。添加型高分子导电膜主要由高分子树脂基体和导电粒子组成，其中高分子树脂基体在常态下是电绝缘材料，其导电主要是靠分散在高分子树脂基体中的导电粒子之间形成导电通路。虽然不同种类的导电粒子有不同的形状：纤维状、片状、球状、链状等，但是导电原理相似，为了便于分析我们可以近似地将所有导电粒子简化为球体。导电粒子形成导电通路主要有三种状态(图6)。

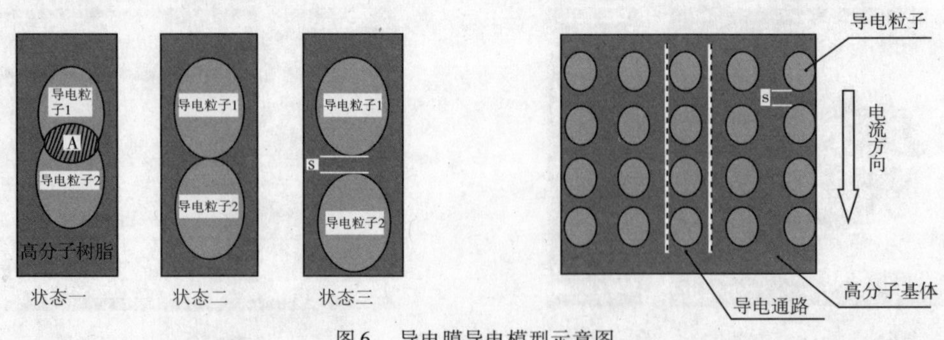

图6 导电膜导电模型示意图

其中状态一表示导电粒子相互重叠，形成导电通路；状态二表示导电粒子相互接触形成导电通路；状态三表示相邻导电粒子不接触，相互之间最小间距为 s。

假定发生隧道效应的绝缘阻隔层的有效截面积为 a^2，m 和 e 分别为电子质量和电荷；h 为普朗克常数；V 为外加电压；s 为绝缘阻隔层的厚度；而 φ 是相邻粒子间的势垒高度。则导电膜电阻与导电膜微观结构之间的关系可表达为式(2)。

$$R = \frac{L}{s}\left[\frac{8\pi hs}{3a^2\gamma e^2}\exp(\gamma s)\right] \tag{2}$$

$$\gamma = \frac{4\pi}{h}\sqrt{2m\varphi} \tag{3}$$

由于隧道电流强烈地依赖绝缘阻隔层的厚度，可以认为隧道效应仅仅发生在两粒子相互靠近部分的一个极小区域。因此，如果导电膜内隧道效应导电粒子所占比例越大，则电阻对拉伸变形越敏感，s 的细微变化可以导致隧道电流急剧减小，甚至形成断路。这就是涂膜的导电率随涂膜受力变形发生相应变化的特性，我们称之为导电涂膜电阻的“拉—敏效应”理论模型。

由于导电涂膜与混凝土表面附着力好，且本身弹性模量远小于混凝土弹性模量，能够很好地和混凝土构件变形保持一致。依靠测试导电膜某一时段内其电阻变化值的大小（即时电阻变化率），可以实现对混凝土构件裂缝发展情况的实时监测。

3.2 测量过程

3.2.1 导电膜的制备

在制备好适合混凝土表面裂缝监测的导电涂料后，首先清洁掉构件表面的油污和浮灰；其次采用薄铜皮（宽 5mm，厚 0.2mm）作为导电膜的对称平行电极，用万能胶平整黏贴在构件设计位置；而后将导电涂料与固化剂、稀释剂按适当比例混合均匀后，采取刷涂或喷涂的形式在构件监测区域均匀涂装，导电膜厚度控制在 100μm 左右，常温固化 24h 后即可进行使用（图 7）。另外还可以将导电涂料制作成适应性更好的内埋式传感元件（图 8），在混凝土桥梁施工过程中，埋置在桥梁关键部位，用于桥梁运行过程中的实时检测。

图 7 刷涂的导电涂料膜

图 8 内埋式导电涂料膜

3.2.2 裂缝出现时机的识别

导电膜电阻监测采用自制的多通道数据采集仪，可以按设定频率及数量自动采集导电膜电阻值，共 12 个通道，每个通道可监测 1 片导电膜区域；监测电阻范围 0 ~ 65 536Ω，精度为 0.1Ω，最高测试频率为 30 次/s（图 9）。

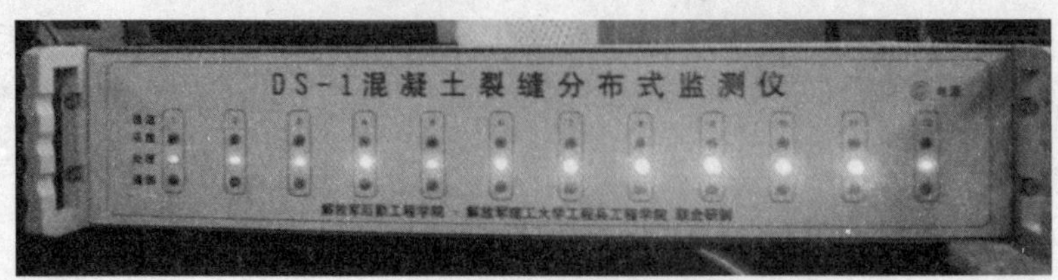

图9　导电膜监测数据采集仪

假定自然环境温度在一昼夜内的变化是一个渐变过程，在较短时间内(通常在几分钟内)变化值小(小于0.5℃)，对导电膜电阻影响可以忽略。导电涂膜即时电阻变化率 p_{t+1} 见公式(4)，导电膜累积电阻变化率 Q_t 见公式(5)。以时间为横坐标分别对 p_{t+1}、Q_t 作图，观察其曲线变化规律。

$$p_{t+1} = \frac{(R_{t+1} - R_t) \times k}{R_t} \tag{4}$$

$$Q_t = \frac{(R_t - R_0) \times k}{R_0} \tag{5}$$

式中：R_t——t 时刻导电膜的电阻；

R_{t+1}——$t+1$ 时刻导电膜的电阻；

R_0——导电膜初始电阻；

k——放大系数，一般取1000。

由于混凝土构件开裂后，在裂缝部位的局部变形非常大，会引起导电膜电阻值的"突变"，反映在 p_{t+1}、Q_t 变化曲线中分别会出现相应的"峰值"和"台阶"形状的变化，而环境温度引起的变化则是一个"渐变"过程，反映在 p_{t+1} 变化曲线中则始终不会出现"峰值"变化(或者说每次数据变化非常小，近似一条直线)，反映在 Q_t 变化曲线中则是类似"斜线"变化，不会出现"台阶"变化。因此，可以通过是否出现"峰值"和"台阶"判断是否发生应变或开裂，同时通过分析"峰值"和"台阶"的大小判断应变或开裂的程度。

3.2.3　裂缝位置的识别

利用红外成像技术可以实现远距离、非接触的裂缝位置确定，当导电膜通电时，由于电阻的作用将产生热能，在裂缝处的电阻突然增大，相应地产生的热能也剧增。通过军用高精度红外成像技术可以有效识别裂缝的位置，并测量裂缝宽度大小(图10)。

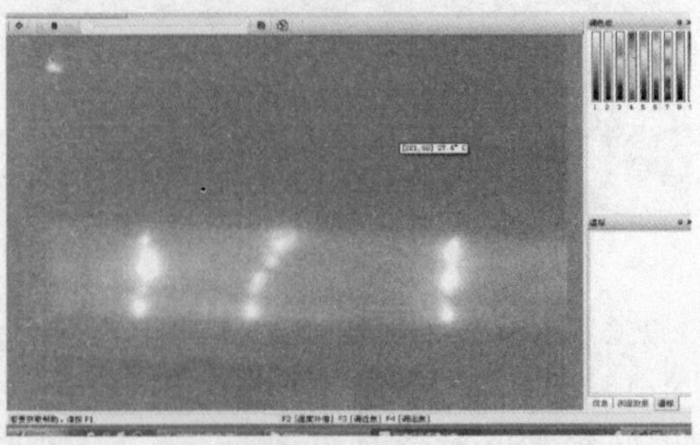

图10　红外定位试验(白色斑点部位即是裂缝位置)

4 工程应用与展望

混凝土桥梁在使用过程中,在行车荷载和其他一些外在因素的影响下,表面不可避免地会出现裂缝等毁伤,危及整个结构的安全,因此检测裂缝是否发生、扩展对于桥梁的健康监测具有重要意义。本文重点介绍了开发的两项混凝土裂缝分布式、非接触检测技术,是对桥梁检测手段的丰富和创新,目前已经应用到桥梁检测的实践之中,如高精度桥梁毁伤非接触检测系统已经成功应用于南京长江三桥的病害排查、江阴长江公路大桥的损伤检测、苏通大桥辅桥连续刚构段的例行检测等;混凝土裂缝分布式自动检测系统也已成功应用于南京市秦虹桥二期监测、上海地铁6号线盾构施工监测中。工程应用表明,新技术可以满足实现桥梁表面裂缝的分布式检测需求,具有远距离、非接触、高精度和实时性的特点。但是还应该看到,系统仍然存在一些不足,比如作为一项新的检测技术,在裂缝监测机理及预测分析、不同工程类型的混凝土构件、不同使用状态及不同类型裂缝识别、裂缝精确定位等方面还需要进一步研究。

参 考 文 献

[1] 夏占武.桥梁检测与加固技术应用[D].吉林大学,2004.

[2] 袁万城,崔飞,张启伟.桥梁健康监测与状态评估的研究现状与发展[J].同济大学学报,1999(4):184-188.

[3] 汤广春.高速公路常见病害及检测、维修技术[J].全国桥梁学术会议论文集,2005:1269-1273.

[4] 杨国华,潘建荣,许长安.超声波无损检测特点分析及其在混凝土缺陷评定中的应用[J].浙江水利科技,2006(4):82-84.

[5] 罗杰,张亮.壁可法修补混凝土裂缝雷达检测技术的研究[J].中南公路工程,2004(3):81-83.

[6] 杨锐玲.红外热成像法探测混凝土缺陷的试验及理论研究[D].武汉大学,2004.

[7] 刘浩武,谢玲玲.桥梁裂缝监测的光纤传感网络[J].世界桥梁,2003:78-81.

[8] 白一凡.浅谈桥梁裂缝与光纤监测技术[J].辽宁交通科技,2004:42-43.

[9] 杨国强.数字近景摄影测量系统研究[D].西安科技大学,2005.

[10] 姚冰.基于数字摄影测量的混凝土桥梁非接触检测技术研究[D].南京:解放军理工大学, 2007.

169　重庆经开区大型结构物结构检测及病害原因浅析

陶　诚[1]　黄凯伟[2]

(1. 重庆交通大学;2. 杭州国益路桥经营管理有限公司)

摘　要　本文以重庆经开区 B13 大桥为例,在对重庆经开区 12 座桥梁进行详细检测的基础上,具体介绍了对其主要构件外观、桥面铺装及栏杆状况、基础完好性、翼墙(侧墙、耳墙)、锥坡、护坡等构造物外观、桥梁排水设施、桥梁结构其他部位缺陷、病害等的检查内容、检查方法。在检查结果的基础上,针对不同结构和部位,简要地分析了病害成因,并对日常的检查、观测、养护等管理维护工作提出了一些具体建议,可望为同类桥梁的检测工作及桥梁使用和维护提供一定的借鉴经验。

关键词　连续梁桥　结构检测　病害成因分析　技术评定　建议和要求

在桥梁的服役年限内,由于其要经常性地承受各种荷载的作用,同时,再加上各种自然灾害的侵袭和交通事故的发生,必然对桥梁结构的整体和局部造成一定的破坏。随着使用年限的增长,其破坏程度会越来越严重,桥梁的结构功能和使用性能也会因此而不断下降。如果不及时地对这些缺陷进行处理,很有可能会造成无法弥补的损失。因此,对桥梁结构进行经常性的检查和养护是十分必要的。本文从对重庆经开区 12 座桥梁的常规检测中,列举了一座相对较大的结构物,介绍了对其进行的常规检查,并对病害成因进行了简要的分析,提出了养护的建议。

1　大型结构物的工程概况及结构检测的主要内容和方法

1.1　工程概况

实际工程检测是针对重庆经开区的 12 座桥梁,限于篇幅,本文只对其中较大的 B13 大桥的主要构件的检测工作进行介绍。

B13 大桥为一座长 385.8m,宽 16m 等截面预应力混凝土连续箱梁结构高架桥($5\times25m+5\times25m+5\times25m$)。结构为弯坡桥,采用抗扭刚度大的箱梁结构。箱梁采用单箱三室断面,梁高 1.3m,翼缘板悬臂长度为 2.5m,梁顶板厚 0.2m,底板厚 0.2m,腹板厚 0.425m,支点处桥墩采用双柱式圆墩,采用人工挖孔桩基础,桩基础采用一柱一桩形式,桩基直径分别为 1.5m、1.8m 和 2.2m,墩身直径分别为 1.5m 和 1.8m。桩 40 根,最深桩基为 16.90m,平均桩长为 9.28m;圆形墩柱,最高墩柱为 23.029m,平均墩柱高为 15.47m。盖梁为非预应力钢筋混凝土,只在桥梁分联处墩顶设置。本工程包含了 0 号桩基础轻型桥台,由 12 根 $\phi1.5m$ 桩支撑;15 号重力式桥台,采用 20 号块片石混凝土。

桥面铺装采用14cm等厚,由4cm厚40号混凝土找平层和10cm厚40号钢筋混凝土面层组成,在找平层与面层间设桥面柔性防水层。

1.2 结构检测的主要内容和方法

(1)主体结构外观检查。

(2)桥面铺装及栏杆状况检查。

(3)基础完好性检查。

(4)翼墙(侧墙、耳墙)、锥坡、护坡等构造物外观检查。

(5)桥梁排水设施检查。

(6)桥梁结构其他部位缺陷、病害等检查。

技术人员主要采用裂缝观测仪、目测、高倍望远镜辅助观测等方法,结合移动扶梯、移动支架、缆索吊篮等设备,对结构物的主体结构和附属设施进行了全面的检查,并利用数码照相技术,对发现的每一处病害都进行拍照记录。

2 上部承重构件检测

2.1 连续箱梁桥的主要特点及检测要点

由于本文述及的B13大桥为连续箱梁桥,故有必要对连续箱梁桥的特点和检测要点作简要的说明。

当梁跨有2跨以上,沿桥跨方向无断开的桥梁便成为连续梁桥。它的基本受力特点为:当其受力后,其弯矩和剪力将沿桥跨产生连续不断的效应,一跨受载,本联内其余各跨均要受到影响。由于支点负弯矩的卸载作用,跨中正弯矩显著减少,因此可以减少截面尺寸,同时具有行车平稳、有利于高速行驶的特点。但其为超静定结构,温度变化、混凝土收缩徐变、支座变形将对梁体受力带来显著的影响。其检测要点为:

(1)受拉区的裂缝和其他缺陷。对箱形梁而言,即顶板和中性轴以上的腹板以及底板和中性轴以下的腹板。

(2)检测各跨跨中挠度、整体线形及高程的变化。

2.2 上部承重构件的检测结果及病害成因分析

(1)全桥第1、3、5、12、13、14、15跨,跨中部分梁底位置大都出现不连续的横桥向裂缝,缝长0.2m~2m,宽0.02mm~0.15mm,且部分裂缝有渗水现象。

(2)全桥第3、12、13、14、15跨,部分梁底位置出现纵向裂缝,缝长0.5m~1.6m,宽0.06mm~0.15mm,且部分裂缝有渗水现象。

(3)箱梁底板部分位置有不同程度的露筋,最大露筋长度为25cm左右,局部混凝土松散,表面有蜂窝麻面现象。

产生上述病害的原因可能有:由于荷载、混凝土收缩或温度变化而产生的裂缝;由于钢筋锈蚀而产生的裂缝;由于施工不当、使用过程中自然或人为的原因、使用的材料材质不良而产生的裂缝;部分位置混凝土保护层厚度不够,导致有露筋现象;排水不畅,导致有渗水现象。

2.3 建议和要求

针对上部构件的检测情况,检测小组认为,由于B13大桥上部承重构件的评定标度$R_i \geq 3$,所以按规范要求,需尽快作出处理。同时,为确保以后桥梁的使用安全性、结构耐久性,上

部构件的日常养护工作应注意以下几方面的内容:

(1)在平时的常规检查中,应对混凝土结构常见的一些缺陷,如蜂窝、麻面、露筋、孔洞等情况进行观测。

(2)连续梁桥建成三年内,每半年或每年应检查受拉区的裂缝,三年后,每年应检查受拉区的裂缝。同时,对承受负弯矩区段而出现的裂缝也应经常检查。

(3)建成三年内,在每季度的平均最高温度及最低温度时刻,检测连续梁各跨跨中挠度、整体线形及高程的变化,在异样变化或承载力不足时,应分析原因并进行处理。在建成后第四年起,则可每年检测一次。

(4)应保持箱梁泄水孔通畅,以免梁体内长期积水造成混凝土侵蚀和钢筋锈蚀。

(5)对裂缝的处理,应按照养护维修的规范采取一定的措施。

3 桥墩、桥台及基础检测

3.1 桥墩、桥台及基础的主要特点及检测要点

桥墩、桥台及基础从受力上来讲,其本质都是承受上部构件传递来的荷载,不同的是,桥墩和桥台还要承担风、船只或漂浮物的撞击等荷载的作用,其检测要点为:

(1)墩台结构的常见缺陷,如裂缝、剥落、空洞、露筋、结构的变形移位等。对桥台,还应检查其两岸的锥坡有无病害。

(2)对基础而言,应注意检查其有无沉降、滑移和倾斜等病害。

3.2 桥墩、桥台及基础的检测结果及病害成因分析

通过对其进行仔细检查,发现桥墩和桥台结构外观总体完好,未发现异常变形。

3.3 建议和要求

针对墩、台及基础的检测情况,检测小组认为,B13 大桥的墩台和基础的现状基本满足使用要求,但是,为确保以后桥梁的使用安全性和结构耐久性,墩、台及基础的日常养护工作应注意以下几方面的内容:

(1)桥梁建成一年内每半年应对墩台混凝土的常见缺陷进行一次检查一年后,每年应对其进行一次检查,特别应注意对裂缝的观测。对裂缝的处理,应按照规范规定的措施来进行。

(2)墩台的纵、横向排水设施应保持完好,防止堵塞。

(3)应注意日常的管理和清洁工作,保持墩台表面的清洁。

(4)桥台处锥坡的浆砌片石长期受大气、雨水侵蚀等因素影响而造成的片石开裂、破坏,应及时重新勾缝更换。

(5)桥梁建成三年内每半年应检查墩台及基础有无沉降、倾斜和滑移,测量它们在纵、横、竖方向的位移,并做好记录;三年后每年应进行这些工作。

4 桥面铺装检测

4.1 桥面铺装的主要特点及检测要点

桥面铺装是车轮荷载直接作用的部分,其主要功能是:防止车辆轮胎或履带直接磨耗桥面板;保护主梁免受雨水的侵蚀;分布车轮的集中荷载。

针对不同性质的铺装层,应对其典型的病害进行排查,由于所检测的 B13 大桥的铺装层为水泥混凝土,所以只对这种铺装层的检测要点作个说明。

对水泥混凝土,典型的病害主要有表面裂缝、表面磨耗、露骨、坑槽等,其中裂缝最为常见。

4.2 桥面铺装的检测结果及病害成因分析

此桥的铺装层为水泥混凝土,经过仔细检查,发现桥面铺装的裂缝较多,总共约 60 条,主要为横向贯通裂缝,宽度为 0.5 ~4mm 不等,同时也发现有部分纵向裂缝。

产生上述病害的原因主要是:水泥混凝土硬化过程中,表面砂浆沉降开裂及早期混凝土塑性收缩而产生的开裂。

4.3 建议和要求

针对桥面铺装层的检测情况,B13 大桥的桥面铺装层,由于其评定标度 $R_i \geq 3$,按规范要求,需对其尽快作出处理。桥面铺装质量的好坏直接影响着行车的舒适、畅通与安全,其日常的养护工作应注意以下几点:

(1)对沥青混凝土铺装层,应观察其是否平整,有无跳车现象,是否有龟裂、松散、露骨、车辙、推移、拥包等现象,一经发现,应视其情况及时进行相应的处治。

(2)对水泥混凝土铺装层,应观察其是否平整,是否有裂缝、露骨等现象。其中,最关键的是要观察是否有大面积的裂缝或局部裂缝。

(3)铺装层的裂缝有多种形式,应根据裂缝产生的不同情况采取相应的养护措施。

(4)应保持铺装层表面的清洁,每天都应对其进行清扫,此外,还应保持桥面排水的通畅,降雨量较大时,应观察桥面有无积水现象。

5 伸缩缝检测

5.1 伸缩缝的主要特点及检测要点

桥梁伸缩缝一般设置在两主梁梁端之间以及梁端与桥台台背之间,其主要功能是保证桥跨结构在荷载作用、混凝土收缩徐变、温度变化等因素的影响下,能按其静力图式自由变形。其检测要点为:

(1)缝内是否堵塞失效,各部分构件是否完好,锚固连接是否牢固,连接件是否松动,有无局部破损。对橡胶伸缩缝来说,还要看密封橡胶是否老化、失去弹性、异常变形或开裂。

(2)伸缩缝是否有不正常的响声或异常的伸缩量,伸缩缝各基本单元间隙是否均匀,钢构件是否锈蚀、变形,伸缩缝处是否平整,有无跳车现象等。

5.2 伸缩缝的检测结果及病害成因分析

(1)伸缩缝被泥沙等异物填充,影响正常的伸缩功能。在 10 号墩处人行道上的伸缩缝已经损坏,橡胶老化破损。

(2)主桥各道伸缩缝均严重漏水。

产生上述病害的原因主要有:平常对伸缩装置内的砂土、杂物未能及时认真地清扫;防水、排水设施不完善;桥梁超载情况没有得到有效控制,特别是夜间缺乏管理,超载车辆不按规定上桥,也给桥梁伸缩装置的有效使用和耐久性带来严重威胁。

5.3 建议和要求

经检查,伸缩缝的评定标度 $R_i \geqslant 3$,按规范要求,需对其尽快作出处理。桥梁伸缩缝是较易遭到破坏而又相对难以加强和修复的部分,如果不及时处理,势必会发展成严重的破坏,届时就会严重影响交通,危及行车的安全。对其日常的养护应注意以下几点:

(1)应经常清理缝内的泥沙、碎石等杂物;拧紧螺栓,并加油保护;若部分构件损坏导致功能失效,应及时修理或更换。

(2)对各种类型的伸缩缝,要经常检查其使用情况,若发现其因材料老化、脱落、变形、松动等现象而导致伸缩不能正常进行时,应及时拆除更换。

(3)对伸缩缝的维修,修补前应查明原因,修补工作要依据缺陷的程度,或部分修补,或全部更换。

6 支座检测

6.1 支座的主要特点及检测要点

桥梁支座是连接桥梁上部结构和下部结构的重要构件,其主要功能是将上部结构承受的各种荷载传递给墩台,并能适应上部结构由于荷载、温度变化、混凝土收缩等产生的变形(水平位移及转角),使上部结构的实际受力情况符合设计要求。其检测要点为:

(1)检查支座功能是否完好,组件是否完整、清洁,有无剥落、露筋、碎裂、老化、变形、锈蚀、断裂、错位和脱空现象。

(2)检查支座上下座板与梁身、支座垫石(板)之间是否密贴,支座垫石(板)是否完好,是否有积水或尘埃等。

(3)对固定支座,要观测其有无变形;对活动支座要检查其是否灵活,实际位移量是否正常、变位方向是否与温度变化相符、倾斜度是否在容许限度内,有无限位装置等。

6.2 支座的检测结果及病害成因分析

经检查,发现大桥支座存在的病害主要为:支座钢垫板普遍锈蚀,且大桥桥台支座处有较严重的渗水现象。

产生上述病害的原因主要是:桥面排水不畅,从而导致支座底部积水而引发了支座钢垫板的锈蚀。

6.3 建议和要求

支座是桥梁结构的重要构件之一,对其产生的缺陷应尽快作出处理,应避免病害发展而带来严重的后果。对其日常的养护和管理要注意以下几点:

(1)应经常清理支座周围的垃圾杂物,保持支座各部分完整、清洁、位置正确。

(2)保持排水通畅,防止积水,钢垫板不得有锈蚀。

(3)支座与梁底、支座与砂浆垫层之间的接触面应平整,活动支座伸缩与转动应正常。

(4)支座或其组件如有缺陷或产生故障不能正常工作时,应及时予以修理或更换。

7 桥梁技术状况评定

除了对上述主要构件进行检测外,检测小组还对桥梁的其他部件,如排水设施、人行道栏杆、中央分隔带防撞护栏等进行了常规的检测,同时,还在桥面预埋了高程控制点以便以后对沉降的观测。限于篇幅,本文不再赘述。按照城市桥梁养护规范的要求,对全桥的技术状况进行了评分,B13 大桥的得分为 82 分,属于二类桥,即状况较好的一类,只需进行小修即可。

8 结语

由于各方面的原因,桥梁结构在其使用过程中或多或少地都会出现缺陷,如果这些缺陷没有尽早发现,或发现后不尽快采取有效的措施进行处理,必然会导致严重的后果。故桥梁检测、加固等养护管理方面的工作是十分必要的,这也必将是我国桥梁以后发展的重点。

本文介绍了对 B13 大桥主要构件的检测工作,在检测结果的基础上,简要地分析了病害成因,并对日常的养护提出了建议,可望为同类桥梁的检测工作提供一定的借鉴经验。

参考文献

[1] 刘自明,王邦楣. 桥梁工程检测手册[M]. 北京:人民交通出版社,2001.
[2] 刘自明,王邦楣,陈开利. 桥梁工程养护与维修手册[M]. 北京:人民交通出版社,2004.
[3] 范立础,桥梁工程[M]. 北京:人民交通出版社,1986.
[4] 乔墩,刘思孟,周建庭,等. 大跨径钢管混凝土拱桥结构检查及病害成因分析[D]. 第十七届全国桥梁学术会议论文集,2006.

170 大跨长联连续梁桥病害成因分析方法

贾界峰 赵井卫 涂金平

(中交路桥技术有限公司)

摘 要 针对大跨长联连续梁桥这种特殊的预应力混凝土结构型式,依托国内少有的实际工程项目,根据出现的病害特征,着重分析解决跨结构永久性变形和梁体开裂这两大难题。根据大桥病害现状及三次检测结果,结合裂缝、位移发展的趋势,从设计、材料、施工等方面入手,并考虑环境、交通、人为等外部因素,详细分析了病害成因;根据静动载试验的结果,做了大量比对性计算,发现此类桥梁结构病害不同于一般性的梁体开裂下挠的病害,提出了此类大跨长联连续梁桥病害成因实用分析方法。

关键词 预应力混凝土连续梁桥 大跨长联 病害成因 分析方法

1 项目概述

风陵渡黄河公路特大桥位于山西省芮城县风陵渡镇与陕西省潼关县港口镇之间的河道上,是连接晋、陕、豫三省的重要交通枢纽,该桥于1994年11月建成通车(图1)。

图1 风陵渡黄河特大桥近期实景图

大桥全长1 409m,由主孔桥和边孔桥组成,其中主孔桥为国内少有九跨一联(87+7×114+87)m大跨长联连续梁桥,边孔桥为五跨一联,跨径组成5×87m。主孔桥上部结构为三向预应力混凝土变截面连续箱梁,箱梁采用单箱单室截面,支点梁高6.5m,跨中梁高2.8m;箱梁底宽7.0m,全宽13.0m;顶板厚25cm,梁底按二次抛物线变化,底板厚59~30cm,肋板厚60~40cm;九跨连续箱梁由八个在桥墩上按“T构”用挂篮分段对称悬臂浇筑的梁段、吊架浇筑的跨中合龙段及落地支架浇筑的边跨梁段构成;下部为空心双室等截面钢筋混凝土薄壁桥墩;

设计时采用的技术标准:

(1)车辆荷载标准:汽车-超20级,挂-120级。

(2)人群荷载:3.5kN/m²。

(3)设计洪水频率:0.33%。

(4)地震基本烈度:Ⅷ度。

(5)设计通航标准:四级航道,净高8m,净宽44m。

随着交通运输业迅速发展,多伸缩缝的结构已不能满足要求,于是长联连续梁发展迅速。我国长联连续梁桥有(75+7×120+75)m=990m的东明黄河大桥和内蒙古树林召黄河公路大桥(85+6×150+85)m=1070m(在建),湖北黄石长江公路大桥(162.5+3×254+162.5)m=1 087m,而山西风陵渡黄河公路特大桥主孔桥,无论是单孔跨径(114m)还是一联总长(972m),在当时设计水平和施工条件下都是十分具有难度的大规模桥梁结构。

2 病害检测

风陵渡黄河公路特大桥也难逃跨中下挠和梁体开裂这两大病害,大桥通车仅15年,就出现了症状。有关部门于1996年、2005年和2007年对该桥进行了检测[1],2008年7月18、19日又对该桥进行了定期检查。目前该桥主要存在桥跨结构永久性变形、上部结构混凝土开裂、梁体刚度和强度持续下降以及桥面铺装破损严重等病害。大桥各跨箱梁顶板、底板和腹板开裂外观情况呈现一定规律性,一些跨中位置腹板出现竖向开裂;新增腹板内侧斜裂缝或延长裂缝,全部位于原裂缝区,范围没有扩大;各跨底板底面均新增不同程度的顺桥向短裂缝。

大桥各跨很多裂缝的宽度和长度已超过规定限值,这必将影响到大桥的安全使用,降低结构的承载能力和耐久性。主孔桥主要病害表现形式及分布如图2~图4所示。

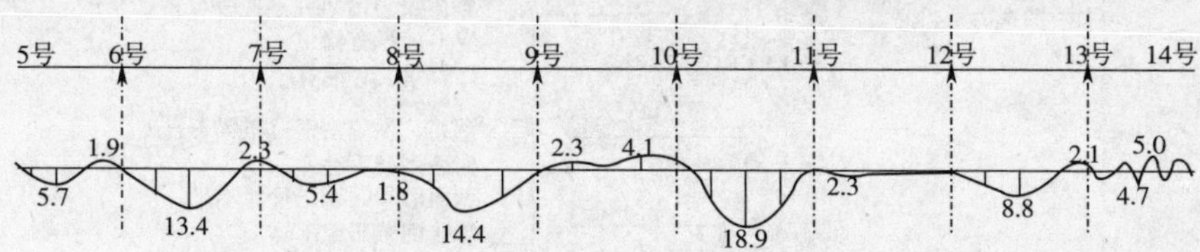

图2 主孔桥挠度图(尺寸单位:cm)

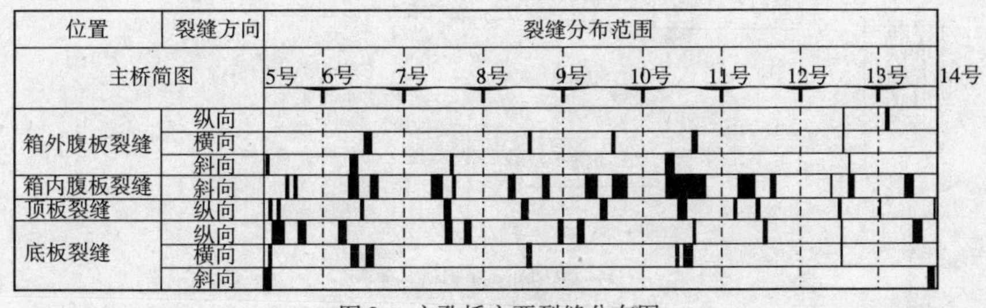

图3 主孔桥主要裂缝分布图

3 病害成因分析

3.1 病害成因初步分析

跨中下挠过大和梁体严重开裂是大桥的主要病害,引起该类病害的原因较多,根据对以

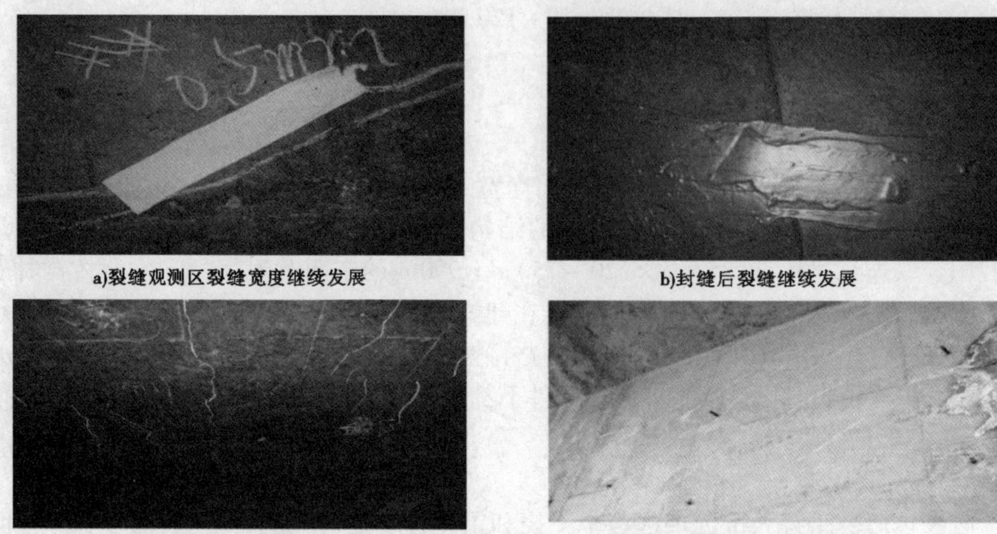

a)裂缝观测区裂缝宽度继续发展　b)封缝后裂缝继续发展

c)顶板顺桥向裂缝　d)箱梁外侧腹板斜裂缝

图4　部分箱梁裂缝照片

往已建成同类连续梁桥的病害研究表明[2,3]，其主要影响因素可归纳为设计、施工、建筑材料和外因四个方面(图5)。

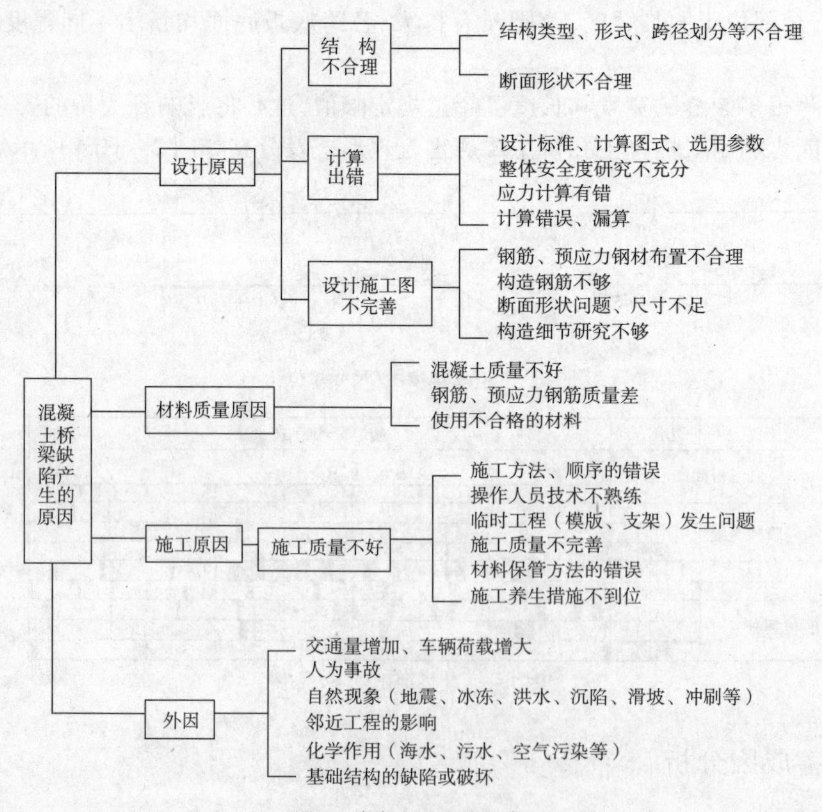

图5　病害主要影响因素

箱梁的各跨出现开裂，开裂如果呈现一定的规律性，就可以从开裂的部位、形态和发展趋势对开裂原因作初步分析[4]，山西风陵渡大桥主孔桥箱梁开裂情况呈现出下列规律：

(1)边跨顶板出现较多纵向短裂缝，长度在0.5～3m范围内，宽度范围0.1～0.4mm，位置在支点～1/4L范围内；而中间各跨顶板的裂缝较少，多数存在于跨中附近，长度在0.5～4.5m范围内，宽度范围0.1～0.3mm。

(2)边跨底板支点～1/4L范围内存在多条斜向裂缝，多数裂缝长度在0.4～1.8m范围内，裂缝宽度范围0.1～0.3mm，底板纵向裂缝多分布在1/8～1/4L范围内，裂缝长度0.2～1.5m，裂缝宽度范围0.1～0.3mm；而中间各跨在跨中附近出现纵向裂缝的同时，亦出现较多横向开裂，且多条横向裂缝贯穿底板与腹板竖向裂缝相连，裂缝宽度达0.3mm。

(3)腹板的开裂更具规律性，在1/4～3/4L范围内出现大量45°斜裂缝，裂缝长度达0.5m，宽度达到0.2mm。

箱梁开裂情况的发展趋势同样值得关注，与2005年裂缝调查结果比较情况见表1。

表1　各跨箱梁裂缝发展表

跨　号	箱梁顶板、底板裂缝发展情况	箱梁腹板裂缝发展情况
第六跨	顶板在1/8L～1/4L范围内产生较多顺桥向短裂缝，最长2m。底板新增多条纵向短裂缝	该跨腹板变化段新产生较多斜向裂缝，个别斜向裂缝修补后继续开裂
第七跨	顶板裂缝发展变化趋势稳定底板新增几条纵向短裂缝，跨中附近新增2条横向裂缝	少数腹板裂缝长度略有增加，跨中腹板出现1条竖向裂缝裂缝发展变化趋势稳定
第八跨	顶板裂缝发展变化趋势稳定，底板新增几条纵向短裂缝	跨中腹板出现1条竖向裂缝，宽度0.3mm，且与底板横向裂缝相连；5/8L附近腹板出现3条斜裂缝，裂缝发展变化趋势稳定
第九跨	顶板裂缝发展变化趋势稳定，底板新增几条纵向短裂缝，跨中附近新增1条横向裂缝	跨中腹板出现1条竖向裂缝，宽度0.3mm，且与底板横向裂缝相连；5/8L附近腹板，出现3条斜裂缝裂，缝发展变化趋势稳定
第十跨	顶板新增几条顺桥向短裂缝，底板新增多条纵向短裂缝	跨中腹板新增3条竖向裂缝，其中1条与底板横向裂缝相连；腹板斜向裂缝发展稳定
第十一跨	顶板裂缝发展变化趋势稳定，跨中底板附近新增2条横向裂缝	跨中腹板新增2条竖向裂缝裂缝发展变化趋势稳定
第十二跨	顶板裂缝发展变化趋势稳定，跨中底板附近新增3条横向裂缝。	裂缝发展变化趋势稳定
第十三跨	顶板发展变化趋势稳定，底板新增多条纵向短裂缝裂缝	腹板新增几条斜向裂缝，个别斜向裂缝宽度变大，另有1条原存在斜向裂缝长度增长；跨中腹板对称出现两条竖向裂缝，宽度约0.15mm
第十四跨	箱梁内部被熏黑，无法进行查看，底板外侧新增多条纵向短裂缝	箱梁内部被熏黑，无法进行查看

各跨箱梁顶板、底板和腹板开裂外观情况呈现一定规律性，箱梁开裂原因复杂多样，以上只是针对外观裂缝作出的初步定性分析，而箱梁的实际受力状况是箱梁开裂不可忽视的重要因素，所以还须对箱梁的开裂原因作近一步的定量分析。

3.2 开裂原因计算分析

随着环境变化、交通量急剧增加,如今大桥受力状况已不同于当时设计的情况,必须在实际的荷载条件下重新计算大桥的承载能力和受力状态,采用现行的公路设计规范重新进行结构计算分析[5,6]。

3.2.1 计算分析技术标准

(1)荷载标准

①车辆荷载等级:公路-Ⅰ级,汽车荷载横向分布系数 $4\times0.67\times1.15=3.082$。

一期恒载包括主梁材料重量,混凝土容重取 26kN/m^3;二期恒载为桥面防撞护栏及桥面铺装,经计算二期恒载取42kN/m。

②地震基本烈度:Ⅷ度。

(2)温度力

①体系温差:升温+35℃,降温-30℃;

②梯度温差:升温桥面板顶面14℃,桥面板下10cm取5.5℃;降温桥面板顶面-7℃,桥面板下10cm取-2.75℃。

(3)基础变位

20mm,设计按最不利进行组合。

(4)设计安全等级

Ⅰ级(全预应力混凝土构件)。

3.2.2 计算结果

经过综合程序计算,按新规范考虑混凝土的收缩徐变,仅提取最不利计算结果进行分析。

首先分析截面拉应力抗裂验算(图6)的结果:

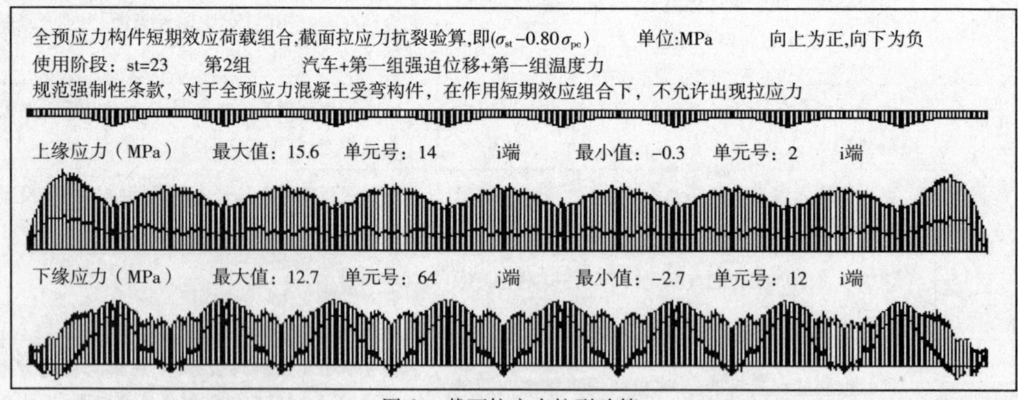

图6 截面拉应力抗裂验算

可以看出,上缘没有出现拉应力,而下缘在边跨1/4L处和中间各跨跨中均出现了拉应力,边跨下缘拉应力较大,达到2.7MPa,中间跨下缘拉应力达1.6MPa,较大的拉应力将产生底板横向开裂,这与现场检测结果箱梁底板3/8L~5/8L出现大量横向裂缝是一致的。

由图7可以看出,截面上缘的压应力偏大,尤以边跨上缘压应力突出,应力值达到19.3MPa,由于压应力过大必然引起上缘的纵向开裂,这与现场检测结果箱梁顶板出现纵向短裂缝是吻合的。

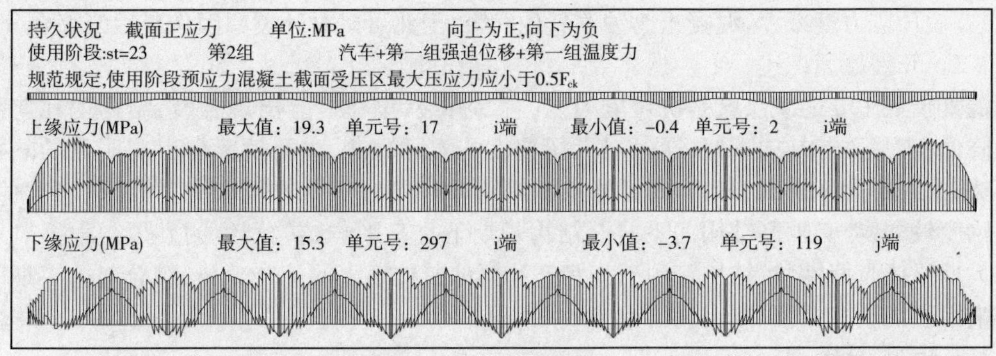

图 7　截面正应力验算

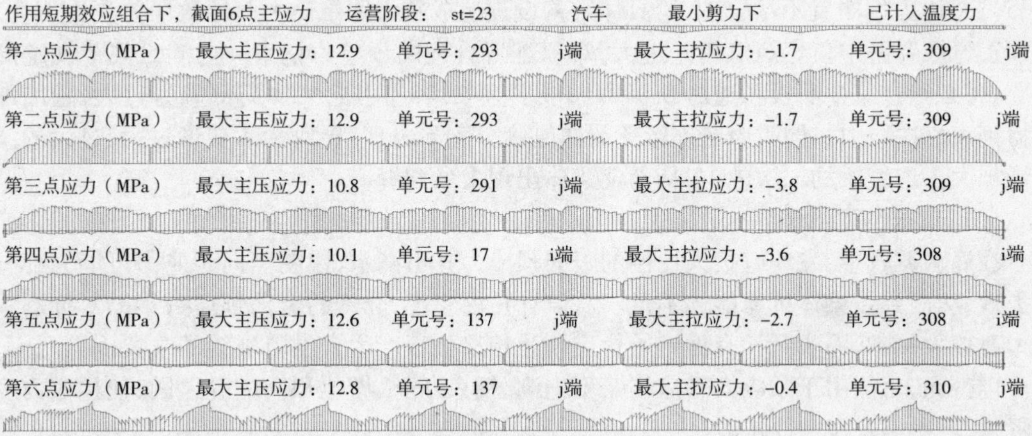

作用短期效应组合下，截面6点主应力　运营阶段：　st=23　汽车　最小剪力下　已计入温度力

第一点应力（MPa）　最大主压应力：12.9　单元号：293　j端　最大主拉应力：-1.7　单元号：309　j端

第二点应力（MPa）　最大主压应力：12.9　单元号：293　j端　最大主拉应力：-1.7　单元号：309　j端

第三点应力（MPa）　最大主压应力：10.8　单元号：291　j端　最大主拉应力：-3.8　单元号：309　j端

第四点应力（MPa）　最大主压应力：10.1　单元号：17　i端　最大主拉应力：-3.6　单元号：308　i端

第五点应力（MPa）　最大主压应力：12.6　单元号：137　j端　最大主拉应力：-2.7　单元号：308　i端

第六点应力（MPa）　最大主压应力：12.8　单元号：137　j端　最大主拉应力：-0.4　单元号：310　j端

图 8　截面主应力验算

截面主应力验算时(图 8),支点处并非真实断面,其实际受力状态表现出较强的空间效应,需做专门研究。平面杆系程序的应力失真,可以不考虑,但从计算结果同样可以看出,在 1/4 ~ 3/4L 跨的第三、第四、第五点应力均偏大,已经超过 1.3MPa,对腹板的检测结果也可以看出在此部位出现大量规则的 45°的斜裂缝,这与该部位主拉应力过大的结果是吻合的。

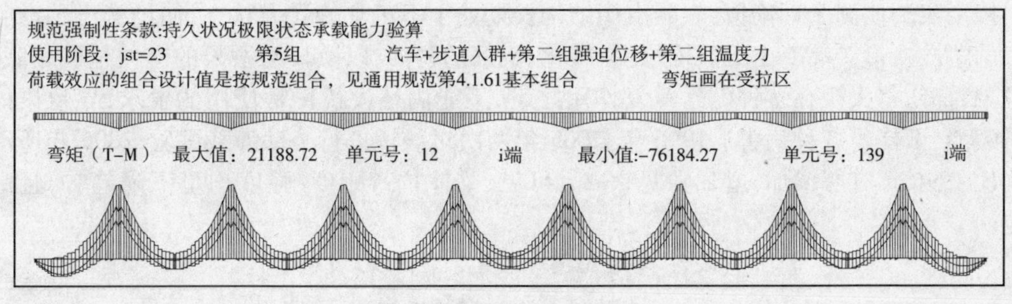

图 9　截面抗弯承载能力验算

可见主孔桥各跨跨中的截面承载能力稍显不足。由于篇幅原因,引桥计算在此不再赘述。

通过对结构的计算分析,找到了一些大桥开裂与受力状况的相关性,大桥同时存在挠度过大、有效预应力度减少、混凝土腐蚀等其他病害,至此可以对开裂原因作最后的综合分析。

3.3 开裂原因综述

混凝土最主要的缺点就是抗拉能力差,容易开裂,梁体一旦出现开裂,结构的几何刚度必然降低,容易引起结构下挠,通过对大桥挠度的实际观测,主孔桥梁体出现明显的隔孔下挠态势,中跨最大下挠到18.9cm;另外主桥箱梁梁底按二次抛物线变化,抛物线幂次偏大,整体刚度较弱,势必加剧结构的下挠。结构长期下挠又影响结构裂缝的发展。根据对风陵渡特大桥梁体裂缝性状、结构跨中下挠状态和梁体其他病害的综合分析,结合对施工期间各项影响因素的调查,可以判定病害主要成因如下:

3.3.1 设计因素

主孔桥的边中跨比高达0.76,超出了连续梁桥较为合理的边中跨比范围(0.55～0.65),总体方案布置不尽合理,给具体结构设计造成较大困难。由此导致梁体受力不合理,墩顶正弯矩和跨中负弯矩值相差过大,难以配置合理的预应力钢束。为满足规范规定的受力要求,必然在跨中底板和边跨顶板增加很多短束,容易引起梁体局部应力过大,且增加预应力钢束二次应力。同时由于连续梁梁体刚度分配不合理,导致梁体变形过大,过大的梁体变形加大了连续梁的二次内力,从而使梁体出现大量裂缝。

3.3.2 施工因素

在病害调查中,发现有很大比例的竖向预应力孔道漏水,说明竖向预应力可能大部分已经失效,从而导致梁体抗剪能力不足。从设计角度考虑,合理的竖向预应力钢筋对抑制主拉应力有较大贡献,而实际没有做到。这应该是箱梁腹板产生大量斜裂缝的主要因素之一,由此可以推测,可能由于预应力管道压浆不饱满,钢束断丝、松弛和回缩等原因,使预应力度大为降低,已不满足设计要求。

3.3.3 综合因素

温差应力和基础不均匀沉降都将使结构产生附加应力,大桥设计阶段采用1985年版规范中上下缘5℃的温差荷载规定,工程实践证明远远小于结构的实际受力状态,经过重新编制的2004版规范对温度荷载有了更贴合实际的取值。特别是负温差荷载会产生2.0MPa左右的拉应力,使原先尚有压应力储备的梁体变为受拉状态。

挠度实测值高于理论值,表明由于结构长期处于不正常的受力状态,使结构已经产生了较大的塑性变形。混凝土的收缩徐变、碳化、钢筋的锈蚀,以及日益增长的交通量和超载、偏载现象,都使得大桥在多种因素重复作用之下,不能满足大桥正常使用的要求,导致梁体出现了裂缝、下挠等各种病害。1996年、2005年两次对该桥进行了动静载试验,2005年所测指标均比1996年有所增加,增加量见表2。可见,梁体抗弯刚度、强度均呈下降趋势,且尚未稳定。

表2 两次检测对比挠度、应力增大比例

项目	主孔桥	边孔桥
挠度检验系数增大率	36%	17%～25%
上、下缘应力增大率	8.9%～86%	16%～75%

桥梁原有设计强度和刚度都已不能满足现行交通荷载的要求,该桥的加固设计,应从缩短边中跨比和提高梁体的整体刚度两方面入手,具体加固方案本文不再论述。

4 结语

近年来,跨中下挠和梁体开裂已成为连续梁桥常见的病害,尤其以100m以上大跨桥的病害较多,这两个问题不仅影响桥梁的美观,导致养护费用的大幅增加,而且更重要的是造成桥梁安全度的降低、使用寿命的缩短、交通运营不顺畅等不可预见的危害。大跨长联连续梁桥病害更有其特殊性,分析此类桥梁病害应严格检测,认真分析,透过现象寻找内在规律,才能制定出切实可行的加固方案。

参考文献

[1] 中交桥梁技术有限公司. 山西省风陵渡黄河公路特大桥桥梁检测报告[R],2007.

[2] 张志耕. 预应力混凝土连续刚构桥裂缝病害分析[J],自热灾害学报,2006.

[3] 楼庄鸿. 论预应力混凝土连续梁桥裂缝[J]. 公路交通科技,2000,12.

[4] 洪显诚. 预应力混凝土箱形薄壁结构裂缝成因分析与处治[J]. 公路,2001,4.

[5] 中华人民共和国行业标准. 公路钢筋混凝土及预应力混凝土桥涵设计规范 JTGD62—2004,北京:人民交通出版社,2004.

[6] 张树仁. 钢筋混凝土及预应力混凝土桥梁结构设计原理[M],北京:人民交通出版社,2004.

171　江苏省普通干线公路预应力混凝土空心板梁桥典型病害统计分析

袁爱民[1]　陆近涛[1]　朱晓文[2]　张宇峰[2]

(1.河海大学土木工程学院;2.江苏省交通科学研究院有限公司)

摘　要　本文对江苏省内 G312 沪宁段、S339 及宁通三条普通干线公路上的 77 座预应力混凝土空心板梁桥上出现的病害分别按照桥梁座数和每延米范围内出现频次两种指标进行了统计。并对裂缝病害参照《城市桥梁养护技术规范》的分类标准,按照裂缝的危害性、长度、宽度、位置分别进行了统计,得到了典型裂缝的典型特征和规律,为典型病害的成因分析和防治措施制订奠定了基础。

关键词　预应力混凝土空心板梁　典型病害　裂缝　病害组成

1　引言

预应力混凝土空心板梁桥是普通干线公路桥梁的重要组成部分,长期以来,对于这些小跨径桥梁研究重视不够,对其典型病害的典型规律缺乏深入了解。因此,本文针对江苏省干线公路典型桥型的主要病害开展调研与统计分析,不仅有利于找到研究的重点方向,做到有的放矢,也有利于探求一些重要病害的内在规律,便于进行深入的成因分析,研究并提出切实有效的防治措施,这对进一步减少预应力混凝土空心板梁桥病害,进而优化设计和为管理养护提供参考具有重要的意义。本文对江苏省内 G312 沪宁段、S339 及宁通三条普通干线公路[1~3]上的 77 座预应力混凝土空心板梁桥上出现的病害分别按照桥梁座数和每延米范围内出现频次两种指标进行了统计,这三条干线公路建成年代和 2005 年的交通流量如表 1 所示。

表 1　三条干线公路的基本情况

	G312 沪宁段	S339	宁通公路江广段
建成年代	1991 年	2001 年	1996 年
交通流量(辆/日)	50 000	6 000	28 000

2　预应力混凝土空心板梁桥病害统计分析策略

2.1　全面统计阶段

通过对若干干线公路桥梁资料的整理统计分析,对不同干线公路桥梁出现的病害按照频数和延米数两种指标进行统计。前者反映了某种病害在桥梁中的普遍程度,计算公式为:出现某种病害的桥梁数/桥梁的总数,无量纲;后者反映了某种病害在桥梁中的严重程度,计算公式为:出现某种病害的数量/桥梁里程,单位是处(条)/延米。并按路段统计反映各路段的病害详细状况,由此确定各类病害中数量较多、所占比例较大的典型病害。

在全面调查阶段，本文收集了G312沪宁段、S339、宁通公路江广段干线公路桥梁检测资料进行整理统计分析，对这些路段的主要统计工作如下：

（1）对预应力混凝土空心板梁桥出现的病害分别按照出现该病害桥梁座数和桥梁延米数进行了统计，通过统计得到预应力混凝土空心板梁桥病害的频数和严重程度，从而确定重点研究的病害。

（2）对于确定的典型病害，对G312沪宁段、S339、宁通公路江广段干线公路进行了统计，观察典型病害的组成。

2.2 重点统计阶段

对于确定的典型病害，需作进一步深层次的统计分析。为此，对于裂缝病害，按照裂缝的位置、长度、宽度分别进行了统计；并按《城市桥梁养护技术规范》[4]关于常见病害严重程度划分，对这些典型病害进行了危害程度统计，以便得到这些典型病害在预应力混凝土空心板梁中的分布规律。

3 预应力混凝土空心板梁桥统计结果及分析

3.1 预应力混凝土空心板梁常见病害全面统计结果

表2给出了所统计路段预应力混凝土空心板梁桥按照平均每种病害每延米出现的频次和出现病害桥梁座数占桥梁总数比例这两种指标对各种病害进行统计的结果。总体来看，按延米指标统计结果显示：较严重的病害是底板纵、横向裂缝、梁板破损、勾缝脱落、桥面破损，延米指标都在0.01以上；按频数指标统计结果显示：较严重的病害是底板纵向裂缝、梁板破损、护栏破损、桥面破损，频数指标都在20%以上。两种指标的统计结果虽不完全相同，但也基本一致，这可能与各路段的具体情况不同有关。

表2 桥梁病害按各种指标的统计结果[5]

指标 / 病害类型	G312沪宁段延米指标（处/延米）	G312沪宁段频数指标（%）	宁通公路江广段延米指标（处/延米）	宁通公路江广段频数指标（%）	S339频数指标（%）	延米指标合计（处/延米）	频数指标合计（%）
底板纵向裂缝	—	—	0.072	49.06	—	0.064	33.77
底板横向裂缝	0.039	28.57	—	—	—	0.033	2.60
梁板破损露筋	0.005	28.57	0.024	34	—	0.022	25.97
勾缝脱落	—	—	0.013	22.64	—	0.012	15.58
盖梁破损	—	—	0.006	13.21	5.88	0.005	10.39
桥台破损	—	—	0.004	9.43	5.88	0.003	7.80
挡块破损	—	—	0	1.89	—	—	1.30
柱破损	—	—	0.002	5.66	—	0.002	3.90
墩台身裂缝	—	—	0.003	13.21	17.65	0.003	12.99
支座脱空变形	—	—	0.006	7.55	—	0.005	6.50
护栏破损	0.007	42.86	0.003	13.21	—	0.003	12.99
伸缩缝破损	—	—	0.006	15.09	70.59	0.005	25.97
护坡破损沉陷	—	—	0.005	20.75	—	0.005	14.29
桥面破损	—	—	0.016	39.62	41.18	0.014	36.36

对于 G312 沪宁段干线公路，按照延米数进行统计，反映出预应力混凝土空心板梁上部结构底板横向裂缝和梁板破损露筋这两种病害相对比较严重，平均每延米出现 0.309 次和 0.005 次。桥梁附属结构病害中以护栏破损发生率较高，达到了 0.007 次/延米。按照桥梁频数指标进行频数统计，可以看出，在上部结构中以底板横向裂缝、梁板破损露筋出现病害发生的频率较大，都达到了 28.57%，桥梁附属结构病害中以护栏破损发生的频率最高，达到了 42.86%。G312 沪宁段横向裂缝较多，可能与 G312 修建年代较早，交通流量较大有关。利用以上两种指标对上部承重结构的主要病害进行分析，两种指标反映的病害的严重程度不尽相同。当以第一种指标进行统计时，病害发生的严重性方面按由高到低排列为：底板横向裂缝、梁板破损露筋；而以第二种指标进行统计时，底板横向裂缝出现的频率和梁板破损露筋相等，均为 28.57%。这说明横向裂缝和梁板破损的桥梁普遍存在。

宁通公路江广段，按延米指标进行统计反映出上部结构中底板纵向裂缝、梁板破损露筋和勾缝脱落三种病害发生较为严重，分别达到了 0.072、0.024 和 0.013；当按照频数指标进行频数统计时，上部结构病害亦以底板纵向裂缝、梁板破损露筋和勾缝脱落发生的频率较高，分别达到 49.06%、34.00% 和 22.64%。这说明在宁通公路江广段纵向裂缝不仅数量较多，而且在桥梁中具有一定的普通性。

3.2 预应力混凝土空心板梁桥病害数量统计结果

图 1 给出了每条路段上出现的各种病害占总病害比例，计算公式为：某种病害的数量/某干线出现的病害总数，无量纲。从图 1 中可以看出，G312 沪宁段出现病害以底板横向裂缝为主，达到 96%，梁板破损和护栏破损其次，各仅有 2%；S339 上部结构几乎没有出现病害，而下部结构出现的病害以墩台(身)裂缝为主，达到 74%，其次是盖梁破损和桥台破损，分别为 13%；宁通公路江广段以底板纵向裂缝为主，达到 46%，其次是梁板破损露筋，达到 16%。同时，从图中还可以看出，出现病害种类以宁通公路江广段比较多，而 G312 沪宁段和 S339 出现的种类较少，病害种类比较单一。这一方面可能是由于检测报告由不同单位、不同的人员检测，详细程度不尽相同导致；另一方面也可能是由于两条干线公路不同使用状况引起。

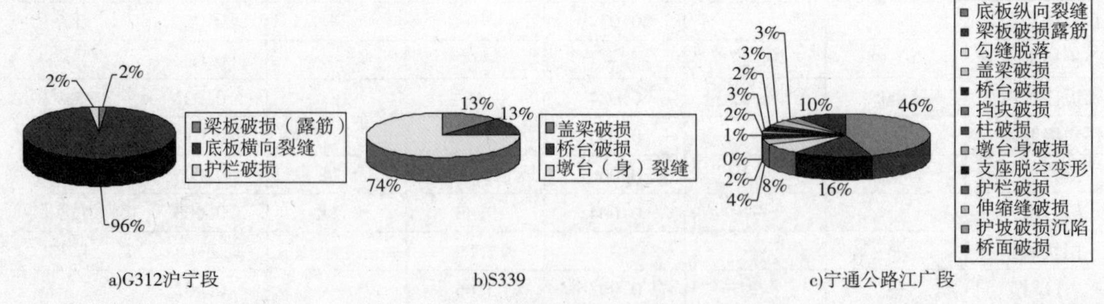

图 1 各路段具体病害分布

参考《公路桥涵养护规范》[6] 对桥梁各病害类型的危害性，并综合考虑出现的频数和权重，最终确定预应力混凝土空心板的重点统计的内容主要是底板纵、横向裂缝和铰缝病害。底板纵向裂缝、铰缝病害主要集中在宁通公路江广段，而底板横向裂缝主要集中在 G312 沪宁段出现。

3.3 预应力混凝土空心板梁病害重点统计分析结果

3.3.1 省内干线公路预应力混凝土空心板梁病害按危害程度统计分析

通过全面调查和统计,研究了预应力混凝土空心板梁出现的典型病害为底板纵向裂缝、底板横向裂缝及铰缝。预应力混凝土空心板梁典型病害按照危害程度进行分类见表3,该分类参照了《城市桥梁养护技术规范》[4]对病害程度的划分。

表3 常见病害的严重程度划分

病害程度	底板纵向裂缝	底板横向裂缝	铰缝
良好状态	有纵向裂缝,缝长小于1/8跨长	重点部位出现少量裂缝,缝宽在限值范围内,间距大于50cm,缝长不足截面尺寸1/3	有剥落,其累积面积不到3%
较好状态	有纵向裂缝,缝长为1/8~1/2跨长	缝宽在限值范围内,间距大于30cm,缝长为1/3~1/2截面尺寸	有剥落,其累积面积在3%~10%,有渗漏现象,个别有钟乳石状悬挂沉淀物
差的状态	有顺主筋方向裂缝,纵向裂缝缝长大于1/2跨长	重点部位缝宽介于限值和1mm之间,间距小于20cm,缝长大于2/3截面尺寸	剥落,累计面积为10%以上,严重漏水,有钟乳石状悬挂物
危险状态	裂缝贯通,主筋锈断	裂缝贯通,缝宽大于1mm,间距小于10cm	横向有失稳趋势

按照表3对G312沪宁段、S339和宁通公路江广段的底板纵、横向裂缝和铰缝渗水、开裂等病害作了统计。表4给出了这三种病害的统计结果。从表中可以看出,底板纵向裂缝的数量最多,其次是横向裂缝,最少的是铰缝病害。这是三条线路总的统计结果,说明G312沪宁段出现的横向裂缝没有宁通江广段纵向裂缝的数量多。危害性分类统计结果表明对底板纵向裂缝,良好的占7.8%,较好的约占37.2%,差的状态约占29%,危险的状态占26%。对于底板横向裂缝,预应力混凝土构件的限值不允许出现,只要出现裂缝,均处于差的状态。对于铰缝病害,95%处于差的状态,5%处于危险状态。由于这些铰缝均有白化和渗水,其传递剪力的作用已经大大削弱。

表4 常见病害的严重程度划分

病害程度	底板纵向裂缝(条)	底板横向裂缝(条)	铰缝(处)
良好状态	19	—	—
较好状态	90	—	—
差的状态	70	125	42
危险状态	63	—	2

3.3.2 省内各干线路段预应力混凝土空心板梁裂缝按位置统计

从横截面位置而言,空心板梁裂缝可分为顶板裂缝、底板裂缝、腹板裂缝三种类型;从纵向位置又可分为支座附近裂缝、L/4跨附近裂缝以及跨中裂缝三种类型;根据裂缝形态可区分为与梁体轴线以及地表均垂直的竖向裂缝、与梁体轴线垂直、地表平行的横向裂缝、与梁体轴线以及地表均平行的纵向裂缝以及与桥梁轴线呈一定夹角的斜向裂缝等四大类型。

将省内各干线路段预应力混凝土空心板梁的裂缝按照上述分类分别进行统计,S339的检测报告没有提供这方面的详细检测记录,因此在此不作统计(以下按长度、宽度统计的样本均与此相同)。分析表明,如果按照横截面的位置来分,裂缝主要出现的位置是底板裂缝;按照纵向位置来分,裂缝主要集中在跨中区段;根据裂缝的发展方向,可以看出裂缝的类型主要是横向裂缝、竖向裂缝和纵向裂缝,而斜向裂缝较少。但是,各条省干线的裂缝分类又有不同。对于G312沪宁段,裂缝的位置主要集中在L/2,以横向裂缝和竖向裂缝较多,而纵向裂缝相对较少。而宁通公路江广段预应力空心板梁裂缝则主要是以底板纵向裂缝的形式出现,而横向裂缝和竖向裂缝出现则较少。

3.3.3　省内各干线路段空心板梁裂缝按长度统计

对横向裂缝按缝长不足截面尺寸1/3,缝长为截面尺寸1/3~1/2和缝长超过2/3截面尺寸三类情况分别进行统计。统计的结果见图2a)。从图中可以看出,缝长超过2/3截面尺寸的裂缝占到34%,而缝长在1/3截面尺寸至1/2截面尺寸之间占到52%,缝长小于1/3截面尺寸的裂缝占到整个横向裂缝的14%。说明横向裂缝大多数较长,一旦出现裂缝就扩展至整个截面。

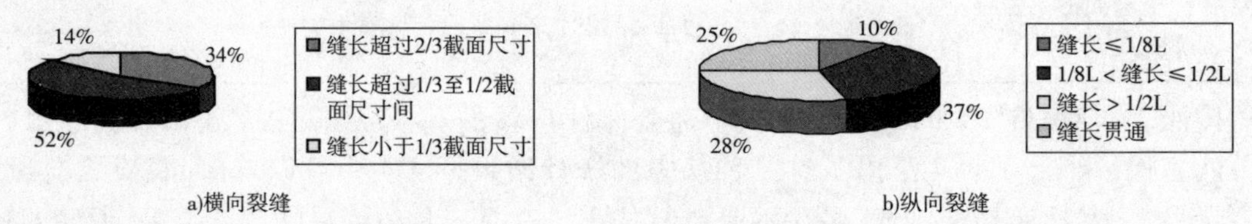

图2　裂缝按缝长进行统计

对纵向裂缝按照缝长小于1/8L、缝长在1/8L到1/2L之间和缝长大于1/2L进行分类,分别进行统计,统计的结果见图2b)。从图中可以看出,缝长小于1/8L的占到10%,缝长在1/8L到1/2L之间的占到37%,缝长在1/2L与L之间的占到28%,缝长贯通的占到25%。说明绝大多数纵向裂缝的缝长大于L/8。

3.3.4　省内各干线路段空心板梁裂缝按宽度统计

《公路桥涵养护规范》[3]对于预应力混凝土梁给出纵向裂缝宽度的限值是0.2mm,对于横向裂缝和竖向裂缝的限值是不允许出现。

经统计分析得到横向裂缝宽度在出现病害的预应力混凝土空心板梁中分布状况,如图3a)所示。从图中可以看出,50%的横向裂缝的宽度在0.1mm以下,说明横向裂缝以细为主要特征。这部分裂缝在条件合适时,甚至可以达到自愈合。42%的横向裂缝的宽度在0.1~0.2mm之间。而裂缝宽度大于0.2mm的,需要修补的裂缝只达到8%。预应力混凝土空心板梁一般均按照A类构件进行设计,所以横向裂缝的出现,则表示预应力混凝土空心板梁处于比较差的状态。

纵向裂缝的宽度在预应力混凝土空心板梁中的分布如图3 b)所示。可见底板纵向裂缝76%的宽度在0.2mm的限值以下,0.2mm宽度以上的只是少数。

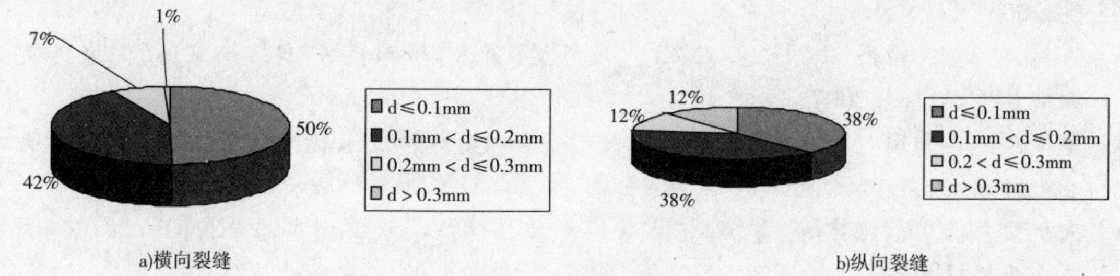

a)横向裂缝　　b)纵向裂缝

图3　裂缝宽度分布

4　结语

本文通过以上对预应力混凝土空心板梁桥典型质量病害的分析,可以得到如下结论:

(1)按照桥梁延米数和桥梁座数两种指标分别进行统计,确定预应力空心板梁的典型病害为底板纵向裂缝、底板横向裂缝和铰缝病害。

(2)按照危害程度进行统计的结果表明,纵向裂缝的分布最广,其中较好状态数量最多,占37.2%,良好状态最少,占7.8%;横向裂缝均处于差的状态;95%的铰缝处于差的状态,剩下的5%处于危险状态。

(3)省内各干线路段预应力混凝土空心板梁裂缝按位置统计表明,按照横截面的位置来分,裂缝主要出现的位置是底板裂缝;按照纵向位置来分,裂缝主要集中在L/2附近;根据裂缝的形态,可以看出裂缝的类型主要是横向裂缝、竖向裂缝和纵向裂缝,而斜向裂缝较少。

(4)省内各干线路段预应力混凝土空心板梁裂缝按长度统计表明,横向裂缝缝长超过2/3截面尺寸的裂缝占到34%,而缝长在1/3截面尺寸至1/2截面尺寸之间占到52%,缝长小于1/3截面尺寸的裂缝占到整个横向裂缝的14%。说明横向裂缝大多数较长,一旦出现裂缝就扩展至整个截面。纵向裂缝缝长小于1/8L的占到10%,缝长在1/8L到1/2L之间的占到37%,缝长大于1/2L的占到28%,缝长贯通的占到25%。说明纵向裂缝大多数均较长。

(5)省内各干线路段预应力混凝土空心板梁裂缝按宽度统计表明,50%的横向裂缝的宽度在0.1mm以下,说明横向裂缝以细而密为主要特征。42%的横向裂缝的宽度在0.1~0.2mm之间。而裂缝宽度大于0.2mm的,需要修补的裂缝只达到8%。底板纵向裂缝76%的宽度在0.2mm的限值以下,0.2mm宽度以上的只是少数。

(6)由统计得出了各路段预应力混凝土空心板梁的典型病害及其严重次序,G312沪宁段:底板横向裂缝 > 护栏破损 > 梁板破损(露筋);S339:墩台(身)裂缝 > 盖梁破损 = 桥台破损;宁通公路江广段:底板纵向裂缝 > 梁板破损(露筋) > 桥面破损 > 铰缝病害。

参 考 文 献

[1] 徐剑,李尚,贾鹏飞,等. 昆山市S339省道桥梁健康检查报告[R]. 南京:江苏省交通工程质量检测中心,2006.

[2] 彭涛,张宇峰,李明,等. G312沪宁段静载试验报告[R]. 南京:江苏省交通科学研究

院,2003.

[3] 徐剑,贾鹏飞,庄严,等.宁通公路江广段桥梁(通道)检测报告[R].南京:江苏省交通工程质量检测中心,2007.

[4] 中华人民共和国行业标准 CJ J99—2003.城市桥梁养护技术规范[S].北京:中国建筑工业出版社,2004.

[5] 朱晓文,袁爱民,张宇峰,等.江苏省普通干线公路桥梁病害调查与分析[R].南京:江苏省公路桥梁工程技术研究中心,2009.

[6] 中华人民共和国行业标准 JTG H11—2004.公路桥涵养护规范[S].北京:人民交通出版社,2004.

172 结合小波包能量和支持向量机的结构损伤识别

宗周红[1] 曹 竞[2] 王炜峰[2]

(1. 东南大学土木工程学院;2. 福州大学土木工程学院)

摘 要 本文采用小波包能量和支持向量机(SVM)相结合的方法对梁式结构损伤识别进行了研究。数值分析和模型试验的表明:通过损伤前后时域信号的小波包特征频带能量的变化,可以判断损伤的存在;构造小波包能量比偏差 *ERVD* 值可以判断损伤发生的位置,对于有限元模型可以实现单元损伤 10% 以下的定位;对于试验模型可实现测点位置单元损伤 10% 以上的定位,而对测点之间的损伤位置识别效果不佳;由预处理后的 ERV_5 指标训练得到的 SVM 回归模型,可以很好地实现梁式结构损伤程度的估计。

关键词 小波包能量 支持向量机 损伤识别 连续钢板梁 模型试验

1 引言

结构损伤识别中可以直接利用小波分析方法,也可以将小波分析与其他方法联合使用。根据输入的结构响应的不同,直接利用小波分析的结构损伤识别方法分为两种:

(1)基于时域响应的分析方法。基于时域响应的分析方法是把现场测试得到的以时间为坐标的结构响应信号进行小波分解的损伤识别方法,又可以分为利用时域分解图的奇异点的方法[1,2]、利用小波系数变化的方法[3,4]和利用小波分解后能量变化的方法[5,6]。

(2)基于空间域响应的分析方法[7,8]。基于空间域响应的分析方法是以结构空间分布反应(如位移模态、振型模态等)进行小波变换,通过寻找空间坐标上的奇异点来实现损伤定位的方法。

小波分析与其他方法联合使用进行损伤识别的方法大多把小波分析作为前置处理手段,可先利用小波变换对信号进行分解和重构等处理,提取各水平下小波细节的能量特征参数等与损伤相关联的特征量或小波重构系数的统计特性,如波形指标、峰值指标、能量指标等,然后作为神经网络、遗传算法和支持向量机等分类器的输入参数来进行损伤的定位和损伤程度判断。

闫维明[9]利用小波包变换对获得的加速度信号进行分解和重构,求解各频带内的信号能量,将其作为 BP 神经网络输入参数,利用该网络判断结构损伤。鞠彦忠等[10]用小波和神经网络 ART2 相结合的方法检测结构的损伤位置,通过把小波变换作为神经网络的前处理

基金项目:福建省交通科技发展项目资助。

来构造小波神经网络。严刚[11]对各向异性复合材料层板结构提出了一种基于应力波和小波时频分析的损伤监测和识别方法,并用遗传算法定位损伤位置,估算损伤的大小。瞿伟廉[12]提出了基于小波分析和支持向量机的结构损伤识别两步法,首先利用小波变换分析信号的奇异性来判别损伤发生的时刻,然后提取损伤信号的小波包分量能量,利用支持向量机算法建立 SVM 模型估计结构的损伤位置。

由于小波包能量具有比较好的判别损伤位置的能力,而结合支持向量可以判断出损伤的程度。因此,本文对基于小波包能量和支持向量机的结构损伤诊断的方法进行初步研究。

2 结合小波包能量和支持向量机的损伤识别的基本方法

2.1 小波包能量指标的构建[13]

当用一个含有丰富频率成分的信号作为输入对系统进行激励时,由于系统损伤对各频率成分的抑制和增强作用发生改变,通常它会明显地对某些频率成分起着抑制作用,而对另外一些频率成分起着增强作用。因此,其输出与正常系统输出相比,相同频带内信号的能量会有很大差别,它使某些频带内信号能量减小,而使另外一些频带内信号能量增大。因此,在各频率成分信号的能量中包含着丰富的损伤信息。通过提取各水平信号的能量值组成特征参数组,可以反映结构损伤的特征。

若信号 $x(t)$ 经过 j 尺度小波包分解后,设在 j 尺度上第 i 个正交频带的分解小波子信号为 $f_j^i(t)$,则其子信号的能量为:

$$E_j^i = \int_{-\infty}^{\infty} |f_j^i(t)|^2 dt \tag{1}$$

根据小波变换的框架理论,当小波基函数是一组正交基函数时,变换具有能量守恒的性质。

$$\sum_{j=1}^{N} |[f(t), \Psi_{j,k}(t)]|^2 = \|f\|^2 \tag{2}$$

从而可以定义某尺度下的小波能量为该尺度下小波系数的平方和,来表示分解后子信号的能量,称为小波包能量,由下式计算:

$$E_j^i = \sum_{k=1}^{t/2^j} |c_{j,k}^i(t)|^2 \tag{3}$$

信号的总能量为:

$$E = \int_{-\infty}^{\infty} x^2(t) dt = \sum_{m=1}^{i} E_j^m = \sum_{m=1}^{i} \sum_{k=1}^{T/2^j} |c_{j,k}^i(t)|^2 \tag{4}$$

当采用小波包分解结构动力响应信号时,观测噪声的能量会均匀分布在各个频带上。因此,能量较小的频带易受噪声的干扰,在构造结构损伤预警参数时应选用小波包能量谱中能量较大的频带,称这些频带为小波包能量谱特征频带。假定共选取 m 个小波包能量谱特征频带,则构造的小波包能量指标为:

$$I = \{I_1, I_2, I_3 \cdots I_m\} = \frac{\{E_j^1, E_j^2, E_j^3 \cdots E_j^m\}}{(\sum_{k=1}^{2^j-1} E_j^k)/2^j} \tag{5}$$

$$ERV_k = |I_{uk} - I_{dk}| \tag{6}$$

$$\mathrm{ERVD} = \sqrt{\sum_{k=1}^{2j} (\mathrm{ERV}_k - \overline{\mathrm{ERV}})^2} \tag{7}$$

式中：E_j^i——j 尺度上第 i 个正交频带的分解小波子信号能量；

I_k——信号各频带的能量相对于所有频带能量平均值的比值能量比；

ERV_k——第 k 个特征频带的能量比变化；

I_{uk} 和 I_{dk}——结构在健康和损伤状态下第 k 个特征频带的能量比；

ERVD——能量比偏差；

$\overline{\mathrm{ERV}}$——各特征频带能量比 $\mathrm{ERV_k}$ 变化的平均值。

通过这些指标的构造，可以实现损伤的识别与定位。

2.2 用于模式识别的支持向量机[12]

对于线性可分情况下如何产生最优分类面，在二维情况下（如图1所示），实心点和空心点分别代表两类样本，H 为最优分类线，H_1 和 H_3 分别为各类中离最优分类线最近的样本且平行于最优分类线的直线，它们之间的距离称为分类间隔（Margin）。可见最优分类线不但能将两类样本正确分开，而且还使分类间隔最大，这实际上就是推广能力的控制。分类方程 $x \cdot w + b = 0$，对它归一化，使其对线性可分样本集 $(x_i, y_i)_{i=1}^n, y_i \in \{+1, -1\}$，满足

$$y_i[(w_i \cdot x_i) + b] - 1 \geqslant 0 \qquad (i = 1, \cdots, n) \tag{8}$$

这样分类间隔为 $2/\|\mathrm{w}\|$，分类间隔最大等价于最小化 $\|\mathrm{w}\|^2$。满足式(8)并使 $\|\mathrm{w}\|^2$ 最小的分类面就是最优分类面，$\mathrm{H_1}$ 和 $\mathrm{H_2}$ 上的训练样本就是支持向量。

使分类间隔最大实际上就是对推广能力的控制，这是 *SVM* 的核心思想之一。在 N 维空间中，设样本分布在一个半径为 R 的超球范围内，则满足条件 $\|\mathrm{w}\| \leqslant \mathrm{A}$ 的正则超平面构成的指示函数集 $\mathrm{f(x,w,b)} = sgn[(\mathrm{w} \cdot \mathrm{x}) + \mathrm{b}]$ 的 *VC* 维满足下面的界：

$$h \leqslant \min([R^2A^2], N) + 1 \tag{9}$$

因此使 $\|w\|^2$ 最小就是使 *VC* 维的上界最小，从而实现 *SRM* 准则中对函数复杂性的选择。

利用 *Lagrange* 优化方法及 *Wofle* 对偶理论，可以将上述问题转化为其对偶问题，即最大化泛函：

$$Q(\alpha) = \sum_{i=1}^n \alpha_i - \frac{1}{2}\sum_{i,j=1}^n \alpha_i\alpha_j y_i y_j (x_i \cdot x_j)$$

$$s.t. \begin{cases} \sum_{i=1}^n y_i\alpha_i = 0 \\ \alpha_i \geqslant 0 (i = 0, \cdots, n) \end{cases} \tag{10}$$

式中：α_i——样本 i 对应的 *Lagrange* 乘子。

式(10)是具有不等式约束的二次规划问题，存在唯一解，且解中只有少部分 α_i 不为零，其对应的样本就是支持向量。解上述问题得到最优分类函数为：

$$f(x) = \mathrm{sgn}[(w \cdot x) + b] = \mathrm{sgn}[\sum_{i=1}^{nsv} \alpha_i y_i (x_i \cdot x) + b] \tag{11}$$

其中，nsv 为支持向量个数，b 为分类阈值，可用两类中任意一对支持向量取中值求得。

在线性不可分的情况下，可以在式(8)中增加一个松弛项 $\xi_i \geqslant 0$，成为

$$y_i[(w \cdot x_i) + b] - 1 + \xi_i \geqslant 0 \qquad (i = 1, \cdots, n) \tag{12}$$

将目标改为求$(w,\xi)=\frac{1}{2}\|w\|^2+C[\sum_{i=1}^{n}\xi_i]$最小值,即折中考虑最少错分样本和最大分类间隔,就得到广义最优分类面。其中,$C>0$是一个常数,它控制对错分样本惩罚的程度。广义最优分类面的对偶问题与线性在可分情况下几乎完全相同,只是式(10)变为:

$$0 \leqslant \alpha_i \leqslant C \qquad (i=1,\cdots,n) \tag{13}$$

对于非线性问题,可通过非线性变换将其转化为某个高维空间中的线性问题,然后在这个高维空间中寻求最优分类面。从式(10)和(11)可看出,仅有样本间的内积运算$(x_i \cdot x_j)$被涉及,因此在高维空间中只需通过原空间的函数来实现内积运算。根据 Hilbert - Schmidt 原理,只要核函数$K(x_i \cdot x_j)$满足 Mercer 条件,其对应某一变换空间中的内积。

因此,用满足 Mercer 条件的核函数$K(x_i \cdot x_j)$代替式(11)中的内积,就可实现某种非线性变换后的线性分类,而计算复杂度却没有增加,则最优分类函数变为

$$f(x) = \mathrm{sgn}[\sum_{i=1}^{n}\alpha_i y_i K(x_i,x) + b] \tag{14}$$

此即支持向量机。概括地说,支持向量机就是首先通过用内积函数定义的非线性变换将输入空间变换到一个高维空间,在这个空间中求(广义)最优分类面。SVM 分类函数形式上类似于一个神经网络,输出是中间节点的线性组合,每个中间节点对应一个支持向量,如图 2 所示。

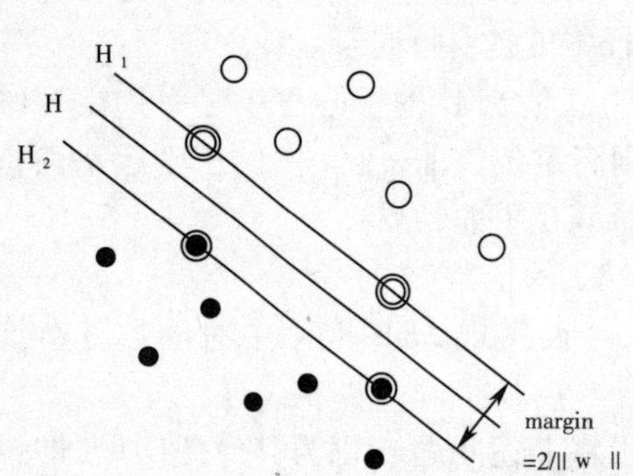

图 1 线性可分情况下的最优分类线

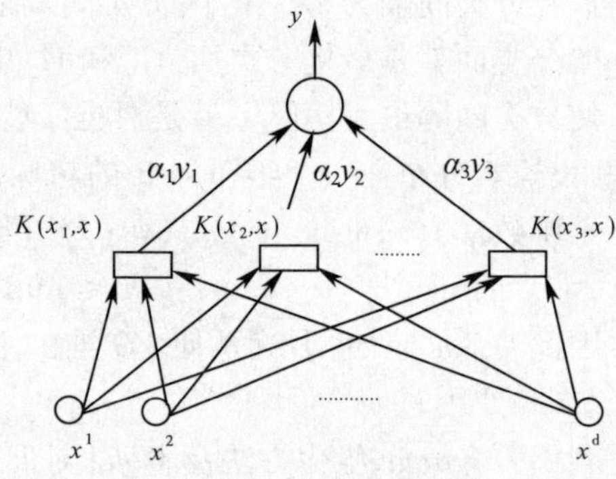

图 2 支持向量机示意图

2.3 结合小波包能量和支持向量机的损伤识别步骤

(1)选择小波基函数。采用不同阶次的 db 小波函数对某测点的加速度时程响应信号做小波包分解,分解层次假定为某一值,计算 l^p 范数熵的较小代数值确定小波包阶次;

(2)选择小波包分解层数。采用上述确定阶次的 db 函数对某测点加速度时程响应信号做小波包分解,分解层次分别取 2 ~ 10,计算 l^p 范数熵的代数值,从中选择较小的范数熵代数值和较少的计算时间的小波包分解层数;

(3)损伤特征频带的选取。分别选择小波包能量谱 5 ~ 20 个能量系数较大的,并且可以很好地反映原结构动态响应信号的频带作为损伤特征频带;

(4)损伤识别指标的提取。根据前述所选取的损伤特征频带,构造小波包能量指标 ERV_k、$ERVD$。

(5)确定损伤位置。比较梁结构上各测点的小波包能量指标 $ERVD$,$ERVD$ 的最大值即为可能的损伤位置;

(6)估计损伤程度。首先将所有程度损伤的小波包能量指标 ERV_k 向量作为训练集，建立支持向量机的预测模型；然后将待检测的损伤单元响应信号的 ERV_k 向量输入到预测模型中，预测其损伤程度。

3 试验验证

3.1 两跨连续钢板数值模型损伤识别

3.1.1 数值模型概况

两跨连续钢板梁(图3)，梁高0.008m，宽 $w=0.1$m，弹性模量 $E=2.0e11\text{N/m}^2$，材料密度 $\rho=7.8e3\text{kg/m}^3$，主跨跨度2.4m，边跨跨度1.2m。应用有限元软件ANSYS对结构进行损伤数值模拟，全桥划分360个单元。以单元截面高度的削弱来模拟损伤，损伤程度以单元的截面高度分别乘以折减系数5%、10%、20%、30%、40%、50%计算。结构激励荷载为脉冲力，即在主跨1/4L处施加一个 $F=10$N 的冲击力，作用时间0.001s，计算结构的瞬态反应，采样频率100Hz。对前12s加速度模拟信号进行分析，损伤工况见表1。

表1 损伤工况一览表

损伤位置(以梁左端为起点)	0.4m	1.2m	2.0m	2.8m	3.2m
损伤程度	2.5%	2.5%	2.5%	2.5%	2.5%
	5%	5%	5%	5%	5%
	10%	10%	10%	10%	10%
	20%	20%	20%	20%	20%
	30%	30%	30%	30%	30%
	40%	40%	40%	40%	40%
	50%	50%	50%	50%	50%

3.1.2 小波包能量指标

(1)小波基函数和小波分解层数的确定

首先，采用db3－db10小波基函数对未损伤结构的中跨1/2处测点的加速度时程响应做小波包分解，分解层次暂假定为5，计算 l^p 范数熵，当选择小波阶次为4时，范数熵较小。并且当N＝4时，尺度函数 $\phi(t)$ 和小波函数 $\varphi(t)$ 的时域波形比较光滑，频率特性较集中，因此选择db4作为小波基函数是合适的。其次，采用db4小波基函数对上述同一测点加速度时程响应做小波包分解，分解层次取3～10，计算 l^p 范数熵的代数值，分解层数为5时，范数熵最小，因此选择分解层数为5。

(2)损伤特征频带的确定

采用db4小波函数对中跨跨中单元损伤10%和50%分别与未损结构的对应处测点的加速度时程响应做5层小波包分解，由计算得到的小波包能量比变化可以看出，ERV从10%～50%损伤小波包能量比变化ERV仅前几个能量频带变化较大，其中前6个能量系数最大的频带为第1～7频带。因此，选择这些频带作为损伤特征频带可以很好地反映原结构损伤信息。

3.1.3　损伤位置识别

由损伤与未损伤单元的小波包能量特征频带的对比,可以判断出损伤存在。但由于所采用的数据是单个测点的加速度信号,因此无法识别出损伤位置。对沿梁纵向全长布置的测点加速度信号进行小波包分解,得到损伤特征频带的 ERVD 值,进而通过最大的 ERVD 值指示损伤位置。当单元出现损伤时,该单元的加速度信号变化幅度比未损伤单元处加速度信号幅值变化大,导致该单元的加速度信号能量发生变化,从而指示出损伤位置。表 2 列出了中跨 1.2m 处单元损伤 5% ~50% 及边跨 2.8m 处单元损伤 10% ~50% 的具体识别情况。由表 2 可以知道,边跨损伤比中跨损伤更容易识别出损伤位置,即对损伤更敏感。

表 2　单元损伤位置识别表

测　点		0.01m	0.4m	0.8m	1.2m	1.6m	2.0m	2.39m	2.8m	3.2m	3.59m
1.2m 位置损伤程度	5%	0	0.251	0.879	1	0.855	0	0.710	0.371	0	0
	10%	0	0.191	0.848	1	0.828	0	0.727	0.464	0	0
	20%	0	0.072	0.819	1	0.807	0	0.787	0.840	0	0
	30%	0	0.247	0.875	1	0.820	0	0.618	0.776	0	0
	40%	0	0.374	0.925	1	0.845	0	0.483	0.514	0	0
	50%	0	0.646	0.977	1	0.886	0.284	0.318	0	0	0
2.8m 位置损伤程度	10%	0	0	0	0	0	0	0	1	0.700	0
	30%	0	0	0	0	0	0	0	1	0.675	0
	50%	0	0	0	0	0	0	0	1	0.647	0

3.1.4　结合小波包能量和支持向量机的损伤程度估计

LIBSVM[14] 是台湾大学林智仁教授等开发设计的一个简单、易于使用和快速有效的 SVM 模式识别与回归的软件包。该软件可解决 C - SVM 分类、V - SVM 分类、ε - SVM 回归和 V - SVM 回归等问题。选择使用 ε - SVM 回归函数,选择核函数为径向基函数,ε 取值为 0.000 01,核函数参数的选取采用交叉验证方法来计算确定。ε - SVM 回归算法对损伤程度的预测结果如表 3 所示。

由表 3 可以看出,对于损伤位置在 1.2m 处的单元,参数 C 和 g 分别为 230 和 0.25,支持向量个数 6 个,实际损伤程度与预测损伤程度的相对误差分别为 0.08% 和 0.2%,预测效果很好。0.4m 处 15% 损伤的相对误差为最大误差,但仅为 5.7%,其余位置处的损伤的预测相对误差均没有超过 5%。可以看出,ε - SVM 建立的预测模型预测效果良好。

需要注意的是,对于不同位置的损伤,参数 C 和 g 也不一定相同。采用交叉验证的方式来选择参数,比较费时费力。因此如何选择参数以达到最优预测效果也是个需要研究的问题。

表3　支持向量回归算法预测损伤程度计算结果

损伤位置	实际损伤程度(%)	预测损伤程度(%)	相对误差(%)	参数 C	参数 g	支持向量个数
0.4m	15	14.132	5.70	520	0.25	6
	35	34.186 7	2.30			
1.2m	15	14.987 6	0.08	230	0.25	6
	35	35.078 2	0.20			
2.0m	15	14.307 4	4.60	230	0.25	6
	35	35.032 6	0.09			
2.8m	15	14.743 2	1.70	230	0.25	6
	35	35.212	0.60			
3.2m	15	14.871	0.09	520	0.001 25	6
	35	34.334 3	1.90			

3.2　两跨连续钢板梁室内试验模型验证

3.2.1　试验模型概况

对数值模型进行室内试验，以此来验证数值模型的可靠性，以单元截面的削弱来模拟损伤，损伤程度通过在板上锯出不同的槽口来实现(图3)。全梁纵向共布置8个加速度传感器和7个应变片，布置位置如图4所示。试验以在主跨1/4L处施加瞬时的锤击力来实现结构的外激励输入，数据采集系统为北京东方振动与噪声技术研究所生产的INV306智能信号自动采集处理和分析系统，传感器采用中国地震局哈尔滨工程力学研究所生产的941－B型拾振器，应变片采用1cm长动静电阻应变片。施加锤激励后，对各测点的前30s加速度信号进行分析，采样频率100Hz，试验工况如表4所示。

a)连续板梁结构模型

b)截面刚度损伤

图3　试验结构模型及截面刚度损伤模拟

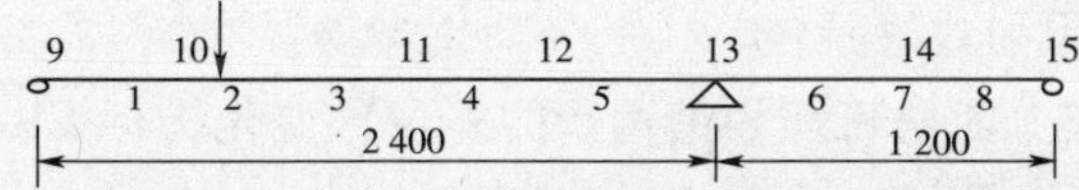

图4　试验结构测点布置示意图(尺寸单位:mm)

注:箭头表示锤击位置,1~8表示加速度传感器位置,9~15表示应变片位置

表4 试验工况表

工况	中跨跨中损伤							
	一	二	三	四	五	六	七	八
试验内容	完整结构	2.5%	5%	10%	20%	30%	40%	50%

3.2.2 损伤位置识别

采用 ERVD 值判断损伤位置,由图5和图6可知,当单元损伤10%时,ERVD 较好地判断出了损伤位置;当单元损伤20%时,ERVD 识别比较困难。

由以上研究可以得出结论:当单元损伤10%以上时,ERVD 可以较好地指示出损伤位置;当单元损伤10%以下时,ERVD 识别比较困难。

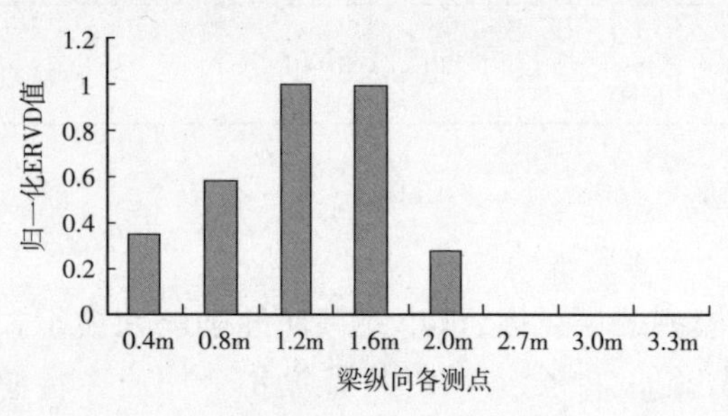

图5 工况四损伤位置识别

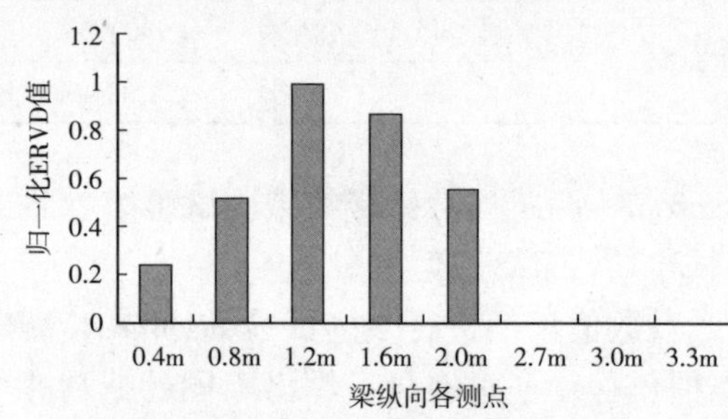

图6 工况五损伤位置识别

3.2.3 结合小波包能量和支持向量机的损伤程度估计

对于各损伤位置处的单元损伤,将预处理的 ERV_k 向量共7个样本作为训练集,另从中取20%损伤的 ERV_k 向量作为测试集。支持向量回归算法对损伤程度的预测结果如表5所示。由表可以看出,实际损伤与预测损伤相对误差仅为0.5%,预测效果良好。

表5 支持向量回归算法预测损伤程度计算结果

损伤位置	实际损伤程度(%)	预测损伤程度(%)	相对误差(%)	参数 C	参数 g	支持向量个数
1.2m	20	19.9	0.5	230	0.215	7

4 结论

(1)根据损伤前后同一测点信号的小波包特征频带能量是否发生变化,可以判断损伤是否发生。

(2)构造小波包能量比偏差 ERVD 值可以判断损伤发生的位置,对于有限元模型可以实现单元损伤10%以下的定位;对于试验模型可实现测点位置单元损伤10%以上的定位,而对测点之间的损伤位置识别效果不佳。

(3)由小波包信号成分能量特征频带构造的能量比变化指标 ERV_k,预处理后作为 SVM 回归模型的训练样本,训练得到的 SVM 回归模型可以有效地对结构损伤程度进行预测,但参数的选择是值得深入研究的问题。

(4)基于小波技术等构建合适的损伤预警指标,并与实桥的健康监测相结合,来识别实桥的早期损伤,实现实桥健康监测的损伤预警,是今后进一步努力的方向。

参考文献

[1] Z. Hou, M. Noori, St. Amand J. Wavelet – based approach for structural damage Detection [J]. Journal of cngineering mechanics. ASCE. 2000, 126(7):677-683.

[2] 孙增寿,任伟新,陈 隽.基于小波包分析的框架结构损伤识别[J]. 防灾减灾工程学报, 2006,26(4):431-436.

[3] Yusuke Mizuno, Evan Monroig, Yozo Fujino. Wavelet Decomposition – Based Approach for Fast Damage Detection of Civil Structures[J]. Journal of infrastructure systems, 2008, 14 (1):27-32.

[4] 何浩祥,闫维明,张爱林.基于小波分析的结构损伤信号奇异性检测[J]. 工业建筑, 2006,37:204-207.

[5] Wei Xin Ren, Zeng Shou Sun, Yong Xia. Damage Identification of Shear Connectors with Wavelet Packet Energy: Laboratory Test Study[J]. Journal of structural engineering, ASCE, 2008,134(5):832-841.

[6] Z. Sun, C. C. Chang. Statistical wavelet – based method for structural health monitoring[J]. Journal of structural engineering, 2004, 130(7):1055-1062.

[7] 孙增寿,韩建刚,任伟新.基于曲率模态和小波变换的结构损伤位置识别[J].地震工程与工程振动,2005,25(4):44-49.

[8] J. C. Hong, Y. Y. Kim, H. C. Lee, et al. Damage detection using the Lipchitz exponent estimated by the wavelet transform: applications to vibration modes of a beam[J]. International Journal of Solids and Structures. 39(2002):1803-1816.

[9] 闫维明,张卫东,何浩祥,等.基于小波神经网络的 RC 梁损伤识别试验研究[J].振动、测试与诊断,2007,27(2):129-133.

[10] 鞠彦忠,阎贵平,陈建斌,等.用小波神经网络检测结构损伤[J]. 工程力学,2003,20 (6):176-181.

[11] 严刚,周丽 孟伟杰. 基于 Lamb 波与时频分析的复合材料结构损伤监测和识别[J]. 南京航空航天大学学报,2007 39(3):397-402.

[12] 瞿伟廉,谭冬梅.基于小波分析和支持向量机的结构损伤识别[J].武汉理工大学学报, 2008,30(2):80-83.

[13] 郭健,陈勇,孙炳楠.桥梁健康监测中损伤特征提取的小波包方法[J].浙江大学学报(工学版),2006,40(10):1765-1772.

[14] Chih – Wei Hsu, Chih – Chum Chan, Chih – Jen Lin. A practical guide to support vector classification at http://www . csie . ntu. edu. tw/ ~ cjlin Last updated: May 21, 2008.

173 大跨度钢桁桥健康监测的 Benchmark 模型研究

安永辉　欧进萍

(大连理工大学建设工程学部土木工程学院)

摘　要　基于桥梁健康监测的试验目的和模型试验以及相似理论设计制作了简支钢桁桥试验模型。分析了试验模型的静力、动力特性,通过建立模型细致化的方法使得数值模型与缩尺模型一致。对预设的损伤工况进行试验,获得的数据用改进的振型差法进行识别,能初步识别到损伤位置所在的区间。再用局部识别的方法去检测区间内杆件,基于频率下降的基本方法便可最终确认损伤杆件,经试验,识别结果与预造损伤一致。本模型还可改变构造方式以模拟贝雷梁式、N 型、三角形等不同形式、不同跨度钢桁桥,可成为研究钢桁桥健康监测的 Benchmark 模型。

关键词　钢桁桥　健康监测　模型试验　模型修正　损伤识别

1　引言

我国已建成了大量的大跨度钢桁梁桥,如 1957 年建成的第一座跨越长江的连续钢桁梁桥——武汉长江大桥、1968 年建成曾获首届国家科技进步特等奖的南京长江大桥,等等。其中,于 1969 年建成的三堆子金沙江铁路桥以 192m 的跨度成为我国最大跨度的铁路简支铆接钢桁梁桥,于 2004 年建成的渝怀铁路长寿铁路桥以中间两跨均为 192 m 的跨度成为我国最大跨度的铁路连续钢桁梁桥。国外已建成的钢桁梁桥跨度更大,如 1973 年美国建成的公路简支钢桁梁桥切斯特 2 806 号桥跨度为 227. 5m,1991 年日本建成的公路连续钢桁梁桥生月桥跨度更是高达 400m。

可见,钢桁梁桥的数量在不断增多,跨度也越来越大,它们的服役期长达几十年甚至上百年,在恶劣的环境荷载和超负荷的交通运营下,疲劳、腐蚀等不利因素共同作用下,不可避免地会有损伤累积,甚至造成灾难,如二战前夕,比利时在阿尔贝特运河上建造的约 30 座全焊空腹桁架桥,有 3 座在 1938 年 ~ 1940 年间倒塌;1951 年 1 月加拿大一座全焊接钢桥杜佩里斯桥突然整跨倒塌;1994 年韩国汉城圣水大桥由于焊缝断裂而坍塌。

发生这些事故之前,多数桥梁是有“征兆”的,但由于缺乏损伤监测系统,直至灾难发生时并没有采取应对措施。因此对大跨度钢桁桥健康监测的研究十分必要,但针对大跨度钢

基金项目:国家 973 计划项目,城市工程的地震破坏与控制,项目编号:2007CB714200。

桁梁桥缩尺模型损伤识别的研究并不多见，本文参考我国常见的贝雷梁式在役钢桁桥，基于健康监测的试验目的和模型试验与相似理论设计建立了一个大跨度钢桁桥的缩尺模型，能较为真实、方便地模拟各杆件受力分布以及各种损伤工况组合。本文基于提出的累积振型差乘积法识别出了钢桁桥模型的损伤位置，在此基础上，采取频率下降的基本方法判定损伤位置区间子杆件的健康状况，最终确定出损伤杆件，该方法简单易行，希望能为我国在役钢桁桥的健康监测研究提供参考。

2 大跨度钢桁桥实验室模型设计与制作

2.1 模型参数的选取

选用动力弹性模型来设计实验室缩尺模型，选取刚度相似作为本模型主要的设计原则。铁路或公路桥梁承受车辆的冲击载荷，要求钢材有一定的强度、韧性和良好的抗疲劳性能，并且对钢材的表面质量要求较高，需用普通低合金钢如16Mn、15MnVN等，本模型选用我国钢桁桥常用的16Mn钢。

模型对应的实桥下层为双线铁路，依照现行铁路规范规定的ZK活荷载；上层为四车道公路荷载，按照现行规范取用公路一级荷载，并考虑局部应力。本模型综合考虑试验目的、实验室场地条件、模型制作等因素，选用1/25的几何缩尺比设计和制作实验室模型，模型的主要尺寸见表1。

表1 主要尺寸(m)

模态号	模型	实桥
结构形式	双层贝雷梁式简支桁架(单双层、构造型式可更改)	双层公铁两用简支桥(单双层、构试验式可更改)
跨度	8(可在≤8m内适当更改)	200(可在≤200m内适当更改)
主桁中距	0.56	14
跨高比	8.888	8.888
模型高度	0.9	22.5

根据结构管标准GB 8162—99，综合考虑市场上常见供货规格，在满足《公路桥涵钢结构及木结构设计规范》(JTJ 025—1986)要求下，借助Midas软件计算得到所用管径及管厚尺寸为主梁结构管ϕ28mm×8mm、普通结构管ϕ20mm×3mm、支撑管ϕ14mm×3mm。

2.2 模型的构造与制作

为保证模型对可能健康状态的方便模拟，模型由16Mn钢管、螺栓球、螺栓连接而成，避开焊接，所有杆件可以单独松动、刻痕、刻槽、更换，方便进行钢桥节点、杆件的多工况损伤模拟。整个模型有108个节点螺栓球、312根管件、624个螺栓，拼装后的试验模型如图1所示，模型构造特征如下：

(1)本模型可改变构造方式来模拟贝雷梁式、N型、三角形等不同形式、不同跨度的钢桁桥，可以更改跨度、单双层桥方案等。

(2)为便于模拟杆件损伤，加工若干根不同损伤方式(减小壁厚、刻槽等)的预损伤管件，见图1。这些管件安装到模型上可以代替跟其规格相同的任意一根完好件，模拟多损伤组合。

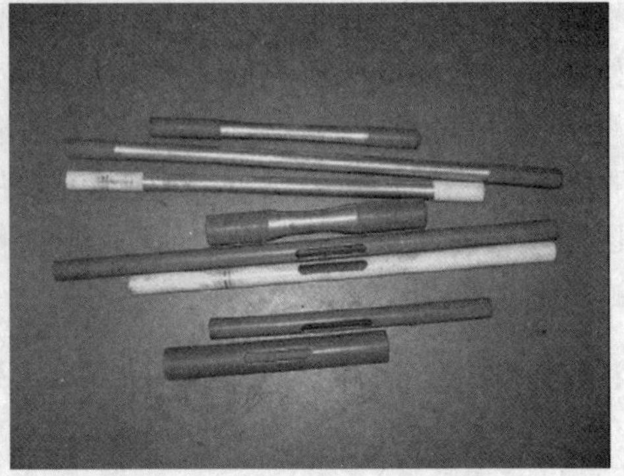

图1 钢桁桥模型以及预损伤管件

3 健康状态下的模型测试及模型修正

3.1 健康状态下的模型测试

在钢桁桥实验室模型的下弦节点安装竖向加速度传感器,为了在实验室中能够模拟环境激励,又使得模型激励时节点获得有足够大的加速度,采用多人随即敲打激励的方式来对模型施加激励。激励工具为四种锤头硬度不同的小锤,主要激励方向为竖向,为使结构整体振动,激励位置为各螺栓球节点而不是钢管杆件,避开单根杆件的振动对传感器采集数据的影响。

测试模型完好状态下的测点加速度响应,将测得的加速度进行滤波,滤波上限和下限分别设置为95Hz、15Hz,利用自然激励技术联合特征值系统法,即 NExT - ERA 对其进行识别,分析显示该模型竖向一阶、二阶固有频率分别为 18.380 5Hz、53.3 412Hz,如图 2a)所示,图中横轴坐标表示节点位置。

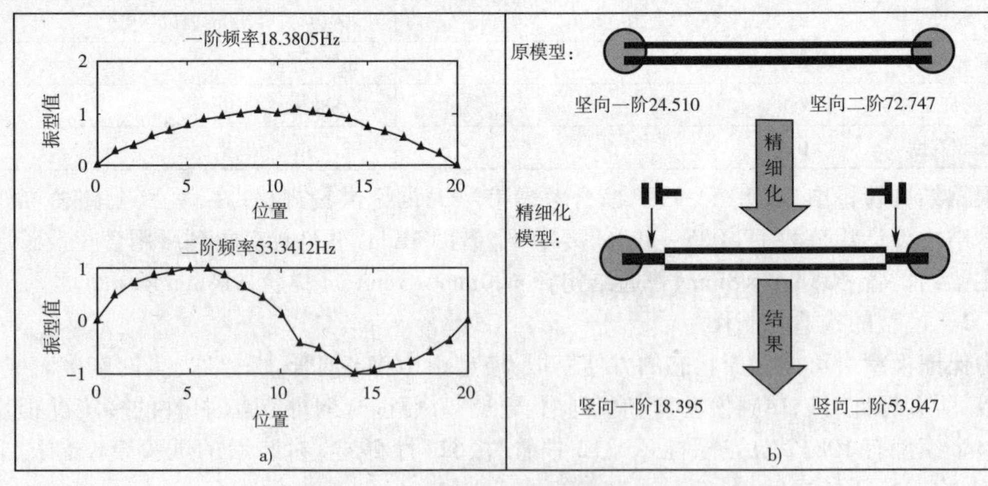

图2 实测数据识别振型及模型修正图示

3.2 模型修正

本文最初建立了一个简易的 Ansys 模型,不考虑螺栓,认为节点球之间全由钢管组成,钢管用 pipe16 单元模拟,节点球的附加质量用 mass21 单元模拟。经计算,该模型与实测相差较大,需要进行修正,但考虑到钢材的密度和弹性模量大致均匀且浮动不大,仅依靠修整质量和刚度的方法可以获得与实际一致的频率,但这样修正的模型并不合实际,因而是不科学的。

本文通过建模精细化的方法来解决这一问题,如图2b)所示,相对钢管来说,螺栓连接的抗弯刚度下降较多,相当于弱连接,不能忽略这一影响。为此,按照图2中所示建立精细化模型:

(1)真实考虑螺栓的实际尺寸,建立螺栓单元,并且近似将螺帽以及钢管内部的螺杆的质量加到螺杆上以接近模型的真实质量,具体做法是增大螺杆材料的密度。

(2)本模型中螺栓连接的刚度小于纯刚接,再加上每个螺杆上均有削痕(方便安装而造),所以适当减小了螺杆的尺寸来模拟真实连接刚度。

(3)建立桥梁底座,更真实模拟实验室模型的边界条件。

经计算,此精细化模型的竖向一阶、二阶固有频率与实测结果见表2,可知精细化建模后的Ansys有限元模型比较真实地反映了实际模型,将此时的有限元模型当作基准有限元模型。

表2　模型的竖向自振频率(Hz)

模态号	1	2
实测频率	18.3805	53.3412
计算频率	18.395	53.947
相差(%)	0.1%	1.1%

4　损伤工况及识别方法简介

本文选择受力相对较大、数量最多的普通结构管作为识别对象进行损伤识别。

4.1　测试工况

设计了三种杆件损伤方式,即删掉(一端与结构分离)、刻槽、减小管壁厚度。模型测试时,分别对左半桥和右半桥布置加速度传感器进行识别,加速度传感器布置在半桥的底桥面节点上。一阶振型依中点作为参考点归一拼接求出,二阶振型采用左、右半桥分别识别,进行损伤分析。

损伤工况:单损伤工况(图3),单元23损伤,损伤方式为上端节点处断开,模拟实桥中杆在节点处失效。

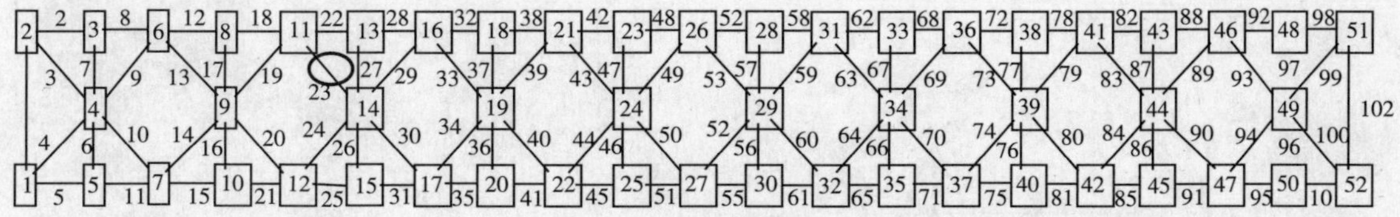

图3　损伤工况图示

4.2　改进的振型差法

试验时,采样频率为200Hz,每种工况采集3次,每次约90 000个点,将工况1的这些实测数据分成10段,通过滤波、加窗、数据重叠等处理,分别用NExT-ERA法进行识别,得到竖向一阶、二阶的多个振型图。归一化后与健康状态下的振型做差,将振型差结果进行比较并用以下方法进行识别。

将所测的较长的数据分为多组,分别进行识别,与修正好的有限元模型得到的健康状态下的振型或者损伤前测得的振型多次求振型差(或曲率模态差),并将同一测点处多次求得的差相乘,乘积称为累积振型差乘积(或累积曲率模态差乘积),异常突起处即为真实损伤处。需要说明的是,要用一、二阶及更多阶的振型同时来识别损伤,综合考虑识别结果作出结论。这一简便的方法,使得识别精度提高,一定程度上有效地避开了噪声的影响。

以改进的振型差法为例,在用左、右半桥的二阶振型分别进行损伤识别时,假设使用了 n 条振型差曲线相乘,分别得到左、右半桥的累积振型差乘积峰值,其中较大的为 Max,较小的为 Min,这里引入一个参数 α 作为判定损伤位置的阈值,若 Min 值符合下式,则其构成损伤;否则,认为不构成损伤。我们可以这样来理解这一阈值,当每条振型差曲线上对应 Max 测点的值都比对应 Min 测点的值大 β 倍及以上时,即认为 Min 值对应的测点无损伤。

$$\alpha = \mathrm{Max}/\mathrm{Min} < \beta^{n} \tag{1}$$

式中:α——损伤鉴定阈值;

β——峰值比阈值,其中 β 值控制能识别出的损伤的大小。

本文取 $\beta=5$,即在一条振型差曲线中认为小于振型差峰值 1/5 的不作损伤看待。

5　基于损伤前后数据的初步损伤识别

该空间结构的横弯振型并不是纯粹的横向平面内弯曲,同时伴有竖向扭转成分。同常用的竖向振型一样,扭转振型甚至空间结构横弯振型的竖向振型分量也可以用来损伤识别。为验证其效果,本文将使用结构的竖向一阶振型和横弯二阶振型的竖向扭转分振型来识别。测量的数据分段进行的多次识别结果表明,该损伤工况下的竖向一阶、横弯二阶的频率分别降低为 17.917 2Hz、59.155 6Hz,降幅均超过 1%;并且多次识别所得振型与基准振型重合度较低,振型有拐点,故判定此时结构有损伤存在。以竖向平面 A 的识别为例,基于结构的 6 条竖向一阶、二阶振型用改进的振型差法识别损伤。

5.1　用改进的振型差法识别损伤

(1)一阶振型识别

多次识别的传统的一阶振型差结果见图 4a),用一阶累积振型差乘积法识别结果见图 4b),可以看出,损伤位置为第 6 节点位置附近。

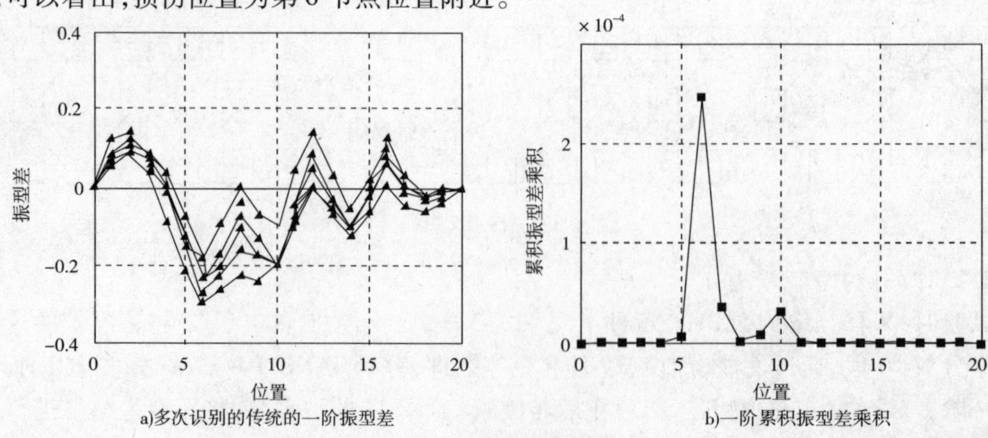

a)多次识别的传统的一阶振型差　　b)一阶累积振型差乘积

图 4　一阶振型识别图

(2)二阶振型

多次识别的传统的左、右半桥的二阶振型差结果见图 5。左、右半桥的二阶累积振型差乘积结果见图 6,可以看出左半桥损伤位置为第 6 个节点位置附近,与一阶振型识别结果一致。右半桥节点位置 12 - 13 附近疑有损伤,但由于左右半桥的二阶累积振型差乘积峰值之比约为 $1.4e^{7} > \beta^{n}(\beta^{n} = 5^{6})$,相差极大,可以认为右半桥无损伤。

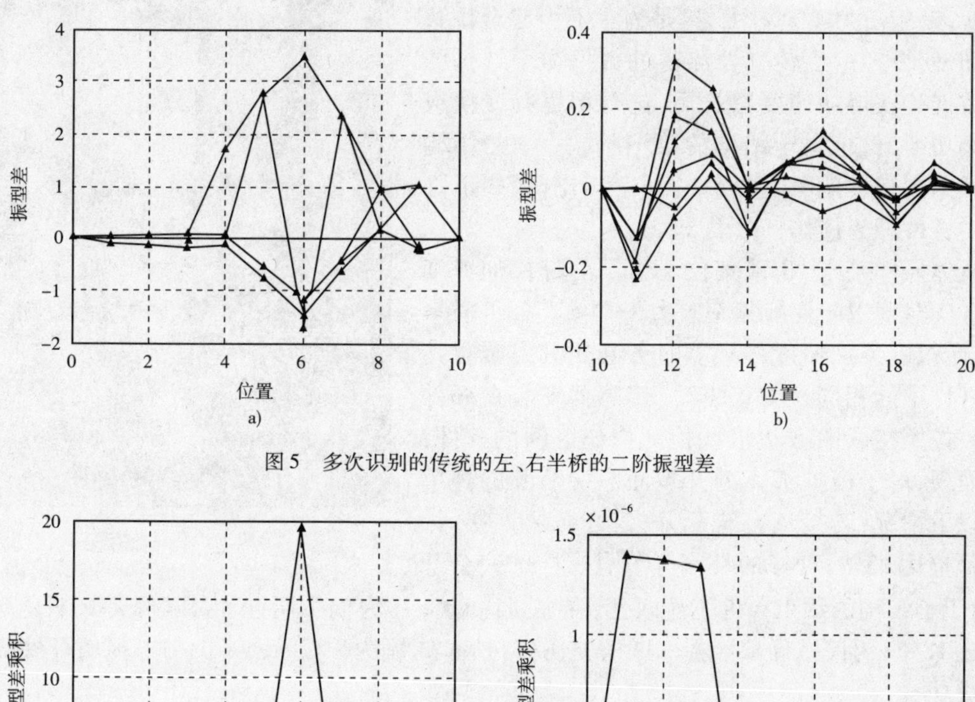

图 5　多次识别的传统的左、右半桥的二阶振型差

图 6　左、右半桥的二阶累积振型差乘积

5.2　识别结论

从以上识别结果得知,初步断定损伤区间为第 6 个节点位置附近(左支座为第 0 个节点位置)。

由于识别所用振型为竖向平面 A 下弦节点加速度得到的振型,我们可以推断损伤可能与单元 30、34 的直接或间接损伤有关系,在竖向平面 A 内有三种情况:

(1)单元 30 或(和)单元 34 损伤导致。

(2)下弦第 6 个节点左右的纵向水平杆损伤导致。

(3)上排杆 23 或(和)39 损伤,进而影响到单元 30 或 34 所导致,此推断即为损伤工况的真实情况。

6　子结构分析方法最终确定损伤

在确定整体结构的损伤区间后,通过子结构分析方法来最终确定损伤杆件。具体方法为:在损伤区间的可能损伤杆件上安装传感器,单独敲击此杆件,敲击力方向要和加速度传感器测试方向共线,且敲击力不宜过大,这是为了不引起全桥整体振动,使得加速度传感器测得的数据为子结构的振动数据。获得加速度数据后,进行傅里叶变换或者求其功率谱,求出子结构的第一阶频率。与结构中同类型同长度的其他杆件的频率相比,频率下降较多的杆件即为损伤杆件。

图7　传感器的安装

具体操作基于 NI 采集仪上显示的杆件加速度数据和实时傅里叶变换频率。由于本模型杆件质量较小,所以安装加速度传感器时务必使其安装在同长度杆件中的相同位置(图7),传感器安装在杆件中点。按照相同的方法依次检测损伤区间的杆件,试验发现,对于模拟节点处开裂而一端断开的杆单元有以下情况:若接近完全断开,仅有微弱连接时,频率降幅达15%;若杆的一端与节点螺栓球完全断开,由于子结构的约束条件发生改变,降幅高达80%。为模拟腐蚀而减小壁厚的杆,其频率降幅达18%;为模拟局部破损的凹槽损伤杆,频率降幅达8%。最终识别出损伤杆件为23,识别成功。

7　结语

(1)该模型可以比较真实地模拟静力、动力响应对结构损伤的影响,可以模拟钢桁桥节点和管件的多种损伤组合工况,通过实测结果得到了修正好的基准有限元模型,可进行钢桁桥健康监测相关方法研究。

(2)文中利用累积振型差乘积法对损伤工况进行识别,结果表明,在损伤一定的情况下,这一"老法新用"能初步识别处损伤区间,抗噪声较好。

(3)在识别出的损伤区间的基础上,用子结构分析方法对区间内的杆件分析排查。试验表明,子结构的损伤使其自振频率降幅较大,最终准确确定出了损伤杆件。该法简单、容易操作,现场测试中敲击的同时可以直接从仪器上读出实时的频率值,便于推广。

(4)整体识别与局部检测相结合的方法是大型桥梁结构损伤识别较有效、也较实用的方法。

(5)在实验室组建了一个集成多种传感器(包括常用的加速度传感器、应变片、光纤光栅传感器等)的健康监测 Benchmark 系统,其提供的试验数据和相关研究为后期的桥梁安全评定工作奠定了基础。

本模型基于实桥设计,应该加配重以满足密度相似比来模拟实桥。目前的研究是其于未加配重的钢桁桥模型展开的，但是所用到的方法和原理不变，下一步将针对安装有配重块的符合相似定理的钢桁桥模型展开研究。

参考文献

[1] 侯立群，欧进萍. 环境激励与噪声干扰下斜拉桥模态识别与损伤定位[D]. 哈尔滨：哈尔滨工业大学，2004.

[2] 周林仁，欧进萍. 大跨度斜拉桥实验室健康监测模型设计与分析[D]. 深圳：哈尔滨工业大学，2007.

[3] Y. Gao, B. F. Spencer Jr., M. ASCE, D. Bernal. Experimental Verification of the Flexibility-Based Damage Locating Vector Method. Journal of Engineering Mechanics, 2007, 133(10).

[4] 段忠东，闫桂荣，欧进萍. 土木工程结构振动损伤识别面临的挑战[J]. 哈尔滨工业大学学报，2008, 40(4).

[5] 潘际炎. 中国钢桥[J]. 中国工程科学，2007, 9(7).

[6] 胡汉舟，叶梅新. 桥梁事故及经验教训[J]. 桥梁建设，2002(3).

[7] 王元清. 钢结构脆性破坏事故分析[J]. 工业建筑，1998, 28(5).

(4)加　固

174　重载铁路桥梁评估与加固技术

牛　斌　胡所亭　魏　峰　马　林

(中国铁道科学研究院铁道建筑研究所)

摘　要　本文在总结我国第一条重载铁路大秦铁路年运量4亿吨条件下桥涵结构的科研与工程实践经验的基础上,对我国既有铁路桥涵进行重载改造存在的主要问题及对策进行了较系统的研究。研究成果表明,通过科学的评估并采用合理的强化措施,我国既有铁路桥涵可以满足重载运输大轴重、高密度、大运量的运营要求。

关键词　重载铁路　桥梁　评估试验　加固技术

1　前言

长期以来,为解决运量与运能不足的矛盾,我国铁路部门先后采用了提高货车轴重、加大行车密度、增加列车编组等方式提高运能,在大秦、大包等线路已经分别开行了万吨及2万t、轴重25t列车,行车密度也已经达到世界领先水平。然而,面对我国幅员辽阔、资源分布极不平衡的情况,如何提高运能仍是我国铁路目前亟待解决的问题之一。随着高速与客运专线铁路大规模建设的不断深入,我国铁路高速及快速客运网已经逐步形成,“客货分线”、既有线以开行货物列车为主的运输方式将成为我国铁路运输的主要模式。因此,既有铁路桥梁的重载改造加固与评估已逐步成为研究的热点之一。

重载铁路运输运能大、效率高、运输成本低,已被国际公认为铁路货运发展的重要方向之一。不仅一些幅员辽阔、资源丰富、煤炭和矿石等大宗货物运量占有较大比重的国家,如美国、加拿大、巴西、澳大利亚、南非等已大量开行重载列车,而且在欧洲以客运为主的客货混运干线上也开始开行重载列车。目前,世界重载铁路技术已经得到较大发展,轴重大幅增加,列车牵引质量成倍加大、轨道结构和养护维修技术等方面发展较快,现代测试技术和计算机技术得到广泛应用,整体技术水平显著提高。

我国的重载运输始于1984年,在丰沙、京秦线等路上试验开行组合式重载列车。在取得成功经验的基础上,我国第一条开行重载单元货物列车的双线电气化铁路大秦线于1988

年完成一期工程后通车。大秦线全长653km,在近20年的发展过程中,先后开行了轴重21t、牵引重量4 000t、5 000t、6 000t和10 000t的货物列车。2005年,铁道部决定在大秦线开行2万吨长大重载列车,轴重提高至25t,列车编组数量由120辆增加到240辆。为保证重载列车的运营安全,先后开展了"大秦线2万吨货车条件下线、桥、路基动载试验"、"大秦线年运量2亿吨条件下线桥设备强化建议对策的试验研究"等科研项目,并根据研究成果对桥涵等工务设备进行了必要的强化与改造。2008年大秦线年运量达3亿t,2009年运量达3.4亿t。同时,根据铁道部的统一安排,大包、包兰等线路也已开始开行万吨列车,设立了"客货混跑线路开行重载列车条件下线桥适应性分析及强化对策研究"项目,并逐步开展开行重载列车的评估和加固改造工作。

2 既有线桥梁开行重载列车适应性分析

根据中国铁道科学研究院前期完成的"25t轴重作用下既有中—活载中小跨度混凝土桥梁疲劳寿命评估"及在大秦、大包、包兰等线路开展的相关试验研究成果,我国既有铁路桥梁基本具备开行轴重25t重载列车的条件。目前,除大秦线外,实施重载改造的既有线桥涵多以中小跨度混凝土结构为主,建设年代久、设计标准不一致,部分20世纪20年代修建的梁部结构仍在使用,且存在石砌墩台承载力差、木桩基础承载能力不详等问题。最近一段时间以来,随着C80万t重载列车的开行,加剧了桥梁等工务设备病害的发展,养护维修费用逐年上升。同时,对于中小跨度桥梁,由于列车通过时的疲劳次数急剧增加,其疲劳问题不容忽视。

2.1 桥涵静力效应

2.1.1 桥梁静力承载性能

我国既有铁路桥涵的设计活载均采用"中—活载"。理论计算结果表明,对于跨度50m及以下的常用跨度结构,开行轴重25t重载货车后,运营活载的静力效应较普通21t货物列车增大约8%~25%,其中部分小跨度桥梁运营活载的静力效应接近或达到设计活载(图1)。同时,新研制的大功率重载牵引机车的静活载效应小于既有$DF8_B$机车。考虑到我国现行《铁路桥涵设计基本规范》(TB 10002.1—2005)中桥梁的设计动力系数偏于安全,因此,采用"中—活载"设计的桥涵在承载能力方面基本可以满足开行重载列车的要求。

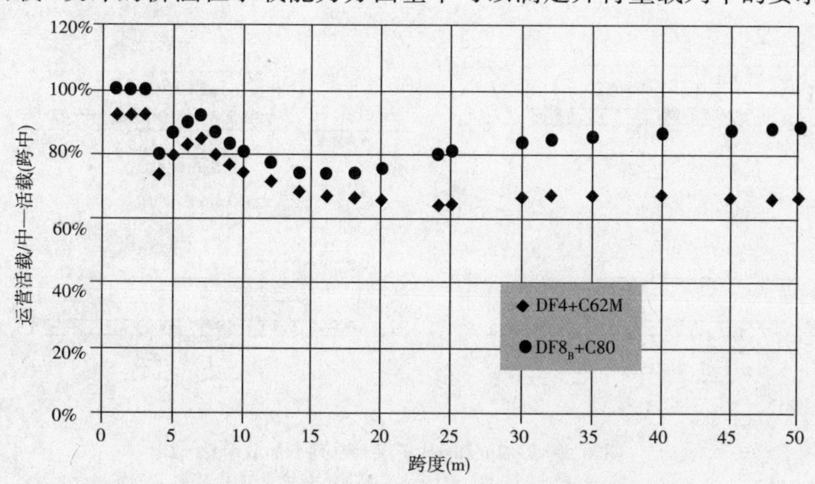

图1 C62M、C80货车跨中运营活载效应与设计活载效应对比图

2.1.2 多片式盖板涵受力性能

由于既有铁路大多采用了多片式盖板涵结构(图2),填土厚度多在30cm左右。该结构的试验研究结果表明,万吨列车作用下1~4号盖板受力分配比例分别为6.2%、44.7%、32.1%和17.0%,结构整体受力性能较差,造成涵洞竖向振动、钢筋应力和疲劳应力幅增大。为保证大重载列车的运营安全性,对此类涵洞应进行更换或必要的加固改造。

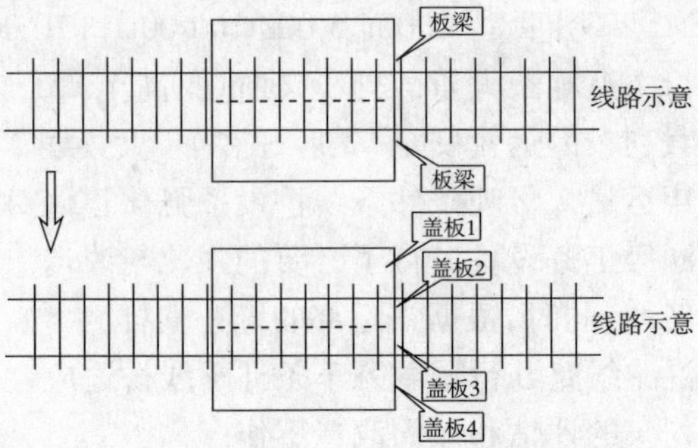

图2 小跨度板梁、多片盖板涵结构示意

2.2 桥涵动力效应

根据开行重载列车时常用跨度桥梁的综合测试结果,由于C80系列货车的动力性能有所改善,重载列车作用下桥梁动力效应存在的主要问题与普通客货共线铁路提速后的状态大体类似,主要表现在以下方面:(1)跨度20m及以下双片式混凝土并置梁无横向联系,横向自振频率较低,梁体振幅偏大;(2)部分桥墩横向刚度偏弱,横向自振频率偏低,振幅偏大;个别高墩横向振幅超过安全限值;(3)采用橡胶支座的桥梁横向限位能力弱,梁体横向出现整体平动;(4)小跨度桥涵填土厚度不足,冲击系数偏大;(5)跨度32m、24m预应力混凝土梁的横向联结偏弱,横隔板断裂现象十分严重;(6)单线中高圆形桥墩横向自振频率偏低,振幅偏大,超过《铁路桥梁检定规范》通常值。

2.3 小跨度桥涵的疲劳效应

以C80货车通过桥梁为例(图3、图4),对于中等跨度以上的桥梁,每列车通过时梁部结构产生应力峰值的循环次数较少;而对于小跨度桥梁(如图4所示4m跨度),每节列车通过

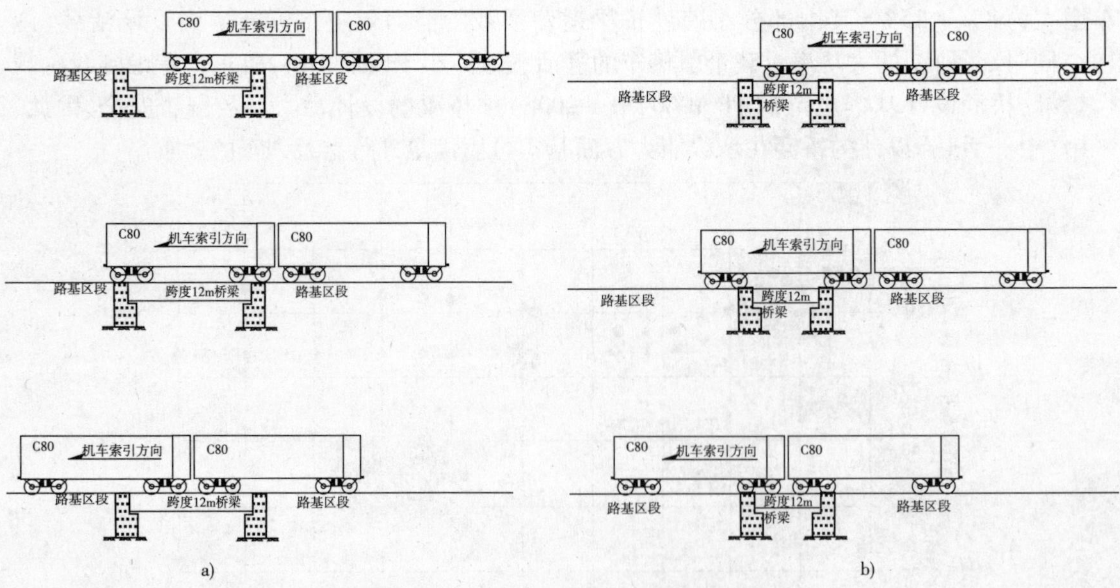

图3 跨度12m和8m桥梁C80列车加载示意

时梁部结构均产生一次应力循环，因此梁部结构的疲劳损伤急剧增加。因此，小跨度桥梁的疲劳问题是桥涵结构能否满足重载运输要求的关键技术问题之一。

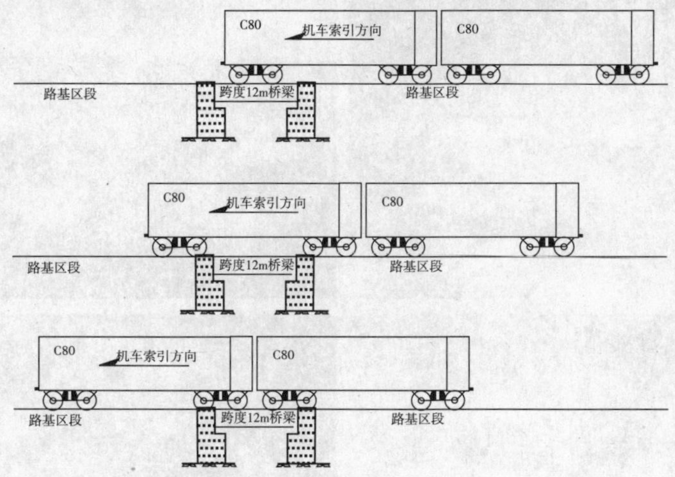

图4　跨度4m桥梁C80列车加载示意

通过对大秦线一孔跨度8m钢筋混凝土梁的室内两千万次疲劳试验(图5)及钢筋S－N疲劳试验，证明跨度8m及以上钢筋混凝土梁在良好的养护维修状态下，梁体的疲劳性能可以满足年运量2亿t的要求；当年运量增至4亿t时，疲劳寿命能够满足桥梁的设计要求。与大秦线不同的是，大包线桥梁结构的典型特征为中小跨度，其中跨度4m及以下跨度的桥涵孔数约占全部孔数的50%以上，且部分桥梁修建于20世纪20年代，梁体已运营80余年。为保证运营安全，目前已针对跨度4m梁开展相关的试验研究工作。

图5　混凝土梁疲劳情况全景及测点布置图

2.4　桥梁结构的耐久性

我国既有铁路桥涵主要病害包括：梁体裂纹、墩台裂损、梁端顶死、支座倾斜、涵洞裂损、涵洞变形等。特别是修建于20世纪60年代及以前的结构，在外观上主要表现在梁体表面混凝土剥落、钢筋锈蚀、支座钢板锈蚀等。梁体检测结果表明，混凝土碳化深度已达到(部分超过)钢筋保护层厚度，梁体钢筋无碱性混凝土防护，开始出现大范围的锈蚀(图6)。

图6　大包线桥梁典型病害情况

3　既有线桥梁重载加固改造对策

3.1　跨度20m及以下并置梁加固方案

共进行了5种加固方案加固效果的有限元计算分析(表1)。计算结果表明,提出的5种加固措施,对专桥(89)2032跨度20m并置梁,一阶、二阶横向及扭转自振频率分别比原梁提高了10.1%～14.3%、3.7%～8.8%和9.5%～14.3%,一阶竖向频率仅降低0.22%～0.67%。考虑到低高度梁的斜弯曲效应比普通高度梁大,为了能同时要消除并置梁跨中振动相位差及斜弯曲的不利影响,最终选择加固方案5进行了实桥的加固试验(图7)。

表1　20m并置梁原梁及加固后结构频率计算结果

加固方案	自振频率(Hz)				
	竖向一阶	横向一阶	扭转一阶	竖向二阶	横向二阶
原梁	5.317 3	7.604 8	10.712	16.66 2	18.423
1	5.283 4	8.505 6	11.895	16.551	19.865
2	5.281 9	8.671 0	12.241	16.515	19.989
3	5.292 1	8.370 2	11.730	16.592	20.042
4	5.305 5	8.688 9	12.239	16.534	19.112
5	5.282 0	8.576 1	12.042	16.506	19.865

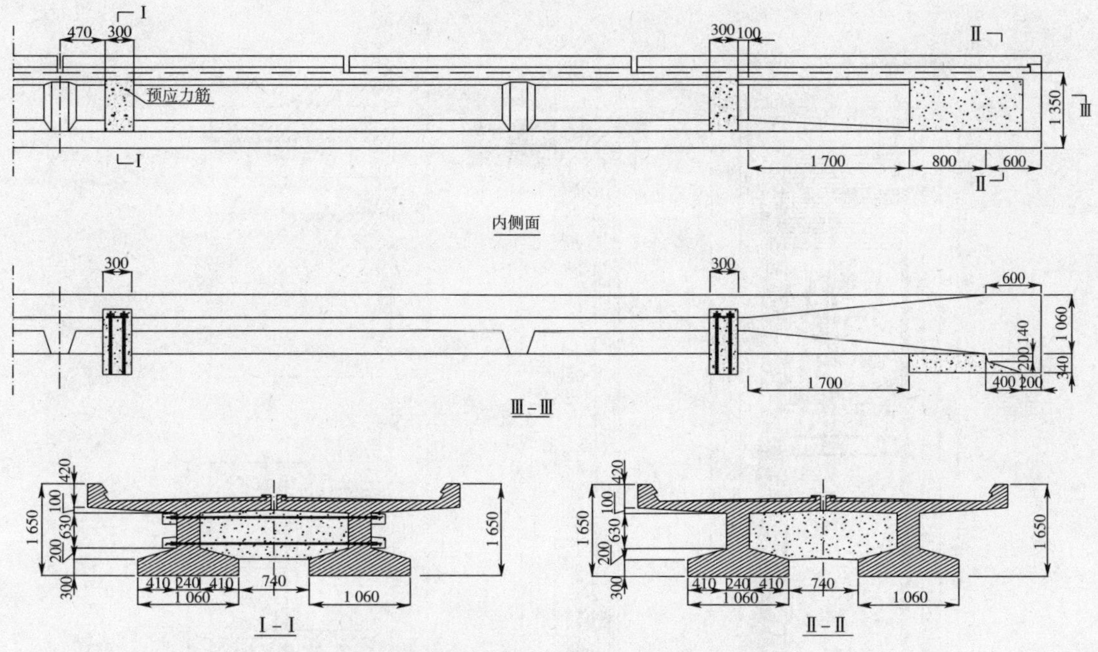

图7　20m 简支梁加固后横隔板及横断面示意图(尺寸单位:mm)

3.2　跨度32m 简支梁墩加固方案

考虑既有桥梁的承载能力及重载运输要求,加固应尽可能减少新增结构的重量,并使新增重量尽量靠近梁端,以减少恒载弯矩增加,在此基础上提出了4种加固方案。计算结果(表2)表明,提出的4种加固措施,对跨度32m预应力混凝土梁的横向刚度均有提高,一阶、二阶横向及扭转自振频率分别比原梁提高了6.9% ~19.7%、5.8% ~25.6%和4.7% ~15.0%,一阶竖向频率仅降低0.76% ~0.83%。各加固方案中,方案4的加固效果最好。

表2　32m 简支梁原梁及加固后结构频率计算结果

加固方案	自振频率(Hz)				
	竖向一阶	横向一阶	扭转一阶	竖向二阶	横向二阶
原梁	3.975 7	3.098 0	6.175 0	12.775	8.429 8
1	3.945 4	3.687 7	7.084 6	12.654	9.986 9
2	3.942 9	3.582 5	6.925 2	12.652	9.772 9
3	3.943 5	3.312 9	6.462 5	12.666	8.917 1
4	3.943 4	3.708 3	7.098 7	12.653	10.58 9

由于加固中新增加了恒载重量,根据各加固方案,对跨度32m预应力混凝土梁进行了抗裂性验算。经过验算,按现行《铁路桥涵钢筋混凝土和预应力混凝土结构设计规范》(TB 10002.3—2005),在既有25吨轴重荷载下,加固后的跨度32m预应力混凝土梁(直、曲线)的抗裂安全系数大于1.2,其承载能力可满足使用要求(图8)。

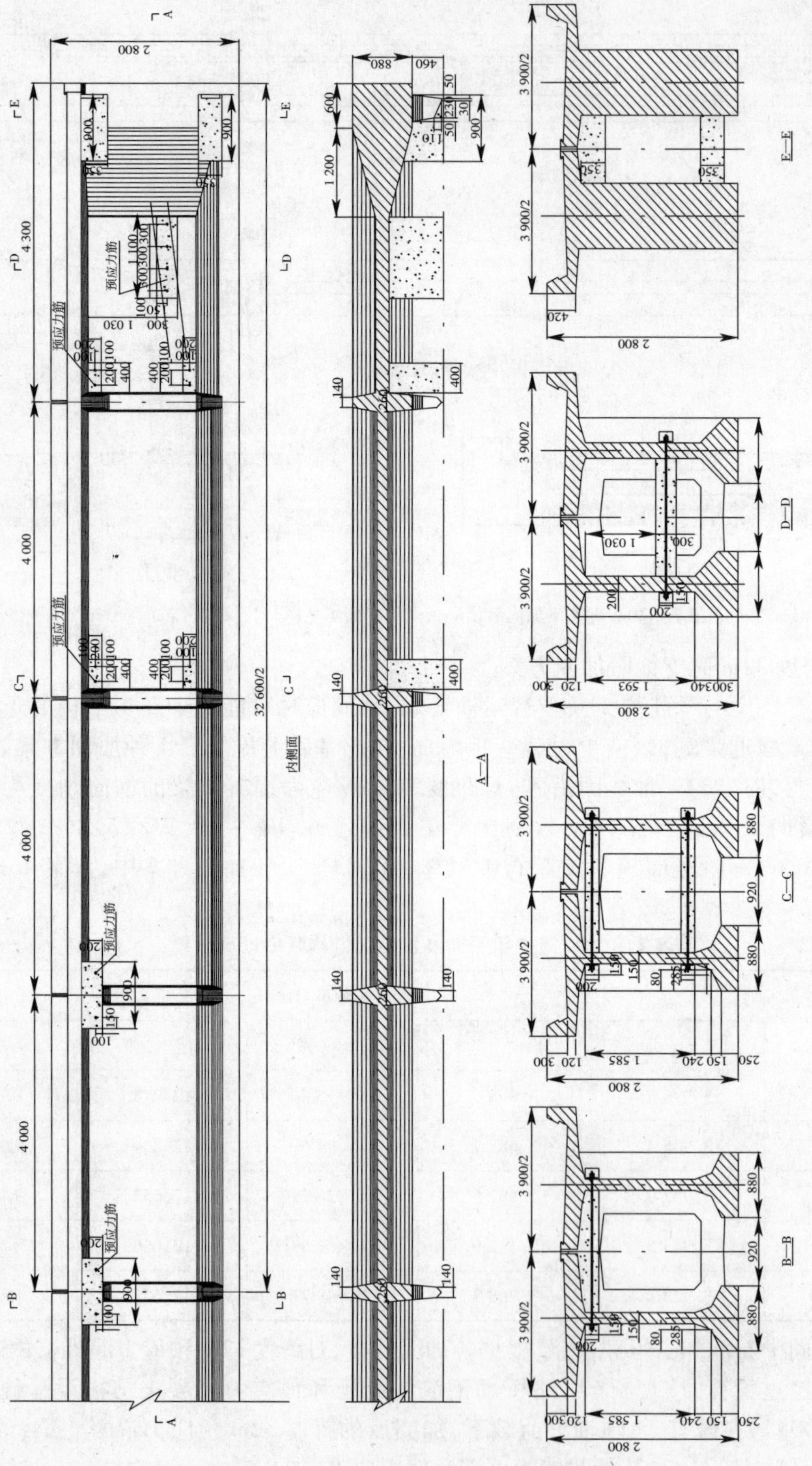

图8 32m简支梁加固后横隔板及横断面示意图

3.3 圆形中高墩加固方案

根据大秦线的实测结果，上、下行线(轻、重车线)墩高在17.6～21.6m之间的桥墩墩顶横向振幅普遍超过《铁路桥梁检定规范》(铁运函[2004]120号)通常值的要求，最大超出1.47mm，是相应通常值的2.05倍。墩高在21.6～24.6m之间的桥墩，部分桥墩墩顶的横向振幅也超过《铁路桥梁检定规范》通常值，桥墩横向自振频率大部分不能满足《铁路桥梁检定规范》通常值的要求。墩高在31.1～34.1m之间的桥墩，墩顶横向振幅基本能满足《铁路桥梁检定规范》通常值的要求。为保证运营安全，对墩高在12.0～28.0m之间的桥墩均采取提高横向刚度的加固措施。

(1)上下行线并行、两个桥墩较近时，主要采用连接两个桥墩的托盘和墩帽方法，使其成为框架结构，该条件下共提出4种方案，具体加固方案如下：

方案一：两桥墩托盘和顶帽处自上向下连接0.6m；

方案二：两桥墩托盘和顶帽全部连接；

方案三：方案一+基础连接；

方案四：方案二+基础连接。

(2)单线桥墩时，主要采用扩大桥墩截面尺寸的方法，共提出14种加固方案，具体加固方案如下：

方案五：墩身上部加厚0.2m；

方案六：墩身上部和下部均加厚0.2m；

方案七～十二：墩身加厚成圆锥体，分为底缘加厚1.0m和1.5m，加固高度分别为0.3、0.5、0.6倍墩身高度，共6种方案；

方案十三～十八：墩身横向加厚成部分圆锥体形，宽度与墩身直径一致，分为底缘加厚1.0m和1.5m，高度分别为0.3、0.5、0.6倍墩身高度，共6种方案。

对于双线桥墩，根据有限元计算结果(表3)，采用加固方案一和二时，桥墩横向自振频率分别提高了63.7%、67.5%、58.6%和66.6%、70.7%、61.1%。考虑到加固方案三、四采用全部连接比连接部分连接方案效果仅提高约5%左右，因此设置基础连接的效果并不明显。最终选择加固方案二作为此类桥墩横向加固的实施方案。

表3　桥墩加固前后自振频率计算结果(单位:Hz)

加固方案	15号墩		16号墩		17号墩	
	横向一阶	纵向一阶	横向一阶	纵向一阶	横向一阶	纵向一阶
加固前	1.945 5	1.963 5	2.182 0	2.221 6	2.004 4	2.037 5
方案1	3.185 0	1.962 2	3.654 0	2.231 9	3.178 1	2.036 3
方案2	3.241 0	1.944 4	3.723 9	2.209 9	3.229 9	2.016 1
方案3	3.206 7	1.967 4	3.661 6	2.232 4	3.186 5	2.036 9
方案4	3.258 5	1.945 2	3.731 9	2.210 4	3.238 6	2.016 7

对于单线桥墩，根据有限元计算结果(表4)，最终建议采用加固方案九和加固方案十五，加固后桥墩的横向自振频率分别提高了71.4%和75.8%，桥墩横向刚度的增强与形成框架结构基本相当，具体方案为桥墩下部加厚1.0m，加固范围为0.6倍墩身高度。检算结果表明，桥墩的地基承载力可满足要求。

表4　桥墩不同加固方案频率(Hz)及增加的重量(t)

加固方案			横向一阶	纵向一阶	重量增加(t)
加固前			2.182 0	2.221 6	—
方案5			2.377 2	2.426 8	27.8
方案6			2.875 1	2.977 7	48.6
方案7	$r=1.0$m	$h_1=h/3$	2.922 7	2.967 3	77.2
方案8		$h_1=h/2$	3.378 4	3.443 0	97.8
方案9		$h_1=0.6h$	3.835 3	3.924 7	117.9
方案10	$r=1.5$m	$h_1=h/3$	3.050 3	3.084 8	146.7
方案11		$h_1=h/2$	3.656 1	3.694 8	157.0
方案12		$h_1=0.6h$	4.325 5	4.404 5	214.1
方案13	$r=1.0$m	$h_1=h/3$	2.885 3	2.644 8	47.8
方案14		$h_1=h/2$	3.316 0	2.909 6	62.4
方案15		$h_1=0.6h$	3.737 9	3.134 9	76.2
方案16	$r=1.5$m	$h_1=h/3$	3.003 0	2.707 0	80.0
方案17		$h_1=h/2$	3.588 3	3.039 8	101.9
方案18		$h_1=0.6h$	4.174 9	3.318 2	119.9

注:表中 r 指圆锥形加厚混凝土的厚度,h、h_1 分别表示桥墩高度和加厚混凝土的高度。

3.4　加固效果的试验验证

(1)低高度并置梁加固效果

根据实测结果,加固后梁体横向自振频率提高约20%,竖向自振频率降低约1%,与理论计算基本一致。列车通过时,梁体跨中横向振幅减小幅度约50%,梁端横向振幅减小约40%,幅均小于0.6mm,梁体的横向加固效果良好。

(2)跨度32m预应力混凝土简支梁加固效果

实测加固后梁体跨中横向振幅减小约30%,梁端横向振幅减小约40%,满足《铁路桥梁检定规范》通常值要求,加固效果良好。实测梁体竖向自振频率仅降低约1%,加固后虽然梁体的结构重量有所增加,但对梁体竖向动力特性影响不大。

(3)圆形中高墩加固的加固效果

根据实测结果,加固后桥墩横向自振频率在2.43~2.69Hz,比加固前桥墩的横向自振频率提高约60%~70%,增加幅度与理论计算值基本一致。加固后实测墩顶横向振幅最大为1.81mm,减小幅度约50%。加固后桥墩的横向刚度得到明显改善,桥墩的横向自振频率和墩顶横向振幅满足《铁路桥梁检定规范》通常值的要求。

3.5　中小跨度桥梁的疲劳试验研究

为模拟C80货车及其动力效应,对大秦线一片跨度8m钢筋混凝土梁进行了室内疲劳试,疲劳次数达20 256 300次,并进行了连续不中断疲劳的1 000万次疲劳循环。其间先后共进行7次静载试验,以获取在疲劳试验不同阶段桥梁的性能数据。试验结果表明,梁体混凝土梁和下缘钢筋工作正常,未发现明显新增裂纹,已有裂纹也没有明显扩展。

钢筋疲劳试件是从大秦线实际运营的混凝土梁中凿取出来的。试件工作段长度

840mm。疲劳试验最小吨位取10kN，进行拉—拉循环加载。试验应力比为0.06～0.1。共进行了10根试件的疲劳试验，以得到钢筋的$S—N$曲线(图9)。

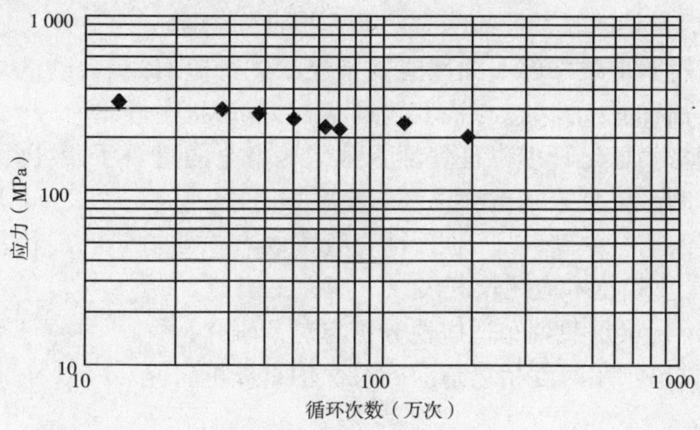

图9　钢筋疲劳试验结果

根据试验结果，钢筋的疲劳试验回归曲线方程为：

$$\lg N = 17.473\,9 - 4.850\,7\lg\Delta\sigma$$

$$\Delta\sigma_0(2\times10^6) = 201.1(\text{MPa})$$

相关系数$r = 0.915\,6$，均方差$s = 0.148\,1$，取97.7%保证率，回归曲线下限为：

$$\lg N = 17.177\,8 - 4.850\,7\lg\Delta\sigma$$

疲劳应力幅$\Delta\sigma_0(2\times10^6) = 174.7(\text{MPa})$

用疲劳最大应力数据统计，得到97.7%保证率的疲劳回归曲线下限为：

$$\lg N = 18.332\,1 - 5.251\,1\lg\Delta\sigma$$

疲劳最大应力$\sigma_0(2\times10^6) = 195.5(\text{MPa})$

钢筋疲劳参数见表5。

表5　8m钢筋混凝土梁下缘钢筋疲劳参数比较

参　数	中—活载设计值*	C80计算值*	试　验　值	
			混凝土梁内钢筋	钢筋(2×10^6)
σ_{min}(MPa)	17.1(不含自重)	17.1(不含自重)	26.0	22.1
σ_{max}(MPa)	120.8	118.4	118.4	195.5
ρ	0.142	0.144	0.220	0.061～0.100
$\Delta\sigma$(MPa)	103.7	101.3	92.4	174.7

注：*疲劳动力系数取1.5。

疲劳损伤分析表明，在良好的养护维修状态下，大秦线8m低高度钢筋混凝土梁疲劳性能能够满足年运量2亿t的运营需要。对于年运量4亿t条件，如果采用相同的2万t编组C80列车，按照目前桥梁状态，桥梁能够满足设计使用的要求。

4　存在的问题与研究展望

目前，针对大秦线桥梁重载加固改造的工作已经全面展开，并按计划逐年实施，但在工作中遇到了许多新问题，主要包括：

(1)上、下行线桥墩错位较大桥墩的横向加固方法。

(2)墩高超过 40m 桥墩在重载列车作用下横向晃动剧烈的机理及对策。

(3)重载改造后桥梁的长期性能与合理的养护维修周期。

由于目前针对桥涵重载条件下的性能试验仅能进行短期测试,测试结果带有较大的偶然性。同时,由于桥涵的受力状态与桥上轨道状态、车辆状态等均有较大关系,重载铁路桥梁状态的长期监测与信息化管理也是保证重载运输安全的重要手段,因此大力开发桥梁等工务设备的长期监测系统是未来重载技术的发展方向之一。

根据目前已有的重载铁路科研成果,结合我国既有铁路桥梁的现状及铁路进一步发展的需要,既有线桥梁重载技术应尽快开展以下研究工作:

(1)常用跨度钢桁梁重载列车适应性分析与对策研究;

(2)我国既有铁路常用跨度桥梁适应的最优轴重分析研究。

175 既有桥梁改造加固中的组合结构技术

聂建国　李法雄　樊健生　张晓光

（清华大学土木工程系）

摘　要　以几处旧桥改造加固典型工程实例为背景，介绍组合结构加固设计理念。实践证明，运用组合结构加固技术服务于旧桥改造加固，可有效保证新旧结构共同工作，显著提高桥梁结构承载能力及刚度，且施工方法便捷，具有良好的社会经济效益，为旧桥改造加固提供一种新的思路。

关键词　旧桥　改造加固　组合结构　工程应用

1　引言

近年来，随着我国社会经济快速发展，交通基础设施建设进一步完善，但我国公路桥梁技术状况远远不能满足交通运输发展的要求。根据《第二次全国公路普查主要数据公报》，截至2000年底，我国已建有各类公路桥梁2 788万余座，计1 031.20万延米。由于设计、施工及使用过程中各种因素的影响，有相当数量的桥梁损坏严重，或处于超期运营状态，或早已不符合现代行车标准的要求，其中有9 597座桥梁被定为危桥[1]。对这类公路旧桥进行大量的拆除和重建需要耗用巨额投资和人力物力，周期长，需要中断交通，并且因拆除旧桥遗留许多废弃建筑材料，不符合我国基本建设的实际国情。因而，充分利用现有桥梁，以科学合理、经济适用的方法进行加固、加宽等技术改造，对于提高公路交通运输能力具有十分重要的现实意义。

近二三十年来，我国在旧桥改造加固技术方面取得了长足的进步。在桥梁加固技术改造方面，积累了丰富的实践经验，取得了丰硕的成果。总结现有旧桥改造加固方法主要如下几种：①扩大截面法；②体外预应力加固法；③粘贴钢板加固法；④转换受力体系加固法；⑤纤维增强加固法等。以上几种加固方法各具特点，但都有一定适用范围，应根据桥梁病害的机理和结构的受力特点、结构所处的环境、当地具体条件，尤其是加固后桥梁的功能要求而慎重选择具体的加固方法。

组合结构加固技术是指采用不同于原结构的加固材料依靠可靠连接方法使原结构与新增结构有效组合在一起以达到共同工作目的。组合结构加固技术源于笔者长期以来在组合结构研究方面的积累和对旧桥改造加固技术的思考与总结，成功运用于多处旧桥改造加固工程[2~4]。本文以几处典型工程实例为背景，分别介绍钢板—混凝土组合技术、预应力混凝

基金项目：国家自然科学基金（50578084），铁道部科技研究开发计划（2006G029）。

土箱梁组合加固技术、组合梁加宽桥梁技术在旧桥改造加固中的应用情况,实践证明,组合结构加固技术能有效保证新旧结构共同工作,显著提高桥梁结构承载能力及刚度,且施工方法便捷,取得良好的社会经济综合效益。

2 钢板—混凝土组合技术

钢板—混凝土组合技术是在经典的钢—混凝土组合梁基础上发展起来的一种新的结构形式,其典型的截面形式见图1 。钢板—混凝土组合技术通过在钢板上焊接栓钉、在原混凝土表面植筋、在原结构及加固钢板间浇筑混凝土等措施使加固部分与原结构形成整体而共同工作。加固施工时,钢板为混凝土浇筑提供免费模板,施工方法便捷;同时外包钢板对混凝土结构形成天然围护,因此不存在混凝土裂缝外露的问题;钢板与原结构依靠机械连接方法形成整体,连接性能可靠,克服传统黏钢加固方法的缺点,且不要求原结构表面平整,具有更加广泛的适用范围。当钢板位于混凝土梁截面底部,充分发挥钢材抗拉强度高的特点,显著提高结构抗弯承载能力;也可以同时布置在混凝土梁的侧面,以增强混凝土梁的竖向抗剪能力。

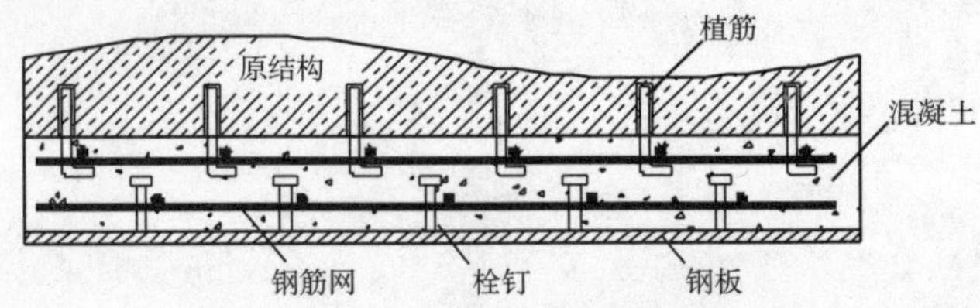

图1 钢板—混凝土组合结构典型断面

2.1 钢板—混凝土组合加固工程实例

2.1.1 北京东便门14号桥

北京东便门14号桥为单跨钢筋混凝土异形板桥(图2),板梁两端支撑线不平行,造成匝道桥受力十分复杂,异形板梁在恒活载作用下板底主拉应力方向多变,导致混凝土板底出现较多不规则裂缝。分析其原因主要为板内钢筋分布与板底主拉应力方向不一致,导致板内钢筋未能充分发挥作用抑制混凝土裂缝的发展。

图2 北京东便门14号桥加固后实景

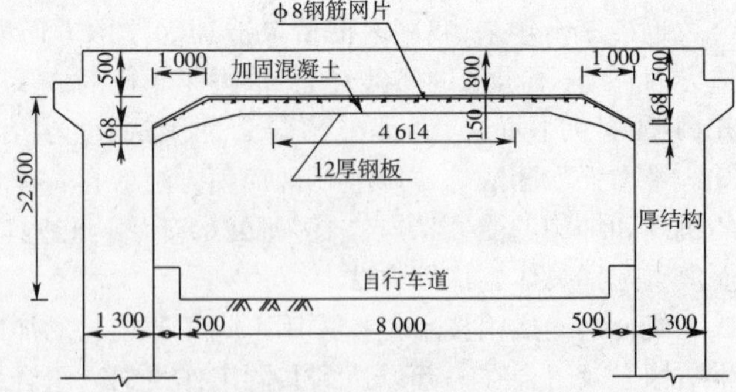

图3 北京东便门14号桥加固方案(尺寸单位:mm)

该匝道桥最终采用钢板—混凝土组合加固方案,如图3所示。附着在混凝土板底的钢板可抵抗任意方向的主拉应力,充分利用钢材抗拉强度高的特点,避免板底混凝土裂缝外露。在不降低桥下净空高度的前提下,底面钢板依靠机械连接方法与原结构有效组合在一起协同工作,犹如在混凝土板中增设一道钢筋加强层,显著提高混凝土板梁刚度及抗弯承载能力。

2.1.2　北京西南三环洋桥

洋桥为北京三环主路上跨马家堡东路立交桥(图4)。该桥全长140m,主桥为3跨一联混凝土连续梁桥(15m+20m+15m),东西引桥为6孔简支梁桥(6×15m)。主桥、引桥均为普通钢筋混凝土T型梁,桥宽28.3m。桥梁运营多年之后,上部结构出现了较为严重的病害:①主梁跨中沿腹板竖向延伸至梁底出现贯通裂缝,裂缝最大宽度为0.3mm;②梁端截面处腹板出现斜向裂缝;③主梁跨中下挠明显;④支点处桥面出现横桥向贯通裂缝;⑤原桥撞击损伤十分严重,局部位置混凝土剥落,钢筋外露。

分析桥梁病害主要原因为:①主梁跨中及支点抗弯承载能力存在不足;②梁体腹板裂缝众多,且裂缝较大,梁端裂缝形态多为剪切裂缝,反映出主梁刚度降低、抗剪承载能力不足;③桥下净空高度较小,超限车辆通行频繁。鉴于该桥抗弯、抗剪承载力及主梁刚度均需要补强,且希望加固后能有效提高旧桥防撞能力,对多种加固方案进行技术经济比较后,最终采用如图5所示的钢板—混凝土组合技术对主梁进行加固,并剔除原桥面混凝土铺装层,重新浇筑一层钢筋混凝土加强层,支点处钢筋网加密,以提高主梁刚度及支点处截面抗弯承载力。

图4　北京洋桥加固后实景

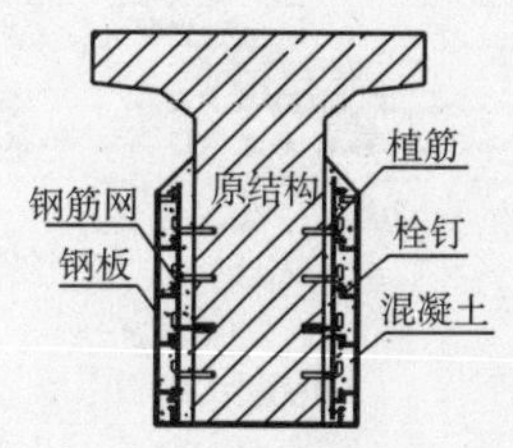

图5　主梁加固断面图

对该桥主梁加固施工方法为:首先将原主梁混凝土表面凿毛,并用水冲洗干净;在原混凝土表面呈梅花状或矩形网格状植筋,植筋时注意避开原结构钢筋。在加固钢板上焊接栓钉,栓钉位置与植筋位置错开。加固钢板在工厂焊接成要求的槽形,在施工现场整体安装。然后在植筋与栓钉间布置钢筋网片,钢筋网片与植筋在部分位置点焊以固定其位置。最后,加固钢板安装就位后,在加固钢板与原结构间浇筑混凝土,使新旧结构成为整体共同工作。主桥加固前后受力性能指标比较如表1所示。

表1　主桥加固前后力学性能指标比较

截　面	项　目	加　固　前	加　固　后	加固后/加固前
跨中截面	M_u(kN/m)	1 818	2 818	1.55
支点截面	M_u(kN/m)	1 636	2 846	1.74
	Q_u(kN)	1 252	1 252	1.00
活载跨中挠度	δ(mm)	24	17	0.71

3 预应力混凝土箱梁组合加固技术

3.1 工程概况

青岛大沽河II号桥位于青黄公路改建段,全桥一联5孔,总体布置为(40m+3×50m+40m),预应力混凝土连续箱梁体系。全桥桥长238.16m,为双幅等宽桥。大沽河II号桥因修建年限长、重载车辆多等原因,主梁、支座、伸缩缝等主要部位构件出现较为严重的病害。根据现场检测结果,预应力混凝土箱梁底板发生开裂现象,部分裂缝贯通,梁端腹板出现斜裂缝,桥面开裂严重,出现渗水现象。梁端伸缩缝破坏严重,均已失效。另外,根据现场静载试验结果,混凝土主梁刚度下降明显,跨中挠度增大,挠度最大校验系数达到1.86,主梁抗剪及抗弯承载能力均不足。

3.2 加固设计方案

对大沽河II号桥病害进行分析,主桥上部结构病害主要存在三个方面:主桥刚度降低,抗弯及抗剪承载能力不足,因而对大沽河II号桥的加固方案也主要分为主梁刚度补强、梁端抗剪加固及主梁抗弯加固三部分(图6):梁端抗剪加固采用高强不锈钢绞线—渗透性砂浆加固方法;依靠混凝土箱内浇筑钢筋混凝土叠合层及桥面加强层提高主梁刚度及支点截面抗弯承载力;箱梁底部黏贴碳纤维布提高主梁抗弯承载能力。

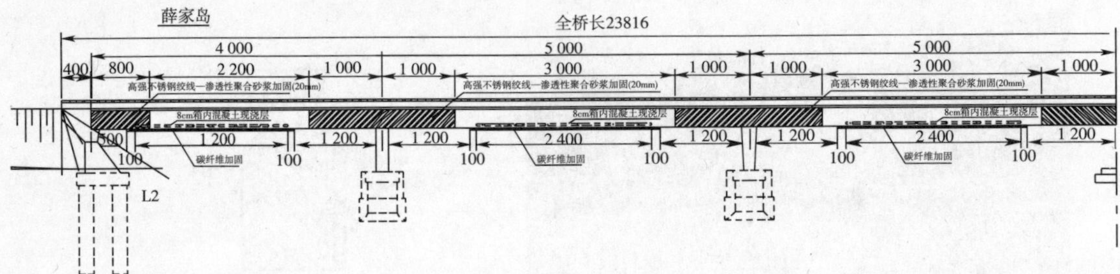

图6 主桥加固半立面图(单位:cm)

(1)主梁抗剪加固

在箱梁梁端外侧面10m(边跨8m)范围内采用高强不锈钢绞线网—渗透性聚合砂浆进行加固(图7)。不锈钢绞线选用Φ3.2mm,间距30mm。施工时用固定钉将高强不锈钢绞线网固定在盖板的下表面,用紧线器拉紧钢绞线网对其进行预紧,并用高压水枪清洗施工面,避免因灰尘存在而降低灰浆黏结力。再喷涂一层约2mm厚、用于加强粘结的黏结剂,然后采用喷射器进行渗透性聚合物砂浆施工,厚度为20mm,黏结剂和渗透性聚合物砂浆都是无机材料。高强不锈钢绞线—渗透性砂浆加固方法相比于传统黏钢或粘贴纤维布加固方法具有耐火、耐腐蚀、耐老化等优点,且与原结构连接牢靠,能有效提高截面剪切刚度。试验研究结果表明[5],加固后抗剪极限承载力平均提高约39.1%,正常使用极限状态承载力提高约64.8%,加固效果明显。

(2)箱梁底板粘贴碳纤维布加固

在箱梁底部跨中26m(边跨24m)范围内采用粘贴碳纤维布加固办法(图8)。粘贴碳纤维布之前对箱梁底部已有裂缝进行封闭,待拆除原有桥面铺装之后粘贴一层碳纤维布。粘贴的碳纤维布对主梁刚度提高不大,但其自身抗拉强度高,能够显著提高主梁抗弯承载能力,并抑制主梁裂缝的发展。

(3)主梁刚度补强及支点截面抗弯加固

即在箱梁内部底板顶面浇筑一层钢筋混凝土(图8),为使新老混凝土具有良好的结合性能,保证共同工作。首先,在箱梁内部底板顶面进行凿毛、钻孔,用高压水枪清洗施工面,在其上面植入直径为12mm钢筋,铺设钢筋网片,浇筑厚度为80mm混凝土叠合层。另外,凿除原有桥面铺装之后,箱梁顶板凿毛,在混凝土箱梁顶板上表面浇筑一层90mm混凝土加强层,混凝土加强层内铺设$\Phi10$间距为100mm的钢筋网片。通过扩大主梁截面,有效提高了主梁刚度,需要注意的是,浇筑混凝土叠合层应安排在梁底粘贴碳纤维布之后。

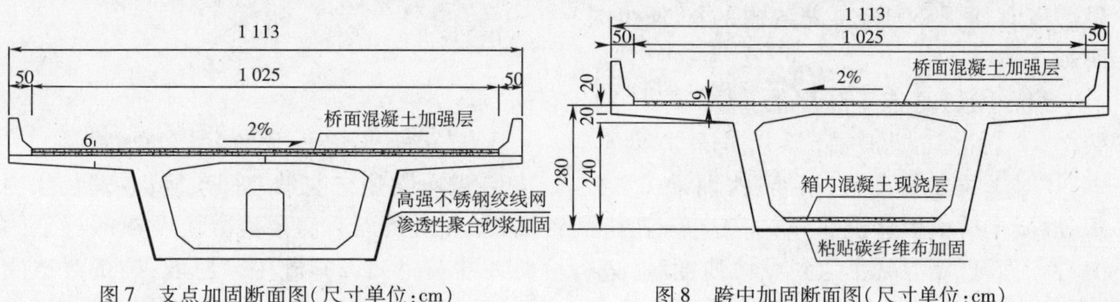

图7 支点加固断面图(尺寸单位:cm)

图8 跨中加固断面图(尺寸单位:cm)

4 组合梁加宽桥梁技术

目前,我国有大量公路及城市桥梁由于行车道宽度不满足使用要求而迫切需要对部分关键路段进行拓宽扩建,传统改造方式多采用与原桥结构相同的混凝土T梁或箱梁等进行加宽,受现场施工条件及使用性能的限制,传统的桥梁加宽方式在很多情况下不能满足要求。钢—混凝土组合梁加宽桥梁技术是指在旧桥一侧通过可靠的横向连接使增设的组合梁与原结构形成整体协同工作,以达到桥梁增宽的目的。采用组合梁加宽桥梁,使新旧结构协同工作,具有其他加宽方式很多不可比拟的优势:①钢—混凝土组合梁自重较轻,加宽后基础沉降量较小,新旧结构结合不会因过大沉降差而引起结合部位开裂;②钢—混凝土组合梁刚度较大,活载下组合梁可以分担较大荷载,从而对原桥起到一定的卸载作用;③钢—混凝土组合梁中混凝土所占比例较少,且大部分恒载已由钢梁承担,混凝土板收缩徐变变形小,有利于减小新旧结构的变形差;④组合梁承载能力大,延性好,由于组合梁受拉区全部为钢材,较混凝土T梁的承载力明显提高,延性增大;⑤施工方法便捷,仅现浇桥面板混凝土时对交通有一定的影响,施工时钢梁为桥面板混凝土浇筑提供免费支架,采用混凝土叠合板技术,节省了支模和拆模工序,大大降低综合造价。另外,采用钢—混凝土组合锚固技术可以在原结构损伤较少的前提下将新旧结构组合成整体,具有很高的强度和刚度。

下面介绍组合梁加宽桥梁工程的实例。

重庆某高速公路的立交枢纽,其中一座引道桥的为11孔40m预应力混凝土简支T梁,另一座为4孔30m预应力混凝土简支T梁,为满足新建立交桥交通导向的需要,这两处桥梁需要在单侧增加一个宽3.75m的车道,原计划采用增设2片预应力钢筋混凝土T梁进行加宽,但由于该桥跨越深峡谷,桥墩高达68m,受原桥承载能力限制,无法利用原桥进行预制吊装,而只能采用现场浇筑混凝土梁方法,但由于支模工作十分艰巨,同时需要在施工期间封闭公路而无法实施。

根据设计要求以及现场情况,这两座桥后改用增设箱形钢—混凝土叠合板组合梁的方式进行加宽,原桥边梁采用植筋及钢板加固的方式与新制梁体的横隔梁连接。在桥面铺装混凝土层内,除按要求设置桥面铺装钢筋网外,为避免或减小由于新增混凝土收缩变形在新旧梁结合部位出现裂缝的可能,增设了横向加强钢筋,加宽结构的构造如图 9 所示。

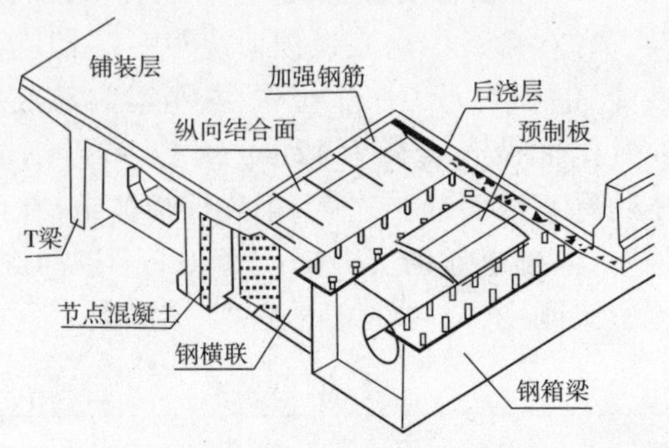

图 9　钢—混凝土组合梁加宽桥梁构造示意

组合梁加宽施工顺序为:①工厂预制钢结构;②拆除防撞护栏,部分凿除 T 梁悬臂端;③对 T 梁进行凿毛、植筋;④钢梁吊装就位,安装横隔梁并与主梁进行连接;⑤安装预制板,混凝土桥面板悬挑部分支模;⑥绑扎桥面钢筋;⑦浇筑桥面后浇层混凝土及横隔梁处的混凝土;⑧现浇混凝土达到设计强度后,进行桥面铺装及附属设施施工。目前,该桥改造施工已全部完成且投入使用,加宽效果良好。

5　结语

桥梁改造加固是一项繁冗庞杂的系统工程,涉及多方面内容。国内外经验表明,大规模基础设施建设过后,必然是数量巨大的旧桥维修及改造加固工作。对于旧桥改造加固设计,不应因循守旧,应该开拓思路,正确分析桥梁受力机理和病害原因,了解各种加固方法的工作机理及优缺点,充分考虑旧桥改造加固对周边环境的影响,针对具体情况选择最合适的加固方法,做到“因桥而异,对症下方”。本文通过介绍几处典型工程加固实例,提出组合结构加固设计理念,分别介绍钢板—混凝土组合技术,预应力混凝土箱梁组合加固技术、组合梁加宽桥梁技术在旧桥改造加固中的应用情况,希望起到抛砖引玉的作用,供设计和科研人员参考。

参 考 文 献

[1] 张开鹏,蒋玉龙,曾雪芳. 桥梁加固的发展与展望[J]. 公路,2005,(8):299-301.

[2] 聂建国,赵洁,唐亮. 钢板—混凝土组合在钢筋混凝土梁加固中的应用[J]. 桥梁建设,2007,(3):76-79.

[3] 樊健生,聂建国,赵洁,李法雄. 组合结构在桥梁加宽工程中的应用[J]. 哈尔滨工业大学学报,2007,(39)增刊 2:651-654.

[4] 聂建国,王寒冰,任明星,陈林. 钢—混凝土叠合板组合梁在韦沟桥改造加固中的运用[J]. 建筑结构,2001,(12):24-26.

[5] 聂建国,蔡奇,张天申,王寒冰,秦凯. 高强不锈钢绞线网—渗透性聚合砂浆抗剪加固的试验研究[J]. 建筑结构学报,2005,26(2):10-17.

176　牡丹桥引桥病害原因及加固方案分析

李　杰[1]　陈　淮[1]　朱建强[2]

(1.郑州大学土木工程学院;2.河南省交通规划勘察设计院有限责任公司)

摘　要　以洛阳牡丹桥引桥为研究对象,利用有限元方法建立梁单元整体模型和实体单元局部模型,详细分析引起桥梁病害的原因,并在此基础上针对具体病害提出加固方案。针对这些加固方案,依据有关规范,对加固方案进行计算与分析,证明所提出的加固方案合理可行,加固效果显著。

关键词　预应力混凝土连续桥梁　V形墩　病害原因　桥梁加固

牡丹大桥引桥设为一联,跨径组合为(21+19×30+21)m的连续梁结构,全联固定支座设置一处,位于9号V形墩南侧单肢顶部,其余V形墩双肢顶部均为活动支座;第1跨为21m现浇混凝土梁,第21跨为了接主桥为21m斜交现浇混凝土梁(梁平面为直角梯形);其余桥跨的墩顶13m长为现浇钢筋混凝土结构,跨中17m为预制预应力混凝土空心板;引桥下部为纵桥向V形墩,扩大基础,V形墩上部设置与梁体隔离的预应力混凝土拉板,桥台为四柱分离式桩柱式桥台,桥面全宽34m,设计荷载为汽超-20,桥梁局部如图1所示。

图1　牡丹桥引桥局部示意图

洛阳牡丹桥始建于1992年10月,后因故停工,1999年4月复工,同年11月大桥建成正式投入使用。目前大桥出现较多病害,2009年5月对该桥梁进行检测,根据桥梁检测结果及《城市桥梁养护技术规范》(CJJ 99—2003)[1]规定,引桥评估等级为E,桥梁的技术状况很差,已经严重影响桥梁的安全使用,需要对桥梁进行加固。本文正是以洛阳牡丹桥引桥为研究对象,利用有限元方法建立桥梁整体梁单元模型和局部实体单元模型,详细分析引起桥梁病害的原因,并在此基础上针对具体病害所提出加固方案[2~9],最后依据《公路桥梁加固设计规范》(JTG/T J22—2008)[10,11]的要求和组合有限元方法,针对这些加固方案进行详细的检算和分析。

1 桥梁病害原因分析

1.1 桥梁病害现状

引桥0号桥台盖梁发现7条斜裂缝,部分裂缝贯穿梁底,侧面裂缝高度超过盖梁中心轴,最大缝宽3.5mm,裂缝宽度和位置如图2所示。梁体横向东移将0号台东侧挡块挤碎,引桥桥台板式橡胶支座存在丢失、脱空和剪切变形现象,如图3所示。

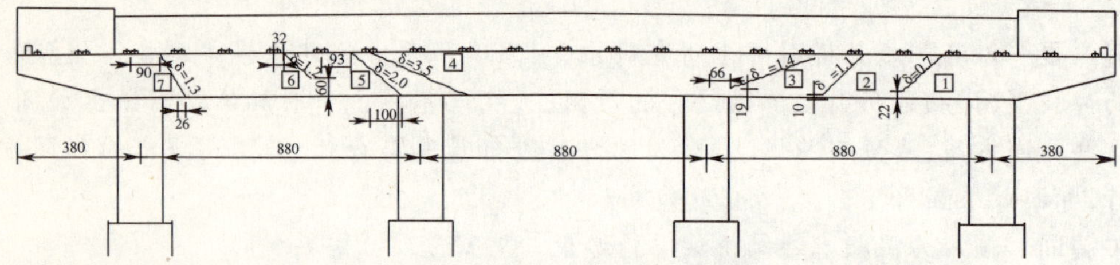

图2 0号桥台裂缝分布示意(尺寸单位:cm)

a) 挡块被挤碎

b) 支座发生剪切变形

图3 桥台挡块及支座损坏照片

引桥9号V形墩南侧固定支座下墩身出现斜裂缝,最大缝宽3cm,缝长1.35m,如图4所示。此外预制空心板与现浇混凝土梁交界附近梁体下缘出现宽度0.2mm的横向裂缝。引桥第21跨为斜交现浇混凝土梁,梁体跨中出现多处横向裂缝,最大裂缝宽度0.3mm。

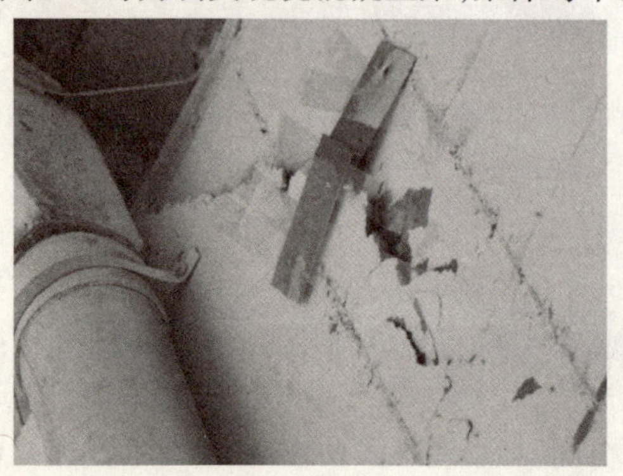

图4 9号墩墩身开裂照片

1.2 病害原因分析

为了分析大桥产生病害的原因,利用 MIDAS/CIVIL 2006 软件建立牡丹大桥引桥的梁格体系全桥模型,支座采用软件中的节点间弹性连接,设置不同的刚度模拟单向、双向滑动支座以及固定支座,考虑 0.3% 的纵坡、2% 横坡。空心板、V 形墩、承台、桩基础和扩大基础、桥台、联接墩采用梁单元模拟,预应力筋采用梁单元预应力荷载方式加载。全桥模型共计 4 364 个节点,8 164 个单元。计算模型见图 5。分析中按照支架现浇和预制梁架设两个施工过程,考虑一期、二期恒载,预应力筋的作用,以及汽车活载(汽超 -20,按照八车道布载)、温度效应以及不均匀沉降等因素。

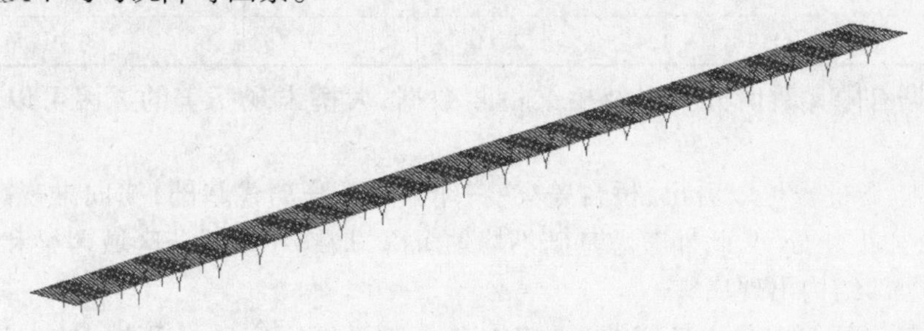

图 5 MIDAS 有限元计算模型

为了对 0 号桥台进行详细分析,利用大型有限元通用软件 ALGOR 建立桥台空间实体单元计算模型,模型中用实体单元模拟支座垫石实际大小,将桥台支座反力的集中力用分布力模拟,桥台基础底部固结,模型共计 1 445 个节点,1 232 个单元,详见图 6。

图 6 桥台 ALGOR 有限元计算模型

由于 V 墩支承区域受力复杂,为了详细分析病害原因以及后续加固分析,利用大型有限元通用软件 ALGOR 建立 V 墩空间实体组合单元局部模型,模型中用实体单元模拟支座垫石实际大小,将支座反力的集中力用分布力模拟,桥台基础底部固结。模型共计 9 108 个节点,6 189 个单元,见图 7。

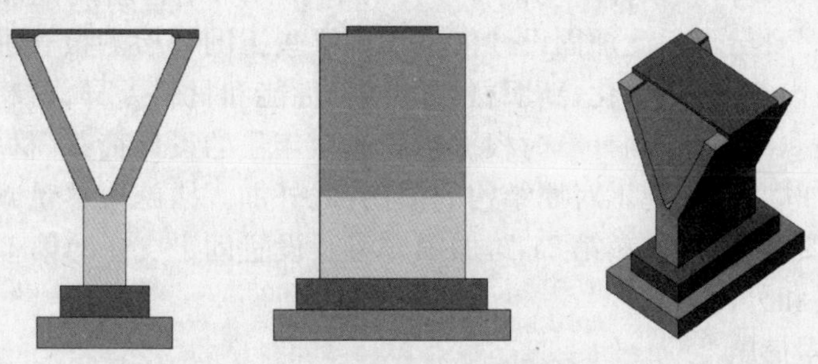

图 7 V 形墩有限元计算局部模型

表1为有限元分析部分关键部位结果,可以看出这些部位在所模拟的成桥状态下应力均超出了材料设计强度,可能出现开裂,进而不能满足极限承载能力状态和正常使用极限状态的要求。

表1 变形及应力汇总

部位及结果	位移(mm)			应力(MPa)		说明
	竖向	纵向	横向	最大主拉应力	最小主拉应力	
桥台	-2.0	1.5	0.1	2.9	-7.0	盖梁桩柱部位
9号V墩	-1.6	1.0	0.3	3.0	-14.6	V墩支座部位附近主应力
21跨桥面	-2.8	-1.7	1.4	2.7	-4.0	跨中锐角侧

那么,根据有限元数值分析以及桥梁检测数据,大桥出现病害的原因可以归纳为以下几点:

(1)根据检测报告可以看出,桥台盖梁、三个V墩(分离式基础)横向出现高差,个别支座脱空后支反力重新分配,此外考虑基础不均匀沉降,最终导致部分区域盖梁和一些支座破坏,进而引起上部结构出现病害。

(2)由于牡丹桥纵向自由长度较长(仅在9号墩设置固定墩),所以温度变化时产生主梁的纵向变形较大,整个桥梁纵向的约束仅由9号V墩南侧的固定支座限制变形,再考虑到V墩支座下部局部区域受力复杂,各种因素综合在一起,导致9号墩固定支座附近墩壁开裂。

(3)根据计算结果可以看出,一期、二期恒载和预应力以及活载、温度效应等因素作用下,第21跨桥面跨中锐角附近底板应力水平较高,该部位将会出现病害。

(4)桥台部位最大主拉应力水平较高,局部已经超过25号混凝土极限抗拉强度,此外再考虑到桥台基础不均匀沉降因素(横向两边桩柱沉降分别达到2.3cm和3.5cm),将造成桥台部位病害。

(5)板式橡胶支座正常使用寿命一般为10~15年,牡丹桥虽1999年通车,但梁体架设、支座安装多完成于1996年,基本达到使用寿命。由于以上一些内外因素,导致桥梁病害进一步加重,上部结构的变形逐渐加大,一些支座脱空损坏后,反力重新分配,超过支座承载能力,使支座产生大的变位,最终使支座出现病害。

2 桥梁加固方案分析

维修加固以原设计荷载条件下功能性恢复、加固为主,结合新规范加强抗震设计,改善结构受力性能,确保安全。因此加固设计依据原桥梁竣工图和检测报告进行,同时在加固分析中考虑结构病害影响、材料劣化、新旧材料的结合性能和材料差异,材料、几何参数取值应采用桥梁现状的检测结果,加固计算时根据桥梁建设年代的设计荷载、材料性能进行相应分析,并且严格控制加固设计、施工对原结构的损伤,此外加固措施应尽量减少对交通的影响。限于篇幅,本文主要对0号桥台、第21跨加固方案及设置固定支座的第11号V形墩的抗震加固方案进行阐述和分析。

2.1 维修加固措施

根据该桥梁0号桥台病害状况,设计单位提出采用竖向粘贴U形钢板进行抗剪加固的方案。桥台加固方案的加固范围如图8所示,其中四个墩柱对应盖梁顶面粘贴钢板,并与盖梁南侧面钢板焊接为整体;两个中间墩柱粘贴钢板时,钢板分成两块,中部切割掉直径1.4m的半圆,钢板粘贴固定好后焊接为整体。

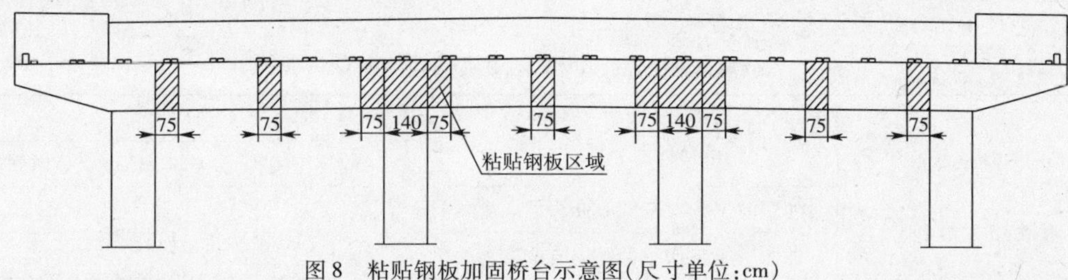

图8　粘贴钢板加固桥台示意图(尺寸单位:cm)

根据桥梁第21跨病害状况,设计单位提出梁底粘贴钢板进行加固的方案。第21跨梁底加固方案的加固范围如图9所示,由西向东10片空心板梁底粘贴钢板,其余空心板粘贴纵向宽5m的钢板。

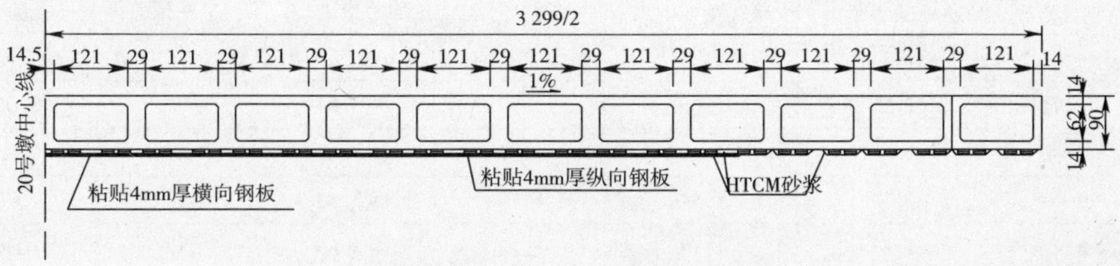

图9　粘贴钢板加固第21跨示意图(尺寸单位:cm)

9号V墩病害严重,本次加固将固定墩移至11号墩,并且V形墩的两肢均安设固定支座,这样的变换不仅便于加固施工,同时由于11号墩位于整个联的中部,对结构受力变形有利。全桥所有V形墩横截面相同,通过抗震分析可知,固定支座所在墩根部应力超限,在汶川地震期间曾出现落物现象,有必要进行抗震加固。因此采用增大固定墩V形墩根部截面的方法进行桥梁抗震加强加固,即内部植筋浇筑混凝土(增厚50cm),并对V形墩两肢向根部逐渐加大截面纵桥向厚度至140cm,支座下部墩身局部粘贴钢板,钢板间焊接角钢,见图10所示。

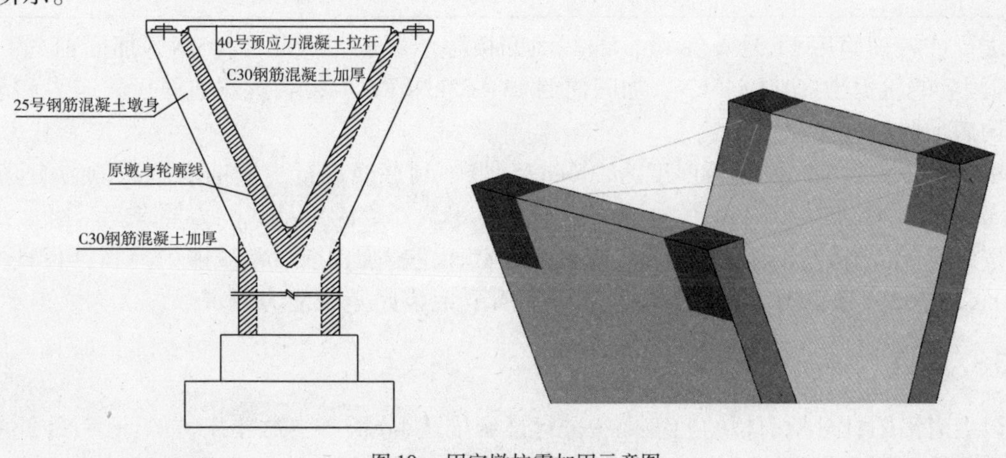

图10　固定墩抗震加固示意图

2.2 加固方案检算分析

按照加固方案建立分析模型进行有限元数值分析,并对加固后构件按照《公路桥梁加固设计规范》(JTG/T J22—2008)和《公路桥梁抗震设计细则》(JTG/T B02-01—2008)[12]进行承载能力检算,结果汇总于表2~表4。

表2　抗震加固前后11号V墩根部应力(单位:MPa)

	最大应力及对应荷载工况	组合应力	
		地震作用	恒载+地震作用
V形墩25号混凝土	加固前V形墩根部纵向弯曲应力	2.97	3.31
	加固后V形墩根部纵向弯曲应力	1.70	1.77
	抗拉设计强度	1.55	
	抗拉标准强度	1.90	

表3　粘贴钢板厚度不同时桥台墩柱顶盖梁应力汇总表(单位:MPa)

粘贴钢板板厚(mm)	墩柱顶盖梁顶面最大正应力	墩柱顶盖梁底面最大正应力	墩柱顶盖梁顶面主应力		墩柱顶盖梁底面主应力	
			最大主拉应力	最小主压应力	最大主拉应力	最小主压应力
0(加固前)	1.85	1.66	1.97	-3.83	1.81	0.01
4	1.67	1.42	1.82	-3.85	1.09	0.00
6	1.55	1.31	1.79	-3.85	1.08	-0.03
8	1.43	1.19	1.77	-3.85	1.06	-0.05
10	1.41	1.17	1.75	-3.86	1.05	-0.07

表4　粘贴钢板厚度不同时第21跨跨中最大应力汇总表(单位:MPa)

粘贴钢板板厚(mm)	墩柱顶盖梁底面最大正应力	第21跨跨中梁底面主应力	
		最大主拉应力	最小主压应力
0(加固前)	3.50	3.97	0.01
4	3.18	3.42	0.00
6	2.84	3.06	-0.03
8	2.55	2.78	-0.05

进行抗震加固后11号V形墩根部截面的极限承载能力为19 381kN>加固前的9 293 kN,加固后的抗剪强度60 545kN≥加固前的11 162kN,可以看出,抗震加固后的应力和承载能力均满足要求。

取0号桥台盖梁粘贴钢板厚度为10mm,对最不利截面进行加固前后承载能力检算,可得 $\gamma_0 M_d = 1.0 \times 6\,450 = 6\,450\text{kN} \cdot \text{m} \leq M_{du} = 95\,008\text{kN} \cdot \text{m}$,满足承载能力要求。

按照第21跨粘贴钢板厚度4mm,对最不利截面进行加固前后承载能力检算,可得 $\gamma_0 M_d = 1.0 \times 37\,703 = 37\,703\text{kN} \cdot \text{m} \leq M_{du} = 65\,548\text{kN} \cdot \text{m}$,满足承载能力要求。

3　结语

以上对洛阳牡丹桥引桥的病害现状进行详细描述,分析产生这些病害的原因,并针对具体病害检算分析了构件加固前后的应力和承载能力,加固方案合理可行,加固效果明显。通过研究可以总结以下几条结论：

(1)该引桥病害与桥梁所选用的结构形式有较大的关系，引桥全长612m为一联，仅在9号V形墩单肢设置固定支座，V形墩加剧了桥梁局部受力的复杂性，桥台基础和V形墩基础均为分离式，较易产生不均匀沉降；此外较宽的桥幅也会对桥梁产生不利影响。

(2)11号V形墩的下墩柱截面纵横向各加大1m，V形墩两肢由上截面纵桥向宽80cm到下截面纵向宽140cm逐渐加大截面，支座下部V形墩身局部粘贴钢板、钢板间焊接角钢的加固方案可行，并且加固施工有保障，对原结构损伤较小。

(3)0号桥台4个墩柱对应盖梁顶面粘贴钢板，并与盖梁南侧面的钢板焊接为整体，两个中间墩柱粘贴钢板时，钢板分成两块，中部切割掉直径1.4m的半圆，钢板粘贴固定好后焊接为整体，根据结构分析和检算，板厚取10mm的方案可行。

(4)第21跨锐角附近梁底跨中部位粘贴4mm钢板的加固措施是可行的，加固后梁体跨中截面承载能力满足要求。

(5)加固施工前应对结构上的裂缝、损伤进行修补和填充，以确保黏结质量。

参 考 文 献

[1] 中华人民共和国行业标准. 城市桥梁养护技术规范 CJJ99—2003[S]. 北京：中国建筑工业出版社，2003.

[2] 李杰，李娜. 某高速公路桥梁桩基加固方案研究[J]. 公路，2008(4)：70-73.

[3] 袁明. 钢筋混凝土桥梁裂缝的原因分析和修补方法[J]. 中外公路，2003(2)：70-73.

[4] 杨文渊，徐犇. 桥梁维修与加固[M]. 北京：人民交通出版社，1994 .

[5] 张树仁，王宗林. 桥梁病害诊断与改造加固设计[M]. 北京：人民交通出版社，2007.

[6] 冯柏维. 钢筋混凝土T形梁裂缝成因分析与处理[J]. 广西交通科技，2003(6)：65-67.

[7] 张橱曾，殷宁骏，杨梦蛟. 混凝土旧桥的评估与加固[J]. 铁道建筑，1994(11)：9-13.

[8] 郑凯锋，陈宁，张晓翘. 桥梁结构仿真分析技术研究[J]. 桥梁建设，1998(2)：10-15.

[9] 郑凯锋，陈亚新，王勇. 全桥结构仿真技术在拱箱吊装分析中的应用研究[J]. 铁道工程学报，1998(4)：43-49.

[10] 万鹏，郑凯锋. 组合有限元法在T形梁桥荷载横向分部分析中的应用[J]. 公路，2003(8)：100-105.

[11] 中华人民共和国行业标准. 公路桥梁加固设计规范 JTG/T J22—2008[S]. 北京：人民交通出版社，2008.

[12] 中华人民共和国行业标准. 公路桥梁抗震设计细则 JTG/T B02 - 01—2008[S]. 北京：人民交通出版社，2008.

177 北京国贸桥异形板加固设计与研究

潘可明[1] 闫保华[2] 杨 冰[1]

(1. 北京市市政工程设计研究总院;2. 北京市公联公路联络线有限责任公司)

摘 要 北京国贸桥异形板上部结构设计中采用了“钢弹簧支顶”(π形钢盖梁支顶)加固异形板的加劲梁,并在其上黏贴钢板、下部结构新增桩基支顶托换内力;其中上部结构关键部位的加劲梁、下部桩基础设计重点突出了主动加固的理念。本次设计应用主动加固(支顶)为主、被动加固(粘贴钢板)为辅的理念,上下部结构共同加固,良好的解决了异形板桥梁加固的难题。

关键词 北京国贸桥异形板 钢弹簧支顶 主动加固 黏贴钢板加固

1 引言

北京国贸桥异形板桥于1994年建成通车,由于近年来桥区开挖施工以及运行老化等原因,桥体出现沉降变形、开裂等问题。原桥设计单位北京市市政工程设计研究总院自2006年开始对国贸桥进行咨询与加固设计工作,至2009年9月国贸桥加固施工完成。并通过竣工验收,目前运营良好。本工程在下部结构新建桩基内力托换、上部结构“钢弹簧支顶”、粘贴钢板的工艺等关键性技术问题上,取得了一些成果,供今后类似工程借鉴。

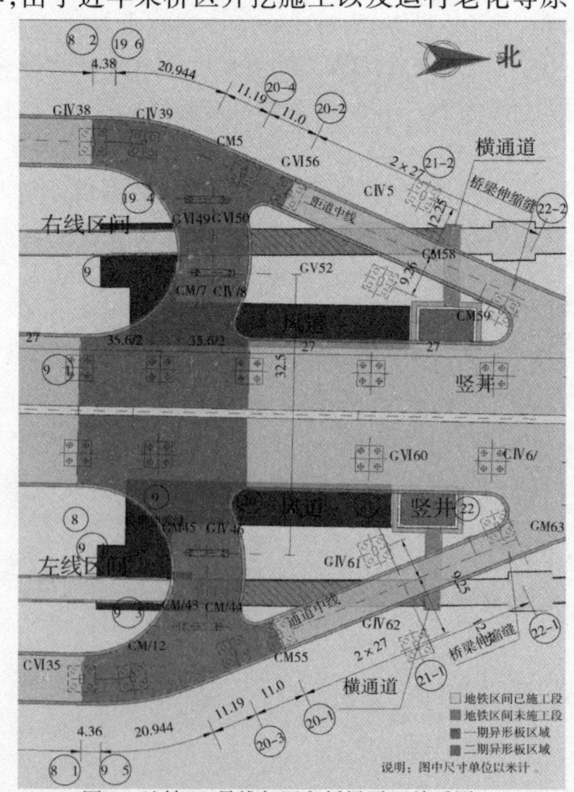

图1 地铁10号线与国贸桥梁平面关系图

2 工程概述

国贸桥异形板位于北京市朝阳区东三环主路上,其为上跨长安街的东三环高架桥的一部分,建成使用十余年来,工作状态基本良好;由于国贸桥位于北京CBD核心区,近年来,周边新建许多特大型建筑,其反复施工降水以及新建地铁区间及车站从桥区通过(图1),对于国贸桥异型板基础产生了一定的影响。本桥是单点支承异形板桥,纵向跨径为17.8m,横向悬臂达15.1~16.7m,平面呈斜“凸”状,边界条件很不规则,结构复杂(图2),点支承异形板结构本身受力特点决定其对不均匀沉降比较敏感。2005~2008年,多次对桥区进行了桥梁检测,发现其存在大量裂缝(图3),特别是加劲梁上斜裂缝部分已经延伸至板底。针对以上损坏情况,经过多次设计方案论证,最终确定了下部结构补桩、上部结构“钢弹簧支顶”(即原墩柱两侧新建π形盖梁对横梁支顶)、异形板底板粘贴钢板的方案加固。

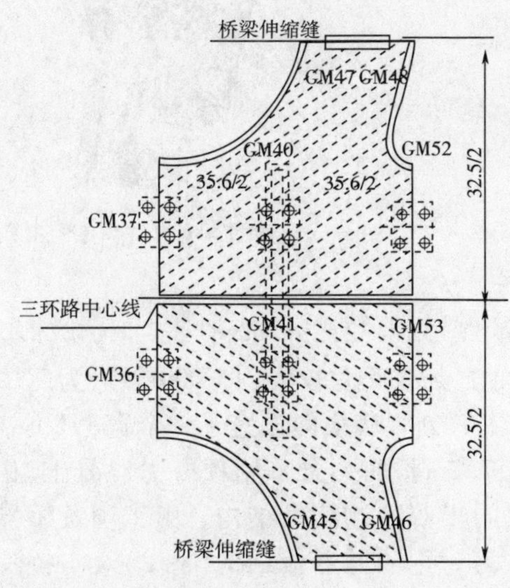

图2　异形板平面图(尺寸单位:m)

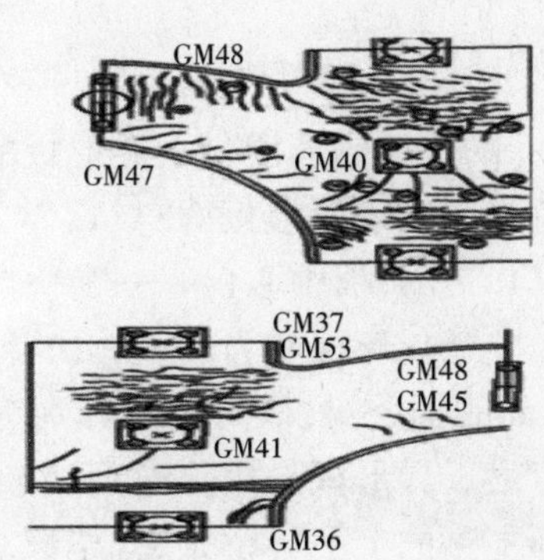

图3　异形板底板裂缝图

3　加固方案设计

3.1　桩基础在地铁近接影响下的受力特点及沉降变形机理

3.1.1　桩基础的受力特点

一般来说,根据桩与周围土体的相互作用,将桩分为两类:第一类桩直接承受外荷载并主动向土中传递应力,称为“主动桩”;第二类桩并不直接承受外荷载,只是由于桩周土体在自重和外荷载作用下产生水平运动而受到影响,称为“被动桩”。在主动桩中,桩顶荷载使桩在坚实土中移动,桩上荷载是“因”,桩相对于土体的变形效应是“果”;而在被动桩中,侧移土体对桩产生土压力加载,土体相对于桩的移动是“因”,它在桩身上引起的荷载是“果”。受地铁开挖影响的邻近桥桩,虽然轴向仍受到桥梁上部荷载的作用,但侧向却受到因隧道开挖产生的土体变形的影响,从这一意义上说,它们也属于被动桩的影响范畴。

桩基在隧道开挖过程中受影响最大的部位是在隧道中心水平线位置,由于隧道开挖土体在该处自中心向四周扩散,故在隧道中心处,桩基受到弯矩最大。

3.1.2　桩基础的沉降变形机理

隧道开挖所引起的地层位移,包括垂直和水平方向的分量,垂直方向以下沉为主。地层沉降过大会在桩上施加负摩阻力,引起桩的沉降并降低桩的承载力(图4)。而土体位移的水平方向分量指向隧道的轴线,引起桩的侧向变形和弯矩(图5)。本桥下部结构加固,以提高基础承载能力为出发点,从根本上解决沉降问题带来的超静定桥梁结构破坏。

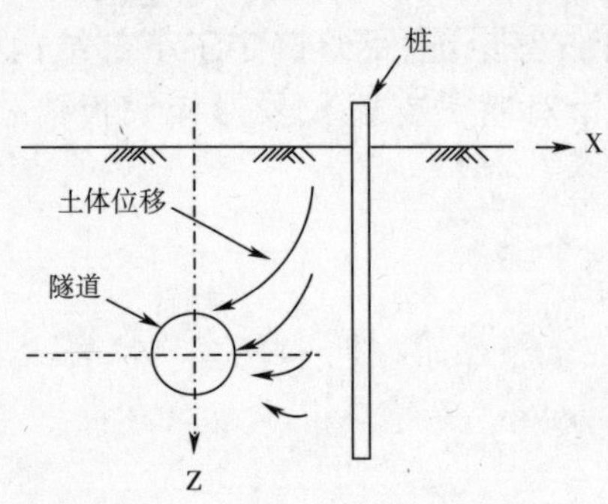

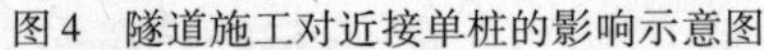
图4 隧道施工对近接单桩的影响示意图

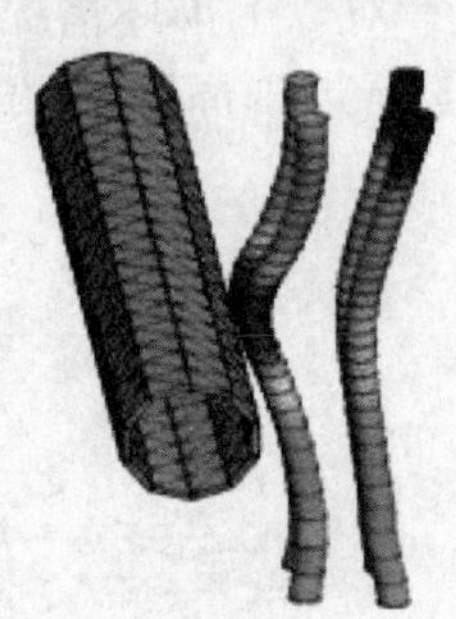
图5 隧道施工对近接桩基变形的影响示意图

3.2 国贸桥钢筋混凝土异形板的受力特点

本桥为点支承异形板桥,板长为35.7m,宽17.62~32.5m,呈斜"凸"形,实体板C40混凝土板厚0.76m,板中心仅有一个桥墩支承,由于支承反力较大(15 000kN),为解决支反力的传递和整个异形板内力的整体协调,在支承中心处板底横向设置了一个宽1.8m,高2.4m,长17.45m的加劲梁,横向悬臂分别为9.75m、7.7m。加劲梁采用预应力混凝土,相当于一个双悬臂梁。异形板采用普通钢筋混凝土,等同于双跨连续板结构。由于国贸桥异形板桥为东三环主路的上下行桥梁,就构成了两块互为对称的异形板结构(图2)。本桥除了具有一般钢筋混凝土桥梁的特点外,因为其独特的结构,还具如下的结构受力特点:

(1)由于结构为异形板式结构,结构整体空间效应较为明显,双向空间作用使板内力分布极不均匀,存在局部应力集中现象,如墩柱顶支承点负弯矩峰值较高。

(2)异形板与加劲梁共同组成了梁板结构,由于加劲梁内配置横向预应力束,其预应力局部效应对板体影响较大。

(3)国贸异形板桥边跨具有多个支点,由于荷载空间效应使得横向各支点的反力分配不均匀,中心支点反力较大。加劲梁的剪力很大,剪应力分配很不均匀。

(4)结合异形板裂缝的发展现状对国贸异形板的裂缝破坏发展趋势进行模拟分析。裂缝分布主要集中在中墩加劲梁处,基础沉降造成裂缝分布明显增加。由于中墩(GM40,GM41)中支点恒载反力占87%,其位置受到地铁结构的环绕,中墩对沉降较为敏感。

3.3 下部结构加固

3.3.1 桩基加固

目前对桥梁基础承载能力的加固方案,主要有注浆、承台复合地基和补桩加固三种措施。由于前两者属浅基础加固,不能解决深层地铁沉降问题,故本桥采用深基础的桩基方案。桩基加固方案是集中对受力最大、最关键、同时最近接地铁结构的GM40、GM41中墩桩基进行加固,将原有的四桩承台结构新增加两根桩基,形成一个新的六桩承台,从而提高了中墩的基础承载力。补桩加固方案能较好地控制土体位移和桩基沉降,提高桩基承载力,加固效果显著。

在GM40、GM41承台的南北两侧面各加一根$D=1.5$m桩基(图6、图7),桩长25m。为了新加桩更好地发挥效率，参与结构受力，考虑结构带载加固的特点，采取了主动托换的措施，即通过支顶将原桥四桩的部分恒载托换到新建两根桩基础上。新建桩基施工桩顶保留1m后浇段，在此范围采用千斤顶对原结构进行顶支，每一千斤顶支顶力为2 000kN；同时为了提高托换的效果，在桩头后浇带1m范围内，采用微膨胀混凝土浇筑，利用其膨胀向上径向力支顶原桥结构。桩基内采取了后压浆措施以提高承载力，成桩后分别于桩侧及桩底进行注浆。

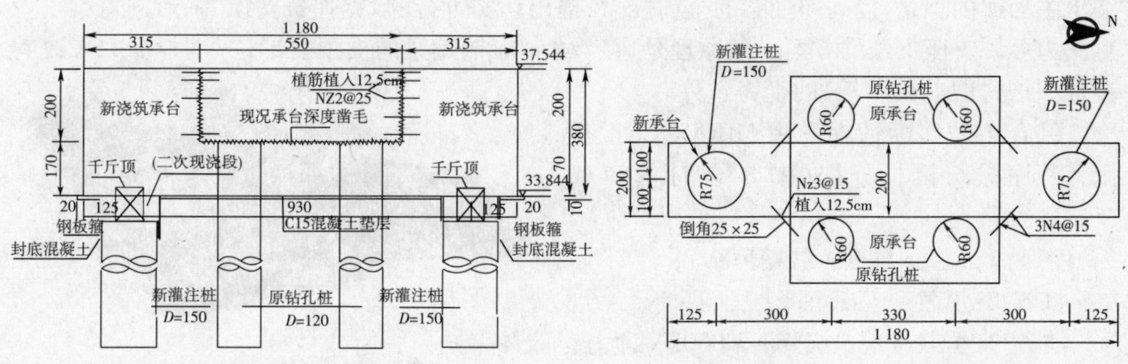

图6　补桩位置剖面图(尺寸单位:cm)

图7　补桩位置平面图(尺寸单位:cm)

桩基施工步骤：

(1)新加两根 $D=1.5$m 桩基础施工，在桩顶高程以下1m范围内预留1m范围二次现浇段。

①浇筑桩基微膨胀混凝土，桩顶预留1m二次现浇段。

②预埋1.5m长 Φ160 钢板箍，浇筑0.5m封底微膨胀C30混凝土，微膨胀率0.3%，使钢板箍与钢筋紧密结合。

(2)开挖新承台基坑，新承台与既有承台相接面凿毛清洗、植筋，原承台与新承台顶面相连接部分应剔除钢筋混凝土垫层，并进行深度凿毛。开挖承台基坑、桩基施工及桩基注浆时应对既有桥桩进行保护，原桥桩侧填土不可扰动。

(3)一期浇筑桩达到强度，经检测合格后，在桩头后浇带内安放千斤顶，预加顶力2 000kN，使原桩部分反力托换到新桩上。

(4)在桩基施工中，新建桩顶预留二次现浇段与新承台一起浇筑C30微膨胀自密实混凝土，为保证托换效果，桩顶千斤顶不取出，与二次浇筑桩顶混凝土浇为一体，二次浇筑承台与桩混凝土微膨胀率分别为0.15‰、0.3‰。在混凝土硬化过程中产生一定的向上膨胀力，更好地使新建承台内工字梁与旧承台紧密结合。

3.3.2　承台加固设计

在GM40、GM41墩原承台下，新建南北向两桩承台，新老承台组成叠合截面共同受力，全断面承台厚度3.7m。新旧承台结合面采用高效化学胶植筋，深度凿毛、自密实混凝土灌注、微膨胀混凝土等措施，确保新旧承台混凝土面良好结合。在新建承台顶面即原承台底设置两根 $H=1.5$m 的工字梁，长度为通长，使之与原承台密贴，其主要作用为满足新、旧承台结合部分的抗剪要求，以及桩基二次浇筑混凝土的传力作用。

3.4 上部结构加固

3.4.1 横梁加固

对于本桥,加劲梁是最关键的受力构件,目前混凝土开裂较为严重,经核算后,目前状态加劲梁的抗剪能力不足,不满足设计要求。梁侧面支点附近大量的斜裂缝表明主拉应力过大,斜截面抗裂性差,原桥预应力钢束布置过于平缓,斜截面抗件承载力不够,因此异形板桥中支点加劲梁斜截面加固补强是本桥加固设计的核心问题。基于以上因素,设计加固思路突出主动加固理念,提高加劲梁的抗剪能力;提出切实可行的“钢弹簧支顶”π形钢盖梁上设置测力可调支座支顶的方案。其原理是通过对π形钢盖梁的支顶变形,产生附加力来改善被加固结构(加劲梁、板)的受力条件。

结合工程实际情况采用 MIDAS/Civil 有限元程序进行模拟分析(图 8)。计算荷载工况:

工况 1:恒载(自重+二期恒载);

工况 2:恒载+现况沉降;

工况 3:恒载+现况沉降+3 000kN 顶力;

工况 4:恒载+现况沉降+3 000kN 顶力+汽车活载。

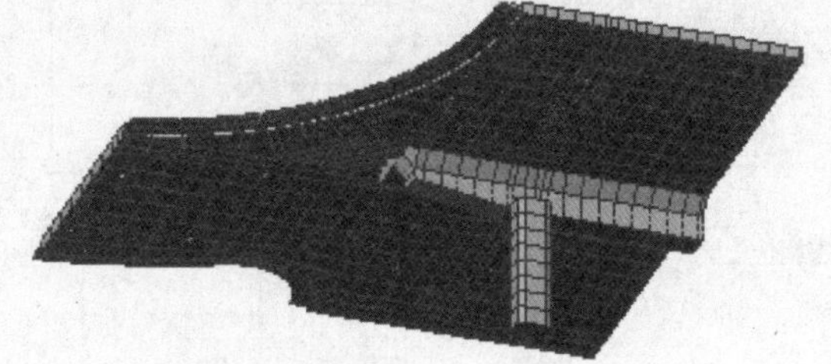

图 8 国贸桥异形板计算模型

异形板加劲梁抗剪承载力极限状态验算中,加固前的强度计算不满足要求(相差近10%)。采用“钢弹簧”在支点两侧 4.5m 范围各支顶 3 000kN 的向上顶力,考虑各项损失,使用阶段可以保留 2 500kN 以上的预顶力,解决了抗剪承载力不足的问题,同时预留了 30% 以上的安全储备。为改善支顶后加劲梁局部受力状况,在支座顶范围的加劲梁下灌注高强度自密实混凝土;同时横梁底板和腹板两侧粘贴 8mm 钢板,增加横梁的抗剪能力。

本体系的主要特点:

(1)采用主动加固设计原理,极大地改善了恒载受力,改善了受力条件,大幅提高了加固效率。

(2)由于“钢弹簧支顶”工作系统全部采用钢结构体系,材料与性能稳定,完全避免了以往混凝土加固时存在的收缩徐变因素。

(3)可以根据原桥结构以及π形盖梁自身构造,调整支顶力。预顶力的效果根据顶力和位移曲线可以通过位移观测,方便检测、监控桥梁受力状态。

(4)采用测力可调支座,具有调高位移量大,可以反复支顶、测力的功能,通过定期检测,良好地解决钢结构及材料变形带来的预顶力损失的问题。

(5)桥下施工便利,不影响现况交通,对原桥结构无损伤。

3.4.2 钢盖梁(弹簧)受力分析

对于横梁加固采用有限元计算程序 ANSYS,结合工程实际情况进行模拟,计算模型及结果见图 11、图 12。采用板单元,利用对称原理建立 1/4 模型,约束条件:墩底固结,对称面节点固定轴向位移和朝轴向的转角,在支座垫板范围施加竖向荷载 1 500kN(每一支座支顶 3 000kN)。在此竖向荷载作用下,盖梁最大挠度值 9.5mm。各项应力与位移值均满足规范要求,监控单位的施工力与位移曲线监控数据与设计理论计算结果基本吻合。

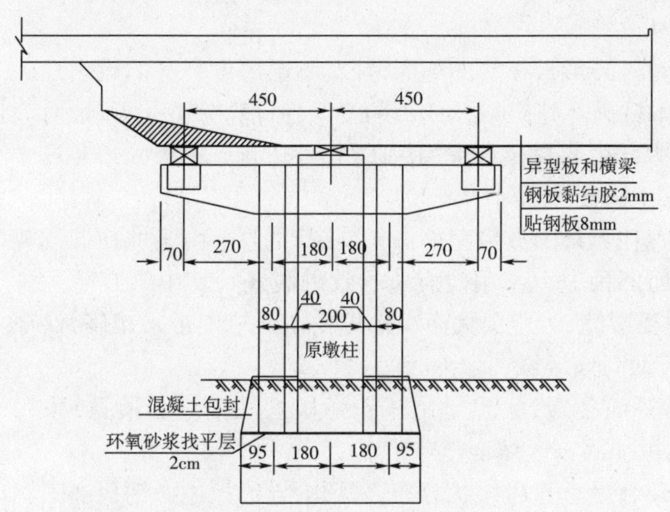

图9 新设“钢弹簧支顶”——π形盖梁立面(尺寸单位:cm)

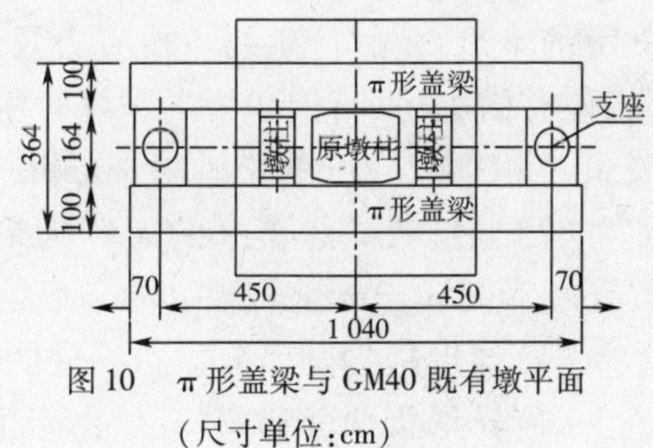

图10 π形盖梁与GM40既有墩平面(尺寸单位:cm)

由于本次“钢弹簧”设计尚无先例,工程实施过程中出现了一些问题,现总结如下:

(1)测力可调支座对结构的支顶,是通过其侧面的施工千斤顶支顶然后进行力的托换,传递到支座上,从而形成盖梁的挠度,即预存住对横梁向上的顶力。施工初期,由于钢盖梁上的钢支座垫块与钢墩柱下支承的塑性变形,其托换力的损失较大,一度达到40%,达不到设计要求,需重新卸载。经查找原因重新核算后,适当加大支顶反力达到3 500～4 000kN,采取部分调整措施后,托换力损失降低到30%以下,最终达到了保留2 500kN预顶力的设计要求。

(2)“钢弹簧”与承台的连接不够紧密,由于钢结构与混凝土结构通过螺栓法兰盘连接,对于法兰基础与螺栓预紧力未做详细交代,初期损失很大是由此原因造成的。

(3)由于“钢弹簧”的刚度较大,测力可调支座刚度小,其支顶最大挠度设计要求控制仅为8～9mm,而测力可调支座本身的竖向变形却实际达到3mm(理论为2mm),再加上其他的变形损失,控制力的托换损失难度较大。在保证原结构、钢弹簧安全的前提下,以后的设计可以适当降低“钢弹簧”刚度,加大位移量,降低施工操作难度。

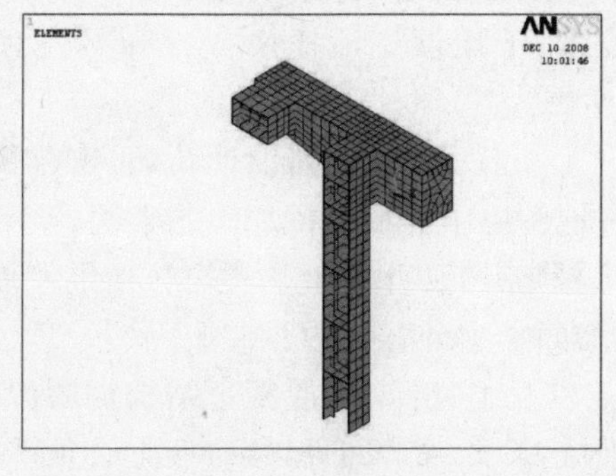

图11 计算模型

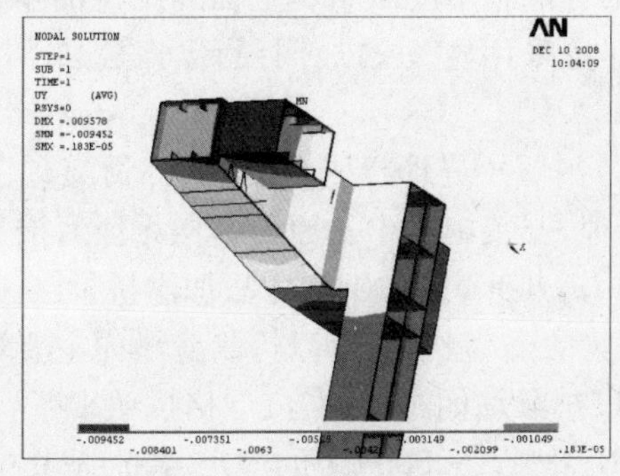

图12 竖向挠度计算云图

3.4.3　异形板板底粘贴钢板加固

钢板加固在支顶完成以后进行。对于异形板板底的加固,针对不同部位裂缝的成因及破坏状况不同,参考有关专家意见,结合本桥破坏特点以及成因的复杂性计算分析结果,最后确定全桥底板粘贴钢板方案,采用8mm厚钢板,粘贴钢板采用优质粘钢胶(满足A级胶标准)。

具体加固方案如下:

(1)原加劲梁周边实体板的下缘存在大量的放射型的倾斜裂缝,主要是由于加劲梁抗剪强度的不足,由此产生的主拉应力及局部预应力作用效应所导致的裂缝。其中既有顺主桥向,也有横主桥向,但顺桥向裂缝为主要裂缝,为避免大面积钢板粘贴给施工带来难度,保证质量,采用宽1.5m的横桥向条形钢板加固该区域。

(2)异形板周边支撑的裂缝为横桥向裂缝,大多是由于正弯矩区法向应力所致;采用0.5m宽间距0.3m垂直裂缝的条形钢板加固该区域。

(3)异形板的圆弧变宽边缘处的裂缝呈垂直边缘状分布,采用沿异形板边缘钢板加固。

(4)异形板顶面负弯矩区,由于顶面配筋较多及加劲梁处增高了板的厚度,改善了结构的受力状态。经检查混凝土无裂缝工作状态良好,故未进行加固。

由于国贸桥异形板复杂的受力状态,不少裂缝是多种平面应力组合而成的,构成了广义的平面应力问题。在这些部位设计选用了较宽的钢板(最大宽度1.5m,为板厚的187倍),借以改善斜向的主拉应力的受力状态。但是按照钢板加固的原理,《混凝土结构加固设计规范》(GB 50367—2006)"粘钢的承载构件最忌在复杂应力状态下工作,应将钢板受力方式设计成承受轴向力的作用"。同样,《公路桥梁加固设计规范》(JTG T522—2008)也规定钢板的宽度不应超过板厚的50倍。本文认为,混凝土板体、胶、钢板三者并非一般的同性体材料,存在着上述的那种弹性关系,三种材料的E(弹性模量)、u(泊松比)等物理模量变化很大,关系也很复杂,肯定会使实际与理论存在很大差异,故在此提出和同仁共同探讨。

粘贴钢板的关键是控制胶的性能,除了粘接强度等要求外,耐湿热老化性能、在抗震区胶的韧性指标等都非常重要,应该严格按照有关规范要求执行。

4　结语

(1)本桥属于带载加固,特别是中墩的恒载反力占87%,如果仅仅采用传统的粘贴纤维、钢板等措施不能从根本上提高结构的承载能力。桥梁加固设计必须考虑分阶段受力的特点,尽量采用主动的加固设计方案,如预应力技术、千斤顶支顶托换、"钢弹簧支顶"等措施。

(2)国贸桥异形板采用的"钢弹簧支顶"加固异形板横梁措施,其设计新颖,实施简易,经济合理,安装施工中对原桥结构无任何损害,良好地解决了异形板桥加固的难题。

(3)近年来,粘贴钢板方法加固桥梁已经得到广泛应用,由于其显著提高桥体的刚度,改善了桥梁的受力状态,对以控制变形为主要目的的加固是十分有效的。

(4)桥梁加固过程中,应严格按照现行行业规范以及国家标准《混凝土结构加固设计规范》(GB 50367—2006)中的规定,特别是其中的强制性条文,要求工程参与各方必须严格执行,对保证胶质量安全性能的强制要求,要予以高度重视。

(5)《公路桥梁加固设计规范》对黏钢板法仅为原则性论述,具体实施的操作性不强;在正式国标实施前，桥梁加固各方可暂按照《建筑结构加固工程施工质量验收规范(报批稿)》执行。

参考文献

[1] 北京市市政工程设计研究总院. 北京地铁十号线国光区间国贸桥一期异形板桥梁加固工程施工图,2008.

[2] 张树仁,王宗林. 桥梁病害诊断与改造加固设计[M]. 北京:人民交通出版社,2006.

[3] 潘可明. 北京市地铁 10 号线工程穿越桥梁咨询研究[J]. 城市道桥与防洪,2008,11.

[4] 潘可明,陈立. 北京市地铁工程穿越城市桥梁安全保护研究[C]. 第十八届全国桥梁学术会议论文集(上册). 人民交通出版社,2008.

[5] 中华人民共和国行业标准公路桥梁加固设计规范 JTG/T J22—2008. 北京:人民交通出版社,2008.

[6] 中华人民共和国国家标准。混凝土结构加固设计规范 GB 50367—2006 北京:中国建筑工业出版社,2006.

[7] 中华人民共和国国家标准。建筑结构加固工程施工质量验收规范(报批稿).

178　较早期建造的混凝土薄壁箱梁桥加固设计与实践

樊茂林　侯　旭　慕玉坤　刘　洋　兰　燕　许宏元

(中交第一公路勘察设计研究院)

摘　要　对于六七十年代修建的一些梁桥,由于重要特殊的地理位置,尽管原设计荷载等级低、材料强度低以及结构截面尺寸薄弱,但至今还一直承担着繁重的运营荷载。随着该类桥梁在役时间的增长,结构出现了不同程度的病害。本文以南宁市邕江大桥加固工程为依托,通过对该桥病害原因的分析,采用箱内增设体外预应力、腹板内侧斜向粘贴碳纤维板、挂梁提升更换支座等加固设计方案,并应用于实际施工取得了良好的效果。

关键词　薄壁箱梁桥　病害分析　体外预应力　桥梁加固

1　引言

目前,国内外学术界对薄壁箱梁桥的受力特点及加固方法进行了深入的研究并取得了一定的成果。但是,目前对于这类原设计荷载等级低、材料强度低、结构断面尺寸薄弱的梁桥的加固技术研究却很少。

而目前这类建造年代较早且具有上述特点的桥梁,由于其所处桥位的重要性以及历史方面等原因,至今一直承担着繁重的运营荷载,使得结构出现了多种类型的病害。因此,为了确保大桥的正常使用和运营安全,有必要对此类型的桥梁进行加固维修。

本文以南宁市邕江大桥为背景,通过对该薄壁箱梁桥病害原因的分析,有针对性地进行加固方案的设计以及优化,提出科学合理的加固方案,并应用于实际施工,取得了良好的加固效果。

2　工程概况、主要病害及原因分析

2.1　工程概况

邕江大桥位于广西南宁市中心,是南宁市连接邕江两岸的一座重要桥梁。邕江大桥于1960年全面动工,经过4年多的紧张施工,于1964年7月大桥正式通车。邕江大桥为中国最早采用闭口薄壁杆件理论设计的一座悬臂式钢筋混凝土薄壁箱形城市桥梁,该桥的建成代表了当时国内桥梁架设的较高水平,在中国的桥梁史上留下了浓墨重彩的一笔。该桥实景如图1所示。

图1　邕江大桥实景

邕江大桥全长394.6m，桥梁全宽24.6m，设计荷载等级为汽－18级，拖－80。桥梁结构跨径组成为(45＋16)m(单悬臂简支梁)＋23m(挂孔)＋(16＋55＋16)m(双悬臂简支梁)＋23m(挂孔)＋(16＋55＋16)m(双悬臂简支梁)＋23m(挂孔)＋(16＋45)m(单悬臂简支梁)(图2)。上部结构为两个独立的单箱三室截面，两个箱梁之间通过支承于箱梁悬臂上的简支板连接；在墩台处设置刚接的连续横隔梁，其余的横隔梁均为简支结构，用以支承煤气、水管管道。下部结构北岸为埋置式桥台，南岸为U形桥台。桥墩采用双柱式，支承于分离式沉井基础上。1号墩和4～6号墩为筑岛及就地预制沉井基础，2号墩、3号墩因施工水位深达11m，采用预制双层薄壁钢筋混凝土浮运沉井。邕江大桥断面如图3所示，结构主要材料参数表1。

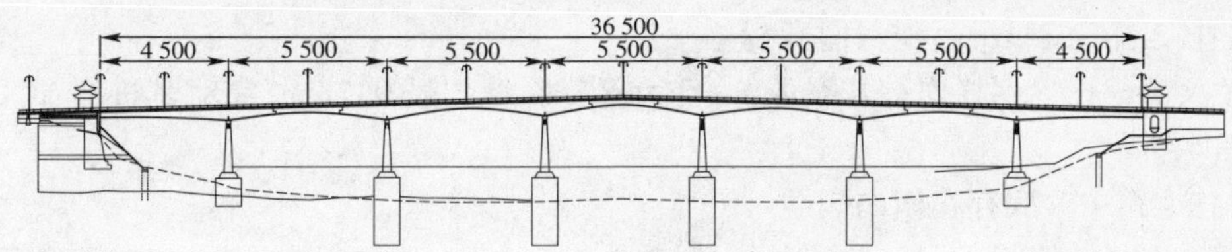

图2　邕江大桥总体布置图(尺寸单位:cm)

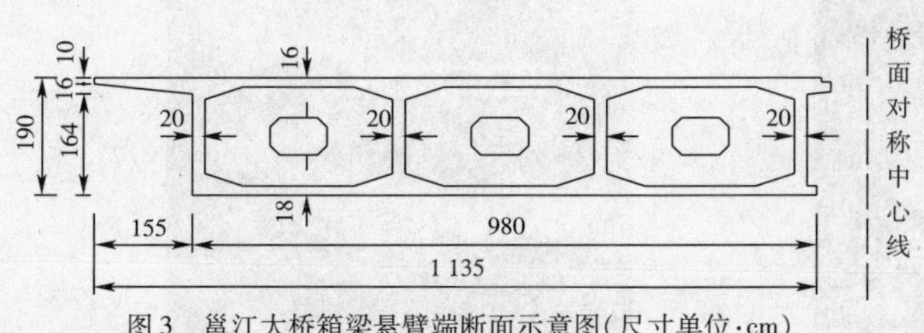

图3　邕江大桥箱梁悬臂端断面示意图(尺寸单位:cm)

表1　主要材料参数表

混凝土强度等级	25
钢筋等级	5号钢

2.2　桥梁结构主要病害

邕江大桥经过45年多的运营，随着交通量的增加、车辆荷载等级的不断提高、周围环境温差的变化、遭受特殊荷载的作用以及耐久性的原因，大桥出现了多种类型的病害。

2.2.1　上部结构主要病害

上部结构主要病害表现为箱梁开裂。

依据《南宁市邕江大桥承载能力检测及安全评估报告》(2005 年 12 月),该桥箱梁存在大量裂缝。其中宽度大于 0.15mm 的裂缝有 4 346 条。相对于 1969 年、1980 年、1995 年、1998 年的桥梁检测结果,裂缝宽度和数量均呈明显增长趋势。典型裂缝及其发展趋势如图 4 所示。

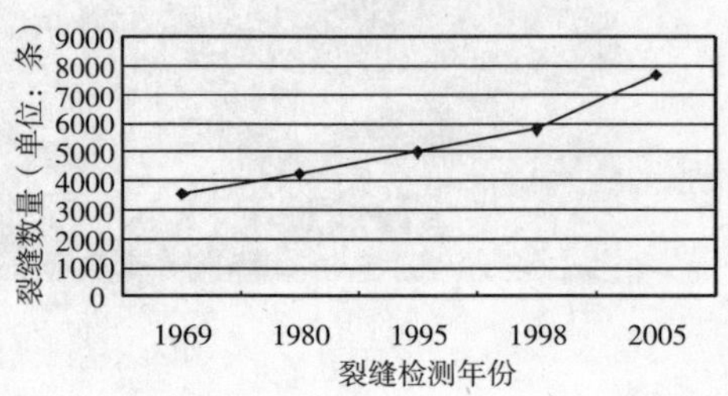

图 4　箱梁裂缝及其发展趋势图

(1)箱梁支点顶板横向开裂

该桥支点负弯矩区箱梁顶板出现大量横桥向裂缝,且大部分裂缝已贯通箱梁顶板,并向两侧腹板延伸,裂缝宽度大多在 0.1 ~0.5mm 间,个别裂缝宽度达到 1.0mm,远超出《城市桥梁养护技术规范》(CJJ 99—2003)第 5.4.2 条要求。与 1998 年的检测结果相比,裂缝宽度、数量增加较多。

(2)箱梁腹板斜向开裂

该桥箱梁腹板有较多斜裂缝,多集中于反弯点处,且大部分缝宽超过 0.2mm,个别裂宽达 0.5mm。典型病害如图 5 所示。

(3)挂梁端部及箱梁牛腿斜向开裂

该桥大部分挂梁牛腿均有开裂现象,且大部分裂缝超过 0.2mm,需对其进行加固处理。病害如图 6 所示。

(4)挂梁跨中梁底存在横向裂缝

大部分裂缝比较细小,部分缝宽超过 0.2mm。

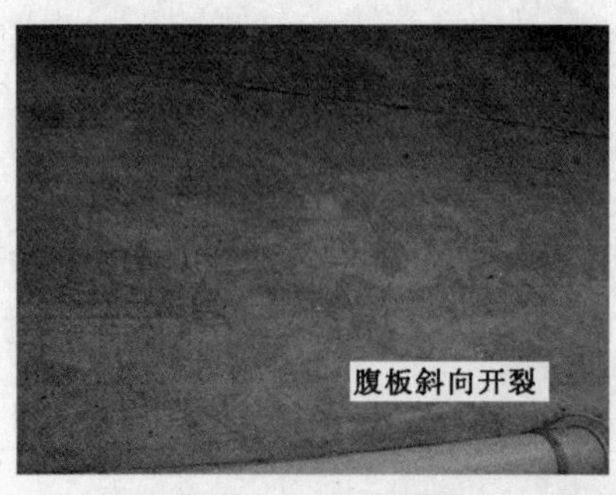

图 5　腹板斜向开裂

图 6　箱梁牛腿斜向开裂

2.2.2　下部结构主要病害

(1)2 号墩盖梁上游悬臂开裂

该桥墩盖梁出现大量裂缝，虽然裂缝宽度偏大，其中 2 号墩上游挑梁裂缝最大宽度为 2.0mm，但大部分裂缝长度较短。病害如图 7 所示。

(2)桥台通道墙身存在较多裂缝，最大裂缝宽度 22mm，墙身向台后方向产生水平位移；混凝土表面有局部破损剥落。病害如图 8 所示。

图 7　2 号墩上游盖梁开裂

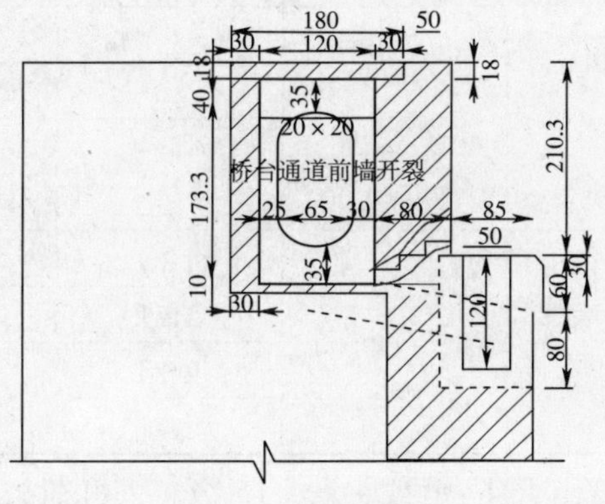

图 8　桥台通道前墙开裂

2.2.3　附属构造主要病害

(1)伸缩缝

伸缩缝内填有较多砂石，影响伸缩缝的正常使用功能。

(2)支座

桥墩支座存在不同程度的锈蚀；挂梁支座严重锈蚀，已经不能正常转动和滑动。

虽然上述病害对结构的安全性影响较小，但严重影响了结构的正常使用，为结构正常运营埋下了安全隐患。

2.2.4　影响结构耐久性的缺陷

(1)混凝土碳化深度

经检测，箱梁混凝土碳化深度 5 ~ 11.2mm；挂梁最大碳化深度 18.1mm；桥墩和盖梁混凝土碳化深度 10 ~ 30mm，部分已经达到钢筋表面。

(2)钢筋锈蚀电位测试

钢筋的实测锈蚀电位测试值均在 -200mV 以上，且相邻电极电位差在 100 ~ 150mV。邕江大桥经过 45 年多的运营，大部分钢筋已处于锈蚀的临界点，低电位一侧可能存在锈蚀。因此对结构进行耐久性维修，防止可能因钢筋锈蚀引起的脆性破坏，延长桥梁使用寿命是必要而且重要的。

2.3　受力性病害原因分析

2.3.1　箱梁抗弯承载能力验算

邕江大桥由于建造年代较早，桥梁结构本身存在一定的缺陷，因此为了确保计算结果的合理，且有足够的可靠度，计算分析时分别考虑活载影响修正系数、钢筋截面折减系数、混凝土截面折减系数、承载能力恶化系数和承载能力检算系数等主要计算参数。同时在计算过程中考虑了以下两种荷载组合。结构验算结果见表 2。

表2　箱梁抗弯极限承载能力验算结果

项目			加固前弯矩 M_j(kN·m)	加固前结构抗力 M_u(kN·m)	加固前 M_u/M_j
双悬臂	支点	组合Ⅰ	-100 738.6	103 429.7	1.03
		组合Ⅱ	-92 268.8	103 429.7	1.12
	跨中	组合Ⅰ	38 663.0	30 429.2	0.79
			-4 398.4	9 056.0	2.06
		组合Ⅱ	30 819.1	30 429.2	0.99
			5 438.4	30 429.2	—
单悬臂	支点	组合Ⅰ	-94 028.6	80 421.6	0.86
		组合Ⅱ	-86 843.7	80 421.6	0.93
	跨中	组合Ⅰ	39 565.8	35 086.7	0.89
		组合Ⅱ	36 191.7	35 086.7	0.97

荷载组合Ⅰ:恒载+汽-15级+人群荷载;

荷载组合Ⅱ:恒载+挂-80。

通过上述计算结果可以看出,原结构的实际承载能力不能满足目前运营荷载效应的要求,最终导致结构在支点负弯矩区域、箱梁顶板出现横向裂缝。

2.3.2　箱梁抗剪承载能力验算

结构抗剪承载能力计算原则与抗弯承载能力计算原则相同,抗剪承载能力验算结果见表3。

通过对结构抗剪计算结果的分析可以看出,单悬臂箱梁支点区域,结构的抗剪承载能力不能满足目前运营荷载效应的要求,导致箱梁腹板出现斜向裂缝。

表3　箱梁抗剪极限承载能力验算结果

项目			加固前剪力 Q_j(kN·m)	加固前结构抗力 Q_u(kN·m)	加固前 Q_u/Q_j
双悬臂	支点	组合Ⅰ	8 834.9	9 749.8	1.11
		组合Ⅱ	7 874.6	9 749.8	1.24
	$L/4$	组合Ⅰ	5 122.3	6 122.6	1.20
		组合Ⅱ	4 741.8	6 122.6	1.29
单悬臂	支点	组合Ⅰ	8 702.2	7 847.1	0.90
		组合Ⅱ	8 171.3	7 847.1	0.96
	$L/4$	组合Ⅰ	5 080.5	6 430.6	1.27
		组合Ⅱ	4 600.8	6 430.6	1.40

2.3.3　其他病害原因分析

全桥挂梁端部及箱梁牛腿处存在不同程度的斜向开裂,其主要是由于端部区域抗剪强度不足造成。桥台通道墙身存在较多裂缝以及台身向台后方向发生水平位移,主要是由于桥台基础发生不均匀的沉降导致。

3 加固维修设计

通过上述对邕江大桥不同部位存在的不同病害原因进行深入分析，以及对结构的详细计算，反复论证初步设计方案，最终对于不同病害确定了不同的加固设计方案。

3.1 箱梁加固设计

3.1.1 体外预应力加固

对于结构实际抗弯承载能力不能满足目前运营荷载效应的要求引起的病害缺陷，通过在箱梁内设置 OVM 无黏结体外预应力体系，使原钢筋混凝土桥梁达到部分预应力混凝土桥梁的受力状态，最终使得大桥在目前实际运营荷载作用下处于良好的工作状态。

新增设的体外预应力钢束两端分别锚固于箱梁的梁端。沿桥梁横断面方向共设置 6 根 9Φ15.2mm 的体外预应力钢束，每个内腹板对应 2 束，外腹板对应 1 束(置于箱内)。如图 9 所示。

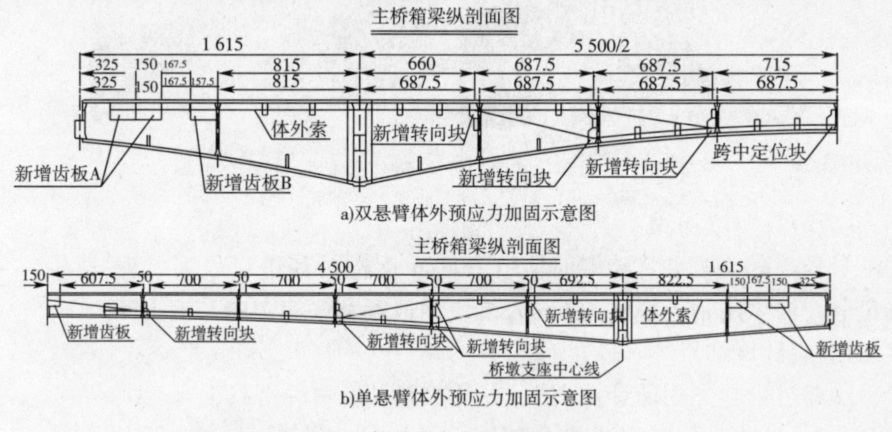

a)双悬臂体外预应力加固示意图

b)单悬臂体外预应力加固示意图

图 9 体外预应力加固示意图

3.1.2 粘贴碳纤维板加固

结构实际的抗剪承载力不能满足目前运营荷载效应引起的腹板斜裂缝，通过在单、双悬臂箱梁内，垂直于主拉应力方向粘贴碳纤维板来改善结构的受力状态。

在双悬臂简支梁箱梁支点附近 32.4m 区域内，垂直于主拉应力方向粘贴碳纤维板，单悬臂简支梁箱梁中支点附近 34.5m 区域内，直于主拉应力方向粘贴碳纤维板，碳纤维板条宽度为 20mm，厚度为 1.4mm，如图 10 所示。

3.1.3 裂缝处理

裂缝宽度≥0.15mm 的裂缝采用压浆法进行灌注封闭；宽度 <0.15mm 的裂缝采用表面注浆封闭；大面积区域内宽度 <0.15mm 的裂缝采用粘贴碳纤维复合材料。

3.2 挂梁端部及箱梁牛腿加固设计

该桥箱梁牛腿及挂梁端部支点附近的角隅处均不同程度地存在斜向裂缝，部分裂缝宽度超过 0.2mm。因此，为保证结构安全，通过粘贴钢板和增设加劲肋的办法对局部进行补强加固。其中，箱梁牛腿除在箱内端横梁位置箱梁腹板两侧粘贴钢板外，还在箱梁牛腿外侧的角隅处设置钢加劲肋板，加劲肋板直接与预先固定在牛腿上的钢板焊接；T 梁粘贴 L 型钢板于挂梁端部腹板两侧。钢板厚度为 10mm，如图 11 所示。

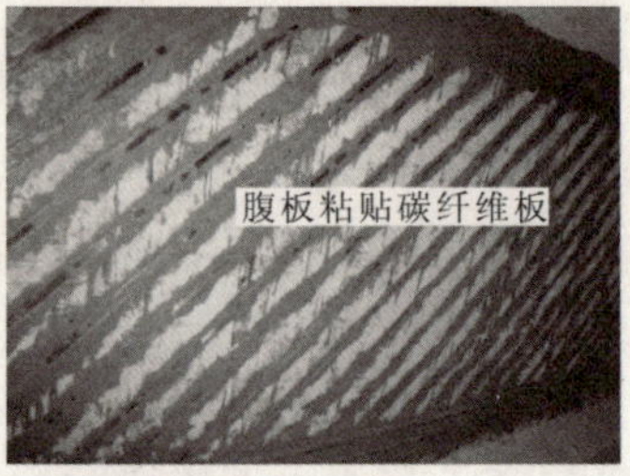

图10 腹板粘贴碳纤维板加固

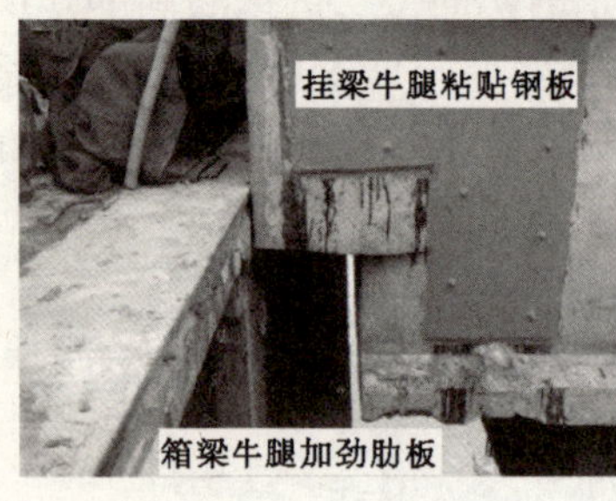

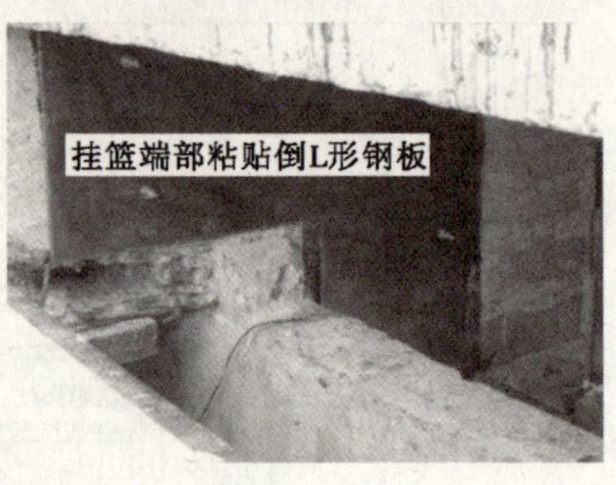

图11 挂梁端部及箱梁牛腿加固

3.3 桥墩墩身盖梁加固

通过在2号桥墩盖梁悬臂端侧面粘贴16Mnq钢板对其进行加固处理,以确保该桥墩盖梁的结构安全。加固用钢板厚度为6mm,单块钢板条宽度为10cm,钢板间距为20~30cm。

3.4 加固后计算结果

加固后计算过程与加固前计算类似,主要考虑以下两种荷载组合:

荷载组合Ⅰ:恒载+预应力荷载+汽-15级+人群荷载;

荷载组合Ⅱ:恒载+预应力荷载+挂-80。

3.4.1 箱梁抗弯承载能力计算

加固后箱梁抗弯承载能力计算结果见表4。

表4 加固后箱梁抗弯极限承载能力验算结果

<table>
<tr><th colspan="3">项 目</th><th>加固后弯矩
M_j(kN·m)</th><th>加固后结构抗力
M_u(kN·m)</th><th>加固后
M_u/M_j</th></tr>
<tr><td rowspan="6">双悬臂</td><td rowspan="2">支点</td><td>组合Ⅰ</td><td>-81 014.2</td><td>103 429.7</td><td>1.28</td></tr>
<tr><td>组合Ⅱ</td><td>-73 829.9</td><td>103 429.7</td><td>1.40</td></tr>
<tr><td rowspan="4">跨中</td><td rowspan="2">组合Ⅰ</td><td>35 484.7</td><td>37 158.6</td><td>1.05</td></tr>
<tr><td>-8 005.6</td><td>9 056.0</td><td>1.13</td></tr>
<tr><td rowspan="2">组合Ⅱ</td><td>27 764.1</td><td>37 158.6</td><td>1.34</td></tr>
<tr><td>2 131.8</td><td>37 158.6</td><td>—</td></tr>
<tr><td rowspan="4">单悬臂</td><td rowspan="2">支点</td><td>组合Ⅰ</td><td>-78 844.7</td><td>8 0421.6</td><td>1.02</td></tr>
<tr><td>组合Ⅱ</td><td>-73 540.2</td><td>76 911.4</td><td>1.05</td></tr>
<tr><td rowspan="2">跨中</td><td>组合Ⅰ</td><td>33 257.0</td><td>35 086.7</td><td>1.06</td></tr>
<tr><td>组合Ⅱ</td><td>29 809.0</td><td>35 086.7</td><td>1.18</td></tr>
</table>

经计算,加固后主桥箱梁抗弯承载能力能满足目前运营荷载的效应要求,并有一定的安全储备。

3.4.2　箱梁抗剪承载能力计算

加固后箱梁抗弯承载能力计算结果见表5。

表5　加固后箱梁抗剪极限承载能力验算结果

项　目			加固后弯矩 M_j(kN·m)	加固后结构抗力 M_u(kN·m)	加固后 M_u/M_j
双悬臂	支点	组合Ⅰ	8 077.9	12 163.5	1.51
		组合Ⅱ	7 117.6	12 163.5	1.71
	跨中	组合Ⅰ	4 090.8	8 536.3	2.09
		组合Ⅱ	3 710.3	8 536.3	2.30
单悬臂	支点	组合Ⅰ	8 276.4	9 703.8	1.17
		组合Ⅱ	7 557.5	9 703.8	1.28
	跨中	组合Ⅰ	3 890.0	8 532.6	2.19
		组合Ⅱ	3 424.8	8 532.6	2.49

经计算,加固后主桥箱梁抗剪承载能力能满足目前运营荷载的效应要求,并有一定的安全储备。

3.4.3　正常使用极限状态计算

(1)对于双悬臂简支梁:体外预应力在原结构支点截面上缘产生了1.7MPa的压应力,截面下缘产生了0.2MPa的拉应力;在跨中截面上缘和下缘分别产生了0.3MPa和1.9MPa的压应力。加固后桥梁的最大压应力为6.2MPa,满足规范要求。

(2)对于单悬臂简支梁:体外预应力在单悬臂结构支点截面上缘产生了2.3MPa的压应力,截面下缘产生了0.1MPa的拉应力;在跨中截面上缘和下缘分别产生了0.1MPa的拉应力和2.6MPa的压应力。加固后桥梁的最大压应力为8.3MPa,满足规范要求。

由上述计算结果可知,施加体外预应力钢束后,较大地改善了结构的受力状态,满足目前运营荷载的等级要求。

4　加固设计技术难点及对应措施

4.1　加固设计技术难点

邕江大桥由于修建年代较早,受当时的设计理念及交通量影响,该桥原设计荷载等级较低,且原设计采用的承重构件混凝土标号与现在设计通常采用的混凝土标号相比偏低。要保证对该桥的加固处置能够达到预期效果,必须充分考虑下述几个控制性因素:

(1)由于该桥采用的是薄壁构件结构,箱梁顶板、底板及腹板尺寸相对较小,尤其顶板厚度仅为16cm。因此,加固设计中应充分考虑不同加固方案的二次损伤对原结构的不利影响,应尽量将损伤程度控制在允许范围内。

(2)该桥作为一座跨江大桥,桥下邕江水位较深,加固方案制定过程中应充分考虑施工的可行性。

(3)随着交通量的突飞猛进及车辆单轴荷载的不断增加，邕江大桥在运营了45年后能否继续服役除了与结构性加固存在密切关系外，同时对桥梁结构的耐久性及适用性也提出了更高要求。因此，加固设计中应充分考虑如何有效延长邕江大桥使用寿命。

(4)邕江大桥作为一座运营时间长达45年的桥梁，如何根据病害程度准确考量结构目前的实际承载能力是加固方案制订的前提条件。

邕江大桥加固工程经过对加固过程中技术难点的深入分析以及结构的详细计算，最终确定采用箱内增设OVM无黏结体外预应力、箱梁内腹板斜向粘贴碳纤维板、挂梁提升更换支座等主要加固方案。在设计及施工过程中对齿板的构造细节进行了优化，使得结构局部受力处于良好状态。

4.2 加固维修工程技术特点

4.2.1 齿板优化设计

(1)齿板结构计算

为了详细了解新增齿板与原有结构连接处的应力分布状况，采用通用有限元分析程序建立了新增齿板的局部实体模型，通过局部分析，来确定转向块及新增齿板与原有结构的连接是否可靠。

(2)齿板结构计算结果

当齿板在锚固点锚固力的作用下，齿板与原有结构连接位置的剪切应力分布云图如图12、图13所示。

根据对剪应力的分布云图进行分析可得，新旧结构连接位置的最大剪切应力数值范围为1.6～3.1MPa，最大剪切应力略微超出规范允许的限值，齿板自身的最大剪切应力2.7MPa。同时，齿板锚固点集中荷载加载位置同样存在应力集中的现象，最大剪切应力达到8.2 MPa，说明节点荷载的加载方式对应力集中的影响较为明显。

图12 齿板与原结构连接处剪应力分布云图

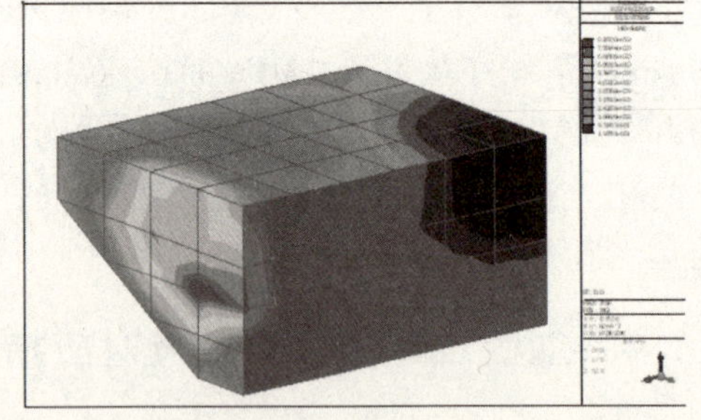

图13 新增齿板剪应力分布云图

(3)齿板优化设计

针对上述新增齿板与原有结构连接处剪切应力较大的现象，经过认真的分析，首先对原设计的齿板在构造上进行优化调整，在齿板与原结构连接部位处增设14B槽钢，便于应力扩散；同时优化施工方法，将齿板与原结构顶板植筋调整为在原结构顶板开设“天窗”，以利于增加新增齿板与原结构钢筋连接的可靠性，如图14所示。

通过上述的优化设计，新增齿板在实际张拉的监控过程中，未发现齿板与原结构连接处出现裂缝，监控数据表明，新增齿板的受力状态良好，达到了预期的设计目的。

图 14　新增齿板优化设计

4.2.2　体外预应力张拉

邕江大桥在体外索张拉过程中,因体外索伸长量较长,所采用的张拉千斤顶一个行程无法张拉到位,需要多次张拉才能达到设计吨位,因此,为了防止反复张拉损伤工作夹片,采用“悬浮式”张拉法进行张拉。

悬浮式张拉法的基本原理是:在 YCW250B 千斤顶前部位增加一套工具锚及支架,在千斤顶与锚垫板之间设可调限位板,除了设前工具锚外,同时还设有后工具锚。在每次张拉时后自动工具锚夹片处于放松状态,在完成一个行程回程时由前自动工具锚夹片锁紧钢绞线,多次倒顶,直到张拉到设计吨位。由于可调限位板的作用,在张拉过程中,工作夹片不至于退出锚孔,在回油倒顶时,工作夹片不会咬住钢绞线,工作夹片始终处于“悬浮”状态。在张拉到位后,旋紧定位板螺母,压紧工作夹片,随后千斤顶回油放张,使工作夹片锚固钢绞线。

4.2.3　挂梁提升及支座更换

邕江大桥经过 45 年多的运营,挂梁支座存在不同程度的破损,影响了桥梁结构整体的安全运营。因此,为了确保桥梁结构的安全,通过挂梁提升后,更换挂梁支座来达到对支座更换的目的。

挂梁提升,采用提升千斤顶,通过贝雷梁和反力架装置进行。将挂梁提升高度达到 114cm,便于支座的更换,而这一提升高度在国内同类型项目的施工中居于首位,如图 15 所示。

图 15　挂梁提升

5　结语

本文针对薄壁箱梁出现大量裂缝的原因进行综合分析,采用箱梁增设体外预应力、腹板斜向粘贴碳纤维板、挂梁提升及支座更换、挂梁端部牛腿加固等加固方案,最终通过荷载试验验证了本加固方案的有效性。

(1)体外预应力筋的加固可以使原钢筋混凝土桥梁达到部分预应力混凝土桥梁的状态,在改善结构受力的同时,闭合了原结构裂缝。

(2)对于20世纪六、七十年代修建的钢筋混凝土桥梁,虽然混凝土强度低、结构截面薄弱,但是通过精心设计,在构造细节上优化处理,采用体外预应力加固仍然可行。

邕江大桥加固工程目前已经结束且正式运营,通过第三方桥梁荷载试验及现场回访,大桥运营技术状况良好,达到了预期的加固效果。

参 考 文 献

[1] 刘来军,等.桥梁加固设计与施工[M].北京:人民交通出版社,2004.

[2] 周锐,周志祥,等.预应力混凝土薄壁箱梁破坏形态研究[J].重庆交通学院学报,2005,24(5):1-4.

[3] 中华人民共和国行业标准.公路桥梁加固设计规范(JTG/T J22—2008)[S].北京:人民交通出版社,2008.

[4] 广西大学土木建筑工程学院.南宁市邕江大桥承载力检测及安全评估报告[R],2005.

179 黄河万家寨水利枢纽工程人行索桥主索锚碇系统加固技术

韦福堂 杨广胜

（柳州欧维姆机械股份有限公司）

摘 要 索桥主索锚碇系统是整个索桥的生命线，它的耐久性和可靠性是整个索桥可持续使用的关键。黄河万家寨水利枢纽工程人行索桥原为一临时建筑物，现需要对主桥上部结构按照永久结构体系进行加固。经过不同试验研究，最终采用“三片式夹持，环氧砂浆握裹，支承箱传力”的组合锚固新系统，该系统采用特殊的张拉工艺和顶压工艺，能够使新夹持系统与原系统共同受力，而且具有良好的握裹和防护作用，在同类型结构体系中具有很好的借鉴和参考作用。

关键词 主索 锚碇系统 加固 顶压

1 工程概况

黄河万家寨水利枢纽工程大坝上游人行索桥原为枢纽工程施工临时建筑物。该桥原修建的主要目的是为解决主体枢纽工程施工期间上游两岸承包人营地来往人行交通需要。人行索桥单跨500m，桥面长度476m，桥面净宽1.2m。索桥主索采用德国生产的封闭式缆机钢缆索，每道主索由两根封闭式钢丝绳组成，其中三根直径为Φ52mm，另一根为Φ56.5mm。据了解，该钢缆索为1957年从原东德进口，其中两根先后在新安江、刘家峡水电工地使用，另两根在陕西安康水电工地退役，对钢索外观进行观察发现，钢索局部存在锈蚀、断丝、磨损现象。因钢索长度不能满足直接地面锚碇设计的要求，经与提供方协商，决定由提供方承担钢索锚碇方式及锚具，将钢索锚锭设在塔架顶部。主缆钢索锚碇采用缆机锚具[1]方式，即锥套加绳夹的结合方式，1个锥套加7个绳夹。从安全角度考虑，在提供的钢索破断拉力的基础上，按80%进行折减作为设计破断拉力采用值。

索桥工程于1992年6月开工建设，1994年10月竣工并投入使用。黄河万家寨水利枢纽工程于2000年竣工。万家寨水利枢纽管理局从多方面考虑，向索桥设计单位提出设计委托，要求设计单位进行索桥的加固设计，将其延期使用。2006年底黄河万家寨水利枢纽管理局再次要求对索桥主索锚碇加固进行实施，并要求该索桥主索尽量不采用缆机的锚碇装置，以确保索桥锚碇装置万无一失，使其人行索桥成为永久建筑物，便于今后运营、维护和管理。

2 锚碇系统加固的必要性

钢索单根破断拉力为2 330kN,4 根主索设计破断拉力为7 456kN,相对应主索安全系数为3.222,均不能满足《公路桥梁施工技术规范》要求“悬索桥钢索的允许拉力采用钢索破断拉力的30%”,比永久性结构安全系数小3.4%,但其不等同于公路桥梁,无汽车冲击荷载产生,而且限制人行流量,限制人行满步发生的可能性;另一方面,更换桥面系结构,降低桥面恒载和风载对主桥的影响,通过上述多方面的改造加固措施,使主桥整体自重在现有的钢缆材料下满足悬索桥设计规范要求。

悬索桥锚碇系统是整个悬索桥主体结构的关键,在缆索结构中显得更为重要。据了解,索桥建设初期,主索抗拉试验中抗拉拉力达到1 630kN 时,缆机锥型锚发生滑移,说明该类型锚具只能满足1 630kN 的锚固,达不到2 340kN 的钢索破断要求;当时施工单位又对绳卡夹持钢丝绳作抗拉试验,单个绳卡锚固力为100kN,作为临时结构,采用1 个锥套和7 个绳夹组合作为整个主索的锚固系统,合计1 630kN + 7 × 100kN = 2 330kN。或许这种锚固体系作为临时结构已经满足要求,但是作为永久结构有它的不确定性,一方面试验时锥型锚通过抗拉主动跟进楔紧,实际应用时属于低应力范围,所以其夹持力是否达到1 630kN 是不确定的;另一方面单个索夹可以夹持100kN,是否等同于累加效果也存在不确定性。同时,该锚具系统已经使用了十多年,更增加它的不确定性。所以为了延长该桥的使用寿命,主索的锚碇系统加固措施显得更为重要和迫切。

3 主索锚固加固系统的研制

主索锚固加固系统在索桥加固、维修、改造工程中是难度较大且技术含量较高的关键部位。为尽量保证索体结构的原始状态,采取以下几个原则:

(1)保证主索上各点不应有相对位移,并保证索桥维持原受力状态。控制好原索具与新增主索锚具之间的间隙,理想状态为新增主索锚具张拉形成的间隙,等于在没张拉之前原索具与新增主索锚具之间预留的间隙。

(2)不考虑原锚固装置的前提下,新式锚具抗滑安全系数为主索设计破断拉力值的80%。

(3)要求原锚固系统保持原状,但是可以拆除部分绳夹,但必须保留2 个或2 个以上绳夹,而且新增加的锚具必须与原保留锚固系统有良好的安装配合度,组成新的、更为良好的锚固系统。

(4)新的锚固系统必须安装方便,成为一个明确的受力体系,而且具有良好的防护系统。

3.1 锚具抗拉试验

钢丝绳永久锚夹具没有成型产品,可以借用其他索类的成功锚夹具,但是必须进行相关试验。现采取 OVM52 - 1 和 OVM56 - 2 两种锚夹具系统。

主索锚固力是按照1 864kN 进行设计,锚具设计安全系数应按照有关强制性设计规范执行。但由于市场上找到 Φ52mm 和 Φ56mm 两种规格的材料作拉拔试验有一定难度,试验采用 OVM50 - 1 和同材质同类型的钢丝绳来检验夹片式锚具是否满足1 864kN 的设计要求。试验数据见表1。

表1　锚具抗拉试验数据

序号	加载分级	第一组荷载(kN)	第二组荷载(kN)	第三组荷载(kN)
1	$0.05f_{ptk}$	123	123	123
2	$0.2f_{ptk}$	492	492	492
3	$0.4f_{ptk}$	984	984	984
4	$0.6f_{ptk}$	1 477	1 477	1 477
5	破断	1 887	1 882	1 848
6	外观	断丝、夹片完好	断丝、夹片完好	断丝、夹片完好

从三组试验可以看出,张拉力平均为1 872.3kN,说明夹片式钢丝绳锚具满足1 864kN的设计夹持要求。

3.2　主索加固锚具的结构设计

夹片式钢丝绳锚夹具外形尺寸为$\Phi154\times180$,夹片长度为180mm,夹片为三片式,与常规的两片式有弹性槽相区别,锥度为6°,根据钢丝绳强度等级确定牙型和表面硬度处理。由于主缆属于低应力夹持工况,所以锚具设备有自动压紧措施,预防夹片松脱。另外夹片锚具在实际使用时不可能像试验一样的张拉达到它的锚固工况,即夹片在主索受力的前提下主动跟进楔紧,但是该锚夹具设计有顶压措施,使夹片在外力的作用下被动跟进楔紧,达到必要的夹紧效果。

3.3　主索锚固系统设计

锚固系统重点在于主索索力良好地传递到索塔结构上。夹片式锚夹具已经通过试验验证了其有效性,但是在不拆除原缆机锚具的前提下安装新的锚具有一定难度。用新锚具直接安装在旧的锚具上,很难确定其分担了旧锚具的载荷数值。为了使主索锚固段应力分配更为合理,提高抗冲击能力,在原锚固体系的基础上增加一支承箱,支承箱避开原缆机锚具与之共同支撑在承压板上,新的锚具则安装在支承箱外侧,分担的主索索力通过支承箱以承压的形式传递到主塔承压板上,新旧锚具共同分担主索索力,但又各自独立地把索力传递到索塔承压板,该结构体系受力更为明确和合理(图1)。为了避免主索动载对缆索机锚具和夹片式锚具产生冲击,提高系统的抗疲劳性,在两套锚具之间的支承锚箱内灌注环氧砂浆体,要求浆体立方抗压强度50MPa以上,浆体对钢丝绳、绳夹既有防护作用又有握裹作用,主索索力可以通过握裹摩擦力的形式传递到支承箱,由支承箱传递到主塔承压板,提高了主索锚固的安全性和可靠性。

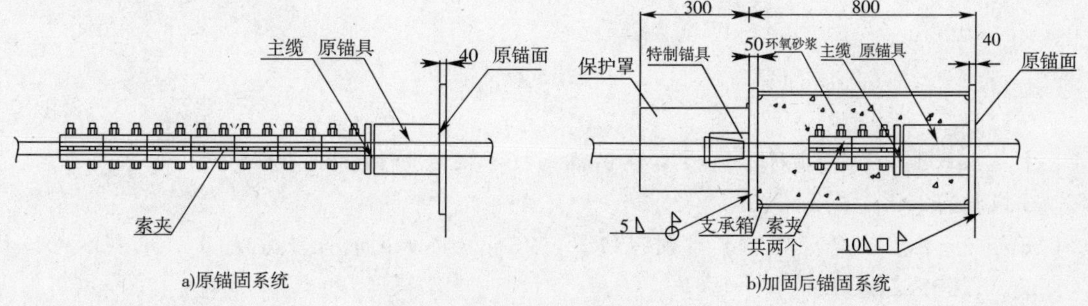

图1　锚固系系设计(尺寸单位:mm)

4　主索锚固系统加固施工

4.1　安装锚具

主索锚固系统要求夹持可靠、握裹可靠,所以系统部位钢丝绳表面状况对上述安装条件有一定影响,尤其是钢丝绳使用了50多年,而且为多次周转使用的材料,在万家寨作为临时结构也已经使用10多年,表面浮尘、浮锈、麻点等比较突出。加固系统安装前,对工作段内钢丝绳预前处理尤为重要。用除锈剂轻刷钢丝绳表面并用丙酮清洗,用钢丝刷擦洗,清除表面杂质,使表面显现原有金属光洁度。根据新锚固系统的设计需要,拆除5个绳夹,安装支承箱、夹片式锚具。

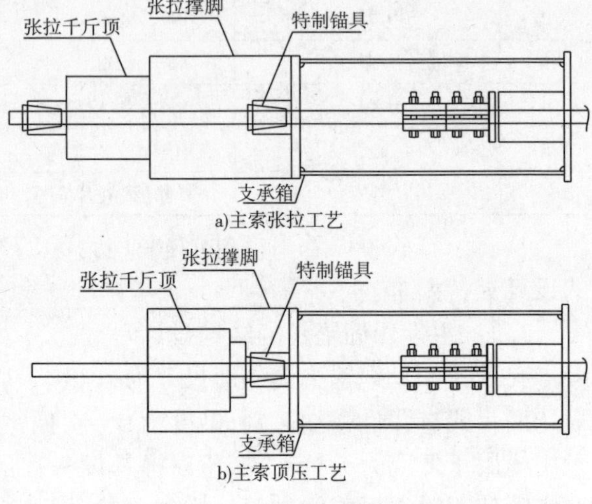

图2　张拉和顶压

4.2　主索张拉及顶压(图2)

主索加固设计思路是给主索增加一个安全储备,并非改变主索原缆机锚固体系,原则上不允许造成体系位移、应力状态的改变,张拉主索难度较大,不易于控制,有可能破坏目前的主桥体系的平衡状态,风险较大。本文认为,锚固体系加固后,新锚具系统与原锚具系统共同参与工作,而不是在原锚具失效时才起作用。控制上新锚具系统分担主索控制应力的20%,也就是张拉主索到10t,然后按照主索实际控制应力40t进行顶压,夹片产生夹持应力等同于主索实际控制应力。

5　结语

万家寨水利枢纽工程人行悬索桥加固工程从2000年就已经进入了实施阶段,但是主索缆索机锚固系统的加固一直以来都处在研究阶段,很多方案未能实现,直到2007年采用OVM锚夹具系统,从设计、计算、试验等方面进行了充分的验证,并通过多次试验,优化了锚固系统的工艺和方案,使之更合理、安全、经济,易于实施。2008年该锚固系统成功地实施于万家寨水利枢纽工程,证明该体系的可靠性和安全性,为今后同类型的项目提供了成功的经验。

参 考 文 献

[1] 中华人民共和国行业标准. 公路桥涵施工技术规范 JTJ 041—2000[S]. 北京:人民交通出版社,2000.

[2] 王彩燕,许志坚,等. 万家寨水利枢纽黄河人行索桥加固的处理方法[J]. 水利水电工程设计,2005,24(2).

(5)船　撞

180　对双壁钢围堰兼做防撞设施功能的探讨

陆宗林[1]　陈国虞[2]

(1. 同济大学;2. 上海海洋钢结构研究所)

摘　要　随着航运的发展,人们日益重视桥墩要防止因船只撞击而受损的问题。目前有不少桥梁将施工用的双壁钢围堰作为防撞的主结构。本文探讨此双壁钢围堰在船只撞击时的防撞功能及其合适的应用场合。同时指出船撞力应按冲击动力学的原理进行计算更为合理。

关键词　桥梁桥墩防撞　双壁钢围堰　船撞力

江河是船只航行的通道,但受建桥技术和经济等因素的制约,通常要在江河中设置桥墩,以支撑桥梁的上部结构。这些桥墩对船只航行而言构成障碍。船只的航行会受到气候(风、雾)、水文(流速、水位)及船只的工况(机械故障,失锚)等影响,同时人为的失误,如驾驶员的判断错误、误操作、注意力分散甚至是醉酒、瞌睡,会导致船只在航行时偏离正常的航线而与桥墩碰撞。因此,即使留有足够通航净空的桥梁也要考虑船只在非正常航行时与桥墩碰撞的可能性,必要时要设置防止桥墩被船只撞损的有效防撞设施。

近年来,我国日益重视桥梁在设计、建造时桥墩防撞方面的问题。1995 年建设的湖北黄石长江公路大桥主桥墩采用浮式钢套箱作为防撞设施。它能适应高达 17m 的水位变化,防止船只直接撞击较为柔弱的双肢薄壁桥墩。21 世纪初建设的苏通长江大桥原来也拟采用类似的浮式钢套箱防撞设施,以防载重(DWT)50 000t 级散货轮以 4m/s 航速横桥向撞击主塔墩(最大撞击力可达 132MN 左右。在桥墩承台周围安装防撞设施后,利用船舶碰撞动力模拟程序进行计算,52 300DWT 散货船满载工况和空载压舱工况的计算结果见表 1,碰撞力的时程曲线见图 1。

表 1　不同工况下指标计算结果

船舶载重情况(t)	载重 52 300(DWT)	空 船 压 载
船舶总排水量(含连附水)(t)	68 750	25 342
船舶吃水(m)	12.50	5.34

续上表

船舶载重情况(t)	载重 52 300(dwt)	空 船 压 载
碰撞速度(m/s)	4.0	4.0
正撞最大碰撞力(MN)	90.7 - 100	58.5
船首破坏长度(深度)(m)	4.89	—
设施破坏长度(深度)(m)	10.1	—
碰撞持续时间(s)	4.9	2.98

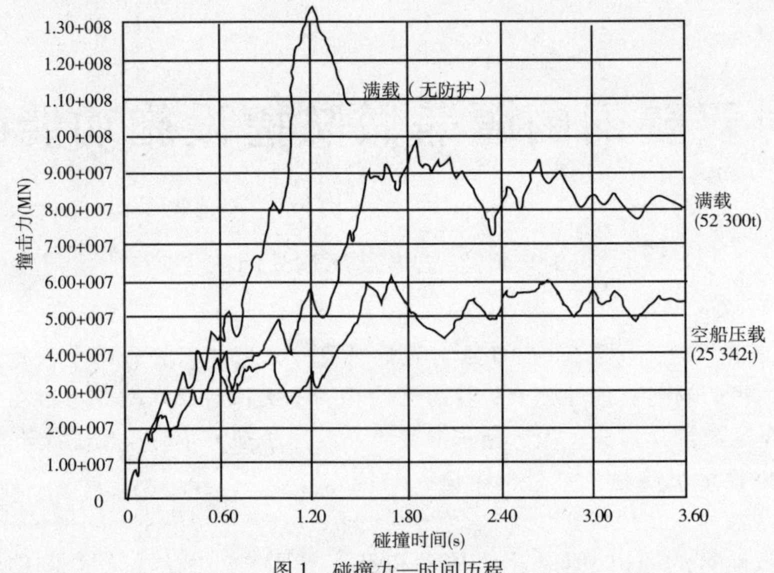

图 1　碰撞力—时间历程

根据这些数据,浮式钢围箱防撞设施的钢箱截面在船只的冲撞力和桥墩承台的抵承力共同作用下变形,把船只的动能转换为船头和钢套箱的变形能。承台受到的最大水平力降为 100MN 左右。同时钢套箱也隔离了船只和承台,避免了承台表面混凝土因船只直接撞击发生的碎裂脱落(图 2)。

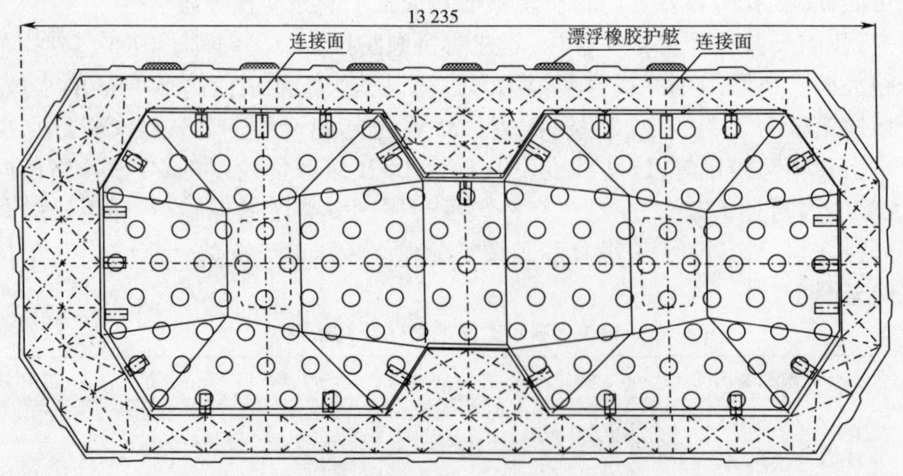

图 2　苏通大桥基础和钢套箱平面图(尺寸单位:cm)

随着设计工作的深入,苏通大桥采用A形索塔,基础承台的体型特别巨大,承台平面尺寸达48m×114m,下有135根Φ2.5~2.8m钻孔灌注桩,本身的水平抗力已能承受船只的最大撞击力,因此不需再建防撞设施。

为了防止承台表面混凝土被撞裂,用于承台施工的双壁钢围堰(厚2m)不予拆除,并部分填上混凝土,作适当加强,用以保护承台的侧壁,并增加船头球鼻首与基桩的距离,减小它碰撞桩基的概率。

目前一般用准静态的公式来计算船只与桥墩的碰撞力,其实质为冲击动力学的问题。冲击应力波的传递及碰撞两物体的物理力学性能及碰撞速度有关。应变率的提高会使碰撞材料的屈服强度和强度极限值提高,延伸率降低、屈服滞后等。根据冲击动力学的原理,运用计算机通用程序,用混凝土、钢两种材料的弹性模量,分别对钢—钢,钢—混凝土两种工况进行计算。以某桥为例,按相同速度和重量的钢质船只与钢质套箱碰撞的撞击力要比钢质船只与混凝土承台相撞的撞击力增大约10%。这个结果与霍布金森装置上的冲击试验结果的趋向是一致的(图3)。

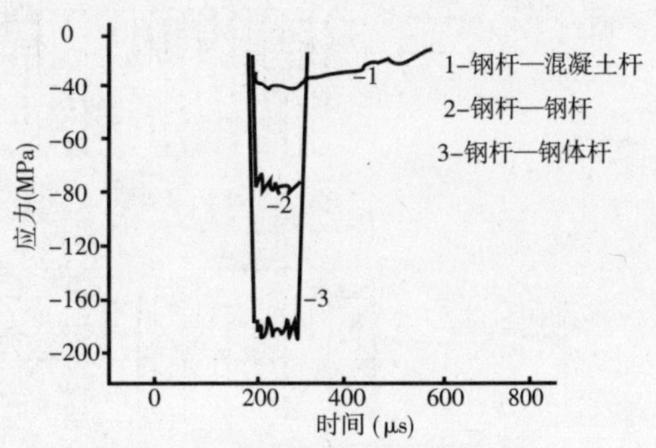

图3 霍布金森装置冲击试验

近年来,有防船撞要求的大桥不少都用厚度为2m左右的双壁钢围堰代替浮式钢套箱作为桥墩防撞主体结构。表面上看它是"一物两用",节省了很多费用,但它的箱体单薄,在发生碰撞时消耗不了多少动能。特别是套箱原是为桥墩承台施工设置的,具有固定性。它的位置是由承台的高程确定,通常不能与通航水位相适应,有可能发生船首撞击墩(塔)身或船只的球鼻首在水下撞击基桩,引发桥墩的墩(塔)身或基桩损毁的严重事故,危及桥梁的安全。

浙江金塘大桥通航孔的防撞标准与苏通大桥均为50 000t级的海轮,过桥航速为4m/s,该桥是菱形索塔的斜拉桥。主塔承台平面尺寸为34m×63.3m,下设42根Φ2.5m~2.85m钻孔灌注桩。采用2m宽的双壁钢围堰作防撞设施(图4)。它消耗不了多少船只的动能,船撞力主要仍由承台承受。该承台及桩数要比苏通大桥小得多。承受不了超过100MN的撞击力,似为此而把通航标准降为50 000t船只空载压舱。甚为费解。此航道有空船航行,必

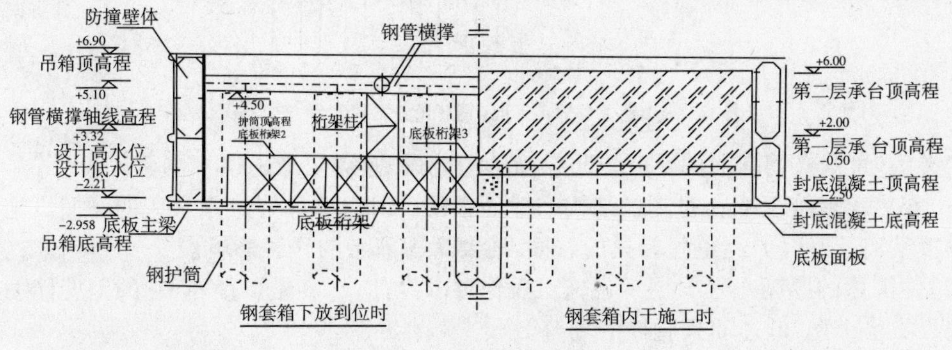

图4 钢套箱总体布置

会有满载的船通过。当满载的船通过时,万一不慎碰到桥墩,其后果就不堪设想了。满载的50 000t海轮的吃水深度为12.5m,在低通航水位时,船只的球鼻首更有可能会直接撞到基桩(图5)。

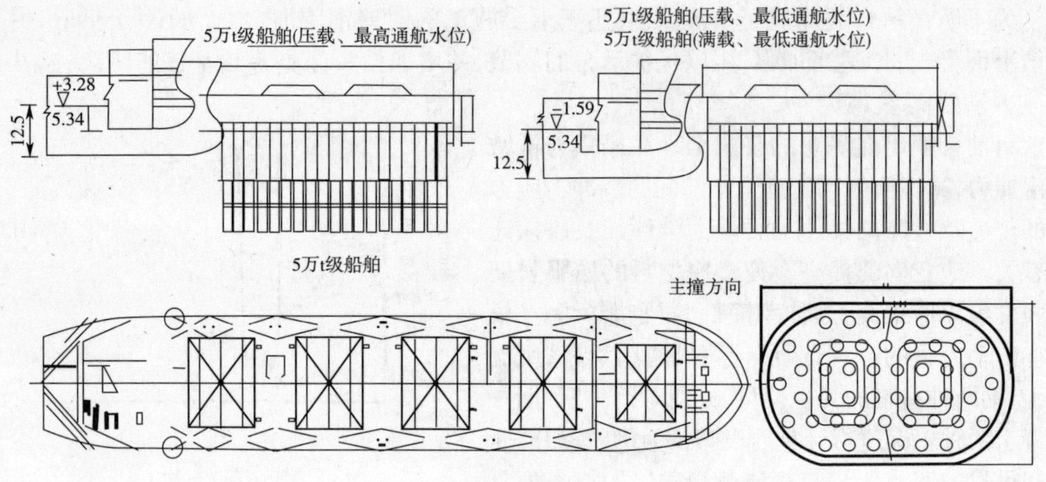

图5　金塘大桥撞击工况

浙江象山港大桥的主桥桥型与金塘大桥相似,它的通航孔防船撞标准也为50 000t级的海轮,过桥航速为3.7m/s。最初也拟采用2m厚的双壁围堰作为防撞措施。它的承台高程较高,最低通航水位几乎与封底混凝土的底面齐平。在此水位若要挡住船只的球鼻首,需要将围堰向下延长9m。由于该段背后没有承台实体挡住,处于悬臂状态下的钢箱抗弯刚度很差,稍微受到船头的碰撞,它并不会变形消能,而是整体向内弯曲,将使桩基更早受到围堰钢箱的挤压甚至损坏(图6),最终放弃了这个防撞方案。

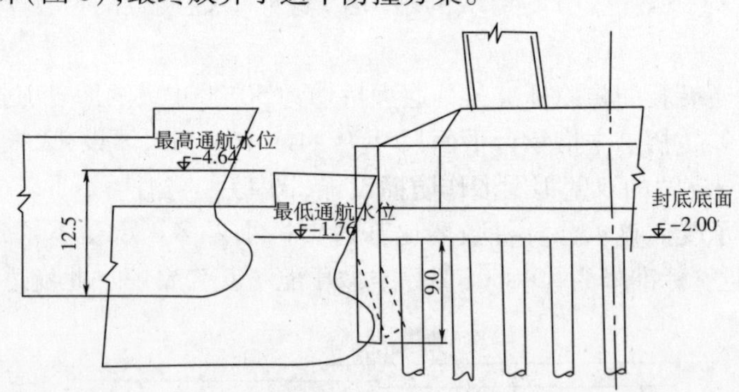

图6　象山港大桥撞击工况(钢套箱方案)(尺寸单位:m)

本文认为,双壁钢围堰如要兼作防船撞的消能设施,需要考虑以下因素。

(1)作为承台施工的临时围护结构一般面板薄、支撑少,如要兼作永久的防撞设施,必须要做得很厚实。不仅要经得起船只的碰撞,还要考虑海水的锈蚀影响。

(2)钢围堰的厚度一般根据承台施工操作要求设计,不会做得很厚,它的消能能力有限,只适用于防止小型、低速船只碰撞的场合。

(3)钢围堰的位置高程通常与承台的高程一致,当它与通航水位不一致且不能与桥上协调时不宜采用。

参 考 文 献

[1] 王礼立. 应力波基础(第二版)[M]. 北京:国防工业出版社,2005.

[2] 史元熹,金允龙,徐骏. 黄石长江大桥主墩防撞设施设计[C]. 上海海洋钢结构研究所船撞桥论文选(内部文献资料),2000.

[3] 上海船舶运输科学研究所. 苏通长江公路大桥基础防撞结构研究[R],2003.

[4] 陈国虞,张澄,杨黎明,周凤华. 紧靠混凝土承台的直接式防撞装置的选择[C]. 2009年全国桥梁学术会议论文集. 北京:人民交通出版社,2009.

[5] 白雨东,王晓阳. 金塘大桥主通航孔桥下部结构设计[C]. 2008年全国桥梁学术会议论文集. 北京:人民交通出版社,2008.

[6] 许宏亮,宋华清,曾平喜,周玉娟,彭强. 金塘大桥主墩防撞钢套箱设计[C]. 2008年全国桥梁学术会议论文集. 北京:人民交通出版社,2008.

[7] 上海船舶运输科学研究所. 宁波象山港大桥船舶防撞研究补充报告[R],2008.

181 上海闵浦二桥主塔基础的防船撞分析

周 良[1] 宋 杰[1] 彭 俊[1] 高 军[2] 杨允表[2]

(1.上海市城市建设设计研究院;2.合乐中国有限公司)

摘 要 防船撞问题在有通航要求的桥梁设计中越来越重要。上海闵浦二桥的主塔基础设于主、副通航孔之间,主塔基础的防船撞问题更为突出;本文利用规范及经验公式计算了船泊撞击主塔基础的作用力,也运用了有限元仿真法对有无防撞设施两种情况下船泊撞击主塔基础的风险性进行了分析,并得到了相应的船撞力,为本桥的设计提供了一些非常重要的建议。

关键词 斜拉桥 主塔基础 船撞风险分析 船撞力 有限元法

1 前言

上海闵浦二桥为沪闵路~沪杭公路地方交通越江工程,主桥为一座特大跨径的斜拉桥,主跨251.4m,边跨185.25m。该桥为独塔双索面连续钢桁梁斜拉桥,主塔为钢筋混凝土H形塔,斜拉索为空间扇形双索面,主梁为矩形断面钢板桁结合梁形式,桁架为三角形形式,桥面分上下两层,上层为公路双向四车道,下层为双线轨道交通,其效果图与总体布置图分别如图1与图2所示。

图1 上海闵浦二桥效果图

近几年,国内船泊撞击桥梁发生灾难性的事故越来越多,特别是2007年6月15日广东九江大桥被船撞击造成近200米桥面垮塌(图3)。国外也屡屡发生船泊撞击桥梁的事故,例如2002年5月26日美国俄克拉荷马州阿肯色河一座高速公路跨河大桥因船舶撞击倒塌(图4)。船泊撞击桥梁而发生桥梁垮塌事故,会带来很大的经济损失和不良的社会影响;所以,桥梁设计人员越来越重视桥梁防船撞问题的研究。苏通长江大桥和上海长江大桥专门成立了防船撞分析的课题,也采用了有效的防船撞设施。

上海闵浦二桥跨越黄浦江,而桥位位置的江面水域宽340m,主通航孔满足3 000t散货轮单向、1 000t散货轮双向和500t散货轮双向通行。主桥的主塔基础位于黄浦江水道中,主塔墩中心线距离北侧(闵行侧)堤岸约82.5m,距离南侧(奉贤侧)堤岸约222.5m。目前通过主桥桥位附近水域的船舶主要为小拖轮船队及中小型装载黄沙、煤、油等物资的船舶。2004年12月6日~12月14日,对本桥位水域在大、中、小汛各进行24h的船舶流量观测:大汛为2 055艘次,中汛为1 949艘次,小汛为2 116艘次。由统计数据可知,桥位水域船只通

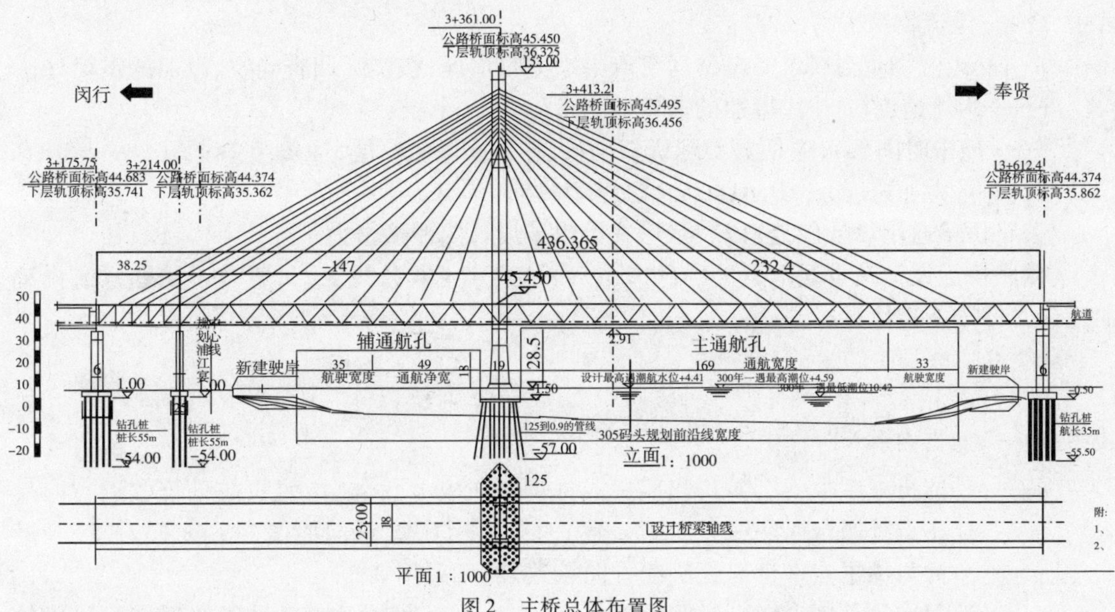

图2　主桥总体布置图

行比较繁忙，而主塔基础设于主、副通航孔之间，压缩了整个航道的宽度，船只撞击主塔基础的概率增大；所以，上海闵浦二桥的设计要考虑主塔基础防船撞的问题。

图3　广东九江大桥被船撞垮塌

图4　美国俄克拉荷马州一跨河大桥因船舶撞击倒塌

在基础防船泊撞击的分析中，要考虑以下几个主要的问题：(1)考虑确定船泊撞击基础时产生的作用力，作为计算分析时所要考虑的一种工况；(2)船泊撞击基础的风险分析，即在没有采用防撞设施的情况下，船泊会不会撞击到主塔与桩基；(3)采用何种形式的防撞设施，当然最好与水中承台的施工套箱相结合，并再次分析确定在采用防撞设施的情况下，船泊会不会撞击到主塔与桩基。

2　船撞力计算

通常，设计人员利用设计规范与一些经验公式来计算船泊的撞击力。下面列举一些常用的规范及经验公式。

《公路桥涵设计通用规范》(JTG D60—2004)4.4.2 规定[1]，漂流物撞击力可按下式估算：

$$P = \frac{W}{g} \cdot \frac{v}{t} \tag{1}$$

式中:P——漂流物撞击力(kN);

W——漂流物重力(kN),应根据河流中漂流物情况,按实际调查确定,以船的重量计;

v——水流速度(m/s),以船的速度计;

t——撞击时间(s),应根据实际资料估计,在无实际资料时,一般用1s;

g——重力加速度,$g = 9.81\text{m/s}^2$。

《公路桥梁通用设计规范》以表格形式给出了设计船舶撞击力。

《铁路桥涵设计基本规范》(TB 10002.1—99)第4.4.6条规定[2],墩台承受船只或排筏的撞击力可按下式计算:

$$F = \gamma \cdot \nu \cdot \sin\alpha \sqrt{\frac{W}{C_1 + C_2}} \tag{2}$$

式中:F——撞击力(kN);

γ——动能折减系数($\text{s}/\sqrt{m}$),当船只或排筏斜向撞击墩台(指船只或排筏驶近方向与撞击点处墩台面法线方向不一致)时可采用0.2,正向撞击(指船只和排筏驶近方向与撞击点墩台面处法线方向一致)时可采用0.3;

ν——船只或排筏撞击墩台时的速度(m/s),此项速度对于船只采用航运部门提供的数据,对于排筏可采用筏期的水流速度;

α——船只或排筏驶近方向与墩台撞击点处切线所成的夹角,应根据具体情况确定,如有困难,可采用$\alpha = 20°$;

W——船只重或排筏重力(kN);

C_1、C_2——船只或排筏的弹性变形系数和墩台圬工的弹性变形系数,缺乏资料时可假定$C_1 + C_2 = 0.0005\text{m/kN}$。

对于刚度较大的桥墩,$C_2 \approx 0$。

《美国公路桥梁设计规范》(荷载与抗力系数设计法)[3]规定轮船对一桥墩的正面碰撞冲击力应取为:

$$P_s = 1.2 \times 10^5 V \sqrt{DWT} \tag{3}$$

式中:P_s——等效船只撞击力(kN);

DWT——船只的载重吨数(t);

V——船只冲击速度(m/s)。

国际桥梁与结构工程协会(IABSE)指南[4]中,能以船的质量和速度同时代入的有两个计算公式,其中一个为敏诺斯基—捷勒—沃易荪(Minorsky - Gerlach - Woisin)公式:

$$P = 0.024(\nu \cdot D_{max})^{2/3} \tag{4}$$

式中:P——撞击力(MN);

ν——船速(m/s);

D_{max}——船的满载排水量(t)。

另外一个为索尔—诺特—格林那(Saul Svensson - Knott - Greiner)公式:

$$P = 0.88(DWT)^{1/2}(\nu/8)^{2/3}(D_{act}/D_{max})^{1/3} \tag{5}$$

式中:P——最大撞击力(MN);

DWT——船的载重吨数(t);

ν——撞击时的船速(m/s);

D_{act}——撞击时船的排水量(t);

D_{max}——船只满载排水量(t)。

下面利用以上所列的规范及经验公式来计算上海闵浦二桥基础的船舶撞击力。闵浦二桥的主通航孔为3 000t级散货轮单向、1 000t级散货轮双向和500t级散货轮双向通行;辅通航孔为500t级散货轮单向通行。主塔基础防撞设计的控制船舶规格为3 000DWG散货船,其基本参数为:(1)载重吨位DWT:3 000t;(2)排水量 D_{max}:5 800t;(3)船泊总长:100m;(4)型宽:14m;(5)满载吃水:5m;(6)压载吃水:3~4m。

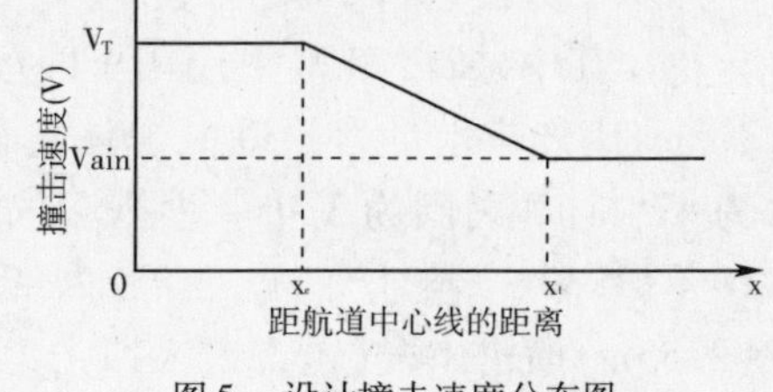

图5　设计撞击速度分布图

根据《美国公路桥梁设计规范》(荷载与抗力系数设计法),设计撞击速度可参照图5确定:

图中:V——设计撞击速度(m/s);

V_T——在正常环境条件下,航道内典型船只的航速;但是,取值不得低于 V_{min}(m/s);

V_{min}——最小设计撞击速度,不得小于桥位的年平均水流速度(m/s);

X——墩面至航道中线的距离(mm);

X_c——至航道边缘距离(mm);

X_l——等于设计船只总长的3.0倍的距离(mm)。

根据《上海黄浦江通航安全管理规定》第十二条规定:船舶航行时,航速不得大于8节;所以,$V_T=8kn=4.12m/s$;另外,可得到 $V_{min}=1m/s$,通航净宽为174m,航道边缘到主塔墩承台中心距离为9.75m,则可计算得到 $V=4.02m/s$。

根据国、内外规范简化估算方法计算得到的船撞力如表1所列。

表1　闵浦二桥主塔基础的船泊正撞力表

正撞力(MN)	采用的公式	正撞力(MN)	采用的公式
23.77	式(1)	30.46	式(4)
12.99	式(2)	19.59	式(5)
26.42	式(3)		

表1中,沿桥轴线方向桥墩防撞力按照上述横桥向防撞力的50%计算;在进行防撞分析时,应考虑偏离桥墩中心线的船舶撞击工况;水深未考虑冲淤影响。

根据以上5个经验公式计算得出的3 000t船舶正撞力,建议本工程采用《美国公路桥梁设计规范》(荷载与抗力系数设计法)中提供的经验公式计算得到的3 000t船舶正撞力26.42MN。

3　船桥碰撞仿真

闵浦二桥主桥主塔采用C55混凝土;主墩承台采用C40混凝土;钢管桩采用Q345C钢。主塔承台与塔身采用六面体单元进行划分,与船舶发生碰撞的部位采用边长约20cm的体单元,而非碰撞部位采用边长50~150cm的体单元划分。主塔有限元模型如图6所示。桩基础采用梁单元模拟,桩底固结。将土分层,每个土层都有水平方向的两个线形弹簧与桩连接,弹簧另一侧的三个自由度全部约束,水平弹簧刚度用"m法"计算。

防撞控制船舶采用3 000DWT有球首散货船,为精确模拟碰撞中船首结构的大变形、屈服以及内部构件自接触等力学行为,船首结构按实际建模,有限元网格划分较为精细,以满足计算精度的需要。同时,为减少单元数量,提高计算的效率,对距船首较远的不直接参与碰撞的船体部分以刚体代替。船首材料为船用低碳钢,计算中本构关系采用双线形等向强化模型,同时考虑了应变率敏感性及材料的失效应变。分析所选用船舶的有限元模型见图7。

本文分别进行了闵浦大桥主塔在没有防撞设施及设置防撞设施后船舶撞击基础的仿真分析。其中,撞击船型采用DWT为3 000t的散货船,压载排水量为4 000t,船体吃水为3.5m;满载排水量为5 800t,船体吃水为5.0m;计算中船舶的撞击速度为4.12m/s,撞击角度为47°,计算时间为3.0s。根据潮位的不同考虑了三种不同的撞击工况,即工况1:高潮 $P=10\%$ (3.30m)撞击工况;工况2:低潮 $P=90\%$ (1.32m)撞击工况;工况3:平均低潮位(2.85m)撞击工况(也即最大撞击力撞击工况),并且工况1考虑船舶压载的排水量4 000t,而工况2与工况3则考虑满载的排水量5 800t。

工况1是为了分析船泊撞击承台上部及主塔的分险性;工况2则是为了分析船泊撞击承台下部及桩基的分险性;工况3则分析船泊撞击主塔基础时所产生的最大作用力,即最大撞击力。

3.1 主塔基础无防撞设施的情况下

主塔基础在无防撞设施情况下的桥碰撞俯视图如图8所示。

图6 主塔有限元模型

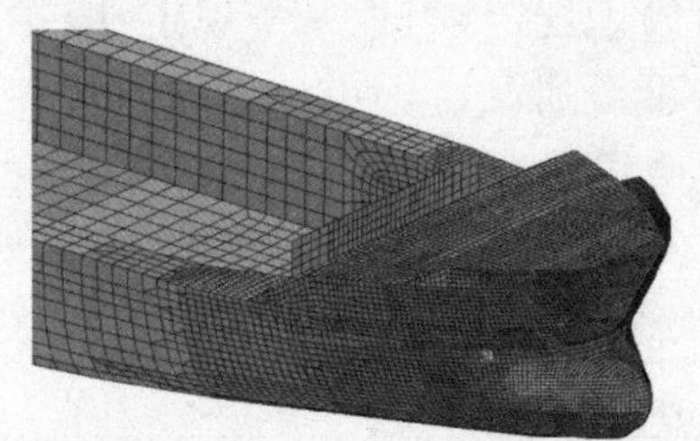

图7 整船有限元模型

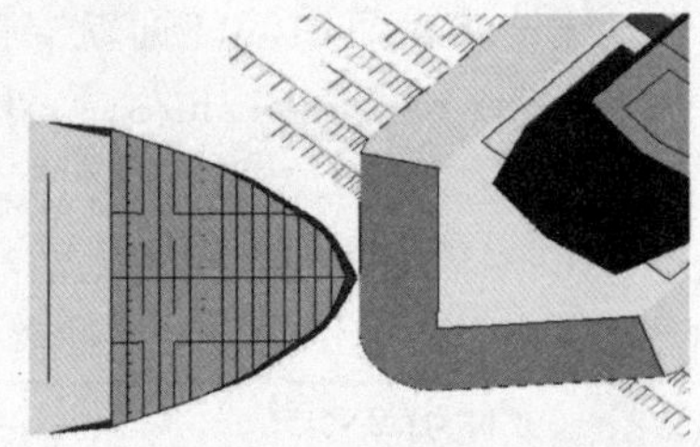

图8 主塔基础无防撞设施时的船桥碰撞俯视图

工况1下的船首损伤三维视图如图9所示;船桥碰撞切片图如图10所示。从图9中可以看出船首在撞击后发生了严重的变形,由于主塔基础的刚度远远大于船首刚度,所以船首凹陷的形状与主塔基础被撞区域的轮廓大致吻合。从图10可以看出船首与承台顶面发生了大面积的摩擦,很有可能造成该区域出现大量的混凝土脱落现象。

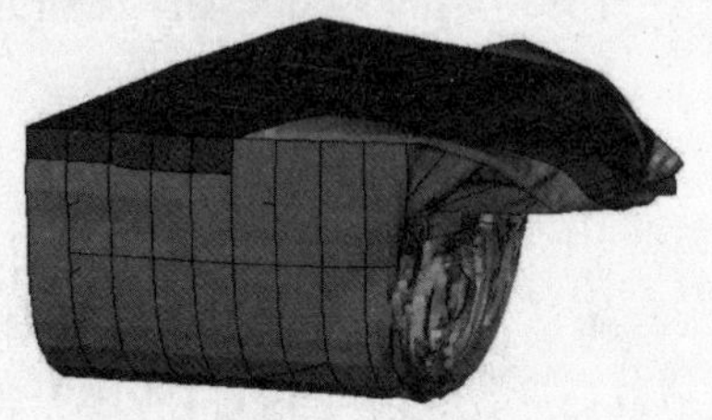

图9 工况1的船首损伤三维视图

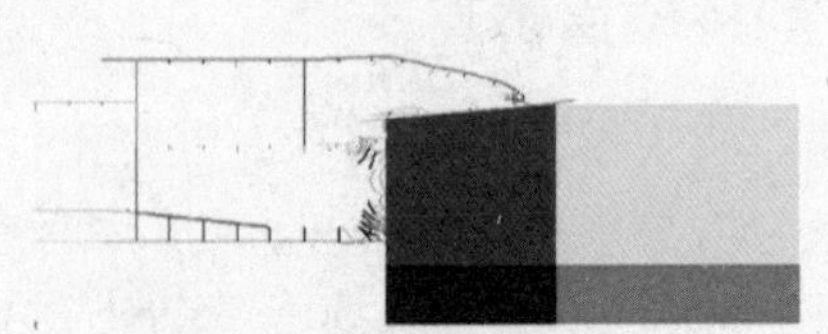

图10 工况1的船首损伤切片图

工况2下的船桥碰撞三维视图如图11所示；船首损伤三维视图如图12所示；船桥碰撞切片图如图13所示。从图12中可以看出船首在撞击后发生了严重的变形，由于主塔基础的刚度远远大于船首刚度，所以船首凹陷的形状与主塔基础被撞区域的轮廓大致吻合。从图11与图13可以看出，球首由于受到了挤压，被挤进了承台底面，撞到桩基础可能性非常大。

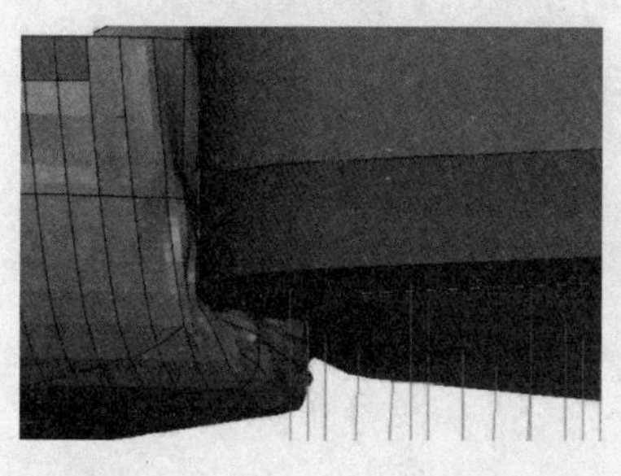

图11　工况2的船桥碰撞三维视图

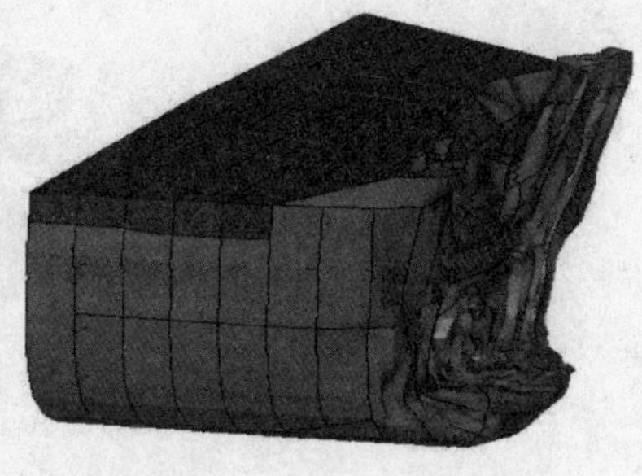

图12　工况2的船首损伤三维视图

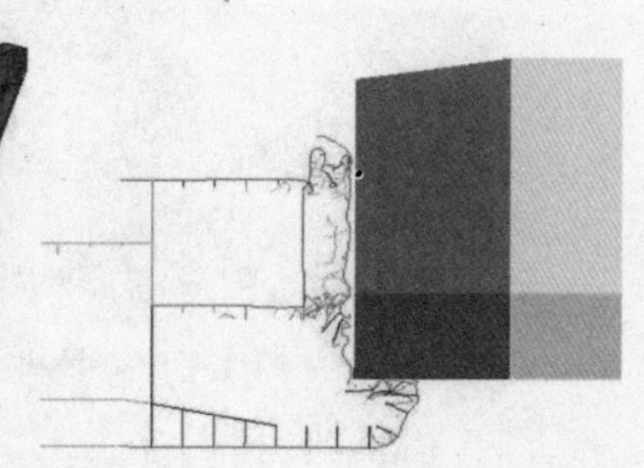

图13　工况2的船首损伤切片图

工况3下的船首损伤三维视图如图14所示；船桥碰撞切片图如图15所示。从图14中可以看出船首在撞击后发生了严重的变形，由于主塔基础的刚度远远大于船首刚度，所以船首凹陷的形状与主塔基础被撞区域的轮廓大致吻合。

图14　工况3的船首损伤三维视图

图15　工况3的船首损伤切片图

三种撞击工况下的最大船撞力及船舶最大撞深如表2所示。从表中数据可知，工况3下的最大船撞力为最大，达到了22.3MN，超过了设计值19.60MN；最大船舶撞深发生在工况2，最大撞深为4.81m。

表2　最大船撞力及船首最大撞深汇总

撞击工况	最大船撞力(MN)	最大撞深(m)
工况1	15.68	4.17
工况2	17.97	4.81
工况3	22.3	4.51

3.2　主塔基础设置防撞设施的情况下

上海闵浦二桥主塔基础防撞设计采用了与承台施工套箱相结合的钢套箱结构。主塔基础采用防撞设施后，船桥碰撞的俯视图如图16所示。

工况 1 下的船首损伤三维视图如图 17 所示;撞击后套箱变形图见图 18;船桥碰撞切片图如图 19 所示。从图 17 和 18 可以看出,船首发生了较大的变形,而钢套箱只在被撞区域发生了轻微地变形。从图 19 可以看出,钢套箱有效地避免了由于船首挤压变形而与承台顶部发生摩擦接触而造成的大面积混凝土脱落现象。

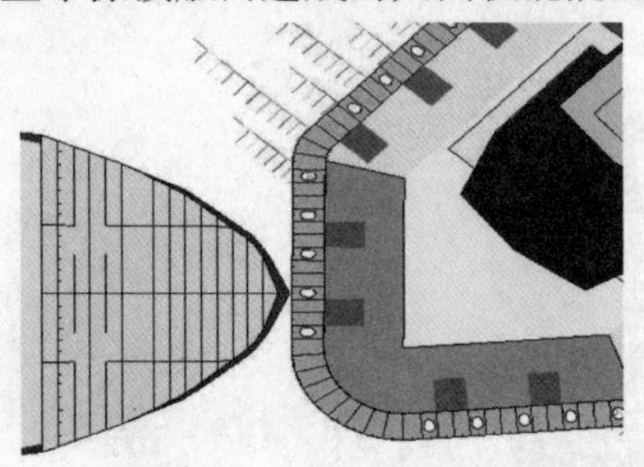

图 16　主塔基础有防撞设施时的船桥碰撞俯视图

图 17　工况 1 的船首损伤三维视图

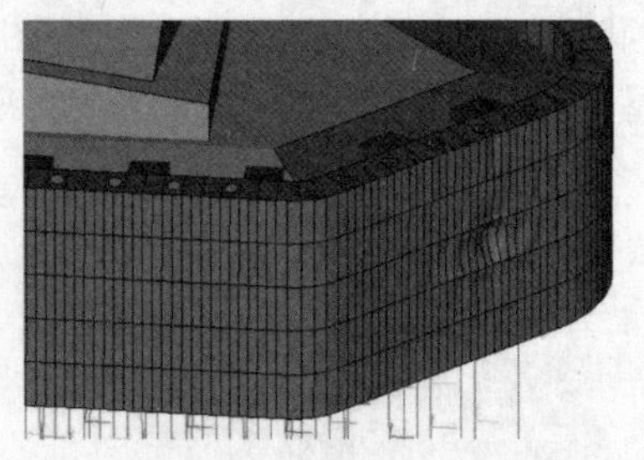

图 18　工况 1 的钢套箱撞击后变形图

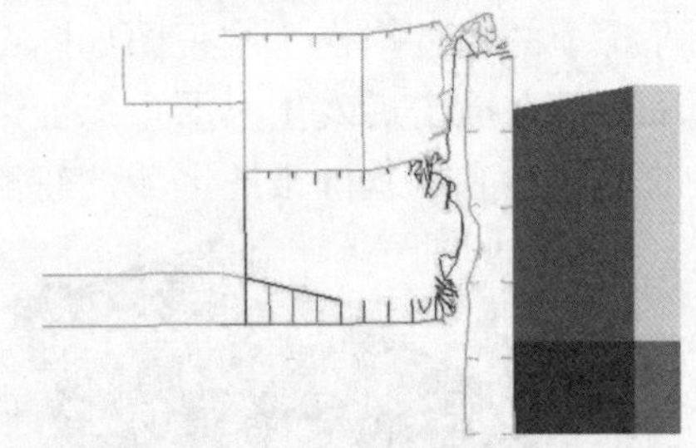

图 19　工况 1 的船套箱碰撞切片图

工况 2 下的船首损伤三维视图如图 20 所示;撞击后钢套箱变形图如图 21 所示;船桥碰撞切片图如图 22 所示。从图 20 和图 21 中可以看出,船首发生了较大的变形,而钢套箱只在被撞区域发生了轻微地变形。从图 22 可以看出,钢套箱有效地避免了由于船首变形而撞击到桩基础。

图 20　工况 2 的船首损伤三维视图

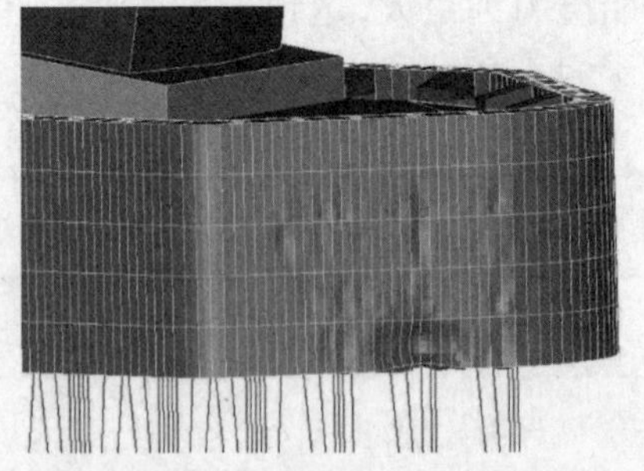

图 21　工况 2 的被撞后钢套箱变形图

工况 3 下的船首损伤三维视图如图 23 所示;撞击后钢套箱变形图如图 24 所示;船桥碰撞切片图如图 25 所示。从图 23 和图 24 中可以看出,船首发生了较大的变形,而钢套箱只在被撞区域发生了轻微地变形。

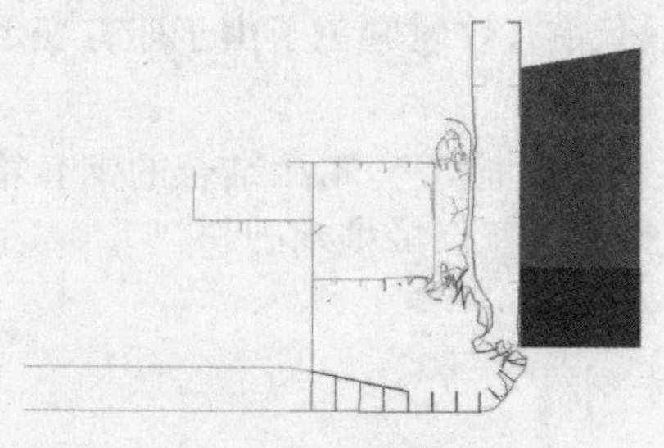

图22　工况2的船—套箱碰撞切片图

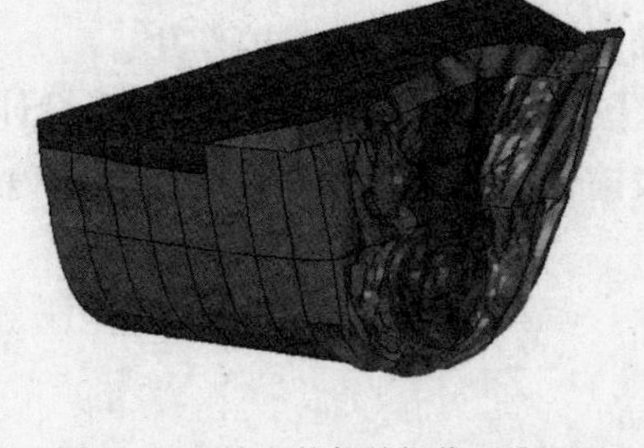

图23　工况3的船首损伤三维视图

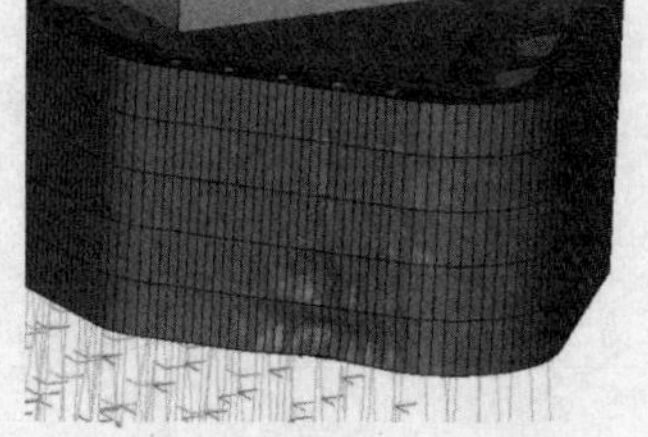

图24　工况3的被撞后钢套箱变形图

图25　工况3的船—套箱碰撞切片图

在主塔基础采用了防撞设施后，三种撞击工况下的最大船撞力及船舶最大撞深如表3所示。从表中数据可知，工况3下的最大船撞力为最大，达到了20.20MN，略超过设计值19.60MN；最大船舶撞深发生在工况2，最大撞深为4.29m。

表3　最大船撞力及船首最大撞深汇总

撞击工况	最大船撞力(MN)	最大撞深(m)
工况1	15.83	3.08
工况2	15.97	4.29
工况3	20.20	4.07

4　结论

根据本文以上的计算分析，综合起来可以得到以下结论：

(1)建议本工程采用《美国公路桥梁设计规范》(荷载与抗力系数设计法)中提供的经验公式计算得到的3 000t船舶正撞力26.42MN。

(2)在主塔基础没有防撞设施情况下，主塔最大撞击力为22.3MN，超过了其防撞设计值19.6MN；但是，采用防撞设施后，最大撞击力为20.20MN，与没有采用防撞设施相比降低了9.1%，略大于防撞设计值。

(3)工况1(高潮$P=10\%$工况)下，在主塔基础没有采用防撞设施时，船舶虽然不会撞击到塔身，但是由于船首受到挤压变形，与承台顶发生了较大面积接触，会造成大面积的混凝土脱落；而采用防撞设施后，钢套箱有效地避免了由于船首挤压变形而与承台顶部发生摩擦接触造成的大面积混凝土脱落现象。

(4)工况2(低潮$P=90\%$工况)下，在主塔基础没有采用防撞设施时，由传首变形撞击到主塔桩基础的可能性很大;而采用防撞设施后,钢套箱有效地避免了由于船首变形而撞击到桩基础,起到了很好的保护作用。

(5)上海闵浦二桥主塔基础防撞设计采用与主塔承台施工套箱相结合的钢套箱结构对降低最大撞击力、避免船首与承台顶面发生大面积摩擦以及保护桩基础起到了一定的作用。

参考文献

[1] 中华人民共和国行业标准. 公路桥涵设计通用规范 JTG D60—2004[S]. 北京:人民交通出版社,2004.

[2] 中华人民共和国行业标准. 铁路桥涵设计基本规范 TB 10002.1—99[S]. 北京:中国铁道出版社,1999.

[3] ASSHTO LRFD. 美国公路桥梁设计规范[S],2004.

[4]国际桥梁和结构工程协会(EABSE). 交通船只与桥梁结构的相互影响(综述与指南)[2]. 1991.

182　基于风险的厦漳跨海大桥船撞设防标准研究

耿　波　尚军年　汪　宏　罗　强

（招商局重庆交通科研设计院有限公司）

摘　要　以福建厦漳跨海大桥工程为依托，详细介绍了跨海湾桥船撞设防标准确定的思路和方法。基于风险的思想，利用 AASHTO 规范模型，分别对 2010 年、2020 年和 2050 年通航密度下厦漳跨海大桥北汊桥和南汊桥进行了船撞风险分析，并基于分析结果，提出了进一步降低桥墩船撞风险的建议和措施，为同类型桥梁的船撞设计提供参考。

关键词　桥梁设计　船撞　设防标准　风险分析

1　工程概况

拟建的厦漳跨海大桥位于九龙江入海口，北连厦门海沧区，南接漳州龙海市，大桥工程主要由北汊主桥、海门岛立交、南汊桥和海平立交四大部分组成，项目地理位置见图 1。大桥按双向六车道高速公路标准设计，设计车速 100km/h，设计基准期 100 年，车辆荷载等级取公路－Ⅰ级。

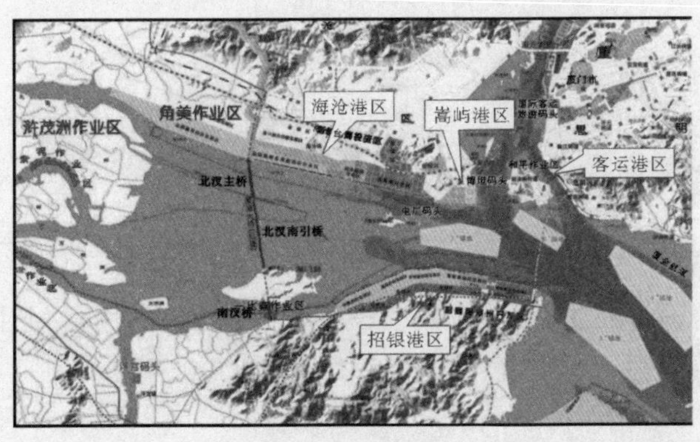

图 1　厦漳跨海大桥地理位置

其中北汊主桥位于厦门港的港区内，为主跨 780m 的钢箱梁斜拉桥，跨径布置（95 + 230 + 780 + 230 + 95）m，桥型布置图见图 2。索塔基础采用钻孔灌注群桩基础。承台采用 42m × 29m 矩形承台，厚度 6.5m，承台下设置 36 根 Φ2.5 ~ 3.0m 变径桩，按端承桩设计，承台采用 C40 海工混凝土，桩基采用 C35 水下海工混凝土。

根据交通部对厦漳跨海大桥通航的批复，厦漳跨海大桥设计最高通航水位为 4.511m（85 国家高程，以下同），最低通航水位为 －3.049m。北汊主桥为单孔双向通航，通航净空为

375m×53m,通航代表船型为3万t级集装箱和3.5万t级散货船。根据规划,北汊主桥上游主要有远期规划中的角美和浒茂洲两个作业区,其中角美作业区布置为临港工业码头,规划布置10个3万t级临港工业码头,浒茂洲作业区规划布置6个3万t级临港工业泊位,这两个码头未来的通航船舶均不小于2 000t。码头建成后北主墩(3号墩)将位于岸上,只有南主墩(4号墩)、南辅助墩(5号墩)和南过渡墩(6号墩)存在船撞风险。

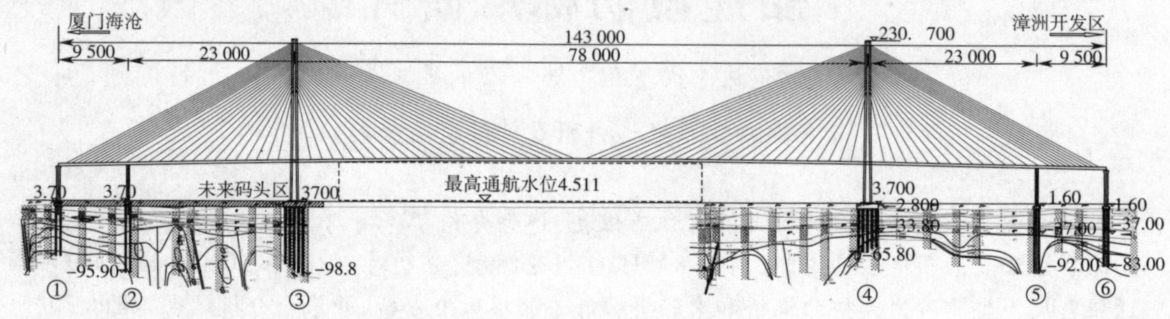

图2 北汊主桥桥型布置图

南汊桥连接海门岛与漳州招银港区,为主跨300m的叠和梁斜拉桥,跨径布置(135+300+135)m,桥型布置图见图3。索塔基础采用钻孔灌注群桩基础。承台采用哑铃型,平面尺寸为28.6m×17.2m,厚度为6m,系梁宽9m。承台和系梁采用C40海工混凝土,封底采用C25海工混凝土。

南汊桥为单孔双向通航,通航净空为260m×39m,通航代表船型为5 000t级杂货船。南汊桥上下游分别有石码码头和港尾码头,根据从漳州海事局获得的统计资料,此处通航船舶大多数为2 000t级及以下的散货船和运沙船。

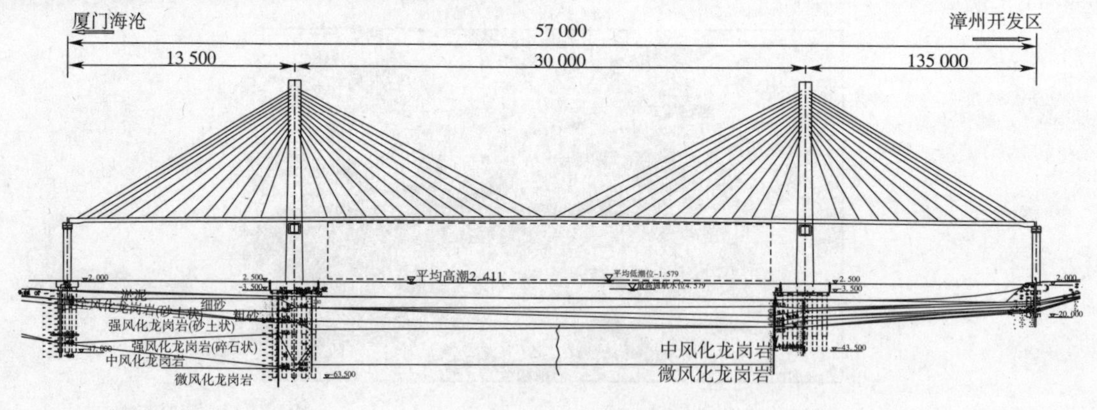

图3 南汊桥桥型布置图

2 船撞风险分析方法及思路

2.1 船撞风险分析现状

鉴于船撞桥的严重性,从20世纪70年代末期始,世界上一些经济发达国家开始研究桥梁的船撞安全问题,并陆续出版了一些指南和规范来指导本国的桥梁船撞设计。1991年,美国道路工程师协会(AASHTO)编写了《公路桥梁船撞设计指南》[1]。1994年,该指南的核心条款又写入了美国《公路桥梁设计规范》[2]。在欧洲，1997 年出版了欧洲统一规范第一卷(Eurocode 1)第 2.7 分册[3]，指导桥梁船撞设计。

在我国，2004 年颁布的《公路桥涵设计通用规范》[4]将船舶分为轮船和内河驳船两类，分别根据航道等级列表给出了设计船舶撞击力。1999 年颁布的《铁路桥涵设计基本规范》[5](TB 10002.1—99)中，仅给出了设计船舶撞击力的计算公式。上述两本规范对于桥梁船撞的其他问题没有给出系统的技术规定。表 1 给出了我国桥梁规范与美、欧等国家和地区规范的概要比较。

表 1　中、美、欧规范船撞桥条款的简要比较

项　目	中国公路桥梁规范	欧洲统一规范	美国桥梁设计规范
设计思想	基础不失效	基础等主要构件不失效	基础等主要构件不失效
设计方法	确定性的	确定性的，但隐含风险(目标倒塌频率)约为 10^{-4}	方法Ⅰ：半确定性的，适用浅水桥梁；方法Ⅱ：指定目标频率法，年目标倒塌频率取 0.001(普通桥梁)；0.0001(重要桥梁)。适用少量桥墩可能遭受船舶撞击的一般水深桥梁；方法Ⅲ：投资效益分析。适用深水处有桥墩和很多桥墩可能遭受船舶撞击的桥梁；适用于因船舶撞击而需要加固的桥梁
适用范围	内河和通行海轮河流上的桥梁	内河桥梁和跨海桥梁	内河桥梁
船舶撞击力	驳船：表格形式给出 轮船：表格形式给出 塔楼撞击力：无	按式 $\nu\sqrt{km}$ 计算	驳船：$P=f(\alpha_B)$ 轮船：$P=0.122\sqrt{DWT}\cdot V$ 塔楼撞击力：$P_{up}=\beta\cdot P$
力学计算方法	静力方法	静力方法	静力方法
设防船舶撞击力	驳船：表格形式给出 轮船：表格形式给出 塔楼撞击力：无	驳船：无 轮船：表格形式给出 塔楼撞击力：无	方法Ⅰ：按式 $P=f(\alpha_B)$ 计算； 方法Ⅱ：概率分析得到； 方法Ⅲ：投资效益分析，无需确定设防船撞力
总体评价	基于确定性静力设计理论。但严重的桥梁船撞是发生概率很低的风险事件，该规范没有明确地给出处理这样的桥梁外部作用的方法	引入了风险分析方法，适合处理桥梁船撞这类发生概率小且后果严重的桥梁外部作用。关于船撞力的确定方法过于简化。计算模型采用静力方法，不能考虑撞击的动力效应，结构计算过于粗糙	全面引入风险分析方法，适合处理桥梁船撞这类发生概率小且后果严重的桥梁外部作用。方法系统，但一些具体规定存在不足，需要进一步研究和完善。方法Ⅲ实际可操作性不强。计算模型采用静力方法，不能考虑撞击的动力效应，结构计算过于粗糙

概括地说,美国和欧洲的规范都将船撞事件处理为风险事件,根据可接受风险的水平来指导桥梁的船撞设计;我国规范则是将船撞事件处理为偶然作用,根据航道和通航船舶情况给定设防船撞力。比较而言,我国桥梁船撞设计还没有形成一个系统的设计思想[6]。

新一代桥梁结构设计规范的总体发展方向是"基于性能的设计"。"基于性能的设计"意味着考虑寿命期内的风险、意味着投资的效益、意味着桥梁拥有者的决策等很多新理念的明确建立。美国桥梁船撞设计规范比较系统地实现了"基于性能"的设计思想,虽然在某些方面还显得过于简化。因此可以说美国桥梁船撞设计规范所表达的设计思想代表了桥梁船撞设计的主流发展方向,亦即桥梁船撞设计标准和设计规范(或指南)应建立在概率分析、投资效益、风险决策等概念的基础之上[6,7]。

2.2 风险分析模型

本文主要采用美国 AASHTO 规范模型对厦漳跨海大桥进行了船撞风险分析。参照美国 AASHTO 的《公路桥梁设计规范》[2],大桥各桥墩年撞损频率按以公式(1)计算:

$$AF = N \times PA \times PG \times PC \tag{1}$$

式中:AF——桥梁的年倒塌频率;

N——根据船舶类型、尺度和装载情况分类的船舶年通航量;

PA——船舶的偏航概率;

PG——碰撞的几何概率,用正态分布进行模拟,见图 4;

PC——桥梁倒塌概率。

公式中去除桥梁倒塌概率 PC 一项后是桥梁遭受船舶撞击的年频率。桥梁的年倒塌概率可采用图 5 所示的倒塌概率曲线进行计算。

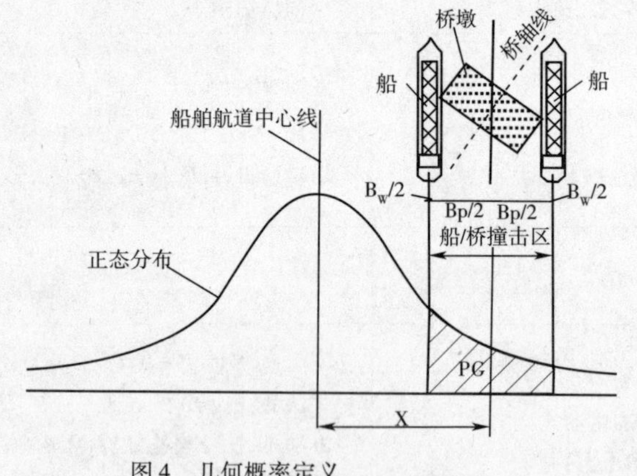

图 4 几何概率定义

(B_w 为船舶宽度,B_w 为桥墩宽度)

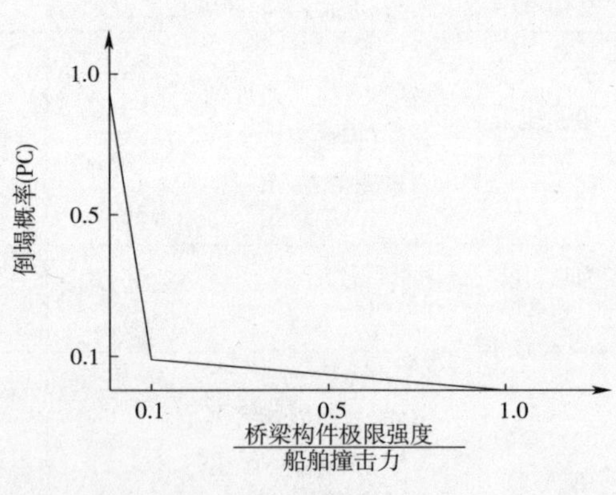

图 5 倒塌概率分布

在可接收风险准则方面,根据 AASHTO 的《公路桥梁设计规范》,对于一般桥梁,整桥的最大年倒塌频率应小于 10^{-3}/年,对于关键性桥梁,整桥的最大年倒塌频率应小于 10^{-4}/年。厦漳跨海大桥属大型工程,投资大,使用年限长,应尽量减少大桥受船舶撞击的风险,因此大桥的可接收风险取 10^{-4}/年。

对于轮船的撞击力,美国 AASHTO 的《公路桥梁船撞设计指南》提供了计算公式:

$$P_S = 1.2 \times 10^5 V \sqrt{DWT} \tag{2}$$

式中:V——船舶撞击速度(m/s);

DWT——船舶排水量(t)。

对于船舶的撞击速度,根据 AASHTO 的《公路桥梁船撞设计指南》的规定,在模拟偏航船只的速度分布时,选用了三角形分布,认为船舶航速的降低规律是从航道边缘到 3×LOA 的距离内进行线性减小,最大航速取船舶的典型航速,最小速度取平均水流速度,如图 6 所示。

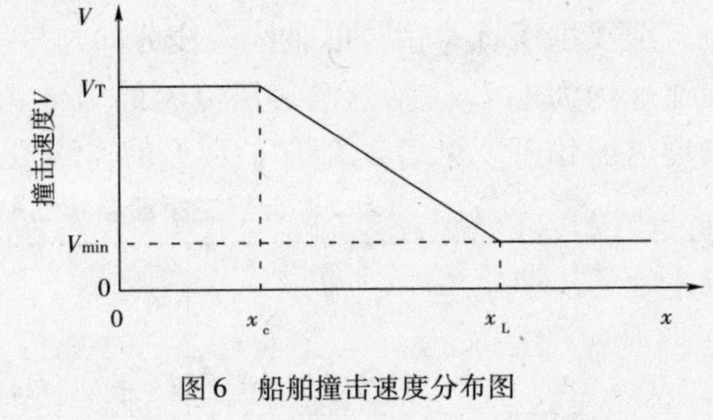

图 6　船舶撞击速度分布图

图中:V——设计撞击速度;

V_T——航道内的船舶典型通航速度;

V_{min}——最小撞击速度(与水道中的水流有关);

x——船舶距桥墩的距离;

x_c——船舶距航道边缘的距离;

x_L——离船舶航道中心线 3×LOA 的距离。

结合本项目的具体特点而言,厦门港潮汐特征为正规半日潮,在全年平均水平下,桥区 24h 内水位基本在平均高潮位 2.411m 和平均低潮位 -1.579m 之间变化,一天之中会出现两次高潮位和两次低潮位,平均两次高潮位和两次低潮位的时间间隔为 12h。计算船撞风险时,考虑到全年的水位变化,先计算出不同水位下各墩以及全桥的船撞风险,然后再按照不同水位出现的概率进行加权求和,即:

$$AF_{总} = \sum_{i=1}^{n} \alpha_i AF_{wi} \tag{3}$$

式中:α_i——第 i 种水位出现的概率;

AF_{wi}——第 i 种水位下的船撞风险。

2.3　研究思路

在确定厦漳跨海大桥的船撞设防标准时,首先基于风险的思想,采用美国 AASHTO 的规范模型对大桥进行船撞风险分析,根据可接受风险的水平确定大桥的船撞设计代表船型,以及起控制作用的典型撞击工况,然后利用动力数值模拟方法对典型撞击工况进行模拟分析,从而确定大桥的船撞设防标准。研究采用的流程图见图 7。

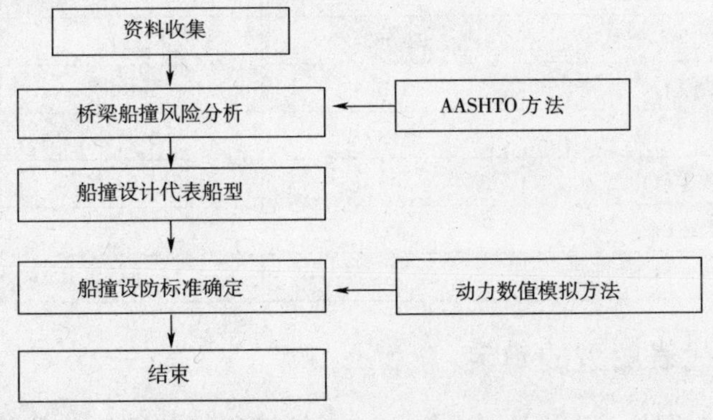

图 7　厦漳跨海大桥船撞设防标准研究流程

3 船撞风险分析主要参数的确定

北汊主桥推荐桥位的轴线法线方向与桥下航线涨、落潮流流向夹角约为5°;其中涨潮表层流速约为1.79m/s,落潮表层流速约为1.7m/s,最小水流速度取1.8m/s。北汊桥通航孔的通航船舶密度见表2,船舶的典型航速均取6kn(约3.09m/s)。

表2 北汊主桥船舶年通航密度预测表(单位:艘次/年)

类别 \ 年份	2010年	2020年	2050年
2 000~3 000 载重(t)	720	804	1 068
3 000~5 000 载重(t)	321	364	490
5 000~8 000 载重(t)	643	727	981
8 000~10 000 载重(t)	458	529	731
10 000~30 000 万载重(t)	1 714	2 605	5 278

根据桥区不同水位出现的频率,本文将桥区全年的水位分为6种(表3)。需要说明是,由于北汊主桥主墩位于港区开挖的航道之外,水深较浅,受船舶吃水的限制,大吨位船舶难以到达此处。

表3 桥区水位年出现频率表

水 位	年出现频率	水 位	年出现频率
4.511	0.01	0.0	0.26
2.411	0.13	-0.79	0.24
1.206	0.24	-1.579	0.13

南汊桥推荐桥位的轴线法线方向与桥下航线涨、落潮流流向夹角约为18°;其中涨潮流速约为1.63m/s,落潮流速约为2.11m/s,最小水流速度取2.1m/s。南汊桥通航孔的通航船舶密度见表4,船舶的航速均取8kn(约4.11m/s)。水位变化见表3。

表4 南汊桥船舶年通航密度预测表(单位:艘次/年)

类别 \ 年份	2010年	2020年	2050年
500t以下(艘次/年)	21 682	35 397	75 702
500~1 000 载重(t)	812	1 185	2 534
1 000~2 000 载重(t)	849	1 052	2 250
2 000~4 000 载重(t)	242	393	840
4 000~6 000 载重(t)	25	32	68
6 000~8 000 载重(t)	13	16	34

4 船撞设计代表船型的确定

采用前述方法和思路分别对北汊主桥和南汊桥进行了船撞风险分析,并得到了不同抗力水平下的桥梁年倒塌频率,通过与可接受风险水平进行对比,以此来确定桥梁的船撞设计代表船型。由于北汊主桥桥墩基础较南汊桥强大，且由于水深的限制，大吨位船舶难以达到桥墩处，船撞风险相对较小，下面以南汊桥为例来介绍船撞设计代表船型的确定过程。

根据设计资料，南汊桥主墩、边墩抗力分别按 30MN 和 10MN 进行风险分析，所得全桥的船撞风险见表 5，其随年份的变化趋势见图 8。

表 5　南汊桥全桥船撞风险

年　份	年碰撞频率	年倒塌频率
2010 年	1.40E+00	1.54E-04
2020 年	2.25E+00	2.29E-04
2050 年	4.82E+00	4.88E-04

从图 8 可看出，南汊桥在 2010 年、2020 年和 2050 年的通航密度下，其船撞风险均大于重要桥梁的可接受风险 10^{-4}，即按目前的设计取值，桥墩的抗力偏低，为满足可接受风险的要求，其桥墩抗力仍需提高。

为了确定南汊桥的船撞设计代表船舶，绘制了 2050 年通航密度下边墩—主墩抗力与桥梁年倒塌频率之间的关系曲线，见图 9。

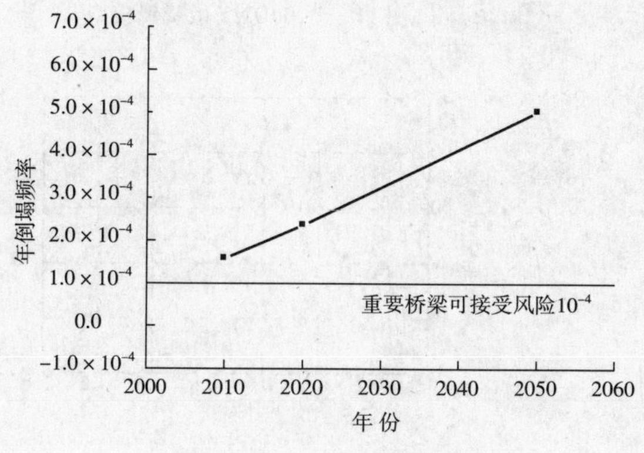

图 8　全桥船撞风险变化趋势

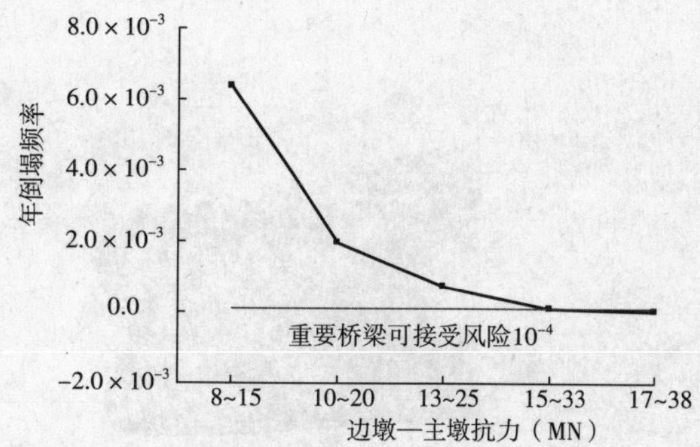

图 9　南汊桥全桥船撞风险—抗力关系曲线(2050 年)

从图 9 中看出，随着边墩和主墩抗力的提高，全桥的年倒塌频率也逐渐降低，当主墩抗力大约取 33MN，边墩抗力大约取 15MN 时，全桥的年倒塌频率降到红线以下，即处于重要桥梁可接受风险 10^{-4}范围内。根据美国 AASHTO 的《公路桥梁设计规范》，船舶产生的撞击力与船舶的行驶速度和吨位有关，参照式(2)以及风险分析所得到的计算撞击速度，反算得到各墩的船撞设计代表船型(表 6)。

表 6　南汊桥船撞设计代表船舶

桥 墩 位 置	桥墩横向抗力(MN)	计算撞击速度(m/s)	数值模拟采用的代表船型(DWT)
北 24 主墩　南 25 主墩	33	4.09	5 000
北 23 边墩　南 26 边墩	15	2.85	3 000

注：主墩结构尺寸相同，边墩结构尺寸相同。

同理，以此方法确定的北汊主桥的船撞设计代表船型为主墩采用 5 000DWT，辅助墩及过渡墩采用 3 000DWT。

5 船撞设防标准的确定

通过利用前述得到的桥梁船撞设计代表船舶以及各墩处的撞击速度,建立桥梁及船舶的三维有限元实体模型[8],进行动力数值模拟分析,进而得到桥梁的船撞设防标准。动力分析的有限元模型分别见图10~图12。典型工况下的船舶撞击力时程见图13,本文设防船撞力取撞击力时程的最大值。

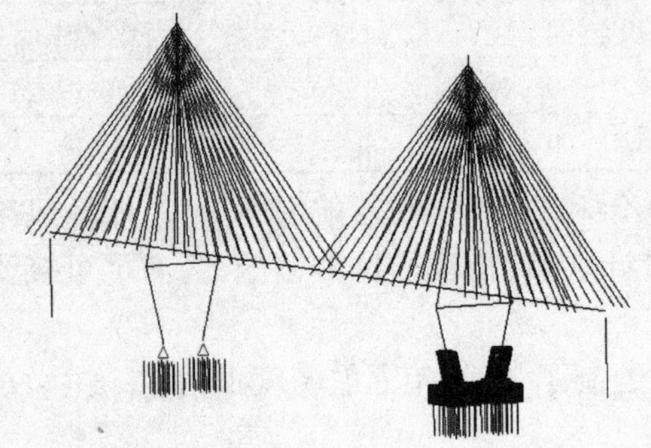

图10 桥梁有限元模型(南汉桥)

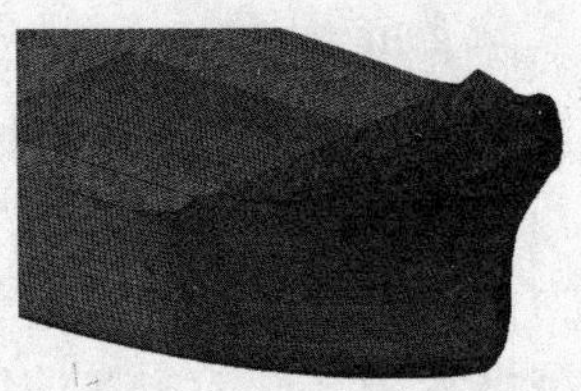

图11 5 000DWT散货船模型

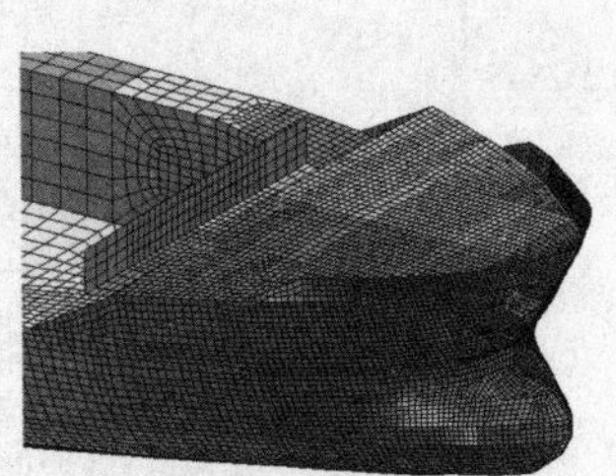

图12 3 000DWT散货船模型

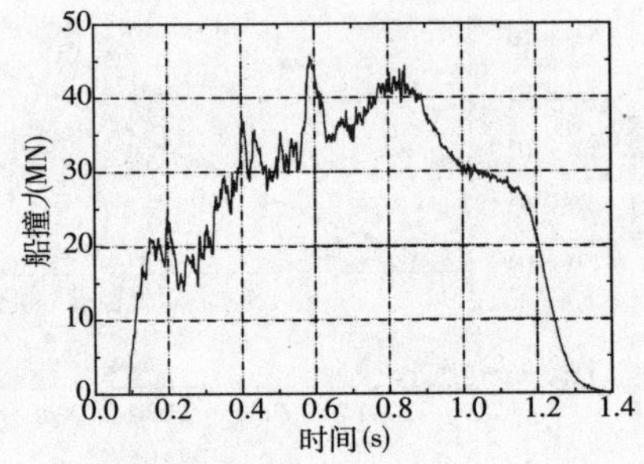

图13 典型工况下的船舶撞击力时程

通过动力数值仿真模拟分析,得到的北汉主桥及南汉桥的撞击力见表7。

表7 数值模拟分析得到不同桥墩的撞击力

位置		船撞设计代表船型(DWT)	撞击吨位(t)	撞击速度(m/s)	撞击力(MN)
北汉主桥	主墩	5 000	6 700	2.22	23.30
	辅助墩、过渡墩	3 000	4 600	1.80	7.48
南汉桥	北23边墩	3 000	4 600	2.85	11.58
	北24主墩	5 000	6 700	4.09	45.73
	南25主墩	5 000	6 700	4.09	45.73
	南26边墩	3 000	4 600	2.85	11.58

6 结论及建议

本文基于风险的思想,利用目前国内外应用较多的AASHTO规范模型,分别对2010年、

2020 年和 2050 年通航密度下厦漳跨海大桥北汊桥（主跨 720m 双塔钢箱梁斜拉桥）和南汊桥（主跨 300m 双塔叠合梁梁斜拉桥）进行了船撞风险分析，以可接受风险水平 10^{-4} 为控制条件，得到了船撞设防代表船型，然后利用数值模拟方法确定出了桥梁的设防船撞力。主要得到以下结论：

（1）北汊主桥由于北主墩位于码头上，故不考虑船舶撞击；南主墩的设防船撞力应不小于 23.3MN，南辅助墩和南过渡墩的设防船撞力应不小于 7.48MN。

（2）南汊桥北 23 边墩和南 26 边墩的设防船撞力应不小于 11.58MN，北 24 主墩和南 25 主墩的设防船撞力应不小于 45.73MN。

由于南汊桥各墩抗力不足，建议进一步改变结构尺寸以增加桥墩自身抗力，同时还要加装一定的防撞设施，以便发生船撞事故时尽量减小船舶的损伤。

参 考 文 献

[1] AASHTO. Guide Specification and Commentary for Vessel Collision Design of Highway Bridges. American Association of State Highway and Transportation Officials, Washington D. C. 1991.

[2] AASHTO. LRFD Bridge Design Specification and Commentary. American Association of State Highway and Transportation Officials, Washington D. C. 1994.

[3] A. C. W. M. Vrouwenvelder. Design for Ship Impact according to Eurocode 1, Part 2.7. Ship Collision Analysis. 1998.

[4] 中华人民共和国行业标准. 公路桥涵设计通用规范 JTJ D60—2004[S]. 北京:人民交通出版社,2004.

[5] 中华人民共和国行业标准. 铁路桥涵设计基本规范 TB10002.1—99[S]. 北京:中国铁道出版社,2000.

[6] 耿波. 桥梁船撞安全评估[D]. 同济大学博士学位论文,2007.

[7] 陈诚. 桥梁设计船撞力及损伤状态仿真研究[D]. 同济大学硕士学位论文,2006.

[8] 重庆交通科研设计院. 厦漳跨海大桥桥梁船撞专题研究报告[R], 2008.

183　杭州内河92座桥梁防撞评估与增设防撞装置建议

廖　娟[1]　陈国虞[2]

(1. 浙江大学城市学院;2. 上海海洋钢结构研究所)

摘　要　本文对杭州市钱塘江北岸6条内河河道上92座桥做了初步评估,并对建设柔性防撞装置做出建议。

关键词　桥梁　防撞　评估　增设

1　引言

2007年6月15日广东九江大桥被撞塌,引起公路交通和海事部门的重视,交通部向全国海事局发出船舶碰撞方泄漏的通知[1],佛山市、杭州市等交通部门开展对现有桥梁的防撞能力评估,整治危桥。

杭州市城管部门委托浙江大学城市学院成立专题进行调研,对钱塘江以北6条杭州市的内河(京杭大运河、余杭塘河、杭钢河、电厂河、上塘河和西塘河)上的桥梁进行防撞能力评估[2],上述6条河流中前4条通航,后两条河待整治后通航,但现在已有小船在河中航行(由桥墩边上的撞擦痕迹可以证明)。6条河流上的桥名和数量见图1和表1。

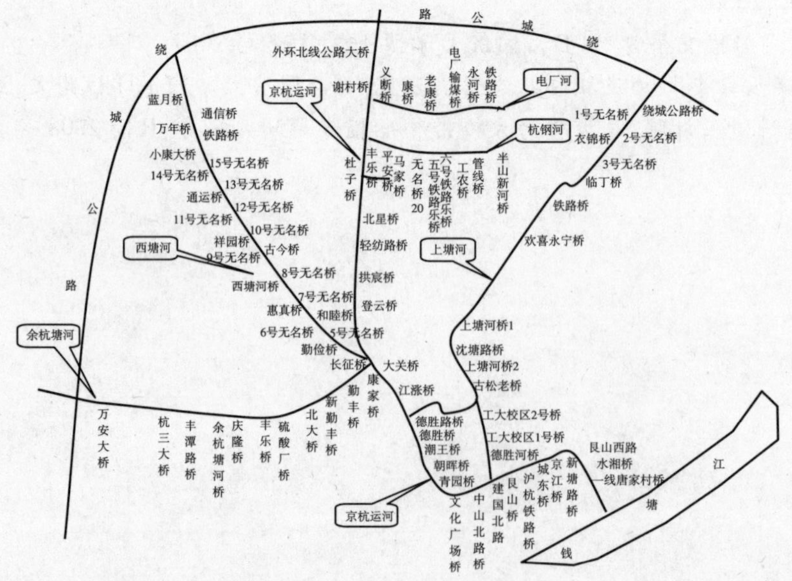

图1　杭州6条内河桥梁分布图

本文在评估报告的基础上，除建议补齐通航标志、增加非结构性的主动防撞设施之外，选出20座桥梁建议增设结构性柔性防撞设施。

表1　杭州市6条内河的通航等级和桥梁数

序　号	名　称	通 航 等 级	通行最大船	净高 m×净宽 m	桥 梁 数
1	京杭大运河	4级 5级	500t级船 300t级船	8×55 5×45	27
2	余塘河	6级	100t级船	—	11
3	杭钢河	6级(货运)	100t级船	—	8
4	电厂河	6级(货运)	100t级船	—	6
5	上塘河	客运一类(旅游)	—	3.5×18	16
6	西塘河	客运二类(旅游)	—	3×12	24

2　建议增设柔性防撞设施的原则

(1)对已有防撞装置的桥墩不增设柔性防撞装置；

(2)对通航船舶较多、现在撞擦痕迹较重的桥墩以及双柱墩或多柱墩，建议增设柔性防撞装置。

一般来说双柱墩在增设防撞装置时，首先将其两墩之间进行结构连接，使受撞时船撞力由多柱共同承担。一般认为新桥在材料使用相当的情况下，设计成扁墩，抗撞力可以提高4~5倍。

(3)对近期有可能拆除的桥梁，暂缓增设柔性防撞装置。

(4)对将来整治后才能正式通航的两条河流，现不增设柔性防撞装置。

3　对杭州内河92座桥梁增设柔性防撞装置的建议

根据上述原则，分别对92座桥梁进行梳理，建议分为不建、应建和缓建3类(表2)，建议增设柔性防撞设施的桥梁见图2~图21。

表2　杭州市6条内河92座桥梁建设防船撞装置的建议

序号	桥　　名	结 构 形 式	通航净宽(m)	通航净高(m)	情　　况	防撞装置建议
京杭大运河						
1	绕城公路桥	混凝土三跨连续梁	70.0	7.0	中孔通航、撞击可能性小，墩大	缓建
2	杭长铁路桥	钢桁架	60.0	7.1	船停靠时容易刮擦；桥墩椭圆	缓建
3	谢村桥	钢筋混凝土箱形连续梁	70.0	7.0	在河道的交叉口，有防撞设施	不建
4	杜子桥	4跨梁桥	—	—	船速慢，被撞概率低，桥墩弱	缓建
5	北星桥	钢筋混凝土箱形连续梁	45.0	5.5	中孔通航	应建
6	轻纺路桥	钢筋混凝土箱形连续梁	45.0	4.5	桥墩有刮擦的痕迹	应建
7	拱宸桥	石拱桥	15.7	7.0	撞击导致吉祥物雕塑与防撞墩错位	不建
8	登云桥	V形刚构	63.0	5.5	净高牌被树枝遮挡	缓建

续上表

序号	桥　名	结构形式	通航净宽(m)	通航净高(m)	情　况	防撞装置建议
9	大关桥	钢筋混凝土双悬臂梁	42.8	4.5	刮擦严重,桥墩端部有钢筋外露	应建
10	江涨桥	钢筋混凝土悬臂梁	46.0	4.5	盖梁上有刮擦,桥墩遭受过撞击	应建
11	德胜路桥	钢筋混凝土箱形连续梁	57.5	4.5	承台较高,防撞击的能力好	缓建
12	德胜桥	钢筋混凝土双曲拱	22.8	3.9	主拱已被加固,桥台腐蚀严重	缓建
13	潮王桥	钢筋混凝土双悬臂	45.5	4.5	交角大,撞击多,钢筋外露	应建
14	朝晖桥	钢筋混凝土系杆拱	46.5	4.5	一跨过江	不建
15	青园桥	钢筋混凝土桁架梁	48.0	4.5	桥墩薄、刮擦明显	应建
16	文化广场桥	钢结构连续梁	45.0	4.5	有防撞装置,东边净高牌和桥涵标缺失	不建
17	中山北路桥	钢筋混凝土箱形连续梁	44.5	4.5	承台高、桥墩薄,有刮擦	应建
18	建国北路桥	钢筋混凝土箱形连续梁	44.0	4.5	实体墩台,有刮擦	应建
19	中河高架桥	钢筋混凝土箱形连续梁	45.0	4.5	四座桥梁在一起,视线较差	应建
20	艮山桥	钢筋混凝土T形简支梁	46.0	4.5	斜交桥,桥墩有撞击的痕迹	应建
21	沪杭铁路桥	钢筋混凝土箱形梁桥	16.0	4.1	河道中间桥墩容易被撞	缓建
22	城东桥	钢筋混凝土T形简支梁	46.0	4.5	有撞擦痕迹	应建
23	京江桥	钢筋混凝土箱形连续梁	44.0	4.5	主梁在四分点处有对称斜裂缝	应建
24	新塘路桥	钢筋混凝土系杆拱桥	51.0	4.5	河道中无桥墩	不建
25	艮山西路桥	钢筋混凝土双悬臂	45.5	4.5	桥宽,扁墩,路面曾塌陷,待改造	缓建
26	水湘桥	钢筋混凝土桁架桥	51.0	4.7	河道中无桥墩	不建
27	一线唐家村桥	钢筋混凝土桁架桥	51.0	4.7	船速小,撞击可能性小	不建
			余杭塘河			
1	康家桥	钢筋混凝土梁板	17.2	4.37	多柱墩,桥墩部位有加固	应建
2	勤丰桥	钢筋混凝土双曲拱	15.0	4.23	易撞、有撞击的痕迹,危险	缓建
3	新勤丰桥	刚架桥	—	—	在建,桥墩不占航道	不建
4	北大桥	钢筋混凝土简支梁	26.0	4.48	有简易防撞柱,高2m,共4个	不建
5	硫酸厂桥	钢筋混凝土桁架拱	17.2	4.40	危险,建议拆除	缓建
6	丰乐桥	钢筋混凝土拱桥	27.6	4.00	危险,建议拆除	缓建
7	庆隆桥	钢筋混凝土拱桥	15.5	3.75	有桥标,桥梁结构很薄弱	缓建
8	余杭塘河桥	钢筋混凝土板梁桥	23.0	4.62	撞击概率较高,3柱墩有刮痕	应建
9	丰潭路桥	混凝土梁桥	22.0	4.5	河道中无桥,墩墩实体,边墩悬壁	缓建
10	杭三大桥	钢筋混凝土简支梁	18.7	4.21	3跨预制梁桥,中跨在河中有刮擦	应建
11	万安大桥	钢筋混凝土桁架拱	21.5	3.67	桥龄长	缓建
			杭　钢　河			
1	丰乐桥	钢筋混凝土梁板	15.8	4.05	位于炼油厂处,江中独墩为圆形	应建
2	平安桥	钢筋混凝土梁板	16.0	3.89	新旧桥并排,老桥墩弱,刮擦严重	应建

续上表

序号	桥　　名	结构形式	通航净宽（m）	通航净高（m）	情　　况	防撞装置建议
3	马家桥	钢筋混凝土梁板	20.0	3.95	单跨独墩，墩靠桥台外，刮擦严重	应建
4	无名桥 20	下承钢筋混凝土桁拱	24.5	4.45	桥墩在岸上，结构防撞安全，待拆	缓建
5	5 号铁路桥	钢筋混凝土梁板	7.1	3.25	江中无墩，净宽不足，刮擦严重	缓建
6	6 号铁路桥	钢筋混凝土梁板	10.0	3.65	独墩，航道中刮擦严重，净宽不足	缓建
7	工农桥	钢筋混凝土双曲拱	16.3	2.85	河道中无桥墩，桥侧外边有刮擦	缓建
8	半山新洋桥	钢筋混凝土桁架拱桥	11.3	4.58	河道中无桥墩，主拱有加固	缓建
			电　厂　河			
1	义断桥	钢筋混凝土双曲拱桥	19.5	4.05	桥墩不占河道，桥龄长	缓建
2	康桥	钢筋混凝土梁板桥	22.0	3.90	桥墩在河道中间，有多处刮擦	应建
3	老康桥	钢筋混凝土梁板桥	22.3	4.05	桥墩在河道中间，有多处刮擦	应建
4	电厂输煤桥	钢筋混凝土梁板桥	40.5	8.10	4 跨独柱墩，有简易防撞措施，被撞	不建
5	永和桥	钢筋混凝土梁板桥	17.5	3.60	独柱墩，刮擦严重，桥龄长	缓建
6	铁路桥	钢桁架桥	30.4	5.20	河道中无桥墩	不建
			上　塘　河			
1	绕城公路桥	梁式桥	24.9	4.34	未通航，净宽 9.71m，河道深约 1m	缓建
2	1 号无名桥	T 形梁桥	9.7	3.35	未通航，板梁桥，无桥墩	不建
3	2 号无名桥	旧桥 T 形梁新桥板梁	10.8	2.85	净高 2.85m，江中无桥墩，钢筋外露	缓建
4	衣锦桥	拱桥	12.8	6.30	未通航，古桥，需要保护	不建
5	3 号无名桥	拱桥	12.8	3.60	未通航，拱肋有被撞击的痕迹	缓建
6	临丁桥	两座连续箱梁桥	70	5.20	未通航，桥轴与河流斜交角较大	不建
7	铁路桥	简支梁桥	8.7	3.40	未通航，河中无桥墩，净宽不足	缓建
8	欢喜永宁桥	拱桥	11.2	5.50	古桥，拱桥侧壁有刮擦的痕迹	不建
9	上塘河桥 1	梁桥	20.0	4.28	未通航，3 跨梁桥，江中两排多柱墩	应建
10	沈塘路桥	梁桥	23.4	4.70	未通航，3 跨，航道中	应建
11	4 号无名桥	梁桥	18.3	3.43	未通航，航道中两排多柱墩	应建
12	上塘河桥 2	梁桥	26.0	4.90	双柱墩，有刮擦痕，未通航，	应建
13	古松老桥	石拱桥	12.2	5.60	古桥，未通航	不建
14	工大校区 1 号桥	中承钢管拱桥	32.8	1.96	未通航，通航净高 1.96m	缓建
15	工大校区 2 号桥	梁桥	13.7	2.20	钢桥 3 跨，均为 3 柱墩，净高 2.2	缓建
16	德胜河桥	梁桥	8.9	1.85	净高 1.85，无法通航，2 柱和 3 柱墩	缓建

续上表

序号	桥　名	结构形式	通航净宽(m)	通航净高(m)	情　况	防撞装置建议
西　塘　河						
1	会安桥	拱桥	6.7	3.7	3条航道,河道淤塞较严重	不建
2	惠真桥	刚架桥	10.0	3.2	净宽不够,河道淤塞较严重	缓建
3	长征桥	双曲拱桥	18.3	3.3	通航净空够,河道淤塞较严重	不建
4	勤俭桥	混凝土板梁桥	—	6.5	桥墩在岸上,无撞击可能	不建
5	5号无名桥	梁桥	5.9	3.9	2个桥墩在航道中,石墩	应建
6	6号无名桥	梁桥	7.4	4.8	有两座桥并排,一座高架桥	不建
7	和睦桥	拱桥	9.8	5.0	通航净宽不够,河道淤塞	缓建
8	7号无名桥	梁桥	19.7	8.3	两排多柱墩	应建
9	西塘河桥	梁桥	32.0	6.0	通航净空够	不建
10	8号无名桥	梁桥	48.0	4.0	通航净空够	不建
11	9号无名桥	梁桥	10.0	2.0	通航净宽不够	缓建
12	古星桥	拱桥	—	—	旱桥	不建
13	祥园桥	梁式桥	12.5	3.0	三跨连续梁桥,多柱墩	应建
14	10号无名桥	刚架桥	14.5	2.9	通航净高不够	缓建
15	11号无名桥	梁式桥	8.1	3.0	通航净宽不够	缓建
16	通运桥	三跨梁桥	12.8	3.9	航道中两排多柱墩,疏浚后通航	应建
17	12号无名桥	拱式桥	17.9	3.6	拱桥,清理后通航	不建
18	好运桥(新桥)	梁式桥	14.4	2.8	三跨梁桥,通航净高不够	缓建
19	13号无名桥	拱桥	—	3.5	拱桥,桥龄长,净高3.5米,桥面混凝土破裂	缓建
20	小康大桥	梁式桥	9.0	2.4	通航净空不够	缓建
21	铁路桥	梁式桥	17.4	7.0	河道无法通行	不建
22	万年桥	拱式桥	13.6	—	混凝土刚构桥,桥龄长,危桥	缓建
23	通信桥	梁式桥	13.8	4.4	一跨过河,无桥墩	不建
24	蓝月桥	梁式桥	11.5	2.6	桥较新,通航净高不够	缓建

图2　北星桥承台损伤情况

图3　轻纺路桥河道中间承台有刮擦痕迹

图4　大关桥桥墩位于河道中间

图5　江涨桥桥墩有刮擦痕迹

图6　潮王桥桥墩情况

图7　青园桥立面

图8　中山北路桥立面图

图9　建国北路桥立面图

图10　中河高架桥承台混凝土被撞碎

图11　艮山桥立面图

图12　城东桥全景

图13　京江桥全景

图 14　康家桥桥墩情况

图 15　余杭塘河桥桥墩刮擦严重

图 16　杭三大桥立面图

图 17　丰乐桥立面图

图 18　平安桥桥墩布置情况

图 19　马家桥被撞击和摩擦的情况

图 20　康桥桥墩刮擦严重

图 21　老康桥立面图

4　结论

杭州市钱塘江以北 6 条内河有 92 座桥梁,对其中已通航的 4 条(京杭大运河、余杭塘河、杭钢河和电厂河)河流中的 52 座桥梁,在防撞能力评估报告的基础上,建议其中 20 座桥梁增设柔性防撞设施。经过精心设计和详细计算,要求达到通航船舶万一撞上桥墩时也要做到桥墩不垮、船舶损失不大的目标。

参考文献

[1] 中华人民共和国交通部．关于开展防船舶碰撞防泄漏专项整治活动的通知[D]．北京：交海发[2007]304号,2007.

[2] 杭州市城市管理办公室,浙江大学城市学院．杭州市内河桥梁防撞能力评估与对策[R]．杭州,2008.

[3] 中华人民共和国国家标准．内河通航标准 GB50039—2004[S]．北京：中国计划出版社,2004.

[4] 中华人民共和国国家标准．内河助航标志 GB5863—93[S]．北京：中国标准出版社,1993.

[5] 陈国虞,等．长江中游桥墩防撞——钢绳柔性吸能防撞器试验研究[J]．航海科技动态,1995.

[6] 陈国虞．防御船撞桥装置的历史和新发展——"三不坏"桥墩防撞装置[C]．"力学2000"学术大会论文集．北京：气象出版社,2000.

[7] 陈国虞,杨黎明,周风华,张澄．紧靠混凝土承台的直接式防撞装置选择[C]．桥梁养护管理与维修加固技术交流研讨会(西安)论文集．北京：住房和城乡建设部,2009.

[8] 方辉．杭州拱宸桥防撞墩设置[J]．市政设施管理,2006.

[9] 新华网浙江频道．三大症状缠绕百座问题桥梁[W]．杭州桥梁排查情况．2007.

184 李家沱长江大桥船撞风险分析研究

张 伟[1] 刘安双[1] 张雪松[2] 陈明栋[2]

(1.林同棪国际工程咨询(中国)有限公司;2.重庆交通大学)

摘 要 针对李家沱长江大桥船撞风险进行分析,并引入了风险评估矩阵的概念,确定了李家沱长江大桥各桥墩的船撞风险等级。根据分析结果,提出了相关建议,可供决策者进行决策参考。

关键词 船撞风险分析 防撞代表船型 船舶撞击速度 船舶撞击力 桥墩抗力 风险评估矩阵 船撞风险决策

1 工程概况

重庆李家沱长江大桥位于重庆市九龙坡区和巴南区之间。主桥桥型为双塔双索面预应力混凝土斜拉桥。全桥长1 400.02m,主跨444m,建成时居国内同类型桥跨度第一,世界第二。跨径组合为:过渡孔(53m)+主孔(169m+444m+169m)+过渡孔(53m)+南引桥(8×50m)。该桥为重庆市政公路桥,于1991年12月开工建设,1997年7月1日建成通车(图1)。

图1 李家沱长江大桥成桥照片

该桥444m跨主桥孔为设计通航桥孔,单孔双向航行。两侧169m边桥孔受航道条件影响,不用做通航桥孔。考虑到三峡工程175m正常蓄水后,大桥除2号和3号两个主墩位于水中外,引桥的多个桥墩(4号~8号墩)也将被水淹没。由于引桥的桥墩抗力相对较小,因此其船撞风险不容忽视。

2 典型防撞船型

通常,选择通航水域的船撞风险中使用的代表(典型)船舶方法有调查统计方法和发展规划法。前者由于没有考虑船舶远期的发展,统计出的代表船型通常较小,因而统计结果较难控制船撞力对桥墩的破坏,结果较危险。发展规划法主要依据行业主管批准的相关规划,即以某航道的规划等级和相应的最大代表船舶及船队为防撞代表船型，选择的船型相对较大，也较有利于桥梁设防。考虑三峡大坝建成蓄水后船舶的大型化趋势，李家沱大桥河段按照发展规划法选择防撞代表船型是合理的。

经过分析，李家沱大桥防撞主要代表船型，近期船型为3 000t单船和3 500t级船队；远期为5 000t单船，船队仍为3 500t级船队。可见，船队对船撞不起控制作用。

3 船舶撞击速度的确定

对于船撞速度的确定目前采用较普遍的为美国(AASHTO)方法，它规定船撞速度在航道范围内为正常速度；航道范围以外，船撞速度随桥墩距航道中线的距离而下降，即撞速呈三角形直线分布。但不少专家认为，该方法假设的船撞速度沿航道横向降低的规律与船撞桥的实际情况并不相符，如美国阿肯色河桥、美国阳光大桥、广东九江大桥等桥梁，被撞塌的桥墩都远离航道中线，且相撞时船舶航速并未下降。

本文采用考虑河道流场综合影响的船撞速度计算方法。该方法认为，河道流速在横向(顺桥向)的分布是呈抛物线状，即主航道(主通航桥孔)区域流速较大，航道边缘及外侧的(辅助桥孔)的流速较小，这在山区河流上体现的尤为突出。因此，计算选取船撞速度时，应根据船舶所航行水域的水流速度依次进行折减，由此得到的船撞速度才是合理的。具体计算法如下：

(1)根据船舶实测航速、调查航速以及航行管制航速综合分析得到典型船舶在桥区(主通航孔)航行的正常航速，由此作为通航船舶通过桥梁通航水域的正常速度。

(2)根据实际测量或数值计算方法得到建桥后桥区水域的流速分布数据，计算出桥区水域的流速差值。逐一对各桥墩附近通航水域的流速进行折减，得到船撞桥的典型航速的分布曲线，即：

$$V(x) = V_0 - \nu_0 + \nu(x) \tag{1}$$

式中：$V(x)$和$\nu(x)$——距离航道中心x处通航水域的船舶典型航速和流速；

V_0和ν_0——桥区正常航速和航道中心的流速。

由此确定李家沱长江大桥各桥墩的船舶撞击速度，如表1所示。

表1 李家沱长江大桥各桥墩船舶撞击速度

桥墩	撞击速度			
	上行		下行	
	(m/s)	(km/h)	(m/s)	(km/h)
2号	3.1	11	6.4	23
3号	3.9	14	5.6	20
4号	4.2	15	5.3	19
5号	4.4	16	5.1	18.5
6号	4.4	16	5.0	18
7号	4.7	17	4.7	17
8号	5.3	19	3.9	14

注：均为对岸航速。

4 船舶撞击力计算

目前,船舶撞击力的计算公式种类繁多,本文采用我国铁路规范公式。它的基本原理是:船舶动能在计及某个折减系数(计及船舶的动能并非在碰撞过程中全部被吸收)后,转化为撞击力所作的弹性功。该公式原理清楚,公式能够计入撞击系统中各个物体的刚度,在一定程度上体现出冲击动力学的原理。具体公式见式(2)所示:

$$F = \nu\gamma\sin\alpha\sqrt{\frac{W}{C_1 + C_2}} \tag{2}$$

式中:F——撞击力(kN);

γ——动能折减系数($s/m^{1/2}$),当船只或排筏斜向撞击墩台(指船只或排筏驶近方向与撞击点处墩台面法线方向不一致)时可采用0.2,正向撞击(指船只或排筏驶近方向与撞击点处墩台面法线方向一致)时可用0.3;

ν——船只或排筏撞击墩台时的速度(m/s),此项速度对于船只采用航运部门提供的数据,对于排筏可采用筏运期水流的速度;

α——船只或排筏驶近方向与墩台撞击点处切线所成的夹角,应根据具体情况确定,如有困难,可采用$\alpha = 20°$;

W——船只重或排筏重力(kN);

C_1、C_2——船只或排筏和墩台圬工的弹性变形系数,缺乏资料时可假定$C_1 + C_2 = 0.0005\text{m/kN}$。

按式(2)的计算结果见表2。

表2 李家沱长江大桥船舶撞击力计算(单位:MN)

桥 墩	撞 击 速 度	撞 击 力
2号墩	下行 $\nu = 6.4$m/s	47.8
3号墩	下行 $\nu = 5.6$m/s	41.8
4号墩	下行 $\nu = 5.3$m/s	39.6
5号墩	下行 $\nu = 5.1$m/s	38.1
6号墩	下行 $\nu = 5.0$m/s	37.3
7号墩	上行 $\nu = 4.7$m/s	35.1
8号墩	上行 $\nu = 5.3$m/s	39.6

5 桥墩抗力计算

本文根据李家沱长江大桥竣工图纸,采用有限元分析软件MIDAS2006,建立有限元模型进行计算。其具体计算步骤如下:

(1)根据有限元模型计算出危险截面在自重等作用下的内力。

(2)计算各水位下单位船撞力在危险截面产生的内力。

(3)假定船撞力,从而计算出假定船撞力在危险截面产生的内力。

(4)按《公路桥涵设计通用规范》(JTG D60—2004)对危险截面内力进行荷载组合(偶然组合)。

(5)根据组合力,按《公路钢筋混凝土及预应力混凝土桥涵设计规范》(JTG D62—2004)计算出危险截面自身抗力。

(6)判断危险截面自身抗力是否等于组合力,如不是,则重复(3)~(6)步骤;如是,则假定船撞力即为桥墩所能承受的最大船撞力,即抗力。

本文采用最高通航水位(196.84m)以及三峡 175m 成库初期在 14 538m^3/s、24 800m^3/s 和 44 100m^3/s 三个流量级时的水位进行计算。其中 14 538m^3/s 相当于中水偏枯时的流量,24 800m^3/s 为中洪水流量,44 100m^3/s 为常遇洪水流量。计算结果见图 2 所示。

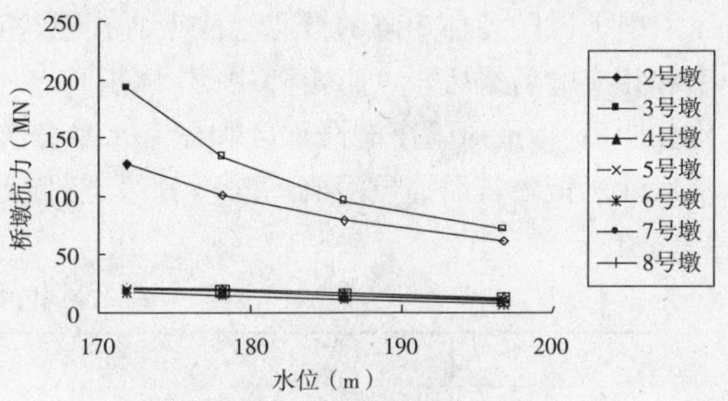

图 2　不同水位下桥墩自身抗力(横桥向)

6　船撞风险分析

本文采用美国 AASHTO 规范公式进行计算,在此规范中,大桥各桥墩年倒塌频率按以公式(3)计算:

$$AF = N \times PA \times PG \times PC \tag{3}$$

式中:AF——桥梁受船舶碰撞破坏的概率;

N——根据船舶类型、尺度和装载情况分类的船舶年通航量;

PA——船舶的偏航概率;

PG——偏航船舶与桥梁构件碰撞的几何概率(正态分布模拟);

PC——受偏航船舶撞击桥梁构件倒塌的概率。

公式中去除倒塌概率 PC 一项后是桥梁遭受船舶撞击的年频率。

各墩全年船撞风险计算结果见表 3。

表 3　各墩全年船撞风险

2010 年			2020 年			2050 年		
墩号	年碰撞频率	年倒塌频率	墩号	年碰撞频率	年倒塌频率	墩号	年碰撞频率	年倒塌频率
2 号墩	7.84E-03	0.00E+00	2 号墩	6.09E-02	0.00E+00	2 号墩	1.28E-01	0.00E+00
3 号墩	7.84E-03	0.00E+00	3 号墩	6.09E-02	0.00E+00	3 号墩	1.28E-01	0.00E+00
4 号墩	3.51E-05	1.52E-06	4 号墩	3.41E-04	1.49E-05	4 号墩	7.58E-04	3.32E-05
5 号墩	5.14E-06	2.66E-07	5 号墩	4.99E-05	2.57E-06	5 号墩	1.12E-04	5.81E-06
6 号墩	7.10E-07	4.28E-08	6 号墩	6.85E-06	4.13E-07	6 号墩	1.55E-05	9.34E-07
7 号墩	9.17E-08	5.65E-09	7 号墩	8.80E-07	5.40E-08	7 号墩	2.00E-06	1.23E-07
8 号墩	1.08E-09	7.42E-11	8 号墩	1.03E-08	7.08E-10	8 号墩	2.36E-08	1.62E-09

7 船撞风险决策

引入风险评估矩阵的概念给决策者提供决策建议。其基本思路是将风险事态发生的概率和相应的后果置于一个矩阵中,并将矩阵各个元素位置的风险概率和后果的意义进行细化和明确,形成风险事态严重度和概率水平分级,然后就可以根据经验或是业主要求制定基本风险对策。其船撞风险概率水平分级、船撞风险后果水平分级和风险决策准则分别如表4~表6所示。

表4 船撞风险概率水平分级

等级	A	B	C	D	E	F
定性描述	不可能的	较难得的	难得的	偶尔的	可能的	频繁的
概率描述	10^{-6}	$10^{-4} \sim 10^{-6}$	$10^{-3} \sim 10^{-4}$	$10^{-2} \sim 10^{-3}$	$10^{-1} \sim 10^{-2}$	$>10^{-1}$

表5 船撞风险后果水平分级

等级	1	2	3	4	5
定性描述	可忽略	较小	中等	严重	灾难性
结构破坏形态	无损伤或微小损伤	较小损伤	中等损伤	交大损伤	倒塌
经济损失	低微经济损失	中等经济损失	较高经济损失	重大经济损失	巨大经济损失
社会影响	低微社会影响	低社会影响	中等社会影响	较大社会影响	恶劣社会影响

表6 风险决策准则

风险等级	所属区域	风险处置对策
可忽略	1A,2A,1B	可接受,且不必进行管理审视
低风险	3A,2B,3B,2C,3C,2D,4A	可接受,整个建设及运营期间注意加强管理
中风险	5A,4B,3C,2D,1E,1F	有条件接受,最好进一步降低风险
高风险	5B,4C,5C,3D,4D,2E,3E,2F	不希望发生,高层管理决策,必须降低风险
极高风险	5D,4E,5E,3F,4F,5F	不可接受,停止运营并立即整顿

根据前面的风险分析结果和等级评价方法,确定李家沱长江大桥各墩的风险等级(表7)。

表7 李家沱长江大桥桥梁的船撞风险等级

墩 号	2010年		2020年		2050年	
	年倒塌概率	风险等级	年倒塌概率	风险等级	年倒塌概率	风险等级
2号墩	0.00E+00	4A	0.00E+00	4A	0.00E+00	4A
3号墩	0.00E+00	4A	0.00E+00	4A	0.00E+00	4A
4号墩	1.52E-06	4B	1.49E-05	4B	3.32E-05	4B
5号墩	2.66E-07	4A	2.57E-06	4B	5.81E-06	4B
6号墩	4.28E-08	4A	4.13E-07	4A	9.34E-07	4A
7号墩	5.65E-09	4A	5.40E-08	4A	1.23E-07	4A
8号墩	7.42E-11	4A	7.08E-10	4A	1.62E-09	4A

8 结论与建议

从上述分析可看出,在 2010 年、2020 年和 2050 年的船只通航密度下,该桥风险较大的桥墩分别为 4 号墩和 5 号墩。从计算结果看,4 号墩始终处于 4B 级(中等风险);5 号墩在 2010 年处于 4A 级(低风险),在 2020 年和 2050 年处于 4B 级(中等风险);其余桥墩始终处于 4A 级(低风险)。对于低风险的桥墩,本文建议在运营期间加强以下等管理:①加强桥区通航安全管理;②改善通航环境;③加强船员管理;④加强船舶管理。鉴于广东九江大桥的惨痛教训,本文建议对于处于中等风险的 4 号、5 号墩之间的区域划为警戒区域,警示违规船舶不要试图穿越非通航孔,同时要设立引导标志,在条件允许的情况下也可考虑设置防撞设施,以确保大桥的安全。

参考文献

[1] 陈国虞,王礼立. 船撞桥及其防御[M]. 北京:中国铁道出版社,2008.

[2] 陈国虞,王礼立,刘晓銮. 三个“桥墩防撞设计指南”的对比研究[J]. 城市道桥与防洪,2009.

[3] 重庆市交通科研设计院. 菜园坝长江大桥船撞风险分析[R],2008.

[4] 重庆交通大学. 南京至安庆铁路安庆长江大桥防撞力标准和防撞设施研究报告[R],2009.

[5] 韩道均,刘孝辉,耿波,等. 菜园坝长江大桥船撞风险分析研究[J]. 公路交通技术,2008.

[6] 梁磊. 船撞桥概率模型分析[J]. 物流工程与管理,2009.

[7] 耿波,王君杰,汪宏,等. 桥梁船撞分析评估系统总体研究[J]. 土木工程学报,2007.

[8] 杜旭升. 6.15 九江大桥船撞事故引发的思考[J]. 中国海事,2007.

185　黄海大桥受船撞概率分析

胡金芝[1]　何运飞[2]　袁明刚[1]　杨　波[1]

(1. 中交第四航务工程勘察设计院有限公司;2. 中交二航局二公司)

摘　要　本文通过对黄河大桥的实地调查分析,综合国内外船撞桥数学模型的特点,以AASHTO模型为基础并结合实际调查资料对黄海大桥船撞桥概率进行研究分析,为进一步评估该桥存在的风险提供依据。

关键词　船撞桥　AASHTO 模型　概率分析

1　概述

黄海大桥为南通港洋口港区重要的交通要道,是港区近期人工岛和临港工业区唯一的陆上交通要道,桥梁全长 10.05km,为不通航桥梁。桥梁所跨越的 10.05km 水域中约有 8km 是潮间带,高潮时水深 3~5m,低潮时露滩,其余 2km 位于烂沙洋南水道深槽,该水道在洋口港建港之前为当地渔民出入海的临时通道。根据本海区的水文条件,桥梁建成后,桥下的净高一天之内的变化在 6~12m 之间(图 1),30m 跨径桥下净宽为 24m,40m 桥跨径桥下净宽为 30m。浅水段 30m 桥跨区采用钻孔灌注桩基础,深水段 40m 桥跨区采用 PHC 管桩基础。经调查分析,桥梁建成后当地渔船有从桥下穿越的可能,鉴于近些年船桥碰撞事故的频繁发生,有必要对黄海大桥受船撞的概率进行分析,以便于桥梁运营期的日常运营管理。

本文采用数学模型的方法对黄海大桥船首正碰桥桩及桥梁墩台概率进行分析研究。

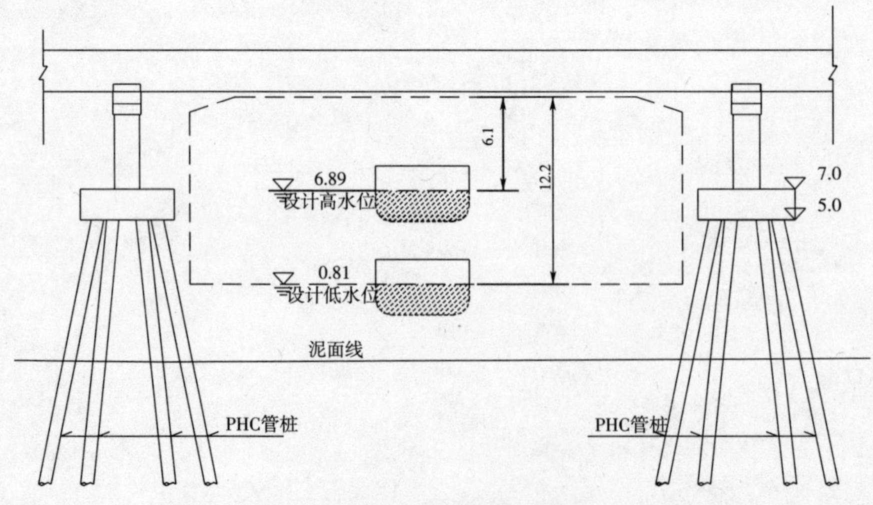

图 1　黄海大桥深水段桥下净高示意图(尺寸单位:m)

2 模型选择

目前国内外船撞桥主要数学模型有六种，分别是 IABSE 模型（拉森模型）、AASHTO 模型、欧洲规范模型、德国昆兹模型、英国模型以及佩德森模型。各模型的特点见表 1。

表1 各模型比较

名称	特点
IABSE 模型（拉森模型）	从现象学角度出发，认为以下偏航情况是导致船撞桥事故发生的可能原因：①船舶正常行驶在桥附近偏离航线；②船舶在附近交汇时偏离航线；③船舶在桥附近转弯时偏离航线；④船舶漂流时偏离航线。需要大量历史记录或长期观察资料，在实际操作中存在困难
AASHTO 模型	研究思路合理、清晰，模型中的许多参数已经通过大量历史记录和长期观察统计资料获得，适用于海峡（海湾）桥梁
欧洲规范模型	从事故发生过程和机理出发，考虑了船舶在桥区航行轨迹和所在位置对事故率的影响及单位航程事故率变化情况，主要强调狭窄和宽阔水域的区别
德国昆兹模型	从事故发生过程和机理出发，考虑了船舶在桥区航行轨迹和所在位置对事故率的影响及单位航程事故率变化情况，主要适用于内河
英国模型	基本思想与拉森模型相同，部分参数的确定需要大量统计资料
佩德森模型	该模型考虑了船速变化的影响，但与拉森模型的基本思想相同。该模型代表的是严重的船撞桥概率，除以碰撞严重程度系数后才是真正船撞桥概率模型

根据以上各数学模型的特点，结合黄海大桥区域实际情况，本文选择以 AASHTO 模型为基础进行概率分析。

AASHTO 模型的表达式为：

$$AF = N \times PA \times PG \times PC \tag{1}$$

式中：AF——桥墩倒塌的年度频率；

N——根据船舶类型、大小和装载情况分类的船舶年度数量；

PA——船舶的偏航概率；

PG——碰撞的几何概率，用正态分布进行模拟；

PC——桥梁倒塌概率。

3 概率分析

经过对洋口港区养殖船舶和捕鱼船舶的船型统计分析，主要代表船型为 20DWT、57DWT 和 101DWT 三种。

由于 AASHTO 模型是对通航桥梁建立的，黄海大桥为不通航桥梁，本文在 AASHTO 模型基础上结合对建桥前南水道可能通过的船型、尺度、归属地、类别、运行特点、养殖区分布、船舶操作人员的技术水平、地方管理法规等实际调查资料分析，对 AASHTO 模型进行了些许变换如下：

$$AF = CO \times PG \times PC \tag{2}$$

式中 CO 为系数，主要影响因素是穿越桥梁的船舶量。由于黄海大桥为不通航桥梁，洋口港区为新开港口，缺乏实际观测数据，随着港区的发展，船民安全意识的提高以及今后黄海大桥附近左右两侧管线桥、铁路桥的建设,穿越的船舶数量将会发生变化,现阶段仅根据已收集的资料预测穿越桥梁的船舶数。根据船民的安全意识、影响区的总船数、该地区的天气及船舶出海频率等因素预测出穿越桥梁的船舶数量。

PG 为碰撞的几何概率,即船舶驶向一条碰撞航线上的概率,用正态分布模拟。碰撞航线为桥墩有效宽度两侧各半条船宽范围内的区域(图 2 中两条船舶中心线之间所示的区域)。碰撞航线在船只航迹分布上所对应的面积,即为碰撞的几何概率。计算船型为可能穿越的代表船型。对于黄海大桥,其 2 号桥墩至 203 号桥墩为钻孔桩(浅水区),桥墩有效宽度为 2m;204 号桥墩至 300 号桥墩为打入桩(深水区),所考虑的有效宽度为承台的直径 6.2m。

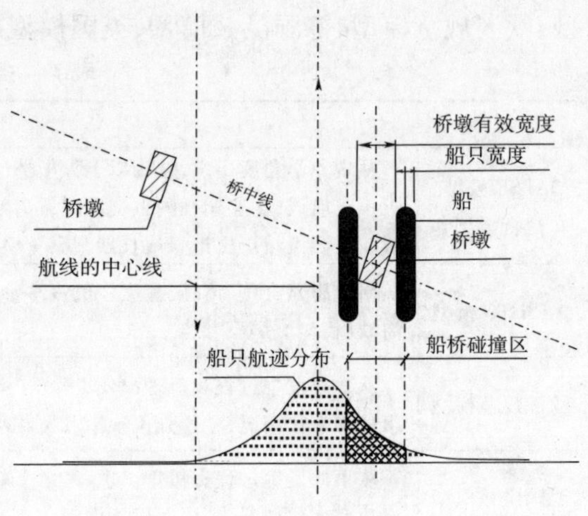

图 2 几何概率定义图

PC 为桥墩受船舶一次撞击的倒塌概率,根据桥墩的极限侧向抗力 H_P 与船只撞击力 P_s 之比,计算如下:

当 $0 \leqslant \frac{H}{P} < 0.1$ 时:
$$PC = 0.1 + 9(0.1 - \frac{H}{P}) \tag{3}$$

当 $0.1 \leqslant \frac{H}{P} < 1$ 时:
$$PC = (1 - \frac{H}{P})/9 \tag{4}$$

当 $\frac{H}{P} \geqslant 1$ 时:
$$PC = 0.0 \tag{5}$$

式中:H——桥墩的极限侧向抗力 H_P;

P——船只撞击力 P_s。

在低潮位时,全桥 2 号桥墩至 217 号桥墩之间均会出现露滩现象,船舶无法航行,因此浅水区桥梁发生船撞桥的年倒塌概率为 0。这种工况下,只需考虑深水区 PHC 打入桩的抗撞击能力,计算得到低潮位时深水区桥梁年倒塌概率 *AF*(表 2),根据表 2 绘制出年倒塌概率曲线(图 3)。

表 2 低潮位时发生船撞桥的年倒塌概率 *AF*

撞击速度(m/s)	年倒塌概率 *AF*
1.0	$2.6 \times 10^{-4} \sim 6.9 \times 10^{-4}$
2.0	$6.4 \times 10^{-4} \sim 8.6 \times 10^{-4}$
3.0	$7.7 \times 10^{-4} \sim 9.1 \times 10^{-4}$

在高潮位时,全桥每个桥孔的水深均能满足过往船舶的吃水要求,因此,理论上船舶穿越桥孔的概率是相等的,故

$$AF = \sum_{i=2}^{299} CO \times PG_i \times PC_i \tag{2}$$

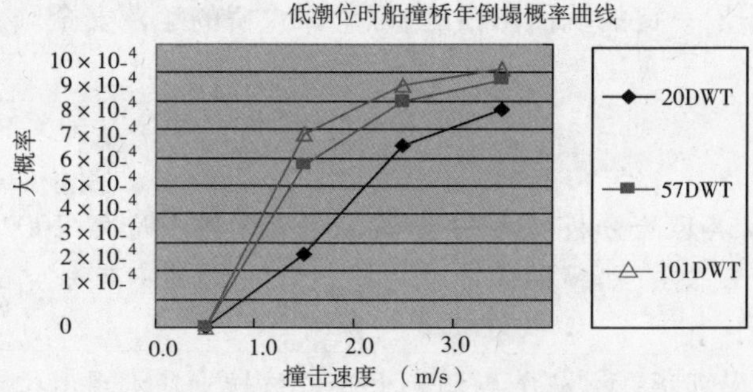

图 3　低潮位时三种代表船型撞桥的倒塌概率曲线

计算得到高潮位时桥梁年倒塌概率 *AF* 见表 3，根据表 3 绘制出年倒塌概率曲线见图 4。

表 3　高潮位时发生船撞桥的年倒塌概率 *AF*

撞击速度 m/s	年倒塌概率 *AF*
1.0	$0\sim8.4\times10^{-6}$
2.0	$0\sim7.8\times10^{-4}$
3.0	$3.9\times10^{-4}\sim9.8\times10^{-4}$

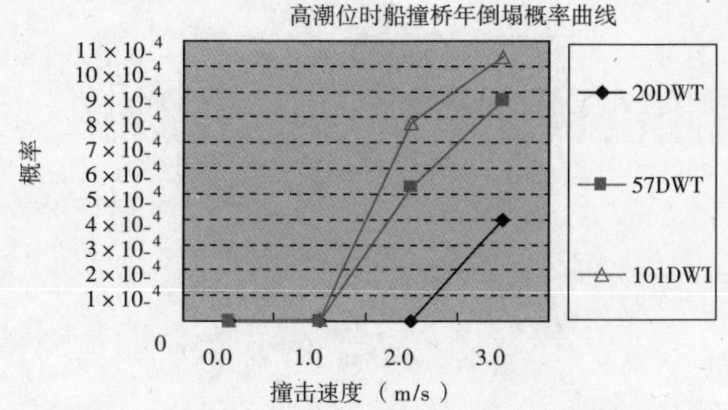

图 4　高潮位时三种代表船型撞桥的倒塌概率曲线

从以上分析可以看出，在低潮位情况下，灌注桩基础浅水区不存在船舶通行的情况，船撞桥的年倒塌概率为 0，深水区则为单根 PHC 管桩承受船舶撞击力，因此船撞桥的年倒塌概率较高。在高潮位情况下，无论浅水区还是深水区，均能满足船舶通行要求，此时承受船舶撞击力的是桥梁墩身或者承台，抗撞击能力相对较强，因此船撞桥的年倒塌概率较低。

4　结语

根据黄海大桥所在区域的特征及往来船舶的特点，通过对各种船撞桥数学模型和船撞桥影响系数的深入研究，计算出不同潮位下船撞桥的发生频率，为进一步的风险研究奠定了基础，从而为桥梁运营期的管理以及进行合理防撞方案的选择与优化设计提供依据。对于灌注桩基础桥梁，低潮位时露滩，无船舶通行，高潮位时，船舶撞击位置为承台部分，因此船撞桥的年倒塌概率较低，可不计。对于打入桩基础桥梁，由于高潮位船舶撞击桥梁墩身或者承台，而低潮位主要撞击 PHC 桩身，因此即使撞击速度相对较低，但仍比同等撞击速度在高潮位时撞击桥梁的倒塌概率要高。建议加强桥位附近船舶管理，尤其在低潮位时深水区桥梁的安全管理,或者采取一定的抗撞击措施,以确保大桥的运营安全。

参 考 文 献

[1] 戴彤宇.船撞桥及其风险分析[D].哈尔滨工程大学博士论文.2002.
[2] 项海帆,范立础,王君杰.船撞桥设计理论的现状与需进一步研究的问题[J].同济大学学报.2004,4(30).
[3] 邵旭东,占雪芳,廖朝华,等.从美国阳光大道桥被撞重建看现有桥梁防撞风险评估[J].公路.2007,8(8).
[4] 范彬,王林.船桥碰撞及桥梁防撞结构研究[J].华东船舶工业学院报(自然科学版).2005,8(19).
[5] AASHTO LRFD. Bridge Design Specifications,美国公路桥梁设计规范[S],2004.